Springer-Lehrbuch

Ingolf Volker Hertel · Claus-Peter Schulz

Atome, Moleküle und optische Physik 2

Moleküle und Photonen – Spektroskopie und Streuphysik

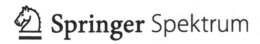 Springer Spektrum

Ingolf Volker Hertel
Max-Born-Institut für Nichtlineare
  Optik und Kurzzeitspektroskopie
Berlin, Deutschland

Claus-Peter Schulz
Max-Born-Institut für Nichtlineare
  Optik und Kurzzeitspektroskopie
Berlin, Deutschland

ISSN 10937-7433
Springer-Lehrbuch
ISBN 978-3-662-48988-8   ISBN 978-3-642-11973-6 (eBook)
DOI 10.1007/978-3-642-11973-6

Die Deutsche Nationalbibliothek verzeichnet diese Publikation in der Deutschen Nationalbibliografie; detaillierte bibliografische Daten sind im Internet über http://dnb.d-nb.de abrufbar.

Springer Spektrum
© Springer-Verlag Berlin Heidelberg 2010, einfarbiger Nachdruck 2016

Gedruckt auf säurefreiem und chlorfrei gebleichtem Papier.

Springer Berlin Heidelberg ist Teil der Fachverlagsgruppe Springer Science+Business Media
(www.springer.com)

Meiner Frau Erika

IVH

Meinem Vater

CPS

Vorwort

Der hier vorgelegte Band 2 unseres Lehrbuchs[1] mit den Kapiteln 11 - 20 versucht (zusammen mit Band 1) so etwas wie einen Grundkanon der modernen Atom- und Molekülphysik abzudecken und einen ersten Einstieg in die optische Physik zu bieten. Angesichts der allgemeinen Tendenz zur Verdichtung der einschlägigen Studienpläne an unseren Universitäten kann nicht eindringlich genug betont werden, dass dieses unvermindert lebendige und außerordentlich produktive Themenfeld physikalischer Forschung – trotz oder gerade wegen seiner beachtlichen Geschichte – nach wie vor eine unverzichtbare Grundlage bildet für ein vertieftes Verständnis fast aller Zweige der aktuellen Physik, der Physikalischen Chemie und teilweise auch der Materialwissenschaften, die sich zunehmend auf molekulare Grundlagen stützen.

Das Lehrbuch wendet sich daher zum einen an Studierende der Physik und der Physikalischen Chemie in höheren Semestern, die sich im Rahmen ihres Studiums oder ihrer Forschungsarbeit mit den angesprochenen Themen zu befassen haben, zugleich aber auch an alle, die in anderem Kontext feststellen, dass ihnen wichtige Grundlagen aus diesem Gebiet fehlen. Natürlich wendet sich das Buch auch und ganz besonders an den Doktoranden oder an die junge Forscherin, die erstmals in diesem Gebiet selbst aktiv werden wollen – oder einfach mehr darüber wissen möchten. Sie werden hier verlässliches Wissen und stimulierende Anregungen für die eigene Arbeit finden. Wir haben daher wieder versucht, neben der Vermittlung elementarer Grundlagen, wo immer möglich auch an die Grenzen der aktuellen Forschung heranzuführen.

So werden die interessierten Leser und Leserinnen vieles finden, was über die typischen Inhalte von Vorlesungen zur Atom- und Molekülphysik hinausgeht: zahlreiche Anknüpfungspunkte zur modernen *Molekülspektroskopie* (vorbereitet in Kap. 11 und 12 und ausgeführt in Kap. 15), eine Präzisierung des Begriffs *Licht* in Kap. 13 (mit einer kompakten Kurzeinführung des Werkzeugs *Laser*), einen sanften, ersten Einstieg in die *Quantenoptik* in Kap. 14,

---

[1] `http://staff.mbi-berlin.de/AMO/Buch-homepage/index.html`
Band 1 dieses Lehrbuchs (Hertel und Schulz, 2008) ist bei Springer erschienen.

drei ausführliche Kapitel (16-18) über den aktuellen Stand der Physik elektronischer, atomarer, molekularer und ionischer Stöße (einschließlich der Stoßionisation), bis hin zu einer handfesten Nutzanleitung für die *Dichtematrix* und Theorie der Messung (Kap. 19), und schließlich, darauf aufbauend, in Kap. 20 die *optischen Blochgleichungen*, wobei das Thema Quantenoptik mit vielen spannenden Beispielen noch einmal aufgenommen wird. Ein geplanter Band 3 wird zu gegebener Zeit noch näher an die aktuelle Forschung auf ausgewählten, sich besonders dynamisch entwickelnden Gebieten, wie ultrakalte Materie und Quantengase, Ultrakurzzeit- und Attosekundenphysik und ähnliche Themen heranführen.

Die hier vorgestellten Inhalte basieren teilweise auf Vorlesungen zur Atom- und Molekülphysik I und II an der Freien Universität Berlin, welche durch die Verfasser vielfach gehalten wurden, sowie auf mehreren Spezialvorlesungen, die über die Jahre aufgebaut und weiterentwickelt wurden. Band 2 geht davon aus, dass der Leser oder die Leserin Band 1 einigermaßen gründlich verarbeitet hat, oder aus anderer Quelle über entsprechendes Wissen aus Atomphysik und Spektroskopie verfügt. Hilfreich sind auch gründliche Kenntnisse der Quantenmechanik, wiewohl der Leser feststellen wird, dass das Herangehen an beobachtbare, physikalische Phänomene aus dem Blickwinkel der Experimentalphysik erfolgt. Zwar hat man sich hier der notwendigen theoretischen Grundlagen zu versichern. Doch schon aus Platzgründen muss die Darstellung wesentlich heuristischer und pragmatischer sein, als dies ein strenges, theoretisches Lehrbuch zu leisten vermag.

Wir haben uns in mehreren „Lesungen" bemüht, Text, mathematischen Formelapparat und Abbildungen so fehlerfrei zu erzeugen, wie dies im Rahmen einer vertretbaren zeitlichen Frist möglich war. Die Leserinnen und Leser des Buches werden herzlich gebeten, uns ihre kritischen Kommentare, Fehlerentdeckungen (auch Tippfehler u.ä.) oder Verbesserungsvorschläge mitzuteilen (hertel@mbi-berlin.de). Wir werden Fehler (wie schon bei Band 1) auf der Website http://staff.mbi-berlin.de/AMO/Buch-homepage/Druckfehler/ DruckfehlerAMO2.pdf korrigieren, sofern und sobald sie uns bekannt werden.

Schließlich sei Studenten, die sich vertieft mit den hier angesprochenen Themen befassen wollen, eine Reihe weiterer Textbücher empfohlen, als ergänzende Lektüre zum Nachschlagen und Vergleichen: Blum (1996); Brink und Satchler (1994); Bransden und Joachain (2003); Demtröder (2000b,a); Engelke (1996); Edmonds (1964); Kneubühl und Sigrist (1999); Loudon (1983); Meschede (1999); Mukamel (1999); Otter und Honecker (1996); Steinfeld (1985); Weissbluth (1978); Atkins und Friedman (2004); Bergmann und Schaefer (1997); Bethge et al. (2004); Born und Wolf (1999).

Wir wünschen allen unseren Leserinnen und Lesern eine spannende, anregende Lektüre sowie effizientes Verstehen und erfolgreiches Lernen.

Berlin-Adlershof
Oktober 2010

Ingolf Hertel
Claus-Peter Schulz

Danksagungen

Viele Kollegen haben uns in den letzten Jahren ermuntert un Werk voranzubringen, und uns viele kritische Hinweise, zah gen, vor allem aber auch anschauliches, aktuelles Datenmate Sie haben ganz wesentlich dazu beigetragen, wenn es uns ge te, eine Lücke in der einschlägigen Lehrbuchliteratur zu sch jedenfalls hoffen.

Ihnen allen möchten wir nachdrücklich danken. Beispielh *Bittl, Wolfgang Demtröder, Kai Godehusen, Uwe Griebner, Marsha Lester, John P. Maier, Reinhardt Morgenstern, Hans-Horst Schmidt-Böcking, Ernst J. Schumacher, Günter Stein Ullrich, Mark Vrakking und Roland Wester* genannt; ihre im Literaturverzeichnis speziell gewürdigt. Natürlich sind d zahlreichen weiteren Quellen dokumentiert, an Hand derer wi haben und mit deren Hilfe wir die Abbildungen dieses Buchs ers Erwähnt sei, dass das gesamte hier gezeigte graphische Mate mit Hilfe der Literatur – genuin für diesen Zweck gefertigt un and paste" Verfahren aus den Vorlagen kopiert wurde.

Dabei hat in einer frühen Phase *Monika Weber* sehr fleiß staltung der Abbildungen mitgewirkt, wofür wir ihr großen D Ganz herzlicher Dank geht auch an meine Tochter (IVH) *Mela* deren engagierte und kritische Durchsicht des Textes und der während der Drucklegung viel zur Verringerung der unvermei und zur Beseitigung einer Reihe von Missverständlichkeiten be Auch hat sie uns davon überzeugt, dass ein Abkürzungsverzei Leser sehr hilfreich sein wird.

Bei der Durchsicht des Textes hat uns auch eine Reihe jüng schaftler aus dem Max-Born-Institut sehr geholfen, Tippfehlern Unachtsamkeiten auf die Spur zu kommen. Wir danken allen besonders aber *Sascha Birkner, Franziska Buchner, Christian minik Kandula, Jens Kopprasch und Jan Philippe Müller,* welch Engagement und viel Konzentration Druckfahnen gelesen haben

Inhaltsverzeichnis

Abkürzungsverzeichnis

CI .... Konfigurations-Wechselwirkung – *Configuration Interaction*
CM .... Schwerpunkt (-Koordinatensystem) – *Centre of Mass*
col .... collision
COLTRIMS .. Reaktionsmikroskop – *Cold Target Recoil Ion Momentum Spectroscopy*
COORS ...... gewöhnliche Raman-Spektroskopie – *Common Ordinary Old Raman Scattering*
CPA .... Dehnung ultrakurzer Laserimpulse vor der Verstärkung – *Chirped Pulse Amplification*
CRD .... Resonator-Abklingverfahren – *Cavity Ring Down*
CSRS .... Kohärente Stokes-Raman-Streuung – *Coherent Stokes Raman Scattering*
cw .... Dauerstrich (z.B. Laser) – continuous wave
DCS .... differenzieller Wirkungsquerschnitt – *Differential Cross Section*
DDCS .... doppelt differenzieller Wirkungsquerschnitt – *Double Differential Cross Section*
DF .... spektral aufgelöste Fluoreszenz – *Dispersed Fluorescence*
DFT .... Dichtefunktionaltheorie
DFWR .... entartete Vierwellenmischung – *Degenerate Four Wave Mixing*
DNA .... Desoxyribonukleinsäure – *Deoxyribonucleic Acid*
DW .... streutheoretische Näherung – *Distorted Wave (approximation)*
EBIS .... Elektronenstrahl-Ionenquelle –*Electron Beam Ion Source*
EBIT .... Elektronenstrahl-Ionenfalle – *Electron Beam Ion Trap*
ECR .... Elektronen-Zyklotron Resonanz – Electron Cyclotron Resonance
el .... elastisch, gelegentlich auch elliptisch
ELI .... European Laser Institute
EMS .... Elektronenimpuls-Spektroskopie – *Electron Momentum Spectroscopy*
EPR .... Elektronen paramagnetische Resonanz, s. auch ESR
ESCA .... Elektronenspektroskopie für die chemische Analyse – *Electron Spectroscopy for Chemical Analysis*
ESI .... Elektrospray Ionisation
ESR .... Elektronenspin Resonanz, gleichbedeutend mit EPR
EUV .... extrem Ultravioletter Spektralbereich (Wellenlängen zwischen 20 − 10 nm)
FBA .... erste Born'sch Näherung – *First Born-Approximation*
FC .... Franck-Condon
FDIRS .... Fluoreszenz-Dip-Infrarot-Spektroskopie
FEICO .... Femtosekunden zeitaufgelöster Nachweis von Elektronen und Ionen in Koinzidenz
FEL .... Freie-Elektronen-Laser

FIR .... ferner Infrarot-Spektralbereich (Wellenlängen zwischen 1 mm −15μ)

FORT .... spezielle optische Teilchenfalle − *Far-Off Resonance Optical Dipole Trap*

FPI .... Fabry-Perot-Interferometer

FS .... Feinstruktur

FSR .... freie Spektralbreite − *Free Spectral Range*

FT .... Fourier-Transformation

FTIR .... Fourier-Transformationspektroskopie im infraroten Spektralbereich

FTMW .... Fourier-Transformations-Spektroskopie mit Mikrowellen

FWHM .... Halbwertsbreite − *Full Width at Half Maximum*

FWM .... Vierwellenmischung − *Four Wave Mixing*

GOS .... generalisierte Oszillatorenstärke

GOSD .... generalisierte Oszillatorenstärken-Dichte

HBT .... Hanbury-Brown-Twiss − Bezeichnet den von Hanbury Brown und R. Q. Twiss 1954; 1956a gefundenen Effekt und die entsprechenden Experimente

HCI .... hoch geladenes Ion − *Highly Charged Ion*

HF .... Hartree-Fock-Verfahren zur Berechnung von Wellenfunktionen unter Berücksichtigung der Antisymmetrisierung der elektronischen Wellenfunktionen, gelegentlich auch **H**och**f**requenz

HF-SCF ..... selbstkonsistentes Hartee-Fock-Verfahren − *Hartree-Fock Self Consistent Field approximation*

HFS .... Hyperfeinstruktur

HHG .... Erzeugung hoher Harmonischer einer Laserfrequenz − *High Harmonic Generation*

HITRAN .... Moleküldatenbank

HOMO .... höchstes besetztes Molekülorbital − *Highest Occupied Molecular Orbital*

IAS .... Infrarot Aktionsspektroskopie − *Infrared Action Spectroscopy*

ic .... interne Konversion von einem elektronischen Zustand in einen anderen − *Internal Conversion*

ICS .... winkelintegrierter Wirkungsquerschnitt − *Integral Cross Section*

iPEPICO .... bildgebendes PEPICO − *imaging Photo-Electron Photo-Ion Coincidence*

IR .... infraroter Spektralbereich

isc .... Übergänge zwischen Singulett- und Triplettsystem − *intersystem crossing*

Isomer .... Molekül gleicher atomarer Zusammensetzung aber unterschiedlicher Struktur

Isotopolog .... Molekül gleicher atomarer Zusammensetzung aber mit unterschiedlichen Isotopen

Isotopomer ... Molekül gleicher Struktur und Isotopenzusammensetzung aber unterschiedlicher Position der atomaren Isotope

ivr .... interne Umverteilung von molekularer Schwingungsenergie – *internal vibrational relaxation*

JT .... Jahn-Teller

JTE .... Jahn-Teller-Effekt

JWKB .... Jeffreys-Wenzel-Kramers-Brillouin-Näherung – semiklassisches Näherungsverfahren

KETOF ...... Bestimmung der kinetischer Energie von Ionen durch verzögerte Flugzeitmessung – *Kinetic Energy Measurement by Time of Flight*

kin. .... kinetisch

Konformer .... Isomer, das durch Rotation um eine Molekülbindung entsteht

Lab .... Labor (-Koordinatensystem)

Laser .... Lichtverstärkung durch stimulierte Emission – *Light Amplification by Stimulated Emission of Radiation*

LCAO .... Linearkombination atomarer Orbitale – *linear combination of atomic orbitals*

LHC .... links zirkular (polarisiert) – *Left Hand Circularly (Polarized)*

LIF .... Laser induzierte Fluoreszenz

LUMO .... niedrigstes unbesetztes Molekülorbital – *Lowest Unoccupied Molecular Orbital*

M^2 .... -Faktor, s. BPP

MALDI .... Matrix unterstützte Laser-Desorptions Ionisation – *Matrix Assisted Laser Desorption/Ionisation*

Maser .... Mikrowellenverstärkung durch stimulierte Emission – *Microwave Amplification by Stimulated Emission of Radiation*

MATI .... Ionennachweis an der Schwelle – *Mass Analyzed Threshold Ionisation*

MB .... Molekularstrahl – *Molecular Beam*

MB-MWFT .. Molekularstrahl-Mikrowellen-Fourier-Transformations-Spektrometer

MCA .... Vielkanal-Impulshöhenanalysator – *Multi Channel Analyzer*

MCP .... Multikanalplatte – *Multi Channel Plate*

MD .... molekular-dynamische, (meist klassische) Rechnung

MO .... molekulares Orbital

mol .... molekular(es Koordinatensystem)

MOT .... magneto-optische Falle – *Magneto-Optical-Trap*

MOTRIMS ... *Magneto-Optical Trap Recoil Ion Momentum Spectroscopy*

MPI .... Multi-Photon-Ionisation

MWIR .... mittelwelliges Infrarot

Nd:YAG ...... Neodym:Yttrium-Aluminium-Granat (Aktives Lasermaterial)

NIFS .... *National Institute for Fusion Science*

NIR .... naher Infrarot-Spektralbereich (Wellenlängen zwischen $1.5\mu-$ 800 nm)

NIST .... Äquivalent zur Physikalischen Technischen Bundesanstalt in den USA – *National Institute of Standards and Technology*

NLO .... nichtlineare Optik

NMR .... kernmagnetische Resonanz – *Nuclear Magnetic Resonance*

OMA .... Optischer Vielkanalanalysator – *Optical Multi Channel Analyser*

OODR .... Optisch-optische Doppelresonanz

OOSD .... optische Oszillatorenstärken-Dichte

ORNL .... *Oak Ridge National Laboratory*

OVGF .... Quantenchemische Methode zur Bestimmung der Valenzorbitale großer Moleküle – *Outer Valcence Greens-Functions*

PC .... *Personal Computer*, gelegentlich auch *Photon Counter*

PD .... Photodiode

PECS .... *Numerische, vollständige Lösung der Schrödinger-Gleichung – Propagating Exterior Complex Scaling*

PEPICO ...... Koinzidenter Nachweis von Photoelektronen und Photoionen – *Photo-Electron Photo-Ion Coincidence*

PES .... Photoelektronenspektroskopie

PFI .... Ionisation durch gepulste elektrische Felder – *Pulsed Field Ionisation*

PFI-PEPICO . Pulsed Field PEPICO

ph .... Photon

PIEQ .... Photoionisations-Elektronenquelle

PJTE .... Pseudo-Jahn-Teller Effekt

PSD .... positionsempfindlicher Detektor – *Position Sensitive Detector*

PWIA .... Näherung für die Elektronenstoßionisation – *Plane-Wave Impulse Approximation*

QED .... Quantenelektrodynamik

R2PI .... identisch mit RTPI

REMPI .... resonant verstärkte Multiphotonen Ionisation – *Resonantly Enhanced Multi Photon Ionisation*

res .... resonant

RHC .... rechts zirkular (polarisiert) – *Right Hand Circularly (Polarized)*

RIDIRS ...... resonante Ionendip Infrarotspektroskopie

RKR .... Rydberg-Klein-Rees – Verfahren zur Potenzialbestimmung aus spektroskopischen Daten

RMPS .... streutheoretische Näherung: R-Matrix Theorie mit Pseudozuständen

TPES .... Photoelektronen-Spektroskopie bei verschwindender kinetischer Energie – *Threshold Photoelectron Spectroscopy*

UPS .... Photoelektronenspektroskopie mit UV-Licht – *Ultraviolett Photoelectron Spectroscopy*

UV .... ultravioletter Spektralbereich (Wellenlängen zwischen 400 – 10 nm)

vdW-WW .... Van-der-Waals-Wechselwirkung, auch Dispersionswechselwirkung

vib. .... vibratorisch

VUV .... Vakuum-Ultravioletter Spektralbereich (Wellenlängen zwischen 190 – 40 nm)

WAS .... *Keil- und Streifen (Anoden)* – *Wedge and Strips*

willk. Einh. ... willkürliche Einheiten

WKB .... Wenzel-Kramers-Brillouin-Näherung – semiklassisches Näherungsverfahren

WWW .... World-Wide-Web

XANES .... kantennahe Röntenabsorptionsspektroskopie – *X-ray Absorption Near Edge Spectroscopy*

XAS .... Röntgenabsorptionsspektroskopie – *X-ray Absorption Spectroscopy*

XPS .... Photoelektronenspektroskopie mit Röntgenstrahlung – *X-ray Photoelectron Spectroscopy*

XUV .... weiche Röntgenstrahlung (Wellenlängen zwischen 40 – 4 nm)

ZEKE .... Spektroskopie mit Elektronen ohne kinetische Energie – *Zero Electron Kinetic Energy*

ZKE .... (Elektronen) verschwindender kinetischer Energie – *Zero Kinetic Energy*

11

Zweiatomige Moleküle

Der Schritt vom Atom zum Molekül bringt uns auf eine höhere, wesentlich komplexere Ebene der Struktur der Materie. Obwohl die Eigenschaften der Atome eine wichtige Rolle bei der Beschreibung der Moleküle spielen, lassen sich Moleküle nicht durch eine bloße Summation über atomare Eigenschaften beschreiben. Sie unterscheiden sich vielmehr grundsätzlich von den Atomen, aus denen sie zusammengesetzt sind – nicht nur quantitativ sondern auch qualitativ. In diesem Kapitel wollen wir durch geeignete Näherungen die wichtigsten molekularen Phänomene an zweiatomigen Beispielen identifizieren und jeweils möglichst kompakt einzeln darstellen.

Hinweise für den Leser: Dieses Kapitel führt in die Grundlagen der Molekülphysik ein, deren Verständnis in den meisten der folgenden Kapitel wie auch in Band 3 vorausgesetzt werden muss. Es ist gewissermaßen ein Herzstück dieser drei Lehrbücher. Der Leser sollte sich gründlich mit allen Aspekten dieses Kapitels beschäftigen.

Eine breite Palette von Methoden steht heute zur Verfügung, um genaue Information über Struktur und Dynamik von Molekülen zu erhalten. Eine zentrale Rolle spielt dabei die Spektroskopie in allen Spektralbereichen: vom Radiofrequenzbereich (NMR) über den Mikrowellenbereich (ESR und Rotationsspektroskopie), das ferne und nahe Infrarot (Schwingungen), das sichtbare und ultraviolette Spektralgebiet (elektronische Anregung) bis hin zur Röntgenspektroskopie (chemische Verschiebung von Röntgenlinien). Durch Absorption und Emission elektromagnetischer Strahlung gewinnt man in unterschiedlichsten Verfahren eine Fülle von Information ohne welche unser heutiges Verständnis kleiner aber auch großer Moleküle nicht zu denken wäre. Daneben seien als besonders wirksame Verfahren zur Strukturbestimmung die Röntgenbeugung und die Neutronenstreuung genannt, die sehr direkte Information über die räumliche Struktur der Moleküle liefern. Streuphysik, und in jüngerer Zeit die Kurzzeitphysik, erschließen weitere wichtige Strukturinformation, erlauben es aber vor allem, deren Dynamik, also den Verlauf von Prozessen in und zwischen Molekülen bei deren Wechselwirkung untereinander und mit Photonen zu untersuchen. Wir werden diese Themen in Kap. 16–18 sowie in Band 3 ausführlich behandeln. Hier legen wir die theore-

I.V. Hertel, C.-P. Schulz, *Atome, Moleküle und optische Physik 2*,
Springer-Lehrbuch, DOI 10.1007/978-3-642-11973-6_1,
© Springer-Verlag Berlin Heidelberg 2010

tischen Grundlagen für das Verständnis der einfachsten molekularen Systeme, nämlich der zweiatomigen Moleküle. Darauf aufbauend werden wir die wichtigsten experimentellen Befunde für homonukleare (A_2) und heteronukleare (AB) diatomare Moleküle behandeln.

11.1 Charakteristische Energie

Der große Massenunterschied zwischen Elektronen (m_e) und Atomkernen (M)

$$\frac{m_e}{M} \simeq 10^{-3} \dots 10^{-5}$$

ist eine wesentliche Grundlage für die wichtigsten Näherungen in der Molekülphysik. Wie beim Atom haben wir es auch bei Molekülen praktisch ausschließlich mit elektromagnetischen Wechselwirkungen zu tun. Da die Coulomb-Kraft auf Elektronen und Kerne identisch wirkt, ist die *Geschwindigkeit der Atomkerne typischerweise viel kleiner als die der Elektronen*. Die Kerne nehmen daher eine nahezu feste Position ein, während sich die Elektronen rasch um sie herum bewegen. Typische Gleichgewichtsabstände $R_0 = R_{AB}$ liegen in einem relativ engen Bereich zwischen 0.75 und 1.8 Å. So wird für das Wasserstoffmolekül (H_2) $R_{HH} = 0.7417$ Å, für Sauerstoff (O_2) $R_{OO} = 1.2074$ Å, für Stickstoff (N_2) $R_{NN} = 1.0976$ Å und für Kohlenmonoxid (CO) $R_{CO} = 1.1282$ Å. In einigen wenigen Fällen kommen auch größere Abstände vor, beispielsweise bei K_2 mit $R_{KK} = 3.923$ Å oder bei I_2 mit $R_{II} = 2.668$ Å.

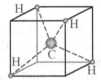

Mehratomige Moleküle treten in den verschiedensten Geometrien auf. Ein Beispiel von besonderer Symmetrie ist das Methan (CH_4), dessen Atome als Tetraëder angeordnet sind, wie in Abb. 11.1 skizziert. Der Gleichgewichtsabstand[1] beträgt hier $R_{CH} = (1.08595 \pm 0.0003)$ Å.

Abb. 11.1. Tetraëderstruktur von Methan

11.1.1 Hamilton-Operator für zweiatomige Moleküle

In diesem Kapitel konzentrieren wir uns ganz auf zweiatomige Moleküle und beginnen damit, den Hamilton-Operator aufzustellen. Dazu benutzen wir auf den Schwerpunkt (O) bezogene Relativkoordinaten, da die Translation des gesamten Moleküls für die weitere Betrachtung keine Rolle spielt (thermische Bewegung), wie in Abb. 11.2 skizziert. In atomaren Einheiten (a.u.) wird die

---

[1] Im chemischen Sprachgebrauch nennt man den Gleichgewichtsabstand der Kerne üblicherweise „Bindungslänge". Der hier angegebene Wert für CH_4 basiert auf modernsten quantenchemischen Rechnungen und dem Vergleich mit hochpräzisen Infrarot und Raman-Spektren verschiedener Isotopologe von $CH_{4-x}D_x$ nach Stanton (1999).

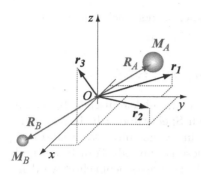

Abb. 11.2. Molekülkoordinaten für ein zwei-atomiges Molekül: Die Kernkoordinaten für Atom A und B sind durch Großbuchstaben charakterisiert, die Koordinaten der einzelnen Elektronen durch Kleinbuchstaben. Die Massen der beiden Atomkerne werden mit M_A und M_B bezeichnet, ihre Kernladungszahlen mit Z_A und Z_B

kinetische Energie der Atomkerne bzw. der $\mathcal{N}$ Elektronen

$$\widehat{T}_n = -\frac{1}{2\mu/m_{el}}\nabla_R^2 \quad \text{bzw.} \quad \widehat{T}_e = \sum_{i=1}^{\mathcal{N}}\left(-\frac{1}{2}\nabla_{r_i}^2\right) \tag{11.1}$$

mit dem Kernabstand $R = R_B - R_A$, der reduzierten Kernmasse $\mu = M_A M_B/(M_A + M_B)$ und den Elektronenkoordinaten r_i. Das Coulomb-Potenzial für alle Teilchen – ebenfalls in a.u. – ist

$$V(r, R) = -\sum_{i=1}^{\mathcal{N}}\frac{Z_A}{|r_i - R_A|} - \sum_{i=1}^{\mathcal{N}}\frac{Z_B}{|r_i - R_B|} + \sum_{\substack{i,k=1 \\ i<k}}^{\mathcal{N}}\frac{e^2}{|r_i - r_k|} + \frac{Z_A Z_B}{R}\,. \tag{11.2}$$

Der gesamte Hamiltonian ergibt sich durch Summation dieser Energien zu

$$\widehat{H} = \widehat{T}_n(R) + \widehat{T}_e(r) + V(r, R)\,, \tag{11.3}$$

wobei r hier für die Gesamtheit aller Elektronenkoordinaten steht. Daraus folgt *die Schrödinger-Gleichung*

$$\left[\widehat{T}_n(R) + \widehat{T}_e(r) + V(r, R)\right]\Psi(r, R) = W\Psi(r, R)\,, \tag{11.4}$$

die in dieser Form auch für mehratomige Moleküle gilt, wenn man R als die Gesamtheit aller Kernkoordinaten interpretiert.

11.1.2 Elektronische Energien

Wir versuchen zunächst, die Energien abzuschätzen. So hatten wir für das Wasserstoffmolekül schon notiert, dass die Bindungslänge R_0, also auch die Ausdehnung der Elektronenorbitale im Molekül durch $\langle r \rangle \simeq R_0 \simeq 0.074\,\text{nm}$ gegeben ist. Mit der Unschärferelation erhalten wir daraus eine Abschätzung für den Impuls: $p = \hbar/\langle r \rangle$. Andererseits gilt für die gemittelte kinetische Energie $\langle \widehat{T}_e \rangle = p^2/(2m_e)$ das *Virialtheorem* $2\langle \widehat{T}_e \rangle = -\langle V_e \rangle$ für $-1/r$

Potenziale. Somit können wir die Bindungsenergie der Elektronen grob zu
$W_e = \langle \widehat{T}_e \rangle + \langle V_e \rangle = - \langle \widehat{T}_e \rangle$ abschätzen und erhalten:

$$W_e \simeq -p^2 / (2m_e) = -\hbar^2 / \left(2m_e \langle r \rangle^2 \right) \simeq 7\,\text{eV}$$

W_e liegt also im Bereich von einigen eV, und die elektronischen Spektren
erwarten wir im ultravioletten bzw. sichtbaren Spektralbereich. Das ist vergleichbar mit den elektronischen Übergängen im Atom. Interessant sind hier
nun die Freiheitsgrade der Kernbewegung. Diese können als Translation und
Rotation des zunächst als starr angenommen Kerngerüsts beobachtet werden,
und natürlich können die Atomkerne auch gegeneinander schwingen.

11.1.3 Schwingungsenergie

Da die Atome durch die Elektronen aneinander gebunden sind, muss auf die
Kerne eine Kraft gleicher Größenordnung aber entgegengesetzten Vorzeichens
wie auf die Elektronen wirken. Nehmen wir an, es handle sich um eine im
Wesentlichen harmonische Kraft $F = -kR$, dann ist die damit verbundene
Schwingungsfrequenz der Kerne $\omega_v = \sqrt{k/\mu}$, wobei die reduzierte Masse μ
von der Größenordnung einer typischen Kernmasse ist. Die Eigenfrequenz des
Elektrons wird durch eine Kraftkonstante ähnlicher Größenordnung bestimmt,
ist also $\omega_e = \sqrt{k/m_e}$. Die entsprechenden Energien für die Molekülschwingung
bzw. die Elektronenenergie sind $W_v = \hbar\omega_v = \hbar\sqrt{k/\mu}$ bzw. $W_e = \hbar\omega_e = \hbar\sqrt{k/m_e}$. Somit ergibt sich für das Verhältnis von Schwingungsenergie der
Kerne zu elektronischer Energie $W_v/W_e \simeq \sqrt{m_e/\mu}$, und da $\sqrt{m_e/\mu} \lesssim 10^{-2}$
ist, wird die Schwingungsenergie zu

$$W_v \simeq \sqrt{m_e/\mu}\,W_e \lesssim 0.1\,\text{eV} \tag{11.5}$$

abgeschätzt. Die Übergänge liegen im infraroten (IR) Spektralbereich, z.B.
für HCl bei $\bar{\nu} = 1/\lambda = \nu/c \simeq 3000\,\text{cm}^{-1} \,\widehat{=}\, 0.37\,\text{eV}$ oder $\lambda \simeq 3.33\,\mu\text{m}$.

11.1.4 Rotationsenergie

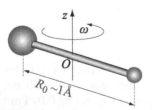

Abb. 11.3. Rotation eines
zweiatomigen Moleküls

Wir denken uns ein zweiatomiges Molekül um eine Achse senkrecht zur Molekülachse rotierend,
wie in Abb. 11.3 angedeutet. Man bezeichnet
den Drehimpuls eines Moleküls üblicherweise mit
$\boldsymbol{N}$, die entsprechende *Rotationsquantenzahl* mit
N. Es gelten die üblichen Drehimpulsregeln, wie
wir sie bei Atomen in Band 1 kennengelernt haben. Der Drehimpuls im ersten angeregten Ro-
tationszustand $(N = 1)$ ist also $|\boldsymbol{N}| \simeq \hbar$, das
Trägheitsmoment im Grundzustand $I_0 = \mu R_0^2 \simeq \mu \langle r \rangle^2$. Damit schätzen wir

$$W_N = \frac{N^2}{2\mu R^2} \simeq \frac{\hbar^2}{2\mu \langle r \rangle^2} = \frac{m_e}{\mu} W_e \simeq 10^{-4} W_e \simeq 0.001 \, \text{eV} \qquad (11.6)$$

für die Rotationsenergie. Die entsprechenden Übergänge liegen im fernen IR-Spektralbereich und im Mikrowellenbereich $\left(\bar{\nu} = 1 \ldots 10 \, \text{cm}^{-1} \right)$.

11.2 Born-Oppenheimer-Näherung, Molekülpotenziale

11.2.1 Ansatz

Die großen Energieunterschiede rechtfertigen die Trennung von Elektronen- und Kernbewegung. Dies wurde von Born und Oppenheimer 1927 vorgeschlagen und bildet die Grundlage der gesamten Molekülphysik. Man separiert dabei die Schrödinger-Gleichung (11.4) näherungsweise in einen elektronischen und einen Kernanteil. Der erste Schritt ist wie üblich ein Produktansatz für die Wellenfunktionen der Elektronen $\phi(r_1, r_2, \ldots, r_{\mathcal{N}})$ und der Atomkerne $\psi(\boldsymbol{R})$:

$$\Psi(\boldsymbol{r}_1, \boldsymbol{r}_2, \ldots, \boldsymbol{r}_{\mathcal{N}}, \boldsymbol{R}) = \phi(\boldsymbol{r}_1, \boldsymbol{r}_2, \boldsymbol{r}_3, \ldots, \boldsymbol{r}_{\mathcal{N}}) \psi(\boldsymbol{R}) \qquad (11.7)$$
$$\text{kurz} \quad = \phi(\boldsymbol{r}) \psi(\boldsymbol{R})$$

Hier steht $\boldsymbol{r}$ wieder für die Gesamtheit aller elektronischen Koordinaten, $\boldsymbol{R}$ für alle Kernkoordinaten. Betrachtet man nun zunächst den elektronischen Anteil des Hamilton-Operators (11.3) bei festem $\boldsymbol{R}$

$$\widehat{H}_e = \widehat{H} - \widehat{T}_n(\boldsymbol{R}) = \left[\widehat{T}_e + V(\boldsymbol{r}; \boldsymbol{R}) \right], \qquad (11.8)$$

so hat man dafür die Schrödinger-Gleichung zu lösen und erhält einen Satz elektronischer Quantenzahlen γ. Natürlich kann ein solcher Ansatz keine strenge Lösung ergeben, denn das Potenzial $V(\boldsymbol{r}; \boldsymbol{R})$ nach (11.2) ist explizit vom Kernabstand abhängig. Zwar ist die Coulomb-Abstoßung der Atomkerne $Z_A Z_B / R$ bezüglich der Elektronenkoordinaten für jedes feste $\boldsymbol{R}$ eine additive Konstante. Aber die übrigen Terme von $V(\boldsymbol{r}, \boldsymbol{R})$ weisen eine direkte Abhängigkeit der potenziellen Energie der Elektronen von den Kernkoordinaten $\boldsymbol{R}$ auf. Somit wird zwangsweise $\phi_\gamma(\boldsymbol{r}) \rightarrow \phi_\gamma(\boldsymbol{r}; \boldsymbol{R})$ ebenso wie die elektronische Energie $W_\gamma(\boldsymbol{R})$ von $\boldsymbol{R}$ abhängig. Da dies aber eine langsame Abhängigkeit ist, betrachtet man die Kernkoordinaten $\boldsymbol{R}$ im Rahmen der Born-Oppenheimer-Näherung (BO-Näherung) zunächst nur als „Parameter" und drückt dies symbolisch durch ein Semikolon aus. Man hat also für jeweils feste Kernkoordinaten $\boldsymbol{R}$ die elektronische Schrödinger-Gleichung

$$\widehat{H}_e \phi_\gamma(\boldsymbol{r}; \boldsymbol{R}) = \left[\widehat{T}_e + V(\boldsymbol{r}; \boldsymbol{R}) \right] \phi_\gamma(\boldsymbol{r}; \boldsymbol{R}) = W_\gamma(\boldsymbol{R}) \phi_\gamma(\boldsymbol{r}; \boldsymbol{R}) \qquad (11.9)$$

zu lösen. Dabei macht man sich zunutze, dass die Atomkerne auf einer Zeitskala stillstehen, die für die Einstellung der elektronischen Energie relevant ist. Nach den energetischen Größenabschätzungen werden die Elektronen viele Male auf ihrer Bahn umlaufen, ehe sich die Kerne wesentlich bewegt haben. Daher können wir R aus Sicht der Elektronenbewegung als konstant ansetzen und (11.9) lösen. Diese Rechnung ist dann für den gesamten interessierenden Parameterraum R zu wiederholen, und man erhält so die R-abhängigen elektronischen Energien $W_\gamma(R)$, die sogenannten *Potenzialhyperflächen*.

Alles vorangehende gilt im Prinzip für beliebig viele beteiligte Atomkerne. Wir werden uns bei den folgenden Betrachtungen der Einfachheit halber aber auf zweiatomige Moleküle konzentrieren, wobei die Verallgemeinerung auf der Hand liegt. Dann steht R für die Relativkoordinaten $R = R_A - R_B$ der beiden Atomkerne und die elektronische Energie $W_\gamma(R)$ wird ausschließlich vom Kernabstand $R = |R|$ abhängig, der in (11.9) als freier Parameter behandelt wird. Für jedes R (und jeden Satz von Quantenzahlen) gibt es somit eine wohl definierte elektronische Energie und eine zugehörige Wellenfunktion. Die Indizes $\gamma, \gamma', \gamma''$ definieren jeweils einen Satz von Quantenzahlen, welche (analog zu den Atomen) die elektronische Hülle charakterisieren. Natürlich müssen die elektronischen Wellenfunktionen ϕ_γ wieder einen vollständigen, orthonormierten Satz bilden,

$$\langle \phi_{\gamma'} | \phi_\gamma \rangle = \int \phi_{\gamma'}^*(r; R) \phi_\gamma(r; R) d^3r = \delta_{\gamma'\gamma}, \qquad (11.10)$$

wobei r für alle relevanten Elektronenkoordinaten r_i steht.[2]

11.2.2 Die Kernwellenfunktion

Auf die Berechnung der Elektronenenergien (Potenziale) nach (11.9) werden wir später eingehen. Nehmen wir zunächst einmal an, sie seien bekannt. Dann können wir im Rahmen der Born-Oppenheimer-Näherung die Kernwellenfunktion im Prinzip streng berechnen. Schreiben wir den Hamiltonian (11.3)

$$\widehat{H} = -\frac{1}{2\mu} \nabla_R^2 + \widehat{H}_e \qquad (11.11)$$

(mit der reduzierte Kernmasse μ in Einheiten von m_e), so können wir die Schrödinger-Gleichung (11.4) für das gesamte Molekül schreiben als

$$\widehat{H}\,\phi_\gamma\,(r_i; R)\,\psi_{vN}\,(R) = -\frac{1}{2\mu}\nabla_R^2\,\phi_\gamma\,(r_i; R)\,\psi_{vN}\,(R) + \widehat{H}_e\,\phi_\gamma\,(r_i; R)\,\psi_{vN}\,(R)$$

$$= W_{\gamma vN}\,\phi_\gamma\,(r_i; R)\,\psi_{vN}\,(R)\,. \qquad (11.12)$$

Hierbei ist $W_{\gamma vN} = W$ die *gesamte Energie des Moleküls*. Die Indizierung vN bezieht sich auf die Kernbewegung, wie wir gleich ausführen werden. Wir betrachten nun die einzelnen Summanden. Der elektronische Term (11.9) wird

---

[2] Je nach System und Genauigkeitsanspruch wird man sich ggf. aber auf die wichtigsten Elektronen beschränken und z.B. Elektronen in inneren Schalen der beteiligten Atome nur näherungsweise berücksichtigen.

$$\widehat{H}_e\,\phi_\gamma\psi_{vN} = W_\gamma\,(R)\,\phi_\gamma\psi_{vN}\,,$$

da $\widehat{H}_e$ differenzierend nur auf die elektronischen Koordinaten wirkt. Dagegen führt die kinetische Energie der Kerne, $-\nabla_R^2/(2\mu)$, wegen der Produktdifferenziation zu

$$-\frac{1}{2\mu}\nabla_R^2\,\phi_\gamma\psi_{vN} = -\frac{1}{2\mu}\left[\phi_\gamma\,\nabla_R^2\,\psi_{vN} + \psi_{vN}\,\nabla_R^2\,\phi_\gamma + 2\,(\nabla_R\phi_\gamma)\,(\nabla_R\psi_{vN})\right].$$

Damit wird die Schrödinger-Gleichung (11.12) für das Gesamtsystem:

$$\widehat{H}\,\phi_\gamma\,(\boldsymbol{r}_i; R)\,\psi_{vN}\,(\boldsymbol{R}) = \phi_\gamma\left(-\frac{1}{2\mu}\nabla_R^2\,\psi_{vN}\right) + W_\gamma\,(R)\,\phi_\gamma\psi_{vN} \qquad (11.13)$$

$$-\psi_{vN}\left(\frac{1}{2\mu}\nabla_R^2\,\phi_\gamma\right) + \frac{1}{2\mu}2\,(\nabla_R\phi_\gamma)\,(\nabla_R\psi_{vN}) \qquad (11.14)$$

$$= W_{\gamma vN}\phi_\gamma\psi_{vN}$$

Soweit ist die Rechnung noch streng richtig. Die eigentliche *Born-Oppenheimer-Näherung* besteht nun darin, $\nabla_R\phi_\gamma$ zu vernachlässigen, d.h. die Terme (11.14) fallen weg: die elektronischen Wellenfunktionen $\phi_\gamma(\boldsymbol{r}_i; R)$ ändern sich – insbesondere in der Nähe des Gleichgewichtsabstands R_0 – nur sehr wenig mit dem Kernabstand R, und somit wird $\nabla_R\phi_\gamma(\boldsymbol{r}_i; R)$ und erst recht die zweite Ableitung vernachlässigbar.

Man kann auch folgende Überlegung anstellen: Der Beitrag $\nabla_R\phi_\gamma$ ist von der gleichen Größenordnung wie $\nabla_{r_i}\phi_\gamma$, da die gleichen Bereiche des Moleküls für die Gradientenbildung betrachtet werden. Um einmal wieder die SI-Einheiten in Erinnerung zu bringen, schreiben wir den Elektronenimpuls $\boldsymbol{p}_e = -\mathrm{i}\hbar\nabla_{r_i}\phi_\gamma$. Damit ergibt sich

$$\frac{\hbar^2}{2\mu}\nabla_R^2\,\phi_\gamma \sim \frac{\hbar^2}{2\mu}\nabla_{r_i}^2\,\phi_\gamma \sim \frac{p_e^2}{2\mu} = \frac{m_e}{\mu}\frac{p_e^2}{2m_e} = \frac{m_e}{\mu}W_\gamma,$$

d.h. wir vernachlässigen einen Beitrag von Größenordnung $10^{-3}\ldots10^{-5}W_\gamma$. Tatsächlich zeigt sich, dass die Born-Oppenheimer-Näherung eine ganz ausgezeichnete Näherung ist, deren Gültigkeit weit über das hinaus geht, was man nach dieser Abschätzung erwarten würde!

Somit haben wir für die Kernbewegung zu lösen

$$\phi_\gamma\left(-\frac{1}{2\mu}\nabla_R^2\,\psi_{vN}\right) + W_\gamma\,(R)\,\phi_\gamma\psi_{vN} = W_{\gamma vN}\phi_\gamma\psi_{vN}\,,$$

was wir von links mit $\phi_{\gamma'}$ multiplizieren und über r integrieren:

$$\langle\phi_{\gamma'}|\phi_\gamma\rangle\left[-\frac{\hbar^2}{2\mu}\nabla_R^2\psi_{vN} + W_\gamma\,(R)\,\psi_{vN}\right] = \langle\phi_{\gamma'}|\phi_\gamma\rangle\,W_{\gamma vN}\psi_{vN},$$

Wir können nun die Orthogonalität der elektronischen Wellenfunktion (11.10) $\langle\phi_{\gamma'}|\phi_\gamma\rangle = \delta_{\gamma'\gamma}$ nutzen und erhalten die *Schrödinger-Gleichung für die Kernwellenfunktion* $\psi_{vN}\,(\boldsymbol{R})$ und deren Eigenwerte $W_{\gamma vN}$:

$$-\frac{\hbar^2}{2\mu}\nabla_R^2\psi_{vN}\left(\boldsymbol{R}\right)+W_\gamma\left(R\right)\psi_{vN}\left(\boldsymbol{R}\right)=W_{\gamma vN}\psi_{vN}\left(\boldsymbol{R}\right) \qquad (11.15)$$

Der Hamiltonian für die Kernbewegung ist also:

$$\widehat{H}_n=-\frac{1}{2\mu}\nabla_R^2+W_\gamma\left(R\right) \qquad (11.16)$$

Die R-abhängigen Eigenwerte $W_\gamma\left(R\right)$ der elektronischen Schrödinger-Gleichung (11.9) bilden also das Potenzial für die Schrödinger-Gleichung der Kerne (11.15), und wir schreiben daher künftig $V_\gamma(R)=W_\gamma(R)$.

11.2.3 Allgemeine Form der Molekülpotenziale

Die für verschiedene Werte von R berechneten elektronischen Energien $W_\gamma(R)$ bilden für jeden Satz elektronischer Quantenzahlen γ eine kontinuierliche Funktion von R (*Potenzial* oder *Potenzialkurve* genannt), im mehrdimensionalen Fall eine *Potenzialhyperfläche*. Dieses Potenzial setzt sich aus zwei Anteilen zusammen: einem Teil, der die Abstoßung der beiden Kerne berücksichtigt und einem Anteil, der die Molekülbindung bewirkt, man kann also (in atomaren Einheiten) schreiben:

$$V_\gamma\left(R\right)=W_\gamma(R)=\frac{Z_AZ_B}{R}+U\left(R\right) \qquad (11.17)$$

Ein typisches Molekülpotenzial hat daher mehrere charakteristische Bereiche, wie in Abb. 11.4 für ein bindendes und ein antibindendes System dargestellt. Bei größeren Abständen wirkt aufgrund der Polarisierbarkeit der Elek-

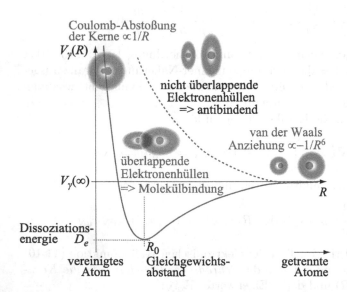

Coulomb-Abstoßung
der Kerne $\propto 1/R$

$V_\gamma(R)$

nicht überlappende
Elektronenhüllen
=> antibindend

van der Waals
Anziehung $\propto -1/R^6$

überlappende
Elektronenhüllen
=> Molekülbindung

$V_\gamma(\infty)$

R

Dissoziations-
energie D_e

R_0

vereinigtes
Atom

Gleichgewichts-
abstand

getrennte
Atome

Abb. 11.4. Schematische Darstellung eines Molekülpotenzials für den bindenden (*volle rote Linie*) und antibindenden Fall (*gestrichelte rote Linie*). Bei großen Abständen wirkt stets eine anziehende Polarisationswechselwirkung, die freilich sehr schwach ist

tronenhüllen stets ein, wenn auch meist sehr schwaches, anziehendes Van-der-Waals-Potenzial $\propto -R^{-6}$, wie wir das bereits in Kap. 8.7, Band 1 besprochen haben. Bei sehr kleinen Abständen dagegen stoßen sich die Atomkerne aufgrund der Coulomb-Wechselwirkung ab. Auch wenn man den Grenzfall der vereinigten Atom(kern)e, in der Realität nie erreicht, spielt er bei der systematischen Behandlung von Molekülorbitalen und -potenzialen eine wichtige Rolle. Wir kommen darauf in Abschn. 11.5.4 zurück. Zwischen diesen Grenzfällen ist die Wechselwirkung der Elektronenhüllen besonders stark. Die Art dieser Wechselwirkung entscheidet über Bindung oder Nichtbindung zweier Atome zu einem Molekül: starker Überlapp der Elektronenhüllen führt zur Bindung, geringer Überlapp hat nichtbindende Potenziale zur Folge. Wie in Abb. 11.4 skizziert, liest man die Bindungsenergie (oder Dissoziationsenergie) D_e und den Gleichgewichtsabstand R_0 am Minimum des Potenzials ab, wobei hier der Energienullpunkt auf vollständig getrennte Atome bezogen ist ($V_\gamma(\infty) = 0$).

Es sei schließlich noch bemerkt, dass das hier diskutierte grundsätzliche Verhalten der Wechselwirkungspotenziale ganz allgemein für einzelne Molekülbindungen bzw. Molekülkoordinaten auch in größeren Systemen gilt und nicht auf zweiatomige beschränkt ist. Die konkreten Details der Berechnung von Potenzialen bzw. Potenzialhyperflächen verschieben wir auf später, wollen aber das eben schematisch skizzierte noch etwas quantitativer fassen und an konkreten Beispielen illustrieren.

11.2.4 Harmonisches Potenzial und harmonischer Oszillator

Unser nächstes Ziel wird es sein, die Kernbewegung zu verstehen und quantenmechanisch zu beschreiben. Man geht dieses Problem traditionellerweise in mehreren Näherungsschritten an, mit dem Ziel, die verschiedenen Bewegungsarten getrennt zu analysieren. Ein erster Schritt ist die Entwicklung des Potenzials in eine Taylor-Reihe, um zu sehen, wie weit man mit den niedrigsten Entwicklungstermen kommt. Wenn man zunächst kleine Schwingungen des Moleküls um die Gleichgewichtslage betrachten will, entwickelt man das Potenzial um den Gleichgewichtsabstand R_0 und bricht nach dem ersten nicht-verschwindenden Term ab:

$$V_\gamma(R) = V_\gamma(R_0) + (R - R_0)\left.\frac{dV_\gamma}{dR}\right|_{R=R_0} + \frac{1}{2}(R - R_0)^2 \left.\frac{d^2V_\gamma}{dR^2}\right|_{R=R_0} + \ldots$$

Am Potenzialminimum ist $dV_\gamma/dR|_{R=R_0} = 0$, und wir erhalten unter Vernachlässigung höherer Terme ein *harmonisches Potenzial*

$$V_\gamma(R) = V_\gamma(R_0) + \frac{1}{2}k(R - R_0)^2 \qquad (11.18)$$

mit der Kraftkonstanten $\quad k = d^2V_\gamma/dR^2|_{R=R_0}$.

als einfachsten Ansatz. Nun ist der *harmonische Oszillator* auf allen Stufen der physikalischen Ausbildung ein beliebig gut behandeltes Objekt, sodass wir

hier noch vor der systematischen Behandlung der Kernbewegung eine kurze
Zusammenfassung der Ergebnisse dieser Näherung geben können.

Nach der klassischen Mechanik führt ein solches Potenzial zu harmonischen
Eigenschwingungen mit der Kreisfrequenz

$$\omega_0 = \sqrt{k/\mu}. \tag{11.19}$$

Quantenmechanisch berechnet man Wellenfunktionen $\mathcal{R}_v(R)$ und Energieeigenwerte W_v aus der eindimensionalen Schrödinger-Gleichung des **harmonischen Oszillators**:

$$\left[-\frac{\hbar^2}{2\mu}\frac{d^2}{dR^2} + \frac{1}{2}k(R-R_0)^2\right]\mathcal{R}_v(R) = W_v\mathcal{R}_v(R) \tag{11.20}$$

Man kann dieses Eigenwertproblem dimensionslos schreiben mit

$$x = (R-R_0)/l \quad \text{mit} \quad l^2 = \frac{\hbar}{\sqrt{\mu k}} = \frac{\hbar}{\mu\omega_0}, \tag{11.21}$$

wobei l eine charakteristische Länge ist, die für die in Tabelle 11.4 auf S. 20
aufgelisteten Moleküle zwischen 0.25 und $0.1a_0$ liegt. Man erhält so:

$$\left[\frac{d^2}{dx^2} + \frac{2W_v}{\hbar\omega_0} - x^2\right]\mathcal{R}_v(x) = 0 \tag{11.22}$$

Lösungen sind die Hermiteschen Funktionen.[3] Man kann sie z.B. nach

$$\mathcal{R}_v(x) = \frac{(-1)^v}{\sqrt{2^v v!}\sqrt{\pi}}\exp(x^2/2)\frac{d^v}{dx^v}\exp(-x^2) \tag{11.23}$$

berechnen. Die Wellenfunktionen der fünf niedrigsten Zustände sind in Abb.
11.5 skizziert und in Tabelle 11.1 zusammengestellt.

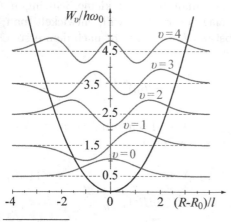

Abb. 11.5. Harmonischer Oszillator:
Potenzielle Energie (*volle schwarze Linie*), Gesamtenergie (*schwarz gestrichelte Linien*) und Eigenfunktionen
$\mathcal{R}_v(R)$ für die Vibrationszustände $v =
0\ldots4$ (*rote Linien*, zur besseren Zu-
ordnung in der Höhe versetzt)

---

[3] Die hermiteschen Funktionen werden als Produkt von Hermiteschen Polynomen
$H_v(x)$ mit der Gauß-Funktion $\exp(-x^2/2)$ definiert.

Tabelle 11.1. Hermitesche Polynome für die Vibrationszustände $v = 1 \ldots 4$

v	$\mathcal{R}_v(x)$
0	$\dfrac{1}{\sqrt[4]{\pi}} e^{-x^2/2}$
1	$\dfrac{\sqrt{2}}{\sqrt[4]{\pi}} x e^{-x^2/2}$
2	$\dfrac{1}{\sqrt{2\sqrt{\pi}}} e^{-x^2/2} \left(2x^2 - 1\right)$
3	$\dfrac{1}{\sqrt{3\sqrt{\pi}}} x e^{-x^2/2} \left(2x^2 - 3\right)$
4	$\dfrac{1}{2\sqrt{6\sqrt{\pi}}} e^{-x^2/2} \left(4x^4 - 12x^2 + 3\right)$

Die zugehörigen Energieeigenwerte sind die bekannten Energieniveaus des harmonischen Oszillators

$$W_v = \hbar\omega_0 \left(v + 1/2\right), \, v = 0, 1, \ldots$$

Man beachte (Abb. 11.5) das bezüglich des Gleichgewichtsabstands R_0 abwechselnd symmetrische bzw. antisymmetrische Verhalten der Wellenfunktionen und die endliche Ausdehnung des Grundzustandsfunktion ($v = 0$, Nullpunktsschwingung), die zu einer endlichen *Nullpunktsenergie* $W_{\min} = \hbar\omega_0/2$ führt. Die Wellenfunktion der Nullpunktsschwingung ist eine reine Gauß-Funktion.

Abbildung 11.6 zeigt ein Beispiel für eine hohe Vibrationsquantenzahl $v = 20$. Man sieht, dass in diesem Fall die Aufenthaltswahrscheinlichkeit an den Rändern deutlich zunimmt – ganz entsprechend der erhöhten Verweildauer am klassischen Umkehrpunkt für einen klassischen, harmonischen Oszillator.

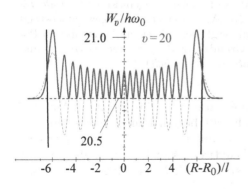

Abb. 11.6. Harmonischer Oszillator im Zustand $v = 20$: Potenzielle Energie (*volle schwarze Linien links und rechts*), Gesamtenergie (*schwarz gestrichelte Linie*) und Eigenfunktionen $\mathcal{R}_v(R)$ (*rot gestrichelt*). Die volle rote Linie gibt das Quadrat der Wellenfunktion und damit die Aufenthaltswahrscheinlichkeit bei einem bestimmten R

11.2.5 Morse-Potenzial

Es ist lehrreich, den Ansatz eines harmonischen Potenzials für ein konkretes Molekül mit der Realität zu vergleichen. Wir tun dies am Beispiel des Kohlenstoffmonoxids CO, für dessen Grundzustand ein experimentell sehr genau bestimmtes, sogenanntes Rydberg-Klein-Rees Potenzial (RKR-Potenzial) verfügbar ist (wir werden auf das RKR-Verfahren in Abschn. 11.4.5 noch zurückkommen). In Abb. 11.7 sind die experimentellen Datenpunkte durch Kreuze angedeutet. Für jeden vermessenen Vibrationszustand des Moleküls gibt es ein Paar solcher Datenpunkte, jeweils für den inneren und äußeren klassischen Wendepunkt. Einige Vibrationsniveaus sind explizit angedeutet.

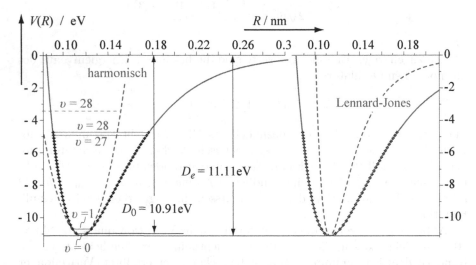

Abb. 11.7. Potenzial des Grundzustands von CO. Die Kreuze geben die experimentell bestimmten Punkte des RKR-Potenzials nach Fleming und Rao (1972); Mantz et al. (1971). Daran wurde ein Morse-Potenzial angepasst (*rote, volle Linie*) mit einer Bindungsenergie $D_e = 11.108\,\text{eV}$ und einem Gleichgewichtsabstand $R_0 = 0.1128229\,\text{nm}$. Dieses Potenzial wird verglichen mit einem harmonischen Potenzial gleicher Schwingungsfrequenz im Grundzustand (*links, rot gestrichelt*) und einem 12,6-Lennard-Jones-Potenzial (*rechts, rot gestrichelt*)

Die harmonische Approximation dieses Potenzials (linker Teil von Abb. 11.7, rot gestrichelte Linie) ist offenbar doch sehr begrenzt und erlaubt nur eine Beschreibung der untersten Vibrationsniveaus ($v = 0, 1$). Es gibt aber eine Reihe von Ansätzen, die eine bessere analytische Annäherung an die Realität gewährleisten. Häufig benutzt man das von P.M. Morse (1929) angegebene Potenzial

$$V_m(R) = D_e \left[e^{-2a(R-R_0)} - 2\,e^{-a(R-R_0)} \right] . \tag{11.24}$$

Dieses *Morse-Potenzial* bietet mit den drei Parametern D_e, Gleichgewichts-abstand R_0 und Steifigkeit des Potenzials a schon einige Flexibilität, gibt die Grenzfälle in der Tendenz richtig wieder und ist einfach zu handhaben. Wie in Abb. 11.7 angedeutet, legt man üblicherweise den Energienullpunkt für den Grundzustand durch $V_\gamma(\infty) = 0$ fest, und für das Potenzialminimum wird somit $V_\gamma(R_0) = -D_e$. Alternativ findet man aber durchaus auch die Form

$$V'_m(R) = D_e \left[1 - e^{-a(R-R_0)}\right]^2,$$

die sich lediglich durch die Verschiebung des energetischen Nullpunkts von (11.24) nach $-D_e$ unterscheidet. Die eigentliche *Bindungsenergie des Grundzustands* des Moleküls, die für die Dissoziation aus dem Vibrationsgrundzustand $v = 0$ aufgewendet werden muss, ist in jedem Fall

$$D_0^0 = D_e - \hbar\omega_0/2,$$

d.h. um die Energie der Nullpunktsschwingung geringer als die *Potenzialtopftiefe* D_e, wie ebenfalls in Abb. 11.7 skizziert.

Für das hier gezeigte Beispiel des CO ist die Anpassung des Morse-Potenzials (als volle rote Linie dargestellt) an die experimentellen Daten auf den ersten Blick erstaunlich gut.[4] Die Steifigkeit a des Potenzials ist mit der Federkonstanten k nahe dem Potenzialminimum verknüpft. Mit (11.18) und (11.19) findet man

$$k = 2D_e a^2 \quad \text{und} \quad \omega_0 = \sqrt{k/\mu} = a\sqrt{2D_e/\mu}. \tag{11.25}$$

Harmonisch approximiert wird das Morse-Potenzial somit durch:

$$V_m(R) = -D_e \left(1 - a^2(R-R_0)^2 + \dots\right)$$

Es leuchtet sofort ein, dass *wegen des anharmonischen Potenzials* mit wachsendem v die Federkonstante k und damit auch Kreisfrequenz ω_0 und Schwingungsenergie $\hbar\omega_0$ kleiner werden, dass also die *Abstände zwischen den Schwingungsniveaus für höhere Energien abnehmen* und in der Nähe zur Dissoziationsenergie sehr klein werden. Allerdings bleibt die Zahl der Schwingungszustände in einem solchen „Potenzialtopf" endlich.[5] Aus dem gleichen Grunde *nimmt der mittlere Kernabstand mit der Schwingungsanregung zu:*

$$\langle R(v+1)\rangle > \langle R(v)\rangle > \dots > R_0$$

---

[4] Allerdings ist die experimentelle Präzision inzwischen so weit fortgeschritten, dass das Morse-Potenzial höheren Ansprüchen nicht mehr genügt. Die Datenpunkte werden in der Literatur z.T. mit einem Fehler von 1 ppm Genauigkeit angegeben.

[5] Die Tatsache, dass es bei neutralen Atomen und Kationen unendlich viele Zustände gibt, deren Energie zur Ionisationsgrenze konvergiert, ist allein den besonderen Eigenschaften des Coulomb-Potenzials geschuldet. Alle anderen Potenziale unterstützen maximal endlich viele gebundene Zustände.

Dies ist auch die Ursache für die thermische Ausdehnung von Festkörpern: mit steigender Temperatur wird die mittlere Schwingungsenergie größer, damit auch der mittlere Wert von v und somit von R.

In Tabelle 11.2 sind die Parameter für einige charakteristische zweiatomige Moleküle zusammengestellt, mit denen man im Prinzip Anpassungen durch ein Morse-Potenzial vornehmen kann.

Tabelle 11.2. Potenzialparameter für einige charakteristische zweiatomige Moleküle: Reduzierte Masse μ, Gleichgewichtsabstand R_0, Dissoziationsenergie $D_0^0 = D_e - \hbar\omega_0/2$ in Bezug auf den Schwingungsgrundzustand sowie dessen Schwingungsenergie $\hbar\omega_0$ und Dipolmoment $D_{\gamma v}$

Molekül	μ/ u	R_0/ Å	D_0^0/ eV	$\hbar\omega_0$/ eV	$D_{\gamma v}$/10^{-30} C m^a
H_2^+	0.504	1.052	2.651	0.2714	
H_2	0.504	0.7414	4.478	0.5156	
D_2	1.0071	0.7415	4.556	0.37095	
$^7Li^1H$	0.8812	1.5957	2.4287	0.16853	19.6256
$^1H^{35}Cl$	0.9796	1.2746	4.433	0.3577	3.6979
N_2	7.0015	1.09768	9.759	0.28888	
$^{14}N^{16}O$	7.466	1.15077	6.497	0.23260	0.52943
O_2	7.997	1.20752	5.115	0.19295	
$^{12}C^{16}O$	6.8562	1.12832	11.09	0.26573	0.3662
Na_2	11.4949	3.0788	0.720	0.01955	
$^{23}Na^{35}Cl$	13.870	2.3608	4.23	0.0448[b]	30.025
Cl_2	17.4844	1.987	2.479	0.0687	

Soweit nicht anders vermerkt, nach Huber und Herzberg (1979).
[a]Lovas et al. (2005) [b]Ram et al. (1997).

11.2.6 Dispersionswechselwirkung und Van-der-Waals-Moleküle

Neben der chemischen Bindung durch die Bildung von Molekülorbitalen und der Coulomb-Anziehung zwischen geladenen Atomen bzw. polaren Molekülen gibt es eine weitere, anziehende Wechselwirkung, die sogenannte *Van-der-Waals-Wechselwirkung* (vdW-WW, auch Dispersionswechselwirkung), auf die wir schon in Abschn. 11.2.3 hingewiesen haben. Sie wurde bereits in Kap. 8.7, Band 1 eingeführt und wirkt aufgrund der gegenseitigen Polarisation der Elektronenhüllen auch zwischen neutralen Atomen und Molekülen *ohne* permanentes Dipolmoment. Die vdW-WW lässt sich zu $V(R) \propto -\alpha_A\alpha_B R^{-6}$ abschätzen, wobei α_A und α_B die Polarisierbarkeiten der beiden Partneratome A und B sind. Sie ist in erster Näherung additiv und wirkt paarweise. Die vdW-WW führt u.a. auch zu Abweichungen vom idealen Gasgesetz. Die Zustandsgleichung der realen Gase wird bekanntlich durch die Van-der-Waals-Gleichung beschrieben:

$$\left(p + \frac{a}{V^2}\right)(V - b) = RT \tag{11.26}$$

Während der Parameter b (das sogenannte Kovolumen) die endliche Ausdehnung der Atome berücksichtigt und durch den repulsiven Teil des intermolekularen Potenzials verursacht wird, ist a/V^2 (der sogenannte Kohäsionsdruck) durch die attraktive vdW-Kraft bei größeren Abständen bestimmt und erhöht sozusagen den extern wirkenden Druck p.

Die vdW-WW ist um einen Faktor 10^2 bis 10^3 geringer als typische Bindungsenergien. So beträgt sie z.B. (im Potenzialminimum) bei dem nichtbindenden Edelgassystem Ar...Ar $\simeq 0.08\,\mathrm{eV}$, während Cl_2 (im Periodensystem direkt neben Ar angeordnet) mit $D_e \simeq 2.48\,\mathrm{eV}$ chemisch gebunden ist, wenn auch nur schwach. Die vdW-WW ist typischerweise von der Größenordnung der thermischen Energie $kT \sim 0.025$ eV (bei Raumtemperatur), weshalb man für ihre Untersuchung bei sehr tiefen Temperaturen arbeiten muss. So lässt sich Helium trotz seiner abgeschlossenen $1s$-Elektronenschale bei sehr niedrigen Temperaturen (4.3 K) verflüssigen und bildet bei tiefen Temperaturen Cluster bzw. Tröpfchen, die aus vielen Atomen bestehen. Überhaupt bilden alle Edelgase relativ leicht atomare Cluster. Eine probate Methode zur Untersuchung solcher Objekte ist die adiabatische Abkühlung der Edelgase in intensiven Atom- bzw. Molekularstrahlen.[6]

Auf diese Weise lassen sich aus Kombinationen praktisch aller Atome, auch wenn sie chemisch nicht bindend sind, zweiatomige, sehr schwach gebundene Moleküle herstellen. Für diese sogenannten *Van-der-Waals-Moleküle,* insbesondere für Edelgasatom-Paare, lässt sich die Wechselwirkung insgesamt durch ein sogenanntes *Lennard-Jones-Potenzial* approximieren:

$$V(R) = \frac{D_e}{(R/R_0)^{12}} - \frac{2D_e}{(R/R_0)^6} \qquad (11.27)$$

Das Lennard-Jones-Potenzial, kurz auch 12,6-Potenzial genannt, erlaubt lediglich die Einstellung von zwei Parametern. Für eine Modellierung der Potenziale chemisch gebundener Moleküle ist es daher nicht geeignet, wie die rote, gestrichelte Linie im rechten Teil von Abb. 11.7 auf S. 12 dokumentiert. 12,6-Potenziale eignen sich aber z.T. erstaunlich gut zur Beschreibung von vdW-Molekülen, wobei in der hier gewählten Normierung R_0 den Gleichgewichtsabstand (auch *vdW-Kontaktabstand* genannt) und D_e die Potenzialtopftiefe darstellt. Dies ist am Beispiel des He-He Systems in Abb. 11.8 auf der nächsten Seite dokumentiert, das exzellente Übereinstimmung mit dem vielparametrigen, experimentell hoch genau bestimmten Tang-Toennies-Potenzial (Tang et al., 1995) zeigt.

Im Rahmen der hier darstellbaren graphischen Genauigkeit ist kaum ein Unterschied zwischen dem angepassten 12,6-Potenzial und dem praktisch exakten Tang-Toennies-Potenzial festzustellen. Die Experimente erlauben jedoch eine sehr viel präzisere Bestimmung dieses fundamentalen Potenzials für das einfachste Edelgasdimer. Über viele Jahre bestand Unklarheit darüber, ob das He-He-Wechselwirkungspotenzial einen gebunden Zustand

---

[6] Wir werden darauf in Band 3 noch zu sprechen kommen.

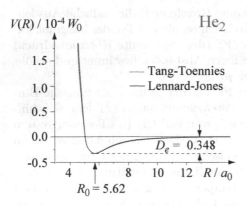

Abb. 11.8. Wechselwirkungspotenzial für zwei He-Atome. Wir vergleichen das fast exakte Tang-Toennies Potenzial nach Tang et al. (1995) (*rote Linie*) mit einem angepassten Lennard-Jones 12,6-Potenzial (*schwarze Linie*) nach (11.27). Man beachte, dass nur die zwei Parameter $D_e = 0.34784 \times 10^{-4} W_0$ ($\hat{=} 0.9465$ meV) und $R_0 = 5.62 a_0$ das Lennard-Jones-Potenzial bestimmen. Die beiden Potenziale sind im hier benutzten Maßstab praktisch nicht zu unterscheiden

des He$_2$-Moleküls erlaubt. Um dies abzuschätzen erinnern wir an den eindimensionalen Potenzialkasten, dessen tiefster Zustand nach (2.38) in Band 1 die Energie $W_1 = h^2/(8\mu L^2)$ hat. Damit dieser Zustand wirklich existieren kann, muss die Topftiefe mindestens W_1 sein, es muss also $D_e L^2 \times 8\mu/h^2 > 1$ sein. Mit $D_e = 0.348 \times 10^{-4}$ (alles in atomaren Einheiten) müsste also die effektive Ausdehnung des He-He-Potenzials $L > 6.24$ sein, was nach Abb. 11.8 durchaus nicht unrealistisch erscheint, sodass man einen gebundenen Zustand evtl. erwarten kann. Dies ist natürlich nur eine sehr grobe Abschätzung, welche ein exakte Rechnung nicht ersetzt. In Beugungsexperimenten mit ultrakalten He-Atomstrahlen konnte vor einigen Jahren definitiv die Existenz des He$_2$Moleküls nachgewiesen werden. Nach Grisenti et al. (2000) ist der derzeit genaueste Wert für die Bindungsenergie des einen, existierenden Zustands $D_0^0 = 1.1$ mK $+0.3/-0.2$ mK, d.h. $\simeq 10^{-7}$ eV(!), seine mittlere Ausdehnung $\langle R \rangle = 5.2 \pm 0.4$ nm (!). Es handelt sich beim He$_2$ also schon um einen eher pathologischen Fall von Molekül!

Tabelle 11.3. Van-der-Waals-Radien einiger wichtiger Atome

Element	vdW-Radius/pm
H	120
He	140
C	170
N	155
O	152
P	180
S	180

Aus einer Kombination von Van-der-Waals-Kontaktabständen verschiedener Partneratome schätzt man sogenannte *Van-der-Waals-Radien* individueller Atome ab. Tabelle 11.3 gibt diese zur Illustration für einige Elemente an. Eine graphische Übersicht hatten wir bereits in Abb. 3.3, Band 1 mitgeteilt.

11.3 Kernbewegungen: Rotation und Vibration

11.3.1 Schrödinger-Gleichung

Nachdem wir den charakteristischen Verlauf von Molekülpotenzialen jetzt grundsätzlichen verstehen, wollen wir uns zunächst der Kernbewegung etwas eingehender widmen. Die reduzierte Kernmasse $\mu = M_A M_B/M$ bewegt sich also im (kugelsymmetrischen) elektronischen Potenzial $V_\gamma(R)$. Durch Einführung der Relativkoordinate $R = R_A - R_B$ anstelle der einzelnen Kernkoordinaten $R_A = R\,M_B/M$ und $R_B = R\,M_A/M$ ersetzt man die beiden schwingenden Kernmassen sozusagen durch *ein* „reduziertes Kernteilchen" wie in Abb. 11.9 illustriert.[7] Wir haben also wieder eine Schrödinger-Gleichung

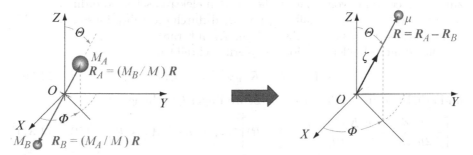

Abb. 11.9. Das „reduzierte Kernteilchen": man transformiert das Zweiteilchenproblem durch Einführung der reduzierten Molekülmasse $\mu = M_A M_B/M$ (mit $M = M_A + M_B$) in ein effektives Einteilchenproblem, dessen Bewegung durch den Kernabstand R des Moleküls charakterisiert wird

ganz ähnlich der für das Wasserstoffatom zu lösen. Lediglich das Potenzial $1/r$ ist durch $V_\gamma(R)$ zu ersetzen (die R-abhängige, elektronische Eigenenergie). In vollständiger Analogie zu (2.94) in Band 1 schreiben wir (11.15) jetzt:

$$\widehat{H}_n\,\psi_{\gamma vN}(R) = \left[\widehat{H}_R + \widehat{H}_{rot} + V_\gamma(R)\right]\psi_{\gamma vN}(R) = W_{\gamma vN}\,\psi_{\gamma vN}(R) \quad (11.28)$$

$$\text{mit}\quad \widehat{H}_R = -\frac{\hbar^2}{2\mu}\frac{1}{R^2}\frac{\partial}{\partial R}\left(R^2\frac{\partial}{\partial R}\right)\quad\text{und}\quad \widehat{H}_{rot} = \frac{\widehat{N}^2}{2\mu R^2}$$

---

[7] Auch die Elektronenkoordinaten wird man transformieren und sie zweckmäßig auf die Molekülachse beziehen (in Abb. 11.9 die ζ-Achse).

Die Quantenzahl v charakterisiert die Radialbewegung (Schwingung). Der Drehimpulsoperator $\widehat{N}$ des reduzierten Kernteilchens beschreibt eine Erhaltungsgröße – ganz entsprechend $\hat{L}$ beim Elektron des H-Atoms. $\widehat{N}$ vertauscht nach den üblichen Drehimpulsregeln mit dem Hamilton-Operator. Es gilt also $\left[\hat{H}_n, \hat{N}_z\right] = 0$ und $\left[\hat{H}_n, \widehat{N}^2\right] = 0$. In der Ortsdarstellung wird $\widehat{N}^2$ analog zum H-Atom beschrieben durch

$$\widehat{N}^2 = -\hbar^2 \left[\frac{1}{\sin\Theta}\left(\frac{\partial}{\partial\Theta}\sin\Theta\frac{\partial}{\partial\Theta}\right) + \frac{1}{\sin^2\Theta}\frac{\partial^2}{\partial\Phi^2}\right]$$

und hat als Eigenfunktionen die Kugelflächenfunktionen $Y_{NM_N}(\Theta,\Phi)$

$$\widehat{N}^2 Y_{NM_N}(\Theta,\Phi) = \hbar^2 N(N+1) Y_{NM_N}(\Theta,\Phi) \tag{11.29}$$

mit den Eigenwerten $\hbar^2 N(N+1)$, wobei N ganzzahlig ist. Die Wellenfunktion der Kernbewegung $\psi_{\gamma vN}(\boldsymbol{R})$ lässt sich folglich als ein Produkt von Kugelflächenfunktionen $Y_{NM_N}(\Theta,\Phi)$ und einem Radialanteil schreiben. Analog zum Elektronbahndrehimpuls beim Wasserstoffatom sind N und M_N jetzt die Quantenzahlen des *molekularen Bahndrehimpulses*, Θ und Φ sind die Winkelkoordinaten der Atomkerne (wir benutzen die großen griechischen Buchstaben zur Unterscheidung von θ und φ, die wir den elektronischen Koordinaten vorbehalten wollen). Die Radialbewegung wird durch die Vibrationsquantenzahl v charakterisiert, R ist der Abstand der Atomkerne.

Die gesamte Wellenfunktion der Kerne schreibt man

$$\psi_{\gamma vN}(\boldsymbol{R}) = R^{-1} \mathcal{R}_{\gamma vN}(R) Y_{NM_N}(\Theta,\Phi) \tag{11.30}$$

und erhält so eine eindimensionale Schrödinger-Gleichung

$$\left[-\frac{\hbar^2}{2\mu}\frac{d^2}{dR^2} + \frac{\hbar^2 N(N+1)}{2\mu R^2} + V_\gamma(R)\right] \mathcal{R}_{\gamma vN}(R) = W_{\gamma vN}\mathcal{R}_{\gamma vN}(R) \tag{11.31}$$

$$\left[-\frac{\hbar^2}{2\mu}\frac{d^2}{dR^2} + V_{eff}(R)\right] \mathcal{R}_{\gamma vN}(R) = W_{\gamma vN}\mathcal{R}_{\gamma vN}(R)$$

für die Radialbewegung (Schwingung). Das „effektive Potenzial" $V_{eff}(R)$ ist auch hier wieder die Summe von Zentrifugalpotenzial $\hbar^2 N(N+1)/(2\mu R^2)$ und potenzieller Energie $V_\gamma(R)$. In diesem effektiven Potenzial bewegt sich die reduzierte Masse μ. Man kann (11.31) im Prinzip für jedes N numerisch lösen, wie üblich zu vernünftigen physikalischen Randbedingungen, und erhält damit die Rotations-Schwingungsenergien $W_{\gamma vN}$ und die radialen Eigenfunktionen $\mathcal{R}_{\gamma vN}(R)$. Es ist jedoch hilfreich, das Problem noch weiter zu vereinfachen.

11.3.2 Der starre Rotator

Dabei macht man sich wieder die verschiedenen Zeit- bzw. Energieskalen zu Nutze: Das Molekül schwingt schnell im Vergleich zur Rotation, wie wir eingangs gesehen haben. Daher kann man in (guter) erster Näherung von einem festen mittleren Kernabstand ausgehen.

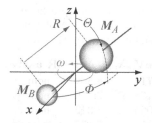

Abb. 11.10. Der starre Rotator im Raum

Zur Veranschaulichung ist Abb. 11.3 auf S. 4 freilich etwas zu simpel, denn das Molekül kann ja beliebige Polar- und Azimutwinkel Θ und Φ im Raum annehmen, wie in Abb. 11.10 skizziert. Man setzt also für die Behandlung der Rotation $R = const$ und identifiziert diesen Wert speziell für den niedrigsten Schwingungszustand mit dem Gleichgewichtsabstand R_0. Die Schrödinger-Gleichung (11.31) lässt sich dann tatsächlich separieren, und man erhält die Energieeigenwertgleichung des *starren Rotators*:

$$\widehat{H}_{rot} Y_{NM_N}(\Theta,\Phi) = -\frac{\widehat{N}^2}{2\mu R_0^2} Y_{NM_N}(\Theta,\Phi) = W_N Y_{NM_N}(\Theta,\Phi). \qquad (11.32)$$

N		W_N / Bhc
4	+	20
		8
3	−	12
		6
2	+	6
		4
1	−	2
0	+	0

Abb. 11.11. Termschema des starren Rotators

Mit (11.29) wird die *Rotationsenergie* also

$$W_N = \frac{\hbar^2}{2\mu R_0^2} N(N+1) = hcBN(N+1) \quad (11.33)$$

mit der *Rotationskonstanten* (Einheit cm^{-1})

$$B = \frac{\hbar^2}{2\mu R_0^2}\frac{1}{hc} = \frac{\hbar^2}{2I_0}\frac{1}{hc}, \qquad (11.34)$$

und dem *Trägheitsmoment* des Moleküls $I_0 = \mu R_0^2$.

Das sich ergebende Energieniveauschema ist in Abb. 11.11 skizziert. In Wellenzahlen ergibt sich für die Rotationsenergie einfach

$$F(N) = W_N/hc = BN(N+1). \qquad (11.35)$$

Die Rotationskonstante B ist (bei bekannter reduzierter Masse μ) ein empfindliches Maß für die Bindungslänge des Moleküls. In Tabelle 11.4 sind typische Werte für einige wichtige Moleküle zusammengestellt. Mit B_0 deutet man an, dass es sich um die Rotationskonstante für den tiefsten Vibrationszustand handelt.[8] Man sieht hier bereits, dass Spektren vom Infraroten bis in den Mikrowellenbereich zu erwarten sind.

Wir weisen schließlich noch darauf hin, dass das Bild von einer rotierenden Hantel eine Präzisierung durch die Quantenmechanik erfährt: Die Kugelflächenfunktionen $Y_{NM_N}(\Theta,\Phi)$ beschreiben die Wahrscheinlichkeitsamplituden dafür, dass das Molekül unter einem Winkel Θ und Φ im Raum anzutreffen ist. $|Y_{NM_N}(\Theta,\Phi)|^2 \sin\Theta\, d\Theta\, d\Phi$ ist die Wahrscheinlichkeit, die Molekülachse in der Richtung (Θ,Φ) zu finden. Dies wurde bereits in Kap. 2.6.3,

---

[8] Leider ist die in der Literatur benutzte Notation für die relevanten Molekülparameter nicht ganz einheitlich und teilweise verwirrend. Wir werden dies – wie auch die übrigen in Tabelle 11.4 zusammengestellten Größen – ab Abschn. 11.3.5 im Detail besprechen.

Tabelle 11.4. Rotations- und Vibrationskonstanten und entsprechende Absorptions-Wellenlängen für einige charakteristische zweiatomige Moleküle. Man beachte aber, dass nur Moleküle mit einem Dipolmoment infrarotaktiv sind

Molekül	$\hbar^2(2I)^{-1}$ / eV	B_0 / cm^{-1}	λ_{rot}	$\hbar\omega_0$ / eV	λ_{vib} / μm	IR aktiv
H_2^+	3.641×10^{-3}	29.4	170 μm	0.2714	4.568	nein
H_2	7.356×10^{-3}	59.32	84 μm	0.5156	2.405	nein
D_2	3.708×10^{-3}	29.90	167 μm	0.37095	3.342	nein
LiH	9.184×10^{-4}	7.4065	675 μm	0.16853	7.357	ja
$^1H\,^{35}Cl$	1.2945×10^{-3}	10.440	479 μm	0.3577	3.466	ja
N_2	2.467×10^{-4}	1.9896	2.51 mm	0.2888	4.292	nein
O_2	1.7827×10^{-4}	1.4377	3.48 mm	0.19295	6.426	nein
CO	2.384×10^{-4}	1.9225	2.60 mm	0.26573	4.666	ja
NO	2.103×10^{-4}	1.696 1	2.95 mm	0.23260	5.330	ja
Na_2	1.913×10^{-5}	0.15427	3.24 cm	0.01955	63.4	nein
NaCl[a]	2.6938×10^{-5}	0.21725	2.30 cm	0.0448	27.68	ja
Cl_2	3.02×10^{-5}	0.243	2.05 cm	0.0687	18.0	nein

Soweit nicht anders vermerkt, nach Huber und Herzberg (1979).
[a]für das Isotopolog ^{23}Na^{35}Cl nach Ram et al. (1997).

Band 1 ausführlich diskutiert. Da $|Y_{NM_N}(\Theta, \Phi)|^2$ nicht von Φ abhängt, ist diese Wahrscheinlichkeit rotationssymmetrisch zur Z-Achse. Auch die reelle Basis $Y_{N|M_N|}(\Theta)$ kann – je nach Anregungsmechanismus – eine gute Darstellung der Aufenthaltswahrscheinlichkeiten bieten. In Abb. 11.12 sind die entsprechenden Wahrscheinlichkeiten für $N = 0$ und $N = 1$ dargestellt. Das Bild des rotierenden Moleküls ist dabei nicht ohne weiteres zu erkennen. Es wird erst bei größerem N relevant und auch dann nur, wenn das Molekül durch mehrere zirkular polarisierte Photonen angeregt wurde, wie am Beispiel des $N = 3$, $M = 3$ Zustands illustriert.

Der tiefste Rotationszustand $N = 0$ hat eine isotrope Richtungsverteilung. Für große N und M Werte geht die Wellenfunktion in die klassische Rotationsbewegung um die z-Achse über. Werden alle $(2N + 1)$ entarteten, durch den M-Wert unterschiedenen, Zustände überlagert, ergibt sich für alle N-Werte wieder eine isotrope Richtungsverteilung. Regt man die Moleküle mit linear polarisiertem Licht an, so sind – in welchem Koordinatensystem wir das Molekül auch beschreiben – die Zustände mit positivem und negativem M gleich wahrscheinlich besetzt, der Erwartungswert der Drehimpulsprojektion auf eine Achse verschwindet, d.h. $\langle \hat{N}_z \rangle \equiv 0$. Das Bild des rotierenden Moleküls wird also nur bei Anregung mit zirkular polarisiertem Licht realisiert!

11.3.3 Besetzung der Rotationsniveaus und Kernspinstatistik

Wir wollen uns jetzt den Besetzungswahrscheinlichkeiten der Rotationszustände von Molekülen widmen, die neben ihrer Bedeutung für die Spektroskopie auch in der statistischen Mechanik und Thermodynamik eine wichtige Rolle

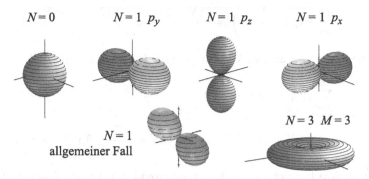

Abb. 11.12. Der starre Rotator im Raum: die Wahrscheinlichkeit die Molekülachse unter Θ und Φ ausgerichtet zu finden, ergibt sich aus dem Betragsquadrat der Kugelflächenfunktionen (bzw. Superpositionen davon). Hier am Beispiel $N = 0$ und $N = 1$ – letztere durch linear polarisiertes Licht angeregt – sowie für $N = 3$, $M = 3$ als Beispiel für ein mit zirkular polarisiertem Licht angeregtes Molekül

spielen: sie hängen natürlich von den energetischen Lagen der Rotationsniveaus und ihren Entartungsfaktoren ab, sind eine Funktion der Temperatur des untersuchten Systems und bilden die Basis für die Berechnung der spezifischen Wärmekapazität von molekularen Gasen.

Vergleichen wir die Rotationskonstanten in Tabelle 11.4 auf der vorherigen Seite mit der thermischen Energie, z.B. bei Raumtemperatur T_0,

$$k_B T_0 = k_B \times 293\,\mathrm{K} = 25 \times 10^{-3}\,\mathrm{eV} \,\hat{=}\, 203.6\,\mathrm{cm}^{-1}\,,$$

so sehen wir, dass die Rotationsenergien (11.33) in der Regel klein gegenüber thermischen Energien sind, $W_N \ll k_B T_0$. Daher sind bei Raumtemperatur stets viele Rotationsniveaus besetzt. Wir definieren für jedes Molekül eine *charakteristische Rotationstemperatur* T_{rot}

$$k_B T_{rot} = \frac{\hbar^2}{2I_0} = Bhc\,. \tag{11.36}$$

Diese Rotationstemperatur spielt bei der Bestimmung der spezifischen Wärmekapazität von Molekülen eine wichtige Rolle, wie wir gleich zeigen werden. Typische Werte gibt Tabelle 11.5.

Tabelle 11.5. Rotationstemperaturen für einige zweiatomige Moleküle

Molekül	H_2	D_2	HCl	N_2	O_2	CO	Cl_2
T_{rot}/K	93	47	15	2.89	2.08	2.77	0.4

Analog zu den $n\ell$-Niveaus (ℓ = Bahndrehimpuls) beim H-Atom ist die Entartung der Rotationsniveaus durch $g_N = 2N + 1$ gegeben. Die Besetzungswahrscheinlichkeit eines Rotationszustands N ist dann

$$w(N,T) = \frac{g_N}{\mathscr{Z}_N} \exp\left(-\frac{W_N}{k_B T}\right) = \frac{(2N+1)}{\mathscr{Z}_N} \exp\left(-\frac{N(N+1)T_{rot}}{T}\right) \quad (11.37)$$

entsprechend der Boltzmann-Verteilung, mit der *Zustandssumme*[9]

$$\mathscr{Z}_N = \sum_{N=0}^{\infty} (2N+1)e^{-W_N/k_B T} \quad (11.38)$$

$$\approx \int_0^{\infty} (2N+1)e^{-N(N+1)T_{rot}/T} dN = \frac{T}{T_{rot}} \quad \text{für} \quad T \gg T_{rot}.$$

Als Beispiele betrachten wir Kohlenmonoxid (CO) und Wasserstoff (H_2). Die Situation ist sehr übersichtlich für CO mit seiner niedrigen Rotationstemperatur ($T_{rot} = 2.77\,\text{K}$) und unterscheidbaren Atomkernen. Bei Zimmertemperatur ergibt (11.37)

$$w(N, 293\,\text{K}) = \frac{(2N+1)}{108.6} \exp\left(-9.233 \times 10^{-3} N(N+1)\right),$$

wie in Abb. 11.13a dargestellt. *Man beachte*, dass durch die Entartung der Rotationsniveaus der energetisch niedrigste Zustand $N = 0$ keineswegs am stärksten besetzt ist. Die Bedeutung dieser Zusammenhänge für die spezifische Wärmekapazität $c(T)$ liegt auf der Hand: Für sehr tiefe Temperaturen $T \ll T_{rot}$ ist die Rotation nicht anregbar, trägt dann also nicht zur spezifischen Wärmekapazität bei.

Im Gegensatz zu den heteronuklearen Molekülen muss man bei *homonuklearen Molekülen* auch die *Ununterscheidbarkeit der Atomkerne* berücksichtigen. Sind die konstituierenden Atomkerne Fermionen, so ist wegen des

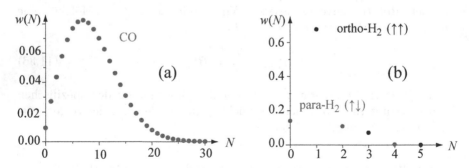

Abb. 11.13. Relative Besetzung der Rotationsniveaus von zweiatomigen Molekülen bei Raumtemperatur: (a) für CO – bei diesem heteronuklearen Molekül hat die Kernspinstatistik keinen Einfluss auf die Besetzung der Rotationsniveaus N; (b) für H_2 (Kernspin $I(^1H) = 1/2$) – hier sind Zustände mit geradem und ungeradem N unterschiedlich besetzt (*rot*: para-H_2 ↑↓, *grau*: ortho-H_2 ↑↑)

---

[9] englisch *Partition function*.

Pauli-Prinzips die Gesamtwellenfunktion (Kernspin × Kernrotation × elektronischer Zustand) bezüglich Kernvertauschung zu antisymmetrisieren, bei Bosonen ist sie zu symmetrisieren. Nun ist die Vertauschung zweier Kerne in Bezug auf die Rotationswellenfunktion $Y_{NM_N}(\Theta, \Phi)$ äquivalent zu einer Inversion in Bezug auf den Schwerpunkt. Die Vertauschungssymmetrie ist demnach identisch mit der Parität, wird also durch $(-1)^N$ gegeben, wie in Abb. 11.11 auf S. 19 durch + und − angedeutet. Entsprechend muss bei Fermionen für gerade N die Kernspinfunktion des Moleküls ungerade sein, für ungerade N aber gerade. Bei Bosonen gilt das Umgekehrte. Für Bosonen mit Kernspin $I = 0$, wie etwa beim He oder O, sind die Kernspinfunktionen immer symmetrisch, die übrige Wellenfunktion muss daher symmetrisch sein.

Besonders übersichtlich ist das beim H_2, mit den Kernspins $I = 1/2$, also einem Fermionenpaar. Der elektronische Grundzustand wird durch $^1\Sigma_g^+$ charakterisiert (s. Abschn. 11.6) und ist bezüglich Reflexion an einer Ebene durch die Kernverbindungsachse aber auch gegen Kernkoordinatenvertauschung symmetrisch. Die Kernspinfunktion kann ein Singulett oder ein Triplett sein (analog zu den Elektronen in den angeregten Zuständen des atomaren He, s. Kap. 7, Band 1). Um eine gegen Kernvertauschung antisymmetrische Gesamtwellenfunktion zu erhalten, muss bei geraden Rotationszuständen ($N = 0, 2, 4 \ldots$) die Kernspinfunktion also antisymmetrisch, d.h. ein Singulett sein. Man spricht von Para-Wasserstoff (p-H_2). Dagegen gehören zu den Zuständen mit $N = 1, 3, 5, \ldots$ Kernspin-Tripletts. Man spricht von Ortho-Wasserstoff (o-H_2). Die Besetzungswahrscheinlichkeit (11.37) muss noch mit dem Entartungsfaktor $g_S = (2S + 1)$ für die Kernspinzustände multipliziert werden, d.h. mit $g_S = 3$ bzw. $= 1$ für Triplett- bzw. Singulettzustände. Die sich ergebende Besetzung für p-H_2 und o-H_2 ist in Abb. 11.13b dargestellt.

Übergänge zwischen p-H_2 und o-H_2 sind unter normalen Gasbedingungen sehr unwahrscheinlich, und man kann geradezu von zwei verschiedenen Spezies sprechen, die über Tage hinweg stabil sind. Ihre Besetzungsverteilung $w(T)$, summiert über jeweils alle Rotationsniveaus, ist als Funktion der Temperatur in Abb. 11.14 gezeigt. Bei sehr tiefen Temperaturen liegt im thermody-

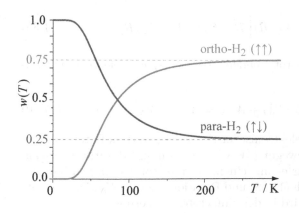

Abb. 11.14. Relative Anteile an ortho- und para-H_2 in einem Gas von Wasserstoffmolekülen als Funktion der Temperatur. *Rot*: ortho − *Grau*: para

namischen Gleichgewicht nur p-H_2 vor, während bei höheren Temperaturen
das Verhältnis von p-H_2 zu o-H_2 den Wert 1 : 3 entsprechend g_S annimmt.
Man stellt para-H_2 her, indem man normales H_2-Gas auf Temperaturen unter
20 K abkühlt und dabei einen Katalysator einsetzt, z.B. Fe(III)-haltige Sub-
stanzen, die stoßinduzierte Singulett-Triplett-Übergänge unterstützen (magnetische Wechselwirkung), um thermodynamisches Gleichgewicht erreichen
zu können. Bei tiefen Temperaturen entspricht dieses Gleichgewicht reinem
para-H_2. Danach erwärmt man das Gas ohne Katalysator (!) wieder vorsichtig,
sodass das Molekül in den N Rotationszuständen bleibt, die zum para-System
gehören: nur gerade $N = 2, 4, 6 \ldots$ werden thermisch angeregt. Es dauert viele Stunden oder gar Tage, ehe das so präparierte p-H_2 (ohne Katalysator)
wieder in den thermodynamischen Gleichgewichtszustand übergeht.

Wie schon erwähnt, spielt die Kernspinstatistik auch eine wichtige Rolle
bei der Interpretation rotationsaufgelöster, elektronischer Spektren und bei
Raman-Prozessen. Wir kommen darauf im Zusammenhang mit den Raman-
Spektren für O_2 noch einmal in Kap. 15.7 zurück.

11.3.4 Vibration

Vibrationsenergien sind typischerweise um 2 bis 3 Größenordnungen größer
(s. Tabelle 11.4 auf S. 20), sodass man die beiden Bewegungsformen, Rotation
und Schwingung, in erster Näherung getrennt behandeln kann. Zudem sind
die Anharmonizitäten der Potenziale für nicht allzu hohe Anregung gering.
Es ist daher gerechtfertigt, erst einmal von einem konstanten mittleren Bindungsabstand $\langle R \rangle = R_0$ auszugehen und die Rotationsenergie aus dem Modell
des starren Rotators einfach in die radiale Schrödinger-Gleichung (11.31) für
die Kernbewegung einzusetzen. Man ersetzt dort also

$$\widehat{H}_{rot} = \frac{\hbar^2}{2\mu R^2} N (N + 1) \quad \text{durch} \quad W_N = \frac{\hbar^2}{2\mu R_0^2} N (N + 1) = BhcN (N + 1)$$

und hat dann für den Schwingungsanteil zu lösen:

$$\left[-\frac{\hbar^2}{2\mu} \frac{d^2}{dR^2} + V_\gamma (R) \right] \mathcal{R}_v (R) = W_{\gamma v} \mathcal{R}_v (R) \tag{11.39}$$

Die Gesamtenergie dieses rotierenden Oszillators im elektronischen Zustand γ wird damit

$$W_{\gamma v N} = V_\gamma (R_0^\gamma) + W_{vN} = W_{\gamma v} + W_N . \tag{11.40}$$

Sie kann also als Summe von elektronischer Energie $V_\gamma (R_0)$ im Potenzialminimum und Energie der Kernbewegung W_{vN} (Vibration und Rotation) verstanden werden, oder – sofern wir es mit einem starren Rotator zu tun haben –
auch als Summe von $W_{\gamma v}$ nach (11.39) und Rotationsenergie W_N. Die gesamte
Energie der Kernbewegung wird in der einfachsten Näherung

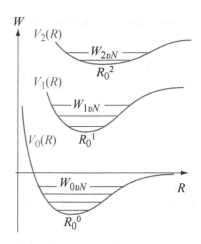

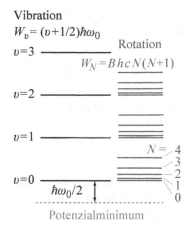

Abb. 11.15. Qualitatives, schematisches Bild der elektronischen Energien (Potenziale) $V_\gamma(R)$ und der Gesamtenergie $W_{\gamma v N} = W_\gamma + W_{v N}$ bei gebundenen Molekülzuständen

Abb. 11.16. Ausschnitt für *einen* elektronischen Zustand: Vibrations- und Rotationsenergien des harmonischen Oszillator mit starrem Rotator (der Deutlichkeit halber sind die Rotationsabstände stark vergrößert)

$$W_{vN} = W_v + W_N = \hbar\omega_0 \left(v + \frac{1}{2}\right) + Bhc\,N\,(N+1) \qquad (11.41)$$

(harmonischer Oszillator + starrer Rotator). Qualitativ erhalten wir das in Abb. 11.15 angedeutete Bild: aus den elektronischen Energien für den Grundzustand und die verschiedenen angeregten Zustände ($\gamma = 0, 1, 2 \ldots$), welche die Energieterme in der Atomphysik beschreiben, werden bei Molekülen Potenziale $V_\gamma(R)$, wie wir schon besprochen haben. Sofern das Molekül gebunden ist, gibt es für jeden elektronischen Zustand γ ein Minimum bei einem wohl definierten Gleichgewichtsabstand R_0^γ. Die Kernbewegung findet in diesen Potenzialen statt. Die Energien von Schwingung und Rotation $W_{vN} = W_v + W_N$ kommen einfach additiv zur jeweiligen elektronischen Energie beim Gleichgewichtsabstand hinzu.

Das in Abb. 11.16 skizzierte, vergrößerte Schema illustriert für *einen* elektronischen Zustand die Energien der Kernbewegung $W_{vN} = W_v + W_N$ für einige Werte von v und N nach (11.41). Die realen Größen für Schwingungsenergie $\hbar\omega_0$ und Rotationsenergie $Bhc = \hbar^2/(2I_0)$ findet man für einige charakteristische Moleküle in Tabelle 11.4 auf S. 20.

Natürlich ist das simple Modell des harmonischen Oszillators mit starrem Rotator erst der Anfang einer realistischen Beschreibung. Bei bekanntem Potenzial $V_\gamma(R)$ kann man (immer noch unter der Annahme des starren Rotators) die radiale Schrödinger-Gleichung (11.31) natürlich auch problemlos numerisch integrieren und nach dem üblichen Rezept – wie bei der Bindung eines Elektrons an den Atomkern – stabile Lösungen suchen. Die so gefundenen

Schwingungsenergien W_v lassen sich für $N = 0$ und jedes nicht harmonische Potenzial als Reihenentwicklung vom Typ

$$G(v) = W_v/hc = \omega_e \left(v + \frac{1}{2} \right) - \omega_e x_e \left(v + \frac{1}{2} \right)^2 + \dots \qquad (11.42)$$

angeben, wobei man aus spektroskopischen Gründen gerne diese Darstellung in Wellenzahlen wählt. Dabei charakterisiert

$$\omega_e = \hbar\omega_0/hc = \omega_0/2\pi c , \qquad (11.43)$$

die *harmonische Schwingungsfrequenz*, und die Größe $\omega_e x_e \ll \omega_e$ wird *Anharmonizitätskonstante* genannt. Für ein Morse-Potenzial nach Abschn. 11.2.5 wird z.B.

$$\omega_e x_e = \frac{\omega_0^2}{8\pi c D_e} = \frac{a^2}{4\pi c \mu} . \qquad (11.44)$$

In Tabelle 11.6 auf der nächsten Seite sind für die bereits diskutierten typischen Moleküle *Anharmonizitätskonstanten* zusammengestellt. Die Parameter α_e und $\mathcal{D}_e$ in Tabelle 11.6, welche andere Nichtlinearitäten beschreiben, werden wir gleich noch besprechen. Die Schreibweise der Parameter ist etwas eigenwillig und historisch gewachsen (so im Standardwerk der Molekülphysik, dem Herzberg, 1989): ω_e ist *keine* Kreisfrequenz, $\omega_e x_e$ ist *ein* Parameter (dessen Kleinheit den Reihenansatz (11.42) rechtfertigt), und die hier aufgeführte Größe $\mathcal{D}_e$, die wir der Unterscheidbarkeit halber als kalligraphische Type schreiben und im nächsten Abschnitt behandeln werden, hat nichts mit der in Abschn. 11.2.5 eingeführten Minimumsenergie D_e zu tun.

11.3.5 Nicht starrer Rotator

Bisher wurde das Molekül als starr angenommen. Mathematisch gesprochen hatten wir die radiale Schrödinger-Gleichung (11.31) so gelöst, als sei der Kernabstand $R \equiv R_0$ und der Zentrifugalterm $\hbar^2 N (N + 1) / (2\mu R^2)$ eine Konstante. Mit dieser Annahme sind Rotation und Vibration getrennt behandelbare, entkoppelte Bewegungsformen, und die Rotation trägt in der Tat einfach additiv zur Gesamtenergie $W_{\gamma\nu N}$ bei. Bei einem realen Molekül muss man aber das effektive Potenzial

$$V_{eff}(R) = \frac{\hbar^2 N (N + 1)}{2\mu R^2} + V_\gamma (R) \qquad (11.45)$$

korrekt berücksichtigen und die volle radiale Schrödinger-Gleichung (11.31) lösen. Das führt zu weiteren Modifikationen der bisherigen Näherung.

Ein Effekt dabei ist die *Zentrifugalaufweitung* durch die Rotation, die zu einer Kopplung von Rotation und Vibration führt.

Tabelle 11.6. Nichtlinearitätsparameter für unseren Satz typischer zweiatomiger Moleküle: $\omega_e x_e$ (Anharmonizität), α_e (Änderung von B mit dem Schwingungszustand) und Zentrifugalaufweitung $\mathcal{D}_e$ im Vergleich zur harmonischen Schwingungsfrequenz ω_e

Molekül	$\omega_e/\mathrm{cm}^{-1}$	$\omega_e x_e/\mathrm{cm}^{-1}$	B_e/MHz	α_e/MHz	$\mathcal{D}_e/\mathrm{kHz}$ [a]
H_2^+	2 321.7	66.2	905 400	50 370	
H_2	4 401.21	121.33	1 824 330	91 800	
D_2	3 115.50	61.82	912 660	32 336	
LiH	1 405.65	23.20	225 258	6 491	
HCl	2 990.946	52.8186	317 582	9 209	
N_2	2 358.57	14.324	59 906	519	
O_2	1 580.19	11.98	43 100	477	
CO	2 169.756	13.288	57 908	524.8	184
NO	1 904.2	14.075	50 121	534	34
Na_2	159.124	0.7254	4 638.0	26.19	
NaCl[b]	364.684	1.776	6 537.37	48.709	9.3506
Cl_2	559.7	2.67	7 319.5	45.5	

Soweit nicht anders vermerkt nach Huber und Herzberg (1979); Lovas et al. (2005).
[a] nicht zu verwechseln mit der Minimumssenergie D_e.
[b] für das Isotopolog $^{23}Na^{35}Cl$ nach Ram et al. (1997).

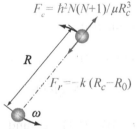

$$F_c = \hbar^2 N(N+1)/\mu R_c^3$$

R

$$F_r = -k(R_c - R_0)$$

ω

Abb. 11.17. Zur Zentrifugalaufweitung

Ohne die Radialgleichung explizit lösen zu wollen, schätzen wir den Effekt ab. Die Rotationsenergie (11.33) führt zu einer Zentrifugalkraft

$$F_c = -\frac{dW_N}{dR} = \frac{\hbar^2 N(N+1)}{\mu R^3} \quad ,$$

welche (wie in Abb. 11.17 skizziert) durch die rücktreibende Kraft des harmonischen Potenzials

$$F_r = -k(R - R_0)$$

bei $R = R_c$ im Gleichgewicht gehalten wird: $F_c(R_c) + F_r(R_c) = 0$:

$$k(R_c - R_0) = -\mu\omega_0^2(R_c - R_0) = \frac{\hbar^2 N(N+1)}{\mu R_c^3}$$

Wir haben hier die Kraftkonstante $k = \mu\omega_0^2$ nach (11.19) durch reduzierte Masse und Eigenfrequenz ausgedrückt, woraus man den neuen Gleichgewichtsabstand R_c berechnet:

$$R_c \approx R_0\left(1 + \frac{\hbar^2 N(N+1)}{\mu^2\omega_0^2 R_0^4}\right) > R_0 \quad \text{mit} \quad \frac{\hbar^2 N(N+1)}{\mu^2\omega_0^2 R_0^4} \ll 1$$

Das Molekül „streckt" sich also mit zunehmender Rotation, und die Rotationskonstante wird kleiner. Die gesamte Rotationsenergie des gestreckten Moleküls ergibt sich aus der Energie der Rotation und der potenziellen Energie:

$$W_N = \frac{\hbar^2 N(N+1)}{2\mu R_c^2} + \frac{1}{2}k(R_c - R_0)^2$$

Setzt man nun R_c ein, entwickelt um R_0 und vernachlässigt Terme höheren Ordnung, so erhält man

$$W_N = \frac{\hbar^2}{2\mu R_0^2} N(N+1) - \frac{\hbar^4}{2\mu^3 \omega_0^2 R_0^6} N^2(N+1)^2 + \cdots$$

$$\simeq Bhc\, N(N+1) - \mathcal{D}_e hc\, N^2(N+1)^2 . \tag{11.46}$$

Als Größenordnung schätzt man ab:

$$\mathcal{D}_e = \frac{1}{hc} \frac{\hbar^4}{2\omega_0^2 \mu^3 R_0^6} = \frac{1}{hc} \frac{4\,(Bhc)^3}{\hbar^2 \omega_0^2} = \frac{4B^3}{(W_v/hc)^2} = \frac{4B^3}{\omega_e^2}$$

Der Vergleich mit den in Tabelle 11.6 auf der vorherigen Seite zusammengestellten Parametern für CO, NO und NaCl zeigt, dass diese Abschätzung recht gut mit den spektroskopisch bestimmten Werten übereinstimmt.

Eine genauere Behandlung der Schrödinger-Gleichung (11.31) erfordert mindestens noch einen weiteren Term. Typischerweise schreibt man:

$$W_{\gamma v N}/hc = T_e \qquad\qquad \text{elektronischer Term} \quad (11.47)$$

$$+ \omega_e \left(v + \frac{1}{2}\right) - \omega_e x_e \left(v + \frac{1}{2}\right)^2 \quad \text{Vibration mit Anharmonizität}$$

$$+ B_e\, N(N+1) - \mathcal{D}_e\, N^2\,(N+1)^2 \quad \text{Rotation mit Streckkorrektur}$$

$$- \alpha_e \left(v + \frac{1}{2}\right) N\,(N+1) \qquad\qquad \text{vib.-rot.-Kopplung}$$

Der elektronische Term entspricht dabei $T_e = \left(W_\gamma\left(R_0^\gamma\right) - W_0\left(R_0^0\right)\right)/hc$, und der letzte Term beschreibt die Vibrations-Rotationskopplung, die man auch als Änderung der Rotationskonstanten B durch die Schwingungsaufweitung verstehen kann. Oft geht man noch weiter:

$$F(N) = B_v N(N+1) - \mathcal{D}_e N^2\,(N+1)^2 \tag{11.48}$$

$$\text{mit } B_v = B_e - \alpha_e \left(v + \frac{1}{2}\right) + \gamma_e \left(v + \frac{1}{2}\right)^2 + \ldots \tag{11.49}$$

Und auch die Vibrationsterme werden entsprechend weiterentwickelt:

$$G(v) = \omega_e \left(v + \frac{1}{2}\right) - \omega_e x_e \left(v + \frac{1}{2}\right)^2 + \omega_e y_e \left(v + \frac{1}{2}\right)^3 + \ldots \tag{11.50}$$

Die spektroskopische Genauigkeit trägt in Einzelfällen so weit, dass eine Entwicklung bis zur 6ten oder gar 10ten Potenz von $\left(v + \frac{1}{2}\right)$ sinnvoll wird (s. z.B. Mantz et al., 1971; LeRoy, 1970).

11.3.6 Dunham Koeffizienten

Noch etwas allgemeiner schreibt man die Eigenwerte der Schrödinger-Gleichung (11.31) als Reihenentwicklung nach beiden Quantenzahlen v und N:

$$W_{vN}/hc = \sum Y_{ik} \left(v + \frac{1}{2}\right)^i N^k (N+1)^k \qquad (11.51)$$

Diese Darstellung wurde erstmals von Dunham (1932) schon in den frühen Jahren der Quantenmechanik eingeführt und setzt sich zunehmend durch. Zum Vergleich verschiedener spektroskopischer Literatur ist es nützlich, folgende Äquivalenzen der *Dunham-Koeffizienten* Y_{ik} – nicht zu verwechseln mit den Kugelflächenfunktionen! – festzuhalten:

$$
\begin{aligned}
&Y_{10} \simeq \omega_e \propto 1/\mu^{1/2} &\qquad &Y_{11} \simeq -\alpha_e \propto 1/\mu^{3/2} \\
&Y_{20} \simeq -\omega_e x_e \propto 1/\mu &\qquad &Y_{21} \simeq \gamma_e \propto 1/\mu^2 \\
&Y_{30} \simeq \omega_e y_e \propto 1/\mu^{3/2} &\qquad &Y_{02} \simeq -\mathcal{D}_e \propto 1/\mu^2 \qquad (11.52) \\
&Y_{40} \simeq \omega_e z_e \propto 1/\mu^2 &\qquad &Y_{12} \simeq -\beta_e \propto 1/\mu^{5/2} \\
&Y_{01} \simeq B_e \propto 1/\mu &\qquad &Y_{03} \simeq -\mathcal{H}_e \propto 1/\mu^3
\end{aligned}
$$

Es handelt sich hierbei um Näherungen, die aber für die meisten Vergleichszwecke ausreichend sind. Die genauen Ausdrücke findet man in der Originalarbeit von Dunham (1932). Wir notieren hier lediglich, dass die Vibrationsterme wegen der Anharmonizitäten gegenüber dem Potenzialminimum streng bei

$$G(v) + Y_{00} \quad \text{mit}$$
$$Y_{00} = B_e/4 + \alpha_e \omega_e/12 B_e + (\alpha_e \omega_e)^2 /144 B_e^3 - \omega_e x_e/4$$

liegen (Mantz et al., 1971). Wichtig ist auch die Abhängigkeit von der reduzierten Masse, welche es gestattet, die Spektren unterschiedlicher Isotopologe entsprechend zu vergleichen.

11.4 Dipolübergänge

Welche Übergänge werden nun durch elektromagnetische Wellen tatsächlich induziert? Zur Beantwortung dieser Frage können wir direkt an das in Kap. 4, Band 1 für Atome Behandelte anknüpfen. Die *Rotationsspektren* (Infrarot bzw. Mikrowellen) sind wegen des ν^3-Faktors bei den Einstein-Koeffizienten $A_{fi} \propto B_{fi}\nu^3$ *nur in Absorption* beobachtbar (bei speziellen Anordnungen ggf. auch *in induzierter Emission*), nicht aber in spontaner Emission. Für ein zweiatomiges Molekül mit $\mathcal{N}$ Elektronen der Ladung $-e_0$ und den Kernladungen $+e_0 Z_k$ wird der im Regelfall relevante *Dipoloperator*

$$D(R, r) = e_0 \left(\sum_{k=1}^{2} Z_k R_k - \sum_{i=1}^{\mathcal{N}} r_i\right) = e_0 \left(\widetilde{Z} R - \sum_{i=1}^{\mathcal{N}} r_i\right), \qquad (11.53)$$

wobei wir mit r wieder alle Elektronenkoordinaten zusammenfassen. Bezüglich der Atomkerne wirkt das Feld auf eine abstandsgewichtete, mittlere Ladung

$$\widetilde{Z} = (Z_A R_A + Z_B R_B)/(R_A + R_B) . \tag{11.54}$$

Die Übergangswahrscheinlichkeit von Zustand a ($\hateq \gamma v N M$) in den Zustand b ($\hateq \gamma' v' N' M'$) ist proportional zum Quadrat des Dipol(übergangs)matrixelements zwischen den beiden Zuständen:

$$D_{b \leftarrow a} = \int \Psi_b^* (r, R) \, D (R, r) \, \Psi_a (r, R) \, d^3 R \, d^3 r \tag{11.55}$$

$$= \int \left\{ Y_{N'M'}^* (\Theta, \Phi) \, R^{-1} \mathcal{R}_{\gamma' v' N'}^* (R) \, \phi_{\gamma'}^* (r; R) \times D (R, r) \right.$$

$$\left. \times \phi_\gamma (r; R) \, R^{-1} \mathcal{R}_{\gamma v N} (R) \, Y_{NM} (\Theta, \Phi) \right\} d^3 R \, d^3 r$$

Hier haben wir (11.7) und (11.30) eingesetzt. Es gilt nun, dieses nicht mehr triviale Matrixelement für die verschiedenen Übergangstypen auszuwerten.

11.4.1 Rotationsübergänge

Bei *reinen Rotationsübergängen* bleibt der Schwingungszustand v und der elektronische Zustand γ unverändert. Mit $d^3 R = R^2 dR \sin \Theta \, d\Theta \, d\Phi$ und $\widehat{R}$, dem Einheitsortsvektor der relativen Kernkoordinate, lässt sich das Dipolübergangsmatrixelement (11.55) für einen Übergang $N' \leftarrow N$ in Radialteil und Winkelanteil trennen:

$$D_{N' \leftarrow N} = D_{\gamma v} \int Y_{N'M'}^* \, \widehat{R} \, Y_{NM} \, \sin \Theta \, d\Theta \, d\Phi \tag{11.56}$$

Dabei ist $D_{\gamma v}$ das *permanente* Dipolmoment des Moleküls im Zustand $|\gamma v\rangle$. Machen wir von der Symmetrie um die Molekülachse Gebrauch, beziehen wir also die elektronischen Koordinaten auf die Molekülachse ($\| \widehat{R}$) und identifizieren diese für die Elektronen mit ζ_i, so ergibt sich mit (11.53) aus (11.55)

$$D_{\gamma v} = e_0 \int \left(\widetilde{Z} R - \int \sum_{i=1}^{\mathcal{N}} \zeta_i \, |\phi_\gamma (r; R)|^2 \, d^3 r_i \right) |\mathcal{R}_{\gamma v} (R)|^2 \, dR, \tag{11.57}$$

wieder mit $r = \{r_1 r_2 \ldots r_{\mathcal{N}}\}$ für alle elektronischen Koordinaten. Die Beiträge der beiden anderen Komponenten ξ_i und η_i verschwinden in dieser Symmetrie bei der Mittelung über alle r_i.

Reine Rotationsspektren werden also nur bei *Molekülen mit einem permanenten Dipolmoment* beobachtet, nicht jedoch bei homonuklearen Molekülen wie H_2, N_2. Daher sind von den Beispielen der Tabelle 11.4 nur HCl und CO infrarotaktiv. Die Auswahlregeln ergeben sich ganz analog zu den $\Delta \ell$ und Δm_ℓ Auswahlregeln bei Atomen, wie in Kap. 4.3, Band 1 ausführlich beschrieben. Um (11.56) auswerten zu können, muss man lediglich das elektronische

Dipolmoment $e_0 r$ durch das permanente Dipolmoment des Moleküls $D_{\gamma v} \widehat{R}$ ersetzen und die 3 Komponenten des Einheits-Ortsvektors in Polarkoordinaten ausdrücken $\widehat{R} = \{C_{1-1}(\Theta, \Phi), C_{10}(\Theta, \Phi), C_{11}(\Theta, \Phi)\}$. Dabei erhält man ganz analoge Auswahlregeln:

$$\Delta N = \pm 1 \tag{11.58}$$

$$\Delta M_N = 0, \pm 1 \tag{11.59}$$

Für die *Absorption*, d.h. für einen Übergang $N' = N + 1 \leftarrow N$, ist die Übergangsenergie in Wellenzahlen

$$\bar{\nu} = (W_{N+1} - W_N)/hc = B[(N+1)(N+2) - N(N+1)] . \tag{11.60}$$
$$= 2B(N+1) .$$

Bei der *Emission* $N' - 1 \leftarrow N'$ gilt entsprechend

$$\bar{\nu} = (W_N - W_{N-1})/hc = 2BN . \tag{11.61}$$

Die *Spektrallinien eines reinen Rotationsspektrums* haben also beim starren Rotator *stets den gleichen Abstand* $2B$. Die Messung eines ganzen derartigen Spektrums ist allerdings wegen des dabei zu erfassenden breiten Wellenlängenbereichs im Mikrowellen-, Millimeter- und Submillimeter-Gebiet nicht ganz trivial. Man findet meist Zusammenstellungen tabellierter Werte aus verschiedenen Messungen.

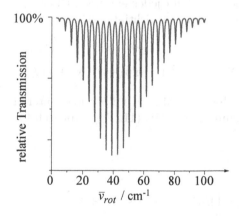

Abb. 11.18. Mit den Daten von Lovas et al. (2005) synthetisiertes Rotations-Absorptionsspektrum des CO im IR. Die Linien haben einen Abstand von $2B = 3.84$ bis $3.76\,\mathrm{cm}^{-1}$ entsprechend der in Tabelle 11.4 auf S. 20 kommunizierten Rotationskonstante $B_0 = 1.9225\,\mathrm{cm}^{-1}$. Die Absorption wurde nach (11.64) abgeschätzt

Wir zeigen in Abb. 11.18 ein künstlich synthetisiertes Spektrum der CO Rotationslinien im Vibrationsgrundzustand $v = 0$, das wir einfach aus den bei Lovas et al. (2005) publizierten Übergangsfrequenzen gewonnen haben. Es ist recht lehrreich, sich die Intensitäten dieser Linienspektren einmal zu überlegen. Die Absorptionswahrscheinlichkeit $R_{N'M'NM}$ für einen bestimmten Übergang zwischen einzelnen Orientierungszuständen $|N'M'\rangle \leftarrow |NM\rangle$ ist proportional zum Betragsquadrat des Rotationsdipolmatrixelements (11.56), welches wir mit (4.69) und (D.26) in Band 1

$$R_{N'M'NM} \propto |D_{\gamma v}|^2 \, |\langle N'M' \, |C_{1q}| \, NM \rangle|^2 \tag{11.62}$$

$$= |D_{\gamma v}|^2 \, (2N' + 1)(2N + 1) \times \begin{pmatrix} N' & 1 & N \\ 0 & 0 & 0 \end{pmatrix}^2 \begin{pmatrix} N & 1 & N' \\ M & q & M' \end{pmatrix}^2$$

schreiben. Dabei sind $C_{1q} \, (\Theta, \Phi)$ die renormierten Kugelflächenfunktionen, q charakterisiert die Polarisation des eingestrahlten Lichts und $N' = N + 1$ ist die Rotationsquantenzahl des oberen Zustands; Definitionen und verschiedene algebraische Ausdrücke für die $3j$-Symbole findet man in Anhang B, Band 1. Angesichts der Tatsache, dass sehr viele Rotationszustände besetzt sind, wie wir in Abschn. 11.3.3 diskutiert haben, müssen wir hier stets auch die induzierte Emission berücksichtigen! Die Wahrscheinlichkeit, einen bestimmten Projektionszustand $|NM\rangle$ bzw. $|N'M'\rangle$ des Rotationsterms N bzw. N' besetzt zu finden, ist bei einer Temperatur T durch den Boltzmann-Faktor $\exp(-N(N+1)\beta_r)$ gegeben, wobei $\beta_r = T_{rot}/T$ die auf T normierte Rotationstemperatur ist.[10] Nun ist die Wahrscheinlichkeit für die Absorption $|N'M'\rangle \leftarrow |NM\rangle$ gleich der für die induzierte Emission $|N'M'\rangle \rightarrow |NM\rangle$:

$$R_{N'M'NM} \propto |D_{\gamma v}|^2 \, |\langle N'M' \, |C_{1q}| \, NM \rangle|^2 = |D_{\gamma v}|^2 \, |\langle NM \, |C_{1q}| \, N'M' \rangle|^2$$

$$\propto R_{NMN'M'}$$

Andererseits ist aber der Boltzmann-Faktor für den oberen Rotationszustand etwas kleiner als der für den unteren, sodass sich für jeden einzelnen Übergang insgesamt eine Netto-*Absorption* der eingestrahlten Lichtintensität I

$$\Delta I(M'N'MN)/I \tag{11.63}$$

$$\propto |D_{\gamma v}|^2 \, |\langle N'M' \, |C_{1q}| \, NM \rangle|^2 \, [\exp(-N(N+1)\beta_r) - \exp(-N'(N'+1)\beta_r)]$$

ergibt. Um die Gesamtabsorption zu erhalten, haben wir über alle unteren und oberen Orientierungszustände zu summieren. Mit (11.62) ergibt sich für die Rotationslinie $N' \leftrightarrow N$ insgesamt:

$$\Delta I(N'N)/I = \sum_{M'M} \Delta I(M'N'MN)/I$$

$$\propto |D_{\gamma v}|^2 \, [\exp(-N(N+1)\beta_r) - \exp(-N'(N'+1)\beta_r)] \times$$

$$(2N'+1)(2N+1) \times \begin{pmatrix} N' & 1 & N \\ 0 & 0 & 0 \end{pmatrix}^2 \sum_{M'M} \begin{pmatrix} N & 1 & N' \\ M & q & M' \end{pmatrix}^2$$

---

[10] Man beachte, dass für den Einzelzustand $|NM\rangle$ das statistische Gewicht $g_{NM} = 1$ ist, im Gegensatz zum Faktor $2N + 1$, der in (11.37) für *alle* M−Zustände eines Rotationsniveaus N einzusetzen ist

Wir können nun die Orthogonalitätsrelation (B.25) und (B.36) zur Ermittlung des verbleibenden $3j$-Symbols benutzen. Man erhält damit schließlich für die Gesamtabsorption der Linie $N' \leftarrow N$ den einfachen Ausdruck

$$\Delta I(N'N)/I \propto |D_{\gamma v}|^2 \frac{N+1}{3} \left[e^{-N(N+1)\beta_r} - e^{-(N+2)(N+1)\beta_r} \right] , \qquad (11.64)$$

der in Abb. 11.18 für den Vibrationsgrundzustand des CO dargestellt ist.

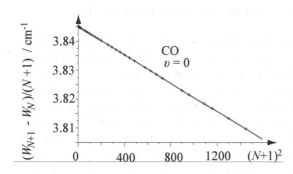

Abb. 11.19. Zentrifugalaufweitung beim CO. Quadratischer Fit an die spektroskopischen Daten von Lovas et al. (2005). Der Ordinatenabschnitt ergibt $2B$, aus der leicht gekrümmten Kurve leitet man nach (11.65) die Parameter $\mathcal{D}_e$ und $\mathcal{H}$ ab

Bei genauerer Analyse der Daten stellt man allerdings fest, dass der Linienabstand mit zunehmendem N leicht abnimmt, was klar auf die in Abschn. 11.3.5 behandelte Zentrifugalaufweitung hinweist. Zur quantitativen Auswertung des experimentellen Materials schreiben wir die Rotationsenergie

$$W_N/hc = BN(N+1) - \mathcal{D}_e N^2(N+1)^2 + \mathcal{H}N^3(N+1)^3$$

und erhalten, wie man leicht verifiziert:

$$(W_{N+1} - W_N)/hc(N+1) = 2B - (4\mathcal{D}_e - 2\mathcal{H})(N+1)^2 + 6\mathcal{H}(N+1)^4 \quad (11.65)$$

Abbildung 11.19 zeigt diesen Ausdruck für CO im Vibrationsgrundzustand $v = 0$ gegen $(N+1)^2$ aufgetragen. In erster Näherung ergibt dies eine Gerade, deren Steigung $-4\mathcal{D}_e$ ist, während man aus dem Ordinatenabschnitt $2B$ abliest. Die so gewonnen Parameter bestätigen exakt die Werte in

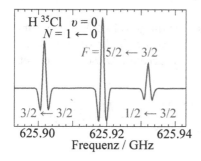

Abb. 11.20. Mit Fourier-Transformations-Spektroskopie im fernen IR aufgenommener $N = 1 \leftarrow 0$ Rotationsübergang an H^{35}Cl im $v = 0$ Schwingungszustand nach Klaus et al. (1998). Die extreme Präzision erlaubt es hier sogar, die Hyperfeinstruktur des Übergangs aufzulösen (^{35}Cl hat den Kernspin 3/2)

Tabelle 11.6. Die Krümmung der Fitkurve erlaubt sogar noch den Parameter $\mathcal{H} = 0.1715(4)$ Hz zu bestimmen.

Heute vermisst man solche Rotationslinien mit höchster Präzision durch Fourier-Transformations-IR-Spektroskopie (FTIR-Spektroskopie). Ein Beispiel zeigt Abb. 11.20. Wir werden das Verfahren in Kap. 15.3.2 noch im Detail erläutern.

11.4.2 Stark-Effekt: Polare Moleküle im elektrischen Feld

Wir sind jetzt auch gerüstet, den Stark-Effekt, also die Veränderung der Rotationsniveaus polarer Moleküle in einem externen elektrischen Feld zu behandeln. Wir hatten den Stark-Effekt bei Atomen in Kap. 8.5, Band 1 ausführlich diskutiert und festgestellt, dass dieser für niedrig liegende elektronische Terme sehr klein ist. Bei hoch liegenden Rydberg-Zuständen kann er aber wegen der Wechselwirkung mit eng benachbarten Rydberg-Zuständen beträchtlich werden. Für die Rotationszustände der Moleküle erwarten wir wegen der mit N entsprechend (11.33) quadratisch ansteigenden Energielagen gerade bei niedrigem N den größten Stark-Effekt. Das externe Feld vom Betrag E liege in Richtung der z-Achse. Das relevante Wechselwirkungsmatrixelement (8.51) können wir dann mit (11.62)

$$\langle \gamma v N' M' | V_{el} | \gamma v N M \rangle = E D_{\gamma v} \langle N' M' | C_{10}(\Theta) | N M \rangle \qquad (11.66)$$

schreiben. Wegen der Eigenschaften der $3j$-Symbole gibt es nach (8.55) und (8.56) zu jedem Ausgangszustand $N > 0$ zwei nicht verschwindende Matrixelemente (für $N = 0$ nur eines):

$$\langle \gamma v N' M' | V_{el} | \gamma v N M \rangle = \qquad (11.67)$$

$$E D_{\gamma v} \delta_{M'M} \delta_{N'N\pm1} \begin{cases} \sqrt{\dfrac{(N+1)^2 - M^2}{(2N+1)(2N+3)}} & \text{für } N' = N+1 \\[3ex] \sqrt{\dfrac{N^2 - M^2}{(2N-1)(2N+1)}} & \text{für } N' = N-1 \end{cases}$$

Die Diagonalmatrixelemente verschwinden also für die jeweils $2N + 1$ entarteten M-Zustände eines Rotationsniveaus, und der Stark-Effekt wird quadratisch wie im atomaren Fall bei aufgehobener ℓ-Entartung. Dieser berechnet sich nach (8.60) zu

$$\Delta W_{NM} = W_{NM} - W_{NM}^{(0)} = |E D_{\gamma v}|^2 \sum_{N' \neq N} \frac{\langle N'M | C_{10} | NM \rangle^2}{W_N - W_{N'}}. \qquad (11.68)$$

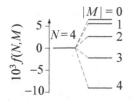

Abb. 11.21. Stark-Aufspaltung bei einem polaren Molekül für $N = 4$

Setzen wir jetzt (11.67) ein, so summieren sich die je zwei Terme zu

$$\Delta W_{NM} = \frac{|ED_{\gamma v}|^2}{Bhc} f(N, M) \qquad (11.69)$$

mit $f(N, M) = \dfrac{1}{2} \dfrac{N(N+1) - 3M^2}{N(2N+3)(2N-1)(N+1)}$

bzw. $= -1/6$ für $N = 0$

Abb. 11.21 illustriert diese etwas komplizierte Formel für den Fall $N = 4$.

Um uns ein Gefühl für die Größenordnung des Stark-Effekts zu verschaffen, betrachten wir das Beispiel CO, welches im Grundzustand ein moderates Dipolmoment von $D_{\gamma v} = 0.3662 \times 10^{-30}\,\text{C m}$ und eine Rotationskonstante von $B = 1.9225\,\text{cm}^{-1}$ besitzt. Bei einer elektrischen Feldstärke von $1\,\text{kV/cm}$ erhält man damit eine relative Stark-Verschiebung

$$\frac{\Delta W_{NM}}{W_{NM}} = \frac{|D_{\gamma v}E|^2}{B^2 h^2 c^2} f(N, M) \simeq 10^{-6} f(N, M)\,, \qquad (11.70)$$

was angesichts der hohen Präzision der Mikrowellenspektroskopie durchaus nachweisbar ist. Auch mit elektromagnetischen Wechselfeldern erhält man bei recht moderaten Intensitäten I schon erhebliche Aufspaltungen. Wir schreiben (11.70) in Intensitäten I um und erhalten

$$\frac{\Delta W_{NM}}{W_{NM}} = \frac{D_{\gamma v}^2 2I}{B^2 h^2 \epsilon_0 c^3} f(N, M) \simeq 6.9 \times 10^{-10} f(N, M) \frac{I}{\text{W cm}^{-2}} \qquad (11.71)$$

im Fall von CO. Damit wird im Feld von Kurzpulslasern die Stark-Aufspaltung solcher Moleküle beträchtlich. So wird die relative Stark-Absenkung des Zustands $N = 4$, $M = 4$ im CO schon für $I = 10^{10}\,\text{W cm}^{-2}$ ca. 6.3%.

Der Stark-Effekt ist auch Grundlage für die Ausrichtung von Molekülen durch elektrische Felder oder Laserimpulse.

11.4.3 Schwingungsübergänge

Wir betrachten auch hier nur Übergänge innerhalb eines elektronischen Zustands und gehen bei der Auswertung des Dipolübergangsmoments (11.55) wie in Abschn. 11.4.1 vor. In (11.56) ist jetzt $D_{\gamma v}$ durch

$$D_{\gamma v' \leftarrow v} = \int \mathcal{R}_{\gamma v'}^*(R)\, D_\gamma(R)\, \mathcal{R}_{\gamma v}(R)\, dR \quad \text{mit} \qquad (11.72)$$

$$D_\gamma(R) = e_0 \left(\widetilde{Z}R - \int \sum_{i=1}^{\mathcal{N}} \zeta_i\, |\phi_\gamma(\boldsymbol{r}; R)|^2\, d^3\boldsymbol{r}_i \right) \qquad (11.73)$$

zu ersetzen. Wir haben hier wieder die Symmetrie des zweiatomigen Moleküls ausgenutzt und für die Elektronenkoordinaten $\zeta_i \parallel \widehat{\boldsymbol{R}}$ gewählt.

Man kann $D_\gamma(R)$ (11.73) nun um den Gleichgewichtsabstand R_0 herum entwickeln:

$$D_\gamma(R) = D_\gamma(R_0) + \left.\frac{\partial D_\gamma}{\partial R}\right|(R - R_0) + \cdots \qquad (11.74)$$

Setzt man dies in (11.72) ein, so verschwindet wegen der Orthogonalität der $\mathcal{R}_v(R)$ bei einem Übergang $v' \leftarrow v$ der erste Term. *Somit wird für elektrische, dipolinduzierte (E1) Vibrationsübergänge der lineare Term der Entwicklung verantwortlich:*

$$D_{v' \leftarrow v} = \left.\frac{\partial D_\gamma}{\partial R}\right|_{R_0} \int \mathcal{R}_{v'}^*(R)(R - R_0)\,\mathcal{R}_v(R)\,dR + \cdots \qquad (11.75)$$

Die Auswertung ergibt folgende Auswahlregeln bezüglich der Vibration:

- Schwingungsübergänge sind nur erlaubt, wenn $\partial D_\gamma/\partial R|_{R_0} \neq 0$. Da bei homonuklearen Molekülen das Dipolmoment und damit auch seine Ableitung Null ist, gibt es keine reine Schwingungsanregung in H_2, N_2, O_2, etc. Diese Gase sind im infraroten Spektralbereich transparent. Dagegen ist CO ein starker IR Absorber, da $\partial D_\gamma/\partial R|_{R_0}$ hier sehr groß ist. Die Richtung von $\partial \boldsymbol{D}_\gamma/\partial R|_{R_0}$ ist aus Symmetriegründen parallel zur Molekülachse.
- Für den *reinen, harmonischen Oszillator* gilt $\Delta v = \pm 1$. Die Spektroskopie wird sehr einfach, da der Energieunterschied

$$\Delta G = \omega_e\left[(v + 1 + 1/2) - (v + 1/2)\right] = \omega_e$$

zu *nur einer Spektrallinie* führt und unabhängig von v ist.

Bei größeren Genauigkeitsanforderungen muss berücksichtigt werden, dass das Potenzial anharmonisch ist, zum anderen können auch höhere Ableitungen in der Reihenentwicklung (11.74) von Null verschieden sein. Beides führt dazu, dass die Auswahlregel $\Delta v = \pm 1$ nicht mehr streng gilt, und auch Übergänge mit $\Delta v = \pm 2, \pm 3, \ldots$ schwach erlaubt sind. Auch ändern sich im anharmonischen Potenzial die Energieabstände mit v.

Auch die Vibrationszustände sind im thermischen Gleichgewicht wieder nach Boltzmann besetzt:

$$\mathcal{N}_v = \frac{g(v)}{\mathcal{Z}_v}\exp\left(-\frac{W_v}{k_BT}\right) \simeq \exp\left(-\frac{\hbar\omega_0(v + 1/2)}{k_BT}\right) \quad \text{mit der} \qquad (11.76)$$

$$\text{Zustandssumme} \quad \mathcal{Z}_v = \sum_{v=0}^{\infty}\exp\left(-\frac{W_v}{k_BT}\right)$$

$$\simeq \sum_{v=0}^{\infty}\exp\left(-\frac{\hbar\omega_0(v + 1/2)}{k_BT}\right) = \frac{\exp\left(-\hbar\omega_0/(2k_BT)\right)}{1 - \hbar\omega_0/(k_BT)},$$

wobei der dritte Teil der Gleichungen für den harmonischen Oszillator gilt. Da es hier im Gegensatz zur Rotation keine Entartung gibt, also $g(v) = 1$ ist, nimmt $\mathcal{N}_v$ monoton mit v ab. Für die zweiatomigen, kleineren Moleküle gilt, wie in Tabelle 11.4 auf S. 20 für einige Beispiele dokumentiert, dass bei Zimmertemperatur $\hbar\omega_0 \gg k_B T$ ($k_B\,293\,\mathrm{K} \mathrel{\widehat{=}} 203\,\mathrm{cm}^{-1}$). Somit ist im thermischen Gleichgewicht praktisch nur der Vibrationsgrundzustand ($v = 0$) besetzt.

11.4.4 Rotations-Schwingungs-Spektren

Reine Schwingungsübergänge sind nun freilich nicht möglich, da ja auch hier (11.56) gilt (wobei $D_{\gamma v}$ durch $D_{\gamma v' \leftarrow v}$ zu ersetzen ist). Nach (11.58) sind aber keine Übergänge ohne Änderung der Rotationsquantenzahl N möglich (Paritätserhaltung). Insgesamt gelten also die Auswahlregeln:

$$\Delta v = \pm 1 \text{ (im anharmonischen Fall auch } \pm 2\text{), und}$$
$$\Delta N = \pm 1 \tag{11.77}$$
$$\Delta M_N = 0, \pm 1$$

Nach Herzberg bezeichnet man die oberen Zustände mit $v'N'$, die unteren mit $v''N''$. Als einführendes Beispiel zeigt Abb. 11.4.4 das Infrarotabsorptionsspektrum des CO im Grundzustand ($v' = 1 \leftarrow v'' = 0$). Man erkennt

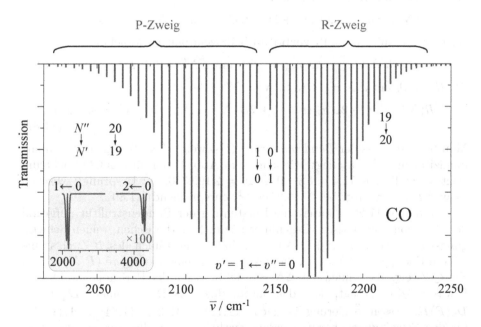

Abb. 11.22. Nach HITRAN (Rothman et al., 2009) simulierte Rotations-Schwingungsbande für CO (R- und P-Zweig) im elektronischen Grundzustand. Schwingungsübergang $v' = 1 \leftarrow v'' = 0$ bei einer Temperatur von 293 K. Der Einschub zeigt auch die zweite Harmonische $v' = 2 \leftarrow v'' = 0$

eine typische Bandenstruktur mit vielen Linien. Das hier gezeigte Spektrum wurde synthetisch aus der HITRAN Datenbank generiert (sogenanntes Sticks-Spektrum). In dieser Datenbank findet man z.Zt. insgesamt über 2.7 Mio. Spektrallinien von 39 Molekülen – ein echter Schatz für den Analytiker und Spektroskopiker, der damit auf diagnostische Gasspurensuche gehen will, etwa in der Erdatmosphäre. Diese Bandenstruktur wird durch eine Kombination von Schwingungs- und Rotationsübergängen verursacht. Der Einschub in Abb. 11.4.4 zeigt auf größerer, nicht rotationsaufgelöster Skala die (wesentlich schwächere) Oberschwingung $v' = 2 \leftarrow v'' = 0$.

Die Differenzenergien $\bar{\nu}$ (in Wellenzahlen) für $N'v' \leftarrow N''v''$ Übergänge ergeben sich mit (11.48) und (11.50) aus:

$$\bar{\nu}\left(N'v' \leftarrow N''v''\right) = F(N') + G(v') - F(N'') - G(v'') \tag{11.78}$$

Die wesentlichen Charakteristika der Rotations-Schwingungs-Banden kann man bereits unter Vernachlässigung aller Terme höherer Ordnung in $(v + 1/2)$ und N erkennen. Wir berücksichtigen zunächst lediglich die Anharmonizität. Es gibt im Prinzip drei „Zweige" von Rotations-Schwingungs-Übergängen (wir schreiben dafür $\bar{\nu} = P(N), Q(N)$ und $R(N)$), von denen aber der Q-Zweig für reine Schwingungsübergänge bei zweiatomigen Molekülen verboten ist:

1. *P-Zweig* mit $\Delta N = -1$ (d.h. $N' = N'' - 1$):

$$P(N'') = \omega_e - 2\omega_e x_e (v + 1) - 2BN'' \quad \text{mit} \quad N'' = 1, 2, 3, \ldots \tag{11.79}$$

2. *Q-Zweig* mit $\Delta N = 0$ (**verboten** bei zweiatomigen Molekülen):

$$Q(N'') = \omega_e - 2\omega_e x_e (v + 1) \quad \text{mit} \quad N'' = 0, 1, 2, 3, \ldots \tag{11.80}$$

3. *R-Zweig* mit $\Delta N = +1$ (d.h. $N' = N'' + 1$):

$$R(N'') = \omega_e - 2\omega_e x_e (v + 1) + 2B (N'' + 1) \quad \text{mit} \quad N'' = 0, 1, 2, 3, \ldots \tag{11.81}$$

Man beachte, dass der *Bandenursprung* (Q-Zweig, $v'' = 0$) wegen der Anharmonizität nicht bei ω_e liegt, wie man es in Abb. 11.4.4 für das CO-Spektrum sieht: nach Tabelle 11.4 auf S. 20 ist $\omega_e = 2\,169.756$, der Ursprung (zwischen P- und R-Zweig) liegt bei $2\,143.24\,\text{cm}^{-1}$, entsprechend (11.80).

Abbildung 11.23 erläutert die Entstehung der Bandenstruktur aufgrund der Rotation schematisch. Gegenüber einem hypothetischen, reinen Schwingungsspektrum (Q-Zweig) $Q(N) = \omega_e$ haben die Linien des R-Zweigs eine höhere Energie ($R(N) > \omega_e$), die des P-Zweigs eine niedrigere ($P(N) < \omega_e$). Ein Q-Zweig, also Linien mit $\Delta N = 0$, fehlt wegen der Paritätsauswahlregel. Etwas präziser gesagt, liegt das daran, dass das Dipolmoment $\boldsymbol{D}_\gamma(R) = D_\gamma(R)\hat{\boldsymbol{R}}$, dessen Änderung ja nach (11.72), (11.73), (11.74) und (11.75) für den Schwingungsübergang verantwortlich ist, parallel zur Molekülachse

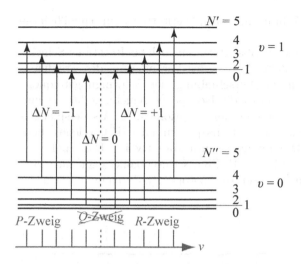

Abb. 11.23. Entstehung der P-, (Q-) und R-Zweige in einem Rotations-Schwingungsspektrum

liegt (wie stets bei zweiatomigen Molekülen). Man spricht von „parallelen" Übergängen. Schon bei dreiatomigen, linearen Molekülen kann das anders sein, wie wir in Kap. 12.2.3 sehen werden.[11]

Die Intensitätsverteilung der Rotations-Schwingungs-Linien lässt sich ganz analog zu den für reine Rotations-Spektren in Abschn. 11.4.1 gemachten Überlegungen verstehen. Sie ist im Wesentlichen wieder durch die thermische Besetzung der Rotationszustände bestimmt. Allerdings spielt hier die induzierte Emission keine Rolle, da der End-Vibrationszustand anfänglich kaum besetzt ist.

Für höhere Genauigkeitsansprüche muss man natürlich berücksichtigen, dass Terme höherer Ordnung in $(v + 1/2)$ und N zu $F(N)$ wie auch zu $G(v)$ beitragen und dass B_v nach (11.49) auch vibrationsabhängig ist. Damit werden die Spektren wesentlich komplizierter, da die Term-Abstände nicht mehr gleich sind. Bei der Auswertung bedient man sich eines netten Tricks, um die Rotationskonstanten für oberes und unteres Schwingungsniveau zu separieren. Man bildet Differenzen von Spektrallinien, bei denen nach (11.50) und (11.48) die einen oder anderen Konstanten herausfallen:

$$R(N-1) - P(N+1) = (4B'' - 6\mathcal{D}_e'')\,(N + 1/2) - 8\mathcal{D}_e''(N + 1/2)^3 \quad (11.82)$$

$$R(N) - P(N) = (4B' - 6\mathcal{D}_e')\,(N + 1/2) - 8\mathcal{D}_e'(N + 1/2)^3 \quad (11.83)$$

Durch entsprechende Auftragung und Fitten der Daten (analog zu dem in Abschn. 11.3.5 diskutierten Verfahren) kann man die 4 gesuchten Parameter B' und $\mathcal{D}_e'$ für den oberen bzw. B'' und $\mathcal{D}_e''$ für den unteren Vibrationszustand bestimmen. Darauf aufbauend erhält man die Schwingungskonstanten.

---

[11] Auch bei Übergängen zwischen verschiedenen elektronischen Zuständen kann es durchaus einen Q-Zweig geben: nämlich dann, wenn der Photonendrehimpuls auf die Elektronenhülle übertragen wird. Wir kommen darauf in Kap. 15.4.4 zurück.

Durch Vermessung mehrerer Vibrationszustände ermittelt man schließlich die Anharmonizitäten.

Wie bei reinen Rotationslinien beobachtet man auch bei Rotations-Schwingungs-Linien einen Isotopen-Effekt. Neben der Veränderung des Trägheitsmoments I_0 spielt jetzt auch die Verschiebung der Schwingungsfrequenz $\omega_0 = \sqrt{k/\mu}$ eine Rolle. In der Regel ist die Isotopenverschiebung der Schwingungslinien stärker als die Verschiebung der Rotationslinien. Als Beispiel zeigen wir in Abb. 11.24 das Infrarotabsorptionsspektrum des HCl, welches ebenfalls wegen seines (großen) Dipolmoments infrarotaktiv ist. Das Spektrum (wieder eine Modellierung mit Hilfe der HITRAN Datenbank) zeigt, dass man bei der Interpretation solchen Spektren die Isotopologe durchaus berücksichtigen muss.

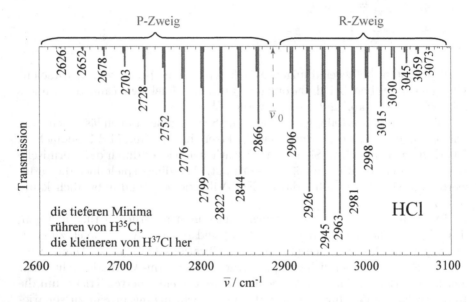

Abb. 11.24. Nach HITRAN (Rothman et al., 2009) simulierte Rotations-Schwingungsbande (Absorptionsspektrum; Sticks) von HCl

11.4.5 Rydberg-Klein-Rees-Verfahren

Bevor wir uns der *ab initio* (also der quantenmechanischen) Berechnung der Molekülpotenziale zuwenden, wollen wir noch kurz eine wichtige Standardmethode zur Bestimmung von Potenzialkurven zweiatomiger Moleküle aus experimentellen Daten vorstellen. Das von Rydberg, Klein und Rees schon in den frühen Jahren der Quantenmechanik entwickelte sogenannte *RKR-Verfahren* benutzt die gemessenen Rotations-Schwingungs-Spektren in einem semiklassischen Ansatz, um die Lösung der Schrödinger-Gleichung für Energien und

Kernwellenfunktion sozusagen umzukehren. Dazu müssen die Vibrationsterme $G(v)$ und die Rotationskonstanten $B(v)$ möglichst genau und für viele v bekannt sein. Diese Funktionen werden als kontinuierlich aufgefasst, und man bestimmt daraus die klassischen Umkehrpunkte $R_{max}(v, N = 0)$ und $R_{min}(v, N = 0)$. Aus diesen lässt sich dann das Potenzial konstruieren, wie in Abb. 11.7 auf S. 12 illustriert. Man kann streng zeigen, dass

$$R_{max} = \sqrt{f^2 - f/g} + f \quad \text{und} \quad R_{min} = \sqrt{f^2 - f/g} - f \qquad (11.84)$$

ist. Dabei gilt

$$f = \frac{1}{2}(R_{max} - R_{min}) = \frac{\hbar}{\sqrt{2hc\mu}} \int_{v_{min}}^{v} \frac{dv'}{\sqrt{G(v) - G(v')}} \qquad (11.85)$$

$$g = \frac{1}{2}\left(\frac{1}{R_{max}} - \frac{1}{R_{min}}\right) = \frac{\sqrt{2hc\mu}}{\hbar} \int_{v_{min}}^{v} \frac{B(v')dv'}{\sqrt{G(v) - G(v')}}. \qquad (11.86)$$

Die Auswertung dieser Integrale ist nicht ganz trivial und der interessierte Leser sei auf die Literatur verwiesen, z.B. auf Mantz et al. (1971); Fleming und Rao (1972), wo auch die Originalzitate zu finden sind.

11.5 Molekulare Orbitale

11.5.1 Variationsverfahren

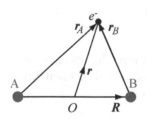

Wir wenden uns nun dem elektronischen Teil der Schrödinger-Gleichung (11.9) zu und werden das Verfahren der Übersichtlichkeit halber am einfachsten aller Moleküle, dem H_2^+, erläutern. Die Erweiterung auf Mehrelektronensysteme ist aber relativ geradlinig. Mit den in Abb. 11.25 definierten Koordinaten wird der Hamilton-Operator (wieder in a.u.):

Abb. 11.25. Koordinaten für das H_2^+-Molekül

$$\widehat{H}_{el} = -\frac{1}{2}\nabla_r^2 - \frac{e_0^2}{r_A} - \frac{e_0^2}{r_B} + \frac{e_0^2}{R} \qquad (11.87)$$

Für eine grobe Bestimmung der Potenziale, also der elektronischen Energien als Funktion von R, benutzt man hier traditionsgemäß das Variationsverfahren. Man wählt eine geeignet parametrisierte Testfunktionen $\phi(r_i; R)$, mit der man die Schrödinger-Gleichung $\widehat{H}\phi = W\phi$ umschreibt:

$$W = \int \phi^*\widehat{H}\phi\, d^3r \bigg/ \int \phi^*\phi\, d^3r \qquad (11.88)$$

Dabei muss $\phi(r; R)$ nicht zwingend auf 1 normiert sein. Den besten Energiewert erhält man durch Variation von ϕ (also durch Änderung der ϕ definierenden Parameter) so, dass W ein Minimum wird. Formal minimiert man also das Funktional $W(\phi)$, indem man $\partial W(\phi)/\partial\phi \stackrel{!}{=} 0$ sucht.

MOs aus LCAO

Als Testwellenfunktion für die *molekularen Orbitale* (MO) benutzt man in der Molekülphysik oft eine lineare Kombination von atomaren Orbitalen (sogenannte *MO aus LCAO: linear combination of atomic orbitals*):

$$\phi(\boldsymbol{r}; R) = \sum_i \sum_{k=A,B} c_i \Phi_i(\boldsymbol{r}_k) \tag{11.89}$$

Zu summieren ist über eine angemessene Zahl von Atomorbitalen i sowie über die beiden Atomkerne $k = A, B$. Im einfachsten Fall sind die Φ_i Eigenfunktionen des H-Atoms, allerdings jetzt bei verschiedenen Atomen lokalisiert, sodass man sie auf das gemeinsame Koordinatensystem mit dem Ursprung O umtransformieren muss. Bei unterschiedlichen Massen M_A und M_B ist der Ursprung O in Abb. 11.25 in Richtung der schwereren Masse verschoben, und es wird mit $M = M_A + M_B$:

$$\boldsymbol{r}_B = \boldsymbol{r} - (M_A/M)\ \boldsymbol{R} \quad \text{und} \quad \boldsymbol{r}_A = \boldsymbol{r} + (M_A/M)\ \boldsymbol{R} \tag{11.90}$$

(Im Falle mehrerer beteiligter Elektronen stehen $\boldsymbol{r}, \boldsymbol{r}_A$ und $\boldsymbol{r}_B$ für jeweils alle Elektronenkoordinaten.) Man variiert die Koeffizienten c_i nun so, dass (11.88) eine möglichst niedrige Energie liefert. Durch Einsetzen der LCAO-„Test"-Wellenfunktion ϕ nach (11.89) erhalten wir:

$$\varepsilon = \frac{\int \sum_i c_i^* \Phi_i^* \widehat{H} \sum_k c_k \Phi_k\, d^3\boldsymbol{r}}{\int \sum_i c_i^* \Phi_i^* \sum_k c_k \Phi_k\, d^3\boldsymbol{r}} > W$$

Hierbei ist der *Testenergiewert* ε stets größer als der wahre Energieeigenwert W. Da die Koeffizienten c_i reine (komplexe) Zahlenfaktoren sind, können Summation und Integration vertauscht werden. Wir erhalten:

$$\varepsilon = \frac{\sum_i \sum_k c_i^* c_k H_{ik}}{\sum_i \sum_k c_i^* c_k S_{ik}} \tag{11.91}$$

$$\text{mit} \quad H_{ik} = \int \Phi_i^* \widehat{H} \Phi_k d^3\boldsymbol{r} \quad \text{und} \quad S_{ik} = \int \Phi_i^* \Phi_k\, d^3\boldsymbol{r}\,,$$

wobei $S_{ii} = 1$, da die atomaren Orbitale Φ_i normiert sind. Man beachte aber, dass die sogenannten *Überlappintegrale* S_{ik} für $i \neq k$ nur für Orbitale an identischen Atomen verschwinden. Gesucht wird das Minimum von ε, das dem wahren Eigenwert W am nächsten kommt. Es muss also für alle i

$$\frac{\partial \varepsilon}{\partial c_i} = \frac{\partial \varepsilon}{\partial c_i^*} = 0$$

werden. Hierzu wird (11.91) umgeschrieben

$$\sum_i \sum_k c_i^* c_k H_{ik} = \varepsilon \sum_i \sum_k c_i^* c_k S_{ik}$$

und nach c_i^* differenziert. Mit $\partial \varepsilon / \partial c_i^* = 0$ erhalten wir nach Umordnung

$$\sum_k \left(H_{ik} - \varepsilon S_{ik} \right) c_k = 0 \qquad (11.92)$$

für den optimalen Satz $\{c_k\}$. Dieses homogene lineare Gleichungssystem hat nur dann nicht triviale Lösungen, wenn

$$\det \left(H_{ik} - \varepsilon\, S_{ik} \right) = 0 . \qquad (11.93)$$

Hieraus erhält man eine charakteristische Gleichung (Polynom) für ε. Die Lösungen ε_γ (Nullstellen des Polynoms) sind die gesuchten Energien des elektronischen Systems und werden in das lineare Gleichungssystem (11.92) eingesetzt, um die Koeffizienten $\{c_k^\gamma\}$ zu berechnen (je ein Satz für jedes ε_γ).

11.5.2 Spezialisierung auf H_2^+

Wir setzen die tiefst liegenden MOs einfach aus zwei atomaren 1s-Wasserstofforbitalen (AOs) zusammen, die jeweils auf einem der beiden Protonen zentriert seien:

auf Proton A: $\Phi_A = \Phi_{1s}\left(r_A\right) = \left(\dfrac{1}{a_0 \pi}\right)^{1/2} e^{-r_A/a_0}$ und

auf Proton B: $\Phi_B = \Phi_{1s}\left(r_B\right) = \left(\dfrac{1}{a_0 \pi}\right)^{1/2} e^{-r_B/a_0}$

Die beiden AOs sind schematisch in Abb. 11.26 skizziert. Da Φ_A und Φ_B normiert sind, gilt $S_{AA} = S_{BB} = 1$. Zu berechnen ist das Überlappintegral $S\left(R\right)$:

$$S\left(R\right) = S_{AB}(R) = \int \Phi_{1s}^*\left(r_A\right) \Phi_{1s}\left(r_B\right) d^3 \boldsymbol{r} \qquad (11.94)$$

Dieses Zwei-Zentren-Integral hat die Grenzwerte $\underset{R \to \infty}{S} = 0$ und $\underset{R \to 0}{S} = 1$.

Zur Berechnung der H_{ik} wird ausgenutzt, dass Φ_A und Φ_B Eigenfunktionen des H-Atoms sind. Wir schreiben (in atomaren Einheiten):

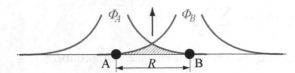

$$\widehat{H}_{el} = \underbrace{-\nabla_e^2 - \frac{1}{r_A}}_{= \widehat{H}_B} \overbrace{- \frac{1}{r_B} + \frac{1}{R}}^{= \widehat{H}_A}$$

Damit wird:

$$H_{AA} = \int \Phi_{1s}^*(r_A) \underbrace{\widehat{H}_A \Phi_{1s}(r_A)}_{W_{1s}\Phi_{1s}(r_A)} d^3 r_A - \int \Phi_{1s}^*(r_A) \frac{1}{r_B} \Phi_{1s}(r_A) d^3 r_A + \frac{1}{R}$$

$$= W_{1s} + \frac{1}{R} - \int \Phi_{1s}^*(r_A) \frac{1}{r_B} \Phi_{1s}(r_A) d^3 r_A$$

$$= W_{1s} + \frac{1}{R} - C(R) \tag{11.95}$$

Das Coulomb-Integral $C(R)$ ist positiv und $-C(R)$ ist einfach die Wechselwirkung der um den Kernort A verteilten Elektronenladung mit der positiven
Ladung von Kern B, die bei großem R verschwindet und bei kleinem R gerade
die Coulomb-Abstoßung der Kerne kompensiert. Aus Symmetriegründen gilt:

$$H_{BB} = \int \Phi_{1s}^*(r_B) \widehat{H}_{el} \Phi_{1s}(r_B) \, d^3 r_B = H_{AA}$$

Das Matrixelement H_{AB} wird auch Resonanz-Integral genannt:

$$H_{AB} = \int \Phi_{1s}^*(r_A) \widehat{H}_{el} \Phi_{1s}(r_B) \, d^3 r = \int \Phi_{1s}^*(r_A) [\frac{-1}{r_A} + \frac{1}{R} + \underbrace{\widehat{H}_B}] \Phi_{1s}(r_B) d^3 r$$
$$\underbrace{\qquad\qquad\qquad}_{W_{1s}\Phi_{1s}(r_B)}$$

$$= \left[W_{1s} + \frac{1}{R} \right] S(R) - \int \Phi_{1s}^*(r_A) \frac{1}{r_A} \Phi_{1s}(r_B) \, d^3 r$$

$$= \left[W_{1s} + \frac{1}{R} \right] S(R) - K(R) = H_{BA} \quad \text{(aus Symmetriegründen)}$$

$$\tag{11.96}$$

Das Integral $K(R)$ ist eine Art *Austauschintegral. Für nicht allzu kleine R
wird H_{AB} kleiner als Null,* da das Überlappintegral S mit zunehmendem R
kleiner wird, und $-K(R)$ dominiert.

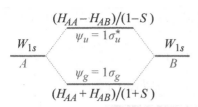

$$\frac{W_{1s}}{A} \overset{(H_{AA}-H_{AB})/(1-S)}{\underset{(H_{AA}+H_{AB})/(1+S)}{\psi_u = 1\sigma_u^*}} \frac{W_{1s}}{B}$$

Abb. 11.27. Energieschema für H_2^+: Anhebung bzw. Absenkung der $1s$ Energien für das $1\sigma_u^*$ bzw. $1\sigma_g$ MO

Wir erhalten damit die Determinante:

$$\begin{vmatrix} H_{AA} - \varepsilon & H_{AB} - \varepsilon S \\ H_{AB} - \varepsilon S & H_{AA} - \varepsilon \end{vmatrix} = 0 \quad (11.97)$$

Die charakteristische Gleichung ist eine quadratische Gleichung in ε mit den Lösungen:

$$\varepsilon_u = \frac{H_{AA} - H_{AB}}{1 - S} \quad \text{und} \quad (11.98)$$

$$\varepsilon_g = \frac{H_{AA} + H_{AB}}{1 + S} \quad (11.99)$$

Mit $H_{AB} < 0$ führt dies zu dem in Abb. 11.27 skizzierten Energieschema.

Durch Einsetzen der ε-Werte in das Gleichungssystem (11.92) können auch die Koeffizienten c_1 und c_2 berechnet werden:

$$c_A^{(g)} = c_B^{(g)} = \frac{1}{\sqrt{2(1+S)}} \quad \text{und} \quad c_A^{(u)} = -c_B^{(u)} = \frac{1}{\sqrt{2(1-S)}} \quad (11.100)$$

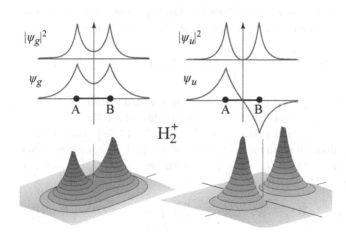

Abb. 11.28. LCAO-Molekülorbitale für H_2^+ aus $\phi_{1s}(r_A)$ und $\phi_{1s}(r_B)$ für die tiefst liegenden Zustände. Die endliche Elektronendichte zwischen den Atomkernen A und B beim ϕ_g-MO führt zur Molekülbindung

Damit ergeben sich als LCAO-MOs von H_2^+ ein gegenüber Inversion $r \rightarrow -r$ gerader (g) und ein ungerader (u) Zustand:

$$\phi_g = \frac{1}{\sqrt{2(1+S(R))}} [\Phi_{1s}(r_A) + \Phi_{1s}(r_B)] \quad (11.101)$$

$$\phi_u = \frac{1}{\sqrt{2(1-S(R))}} [\Phi_{1s}(r_A) - \Phi_{1s}(r_B)] \quad (11.102)$$

Abbildung 11.28 illustriert diese MOs (Wellenfunktionen) für die beiden Zustände (mehr zur g-u Symmetrie in Abschn. 11.5.4). Die Ladungsdichte wird

$$-e_0 \left| \phi_{g,u} \right|^2 = \frac{-e_0}{2\left(1 \pm S\right)} \left[\Phi_{1s}^* \left(r_A\right) \pm \Phi_{1s}^* \left(r_B\right)\right] \left[\Phi_{1s}\left(r_A\right) \pm \Phi_{1s}\left(r_B\right)\right] \quad (11.103)$$

$$= \frac{-e_0}{2\left(1 \pm S\right)} \left[\left| \Phi_{1s}\left(r_A\right)\right|^2 + \left| \Phi_{1s}\left(r_B\right)\right|^2\right]$$

$$\mp \underbrace{\frac{e_0}{2\left(1 \pm S\right)} \left[\Phi_{1s}^*\left(r_A\right)\Phi_{1s}\left(r_B\right) + \Phi_{1s}^*\left(r_B\right)\Phi_{1s}\left(r_A\right)\right]}_{\text{Überlapp der Atomorbitale}},$$

wobei die Vorzeichen $\pm$ für den g bzw. u Zustand gelten. Die Wellenfunktionen haben Zylindersymmetrie um die Molekülachse. Außerdem gilt:

- Das $\phi_g = 1\sigma_g$-Orbital mit der Energie $\varepsilon_g(R)$ hat *gerade Inversionssymmetrie*, das Vorzeichen der Wellenfunktion ändert sich also nicht bei Inversion $r \to -r$. Es beschreibt den energetisch tiefst liegenden Zustand des H_2^+-Moleküls, also den Grundzustand, und ist ein *bindendes Orbital*.
- Das $\phi_u = 1\sigma_u^*$-Orbital mit der Energie $\varepsilon_u(R)$ hat *ungerade Symmetrie,* das Vorzeichen der Wellenfunktion ändert sich bei Inversion $r \to -r$. Es ist ein *antibindendes Orbital,* was durch den $*$ gekennzeichnet wird.

Für die Bindung des symmetrischen Orbitals ist das negative Vorzeichen von H_{AB} verantwortlich, also nach (11.96) letztlich das Austauschintegral

$$K(R) = \int \Phi_{1s}^* \left(r_A\right) \frac{1}{r_A} \Phi_{1s}\left(r_B\right) d^3 r \,. \quad (11.104)$$

Entscheidend für die Bindung ist damit der Überlapp der Atomorbitale $\Phi_{1s}\left(r_A\right)$ und $\Phi_{1s}\left(r_B\right)$, d.h. der zweite Term in der Ladungsdichte (11.103).

Man kann für das H_2^+ die Energien ε_g und ε_u nach (11.98) und (11.99) als Funktion von R explizit berechnen und so die Potenziale bestimmen, also auch den Gleichgewichtsabstand R_0 und die Bindungsenergie D_e. Einsetzen der Integrale (11.95) und (11.96) ergibt:

$$\varepsilon_{g,u}\left(R\right) = \frac{H_{AA} \pm H_{AB}}{1 \pm S} = \frac{W_{1s} + \frac{1}{R} - C\left(R\right) \pm \left[\left(W_{1s} + \frac{1}{R}\right) S\left(R\right) - K\left(R\right)\right]}{1 \pm S\left(R\right)}$$

$$\varepsilon_u\left(R\right) = W_{1s} + \frac{1}{R} - \frac{C\left(R\right)}{1 - S\left(R\right)} + \frac{K\left(R\right)}{1 - S\left(R\right)} \quad (11.105)$$

$$\varepsilon_g\left(R\right) = W_{1s} + \frac{1}{R} - \frac{C\left(R\right)}{1 + S\left(R\right)} - \frac{K\left(R\right)}{1 + S\left(R\right)} \quad (11.106)$$

Die endliche Ladungsdichte zwischen den Atomen im Falle von ϕ_g, in Abb. 11.28 erkennbar, führt zur Anziehung und Stabilisierung des H_2^+-Moleküls.

Die Zwei-Zentren-Integrale $S\left(R\right)$, $C\left(R\right)$ und $K\left(R\right)$ können analytisch berechnet werden. Dazu verwendet man konfokale elliptische Koordinaten. Wir kommunizieren hier nur das Ergebnis (wieder in atomaren Einheiten):

$$S\left(R\right) = \left[1 + R + \frac{1}{3}R^2\right]e^{-R}$$

$$C\left(R\right) = \frac{1}{R}\left[1 - \left(1 + R\right)e^{-2R}\right]$$

$$K\left(R\right) = \left[1 + R\right]e^{-R}$$

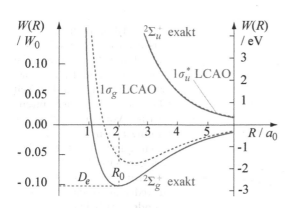

Abb. 11.29. Potenziale für das H_2^+-Molekül: LCAO-Orbitalenergien in einfachster Form (*gestrichelt*) und Vergleich mit dem exakten Potenzial nach Sharp (1971) (*volle Linien*). Für den Grundzustand ($1\sigma_u$ bzw. $^2\Sigma_g^+$) liefert LCAO ein grobe Näherung. Für den repulsiven Zustand sind exaktes ($^2\Sigma_u^+$) Potenzial und Näherung ($1\sigma_u^*$) praktisch identisch. Der Energienullpunkt ist für dissoziierte Atome festgelegt

Wie in Abb. 11.29 dokumentiert, erhält man mit diesem einfachsten LCAO Ansatz (gestrichelt) bereits ein nicht unvernünftige Potenzial für den binden-den $1\sigma_g$ $^2\Sigma_g^+$-Zustand, mit $R_0 \simeq 1.32\,\text{Å}$ und $D_e \simeq 1.77\,\text{eV}$. Die Energie des repulsiven, antibindenden Zustands ist ebenfalls in Abb. 11.29 eingetragen. Interessanterweise ist für das H_2^+-Molekül (als einziges Molekül überhaupt) eine vollständig analytische Lösung möglich, da sich der Hamilton-Operator H_{el} in konfokalen elliptischen Koordinaten separieren lässt. Man erhält dann $R_0 = 1.06\,\text{Å}$ und $D_e = 2.79\,\text{eV}$, die den experimentellen Werten $R_0 \simeq 1.06\,\text{Å}$ und $D_e \simeq 2.65\,\text{eV}$ sehr nahe kommen (volle rote Linie in Abb. 11.29).

11.5.3 Ladungsaustausch im System H_2^+

Die Symmetrieeigenschaften des H_2^+ Moleküls geben Anlass zu einer Reihe von interferenzartigen, experimentell direkt beobachtbaren Phänomenen. Sie hängen damit zusammen, dass das Molekül gerade oder ungerade Symmetrie haben kann. In beiden Zuständen ist die Wahrscheinlichkeit gleich groß, das Elektron am einen oder am anderen Ion zu finden. Man kann die beiden Positionen quantenmechanisch streng genommen gar nicht unterscheiden. Trennt man aber die beiden Kerne durch einen Stoß oder in einem photoinduzierten Dissoziationsprozess, dann muss sich das Elektron während dieser Trennung irgendwann einmal „entscheiden", bei welchem der beiden Kerne es auf Dauer verbleiben will.

Ladungsaustausch im Stoßprozess $H^+ + H$

Das klassische Beispiel sind Stöße zwischen einem Proton und einem H-Atom, erstmals von Lockwood und Everhart (1962) untersucht. Ein schneller Protonenstrahl wird durch ein Targetgas von H-Atomen geschickt. Wenn sich die beiden Atomkerne nahe begegnen („close encounter"), wird kurzzeitig ein H_2^+-Molekül gebildet. Dabei wird prinzipiell ununterscheidbar, welcher Kern die Elektronenladung trägt, es kann also Ladung zwischen den beiden Protonen ausgetauscht werden. In der Gesamtbilanz sind zwei Prozesse möglich:

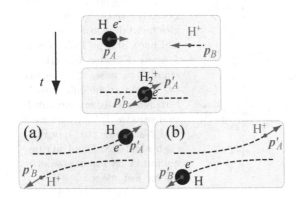

Abb. 11.30. Ladungsaustausch im $H^+ + H$ Stoß schematisch mit den Impulsen der Teilchen $p_{A,B}$ und $p'_{A,B}$ vor bzw. nach dem Stoß. Die Zeit t läuft von oben nach unten im Bild. Vor dem Stoß ist die Ladung an einem der Protonen fixiert. Im Stoß bildet sich kurzzeitig H_2^+. Nach dem Stoß kann sich das System entweder in Konfigurationen (a) oder (b) befinden

$$H + H^+ \rightarrow (H_2^+) \begin{cases} \nearrow H + H^+ \text{ elastischer Stoß} & \text{(a)} \\ \searrow H^+ + H \text{ Ladungsaustausch} & \text{(b)} \end{cases} \qquad (11.107)$$

Dies ist in Abb. 11.30 durch „Schnappschüsse" im Schwerpunktsystem illustriert. Nach dem Stoß weist man den Ladungsaustausch nach, indem man die neu gebildeten, schnellen H-Atome detektiert, die unter einem bestimmten Winkel θ (in diesem speziellen Experiment $\theta = 3°$) gestreut werden. Im Experiment werden zunächst alle unter dem Winkel θ gestreuten Teilchen durch eine Aperturblende von den ungestreuten getrennt und mit einem Teilchenmultiplier nachgewiesen (Signal $S_A + S_B$). Sodann lenkt man aus diesem gestreuten Teilchenstrahl die Protonen mit Hilfe eines elektrischen Feldes ab und weist nur die schnellen H-Atome (Signal S_B) nach. So stellt man sicher, dass eine nahe Begegnung der beiden Protonen stattgefunden hat, und bestimmt die Wahrscheinlichkeit $w_e = S_B/(S_A + S_B)$ für den Elektronenaustausch.

Während der Zeit intensiver Wechselwirkung kann man prinzipiell nicht unterscheiden, ob sich das System $H^+ + H$ auf der zu $\phi_g(1\sigma_g)$ bzw. zu $\phi_u(1\sigma_u)$ gehörigen Potenzialkurve bewegt (s. Abb. 11.29 auf der vorherigen Seite). Man hat es quasi mit einem „Doppelspaltexperiment" zu tun und muss daher Amplituden für die beiden möglichen Wege addieren, was zu typischen Interferenzphänomenen führt. Vor dem Stoß ($t \rightarrow -\infty$) ist das Elektron beim

Proton A lokalisiert. Mit (11.101) und (11.102) kann man dies für $R \to \infty$ (wo $S = 0$ wird) ins molekulare H_2^+-Bild umschreiben:

$$\Phi_{1s}\left(r_A\right) \equiv \frac{1}{\sqrt{2}}\left(\phi_g + \phi_u\right) \tag{11.108}$$

Wenn wir nun die zeitliche Entwicklung beschreiben wollen, müssen wir berücksichtigen, dass die beiden Zustände unterschiedliche Zeitabhängigkeiten

$$\phi_g(\boldsymbol{R},t) = \phi_g \exp\left(-i\frac{\varepsilon_g(R)}{\hbar}t\right) \quad \text{bzw.} \quad \phi_u(\boldsymbol{R},t) = \phi_u \exp\left(-i\frac{\varepsilon_u(R)}{\hbar}t\right) \tag{11.109}$$

haben, da die Energien für g- und u-Zustand bei der Annäherung aufspalten. Die Anfangswellenfunktion $\Phi_{1s}\left(r_A\right) = \left(\phi_g + \phi_u\right)/\sqrt{2}$ entwickelt sich daher ebenfalls zeitabhängig und wird:

$$\phi\left(t\right) \simeq \frac{1}{\sqrt{2}}\left[\phi_g \exp\left(-i\varepsilon_g t/\hbar\right) + \phi_u \exp\left(-i\varepsilon_u t/\hbar\right)\right] \tag{11.110}$$

Mit $\Delta W = \varepsilon_g(R) - \varepsilon_u(R)$ und $W = \left(\varepsilon_g(R) + \varepsilon_u(R)\right)/2$ kann man dies umschreiben zu:

$$\phi\left(t\right) \simeq \frac{1}{\sqrt{2}}\left[\left(\phi_g + \phi_u\right)\cos\frac{\Delta W t}{2\hbar} + i\frac{1}{\sqrt{2}}\left(\phi_g - \phi_u\right)\sin\frac{\Delta W t}{2\hbar}\right]\exp\left(-iWt/\hbar\right) \tag{11.111}$$

Die Phasenfaktoren $\sin\left(\Delta W t/2\hbar\right)$ und $\cos\left(\Delta W t/2\hbar\right)$ sorgen also für zeitlich wechselnde Vorzeichen von ϕ_g und ϕ_u. Daher wird $\phi\left(t\right)$ abwechselnd

$$\frac{1}{\sqrt{2}}\left(\phi_g + \phi_u\right) \simeq \Phi_{1s}\left(r_A\right) \quad \text{oder} \quad \frac{1}{\sqrt{2}}\left(\phi_g - \phi_u\right) \simeq \Phi_{1s}\left(r_B\right).$$

Während der Wechselwirkung „oszilliert" das Elektron also sozusagen zwischen Proton A und Proton B hin und her.

Streng genommen gilt der Ansatz (11.110) natürlich nur für konstante Energieaufspaltung zwischen g- und u-Zustand. Für eine gute Abschätzung der Situation nach dem Stoß genügt es aber, über die gesamte Zeit τ_{col} des Stoßprozesses zu mitteln[12] und zu ersetzen:

$$\frac{\Delta W t}{2\hbar} \to \left\langle\frac{\Delta W t}{2\hbar}\right\rangle = \frac{1}{2\hbar}\int_{-\infty}^{\infty}\Delta W(R)\times dt \tag{11.112}$$

$$= \frac{1}{2\hbar v}\int_{-\infty}^{\infty}\Delta W(R)\times dR = \frac{\langle a\Delta W(R)\rangle}{2\hbar}\frac{1}{v} \tag{11.113}$$

Dabei haben wir etwas übersimplifizierend die Relativgeschwindigkeit der Teilchen mit $v = dR/dt$ identifiziert, d.h. wir haben eine gerade Trajektorie entlang der internuklearen Achse angenommen. Schließlich schreiben wir das

---

[12] Das entspricht im Wesentlichen dem semiklassischen WKB-Verfahren.

Integral als Mittelwert aus Wechselwirkungslänge a und Energieaufspaltung als $\langle a\Delta W(R)\rangle$ aus. Dies entspricht einer effektiven Wechselwirkungszeit

$$\tau_{col} = a/v \tag{11.114}$$

über eine mittlere Ausdehnung des Potenzials a. Nach dem Stoß können wir die Wellenfunktion (11.111) des Systems wieder als lineare Superposition von Atomorbitalen $\Phi_{1s}(r_A)$ und $\Phi_{1s}(r_B)$ identifizieren:

$$\lim_{t\to\infty}\phi(t) = \Phi_{1s}(r_A)\cos\left(\frac{\langle a\Delta W(R)\rangle}{2\hbar}\frac{1}{v}\right) + i\Phi_{1s}(r_B)\sin\left(\frac{\langle a\Delta W(R)\rangle}{2\hbar}\frac{1}{v}\right)$$

Die Wahrscheinlichkeit, das Elektron nach dem Stoß am Proton A bzw. B zu finden, wird durch das Quadrat der Amplituden gegeben, also durch $\cos^2(..)$ bzw. $\sin^2(..)$. Die Elektronenaustauschwahrscheinlichkeit wird also

$$w_e = \sin^2\left(\frac{\langle a\Delta W(R)\rangle}{2\hbar}\frac{1}{v}\right). \tag{11.115}$$

Wir erwarten ein entsprechendes oszillatorisches Verhalten der Austauschwahrscheinlichkeit als Funktion von $1/v$. Genau das wird im Experiment beobachtet, wie in Abb. 11.31 anhand der Originaldaten dokumentiert. Wir sehen

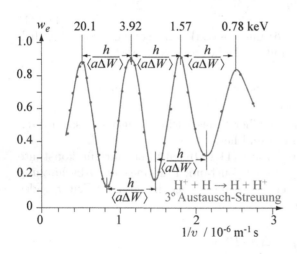

Abb. 11.31. Experimentell beobachtete Elektronenaustauschwahrscheinlichkeit w_e beim H + H$^+$ Stoß nach Lockwood und Everhart (1962). Aufgetragen ist die Wahrscheinlichkeit des Ladungsaustauschs als Funktion der reziproken Geschwindigkeit (kinetische Energie des Protons 0.5–50 keV)

deutlich ausgeprägte Maxima und Minima für die Austauschwahrscheinlichkeit, auch wenn aufgrund endlicher Winkelauflösung die Minima nicht ganz auf Null gehen, wie von (11.115) vorhergesagt. Maxima des Ladungsaustauschs sollten nach diesem simplen Modell gerade dann beobachtet werden, wenn

$$\frac{\langle a\Delta W(R)\rangle}{2\hbar}\frac{1}{v} = \left(n+\frac{1}{2}\right)\pi \quad \text{d.h.} \quad \frac{1}{v} = \frac{h}{\langle a\Delta W(R)\rangle}\left(n+\frac{1}{2}\right) \tag{11.116}$$

wird. Im Experiment liest man auf der reziproken Geschwindigkeitsskala $\Delta\,(1/v) \simeq 6.6 \cdot 10^{-7}\,\mathrm{m^{-1}\,s}$ ab (mit leichten Unterschieden von Maximum zu Maximum bzw. Minimum zu Minimum). Das entspricht $\langle a\Delta W\rangle = h/\Delta\,(1/v)$ $\simeq 62.7\,\mathrm{eV\,\mathring{A}}$. Aus dem Potenzialdiagramm Abb. 11.29 auf S. 47 schätzt man einen mittleren Wert für den Abstand zwischen $1\sigma_g$- und $1\sigma_u^*$-Potenzial von $\Delta W \simeq 10\,\mathrm{eV}$ ab. Damit ergibt sich für den effektiven Wechselwirkungsbereich $a \approx 6\,\mathring{A}$, ein durchaus plausibler Wert für die Wechselwirkung zwischen Atom und Proton, die danach über ca. 3 Moleküldurchmesser wirkt. Wir merken noch an, dass das erste Maximum nicht wie nach (11.116) erwartet bei einer Phase von $\pi/2$ liegt, sondern bei einem deutlich höheren entsprechenden Wert von $1/v$. Dies zeigt die Grenzen des einfachen, hier diskutierten Modells auf.

Photoinduzierte Dissoziation von H_2^+ im Feld ultrakurzer Laserimpulse

Als weiteres Beispiel für solche Ladungsozillationen diskutieren wir ein sehr schönes „state of the art" Experiment mit ultrakurzen Laserimpulsen von Kling et al. (2006), bei welchem die laserinduzierte Dissoziation von D_2^+ studiert wird. Hierbei werden extrem kurze (5–7 fs FWHM), intensive ($1 \times 10^{14}\,\mathrm{W\,cm^{-2}}$) Lichtimpulse mit nur wenigen Oszillationszyklen des elektrischen Feldes (Wellenlänge $\sim 800\,\mathrm{nm}$) dazu benutzt, D_2-Moleküle zunächst zu ionisieren und das so entstandene D_2^+-System dann zu dissoziieren. Wir können hier nicht auf die Details dieses anspruchsvollen Experiments eingehen. Es kombiniert ein bildgebendes Nachweisverfahren für die kinetische Energie der D^+-Fragmentionen (ähnlich dem für Elektronen in Kap. 5.5.5, Band 1 besprochenen) mit modernster Kurzzeitlasertechnik (die wir in Band 3 behandeln werden). Abbildung 11.32 zeigt in (a) und (b) einige experimentelle Ergebnisse zusammen mit einer Modellrechnung in (d) und (e).

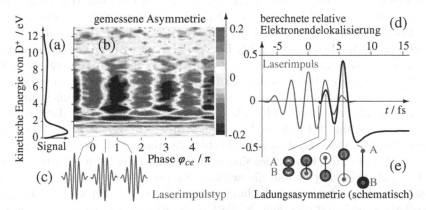

Abb. 11.32. Experiment und Modellrechnung für die Dissoziation von D_2^+ durch phasenstabilisierte, ultrakurze Laserimpulse (5 fs) nach Kling et al. (2006)

Das gemessene Ionensignal (D$^+$) ist in Abb. 11.32a als Funktion der kinetischen Energie dargestellt – hier für einen nicht phasenstabilisierten Impuls. Was hat es nun mit dieser Phase (φ_{ce}), der sogenannten Träger-Einhüllenden-Phase („Carrier Envelope Phase"), auf sich? Dies erläutern die Skizzen von Laserimpulsen in Abb. 11.32c, wo der elektrische Feldverlauf

$$\exp(-t^2/2\tau^2)\cos(\omega_0 t - \varphi_{ce})$$

gezeigt ist. Es handelt sich um linear polarisiertes Licht. Im Experiment selektiert man präferentiell solche Dissoziationsprozesse, bei denen die Molekülachse parallel zum Laserfeld liegt. Wir denken uns diese Moleküle parallel zur Vertikalen der Papierebene ausgerichtet. Alle drei gezeigten Impulse haben gleiche Trägerfrequenz ω_0 und gleiche Impulsdauer, die durch die einhüllende Gauß-Funktion charakterisiert ist (τ gibt die $1/e$ Breite der Intensität des Impulses). Sie unterscheiden sich lediglich durch die Phase: Während für $\varphi_{ce} = 0$, 2π etc. das Feld im Maximum des Impulses in Bezug auf das Molekül nach „oben" zeigt, ist es für $\varphi_{ce} = \pi$, 3π etc. im Maximum nach „unten" gerichtet. Für $\varphi_{ce} = \pi/2$, $3\pi/2$ etc. sind die höchsten Feldstärken nach oben und unten gleich groß. Es geht nun darum, ob diese Phase einen Einfluss auf den Dissoziationsprozess hat. Abbildung 11.32b zeigt die experimentellen Resultate, wieder als Funktion der kinetischen Energie, und hier nun auch als Funktion der Phase. Aufgetragen ist die Asymmetrie $(S_A - S_B)/(S_A + S_B)$ der Signale für Protonen die nach „oben" (S_A) bzw. „unten" (S_B) dissoziieren. Der Einfluss der Phase ist verblüffend deutlich im Bereich kinetischer Energien zwischen ca. 2 eV und 8 eV, während für niedrigere kinetische Energien keine Asymmetrie beobachtet wird.

Auch diese Prozesse kann man anhand des Potenzialdiagramms Abb. 11.29 für das H$_2^+$-Molekül verstehen. Zwar können wir hier nicht auf die recht komplexen Reaktionsschritte eingehen, die den Dissoziationsprozess einleiten und in die Relativbewegung der beiden Kerne z.T. erhebliche kinetische Energie einbringen. Wir nehmen aber einmal an, das D$_2^+$-Molekülion werde durch die Wechselwirkung mit dem intensiven, kurzen Laserimpuls auf die dissoziative $1\sigma_u$ Potenzialkurve gehoben. Es werden also durch den Laserimpuls Wellenpakete unterschiedlicher kinetischer Energie generiert, welche die auseinander laufenden Protonen beschreiben. Für kleine kinetische Anfangsenergie verläuft der Prozess ganz im Rahmen der Born-Oppenheimer-Näherung (man spricht von einem „adiabatischen" Prozess), d.h. das Molekül läuft einfach auf der $1\sigma_u$ Potenzialkurve auseinander. Da in diesem Orbital (11.102) das Elektron mit gleicher Wahrscheinlichkeit bei Atom A oder B lokalisiert ist, wird keine Asymmetrie beobachtet. Anders ist das bei höheren kinetischen Energien. Unter dem Einfluss des Laserfeldes sind in diesem Fall die beiden Zustände $1\sigma_u$ und $1\sigma_g$ stark gekoppelt und die negative Ladung oszilliert zwischen beiden Zuständen. Ganz analog zum Ladungsaustauschprozess, den wir oben besprochen haben, bedeutet dies eine Oszillation der Elektronendichte zwischen den beiden Atomen A und B, wie dies in der (sehr schematischen) Skizze Abbildung 11.32e für die mit der Zeit t auseinander laufenden Protonen angedeutet ist. Das in Abbildung 11.32d dargestellte Ergebnis einer Modellrechnungen für die Ladungsasymmetrie als Funktion der Zeit belegt diese Überlegung quantitativ. Im gezeigten Beispiel ($\varphi_{ce} = 0$) findet sich die Elektronenladung bei großen Zeiten vorzugsweise am Atom B (unten), im Detektor weist man dann das D^+-Ion A (oben) nach. Dies ist, wie Abbildung 11.32b zeigt, stark abhängig von der Phasenlage φ_{ce} des Laserfelds in Bezug auf die Einhüllende. Für $\varphi_{ce} = \pi$ sind die Richtungen A (oben) und B (unten) gerade umgedreht und man beobachtet vorzugsweise das D^+ Ion B.

11.5.4 MOs für homonukleare Moleküle

Im folgenden behandeln wir die Aufbauprinzipien der molekularen Orbitale für homonukleare zweiatomige Moleküle. Das entspricht der Diskussion beim Auffüllen der $n\ell$-Schalen im atomaren Fall und führt zu so etwas wie einem periodischen System für Moleküle.

Symmetrie und Drehimpuls

Atome haben ein *kugelsymmetrisches Potenzial*. Daher lässt sich ihre elektronische Wellenfunktion, wie wir wissen, in einen radialen und einen Winkelanteil separieren:

$$\phi_{n\ell m}(\boldsymbol{r}) = R_{n\ell}(r)\, Y_{\ell m}(\theta, \varphi)$$

Bei *linearen Molekülen* liegt dagegen *Zylindersymmetrie* vor. Der atomare Ansatz, mit dem $R_{n\ell}$ und $Y_{\ell m}$ separiert werden konnten, funktioniert hier nicht mehr, da das Potenzial im elektronischen Hamilton-Operator (11.87) über r_A und r_B vom Polarwinkel θ abhängig wird. Daher vertauscht $\hat{\boldsymbol{L}}^2$ nicht mehr mit dem Hamilton-Operator $\left[\hat{H}_{el}, \hat{\boldsymbol{L}}^2\right] \neq 0$, und die Bahndrehimpulsquantenzahl ℓ ist *keine gute Quantenzahl* mehr. Das verwundert uns nicht, kennen wir das Phänomen doch schon vom Stark-Effekt (s. Kap. 8.5.3 und 8.5.8 in Band 1). Wir können das H_2^+-Molekül ja durchaus als einen Grenzfall des Stark-Effekts ansehen: als ein H-Atom im (sehr starken) Feld eines Protons!

Hier wie in Kap. 8.5.8 ist wegen der Symmetrie um die Molekülachse (z-Achse) die Projektion von $\hat{\boldsymbol{L}}$ auf diese, d.h. $\hat{L}_z$, immer noch eine Erhaltungsgröße, d.h. $\left[\hat{H}_{el}, \hat{L}_z\right] = 0$. Damit sind die Eigenwerte von $\hat{L}_z$ wie bei den Atomen $m_\ell \hbar$, und m_ℓ bleibt eine gute Quantenzahl. Der natürlichen Symmetrie angepasst, schreibt man die elektronische Wellenfunktion für *zweiatomige Moleküle* daher in Zylinderkoordinaten (ρ, z, φ) mit $\rho = r \sin\theta$ und $z = r\cos\theta$ (mit der Komponente $\phi_{\gamma\lambda}(\rho, z)$ separat auf 1 normiert)

$$\phi_{el}^{(\pm\lambda)}(\rho, \theta, \varphi) = \phi_{\gamma\lambda}(\rho, z) \exp(\pm i\lambda\varphi)/\sqrt{2\pi} \qquad (11.117)$$

$$\text{mit} \quad \hat{L}_z \phi_{el}^{(\pm\lambda)}(\rho, \theta, \varphi) = \pm\lambda \phi_{el}^{(\pm\lambda)}(\rho, z, \varphi)$$

(wieder in a.u.). Die relevante Quantenzahl ist $\lambda = |m_\ell|$, da das Vorzeichen von m_ℓ (wie beim Stark-Effekt) keinen Einfluss auf die Energie hat. Die Winkelanteile der elektronischen Wellenfunktionen werden daher zweckmäßigerweise aus den reellen Darstellungen der Kugelflächenfunktionen konstruiert, die wir in Kap. 8.5.8, Band 1 eingeführt und ausführlich behandelt haben.

Die Quantenzahl λ wird bei zweiatomigen Molekülen zur Charakterisierung der Einelektronzustände (MOs) benutzt und ersetzt in gewisser Weise die Quantenzahl ℓ bei den Atomen. Man benutzt dafür in Anlehnung an die Bezeichnung der atomaren s, p, d etc. Orbitale die folgende Notation:

$$
\begin{array}{ccccc}
\lambda & 0 & 1 & 2 & 3 & \dots \\
 & \sigma & \pi & \delta & \phi
\end{array}
\tag{11.118}
$$

Entsprechend benutzt man zur Charakterisierung des Gesamtzustands eines Moleküls mit *mehreren Elektronen* den griechischen Buchstaben Λ (Lambda) für die Quantenzahl der Projektion des Gesamtdrehimpulses bezüglich der Molekülachse:

$$
\begin{array}{ccccc}
\Lambda & 0 & 1 & 2 & 3 & \dots \\
 & \Sigma & \Pi & \Delta & \Phi
\end{array}
\tag{11.119}
$$

Da sich die Drehimpulse auch hier vektoriell zusammensetzen, gilt $\Lambda \le \sum \lambda_i$.

Eine weitere *erlaubte Symmetrieoperation* bei homonuklearen Molekülen ist die *Inversion* am Massenschwerpunkt , d.h. $\boldsymbol{r} \to -\boldsymbol{r}$ bzw. in Zylinderkoordinaten $z \to -z$ und $\varphi \to \varphi + \pi$. Die Zustände werden daher zusätzlich nach ihrer Parität als g (gerade) und u (ungerade) unterschieden:

$$
\begin{aligned}
\text{gerade:} \qquad & \phi_g\left(\boldsymbol{r}\right) = \phi_g\left(-\boldsymbol{r}\right) \\
\text{ungerade:} \qquad & \phi_u\left(\boldsymbol{r}\right) = -\phi_u\left(-\boldsymbol{r}\right).
\end{aligned}
$$

Auch wenn LCAO-MOs nicht die allerbeste Näherung zur Berechnung von R_0 und D_e sind, so geben sie doch eine gute Richtschnur zur Konstruktion der molekularen Orbitale. Wichtig ist, dass die an einem MO beteiligten Atomorbitale die gleiche Symmetrie bezüglich der Molekülachse besitzen, da nur dann das Überlappintegral nicht verschwindet $S_{ik} \ne 0$. Nur solche Orbitale bilden eine erlaubte Kombination.

Für den Aufbau von MOs aus atomaren s- und p-Elektronen ergeben sich damit folgende Möglichkeiten (wir schreiben etwas locker $|s\rangle , |p_x\rangle , |p_y\rangle , |p_z\rangle$ für die AOs und $|\sigma_{g,u}\rangle$ und $|\pi_{g,u}\rangle$ etc. für die MOs):

$$
|s\rangle + |s\rangle \longrightarrow |\sigma_g\rangle \text{ und } |s\rangle - |s\rangle \longrightarrow |\sigma_u^*\rangle
$$

$$
|p_z\rangle + |p_z\rangle \longrightarrow |\sigma_u^*\rangle \text{ und } |p_z\rangle - |p_z\rangle \longrightarrow |\sigma_g\rangle
$$

$$
|p_y\rangle + |p_y\rangle \longrightarrow |\pi_u\rangle \text{ und } |p_y\rangle - |p_y\rangle \longrightarrow |\pi_g^*\rangle
$$

Nicht-bindende Zustände werden mit einem Stern * gekennzeichnet. Die π_u- und π_g^*-Orbital sind jeweils zweifach entartet, da sie auch durch $|p_x\rangle + |p_x\rangle$ bzw. $|p_x\rangle - |p_x\rangle$ gebildet werden können. Abbildung 11.33 gibt ein anschauliches Bild davon. Man beachte, dass die nicht-bindenden Orbitale stets eine Knotenebene senkrecht zur Verbindungslinie der beiden Kerne haben (angedeutet durch die gestrichelte Linie). Wichtig ist auch, dass die Symmetrie der bindenden σ-Orbitale gerade ist, die der bindenden π-Orbitale aber ungerade.

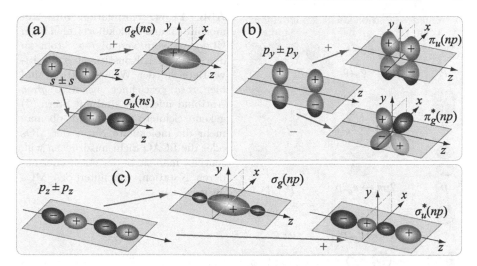

Abb. 11.33. Aufbau von Molekülorbitalen aus $|s\rangle$ und $|p\rangle$ Atomorbitalen: (**a**) $|s\rangle \pm |s\rangle$, (**b**) $|p_y\rangle \pm |p_y\rangle$ ($y \perp$ Ebene), (**c**) $|p_z\rangle \pm |p_z\rangle$. *Rot schattiert* sind die positiven, *schwarzgrau* die negativen Bereiche der Wellenfunktion markiert. Die jeweils oberen MOs sind bindend, die unteren antibindend (durch * gekennzeichnet)

Korrelationsdiagramme

Um einen Überblick über die relative energetische Lage der einzelnen Energieniveaus zueinander zu bekommen, können wir zwei Extremfälle betrachten und dann versuchen, sie miteinander zu verknüpfen: einerseits die „getrennten Atome" in unendlichem Abstand und andererseits das „vereinigte Atom" mit beliebig kleinem Kernabstand und der Summe beider Kernladungen. Dazwischen bilden sich die molekularen Orbitale, wie schematisch für die eben behandelten MOs in Abb. 11.34 skizziert.

Aus der energetischen Zuordnung der MOs zu vereinigten bzw. getrennten Atomen ergeben sich die *sogenannten Korrelationsdiagramme*, welche eine semiquantitative Diskussion der energetischen Lage der Energiebeiträge der einzelnen MOs erlauben. Abbildung 11.35 zeigt diesen Verlauf der Energie als Funktion des Kernabstands schematisch und generell. Bei der Verbindung der Energien von Orbitalen für getrennte Atome mit denen des vereinigten Atoms durch Linien oder Potenzialkurven sind folgende Regeln zu beachten:

1. Es dürfen nur Zustände mit gleichem Bahndrehimpuls λ miteinander verbunden werden.
2. Die Parität muss erhalten bleiben, also ($g \leftrightarrow g$ und $u \leftrightarrow u$).
3. Potenzialkurven gleicher Symmetrie kreuzen sich nicht.

Die Nichtkreuzungsregel 3 haben wir bereits in Kap. 8.2, Band 1 in allgemeiner Form besprochen.

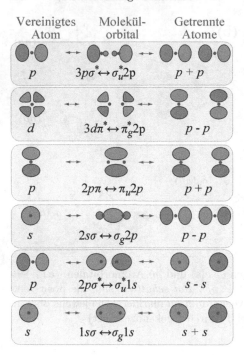

Vereinigtes Atom	Molekül-orbital	Getrennte Atome

p $3p\sigma^* \leftrightarrow \sigma_u^* 2p$ $p + p$

d $3d\pi^* \leftrightarrow \pi_g^* 2p$ $p - p$

p $2p\pi \leftrightarrow \pi_u 2p$ $p + p$

s $2s\sigma \leftrightarrow \sigma_g 2p$ $p - p$

p $2p\sigma^* \leftrightarrow \sigma_u^* 1s$ $s - s$

s $1s\sigma \leftrightarrow \sigma_g 1s$ $s + s$

Abb. 11.34. Korrelation von Atomorbitalen und Molekülorbitalen beim Übergang vom vereinigten Atom zu den getrennten Konstituenten. Positive Bereiche der Wellenfunktion sind hier *rosa* gezeichnet, negative *grau*. Antibindende MOs sind mit Stern (*) gekennzeichnet. Je nachdem, ob man mehr die molekulare Natur der MOs oder die LCAO Sicht ausdrücken will, schreibt man sie in der einen oder anderen Notation, wie unter den MOs ausgewiesen

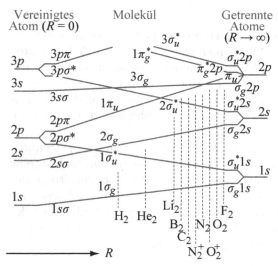

Abb. 11.35. Korrelationsdiagramm für die Orbitalenergien zweiatomiger Moleküle. Die Abszisse korrespondiert mit dem Kernabstand, die Ordinate reflektiert sehr schematisch den Verlauf der Potenziale. Die *gestrichelten Linien* deuten die MO-Energien für eine Reihe spezieller Moleküle an. Die Notation der MOs entspricht *links* dem vereinigten Atom, *rechts* den getrennten Atomen, in der Mitte wird einfach durchgezählt

Im Korrelationsdiagramm Abb. 11.35 kann man die Energien für die verschiedenen Molekülorbitale als Funktion des Kernabstands ablesen. Hier ist dies schematisch und generell für die atomaren 1s-, 2s- und 2p-Orbitale dargestellt. Bei unendlichem Abstand bilden diese gerade drei (atomare) Energieniveaus, im Fall der vereinigten Atome sind es acht. In Abb. 11.35 sind durch senkrechte Linien auch die Orbitalenergien einiger wichtiger zweiatomiger Moleküle aus der ersten Reihe des Periodensystems eingeordnet. Ist man an den genauen Verhältnissen für ein bestimmtes Molekül interessiert, so muss man natürlich für dieses ein spezifisches Korrelationsdiagramm zeichnen. Eine genaue Inspektion zeigt, dass bei den leichteren Molekülen bis zu N_2 das $1\pi_u$-Orbital energetisch niedriger liegt als das $3\sigma_g$-Orbital.[13] Dies ist in Abb. 11.36 Schema I noch einmal zusammengefasst. Beim Sauerstoffmolekül kehrt sich die Reihenfolge um, wie in Abb. 11.36 Schema II skizziert.

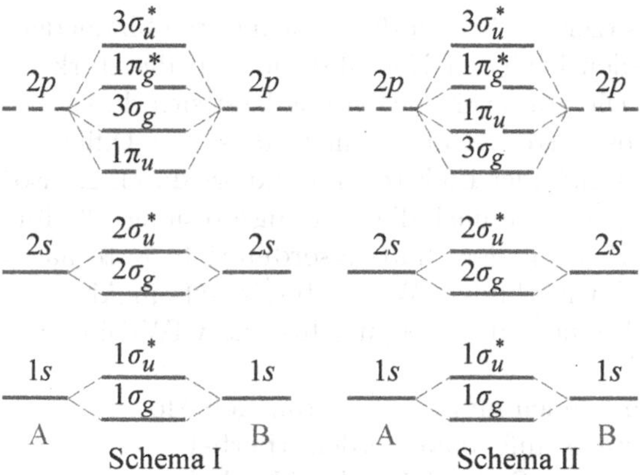

Abb. 11.36. Orbitalschema: Die Reihenfolge der Energien bei Molekülorbitalen. Für leichte Moleküle gilt Schema I, bei O_2 kehrt sich die Reihenfolge der niedrigsten, mit $2p$ korrelierten Zustände um, und es gilt Schema II. Geteilte Striche deuten den Entartungsgrad eines Zustands an. Die Gesamtzahl von Zuständen der isolierten Atome A und B ist identisch mit der Zahl der MOs

Auffüllen der Orbitale

Wie bei den Atomen müssen sich die Zustände verschiedener Elektronen nach dem Pauli-Prinzip in mindestens einer Quantenzahl unterscheiden. Beim Aufbau komplexerer Moleküle dürfen die einfach entarteten $\sigma_{g,u}$-Orbitale also jeweils 2, die zweifach entarteten $\pi_{g,u}$-Orbitale je 4 Elektronen enthalten. Entsprechend werden die Orbitale mit Elektronen gefüllt: man erhält so das H_2^+-Molekül, das H_2 und He_2 etc. – also eine Art *Periodensystem der Moleküle*. Man findet in der Literatur leicht unterschiedliche Notationen für die Orbitale: so spricht man z.B. vom $2p_x\sigma_u$- oder $\sigma_u 2p_x$- oder auch einfach vom $3\sigma_u$-Orbital.

Das Schema in Abb. 11.37 illustriert, wie die niedrigsten Molekülorbitale für die Moleküle H_2^+ bis C_2 gefüllt werden. Wie bei den Atomen gibt es einige Unregelmäßigkeiten, so z.B. beim B_2. Man nennt das höchste besetzte Orbital *HOMO* (*highest occupied molecular orbital*) und das niedrigste nicht besetzte Orbital *LUMO* (*lowest unoccupied molecular orbital*).

Das $1\sigma_g$-Orbital ist bindend, und das $1\sigma_u^*$-Orbital ist nicht-bindend. H_2^+, H_2 und He_2^+ sind stabile Moleküle, da sie mehr bindende als nicht-bindende

---

[13] In dieser häufig gebrauchten Notation werden die Orbitale einfach durchnummeriert, ohne auf die Korrelation zu den vereinigten bzw. getrennten Atomen hinzuweisen.

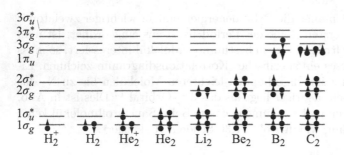

Abb. 11.37.
Auffüllen der Molekülorbitale für die kleinsten zweiatomigen Moleküle

Elektronen im Grundzustand besitzen. H_2 besitzt dabei die meisten bindenden Elektronen. Es hat daher auch den kleinsten Kernabstand und die stärkste Bindung unter diesen 3 Spezies. Die Stärke einer Bindung lässt sich durch die sogenannte *Bindungsordnung* abschätzen: man definiert diese als Differenz der Anzahl bindender und nicht-bindender Elektronen dividiert durch 2, also durch $(n - n^*)/2$. H_2^+ und He_2^+ haben demnach die Bindungsordnung 1/2, für H_2 ist die Bindungsordnung 1. He_2 mit der Bindungsordnung 0 sollte nach dieser Überlegung kein stabiles Molekül bilden. Wir hatten bereits in Abschn. 11.2.6 besprochen, dass in der Tat nur eine extrem schwache vdW-Bindung beobachtet wird.

Nach dem gleichen Verfahren können nun die zweiatomigen Moleküle aus der ersten Reihe des Periodensystems aufgebaut werden. Hierbei muss beachtet werden, dass sich die energetische Reihenfolge der Molekülorbitale zwischen N_2 und O_2 ändert (siehe Korrelationsdiagramm Abb. 11.35 und Termschema Abb. 11.36). In Tabelle 11.7 findet man einige einschlägige Daten für die wichtigsten kleinen, homonuklearen zweiatomigen Moleküle.

Wie man sieht, sind ab Li_2 die Bindungslängen durchweg größer als bei H_2^+, H_2 und He_2^+. Grund sind die größeren Valenzorbitale ($n = 2$) der Moleküle. Von großer Bedeutung ist die Tatsache, dass O_2 zwei ungepaarte Elektronen ausweist. Dies ist eine Folge der *Hund'schen Regel*, die wir schon bei den Atomen kennengelernt hatten (s. insbes. Kap. 7 in Band 1). Sie besagt, dass bei ansonsten gleicher Elektronenkonfiguration die Zustände mit höchstem Gesamtspin am tiefsten liegen: Elektronen werden zunächst in jedes der entarteten Orbitale eingebracht, bevor eines dieser Orbitale aufgefüllt, d.h. doppelt besetzt wird. Die Elektronenspins der einfach besetzten Orbitale zeigen in die gleiche Richtung und bilden beim Sauerstoff einen Triplettzustand mit $S = 1$. Im Gegensatz zu Stickstoff ist *Sauerstoff daher paramagnetisch*.

Bei der näherungsweisen Behandlung von Molekülen mit mehreren Elektronen kann man sich in der Regel auf einige wenige äußere Elektronen (Valenzelektronen) beschränken, also auf die jeweils höchst liegenden Orbitale. Die anderen Elektronen sind stark an den Atomkernen lokalisiert und tragen wenig zur Molekülbindung bei. Natürlich gilt auch hier, dass eine strenge Berechnung von Energien und sonstigen Eigenschaften der Moleküle um so besser wird, je mehr Elektronen und je mehr MOs man berücksichtigt.

Tabelle 11.7. Schema für den MO-Schalenaufbau der einfachsten, zweiatomigen, homonuklearen Moleküle (elektronische Konfigurationen der Grundzustände). Die Bindungsordnungen werden durch $(n-n^*)/2$ gegeben. Termenergien T_e nach (11.47) beziehen sich auf die Potenzialminima, ebenso wie Dissoziationsenergien D_e und Gleichgewichtsabstände R_0. Für den elektronischen Grundzustand des neutralen Moleküls setzt man in der Regel $T_e = 0$

Molekül	elektron. Konfig.	$\dfrac{n-n^*}{2}$	Zustand	D_e/eV	R_0/Å	T_e/cm^{-1}
H_2^+	$(\sigma_g 1s)^1$	1/2	$^2\Sigma_g^+$	2.65	1.052	125 443
H_2	$(\sigma_g 1s)^2$	1	$^1\Sigma_g^+$	4.48	0.74	0
He_2^+	$(\sigma_g 1s)^2 (\sigma_u^* 1s)^1$	1/2	$^2\Sigma_u^+$	2.47	1.08	178 400
He_2	$(\sigma_g 1s)^2 (\sigma_u^* 1s)^2$	0	$^1\Sigma_g^+$	0.00095	2.97	0
Li_2	$He_2 (\sigma_g 2s)^2$	1	$^1\Sigma_g^+$	1.07	2.67	0
Be_2	$He_2 (\sigma_g 2s)^2 (\sigma_u^* 2s)^2$	0	$^1\Sigma_g^+$	nicht beobachtet		
B_2	$He_2 (\sigma_g 2s)^2 (\sigma_u^* 2s)$ $\ldots (\pi_u 2p_x)^2 (\sigma_g 2p_z)$	2	$^3\Sigma_g^-$	3.0	1.59	0
C_2	$Be_2 (\pi_u 2p_x)^2 (\pi_u 2p_y)^2$	2	$^1\Sigma_g^+$	6.32	1.243	0
N_2^+	$Be_2 (\pi_u 2p_x)^2 (\pi_u 2p_y)^2$ $\ldots (\sigma_g 2p_z)$	2 1/2	$^2\Sigma_g^+$	8.85	1.12	125 744
N_2	$Be_2 (\pi_u 2p_x)^2 (\pi_u 2p_y)^2$ $\ldots (\sigma_g 2p_z)^2$	3	$^1\Sigma_g^+$	9.90	1.098	0
O_2	$N_2 (\pi_g^* 2p_x) (\pi_g^* 2p_y)$	2	$^3\Sigma_g^-$	5.21	1.21	0
F_2	$N_2 (\pi_g^* 2p_x)^2 (\pi_g^* 2p_y)^2$	1	$^1\Sigma_g^+$	1.66	1.41	0
Ne_2	$N_2 (\pi_g^* 2p_x)^2 (\pi_g^* 2p_y)^2$ $\ldots (\sigma_u^* 2p_z)^2$	0		nicht beobachtet		

11.6 Aufbau der Gesamt-Molekül-Zustände

11.6.1 Gesamtbahndrehimpuls

Auch für den gesamten Bahndrehimpuls eines molekularen Elektronenzustands ist nur die z-Komponente $\hat{L}_z$ eine Erhaltungsgröße. Sie ergibt sich aus den z-Komponenten der einzelnen MOs:

$$\hat{L}_z = \sum_i \hat{L}_{zi} \quad \text{mit den Eigenwerten} \quad M_L = \sum_i m_i \qquad (11.120)$$

Die Bezeichnung $\Lambda = |M_L|$ mit der Term-Notation Σ, Π, Δ usw. für $\Lambda = 0, 1, 2$ usw. wurde bereits eingeführt. Wir notieren hier aber, dass die molekularen Orbitale wohl definierte Reflexionssymmetrien haben, die bei der Zusammensetzung der Gesamtwellenfunktion erhalten bleiben müssen. Daher können zu einem Gesamtzustand positive und negative m_i in unterschiedlichen Kombinationen beitragen, sodass die Zustände etwas komplexer zusammengesetzt sind, als dies (11.120) suggeriert.

11.6.2 Spin

Wie beim Atom ergibt sich der Gesamtspin aus der Summe der Einzelspins

$$\widehat{\boldsymbol{S}} = \sum_i \widehat{\boldsymbol{S}}_i \text{ mit } \left|\widehat{\boldsymbol{S}}\right| = \sqrt{S(S+1)}\hbar$$

und führt zu einer Multiplizität $2S+1$ der einzelnen elektronischen Niveaus. Die Projektion von $\widehat{\boldsymbol{S}}$ auf die Molekülachse nennt man $\Sigma = |M_s|$. *Achtung: nicht mit einem Σ-Zustand verwechseln!* Zu jedem S gibt es $2S+1$ Werte

$$\Sigma = S, S-1, S-2, \ldots, -S.$$

In Analogie zur Nomenklatur bei den Atomen benutzt man als *Termbezeichnung eines Molekülzustands:*

$$\boxed{^{2S+1}\Lambda_{g,u}} \tag{11.121}$$

Wir erinnern kurz und symbolisch an die ausführlich in Band 1 besprochene Konstruktion der Spinzustände (hier für ein bzw. zwei Elektronen):

$S = 1/2$ Dublett	$S = 0$ Singulett	$S = 1$ Triplett	
$\left|\uparrow\right\rangle = \left|\chi_{1/2}^{1/2}\right\rangle$		$\left|\uparrow\uparrow\right\rangle = \left|\chi_1^1\right\rangle$	(11.122)
	$[\left|\uparrow\downarrow\right\rangle - \left|\downarrow\uparrow\right\rangle]/\sqrt{2} = \left|\chi_0^0\right\rangle$	$[\left|\uparrow\downarrow\right\rangle + \left|\downarrow\uparrow\right\rangle]/\sqrt{2} = \left|\chi_1^0\right\rangle$	
$\left|\downarrow\right\rangle = \left|\chi_{1/2}^{-1/2}\right\rangle$		$\left|\downarrow\downarrow\right\rangle = \left|\chi_1^{-1}\right\rangle$	

Natürlich gilt hier ebenso wie bei Atomen mit mehreren Elektronen das *Pauli-Prinzip*, d.h. die Gesamtwellenfunktion muss antisymmetrisch sein. Für ein System mit zwei aktiven Elektronen – z.B. für das H_2-Molekül – bedeutet dies wie beim He-Atom: für einen Singulett-Zustand (zwei antiparallele Spins, antisymmetrische Spinfunktion, 3. Spalte in (11.122)) muss die elektronische Ortsfunktion symmetrisch sein; für Triplett-Zustände (zwei parallele Spins, symmetrische Spinfunktion, 4. Spalte in (11.122)) ist umgekehrt die Ortsfunktion antisymmetrisch.

11.6.3 Gesamtdrehimpuls

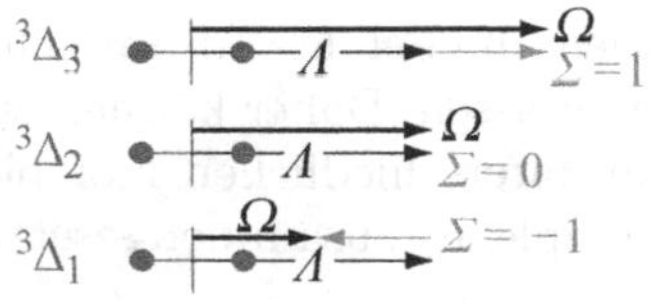

Abb. 11.38. Drehimpulskopplung bei zweiatomigen Molekülen am Beispiel $\Lambda = 2$ (Δ-Zustand) mit $S = 1$ (Triplett): nur die Komponenten der Drehimpulse in Richtung der Molekülachse sind gute Quantenzahlen

Die Projektion des gesamten elektronischen Drehimpulses $\hat{J}_e$ eines Molekülzustands auf die Molekülachse (z-Achse) nennt man in der Regel Ω. Wie in Abb. 11.38 skizziert, setzt sie sich aus Bahndrehimpuls $\hat{L}$ (auf die z-Achse projiziert Λ) und Gesamtspin $\hat{S}$ (auf die z-Achse projiziert Σ) zusammen:

$$\Omega = |\Lambda + \Sigma| \qquad (11.123)$$

Bei komplexer aufgebauten Zuständen findet man daher anstelle von g bzw. u nach (11.121) oft die Größe Ω als Index angegeben.

Wenn nun das Molekül rotiert, so muss man *alle relevanten Drehimpulse* nach den in Band 1 ausführlich diskutierten Drehimpulskopplungsregeln zu einem Gesamtdrehimpuls $\hat{J}$ des Systems zusammenfügen. Je nach Stärke der Kopplung zwischen Bahndrehimpuls, Spin und nuklearer Rotation hat man dafür mehrere verschiedene Möglichkeiten – ganz ähnlich wie im atomaren Fall, wo wir Bahndrehimpuls(e), Elektronenspin(s) und Kernspin(s) zu einem Gesamtdrehimpuls zu koppeln hatten und dies wiederum mit der Wechselwirkung in externen Feldern vergleichen mussten. Nur ist bei den Molekülen alles noch etwas komplizierter.

11.6.4 Hund'sche Kopplungsfälle

Man unterscheidet nach Herzberg (1989) mehrere sogenannte *Hund'sche Kopplungsfälle*, die für die Interpretation von Rotationsbanden in elektronischen Spektren von zentraler Bedeutung sind. Wir können nicht auf die Details eingehen und verweisen den interessierten Leser auf die einschlägige Spezialliteratur, z.B. auf Hougen (2007). Wir wollen hier nur eine Einführung geben. In Tabelle 11.8 stellen wir zunächst die Bezeichnung der von uns gebrauchten Drehimpulsoperatoren und Quantenzahlen zusammen und diskutieren dann die wichtigsten Fälle. Dabei folgen wir weitgehend Herzberg (1989).[14]

Tabelle 11.8. Drehimpulse und Quantenzahlen für zweiatomige Moleküle

Drehimpulstyp	Operator	Quantenzahl	
		Gesamt	Projektion auf Achse
Bahndrehimpuls	$\hat{L}$	L	Λ
Elektronenspin	$\hat{S}$	S	Σ
Elektronengesamtdrehimpuls	$\hat{J}_e = \hat{L} + \hat{S}$	J_e	Ω
Kernrotation	$\hat{N}$	N	0
Gesamtdrehimpuls	$\hat{J} = \hat{L} + \hat{S} + \hat{N}$	J	Ω
Gesamt ohne Spin	$\hat{K} = \hat{L} + \hat{N}$	K	Λ

---

[14] Dagegen benutzt Hougen (2007) die Buchstaben R anstelle von N und N anstelle von K. Die Endlichkeit des Alphabets begrenzt hier die Wahlmöglichkeiten.

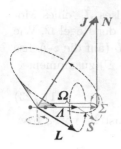

Abb. 11.39.
Hund'scher Fall (a)

Der Hund'sche Fall (a): Hier nimmt man an, dass die Kopplung zwischen der Rotation der Atomkerne und den elektronischen Drehimpulsen bezüglich Bahn $\widehat{L}$ und Spin $\widehat{S}$ sehr schwach ist. Dagegen sei die Kopplung des Bahndrehimpulses an die internukleare Achse sehr stark, und der Spin kopple mit dem so parallel zur Molekülachse ausgerichteten internen Magnetfeld. Die Situation entspricht dem elektrischen Analogon zum Paschen-Back-Effekt. Man hat dann wie beim nicht rotierenden Molekül $\Omega = |\Lambda + \Sigma|$, und Ω bildet zusammen mit der Kernrotation $\widehat{N}$ den Gesamtdrehimpuls $\widehat{J}$. Werte $J < \Omega$ kommen nicht vor und es wird:

$$J = \Omega, \Omega + 1, \Omega + 2, \ldots \qquad (11.124)$$

Wegen (11.123) kann J auch halbzahlig sein, wenn der Spin halbzahlige Werte annimmt. In diesem Kopplungsfall lässt sich die Gesamtenergie nach (11.40) für einen $^{2S+1}\Lambda_\Omega$ Zustand präzisieren (hier ohne Beweis):

$$W_{\gamma vN}/hc = T_e + G(v) + F(N) \quad \text{mit} \quad F(N) = B_v(N(N+1) - \Omega^2) \quad (11.125)$$

Die elektronische Termenergie T_e kann noch einer Feinstrukturaufspaltung

$$T_e = T_0 + A\Lambda\Sigma \qquad (11.126)$$

unterliegen. Bis auf die Lage des niedrigsten Rotationszustands und das Fehlen der Werte $J < \Omega$ unterscheidet sich (11.125) nicht vom starren Rotator nach (11.33), wenn man N durch J ersetzt. Zu jedem Feinstrukturniveau eines bestimmten elektronischen Zustands gibt es eine eigene Rotationsleiter.

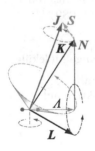

Abb. 11.40.
Hund'scher Fall (b)

Der Hund'sche Fall (b): Wenn der Bahndrehimpuls verschwindet, oder wenn der Elektronenspin nur sehr schwach mit dem magnetischen Feld der Bahn koppelt, gibt es auch keine Kopplung des Spins an die internukleare Achse. Dann haben wir es praktisch mit einem starren Rotator zu tun, dessen Drehimpuls $\widehat{N}$ mit der Projektion des Bahndrehimpulses $\widehat{L}_z$ zu $\widehat{K}$ koppelt. Die Quantenzahl K ersetzt dann die Rotationsquantenzahl und ist für Σ-Zustände sogar mit N identisch. Erst ganz zum Schluss muss man noch die Feinstrukturwechselwirkung berücksichtigen. Nach den üblichen Regeln wird die Gesamtdrehimpulsquantenzahl:

$$J = K + S, K + S - 1, \ldots |K - S| \qquad (11.127)$$

Die Energie der Rotationszustände ist im Wesentlichen durch die Kernrotation bestimmt und zeigt ggf. eine kleine, $(2S+1)$-fache FS-Aufspaltung. Für das besonders einfache Beispiel eines $^2\Sigma$-Zustands wird die Rotationsenergie

$$F(K) = B(v)K(K+1) + \frac{\gamma}{2}K \text{ für } J = K + \frac{1}{2} \qquad (11.128)$$
$$= B(v)K(K+1) - \frac{\gamma}{2}(K+1) \text{ für } J = K - \frac{1}{2},$$

wobei die (kleine) Konstante γ die Feinstrukturwechselwirkung reflektiert.

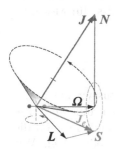

Der Hund'sche Fall (c): Wenn die Kopplung des Bahndrehimpulses an die internukleare Achse schwach ist, wird die Spin-Bahn-Wechselwirkung der Elektronenhülle nicht aufgebrochen. Es bildet sich ein elektronischer Gesamtdrehimpuls $\widehat{J}_e$, der seinerseits an die internukleare Achse koppelt. Die Projektion nennen wir wieder Ω. Diese Komponente des elektronischen Drehimpulses koppelt schließlich wieder mit der Rotation $\widehat{N}$ zum Gesamtdrehimpuls $\widehat{J}$. Im Ergebnis unterscheidet sich dieser Fall also kaum vom Hund'schen Fall (a). Energielagen und mögliche Drehimpulsquantenzahlen J werden in der Tat durch (11.125) bzw. (11.124) beschrieben.

Abb. 11.41.
Hund'scher Fall (c)

Der Hund'sche Fall (d): Abbildung 11.42 zeigt das recht einfache Vektordiagramm für den Fall, dass die Kopplung des elektronischen Bahndrehimpulses $\widehat{L}$ mit der internuklearen Achse sehr schwach ist, was z.B. bei elektronisch hoch angeregten Zuständen der Fall sein wird. Andererseits sei die Kopplung der molekularen Rotation $\widehat{N}$ an $\widehat{L}$ stark. Man beobachtet dann in erster Näherung wieder das Energiespektrum des starren Rotators

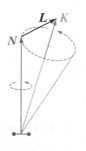

$$F(N) = B(v)N(N+1),$$

Abb. 11.42.
Hund'scher Fall (d)

wobei freilich die Kopplung von $\widehat{N}$ mit $\widehat{L}$ zu $(2L+1)$-facher Aufspaltung jedes Rotationsniveaus führt.

Der Hund'sche Fall (e): Schließlich gibt es auch den Fall, dass $\widehat{L}$ und $\widehat{S}$ stark miteinander koppeln und einen elektronischen Gesamtdrehimpuls $\widehat{J}_e$ bilden, dass aber die Wechselwirkung mit der internuklearen Achse gering ist. Das führt dann zu einer Situation, die sehr ähnlich zu Fall (d) ist. Lediglich die Aufspaltung der Rotationsniveaus ist jetzt durch $(2J_e + 1)$ gegeben. In Herzberg (1989) liest man dazu noch, dass solch ein Fall zwar denkbar sei, bislang aber nicht beobachtet wurde. Das hat sich inzwischen geändert: so ist dieser Fall z.B. bei moderat hoch liegenden Rydberg-Zuständen in zweiatomigen Molekülen wie dem O_2 inzwischen klar nachgewiesen worden, und auch bei der Diskussion von Stoßprozessen muss man sich damit auseinandersetzen, wenn es z.B. um stoßinduzierte Feinstrukturübergänge geht.

In der spektroskopischen Praxis gibt es natürlich auch alle erdenklichen Übergänge zwischen den hier vorgestellten Reinformen der fünf Hund'schen

Kopplungsfälle, auf die wir aber nicht eingehen können. Genauere Betrachtungen und Präzisionsmessungen erfordern schließlich auch die Berücksichtigung der *Hyperfeinwechselwirkung*, falls die atomaren Konstituenten eines Moleküls einen Kernspin besitzen. Hinweise darauf haben wir ja schon in Abb. 11.20 auf S. 33 gesehen. Die Analyse dieser Wechselwirkungen folgt im Wesentlichen den in der Atomphysik vorgestellten Methoden. Dabei sind die Hund'schen Fälle entsprechend zu ergänzen. Die obligat komplexeren Verhältnisse für Moleküle wollen wir hier aber nicht behandeln.

11.6.5 Reflexionssymmetrie

Für eine Reihe von Fragen ist es wichtig, auch die Reflexionssymmetrie der elektronischen Zustände bezüglich einer Ebene durch die internukleare Achse zu kennen. Für einzelne Orbitale ist das recht übersichtlich und kann auf die Überlegungen aufbauen, die wir in Anhang E.1, Band 1 angestellt hatten. Wir bezeichnen mit $\hat{\sigma}_v\,(yz)$ den Reflexionsoperator bezüglich einer Ebene yz. Mit Blick auf die schematische Darstellung der einfachsten MOs in Abb. 11.33 ist offensichtlich, dass alle σ-Orbitale positive Reflexionssymmetrie in Bezug auf jede durch die internukleare Achse gelegte Ebene haben:

$$\hat{\sigma}_v\,(xz)\,|\sigma\rangle = +\,|\sigma\rangle$$

Ebenso wird in diesem Fall $\hat{\sigma}_v\,(yz)\,|\sigma\rangle = +\,|\sigma\rangle$. Dagegen gibt es – bezüglich der Reflexionssymmetrie – zwei unterschiedliche Typen von π-Orbitalen :

$$\hat{\sigma}_v\,(xz)\,|\pi_x\rangle = +\,|\pi_x\rangle \quad \text{und} \quad \hat{\sigma}_v\,(xz)\,|\pi_y\rangle = -\,|\pi_y\rangle$$

Es ist instruktiv, sich dies anhand der Wellenfunktion für die Orbitale zu verdeutlichen. Dazu benutzt man in der Regel reelle Kombinationen der in (11.117) gegebenen Ausdrücke, ganz ähnlich denen, die wir bereits für Atome mit (E.3) in Band 1 eingeführt hatten. Es gilt für σ-Orbitale mit $\lambda = 0$

$$|\sigma\rangle \to \phi_{el}\,(\rho, z, \varphi) = \phi_\sigma\,(\rho, z)\,/\sqrt{2\pi} \tag{11.129}$$

während für π-Orbitale mit $\lambda = 1$

$$|\pi_x\rangle \to \frac{\phi_\pi\,(\rho, z)}{2\sqrt{\pi}}\,[\exp(+\mathrm{i}\lambda\varphi\,) + \exp(-\mathrm{i}\lambda\varphi\,)] \quad \text{oder} \tag{11.130}$$

$$|\pi_y\rangle \to \frac{\phi_\pi\,(\rho, z)}{2\sqrt{\pi}\mathrm{i}}\,[\exp(+\mathrm{i}\lambda\varphi\,) - \exp(-\mathrm{i}\lambda\varphi\,)] \tag{11.131}$$

wird. Der Winkelanteil ist dabei auf 1 normiert. *Reflexion* an der xz-Ebene bedeutet einfach $\varphi \to -\varphi$ zu ersetzen. Man sieht an dieser Schreibweise sofort, dass $|\pi_x\rangle$ und $|\pi_y\rangle$ bezüglich der xz-Ebene positive bzw. negative Reflexionssymmetrie haben. Wir erinnern daran, dass *Inversion* dagegen $z \to -z$ und $\varphi \to \varphi + \pi$ entspricht.

Beispiel H$_2$-Molekül

Für Mehrelektronensysteme gilt es, entsprechende Kombinationen zu bilden, die zugleich der Ununterscheidbarkeit der Elektronen und dem Pauli-Prinzip Rechnung tragen. Wir erläutern das anhand einiger Beispiele. Der einfachste Fall liegt vor, wenn wir nur ein Orbital mit zwei Elektronen zu füllen haben, sagen wir das $1s\sigma$-Orbital beim Grundzustand des H$_2$-Moleküls. Die Gesamtwellenfunktion ist einfach (Notation s. Abb. 11.34, nahe vereinigtes Atom)

$$\left|{}^1\Sigma_g^+\right\rangle = \left|\chi_0^0\right\rangle \left|\phi_{1s\sigma}\left(\rho_1, z_1\right) \cdot \phi_{1s\sigma}\left(\rho_2, z_2\right)\right\rangle . \tag{11.132}$$

Da der Ortsanteil (rechtes ket) offensichtlich symmetrisch gegenüber der Vertauschung der Teilchen ist, muss die Spinfunktion $\left|\chi_S^{M_S}\right\rangle$ antisymmetrisch, also ein Singulett sein, wie aufgeschrieben. Da für beide Elektronen $\lambda = 0$ ist, bleibt auch der Gesamtdrehimpuls $\Lambda = 0$, wir haben es also mit einem Σ-Zustand zu tun. Natürlich ist diese Funktion überdies symmetrisch gegen Inversion, und schließlich bleibt auch die *Reflexionssymmetrie* des $1s\sigma$ Orbitals für beide Elektronen insgesamt positiv. Man kennzeichnet dies durch ein *hochgestelltes Plus-Zeichen* ($^+$). Der gebundene Grundzustand des H$_2$-Moleküls ist ein Singulett $X\,{}^1\Sigma_g^+$-Zustand (X dient lediglich als Kurzbezeichnung, man beginnt mit X für den Grundzustand, es folgen $A, B, \dots$ für angeregte Zustände).

Halten wir nun ein Elektron im $1s\sigma$ Orbital fest und bringen das andere in das nächst höher liegende $2p\sigma^*$ Orbital. Dann können wir aus der Konfiguration $|1s\sigma 2p\sigma^*\rangle$ zwei verschiedene Ortswellenfunktionen bilden:

$$\left[\phi_{1s\sigma}\left(\rho_1, z_1\right) \phi_{2p\sigma^*}\left(\rho_2, z_2\right) \mp \phi_{1s\sigma}\left(\rho_2, z_2\right) \phi_{2p\sigma^*}\left(\rho_1, z_1\right)\right]/\sqrt{2} \tag{11.133}$$

Beide Funktionen haben wieder Σ^+ *Reflexionssymmetrie* (sie erben diese Eigenschaft von den Konstituenten), aber beide *ändern das Vorzeichen bei Inversion* (wegen der Beteiligung eines $2p\sigma^*$-Orbitals), d.h. eine ist *antisymmetrisch, die andere symmetrisch gegen Vertauschung der beiden Elektronen*. Die Spinfunktion muss also Triplett bzw. Singulett sein. Es zeigt sich, dass der resultierende $\left|{}^3\Sigma_u^+\right\rangle$-Zustand repulsiv ist (ein bindendes, ein antibindendes Orbital). Der andere Zustand führt überhaupt nicht zu einem tief liegenden Molekülzustand.

Betrachten wir als nächstes die Konfiguration $|1s\sigma\,2p\pi\rangle$ (zwei bindende Orbitale, $\lambda_1 = 0, \lambda_2 = 1$). Damit können wir z.B. einen bindenden, gegen Elektronenvertauschung symmetrischen, ungeraden angeregten Zustand aufbauen. Wir erhalten mit (11.130) bei $\Lambda = \lambda_1 + \lambda_2 = 1$, also:

$$\left|{}^1\Pi_u\right\rangle = \left|\chi_0^0\right\rangle \left\{|1s\sigma\,2p\pi_x\rangle + |2p\pi_x\,1s\sigma\rangle\right\}/\sqrt{2} \tag{11.134}$$
$$= \left|\chi_0^0\right\rangle \left\{\left|\phi_{1\sigma_g}(z_1\rho_1)\phi_{1\pi_u}(z_2\rho_2)\left(e^{i\varphi_2} + e^{-i\varphi_2}\right)\right\rangle\right.$$
$$\left. + \left|\phi_{1\sigma_g}(z_2\rho_2)\phi_{1\pi_u}(z_1\rho_1)\left(e^{i\varphi_1} + e^{-i\varphi_1}\right)\right\rangle\right\}/\left(2\sqrt{\pi}\right)$$

Die Reflexionssymmetrie dieses Zustandes bezüglich der xz-Ebene ist positiv (π_x-artig – man ersetzte $\varphi_1 \to -\varphi_1$ und $\varphi_2 \to -\varphi_2$). Man kann aber durch

Drehung der Molekülachse (z-Achse) um $\pi/2$ auch einen Zustand erzeugen, dessen Reflexionssymmetrie negativ ist (π_y-artig). Das elektronische Problem ist aber bezüglich der z-Achse völlig symmetrisch, und die beiden Zustände $|^1\Pi_u^+\rangle$ und $|^1\Pi_u^-\rangle$ sind entartet. Man schreibt daher die Symmetriebezeichnung $\pm$ bei Molekülen mit $\Lambda \neq 0$ in der Regel nicht aus. Wir werden aber in Abschn. 11.6.6 die Grenzen dieser Betrachtungsweise behandeln.

Beispiel O_2-Molekül

Wie sieht es nun aber bei $\Lambda = 0$, also bei Σ-Zuständen aus, wenn man sie z.B. aus zwei π-Orbitalen mit entgegengesetzter Richtung der Drehimpulsprojektion zusammensetzt? Ein Beispiel ist nach Tabelle 11.7 der Grundzustand des O_2, wo wir zusätzlich zu der gut bindenden Konfiguration des N_2 noch zwei π_g^*-Orbitale zu füllen haben (Konfiguration $\left(\pi_g^* 2p\right)^2$ mit $\lambda_1 = \lambda_2 = 1$). Zunächst halten wir fest, dass der Gesamtzustand gegen Inversion auf jeden Fall gerade (g) ist. Wir gehen hier wieder von den komplexen Orbitalen nach (11.117) aus und schreiben diese hier $\left|\phi_{el}^{(\pm\lambda)}\right\rangle = \left|\pi_g^* 2p_{\pm 1}\right\rangle$. Nach der Hund'schen Regel erwarten wir als tiefsten Zustand ein Triplett (das sind *drei* entartete Zustände, wenn man von der Spin-Bahn-Wechselwirkung einmal absieht). Da die Spinwellenfunktion also symmetrisch ist, muss die Ortsfunktion gegen Elektronenvertauschung antisymmetrisch sein. Dazu sind Produkte der beiden unterschiedlichen Orbitale mit verschiedenem Vorzeichen zu kombinieren:

$$\left|^3\Sigma_g^-\right\rangle = \left|\chi_1^{M_S}\right\rangle \left\{\left|\pi_g^* 2p_{-1} \pi_g^* 2p_1\right\rangle - \left|\pi_g^* 2p_1 \pi_g^* 2p_{-1}\right\rangle\right\} / \sqrt{2}$$

$$= \left|\chi_1^{M_S}\right\rangle \left|\phi_{1\pi_g^*}(z_1\rho_1)\phi_{1\pi_g^*}(z_2\rho_2) \frac{1}{\pi\sqrt{2}} \frac{1}{2i} \left\{e^{i(\varphi_2 - \varphi_1)} - e^{-i(\varphi_2 - \varphi_1)}\right\}\right\rangle$$

$$= \left|\chi_1^{M_S}\right\rangle \left|\phi_{1\pi_g^*}(z_1\rho_1)\phi_{1\pi_g^*}(z_2\rho_2) \sin(\varphi_2 - \varphi_1)\right\rangle / \left(\pi\sqrt{2}\right) \qquad (11.135)$$

An den $e^{\pm i(\varphi_2 - \varphi_1)}$ Termen sieht man, dass sich die Drehimpulse kompensieren,

$$\left(\hat{L}_{z1} + \hat{L}_{z2}\right)\left|^3\Sigma_g^-\right\rangle \equiv 0,$$

und $\Lambda = \lambda_1 - \lambda_2 = 0$ wird. Es handelt sich also in der Tat um einen Σ-Zustand. Reflexion an der xz-Ebene (d.h. $\varphi_1 \to -\varphi_1$ und $\varphi_2 \to -\varphi_2$) ändert das Vorzeichen, wir haben es also mit negativer Reflexionssymmetrie zu tun. Eine beliebige Drehung um die z-Achse um einen Winkel δ (d.h. $\varphi_1 \to \varphi_1 - \delta$ und $\varphi_2 \to \varphi_2 - \delta$) ändert in diesem Fall nichts an der Eigenfunktion! Dies liegt ganz offensichtlich daran, dass sich die beiden Drehimpulse gerade kompensieren. Daher ist bei Σ-Zuständen die Reflexionssymmetrie eine gute Quantenzahl, welche einen bestimmten Zustand charakterisiert. Das gilt auch für den zu (11.135) komplementären Zustand:

$$\left|^1\Sigma_g^+\right\rangle = \left|\chi_0^0\right\rangle \left|\phi_{1\pi_g^*}(z_1\rho_1)\phi_{1\pi_g^*}(z_2\rho_2) \cos(\varphi_2 - \varphi_1)\right\rangle / \left(2\sqrt{\pi}\right) \qquad (11.136)$$

Er hat offensichtlich positive Reflexionssymmetrie unabhängig von der Lage der xz-Ebene, und auch die Vertauschungssymmetrie bezüglich der Ortskoordinaten (1 und 2) ist hier positiv (cos-Funktion), die Spinfunktion muss also antisymmetrisch sein. Es handelt sich um einen Singulett-Zustand mit deutlich anderer Energie.

Dagegen sind Π-, Δ-, ... -Zustände bezüglich der $\pm$ Symmetrie entartet. Das sieht man z.B. – bei gleicher Elektronenkonfiguration $\left(\pi_g^* 2p\right)^2$ – explizit an den beiden verbleibenden Singulettzuständen, deren Ortsfunktion ebenfalls gegen Vertauschung der Elektronen symmetrisch sind. Wir bilden

$$
\begin{aligned}
\left|{}^1\Delta_g\right\rangle &= \left|\chi_0^0\right\rangle \left\{\left|\pi_g^* 2p_{-1}\pi_g^* 2p_1\right\rangle + \left|\pi_g^* 2p_1 \pi_g^* 2p_{-1}\right\rangle\right\}/\sqrt{2} \\
&= \left|\chi_0^0\right\rangle \left|\phi_{1\pi_g^*}(z_1\rho_1)\phi_{1\pi_g^*}(z_2\rho_2)\frac{1}{2\sqrt{\pi}\mathrm{i}}\left\{e^{\mathrm{i}(\varphi_2+\varphi_1)}+e^{-\mathrm{i}(\varphi_2+\varphi_1)}\right\}\right\rangle \\
&= \left|\chi_0^0\right\rangle \left|\phi_{1\pi_g^*}(z_1\rho_1)\phi_{1\pi_g^*}(z_2\rho_2)\sin\left(\varphi_2+\varphi_1\right)\right\rangle/\left(2\sqrt{\pi}\right) \quad (11.137)
\end{aligned}
$$

mit $\Lambda = \lambda_1 + \lambda_2 = 2$, was den identischen Vorzeichen von φ_2 und φ_1 geschuldet ist. Es handelt sich also um einen ${}^1\Delta_g$-Zustand. Er hat negative Reflexionssymmetrie bezüglich der xz-Ebene. Allerdings entsteht ein weiterer (orthogonaler), energetisch entarteter ${}^1\Delta_g$-Zustand durch eine $\pi/4$-Drehung um die z-Achse (d.h. $\varphi_1 \to \varphi_1 + \pi/4$ und $\varphi_2 \to \varphi_2 + \pi/4$), für den $\left|{}^1\Delta_g\right\rangle \propto \cos\left(\varphi_2+\varphi_1\right)$ ist. Seine Reflexionssymmetrie ist nun positiv, während die Vertauschungssymmetrie ebenfalls positiv bleibt.

Diese insgesamt 6 Zustände, die sich aus der Konfiguration $\left(\pi_g^* 2p\right)^2$ ergeben, illustrieren sehr deutlich, warum *nur für Σ-Zustände die Reflexionssymmetrie bezüglich einer Ebene durch die Molekülachse unabhängig von der Richtung* dieser Ebene ist. Wir kommen auf die entsprechenden Zustände des O_2 noch einmal in Abschn. 11.6.9 zurück. Es handelt sich dabei in der Tat um die tiefst liegenden Zustände $X\,{}^3\Sigma_g^-$, $a\,{}^1\Delta_g$ und $b\,{}^1\Sigma_g^+$ – in dieser energetischen Reihenfolge und wieder in voller Übereinstimmung mit der Hund'schen Regel (höchste Multiplizität liegt am tiefsten, bei gleicher Multiplizität liegt der höchste Gesamtdrehimpuls am tiefsten, s. Kap. 7 in Band 1).

11.6.6 Lambda-Verdopplung

Zum Abschluss dieser Diskussion weisen wir noch auf das spektroskopisch wichtige Phänomen *Lambda-Verdopplung* (*Λ-Type Doubling*) hin. Es ist bei den Hund'schen Fällen (a) und (b) immer dann von Bedeutung, wenn $\Lambda \neq 0$ (also für Π-, Δ- etc. Zustände) und die Rotationsquantenzahl groß ist. Wir haben ja bislang die Kopplung zwischen Rotation und elektronischem Bahndrehimpuls vernachlässigt. Eine solche Kopplung ergibt sich einfach dadurch, dass bei zweiatomigen Molekülen Zustände mit $\Lambda \neq 0$ ohne Rotation doppelt entartet sind, wie gerade besprochen: sie können positive und negative Reflexionssymmetrie bezüglich der xz-Ebene besitzen.

Betrachten wir als einfaches Beispiel einen $^2\Pi$-Zustand, der aus einem einzigen π-Orbital besteht. Die Energien des $^2\Pi^+$- und des $^2\Pi^-$-Zustands sind völlig identisch, sofern das Molekül nicht rotiert. Denn x- bzw. y-Achse können ja beliebig (senkrecht zur Molekülachse z) definiert werden, und die πp_y-und πp_x-Orbitale sind völlig äquivalent. Sobald das Molekül aber rotiert, ist diese Symmetrie aufgehoben. Wenn das Molekül etwa um die y-Achse rotiert, so können wir uns ganz anschaulich vorstellen, dass das p_y-Orbital davon kaum beeinflusst wird, während die Elektronen in einem p_x-Orbital der Zentrifugalkraft stark ausgesetzt werden. Das führt zu einer Aufspaltung, die man Λ-Verdopplung nennt. Auch wenn es sich dabei um einen energetisch sehr kleinen Effekt handelt, ist er mit modernen spektroskopischen Methoden gut beobachtbar. Von großer Bedeutung ist das Phänomen etwa bei Dissoziationsprozessen, bei denen zweiatomige Moleküle aus einem größeren Komplex abgespalten werden. Die Rotationsverteilung kann ausgesprochen asymmetrisch bezüglich der beiden Rotationsachsen senkrecht zur Molekülachse sein.

11.6.7 Beispiel H_2 – MO Ansatz

Wir wenden uns jetzt noch einmal kurz der Bestimmung von elektronischen Wellenfunktionen zweiatomiger Moleküle im Detail zu und konzentrieren uns dabei zunächst auf das H_2-Molekül mit seinen zwei äquivalenten Elektronen. Wir bauen dabei auf das in Abschn. 11.5.2 Erarbeitete auf und fassen auch noch einmal kurz zusammen, was wir in Abschn. 11.6.5 herausgefunden haben. Die Wellenfunktionen müssen insgesamt antisymmetrisch sein (Pauli Prinzip), und bei zwei aktiven Elektronen wird $\widehat{S} = \widehat{S}_1 + \widehat{S}_2$ ($\Sigma = 0$ oder 1) und $\Lambda = |\lambda_1 \pm \lambda_2|$. Die Ortsfunktion können wir aus geraden und ungeraden Orbitalen nach (11.101) konstruieren. Insgesamt ergeben sich analog zum He-Atom für die *Gesamtwellenfunktionen* des H_2 zwei Typen von Zuständen:

Singulett $\phi_S(1,2) = \phi_+(1,2)\chi_0^0(1,2)$ mit $M_S = 0$ und   (11.138)

Tripletts $\phi_T(1,2) = \phi_-(1,2)\chi_1^{M_S}(1,2)$ mit $M_S = -1,0,1$ (11.139)

mit symmetrischer $\phi_+(1,2)$ bzw. antisymmetrischer Ortsfunktion $\phi_-(1,2)$.

Für die niedrigsten Zustände diskutieren wir nur die $1\sigma_g$- und $1\sigma_u^*$-MOs und schreiben die entsprechende Ortswellenfunktion kurz $\phi_g(i)$ bzw. $\phi_u(i)$ je nachdem, welches der beiden Elektronen i sich in diesen Orbitalen befindet. Der Grundzustand X wird durch zwei Elektronen im bindenden $1\sigma_g$-Orbital gebildet, und die Gesamtwellenfunktion ist ein Singulett vom Typ

$$X^1\Sigma_g^+ : \quad \phi_X(1,2) = \phi_g(1)\phi_g(2)\chi_0^1 . \tag{11.140}$$

Bringt man eines der beiden Elektronen in das antibindende $1\sigma_u^*$- Orbital, so erhält man den niedrigst liegenden Triplettzustand:

$$b^3\Sigma_u^+ : \quad \phi_b(1,2) = \frac{1}{\sqrt{2}} \left[\phi_g(1)\phi_u(2) - \phi_g(2)\phi_u(1)\right] \chi_1^{M_s} \tag{11.141}$$

Die ausführliche Rechnung zeigt, dass es sich um einen repulsiven, nicht bindenden Zustand handelt.

Im Prinzip kann man auch den entsprechenden Singulettzustand bilden:

$$^1\Sigma_u^+: \quad \phi_3(1,2) = \frac{1}{\sqrt{2}} \left[\phi_g(1)\phi_u(2) + \phi_g(2)\phi_u(1) \right] \chi_0^1$$

Er wird nach der Hund'schen Regel noch deutlich höher liegen und trägt in der Tat nicht zu einem Zustand bei, der mit dem Grundzustand korreliert. Noch weniger bindend ist das System, wenn beide Elektronen ein antibindendes Orbital besetzen:

$$^1\Sigma_g^+: \quad \phi_4(1,2) = \phi_u(1)\phi_u(2)\chi_0^1$$

Die beiden letzt genannten Zustände tragen lediglich zu angeregten, schwächer gebunden Zuständen bei.

In entsprechender Weise werden auch die Molekül-Zustände von komplexeren MOs konstruiert. Wir haben die Prinzipien dazu bereits in Abschn. 11.6.5 behandelt. Eine Übersicht über die mit modernen quantenchemischen Methoden berechneten Potenziale für das H_2-Molekül einschließlich seiner Ionen H_2^- und H_2^+ gibt Abb. 11.6.7. Wie schon erwähnt, werden die Zustände in der Regel mit Großbuchstaben „gelabelt", der Grundzustand mit X, die nächst höheren, gebundenen Zustände mit A, B, C etc. Gelegentlich ist diese Nomenklatur aber aufgrund der historischen Entwicklung durchbrochen. Auch Kleinbuchstaben werden benutzt, um später gefundene Zustände zu benennen. Wegen der besonderen Bedeutung von H_2 ist ein Ausschnitt aus dem Energiediagramm noch einmal vergrößert in Abb. 11.6.7 dargestellt.

Man beachte, dass es kein stabiles negatives Ion (Anion) H_2^- gibt. Die tiefste Energie von H_2^- liegt vielmehr oberhalb des neutralen, gebundenen Grundzustands. H_2^- kann daher spontan in $H_2 + e^-$ zerfallen – wenn es denn überhaupt gebildet wird. Man beobachtet solche Zustände als *Resonanz bei der Streuung niederenergetischer Elektronen* an H_2, ein Phänomen, welches der in Kap. 7, Band 1 behandelten Autoionisation sehr ähnlich ist.

Auf einen verwandten Prozess, die *Prädissoziation*, sei hier im Zusammenhang mit bemerkenswerten Potenzialmaxima für eine Reihe von H_2-Zuständen hingewiesen, wie man sie in Abb. 11.6.7 z.B. für die mit I, i und h gekennzeichneten Zustände deutlich erkennt – eine Folge vermiedener Kreuzungen. Diese Maxima gestatten es, energetisch oberhalb der Dissoziationsgrenze liegende Schwingungszustände zu bilden, die also im Prinzip zerfallen können. Sie sind aber dennoch für einige Zeit stabil, da die Potenzialbarriere sie vor dem Zerfall schützt. Die Wahrscheinlichkeit für die Dissoziation solcher Moleküle durch „Tunneln" hängt von der Höhe und Breite der Barriere ab.

Analog zum Vorgehen beim H_2^+ kann man die Potenziale des H_2-Moleküls durch Einsetzen entsprechender Testfunktionen (*trialfunctions*) in die Schrödingergleichung ermitteln. Der elektronische Hamiltonian ist hier (in a.u.)

$$\widehat{H} = \widehat{H}_1 + \widehat{H}_2 + \left(\frac{1}{r_{12}} + \frac{1}{R} \right) \qquad (11.142)$$

$$\text{mit} \quad \widehat{H}_i = -\frac{1}{2}\nabla_i^2 - \frac{1}{r_{Ai}} - \frac{1}{r_{Bi}}.$$

Dabei ist r_{12} der Abstand der beiden Elektronen, R der Kernabstand und r_{Ai} und r_{Bi} der Abstand des Elektrons i vom Atomkern A bzw. B. Die potenzielle Energie eines Zustands ϕ_γ berechnet man wieder durch Minimieren von (11.88), wobei im *Ritz'schen Variationsverfahren* die ϕ_γ durchaus als Linearkombinationen von Molekülorbitalen ϕ_g bzw. ϕ_u aufgebaut sein können. Die MOs, welche man für den Ansatz (11.140) benötigt, kann man z.b. durch Lösung der Schrödinger-Gleichung für H_2^+

$$\widehat{H}_i \phi(\boldsymbol{r}_i) = W \phi(\boldsymbol{r}_i)$$

erhalten. Es ist aber durchaus instruktiv, als erste Näherung von LCAO-MOs auszugehen, im einfachsten Falle also von (11.101). Explizit ergibt sich für die Grundzustandswellenfunktion damit:

$$\phi_{X(S)}(1,2) = \frac{\phi_0^0(1,2)}{2(1 + S(R))} \times$$

$$\{ \; [\varPhi_{1s}(r_{A1})\,\varPhi_{1s}(r_{B2}) + \varPhi_{1s}(r_{A2})\,\varPhi_{1s}(r_{B1})] \qquad (11.143)$$

$$+ [\varPhi_{1s}(r_{A1})\,\varPhi_{1s}(r_{A2}) + \varPhi_{1s}(r_{B1})\,\varPhi_{1s}(r_{B2})] \} \qquad (11.144)$$

Das *Überlappintegral* $S(R)$ nach (11.94) normiert diese Wellenfunktion.

Die beiden Teile (11.143) und (11.144) kann man mit einem kovalenten und einem ionischen Anteil identifizieren. Der kovalente Anteil repräsentiert eine gleichmäßige Verteilung beider Elektronen bei beiden Atomen. Für große H+H Abstände der Atome geht die kovalente Wellenfunktion über in die Beschreibung zweier getrennter H-Atome H + H. Dagegen sind beim ionischen Anteil beide Elektronen entweder an Atom A lokalisiert ($\varPhi_{1s}(r_{A1})\,\varPhi_{1s}(r_{A2})$) oder an Atom B ($\varPhi_{1s}(r_{B1})\,\varPhi_{1s}(r_{B2})$). Dies entspricht also der Situation H^-+H^+ bzw. H^++H^-. Asymptotisch liegt der so beschriebene Zustand auf der hier benutzen Energieskala im Vibrationsgrundzustand des H_2 bei einer Energie $W_I + D_0^0 - W_{EA} \simeq 17.32\,\text{eV}$ ($W_I = $ Ionisationspotenzial des H-Atoms, $D_0^0 = $ Dissoziationsenergie H_2 und $W_{EA} = $ Elektronenaffinität von H). Ein Blick auf Abb. 11.6.7 zeigt, dass dies weit oberhalb der H + H Asymptote liegt. Zum angeregten $B\,^1\Sigma_g^+$-Zustand, der viel schwächer gebunden ist, als der $X\,^1\Sigma_g^+$-Grundzustand des H_2, trägt der ionische Zustand allerdings bei.

Zur Auswertung der Energie nach (11.88) mit der einfachen Testfunktion (11.145) führt man wieder die Koordinatentransformation (11.90) durch, um die auftretenden Integrale mit etwas Aufwand auszurechnen. Wir verzichten hier aufs Detail, zumal das Resultat nicht gerade überzeugend ist: man erhält mit diesem Ansatz $R_0 = 0.08\,\text{nm}$ und $D_e = 2.68\,\text{eV}$, was mit den genau berechneten bzw. experimentellen Werten $R_0 = 0.07414\,\text{nm}$ und $D_0^0 + \hbar\omega_0/2 = 4.747\,\text{eV}$ (s. Tabelle 11.2 auf S. 14) zu vergleichen ist.

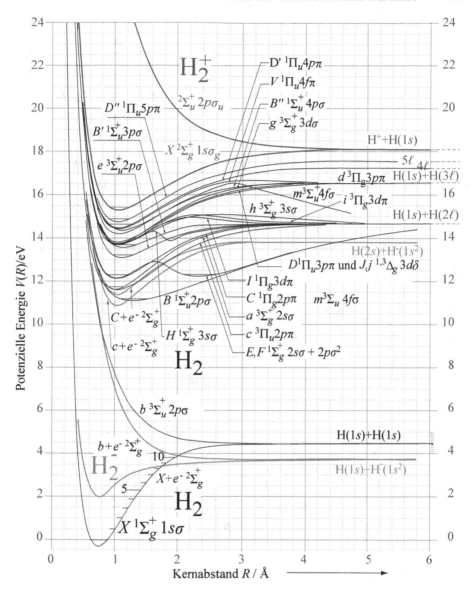

Abb. 11.43. Potenziale für die wichtigsten Zustände des H_2-Moleküls (sowie zum Vergleich für H_2^- und H_2^+) nach Sharp (1971). Der Gleichgewichtsabstand im elektronischen $X^1\Sigma_g^+$-Grundzustand des H_2 beträgt $R_0 = 0.07416$ nm, die Dissoziationsenergie $D_0 = 4.476$ eV. Der $b^3\Sigma_u^+$-Zustand ist nicht bindend. Der Kürze wegen wird bei den Zustandsbezeichnungen $1s\sigma$ weggelassen. Man beachte: das Ionenpaar $p + H^-(1s^2)$ wird bei 17.5 eV gebildet

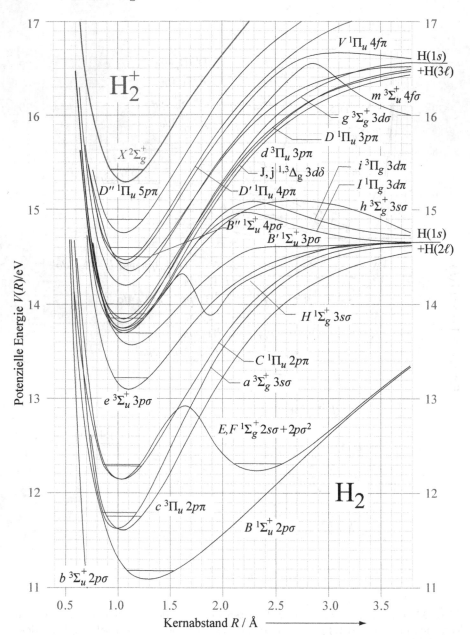

Abb. 11.44. Vergrößerter Ausschnitt aus dem Potenzialdiagramm für H_2 in Abb. 11.6.7 nach Sharp (1971). Man beachte auch die interessanten Zustände E, F und H mit Doppelminimumspotenzial und die „prädissoziierenden" Zustände I, i und h

11.6.8 Valence-Bond-Methode

Anstelle MOs auszugehen, kann man auch einfach mit einer kovalenten Ladungsverteilung als Testfunktion beginnen. Man wählt also z.b. für den H_2-Grundzustand (nicht normiert)

$$\phi_{X(S)}(1,2) = [\Phi_{1s}(r_{A1})\,\Phi_{1s}(r_{B2}) + \Phi_{1s}(r_{A2})\,\Phi_{1s}(r_{B1})] \times \chi_0^0(1,2) \quad (11.145)$$

und berechnet daraus die Energie für den $X^1\Sigma_g^+$-Zustand:

$$W_S = \frac{\langle \phi_S|\,\hat{H}\,|\phi_S\rangle}{\langle \phi_S|\,\phi_S\rangle}$$

Entsprechend kann man mit dem Ansatz

$$\phi_{b(T)}(1,2) = [\Phi_{1s}(r_{A1})\,\Phi_{1s}(r_{B2}) - \Phi_{1s}(r_{A2})\,\Phi_{1s}(r_{B1})] \times \chi_{M_S}^1(1,2)$$

das Potenzial für den repulsiven, nicht bindenden $^3\Sigma_u^+$-Zustands berechnen.

Dieses von Heitler und London eingeführte *Valence-Bond-Verfahren* ist unkomplizierter als das MO-Verfahren und gibt beim H_2 sogar etwas bessere Ergebnisse als der einfachste MO-Ansatz.[15]

Beim heutigen Stand der Computertechnik kann man mit Hilfe moderner quantenchemischer Verfahren – zumindest für kleinere Moleküle – problemlos Molekülpotenziale und Moleküleigenschaften praktisch „exakt" *ab initio* berechnen, ohne auf die beschriebenen Hilfskonstruktionen zurückgreifen zu müssen. Solche Programme benutzen hinreichend große und erprobte MO- bzw. AO-Basissätze. Die einschlägigen Verfahren wurden schon in Band 1 für Vielelektronensysteme besprochenen. Man benutzt ausgefeilte, selbstkonsistente Hartree-Fock-Verfahren (HF-SCF) mit Konfigurationswechselwirkung (CI) und vielfältigen Korrekturen. Wir verzichten hier darauf, die zahlreichen Akronyme für die verschiedenen Näherungen aufzulisten. Für größere Moleküle benutzt man heute zunehmend die Dichtefunktionaltheorie (DFT), die letztlich auf dem hier im Grundprinzip skizzierten Variationsansatz zur Bestimmung optimierter Elektronendichteverteilungen basiert. Man kann heute eine Reihe sehr leistungsfähiger Rechenprogramme für die verschiedenen Anwendungsfelder kommerziell erwerben. Für den Einstieg verweisen wir auf einige Klassiker (GAMESS, 2010; Gaussian, 2009; Molpro, 2010; Turbomole, 2010).

11.6.9 Das Stickstoff- und das Sauerstoffmolekül

Als Beispiele für etwas komplexere zweiatomige Moleküle – im Vergleich zum H_2 mit seiner $2s^2$-Konfiguration – sind in Abb. 11.45 die Potenziale für N_2 und in Abb. 11.46 für O_2 gezeigt. Nach Tabelle 11.7 ist N_2 das stabilste der

---

[15] Das verwundert in diesem Falle nicht. Wir haben ja gesehen, dass die ionische Komponente der MOs zu völlig falschen asymptotischen Zuständen führt.

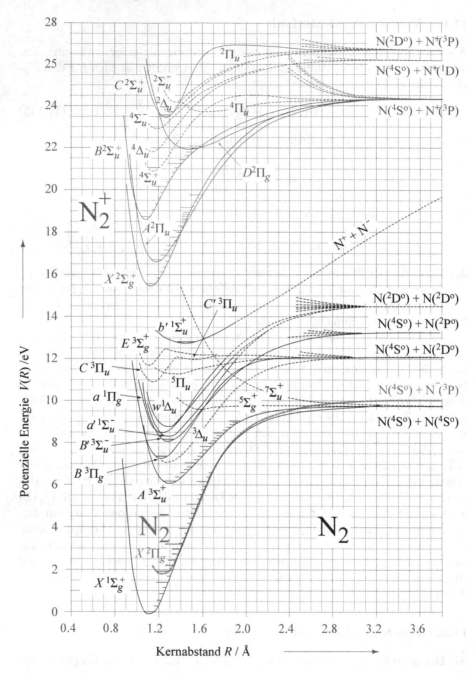

Abb. 11.45. Potenziale für das Stickstoffmolekül und seine Ionen nach Gilmore (1965). Das Potenzial des instabilen N_2^--Anions wurde an die Lage der experimentell beobachteten Resonanzen angepasst (s. Kap. 18.1.2)

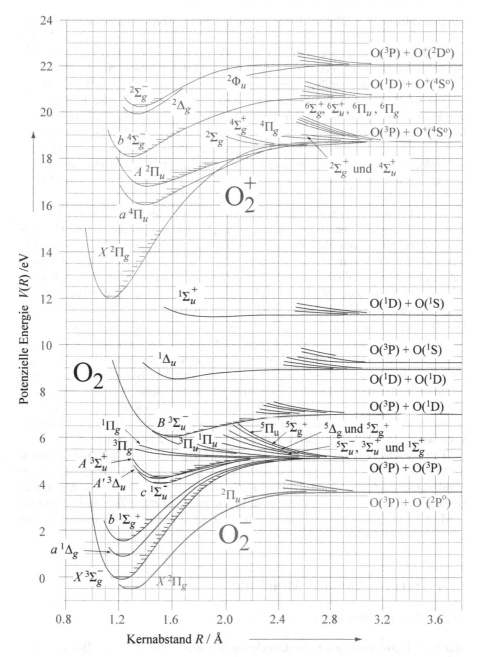

Abb. 11.46. Potenziale für das Sauerstoffmolekül und seine Ionen nach Gilmore (1965); Minima der A-, A'- und c-Zustände modifiziert nach Jenouvrier et al. (1999)

leichten Moleküle. Alle bindenden, aus $2p$-Atomorbitalen zusammengesetzten MOs sind aufgefüllt (K- und L-Schale). Am $X\,^1\Sigma_g^+$-Grundzustand sind 6 bindende $2p$-Elektronen beteiligt und alle Spins sind abgesättigt. Man hat es gewissermaßen mit einer abgeschlossenen Molekülschale zu tun. Entsprechend ist N_2 auch chemisch sehr inert. Der erste angeregte $A\,^3\Sigma_u^+$-Zustand liegt mit 6 eV recht hoch über dem Grundzustand und auch das Ionisationspotenzial gehört mit 15.6 eV zu den höchsten (ersten) Ionisationspotenzialen für Moleküle überhaupt. Das Anion ist dagegen nicht stabil, sein Grundzustand $X\,^2\Pi_g$ ist in Abb. 11.45 grau eingezeichnet und liegt 1.6 eV über dem neutralen Grundzustand. Als (kurzlebige) Resonanz in der Elektronenstreuung kann man den Zustand aber deutlich beobachten, wie wir in Kap. 18.1.2 noch besprechen werden (s. Abb. 18.3 auf S. 456).

Entsprechend der elektronischen Konfiguration des O-Atoms im Grundzustand, $2s^2 2p^4\,^3P$, erwartet man für das O_2 eine noch komplexere elektronische Struktur. Nach Tabelle 11.7 muss hier aber der sehr stabile, stark gebundene und elektronisch symmetrische $N_2\,\left(^1\Sigma_g^+\right)$-Rumpf lediglich um zwei antibindende π_g^*-Elektronen ergänzt werden. Wir haben dies z.T. schon in Abschn. 11.6.5 erarbeitet: der Grundzustand $X^3\Sigma_g$ hat nach der Hund'schen Regel die höchste Multiplizität. Es folgen der $a^1\Delta_g$- und der $b^1\Sigma_g^+$-Zustand. Die Übersicht über die Potenziale des Sauerstoffmoleküls und seiner Ionen in Abb. 11.46 basiert auf den Daten der sehr systematischen Arbeit von Gilmore (1965). Dort wurden zum einen experimentelle, spektroskopischer Daten im Geiste des RKR-Verfahrens (s. Abschn. 11.4.5) ausgewertet, zum anderen aber auch quantenchemische Rechnungen einbezogen. Auch wenn seither über viele neue Messungen und Rechnungen in der Literatur berichtet wurde, haben wir nur einige wenige, wichtige Modifikationen an dieser Kompilation vorgenommen, da eine kritische Gesamtwertung aller Daten derzeit fehlt.

Die parallelen Elektronenspins im $X^3\Sigma_g$-Grundzustand mit $S = 1$ sorgen dafür, dass Sauerstoffgas *paramagnetisch* ist. Interessant ist auch, dass es ein stabiles O_2^- im Grundzustand gibt (im Gegensatz zu H_2^- und N_2^-). Allerdings zerfällt auch $O_2^- \rightarrow O_2 + e$, wenn es in vibrationsangeregte Zustände gebracht wird: es kann umgekehrt auch wieder als Resonanz bei der Elektronenstreuung nachgewiesen werden.

11.7 Heteronukleare Moleküle

11.7.1 Energielagen

Wir verallgemeinern jetzt die Überlegungen aus Abschn. 11.5. Bei zweiatomigen Molekülen mit zwei verschiedenen Atomkernen gibt es keine Inversionssymmetrie mehr, die Molekülorbitale sind nicht mehr nach *gerade* und *ungerade* zu unterscheiden. Die kovalente Bindungsenergie ist in der Regel schwächer als bei homonuklearen Molekülen, da $H_{AA} \neq H_{BB}$. Bei homonuklearen Molekülen war die Orbitalenergie (11.98) bzw. (11.99)

$$\varepsilon_{g,u} = H_{AA} \pm H_{AB} \,,$$

wobei wir der Übersichtlichkeit halber das Überlappintegral $S = S_{AB}(R) = 0$ gesetzt haben (was die Verhältnisse nur bei sehr starker Annäherung der beiden Atome verfälschen würde). Bei heteronuklearen Molekülen wird die Säkulargleichung (11.97) dann

$$(H_{AA} - \varepsilon)(H_{BB} - \varepsilon) - H_{AB}H_{BA} = 0 \,,$$

und wegen $H_{AB}^* = H_{BA}$ gilt $H_{AB}H_{BA} = |H_{AB}|^2$. Die Energieeigenwerte sind

$$\varepsilon_\pm = \frac{H_{AA} + H_{BB}}{2} \pm \sqrt{\frac{(H_{AA} - H_{BB})^2}{4} + |H_{AB}|^2}$$

$$= \frac{H_{AA} + H_{BB}}{2} \pm \frac{H_{AA} - H_{BB}}{2}\sqrt{1 + \frac{4|H_{AB}|^2}{(H_{AA} - H_{BB})^2}} \,.$$

Für viele heteronukleare Moleküle gilt (insbesondere, wenn die Kernladungen sehr unterschiedlich sind) $|H_{AA} - H_{BB}| \gg |H_{AB}|$. Mit der Näherung $\sqrt{1 + x^2} \approx 1 + x^2/2$ werden die beiden Eigenwerte dann:

$$\varepsilon_+ = H_{AA} + \frac{|H_{AB}|^2}{H_{AA} - H_{BB}} \tag{11.146}$$

$$\varepsilon_- = H_{BB} - \frac{|H_{AB}|^2}{H_{AA} - H_{BB}}$$

In der Skizze Abb. 11.47 haben wir angenommen, dass $H_{AA} > H_{BB}$ ist.

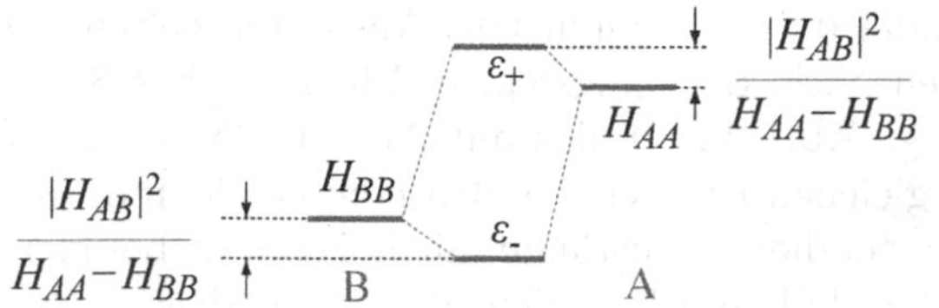

Abb. 11.47. Energieanhebung bzw. Absenkung der Orbitalenergien für heteroatomare, zweiatomige Moleküle schematisch

Dann ist Energieabsenkung durch die Bindung $|H_{AB}|^2/(H_{AA} - H_{BB}) = |H_{AB}| \times |H_{AB}^*|/(H_{AA} - H_{BB}) \ll |H_{AB}|$. Die Bindung ist also stark, wenn die Energien der beteiligten AOs ähnlich sind ($H_{AA} \simeq H_{BB}$).

Für die Orbitale erhalten wir anstatt der geraden bzw. ungeraden Funktionen ϕ_g und ϕ_u nach (11.101) bzw. (11.102) jetzt die unsymmetrische Bildung

$$\phi_\pm = c_A^{(\pm)}\Phi_A + c_B^{(\pm)}\Phi_B,$$

wobei für die Koeffizienten gilt:

$$\frac{c_A^{(+)}}{c_B^{(+)}} \simeq \frac{H_{AB}}{\varepsilon_+ - H_{AA}} = \frac{H_{AA} - H_{BB}}{H_{AB}} \gg 1$$

$$-\frac{c_A^{(-)}}{c_B^{(-)}} \simeq -\frac{H_{AB}}{\varepsilon_- - H_{AA}} = \frac{H_{AB}}{H_{AA} - H_{BB}} \ll 1 .$$

Die Molekülorbitale unterscheiden sich also nur wenig von den AOs, d.h. es wird $\phi_+ \simeq \Phi_A$ und $\phi_- \simeq -\Phi_B$ und der hier tiefer liegende, bindende Zustand korreliert erwartungsgemäß mit Φ_B.

11.7.2 Besetzung der Orbitale

Eine direkte Folge der asymmetrischen Molekülorbitale ist eine ungleiche Ladungverteilung im Molekül. Die heteronuklearen zweiatomigen Moleküle haben daher ein permanentes elektrisches Dipolmoment. Im Vergleich zu den homonuklearen Molekülen Abb. 11.36 auf S. 57 ist der Aufbau der Molekülorbitale etwas differenzierter.

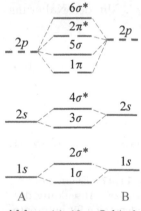

Abb. 11.48. Orbital-Entstehung bei zweiatomigen, heteronuklearen Molekülen

Für Moleküle aus Atomen mit ähnlicher Kernladungszahl (z.B. CO) ergeben sich Molekülorbitale aus den Atomorbitalen nach dem Schema Abb. 11.48. Man nummeriert die Orbitale zu jeweils einem Wert von λ einfach durch, da die Unterscheidung g und u jetzt wegfällt. Darauf aufbauend werden die entsprechenden Korrelationsdiagramme entwickelt. Man beachte, dass wegen der unterschiedlichen Kernladung im Grenzfall getrennter Atome nun zwei unterschiedliche Energien für die Atomorbitale $1s$, $2s$, $2p$ auftreten, je eine pro Atom. Daher verschwindet die g–u Symmetrie. Ansonsten gelten die gleichen Nichtkreuzungsregeln. Ein typisches Schema zeigt Abb. 11.49, das mit Abb. 11.35 auf S. 56 zu vergleichen ist. Wie bei den homonuklearen Molekülen tendieren Zustände mit höherem λ bei gleichem ℓ zu höheren Energien. Wir haben dies im Zusammenhang mit dem Stark-Effekt in Kap. 8.5.7, Band 1 ausführlich besprochen. Es gilt also für große Abstände die energetische Reihenfolge $\sigma < \pi < \delta$. Allerdings kann sich wegen der Korrelation mit dem vereinigten Atomschema dieser Trend im MO-Bild umkehren. In Abb. 11.49 sieht man dies besonders deutlich an den 1π-, 5σ-, 2π- und 6σ- Zuständen.

In Tabelle 11.9 sind Elektronenkonfigurationen, Gleichgewichtsabstand R_0 und Bindungsenergie D_e der Grundzustände einer Reihe zweiatomiger, heteronuklearer Moleküle zusammengestellt.

Es sei jedoch darauf hingewiesen, dass das hier kommunizierte Schema für die Entwicklung von Molekülorbitalen lediglich einen ersten Überblick erlaubt.

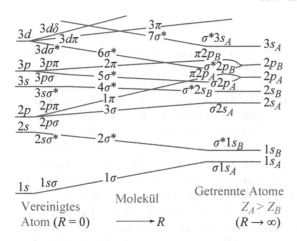

Abb. 11.49. Korrelations-diagramm für zweiatomige, heteronukleare Moleküle

Tabelle 11.9. Molekülorbitale für heteronukleare, zweiatomige Moleküle

Mole-kül	Erwartete elektronische Konfiguration	Bind.-ordn.	$^{2S+1}\Lambda$	R_0 (Å)	D_e (eV)
				Beobachtungen	
BeO	$(1\sigma)^2 (2\sigma)^2 (3\sigma)^2 (4\sigma)^2 (1\pi)^4$	2	$^1\Sigma^+$	1.3309	4.69
BeF	$(1\sigma)^2 (2\sigma)^2 (3\sigma)^2 (4\sigma)^2 (1\pi)^4 (5\sigma)^1$	$2\frac{1}{2}$	$^2\Sigma^+$	1.3610	≈ 6.0
BN[a]	$(1\sigma)^2 (2\sigma)^2 (3\sigma)^2 (4\sigma)^2 (1\pi)^3 (5\sigma)^1$	2	$^3\Pi$	1.3291	3.99
BO	$(1\sigma)^2 (2\sigma)^2 (3\sigma)^2 (4\sigma)^2 (1\pi)^4 (5\sigma)^1$	$2\frac{1}{2}$	$^2\Sigma^+$	1.2045	8.40
BF	$(1\sigma)^2 (2\sigma)^2 (3\sigma)^2 (4\sigma)^2 (1\pi)^4 (5\sigma)^2$	3	$^1\Sigma^+$	1.2625	7.89
CN$^+$	$(1\sigma)^2 (2\sigma)^2 (3\sigma)^2 (4\sigma)^2 (1\pi)^4$	2	$^1\Sigma$	1.1729	4.93
CN	$(1\sigma)^2 (2\sigma)^2 (3\sigma)^2 (4\sigma)^2 (1\pi)^4 (5\sigma)^1$	$2\frac{1}{2}$	$^2\Sigma^+$	1.1718	7.83
CN$^-$	$(1\sigma)^2 (2\sigma)^2 (3\sigma)^2 (4\sigma)^2 (1\pi)^4 (5\sigma)^2$	3		1.14	≈ 10
CO$^+$	$(1\sigma)^2 (2\sigma)^2 (3\sigma)^2 (4\sigma)^2 (1\pi)^4 (5\sigma)^1$	$2\frac{1}{2}$	$^2\Sigma^+$	1.1151	8.47
CO	$(1\sigma)^2 (2\sigma)^2 (3\sigma)^2 (4\sigma)^2 (1\pi)^4 (5\sigma)^2$	3	$^1\Sigma^+$	1.1283	11.22
CF	$(1\sigma)^2 (2\sigma)^2 (3\sigma)^2 (4\sigma)^2 (1\pi)^4 (5\sigma)^2 (2\pi)^1$	$2\frac{1}{2}$	$^2\Pi$	1.2718	5.75
NO$^+$	$(1\sigma)^2 (2\sigma)^2 (3\sigma)^2 (4\sigma)^2 (1\pi)^4 (5\sigma)^2$	3	$^1\Sigma^+$	1.0632	11.00
NO	$(1\sigma)^2 (2\sigma)^2 (3\sigma)^2 (4\sigma)^2 (1\pi)^4 (5\sigma)^2 (2\pi)^1$	$2\frac{1}{2}$	$^2\Pi$	1.1508	6.61

R_0 und D_e, soweit nicht anders vermerkt, nach Huber und Herzberg (1979).
[a]Li und Paldus (2006).

In der Praxis wird man sich in jedem Einzelfall die energetischen Bedingungen und die atomaren Konfigurationen genau ansehen müssen, um einen geeigneten MO-Basissatz für die Beschreibung des Moleküls zu finden. Wie schon bei den homonuklearen Molekülen erwähnt, gibt es dafür heute ausgefeilte Verfahren und effiziente, auch kommerziell erhältliche Rechenprogramme. Um hier beispielhaft etwas konkreter zu werden, wollen wir im folgenden einige interessante Spezialfälle betrachten.

11.7.3 Lithiumhydrid

LiH ist ein recht bemerkenswertes, freilich nicht aus der Gasflasche erhältliches Molekül, an dem man einige Besonderheiten studieren kann. Es hat in jüngster Zeit auch im Kontext der Bose-Einstein-Kondensation ultrakalter Atome Interesse gefunden (s. z.B. Côte et al., 2000; Juarros et al., 2006), u.a. wegen seines großen Dipolmoments, das spezielle, langreichweitige Effekte erwarten lässt. Man kann ggf. Zweiphotonenprozesse anwenden, um solche Moleküle durch Photoassoziation aus ultrakalten Atomen zu generieren. Die Konstituenten des LiH-Moleküls haben die Konfiguration $1s^2 2s$ (Li) und $1s$ (H), wobei die geschlossene $1s^2$-Schale des Lithiums an der Bindung nicht teilnimmt. Die beiden Elektronen füllen das beim Li-Atom lokalisierte 1σ-Molekülorbital. Ein Vergleich der Energien der ersten angeregten Zustände, $1s^2 2p$ (Li) und $2s, p$ (H) mit 1.848 bzw. 10.2 eV zeigt uns, dass ein Korrelationsdiagramm in diesem Fall nicht weit führen wird: die aktiven MOs werden nach den vorangehenden Überlegungen stark durch die leichter anregbaren AOs des Li bestimmt. Im Grundzustand ist das aktive Elektron des Lithiums das $2s$-Elektron, das mit dem $1s$-Elektron des Wasserstoffs wechselwirkt: die atomaren Orbitale $2s$ (Li) und $1s$ (H) bilden ein 2σ-MO. In Abb. 11.50 sind die Potenziale für einige Zustände des LiH nach aktuellen Daten zusammengestellt.

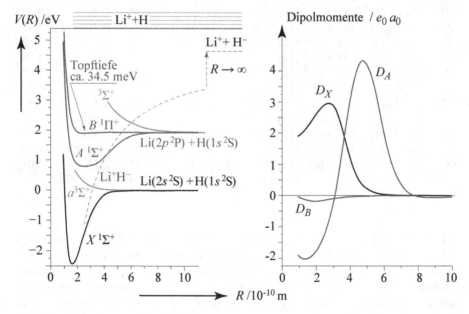

Abb. 11.50. Potenziale (*links*) und Dipolmomente (*rechts*) des LiH-Moleküls. Grundzustand und angeregter $A\,^1\Sigma^+$-Zustand sind stark vom ionischen Li$^+$H$^-$ geprägt wie durch das rot gestrichelte $1/R$ Potential angedeutet. Triplettzustände und B-Zustand sind im Wesentlichen kovalent (nach Partridge und Langhoff, 1981; Yiannopoulou et al., 1999; Côte et al., 2000)

Am übersichtlichsten ist die Situation für die Triplettzustände $^3\Sigma$, bei denen das Pauli-Prinzip für eine räumliche Abstoßung der σ-MOs aus $nl - 1s$ sorgt. Ein feinere Betrachtung zeigt (in Abb. 11.50 nicht erkennbar), dass auch hier durch langreichweitige Dispersionswechselwirkung eine leichte Anziehung auftritt. Beim $a^3\Sigma^+$-Zustand spielt dies im Bereich von 10–20 Å eine Rolle und ist für die Wechselwirkung ultrakalter Atome von signifikanter Bedeutung.

Komplizierter sind die Verhältnisse bei den Singulettzuständen, für welche neben der symmetrischen AO-Konfiguration $Li^0 H^0$ auch das Ionenpaar $Li^+ H^-$ berücksichtigt werden muss. Die hypothetische Energie des Ionenpaars ist in Abb. 11.50 durch die gestrichelte Linie angedeutet. Asymptotisch liegt die Energie des Ionenpaars wie angedeutet um die Elektronenaffinität des H-Atoms, $W_{EA} = 0.756\,\mathrm{eV}$, unter der Ionisationsenergie des Li (5.39 eV). Ein MO, welches dies berücksichtigt, muss eine deutlich asymmetrische Ladungsverteilung aufweisen.

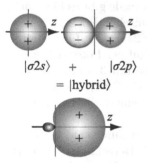

$|\sigma 2s\rangle \quad + \quad |\sigma 2p\rangle$

$= |\text{hybrid}\rangle$

Abb. 11.51. Entstehung des sp-Hybridorbitals

Im einfachsten Fall realisiert man das durch eine Linearkombination eines $2s$-und eines $2p_z$-AOs des Lithium, wie in Abb. 11.51 skizziert. Eine solche Kombination von Atomorbitalen mit unterschiedlichem Drehimpuls nennt man *Hybridorbital*. Wir haben darüber bereits in Band 1 im Zusammenhang mit dem linearen Stark-Effekt bei den $2p$-, $2s$-Zuständen des H-Atoms gesprochen. Im Falle der Molekülbildung wirkt das starke elektrische Feld der beiden Atomkerne entsprechend. Das Phänomen tritt immer dann auf, wenn ns- und np-Zustände energetisch dicht beieinander liegen. Durch lineare Superposition eines symmetrischen σs-Orbitals $\phi_{\sigma s}(\rho, z)\sqrt{1/2\pi}$ mit einem σp-Orbital $\phi_{\sigma p}(\rho, z)\sqrt{1/2\pi}$ (der Konsistenz mit Abschn. 11.6.5 wegen in Zylinderkoordinaten geschrieben) entsteht eine asymmetrische Wellenfunktion, wie in Abb. 11.51 skizziert. Entsprechend verschiebt sich die Ladungsdichte – im vorliegenden Falle weg vom Li-Atom hin zum Wasserstoffatom. Dies führt schon beim Grundzustand des LiH dazu, dass die Wasserstoffseite des Moleküls deutlich negativer geladen ist als die Lithiumseite. Entsprechend hat das Molekül ein großes Dipolmoment D_X wie im rechten Teil von Abb. 11.50 dokumentiert. Bemerkenswert ist, dass D_X bei 2–3 Å maximal wird, also gerade dort, wo die hypothetische Potenzialkurve für $Li^+ H^-$ (gestrichelt) dem tatsächlichen Potenzial des $X\,^1\Sigma^+$-Grundzustands besonders nahe kommt. Es ist also dieser überwiegend ionische Charakter der beteiligten Orbitale, der zur Bindung führt. Daher liegt hier auch der Singulettzustand (abweichend von der üblichen Hund'schen Regel) tiefer als der Triplettzustand, der keinen ionischen Charakter hat.

Um Missverständnissen vorzubeugen, sei hier noch einmal betont, dass das gestrichelt eingezeichnete Potenzial für die ionische $Li^+ H^-$-Bindung bei kleinen Abständen keinen realen Zustand repräsentiert: die entsprechenden

Orbitale sind sozusagen im $X\,^1\Sigma^+$ Zustand, aber auch im angeregten $A\,^1\Sigma^+$ aufgegangen.[16] Der letztgenannte Zustand hat offenbar im Bereich der „vermiedenen Kreuzung" bei ca. 4–6 Å ein noch größeres Dipolmoment, wie ebenfalls rechts in Abb. 11.50 zu sehen ist. Man liest ein Maximum von $5e_0a_0$ bei 5 Å ab, was einer Ladungsverschiebung von über 25% entspricht. Offenbar kehrt sich das Vorzeichen der Ladungsverschiebung im A-Zustand für kleine Abstände um, wenn also das H-Atom voll in das angeregte $2p$-Orbital des Li eintaucht. Das Potenzial des A-Zustands hat noch eine weitere bemerkenswerte Eigenschaft: Es hat einen negativen Wert für $\omega_e x_e$, d.h. es ist im Gegensatz zum üblichen Verhalten (etwa bei einem Morse-Potenzial) unten flach und wird nach oben hin steiler – eine weitere Folge des lokal stark ionischen Charakters der Bindung.

Interessant ist auch der $B\,^1\Pi$ Zustand, der mit den angeregten $2p_x$ bzw. $2p_y$ Atomorbitalen korreliert. Der Überlapp mit dem $1s$-Orbital des H-Atoms ist minimal. Wegen des π-Charakters der beteiligten Orbitale gibt es hier auch keine vermiedene Kreuzung mit der hypothetischen ionischen Potenzialkurve (der Grundzustand des Li^- hat die Konfiguration $1s^2 2s^2$). Das führt insgesamt zu dem in Abb. 11.50 gezeigten sehr flachen Verlauf der Potenzialkurve. Die Potenzialtopftiefe reicht aber noch aus, um immerhin 3 stabile Vibrationszustände zu ermöglichen (Partridge und Langhoff, 1981), die ggf. für die Bose-Einstein-Kondensation als Zwischenzustand genutzt werden können (Juarros et al., 2006).

Auch viele höher angeregte Singulett- und Triplettzustände sind bekannt, z.T. mit interessanten Formen der Potenzialminima. Die Berechnung erfordert ausgedehnte Basissätze bis hin zu f-Orbitalen (Yiannopoulou et al., 1999).

11.7.4 Alkali-Halogenide: Ionische Bindung

Die Alkalihalogenide, also LiF, NaCl, NaI, KBr etc. sind prototypische Vertreter der ionischen Molekülbindung und als kristalline Festkörper auch von erheblicher praktischer Bedeutung. Ihre Herstellung als spektroskopierbares, freies Molekül erfordert einige Anstrengung (z.B. Verdampfung bei hohen Temperaturen). Trotzdem gibt es ein große Fülle von Arbeiten über diese interessanten Moleküle. Sie haben u.a. eine zentrale Rolle beim Verständnis elementarer chemischer Reaktionen mit Hilfe von Molekularstrahlen gespielt, für welche Herschbach, Lee und Polanyi (1986) mit dem Nobelpreis für Chemie ausgezeichnet wurden. Dabei geht es um reaktive Prozesse vom Typ

$$A + BC \rightarrow A^+ + (BC)^- \rightarrow A^+B^- + C, \tag{11.147}$$

---

[16] Natürlich kann man im Prinzip ein Li^+ Kation mit einem H^- Anion in einem Streuprozess zur Wechselwirkung bringen. Für große Abständen wird das Wechselwirkungspotenzial dieses Systems dann durchaus durch die gestrichelte Linie ($\propto -1/r$) beschrieben und bleibt bei hinreichend hoher kinetischer Energie auch eine gute erste Näherung für kleinere Abstände. Das kann zu entsprechenden Übergängen an den (vermiedenen) Kurvenkreuzungen führen.

wobei A typischerweise ein Alkaliatom und BC ein halogenhaltiges Molekül ist (also z.B. Br_2, CCl_4 etc.). Das relativ niedrige Ionisationspotenzial W_I der Alkaliatome und die hohe Elektronenaffinität W_{EA} der Halogene macht den im mittleren Teil der Reaktionsgleichung (11.147) angedeuteten *Elektronensprung* energetisch günstig, wenn sich die Reaktionspartner nahe kommen, sagen wir auf einen Abstand R_H.

Da sich die Ionen danach kräftig anziehen, werden sie in heftige Wechselwirkung gebracht, und die Reaktion kann stattfinden. Man nennt dies einen „Harpooning"-Prozess, bei dem das Elektron des Atoms A quasi als Harpune auf das Molekül BC geschossen wird und es damit einfängt. Im Experiment wird die Winkelverteilung der Reaktanden und/oder der Reaktionsprodukte nach der Wechselwirkung gemessen. Der Wirkungsquerschnitt für die Reaktion wird näherungsweise durch den Harpunen-Radius R_H bestimmt, ist also $\sigma_r \simeq \pi R_H^2$. Man kann sich den Elektronensprung im Prinzip schon am zweiatomigen Molekül veranschaulichen, wie dies in Abb. 11.52 für das Beispiel NaCl illustriert ist.

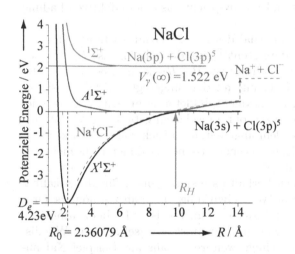

Abb. 11.52. Einige $^1\Sigma^+$ Potenzialkurven für NaCl als typisches Beispiel für Ionenbindung: die *rot gestrichelte Kurve* zeigt das Potenzial für ein hypothetisches, rein ionisches System $Na^+ + Cl^-$, das für große R gegen 1.522 eV konvergiert. Der Grundzustand wird durch die ionische Bindung dominiert. Bei etwa 10 Å sieht man die klassische, vermiedene Kreuzung mit dem angeregten $A\,^1\Sigma^+$-Zustand, der für kleinere Abstände kovalent wird

Die Konfiguration der atomaren Orbitale ist bei diesem System $\ldots 3s$ (Na) und $\ldots 3s^2 3p^5$ (Cl). Das $3s$-Valenzelektron des Natriums ist nur schwach gebunden und kann leicht abgegeben werden, um im Chloratom die $3p$-Schale abzuschließen. Das Ionisationspotenzial des Na-Atoms ist $W_I = 5.1391$ eV, die Elektronenaffinität des Cl ist $W_{EA} = 3.617$ eV. Bei unendlichem Abstand benötigt man also eine Energie

$$V_\gamma(\infty) = W_I - W_{EA} = 1.522 \, \text{eV}, \qquad (11.148)$$

um das Ionenpaar Na^+ und Cl^- zu bilden. Werden die beiden Ionen aber zusammengeführt, so gewinnt man Energie durch die Coulomb-Anziehung und erwartet ein ionisches Wechselwirkungspotenzial

$$V_\gamma\left(R\right) = V_\gamma\left(\infty\right) - \frac{e_0^2}{4\pi\epsilon_0 R}\,,$$

welches rot gestrichelt in Abb. 11.52 eingetragen ist. Für Abstände $R <$ $R_H \simeq 10\,\text{Å}$ kompensieren sich Coulomb-Wechselwirkung und Bildungsenergie für $Na^+ + Cl^-$, und das Elektron kann vom Na zum Cl „springen". Es wird also bei Abständen $R < R_H$ spontan ein Na^+Cl^- Ionenpaar gebildet, was zu einem gebundenen Molekül führt. Bei sehr kleinen Abständen überlappen sich natürlich die Elektronendichten der abgeschlossenen Schalen von Na^+ und Cl^-. Das führt (wie bei zwei Edelgasatomen) schließlich zu einem stark repulsiven Potenzial. Das Ergebnis ist ein typisches, recht stark gebundenes Molekülpotenzial mit $D_e = 4.2303\,\text{eV}$ bei $R_0 = 2.36079\,\text{Å}$. Der Vergleich der hypothetischen ionischen Potenzialkurve mit den richtigen (d.h. semiempirisch berechneten, bzw. spektroskopisch vermessenen) Potenzialen in Abb. 11.52 illustriert sehr eindrücklich, dass die ionische Bindung die Verhältnisse im Bereich mittlerer Abstände in der Tat sehr gut beschreibt. Entsprechend groß ist für NaCl auch das Dipolmoment $D_X = 30 \times 10^{-30}\,\text{C m}$ (s. Tabelle 11.2). Beim Gleichgewichtsabstand R_0 entspricht das einer effektiven Ladung von etwa $0.8e_0$!

Man sieht auch, dass das Potenzial des $X\,^1\Sigma^+$ Grundzustands (in Abb. 11.52 als volle schwarze Linie dargestellt[17]) im Bereich R_0 bis R_H deutlich von der ionischen Komponente bestimmt ist. Bei R_H kommt es dann zu der eben erwähnten vermiedenen Kreuzung mit dem angeregten $A\,^1\Sigma^+$ Zustand. Dieser ist offenbar im Wesentlichen kovalent, bildet aber aufgrund der vermiedenen Kreuzung doch einen Potenzialtopf, in welchem gebundene Vibrationszustände Platz haben. Der mit dem angeregten $3p$ Elektron des Na korrelierende, nächst höhere Zustand kann aus energetischen Gründen nicht mehr mit dem ionischen Zustand kreuzen.

Die beim NaCl angetroffenen Verhältnisse sind typisch für alle Alkalihalogenide – bis auf die Spin-Bahn-Wechselwirkung, die man bei höherer Ordnungszahl Z nicht mehr vernachlässigen kann. Sie ist z.B. beim atomaren Iod bereits 0.9078 eV, viel größer als die Austauschwechselwirkung. Wir diskutieren die Konsequenzen und einige weitere Details am Beispiel NaI anhand jüngerer *ab initio* Rechnungen von Alekseyev et al. (2000). Die dabei berücksichtige Konfiguration der Valenzelektronen besteht aus $9 + 7$ Elektronen in den Atomorbitalen: $2s^2 2p^6 3s$ (Na) und $5s^2 5p^5$ (I).

Für die höchstliegenden AO-MOs ist dies schematisch in Abb. 11.53 illustriert. Quantenchemisch berechnet man als ersten Schritt im SCF-Verfahren

---

[17] Für kleine Abstände und die Umgebung des Potenzialminimums haben wir das von Ram et al. (1997) angegebene, analytisch an spektroskopische Daten angepasste Potenzial benutzt. Für größere Abstände erschienen uns die semiempirischen Valenz-Bond Rechnungen von Cooper et al. (1987) plausibler: die Experimente wurden bei Vibrationszuständen bis zu maximal $v = 8$ gemacht (ca. 350 meV). Es ist nicht anzunehmen, dass die Extrapolation dieser Daten auf über 4 eV Anregungsenergie in der Nähe von R_H verlässlich sein kann.

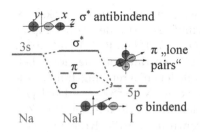

Abb. 11.53. Molekulare Orbitale aus Atomorbitalen für das NaI Molekül. Wegen der unterschiedlichen Orbitalenergien sind die π Elektronen stark am I-Atom lokalisiert und nicht wesentlich an der Bindung beteiligt. Man spricht von sogenannte „lone pairs" von Elektronen

– ohne Berücksichtigung der spinabhängigen Kräfte – den $X \ldots \sigma^2 \pi^4\,{}^1\Sigma^+$-Grundzustand und die entsprechenden angeregten Zustände. Die niedrigsten angeregten Zustände sind $^1\Pi$ und $^3\Pi$ mit der kovalenten MO-Konfiguration $\ldots \sigma^2 \pi^3 \sigma^*$. Sie unterscheiden sich nun wenig: die Austauschwechselwirkung zwischen den σ^* und π Orbitalen ist sehr klein, denn diese sind – wie in Abb. 11.53 angedeutet – wegen des großen Energieunterschieds weit voneinander entfernt beim Na bzw. I Atom lokalisiert. Die nächsten $A^1\Sigma^+$ und $^3\Sigma^+$ Zustände, die mit den MOs $\ldots \sigma\pi^4\sigma^*$ gebildet werden, liegen etwas höher, denn die Anregung des bindenden σ-Orbitals erfordert mehr Energie, als die Anregung aus den „lone pair" π-Orbitalen des Iod. Bei diesem Stand der Rechnung ergibt sich ein Bild, das ganz dem im Falle des NaCl in Abb. 11.52 diskutierten entspricht, mit einer ausgeprägten Kurvenkreuzung infolge des ionischen Einflusses.

Nun muss man aber noch den gesamten Hamiltonian unter Berücksichtigung der Spin-Bahn-Wechselwirkung diagonalisieren. Dies führt zu einer Reihe von $\Omega^\pm$ Zuständen, die sich aus $\Lambda + \Sigma$ ergeben, wie wir dies formal schon in Abschn. 11.6.3 besprochen haben. Abbildung 11.54 zeigt davon drei Zustände, die durch optische Anregung aus dem Grundzustand erreichbar sind.

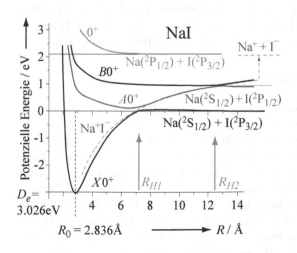

Abb. 11.54. Die wichtigsten Potenzialkurven für NaI in der Ω-Symmetrie nach Alekseyev et al. (2000). Die rot gestrichelte Kurve gibt wieder den Verlauf des hypothetischen, rein ionischen Systems $Na^+ + I^-$, das für große R gegen 5.105 eV konvergiert. Das führt hier zu zwei vermiedenen Kreuzungen bei $R_H = 7.2$ und 12.5. Daraus entstehen zwei quasigebundene, angeregte Zustände $A0^+$ und $B0^+$

Aus den o.g. Λ-Zuständen mit $S = 0$ bzw. 1 entstehen nach Alekseyev et al. (2000) neben dem $X0^+$-Grundzustand fünf Ω-Zustände, die asymptotisch in $\mathrm{Na}(3\,^2S_{1/2}) + I(5^2P_{3/2})$ übergehen $(2(I), 1(I), 1(II), 0^-(I)$ und $A0^+)$, wovon aus Symmetriegründen aber nur der $A0^+$ Zustand mit der ionischen Konfiguration wechselwirkt und zu einer vermiedenen Kreuzung führt. Außerdem gibt es drei Zustände, die für $R \to \infty$ in $\mathrm{Na}(3\,^2S_{1/2}) + I(5^2P_{1/2})$ übergehen $(1(III), 0^-(II)$ und $B0^+)$, von denen wiederum nur der $B0^+$ Zustand mit der ionischen Konfiguration wechselwirkt und die Kreuzung vermeidet. Durch die vermiedenen Kreuzungen entstehen nun zwei angeregte, quasigebundene Zustände, $A0^+$ und $B0^+$, wie in Abb. 11.54 deutlich erkennbar. Der Vollständigkeit halber haben wir auch noch einen weiteren mit $\mathrm{Na}(3\,^2P_{1/2}) + I(5^2P_{3/2})$ korrelierenden Zustand $0^+(IV)$ nach Cooper et al. (1987) eingezeichnet, der aber nicht bindend wird, da das ionische Potenzial diesen nicht mehr kreuzt. Die Diagonalisierung mit Spin-Bahn-Wechselwirkung beeinflusst den Grundzustand kaum, führt aber zu einer Absenkung bzw. Anhebung der asymptotischen Potenziale um $-1/3$ bzw. $+2/3$ der Spin-Bahn-Aufspaltung des Iod-Atoms (0.9426 eV). Damit wird die Bindungsenergie des $X0^+$ Grundzustands $D_e = 3.02631$ eV. Das Minimum liegt bei $R_0 = 2.836$ Å.

NaI hat bei der Entwicklung der Femtochemie eine sehr wichtige Rolle gespielt. Mit ultrakurzen Laserimpulsen kann man Wellenpakete links auf dem repulsiven Teil des Potenzials im angeregten $A0^+$-Zustands erzeugen. Diese Wellenpakete können zwischen linkem und rechtem Rand des $A0^+$-Potenzials hin und her oszillieren, wie bei einem klassischen Oszillator. Allerdings sind diese Schwingungszustände nicht ganz stabil, denn an den vermiedenen Kreuzungen hat der Potenzialtopf sozusagen ein Leck, durch das bei jeder Oszillation ein gewisser Teil des Wellenpakets „herausfließt". Mit der Femtosekunden *Anregungs- und Abtastmethode (pump-probe)* kann man diesen Vorgang verfolgen. Für seine bahnbrechenden Arbeiten zum Studium solcher Übergangszustände bei chemischen Reaktionen mit Hilfe der Femtosekundenspektroskopie wurde Zewail (1999) mit dem Nobelpreis ausgezeichnet.

11.7.5 Stickstoffmonoxid, NO

Zum Abschluss unserer Diskussion der zweiatomigen Moleküle wollen wir noch kurz auf das NO-Molekül hinweisen, das von großer und vielfältiger Bedeutung in der Biologie bzw. Physiologie, in der Atmosphärenchemie, bei technischen Verbrennungsprozessen u.v.a.m. ist. Es ist ein *äußerst reaktives Radikal*, lässt sich aber dennoch in Flaschen lagern. Es besitzt ein Dipolmoment (ist also infrarotaktiv) und hat eine gut bekannte elektronische Struktur. Es ist daher auch in der Molekülphysik ein sehr beliebtes Referenzobjekt, an dem unzählige spektroskopische Untersuchungen durchgeführt wurden. So wird es etwa im Zusammenhang mit Multiphotonenprozessen an Molekülen geradezu als eine Art Drosophila der Molekülphysik geschätzt (ähnlich dem Natrium in der Atomphysik). Eine Übersicht über die Potenziale des NO und die niedrigsten

Zustände des Kations NO^+ gibt Abb. 11.55 auf der nächsten Seite. Die hier kommunizierten Daten sind, wie schon bei O_2 (s. Abb. 11.46 auf S. 75), der Arbeit von Gilmore (1965) entnommen.

Entsprechend den AO-Konfigurationen $\ldots 2s^2 2p^3$ (N) und $\ldots 2s^2 2p^4$ (O) der Konstituenten, ergibt sich $(1\sigma)^2(2\sigma)^2(3\sigma)^2(4\sigma)^2(1\pi)^4(5\sigma)^2(2\pi)^1$ als MO-Konfiguration für den Grundzustand des Moleküls. NO ist also durch ein ungepaartes $2\pi^*$ Elektron charakterisiert. Dies bedingt seine hohe Reaktivität als Radikal. NO ist paramagnetisch und sein Grundzustand muss ein $X\,^2\Pi$ Zustand sein.

Was man an diesem Beispiel sehr schön sehen kann, ist der Unterschied zwischen sogenannten *Rydberg-Zuständen* und *Valenzzuständen* der Moleküle. Regt man nur das äußerste Valenzelektron aus dem antibindenden $2\pi^*$ Orbital[18] an, dann wird das so angeregte Molekül stärker gebunden sein, als der Grundzustand (kleineres R_0 und steiferes Potenzial). So entsteht eine ganze Serie von Zuständen $A\,^2\Sigma^+$, $C\,^2\Pi$, $D\,^2\Sigma^+$, $E\,^2\Sigma^+$ mit nahezu identischer Potenzialform. Wie man in Abb. 11.55 erkennt, konvergieren diese Zustände gegen den Grundzustand $X\,^1\Pi$ des NO^+-Kations und reflektierten bereits dessen Potenzial: das Elektron ist weit vom Molekülrumpf entfernt und nimmt praktisch nicht mehr an der Bindung teil. Es verhält sich wie ein Rydberg-Elektron bei Atomen, weshalb man von Rydberg-Zuständen spricht. Demgegenüber zeigen die Zustände $a\,^4\Pi$, $B\,^2\Pi$, $b\,^4\Sigma^-$ weder mit dem neutralen noch mit dem ionischen Grundzustand große Ähnlichkeiten und sind deutlich weniger stark gebunden als diese beiden: sie entstehen durch Anregung tiefer liegender, bindender Elektronen und einer deutlichen Reorganisation der Elektronenkonfiguration, die zu einer Lockerung der Bindung führt. Man spricht von Valenzzuständen. Da sich Rydberg-Zustände und Valenzzustände gleicher Symmetrie nicht kreuzen dürfen, kommt es zu einer ganzen Serie von vermiedenen Kreuzungen, die in Abb. 11.55 bei Energien zwischen 7 und 9 eV deutlich zu sehen sind.

Wie in Abb. 11.55 zu erkennen, gibt es auch ein NO^--Anion, das freilich nicht sehr stabil ist (Elektronenaffinität $W_{EA} = 24\,\mathrm{meV}$). Es kann aber gut als Resonanz bei der Streuung niederenergetischer Elektronen beobachtet werden. Wir werden darauf in Kap. 17.2.6 noch kurz zu sprechen kommen.

---

[18] Siehe Abb. 11.48 auf S. 78 zur Ordnung der Orbitale.

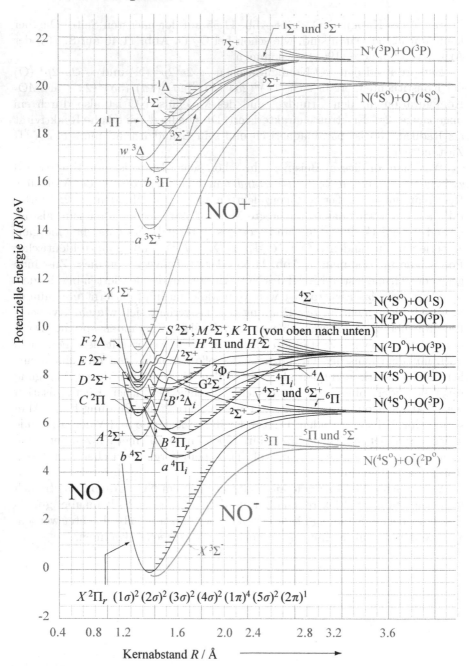

Abb. 11.55. Potenziale für das Stickstoffmonoxidmolekül und seine Ionen nach Gilmore (1965)

Mehratomige Moleküle

Bei der Beschreibung von drei- und mehratomigen Molekülen spielt ihre Symmetrie eine zentrale Rolle – etwas allgemeiner: die geometrische Anordnung der $\mathcal{N}$ Atomkerne. Die in Kap. 11 angestellten Überlegungen sind also zu generalisieren. Die Kernbewegung ist jetzt (neben der trivialen Translationsbewegung) durch drei Freiheitsgrade der Rotation und $3\mathcal{N} - 6$ Schwingungsfreiheitsgrade gekennzeichnet. Auch die Charakterisierung der elektronischen Zustände wird entsprechend komplexer.

Hinweise für den Leser: Zweiatomigen Moleküle bieten nur einen ersten Einstieg in die Welt realer Moleküle. Wer etwas tiefer eindringen will, sollte in das folgende Kapitel zumindest einmal hineinlesen. Abschnitt 12.1 stellt den beliebig geformten, starren Rotator vor. Normalkoordinaten zur Behandlung der Schwingung werden in Abschn. 12.2 eingeführt. Abschnitt 12.3 widmet sich der Symmetrie von Punktgruppen als zentralem Ordnungsprinzip. In die Besonderheiten der elektronischem Struktur mehratomiger Moleküle führt Abschn. 12.4 anhand der noch relativ überschaubaren und wichtigen Beispiele H_2O und NH_3 ein. Ein vor allem für organische Moleküle viel benutztes, anschauliches Konzept ist die Hybridisierung elektronischer Orbitale (Abschn. 12.5), und für konjugierte Doppelbindungen bietet die Hückel-Methode hilfreiche erste Abschätzungen (Abschn. 12.6).

12.1 Rotation mehratomiger Moleküle

12.1.1 Allgemeine Zusammenhänge

Wir rekapitulieren zunächst etwas klassische Mechanik und konzentrieren uns auf den Fall des starren, jetzt beliebig geformten Rotators. Wir nehmen also an, dass die $\mathcal{N}$ Atomkerne des Moleküls mit den Massen $m_1, m_2, \ldots, m_k, \ldots, m_{\mathcal{N}}$ durch Koordinaten $\boldsymbol{R}_1, \boldsymbol{R}_2, \ldots, \boldsymbol{R}_k, \ldots, \boldsymbol{R}_{\mathcal{N}}$ beschrieben werden, die bezüglich ihres Abstands vom Schwerpunkt und ihrer relativen Orientierung innerhalb des Moleküls konstant sind. Schreiben wir $X_k = R_{k,1}$, $Y_k = R_{k,2}$ und $Z_k = R_{k,3}$, so sind die Komponenten des Trägheitstensors $\hat{I}$

$$I_{ij} = \sum_k m_k \left(\boldsymbol{R}_k^2 \delta_{ij} - R_{k,i} R_{k,j} \right) . \tag{12.1}$$

I.V. Hertel, C.-P. Schulz, *Atome, Moleküle und optische Physik 2*,
Springer-Lehrbuch, DOI 10.1007/978-3-642-11973-6_2,
© Springer-Verlag Berlin Heidelberg 2010

In Bezug auf eine Achse in beliebiger Richtung, charakterisiert durch Zeilen-oder Spaltenvektor $\widetilde{\widehat{R}} = \widetilde{R}/R$ bzw. $\widehat{R} = R/R$, kann man das Trägheitmoment

$$I_R = \widetilde{\widehat{R}} \cdot \hat{I} \cdot \widehat{R} = \frac{1}{R^2} \sum_{ij=1}^{3} R_i I_{ij} R_j \qquad (12.2)$$

schreiben. Nun gibt es stets ein körperfestes Koordinatensystem, das wir durch die Achsen a, b, c charakterisieren wollen, in welchem der Trägheitstensor diagonal wird. Die so definierten *Hauptträgheitsmomente* ordnet man wie folgt:

$$I_a \leq I_b \leq I_c \qquad (12.3)$$

In Bezug auf eine Achse in Richtung $\widehat{R} = \begin{pmatrix} a_1 & b_1 & c_1 \end{pmatrix}$ mit $a_1^2 + b_1^2 + c_1^2 = 1$ im körperfesten System wird das Trägheitsmoment nach (12.2) dann einfach

$$I_R = I_a a_1^2 + I_b b_1^2 + I_c c_1^2. \qquad (12.4)$$

Dividiert man durch I_R, schreibt $a_1/\sqrt{I_R} = a$ etc. und variiert a, b und c so, dass

$$1 = I_a a^2 + I_b b^2 + I_c c^2 \qquad (12.5)$$

gilt, so beschreibt dies eine Fläche zweiter Ordnung, genauer ein Ellipsoid. Der Abstand $|R| = \sqrt{a^2 + b^2 + c^2}$ jedes Punkts dieser Fläche vom Ursprung entspricht gerade $1/\sqrt{I_R}$, wobei I_R das Trägheitsmoment bezüglich einer Achse in Richtung R ist. Gleichung (12.5) beschreibt also das *Trägheitsellipsoid des Moleküls* mit den die Hauptachsen $1/\sqrt{I_a}$, $1/\sqrt{I_b}$ bzw. $1/\sqrt{I_c}$.

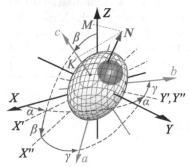

Abb. 12.1. Trägheitsellipsoid und Euler-Winkel α, β, γ

Dies ist in Abb. 12.1 skizziert. Bezüglich des raumfesten Koordinatensystems XYZ ist das körperfeste System abc durch die Euler-Winkel $\alpha\beta\gamma$ charakterisiert, die wir in Anhang C, Band 1 kennengelernt haben. Die Lage des Drehimpulses $\widehat{N}$ des starren Rotators wird nun durch zwei Größen spezifiziert: durch die uns schon bekannte Projektion M auf die raumfeste Z-Achse, und zusätzlich durch die Projektion K auf eine körperfeste Achse, z.B. die c-Achse. Die Quantenmechanik des starren, ausgedehnten Rotators wurde bereits innerhalb eines Jahres nach Entstehung der Quantenmechanik (1927) von Rabi und anderen beschrieben. Wir wollen hier nicht in die Details gehen, sondern referieren lediglich die wichtigsten Ergebnisse. Wir erweitern die Notation von Kap. 11.3.2 für die Komponenten des Drehimpulsoperators in Bezug auf das raumfeste Koordinatensystem, $\widehat{N}_X, \widehat{N}_Y$ bzw. $\widehat{N}_Z$, und bezüglich der drei orthogonalen Hauptachsen des Trägheitsellipsoides $\widehat{N}_a, \widehat{N}_b$ bzw. $\widehat{N}_c$. Für das Quadrat des Drehimpulsoperators gilt

$$\widehat{\boldsymbol{N}}^2 = \widehat{N}_X^2 + \widehat{N}_Y^2 + \widehat{N}_Z^2 = \widehat{N}_a^2 + \widehat{N}_b^2 + \widehat{N}_c^2 \,. \tag{12.6}$$

$\widehat{\boldsymbol{N}}^2$ und seine Komponenten gehorchen den üblichen Regeln der Drehimpulsalgebra in ortsfesten wie auch in körperfesten Koordinaten. Man kann Zustände $|NMK\rangle$ finden, die simultan Eigenzustände von $\widehat{\boldsymbol{N}}^2$, $\widehat{N}_Z$ und $\widehat{N}_c$ sind:

$$\widehat{\boldsymbol{N}}^2 \,|NMK\rangle = \hbar^2 N(N+1)\,|NMK\rangle \quad \text{mit} \quad N = 0,1,2,\dots \tag{12.7}$$

$$\text{sowie} \quad \widehat{N}_Z\,|NMK\rangle = \hbar M\,|NMK\rangle \quad \text{und} \quad \widehat{N}_c\,|NMK\rangle = \hbar K\,|NMK\rangle$$

$$\text{mit } M = 0, \pm 1, \pm 2, \cdots \pm N \quad \text{und} \quad K = 0, \pm 1, \pm 2, \cdots \pm N$$

Analog zu den in Band 1 gebrauchten sphärischen Komponenten des Drehimpulses $\hat{J}_\pm = \mp \left(\hat{J}_x \pm \mathrm{i}\hat{J}_y\right)/\sqrt{2}$ kann man auch hier entsprechende Kombinationen von $\widehat{N}_X$ und $\widehat{N}_Y$ bzw. von $\widehat{N}_a$ und $\widehat{N}_b$ bilden:[1]

$$\widehat{N}^\pm = \mp \left(\widehat{N}_a \pm \mathrm{i}\widehat{N}_b\right)/\sqrt{2} \tag{12.8}$$

Allerdings entsprechen die Matrixelemente im körperfesten System hier jeweils denen der konjugiert komplexen Operatoren im raumfesten System (s. z.B. van Vleck, 1951). Es wird also entsprechend (B.11) und (B.12), Band 1:

$$\left\langle N\,M \pm 1K \left| \widehat{N}^\pm \right| N\,MK \right\rangle = \mp \hbar \sqrt{[N(N+1) - M(M \pm 1)]/2} \tag{12.9}$$

$$\left\langle N\,MK \mp 1 \left| \widehat{N}^\pm \right| N\,MK \right\rangle = \mp \hbar \sqrt{[N(N+1) - K(K \mp 1)]/2} \tag{12.10}$$

In der Ortsdarstellung entsprechen den Eigenzuständen $|NMK\rangle$ Eigenfunktionen $\mathfrak{D}_{MK}^N (\alpha\beta\gamma)$, die wir bereits als Drehmatrizen in (C.1), Band 1 kennengelernt haben.

Den Hamilton-Operator schreibt man zweckmäßigerweise bezüglich der körperfesten Achsen a, b, c, da im isotropen Raum (d.h. ohne externe Felder) die Energie nicht von der Orientierung M des Drehimpulses bezüglich der raumfesten Achsen abhängt, wohl aber von der bezüglich der Achsen des Trägheitsellipsoides. Es wird also

$$\widehat{H}_{rot} = \frac{1}{2}\left(\frac{\widehat{N}_a^2}{I_a} + \frac{\widehat{N}_b^2}{I_b} + \frac{\widehat{N}_c^2}{I_c}\right). \tag{12.11}$$

Im allgemeinsten Falle treten hierbei drei verschiedene Rotationskonstanten

$$A = \frac{\hbar^2}{2I_a hc}, \; B = \frac{\hbar^2}{2I_b hc} \text{ und } C = \frac{\hbar^2}{2I_c hc} \tag{12.12}$$

auf, die man entsprechend (12.3) nach $A \geq B \geq C$ sortiert.

---

[1] Man beachte, dass wir hier die orthonormierten Operatoren im Gegensatz zu den häufig in der Literatur gebrauchten Kombinationen $\widehat{N}_a \pm \mathrm{i}\widehat{N}_b$ benutzen.

12.1.2 Sphärischer Rotator

Am einfachsten ist naturgemäß der *sphärische Rotator* $(I_a = I_b = I_c = I)$ zu lösen, welcher Moleküle wie CH_4, SF_6 und ähnliche, symmetrische Moleküle beschreibt. Die Schrödingergleichung wird

$$\widehat{H}_{rot} |NMK\rangle = \frac{\hbar^2 N(N+1)}{2I} |NMK\rangle \qquad (12.13)$$

mit Rotationsenergien

$$W_N = \frac{\hbar^2 N(N+1)}{2I} = Bhc\,N\,(N+1) \qquad (12.14)$$

ganz analog zu (11.33). Allerdings sind diese $(2N+1)^2$-*fach entartet* – im Gegensatz zum linearen Molekül, das lediglich $(2N+1)$-fach entartet ist.

12.1.3 Symmetrischer, starrer Rotator

Ebenfalls noch recht übersichtlich ist der starre, *symmetrische Rotator* (auch symmetrischer Kreisel, engl. „symmetric top"), der durch eine wohl definierte, mindestens dreizählige Symmetrieachse des Moleküls charakterisiert ist, für den also zwei der drei Hauptträgheitsmomente identisch sind.

Beim *gestreckten* (zigarrenförmigen, „prolate top") symmetrischen Rotator ist $I_a < I_b = I_c$ und somit $A > B = C$. Beispiele sind Methylchlorid Cl-CH_3, Chloroform $CHCl_3$ oder Propin $CH_3C\equiv CH$. *Abgeplattet* (pfannenkuchenartig, „oblate top") heißt er im Fall $I_a = I_b < I_c$ und somit $A = B > C$. Beispiele sind Ammoniak NH_3 sowie alle planaren Moleküle wie etwa Benzol C_6H_6. Die entsprechenden Rotations-Trägheitsellipsoide zeigt Abb. 12.2.

Zur Lösung der Schrödinger-Gleichung schreibt man dem Hamiltonian (12.11) geschickt um. Für den gestreckten, symmetrischen Rotator ergibt sich

$$\widehat{H}_{rot} = \frac{1}{2I_b}\left(\widehat{N}_b^2 + \widehat{N}_c^2\right) + \frac{\widehat{N}_a^2}{2I_a} = \frac{\widehat{N}^2}{2I_b} + \left(\frac{1}{2I_a} - \frac{1}{2I_b}\right)\widehat{N}_a^2, \qquad (12.15)$$

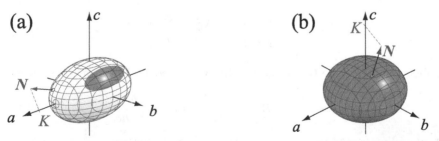

Abb. 12.2. (a) Gestrecktes Rotationsellipsoid (prolate) mit Gesamtdrehimpuls $\hat{N}$ und Projektion K auf die Symmetrieachse, hier a. (b) Abgeplattetes Rotationsellipsoid. Die Symmetrieachse ist hier c

sodass die Schrödinger-Gleichung mit (12.7) geschlossen lösbar wird:

$$\widehat{H}_{rot}\,|NMK\rangle = \left(\frac{\hbar^2 N(N+1)}{2I_b} + \frac{\hbar^2 K^2}{2}\left(\frac{1}{I_a}-\frac{1}{I_b}\right)\right)|NMK\rangle \qquad (12.16)$$

Die Rotationsenergie wird also

$$W_{NK} = Bhc\,N\,(N+1) + (A-B)\,hcK^2\,. \qquad (12.17)$$

Für den abgeplatteten, symmetrischen Rotator ergibt sich entsprechend

$$W_{NK} = Bhc\,N\,(N+1) + (C-B)\,hcK^2\,. \qquad (12.18)$$

Die Rotationsenergie hängt jetzt offenbar auch von der Projektion $|K| = 0,1,\ldots,N$ des Gesamtdrehimpulses $\widehat{N}$ auf die Figurenachse ab. Die sich so ergebenden Termlagen sind in Abb. 12.3 als Funktion von N und K skizziert.

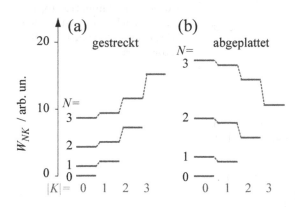

Abb. 12.3. Termlagen des starren, symmetrischen Rotators. (**a**) gestreckter Rotator (prolate), $B = 1, A = 2$, (**b**) abgeplatteter Rotator (oblate), $B = 2, A = 1$

Nach (12.17) bzw. (12.18) ist der Vorfaktor von K^2 im Falle des gestreckten Rotators $(A > B = C)$ positiv, beim abgeplatteten Rotator $(A = B > C)$ negativ, was man sich anhand von Abb. 12.2 auf der vorherigen Seite leicht veranschaulicht: im ersten Falle ist die Rotationsenergie am größten, wenn der Gesamtdrehimpuls $\widehat{N}$ möglichst parallel zur Symmetrieachse (hier a) orientiert ist, d.h. $(K = N)$. Dagegen werden beim abgeplatteten Rotator die Terme dann am höchsten, wenn $\widehat{N}$ senkrecht zur Symmetrieachse (hier c), d.h. in der ab-Ebene liegt $(K = 0)$. Dann geht (12.18) in den entsprechenden Ausdruck (11.33) mit $I = I_b$ für den linearen, starren Rotator über.

Schließlich kann $\widehat{N}$ natürlich noch unterschiedliche Orientierung im Raum haben, was in (12.16) durch die Quantenzahl M ausgedrückt wird. Terme mit $K = 0$ sind daher $(2N + 1)$-fach entartet, diejenigen mit $|K| > 0$ aber $2(2N + 1)$-fach, da K positiv oder negativ sein kann.

Wir notieren hier schließlich noch beiläufig (ohne Beweis), dass für ein *ebenes Molekül* mit einer mindestens dreizähligen Symmetrieachse (abgeplatteter, symmetrischer Rotator) $I_c = 2I_a = 2I_b$, d.h. $A = B = 2C$ gilt.

12.1.4 Asymmetrischer Rotator

Im allgemeinen Fall des asymmetrischen Rotators ist $I_a \neq I_b \neq I_c$, und die im letzten Abschnitt benutzten, geschickten Umschreibungen helfen nicht weiter: Energien und Eigenfunktionen des asymmetrischen Rotators sind – auch für den Fall des starren Rotators – nicht mehr in geschlossener Form darstellbar. Dabei gehören viele wichtige Moleküle zu dieser Klasse, so z.B. auch die mit zweizähliger Symmetrieachse wie H_2O.

Um sich die Termlagen wenigstens im Prinzip zu veranschaulichen, ist es hilfreich, zwischen gestrecktem und abgeplatteten symmetrischen Rotator zu interpolieren. Dies ist schematisch in Abb. 12.4 skizziert.

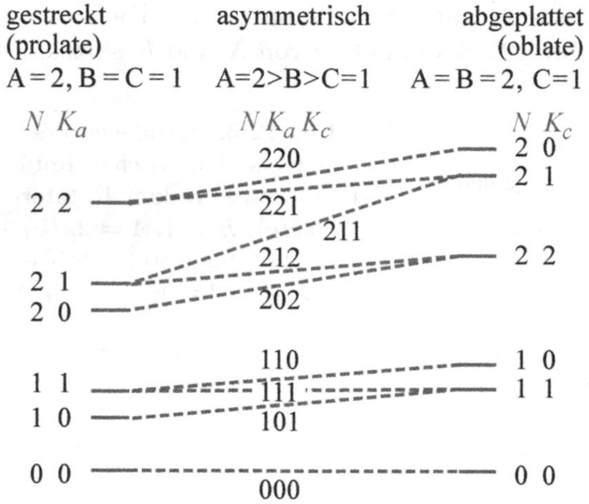

Abb. 12.4. Lage der Energieniveaus (schematisch) für den asymmetrischen, starren Rotators (asymmetric top) im Vergleich zum gestreckten (*links*) und abgeplatteten Rotator (*rechts*)

Der asymmetrische Rotator wird durch drei Rotationskonstanten $A > B > C$ charakterisiert, die den drei Hauptachsen a, b und c des Rotationsellipsoides ($I_a < I_b < I_c$) zugeordnet sind. Der gestreckte Rotator ($A > B = C$) und der abgeplatteter Rotator ($A = B > C$) sind die Grenzfälle in dieser Notation. Die zweifache Entartung der Niveaus mit $K > 0$ beim symmetrischen Rotator ist jetzt aufgehoben. Man spricht auch von K-*Verdopplung* (K-*type doubling*) ganz entsprechend zur Λ-Verdopplung, die wir bei den elektronischen Zuständen zweiatomiger Moleküle in Kap. 11.6.6 kennengelernt hatten: sie folgt hier zwangsweise aus der Symmetriebrechung und wird entsprechend durch zwei Quantenzahlen charakterisiert, die man z.B. K_a und K_b nennt. Im Grenzfall des gestreckten, symmetrischen Rotators geht K_a in die bisher K genannte Projektionen des Gesamtdrehimpulses auf die Achse des kleinsten Trägheitsmomentes über, im Falle des abgeplatteten, symmetrischen Rotators wird aus K_c die Projektion auf die Achse des größten Trägheitsmomentes. Schließlich ist jeder durch $|NK_aK_c\rangle$ beschriebene Zustand $(2N+1)$-fach entartet, da sich auch hier der Gesamtdrehimpuls $\widehat{N}$ auf $(2N + 1)$-fache Weise im Raum orientieren kann (wieder beschrieben durch die Quantenzahl M).

Die exakte Berechnung der Eigenzustände und Eigenenergien gestaltet sich einigermaßen aufwendig. Im Prinzip schreibt man den Hamiltonian (12.11) in einer Form

$$\widehat{H}_{rot} = \alpha\widehat{N}^2 + \beta\widehat{N}_c^2 + \gamma\left[\left(\widehat{N}^+\right)^2 + \left(\widehat{N}^-\right)^2\right], \tag{12.19}$$

wobei $\widehat{N}^+$ und $\widehat{N}^-$ die in (12.8) definierten Operatoren. Die Konstanten α, β und γ bedeuten verschiedene Linearkombinationen von A, B und C, die je nach den Verhältnissen $A : B : C$ so gewählt werden, dass die Abweichung vom symmetrischen Rotator γ möglichst klein wird. Die Eigenzustände $|NM\Gamma\rangle$ des Hamiltonian lassen sich dann als Linearkombinationen der Eigenzustände von $\widehat{N}^2$ und $\widehat{N}_c$ entwickeln:

$$|NM\Gamma\rangle = \sum_{K=-N}^{N} f_{NK} |NMK\rangle$$

Mit diesem Ansatz hat man nun den Hamiltonian (12.19) unter Berücksichtigung von (12.10) für jeden Wert von N zu diagonalisieren, was für größere N zu zunehmend komplizierteren Ausdrücken führt. Überdies ist der starre Rotator natürlich nur ein erster Ansatz. Um der spektroskopischen Genauigkeit gerecht zu werden, muss man darüber hinaus auch Zentrifugalaufweitungen, Rotations-Schwingungs-Kopplung und Kopplung an den elektronischen Drehimpuls im Sinne der Hund'schen Fälle berücksichtigen und ggf. auch die Hyperfeinwechselwirkung. Auch vibronische Kopplungen, die wir im Zusammenhang mit dem Jahn-Teller-Effekt in Abschn. 12.3.4 besprechen werden, können eine gewichtige Rolle spielen. Numerische Methoden und Näherungen sind hierfür entwickelt und in Reviews und Monographien zusammengefasst worden. Heute interpretiert man die experimentell beobachtbaren Spektren durch direkten, numerischen Vergleich mit einem umfassend parametrisierten Ansatz und mit Hilfe ausgefeilter Simulationsprogramme.

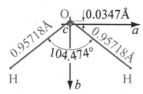

Abb. 12.5. Geometrie des H_2O-Moleküls

Wir können darauf hier nicht im Detail eingehen und skizzieren lediglich als Beispiel das H_2O-Molekül. Aus der in Abb. 12.5 gegebenen Geometrie von H_2O und den bekannten atomaren Massen berechnet man die drei Trägheitsmomente (in $u\,\mathring{A}^2$) zu $I_a = 0.632$, $I_b = 1.154$ und $I_c = 1.786$. Die entsprechenden Rotationskonstanten sind wegen des leichten H-Atoms sehr groß (nach Bernath, 2002b, $A_0 = 835\,839.10\,\mathrm{MHz}$ bzw. $27.880591\,\mathrm{cm^{-1}}$, $B_0 = 435\,347.353\,\mathrm{MHz}$ bzw. $14.5216246\,\mathrm{cm^{-1}}$ und $C_0 = 278\,139.826\,\mathrm{MHz}$ bzw. $9.27774594\,\mathrm{cm^{-1}}$). Die reinen Rotationsspektren liegen im Submillimeterbereich und nur wenige experimentelle Daten sind verfügbar. Eine Übersicht erhalten wir für den grob vereinfachten starren Rotator mit dem sehr bequemen, frei verfügbaren Rechenprogramm „PGopher" von Western (2007) in der Online-Version. Die Ergebnisse sind in Abb. 12.6 für $0 \leq N \leq 3$ dargestellt.

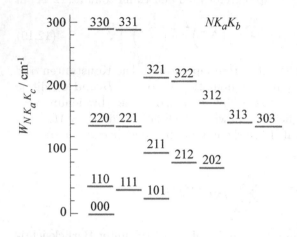

Abb. 12.6. Rotationsterme des H_2O-Moleküls für Gesamtdrehimpulse $N \leq 3$. Die Terme sind von links nach rechts entsprechend steigendem K_c und fallendem K_a angeordnet

12.2 Schwingungsmoden mehratomiger Moleküle

12.2.1 Normalschwingungen

Ein Molekül aus $\mathcal{N}$ Atomen hat $3\mathcal{N}$ Freiheitsgrade, da jedes Atom sich in die drei Raumrichtungen bewegen kann. Von diesen $3\mathcal{N}$ Freiheitsgraden beschreiben 3 die Bewegung des Gesamtmoleküls (Translation des Schwerpunkts). Die Rotation des Moleküls wird im allgemeinen Fall durch 3 weitere Freiheitsgrade beschrieben (bei linearen Molekülen durch 2 Freiheitsgrade). *Es bleiben*

$$3\mathcal{N} - 6$$

Freiheitsgrade ($3\mathcal{N} - 5$ für lineare Moleküle) zur Beschreibung der internen Bewegung, also der Schwingungen der Moleküle.

Jeder Atomkern im Molekül kann Oszillationen um seine Gleichgewichtslage ausführen. Die relativen Auslenkungen, gemessen in einem körperfesten Koordinatensystem, nummerieren wir der Einfachheit halber mit ξ_i durch. Wir haben also insgesamt ($3\mathcal{N} - 6$) Koordinaten, welche die internen Bewegungen aller $\mathcal{N}$ Atome im Molekül beschreiben. Bei kleinen Oszillationen um die Gleichgewichtslage kann, wie beim zweiatomigen Molekül, das Potenzial in eine Reihe entwickelt werden:

$$V = V_0 + \sum_i^{3\mathcal{N}-6} \frac{\partial V}{\partial \xi_i}\bigg|_{\xi_i=0} \xi_i + \frac{1}{2} \sum_{i,j}^{3\mathcal{N}-6} \frac{\partial^2 V}{\partial \xi_i \partial \xi_j}\bigg|_0 \xi_i \xi_j \qquad (12.20)$$

Wir setzen $V_0 = 0$, wählen also das absolute Potenzialminimum als Energienullpunkt. Da wir um die Gleichgewichtslage entwickelt haben, sind die partiellen Ableitungen $\partial V/\partial \xi_i|_{\xi_i=0} = 0$, und für die Gesamtenergie gilt:

$$W = \frac{1}{2} \sum_i^{3\mathcal{N}-6} m_i \dot{\xi}_i^2 + \frac{1}{2} \sum_{i,j}^{3\mathcal{N}-6} \frac{\partial^2 V}{\partial \xi_i \partial \xi_j}\bigg|_0 \xi_i \xi_j \tag{12.21}$$

Im nächsten Schritt führen wir massengewichtete Koordinaten

$$q_i = \sqrt{m_i}\xi_i \tag{12.22}$$

und die sogenannten *Hesse'schen Matrix (Hessian matrix)* $\widehat{V}$ ein mit:

$$V_{ij} = \frac{\partial^2 V}{\partial q_i \partial q_j}\bigg|_0 \tag{12.23}$$

Die Hesse'sche Matrix ist reell, symmetrisch ($V_{ij} = V_{ji}$) und positiv definit, da das Potenzial für $q_i = 0$ ein Minimum hat. Damit wird die Energie (12.21)

$$W = \frac{1}{2} \sum_i^{3\mathcal{N}-6} \dot{q}_i^2 + \frac{1}{2} \sum_{i,j}^{3\mathcal{N}-6} V_{ij} q_i q_j \,. \tag{12.24}$$

Mit Spalten- und Zeilenvektoren, q bzw. $\widetilde{q}$ wie in (12.2), kann man kompakt

$$W = \frac{1}{2}\widetilde{\dot{q}} \cdot \dot{q} + \frac{1}{2}\widetilde{q}\,\widehat{V}q \tag{12.25}$$

schreiben. Im Allgemeinen ist $V_{ij} \neq 0$, und es treten Kreuzterme $q_i q_j$ bei der Summation auf: die so beschriebenen Schwingungen sind *gekoppelt*.

Man sucht daher neue Koordinaten Q_i, in denen diese Kopplung aufgehoben ist. Da die Matrix $\widehat{V}$ symmetrisch und reell ist, gibt es eine *orthogonale* Matrix $\widehat{A}$, welche $\widehat{V}$ diagonalisiert:

$$\widehat{A}^{-1}\widehat{V}\widehat{A} = \widehat{\Omega} \tag{12.26}$$

Die Elemente der Diagonalmatrix $\widehat{\Omega}$ sind die Eigenwerte von $\widehat{V}$. Da $\widehat{V}$ positiv definit ist, sind auch alle Eigenwerte positiv, und wir nennen sie ω_i^2. Setzt man die entsprechend transformierten Koordinaten

$$Q = \widehat{A}^{-1}q \tag{12.27}$$

in (12.25) ein, so erhält man mit $\widetilde{\widehat{A}} = \widehat{A}^{-1}$ nach kurzer Rechnung

$$W = \frac{1}{2}\widetilde{\dot{Q}}\dot{Q} + \frac{1}{2}\widetilde{Q}\widehat{\Omega}Q = \frac{1}{2}\sum_i \left(\dot{Q}_i^2 + \omega_i^2 Q_i^2\right) = T + V \,. \tag{12.28}$$

Die neuen Koordinaten Q_i nennt man *Normalkoordinaten*, und die Energie lässt sich durch eine einfache Summe über i darstellen. Das heißt, die Bewegungen sind *entkoppelt*, und die Q_i beschreiben $3\mathcal{N} - 6$ *unabhängige harmonische Oszillatoren*.

Für die klassische Behandlung des Problems ergibt sich mit den kanonischen Orts- und Impulskoordinaten-Paaren Q_i und $P_i = \dot{Q}_i$ die Hamilton-Funktion mit den kinetischen und potenziellen Energien T_i bzw. V_i

$$H = \frac{1}{2} \sum_i \left(P_i^2 + \omega_i^2 Q_i^2 \right) = \sum_i \left(T_i + V_i \right) . \qquad (12.29)$$

Die klassischen Bewegungsgleichungen

$$\dot{P}_i = -\frac{\partial H}{\partial Q_i} = -\omega_i^2 Q_i = \ddot{Q}_i \quad \Longrightarrow \ddot{Q}_i + \omega_i^2 Q_i = 0 \,,$$

sind völlig entkoppelt und werden gelöst durch:

$$Q_i \left(t \right) = Q_i \left(0 \right) e^{\pm \mathrm{i} \omega_i t}$$

Die Bewegung in den Koordinaten Q_i sind also einfache, harmonische Schwingungen mit den Frequenzen ω_i. Man nennt sie *Normalschwingungen* des Moleküls, auch Normalmoden. Die *Rücktransformation* in die ursprünglichen (massengewichteten) Molekülkoordinaten erfolgt durch lineare Superposition aller Normalschwingungen

$$\boldsymbol{q} = \hat{A} \boldsymbol{Q} \quad \text{oder} \quad q_j = \sum_k A_{jk} Q_k \qquad (12.30)$$

und beschreibt in der Regel eine komplexe Bewegung aller Atome des Moleküls. Wenn nur eine Normalmode Q_i angeregt ist, so wird $q_j = A_{ji} Q_i$ nach (12.30); es werden also alle Atome j mit gleicher Frequenz ω_j und in Phase schwingen (sofern $A_{ji} \neq 0$): eine Normalschwingung ist über das ganze Molekül verteilt (delokalisiert). Umgekehrt kann man sogenannte *lokale Moden*, bei denen dominant nur eine Bindung schwingt, durch geschickte Überlagerung verschiedener Normalmoden konstruieren.

12.2.2 Energien und Übergänge bei Normalschwingungen

Ausgangspunkt für die quantenmechanische Beschreibung der Schwingungen eines mehratomigen Moleküls ist die Hamilton-Funktion (12.29). Der Hamilton-Operator für die (voneinander entkoppelten) Normalschwingungen wird:

$$\widehat{H} = \sum_i \widehat{H}_i \quad \text{mit} \quad \widehat{H}_i = -\frac{\hbar^2}{2} \frac{d^2}{dQ_i^2} + \frac{1}{2} \omega_i^2 Q_i^2 \qquad (12.31)$$

Die Eigenfunktionen lassen sich wegen der Separierbarkeit als Produkt von Eigenfunktionen des harmonischen Oszillators schreiben:

$$\mathcal{R}_{v_1 v_2 v_3 \ldots}(\boldsymbol{Q}) = \mathcal{R}_{v_1}(Q_1) \cdot \mathcal{R}_{v_2}(Q_2) \cdot \mathcal{R}_{v_3}(Q_3) \cdot \ldots \qquad (12.32)$$

mit $3\mathcal{N} - 6$ (oder -5) Faktoren für alle Q_i. Für jede Koordinate Q_i gibt es eine Vibrationsquantenzahl v_i, und die Gesamtenergie wird

$$W = \sum_i (v_i + 1/2) \, \hbar \omega_i \,. \qquad (12.33)$$

Für große Moleküle ergeben sich damit erhebliche innere Energien schon bei thermischer Anregung. Ja selbst die Nullpunktsenergien können beträchtlich werden: Das „Fußball"-Molekül C_{60} z.B. hat 174(!) Normalmoden (niedrigste Energie entsprechend $\bar{\nu} \simeq 500 \, \mathrm{cm}^{-1}$). Die Rechnung ergibt für C_{60} eine Nullpunktsenergie in der Größenordnung von $W_{\min} \gtrsim 5.4 \, \mathrm{eV}$.

Die Auswahlregeln für Dipolübergänge gewinnt man analog zu den in Kap. 11.4 angestellten Überlegungen. In harmonischer Näherung wird also

$$\Delta v_i = \pm 1 \quad \text{für alle} \quad Q_i \,,$$

und das Übergangsdipolmoment ist

$$D_{v' \leftarrow v} = \int \prod_i \mathcal{R}_{v'_i}^*(Q_i) \, \boldsymbol{D}_\gamma(\boldsymbol{Q}) \prod_i \mathcal{R}_{v_i}(Q_i) \, dQ_1 dQ_2 \ldots$$

Das permanente elektronische Diplomoment $\boldsymbol{D}_\gamma(\boldsymbol{Q})$ hängt von allen Normalkoordinaten $\boldsymbol{Q} = (Q_1, Q_2 \ldots Q_i \ldots)$ ab. Eine Reihenentwicklung um $Q_i = 0$ ergibt analog zu (11.74)

$$\boldsymbol{D}_\gamma(\boldsymbol{Q}) = \boldsymbol{D}_\gamma(\boldsymbol{R}_0) + \sum_i \left. \frac{\partial \boldsymbol{D}_\gamma}{\partial Q_i} \right|_0 Q_i + \cdots \qquad (12.34)$$

Nach den Überlegungen in Kap. 11.4.3 wird auch eine Normalschwingung Q_i nur dann *infrarotaktiv* sein (mit $v_i'' = v_i' \pm 1$), wenn $\partial \boldsymbol{D}_\gamma / \partial Q_i \big|_0 \neq 0$. Alle anderen Schwingungsquantenzahlen v_j bleiben unverändert.

Zur Berechnung der Normalschwingungen von polyatomaren Molekülen stehen heute effiziente Rechenprogramme zur Verfügung, welche z.B. die Diagonalisierung der Hesse'schen Matrix vornehmen. Wesentliche Vereinfachungen ergeben sich durch Berücksichtigung der Molekülsymmetrie. Für die verschiedenen Punkt-Gruppen, in die sich die Moleküle einteilen lassen, stellt die Gruppentheorie geeignete Werkzeuge zur Bestimmung der Normalmoden zur Verfügung. Wir verzichten hier darauf, die Transformation in Normalschwingungen im Detail zu diskutieren und stellen im Folgenden lediglich für einige einfache Beispiele die Ergebnisse zusammen. Es sei aber generell darauf hingewiesen, dass die hier besprochene harmonische Näherung natürlich wieder nur ein erster Näherungsansatz ist, und die heutige spektroskopische Genauigkeit wesentlich höhere Näherungen erfordert – und so entsprechend präzise Strukturbestimmungen auch komplizierter Moleküle ermöglicht.

12.2.3 Lineare, dreiatomige Moleküle AB_2

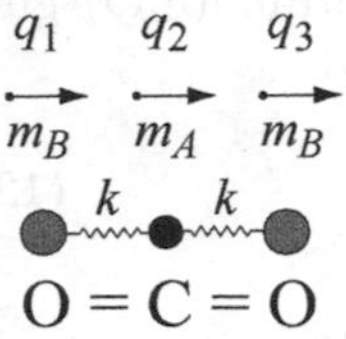

$$q_1 \quad q_2 \quad q_3$$

$$m_B \quad m_A \quad m_B$$

$$\overset{k}{\bullet}\!\!\!\!\!\!\raisebox{0pt}{} \overset{k}{\bullet}$$

$$O = C = O$$

Abb. 12.7. CO_2 Koordinaten und Massen

Ein lineares, dreiatomiges Molekül (z.B. CO_2) hat insgesamt $3\mathcal{N} - 5 = 4$ innere Freiheitsgrade, d.h. 4 Normalschwingungen:[2] es gibt zwei Schwingungstypen entlang der Molekülachse sowie zwei Biegeschwingungen in zwei senkrecht zueinander stehenden Ebenen. Die nachfolgenden Zusammenhänge zwischen Normalkoordinaten und massengewichteten Ortskoordinaten q_i beziehen sich auf Abb. 12.7:

Bei der *symmetrischen Streckschwingung* $Q_1 = (q_1 - q_3)/\sqrt{2}$ mit der Eigenfrequenz $\omega_1 = \sqrt{k/m_B}$ bleibt das C-Atom in Ruhe. Die Schwingungsfrequenz ω_1 entspricht der eines an einer festen Wand über eine Federkonstante k befestigten Sauerstoff-Atoms.

Die *asymmetrische Streckschwingung* $Q_3 = \left(\sqrt{m_A}q_1 - 2\sqrt{m_B}q_2 + \sqrt{m_A}q_3\right)/\sqrt{2M}$ hat die Eigenfrequenz $\omega_3 = \sqrt{kM/(m_A m_B)}$, wobei $M = m_A + 2m_B$ die Gesamtmasse des Moleküls ist. Wird das Zentralatom sehr schwer ($m_A \gg m_B$) ergibt sich eine Eigenfrequenz $\omega_3^2 \approx k/m_B$ mit der Koordinate $Q_3 \approx \frac{1}{2}(q_1 + q_3)/\sqrt{2}$. Dies entspricht wieder der Schwingung der leichteren Atome B gegen eine feste Wand (unendlich schweres Atom A).

Die beiden äquivalenten *Biegeschwingungen* werden durch die Koordinaten Q_2 mit $y_1 = -Q_2(t), y_2 = 2(m_B/m_A)Q_2(t)$, $y_3 = -Q_2(t)$ bzw. eine dazu orthogonale, ansonsten identische Bewegung in x-Richtung beschrieben (senkrecht zur Papierebene).

Wir wollen als Beispiel das Kohlendioxid, CO_2, etwas genauer betrachten, das wegen seiner großen Bedeutung (Atmosphärenphysik und -chemie, Astrophysik etc.) heute mehr denn je von aktuellem Interesse ist (s. z.B. Rodriguez-Garcia et al., 2007). Die Bindungslänge $C = O$ beträgt im Gleichgewicht $R_0 = 1.166\,\text{Å}$, die experimentell bestimmten Eigenfrequenzen sind für die symmetrische Streckschwingung $\bar{\nu}_1 = 1\,285.4\,\text{cm}^{-1}$, für die Biegeschwingung $\bar{\nu}_2 = 667.4\,\text{cm}^{-1}$ und schließlich für die antisymmetrische Streckschwingung $\bar{\nu}_3 = 2\,349.2\,\text{cm}^{-1}$.[3] Die Energieterme werden durch fünf Quantenzahlen charakterisiert: $W(v_1, v_2, v_3, \ell, N)$ – kurz $\left(v_1 v_2^\ell v_3\right)$, wobei die Quantenzahlen v_1, v_2 und v_3 die beschriebenen Normalschwingungen bzw. ihre Obertöne bezeichnen. Die Drehimpulsquantenzahl ℓ trägt der Tatsache Rechnung, dass die

---

[2] Man kann sich die Wahl der Koordinaten plausibel machen, indem man beachtet, dass der Schwerpunkt des Moleküls bei der Bewegung entlang der Normal-Koordinaten in Ruhe bleiben muss.

[3] In der älteren Literatur (z.B. Herzberg, 1991) wird für $\bar{\nu}_1$ der Wert $1\,388.3\,\text{cm}^{-1}$ und für $2\bar{\nu}_2$ $1\,285.5\,\text{cm}^{-1}$ angegeben, was zu einer Vertauschung der Zustände $(10^0 0)$ und $(02^0 0)$ führt.

beiden Biegeschwingungen zwar entartet sind, aber bei richtiger Phasenlage zu einer effektiven Rotation um die Molekülachse und damit zu unterschiedlicher Energie führen können. Diese Drehimpulsquantenzahl kann die Werte $|\ell| = v_2, v_2 - 2, v_2 - 4, \ldots 1$ bzw. 0 annehmen. Schließlich ist N wieder die Rotationsquantenzahl. Die Rotationskonstanten für CO_2 sind recht klein, z.B. wird $B_{00^01} = 0.38714044\,\mathrm{cm^{-1}}$, die Rotationsbesetzung bei Raumtemperatur ist also erheblich und führt zu einer Verbreiterung der Vibrationsbanden.

Die beiden Sauerstoffatome im CO_2 sind elektro-negativ, d.h. sie tragen eine kleine negative Ladung. Das Kohlenstoffatom ist dagegen leicht positiv geladen. Aus Symmetriegründen verschwindet aber in der Gleichgewichtslage das Dipolmoment $\boldsymbol{D}_\gamma(\boldsymbol{Q}) = 0$. Bei der symmetrischen Streckschwingung Q_1 bleibt diese Symmetrie erhalten; sie ist daher nicht infrarotaktiv. Die anderen Moden, Q_2 und Q_3 führen aber zu einer „Brechung der Symmetrie" und damit zu einer Änderung des permanenten elektrischen Dipolmoments $\partial \boldsymbol{D}_\gamma / \partial Q_i \big|_0 \neq 0$. Sie sind infrarotaktiv. Eine Übersicht über die niedrigst liegenden, experimentell bestimmten Vibrationsterme gibt Abb. 12.8.

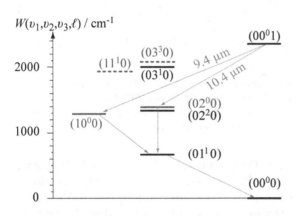

Abb. 12.8. Vibrationsterme des CO_2. Durch rote, volle bzw. gestrichelte Linien sind zwei Fermi-Paare gekennzeichnet (s. Text). Graue Pfeile deuten IR-aktive Übergänge an

Beim Vergleich der symmetrischen und antisymmetrischen Streckschwingung mit den obigen Überlegung zur Normalschwingungsanalyse fällt auf, dass mit $\omega_1 = \sqrt{k/m_B}$ und $\omega_3 = \sqrt{kM/m_A m_B}$ das Verhältnis $\omega_3/\omega_1 = 1.915$ sein sollte, während der experimentelle Wert bei 1.828 liegt. Der Grund hierfür ist eine nahezu Entartung der Zustände (10^00) und (02^00) bei sonst gleicher Symmetrie. Diese sogenannte *Fermi-Resonanz* bedingt eine Wechselwirkung der beiden Terme: die Zustände werden gemischt und die Terme stoßen sich ab, wie wir dies auch bei vermiedenen Kreuzungen erfahren haben. Ähnliches passiert auch zwischen den Zuständen (11^10) und (03^30). Diese beiden Fermi-Paare sind in Abb. 12.8 rot markiert. Fermi-Resonanzen kommen in vielen Bereichen der Atom- und Molekülphysik vor.

Ebenfalls angedeutet sind in Abb. 12.8 einige Infrarotübergänge (graue Pfeile). Von besonderer Bedeutung sind die mit 9.4 und 10.4 μm gekennzeichneten Übergänge: dies sind die wichtigsten Laserübergänge im CO_2-Laser, der u. a. von großer technischer Bedeutung ist. Wegen der eng liegenden Rotationslinien kann man CO_2-Laser unter Einsatz verschiedener Isotope in einem Spektralbereich von $9.2\,\mu$m bis über $11\,\mu$m quasi kontinuierlich abstimmen. Die Infrarotspektren von CO_2 sind hervorragend dokumentiert (so in

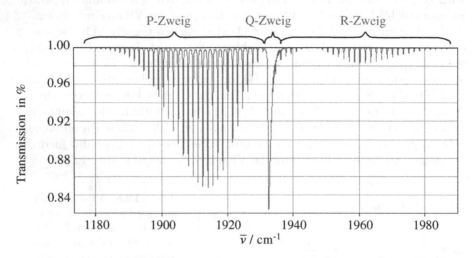

Abb. 12.9. Infrarotbanden des Schwingungsübergangs $(11^10) \leftarrow (00^00)$ im $^{12}C^{16}O_2$ in einer Simulation von Tashkun und Perevalov (2008) bei $297\,°$C, $1\,$atm und einer Absorptionslänge von $100\,$cm. Man beachte, dass für diesen senkrechten Übergang neben P- und R-Zweig auch ein Q-Zweig beobachtet wird

einer ganz dem CO_2 gewidmeten Datenbank von Tashkun und Perevalov, 2008). Wir zeigen in Abb. 12.9 als Beispiel ein simuliertes CO_2 Rotations-Schwingungsspektrum des (schwachen) Übergangs $(11^10) \leftarrow (00^00)$. Das Spektrum ist auch insofern interessant, als es hier neben dem P- und R-Zweig auch einen Q-Zweig gibt. Bei den zweiatomigen Molekülen (s. Kap. 11.4.4) hatten wir $\Delta N = 0$ ja aus Paritätsgründen ausgeschlossen. Nun ist CO_2 zwar auch ein lineares Molekül. Die Änderung des Dipolmoments mit der Schwingung, welche nach (11.72), (11.73), (11.74) und (11.75) ja den Schwingungsübergang bestimmt, liegt bei dieser Biegeschwingung aber senkrecht zur Molekülachse, sodass die Mittelung über $Y_{NM}^*(\Theta,\Phi)Y_{NM}(\Theta,\Phi)$ in diesem Falle nicht verschwindet und der Übergang erlaubt ist (sogenannter „senkrechter" Übergang).

12.2.4 Nicht lineare, dreiatomige Moleküle AB₂

In diesem Fall gibt es $9 - 6 = 3$ Schwingungs-Moden Q_i. Wir diskutieren beispielhaft das Wassermolekül, H_2O. Auch hier liegt wieder eine kleine Ladungsverschiebung vor: Das Sauerstoffatom ist leicht negativ geladen, die beiden Wasserstoffatome leicht positiv. Die drei Schwingungsmoden sind in Abb.

12.10 illustriert. Für alle drei Moden gilt $\partial \boldsymbol{D}_\gamma / \partial Q_i|_0 \neq 0$. Sie sind also in-

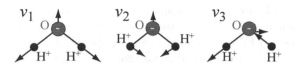

Abb. 12.10. Normalschwingungen von H_2O: Q_1 symmetrische Streckschwingung, Q_2 Biegeschwingung, Q_3 asymmetrische Streckschwingung

frarotaktiv, jedoch sind die Absorptionsquerschnitte für die drei Moden sehr unterschiedlich $(\sigma(\nu_1) : \sigma(\nu_2) : \sigma(\nu_3) \simeq 0.07 : 1.47 : 1.00)$. Es leuchtet ein, dass die Änderung des Dipolmoments für die symmetrische Streckschwingung, ν_1, am geringsten ist . Die Eigenfrequenzen für die drei wichtigsten Isotopologe im Vibrationsgrundzustand sind in Tabelle 12.1 zusammengestellt, und die Termlagen der niedrigsten Vibrationsniveaus sind in Abb. 12.11 abgebildet. Das Termschema lässt bereits ahnen, dass das gesamte Vibrationsspektrum

Tabelle 12.1. Eigenfrequenzen des Wassermoleküls im Grundzustand für die drei wichtigsten Isotopologe

	$\nu_1/\,\mathrm{cm}^{-1}$	$\nu_2/\,\mathrm{cm}^{-1}$	$\nu_3/\,\mathrm{cm}^{-1}$
$H_2{}^{16}O$	3 657.053	1 594.746	3 755.929
$HD\,{}^{16}O$	2 723.68	1 403.48	3 707.47
$D_2{}^{16}O$	2 669.40	1 178.38	2 787.92

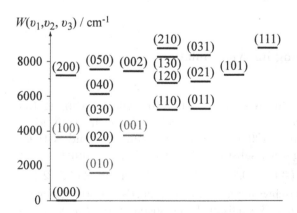

Abb. 12.11. Vibrationsterme des H_2O. Rote Linien markieren die drei Grundschwingungsterme, darüber sind die jeweiligen Harmonischen eingetragen. In den Spalten rechts sind beobachtet Kombinationsschwingungsterme dargestellt. Verwendet wurden spektroskopische Daten nach Tennyson et al. (2001)

des Wassermoleküls hoch kompliziert ist: die harmonische Näherung ist hier nur begrenzt anwendbar, und zahlreiche Obertonbanden werden beobachtet.

Wie bei den zweiatomigen Molekülen sind die Schwingungsanregungen jeweils von der Rotationsstruktur überlagert, die bei diesem asymmetrischen Rotor entsprechend der Diskussion in Abschn. 12.1.4 natürlich viel komplizierter ist als bei den zweiatomigen Molekülen. Die Kopplung von Vibration und Rotation, die Zentrifugalaufweitung usw. führen zu einer Vielzahl nicht trivial auswertbarer Absorptions- und Emissionslinien in einem Spektralbereich vom nahen Infraroten bei $1\,595\,\mathrm{cm}^{-1}$ ($6.3\,\mu\mathrm{m}$) über das ganze sichtbare Gebiet hinweg ($12\,500$ bis $25\,000\,\mathrm{cm}^{-1}$) bis hin ins nahe UV-Gebiet. Inzwischen sind weit über $20\,000$ Vibrations-Rotationsübergänge hoch präzise vermessen und wohl analysiert (Tennyson et al., 2001). Wir zeigen in Abb. 12.12 einen kleinen Ausschnitt aus einem Fourier-Transformations-Absorptionsspektrum im sichtbaren Spektralgebiet, um die Komplexität der Spektren zu illustrieren. Auch als „Treibhausgas" spielt das Wassermolekül eine wichtige Rolle, da es über das gesamten Spektrum der Sonne ein Vielzahl von signifikanten Absorptionsbanden besitzt (s. z.B. Bernath, 2002a).

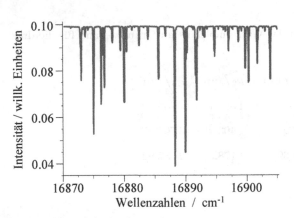

Abb. 12.12. Fourier-Transformations-Absorptionsspektrum bei Rotations-Vibrationsanregung von $\mathrm{H_2}^{16}\mathrm{O}$ in einem kleinen Ausschnitt des sichtbaren Spektralgebiets nach Carleer et al. (1999). Es werden kombinierte Obertöne der Grundschwingungen mit entsprechender Rotationsstruktur beobachtet

12.2.5 Inversionsschwingung im Ammoniak

Tunnelaufspaltung

Das Ammoniak-Molekül hat eine pyramidale Struktur, wie in Abb. 12.13a skizziert. Der Bindungswinkel $\alpha = 106.67°$ weicht nur leicht vom idealen Tetraeder ab, dessen Winkel $109.5°$ sind, der Bindungsabstand N-H ist $R_0 = 1.0137\,\text{Å}$. Der Gleichgewichtsabstand der Inversionskoordinate x ist

$$R_e = R_0\sqrt{\cos^2\left(\tfrac{\alpha}{2}\right) - \tfrac{1}{3}\sin^2\left(\tfrac{\alpha}{2}\right)} = 0.383\,\text{Å}.$$ NH$_3$ hat, wie in Abb. 12.13b illustriert, $3 \times 4 - 6 = 6$ Eigenschwingungen: die symmetrische Streckschwingung mit der Eigenfrequenz $\nu_1 = 3\,336.6\,\mathrm{cm}^{-1}$, die sogenannte *Regenschirm*- oder *Inversionsschwingung* mit $\nu_2 = 950\,\mathrm{cm}^{-1}$, sowie asymmetrische Streckschwingungen $\nu_3 = 3\,443.8\,\mathrm{cm}^{-1}$ und Biegeschwingungen $\nu_4 = 1\,626.8\,\mathrm{cm}^{-1}$. Die beiden letzteren sind je zweifach entartet.

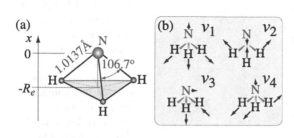

Abb. 12.13. NH_3: (a) Koordinatensystem: x ist der Abstand von der (H-H-H)-Ebene zum N-Atom, $R_e = 0.383$ Å der Gleichgewichtsabstand der Inversionsschwingung; (b) Normalschwingungen, ν_3 und ν_4 sind je zweifach entartet

Etwas näher wollen wir uns hier mit der wichtigen Regenschirmschwingung (*umbrella mode*) befassen. Das leicht negativ geladene N-Atom an der Spitze der Pyramide kann gegen die leicht positive geladene H_3-Ebene schwingen – wegen der Massenverhältnisse sollte man genauer sagen: die H-Atome schwingen gegen das (nahezu) ortsfeste N-Atom. Wie bei einem richtigen Regenschirm kann das Ammoniak-Molekül auch umklappen, d.h. in Abb. 12.13a kann das N-Atom auch unterhalb der H_3-Ebene liegen. Die Barriere für das Umklappen (Inversion) ist mit ca. 0.3 eV ($\simeq 2\,400\,\mathrm{cm}^{-1}$) etwa dreimal höher, als die Anregungsenergie der Regenschirmschwingung. Diese Inversion kann aber durch einen Tunnelprozess bereits im Vibrationsgrundzustand auftreten.

Wir untersuchen nun anhand eines eindimensionalen Modells die Auswirkung des Tunnelprozesses auf Wellenfunktionen und Energieeigenwerte. Dazu betrachten wir die Bewegung eines Teilchen mit der reduzierten Masse

$$\mu = 3m_H m_N / (3m_H + m_N)$$

in einem Potenzial mit Barriere. Nach Damburg und Propin (1972) benutzt man ein Modellpotenzial

$$V(x) = k\left(R_e^2 - x^2\right)^2 / \left(8R_e^2\right) \tag{12.35}$$

mit der Kraftkonstante $k = \mu\omega_2^2$ und den beiden Gleichgewichtslagen $x = \pm R_e$, das in Abb. 12.14a skizziert ist (gestrichelte rote Linie). Im Bereich des Vibrationsgrundzustands der ν_2 Mode ist $V(x)$ eine gute Näherung, gibt aber die Barrierenhöhe nicht richtig wieder. Wir haben daher $V(x)$ nach Augenmaß korrigiert (volle rote Linie).

Im klassischen Bild kann ein Teilchen der Energie $W < V_b$ die Barriere nicht überqueren. Die quantenmechanische Behandlung der Tunnelprozess erfolgt heute problemlos durch numerische Integration der eindimensionalen Schrödingergleichung entlang der Inversionskoordinate auf einer möglichst guten Potenzialhyperfläche. Die in Abb. 12.14a kommunizierten Termlagen entsprechen den experimentell bestimmten Werten, die theoretisch sehr genau reproduziert werden.

Zum physikalischen Verständnis des Tunnelprozesses und der daraus resultierenden Aufspaltungen ist es aber hilfreich, von den Eigenfunktionen des harmonischen Oszillators auszugehen. Im Vibrationsgrundzustand, wo die beiden Minima durch eine hohe Barriere getrennt sind, gehen wir zunächst davon

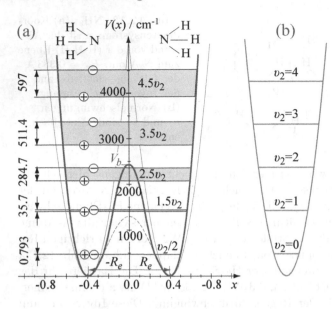

Abb. 12.14. Schnitt durch die NH_3 Hyperfläche in Richtung der Inversionsschwingung (*rote Linien*) und entsprechende harmonische Näherung (*grau*). Die Termlagen für die ν_2- Mode sind durch horizontale Linien angedeutet – (**a**) korrekte Werte unter Berücksichtigung der Tunnelaufspaltung, (**b**) harmonische Näherung

aus, dass die Schwingung ganz im linken *oder* ganz im rechten Potenzialminimum stattfindet. Angepasste harmonische Potenziale nach Abb. 12.14b sind als graue Linien in Abb. 12.14a angedeutet. In dieser nullten Näherung sind die Eigenfunktionen nach Tabelle 11.1 auf S. 11 z.B. für den Grundzustand

$$\langle x \left| v_2^l \right\rangle = \varphi_l\left(x\right) = \frac{1}{\sqrt[4]{\pi}} e^{-\frac{\mu\omega_2}{2\hbar}(x+R_e)^2} \quad \text{und}$$

$$\langle x \left| v_2^r \right\rangle = \varphi_r\left(x\right) = \frac{1}{\sqrt[4]{\pi}} e^{-\frac{\mu\omega_2}{2\hbar}(x-R_e)^2},$$

je nachdem ob sich das Molekül in der Nähe des linken oder rechten Minimums befindet. Die entsprechenden Energielagen des harmonischen Oszillators sind in Abb. 12.14b aufgetragen und durch die Vibrationsquantenzahl $v_2 = 0, 1, \ldots$ charakterisiert. Jeder Term ist entsprechend den beiden möglichen Lagen zweifach entartet.

Nun sind die beiden Lagen aber physikalisch völlig äquivalent, wir können sie gar nicht unterscheiden und müssen die Zustände daher symmetrisieren oder antisymmetrisieren – ganz analog etwa zu den elektronischen Eigenfunktionen des H_2^+-Moleküls (s. Kap. 11.5.2). Anders ausgedrückt: Das Potenzial $V\left(x\right)$ hat gerade Symmetrie, d.h. der Paritätsoperator $\widehat{\mathcal{P}}$ und der Hamilton-Operator $\widehat{H}$ des Systems vertauschen: $\left[\widehat{H}, \widehat{\mathcal{P}}\right] = 0$. Wir definieren gemeinsame Eigenzustände durch symmetrische und antisymmetrische Linearkombinationen:

$$\left| v_2^+ \right\rangle = \frac{1}{\sqrt{2}} \left[\left| v_2^r \right\rangle + \left| v_2^l \right\rangle \right] \quad \text{und} \quad \left| v_2^- \right\rangle = \frac{1}{\sqrt{2}} \left[\left| v_2^r \right\rangle - \left| v_2^l \right\rangle \right]$$

Für den Vibrationsgrundzustand $|v_2^{\pm} = 0\rangle$ sind die zugehörigen Wellenfunktionen $\varphi_+ (x)$ und $\varphi_- (x)$ in Abb. 12.15 skizziert.

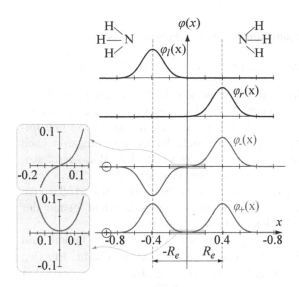

Abb. 12.15. Realistische Konstruktion der Symmetrieangepassten Grundzustandswellenfunktionen für das Doppelminimumspotenzial des NH_3. Oben die beiden lokalisierten Funktionen, $\varphi_l (x)$ und $\varphi_r (x)$ (*schwarze Linien*), unten die symmetrischen und antisymmetrischen, $\varphi_+ (x)$ bzw. $\varphi_- (x)$ (*rote Linien*). Links ein vergrößerter Ausschnitt aus dem klassisch verbotenen Bereich um $x = 0$ herum

Störungstheoretisch führt dieser Ansatz zur Aufhebung der Entartung. Die Energien $W_{v_2^+}$ und $W_{v_2^-}$ für die entsprechenden Eigenzustände $|v_2^+\rangle$ und $|v_2^-\rangle$ findet man, indem man die Diagonalmatrixelemente der Abweichung des Inversionspotenzials $V(x)$ von den beiden isolierten harmonischen Oszillatorpotenzialen berechnet. Wir wollen das nicht im Einzelnen ausführen, stellen aber fest, dass die symmetrische Eigenfunktion $\varphi_+ (x)$ im Bereich der Barriere (kleinere potenzielle Energie) eine größere Wahrscheinlichkeitsamplitude hat als die antisymmetrische $\varphi_- (x)$. Daher werden die Energien der symmetrischen Zustände tiefer liegen als die der antisymmetrischen, wie dies in Abb. 12.14a dargestellt ist. Da die Wahrscheinlichkeitsamplitude im Bereich der Barriere um so größer ist, je näher die Energie W_{v_2} an die Barriere kommt, werden die höher liegenden Zustände stärker aufgespalten sein. Dieser Trend setzt sich natürlich oberhalb der Barriere fort. Für den Grundzustand entspricht die Aufspaltung einer Frequenzdifferenz der beiden Moden von $(W_{0-} - W_{0+})/h = \Delta\omega_0/2\pi = 23.870\,GHz$.

Zeitliche Entwicklung der Wellenfunktion

Nun kann man natürlich die Frage stellen: wie schnell tunnelt das Molekül? Nehmen wir also an, zum Zeitpunkt $t = 0$ hätten wir das Molekül in einem der beiden Minima präpariert, sagen wir im rechten. Sein Zustand sei also:

$$|\varphi (t = 0)\rangle \equiv |v_2^r\rangle = \frac{1}{\sqrt{2}} \left[|v_2^+\rangle + |v_2^-\rangle \right]$$

Die zeitliche Entwicklung des so präparierten Zustands ist gegeben durch:

$$|\varphi(t)\rangle = \frac{1}{\sqrt{2}} \left[e^{-\mathrm{i}W_{0+}t/\hbar} |v_2^+\rangle + e^{-\mathrm{i}W_{0-}t/\hbar} |v_2^-\rangle \right]$$

Nach kurzer Rechnung findet man für die Wahrscheinlichkeitsdichte:

$$|\varphi(x,t)|^2 = \cos^2(\Delta\omega_0 t/2) |\varphi_r(x)|^2 + \sin^2(\Delta\omega_0 t/2) |\varphi_l(x)|^2$$

Dies ergibt folgendes Bild: Zur Zeit $t = 0$ ist die Wahrscheinlichkeitsdichte im rechten Potenzialtopf konzentriert. Nach der Zeit $t = \pi/(2\Delta\omega_0)$ haben wir eine Gleichverteilung, und zur Zeit $t = \pi/\Delta\omega_0$ ist die Dichte in den linken Potenzialtopf „getunnelt". Danach kehrt sich der Prozess um, und nach $t = 2\pi/\Delta\omega_0$ ist der Ausgangszustand wieder erreicht. Die Wasserstoffatome des Ammoniak-Moleküls oszillieren mit der Frequenz $\Delta\nu = \Delta\omega_0/2\pi = 23.870\,\text{GHz}$ (also in 42 ps) von einer zur anderen Seite des Stickstoffatoms. Daher wird $\Delta\omega_0/2\pi$ *Inversionsfrequenz* genannt und entspricht genau der Energiedifferenz zwischen den beiden Zuständen φ_{0-} und φ_{0+}.

Da die Wellenfunktionen $\varphi_{v_2^+}$ und $\varphi_{v_2^-}$ unterschiedliche Parität haben, sind zwischen den beiden Zuständen elektrische Dipolübergänge erlaubt. Für den untersten Zustand liegen dieser Übergänge bei Ammoniak im Millimeterwellen-Bereich mit $\Delta\nu = 23.87\,\text{GHz}$ ($\lambda = 12.56\,\text{mm}$; $\bar{\nu} = 0.796\,\text{cm}^{-1}$).

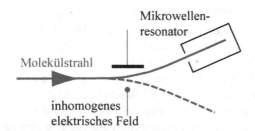

Mikrowellen-resonator

Molekülstrahl

inhomogenes elektrisches Feld

Abb. 12.16. Schema des NH_3 Maser-aufbaus. Durch ein elektrostatisches Feld werden die beiden Zustände φ_{0+} und φ_{0-} unterschiedlich abgelenkt und können so getrennt werden, sodass im Resonator eine Besetzungsinversion entsteht

Am Beispiel der Inversionsschwingung im Ammoniak konnte Townes (Gordon et al., 1955) erstmal demonstrieren, dass eine Verstärkung von elektromagnetischer Strahlung durch stimulierte Emission möglich ist. Dieser Maser (*M*icrowave *A*mplification by *S*timulated *E*mission of *R*adiation) ist der Vorgänger des Lasers. Voraussetzung für stimulierte Emission ist stets die höhere Besetzung eines energetisch höher liegenden Zustands, eine sogenannte *Besetzungsinversion*. Dies ist ein Zustand, der im thermischen Gleichgewicht nicht erreicht werden kann. Da die Übergangsenergie $\hbar\Delta\omega_0 \ll kT$ ist, sind beide Zustände φ_{0+} und φ_{0-} bei Raumtemperatur nahezu gleichbesetzt.

Man kann die beiden Zustände aber in einem Molekularstrahl mit Hilfe eines *inhomogenen elektrischen Felds* (Stark-Effekt) *räumlich* trennen, wie dies in Abb. 12.16 sehr schematisch skizziert ist. Das Verfahren basiert darauf, dass die beiden Zustände ein entgegengesetztes, permanentes Dipolmoment besitzen, und sich so im inhomogenen elektrischen Feld trennen lassen (*analog* zu dem in Kap. 1.13, Band 1 behandelten Stern-Gerlach Effekt für den *Elektronenspin in Magnetfeldern*). Die im energetisch höher liegende Zustand φ_{0^-} befindlichen Moleküle im Strahl werden auf diese Weise in einen Mikrowellenresonator gelenkt. Dieser ist auf die Inversionsfrequenz abgestimmt und erlaubt es, die Verstärkung entsprechender Mikrowellen nachzuweisen.

12.3 Symmetrien

Das Verständnis des Aufbaus kleiner Moleküle vereinfacht sich beträchtlich, wenn man ihre Symmetrieeigenschaften berücksichtigt. Mit Hilfe der (mathematischen) Gruppentheorie lassen sich Anzahl und Eigenschaften von Normalschwingungen und Molekülorbitalen auch für komplexere Moleküle relativ leicht ableiten. Vor allem sind Symmetriebetrachtungen für die Spektroskopie mehratomiger Moleküle und die Bestimmung von erlaubten und verbotenen Übergängen von zentraler Bedeutung. Eine leicht verständliche Einführung in die Anwendung der Gruppentheorie in der Molekülphysik gibt Engelke (1996), sehr umfassend ist die Darstellung in Bunker und Jensen (2006). Viele weitere Lehrbücher aber auch Webseiten (z.B. Goss, 2009; Wikipedia contributors, 2009, 2010; Vanovschi, 2008) widmen sich den Molekülsymmetrien und ihren Anwendungen sehr ausführlich. Wir kommunizieren daher hier lediglich einige Grundbegriffe, die z.T. später wieder benutzt werden. Eine vertiefte Behandlung würde den Rahmen dieses Lehrbuchs sprengen.

12.3.1 Symmetrieoperationen

Symmetrieoperationen in der Molekülphysik sind lineare Transformationen eines Moleküls im Raum. Sie überführen äquivalente Atome ineinander und das Molekül insgesamt in eine von der Ausgangslage ununterscheidbare Geometrie. Man definiert acht Operation:

$\widehat{E}$ Identität bzw. Drehung um 360°

$\widehat{C}_n$ Drehung bezüglich einer Symmetrieachse um den Winkel $2\pi/n$ mit $n = 2, 3, \ldots$ Es gilt $\widehat{C}_n^n = \widehat{E}$

$\hat{\sigma}$ Spiegelung an einer Ebene; es gilt $\hat{\sigma} \cdot \hat{\sigma} = \hat{\sigma}^2 = \widehat{E}$

$\hat{\sigma}_h$ spezielle Spiegelung an einer horizontalen Ebene senkrecht zur Hauptsymmetrieachse (Achse mit dem höchsten n)

$\hat{\sigma}_v$ spezielle Spiegelung an einer vertikalen Ebene, welche die Hauptsymmetrieachse enthält

$\hat{\sigma}_d$ einen spezieller Fall von $\hat{\sigma}_v$, bei dem die vertikale Ebene die zwei Symmetrieachsen senkrecht zur Hauptsymmetrieachse halbiert

$\hat{i}$ Inversion oder Punktspiegelung am Ursprung

$\widehat{S}_n$ Drehspiegelung oder unechte Rotation: eine Rotation um $2\pi/n$ mit nachfolgender Spiegelung an einer Ebene senkrecht zur Drehachse, also $\widehat{S}_n = \hat{\sigma}_h \widehat{C}_n = \widehat{C}_n \hat{\sigma}_h$. Es gilt $\widehat{S}_2 = \hat{i}$ sowie $\hat{i}\hat{\sigma}_h = \widehat{C}_2$ und $\hat{i}\widehat{C}_2 = \hat{\sigma}_h$

12.3.2 Punktgruppen

Die genannten Symmetrieoperationen lassen sich zu Gruppen im mathematischen Sinne zusammenfassen. Sie werden *Punktgruppen* genannt, da die Gesamtheit aller Symmetrieoperationen mindestens einen Punkt im Raum invariant lässt. Nach Schönflies unterscheidet man die nachstehend aufgeführten

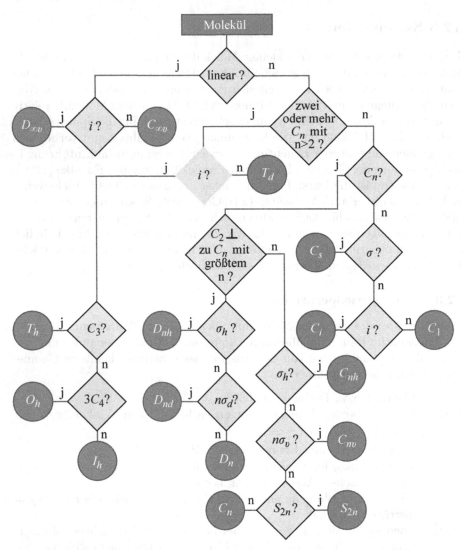

Abb. 12.17. Entscheidungsbaum zur Bestimmung der Molekülsymmetrien in der Nomenklatur nach Schönflies

Punktgruppen, die man – wie in Abb. 12.17 illustriert – auf eindeutige Weise den Symmetrieeigenschaften eines Moleküls zuordnen kann.

Gruppen niedriger Symmetrie

C_1 diese triviale Gruppe enthält alle Moleküle, die überhaupt keine Symmetrie haben; z.B. $CHFClBr$)

C_i $= S_2$ enthält als Symmetrieoperation nur die Inversion $\hat{\imath}$; z.B. anti-$C_2H_2Br_2Cl_2$

C_s nur eine Spiegelebene $\hat{\sigma}$; z.B. $ONCl$

Drehgruppen

C_n nur Rotation um einen Winkel $2\pi/n$ um eine Achse; z.B. hat H_2O_2 (Wasserstoffperoxid) C_2-Symmetrie

C_{nh} Rotation um $2\pi/n$ sowie Spiegelung an einer Ebene senkrecht zur Rotationsachse, $\hat{\sigma}_h$; z.B. gehört $B(OH)_3$ zur C_{3h}-Gruppe

C_{nv} Rotation um $2\pi/n$ sowie n-Spiegelungen an Ebenen parallel zur Rotationsachse, $\hat{\sigma}_v$; z.B. hat H_2O (Wasser) C_{2v}- und NH_3 (Ammoniak) C_{3v}-Symmetrie

Spezielle Punktgruppen

$C_{\infty v}$ lineare Moleküle ohne Inversionszentrum, z.B. HCl, N_2O

$D_{\infty h}$ lineare Moleküle mit Inversionszentrum, z.B. H_2, CO_2

Drehspiegelgruppen

S_n nur Symmetrieoperationen $\widehat{S}_n$. *Man beachte*: S_2 entspricht C_i, und falls n ungerade ist, entspricht $S_n = C_{nh}$. Nur die Gruppen S_4, S_6, S_8, ... haben ihre eigene Berechtigung; z.B. gehört $S_4N_4F_4$ zu S_4

Diëdergruppen

D_n eine $\widehat{C}_n$-Achse (Hauptachse) und n $\widehat{C}_2$-Achsen senkrecht zur Hauptachse

D_{nh} wie D_n, zusätzlich eine Spiegelebene $\hat{\sigma}_h$ senkrecht zur Hauptachse; z.B gehört C_2H_4 (Äthen) zur Gruppe D_{2h} und C_6H_6 (Benzol, der einfachste aromatische Ring) zur Gruppe D_{6h}

D_{nd} wie D_n, zusätzlich n Spiegelebenen $\hat{\sigma}_d$ parallel zur Hauptachse; z.B. hat C_2H_6 (Äthan) D_{3d}-Symmetrie

Tetraedergruppe

T Gruppe der echten Tetraederrotationen: $\widehat{E}$, $4\widehat{C}_3$, $4\widehat{C}_3^2$, (Achsen von
Ecke zu Flächenmitte), $3\widehat{C}_2$ (Achsen von Seitenmitte zu Seitenmitte),
also insgesamt 12 Symmetrieelemente

T_d wie T und zusätzlich noch die Operationen, die sich durch Ebenenspie-
gelungen (Multiplikation mit $\hat{\sigma}_d$) ergeben, also 24 Symmetrieelemente
z.B. CH_4

T_h wie T und zusätzlich noch die Operationen, die sich durch Drehspiegelung (Multiplikation mit $\hat{i}$) ergeben, also ebenfalls 24 Symmetrieelemente, z.B. $C_{60}Br_{24}$

Oktaedergruppe

O Gruppe der echten Würfelrotationen: $\widehat{E}$, $8\widehat{C}_3$ (Achsen sind die Würfel-
diagonalen) $3\widehat{C}_2$ und $6\widehat{C}_4$ (Achsen von Flächenmitte zu Flächenmitte),
$6\widehat{C}_2'$ (Achsen von Seitenmitte zu Seitenmitte), somit 24 Symmetrieelemente

O_h vollständige Oktaedersymmetriegruppe: O und zusätzlich noch die
Operationen, die sich durch Drehspiegelungen (Multiplikation mit $\hat{i}$)
ergeben, also 48 Symmetrieelemente, z.B. SF_6

Ikosaedergruppe

Die Ikosaedergruppe umfasst:
- den echten *Ikosaeder* bestehend aus 20 kongruenten, gleichseitigen Dreiecken mit 30 Kanten und 12 Ecken,
- den Dodekaeder bestehend aus 12 kongruenten, gleichseitigen Fünfecken,
30 gleichlangen Kanten und 20 Ecken und
- den abgestumpften Ikosaeder („truncated icosaeder", deutscher Fußball),
bestehend aus 12 Fünfecken und 20 Sechsecken. Man kann ihn sich entstanden denken aus einem echten Ikosaeder, dessen 12 Ecken zu Fünfecken
abgeflacht wurden. Er hat die volle Symmetrie des Ikosaeders.

Bei den Symmetrien unterscheidet man:

I Drehungen und Drehspiegelungen mit 60 Symmetrieoperationen. Ein
Beispiel ist das kleine Fulleren C_{20}

I_h wie I und zusätzlich noch die Operationen, die sich durch Multiplikation mit $\hat{i}$ ergeben, also 120 Symmetrieelemente. Prominentestes
Beispiel ist das Buckminster-Fulleren C_{60}.

12.3.3 Eigenzustände mehratomiger Moleküle

Aus der Atomphysik ist uns die volle, 3-dimensionale Rotationsgruppe vertraut ($O(3)$ bzw. $SO(3)$ genannt, je nachdem ob mit Inversion oder auf echte
Rotationen beschränkt). Sie bestimmt das Drehimpulsverhalten der Atome.

Es liegt auf der Hand, dass bei mehratomigen Molekülen diese volle Freiheit der Rotationen den Symmetrieoperationen der Punktgruppen weichen muss, wodurch die Beschreibung komplizierter wird – auch oder gerade weil alle oben beschriebenen Punktgruppen nur Untergruppen von $O(3)$ sind. Einen Vorgeschmack davon haben wir schon bei zweiatomigen Molekülen erhalten. Dort konnten wir aber die elektronischen Zustände noch auf übersichtliche Weise aus den Projektionen der Kugelflächenfunktion auf die Symmetrieachse ableiten. Bei nichtlinearen drei- und mehratomigen Molekülen werden die Verhältnisse wesentlich komplexer. Die Symmetriegruppen helfen dabei, die Übersicht zu bewahren.

Jede Punktgruppe lässt sich nun durch einen Satz irreduzibler Repräsentationen Γ_i darstellen, die an die Stelle der Drehimpulszustände $|LM\rangle$ der Atomphysik treten. Letztere sind ja ihrerseits nichts anderes als irreduzible Darstellungen der vollen O(3)-Drehgruppe. Seit den dreißiger Jahren des letzten Jahrhunderts charakterisiert man nach Mulliken (Nobelpreis für Chemie, Mulliken, 1966) die Symmetrie der Zustände entsprechend einer Buchstaben- und Indizierungskonventionen, die in Tabelle 12.2 zusammengestellt ist.

Wie in der Atomphysik werden *elektronische Orbitale mit kleinen Buchstabe, Gesamtzustände mit großen Buchstaben* geschrieben. *Vibrationen werden meist durch Kleinbuchstaben charakterisiert*; dabei wird der Buchstabe t durch f ersetzt. Bei den Punktgruppen $\widehat{C}_{\infty v}$ und $D_{\infty h}$ behält man die Nomenklatur $\Sigma, \Pi, \Delta, \ldots$ von Kap. 11 bei. Die als Entartung gekennzeichnete Eigenschaft der Molekülzustände beschreibt die Zahl der Möglichkeiten, die gleichen Symmetrieeigenschaften durch unterschiedlicher Anordnung der Zustände im Raum zu generieren. Dies entspricht in der Atomphysik der $2L+1$ fachen Entartung der $|LM\rangle$ Drehimpulszustände durch unterschiedliche Projektionen M bezüglich der z-Achse. Die Buchstaben mit ihren Indizes treten also anstelle der Zustandbezeichungen ^{2S+1}L der Atomphysik (^{2}S, ^{1}P etc.), wobei auch die Multiplizität $2S+1$ von Gesamtzuständen mit wohl definiertem S in bewährter Weise angegeben wird. Nach diesem Schema zur Bezeichnung von Zuständen, Orbitalen oder Normalschwingungen steht z.B. $^3A_{1g}$ für einen totalsymme-

Tabelle 12.2. Bezeichnung der irreduziblen Repräsentationen der 3D-Punktgruppen nach Mulliken. $\widehat{C}_n$ steht für Rotation um die Hauptachse, $\widehat{C}'_2$ bzw. $\widehat{C}''_2$ für Rotation um eine bzw. zwei zur Hauptachse senkrechte, zweizählige Achsen

Symbol	Entartung	Symmetrie	Indizierung		Symmetrie bezüglich				
					$\hat{\imath}$	$\hat{\sigma}_h$	$\widehat{C}'_2$	$\widehat{C}''_2$	$\hat{\sigma}_v$
A	1	$+$ bez. $\widehat{C}_n$							
B	1	$-$ bez. $\widehat{C}_n$	g, u	tief	$+, -$				
E	2		$', ''$	hoch		$+, -$			
T	3		$1, 2$	tief			$+, -$		
G	4		3	tief			$-$	$-$	
H	5		3	tief			keine		$-$

trischen Triplettzustand. Bei einer Elektronenkonfiguration $\{\ldots(ne_{2g})^4\ldots\}$ nummeriert die Quantenzahl n die unterschiedlichen Orbitale gleichen Charakters (analog zu den $n\ell$ in der Atomphysik), und speziell die e_{2g}-Orbitale sind gegenüber zwei Drehungen antisymmetrisch, bezüglich Inversion symmetrisch und hier mit $2 \times 2 = 4$ Elektronen gefüllt – was nach dem Pauli-Prinzip gerade dem Maximum für einen zweifach entarteten Zustand entspricht.

Jede (endliche) Punktgruppe besitzt nun N irreduzible Darstellungen Γ_i ($i = 1$ bis N), wobei N die Zahl der Symmetrieoperationen dieser Gruppe ist. Wirkt eine bestimmte Symmetrieoperation auf einen Molekülzustand, der durch eine solche irreduzible Darstellung Γ_i charakterisiert wird, so führt das zu einer linearen Transformation. Man kann diese z.B. in Form einer Matrix darstellen (bei den $|LM\rangle$ Zuständen geschah dies durch die Drehmatrizen). Die Spur dieser Matrix ist ein sogenannter *Charakter der Repräsentation*, also des Molekülzustands. Es zeigt sich, dass die irreduzible Repräsentation einer bestimmten Punktgruppe durch die Gesamtheit ihrer Charaktere in dieser Gruppe vollständig beschrieben wird. Die Charaktere für alle irreduziblen Darstellungen einer Punktgruppe fasst man in der sogenannte *Charaktertafel* zusammen. Für die einfacheren Gruppen und Symmetrieoperationen geben die Charaktere $+1$ bzw. -1 jeweils an, ob der Zustand unter dieser Symmetrieoperation sein Vorzeichen beibehält oder ändert. Bei den entarteten Zuständen erkennt man das Ergebnis nicht auf einen Blick, da hierbei Linearkombinationen der verschiedenen entarteten Zustände transformiert werden.

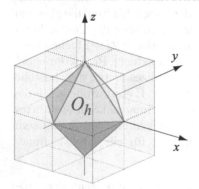

Abb. 12.18. Oktaeder in kubischer Umgebung

Hier wollen wir Charaktertafeln lediglich an einem etwas komplexeren Beispiel illustrieren: an der vollständigen Oktaedergruppe O_h. Sie spielt nicht nur in der Molekülphysik eine wichtige Rolle, sondern beschreibt z.B. auch die Struktur von Mischkristallen mit kubischem Gitter. Man denke sich, wie in Abb. 12.18 skizziert, ein zentrales Kation im Zentrum des Oktaeders positioniert, die Liganden an seinen 8-Ecken, d.h. im Zentrum der Würfelflächen. Die Charaktertafel der O_h-Gruppe, Tabelle 12.3, bildet eine 10×10 Matrix. Links oben steht die Bezeichnung der Punktgruppe, hier O_h, darunter in der ersten Spalte die Mulliken-Symbole für die Repräsentationen Γ_i. In der ersten Reihe stehen die Symmetrieoperationen der Gruppe (die Zahlen davor geben die jeweilige Anzahl unterschiedlicher Drehungen bzw. Spiegelungen an). Hauptinhalt der Charaktertafeln sind die Charaktere der irreduziblen Darstellungen (d.h. der durch sie beschriebenen Molekülzustände). Die Charaktere in der zweiten Spalte, welche sich auf den Einheitsoperator beziehen, geben die Entartung der Repräsentationen an. Die Repräsentation A_{1g} in der ersten Reihe steht für eine totalsymmetrische Wellenfunktion, deren Charaktere alle $+1$ sind. Die beiden zusätzlichen, letzten Spalten deuten außerdem an,

Tabelle 12.3. Charaktertafel der O_h Punktgruppe

O_h	$\hat{E}$	$8\hat{C}_3$	$6\hat{C}_2$	$6\hat{C}_4$	$3\hat{C}_2'$	$\hat{i}$	$6\hat{S}_4$	$8\hat{S}_6$	$3\hat{\sigma}_h$	$3\hat{\sigma}_d$	
A_{1g}	1	1	1	1	1	1	1	1	1	1	$x^2+y^2+z^2$
A_{2g}	1	1	-1	-1	1	1	-1	1	1	-1	
E_g	2	-1	0	0	2	2	0	-1	2	0	$(3z^2-r^2, x^2-y^2)$
T_{1g}	3	0	-1	1	-1	3	1	0	-1	-1	(R_x, R_y, R_z)
T_{2g}	3	0	1	-1	-1	3	-1	0	-1	1	(xy, yz, zx)
A_{1u}	1	1	1	1	1	-1	-1	-1	-1	-1	
A_{2u}	1	1	-1	-1	1	-1	1	-1	-1	1	
E_u	2	-1	0	0	2	-2	0	1	-2	0	
T_{1u}	3	0	-1	1	-1	-3	-1	0	1	1	(x, y, z)
T_{2u}	3	0	1	-1	-1	-3	1	0	1	-1	

wie sich die Kartesischen Basisvektoren (x, y, z), die entsprechenden Rotationen (R_x, R_y, R_z) und die in x, y, z bilinearen bzw. quadratischen Funktionen bei diesen Transformationen verhalten: sie werden den irreduziblen Repräsentationen zugeordnet, welche sich auf gleiche Weise transformieren. Aus der Zuordnung von x, y, z liest man zugleich die irreduzible Repräsentation des Dipoloperators ab: für die O_h-Gruppe ist dies nach Tabelle 12.3 offensichtlich T_{1u}. Diese Zuordnung wird sich in Kap. 15.4.2 als entscheidend bei der Diskussion von dipolinduzierten Übergängen erweisen.

Das prominenteste Molekülbeispiel für diese Gruppe ist das Schwefelhexafluorid, SF_6, bei welchem sechswertiger Schwefel jeweils ein Fluoratom bindet. Das Schwefelatom im Zentrum hat den gleichen Abstand $R_0(SF) = 0.156\,$nm von allen 6 Fluoratomen in den Ecken des Oktaeders. Die totalsymmetrische Streckschwingung (gleiche Verlängerung bzw. Verkürzung aller S-F Abstände) hat eine Eigenfrequenz $\omega_e = 769\,$cm^{-1} (ähnlich wie Cl_2). Ganz selbstverständlich ist eine solche Geometrie nicht, wie wir im folgenden Abschnitt sehen werden. Sie basiert hier auf den voll gefüllten Orbitalen. Die atomare Elektronenkonfiguration für die Valenzelektronen von S ist $3s^2 3p^4$, die Elektronenkonfiguration (s. z.B. Tachikawa, 2002) des oktohedralen SF_6 ist $(1t_{2u})^6 (5t_{1u})^6 (1t_{2g})^6$, insgesamt ein $^1A_{1g}$ Zustand. Neben den 6 Valenzelektronen des Schwefels tragen also noch jeweils zwei Elektronen der Fluoratome $(2s^2 2p^5)$ zu den insgesamt 16 Bindungen bei. Das SF_6 wird technisch u.a. als Elektronenquencher eingesetzt, weil es ein zusätzliches Elektron binden kann (Elektronenaffinität zwischen 0.4 und 1.5 eV). Dieses füllt dann ein $6a_{1g}$-Orbital, das negative Ion SF_6^- behält die oktaedrische Struktur, wird aber etwas aufgeweitet $(R_0(SF) = 0.1732\,$nm$)$, und $^2A_{1g}$ beschreibt den Gesamtzustand.

In Abschn. 12.4.1 werden wir die sehr häufig anzutreffende Punktgruppe $\hat{C}_{2v}$ am Beispiel des H_2O-Moleküls etwas näher kennen lernen, bei der Behandlung des Benzols in Abschn. 12.6 werden die Orbitale im Rahmen der D_{6h}-Gruppe zu klassifizieren sein, und in Kap. 15.6.2 wird uns D_{3h} im Zusammenhang mit der interessanten Spektroskopie des Na_3 begegnen. Die Charaktertafeln aller in der Molekülphysik relevanten Symmetriegruppen sind z.B. in den zu Eingang dieses Abschnitts genannten Büchern und Internetseiten gut dokumentiert. Dort findet man auch weitere nützliche Informationen: Korrelationstabellen erlauben beim Wechsel von einer zur anderen Symmetriegruppe (z.B. bei Erniedrigung der Symmetrie durch Verzerrung der Kernanordnung) die Zuordnung der irreduziblen Darstellungen in einer Symmetriegruppe zu der in einer anderen. Produkttabellen geben Übersicht über die Verknüpfung verschiedener Symmetrieoperationen (Repräsentationsprodukte) sowie über Dipol-erlaubte bzw. -verbotene Übergänge (Übergangsprodukte).

12.3.4 Jahn-Teller-Effekt

Im Kontext dieser Symmetriebetrachtungen sei auf einen wichtigen, bereits 1937 von Hermann Arthur Jahn und Edward Teller (JT) behandelten Effekt (JTE) hingewiesen. Das JT-Theorem besagt:

> *Die Kernkonfiguration jedes nicht-linearen (mehr als zweiatomigen) Molekülsystems in einem entarteten elektronischen Zustand ist instabil in Bezug auf Kernbewegungen, welche die Symmetrie erniedrigen und die Entartung aufheben.*

Das bedeutet im Prinzip, dass Potenzialhyperflächen von mehratomigen Molekülen im Minimum nicht entartet sein können. Aus heutiger Sicht ist das JT-Theorem etwas unklar, wenn nicht sogar unkorrekt formuliert. Der wesentliche Punkt ist, dass eine elektronische Entartung von Potenzialhyperflächen, die im Rahmen der Born-Oppenheimer-Näherung bestimmt wurde, zu einer Kopplung zwischen Kernkoordinaten und elektronischen Koordinaten führt (sogenannte *vibronische Kopplung*), die einer gesonderten Behandlung bedarf. Die Literatur hierzu ist umfangreich (s. z.B. Bersuker, 2001, und Zitate dort), und wir beschränken uns hier auf eine kurze, einführende Skizze.

Der JTE ist von sehr grundsätzlicher Bedeutung, macht er doch die Grenzen der Born-Oppenheimer-Näherung deutlich. Schon 1934 hatte R. Renner die Situation für lineare, dreiatomige Moleküle untersucht und fand, dass entartete elektronische Zustände bei der Biegeschwingungen aufspalten (heute spricht man vom Renner-Teller-Effekt, RTE). Ein verwandtes Verhalten hatten wir bereits bei zweiatomigen Molekülen als vermiedene Kreuzungen der Potenzialkurven von Zuständen gleicher Symmetrie kennengelernt. Bei mehr als einem Freiheitsgrad sind solche Kreuzungen auf Flächen reduzierter Dimensionalität allerdings möglich. So können sich bei zwei relevanten Freiheitsgraden die entsprechenden Potenzialhyperflächen in einem Punkt schneiden. Das führt zu sogenannten *konischen Durchschneidungen*, die uns später, auch in Band 3, noch öfter begegnen werden. Diese entsprechen aber eben keinem Minimum adiabatischer Potenzialflächen, sondern sind bezüglich der Kernkoordinaten instabil, wie es das JT-Theorem fordert. Solche vibronischen Kopplungen spielen auch dann eine Rolle, wenn elektronische Zustände zwar nicht entartet sind, aber sehr dicht beieinander liegen. Man spricht dann vom *Pseudo-Jahn-Teller-Effekt* (*PJTE*). Allen drei Effekten (RTE, JTE und PJTE) gemeinsam sind die vibronischen JT-Kopplungen, welche die Born-Oppenheimer-Näherung ergänzungsbedürftig machen.

Häufig wird der Jahn-Teller-Effekt anhand der Stauchung bzw. Streckung von Molekülkomplexen mit gleichseitiger Oktaeder Geometrie O_h erläutert (s. Abschn. 12.3.3). Diese können bei Verbindungen von Metallatomen auftreten, die mehrere d-Elektronen besitzen, z.B. beim doppelt geladenen Kupferion (Cu^{2+}, Konfiguration $3d^9$), welches Komplexe vom Typ $Cu(H_2O)_6^{2+}$ bildet. Um die Verhältnisse zu verstehen, ist es nützlich, sich an die Winkelabhängigkeit der d-Orbitale zu erinnern (Kap. 2 in Band 1). In der Atomphysik benutzt man in der Regel die komplexe Darstellung (Eigenfunktionen des Bahndrehimpulses mit den Quantenzahlen L und M), gelegentlich auch die reelle, bei welcher L und $|M|$ gute Quantenzahlen sind, die man aus Tabelle 2.1 ableitet und üblicherweise mit $d_{z^2}, d_{xz}, d_{yz}, d_{x^2-y^2}$ und d_{xy} bezeichnet ($|M| = 0, 1, 1, 2$ und 2):

$$t_{2g}: \quad d_{xz} = \frac{xz}{r^2} \qquad\qquad d_{xy} = \frac{xy}{r^2} \qquad d_{yz} = \frac{yz}{r^2}$$
$$d_{z^2} = \frac{1}{2r^2}\left(3z^2 - r^2\right) \qquad d_{x^2-y^2} = \frac{x^2 - y^2}{r^2} \tag{12.36}$$

Alternativ und für den oktaedrischen Fall symmetrieangepasst, kann man die beiden letzteren auch zusammenfassen als:

$$e_g: \quad \left(2d_{z^2} + d_{x^2-y^2}\right)/\sqrt{5} \text{ und } \left(2d_{z^2} - d_{x^2-y^2}\right)/\sqrt{5} \tag{12.37}$$

So ergeben sich drei t_{2g}- und zwei e_g-Orbitale, die in Abb. 12.19 skizziert sind.[4]

Elektronen in e_g-Orbitalen sind also kleeblattartig zu den 6 Liganden in den Ecken des Oktaeders hin ausgerichtet, während die t_{2g}-Orbitale (ebenfalls kleeblattartig) auf die 8 Kanten zeigen, also genau zwischen die Liganden. Geht man davon aus, dass die Liganden Anionen sind, so erwartet man für e_g-Elektronen eine stärkere Abstoßung als für t_{2g}-Elektronen. Daher spalten die im isotropen $O(3)$-Raum entarteten fünf d-Niveaus auf in zwei höher liegende e_g- und drei tiefer liegende t_{2g}-Niveaus, wie in Abb. 12.20 links dargestellt.

Abbildung 12.20 illustriert darüber hinaus, wie im speziellen Fall eines Cu^{2+}-Ions im Zentrum die neun $3d$-Elektronen auf die Orbitale zu verteilen sind (ein prominentes Beispiel ist der $Cu(H_2O)_6^{2+}$-Komplex). Für das höher liegende, zweifach entartete e_g-Orbital sind dabei nur noch drei Elektronen verfügbar, wodurch sich ein Elektronenloch ergibt. Die drei Elektronen können also mit ihrer Spinausrichtung auf zwei energetisch völlig äquivalente Weisen die beiden Suborbitale füllen ($\uparrow\downarrow + \uparrow$ bzw. $\uparrow + \uparrow\downarrow$). Nach der Störungstheorie spalten solche Zustände in Anwesenheit eines geeigneten

---

[4] Man beachte: O_h-Symmetrie (s. Tabelle 12.3) wird jeweils nur in Kombination der zwei e_g- bzw. drei t_{2g}-Orbitale realisiert. Mathematisch und zeichnerisch wird das etwas unübersichtlich, weshalb die Darstellung der Abb. 12.19 gewählt wurde.

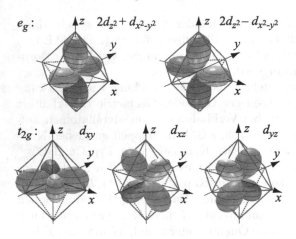

Abb. 12.19. Winkelanteil der fünf d-Orbitale in reeller, an die O_h-Symmetrie angepasster Darstellung. Aufgetragen sind die entsprechend dem Vorzeichen kolorierten Beträge der Wellenfunktionen

Wechselwirkungspotenzials auf (hier die molekulare Umgebung). Im vorliegenden Fall geht die O_h-Symmetrie durch Stauchung oder Streckung des Oktaeder (je nach chemischer Umgebung) in D_{4h} über, wie in Abb. 12.20 rechts skizziert. Dabei korrelieren die e_g-Orbitale mit a_{1g} und b_{1g} und die t_{2g}-Orbitale mit b_{2g} und zwei entarteten e_g (jetzt bezüglich der D_{4h}-Gruppe). Bei der in Abb. 12.20 gezeigten Streckung liegt das a_{1g}-Orbital um δ_1 energetisch tiefer als b_{1g}, und e_g um δ_2 unter b_{2g}. Dabei gilt $\Delta \gg \delta_1 > \delta_2$. Bei einer Stauchung drehen sich die Orbitallagen gerade um.

Wir haben es hier also mit einer speziellen Ausprägung des JTE zu tun: Aufspaltung und Symmetrieveränderung bei entarteten Zuständen. Inter-

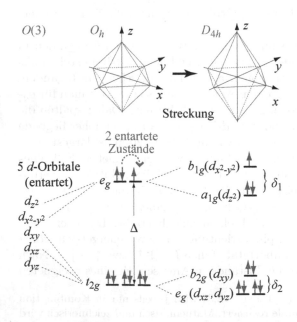

Abb. 12.20. Jahn-Teller-Effekt bei Verbindungen des Cu^{2+} (Elektronenkonfiguration $3d^9$). Würden die Orbitale e_g und t_{2g} der O_h-Gruppe (Mitte) mit diesen Elektronen gefüllt, so ergäbe sich eine Spinverteilung wie durch die kleinen roten Pfeile angedeutet. Drei Elektronen in den e_g-Orbitalen können aber auf zwei energetisch entartete Weisen untergebracht werden (angedeutet durch den gestrichelten Pfeilbogen). Daher kommt es zur Jahn-Teller-Aufspaltung mit Stauchung bzw. Streckung des Oktaeder (D_{4h}-Gruppe)

essanterweise zeigt der entsprechende Nickelkomplex $Ni(H_2O)_6^{2+}$ keine JT-Verschiebung: die Elektronenkonfiguration von Ni ist $3d^8$, sodass die e_g-Orbitale mit nur zwei Elektronen zu füllen sind. Das wiederum ist nur auf eine Weise möglich, folglich gibt es keine entarteten Zustände und somit auch keinen JTE.

Wir schließen diesen kurzen Exkurs zum Jahn-Teller-Effekt mit dem Hinweis, dass eine konsequente Behandlung der dabei auftretenden vibronischen Kopplung zwischen elektronischen und nuklearen Freiheitsgraden nicht im Rahmen der Born-Oppenheimer-Näherung möglich ist. Wie bereits in Kap. 11 erläutert und in den nachfolgenden Abschnitten weiter ausgeführt, berechnen die auf der BO-Näherung basierenden Standardmethoden der Quantenchemie die elektronische Struktur vielatomiger Moleküle bei festgehaltenen Kernkoordinaten. Die Kerndynamik spielt sich auf den so ermittelten adiabatischen Potenzialhyperflächen (APES, *adiabatic Potenzial energy surfaces*) ab. Dagegen können vibronische JT-Kopplungen nicht einfach als kleine Störungen behandelt werden, auch wenn die Kernbewegung selbst klein sein mag. Vielmehr werden die APES, welche ja die Schwingungsfrequenzen und ihre Anharmonizitäten bestimmen, selbst durch die vibronische Kopplung mit anderen elektronischen Zuständen kontrolliert (Bersuker, 2001). Wir werden in Kap. 15.6.2 und 17.4.3 auf vibronische Kopplungen noch ausführlich zurückkommen (dort auch *nicht adiabatische Kopplungen* genannt).

12.4 Elektronische Zustände dreiatomiger Moleküle

Bei zweiatomigen Molekülen haben wir gelernt, dass eine *Molekülbindung* dann zustande kommt, wenn hinreichend *viel Elektronendichte im Gebiet zwischen den Atomkernen* vorhanden ist, also ein möglichst großer Überlapp zwischen den Atomorbitalen besteht. Diese Bedingung gilt natürlich auch für mehratomige Moleküle und bestimmt deren Geometrie. Wir können also folgende **Bindungsregel** aufstellen:

Eine Bindung zwischen zwei Atomen tritt in der Richtung auf, in der die atomaren Wellenfunktionen, welche die Molekülorbitale bilden, sich am stärksten überlappen.

Im Folgenden werden wir also versuchen,

- aus bekannten atomaren bzw. molekularen Orbitalen Geometrien vorherzusagen oder
- aus beobachteten Geometrien auf die beteiligten Orbitale zu schließen.

12.4.1 Ein erstes Beispiel: H_2O

Wir beginnen mit diesem auf den ersten Blick scheinbar einfachen und eminent wichtigen Beispiel, an dem man eine Menge Grundsätzliches über mehratomige Moleküle lernen kann. Das Rotations- und Schwingungsspektrum des H_2O-

Moleküls hatten wir ja bereits in Abschn. 12.1.4 und 12.2.4 als außerordentlich komplex kennengelernt. In kondensierter Phase weist Wasser denn auch 63 Anomalien seiner physikalischen Eigenschaften auf, die letztlich eine Folge der molekularen Struktur und Dynamik sind. Für eine umfassende Faktensammlung über Wasser in seinen verschiedenen Aggregatzuständen verweisen wir auf die gut gepflegte und breit angelegte Web-Seite von Chaplin (2008). Hier nur folgendes Zitat zur weiteren Motivation: „Wasser ist der Hauptabsorber von Sonnenlicht. Die 13000 Milliarden Tonnen Wasser in der Atmosphäre beseitigen etwa 70% der Strahlung, hauptsächlich im infraroten Spektralbereich, wo Wasser starke Absorptionsbanden zeigt. Wasser trägt wesentlich zum Treibhauseffekt bei, der sicher stellt, dass unser Planet bewohnbar ist. Es sorgt dabei auch für eine negative Rückkopplung durch Wolkenbildung, welche die globale Erwärmung dämpft". Der Treibhauseffekt ist also keineswegs ein durchweg negatives Phänomen, wie man angesichts der aktuellen, öffentlichen Diskussion meinen könnte. Es kommt einfach auf die optimale Balance an, welche die Natur in unserer Atmosphäre eingestellt hat, und an welcher der Mensch möglichst wenig ändern sollte!

Zurück zum isolierten H_2O-Molekül. Koordinatendefinition, Geometrie und Symmetrie sind in Abb. 12.21 illustriert. Auch die Richtung des permanenten Dipolmoments (Vektor $\mathcal{D}$) des Wassermoleküls entlang der Symmetrieachse ist angedeutet. Mit $|\mathcal{D}| = 2.35\,D = 7.84 \times 10^{-30}\,C\,m = 0.489\,e_0\,\text{Å}$ ist es recht groß (vergleiche Tabelle 11.2 auf S. 14), was seiner elektronischen Konfiguration geschuldet ist.

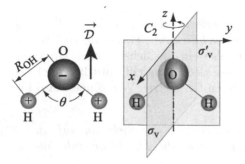

Abb. 12.21. Geometrie und Symmetrie beim H_2O-Molekül. Links die Definition der Molekülparameter, rechts die der Koordinaten und Symmetrieoperationen der $\widehat{C}_{2v}$ Punktgruppe (in der Literatur findet man manchmal auch x und y vertauscht). $\mathcal{D}$ deutet das permanente Dipolmoment des H_2O-Moleküls an

Wir nutzen die Gelegenheit, um unsere kleine Einführung in die Symmetriegruppen (Abschn. 12.3) etwas zu vertiefen. H_2O gehört zur *Punktgruppe* C_{2v}, deren Symmetrieoperationen rechts in Abb. 12.21 angedeutet sind: eine Drehung um die zweizählige Molekülachse z, charakterisiert durch $\widehat{C}_2$, und je eine Spiegelung in Bezug auf die xz-Ebene und die yz-Ebene, charakterisiert durch $\hat{\sigma}_v(xz)$ bzw. $\hat{\sigma}_{v'}(yz)$. Tabelle 12.4 stellt die C_{2v}-Charaktertafel vor, die hier eine 4×4 Matrix ist, entsprechend den vier möglichen Symmetrieoperationen einschließlich Einheitsoperator $\hat{E}$ (erste Reihe). Die Benennung der irreduziblen Repräsentationen der Gruppe (erste Spalte), d.h.

Tabelle 12.4. Charaktertafel für die Punktgruppe C_{2v} und Basisfunktionen

C_{2v}	$\widehat{E}$	$\widehat{C}_2$	$\hat{\sigma}_v(xz)$	$\hat{\sigma}_v'(yz)$		
A_1	1	1	1	1	z	x^2, y^2, z^2
A_2	1	1	-1	-1	R_z	xy
B_1	1	-1	1	-1	x, R_y	xz
B_2	1	-1	-1	1	y, R_x	yz

der möglichen Gesamtzustände, Orbitale oder Schwingungen, folgt dem in Abschn. 12.3 erläuterten Schema. Die Zustände ändern entsprechend der Tabelle ihr Vorzeichen oder nicht, wenn die Symmetrieoperationen auf sie angewandt werden. Die beiden letzten Spalten enthalten die sogenannten Basisfunktionen: das sind lineare bzw. quadratische Kombinationen von x, y, z oder auch die axialen Vektoren R_x, R_y und R_z in die jeweiligen Richtungen: polare wie axiale Vektoren ändern sich nicht unter der jeweiligen Drehung. Inversion dagegen ändert das Vorzeichen der polaren Vektoren, nicht aber das der axialen.   Um die Bildung der molekularen Orbitale zu verstehen, erinnern wir uns daran, dass das Sauerstoffatom (s. Kap. 10 in Band 1) die Elektronenkonfiguration $(1s)^2 (2s)^2 (2p)^4$ hat. Die $1s$- und $2s$-Schale sind abgeschlossen und nehmen nicht bzw. nur wenig $(2s)$ an der Bindung teil. Im Koordinatensystem nach Abb. 12.21 sind von den 4 Elektronen in der $2p$-Schale zwei mit entgegengesetztem Spin im $2p_x$-Zustand und je eines mit gleichem Spin im $2p_y$- bzw. $2p_z$-Zustand. Die beiden letzteren sind ungepaart und können daher mit je einem Wasserstoffatom im $1s$-Orbital eine Bindung eingehen. Dies führt zu den in Abb. 12.22 gezeigten sp-Hybridorbitalen, wie wir sie schon in Kap. 11.7.3 beim LiH kennengelernt hatten. Die beiden hier maßgeblichen Orbitale kann man als $(1s + 2p_z)$ bzw. $(1s + 2p_y)$ schreiben. Im molekularen Koordinatensystem nach Abb. 12.21 entspräche dies nach Tabelle 12.4 einem a_1-Orbital, was in dieser reinen Form zu einem Bindungswinkel von 90° führen würde. In der Tat trägt ein Orbital dieses Typs erheblich zur H_2O-Bindung bei. Allerdings ist das Schema doch sehr grob vereinfachend, denn wir haben z.B. den gleichen Ursprung für die $1s$- und $2p$-Orbitale angenommen. Experimentell beobachtet wird ein H-O-H Winkel von 104.474°, was die lediglich schematische Aussage von Abb. 12.22 unterstreicht. Wie bereits in Abschn. 12.1.4 berichtet, ist die experimentell bestimmte Bindungslänge $R_{OH} = 0.95718\,\text{Å}$. Der Ursprung der H-$1s$-Orbitale ist also deutlich verschieden von dem der O-$2p$-Orbitale.

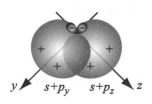

y $s + p_y$ $s + p_z$ z

Abb. 12.22. Entstehung von zwei bindenden sp-Hybridorbitalen beim H_2O – sehr schematisch

Außerdem ist auch die Abstoßung der Protonen zu berücksichtigen, sowie die Beimischung weiterer Orbitale.

In Abb. 12.23 ist skizziert, wie die MOs aus den Atomorbitalen aufgebaut werden, wobei die MO-Bezeichnung a_1, b_1, b_2 auf die Elemente der Charaktertafel Tabelle 12.4 auf der vorherigen Seite Bezug nimmt. Schematisch zeigt Abb. 12.23 rechts auch, wie die Elektronendichteverteilung der besetzten Orbitale und einige unbesetzte Valenz-Orbitale aussieht. Die Energien W der besetzten Orbitale sind in Abb. 12.23 maßstäblich gezeichnet.[5] Es ist interessant zu notieren, dass diese Bindungsenergien der Elektronen im freien Molekül näherungsweise auch in der flüssigen Phase gelten – wegen der sich um jedes Molekül herum bildenden Solvathülle sind sie lediglich um etwa 1.5 bis 2 eV kleiner (s. z. B. Winter et al., 2004, 2007). Die Bindungsenergien der

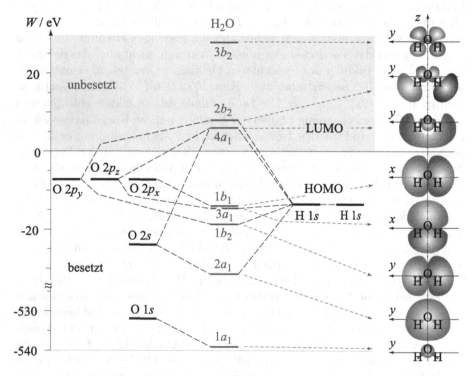

Abb. 12.23. Entstehung der tiefsten MOs des Wassermoleküls aus den AOs von O und H (*links*). Schematische Ladungsverteilung dieser MOs (C_{2v}-Geometrie) nach Chaplin (2008). Man beachte: für die $1b_1$- und $3a_1$-Orbitale ist die Papierebene die xz-Ebene, für alle anderen Orbitale aber die yz-Ebene

---

[5] Aus Photoionisationsenergien in der Gasphase bestimmt wurden folgende Bindungsenergien $-W = 539.9$ eV ($1a_1$), 32.6 eV ($2a_1$), 18.8 eV ($1b_2$), 14.89 eV ($3a_1$) und 12.6 eV ($1b_1$). Nach Koopman's Theorem sollten diese Werte den Orbitalenergien entsprechen.

unbesetzten Hüllenorbitale werden in Hartree-Fock-Näherung angegeben.[6]

Die Konfiguration von H_2O im elektronischen Grundzustand ist demnach $(1a_1)^2(2a_1)^2(1b_2)^2(3a_1)^2(1b_1)^2$ in der Terminologie der Symmetriegruppe $\widehat{C}_{2v}$. Alle Orbitale sind mit je zwei Elektronen besetzt, sind also spinabgesättigt. Nach der eingangs formulierten Bindungsregel sind die Orbitale $2a_1$, $1b_2$ und $3a_1$ bindend. Das innere Orbital $1a_1$ bleibt unbeteiligt. Das gilt aber auch für das Valenzorbital $1b_1$ (das HOMO), welches ebenfalls mit zwei Elektronen besetzt ist und mit den (spinabgesättigten) Orbitalen $(2p_x)^2$ des O-Atoms (p_x in der Geometrie von Abb. 12.21 auf S. 120) korreliert. In diesem simplen Modell bilden die $(1b_1)^2$-Elektronen also ein „lone pair" (s. auch Kap. 11.7.4). Detaillierte quantenchemische Rechnungen zeigen allerdings eine eher glatte Elektronendichteverteilung beim isolierten Wassermolekül und lassen das „lone pair" nicht erkennen. Für die Eigenschaften des Wassermoleküls, vor allem auch für die Struktur des flüssigen Wassers, sind sie jedoch von erheblicher Bedeutung und ermöglichen z.B. eine tetraedrische Koordination des Wassermoleküls in Solvathüllen wie auch im flüssigen Wasser.

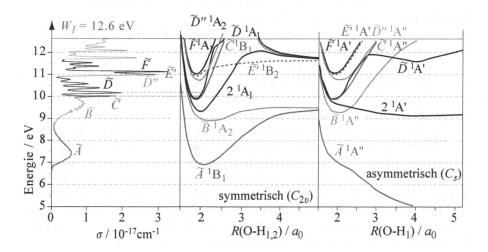

Abb. 12.24. *Links*: Photoabsorptionsspektrum des H_2O-Moleküls. Die Energie des Photons ist als Ordinate, der Absorptionsquerschnitt σ als Abszisse aufgetragen, um direkt mit den Energien der Potenzialdiagramme vergleichen zu können. *Mitte*: Schnitt durch die Potenzialfläche in $\widehat{C}_{2v}$-Symmetrie (beide OH-Bindungen werden gestreckt). *Rechts*: $\widehat{C}_s$-Symmetrie (nur eine OH-Bindung wird gestreckt). Die Potenziale sind nach Rechnungen von van Harrevelt und van Hemert (2000) gezeichnet. Wir haben die dort veröffentlichten Werte allerdings so skaliert, dass die experimentell beobachteten Spektren energetisch mit den Potenzialen übereinstimmen

---

[6] nach Chaplin (2008): 6 eV ($4a_1$), 8 eV ($2b_2$) und 28 eV ($3b_2$).

Für die Spektroskopie des freien Wassermoleküls (in der Gasphase) muss man natürlich die Gesamtenergien kennen, die – wie wir schon von den Atomen wissen – ja nur mittelbar mit den Orbitalenergien zusammenhängen. Die elektronische Gesamtwellenfunktion ergibt sich wieder als Linearkombination der Produkte der Elektronenorbitale. Sie muss ebenfalls den Symmetriebeziehungen für die Punktgruppe $\widehat{C}_{2v}$ genügen und wird mit Großbuchstaben gekennzeichnet. Der Grundzustand des H_2O ist ein totalsymmetrischer $\tilde{X}\,^1A_1$-Singulett-Zustand. Auch hier schreibt man links oben wieder die Multiplizität $(2S + 1)$, wobei S der Gesamtspin ist, und $\tilde{X}$ ist – wie bei den zweiatomigen Molekülen – eine spektroskopische Abkürzung für den Grundzustand (die Tilde setzt man zur Unterscheidung von den zweiatomigen Molekülen).

Wenn man die elektronische Struktur solcher mehratomigen Moleküle, insbesondere die angeregten Zustände verstehen will, muss man sich vergegenwärtigen, dass die elektronischen Energien $W_\gamma(\mathbf{R})$ jetzt von mehr als einem Parameter R abhängen. Man hat es nicht mehr mit Potenzialkurven sondern mit *Potenzialhyperflächen* zu tun, auf denen auch die Kernbewegung abläuft. Üblicherweise stellt man Potenzialflächen als Schnitte entlang einer relevanten Koordinate oder als zweidimensionale Höhenlinienbilder in zwei Koordinaten dar. Für das freie Wassermolekül zeigen wir in Abb. 12.24 links ein Absorptionsspektrum im UV- und VUV-Spektralbereich aus dem $\tilde{X}\,^1A_1$-Grundzustand in die angeregten Zustände $\tilde{A}, \tilde{B}$ etc. Daneben – energetisch direkt vergleichbar – zeigt Abb. 12.24 zwei Beispiele für Schnitte durch die Potenzialhyperfläche des H_2O, welche die Komplexität des Problems veranschaulichen: in beiden Fällen ist das Potenzial entlang der R_{OH}-Koordinate gezeigt. Einmal jedoch (Mitte) bleibt die $\widehat{C}_{2v}$-Symmetrie erhalten, d.h. beide OH-Bindungen werden symmetrisch aufgeweitet (Mitte), während im zweiten Falle (rechts) nur eine Bindung aufgeweitet wird, d.h. die Symmetrie wird gebrochen, und es bleibt nur noch die Reflexionssymmetrie $\hat{\sigma}_{v'}(zy)$ bezüglich der zy-Ebene. Wir lernen wieder ein Stückchen Gruppentheorie: Diese Punktgruppe $\widehat{C}_s$ hat nur zwei Elemente: A′, wenn das Vorzeichen unter Reflexion an der Molekülebene erhalten bleibt, und A″, wenn es sich ändert. Der Vergleich mit der Charaktertafel für $\widehat{C}_{2v}$(Tabelle 12.4 auf S. 121) zeigt, dass A_1 und B_2 bei der Symmetriebrechung in A′ übergehen, A_2 und B_1 in A″.

Wir sehen den dramatischen Unterschied zwischen symmetrischer und asymmetrischer Streckung: während im ersteren Falle der $\tilde{A}\,^1B_1$-Zustand gebunden zu sein scheint, offenbart die zweite Geometrie, dass er in Wahrheit rasch dissoziieren kann, denn in $\widehat{C}_s$-Symmetrie ist $\tilde{A}\,^1A''$ stark repulsiv. Dies spiegelt sich direkt im Absorptionsspektrum wider (links in Abb. 12.24): die Absorptionsbande für den Übergang vom $\tilde{X}$- zum $\tilde{A}$-Zustand ist breit und unstrukturiert, es gibt also wegen der kurzen Lebensdauer des $\tilde{A}$-Zustands keine scharfen Energien, die man Schwingungen zuordnen könnte. Dagegen sind von den höher angeregten elektronischen Zuständen offenbar einige gegenüber beiden Verformungen bindend (es gibt je ein Energieminimum), und folglich ist das Absorptionsspektrum zunehmend schärfer strukturiert. Wegen der sehr großen Zahl dicht liegender Rotations- und Vibrationszustände werden aber stets mehr oder weniger breite Banden beobachtet, die sich nur partiell auflösen lassen.

12.4.2 Ammoniak, NH_3 und Methan, CH_4

Die Orbitalbildung beim Ammoniak, NH_3, geschieht in ähnlicher Weise: Hier sind alle drei Zustände $2p_x$, $2p_y$ und $2p_z$ ungepaart, der Bindungswinkel sollte in unserem einfachen Hybridmodell, bei welchem wir ein $H(1s)$-Orbital mit je einem dieser Orbitale kombinieren, ebenfalls wieder 90° betragen. Beobachtet werden aber 106.7°. Eine schematische, aber realistischere Darstellung der beteiligten Orbitale NH_3 zeigt Abb. 12.25.

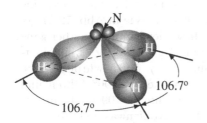

Abb. 12.25. Geometrie und Elektronendichte im elektronischen Grundzustand des NH_3. Man erkennt deutlich den Ursprung der bindenden Orbitale aus den hybridisierten $sp_{x,y,z}$-Orbitalen

Ähnlich ist die Situation beim Methan. CH_4 bildet einen Tetraeder mit 4 gleichwertigen CH-Bindungen, wobei der Bindungswinkel 109.47° beträgt. Das Kohlenstoff-Atom mit der Elektronen-Konfiguration $(1s)^2 (2s)^2 (2p_x) (2p_y)$ sollte daher nur zwei Bindungen eingehen. Wir sehen, dass das einfache Bild der Atomorbitale nicht richtig sein kann. Im nächsten Abschnitt wollen wir die dabei auftretende Hybridisierung an dem besonders wichtigen Beispiel des C-Atoms ausführlicher besprechen.

12.5 Hybridisierung

12.5.1 Bildung der sp^3-Orbitale

Das Konzept geht auf Linus Pauling (1931) zurück, der 1954 dafür den Nobelpreis erhielt. Es bildet letztlich die Grundlage für ein theoretisches Verständnis der gesamten organischen Chemie. Dabei werden ggf. auch mehr als zwei Atomorbitale kombiniert, und auch angeregte Orbitale können an der Bindung beteiligt sein. Beim C-Atom muss hierzu z.B. ein $2s$-Elektron in das leere $2p_z$-Orbital gebracht werden:

$$\text{C-Atom: } (2s)^2 (2p_x) (2p_y) \rightarrow (2s\uparrow)(2p_x\uparrow)(2p_y\uparrow)(2p_z\uparrow)$$

Diese Reorganisation innerhalb des Atoms kostet Energie, die allerdings durch die starke Bindungsenergie kompensiert wird, wie in Abb. 12.26 illustriert.

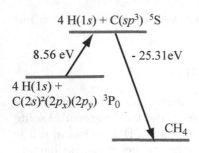

$$4\,H(1s) + C(sp^3)\ {}^5S$$

$$8.56\ \text{eV} \qquad -25.31\text{eV}$$

$$4\,H(1s) + \\ C(2s)^2(2p_x)(2p_y)\ {}^3P_0$$

$$CH_4$$

Abb. 12.26. Energieverhältnisse bei der sp^3-Hybridisierung der Kohlenstoff AOs zur Erklärung der Kohlenstoffchemie am Beispiel CH_4

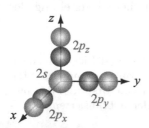

Abb. 12.27. Orbitale des C-Atoms

Damit sind im Prinzip vier Bindungen realisierbar: drei durch die $2p_x$-, $2p_y$- und $2p_z$-Orbitale in x-, y- und z-Richtung und eine durch das $2s$-Orbital. Wie in Abb. 12.27 gezeigt, wären diese vier Bindungen aber ganz offensichtlich nicht gleichwertig (dreimal $p\sigma$-artig und einmal $s\sigma$). Auch würden sie zu einem Bindungswinkel von 90° führen und nicht zu den beobachteten 109.47° beim Methan und anderen Kohlenwasserstoffen.

Durch sogenannte *Hybrid-Atomorbitale*, also durch lineare Kombination dieser Orbitale kann man aber andere Geometrien realisieren. Bei der sp^3-*Hybridisierung* werden die $2s$- und $2p$-Orbitale im Verhältnis $1:3$ gemischt:

$$|1\rangle = \frac{1}{\sqrt{4}}\left[|2s\rangle - |2p_x\rangle + |2p_y\rangle + |2p_z\rangle\right]$$

$$|2\rangle = \frac{1}{\sqrt{4}}\left[|2s\rangle - |2p_x\rangle - |2p_y\rangle - |2p_z\rangle\right]$$

$$|3\rangle = \frac{1}{\sqrt{4}}\left[|2s\rangle + |2p_x\rangle - |2p_y\rangle + |2p_z\rangle\right] \tag{12.38}$$

$$|4\rangle = \frac{1}{\sqrt{4}}\left[|2s\rangle + |2p_x\rangle + |2p_y\rangle - |2p_z\rangle\right]$$

Diese vier neuen, äquivalenten Hybridorbitale (AOs) in Abb. 12.28 sind insofern gleichwertig, als jeweils alle vier ursprünglichen Atomorbitale mit gleichem Gewicht beitragen. Andere Linearkombinationen sind ebenfalls möglich. Man überzeugt sich leicht, dass die hier gewählten orthonormiert sind und – wie in Abb. 12.29 illustriert – einen Tetraeder aufspannen. Die p-Anteile der sp^3-Hybride $(|j\rangle_p = |j\rangle - |2s\rangle/\sqrt{4}$ mit $j = 1, 2, 3)$ bestimmen die Richtung. Da die so definierten $|j\rangle_p$ reell sind, kann man sie wie Vektoren behandeln. So berechnet man z.B. den Winkel zwischen $|1\rangle$ und $|2\rangle$ (den Tetraederwinkel) aus dem Skalarprodukt:

$$\cos\theta = \langle 1\,|2\rangle_p \big/ \sqrt{\langle 1\,|1\rangle_p}\sqrt{\langle 2\,|2\rangle_p} = -1/3 \implies |\theta| = 109.47° \tag{12.39}$$

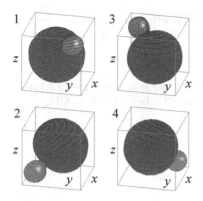

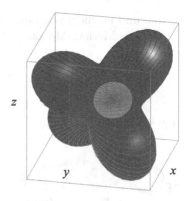

Abb. 12.28. Die vier atomaren sp^3-Hybridorbitale (AOs) nach (12.38). Aufgetragen ist hier wie auch in Abb. 12.27 der Winkelanteil des Betrags der Wellenfunktion

Abb. 12.29. Kombination der vier sp^3-Hybridorbitale nach (12.38) zu einem Tetraeder. Zur Illustration ist hier die Quadratsumme der vier Ladungsverteilungen skizziert

Zur Beschreibung einer Molekülbindung sind die vier Hybridorbitale (12.38) wie gewohnt mit geeigneten Orbitalen der Nachbaratome zu überlagern. Würde man lediglich ihre Betragsquadrate addieren, so ergäbe sich eine kugelsymmetrische Ladungsverteilung. Überhöht man sie aber in ihren jeweiligen Richtungen, so lässt sich daraus der erwartete Tetraeder bilden, wie in Abb. 12.29 gezeigt. Generell findet man, dass die Ladungsverteilungen in der Realität viel glatter sind, als es die prototypischen, in der Chemie benutzten Sinnbilder es suggerieren (so etwa in der Skizze für Ammoniak in Abb. 12.25).

12.5.2 σ-Bindung

Zur Beschreibung des CH_4 muss man also das hybridisierte Kohlenstoffatom mit vier Wasserstoffatomen zusammenführen und aus den hybridisierten C- und den H(1s)-Atomorbitalen vier Molekülorbitale (MOs) bilden:

$$|\sigma_1\rangle = C\left[a\,|1s\rangle_1 + b\,|1\rangle\right]$$
$$|\sigma_2\rangle = C\left[a\,|1s\rangle_2 + b\,|2\rangle\right]$$
$$|\sigma_3\rangle = C\left[a\,|1s\rangle_3 + b\,|3\rangle\right]$$
$$|\sigma_4\rangle = C\left[a\,|1s\rangle_4 + b\,|4\rangle\right]$$

Dabei ist $|1s\rangle_j$ das 1s-Orbital des j-ten H-Atoms und $C = 1/\sqrt{a^2 + 2abS + b^2}$ die Normierungskonstante mit dem Überlappintegral S (s. Kap. 11.5). Wegen der Ähnlichkeit mit den σ-Orbitalen zweiatomiger Moleküle nennt man diesen Bindungstyp σ-*Bindung*. Auch diese σ-MOs können wieder mit je zwei Elektronen gefüllt werden, im vorliegenden Fall also mit vier Elektronen vom

C-Atom und je einem von den vier H-Atomen. Wir erhalten damit das Tetraeder förmige Methan-Molekül, wie es schematisch in Abb. 12.30 skizziert ist.[7]

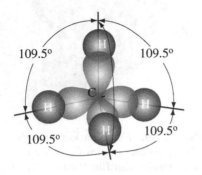

Abb. 12.30. Die vier jeweils mit zwei Elektronen besetzten σ-MOs beim Methan, CH_4

Auch bei den Kohlenstoffketten mit Einfachbindungen spielen σ-Bindungen eine wesentliche Rolle. Die Kohlenstoffatome werden durch den Überlapp zweier sp^3-Hybrid-Wellenfunktionen zusammengehalten, welche die σ-Orbitale bilden. Dies ist, wiederum sehr schematisch, in Abb. 12.31 für das Beispiel Äthan (C_2H_6) skizziert.

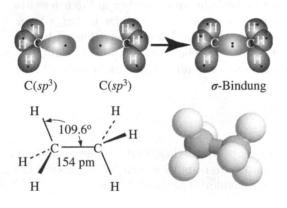

Abb. 12.31. σ-Bindung im Äthan

$C(sp^3)$ $C(sp^3)$ σ-Bindung

12.5.3 Doppelbindung

Ebene Moleküle mit einer C=C-Doppelbindung erklärt man durch sp^2-Hybrid-Atomorbitale, die aus den $2s$-, $2p_z$- und $2p_y$-Orbitalen gebildet werden.

---

[7] Die dabei meist gezeigten, typischen „Würste" entsprechen nicht der realen Ladungsverteilung der Orbitale. Diese ist wesentlich glatter und lässt die Richtungscharakteristik der Bindungen in der Regel nur andeutungsweise erkennen

Legen wir die z-Achse parallel zu Molekülachse (und damit zur Doppelbindung), dann ergeben sich die drei sp^2-AOs als:

$$\left|sp^2\sigma_1\right\rangle = \left(1/\sqrt{3}\right)\left|2s\right\rangle + \sqrt{2/3}\left|2p_z\right\rangle$$

$$\left|sp^2\sigma_2\right\rangle = \left(1/\sqrt{3}\right)\left|2s\right\rangle - \sqrt{1/6}\left|2p_z\right\rangle + \left(1/\sqrt{2}\right)\left|2p_y\right\rangle \qquad (12.40)$$

$$\left|sp^2\sigma_3\right\rangle = \left(1/\sqrt{3}\right)\left|2s\right\rangle - \sqrt{1/6}\left|2p_z\right\rangle - \left(1/\sqrt{2}\right)\left|2p_y\right\rangle$$

Auch diese haben σ-Charakter. Den Winkel zwischen diesen $sp^2\sigma$-AOs be-

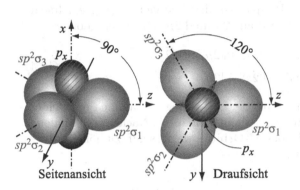

Abb. 12.32. Bildung der sp^2-Hybrid-Atomorbitale nach (12.40)

rechnet ähnlich wie bei den $sp^3\sigma$-AOs. Analog zu (12.39) ergibt sich aus den p-Anteilen der Orbitale $\left|sp^2\sigma_1\right\rangle$ und $\left|sp^2\sigma_2\right\rangle$ für $\cos\theta = -1/2$, d.h. $|\theta| = 120°$. Die *drei* $\left|sp^2\sigma_j\right\rangle$-Orbitale sind also in der yz-Ebene in einem gleichseitigen Dreieck angeordnet. Das vierte Orbital ist ein p_x-Orbital, welches senkrecht zur yz-Ebene steht, wie in Abb. 12.32 illustriert. Man beachte, dass die Wellenfunktionen des p_x-Orbitals negative Reflexionssymmetrie gegenüber Spiegelung an der yz-Ebene hat.

Im Äthylen, C_2H_4, bilden die drei sp^2-Hybridorbitale jedes Kohlenstoffatoms insgesamt drei σ-Bindungen (zwei zu je einem H-Atom und eine zum jeweils anderen C-Atom). Es bleibt je ein $2p_x$-Elektron übrig. Diese beiden Orbitale bilden zusammen eine zusätzliche Bindung, deren Elektronenverteilung senkrecht zur yz-Ebene, also zur der σ-Bindung ausgerichtet ist, wie dies in Abb. 12.32 illustriert ist. Man spricht – wieder in Anlehnung an den zweiatomigen Fall – von einer π-*Bindung*. Aus der Geometrie dieser Orbitale ist unmittelbar einsichtig, dass die Doppelbindung eine $\widehat{C}_{2v}$-Symmetrie des Moleküls bewirkt, bei der alle vier H-Atome in einer Ebene liegen. Nach Tabelle 12.4 auf S. 121 hat der hier beschriebene Grundzustand des Äthylens offensichtlich B_2-Charakter.

12.5.4 Dreifachbindung

Schließlich ist noch der dritte wichtige Typ der Hybridisierung beim Kohlenstoffatom zu diskutieren: das sp-Hybrid, das für alle Dreifachbindungen

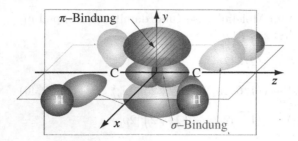

Abb. 12.33. Die Doppelbindung bei Äthylen: eine σ- und eine π-Bindung.

benötigt wird. Das einfachste Beispiel ist das Azetylen, C_2H_2, ein lineares Molekül. Das sp-Hybridorbital wird aus $2s$- und $2p_z$-Orbitalen gebildet:

$$|sp\sigma_1\rangle = [|2s\rangle + |2p_z\rangle]/\sqrt{2}$$
$$|sp\sigma_2\rangle = [|2s\rangle - |2p_z\rangle]/\sqrt{2}$$

$$(12.41)$$

Die beiden Orbitale zeigen in $+z$ bzw. $-z$ Richtung. Zusammen mit den entsprechenden AOs der Nachbaratome ergibt sich also je Nachbar ein bindendes σ-Orbital (sowie ein antibindendes σ^*-Orbital, welches ggf. zu höher angeregten Zuständen beitragen kann).

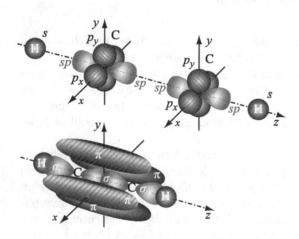

Abb. 12.34. Dreifachbindung des Azetylens. *Oben:* getrennte Atome mit sp-Hybriden, und p_x- bzw. p_y-AOs am C, sowie H($1s$)-Orbitale. *Unten:* gebundenes Molekül mit σ- und π-MOs. Die rot schraffierten Bereiche der π-MOs deuten unterschiedliches Vorzeichen der Wellenfunktion an

Die beiden anderen Elektronen – im $2p_x$- bzw. $2p_y$-Orbital – bilden gemeinsam mit einem benachbarten C-Atom *zwei* zusätzliche π-Bindungen. Insgesamt wird so eine Dreifachbindung zwischen zwei Kohlenstoffatomen möglich, wie in Abb. 12.34 für das Beispiel Azetylen skizziert.

Die $\sigma\pi$-Doppel- bzw. Dreifachbindung besitzt eine gewisse Starrheit, welche eine Drehung um die C = C-Achse erschwert. Im Gegensatz dazu ist die Barriere für Drehung bei einer σ-Einfachbindung gering. Dieser Unterschied hat einen wichtigen Einfluss auf die molekularen Eigenschaften vieler organischer Moleküle, z.B. bei der cis-trans Isomerisierung.

Auch bei den zu Anfang dieses Kapitels diskutierten Molekülen H_2O und NH_3 spielt die Hybridisierung eine wichtige Rolle um die Bindungswinkel von $104.5°$ und $106.7°$ zu erklären. Im Gegensatz zum C-Atom sind beim N- und O-Atom die drei $2p_{x,y,z}$-Orbitale bereits besetzt und müssen nicht durch Anregung aktiviert werden.

12.6 Konjugierte Moleküle und Hückel-Methode

Die Klasse der konjugierten organischen Moleküle besteht aus einer Kette von Kohlenstoffatomen, die untereinander durch die (in einer Ebene liegenden) σ-Bindungen mit sp^2-Hybridorbitalen und π-Bindungen des dazu senkrechten $2p$-Orbitals gebunden sind. Beispiele hierfür sind das Butadien, C_4H_6, oder das zyklische Benzol, C_6H_6. Das Grundgerüst dieser Moleküle wird durch die Eigenschaften der sp^2-Hybridorbitale bestimmt (z.B. 120° Bindungswinkel). Die zusätzlichen π-*Bindungen sind in den konjugierten System delokalisiert*. Die naive Annahme (durch die gängige chemische Schreibweise —C=C—C=C— suggeriert), dass die $\sigma\pi$-Doppelbindungen zwischen bestimmte C-Atompaare geklemmt seien, ist nicht richtig! Speziell beim Benzol, in Abb. 12.35 gezeigt, sind die 6 C-Atome völlig äquivalent. Die π-Bindungselektronen können sich mehr oder weniger frei zwischen den C-Atomen bewegen und sind nicht in bestimmten Gebieten des Moleküls lokalisiert, wie das bei den Elektronen einer σ-Bindung der Fall ist. Dies gilt zumindest im energetisch tiefsten MO, wie wir im nächsten Abschnitt diskutieren werden.

Das Benzol gehört zur Symmetriegruppe D_{6h}. Die Hauptsymmetrieachse z ($\widehat{C}_6$) steht senkrecht auf der Ringebene, einige $\widehat{C}_2$-Achsen sind in Abb. 12.35 angedeutet. Laut Charaktertafel Tabelle 12.5 besitzt die D_{6h}-Gruppe insgesamt 11 Symmetrieoperationen (neben dem Einheitsoperator). Man überzeugt

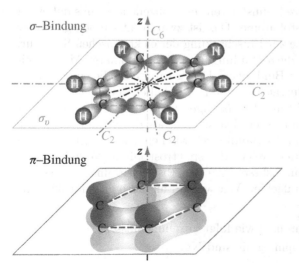

Abb. 12.35. MOs beim Benzol (symmetrischer 6er-Ring, Symmetriegruppe D_{6h}). *Oben*: die Struktur wird durch die 18 σsp^2-Orbitale definiert (6 für die H-Bindung, und 12 für die σ-σ-Bindung). *Unten*: hinzu kommen 6 πp_z-Orbitale, welche in der energetisch niedrigsten Konfiguration frei beweglich sind

Tabelle 12.5. Charaktertafel für die Punktgruppe D_{6h} und Basisfunktionen

D_{6h}	$\hat{E}$	$2\hat{C}_6$	$2\hat{C}_3$	$\hat{C}_2$	$3\hat{C}_2'$	$3\hat{C}_2''$	$\hat{i}$	$2\hat{S}_3$	$2\hat{S}_6$	$\hat{\sigma}_h$	$3\hat{\sigma}_d$	$3\hat{\sigma}_v$		
A_{1g}	1	1	1	1	1	1	1	1	1	1	1	1		x^2+y^2, z^2
A_{2g}	1	1	1	1	-1	-1	1	1	1	1	-1	-1	R_z	
B_{1g}	1	-1	1	-1	1	-1	1	-1	1	-1	1	-1		
B_{2g}	1	-1	1	-1	-1	1	1	-1	1	-1	-1	1		
E_{1g}	2	1	-1	-2	0	0	2	1	-1	-2	0	0	(R_x, R_y)	(yz, zx)
E_{2g}	2	-1	-1	2	0	0	2	-1	-1	2	0	0		(x^2-y^2, xy)
A_{1u}	1	1	1	1	1	1	-1	-1	-1	-1	-1	-1	z	
A_{2u}	1	1	1	1	-1	-1	-1	-1	-1	-1	1	1		
B_{1u}	1	-1	1	-1	1	-1	-1	1	-1	1	-1	1		
B_{2u}	1	-1	1	-1	-1	1	-1	1	-1	1	1	-1		
E_{1u}	2	1	-1	-2	0	0	-2	-1	1	2	0	0	(x, y)	
E_{2u}	2	-1	-1	2	0	0	-2	1	1	-2	0	0		

sich leicht, dass die π-Elektronenkonfiguration in Benzol (Abb. 12.35 unten) den Charakter a_{2u} hat: keine Vorzeichenänderung bei Drehungen um die Hauptachse ($\hat{C}_6, \hat{C}_3, \hat{C}_2$), ebenso wie bei Spiegelungen an Ebenen durch die Hauptachse ($\hat{\sigma}_d, \hat{\sigma}_v$); alle Operationen, die Oben und Unten irgendwie vertauschen, ändern das Vorzeichen. Die σ-Orbitale (Abb. 12.35 oben) sind insgesamt totalsymmetrisch (a_{1g}), die Elektronen sind spinabgesättigt. Daher wird der Grundzustand des Benzols insgesamt $^1A_{2u}$.

Zur Berechnung der Bindungsenergien und Verteilung der $2p_z$-Elektronen in konjugierten Molekülen benutzt man häufig eine von Ernst Hückel schon 1931 entwickelte Methode, die letztlich eine Anwendung der für H_2^+ benutzen Variationsrechnung darstellt (siehe Kap. 11.5.1). Wir wollen die Hückel-Methode am Beispiel des Benzols illustrieren und konzentrieren uns dabei auf die π-Orbitale der 6 Kohlenstoffatome. Das ist zwar recht simpel, gibt aber dennoch brauchbare Resultate zur Einschätzung der elektronischen Struktur. Wie gerade diskutiert, haben die σ-Bindungen in diesem planaren Molekül eine andere Symmetrie als die π-Bindungen. Daher kann man die entsprechenden Orbitale im Hamilton-Operator trennen – sie haben keine gemeinsamen Nichtdiagonalelemente – und kann die Lösungen unabhängig voneinander ermitteln. Die σ-Bindungen sind wesentlich stärker, als die π-Bindungen. Die π- und π^*-Bindungen liegen in der Bandlücke zwischen σ und σ^*. Daher sind es gerade die π- und π^*-Orbitale, welche das spektroskopische Verhalten konjugierter Moleküle bestimmen, insbesondere die Absorption und Fluoreszenz im sichtbaren und UV-Spektralgebiet. Wir werden hier also ausschließlich die πp_z-Orbitale behandeln.

Die *Hückel-Näherung* kann man wie folgt zusammenfassen:

1. $\langle p_i \,|\, p_j \rangle = \delta_{ij}$ alle Überlappintegrale sind Null

2. $\langle p_i | \hat{H} | p_i \rangle = \alpha$ die Diagonalelemente des Hamiltonian entsprechen den atomaren Orbitalenergien,

3. $\langle p_i | \hat{H} | p_j \rangle = \beta \delta_{ij \pm 1}$ *nur* benachbarte Orbitale wechselwirken miteinander.

Dabei beschreibt $|p_j\rangle$ das $2p_z$-Orbital am C-Atom j. Die Werte für α (*Coulomb-Integral*) und β (*Resonanzintegral*) sind beide *negativ* und werden als am Experiment kalibrierbare Parameter behandelt. Man beginnt mit der Konstruktion von Molekülorbitalen aus Atomorbitalen (MO aus LCAO):

$$|\phi\rangle = \sum_k c_j |p_j\rangle \tag{12.42}$$

Da beim Benzol alle C-Atome äquivalent sind, muss $|c_j|^2$ für alle j gleich sein. Am einfachsten ist es nun, die Hamiltonmatrix aufzustellen und nach den Standardregeln zu diagonalisieren. Analog zu (11.97) hat man es jetzt mit einer 6×6 Determinante zu tun, deren Wurzeln zu finden sind. Nach den eben aufgestellten Regeln ergibt sich:

$$\begin{vmatrix} \alpha - W & \beta & 0 & 0 & 0 & \beta \\ \beta & \alpha - W & \beta & 0 & 0 & 0 \\ 0 & \beta & \alpha - W & \beta & 0 & 0 \\ 0 & 0 & \beta & \alpha - W & \beta & 0 \\ 0 & 0 & 0 & \beta & \alpha - W & \beta \\ \beta & 0 & 0 & 0 & \beta & \alpha - W \end{vmatrix} = 0. \tag{12.43}$$

Die Auswertung führt zu den Lösungen:

$$W_0 = \alpha + 2\beta, \quad W_{\pm 1} = \alpha + \beta, \quad W_{\pm 2} = \alpha - \beta, \quad W_3 = \alpha - 2\beta \tag{12.44}$$

Zwei dieser Energieniveaus ($W_{\pm 1}$ und $W_{\pm 2}$) sind zweifach entartet.

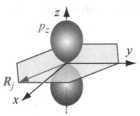

Abb. 12.36. πp_z-Orbital im Benzolring

Alternativ kann man für Ringmoleküle mit n C-Atomen und identischen konjugierten Bindungen eine allgemeine Lösung des linearer Gleichungssystems (11.92) auch aus der Symmetrie herleiten. Hierzu definiert man als Ausgangswellenfunktion $\varphi(\boldsymbol{r})$ ein Kohlenstoff-$2p_z$-Orbital, das im Mittelpunkt des Benzolrings lokalisiert ist, wie in Abb. 12.36 skizziert. Die sechs Atomorbitale φ_j ergeben sich mit dem Ortsvektor $\boldsymbol{R}_j$ des C-Atoms j zu:

$$\varphi_j(\boldsymbol{r}) = \varphi(\boldsymbol{r} - \boldsymbol{R}_j)$$

$\hat{H}$ sei der effektive Hamiltonian für die π-Elektronen. Wegen der Symmetrie des Molekülrings ist $\hat{H}$ invariant gegenüber einer Drehung um $360°/n$. Er muss also mit $\hat{C}_n$, dem Operator einer Drehung um $360°/n$, vertauschen:

$$\left[\hat{H}, \hat{C}_n\right] = 0$$

Es gibt daher gemeinsame Eigenfunktionen von $\hat{H}$ und $\widehat{C}_n$. Die Eigenwerte von $\hat{H}$ (die Energien W) können mit den Eigenwerten von $\widehat{C}_n$ identifiziert werden. Ohne hier auf die Details dieser Überlegung einzugehen, erscheint es sofort plausibel, dass dabei eine Lösung vom Typ

$$W_k = \alpha + 2\beta \cos\left(\frac{2\pi}{n}k\right) \tag{12.45}$$

herauskommt, die für $n = 6$ die Werte nach (12.44) ergibt. Graphisch lassen sich diese Energien nach Abb. 12.37 auftragen. Die spezielle Symmetrie dieser Ringsysteme erlaubt es, dies für alle Ringe in Abb. 12.38 noch etwas suggestiver darzustellen.

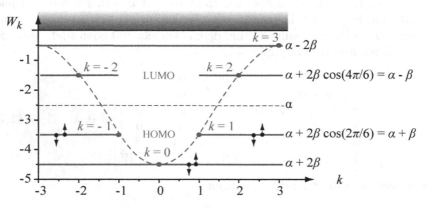

Abb. 12.37. Orbitalenergien der π-Elektronen des Benzols im Hückel-Modell. Die rot gestrichelte Kurve zeigt (12.45), die roten Punkte geben die Orbitalenergien für $k = -2$ bis $+3$, welche die Energieterme (*volle rote Linien*) festlegen. Die drei niedrigstliegenden Orbitale sind mit je zwei π-Elektronen unterschiedlicher Spinausrichtung besetzt (*schwarze Pfeile*)

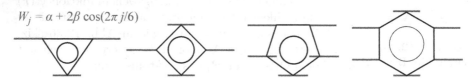

Abb. 12.38. Graphische „Lösung" der Energiedeterminante für Ringsysteme nach dem Hückel-Verfahren

Um die Gestalt der MOs zu diskutieren, braucht man nun noch die Koeffizienten der $|p_j\rangle$ in (12.42), die sich aus der Lösung der Säkulargleichung ergeben. Man verifiziert leicht, dass

$$c_{j+1} = e^{\frac{2\pi i}{6}k}\, c_j \,,$$

wobei natürlich $c_{j+6} = c_j$ ist. Die Lösung für die Koeffizienten $\{c_j\}$ ist also

$$c_j^{(k)} = e^{\frac{2\pi i}{6}k\cdot j}c_0^{(k)} \quad \text{mit} \quad \left|c_j^{(k)}\right|^2 = \left|c_0^{(k)}\right|^2 \,,$$

d.h. für den Einelektronzustand $|k\rangle$ ist die Wahrscheinlichkeit, das Elektron am Atom j anzutreffen, unabhängig von j. Die π-Elektronen sind symmetrisch delokalisiert. Die symmetrieangepassten Wellenfunktionen ergeben sich zu

$$\phi_k\left(\boldsymbol{r}\right) = \sum_j c_j^{(k)}\varphi\left(\boldsymbol{r}-\boldsymbol{R}_j\right) = c_0^{(k)}\sum_{j=1}^{6} e^{\frac{2\pi i}{6}k\,j}\varphi\left(\boldsymbol{r}-\boldsymbol{R}_j\right) \tag{12.46}$$

mit $k = 0, \pm1, \pm2, 3$. Die Normierungskonstante $c_0^{(k)}$ ist beim Benzol $1/\sqrt{6}$.

Die Molekülorbitale werden nun mit den sechs $2p_z$-Elektronen nach dem Pauli-Prinzip aufgefüllt. Es ergibt sich das in Abb. 12.37 skizzierte Bild. Die Niveaus $k = \pm1$ sind also die HOMOs. Wenn wir höhere Niveaus füllen, erhalten wir angeregte Zustände des Benzol.

Die Gesamt-Grundzustandsenergie ergibt sich additiv aus den Einzelorbitalen:

$$W_{\tilde{X}} = 2\left(\alpha + 2\beta\right) + 4\left(\alpha + \beta\right) = 6\alpha + 8\beta$$

Bei der Annahme von lokalisierten Doppelbindungen wäre die Gesamt-Grundzustandsenergie:[8]

$$W_{loc} = 6\alpha + 6\beta$$

Durch die Delokalisierung wird also die zusätzliche Energie 2β gewonnen. Explizit werden die Eigenfunktionen (12.46)

$$\phi_3\left(b_{2g}\right) \propto -\varphi_1 + \varphi_2 - \varphi_3 + \varphi_4 - \varphi_5 + \varphi_6$$

$$\phi_{\pm2}\left(e_{2u}\right) \propto e^{\pm\frac{2\pi}{3}i}\varphi_1 + e^{\pm\frac{4\pi}{3}i}\varphi_2 + e^{\pm2\pi i}\varphi_3 + e^{\pm\frac{8\pi}{3}i}\varphi_4 + e^{\pm\frac{10\pi}{3}i}\varphi_5 + e^{\pm4\pi i}\varphi_6$$

$$\phi_{\pm1}\left(e_{1g}\right) \propto e^{\pm\frac{\pi}{3}i}\varphi_1 + e^{\pm\frac{2\pi}{3}i}\varphi_2 + e^{\pm\pi i}\varphi_3 + e^{\pm\frac{4\pi}{3}i}\varphi_4 + e^{\pm\frac{5\pi}{3}i}\varphi_5 + e^{\pm2\pi i}\varphi_6$$

$$\phi_0\left(a_{2u}\right) \propto \varphi_1 + \varphi_2 + \varphi_3 + \varphi_4 + \varphi_5 + \varphi_6 \,,$$

hier nach ihrer Energie geordnet. In Abb. 12.39 sind links ihre Symmetrieeigenschaften skizziert, entsprechend den Elementen der Punktgruppe D_{6h} (vgl. Tabelle 12.5). Einen dreidimensionalen Eindruck dieser sechs π-Orbitale gibt Abb. 12.39 rechts.

Hierzu sei auch auf die Web-Seite von Nash (2004) verwiesen, wo man diese Bilder mit Hilfe des universellen Programms *Chime* (kostenloser Browser-Plugin) beliebig drehen und betrachten kann.

---

[8] Zur Erinnerung: Bei zweiatomigen lokalisierten Bindungen galt: $\varepsilon_+ = \left(H_{11} + H_{12}\right)/\left(1 + S\right)$. Mit der hier benutzten Definition der Parameter wird daraus $\varepsilon_+ = \alpha + \beta$, wenn man vom Überlappintegral S absieht.

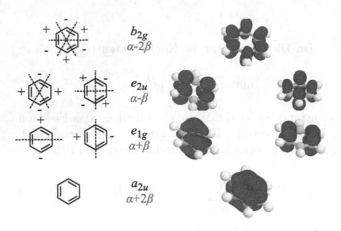

Abb. 12.39. Symmetrieeigenschaften (D_{6h}) der 6 Benzol π-Orbitale (*links*). Bezeichnung der Orbitale entsprechend den Elementen der D_{6h}-Gruppe (*Mitte, schwarz*) und deren Hückel-Energie (*Mitte, rote Schrift*). *Rechts*: 3D-Darstellung der Gesamtelektronendichte nach Nash (2004)

Die hier vorgestellte Hückel-Methode eignet sich natürlich nur für eine sehr qualitative, erste analytische Beschreibung der Energien und der Struktur der Orbitale (HOMOs), ist aber sehr vielseitig und erlaubt durchaus eine Abschätzung des Verhaltens größerer Moleküle und Cluster. So kann man z.B. die obigen Betrachtungen auch allgemein auf $\mathcal{N}$ regelmäßig angeordnete, identische Atome erweitern. Man kommt damit zu einem eindimensionalen Modell für den Festkörper. Die Eigenfunktionen gehen dann über in die Bloch-Funktionen und an Stelle der diskreten Energieeigenwerte erhält man Energiebänder. Die Methode ist mit dem in der Festkörperphysik häufig benutzten *Tight-Binding-Verfahren* eng verwandt.

Laser, Licht und Kohärenz

*Licht und Photonen spielen bei allen spektroskopischen
Methoden eine zentrale Rolle. Wir haben ihre
Verfügbarkeit und Manipulierbarkeit bislang stillschweigend vorausgesetzt und Licht implizit als ebene,
elektromagnetische Welle verstanden. Räumliche
und zeitliche Abhängigkeiten spielten dabei eine
untergeordnete Rolle. Diese Beschränkung wollen wir
jetzt aufheben.*

Hinweise für den Leser: Wir bleiben in diesem Kapitel noch bei einer klassischen Beschreibung von Licht und führen in Abschn. 13.1 zunächst (sehr
knapp) in die Laserphysik ein. Daran anschließend behandeln wir Gauß'sche
Lichtstrahlen in Abschn. 13.2 und besprechen auch Möglichkeiten, sie zu vermessen und zu manipulieren. Abschnitt 13.3 präzisiert den Begriff der Polarisation und beschreibt wichtige experimentelle Hilfsmittel. Wellenpakete
sind Thema in Abschn. 13.4. Zeitlich strukturierte Wellen werden an Beispielen aus der aktuellen Forschung besprochen. Abschnitt 13.5 führt den Begriff
„Korrelationsfunktion" ein und beschreibt Messmethoden für Impulsdauern.
In Abschn. 13.6 wenden wir uns schließlich sehr intensiven Laserfeldern zu,
die heute in der aktuellen Forschung eine große Rolle spielen und verlassen
dabei die klassische, lineare Spektroskopie.

13.1 Laser – eine Kurzeinführung

Laser sind heute aus Wissenschaft, Technik und täglichem Leben nicht mehr
wegzudenken. Sie bilden auch eine wesentliche experimentelle Basis für die
moderne Atom- und Molekülphysik und natürlich für die optische Physik. Es
gibt dazu eine Fülle von Literatur, deren Aufzählung viel Platz beanspruchen
würde. Beispielhaft sei hier nur Siegman (1986) als umfangreicher Klassiker
genannt (letzte Druckfehlerkorrektur März 2009, Homepage des Autors), sowie eine etwas spezialisiertere Monographie jüngeren Datums (Hodgson und
Weber, 2005) als Einstieg für vertieftes Studium. In diesem Abschnitt wollen wir lediglich einige wenige Grundbegriffe und Definitionen einführen, von
denen in diesem Lehrbuch an anderer Stelle Gebrauch gemacht wird.

Die Geschichte des Lasers ist ein Musterbeispiel für glückhaft unerwarte-
te Entwicklungen (engl. *serendipidy*) von wissenschaftsbasierter Innovation.
Die wesentlichen theoretischen Grundlagen wurden schon 1916 von Einstein
mit seinen Überlegungen zur induzierten Emission bei der alternativen Ablei-

I.V. Hertel, C.-P. Schulz, *Atome, Moleküle und optische Physik 2*,
Springer-Lehrbuch, DOI 10.1007/978-3-642-11973-6_3,
© Springer-Verlag Berlin Heidelberg 2010

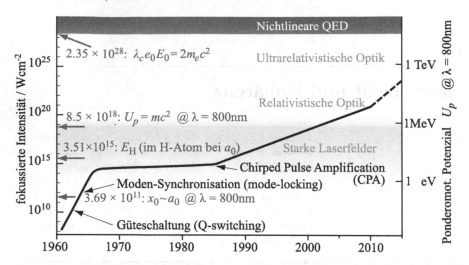

Abb. 13.1. Fortschritt bei der Erzeugung höchster Intensitäten in Laserimpulsen seit Realisierung des ersten Lasersystems. In Rot sind physikalische Phänomene angedeutet, die mit den jeweiligen Intensitäten zu verbinden sind. Schwarze Markierungen kennzeichnen methodische Entwicklungsprünge. Die Trendkurve (*voll, schwarz*), adaptiert vom Erfinder des „Chirped Pulse Amplification, CPA" Mourou (Strickland und Mourou, 1985) musste etwas nach unten an die Realität anpasst werden

tung der Planckschen Strahlungsgesetzes gelegt. Es dauerte aber 40 Jahre bis Townes und Mitarbeiter (Gordon et al., 1955) den ersten Ammoniak-*Maser* (*M*icrowave *A*mplification by *S*timulated *E*mission of *R*adiation), also einen molekularen Verstärker für Mikrowellen realisierten. Der erste publizierte und durchgerechnete Vorschlag, dieses Prinzip auch für das infrarote und sichtbare Spektralgebiet zu nutzen, stammt von Schawlow und Townes (1958), als erster Festkörperlaser wurde der Rubinlaser von Maiman (1960) realisiert, und als ersten Gaslaser brachten Javan et al. (1961) den auch heute noch beliebten Helium-Neon-Laser bei 1.1 μm zum Schwingen. Nobelpreise erhielten Townes, Basov und Prokhorov (1964) sowie Bloembergen und Schawlow (1981). Unklar ist, wer den Begriff *Laser* (*L*ight *A*mplification by *S*timulated *E*mission of *R*adiation) erstmals einführte. Es gibt aber bereits 1961 eine ganze Reihe von Arbeiten, die dieses Wort verwenden, während Schawlow – ebenfalls 1961 – einen Scientific American Artikel noch betitelte: „*Optical masers* - These devices generate light in such a manner as to open a whole realm of applications for electromagnetic radiation – salient feature of light they produce is that its waves are all in step". Eine treffliche Charakterisierung und Vorhersage! Ende der 60er Jahre des letzten Jahrhunderts wurden die ersten Flüssigkeitslaser erprobt und abstimmbare Farbstofflaser gibt es seit etwa 1970.

Der Fortschritt der letzten 40 Jahre in der Laserphysik und ihrer spektroskopischen und technischen Anwendung ist spektakulär und weiterhin anhaltend. Wir nennen einige zentrale Aspekte: (1) Ein breiter Spektralbereich wird heute von Lasern erschlossen, man kann sagen vom Mikrowellen- bis ins Röntgengebiet, in vielen Fällen verbunden mit hervorragender Abstimmbarkeit der Frequenzen. (2) Stabilität und Monochromasie der Strahlung erlauben es heute, Lichtfrequenzen auf wenige Hz genau über lange Zeiträume hinweg zu definieren. (3) Umgekehrt werden phasenkontrollierte Lichtimpulse im sichtbaren Spektralgebiet von wenigen fs Dauer verlässlich für Experimente bereitgestellt, und die kürzesten Impulsdauern (im weichen Röntgenbereich) liegen heute bei einigen Attosekunden ($1\,\mathrm{as} = 10^{-18}\,\mathrm{s}$). (4) Der Fortschritt bei den erzielbaren Spitzenintensitäten in einem hart fokussierten, gepulsten Laserstrahl ist in Abb. 13.1 illustriert. Um diese dramatische Entwicklung richtig einschätzen zu können, sollte man sich vor Augen führen, dass eine 100 W Glühbirne etwa ca. 120 cd liefert, was 0.176 W / sr Lichtleistung oder ca. 2.1 mW / cm^2 im Abstand von 1 m entspricht.[1] Man beachte (rechte Skala in Abb. 13.1) die extrem hohen, heute erreichbaren *ponderomotiven Potenziale* freier Elektronen in solchen Laserimpulsen (vgl. dazu Kap. 8.9 in Band 1). Mit neuen Großgeräten (European Laser Institute, ELI) hofft man, in den kommenden Jahren Intensitäten von $10^{24}\,\mathrm{W\,cm^{-2}}$ erreichen und damit in den Bereich der *ultrarelativistischen Optik* vorstoßen zu können.

13.1.1 Grundprinzip

Nach diesen Vorbemerkungen wenden wir uns dem Prinzip des Lasers zu. Dem Grundgedanken nach entspricht es dem jedes Generators für elektromagnetische Wellen, wie es für einen HF-Generator und einen Laser in Abb. 13.2 skizziert ist. Die drei wesentlichen Elemente sind:

1. Der Verstärker, welcher die Energie der Welle/Schwingung bereitstellt und Verluste kompensiert,
2. der Resonator, der dafür sorgt, dass alle Wellenlängen/Frequenzen außer der gewünschten unterdrückt werden, und
3. die Rückkopplung des verstärkten Signals zum Eingang des Verstärkers,

sodass insgesamt nach mehrfachem Durchgang durch das System ein einmal erzeugtes Signal bei der gewünschten Frequenz (und eben nur bei dieser) immer wieder verstärkt wird und im Gleichgewicht zwischen unvermeidbaren Resonatorverlusten und Verstärkung zu einem stabilen Ausgangssignal führt.

Eine wichtige Rolle spielt dabei die *Güte Q des Resonators*, die man über die *Dämpfung einer einmal angeregten (elektrischen) Feldamplitude*

---

[1] Per Definition entspricht 1 cd bei 555 nm einer Lichtleistung von (1/683) W / sr. Dagegen liefert schon (ein relativ schwacher) abstimmbarer Farbstofflaser problemlos 100 mW Ausgangsleistung, und führt unfokussiert bereits zu weit mehr als 0.63 W / cm^2, die man braucht, um den Natrium-D-Übergang massiv in Sättigung zu treiben – wie wir in Kap. 20.6.2 zeigen werden. Der gleiche Laser könnte, gut fokussiert auf 1 μm Durchmesser, bereits $1.3 \times 10^7\,\mathrm{W\,cm^{-2}}$ erzeugen. Moderne Kurzpulslaser-Großanlagen erreichen heute bei harter Fokussierung 10^{21} bis $10^{22}\,\mathrm{W\,cm^{-2}}$ im Brennpunkt.

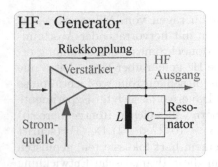 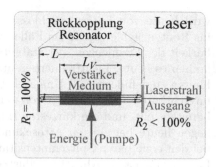

Abb. 13.2. Schema eines HF-Generators (*links*) und eines Lasers (*rechts*). Die wichtigsten Elemente sind in beiden Fällen Verstärker, Resonator, Rückkopplung – und natürlich eine Energiequelle

$$E(t) = E_0 \exp(-i\omega t - \frac{\omega t}{2Q}) \qquad (13.1)$$

definiert (Resonanzkreisfrequenz ω). Die im (passiven) Resonator gespeicherte Energie bzw. Intensität nimmt entsprechend

$$I(t) = I_0 \exp(-\omega t/Q) = I_0(t) \exp(-t/\tau_r) \qquad (13.2)$$

ab, wenn zur Zeit $t = 0$ die Intensität I_0 war. Die *mittlere Lebensdauer eines Photons im Resonator* hängt also über

$$\tau_r = Q/\omega \qquad (13.3)$$

mit der Resonatorgüte zusammen. Die Fourier-Transformation dieser Dämpfung führt zu einem Lorentz-Profil mit der Resonatorbandbreite $\Delta\omega_h$ (FWHM), deren Zusammenhang mit der Güte gegeben ist durch:

$$Q = \omega/\Delta\omega_h = \nu/\Delta\nu_r \qquad (13.4)$$

Da man einen Teil der im Resonator gespeicherten Energie auskoppeln möchte, ist dieser Auskopplungsgrad in der Regel für die Güte des Resonators und seine Bandbreite bestimmend.

Den *Verstärker* charakterisiert man entsprechend durch eine auf die Zeit umgerechnete *Verstärkung* α. Beim Durchgang durch das Verstärkermedium wächst das Signal mit der Zeit t bzw. dem Ort $z = ct$ entsprechend

$$I(t) = I_0(t) \exp(\alpha t) = I_0(t) \exp(\alpha z/c). \qquad (13.5)$$

Laseraktivität erwartet man, wenn die Verstärkung die Verluste übertrifft:

$$\alpha > \omega/Q = 1/\tau_r \qquad (13.6)$$

13.1.2 Fabry-Perot-Resonator

Ein Laserresonator ist in der Regel ein speziell ausgelegtes Fabry-Perot-Interferometer (FPI). Wir haben dieses als spektroskopisches Werkzeug in Kap. 6.1.1, Band 1 kennengelernt und fassen hier kurz seine für die Nutzung als Laserresonator wichtigsten Charakteristika zusammen. Wie rechts in Abb. 13.2 angedeutet, besteht ein Fabry-Perot-Resonator im einfachsten Falle aus zwei im Abstand L parallel aufgestellten, mit höchster Präzision geschliffenen Spiegeln, von denen einer eine Reflektivität (bezüglich der Intensität) von möglichst $R_1 = 100\%$, der andere eine etwas geringere $R_2 < 100\%$ hat, um einen Teil $(1 - R_2)$ der erzeugten Intensität nutzbringend auszukoppeln. Die Spiegel können, je nach Anwendung, planar oder gekrümmt sein. Die Resonatoreigenschaften werden durch zwei wesentliche Parameter bestimmt:

1. Die *freie Spektralbreite (free spectral range, FSR)* des Resonators nach (6.4) in Band 1 bestimmt den Frequenzabstand zweier Transmissionsmaxima. Sie ist gleich der inversen Umlaufzeit T_r und beträgt[2]

$$\Delta\nu_{frei} = \frac{c}{2L} = \frac{1}{T_r} \qquad (13.7)$$

bzw. in Wellenzahlen $\Delta\bar{\nu}_{frei} = 1/2L$. Für ganze Zahlen m (Ordnung der Interferenz bzw. Index der Mode) wird Licht der Frequenzen

$$\nu(m) = m\Delta\nu_{frei} \qquad (13.8)$$

maximal transmittiert. Bei diesen – und nur bei diesen – Frequenzen kann elektromagnetische Energie im Resonator gespeichert werden: als stehende Welle. Man bezeichnet diese als *longitudinale Moden des Resonators*.

2. Die *Finesse* $\mathcal{F}$ eines Fabry-Perot-Interferometers ist das Verhältnis von freier Spektralbreite zu transmittierter Frequenzhalbwertsbreite $\Delta\nu_r$ der Intensität im passiven Resonator. Mit $R = \sqrt{R_1 R_2}$ gilt

$$\mathcal{F} = \frac{\Delta\nu_{frei}}{\Delta\nu_r} = \frac{\pi\sqrt{R}}{1 - R}. \qquad (13.9)$$

Das spektrale Transmissionsprofil des Resonators wird durch eine *Airy-Funktion* nach (6.9) in Band 1 beschrieben, die bei hinreichend hoher Finesse $\mathcal{F} \gtrsim 5$ sehr gut durch eine Serie von Lorentz-Verteilungen der Halbwertsbreite $\Delta\nu_r$ approximiert wird.

Mit der Finesse (13.9) und (13.8) wird die Resonatorgüte (13.4)

$$Q = \frac{\nu}{\Delta\nu_r} = \frac{\nu}{\Delta\nu_{frei}}\mathcal{F} = m\mathcal{F}, \qquad (13.10)$$

---

[2] Streng genommen müssten wir statt der Vakuumlichtgeschwindigkeit c die Gruppengeschwindigkeit v_g einsetzen. Der Übersichtlichkeit halber setzen wir den Brechungsindex im Resonator aber $n \equiv 1$.

wobeï wir die Ordnung m der Interferenz nach (13.8) eingesetzt haben. Die Güte ist übrigens identisch mit dem Auflösungsvermögen des FPI, wenn man es als Spektrometer benutzt, und $\mathcal{F}$ entspricht einer effektiven Zahl interferierender Strahlen. Die *effektive Lebensdauer* eines Photons (13.3) im Resonator wird schließlich:

$$\tau_r = \frac{1}{2\pi\Delta\nu_r} = \frac{m\mathcal{F}}{\omega_0} = \frac{m\mathcal{F}}{2\pi\nu_0} = \frac{\mathcal{F}L}{\pi c} = \frac{\mathcal{F}}{2\pi\Delta\nu_{frei}} \qquad (13.11)$$

Um zwei typische Beispiele zu geben: bei einem He-Ne-Laser kann man wegen seiner niedrigen Verstärkung nur wenig auskoppeln (typisch $R \simeq 99\%$, $\mathcal{F} \simeq 312$), bei einem gepulsten Excimer-Laser ist das Gegenteil der Fall ($R = 30\%$, $\mathcal{F} = 2.5$). Bei einer Resonatorlänge von $1\,\mathrm{m}$ führt das zu Photonenlebensdauern von $\tau_r = 330\,\mathrm{ns}$ bzw. $2.6\,\mathrm{ns}$.

Natürlich gibt es neben den Auskoppelverlusten weitere Verluste, die ggf. zu berücksichtigen sind. Befindet sich im Resonator der Länge L z.B. ein Medium der Länge L_1, das absorbiert (Absorptionskoeffizient μ, Einheit $[\mu] = \mathrm{m}^{-1}$, s. (4.4) in Band 1), so führt dies pro Resonatorumlaufzeit T_r zu zusätzlichen Verlusten $\propto \exp(-2\mu L_1)$, auf die Zeit t umgerechnet:

$$I/I_0 = \exp\left[-2\mu L_1 \left(t/T_r\right)\right] = \exp\left[-\mu \left(L_1/L\right) ct\right] = \exp\left[-t/\tau_a\right] \qquad (13.12)$$

13.1.3 Stabile, transversale Moden und Beugungsverluste

Von besonderer Bedeutung sind Verluste durch Beugung. Wir werden sehen, dass diese letztlich die räumliche Verteilung des elektromagnetischen Felds im Resonator bestimmen, d.h. die Modenstruktur des Lichts.

Bislang hatten wir das Fabry-Perot-Interferometer so behandelt, als habe es keine Randbegrenzung und eine ideale, unendlich ausgedehnte ebene Welle laufe in ihm um. In der Realität haben Spiegel und insbesondere das Verstärkermedium aber endliche Durchmesser: man spricht von einem „offenen Resonator". Im Bild der geometrischen Optik kann man sich leicht vor Augen führen, dass nicht exakt senkrecht auf die Spiegel treffende Strahlen nach einigen Umläufen aus diesem offenen Resonator herauswandern, was unweigerlich zu Verlusten führt. In einer frühen, grundlegenden Arbeit konnten Kogelnik und Li (1966) zeigen, dass der Fabry-Perot-Resonator mit planparallelen Spiegeln in dieser Hinsicht keineswegs die ideale Resonatorkonfiguration darstellt. Es gibt aber „stabile" Spiegelkombinationen, bei denen auch ein nicht parallel zur optischen Achse verlaufender Strahl trotz mehrfacher Reflexion an den Spiegeln dennoch im Resonator verbleibt. Für diese muss gelten

$$0 < \left(1 - L/r_1\right)\left(1 - L/r_2\right) < 1\,, \qquad (13.13)$$

mit der Resonatorlänge L und den Krümmungsradien der Endspiegel r_1 bzw. r_2. Dies ist im *Stabilitätsdiagramm* Abb. 13.3 illustriert.

Aus Sicht der Wellenoptik findet an den strahlbegrenzenden Aperturen Beugung statt, die den Strahl aufweitet. Bei jedem Hin- und Rücklauf wird das

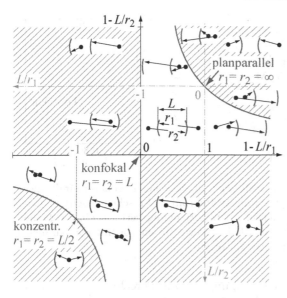

Abb. 13.3. Stabilitäts-diagramm für Laser-resonatoren nach Kogelnik und Li (1966). Instabile Bereiche sind schraffiert. Man sieht, dass eine Anordnung mit planparallelen Spiegeln an der Grenze des stabilen Bereichs liegt, ebenso wie im anderen Extrem zwei konzentrische Spiegel. Eine besondere Rolle spielt der konfokale Resonator in der Mitte zwischen stabilem und instabilem Bereichen

elektromagnetische Wellenfeld aufs neue begrenzt, d.h. seine Gesamtenergie wird reduziert, und das Spiel wiederholt sich. Man kann sich diesen Vorgang entlang der optischen z-Achse ausgerollt vorstellen, wie in Abb. 13.4 illustriert.

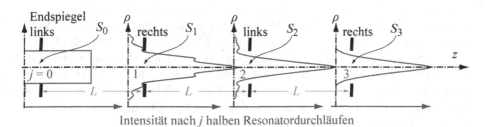

Intensität nach j halben Resonatordurchläufen

Abb. 13.4. Schematische Illustration zur Ausbildung eines radialen Strahlprofils bei wiederholter Beugung an den begrenzenden Aperturen (z.B. den Endspiegeln links und rechts im Resonator). S_j bezeichnet die strahlbegrenzenden Beugungsflächen

Etwas strenger formuliert muss man für den eingeschwungenen, stationären Zustand fordern, dass sich das Strahlprofil in der $\rho\phi$-Ebene (senkrecht zur optischen z-Achse) von Reflexion zu Reflexion entsprechend

$$E_{j+1}(\rho,\phi) = e^{-\kappa+\mathrm{i}\delta}E_j(\rho,\phi)$$

reproduziert – bis auf die unvermeidliche, durch κ beschriebene Dämpfung und eine Phasenverschiebung δ. Quantitativ kann man $E_{j+1}(\rho,\phi)$ als Ergebnis der Beugung von $E_j(\rho,\phi)$ an der begrenzenden Aperturfläche S_j verste-

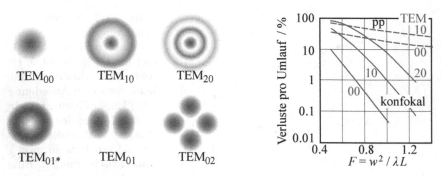

Abb. 13.5. Links: Modenstruktur im zylindersymmetrischen Resonator für die niedrigsten TEM-Moden; gezeigt ist das Intensitätsprofil (sehr schematisch) in einer Ebene senkrecht zur optischen z-Achse. Rechts: Beugungsverluste einiger Moden als Funktion der Fresnel-Zahl F für den Fabry-Perot-Resonator mit planparallelen Spiegeln (pp) sowie für einen konfokalen Resonator

hen und mit Hilfe der klassischen Beugungstheorie berechnen. Auf letztere kommen wir in Abschn. 13.2.2 noch zurück. Hier kommunizieren wir einige wichtige Ergebnisse, ohne auf die Einzelheiten dieser Rechnungen einzugehen. Man findet, dass sich neben der schon erwähnten longitudinalen Modenstruktur (stehende Wellen in z-Richtung) auch verschiedene Intensitätsverteilungen in der dazu senkrechten $\rho\phi$-Ebene ausbilden können, sogenannte *transversale Moden*. Im offenen Resonator sind, wie bei freien elektromagnetischen Wellen, elektrisches und magnetisches Feld transversal zur Ausbreitungsrichtung. Man bezeichnet sie daher als TEM_{ij}-Moden. Einige Beispiele sind links in Abb. 13.5 schematisch skizziert. Die Grundmode TEM_{00} hat eine Gauß'sche Intensitätsverteilung als Funktion des Radius ρ. Wir werden Gauß'sche Strahlen im nächsten Abschnitt ausführlich behandeln. Höhere Moden zeigen Knoten in radialer und/oder azimutaler Richtung. Die mit TEM_{01*} gekennzeichnete Verteilung ist eine Linearkombination der gezeigten TEM_{01}-Mode und einer mit ihr entarteten, dazu um 90° gedrehten.

Interessant sind nun die Beugungsverluste der verschiedenen Moden. Sie werden durch die *Fresnel-Zahl*

$$F = \frac{w^2}{\lambda L} \tag{13.14}$$

bestimmt, wobei w der Radius der strahlbegrenzenden Apertur ist und L wieder die Länge des Resonators. Einige Beispiele zeigt Abb. 13.5 rechts. Erwartungsgemäß nehmen die Beugungsverluste mit zunehmender Fresnel-Zahl rasch ab. Als typische Größenordnung schätzen wir für einen He-Ne Laser $F \simeq 0.8 - 3.2$ ab (Resonatorlänge von $L = 50\,\text{cm}$, strahlbegrenzendes Gasentladungsrohr $w = 0.5 - 1\,\text{mm}$, $\lambda = 632.8\,\text{nm}$). Die konkreten Werte in Abb. 13.5 rechts zeigen uns, dass bei diesen Bedingungen die Beugungsverluste der TEM_{00}-Mode für einen konfokalen Resonator vernachlässigbar werden. Allerdings erweist sich, wie bereits erwähnt, eine planparallele Spiegelanordnung als äußerst unvorteilhaft: sie ist nicht nur unstabil sondern führt auch zu sehr hohen Beugungsverlusten.

Besonders bemerkenswert sind auf jeden Fall die *deutlich höheren Verluste für höhere Moden im Vergleich zur Grundmode*. Diesem Umstand ist es geschuldet, dass in fast allen Lasersystemen in der Regel nur die Grundmode TEM_{00} anschwingt: für alle anderen Moden reicht die Verstärkung meist nicht aus, um die Verluste zu kompensieren.

Natürlich muss man auch für die Grundmode die Beugungsverluste berücksichtigen (effektive Photonenlebensdauer τ_b), wenn man ein Laserschema quantitativ verstehen will. Insgesamt multiplizieren sich alle Verluste durch die verschiedenen Mechanismen nach dem Schema $I = I_0 \exp(-t/\tau_r) \times \exp(-t/\tau_a) \times \exp(-t/\tau_b) \ldots$. Die inversen, effektiven Photonenlebensdauern sind also zu addieren und die Intensität wird insgesamt:

$$I = I_0 \exp(-t/\tau_e) \quad \text{mit} \quad 1/\tau_e = 1/\tau_r + 1/\tau_a + 1/\tau_b + \ldots \qquad (13.15)$$

13.1.4 Das Verstärkermedium

Strahlungsinduzierte und spontane optische Übergänge wurden ausführlich in Kap. 4, Band 1 behandelt. Bei der Beschreibung des Verstärkungsprozesses gehen wir von den in Kap. 4.1 heuristisch eingeführten *Ratengleichungen* aus.[3] Wir erinnern uns, dass dabei meist die spektrale Energiedichte $u(\omega) = \tilde{I}(\omega)/c$ bzw. die Intensität $\tilde{I}(\omega)$ pro Kreisfrequenz $\omega = 2\pi\nu$ zur Ermittlung der Übergangswahrscheinlichkeiten benutzt wurde. Absorption und induzierte Emission wurden dort durch den Einstein'schen B-Koeffizienten charakterisiert, wobei die Bandbreite des Lichts typischerweise viel größer war als die Breite $\Delta\omega_b$ (FWHM) der Absorptionslinie.

Hier nun haben wir es mit sehr schmalbandiger Strahlung wohl definierter Richtung und Polarisation zu tun, deren Kreisfrequenz $\omega = 2\pi\nu$ (nahezu) in Resonanz mit einer Übergangsfrequenz ω_{ba} des Mediums ist und deren Bandbreite klein oder jedenfalls vergleichbar mit $\Delta\omega_b$ ist. Daher wirkt jetzt die Gesamtintensität I des Lichts, $[I] = \text{W cm}^{-2}$, die sich mit der Zeit ändern kann und wir müssen die Frequenzabhängigkeit von $B(\omega)$ berücksichtigen. Wir hatten in Kap. 5 plausibel gemacht, dass dies bei natürlicher Linienverbreiterung durch ein Lorentz-Profil zu berücksichtigen ist:

$$B(\omega) = \frac{3\lambda^3}{2\pi h} \frac{A^2/4}{A^2/4 + \Delta\omega^2} \quad \text{und} \quad \Delta\omega = \omega_{ba} - \omega \qquad (13.16)$$

A ist der Einstein-Koeffizient der spontanen Emission und gibt zugleich die Breite der Linie $\Delta\omega_b$ auf der Kreisfrequenzskala an. Man verifiziert leicht, dass bei Integration über die ganze Linie die aus Kap. 4 bekannte Beziehung (4.107) zwischen den Koeffizienten zurückgewonnen wird: $A/B = 4h/3\lambda_{ba}^3$.

---

[3] Eine etwas fundiertere Begründung werden wir in Kap. 20.6 vorstellen.

Die Besetzungsdichte des oberen Zustands sei N_b, die des unteren N_a. Man definiert als *Besetzungsinversion*

$$\Delta N = (N_b - N_a) \tag{13.17}$$

und erhält Verstärkung für $\Delta N > 0$. Die induzierte Emission entspricht bekanntlich nach Frequenz, Richtung und Polarisation genau der sie hervorrufenden Strahlung. Die Photonendichte $N_{\hbar\omega} = I/c\hbar\omega$ in der Resonatormode ($[N_{\hbar\omega}] = $ Photonenzahl/Volumen) ändert sich also mit der Zeit:

$$\frac{dN_{\hbar\omega}}{dt} = B(\omega)\,\Delta N\,I(t)/c \tag{13.18}$$

Entsprechend nimmt N_b ab und N_a zu. Wir können (13.18) auch schreiben:

$$\frac{dI}{dt} = \hbar\omega\,B(\omega)\,\Delta N\,I = \alpha(\omega)\,I \tag{13.19}$$

Mit (13.16) wird der in (13.5) eingeführte Verstärkungsfaktor ($[\alpha(\omega)] = 1/\text{s}$):

$$\alpha(\omega) = \frac{3\lambda^2 c}{2\pi}\frac{\Delta N}{1 + (2\Delta\omega/A)^2} \tag{13.20}$$

Wir haben bislang angenommen, dass die Linienbreite des oberen Laserniveaus $\Delta\omega_b = A$ sei, also ausschließlich durch radiativen Zerfall bedingt. Ist dies nicht der Fall, dann wird (13.20) zu:

$$\alpha(\omega) = \frac{3\lambda^2 c}{2\pi}\frac{A}{\Delta\omega_b}\frac{\Delta N}{1 + (2\Delta\omega/\Delta\omega_b)^2} = c\,\sigma_{ba}(\omega)\,\Delta N\,, \tag{13.21}$$

Der hier eingeführte Wirkungsquerschnitt $\sigma_{ba}(\omega) = \sigma_{ab}(\omega)$ hat ein Maximum

$$\sigma_{ba}(\omega_{ba}) = \frac{3\lambda^2}{2\pi}\frac{A}{\Delta\omega_b}\,, \tag{13.22}$$

das $0.477\lambda^2$ bei rein radiativer Linienbreite $\Delta\omega_b = A$ wird. Im Falle einer inhomogenen Linienverbreiterung (Mittelung über Atome unterschiedlicher Absorptionsfrequenzen) ist das Lorentz-Profil in (13.21) entsprechend zu ersetzten, z.B. durch eine Gauß-Verteilung bei Doppler-Verbreiterung.

Jedenfalls wird sich – sofern es keine sonstigen Verluste gibt – die Intensität des Lichts beim Durchgang durch das Verstärkermedium nach

$$I(\omega) = I_0 \exp(\alpha(\omega)z/c) = I_0 \exp(\sigma_{ba}(\omega)\,\Delta N\,z) \tag{13.23}$$

entwickeln. Als Verstärkungsprofil eines Lasers bezeichnet man die Intensitätsänderung als Funktion der Frequenz nach einem vollen Umlauf durch den Resonator:

$$G(\omega) = \frac{I(\omega)}{I_0} = \exp(\alpha(\omega)2\,L/c) = \exp(\sigma_{ba}(\omega)\,\Delta N\,2\,L) \tag{13.24}$$

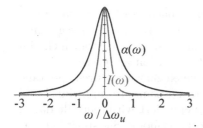

Abb. 13.6. Verstärkungsverengung (gain narrowing) eines Lorentz-artigen Verstärkungsprofils (*schwarz*) $\alpha(\omega)$. Die verstärkte Intensität (*rot*) $I(\omega)$ ist als Funktion der Frequenz wesentlich schmalbandiger

Bemerkenswert an dieser Formel ist, dass ein hoch verstärktes Intensitätsprofil ganz anders aussehen wird als das Linienprofil (13.21). Im Zentrum der Linie, wo die Verstärkung hoch ist, wird der Exponentialfaktor zu besonders hoher Intensität führen, am Linienrand wird kaum verstärkt. Dies führt zu einer deutlichen *Verengung der Linie (gain-narrowing)* wie in Abb. 13.6 illustriert. Bedenkt man, dass in einem Laseraufbau das Verstärkungsprofil noch mit dem Resonatorprofil gefaltet wird, der ja gezielt Verluste für die falschen Frequenzen herbeiführt, dann versteht man, warum die vom Laser erzeugte Strahlung viel schmalbandiger ist als das Verstärkungs- oder Resonatorprofil.

Bislang haben wir noch nicht über die spontane Emission gesprochen, die als Nebenprodukt stets anfällt. Sie kann in einem Verstärkermedium ebenfalls verstärkt werden und z.b. bei einem langgestreckten geometrischen Aufbau mit hoher Verstärkung schon bei einem Durchlauf (also ohne Spiegel) zu sehr hohen Lichtintensitäten führen. Diese *verstärkte spontane Emission (amplified spontaneous emission, ASE)* wird vielfach als intensive, laserartige Lichtquelle verwendet, wie z.B. bei Stickstofflasern oder sogenannten Röntgenlasern. ASE kann freilich auch sehr störend wirken, so etwa bei der Erzeugung intensiver, kurzer Laserimpulse, wo man in der Regel zunächst Besetzungsinversion aufbauen will, ehe man die eigentliche Laseraktivität auslöst – während dieser Aufbauzeit kann ASE dazu führen, dass die Besetzungsinversion vorzeitig abgebaut wird, und störender Untergrund entsteht.

13.1.5 Schwellenbedingung

Es ist nun sehr einfach, Kriterien dafür anzugeben, wann Laseraktivität möglich ist. Dazu müssen wir die Intensitätsverstärkung nach (13.19) wie auch die Verluste nach (13.15) berücksichtigen und erhalten für die Laserintensität im Resonator:

$$\frac{\mathrm{d}I}{\mathrm{d}t} = \alpha(\omega)\, I - \frac{I}{\tau_e} = c\sigma_{ba}(\omega)\Delta N\, I - \frac{I}{\tau_e} \tag{13.25}$$

Hier wurde der Einfachheit halber angenommen, dass das Verstärkermedium den gesamten Resonator ausfüllt.

Verstärkung nach einem vollen Umlauf erhält man nur, falls $\mathrm{d}I/\mathrm{d}t \geq 0$ gilt. Daraus folgt als *Schwellenbedingung* für das Anschwingen eines Lasers:

$$\Delta N = \frac{1}{\sigma_{ba}(\omega)\, c\, \tau_e} \tag{13.26}$$

Dabei kann die effektive Photonenlebensdauer τ_e nach (13.15) aus mehreren Beiträgen bestehen, und $c\,\tau_e$ ist so etwas wie ein effektiver „Lebensweg" eines Photons. Im Volumen $\sigma_{ba}\,c\,\tau_e$ muss sich also mindestens ein Atom mehr im oberen als im unteren Zustand befinden, um Laseraktion zu bewirken.

Streng genommen ist in (13.25) auch noch einen Zuwachs durch spontane Emission zu berücksichtigen. Da diese aber in den gesamten Raumwinkel und mit der vollen Bandbreite $\Delta\omega_b$ des Übergangs emittiert wird, entfällt davon nur ein vernachlässigbarer Teil auf die aktive Lasermode. Sie spielt für das Anschwingen des Lasers eine Rolle, kann aber sonst vernachlässigt werden.

13.1.6 Bilanzgleichungen

In einem Zwei-Niveau-System können wir allenfalls kurzzeitig eine Besetzungsinversion erzeugen. Daher haben Lasermaterialien typischerweise 3 oder 4 Niveaus. Die Bilanzgleichungen für den Laserprozess müssen alle Verluste und Zugewinne der Besetzung für die beteiligten Laserniveaus berücksichtigen, ebenso wie die Entwicklung der Laserintensität $I(t)$ nach (13.25):

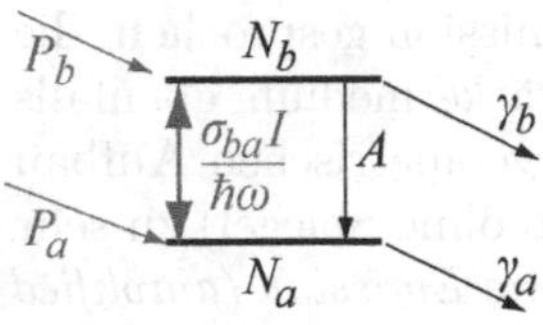

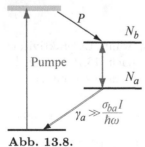

Abb. 13.7. Laserbilanz

$$\frac{dN_b}{dt} = P_b - \sigma_{ba}(\omega)\frac{I\Delta N}{\hbar\omega} - AN_b - \gamma_b N_b \quad (13.27)$$

$$\frac{dN_a}{dt} = P_a + \sigma_{ba}(\omega)\frac{I\Delta N}{\hbar\omega} + AN_b - \gamma_a N_a \quad (13.28)$$

Hier haben wir berücksichtigt, dass weitere Niveaus ins Spiel kommen, wie in Abb. 13.7 skizziert. Diese können mit Besetzungsraten P_b bzw. P_a von anderen Niveaus aufgefüllt werden ($[P_{a,b}] = \mathrm{s^{-1}\,m^{-3}}$) und mit den Raten γ_b bzw. γ_a in wiederum andere Niveaus zerfallen ($[\gamma_{a,b}] = \mathrm{s^{-1}}$). *Idealerweise* würde man sich wünschen, dass im stationären Zustand $N_a = 0$ und $\Delta N = N_b$ oder doch zumindest $N_a \ll N_b$ ist. Dazu sollte $P_a = 0$ und $\gamma_a \gg \sigma_{ba} I/\hbar\omega$ sein, damit das untere Niveau im Laserbetrieb rasch entvölkert wird.

Der Rubinlaser, der erste tatsächlich realisierte Laser, war ein 3-Niveau-Laser. Bequemer und heute meist in der Praxis anzutreffen sind *4-Niveau-Laser*, mit denen man den Idealbedingungen schon sehr nahe kommen kann. Ein solches Schema ist in Abb. 13.8 skizziert. Stark vereinfacht nehmen wir an, dass $\gamma_b = 0$ und γ_a tatsächlich so groß ist,[4] dass wir $N_a \simeq 0$ und $\Delta N \simeq N_b$ setzen können. Mit $A = 1/T_b$ und $P_b = P$ wird aus (13.27) dann:

Abb. 13.8.
4-Niveau-Laser Schema

$$\frac{d\Delta N}{dt} = P - \sigma_{ba}(\omega)\frac{I\Delta N}{\hbar\omega} - \Delta N/T_b \quad (13.29)$$

---

[4] Beim He-Ne-Laser wird der untere Zustand interessanterweise über die Wände entvölkert, sodass der Durchmesser des Plasmarohrs nicht zu groß werden darf.

Im eingeschwungenen Zustand muss natürlich $dI/dt = 0$ gelten. Nach (13.25) bedeutet dies aber, dass (13.26) auch im stationären Laserbetrieb gelten muss. Die wichtige Botschaft daraus lautet also: die *Besetzungsinversion im Laserbetrieb ist gleich der Schwelleninversion.*

Außerdem muss im stationären Betrieb $d\Delta N/dt = 0$ gelten. Setzt man dies und ΔN nach (13.26) in (13.29) ein, so ergibt sich für die Laserintensität

$$I = P\hbar\omega\, c\,\tau_e - \frac{\hbar\omega}{\sigma_{ba}\,T_b}\,. \tag{13.30}$$

Mit steigender Pumprate P wächst zwar nicht die Besetzungsinversion, wohl aber – erwartungsgemäß – die Intensität im Laserresonator. Diese wird bei optimaler Abstimmung mit (13.22)

$$I = P\,\hbar\omega\, c\tau_e - \frac{4\pi^2\hbar c\Delta\omega_b}{3\lambda^3}\,, \tag{13.31}$$

wobei wir noch angenommen haben, dass die Relaxationszeit des oberen Zustands T_b nur durch spontanen, radiativen Zerfall des Laserübergangs bestimmt ist ($AT_b = 1$). Die Laserintensität I ist also abhängig von der Pumprate P und von den Resonatorverlusten (über τ_e), während der negative Term mit der effektiven Linienbreite $\Delta\omega_b$ des angeregten Niveaus systemspezifisch ist. Dieses Ergebnis zeigt noch einmal sehr deutlich die Proportionalität des Verlustterms zu $\lambda^{-3} \propto \nu^3$, der erklärt, warum es um so schwieriger wird, Laser zu bauen, je kürzer die Wellenlänge ist.

Arbeitet man weit oberhalb der Schwelle, so kann man den Verlustterm in (13.31) vernachlässigen und es wird $I \lesssim P\hbar\omega\, c\tau_e$. Es sieht zunächst so aus, also ob man nur τ_e vergrößern, also z.B. die Spiegelreflektivität R des Resonators erhöhen müsse, um mehr Intensität zu erhalten. Innerhalb des Resonators stimmt das sogar, und man nutzt dies verschiedentlich in der Spektroskopie aus (s. z. B. Kap. 15.6.3). Bei der tatsächlichen Ausgangsleistung I_{out} des Lasers müssen wir aber berücksichtigen, dass nur ein Anteil $(1 - R)$ ausgekoppelt wird. Andererseits reduziert gerade diese Auskopplung die Photonenlebensdauer. Mit (13.15), (13.11) und (13.9) schätzt man ab:

$$I_{out} \lesssim P\,\hbar\omega\, c\tau_e\,(1 - R) < P\,\hbar\omega\, c\tau_r\,(1 - R) = P\,\hbar\omega\,\sqrt{R}\,L \tag{13.32}$$

Die Ausgangsintensität hängt natürlich von der Bevölkerungsrate P des oberen Zustands und von der Länge L des Resonators ab (die wir ja gleich der Länge des Verstärkermediums angenommen haben). Durch geringere Auskopplung gewinnt man interessanterweise tatsächlich etwas an Ausgangsleistung – allerdings nur so lange nicht andere Verluste, etwa durch Beugung oder Absorption, wesentlich zu den Resonatorverlusten, d.h. zu $1/\tau_e$ beitragen.

13.1.7 Besetzungsinversion und Linienprofil, Lochbrennen

Abschließen wollen wir diesen Abschnitt mit einigen wichtigen Überlegungen zur Besetzungsdichte im aktiven Lasermedium. Wir können dabei teilweise an

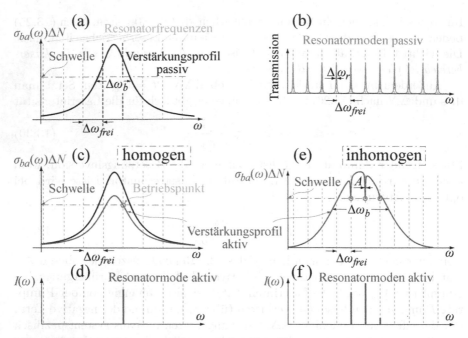

Abb. 13.9. Verstärkungsprofile $\propto \sigma_{ba}(\omega)\Delta N$ und longitudinale Moden im passiven und aktiven Resonator für homogene und inhomogene Linienprofile - Details s. Text

das anknüpfen, was wir im Zusammenhang mit Doppler-freier Spektroskopie in Kap. 6.1.5, Band 1 besprochen haben. Abbildung 13.9 fasst das bislang über Verstärkung, Linienprofile und Modenstruktur im aktiven und passiven Laserresonator Besprochene zusammen und interpretiert die Ergebnisse. Insbesondere ist das unterschiedliche Verhalten bei homogener und inhomogener Linienverbreiterung gegenübergestellt. Abbildung 13.9a zeigt – noch ohne Laseraktivität – ein typisches Linienprofil (FWHM $\Delta\omega_b$) für ein verstärkendes Medium als Funktion der Kreisfrequenz ω, etwa (13.21) entsprechend. Die strichpunktierte, horizontale rote Linie markiert die für Laseraktivität notwendige Schwellenverstärkung. Die Position der Resonanzfrequenzen (vertikal, gestichelt, grau) und die freie Spektralbreite $\Delta\omega_{frei}$ des Laserresonators sind angedeutet. Zwei Resonanzfrequenzen sind rot hervorgehoben: an diesen Stellen liegt die Verstärkung über der Schwelle, und Laseraktivität ist hier im Prinzip möglich. Komplementär dazu ist in Abb. 13.9b die Transmission des passiven Laserresonators aufgetragen. Die Bandbreite der Transmissionslinien $\Delta\omega_r$ ist nach (13.11) eine Funktion der Finesse $\mathcal{F}$ des Resonators.

Abbildung 13.9c illustriert die Situation für den *aktiven* Laser und zwar im Fall einer *homogenen Linienverbreiterung* (z.B. natürliche Linienbreite, Druckverbreiterung etc.). Da hierbei alle verstärkenden Atome oder Moleküle mit dem gleichen Linienprofil zur Verstärkung beitragen, die Besetzungsinversion im Betrieb aber gleich der Schwelleninversion ist, wird das gesamte

Verstärkungsprofil so weit abgesenkt, dass es am Betriebspunkt gerade der Schwellenverstärkung entspricht. Wie in der Abbildung illustriert, ist dies in der Regel *nur für eine longitudinale Lasermode* möglich, da im Betrieb für alle anderen Moden die Verstärkung nun unter der Schwelle liegt. Die so erzeugte, monochromatische Intensitätsverteilung ist in Abb. 13.9d skizziert.

Ganz anders ist das Verhalten bei *inhomogener Linienverbreiterung* (z.B. Doppler-Verbreiterung im Plasma) wie in Abb. 13.9e erläutert. Da wir hier das Verstärkungsprofil nach Gruppen von Atomen oder Molekülen mit je eigenem, individuellen Linienprofil unterscheiden müssen (z.B. entsprechend ihrer Geschwindigkeit), beeinflussen sich diese nicht gegenseitig. Die Bandbreite dieser Gruppenprofile entspricht typischerweise der natürlichen (oder stoßverbreiterten) Linienbreite, in der Abbildung mit A gekennzeichnet. Bei allen Resonatorfrequenzen, bei denen die Verstärkung (im passiven Zustand) oberhalb der Laserschwelle liegt, kann der Laser jetzt auch tatsächlich anschwingen. An diesen und nur an diesen Stellen wird das Verstärkungsprofil bis zur Schwelleninversion abgebaut. Man findet ein typisches „Lochbrennen", wie wir es schon in Band 1 kennengelernt haben. Die Ausgangsleistung des Lasers ist in solch einem Falle über mehrere longitudinale Moden verteilt, wie in Abb. 13.9f dargestellt. Wie schon erwähnt, sind die Laserlinienbreiten um ein Vielfaches schmaler als die Resonator-, Verstärker- oder auch Lochlinienbreite. Es sei hier aber ausdrücklich darauf hingewiesen, dass die in Abb. 13.9 gezeigten Linienbreiten und Frequenzabstände der Übersichtlichkeit halber nicht maßstäblich gezeichnet wurden. Insbesondere ist bei inhomogener Linienverbreiterug in der Regel Verstärkung für sehr viele Resonatormoden möglich. Aber auch inhomogene Linienformen können sehr breit sein und im Prinzip Laseraktivität in mehreren konkurrierenden Moden unterstützen.

Nach dem hier Besprochenen ist klar, dass ein einfacher Laseraufbau nach dem in Abb. 13.2 auf S. 140 rechts gezeigten Cartoon nur in den seltensten Fällen streng monochromatische Strahlung emittieren wird. In aller Regel findet man ein recht breites Liniengemisch vieler longitudinaler Moden, die sich gegenseitig im Wettbewerb um Besetzungsinversion beeinflussen, und meist heftig fluktuieren. Man muss daher zusätzliche, Bandbreite begrenzende und stabilisierende Maßnahmen ergreifen, um Strahlung zu erhalten, die dem Idealbild des monochromatischen, hoch kohärenten und parallelen Laserlichtes entspricht. Für weitere Details verweisen wir den interessierten Leser auf die einschlägige Literatur.

13.2 Gauß'sche Strahlen

Wie bereits angekündigt, wollen wir uns nun etwas eingehender mit der Strahlung beschäftigen, die eine Laseranordnung verlässt, und zwar mit der in den meisten Fällen primär erwünschten TEM_{00}-Grundmode, die bei freier Ausbreitung im Raum als Gauß'scher Strahl in Erscheinung tritt. Wir werden dabei häufig Gebrauch von Formeln und Ableitungen aus Band 1 machen und manches Detail wird dem Leser bekannt, ja trivial vorkommen. Wir müssen aber eine sichere Grundlage schaffen, um später Missverständnisse zu vermeiden.

Dabei werden wir auch einiges an simplem, aber wichtigem Handwerkszeug besprechen, wie es in einem typischen Laserlabor gebraucht wird. Zunächst geht es um die Präzisierung von Begriffen wie Strahlradius und Divergenz. Der komplexe Strahlparameter und die Rayleigh-Länge wird eingeführt, und wir untersuchen die Intensitätsverhältnisse im Gauß'schen Strahl. Sodann führen wir die für die gesamte Laserphysik sehr wichtigen ABCD Matrizen ein und besprechen die Fokussierung und Aufweitung von Laserstrahlen. Schließlich erfahren wir, wie man die Strahlparameter misst und wie man in der Praxis Abweichungen vom Ideal quantifiziert.

13.2.1 Beugungsbegrenztes Profil eines Laserstrahls

Feldverteilung und Strahlparameter

Naiver Weise mag man sich einen *Lichtstrahl* als Konus mit einem sehr kleinen Divergenzwinkel θ und einem endlichen Radius vorstellen, der mit (quasi)monochromatischen ebenen Wellen der Kreisfrequenz ω bzw. der Wellenlänge λ (Wellenvektor $|\boldsymbol{k}| = 2\pi/\lambda$) gefüllt ist. Das würde eine konstante Amplitude über den ganzen Strahlquerschnitt erfordern. Obwohl das Auge einen Laserstrahl so wahrnehmen mag, ist dies noch keine realistische Beschreibung der tatsächlichen räumlichen Energieverteilung. Ein solch scharf begrenztes Profil stellt einfach keine Lösung der allgemeinen Wellengleichung

$$\left(\Delta - \frac{1}{c^2} \frac{\partial^2}{\partial t^2} \right) \boldsymbol{E}(x, y, z, t) = 0 \qquad (13.33)$$

für das elektrische Feld $\boldsymbol{E}$ dar. Eine triviale Lösung ist ja bekanntlich die ebene Welle. Versucht man nun, eine unendlich ausgedehnte ebene Welle mit Hilfe einer kleinen zirkularen Blende vom Radius w_0 zu beschneiden, so bildet der so ausgeschnittene „Strahl" sofort ein typisches Beugungsprofil aus, wie wir es schon beim Laserresonator (Abb. 13.4 auf S. 143) gesehen haben. Im Fernfeld nimmt dessen Intensität mit dem Radius ab, und ein divergentes Lichtbündel entsteht. Die Beugung verwischt also alle scharfen Strahlgrenzen.

Man kann aber nach dem „strahlartigsten" Profil suchen, das mit der Wellengleichung verträglich ist. Wir suchen also einen Wellentyp, der sich in z-Richtung ausbreitet, dabei aber noch flexibel bei der Beschreibung seines räumlichen Profils ist und schreiben dessen *reelle Feldamplitude*:

$$\boldsymbol{E} = \frac{\mathrm{i}}{2} E_0 \,(x, y, z)\, \boldsymbol{e}^* \, e^{-\mathrm{i}(kz - \omega t)} + \text{conj. compl.} \qquad (13.34)$$

Eingesetzt in (13.33) erhält man für den *einhüllenden* Ortsanteil

$$\frac{\partial^2 E_0}{\partial x^2} + \frac{\partial^2 E_0}{\partial y^2} + \frac{\partial^2 E_0}{\partial z^2} - 2\mathrm{i}k \frac{\partial E_0}{\partial z} = 0 \,. \qquad (13.35)$$

Wir suchen nach Lösungen, bei denen sich die Amplitude so langsam verändert, dass der Charakter einer ebenen Welle nicht verloren geht. Man fordert

$$\frac{\delta E_0}{\delta x}\,,\,\frac{\delta E_0}{\delta y}\,,\,\frac{\delta E_0}{\delta z}\ll\frac{E_0}{\lambda}$$

und nennt dies die Näherung der *langsam variierenden Einhüllenden* (*slowly varying envelope* approximation, *SVE*). Vernachlässigt man die zweite Ableitung nach z völlig, so erhält man:

$$\frac{\partial^2 E_0}{\partial x^2}+\frac{\partial^2 E_0}{\partial y^2}-2\mathrm{i}k\frac{\partial E_0}{\partial z}=0\,. \tag{13.36}$$

Zur Lösung macht man nun den Ansatz

$$E_0(x,y,z)=A(z)\exp\left(-\frac{x^2+y^2}{2q(z)}\right) \tag{13.37}$$

mit dem *komplexen Strahlparameter*

$$q(z)=z+\mathrm{i}z_0\,, \tag{13.38}$$

charakterisiert durch die sogenannte *Rayleigh-Länge* z_0. Ohne auf die Details der Rechnung einzugehen, kommunizieren wir die wesentlichen Ergebnisse für ein solches, frei propagierendes elektromagnetisches Feld, die man durch Einsetzen in (13.36) leicht verifiziert.

Wir suchen speziell zylindersymmetrische Lösungen, also solche, die nur von z und vom Radius $\rho=\sqrt{x^2+y^2}$ abhängen, und finden *für die Feldamplitude* den *wichtigen Ausdruck*

$$E_0(\rho,z)=\frac{E_0}{\sqrt{1+(z/z_0)^2}}\times\exp\left(-\frac{\rho^2}{w(z)^2}\right)\times\exp\left(-\frac{\mathrm{i}k\rho^2}{2R(z)}\right)\times\exp(\mathrm{i}\phi(z))$$

$$\tag{13.39}$$

mit dem Maximalwert $E_0/\sqrt{1+(z/z_0)^2}$ auf der Strahlachse. Diese Gleichung beschreibt einen *Gauß'schen Strahl*. Dabei wurde (13.38) umgeschrieben in

$$\frac{1}{q}=\frac{1}{z(1+(z_0/z)^2)}-\frac{\mathrm{i}}{z_0(1+(z/z_0)^2)}=\frac{1}{R(z)}-\mathrm{i}\frac{\lambda}{\pi w^2(z)}\,, \tag{13.40}$$

mit dem *Strahlradius*

$$w(z)=w_0\sqrt{1+(z/z_0)^2} \tag{13.41}$$

und dem *Krümmungsradius* (Ort konstanter Phase im *Fernfeld*, $z\gg z_0$)

$$R(z)=z\left[1+(z_0/z)^2\right]\,. \tag{13.42}$$

Nach (13.40) hängt die Strahltaille w_0 mit der Rayleigh-Länge z_0 über

$$z_0 = \frac{\pi w_0^2}{\lambda} = \frac{k w_0^2}{2} \qquad (13.43)$$

zusammen. Der *Gauß-Strahl wird also durch nur einen Parameter charakteri-siert*, wobei man entweder z_0 oder w_0 wählen kann. An der Strahltaille $z = 0$ ist $w(0) = w_0$ und $R(0) = \infty$. Im Fernfeld $z \gg z_0$ wächst w linear mit z (wie in der geometrischen Optik)

$$w(z) = \frac{w_0}{z_0} |z| = \frac{2|z|}{k w_0} = \frac{\lambda |z|}{\pi w_0}, \qquad (13.44)$$

während $R(z) = z$ wird. Dazwischen liegt bei $z = \pm z_0$ die stärkste Krümmung $1/|R| = 1/2z_0$, und für den Strahlradius gilt $w^2(z_0) = 2w_0^2$.

Der erste Faktor in (13.39) sorgt für die Erhaltung der Gesamtenergie im Strahl, der zweite beschreibt das eigentliche radiale Gauß-Profil. Der dritte Faktor $\exp\left[-ik\rho^2/2R(z)\right]$ charakterisiert die Krümmung der Wellenfront, also die wesentliche Abweichung des Gauß'schen Strahls von der ebenen Welle. Er wird auch *Fresnel-Faktor* genannt.[5] Im Fernfeld geht er gegen 1 und der Gauß'sche Strahl wird praktisch eine ebene Welle. Der letzte Faktor in (13.39) enthält die sogenannte *Gouy-Phase*:

$$\phi(z) = -\arctan(z/z_0)$$

Das ist eine Phase, welche die Welle gegenüber einer ebenen Welle dadurch „aufsammelt", dass sich die Krümmung der Wellenflächen ändert. Sie läuft von $-\pi/2$ bis $+\pi/2$ und ist so definiert, dass die Gesamtphase der Welle bei $R = 0$ verschwindet. Genau 50% davon ergeben sich zwischen $\pm z_0$. Die Gouy-Phase gewinnt zunehmend an Bedeutung im Zusammenhang mit ultrakurzen Laserimpulsen und wurde erstmals von Lindner et al. (2004) vermessen.

Praktische Formeln

Es ist wichtig festzuhalten, dass mit (13.39) der Strahlradius w den Abstand von der Strahlachse angibt, bei welchem die Feldamplitude auf $1/e$ (also auf 36.8%) abgefallen ist (ISO 11146). Entsprechend ist die Intensität[6]

$$I(\rho, z) = \frac{1}{2}\epsilon_0 c\, |E_0(\rho, z)|^2 = I_0(z)\,\exp\left[-2\,(\rho/w)^2\right] \qquad (13.45)$$

des Gauß-Strahls beim dem so definierten Strahlradius w nur noch $1/e^2$ (also 13.5%) ihres Maximalwertes auf der z-Achse. Dieser ist natürlich noch von z abhängig. Für manche Zwecke ist es günstiger, einen Gauß-Radius

---

[5] Wir können den Exponenten auch $ik\rho^2/2R = i\pi\rho^2/\lambda R$ schreiben und erkennen die Fresnel-Zahl nach (13.14) wieder.

[6] Wir erinnern uns: $(\epsilon_0 c)^{-1} = Z_0 = 376.7\,\Omega$ ist der Wellenwiderstand des Vakuums, womit sich Intensität und Feldstärke bequem ineinander umrechnen lassen.

I/I_0

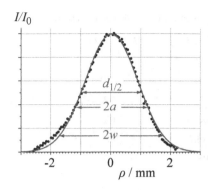

$\ln(I/I_0)$

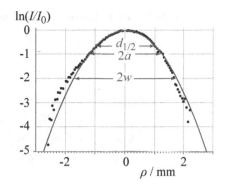

$\rho \,/\, \mathrm{mm}$

$\rho \,/\, \mathrm{mm}$

Abb. 13.10. Radiales Intensitätsprofil eines kontinuierlichen Ring-Farbstofflasers. Experimentell bestimmte Punkte (•) und Gauß-Fit (—) sind links linear, rechts logarithmisch aufgetragen. Die im Text definierten Größen Halbwertsbreite $d_{1/2}$, Gauß-Radius a und Strahlradius w sind maßstäblich eingetragen

$$a = w/\sqrt{2} \qquad (13.46)$$

zu benutzen, womit sich die Rayleigh-Länge als

$$z_0 = \frac{2\pi a_0^2}{\lambda} = ka_0^2 = \frac{\pi w_0^2}{\lambda} = kw_0^2/2$$

und die Strahlintensität bei festem z als

$$I(\rho) = I_0(z) \exp\left(-\rho^2/a^2\right) \qquad (13.47)$$

schreibt. Der Strahldurchmesser bei halber Intensität (FWHM) wird

$$d_{1/2} = 2\sqrt{\ln 2}\, a = 1.665a = 1.177w\,. \qquad (13.48)$$

Die Maximalintensität $I_0(z)$ lässt sich durch Integration von (13.47) in einprägsamer Weise durch die Gesamtleistung P_{tot} im Strahl ausdrücken:

$$I_0(z) = \frac{P_{tot}}{\pi a^2} = \frac{2P_{tot}}{\pi w^2} = 0.693 \frac{P_{tot}}{\pi \left(d_{1/2}/2\right)^2} \qquad (13.49)$$

Damit wird die Intensität im Maximum des Gauß-Strahles gerade gleich der Intensität in einem hypothetischen, zylindrischen Strahl mit Radius a.

Ein typisches, gemessenes laterales Profil für einen Laserstrahl zeigt Abb. 13.10 im Vergleich mit einem Gauß'schen Fit. Die Gauß-Verteilung (13.47) ist bei diesem Beispiel also durchaus realistisch, wenn auch keineswegs perfekt.

Oft ist man interessiert an dem Teil der Gesamtlaserintensität $P(\rho)$ der Gesamtleistung P_{tot}, die im Zentrum des Strahls zwischen $\rho = 0$ und ρ steckt. Durch Integration von Gl. (13.47) erhält man die nützliche Formel

$$P(\rho) = P_{tot}\left(1 - \frac{I(\rho)}{I_0}\right). \qquad (13.50)$$

Tabelle 13.1. Intensität und Leistung in einem Gauß'schen Strahl

ρ	$I(\rho)/I_0$	$P(\rho)/P_{tot}$ %	I_{mittel}/I_0 %
0	1	0	100
$0.83\,a$	$1/2 = 0.5$	50	72
a	$1/e = 0.367$	63.3	63
$w = \sqrt{2}a$	$1/e^2 = 0.135$	86.5	43
$2\,a$	$1/e^4 = 0.0183$	98.7	25

Für praktische Zwecke sind in Tabelle 13.1 einige Zahlen zusammengestellt. Wir sehen, dass auf eine Kreisscheibe um die Achse mit Radius a nur 63.3% der Gesamtleistung treffen, hingegen $\approx$ 99% auf eine Scheibe mit Radius $2a$. Angegeben ist in der Tabelle auch die mittlere Intensität I_{mittel}. Selbstverständlich macht eine solche Angabe nur Sinn, wenn man Prozesse untersucht, die linear von der Intensität abhängen. Wir werden darauf noch in Abschn. 13.6 zurückkommen.

Der Vollständigkeit halber notieren wir explizit noch die Abhängigkeit der Intensität von ρ und z, die man aus (13.45) mit (13.41) und (13.49) erhält

$$I(\rho, z) = \frac{I_0}{1 + (z/z_0)^2} \exp\left(-\frac{2\rho^2}{w_0^2(1 + (z/z_0)^2)}\right) \tag{13.51}$$

mit $I_0 = I_0(0) = 2P_{tot}/\pi w_0^2$. Die rote Linie in Abb. 13.11a zeigt schematisch, wo die Intensität $I(\rho, z)$ auf $1/e^2$ abgefallen ist und definiert asymptotisch die Strahldivergenz θ_e. Das 2D-Profil in Abb. 13.11b, eine Art „Hundeknochen",

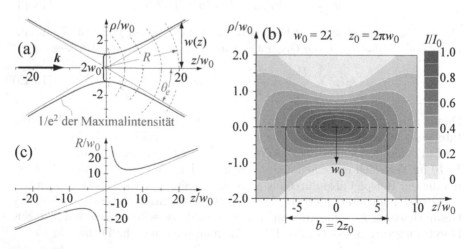

Abb. 13.11. Profil und Parameter eines Gauß-Strahls bei starker Fokussierung ($w_0 = 2\lambda$). (**a**) Geometrie in der Nähe der Strahltaille w_0, (**b**) 2D-Darstellung des Intensitätsprofils im Strahlfokus, (**c**) Radius der Wellenfront als Funktion von z/w_0

gibt einen Ausschnitt aus der Mitte von (a). Auch der *Konfokalparameter* $b = 2z_0$ ist angedeutet. Er hat eine sehr praktische Bedeutung, denn für $z = \pm z_0$ hat sich die Strahlfläche $\pi w(z_0)^2 = 2\pi w_0^2$ gegenüber der Taille jeweils verdoppelt. Die Intensität fällt also innerhalb des Konfokalparameters in beide Richtungen jeweils auf 50% der Maximalintensität ab. Abbildung 13.11c zeigt zur Orientierung auch noch den Radius R der Wellenfront als Funktion von z/w_0. Man beachte die ausgeprägten Minima mit $R = 2z_0$ bei $z = z_0$.

Strahldivergenz und Beugung

Im Fernfeld $z \gg z_0$ geht (13.51) mit (13.43) und (13.49) über in

$$I(\rho, z) = P_{tot} \frac{k^2}{2\pi \, (z/w_0)^2} \exp\left(-\frac{\rho^2 k^2}{2 \, (z/w_0)^2}\right), \qquad (13.52)$$

was man für kleine Divergenzwinkel des Strahles mit $\theta \simeq \rho/z \ll 1$ auch umrechnen kann auf die in ein Raumwinkelelement $2\pi\theta d\theta$ ausgestrahlte Leistung

$$P(\theta) = P_{tot} 2\pi \, (kw_0)^2 \exp\left(-(\theta kw_0)^2/2\right) \qquad (13.53)$$

mit $[P(\theta)] = \mathrm{W\,/\,sr}$. Der Winkel, bei dem ein Gauß-Strahl auf $1/e^2$ der maximalen Intensität abgefallen ist (die Feldstärke auf $1/e$), wird also

$$\theta_e = \frac{2}{kw_0} = \frac{w_0}{z_0} = \frac{\lambda}{\pi w_0} = \frac{\sqrt{2}}{ka_0}. \qquad (13.54)$$

Dies entspricht einer Raumwinkeldivergenz

$$\delta\Omega_e = \pi\theta_e^2 = \frac{\lambda^2}{\pi w_0^2}. \qquad (13.55)$$

13.2.2 Fraunhofer-Beugung

Es ist instruktiv, die Winkeldivergenz eines Gauß-Strahles zu vergleichen mit der des Beugungsbildes einer ebenen Welle an einer zirkularen Apertur vom Radius w_0. Wir hatten das Thema schon im Zusammenhang mit der Entstehung der Lasermoden und Beugungsverluste in Abschn. 13.1.3 angesprochen. Wir nutzen jetzt die Gelegenheit, einen kleinen Exkurs in ein wichtiges Thema der klassischen Wellenoptik (s. z.B. Born und Wolf, 1999) einzuschieben und betrachten die Beugung einer ebenen Welle an einer Kreisblende.[7] Nach dem Huygen-Fresnel'schen Prinzip, kann man recht allgemein die

---

[7] Wir verzichten hier auf die streng formale Ableitung nach Kirchhoff, die auch die Vorfaktoren begründet. Wir nehmen der Einfachheit halber senkrechtes Auftreffen der Welle auf ein ebenes Objekt an und setzen das Feld skalar sowie aus rechentechnischen Gründen komplex an.

Beugung einer ebenen Welle der Amplitude E_S an einem ebenen Objekt der Fläche S als Superposition von Kugelwellen schreiben. Das Feld an einem Detektionspunkt r_D ergibt sich danach zu

$$E(r_D) = -\frac{iE_S}{\lambda} \oint_S T(\rho, \varphi) \frac{\exp(ikr)}{r} \rho \, d\rho \, d\varphi. \qquad (13.56)$$

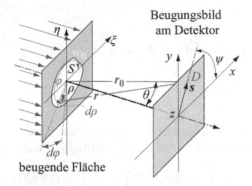

Beugungsbild
am Detektor

beugende Fläche

Abb. 13.12. Geometrie bei der Fraunhofer-Beugung

Die Geometrie ist in Abb. 13.12 skizziert. Wir wählen zur Berechnung Zylinderkoordinaten z, ρ und φ. Das Objekt werde durch eine (im allgemeinen komplexe) Transmissionsfunktion $T(\rho, \varphi)$ charakterisiert, die sowohl die Phase, wie auch die Amplitude der einfallenden Welle E_S am Ort der Beugungsfläche noch verändern kann. Für den Abstand r eines durch ρ und φ auf S charakterisierten Punktes zu einem durch s und ψ beschriebenen Detektorpunkt D gilt nach Abb. 13.12

$$r^2 = (x - \xi)^2 + (y - \eta)^2 + z^2, \quad \text{während} \quad r_0^2 = x^2 + y^2 + z^2$$

ist, sodass $\quad r^2 = r_0^2 \left(1 - 2\frac{x\xi + y\eta}{r_0^2} + \frac{\xi^2 + \eta^2}{r_0^2} \right)$

wird. Mit dem Skalarprodukt der beiden Radialvektoren auf der beugenden Fläche ρ und am Detektor s schreibt sich $x\xi + y\eta = \rho \cdot s = \rho s \cos(\psi - \varphi)$. Wir ersetzen $\xi^2 + \eta^2 = \rho^2$ und entwickeln für $w_0 < r_0$

$$r = r_0 \sqrt{1 - 2\frac{x\xi + y\eta}{r_0^2} + \frac{\rho^2}{r_0^2}} \simeq r_0 - \frac{\rho s \cos(\psi - \varphi)}{r_0} + \frac{\rho^2}{2r_0}. \qquad (13.57)$$

Berücksichtigen wir noch, dass der *Beugungswinkel* $\theta = s/r_0$ ist, so können wir die Kugelwelle in (13.56) schließlich schreiben:

$$\frac{\exp(ikr)}{r} \to \frac{\exp(ikr_0)}{r_0} \exp(-ik\rho\theta \cos(\psi - \varphi)) \exp\left(-ik\frac{\rho^2}{2r_0}\right)$$

Der letzte Faktor ist wieder der Fresnel-Faktor, den wir schon beim Gauß-Strahl kennen gelernt haben. Auch hier kommt also die Fresnel-Zahl F nach (13.14) ins Spiel, und je nach charakteristischer Abmessung der beugenden Fläche ($\simeq w_0$) und Distanz zum Detektionsort ($r_0 \simeq z$) unterscheidet man:

Fraunhofer-Beugung für $F = w_0^2/z\lambda \ll 1/\pi$

   Fresnel-Beugung für $F = w_0^2/z\lambda \gtrsim 1/\pi$ und zugleich $w_0 \ll z$.

Am einfachsten auszuwerten ist die Fraunhofer-Beugung, da dann der Fresnel-Faktor $\exp\left(-\mathrm{i}k\rho^2/2r_0\right) \simeq 1$ wird. Das elektrische Feld am Beobachtungsort bei z ergibt sich schließlich durch Einsetzen in (13.56) zu

$$E(\boldsymbol{r}_D) = -\frac{\mathrm{i}E_S}{\lambda z} \exp\left(\mathrm{i}kz\right) \int_0^{w_0} \rho \, \mathrm{d}\rho \int_0^{2\pi} T(\rho,\varphi) \exp\left(-\mathrm{i}k\rho\theta\cos(\psi - \varphi)\right) \mathrm{d}\varphi.$$

(13.58)

Für die jeweils interessierenden Geometrien und Transmissionsfunktionen T hat man nun dieses Integral auszuwerten. Die Intensität im Beugungsbild erhält man als Quadrat des Absolutbetrags dieses Ausdrucks. Besonders einfach ist das für eine *kreisförmige Aperturblende* mit Radius w_0 und $T(\rho,\varphi) \equiv 1$. Man macht sich dabei die Eigenschaften der Bessel-Funktionen erster Ordnung zu Nutze

$$J_n(u) = \frac{1}{2\pi\mathrm{i}^n} \int_{-\pi}^{\pi} e^{\mathrm{i}u\cos\varphi} e^{\mathrm{i}n\varphi} \, \mathrm{d}\varphi \quad \text{und} \quad x J_1(x) = \int_0^x u \, J_0(u) \, \mathrm{d}u$$

und erhält mit $n = 0$ und $u = k\theta\rho$ die Feldstärke

$$E(\boldsymbol{r}_D) = -\mathrm{i}E_S \exp\left(\mathrm{i}kz\right) \frac{2\pi}{\lambda z} \left(\frac{1}{k\theta}\right)^2 \int_0^{k\theta w_0} u J_0(u) \, \mathrm{d}u$$

(13.59)

$$= -\mathrm{i}E_S \exp\left(\mathrm{i}kz\right) \frac{k w_0^2}{z} \frac{J_1(k w_0\theta)}{k w_0\theta},$$

und für das gebeugte Licht ergibt sich schließlich pro Raumwinkel

$$P(\theta) \propto P_{tot} \left[\frac{2J_1(k w_0\theta)}{k w_0\theta}\right]^2.$$

(13.60)

Dies wird in Abb. 13.13 mit einem Gauß-Profil (13.53) verglichen. Man sieht, dass der Gauß-Strahl etwas besser kollimiert ist, aber die gleiche Größenordnung für die Divergenz liefert. *Der Gauß-Strahl ist die bestmögliche Annäherung an den hypothetischen Lichtstrahl der geometrischen Optik.* Man kann (13.54) etwas salopp sogar als eine Art Unschärferelation interpretieren: $k_\perp w_0 \geq 2$, wobei $k_\perp = k\theta_e$ als transversale Komponente des Wellenvektors zu interpretieren ist. Man definiert auch ein sogenanntes *Strahlparameter-Produkt (beam parameter product) BPP* $\equiv w_0\theta$, welches die Qualität eines Lichtstrahls charakterisiert. Beim *Gauß-Strahl* gilt für das *BPP*

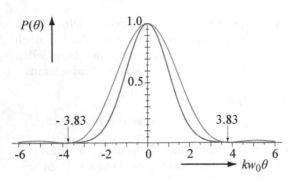

Abb. 13.13. Vergleich der winkelabhängigen Profile eines Gauß-Strahls im Fernfeld (*rot*) mit dem einer aperturbegrenzten ebenen Welle (*grau*)

$$BPP = w_0\theta = 2/k = \lambda/\pi\,, \qquad (13.61)$$

während für die *aperturbegrenzte ebene Welle* nach (13.60) gilt:

$$w_0\theta \geq 3.83/k = 1.22\frac{\lambda}{2} \quad \text{bzw.} \quad s_{\text{Airy}} = \theta z = 1.22\frac{z\lambda}{2a} \qquad (13.62)$$

Dabei gibt s_{Airy} den Radius des zentralen Beugungsbildes (das sogenannte *Airy-Scheibchen*) auf dem Detektorschirm an.[8] Wir kommen auf diese Ausdrücke in Kap. 14.1.6 noch einmal im Zusammenhang mit der Diskussion der lateralen Kohärenz von natürlichem Licht und Laserstrahlung zurück.

13.2.3 Strahl-Transfer-Matrizen

Bevor wir zu der experimentell sehr wichtigen Fokussierbarkeit von Gauß'schen Strahlen kommen, wollen wir ein wichtiges Werkzeug der geometrischen Optik einführen, das auch für Gauß'sche Strahlen anwendbar ist: die Stahl-Transfer-Matrizen (auch ABCD Matrizen genannt), welche die Propagation von achsennahen Lichtstrahlen beschreiben, also von solchen Strahlen, bei denen der Winkel zur optischen Achse $\theta = \rho/z$ gesetzt werden kann, wie dies für Laserstrahlen in aller Regel der Fall ist. Die ABCD Matrizen gestatten es, den Weg des Lichtstrahls, auch den eines Gauß'schen Strahls, durch ein Arrangement von optischen Bauelementen (Linsen, Spiegel, Glasflächen etc.) sehr bequem zu berechnen. Sie bilden u.a. die Basis für die Berechnung von Laserresonatoren.

Man charakterisiert den Lichtstrahl an einem bestimmten Ort z der optischen Achse durch eine sogenannte *Strahlmatrix:*

$$\begin{pmatrix} \rho \\ \theta \end{pmatrix} \quad \text{entsprechend dem Schema}$$

In Abb. 13.14 ist die Änderung des *Strahls* in einen *Strahl'* für die zwei wich-

---

[8] Der Ausdruck entspricht auch dem bekannten Rayleigh-Kriterium für das beugungsbegrenzte Auflösungsvermögen optischer Instrumente.

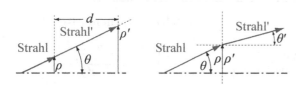

Abb. 13.14. Zur Wirkung der ABCD Matrizen auf einen Lichtstrahl. *Links*: Strahltranslation über eine Strecke d. *Rechts*: Reflexion an einer Grenzfläche zwischen zwei Materialien

tigen Fälle *Translation* und *Brechung* skizziert. Eine solche Änderung beim Durchgang eines Strahls durch eine optische Anordnung entspricht einer linearer Transformation der Strahlmatrix.[9] Man beschreibt sie mit Hilfe der sogenannten ABCD Matrix:

$$\begin{pmatrix} \rho' \\ \theta' \end{pmatrix} = \begin{pmatrix} A & B \\ C & D \end{pmatrix} \begin{pmatrix} \rho \\ \theta \end{pmatrix}.$$ (13.63)

Speziell für einen Gauß-Strahl ändert sich (hier ohne Beweis; s. z.B. Kogelnik und Li, 1966) dabei der komplexe Strahlparameter (13.40) von q nach q' entsprechend:

$$q' = \frac{Aq+B}{Cq+D} \quad \text{oder} \quad \frac{1}{q'} = \frac{C+D/q}{A+B/q}$$ (13.64)

Wir stellen die wichtigsten einfachen Fälle in Tabelle 13.2 zusammen. Man verifiziert, dass im Fall 1 der Strahl tatsächlich einfach translatiert wird

$$\begin{pmatrix} \rho' \\ \theta' \end{pmatrix} = \begin{pmatrix} 1 & d \\ 0 & 1 \end{pmatrix} \begin{pmatrix} \rho \\ \theta \end{pmatrix} = \begin{pmatrix} \rho + \theta d \\ \theta \end{pmatrix},$$

während sich im Fall 2

$$\begin{pmatrix} \rho' \\ \theta' \end{pmatrix} = \begin{pmatrix} 1 & 0 \\ 0 & \dfrac{n}{n'} \end{pmatrix} \begin{pmatrix} \rho \\ \theta \end{pmatrix} = \begin{pmatrix} \rho \\ \dfrac{n\theta}{n'} \end{pmatrix}$$

das Snellius'sche Brechungsgesetz $n'\theta' = n\theta$ ergibt (achsennahe Strahlen mit $\sin\theta \cong \theta$).

Die Propagation eines Strahls durch mehrere optische Anordnungen dieser Art beschreibt das Produkt ihrer ABCD-Matrizen. So ergeben sich die Strahlparameter nach Translation *und* Ablenkung durch eine dünne Linse indem man Matrix 1 mit Matrix 3 aus Tabelle 13.2 multipliziert:

$$\begin{pmatrix} 1 & 0 \\ -\dfrac{1}{f} & 1 \end{pmatrix} \begin{pmatrix} 1 & d \\ 0 & 1 \end{pmatrix} \begin{pmatrix} \rho \\ \theta \end{pmatrix} = \begin{pmatrix} 1 & d \\ -\dfrac{1}{f} & 1-\dfrac{d}{f} \end{pmatrix} \begin{pmatrix} \rho \\ \theta \end{pmatrix} = \begin{pmatrix} \rho + d\theta \\ \theta - \dfrac{\rho+d\theta}{f} \end{pmatrix}$$ (13.65)

---

[9] Im mathematischen Sinne ist die Strahlmatrix einfach der Ortsvektor in Zylinderkoordinaten geschrieben, mit dem Abstand ρ des Strahls von der optischen Achse (z-Achse) und dem Polarwinkel θ. Die zur Darstellung benutzten Bildchen sind in diesem Sinne nicht immer ganz korrekt, dafür aber anschaulich.

Tabelle 13.2. Die wichtigsten einfachen ABCD Matrizen

Fall	Beschreibung	ABCD	Schematisch
1	Translation über Weg d in Medium mit Brechungsindex n	$\begin{pmatrix} 1 & \dfrac{d}{n} \\ 0 & 1 \end{pmatrix}$	
2	Brechung an ebener Fläche Brechungsindex links n, rechts n'	$\begin{pmatrix} 1 & 0 \\ 0 & \dfrac{n}{n'} \end{pmatrix}$	
3	Dünne Linse der Brennweite f	$\begin{pmatrix} 1 & 0 \\ -\dfrac{1}{f} & 1 \end{pmatrix}$	
4	Reflexion an Hohlspiegel	$\begin{pmatrix} 1 & 0 \\ -\dfrac{2}{R} & 1 \end{pmatrix}$	
5	Brechung an gekrümmter Fläche	$\begin{pmatrix} 1 & 0 \\ -\dfrac{n'-n}{n'R'} & \dfrac{n'}{n} \end{pmatrix}$	

Man verifiziert, z.B. für einen aus dem Brennpunkt kommenden Strahl ($d = f$ und $\rho = 0$), dass nach Durchgang durch die Linse der Austrittswinkel stets $\theta' = 0$ ist, der Strahl die Linse also parallel verlässt. Umgekehrt wird bei einem parallel eintretender Strahl ($\theta = 0$) unabhängig von d und ρ stets $\rho' = \rho$ und $\theta' = -\rho/f$ sein, der Strahl wird also in den Brennpunkt hinein gebrochen. Umgekehrt können wir auch die Propagation des Strahls hinter der Linse an den Ort d' berechnen, wenn wir die Strahlparameter vor der Linse kennen:

$$\begin{pmatrix} 1 & d' \\ 0 & 1 \end{pmatrix} \begin{pmatrix} 1 & 0 \\ -\dfrac{1}{f} & 1 \end{pmatrix} \begin{pmatrix} \rho \\ \theta \end{pmatrix} = \begin{pmatrix} 1 - \dfrac{d'}{f} & d' \\ -\dfrac{1}{f} & 1 \end{pmatrix} \begin{pmatrix} \rho \\ \theta \end{pmatrix} = \begin{pmatrix} \rho - \dfrac{\rho d'}{f} + d'\theta \\ -\dfrac{\rho}{f} + \theta \end{pmatrix} \quad (13.66)$$

So verifiziert man etwa, dass vor der Linse achsenparallele Strahlen ($\theta = 0$) hinter der Linse bei $d' = f$ die Achse schneiden. Das Produkt von Matrix 1 mit Matrix 2 und nochmals mit Matrix 1 erlaubt die Abbildung durch eine Linse zu beschreiben, und durch weitere Multiplikation mit den Matrizen für zusätzliche optische Wegstrecken und Bauelemente kann man beliebig komplizierte Aufbauten rasch analysieren. Wir werden dies jetzt auf die Manipulation eines Gauß-Strahls mit Linsen anwenden.

13.2.4 Fokussierung eines Gauß-Strahles

Das Fokussieren, Defokussieren, Aufweiten und Bündeln von Gauß-Strahlen ist für die Praxis im Labor äußerst wichtig. Im Prinzip sind sowohl beliebig große Strahlradien darstellbar wie auch die Fokussierung auf sehr kleine Brennflecke. Dabei gilt aber stets: *das Produkt aus Strahlradius w_0 und Divergenzwinkel θ_e bleibt konstant.* Speziell gilt nach (13.54) im Idealfall des beugungsbegrenzten Gauß'schen Strahls $\theta_e w_0 = \lambda/\pi$.

Zum Einüben lassen wir einen Gauß-Strahl frei propagieren und nehmen an, dass wir anfänglich einen ideal parallelen Strahl mit $R = \infty$ und Strahlradius w_L vorfinden. Der komplexe Strahlparameter ist nach (13.38) und (13.40) also

$$\frac{1}{q} = -\mathrm{i}\frac{\lambda}{\pi w_L^2} = -\frac{\mathrm{i}}{z_0}.$$

Dabei wurde zur Abkürzung die Rayleigh-Länge (13.43) eingesetzt, hier $z_0 = \pi w_L^2/\lambda$. Wir berechnen nach (13.64) mit Hilfe der Propagationsmatrix (Fall 1 in Tabelle 13.2) den komplexen Strahlparameter im Abstand $d = z'$ zu

$$\frac{1}{q'} = \frac{C + D/q}{A + B/q} = \frac{1/q}{1 + z'/q},$$

woraus nach kurzer Rechnung folgt:

$$\frac{1}{q'} = \frac{1}{z'\left(1 + z_0^2/z'^2\right)} - \frac{\mathrm{i}}{z_0\left(1 + z'^2/z_0^2\right)} = \frac{1}{R'} - \mathrm{i}\frac{\lambda}{\pi w'^2}$$

Durch Vergleich von Real- und Imaginärteil auf beiden Seiten der Gleichung erhält man $R' = z'\left(1 + z_0^2/z'^2\right)$ und $w' = w_L\sqrt{1 + z'^2/z_0^2}$, also Ausdrücke die völlig äquivalent zu (13.42) und (13.41) sind. Wir sehen, dass die Matrixmethode also tatsächlich das Verhalten eines Gauß-Strahles reproduziert, der sich entlang der optischen Achse ausbreitet – einschließlich des richtigen Divergenzwinkels $\theta_e = \lambda/\pi w_L$ entsprechend (13.54).

Wir wollen nun diesen Laserstrahl durch eine Sammellinse der Brennweite f fokussieren. Sie sei am Ort $z = 0$ platziert, und wir präzisieren die anfängliche Parallelität durch $R \gg f$. In der geometrischen Optik würde die Linse diese „ebene Welle" in ihren Brenn*punkt* fokussieren und dabei die ebene Wellenfront ($R = \infty$) in eine sphärische Welle mit Radius $R' = (z - f)$ umwandeln. In der Realität wird der Punkt durch Beugungseffekte zu einer Kreisscheibe mit endlichem Radius w_0, wie dies in Abb. 13.15 skizziert ist.

Mit $R_L = \infty$ und einem anfänglichen Strahlradius w_L wird der komplexe Strahlparameter vor der Linse $1/q = -\mathrm{i}\lambda/\pi w_L^2$ wie im letzten Beispiel. Nach (13.64) berechnen wir diesmal mit Hilfe der Produktmatrix (13.66) den neuen komplexen Strahlparameter:

$$\frac{1}{q'} = \frac{C + D/q}{A + B/q} = \frac{-1/f - \mathrm{i}\lambda/\left(\pi w_L^2\right)}{\left(1 - \frac{z'}{f}\right) - z'\mathrm{i}\lambda/\left(\pi w_L^2\right)}. \tag{13.67}$$

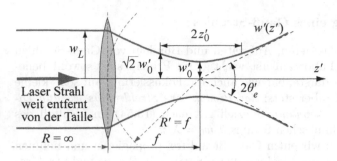

Abb. 13.15. Fokussierung eines parallelen Gauß'schen Strahls

Ohne auf die Details einzugehen, vermerken wir, dass – wie erwartet – der Strahlradius w' (zur Erinnerung: bei $1/e^2$ Intensität) mit der Distanz z' vom Brennpunkt der Linse zunimmt. Der Einfachheit halber konzentrieren wir uns auf den Brennpunkt der Linse, $z' = f$, um die Taille $w_0 = w'(f)$ zu berechnen. Dort erhalten wir das einfache Ergebnis

$$\frac{1}{q'} = \frac{1}{R'} - \mathrm{i}\frac{\lambda}{\pi w'^2} = \frac{1}{f} - \mathrm{i}\frac{\pi w_L^2}{\lambda f^2}$$

und durch Vergleich von Real- und Imaginärteil den Taillenradius w_0'

$$w_0' = \frac{f\lambda}{\pi w_L} \,. \tag{13.68}$$

Der Krümmungsradius der Wellenfront[10] wird hier $R' = f$. Für praktische Zwecke notieren wir noch den Zusammenhang für den eingangs definierten $1/e$ Gauß-Radius $a = w/\sqrt{2}$:

$$a_0' = \frac{f\lambda}{2\pi a_L} \tag{13.69}$$

Interessanterweise wird offenbar der Strahlradius im Fokus (w_0' bzw. a_0') um so kleiner, je größer er an der fokussierenden Linse war. Die Maximalintensität im Fokus nach (13.49) wächst sogar proportional zu $1/w_L^2$ bzw. $1/a_L^2$.

Mit der Rayleigh-Länge z_0 nach (13.43) ergibt sich schließlich durch Einsetzen von (13.68) noch der sogenannte *Konfokalparameter* (das ist die Distanz um den Fokus, innerhalb derer die Intensität auf 50% abfällt):

$$b = 2z_0 = \frac{2\pi w_0^2}{\lambda} = \frac{2\lambda f^2}{\pi w_L^2} \quad.$$

---

[10] Bei genauerer Betrachtung findet man, dass der kleinste Querschnitt tatsächlich bei $z = fz_0^2/\left(z_0^2 + f^2\right)$ liegt, also etwas vor dem Brennpunkt der Linse. Dort geht dann auch $R \to \infty$. Da wir es hier aber typischerweise mit einem zunächst relativ großen Strahlradius w_L zu tun haben, für den $z_0 \gg f$ gilt, spielt dieser kleine Unterschied praktisch keine Rolle.

Tabelle 13.3 gibt einige Beispiele für das Fokussieren von Gauß-Strahlen mit zwei unterschiedlichen Anfangsstrahldurchmessern w_L für drei verschiedene Linsenbrennweiten f. Als Wellenlänge haben wir 800 nm gewählt, die Wellenlänge des Titan-Saphir Lasers, der in der Kurzzeitspektroskopie eine zentrale Rolle spielt.

Man kann natürlich auch umgekehrt einen fokussierten Laserstrahl wieder parallel machen, indem man eine Linse der Brennweite f im Abstand f von der Taille platziert. Wie in Abb. 13.16 illustriert, konvertiert die Linse in diesem Fall die gekrümmte Wellenfront in eine im Wesentlichen ebene Welle. Gehen wir von einer Strahltaille w_0 bei $z = 0$ und einem Krümmungsradius $R_L = -f$ aus, so wird der komplexe Strahlparameter des Laserstrahls in der Taille

$$\frac{1}{q} = -\frac{1}{f} - i\frac{\lambda}{\pi w_0^2}.$$

Benutzen wir wieder (13.64), diesmal aber mit der Produktmatrix (13.65), so erhalten wir nach kurzer Rechnung für den komplexen Strahlparameter hinter der Linse:

$$\frac{1}{q'} = \frac{C + D/q}{A + B/q} = -i\frac{\pi}{f^2\lambda}w_0^2$$

Damit wird unmittelbar hinter der Linse der Strahlradius

$$w_0' = \frac{f\lambda}{\pi w_0} \quad \text{und } R' = \infty.$$

Das ist erwartungsgemäß gerade die Umkehrung der Fokussierung nach (13.68). Wir müssen aber beachten, dass der so neu definierte Laserstrahl nun seine Taille an der Linse hat und sich von dort aus wiederum leicht divergent ausbreitet, wie wir das im ersten Beispiel dieses Abschnitts besprochen haben. Daher wird der neue Divergenzwinkel des „parallelisierten" Gauß-Strahls

$$\theta_e' = \lambda/\pi w_0' = \frac{\lambda\pi w_0}{\pi f\lambda} = \frac{w_0}{f}. \tag{13.70}$$

Tabelle 13.3. Strahl Radius w_0' (bei $1/e^2$ Intensität) und Konfokalparameter im Fokus einer Linse der Brennweite f. Es wird ursprünglich ein paralleler Gauß-Strahl mit Radius w_L) bei einer Wellenlänge $\lambda = 800$ nm angenommen. Man sieht, dass die laterale Justierung sehr kritisch ist, die longitudinale deutlich weniger

f / mm	w_L / mm	w_L/f	w_0'/μm	b
100	0.4	0.004	64	31 mm
50	0.4	0.008	31	8 mm
100	2	0.02	13	1.3 mm
50	2	0.04	6.4	318 μm
10	0.4	0.04	6.4	318 μm
10	2	0.2	1.2	12 μm

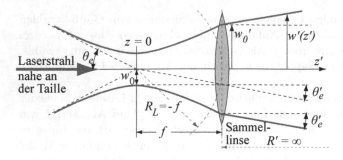

Abb. 13.16. Defokussierung eines Gauß'schen Strahls

Diese Divergenz lässt sich sehr anschaulich deuten, wie in Abb. 13.16 skizziert: sie entspricht gerade jener Divergenz, die man erwarten würde, wenn eine ausgedehnte Lichtquelle mit dem ursprünglichen Taillenradius w_0 auf geometrische Weise durch die Linse abgebildet würde.

Um ein Gefühl für die Divergenz Gauß'scher Strahlen zu geben, sind in Tabelle 13.4 eine Reihe numerischer Werte für verschiedene Strahlradien w_0 (bzw. äquivalente Rayleigh-Längen z_0 oder Divergenzwinkel θ_e) zusammengestellt. Die Strahlradien bei verschiedenen Abständen z von der Taille zeigen deutlich, dass auch Gauß'sche Strahlen bei größeren Abständen auseinander laufen – wie man es bei manchen Laserilluminationen am nächtlichen Stadthimmel beobachten kann (bei trockenem Wetter dank der Rayleigh-Streuung, bei feuchtem Wetter noch besser sichtbar, aufgrund der Mie-Streuung, wie wir das schon in Band 1 besprochen haben). Die Art, wie sich Gauß'sche Strahlen aufweiten, verdient einige Beachtung. Vergleichen wir z.B. die Strahlen Nr. 1, 3 und 5 in Tabelle 13.4. Strahl 1 ist ursprünglich ein ziemlich breiter „Pinsel". Er weitet sich aber nur um einen Faktor 3 über eine Distanz von 1 km auf und kann daher gut für Zwecke der Telekommunikation oder der Metrologie benutzt werden. Dagegen sehen die Strahlen 3 oder 5 auf dem Lasertisch sehr schmal und richtig laserartig aus. Sie weiten sich aber rasch stark auf und haben in einiger Entfernung einen sehr großen Radius. Strahl 6 wird man kaum noch im 20 m entfernten Nachbarlabor nutzen können, und Strahl 7 schließlich ist ein stark fokussierter Strahl, mit dem man hohe Intensitäten im Brennpunkt erzeugen kann, seine Ausbreitungseigenschaften sind aber katastrophal: die Rayleigh-Länge beträgt weniger als 0.5 mm, die Intensität fällt also innerhalb einer Konfokallänge von weniger als 1 mm auf 50% ab.

Um Strahlen weit zu transportieren, muss man sie also zunächst aufweiten. Man benutzt dazu Teleskopsysteme, wie in Abb. 13.17 skizziert. Am Ende der Strecke, über welche man den Strahl zu transportieren hat, kann ggf. ein zweites, mehr oder weniger identisches, umgekehrt ausgerichtetes System stehen, um den Strahl wieder zu verengen. Auch wenn man sehr stark fokussieren will, empfiehlt es sich, den Strahl zunächst einmal aufzuweiten, da der erreichbare Fokus w_0 nach (13.68) umgekehrt proportional zum Radius w_L des Laserstrahls an der Linse ist. Wie Abb. 13.17 zeigt, kann man Teleskopsysteme auf zwei Weisen konstruieren: entweder nach Keppler mit zwei Sammellinsen, die

Tabelle 13.4. Strahlradien Gauß'scher Strahlen als Funktion des Abstands von der Strahltaille für verschiedene Taillenradien w_o nach (Gl. (13.41)). Die Rayleigh-Länge z_R und der Fernfeld-Divergenzwinkel θ_e hängen von w_o über (13.43) und (13.54) ab. Die Zahlen gelten für die Ti:Saphire Wellenlänge $\lambda = 800\,\text{nm}$

Nr.	Strahlparameter			$w/$ mm Strahlradius bei $1/e^2$ Intensität bei z (Abstand von der Taille)				
	$w_0/$ mm	$z_0/$ m	$\theta_e/$ mrad	1 m	2 m	20 m	100 m	1000 m
1	10	400×10^3	2.5×10^{-2}	10	10	10	10.3	27
2	3	35×10^3	3×10^{-2}	3	3	3.4	9	85
3	1	3.9×10^3	0.25	1	1.1	5.2	25	255
4	0.3	353	0.84	0.9	1.7	16	85	850
5	0.1	39	2.5	2.5	5	51	254	2 546
6	0.03	3.5	8.5	8.5	16	170	850	8 500
7	0.01	0.4	25	25	50	250	2 550	25 465

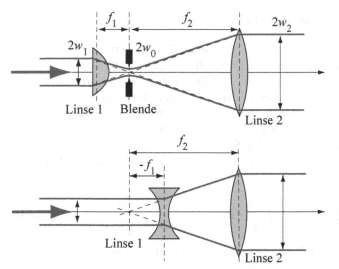

Abb. 13.17. Teleskopsysteme zur Aufweitung eines Gauß'schen Strahls. Die obere, Keppler'sche Anordnung (zwei Sammellinsen) ist mit einer Blende (räumliches Filter) zur Strahlqualitätsverbesserung ausgestattet, die untere nach Galilei (Zerstreuungs- und Sammellinse) ist auch bei höchsten Intensitäten verwendbar

man konfokal aufbaut (oben) oder nach Galilei mit einer Zerstreuungslinse und einer Sammellinse, deren virtueller Fokus im rückwärtigen Brennpunkt der Zerstreuungslinse liegt. Aus der Geometrie von Abb. 13.17 liest man ab, dass die Strahlaufweitung vom Radius w_1 nach w_2 in beiden Fällen durch

$$w_2 = w_1 \, |f_2/f_1| \qquad (13.71)$$

gegeben ist. Den Divergenzwinkel des aufgeweiteten Strahls schätzt man wieder nach (13.54) ab:

$$\theta_2 = \frac{\lambda}{\pi w_2} \qquad (13.72)$$

Dies gilt natürlich streng nur, wenn der Radius der Phasenfläche bei Linse 2 exakt an f_2 angepasst ist – was man stets durch Feinjustierung der Linsenposition erreichen kann.

Beide Varianten des Teleskopsystems haben ihre speziellen Vorteile. Während mit zwei Sammellinsen ein realer Brennpunkt existiert, in den man z.B. eine Aperturblende stellen kann (Durchmesser typischerweise 3 bis $5 \times w_0$), wie oben in Abb. 13.17 angedeutet. Mit diesem sogenannten Raumfilter gelingt es oft, die Strahlqualität von nicht ganz perfekt Gauß'schen Strahlen wesentlich zu verbessern. Man braucht für die korrekte longitudinale und laterale Justierung einer solchen Blende freilich schon etwas Geschick.

Arbeitet man mit hohen Laserintensitäten, wie dies heute oft der Fall ist, wenn man Laserimpulse mit einer Dauer τ von einigen Femtosekunden benutzt ($I_0 \propto 1/\tau$), dann möchte man gerade vermeiden, dass es einen realen Fokus gibt. Das kann in Raumluft leicht zu Ionisation und zum elektrischen Durchbruch führen, und der Laserimpuls wird zerstört. Daher benutzt man in diesem Fall nur den Galilei'sche Teleskopaufbau, der dies vermeidet.

13.2.5 Profilmessung mit der Rasierklinge

Wenn man schon weiß, dass es sich um einen Gauß'schen Strahl handelt, oder wenn (13.47) wenigstens das radiale Profil in guter Näherung beschreibt, kann man den Radius a oder w nach (13.48) in der Praxis durch ein sehr einfaches Verfahren leicht bestimmen. Man benutzt dafür eine Rasierklinge (engl. „knife-edge"), die man auf einem hoch präzisen Verschiebetisch von der Seite her, sagen wir in $-y$-Richtung, in den Strahl schiebt. Man misst die durchgelassene Intensität. Ist der Strahl von $y = y_0$ bis $y = \infty$ von der Rasierklinge bedeckt, registriert man mit $\rho = \sqrt{x^2 + y^2}$ am Detektor die Leistung

$$P(y_0) = \frac{P_{tot}}{\pi a^2} \int_{-\infty}^{y_0} dy \left(\int_{-\infty}^{+\infty} dx \exp\left(-\frac{x^2 + y^2}{a^2} \right) \right) . \tag{13.73}$$

Dies kann in geschlossener Form integriert werden, und man erhält

$$\frac{P(y_0)}{P_{tot}} = \frac{1}{a\sqrt{\pi}} \int_{-\infty}^{y_0} \exp\left(-\frac{y^2}{a^2} \right) dy = \frac{1}{2} \left(\text{erf}\left(\frac{y_0}{a} \right) + 1 \right) \tag{13.74}$$

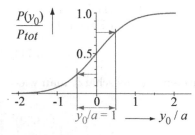

Abb. 13.18. Signal beim Rasierklingen-Verfahren zur Bestimmung des Gauß-Radius. Man bestimmt a aus der Differenz der y_0 Werte für das Signalverhältnis 0.24 und 0.76 – wie angedeutet

mit dem Fehlerintegral $\mathrm{erf}(y_0/a)$. $P(y_0/a)/P_{tot}$ läuft von 0 bis 1 wie in Abb. 13.18 dargestellt. Für $y_0/a = \mp 0.5$ erwarten wir 0.2398 bzw. 0.7602. An diesen beiden, in Abb. 13.18 markierten Stellen liest man den Gauß-Radius a ab.

13.2.6 Der M^2 Faktor

Zum Abschluss unserer Betrachtungen über Gauß'sche Strahlen müssen wir darauf hinweisen, dass Laserstrahlen natürlich niemals völlig perfekt sind. Mehr oder weniger deutliche Abweichungen vom idealen Gauß'schen Strahlprofil sind die Regel. Das spielt eine große Rolle bei der Bewertung der Qualität eines Lasersystems. Am deutlichsten wird dies durch das Strahlparameter-Produkt BPP nach (13.61) ausgedrückt: je größer das BPP, desto schlechter der Strahl. Nach ISO 11146 definiert man zur quantitativen Charakterisierung eines Lasers mit dem Divergenzwinkel θ und dem Strahlradius w_0 den sogenannten M^2 Faktor über die Beziehung

$$\theta = M^2 \frac{\lambda}{\pi w_0}. \tag{13.75}$$

Man kann M^2 also als Verhältnis von idealem zu realem BPP schreiben:

$$M^2 = \frac{\theta w_0}{\lambda/\pi} = \frac{BPP}{\lambda/\pi} = \frac{BPP}{BPP_{ideal}}$$

M^2 charakterisiert also, um wieviel die gemessene Divergenz θ eines Strahls größer ist als der ideale Wert $\lambda/\pi w_0$. Für den Gauß-Strahl gilt $M^2 = 1$, dagegen ist $M^2 \simeq 1.2$ ein typischer Wert für ein sehr gutes, reales Lasersystem.

13.3 Polarisation

Wir rufen zunächst die in Kap. 4.3.2, Band 1 eingeführten Begriffe zur Polarisation des elektromagnetischen Felds in Erinnerung und ergänzen sie. Wir beginnen mit voll polarisiertem Licht, werden aber in Abschn. 13.3.4 mit der Einführung von *Stokes-Parametern* und *Polarisationsgrad* auch die Grenzen dieser einfachen Darstellung ansprechen. Dabei werden nochmals die Vorteile der von uns bevorzugten *Helizitätskoordinaten* deutlich (im Gegensatz zu kartesischen). Auch einige experimentelle Werkzeuge und „Rezepte" zur Präparation und Analyse von optischer Polarisation werden vorgestellt.

13.3.1 Begriffe

Wir wissen inzwischen, dass wir die laterale Feldverteilung bzw. Variation der Intensität problemlos mit einem Gauß'schen Strahl beschreiben können. Wir lassen jetzt diese, sozusagen triviale, Komplikation des Problems erst einmal außen vor und schreiben die elektromagnetische Welle als monochromatische, voll polarisierte, ebene Welle wie mit (4.26) in Band 1 eingeführt. Wir weisen hier nochmals darauf hin, dass der elektrische Feldvektor $\boldsymbol{E}\,(\boldsymbol{r}, t)$ eine Observable in der realen Welt ist, die vom Ortsvektor $\boldsymbol{r}$ und der Zeit t abhängt, und die man streng genommen auch wirklich als reelle Größe schreiben muss, um alle beobachtbaren Phänomene beschreiben zu können:

$$\boldsymbol{E}\,(\boldsymbol{r}, t) = \frac{\mathrm{i}}{2} E_0 \left(\boldsymbol{e}\, e^{\mathrm{i}(\boldsymbol{kr}-\omega t)} - \boldsymbol{e}^* e^{-\mathrm{i}(\boldsymbol{kr}-\omega t)} \right) . \tag{13.76}$$

Dabei ist E_0 die Feldamplitude, die wir uns mit $E_0(\rho, z)$ durchaus auch als von ρ und z abhängig denken können, $\boldsymbol{e}$ ist der Einheits-Polarisationsvektor und $\boldsymbol{k}$ der Wellenvektor mit $|\boldsymbol{k}| = 2\pi/\lambda$. In (13.76) wird die Vektornatur des Feldes ganz durch den Einheits-Polarisationsvektor $\boldsymbol{e}$ ausgedrückt, der auch komplex sein kann. Wir nehmen wieder an, dass sich das Licht in $+z$-Richtung ausbreite ($z \parallel \boldsymbol{k}$). Da es transversal polarisiert ist, kann jeder beliebige Polarisationsvektor in diesem Koordinatensystem als geeignete Kombination von Einheitsvektoren in der kartesischen Basis $(\boldsymbol{e}_x, \boldsymbol{e}_y)$ oder in der sphärischen Basis (Helizitätsbasis) $(\boldsymbol{e}_{+1}, \boldsymbol{e}_{-1})$ geschrieben werden, die für atomphysikalische Probleme oft besser angepasst ist. Die beiden Basissysteme sind über

$$\boldsymbol{e}_x = \frac{-1}{\sqrt{2}} \left(\boldsymbol{e}_{+1} - \boldsymbol{e}_{-1} \right) \quad \text{und} \quad \boldsymbol{e}_y = \frac{\mathrm{i}}{\sqrt{2}} \left(\boldsymbol{e}_{+1} + \boldsymbol{e}_{-1} \right) \quad \text{bzw.} \tag{13.77}$$

$$\boldsymbol{e}_{+1} = \frac{-1}{\sqrt{2}} (\boldsymbol{e}_x + \mathrm{i}\boldsymbol{e}_y) = -\boldsymbol{e}_{-1}^* \quad \text{und} \quad \boldsymbol{e}_{-1} = \frac{1}{\sqrt{2}} \left(\boldsymbol{e}_x - \mathrm{i}\boldsymbol{e}_y \right) = -\boldsymbol{e}_{+1}^* \tag{13.78}$$

miteinander verknüpft. Für den späteren Gebrauch seien hier auch die Einheitspolarisationsvektoren für linear polarisiertes Licht in 45° und 135° in Bezug auf die x-Achse angegeben:

$$\boldsymbol{e}\,(45°) = \frac{1}{\sqrt{2}} \left(\boldsymbol{e}_x + \boldsymbol{e}_y \right) \quad \text{und} \quad \boldsymbol{e}\,(135°) = \frac{-1}{\sqrt{2}} \left(\boldsymbol{e}_x - \boldsymbol{e}_y \right) \tag{13.79}$$

In der sphärischen Basis schreibt sich das:

$$\begin{aligned} \boldsymbol{e}\,(45°) &= \frac{1}{2} \left[(\mathrm{i} - 1)\,\boldsymbol{e}_{+1} + (\mathrm{i} + 1)\,\boldsymbol{e}_{-1} \right] \\ \boldsymbol{e}\,(135°) &= \frac{1}{2} \left[(\mathrm{i} + 1)\,\boldsymbol{e}_{+1} + (\mathrm{i} - 1)\,\boldsymbol{e}_{-1} \right] \end{aligned} \tag{13.80}$$

Man beachte, dass die Polarisationsvektorenpaare (13.77), (13.78) und (13.80) bzw. (13.79) jeweils einen orthonormalen Basissatz für Licht beschreiben, welches sich in z-Richtung ausbreitet. Für alle diese Paare $(\boldsymbol{e}_q, \boldsymbol{e}_{q'})$ gilt

$$\boldsymbol{e}_q \boldsymbol{e}_{q'}^* = \delta_{qq'} \quad \text{mit} \quad \boldsymbol{e}_q^* = \boldsymbol{e}_{-q} . \tag{13.81}$$

Wir geben einige Beispiele von so definierten *Wellenfeldern*: Für $\boldsymbol{e} = \boldsymbol{e}_x$, also für *linear in x-Richtung polarisiertes Licht*, wird (13.76) zu

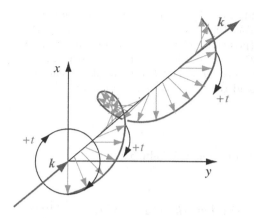

$$E_x\left(\boldsymbol{r}, t\right) = -E_0 \sin\left(\boldsymbol{k}\boldsymbol{r} - \omega t\right) \boldsymbol{e}_x . \tag{13.82}$$

Das Wellenfeld bei *linearer Polarisation in y-Richtung* wird beschrieben durch

$$E_y\left(\boldsymbol{r}, t\right) = -E_0 \sin\left(\boldsymbol{k}\boldsymbol{r} - \omega t\right) \boldsymbol{e}_y . \tag{13.83}$$

Der Einheitspolarisationsvektor $\boldsymbol{e} = \boldsymbol{e}_{+1}$ schließlich beschreibt *links(händig) zirkular polarisiertes Licht (left-hand circularly polarized, LHC)*, auch σ^+-Licht genannt. Durch Einsetzen von (13.78) in (13.76) erhält man

$$\boldsymbol{E}_+\left(\boldsymbol{r}, t\right) = \frac{1}{\sqrt{2}} E_0 \left[\sin\left(\boldsymbol{k}\boldsymbol{r} - \omega t\right) \boldsymbol{e}_x + \cos\left(\boldsymbol{k}\boldsymbol{r} - \omega t\right) \boldsymbol{e}_y\right] , \tag{13.84}$$

während $\boldsymbol{e}_{-1}$ für *rechts zirkular polarisiertes Licht (RHC)* σ^--Licht steht:

$$\boldsymbol{E}_-\left(\boldsymbol{r}, t\right) = \frac{1}{\sqrt{2}} E_0 \left[\sin\left(\boldsymbol{k}\boldsymbol{r} - \omega t\right) \boldsymbol{e}_x - \cos\left(\boldsymbol{k}\boldsymbol{r} - \omega t\right) \boldsymbol{e}_y\right] \tag{13.85}$$

Eine vektorielle Illustration von σ^+-Licht gibt Abb. 13.19. Gezeigt ist der $\boldsymbol{E}$-Vektor bei einer festen Zeit $t = 0$ entlang der z-Achse. Wie angedeutet rotiert – an einem festgehaltenen Ort im Raum – $\boldsymbol{E}$ im Uhrzeigersinne um den Ausbreitungsvektor des Lichts, d.h. mit positiver Helizität (σ^+-Licht). Man verifiziert das am einfachsten in (13.84) mit $\boldsymbol{k}\boldsymbol{r} = 0$, oder entsprechend in Abb. 13.19, wenn man sich die Zeit fortschreitend denkt.

Den *allgemeinsten (Einheits-)Polarisationsvektor für elliptisch polarisiertes Licht* mit Ausbreitungsrichtung parallel zur $+z$-Achse, kann man so schreiben:

$$\boldsymbol{e}_{el} = e^{-i\delta} \cos\beta\, \boldsymbol{e}_{+1} - e^{i\delta} \sin\beta\, \boldsymbol{e}_{-1} = a_+ \boldsymbol{e}_{+1} + a_- \boldsymbol{e}_{-1} = \sum_q a_q\, \boldsymbol{e}_q \tag{13.86}$$

Den Grad der Elliptizität beschreibt der *Elliptizitätswinkel β*, während der *Polarisationswinkel δ* die Ausrichtung[11] (*alignment angle*) der Ellipse in Bezug auf $\boldsymbol{e}_x$ angibt. Durch Einsetzen von (13.86) in (13.76) erhalten wir den

---

[11] Leider werden in der Literatur die Begriffe „Alignment" und „Orientierung" (s. Anhang I.2) immer wieder durcheinandergebracht: *Alignment*, (deutsch *Ausrich-*

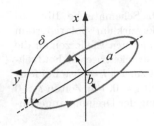

Abb. 13.20. Polarisationsellipse gesehen aus der $+z$ Richtung. Das Licht ist, wie angedeutet, linkshändig polarisiert (positive Helizität). Die Parameter sind $\delta \sim 110°$, $\beta = 25.1°$. Damit ist der zirkulare Polarisationsgrad $\sin^2 \beta - \cos^2 \beta = -0.64$ während der lineare Polarisationsgrad $(a^2 - b^2)/(a^2 + b^2) = 0.6$ ist

elliptischen Feldvektor, parametrisiert mit den Winkeln β und δ:

$$
\boldsymbol{E}_{el}\,(\boldsymbol{r},t) = -\left(E_0/\sqrt{2}\right) \times
$$
$$
\{[\cos \beta \,\sin\,(\boldsymbol{kr} - \omega t - \delta) + \sin \beta \,\sin\,(\boldsymbol{kr} - \omega t + \delta)]\,\boldsymbol{e}_x + \tag{13.87}
$$
$$
[\cos \beta \,\cos\,(\boldsymbol{kr} - \omega t - \delta) - \sin \beta \,\cos\,(\boldsymbol{kr} - \omega t + \delta)]\,\boldsymbol{e}_y\}
$$

Das Minuszeichen vor E_0 stammt von einem Phasenfaktor aus der Definitionskonvention (13.78). Mit ein klein wenig Algebra kann man zeigen, dass dies einen elektrischen Vektor beschreibt, der (bei festgehaltenem $\boldsymbol{r}$) auf einer Ellipse rotiert, die um den Winkel δ gegen die x-Achse geneigt ist, wie in Abb. 13.20 skizziert. Die Halbachsen werden dem Betrage nach durch

$$
a = E_0\,(\cos \beta + \sin \beta)\,/\sqrt{2} = E_0\,\sin\,(\beta + \pi/4)
$$
$$
b = E_0\,(\cos \beta - \sin \beta)\,/\sqrt{2} = E_0\,\cos\,(\beta + \pi/4) \tag{13.88}
$$

beschrieben. Man beachte, dass $a^2 + b^2 = E_0^2$. In der Literatur wird häufig auch die sogenannte *Elliptizität*

$$
\epsilon = \min(a,b)/\max(a,b) = \cot(\beta + \pi/4) \tag{13.89}
$$

angegeben – eine etwas unglückliche, da nicht ganz eindeutige Definition.

Zwei Spezialfälle sind von besonderer Bedeutung:

1. Für *rein linear polarisiertes Licht* können wir $\beta = \pi/4$, also $\sin \beta = \cos \beta = 1/\sqrt{2}$ setzen. Drückt man $\boldsymbol{e}_{+1}$ und $\boldsymbol{e}_{-1}$ nach (13.78) durch die Basisvektoren $\boldsymbol{e}_x$ und $\boldsymbol{e}_y$ in kartesischen Koordinaten aus, so wird der Polarisationsvektor (13.86)

$$
\boldsymbol{e}\,(\delta) = \cos \delta \,\boldsymbol{e}_x + \sin \delta \,\boldsymbol{e}_y \tag{13.90}
$$

mit einem Polarisationswinkel δ zur x-Achse (für $\delta = 0°$ wird daraus $\boldsymbol{e}_x$ und für $\delta = 90°$ ergibt sich $\boldsymbol{e}_y$). Die Feldamplitude für diesen Fall erhält man wieder durch Einsetzen in (13.76):

$$
\boldsymbol{E}_{el}\,(\boldsymbol{r},t) = -E_0\,\{\cos \delta \,\sin\,(\boldsymbol{kr} - \omega t)\,\boldsymbol{e}_x + \sin \delta \,\sin\,(\boldsymbol{kr} - \omega t)\,\boldsymbol{e}_y\} \tag{13.91}
$$

---

tung) bezieht sich auf die Richtung eines polaren Vektors in einer Ebene (z.B. des *E*-Vektors bei linear polarisiertem Licht). *Orientierung* bezeichnet den Drehsinn eines axialen Vektors (also z.B. *links* bzw. *rechts zirkular polarisiertes Licht*).

2. *Links zirkular polarisiertes* (σ^+) Licht entspricht nach (13.86) einem Elliptizitätswinkel $\beta = 0°$, *rechts zirkular polarisiertes* (σ^-) Licht erhält man für $\beta = -\pi/2$.

13.3.2 Polarisationsbedingte Zeitabhängigkeit der Intensität

Wie wir schon in Band 1 ausführlich diskutiert haben, bestimmt die Polarisation die Auswahlregeln für optische Übergänge. Wir notieren hier, dass die Elliptizität darüber hinaus auch Einfluss auf die Zeitabhängkeit der Lichtintensität hat. Mit $I_0 = E_0^2/(2Z_0)$ und $Z_0 = (\epsilon_0 c)^{-1} = 376.7\,\Omega$ wird diese

$$I(t,\beta) = -\frac{E_0^2}{4Z_0} \left[ee^{-i\omega t} - e^*e^{i\omega t}\right]^2 = I_0 \left[1 - \sin(2\beta)\cos(2\omega t)\right], \quad (13.92)$$

vom Elliptizitätswinkel β abhängig. Bei zirkular polarisiertem Licht ($\beta = 0$ bzw. $\pi/2$) ist sie konstant, bei linear polarisiertem Licht oszilliert sie mit der doppelten Lichtfrequenz. In der linearen Spektroskopie ist das erfreulicherweise ohne Bedeutung, da (13.92) im zeitlichen Mittel $\langle I(t,\beta)\rangle = I_0 = E_0^2/(2Z_0)$, also unabhängig von β wird. Für nichtlineare Prozesse gilt das jedoch nicht mehr. So spricht z.B. die allgemeine Formel (5.31) für die Multiphotonenabsorptionsrate $(\propto I^{\mathcal{N}})$, die wir in Band 1 behandelt haben, eher dafür, dass bei der Absorption von $\mathcal{N}$-Photonen die zeitlich gemittelte $\mathcal{N}$te Potenz der Intensität relevant sein könnte. Für diese findet man (Shchatsinin et al., 2009)

$$\langle I^{\mathcal{N}}(t,\beta)\rangle = I_0^{\mathcal{N}} \frac{\omega}{2\pi} \int_0^{2\pi/\omega} \left[1 - \sin(2\beta)\cos(2\omega t)\right]^{\mathcal{N}} \, dt$$

$$= I_0^{\mathcal{N}} \sum_{\mathcal{K}=0}^{\mathcal{N}} \binom{\mathcal{N}}{\mathcal{K}}^2 \sin^{2\mathcal{K}}\beta \cos^{2\mathcal{N}-2\mathcal{K}}\beta \quad (13.93)$$

$$= I_0^{\mathcal{N}} \cos^{\mathcal{N}}(2\beta) \, P_{\mathcal{N}}\left(\frac{1}{\cos(2\beta)}\right),$$

wobei $P_{\mathcal{N}}(x)$ das Legendre-Polynom $\mathcal{N}$ter Ordnung ist. Man verifiziert leicht, dass $\langle I^{\mathcal{N}}(t,\beta)\rangle$ mit zunehmender Elliptizität stark abnimmt. In der Tat konnte kürzlich gezeigt werden, dass im starken Feld intensiver Femtosekundenimpulse die Ausbeute bei der Multiphotonenionisation mit zunehmender Elliptizität des Lichts ebenfalls rasch abnimmt und z.T. überraschend gut mit $\langle I^{\mathcal{N}}(t,\beta)\rangle$ korreliert (Hertel et al., 2009; Shchatsinin et al., 2009).

Die Übersichtlichkeit dieser Ausdrücke ist übrigens ganz wesentlich der Benutzung von Helizitätskoordinaten geschuldet. Nur so kann man linear, elliptisch und zirkular polarisiertes Licht im gleichen Koordinatensystem beschreiben. Dagegen wechselt man in der einschlägigen Literatur meist das Koordinatensystem: z parallel zum Polarisationsvektor für lineare Polarisation, z parallel zur Ausbreitungsrichtung für zirkulare Polarisation. Das macht die Ergebnisse nicht nur unübersichtlich, dieses Vorgehen erlaubt es auch nicht, einen kontinuierlichen Übergang zwischen den Polarisationen zu beschreiben.

13.3.3 Viertel- und Halbwellen-Platten

Wir wollen uns nun mit einigen experimentellen Hilfen zur Manipulation von polarisiertem Licht befassen. Wir beginnen mit der Erzeugung von zirkular polarisiertem Licht aus einem linear polarisierten Laserstrahl. Wie man an (13.84) und (13.85) abliest, kann man sich zirkular polarisiertes Licht ja aus zwei linearen Komponenten zusammengesetzt denken, die senkrecht zueinander schwingen und eine Phasendifferenz von $\pm\pi/2$ haben.

Das Standardwerkzeug für die Erzeugung dieser Bedingungen ist ein sogenanntes $\lambda/4$-Plättchen. Das ist eine dünne, sehr gut plan geschliffene, doppelbrechende Platte (typischerweise aus Kalkspat oder Magnesiumfluorid). Sie hat verschiedene Brechungsindizes n_f und $n_s > n_f$ für zwei Kristallachsen, die sogenannte *schnelle (fast f) und die langsame (slow s) Achse*. Die Phasengeschwindigkeit für Licht, dessen Feldvektor parallel zu diesen Achsen zeigt (also Licht, welches sich senkrecht zu diesen Achsen ausbreitet), ist $v_f = c/n_f$ bzw. $v_s = c/n_s$, mit $v_f > v_s$. Die Wellenlängen für schnelle und langsame Achse sind entsprechend $\lambda_f > \lambda_s$, und die beiden senkrechten Feldkomponenten entwickeln eine Phasendifferenz. Speziell für eine $\lambda/4$-Platte ist diese 90°, d.h. die Dicke der Platte d ist

$$d \times (n_s - n_f) = \frac{\lambda}{4}.\qquad(13.94)$$

Die Umwandlung von linear polarisiertem Licht in zirkular polarisiertes Licht

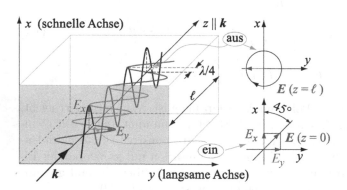

Abb. 13.21. Schematische Illustration der Wirkungsweise einer $\lambda/4$-Platte, die σ^+-Licht aus linear polarisiertem Licht erzeugt. Um σ^--Licht zu erzeugen, muss der $E(z=0)$ Vektor zu Anfang unter $-45°$ ausgerichtet sein anstatt in $+45°$ Richtung

ist schematisch in Abb. 13.21 skizziert: Linear polarisiertes Licht fällt senkrecht auf die $\lambda/4$-Platte, der E-Vektor ist 45° gegen schnelle und langsame Achse eingestellt. Seine Komponenten E_ξ und E_η sind jeweils parallel zu den zwei Kristallachsen. Die Abbildung illustriert, wie am Austritt aus der $\lambda/4$-Platte eine optische Weglängendifferenz von $\lambda/4$ zwischen den beiden Komponenten entsteht. Zusammen bilden diese beiden Komponenten dann ein elektrisches Feld E, welches wie angedeutet rotiert: es handelt sich in diesem

Beispiel um σ^+-Licht (LHC). Umgekehrt erhält man rechts zirkular polarisiertes σ^--Licht (RHC), wenn man den linear polarisierten E-Vektor unter einem Winkel von $-45°$ gegen die schnelle ξ-Achse ausrichtet.

Eine praktische Warnung ist hier angesagt: Man muss $\lambda/4$-Platten sehr sorgfältig justieren, sowohl in Hinsicht auf senkrechte Inzidenz als auch auf die $45°$-Ausrichtung. Man kann das Resultat mit einem Linearpolarisator prüfen, den man im zirkularen Lichtstrahl rasch dreht, z.B. mit einem rotierenden Motor. Das durchgelassene Licht darf keinerlei Variation seiner Intensität zeigen, was man sich ggf. auf einem Oszillografen anschauen kann. Um den Drehsinn des Lichtes zu bestimmen, gibt es eine Regel: *Der Drehsinn von zirkular polarisiertem Licht ergibt sich so, dass man den einfallenden (linear polarisierten) E-Vektor auf kürzestem Weg in die langsame Achse dreht.* Diese Regel gilt unabhängig von der Richtung, in die man auf den Strahl schaut. Da üblicherweise $n_s - n_f \ll 1$ gilt, ist eine $\lambda/4$-Platte viel dicker als $\lambda/4$ – sonst wäre sie auch ein extrem fragiles Objekt. Erwähnt sei, dass man die Platten üblicherweise nicht streng parallel schleift, sondern mit einem ganz leichten Keil versieht (engl. „wedge"), um Interferenzen zu vermeiden. Äquivalente Phasenverschiebungen kann man natürlich auch mit Platten der Dicke $5d$, $9d$, etc. erreichen. Man spricht von erster und höherer Ordnung $\lambda/4$-Platten.

Bei extrem kurzen Lichtimpulsen muss man damit freilich vorsichtig sein. Zum einen führen dickere Platten zu unerwünschten nichtlinearen Effekten. Zum anderen muss man daran denken, dass z.B. ein 800 nm Impuls von 5 fs Dauer (das ist heute im Labor standardmäßig darstellbar) nur noch aus wenigen Wellenzügen besteht! Ein Vergleich der Impulszüge nach Durchgang durch ein $\lambda/4$-Plättchen erster und höherer Ordnung in Abb. 13.22 illustriert die Konsequenzen für einen solchen Laserimpuls sehr deutlich. Der absoluten Phasenlage in Bezug auf die Einhüllende des Feldverlaufs kommt bei diesen extrem kurzen Impulsen offenbar große Bedeutung zu. Für die in schneller bzw. langsamer Achsenrichtung propagierenden Feldvektoren ergibt sich eine deutliche zeitliche Verschiebung. Ein Vielfaches von 2π kann hier nicht ohne Folgen hinzugefügt werden, während das bei kontinuierlichen Lichtstrahlen zu keiner Änderung führt.

Viertelwellenplatten haben den Nachteil, dass sie nur für eine spezielle Wellenlänge exakt der Bedingung (13.94) genügen. Alternativ kann man z.B. die Phasendifferenz nutzen, die sich bei Totalreflexion im Inneren eines Pris-

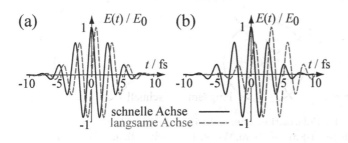

(a)   (b)   **Abb. 13.22.** Kurze Laserimpulse nach Durchtritt durch ein $\lambda/4$-Plättchen (a) erster Ordnung bzw. (b) zweiter Ordnung

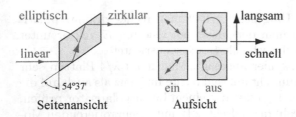

elliptisch   zirkular   langsam

linear   schnell

54°37′

Seitenansicht   ein   aus   Aufsicht

Abb. 13.23. Fresnel-Rhombus und Drehsinn der zirkularen Polarisation, der aus linear polarisiertem Licht nach Durchlaufen des Rhombus erhalten wird

mas ergibt. Ein spezielles Bauteil ist der in Abb. 13.23 skizzierte sogenannte *Fresnel-Rhombus*. Zwei Totalreflexionen mit je einer Phasenverschiebung von 45° werden dabei genutzt. Für einen Brechungsindex von $n = 1.5$ (Glas) muss der Rhombuswinkel 54°37′ sein. Die Abbildung illustriert auch den Drehsinn des zirkular polarisierten Lichtes, den man bei den beiden möglichen Ausrichtungen des einfallenden E-Vektors erhält. Nach der obigen Regel ist die Vertikalrichtung des Rhombus die „langsame Achse". Der Fresnel-Rhombus hat den großen Vorteil, dass er über einen breiten Wellenlängenbereich einsetzbar ist. Ein Nachteil ist der Strahlversatz.

Fresnel-Rhomben werden daher meist als um 180° gedrehte Paare benutzt und ergeben so eine $\lambda/2$-Platte, bei welcher der Strahlversatz kompensiert ist. Halbwellenplatten aus zwei Fresnel-Rhomben oder aus einem doppelbrechenden Kristall sind ebenfalls sehr nützliche Geräte. Bei ihnen gilt (13.94) entsprechend modifiziert:

$$d\left(n_s - n_f\right) = \frac{\lambda}{2}, \qquad (13.95)$$

Sie werden z.B. für die Drehung der Polarisationsebene von linear polarisiertem Licht benutzt, wie in Abb. 13.24 gezeigt. Die schnelle Achse der $\lambda/2$-Platte sei um einen Winkel α zum E-Vektor des einfallenden Lichtstrahls gedreht. Wie in Abb. 13.24a angedeutet, kann man sich den E wieder in zwei Komponenten zerlegt denken. Nach halbem Durchgang durch die Platte (entsprechend einer $\lambda/4$ Platte) ist der Strahl elliptisch polarisiert, wie in Abb. 13.24b skizziert. Nach vollem Durchgang durch die $\lambda/2$-Platte ist die Phasenverschiebung π, d.h. der elektrische Vektor entlang der langsamen Achse hat das umgekehrte Vorzeichen wie der entlang der schnellen Achse. Daher ist der

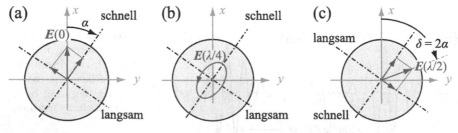

Abb. 13.24. Rotation der Polarisationsebene durch eine $\lambda/2$ Platte. (a) E-Vektor beim Eintritt in die Platte, (b) auf halbem Wege, (c) nach vollem Durchgang

E-Vektor, wie in Abb. 13.24c gezeigt, um einen Winkel $\delta = 2\alpha$ gedreht. Eine volle Drehung der $\lambda/2$-Platte um 2π dreht also den Polarisationsvektor um 4π, er wird also 4 mal parallel zur Richtung am Eintritt. Alternativ nutzt man $\lambda/2$-Plättchen auch zur Änderung des Drehsinns bei zirkular polarisiertem Licht.

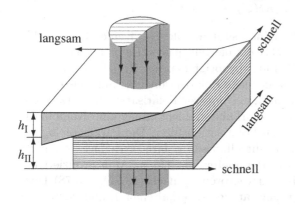

langsam

schnell

langsam

h_{I}

h_{II}

schnell

Abb. 13.25. Soleil-Babinet-Kompensator

Schließlich erwähnen wir noch als besonders flexibles Gerät den sogenannte *Soleil-Babinet-Kompensator* (kommerziell erhältlich), der aus zwei doppelbrechenden Kristallkeilen besteht, deren Kristallachsen gegeneinander um 90° verdreht sind, bei denen also schnelle und langsame Achse gerade vertauscht sind. Einer der beiden Keile kann verschoben werden, so dass sich der optische Weg durch ihn entsprechend verändert, wie in Abb. 13.25 angedeutet. Insgesamt erhält man so eine optische Weglängendifferenz

$$\Delta s = (n_s - n_f)\,(h_I - h_{II}) \qquad (13.96)$$

mit den jeweiligen geometrischen Wegen h_I und h_{II} durch die beiden Platten.

Offenbar kann man Δs von negativen zu positiven Werten verändern, typischerweise von $-\lambda/4$ bis zu 2λ. Die Geräte sind so gebaut, dass diese Weglängendifferenz konstant über eine hinreichend große, nutzbare Fläche der Platte sind, wie man das für ausgedehnte Strahlen benötigt. Noch etwas komfortabler verwendet man elektro-optisch aktive Kristalle (z.B. ADP), deren Doppelbrechung man durch Anlegen eines hohen elektrischen Felds kontinuierlich verändern kann (sogenannte *Pockels-Zellen*).

13.3.4 Stokes-Parameter, unvollständig polarisiertes Licht

Stokes-Parameter

Alternativ zur Beschreibung der Polarisation von Licht durch Polarisationsvektoren, benutzt man traditionell auch die experimentell direkt zugänglichen *Stokes Parameter* (1852 von George Gabriel Stokes eingeführt):

$$\mathcal{P}_1 = \frac{I\,(0°) - I\,(90°)}{I\,(0°) + I\,(90°)} \tag{13.97}$$

$$\mathcal{P}_2 = \frac{I\,(45°) - I\,(135°)}{I\,(45°) + I\,(135°)} \tag{13.98}$$

$$\mathcal{P}_3 = \frac{I\,(RHC) - I\,(LHC)}{I\,(RHC) + I\,(LHC)} \tag{13.99}$$

Sie charakterisieren die relativen Intensitätsanteile $I(e_p)$ eines Lichtstrahls bezüglich der drei in Abschn. 13.3.1 definierten, paarweise orthogonalen Polarisationsvektoren. Zu ihrer Messung benötigt man im Prinzip 6 Filter, die jeweils nur genau eine dieser verschiedenen Polarisationen e_p durchlassen. Für $0°$, $45°$, $90°$ und $135°$ ist das einfach ein linearer Polarisationsfilter (z.B. ein Nicol-Prisma), für die Analyse des zirkularen Lichtanteils eine Kombination von $\lambda/4$-Plättchen und linearem Polarisationsfilter. Die Parameter β und δ des allgemeinen Einheitsvektors für elliptisch polarisiertes Licht e_{el} nach (13.86) kann man leicht in Stokes-Parameter umrechnen. Man projiziert e_{el} dazu auf die jeweiligen Polarisationsvektoren e_p nach (13.77), (13.78) bzw. (13.80) und bildet das Betragsquadrat der so erhaltenen Amplituden. Die Stokes-Parameter ergeben sich dann zu

$$\mathcal{P}_1 = |e_{el} \cdot e_x|^2 - |e_{el} \cdot e_y|^2 = \cos 2\delta \sin 2\beta \tag{13.100}$$

$$\mathcal{P}_2 = |e_{el} \cdot e\,(45°)|^2 - |e_{el} \cdot e\,(135°)|^2 = \sin 2\delta \sin 2\beta \tag{13.101}$$

$$\mathcal{P}_3 = |e_{el} \cdot e\,(RHC)|^2 - |e_{el} \cdot e\,(LHC)|^2 = -\cos 2\beta\,. \tag{13.102}$$

Polarisationsgrad

Bei allen vorangehenden Überlegungen sind wir davon ausgegangen, dass die betrachteten Lichtstrahlen oder Wellenfelder im Wesentlichen monochromatische, ebene Wellen sind – bei Gauß'schen Strahlen modifiziert durch eine räumlich variable Amplitude im Rahmen der SVE-Näherung. In der physikalischen Realität haben wir es aber häufig mit (i) nur quasimonochromatischen und (ii) nur partiell polarisierten Lichtstrahlen bzw. Wellenfeldern zu tun. Wir werden uns ihrer Beschreibung in mehreren Schritten nähern. So wird in Abschn. 13.4 zunächst die Überlagerung von Wellen verschiedener Frequenzen besprochen, die zu sogenannten *Wellenpaketen* führt. In Kap. 14 werden wir dann den Begriff *quasimonochromatisch* etwas genauer fassen und schließlich zu einer *quantenmechanischen Beschreibung* der Zustände von Licht gelangen. Kurz vorab zusammengefasst: Die Phase der Wellen ist nicht über beliebig lange Zeiten stabil, sondern im Mittel nur über eine endliche, sogenannte Kohärenzzeit τ, die nach der Heisenberg'schen Unschärferelation zu einer endlichen Bandbreite führt. Natürlich können dann auch die Phasendifferenzen zwischen zwei Lichtwellenzügen mit zueinander orthogonalen

Polarisationsvektoren nur für Zeiten von der Größenordnung τ korreliert sein. Um die daraus resultierende unvollständige Polarisation quantitativ zu fassen, benötigt man eine *statistische Beschreibung* von Lichtzuständen unter Benutzung der Dichtematrix. Damit werden wir uns in Kap. 19 befassen. Wir kommen dort noch einmal auf den Begriff der Polarisation zurück.

Hier sei lediglich notiert, dass man im Falle unvollständiger Polarisation den *Polarisationsgrad des Lichts* als

$$|\mathcal{P}| = \sqrt{\mathcal{P}_1^2 + \mathcal{P}_2^2 + \mathcal{P}_3^2} \quad \text{mit} \quad 0 \le |\mathcal{P}| \le 1 \qquad (13.103)$$

definiert. Für vollständig polarisiertes wird $\mathcal{P} = 1$, wie man durch Einsetzen von (13.97)-(13.99) leicht verifiziert. Für viele Laserquellen ist in der Tat $\mathcal{P} \cong 1$, während für natürliches Licht meist $\mathcal{P} = 0$ gilt, dies also unpolarisiert ist. Das gilt z.B. für diffuse Beleuchtung durch Tageslicht, für Glühlampen oder – etwas physikalischer – für schwarze Strahler (Hohlraumstrahler). Generell charakterisieren die drei Stokes-Parameter den Polarisationszustand von beliebigem Licht vollständig, man spricht auch vom *Stokes-Vektor* $\mathcal{P} = (\mathcal{P}_1 \; \mathcal{P}_2 \; \mathcal{P}_3)$ des Lichts. Sein Betrag $\mathcal{P}$ wird durch (13.103) gegeben.

Man kann auch einen *linearen Polarisationsgrad* $\mathcal{P}_{12}$ definieren:

$$0 \le \mathcal{P}_{12} = +\sqrt{\mathcal{P}_1^2 + \mathcal{P}_2^2} \le 1 \qquad (13.104)$$

Die Grenzen ergeben sich mit $0 \le \mathcal{P}_3 \le 1$ zwanglos aus (13.103). Findet man bei einer Messung der Linearpolarisation also $\mathcal{P}_{12} < 1$, so kann dies zweierlei bedeuten: entweder ist das Licht insgesamt nicht vollständig polarisiert ($\mathcal{P} < 1$) oder/und es enthält einen Anteil von zirkularem Licht ($\mathcal{P}_3 \ne 0$).

Polarisationsmessung im allgemeinen Fall, Polarisationsgrad

Für reale Experimente muss man berücksichtigen, dass auch die Analysatoren, mit denen man die Polarisation eines Lichtstrahls vermessen kann, nicht immer perfekt sind. Ganz allgemein kann man einen Analysator ebenfalls durch einen Stokes-Vektor $\mathcal{P} = \left(\mathcal{P}_1^{(\text{anal})} \; \mathcal{P}_2^{(\text{anal})} \; \mathcal{P}_3^{(\text{anal})} \right)$ beschreiben. Ein idealer Analysator wäre demnach durch den Polarisationsgrad $\mathcal{P}^{(\text{anal})} = 1$ ausgezeichnet, für jeden realen Analysator erwartet man $0 < \mathcal{P}^{(\text{anal})} < 1$. Wir werden dies in Kap. 19.5.1 formal ableiten, halten hier aber im Vorgriff bereits die einleuchtende Beziehung für das Signal fest:

$$I\,(\text{pol}) = (I_0/2) \left(1 + \mathcal{P}_1 \mathcal{P}_1^{(\text{anal})} + \mathcal{P}_2 \mathcal{P}_2^{(\text{anal})} + \mathcal{P}_3 \mathcal{P}_3^{(\text{anal})} \right) \qquad (13.105)$$

Dieses wird hinter einem solchen Analysator gemessen, wenn man einen Lichtstrahl der Gesamtintensität I_0 mit den Stokes-Parametern $\mathcal{P}_1 \; \mathcal{P}_2 \; \mathcal{P}_3$ durch ihn schickt. Mit dem Stokes-Vektor des Lichts $\mathcal{P}$ und des Analysators $\mathcal{P}^{(\text{anal})}$ kann man dies auch kompakt in vektorieller Form schreiben:

$$I\,(\text{pol}) = (I_0/2)\left(1 + \boldsymbol{P} \cdot \boldsymbol{P}^{(\text{anal})}\right). \tag{13.106}$$

Die 1 in der Klammer von (13.105) deutet an, dass bei völlig unpolarisiertem Licht mit $\boldsymbol{P} \equiv 0$ stets die Hälfte der Intensität I_0 noch durch den Analysator transmittiert wird – dieser unterdrückt ja immer nur jeweils eine Polarisationskomponente (sofern nicht zusätzlich noch Licht unspezifisch absorbiert wird).

Als *Beispiel* betrachten wir eine Polarisationsmessung mit einem *idealen Analysator für linear polarisiertes Licht*. Dieser unterscheidet also nicht zwischen RHC und LHC Licht, sodass nach (13.100) $\mathcal{P}_3^{(\text{anal})} = 0$ wird $(\cos 2\beta = 0$ und $\sin 2\beta = 1)$. Er lässt aber linear polarisiertes Licht in Richtung seiner Polarisationsachse zu 100% durch, sodass er nach (13.103) durch $\mathcal{P}^{(\text{anal})} = \sqrt{\mathcal{P}_1^{(\text{anal})2} + \mathcal{P}_2^{(\text{anal})2}} = 1$ charakterisiert wird. Wird seine Polarisationsachse um den Winkel δ gegen die x-Achse des Lichtstrahls gedreht, dann erhalten wir nach (13.100) und (13.101) für $\mathcal{P}_1^{(\text{anal})} = \cos 2\delta$ bzw. $\mathcal{P}_2^{(\text{anal})} = \sin 2\delta$. Die linearen Polarisationseigenschaften des untersuchten Lichts werden durch die Stokes-Parameter $\mathcal{P}_1$ und $\mathcal{P}_2$ beschrieben. Wir parametrisieren diese entsprechend durch einen Alignment-Winkel γ und den linearen Polarisationsgrad $\mathcal{P}_{12}$ nach (13.104):

$$\mathcal{P}_1 = \mathcal{P}_{12}\cos 2\gamma \quad \text{und} \quad \mathcal{P}_2 = \mathcal{P}_{12}\sin 2\gamma \tag{13.107}$$

Setzt man dies alles in (13.105) ein, so erhält man die Signalintensität:

$$I(\delta) = \frac{1}{2}I_0\left[1 + \mathcal{P}_{12}\cos 2(\delta - \gamma)\right] \tag{13.108}$$

Variiert man die Ausrichtung δ des Analysators, so kann man sowohl $\mathcal{P}_{12}$ als auch den Winkel γ bestimmen, bei dem das Signal am größten wird. Im Grenzfall maximaler linearer Polarisation $\mathcal{P}_{12} = 1$ ergibt sich die wohlbekannte Formel $I(\delta) = I_0\cos^2(\delta - \gamma)$. Falls man aber feststellt, dass $\mathcal{P}_{12} < 1$ ist, so impliziert dies einen unpolarisierten oder zirkular polarisierten Untergrund, und das Verhältnis von minimalem $(I_{\min})$ zu maximalem Signal $(I_{\max})$ berechnet man nach

$$\frac{I_{\min}}{I_{\max}} = \frac{I(\pi/2 + \gamma)}{I(\gamma)} = \frac{1 - \mathcal{P}_{12}}{1 + \mathcal{P}_{12}}. \tag{13.109}$$

13.4 Wellenpakete

13.4.1 Beschreibung von Laserimpulsen

Die Beschreibung des elektromagnetischen Feldes als monochromatische Welle nach (13.76) ist in vieler Hinsicht eine grobe Idealisierung. Für eine realistische Darstellung müssen wir vor allem die strenge Monochromasie mit nur einer Frequenz (ω bzw. ν) und die feste Ausbreitungsrichtung mit nur einem Wellenvektor ($\boldsymbol{k}$) revidieren. Selbst der Strahl aus einem *Einmoden-Laser* hat eine nicht verschwindende Verteilung von (Kreis)frequenzen mit einer Bandbreite $\delta\omega$ um einen Mittelwert ω_c (die sogenannte *Trägerfrequenz* – engl. „*carrier frequency*"). Ebenso muss man die endliche Winkeldivergenz $\delta\Omega$ berücksichtigen, wie bereits in Abschn. 13.2 ausgeführt. Der in Abschn. 13.2.1 und 13.3 benutzte Amplitudenvorfaktor E_0 kann daher noch langsam von Ort und Zeit abhängen $E_0 = E_0\,(\boldsymbol{r}, t)$ – wie wir das für den räumlichen Anteil beim Gauß-Strahl ja schon behandelt haben. Eine realistische Beschreibung des Lichtstrahls kann z.B. von einem Ensemble ebener Wellen mit verschiedenen ω und $\boldsymbol{k}$ ausgehen ($|\boldsymbol{k}| = c/\omega$). Im einfachsten Falle geschieht dies durch lineare Superposition[12]

$$E\,(\boldsymbol{r}, t) = \boldsymbol{e} \int \tilde{E}\,(\boldsymbol{k})\; e^{\mathrm{i}(\boldsymbol{kr}-\omega t)} \mathrm{d}^3 \boldsymbol{k}\,. \tag{13.110}$$

(Fourier-transformierte Funktionen im k-Raum kennzeichnen wir zur Unterscheidung im Folgenden mit einer Tilde). Die (zeitabhängige) Intensität im Ortsraum wird damit

$$I(\boldsymbol{r}, t) = \epsilon_0 c\, E\,(\boldsymbol{r}, t)\, E^*\,(\boldsymbol{r}, t) = \epsilon_0 c \left| \int \tilde{E}\,(\boldsymbol{k})\, e^{\mathrm{i}(\boldsymbol{kr}-\omega t)} \mathrm{d}^3 \boldsymbol{k} \right|^2\,, \tag{13.111}$$

wobei in der Regel $I(\boldsymbol{r}, t)$ zeitlich *noch über mindestens eine Periode zu mitteln ist*, um das Antwortverhalten typischer Lichtdetektoren zu berücksichtigen. Bei linearer Mittelung führt dies, wie in (13.45) bereits berücksichtigt, zu einem Faktor $1/2$. Für die Feldamplitude $\tilde{E}\,(\boldsymbol{k}) = \tilde{E}\,(\boldsymbol{k}\,(\omega))$ wollen wir annehmen, dass sie ein Maximum bei der Trägerfrequenz ω_c habe und für $|\omega - \omega_c| \gg \delta\omega$ verschwinde. Es ist wichtig zu beachten, dass (13.110) *keinen kontinuierlichen Lichtstrahl beschreibt*, sondern ein *Wellenpaket*, d.h. einen Lichtimpuls mit einer endlichen Ausdehnung in Raum und Zeit.

Mit heutigen Ultrakurzpulslasersystemen kann man solche (nahezu) *Fourier-Transformations-begrenzte (Fourier transform limited)* Lichtimpulse problemlos erzeugen, typisch mit Impulsdauern zwischen Pikosekunden und einigen Femtosekunden. Um uns mit den relevanten Parametern vertraut zu machen, simplifizieren wir noch etwas weiter, indem wir eine feste Polarisationsrichtung annehmen und uns einen Gauß'schen Strahl auf seiner Strahlachse vorstellen, wie das in Abschn. 13.2 erläutert wurde. Der Strahl breite sich also in $\boldsymbol{k}_0$ Richtung, parallel zur z-Achse aus, sodass wir $\boldsymbol{kr}$ durch $kz = \omega z/c$ ersetzen können. Positionieren wir einen Detektor an einem festen Ort im Raum, so haben wir nur noch die zeitliche Abhängigkeit der elektrischen Feldstärke zu beschreiben:

$$E(t) = (E_0/2)\, h(t) \exp(-\mathrm{i}(\omega_c t - \varphi_{ce})) + compl.conj. \tag{13.112}$$

---

[12] Wegen der Integrationen von $-\infty$ bis $+\infty$ brauchen wir im Folgenden nur den ersten Term von (13.34) zu benutzen. Wir behalten aber im Sinn, dass die *elektrische Feldstärke ein reeler Vektor* ist.

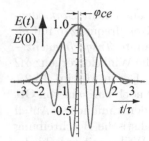

Abb. 13.26. Feldverlauf (*grau*) und Einhüllende (*rot*) bei extrem kurzem Gauß'schen Impuls

Die Erfahrung zeigt, dass bei ultrakurzen Laserimpulsen häufig auch die zeitliche Abhängigkeit – ganz ähnlich wie die räumliche Variation – in guter Näherung durch eine Gauß-Verteilung beschrieben werden kann (als Alternativen werden aus z.T. guten Gründen auch die mathematisch etwas schwieriger zu handhabenden sech^2- oder sinc^2-Funktion benutzt). Meist geht man davon aus, dass die *Einhüllende der Feldamplitude* (*carrier envelope*) $h(t)$ sich deutlich langsamer verändert als die Trägerwelle der Periode $T_c = 2\pi/\omega_c$. Man benutzt also auch für die zeitliche Abhängigkeit gerne eine SVE-Näherung. Der aktuelle Fortschritt der Ultrakurzzeitphysik führt diese mathematisch angenehme Annahme zunehmend an ihre Grenzen: wie in Abb. 13.26 angedeutet wird die relative Phasenlage φ_{ce} der Feldoszillation gegenüber der Einhüllenden messbar. Wir kommen darauf noch zurück.

Im Folgenden setzen wir aber zunächst einmal in SVE-Näherung an:

$$h(t) = \exp\left[-t^2/2\tau^2\right] \tag{13.113}$$

Für die Intensität ergibt sich der zeitliche Verlauf der Intensität nach Mittelung über eine Periode zu

$$I(t) = I_0 \exp\left[-(t/\tau)^2\right]. \tag{13.114}$$

Die volle zeitliche Halbwertsbreite (FWHM) für die Intensität des Gauß'schen Impulses ist

$$\Delta t_{1/2} = 2\sqrt{\ln(2)}\tau = 1.665\,\tau. \tag{13.115}$$

Alternativ ergibt sich mit der Sekans-Hyperbolicus Funktion

$$I(t) = I_0 \operatorname{sech}^2(t/\tau_S) = \left(\frac{2}{e^{t/\tau_S} + e^{-t/\tau_S}}\right)^2. \tag{13.116}$$

Diese hat eine Halbwertsbreite

$$\Delta t_{1/2} = 2\left(\ln\left(1 + \sqrt{2}\right)\right)\tau_S = 1.763\tau_S. \tag{13.117}$$

Um die gleiche Halbwertsbreite wie beim Gauß-Profil (13.114) zu erhalten, muss man also $\tau_S = 0.945\,\tau$ setzen. In Abb. 13.27 werden die beiden Zeitverläufe verglichen, jeweils in linearer und logarithmischer Darstellung. Der Hauptunterschied liegt in den Flügeln, wo die Gauß-Verteilung für große $|t|$ schneller abnimmt.

Anzumerken ist noch, dass in der Literatur oft auch die Breite bei $1/e^2$ mit τ bezeichnet wird. Wir werden hier aber konsequent mit τ *diejenige Zeit benennen, bei der* $1/e$ *der Intensität erreicht ist.*

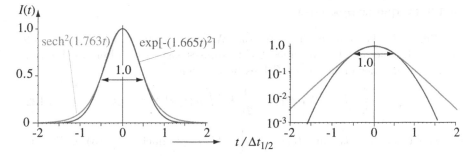

Abb. 13.27. Vergleich einer Gauß- und einer sech^2 Intensitätsverteilung (rot bzw. grau) im linearen (*links*) und logarithmischen Maßstab (*rechts*). Die Halbwertsbreiten $\Delta t_{1/2}$ (FWHM) sind in beiden Fällen gleich, die Zeitskala wird in Einheiten dieser FWHM gemessen

13.4.2 Räumliche und zeitliche Intensitätsverteilung

Wir können nun den gesamten zeitlichen *und* räumlichen Intensitätsverlauf eines Gauß'schen Lichtimpulses beschreiben, indem wir I_0 in (13.51) durch $I(t)$ nach (13.114) ersetzten ([I] = W / cm^2):

$$I(\rho, z, t) = \frac{I_0}{1 + \zeta^2} \exp\left[-2\left(\rho/w\right)^2\right] \exp\left[-\left(t/\tau\right)^2\right] \qquad (13.118)$$

$$\text{mit } \zeta = z/z_0, \quad w^2 = w_0^2(1 + \zeta^2) \quad \text{und} \quad I_0 = \frac{2W_{tot}}{\pi^{3/2}\tau w_0^2}$$

Der Ausdruck für I_0, d.h. die absolute Skalierung der Intensität ergibt sich aus der Integration über Zeit und Ort.[13] Integration über die Zeit führt zunächst zur sogenannten *Fluenz* ([$\mathcal{F}$] = J / cm^2):

$$\mathcal{F}(\rho, z) = \int_{-\infty}^{\infty} I(\rho, t)dt = \frac{I_0}{1 + \zeta^2} \exp\left[-2\left(\rho/w\right)^2\right] \tau\sqrt{\pi} \qquad (13.119)$$

Durch Integration über den Strahlquerschnitt findet man schließlich

$$I_0 = \frac{E_0^2(0,0)}{2Z_0} = \frac{\mathcal{F}(0,0)}{\sqrt{\pi}\tau} = \frac{2W_{tot}}{\pi^{3/2}\tau w_0^2} = 0.83\frac{W_{tot}}{\Delta t_{1/2}d_{1/2}^2} \qquad (13.120)$$

mit der Gesamtenergie W_{tot} des Impulses und $Z_0 = (\epsilon_0 c)^{-1} = 376.7\,\Omega$, dem Wellenwiderstand des Vakuums.

Für eine zeitliche Abhängigkeit nach sech^2 gilt *anstelle* von (13.120) für die Beziehung zwischen Impulsenergie W_{tot} und Intensität:

$$I_0 = \frac{W_{tot}}{\tau\pi w_0^2} = 0.78\frac{W_{tot}}{\Delta t_{1/2}d_{1/2}^2} \qquad (13.121)$$

---

[13] Wir haben bisher ja auf eine Normierung der Gauß-Funktionen für die räumliche und zeitliche Verteilung von Feldstärke und Intensität verzichtet.

13.4.3 Frequenzspektrum

Wir führen im Folgenden einige für das Weitere allgemein wichtige Begriffe ein. Das Frequenzspektrum eines Lichtimpulses lässt sich über die Fourier-Transformierte des elektrischen Feldes bestimmen:

$$\tilde{E}(\omega) = \frac{1}{2\pi} \int E(t)\, e^{i\omega t} \mathrm{d}t = \frac{1}{2\pi} E_0 \int h(t)\, e^{i(\omega - \omega_c)t} \mathrm{d}t \qquad (13.122)$$

Für den Gauß-Impuls mit $h(t) = \exp\left[-(t/\tau)^2/2\right]$ nach (13.113) ergibt dies wieder eine Gauß-Verteilung

$$\tilde{E}(\omega) = \frac{E_0}{\omega_e \sqrt{2\pi}} \exp\left[-((\omega - \omega_c)/\omega_e)^2/2\right] \qquad (13.123)$$

$$\text{mit} \quad \omega_e = 1/\tau\,, \qquad (13.124)$$

also eine in Zeit und Frequenz symmetrische Darstellung. Das Intensitätsspektrum ist $\tilde{I}(\omega) \propto \left|\tilde{E}(\omega)\right|^2$ und in normierter Form wird es

$$\frac{\tilde{I}(\omega)}{I_0} = \frac{\exp\left[-((\omega - \omega_c)/\omega_e)^2\right]}{\omega_e \sqrt{\pi}}\,. \qquad (13.125)$$

Wir verbinden auch diese Zusammenhänge mit einigen konkreten Zahlenrelationen. Die Dauer des Impulses (FWHM) $\Delta t_{1/2}$ ist für ein Gauß-Profil mit der Frequenzbandbreite (FWHM) $\Delta \nu_{1/2} = \Delta \omega_{1/2}/(2\pi)$ nach (13.115) und (13.124) verknüpft über

$$\Delta \nu_{1/2} \Delta t_{1/2} = 2\frac{\ln 2}{\pi} = 0.441\,. \qquad (13.126)$$

Es ist praktisch, dies auch in Wellenzahlen anzugeben als

$$\frac{\Delta \bar{\nu}_{1/2}}{\mathrm{cm}^{-1}} \frac{\Delta t_{1/2}}{\mathrm{fs}} = 14710\,, \qquad (13.127)$$

oder in Wellenlängeneinheiten

$$\Delta \lambda_{1/2}/\,\mathrm{nm} = 1.471 \times 10^{-3} \frac{(\lambda/\,\mathrm{nm})^2}{\Delta t_{1/2}/\,\mathrm{fs}}\,. \qquad (13.128)$$

Als Beispiel findet man für einen typischen, nicht allzu kurzen Laserimpuls mit $\Delta t_{1/2} = 100\,\mathrm{fs}$ eine Bandbreite von $\Delta \bar{\nu}_{1/2} \simeq 150\,\mathrm{cm}^{-1}$ (oder $\Delta \lambda_{1/2} \simeq 10\,\mathrm{nm}$ bei $800\,\mathrm{nm}$).

Für den Sekans-Hyperbolikus ergibt sich analog die zu (13.116) gehörende spektrale Intensitätsverteilung

$$\frac{\tilde{I}(\omega)}{I_0} = \mathrm{sech}^2(\omega/\omega_S) \quad \text{mit} \quad \omega_S = \frac{2}{\pi \tau_S}\,,$$

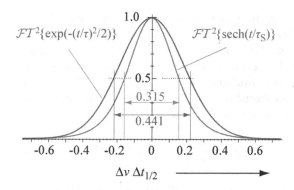

Abb. 13.28. Vergleich der Fourier-Transformierten (mit $\mathcal{FT}$ bezeichnet) für Fourier limitierte Gauß- und sech²-Impulse. Die Frequenzen dieser Profile werden hier in Einheiten $1/\Delta t_{1/2}$ gemessen

wobei analog zu (13.117) die Kreisfrequenzbreite (FWHM)

$$\Delta\omega_{1/2} = 1.763\,\omega_S = \frac{1.122\,4}{\tau_S}$$

wird. Andererseits ist die zeitliche Halbwertsbreite $\Delta t_{1/2} = 1.763\,\tau_S$ und $\Delta\omega_{1/2} = 2\pi\Delta\nu_{1/2}$, sodass sich schließlich ein Impulsdauer-Bandbreite Produkt von

$$\Delta\nu_{1/2}\,\Delta t_{1/2} = 0.315 \tag{13.129}$$

ergibt, anstelle von (13.126) für die Gauß-Verteilung. In Abb. 13.28 werden beide Fourier-Transformierten verglichen.

13.4.4 Korrelationsfunktion erster Ordnung

Man kann die spektrale Intensitätsverteilung (13.125) mit Hilfe von (13.122) und der Substitution $t' = t + \delta$ umschreiben:

$$\tilde{I}(\omega) \propto \left|\tilde{E}(\omega)\right|^2 = \frac{1}{4\pi^2}\int\int E^*(t)\,E(t')\,e^{i\omega(t-t')}\mathrm{d}t\mathrm{d}t'$$

$$= \frac{1}{4\pi^2}\int_{-\infty}^{\infty}e^{i\omega\delta}\mathrm{d}\delta\int_{-\infty}^{\infty}E^*(t)\,E(t+\delta)\,\mathrm{d}t \tag{13.130}$$

Das führt zur Definition einer *Korrelationsfunktion erster Ordnung*:

$$G^{(1)}(\delta) = \frac{1}{T_{av}}\int_{T_{av}}E^*(t)\,E(t+\delta)\,\mathrm{d}t = \langle E^*(t)\,E(t+\delta)\rangle\,, \tag{13.131}$$

hier für die elektrischen Feldamplitude $E(t)$. Die Integration ist dabei über einen hinreichend langen, aber natürlich in der Praxis endlichen Zeitraum T_{av} durchzuführen. Die kompaktere Schreibweise mit den eckigen Klammern $\langle\ldots\rangle$ deutet an, dass es sich neben der *Integration* über die Zeit ggf. auch um eine *Mittelung über ein statistisches Ensemble* handeln kann. Man nennt ein System *ergodisch, wenn das zeitliche Mittel gleich dem Mittel über ein repräsentatives Ensemble ist.* In unserem Kontext macht man immer dann von der Ergodizität Gebrauch, wenn sich das untersuchte Licht (auch näherungsweise) nicht einfach analytisch darstellen lässt. So etwa bei einer Glühbirne, einem verrauschten Laser, einem Hohlraumstrahler etc. Wir kommen anhand von Beispielen noch darauf zurück.

Es ist zweckmäßig die Korrelationsfunktion zu normieren, und man definiert einen *zeitlichen Kohärenzgrad erster Ordnung*:

$$g^{(1)}(\delta) = \frac{\langle E^* (t) E (t + \delta) \rangle}{\langle E^* (t) E (t) \rangle} = \frac{\langle E^* (t - \delta) E (t) \rangle}{\langle E^* (t) E (t) \rangle} = g^{(1)}(-\delta) \qquad (13.132)$$

Wir haben hier zugleich als wichtige *Eigenschaft von* $g^{(1)}$ *die Symmetrie bezüglich des Nullpunkts* notiert, die sich ergibt, weil nur die relative Phasenlage der beiden Feldverteilungen von Bedeutung ist. Damit kann man das normierte Frequenzspektrum auch

$$\frac{\tilde{I}(\omega)}{I_0} = \frac{\left| \tilde{E}(\omega) \right|^2}{\int \left| \tilde{E}(\omega) \right|^2 d\omega} = \frac{1}{2\pi} \int_{-\infty}^{\infty} g^{(1)}(\delta) e^{i\omega\delta} d\delta \qquad (13.133)$$

schreiben. Explizit gilt für Wellenpakete nach (13.122)

$$g^{(1)}(\delta) = e^{-i\omega_c\delta} \int_{-\infty}^{\infty} h(t)\, h(t+\delta)\, dt\,, \qquad (13.134)$$

und *speziell für den Gauß-Impuls* (13.112) findet man damit

$$g^{(1)}(\delta) = e^{-i\omega_c\delta} e^{-\delta^2/4\tau^2}\,. \qquad (13.135)$$

Für das Gauß'sche Intensitätsspektrum folgt mit (13.133) und $\tau = 1/\omega_e$:

$$\frac{\tilde{I}(\omega)}{I} = \frac{1}{2\pi} \int_{-\infty}^{\infty} e^{-\delta^2/4\tau^2} e^{i(\omega-\omega_c)\delta} d\delta = \frac{\exp\left(-\left[(\omega - \omega_c)/\omega_e\right]^2\right)}{\omega_e \sqrt{\pi}} \qquad (13.136)$$

Man beachte, dass wir mit diesen Überlegungen das Spektrum nicht durch Quadrieren der Fourier-Transformierten des elektrischen Feldes, sondern durch Fourier-Transformation des Kohärenzgrads erster Ordnung ermittelt haben.

13.4.5 Frequenzkämme

Spätestens seit dem Nobelpreis für Hall und Hänsch (2005) sind Frequenzkämme als Kalibrationsmethode für die hochpräzise Vermessung der Frequenzen von Licht auch einer breiteren wissenschaftlichen Öffentlichkeit bekannt geworden. Wir wollen das Konzept dafür aus dem jetzigen Kontext heraus kurz vorstellen. Bei der Beschreibung eines Gauß-Impulses sind wir bislang davon ausgegangen, dass es sich um genau *einen*, isolierten Impuls (mit einer

Dauer von z.B. einigen fs) handelt. Das kann man im Labor durchaus darstellen. Zunächst aber erzeugt ein sogenannter *Moden-gekoppelter Laser einen Impulszug*. Wir können das leicht verstehen, wenn wir uns noch einmal den Grundaufbau eines Laserresonators im aktiven Betrieb vor Augen führen, den wir in Abb. 13.2 auf S. 140 (rechts) vorgestellt hatten. Wie in Abschn. 13.1.2 ausgeführt, ist für den Fabry-Perot-Resonator seine longitudinale Modenstruktur (in der Frequenzdomäne) charakteristisch. Bei einem Modenabstand $\Delta\nu_{frei}$ nach (13.7) im 10–100 MHz Bereich und einer optischen Lichtfrequenz von $\nu \simeq 380$ THz (bei 800 nm) ist der longitudinale Modenindex m nach (13.8) eine sehr große Zahl (typischerweise $10^7 \pm 10^5$).

Im Gegensatz zu der in Abb. 13.9 auf S. 150 gezeigten, für kontinuierliche, schmalbandige Laser typischen Situation, benutzt man bei Kurzpulslasern ein Verstärkermedium mit großer Frequenzbandbreite, sodass sich möglichst viele longitudinale Moden ausbilden können. Diese bringt man nun synchron so zur Überlagerung (*Modensynchronisation*), dass sie sich am Ort des Verstärkermediums konstruktiv überlagern. Dies gelingt durch geschickte Manipulation der entstehenden Impulse durch sogenanntes *aktives oder passives Modelocking*. Der wesentliche Punkt dabei ist, dass der Verstärkungsprozess die höchsten Intensitäten bevorzugt, und somit das Maximum eines Impulses besonders bevorzugt wird. Damit wird der Impuls bei jedem Durchlauf in der Mitte immer höher, insgesamt also immer kürzer. Die Umlaufzeit T_r eines Impulses im Resonator war ja gerade $= 1/\Delta\nu_{frei}$ und man kann die freie Spektralbreite daher auch als die Wiederholfrequenz ν_r verstehen, mit der ein Impuls im Resonator hin und her läuft. Die entsprechende Kreisfrequenz wird

$$\omega_r = \frac{2\pi v_g}{2L}.$$

Wir benutzen hier korrekt die Gruppengeschwindigkeit v_g anstatt wie bisher näherungsweise die Vakuumlichtgeschwindigkeit. Wir werden gleich sehen, warum das wichtig ist. Die Trägerkreisfrequenz können wir $\omega_c = m_c\omega_r + \omega_0$ schreiben und die Kreisfrequenz der Lasermoden wird

$$\omega_n = (m + m_c)\omega_r + \omega_0 \tag{13.137}$$

wie in Abb. 13.29 skizziert. Dabei erlaubt der „Offset" ω_0 mit $0 \leq \omega_0 < \omega_r$, dass die genauen Modenfrequenzen nicht zwingend mit einem ganzzahligen Vielfachen der Resonatorfrequenz übereinstimmen muss, was wir gleich begründen werden.

Das Lichtfeld einer solchen Modenstruktur ergibt sich aus der Überlagerung *aller* Moden. Dabei werden diese entsprechend dem Verstärkungsprofil des Lasers unterschiedlich stark sein (wir nehmen für dieses der Einfachheit halber ein Gauß-Profil der Halbwertsbreite $\Delta\omega_b$ an). Die Feldamplitude wird somit:

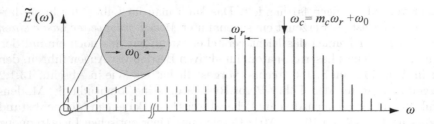

Abb. 13.29. Frequenzspektrum eines Frequenzkamms mit Trägerfrequenz ω_c, freier Spektralbreite (Umlauffrequenz) ω_r und „Offset" ω_0 (nach Udem et al., 2002)

$$E(t) \propto \mathrm{Re} \sum_{m=-\infty}^{\infty} \{\exp\left[\mathrm{i}\left((m+m_c)\,\omega_r + \omega_0\right)t\right)\right] \times \qquad (13.138)$$

$$\exp\left[-4\ln 2\left[m\omega_r/\Delta\omega_b\right]^2\right]\}\,.$$

Die Summation muss natürlich nur dort durchgeführt werden, wo es das Verstärkungsprofil hergibt. Auch das sind noch sehr viele Moden – typischerweise in der Größenordnung von 10^5. Diese Fourier-Reihe ersetzt also im vorliegenden Falle vieler diskreter Moden das Fourier-Integral (13.110). Wir illustrieren den zeitlichen Feldverlauf solcher Impulszüge in Abb. 13.30.

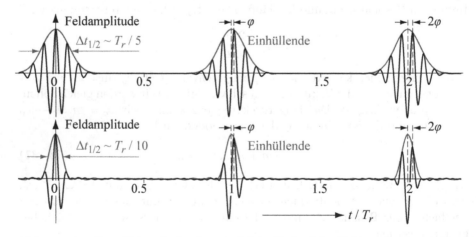

Abb. 13.30. Zwei Beispiele für den zeitlichen Verlauf der Feldamplitude aus Frequenzkämmen mit verschiedenen Bandbreiten $\Delta\omega_b$ des Laserverstärkers (unten doppelt so groß wie oben)

Wir hatten anhand von Abb. 13.26 auf S. 182 bereits darauf hingewiesen, dass bei sehr kurzen Impulsen die relative Phase der Trägerwelle in Bezug auf die Einhüllende eine wichtige Rolle spielen kann. Hier haben wir nun einen solchen Fall. Dadurch, dass die Trägerwelle mit der Phasengeschwindigkeit propagiert, die Einhüllende aber mit der Gruppengeschwindigkeit, ergibt sich pro Umlaufperiode eine kleine Phasenverschiebung $\varphi = \omega_0/T_r$, die sich von Einzelimpuls zu Einzelimpuls aufsummiert, wie in Abb. 13.30 illustriert. Beim Arbeiten mit Frequenzkämmen und der „Leidenschaft für Präzision", wie sie von Nobelpreisträger Ted Hänsch (2005) kultiviert wird, geht es nicht zuletzt darum, diesen Offset zu messen, bzw. den Frequenzkamm so stabil zu machen, dass der Offset verschwindet. Interessant ist, dass die kurzen Laserimpulse, aus denen diese Frequenzkämme bestehen, mehrere Oktaven im Frequenzspektrum überstreichen können – und dabei phasenkohärent bleiben. Dies eröffnet ehemals ungeahnte Perspektiven für die präziseste Vermessung von Lichtfrequenzen, die man auf diese Weise quasi durch Abzählen ihrer Oszillationen bestimmen kann. Für eine detaillierte Diskussion verweisen wir auf den lehrreichen Nature Artikel von Udem et al. (2002) und Referenzen dort.

13.5 Vermessung kurzer Laserimpulse

13.5.1 Zum Prinzip des Anrege-Abtastverfahrens

Wir wenden uns nun der Vermessung von Laserimpulsen zu. Ultrakurze Impulse im Sub-Piko, Femto- oder gar Attosekunden-Bereich, wie sie heute in der Forschung benutzt werden, sind viel zu schnell, um sie direkt mit einem elektronischen Gerät erfassen zu können. Man muss daher auf optische Verfahren zurückgreifen. In der Regel erfolgt der Nachweis durch nichtlineare optische Effekte. Dabei bestimmt man gerade solche Korrelationsfunktionen bzw. Autokorrelationsfunktionen, wie wir sie eben kennengelernt haben. In Abb. 13.31 ist das Prinzip einer solchen Messung skizziert. Der Lichtimpuls wird zunächst in zwei Teile aufgespalten, z.B. durch einen semitransparent beschichteten Spiegel, die dann getrennte Wege durchlaufen. In einem Zweig ist eine variable Verzögerung um die Zeit δ eingebaut. In der Praxis geschieht das durch eine optische Verzögerungsstrecke, die einfach einen längeren optischen Weg erzeugt, z.B. mit Hilfe eines Interferometeraufbaus nach Michelson oder Mach-Zehnder. Am Ende werden beide Strahlen mit den (möglichst gleichen) Feldamplituden $E(t)$ und $E(t+\delta)$ bzw. Intensitäten $I(t)$ und $I(t+\delta)$ wieder überlagert. Das so präparierte elektromagnetische Feld benutzt man

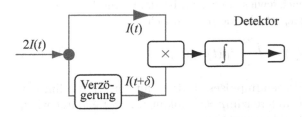

Abb. 13.31. Prinzipschema zur Bestimmung einer Autokorrelationsfunktion

zur Erzeugung eines Signals, welches proportional zu einer Potenz der einge-strahlten Intensität ist. In der Regel wird es quadratisch von dieser abhängen. Im Effekt multipliziert man so die Intensitäten oder Felder der beiden Wellenzüge miteinander. Unabhängig vom Nachweissystem wird bei allen Verfahren schließlich über viele Wellenzüge zeitlich gemittelt. Konkrete experimentelle Beispiele werden wir am Ende dieses Abschnitts beschreiben.

13.5.2 Faltung und Autokorrelationsfunktion

Im einfachsten Falle geht es also um die Mittelwertbildung für ein Produkt aus zwei Funktionen zu unterschiedlichen Zeiten. Man nennt dies eine *Faltung* – eine außerordentlich wichtige mathematische Manipulation von Funktionen, die uns in der experimentellen Physik und Messtechnik überall begegnet, und an die wir hier kurz erinnern wollen. Sie tritt immer dann auf, wenn man eine physikalische Größe zu bestimmen hat, die verschiedene Messwerte mit einer gewissen Wahrscheinlichkeit annimmt (sagen wir mit einer Verteilung $f_1(x)$ in Abhängigkeit von einem relevanten Parameter x). Auch das Messgerät wird nie genau für nur einen Messwert x ein Signal anzeigen. – Vielmehr wird es unterschiedliche Messwerte x mit unterschiedlicher Nachweiswahrscheinlichkeit $f_2(x)$ detektieren. Typische Beispiele findet man bei jeder Spektroskopie von Atomen, Molekülen, Festkörpern oder Elementarteilchen: das System absorbiert, emittiert, reflektiert Licht, Elektronen, Atome, Elementarteilchen als Funktion einer Energie, Frequenz oder Wellenlänge x. Dies hat physikalische Ursachen im untersuchten System, die wir messen wollen. Ein geeigneter Detektor detektiert diese mit seiner spezifischen Nachweiswahrscheinlichkeit, die z.B. bestimmt ist durch die Spaltbreite eines Spektrographen, die Transmissionskurve eines Frequenzfilters etc. Man variiert den Wert $x \rightarrow x + \delta$, für welchen der Detektor maximale Nachweiswahrscheinlichkeit hat – wohl wissend, dass links und rechts daneben auch noch Signal detektiert wird. Man mittelt zwangsweise über das gesamte Signal.

Die Bestimmung von Impulsformen als Funktion der Zeit t bzw. im einfachsten Fall als Funktion der Impulsdauer, ist ein spezieller Anwendungsfall. Hierbei *faltet* man den zu vermessenden Impuls $f_1(t)$ mit einem im Idealfall bekannten Impuls $f_2(t)$, wobei f_1 bzw. f_2 die Feldamplituden, die Intensität, oder andere charakteristische Größen des Impulses sein können. Zur Messung verzögert man den zu messenden Impuls um eine wohl definierte Zeit δ gegen den Referenzimpuls, multipliziert beide miteinander und integriert bzw. mittelt über alle Zeiten t. Das nachgewiesene Signal ist dann eine Funktion der Verzögerungszeit δ. Die *Faltung* ist also definiert durch

$$S(\delta) = f_1(\delta) \otimes f_2(\delta) = \int_{-\infty}^{\infty} f_1(t) f_2(t + \delta) \, dt \,. \tag{13.139}$$

Im speziellen Falle eines Gauß'schen Impulses (13.114) mit der $1/e$ Abklingzeit τ_1, der mit einem Gauß'schen Referenzimpuls (Abklingzeit τ_2) gefaltet wird, findet man das Ergebnis in geschlossener Form:

$$S\left(\delta\right) = f_1(\delta) \otimes f_2(\delta) = \int_{-\infty}^{\infty} \exp\left[-\left(t/\tau_1\right)^2\right] \exp\left[-\left((t+\delta)/\tau_2\right)^2\right] dt$$

$$= \frac{\sqrt{\pi}\tau_1\tau_2}{\sqrt{\tau_2^2 + \tau_1^2}} \exp\left(-\frac{\delta^2}{\tau_2^2 + \tau_1^2}\right) \qquad (13.140)$$

Die *Faltung zweier Gauß'schen Intensitätsprofile führt* also wieder zu einem *Gauß'schen Signal*, dessen Gesamtbreite durch $\sqrt{\tau_2^2 + \tau_1^2}$ bestimmt ist. Man nennt eine solche Faltung über die Zeit auch *Korrelationsfunktion*, etwas präziser *Kreuzkorrelationsfunktion*, hier eine solche erster Ordnung der Intensitäten zweier Laserimpulse.

Häufig benutzt man als Referenzimpuls den gleichen Impuls wie den zu Bestimmenden – was natürlich voraussetzt, dass man dessen allgemeine Form schon gut kennt. In diesem Fall spricht man von einer *Autokorrelationsfunktion*. Der Impuls fragt sich also selbst daraufhin ab, wieweit er sich gewissermaßen zu einer späteren Zeit noch an seine Vorgeschichte erinnert. Speziell für den Gauß-Impuls ist die Autokorrelationsfunktion wieder eine Gauß-Verteilung

$$I_{Gauss}(t) \otimes I_{Gauss}(t) = I_0^2 \sqrt{\frac{\pi}{2}} \exp\left(-\frac{t^2}{2\tau^2}\right) , \qquad (13.141)$$

die um einen Faktor $\sqrt{2}$ breiter ist als die der Ausgangsverteilung. Für die Halbwertsbreiten von Autokorrelationsfunktion und Ausgangsimpuls gilt also beim

$$\text{Gauß-Impuls:} \quad \Delta t_{1/2}^{auto} = \sqrt{2}\Delta t_{1/2} \qquad (13.142)$$

Für einen mit $\text{sech}^2(t/\tau)$ beschriebenen Impuls ist das etwas komplizierter. Die Autokorrelationsfunktion ist in diesem Falle $\text{sech}^4(t/2.2445\tau)$. Tatsächlich benutzt man aber – in relativ guter Näherung – für diese ebenfalls gerne eine $\text{sech}^2(t/\tau^{auto})$ und passt diese möglichst gut an die exakte Funktion an. Man findet für die Autokorrelationsfunktion beim

$$\text{sech}^2\text{-Impuls:} \quad \Delta t_{1/2}^{auto} = 1.542\Delta t_{1/2} \qquad (13.143)$$

Sie ist etwas stärker verbreitert als beim Gauß-Impuls.[14]

13.5.3 Signal bei interferometrischer Messung

Bei dem in Abb. 13.31 auf S. 189 sehr schematisch eingeführten Messaufbau zur Bestimmung von Impulsdauern ist der Multiplikator ein Schlüsselelement. Hier werden die beiden Teilstrahlen überlagert und nachgewiesen. Dabei spielen Interferenzeffekte naturgemäß eine zentrale Rolle. Allerdings versucht man

---

[14] In der Rücktransformation führt das beim Sekans-Hyperbolikus-Quadrat Impuls zu scheinbar etwas kürzeren Impulsdauern – was wohl der Grund ist, warum sich diese Beschreibung kurzer Impulse trotz umständlicherer Mathematik bei Experimentatoren großer Beliebtheit erfreut.

in den meisten Messanordnungen, diese gerade zu vermeiden, da sie eine erhebliche räumliche und zeitliche Stabilität der Strahlführung erfordern. Bei Standardmessungen mittelt man daher nach Möglichkeit über einen räumlich so ausgedehnten Bereich, dass erwartete Interferenzen sich gerade wegmitteln. Will man aber tatsächlich die Interferenzeffekte beobachten, so muss man Stabilisierungvorkehrungen für Quelle und optischen Aufbau treffen und wird zweckmäßigerweise die beiden Teilstrahlen möglichst parallel überlagern, um die Interferenzeffekte geometrisch gut lokalisieren zu können. Man spricht dann von einem interferometrischen Aufbau.

Wir werden im Folgenden stets zunächst von einem solchen Aufbau ausgehen und erst im Nachgang die zeitlich-räumlichen Mittelungsprozesse vornehmen. Wie schon erwähnt, ist der Multiplikator für diese Überlegungen von zentraler Bedeutung. Diesem wollen wir uns jetzt zuwenden und müssen dabei auch die Funktionsweise des Detektors verstehen. Korrelationsfunktionen werden uns dabei helfen. Typischerweise verwendet man für den Nachweis Mehrphotonenprozesse, die im intensiven elektromagnetischen Feld kurzer, bandbreitenbegrenzter Laserimpulse leicht zu realisieren sind. Besonders häufig benutzt man die Erzeugung von Oberwellen in nichtlinearen Kristallen, insbesondere der zweiten Harmonischen (*second harmonic generation, SHG*). Beim Durchgang eines intensiven Lichtimpulses (Kreisfrequenz ω_c) durch gewisse nichtlineare optische Kristalle wird nämlich ein Teil des Lichts umgewandelt in Licht der Kreisfrequenz $2\omega_c$. Man kann aber auch auf die Multiphotonenionisation oder -anregung von Atomen und Molekülen zurückgreifen.

Ganz allgemein ist für einen $\mathcal{N}$-Photonenprozess das Signal proportional zur $\mathcal{N}$-ten Potenz der Lichtintensität. Nach Abb. 13.31 ergibt sich die elektrische Feldstärke am Detektor durch Superposition (Interferenz) der Felder der beiden um δ gegeneinander verschobenen Teilstrahlen. Die Intensität ist das Produkt dieses Feldes und seines konjugiert Komplexen. Somit wird das am Detektor nachgewiesene Signal proportional zu

$$S(\delta) = \left\langle \{I(\delta)\}^{\mathcal{N}} \right\rangle = \frac{1}{2Z_0} \left\langle \{[E(t) + E(t+\delta)] [E^*(t) + E^*(t+\delta)]\}^{\mathcal{N}} \right\rangle$$

$$= \frac{1}{2Z_0} \left\langle \{E(t) E^*(t) + 2\,\mathrm{Re}\,[E(t) E^*(t+\delta)] + E(t+\delta) E^*(t+\delta)\}^{\mathcal{N}} \right\rangle$$

$$= I_0^{\mathcal{N}} \int_{T_{av}} \{h^2(t) + 2\,h(t)\,h(t+\delta) \cos(\omega_c \delta) + h^2(t+\delta)\}^{\mathcal{N}} \, dt, \quad (13.144)$$

wobei $h(t)$ die Einhüllende der Feldamplitude nach (13.112) ist. Die eckigen Klammern verweisen hier, wo wir es mit einem Laserimpuls zu tun haben, auf eine zeitliche Integration über große Zeiten $T_{av} \gg (\tau + \delta)$, also über viele Periodendauern. Zusätzlich mittelt das Experiment ggf. über Phasendifferenzen in $\omega_c \delta$ (diese können z.B. von Impuls zu Impuls statistisch fluktuieren oder durch den experimentellen Aufbau ausgemittelt werden[15]). Wir berücksichtigen das durch eine weitere Integration

$$\overline{S(\delta)} = \frac{1}{T_c} \int_{-T_c/2}^{T_c/2} S(\delta)\,\mathrm{d}\delta$$

über eine Periode der Trägerfrequenz $T_c = 2\pi/\omega_c$. Wir diskutieren einige typische Beispiele, die in Abb. 13.32 illustriert sind.

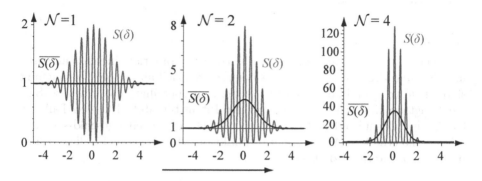

Abb. 13.32. Autokorrelationsfunktionen $S(\delta)$ als Funktion der Verzögerungszeit δ für verschiedene Ordnungen $\mathcal{N}$, berechnet nach (13.144) für einen Gauß'schen Impuls. *Rot* $S(\delta)$: bei interferometrischer Stabilität, *schwarz* $\overline{S(\delta)}$: über Phasenfluktuationen gemittelt. Normiert ist auf das Signal $S(\delta \to \infty)$ bei großer Verzögerung

$\mathcal{N} = 1$

Nehmen wir zunächst an, dass wir einfach die Gesamtintensität der kombinierten Wellenzüge mit Hilfe eines linearen Detektors (Photodiode, Multiplier, Thermosäule) messen, d.h. es ist nur ein Photon am Detektionsprozess beteiligt. Dann beschreibt (13.144) eine Situation analog zum klassischen Young'schen Interferenzexperiment am Doppelspalt. Mit dem in (13.134) definierten Kohärenzgrad erster Ordnung $g^{(1)}(\delta)$ wird das Signal (13.144) hier

$$S(\delta)/S(\infty) = 1 + \left|g^{(1)}(\delta)\right|\cos(\omega_c\delta)\,. \tag{13.145}$$

Für eine Gauß'sche Einhüllende $h(t)$ nach (13.113) kann man $g^{(1)}(\delta)$ nach (13.113) einsetzen und erhält, normiert auf das Signal für $\delta/\tau \gg 1$,

$$S(\delta)/S(\infty) = 1 + e^{-(\delta/2\tau)^2}(\cos\omega_c\delta)\,, \tag{13.146}$$

---

[15] Man beachte: hierbei geht es nicht um die absolute Stabilität der Phasenlage (also der „carrier envelope phase" φ_{ce} nach Abb. 13.26 auf S. 182). Über diese wird in (13.144) keine Aussage gemacht. Störend wirken hier „lediglich" Fluktuationen der relativen Phasenlage $\varphi = \omega\delta$ zwischen den beiden zeitverzögerten Impulsen.

welches links in Abb. 13.32 illustriert ist: *das Young'sche Doppespaltexperiment misst also den Kohärenzgrad erster Ordnung* (die Autokorrelationsfunktion der Feldamplitude). Im Prinzip kann man ein solches Interferenzexperiment benutzen, um Impulsdauern auszuwerten, wenn die Phase $\varphi = \omega_c \delta$ hinreichend stabil ist (etwaige Fluktuationen müssen klein sein $\partial (\varphi) \ll \pi$). Das ist aber meist nicht der Fall, sodass man über δ für einige Perioden statistisch mitteln muss, und es wird $\overline{\cos(\omega_c \delta)} \to 0$ und $\overline{S(\delta)}/S(\infty) \to 1$. Das Signal wird also völlig strukturlos, wie es die schwarze horizontale Linie in Abb. 13.32 (links) andeutet.

$\mathcal{N} = 2$

Man vermeidet diese Auslöschung der Korrelationsfunktion, indem man einen nichtlinearen Prozess zum Nachweis benutzt. Speziell an der SHG-Erzeugung sind offenbar zwei Photonen der Frequenz ω_c beteiligt, das erzeugte Signal hängt quadratisch ($\mathcal{N} = 2$) von der Intensität ab.[16] Für den Fall der Gauß'schen Einhüllenden (13.113) kann man (13.144) wieder geschlossen integrieren und erhält als Autokorrelationsfunktion (2ter Ordnung für die Feldamplitude) ein Interferenzmuster

$$S\left(\delta\right)/S\left(\infty\right) = 1 + 4e^{-3(\delta/\tau)^2/8}\cos\omega_c\delta + e^{-(\delta/\tau)^2/2}(1 + 2\cos^2\omega_c\delta), \quad (13.147)$$

das in Abb. 13.32 (Mitte) skizziert ist. Die Maxima sind massiv überhöht wegen der quadratischen Abhängigkeit des Signals von der Intensität, bzw. von $|E(t)|^4$ (roter Kurvenzug). Ohne spezielle Maßnahmen zur Realisierung eines interferometrischen Aufbaus, werden Phasenfluktuationen auch hier wieder eine Mittelung über mindestens eine Periode bewirken. Von den cos-Termen verschwindet dann der erste, der zweite mittelt sich zu $1/2$. Das Signal

$$\overline{S(\delta)}/S\left(\infty\right) = 1 + 2e^{-(\delta/\tau)^2/2} \quad (13.148)$$

bleibt aber in diesem Falle abhängig von der Zeitverzögerung δ, was als schwarze Linie in Abb. 13.32 (Mitte) ausgewiesen ist. Man sieht: mit dieser Art von Messung kann man auch bei Phasenfluktuationen die Autokorrelationsfunktion (13.141) der Laserintensität bestimmen. Um präzise zu sein: das Messsignal (13.148) entspricht der Autokorrelation zweiter Ordnung der Feldamplitude und der Exponentialterm ist gerade die Autokorrelationsfunktion erster Ordnung der Intensität. Unabhängig von der Linienform (13.113) kann man den phasengemittelten Fall für $\mathcal{N} = 2$ bei beliebigem δ nach der Mittelung über die schnellen Phasenfluktuationen schreiben als:

---

[16] Im realen experimentellen Aufbau schneiden sich typischerweise die beiden zeitverzögerten Strahlen unter einem kleine Winkel, und das SHG Signal wird in der Winkelhalbierenden nachgewiesen (Phasen- und Impulsanpassung). Das Messsignal wird dann praktisch untergrundfrei.

$$\frac{\overline{S(\delta)}}{S(\infty)} = 1 + 2\frac{\int\limits_{-\infty}^{\infty} h^2(t)\, h^2(t+\delta)\,\mathrm{d}t}{\int\limits_{-\infty}^{\infty} h^4(t)\,\mathrm{d}t} \tag{13.149}$$

Den zweiten Term bezeichnet man in Analogie zu (13.145) als *Kohärenzgrad zweiter Ordnung*. Gleichung (13.149) bildet die Basis für die Standardanalyse kurzer Laserimpulse mit Hilfe des Nachweises der zweiten Harmonischen (SHG).

$\mathcal{N} = 4$

Als weiteres Beispiel zeigen wir in Abb. 13.32 (rechts) das Interferenzsignal für einen Vierphotonenprozess von zwei kohärenten Gauß'schen Laserimpulsen als Funktion der Verzögerungszeit δ (im Wesentlichen ist das die Autokorrelationsfunktion 4ter Ordnung des Laserfeldes). Die volle rote Linie erhält man auch hier genau dann, wenn der Detektor nur über kleine Phasenfluktuationen $\delta \ll \tau$ mittelt. Die schwarze Glockenkurve gibt wieder den Mittelwert bei starker Phasenfluktuation. Das Maximum dieses sogenannten 4-Photonen *Kohärenzsignals* ist über 50 mal höher als der Untergrund bei $\delta \gg \tau$.

In Tabelle 13.5 sind die obigen Ergebnisse und einige weitere zusammengestellt. Man sieht, wie stark die Überhöhung des Maximums mit zunehmender Ordnung $\mathcal{N}$ gegenüber dem Untergrund für $\delta \gg \tau$ anwächst, während zugleich die zeitliche Breite $\Delta t_{1/2}$ des Signals deutlich abnimmt.

Verallgemeinerung

Bislang haben wir als Beispiel Gauß'sche Einhüllende der Feldamplituden diskutiert. Wichtige Grenzfälle von (13.144) lassen sich aber auch allgemein formulieren. So verschwinden für große Verzögerungszeiten nicht nur alle Interferenzterme in (13.144), sondern auch alle Produkte von Termen, die zu

Tabelle 13.5. Bestimmung von Korrelationsfunktionen durch unterschiedliche Multiphotonenprozesse mit $\mathcal{N}$ Photonen: phasengemitteltes Signal $\overline{S(x)}/S(\infty)$ als Funktion der Verzögerung $x = \delta/\tau$, FWHM $\Delta t_{1/2}$ und Signalmaxima $\overline{S(0)}/S(\infty)$ – zum Vergleich auch die Maxima $S(0)/S(\infty)$ bei interferometrischer Messung

$\mathcal{N}$	$\overline{S(x)}$ für Gauß'sche Einhüllende	$\overline{S(0)}$	$\Delta t_{1/2}/\tau$	$S(0)$
	zum Vergleich: e^{-x^2}	1	$2\sqrt{\ln 2} =$ 1.665	1
1	1	1	∞	2
2	$1 + 2e^{-x^2/2}$	3	$2\sqrt{2}\sqrt{\ln 2} =$ 2.355	8
3	$1 + 9e^{-2x^2/3}$	10	$\sqrt{6}\sqrt{\ln 2} =$ 2.039	32
4	$1 + 18e^{-x^2} + 16e^{-3x^2/4}$	35	1.7788	128
5	$1 + 100e^{-6x^2/5} + 25e^{-4x^2/5} + 5e^{-9x^2/20}$	131	1.602	512
6	$1 + 36e^{-5x^2/6} + 200e^{-3x^2/2} + 225e^{-4x^2/3}$	462	1.428	2048

unterschiedlichen Zeiten t bzw. $t + \delta$ gehören. Somit tragen nur die $\mathcal{N}$-ten Potenzen des ersten und letzten Terms (additiv) bei, und wir erhalten für

$$\delta \gg \tau \quad \text{einfach} \quad S(\delta \to \infty) = 2 \times (I_0)^{\mathcal{N}}.$$

Der andere Grenzfall ist $\delta = 0$, was nach (13.144) zu einem maximalen Signal von $S(\delta = 0) = (4 \times I_0)^{\mathcal{N}}$ führt, sodass

$$\frac{S(\delta = 0)}{S(\delta \to \infty)} = \frac{4^{\mathcal{N}}}{2} \tag{13.150}$$

wird. Diese Formel beschreibt also das Maximum des Signals bei (bei $\delta = 0$) im Falle eines interferometrisch stabilen Experiments, bei welchem örtliche oder zeitliche Fluktuationen der Phase $\phi = \omega_c \delta$ im Beobachtungsvolumen und über die Beobachtungszeit klein sind.

Ist umgekehrt die Phasenfluktuation bzw. Variation im Beobachtungsvolumen groß (d.h. $\partial(\phi) \gg \pi$) – und das ist in der Tat bei den meisten Messanordnungen der Fall – dann kann man auch diese Mittelung in den Grenzfällen unabhängig vom Linienprofil auswerten. Wir gehen davon aus, dass die Impulsdauer immer noch lang gegenüber der Periodendauer des Lichtes ist, dass also $\omega_c \gg 1/\tau$. Dann kann man $h(t) \sim h(t + \delta)$ über die Phasenmittelung als konstant annehmen und vor der Integration über die Zeit t mitteln. So wird *unabhängig von der Impulsform* für

$$\delta \ll \tau \quad \text{stets} \quad \overline{S(0)} = 2^{\mathcal{N}} I_0^{\mathcal{N}} \overline{[1 + \cos(\phi)]^{\mathcal{N}}} \quad \text{und} \tag{13.151}$$

$$\frac{\overline{S(0)}}{S(\infty)} = 2^{2\mathcal{N}-1} \frac{1}{2\pi} \int\limits_{-\pi}^{\pi} \cos^{2\mathcal{N}}\left(\frac{\phi}{2}\right) d\phi = \frac{(2\mathcal{N})!}{2(\mathcal{N}!)^2}, \tag{13.152}$$

letzteres nach Integration zwischen $\pm\pi$. Diese Formel reproduziert die in Tabelle 13.5 bereits für den Gauß-Impuls ermittelten Werte.

13.5.4 Experimentelle Beispiele

Abbildung 13.33 zeigt ein jüngeres Messbeispiel für einen Moden-gelockten Laserimpuls aus einem Dioden-gepumpten, neuen Material (Yb:LuScO$_3$-Kristall) nach Schmidt et al. (2010).[17] Das experimentell bestimmte Verstärkungsprofil $\tilde{I}(\lambda)$ in Abb. 13.33a lässt sich erstaunlich gut durch eine Gauß- oder sech^2-Funktion anpassen und hat eine Bandbreite (FWHM) von ca. 22.4 nm (entsprechend $\Delta\nu_{1/2} = 6.25$ THz). Die Autokorrelationsfunktion Abb. 13.33b wurde in einem *Anrege-Abtastverfahren* vermessen, wie gerade beschrieben ($\mathcal{N} = 2$). Aus einem Fit der experimentellen Daten mit einer sech$^2(t/\tau_S)$-Verteilung ergibt sich für die Autokorrelationsfunktion FWHM ≈ 118 fs, was

---

[17] Wir danken U. Griebner für die Überlassung der Originaldaten.

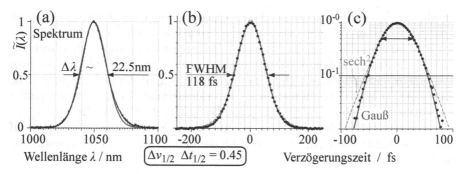

Abb. 13.33. Experimentell bestimmte spektrale (**a**) und zeitliche (**b, c**) Intensitätsverteilung eines nahezu Fourier-begrenzten Laserimpulses, mit $\Delta \nu_{1/2} = 6.25\,\mathrm{THz}$ und $\Delta t_{1/2} = 74\,\mathrm{fs}$ nach Schmidt et al. (2010)

nach (13.143) einer Impulsbreite von $\Delta t_{1/2} = 74\,\mathrm{fs}$ entspricht. Die logarithmische Darstellung Abb. 13.33c erlaubt einen schönen Vergleich der beiden in Abschn. 13.4.1 diskutierten Impulsformen und zeigt in diesem Falle eine exzellente Übereinstimmung mit einem angepassten Gauß-Profil. Das Impulsdauer-Frequenzbandbreiteprodukt liegt bei ca. 0.45, was mit dem Idealwert 0.315 nach (13.129) zu vergleichen ist. Man kann den Impuls als nahezu Fourierbegrenzt bezeichnen, zumal die Auswahl der zum Anpassen benutzen Profile nicht zwingend ist (s. auch Fußnote auf S. 191).

Abbildung 13.34 zeigt die Realisierung einer typischen interferometrischen Messanordnung. Der hier benutzte experimentelle Aufbau besteht aus einem sehr kleinen, extrem stabilen Michelson-Interferometer und einem Nachweis

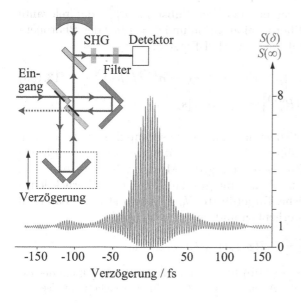

Abb. 13.34. Interferometrische Bestimmung der Autokorrelationsfunktion eines ultrakurzen Laserimpulses (FWHM $\Delta t_{1/2} = 19.5\,\mathrm{fs}$) zur Verfügung gestellt von G. Steinmeyer (2010), Max-Born-Institut, Berlin

durch die zweite Harmonische, die in einem dünnen BBO Kristall erzeugt wird ($\mathcal{N} = 2$). Zur Kompensation der Dispersion werden in diesen speziellen Aufbau zwei Strahlteiler verwendet. Dadurch ist die Anordnung auch für sehr kurze Laserimpulse ($< 10\,\text{fs}$) geeignet. Die gezeigte Messkurve stammt von einem Ti:Saphir-Laser ($800\,\text{nm}$) mit einer Impulsdauer von ca. $19.5\,\text{fs}$. Man sieht ein zu $\delta = 0$ symmetrisches Interferenzmuster, das dem erwarteten Verhältnis $S(0) : S(\delta) = 1 : 8$ sehr nahe kommt (vgl. Abb. 13.32 Mitte). Die deutlich sichtbaren Nebenmaxima stammen von Satellitenimpulsen, die auf einen unvollständigen Ausgleich der Modenumlaufzeiten im Laserresonator zurückzuführen sind.[18]

13.6 Nichtlineare Prozesse in Gauß'schen Laserstrahlen

13.6.1 Allgemeine Überlegungen

Solange man linear von der Intensität abhängige Prozesse bei moderaten Intensitäten untersucht, also klassische Absorption und Emission, spielt das räumliche und zeitliche Profil des benutzten Lichtstrahls bei der Mittelung über ein Beobachtungsvolumen keine Rolle, da der Wirkungsquerschnitt ja nicht von der Intensität abhängt. Wir haben aber bereits im vorangehenden Abschnitt gesehen, dass das bei nichtlinearen Prozessen durchaus anders sein kann. Einige solcher Prozesse haben wir in Kap. 5.3, Band 1 bereits einführend besprochen. Da die Wechselwirkung von Atomen, Molekülen und Clustern mit starken Laserfeldern ein wichtiges Thema moderner Laser-basierter Forschung ist, wollen wir dies hier am Beispiel der Multiphotonenionisation (MPI) noch etwas genauer veranschaulichen.

Sei N die Teilchendichte der untersuchten Substanz, $\sigma_{ba}^{(\mathcal{N})}$ der relevante Wirkungsquerschnitt für $\mathcal{N}$-Photonenionisation und $\Phi = I/\hbar\omega$ der Photonenfluss. Nach (5.31) wird die Rate für den MPI-Prozess:

$$R_{ba}^{(\mathcal{N})} = \sigma_{ba}^{(\mathcal{N})}\ \Phi^{\mathcal{N}} = s_{\mathcal{N}} I^{\mathcal{N}}(\rho, z, t) \quad \text{mit} \quad s_{\mathcal{N}} = \sigma^{(\mathcal{N})}/(\hbar\omega)^{\mathcal{N}} \qquad (13.153)$$

$$\text{mit den Einheiten } \left[R_{ba}^{(\mathcal{N})}\right] = \text{s}^{-1} \text{ bzw. } [s_{\mathcal{N}}] = \text{cm}^{2\mathcal{N}}\,\text{s}^{\mathcal{N}-1}\,/\,\text{J}^{\mathcal{N}}$$

Solche Prozesse kann man effizient mit kurzen Laserimpulsen untersuchen. Wir nehmen einen Gauß-Strahl an, dessen Intensität entsprechend (13.118) orts- und zeitabhängig ist. Zur Berechnung des Messsignals muss man nun über die Zeit und das Nachweisvolumen integrieren. Dabei ist zu berücksichtigen, dass sich die ursprüngliche Targetdichte N_0 in einem starken Laserfeld während eines Laserimpulses erheblich ändern kann. Es wird

$$\mathrm{d}N(\rho, z, t) = -N(\rho, z, t)s_{\mathcal{N}}I^{\mathcal{N}}(\rho, z, t)\mathrm{d}t,$$

---

[18] Wir danken Günter Steinmeyer (2010) für die freundliche Bereitstellung des experimentellen Materials, für die Apparaturskizze und für hilfreiche Hinweise.

und Integration über die Zeitdauer des gesamten Laserimpuls führt zu

$$N(\rho, z) = N_0 \exp\left(-s_{\mathcal{N}} \tau_{\mathcal{N}} I^{\mathcal{N}} (\rho, z)\right) . \qquad (13.154)$$

Dabei haben wir eine effektive $\mathcal{N}$-Photonen-Impulszeit

$$\tau_{\mathcal{N}} = \int_{-\infty}^{\infty} \exp(-\mathcal{N}(t/\tau)^2) \mathrm{d}t = \sqrt{\frac{\pi}{\mathcal{N}}}\tau \qquad (13.155)$$

eingeführt. Wir definieren nun eine *Sättigungsintensität*

$$I_s = (\tau_{\mathcal{N}} s_{\mathcal{N}})^{-1/\mathcal{N}} \qquad (13.156)$$

und schreiben damit (13.154) um in

$$N(\rho, z) = N_0 \exp\left(- (I (\rho, z) / I_s)^{\mathcal{N}}\right) . \qquad (13.157)$$

Im Fokus des Gauß-Strahls wird $I(\rho, z) = I_0$. Wenn also diese Maximalintensität gleich der Sättigungsintensität wird, d.h. $I_0/I_s = 1$, dann ist die ursprüngliche Targetdichte N_0 nach dem Laserimpuls auf $1/e$, also auf 37% abgesunken. Im Zentrum des Laserfokus werden also 63% der Atome/Moleküle ionisiert, wenn die maximale Intensität $I_0 = I_s$ ist. Das insgesamt gemessene Signal ergibt sich durch Integration über das gesamte, vom Experiment eingesehene Targetvolumen V und wird (abgesehen von der experimentellen Nachweiswahrscheinlichkeit)

$$S\left(\frac{I_0}{I_s}\right) = N_0 \int_V \mathrm{d}V \left\{1 - \exp\left[-\left(\frac{I(\rho, z)}{I_s}\right)^{\mathcal{N}}\right]\right\} . \qquad (13.158)$$

Wir setzen die räumliche Intensitätsabhängigkeit nach (13.118) ein, schreiben

$$u = (I_0/I_s) / \left(1 + \zeta^2\right)$$

und integrieren in Zylinderkoordinaten – zunächst in radialer Richtung:

$$\mathrm{d}S(u) = 2\pi N_0 \mathrm{d}z \int_0^{\infty} \rho \mathrm{d}\rho \left\{1 - \exp\left[-u^{\mathcal{N}} \exp\left(-2\mathcal{N}\frac{\rho^2}{w^2}\right)\right]\right\} \qquad (13.159)$$

$$= \frac{\pi N_0 w_0^2 z_0}{\mathcal{N}} \left(1 + \zeta^2\right) \mathrm{d}\zeta \int_0^{\infty} \rho \mathrm{d}\rho \left\{1 - \exp\left[-u^{\mathcal{N}} \exp\left(-\rho^2\right)\right]\right\}$$

$$= \frac{\pi N_0 w_0^2 z_0}{2\mathcal{N}} \left(1 + \zeta^2\right) \left(\gamma + \ln u^{\mathcal{N}} + E_1\left(u^{\mathcal{N}}\right)\right) \mathrm{d}\zeta \qquad (13.160)$$

Hierbei ist $\gamma = 0.57722$ die Euler'schen Zahl und $E_1(x) = -\mathrm{Ei}(-x) = -\int_x^{\infty} (\mathrm{e}^{-u}/u) \mathrm{d}u = -\int_1^{\infty} (\mathrm{e}^{-xt}/t) \mathrm{d}t$ das Exponentialintegral (s. z.B. Weisstein, 2004). Alternativ kann man den Integranden in (13.159) in eine Reihe entwickeln und dann integrieren:

$$dS\left(u\right) = \frac{\pi N_0 w_0^2 z_0}{2\mathcal{N}} \left(1 + \zeta^2\right) \sum_{j=1}^{\infty} (-1)^{j-1} \frac{u^{j\mathcal{N}}}{j \, j!} d\zeta \qquad (13.161)$$

$$= \frac{\pi N_0 w_0^2 z_0}{2\mathcal{N}} \sum_{j=1}^{\infty} (-1)^{j-1} \frac{(I_0/I_s)^{j\mathcal{N}}}{j \, j!} \left(1 + \zeta^2\right)^{1-j\mathcal{N}} d\zeta$$

Für hinreichend kleine Intensitäten $I_0/I_s \ll 1$ dominiert der erste Term der Reihe, und unabhängig von der Geometrie wird das Signal erwartungsgemäß $\propto (I_0/I_s)^{\mathcal{N}}$. Schwieriger wird es, wenn die Intensität in die Größenordnung der Sättigungsintensität kommt, da dann die Reihenentwicklung nur sehr langsam konvergiert. Man muss nun zwei experimentelle Geometrien unterscheiden.

13.6.2 Zylindrische Geometrie (2D-Geometrie)

Am einfachsten auszuwerten ist das Signal für die streng zylindrische 2D-Geometrie, bei welcher das Target ein dünner Streifen der Breite $d \ll z_0$ ist, den der Laserstrahl im Fokus senkrecht durchdringt. Dies ist wie im Einschub Abb. 13.35 rechts unten skizziert. In diesem Fall ist die ζ Abhängigkeit in (13.160) vernachlässigbar und man erhält für das Signal einfach

$$S\left(u\right) = \frac{\pi N_0 w_0^2 d}{2\mathcal{N}} \left\{ \gamma + \mathcal{N} \ln \left(\frac{I_0}{I_s}\right) + E_1 \left[\left(\frac{I_0}{I_s}\right)^{\mathcal{N}}\right] \right\} \quad . \qquad (13.162)$$

In Abb. 13.35 ist dies für eine 5- und 8-Photonenionisation illustriert. Als experimentelles Beispiel sind Messdaten für die Ionisation von C_{60} in fokussierten $800\,\mathrm{nm}$ ($1.55\,\mathrm{eV}$) Laserimpulsen von $t_{1/2} = 27\,\mathrm{fs}$ Dauer nach Shchatsinin et al. (2006) gezeigt. Die doppelt logarithmische Auftragung erlaubt es, das Potenzgesetz $S \propto u^{\mathcal{N}}$ als Steigung $\mathcal{N}$ bei kleinen Intensitäten abzulesen. Die Erzeugung von C_{60}^{+} (rot) benötigt offenbar 5 Photonen ($S \propto I^5$), die Doppelionisation (C_{60}^{++} grau) zeigt näherungsweise ein $S \propto I^8$ Verhalten,[19] was energetisch gut mit den Ionisationspotenzialen von C_{60} ($7.56\,\mathrm{eV} \lesssim 5\hbar\omega$) bzw. C_{60}^{+} ($11.8\,\mathrm{eV} \lesssim 8\hbar\omega$) zusammenpasst. Für Intensitäten $I_0 > I_s$ erkennt man deutlich das Sättigungsverhalten. Es beginnt, wenn im Zentrum alle neutralen Targetmoleküle ionisiert sind. Das Volumen (hier eine Kreisscheibe), für welche $I(\rho, z) > I_s$ wird, wächst mit zunehmender Maximalintensität I_0. Der Signalzuwachs oberhalb der Sättigungsintenistät (im Zentrum) resultiert also aus einem Zuwachs an effektivem Volumen. Für größere $u^{\mathcal{N}} \gtrsim 3$ verschwindet übrigens das Exponentialintegral $E_1(u^N)$ sehr schnell, sodass der Signalzuwachs rein logarithmisch wird.

Diese einfache Geometrie kann man also gut auswerten. Trägt man, wie von Hankin et al. (2001) vorgeschlagen, alternativ zur log − log Darstellung das Signal linear gegen $\log(I_0)$ auf, so liest man nach (13.162) durch lineare

---

[19] Abbildung 13.35 ist dimensionslos skaliert, d.h. die Intensitäten wurden auf die Sättigungsintensität I_s normiert, das Ionensignal S auf das Signal $S(I = I_s)$.

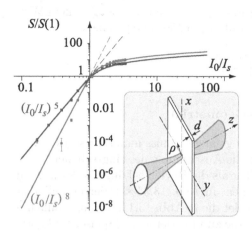

Abb. 13.35. Multiphotonenionisationssignal S als Funktion der Intensität I, gemessen in Einheiten der Sättigungsintensität I_s in $\log - \log$ Auftragung. Die streng zylindrische Geometrie ist im Einschub rechts unten skizziert. Die vollen Kurven sind nach (13.162) berechnete Beispiele für Intensitätsabhängigkeiten $S \propto I^5$ und $\propto I^8$. Die experimentellen Punkte sind Daten für die Ionisation von $C_{60} \rightarrow C_{60}^+$ (*rot*) bzw. C_{60}^{++} (*grau*) mit 800 nm Laserimpulsen von 27 fs Impulsdauer nach Shchatsinin et al. (2006)

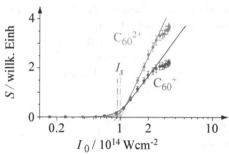

Abb. 13.36. Multiphotonenionisationssignal S als Funktion der Intensität I wie in Abb. 13.35, hier jedoch in $\lin - \log$ Darstellung. Die experimentellen Daten (Signal S in willk. Einh., Maximalintensität I_0 im Fokus in $\mathrm{W\,cm^{-2}}$) sind hier nicht skaliert. Es ergeben sich leicht unterschiedliche Sättigungsintensitäten für C_{60}^+ und C_{60}^{++} (rote bzw. graue, strichpunktierte Linie)

Extrapolation der Daten bei hoher Intensität die Sättigungsintensität I_s als Achsenabschnitt ab (bis auf eine kleine Verschiebung aufgrund der Konstanten γ). Dies ist für das eben behandelte Beispiel in Abb. 13.36 illustriert. Die experimentellen Daten sind hier nicht skaliert und man sieht, dass im vorliegenden Beispiel die Sättigungsintensitäten für C_{60}^+ und C_{60}^{++} nur wenig voneinander verschieden sind – ein etwas merkwürdiger Befund, wenn man von sequentieller Ionisation nach dem Schema $C_{60} + \mathcal{N}_1 \hbar\omega \rightarrow C_{60}^+ + e$ und sodann $C_{60}^+ + \mathcal{N}_2 \hbar\omega$ ausgeht (mit $\mathcal{N}_1 = 5$ und $\mathcal{N}_2 = 8$): offenbar ist die Physik etwas komplizierter! Aus den so bestimmten Sättigungsintensitäten kann man übrigens den MPI-Wirkungsquerschnitt bestimmen, indem man (13.156) einfach umkehrt. Mit (13.155) und (13.153) erhält man:

$$s_{\mathcal{N}} = \frac{1}{\tau_{\mathcal{N}} I_s^{\mathcal{N}}} \quad \text{bzw.} \quad \sigma^{(\mathcal{N})} = \frac{(\hbar\omega)^{\mathcal{N}}}{\tau_{\mathcal{N}} I_s^{\mathcal{N}}} \tag{13.163}$$

Das ist natürlich nur richtig, wenn das Potenzgesetz streng bis zur Sättigung gilt – wovon man nicht unbedingt ausgehen kann. Immerhin leistet diese Größe doch gute Dienste zur Abschätzung eines „äquivalenten" MPI-Wirkungsquerschnitts. Wir halten fest, dass – vorausgesetzt (13.153) ist streng gültig – die gemessene Sättigungsintensität von der Impulsdauer abhängt.

Für unterschiedliche Impulsdauern τ_1 und τ_2 verhalten sich bei gleichem Wirkungsquerschnitt die Sättigungsintensitäten (13.156) entsprechend

$$\frac{I_{s1}}{I_{s2}} = \left(\frac{\tau_2}{\tau_1}\right)^{1/\mathcal{N}}.$$

13.6.3 Konische Geometrie (3D-Geometrie)

Um zu besonders hohen Intensitäten zu gelangen, muss man sehr stark fokussieren. Bei solchen Experimenten wird die Ausdehnung des eingesehenen Volumens in z-Richtung aber deutlich größer als die Rayleigh-Länge, $d \gg z_0$. Man kann dann nicht mehr von der einfachen, in Abb. 13.35 skizzierten zylindrischen Geometrie ausgehen, sondern findet die in Abb. 13.11c veranschaulichte „Hundeknochen"-Geometrie vor, über die zu integrieren ist (Speiser und Jortner, 1976). Wir schätzen zunächst (sehr) grob das Volumens V_s ab, innerhalb dessen die Intensität größer als die Sättigungsintensität I_s ist:

Bei hinreichend hohem I_0 wird die Grenze von V_s im Fernfeld liegen, die Intensität (13.118) auf der Strahlachse kann hinreichend genau mit $I = I_0/\zeta^2$ abgeschätzt werden. Die Ausdehnung des „gesättigten Hundeknochens" in z-Richtung wird also $z_s = z_0\sqrt{I_0/I_s}$. Wir schätzen also ab

$$V_s = \int \mathrm{d}V = \int_{-z_s}^{z_s} \frac{\pi w^2}{2} \mathrm{d}z = \pi \frac{w_0^2}{z_0^2} \int_0^{z_s} z^2 \mathrm{d}z = \frac{\pi w_0^2 z_0}{3} \left(\frac{I_0}{I_s}\right)^{3/2}.$$

Die hier abgeleitete $I^{3/2}$ Abhängigkeit ist charakteristisch für gesättigte Prozesse in 3D-Geometrie. Eine saubere Berechnung hat auch die radiale Aufweitung zu berücksichtigen, die aber nichts grundsätzlich ändert. Streng genommen muss man natürlich auch die Bereiche außerhalb des Sättigungsvolumens V_s berücksichtigen, also die z-Integration von (13.160) bzw. (13.161) über alle z von $-\infty$ bis $+\infty$ ausführen. Es zeigt sich, dass das Integral für $\mathcal{N} > 3/2$ existiert, aber nicht ganz trivial ist, da die Reihe (13.161) sehr langsam konvergiert. Man integriert daher für kleine $(I_0/I_s)^{\mathcal{N}} \leq L = 3$ die Reihe, für größere Werte (13.160), wobei dort das Exponentialintegral vernachlässigt werden kann. Insgesamt ergeben sich dabei etwas komplizierte Formeln, die erstmals von Cervenan und Isenor (1975) entwickelt wurden. Mit $u \equiv I_0/I_s$ wird das Signal für $u^{\mathcal{N}} > L$

$$\frac{S(u)}{S(1)} = \frac{u^{3/2}}{V(\mathcal{N})} \left(\sum_{j=0}^{\infty} a(j) \left(u/L^{1/\mathcal{N}}\right)^{-j} + G(u/L^{1/\mathcal{N}}) + H(u/L^{1/\mathcal{N}})\right)$$

und für kleine Intensitäten $u^{\mathcal{N}} < L$

$$\frac{S(u)}{S(1)} = \frac{1}{V(\mathcal{N})} \sum_{j=1}^{\infty} \frac{(-1)^{j-1}}{j\,j!} u^{Nj} V(\mathcal{N}j) \quad \text{mit}$$

$$V(m) = \frac{(-1)^m\,\Gamma(1/2)\pi}{\Gamma(m-1)\,\Gamma(5/2-m)}$$

$$a(j) = (-1)^j\,\frac{\Gamma(1/2)}{\Gamma(j+1)\Gamma(1/2-j)}\sum_{n=1}^{\infty}\frac{(-L)^n}{(2(\mathcal{N}n+j)-3)\,nn!}$$

$$G(u) = \frac{1}{3}\,(\gamma+\ln L)\,(1+2/u)\,(1-1/u)^{1/2}$$

$$H(u) = \frac{2}{9}\mathcal{N}\left((1-1/u)^{3/2}\right) + 6\left(1/u-1-\arcsin(1-1/u)^{1/2}\right).$$

In Abb. 13.37 ist der Verlauf dieser Funktion in der vollen 3D-Geometrie skizziert. Man sieht, dass dies zu einem stärkeren Anwachsen des Signals im Sättigungsbereich im Vergleich zu 2D-Geometrie führt.

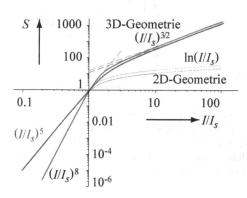

Abb. 13.37. Multiphotonenionisationssignal S als Funktion der Intensität I, gemessen in Einheiten der Sättigungsintensität I_s in $\log-\log$ Auftragung, analog zu Abb. 13.35 auf S. 201. Im Gegensatz dazu ist hier über das gesamte Volumen des Laserstrahls integriert (3D-Geometrie). Zum Vergleich sind die entsprechend skalierten $(I_0/I_s)^{3/2}$-Verläufe (gestrichelt) sowie das für zylindrische 2D-Geometrie geltende $\ln(I_0/I_s)$-Verhalten (dünne Linien) nach Abb. 13.35 eingetragen

In der Praxis sind die Beobachtungen meist noch komplexer. Die schon angedeutete sequentielle Mehrfachionisation, aber auch Fragmentationsprozesse bei Molekülen, oder in Clustern die Wechselwirkungen mit einem im Cluster erzeugten Mikroplasma, können zu vielen, voneinander abhängigen Prozessen führen. Diese prägen wiederum über ihre Intensitätsabhängigkeit eine zeitliche und räumliche Struktur aus. In jedem Fall ist die Wechselwirkung von Atomen, Molekülen und Nanoteilchen mit intensiven Laserimpulsen ein spannendes, aktuelles Forschungsgebiet, das sich rasant entwickelt.

13.6.4 Räumlich aufgelöstes Messverfahren

Die soeben erwähnte räumlich-zeitliche Struktur dieser Prozesse wurde in einem recht schönen, noch verhältnismäßig einfachen Experiment in jüngerer Zeit von Strohaber und Uiterwaal (2008) untersucht. Es ist in Abb. 13.38 zusammengefasst. Hier geht es um MPI von Xe-Atomen mit einem kurzen Laserimpuls (800 nm, 50 fs). Dabei wird durch die Kombination (Abb. 13.38a) einer

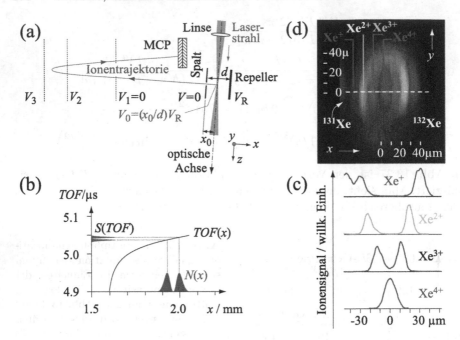

Abb. 13.38. Experiment zum räumlich aufgelösten Nachweis der Multiphotonionisation am Xe Atom im Fokus eines Gauß-Strahl nach Strohaber und Uiterwaal (2008). (**a**) Experimentelle Anordnung (**b**) Abhängigkeit der Flugzeit TOF vom Entstehungsort x. (**c**) Ionensignale verschiedener Ladungszustände Xe^{q+} als Funktion von x (Signalkurven) und (**d**) in der xy-Ebene als $2D$-Darstellung

schmalen Blende (y-, im Prinzip auch z-Koordinate) mit einer Flugzeitanalyse (TOF) der Ionen (x-Koordinate) eine räumliche $3D$-Abbildung der verschiedenen, beobachteten Ladungszustände realisiert. Abbildung 13.38b zeigt die durch Flugzeitanalyse gewonnene x-Abhängigkeit des Entstehungsorts der Xe^{q+} Ionen für $q = 1 - 4$. Die Sättigungsintensität für diese MPI-Prozesse ist für $q = 4$ am höchsten und wird unter den hier gewählten Bedingungen offenbar gerade im Zentrum des Fokus erreicht, wo alle anderen Ionensignale schon ausgebleicht sind. Je kleiner q desto niedriger die Sättigungsintensität, was zur Entstehung dieser Ionen in den Randzonen des Laserstrahls führt: je kleiner q desto ferner vom Fokus. Abbildung 13.38c gibt eine $2D$ Übersicht der beobachteten Intensitäten und damit letztlich eine direkte, nichtlineare Abbildung der Laserintensität. Man kann dieses Bild direkt mit der „Hundeknochen"-Intensitätsverteilung in Abb. 13.11 auf S. 156 vergleichen.

Kohärenz und Photonen

*Im Jahre 1900 hatte Max Planck – zunächst noch
sehr zögerlich – ein dem elektromagnetischen Feld
zugeordnetes Energiepaket $W = h\nu$ postuliert – heute
„Photon" genannt. Im Jahre 1905, dem berühmten
„annus mirabilis" Einsteins, kam dann die klassische
Physik endgültig zu Fall: Einstein erklärte mit Hilfe
des Planck'schen Wirkungsquantums h den Photoeffekt,
er formulierte die spezielle Relativitätstheorie, fand
die Äquivalenz von Masse und Energie und lieferte
eine atomistische Erklärung der Braun'schen Bewegung.
Der Beginn der eigentlichen Quantenoptik aber ist
erst auf die frühen 1950'er Jahre zu datieren.
Das vorliegende Kapitel will in die „Basics" dieses
modernen Forschungsgebiets einführen.*

Hinweise für den Leser: In diesem Kapitel wenden wir uns den Teilcheneigenschaften des Lichts zu und damit verbunden den statistischen Eigenschaften der Photonen. In Abschn. 14.1 werden Begriffe wie „quasimonochromatisches" und „partiell kohärentes" Licht definiert und an einfachen Modellen für Laser und klassisches Licht erläutert. Wir lernen die grundlegenden Experimente kennen, beginnend mit dem berühmten „Hanbury-Brown-Twiss-Experiment". In Abschn. 14.2 versuchen wir, einen pragmatischen Zugang zur quantenmechanische Beschreibung von Photonenzuständen zu entwickeln – gewissermaßen eine Einführung für „Fußgänger". Schließlich werden wir in Abschn. 14.3 das so gewonnene Instrumentarium in die Theorie der Absorption und Emission von Licht einbringen, also die Quantennatur des Photons berücksichtigen und dabei auch erstmals die spontane Emission ableiten – im Gegensatz zur bisher benutzen semiklassischen Behandlung dieses inhärent quantenmechanischen Phänomens.

14.1 Grundlagen der Quantenoptik

14.1.1 Vorbemerkungen

Die bahnbrechenden Arbeiten zur Quantenstatistik des Lichtes wurden ab 1954 gemacht. Von grundlegender Bedeutung sind die Experimente von R. Hanbury Brown[1] und R.Q. Twiss (1954; 1956a). Roy J. Glauber war einer

---

[1] Man spricht immer vom „Hanbury-Brown-Twiss-Experiment", sollte aber wissen, dass Hanbury ein Vorname ist.

I.V. Hertel, C.-P. Schulz, *Atome, Moleküle und optische Physik 2*,
Springer-Lehrbuch, DOI 10.1007/978-3-642-11973-6_4,
© Springer-Verlag Berlin Heidelberg 2010

der Pioniere der theoretischen Quantenstatistik (siehe z.B. Glauber, 1963) und erhielt dafür 2005 den Nobelpreis – zusammen mit John Hall und Ted Hänsch, die wir z.B. im Zusammenhang mit Frequenzkämmen in Kap. 13.4.5 bereits erwähnt haben. Die Arbeiten von Glauber bilden einen wesentlichen, theoretischen Hintergrund für dieses Kapitel.

14.1.2 Quasimonochromatisches Licht

Wir wenden uns zunächst der Beschreibung eines *kontinuierlichen Laserstrahls* zu, dessen Licht nicht streng monochromatisch ist.[2] Er besitze eine zwar sehr kleine, aber endliche Bandbreite $\delta\omega_c$ um eine Zentralfrequenz ω_c herum. Man spricht von *quasimonochromatischem* Licht, wenn

$$\delta\omega_c \ll \omega_c. \tag{14.1}$$

Wir werden sehen, dass dieser Begriff sehr eng mit *Kohärenz* bzw. *partieller Kohärenz* verknüpft ist. Diese wichtigen Begriffsbildungen, die uns immer wieder begegnen werden, sollen hier etwas ausführlicher besprochen werden. Für weitere Details verweisen wir auf das Standardwerk von Loudon (1983).

Der Laserimpuls, den wir bisher diskutiert haben, wurde in Kap. 13.4.3 durch eine *kohärente Überlagerung von ebenen Wellen* aus einem begrenzten Frequenzbereich mit einer Halbwertsbreite (FWHM) $\Delta\omega_{1/2}$ beschrieben. Ein solcher Impuls hat eine endliche Dauer $\tau \propto 1/\Delta\omega_{1/2}$. Alternativ haben wir in Kap. 13.4.5 periodische Impulszüge durch eine Fourier-Reihe beschrieben. Keine der beiden Beschreibungen erfasst offensichtlich einen realistischen, quasimonochromatischen und kontinuierlichen Laser-Strahl (cw-Laser). Denn der leuchtet ja – wenn auch nur quasimonochromatisch – von $t = -\infty$ bis $t = +\infty$ (oder doch zumindest für einige Stunden). Mit etwas Geschick und guter Elektronik kann man die Frequenz eines solchen Lasers problemlos für viele Stunden auf wenige Hz stabilisieren. Das lässt sich ganz offensichtlich mit keiner Art von Wellenpaket beschreiben.

Stellen wir uns also vor, dass der Laserstrahl aus einer sehr großen Anzahl von Impulszügen konstanter Amplitude aber endlicher Dauer bestehe. Einen einzelnen solchen Wellenzug beschreiben wir durch

$$\boldsymbol{E}_i\left(\boldsymbol{r}, 0\right) = \begin{cases} E_0\, e^{\mathrm{i}[k_c(z-z_i)+\varphi_i]} & \text{für} \quad z_i < z < z_i + \ell_i \\ 0 & \text{sonst} \end{cases} \tag{14.2}$$

wie in Abb. 14.1a skizziert. Wir betrachten hier eine Momentaufnahme. Der Impuls beginne also, sagen wir zur Zeit $t = 0$, bei $z = z_i$ und habe eine Länge

---

[2] Ganz ähnlich behandelt man auch chaotisches Licht mit sehr großen Phasen- und Intensitätsfluktuationen, wie es z.B. eine stark stoßverbreiterte Gasentladungslampe, ein Hohlraumstrahler oder ein Ensemble angeregter, spontan emittierender Atome aussendet – lediglich die in diesem Abschnitt zu definierende Kohärenzzeit bzw. -länge wird entsprechend kürzer.

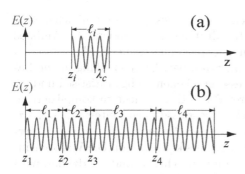

Abb. 14.1. (a) Illustration des durch
(14.2) beschriebenen Wellenzuges, (b)
schematische Darstellung des Modells für einen stationären, quasimonochromatischen Laser (der deutlichen Darstellung wegen haben wir λ_c
viel zu groß gezeichnet; in der Realität
ist natürlich $\lambda \ll \ell_i$)

ℓ_i. Wir nehmen an, die Wellenlänge λ_c sei über diese Strecke konstant. In der
Länge ℓ_i solch eines Wellenzuges sind typisch 10^8 bis 10^{11} Perioden enthalten.

Die Fourier-Transformierte des Einzelimpulses (14.2) in der k-Domäne
lässt sich in geschlossener Form schreiben:

$$\tilde{E}_i(k) = \frac{1}{2\pi} E_0 \int_{z_i}^{z_i+\ell_i} \exp\left[i\left(k_c z - k_c z_i + \varphi_i - kz\right)\right] dz$$

$$= \frac{1}{2\pi} E_0 \exp\left[i\left(\varphi_i - kz_i\right)\right] \frac{\exp\left[i\left(k_c - k\right)\ell_i\right] - 1}{i\left(k_c - k\right)} \tag{14.3}$$

Mit $kc = \omega$ folgt daraus in der ω-Domäne $\tilde{E}_i[\omega] = \tilde{E}_i[k(\omega)]/c$

$$\tilde{E}_i(\omega) = \frac{1}{2\pi} E_0 \exp\left[i\left(\varphi_i - \omega\tau_i\right)\right] \frac{\exp\left[i\left(\omega_c - \omega\right)\tau_i\right] - 1}{i\left(\omega_c - \omega\right)}. \tag{14.4}$$

Da wir hier eine in $+z$ fortschreitende ebene Welle (bzw. einen entsprechenden
Gauß-Strahl) angenommen haben, können wir die Beschreibung vollkommen
äquivalent auch in der Zeitdomäne durchführen und dabei die Impulsdauer
$\tau_i = \ell_i/c$ einführen. Für eine beliebige Zeit t wird ein solcher Wellenzug mit
den Substitutionen $\zeta = z - tc$ und $\theta = z/c - t$ beschrieben durch

$$E_i(r,t) = \int \tilde{E}_i(k) \, e^{i(kz-\omega t)} \, dk = \int \tilde{E}_i(k) \, e^{ik\zeta} \, dk = \int \tilde{E}_i(\omega) \, e^{i\omega\theta} \, d\omega. \tag{14.5}$$

Soweit ist dies lediglich ein weiterer Spezialfall der in Kap. 13.4.1 diskutierten Wellenpakete, nämlich das in Abb. 14.1a gezeigte. Die spektrale Intensitätsverteilung erhalten wir analog zu (13.125):

$$\tilde{I}(\omega) = \frac{|E_i(\omega)|^2}{2Z_0} = \frac{E_0^2}{4\pi Z_0} \frac{\sin^2\left[\frac{1}{2}\left(\omega_c - \omega\right)\tau_i\right]}{\left(\omega_c - \omega\right)^2} \tag{14.6}$$

Einen realen, quasimonochromatischen Lichtstrahl, der sich weit im Raum
und in der Zeit ausdehnt, modellieren wir nun durch sehr viele solcher Impulszüge wie in Abb. 14.1b angedeutet. Sie können sich natürlich auch ganz

oder teilweise überlappen. Die Frequenzbreite eines Lasers ist üblicherweise durch mechanische und thermische Instabilitäten des experimentellen Aufbaus bestimmt, also durch feine Vibrationen der Spiegelhalterungen, Fluktuationen oder Stoßprozesse im Verstärkermedium, Staubpartikel die zufällig in den Laserresonator gelangen etc. Solche Prozesse geschehen völlig statistisch und, so nehmen wir an, mit konstanter mittlerer Rate. Um es nicht zu kompliziert zu machen, stellen wir uns vor, dass solche Ereignisse nach Zeiten $\tau_1, \tau_2, \ldots, \tau_i$ jeweils lediglich eine statistische Änderung der Phase um $\varphi_1, \ldots, \varphi_i, \ldots$ verursachen. Die Amplitude setzen wir dagegen als konstant an. Die Wahrscheinlichkeit dafür, dass ein Impulszug eine Dauer zwischen τ_i und $\tau_i + d\tau_i$ hat, wird nach den Regeln der Statistik durch eine *Exponentialverteilung* beschrieben:

$$p(\tau_i)\, d\tau_i = \frac{1}{\tau_0} e^{-\tau_i/\tau_0} d\tau_i\,. \tag{14.7}$$

Die mittlere Zeit zwischen solchen Phasenänderungen der elektromagnetischen Welle wird mit dieser Definition τ_0, und wir nennen sie *Kohärenzzeit*. Die mittleren Länge der in Abb. 14.1 skizzierten Wellenzüge, $\ell_0 = \tau_0 c$, nennt man *Kohärenzlänge*.

Der Lichtstrahl als Ganzes wird durch diese *statistische Verteilung individueller Impulszüge* beschrieben. Jeder davon ist durch eine spektrale Verteilung nach (14.6) charakterisiert und besitzt eine willkürliche, statische Phase φ_i. Ausdrücklich sei darauf hingewiesen, dass dieser insgesamt kontinuierliche *Lichtstrahl nicht durch eine kohärente, lineare Superposition von Wellen beschrieben* werden kann. Seine spektrale Intensitätsverteilung findet man durch statistische Mittelung (im Folgenden angedeutet durch eckige Klammern $\langle \ldots \rangle$) der spektralen Verteilungen der Einzelwellenzüge nach (14.6) über die Wahrscheinlichkeiten (14.7) für alle möglichen Dauern τ_i der Einzelwellenzüge. Das kann in geschlossener Form geschrieben werden:

$$\tilde{I}(\omega) \propto \left\langle \left| \tilde{E}_i(\omega) \right|^2 \right\rangle \propto \int_0^\infty p(\tau_i) \frac{\sin^2\left[\frac{1}{2}(\omega_c - \omega)\tau_i\right]}{(\omega_c - \omega)^2} d\tau_i$$

$$\tilde{I}(\omega) = \frac{\tau_0}{\pi} \frac{I}{1 + (\omega_c - \omega)^2 \tau_0^2} \tag{14.8}$$

Man findet also ein *Lorentz-Profil*, das hier so normiert ist, dass die Integration über alle Frequenzen die (lokale, mittlere) Gesamtintensität I des Laserstrahls ergibt (hier unabhängig von der Zeit angenommen). Schreibt man das in die übliche Form der Lorentz-Verteilung

$$\tilde{I}(\omega) = \frac{2I}{\pi \Delta\omega_{1/2}} \frac{\left(\Delta\omega_{1/2}/2\right)^2}{(\omega - \omega_c)^2 + \left(\Delta\omega_{1/2}/2\right)^2} \tag{14.9}$$

um, dann hängt die Halbwertsbreite (FWHM) für die Kreisfrequenz über

$$\Delta\omega_{1/2} = 2/\tau_0 = 2c/\ell_0 \tag{14.10}$$

von der Kohärenzzeit τ_0 bzw. der Kohärenzlänge $\ell_0 = c\tau_0$ ab.[3] Das Maximum der spektralen Intensitätsverteilung (Intensität pro Kreisfrequenz) bei $\omega = \omega_c$ wird

$$\tilde{I}(\omega_c) = \frac{2I}{\pi \, \Delta\omega_{1/2}} . \tag{14.11}$$

Als Beispiel mag ein kontinuierlicher Farbstofflaser dienen, wie er für die Spektroskopie benutzt wird. Dort hat man – ohne großen Aufwand zu treiben – typischerweise $\Delta\omega_{1/2} \simeq 10^7 \, s^{-1}$ und $I \simeq 1 \, \mathrm{W}/\mathrm{cm}^2$, so dass $\tilde{I}(\omega_c) \simeq 6.4 \times 10^{-8} \, \mathrm{W\,s}/\mathrm{cm}^2$ wird. Für den späteren Gebrauch erinnern wir an die Definition der *spektralen Strahlungsdichte* nach (4.2)

$$u(\omega) = \tilde{I}(\omega) / c \tag{14.12}$$

(hier pro Kreisfrequenz). Ihr Maximalwert ist für eine Lorentz-Verteilung

$$u(\omega_c) = \frac{2I}{\pi c \, \Delta\omega_{1/2}} = \frac{2u}{\pi \, \Delta\omega_{1/2}} , \tag{14.13}$$

was sich später als eine recht bequeme Relation erweisen wird.

Für den in (13.132) definierten *Kohärenzgrad erster Ordnung* erhält man

$$g^{(1)}(\delta) = e^{-\mathrm{i}\omega_c\delta} e^{-|\delta|/\tau_0} \tag{14.14}$$

beim Lorentz-Profil (14.9), was man mit (13.133) leicht verifiziert. Die Definition der Kohärenzzeit fassen wir damit etwas allgemeiner: *die Kohärenzzeit τ_0 ist diejenige Zeit bei welcher der Kohärenzgrad erster Ordnung auf $1/e$ abgefallen ist.*

Alternativ muss man je nach experimenteller Situation ggf. auch von anderen elementaren Wellenzügen als den in Abb. 14.1 skizzierten ausgehen. Ist die Strahlungsquelle z.B. überwiegend *Doppler-verbreitert*, dann wird man statt einer statistisch verteilten Phase unterschiedliche Frequenzen zu berücksichtigen haben, deren Wahrscheinlichkeit eine Gauß-Verteilung beschreibt. Dies führt anstelle von (14.14) zu einer *Gauß-Verteilung für den Kohärenzgrad* entsprechend (13.135), den wir für die Feldeinhüllende (13.113) eines Gauß-Impulses abgeleitet hatten. Die Kohärenzzeit wird nach der gerade gegebenen Definition jetzt $\tau_0^{(Gau\beta)} = 2\tau$. Um die Kohärenzgrade beider Verteilungen vergleichen zu können, skalieren wir sie entsprechend. In Abb. 14.2 wird der Betrag des Kohärenzgrads als Funktion der Verzögerungszeit für statistisches Licht aus Quellen mit Lorentz-Profil bzw. Gauß-Profil verglichen und dem einer streng monochromatischen, klassischen Welle ($\tilde{I}(\omega) \propto \delta(\omega - \omega_c)$) gegenübergestellt. Letztere zeigt – im Gegensatz zu den beiden statistischen Lichtquellen – keinerlei Fluktuationen, was durch $|g^{(1)}(\delta)| \equiv 1$ ausgedrückt wird.[4]

---

[3] Man beachte, dass dies leicht von den Zusammenhängen beim Lorentz-Profil (5.6) für die spontane Emission in Band 1 abweicht. Dort war die FWHM $\Delta\omega_{1/2} = 1/\tau$. Die Kohärenzzeit einer natürlich verbreiterten Spektrallinie ist als $\tau_0 = 2\tau$.

[4] Natürlich können von diesem Vergleich keine quantitativen Aussagen erwartet werden, da die Definition der Kohärenzzeit τ_0 etwas willkürlich ist. Wir notieren

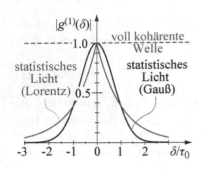

Abb. 14.2. Betrag des Kohärenzgrads erster Ordnung, $\left|g^{(1)}(\delta)\right|$ für statistisches (chaotisches) Licht einer Kohärenzzeit τ. Verglichen werden Lichtquellen mit spektralem Gauß- bzw. Lorentz-Profil. Gegenübergestellt werden diese einer voll kohärenten (unendlich ausgedehnten) Welle mit $\left|g^{(1)}(\delta)\right| = 1$

Zusammenfassend haben wir mit (14.3–14.10) einen quasimonochromatischen Lichtstrahl beschrieben, der durch die (gemischte) Gesamtheit seiner individuellen Impulszüge und die Wahrscheinlichkeit (14.7) sie anzutreffen charakterisiert wird. Ein solcher Lichtstrahl kann nicht durch eine lineare Superposition von „Wellenfunktionen" $E_i(r, t)$ beschrieben werden. Er ist nicht voll kohärent: sein Kohärenzgrad erster Ordnung ist durch (14.14) gegeben. Wir werden in Kap. 19 sehen, dass wir eine ähnliche Darstellung auch für Atome und andere Teilchen benutzen müssen, wenn diese nicht mehr durch reine Zustände charakterisiert werden können.

Für Puristen sei hier noch vermerkt, dass in der vorangehende Diskussion wieder das *Ergodizitätstheorem* benutzt wurde, das wir schon in Kap. 13.4.4 angesprochen hatten. Danach können in einem physikalisch „vernünftigen" System Ensemblemittelwerte stets durch Zeitmittelwerte ersetzt werden. Im vorliegenden Fall haben wir den Lichtstrahl durch einen Satz von Wellenzügen beschrieben, die statistisch im Raum verteilt waren. Der Ensemblemittelwert wäre in diesem Falle also für eine feste Zeit aufzunehmen. Zu vermessen hätte man φ_i, z_i und ℓ_i für alle Komponenten des gesamten Laserstrahls, der sich bei ungestörter Ausbreitung über viele Millionen von Kilometern erstrecken mag. Ein in der Praxis unmögliches Ansinnen. Statt dessen ist es problemlos, an einem festen Punkt im Raum Phasen, Anfangszeiten und Zeitdauern der vorbeikommenden Impulse – oder einfach die Frequenzverteilung – über eine hinreichend lange Mittelungszeit zu bestimmen. Ergodizität bedeutet, dass das Ergebnis in beiden Fällen völlig equivalent ist.

14.1.3 Longitudinale Kohärenz

Wir wollen nun den Begriff der Kohärenz mit Hilfe des eben definierten Kohärenzgrads erster Ordnung noch etwas präziser und quantitativ fassen. Das ist zugleich nützlich für Überlegungen, die wir später im Zusammenhang mit der Polarisation und Zustandsverteilungen von Atomen in Kap. 19 anstellen werden. Hier behandeln wir zunächst die Kohärenz erster Ordnung, die sich

---

noch, dass beim Gauß'schen spektralen Profil (13.136) mit unserer Definition $\omega_e = 2/\tau_c$ entspricht.

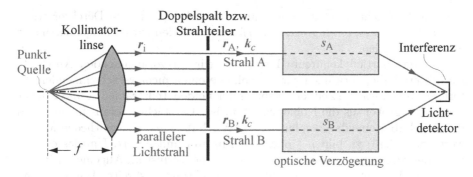

Abb. 14.3. Schema eines Interferenzexperiments mit einer punktförmigen Lichtquelle bzw. parallelen Lichtstrahlen

aus Interferenzexperimenten ergibt, wie z.B. beim Young'schen Doppelspaltexperiment oder beim Michelson-Interferometer.

In Abb. 14.3 sind die essentiellen Bestandteile eines solchen Experiments schematisch illustriert. Der benutzte Lichtstrahl sei quasiparallel (TEM_{00} Mode eines Lasers oder eine möglichst punktförmige Lichtquelle, die parallelisiert wird). Das elektrische Feld $\boldsymbol{E}\,(\boldsymbol{r}_\mathrm{i}, t)$ wird in zwei Teile $\boldsymbol{E}\,(\boldsymbol{r}_\mathrm{A}, t)$ und $\boldsymbol{E}\,(\boldsymbol{r}_\mathrm{B}, t)$ aufgespalten, z.B. durch einen Doppelspalt im Beugungsexperiment oder mit Hilfe eines Strahlteilers in einem Interferometer. Die beiden Teilstrahlen A und B mögen nun unterschiedliche optische Wege s_A und s_B zurücklegen – sei es durch Beugung, Änderungen des Brechungsindex oder durch verschiedene Wegstrecken – so dass eine Zeitverzögerung δ und eine entsprechende Phasendifferenz $\omega\delta$ zwischen den beiden Teilstrahlen entsteht. Schließlich werden beide Teilstrahlen auf dem Lichtdetektor wieder überlagert und zur Interferenz gebracht. Sie treffen sich dann zu effektiv unterschiedlichen Zeiten t_A und t_B. Das resultierende Feld am Detektor wird

$$\boldsymbol{E}\,(\boldsymbol{r}, t) = a_\mathrm{A}\,\boldsymbol{E}\,(\boldsymbol{r}_\mathrm{A}, t_\mathrm{A}) + a_\mathrm{B}\,\boldsymbol{E}\,(\boldsymbol{r}_\mathrm{B}, t_\mathrm{B}) \quad \text{mit} \qquad (14.15)$$
$$t_\mathrm{A} = t - \frac{s_\mathrm{A}}{c}, \quad t_\mathrm{B} = t - \frac{s_\mathrm{B}}{c}\,.$$

Die Faktoren a_A bzw. a_B berücksichtigen mögliche Abschwächungen der Strahlteile A bzw. B, bevor sie den Detektor erreichen. Die momentane Intensität am Detektor ist gegeben durch

$$I\,(\boldsymbol{r}, t) = \frac{1}{2}\epsilon_0 c\,\left|\boldsymbol{E}\,(\boldsymbol{r}, t)\right|^2 = \frac{1}{2}\epsilon_0 c\,\Big\{a_\mathrm{A}^2\,\left|\boldsymbol{E}\,(\boldsymbol{r}_\mathrm{A}, t_\mathrm{A})\right|^2 + a_\mathrm{B}^2\,\left|\boldsymbol{E}\,(\boldsymbol{r}_\mathrm{B}, t_\mathrm{B})\right|^2$$
$$+2a_\mathrm{A}a_\mathrm{B}\,\mathrm{Re}\left[\boldsymbol{E}\,(\boldsymbol{r}_\mathrm{A}, t_\mathrm{A})\,\boldsymbol{E}^*\,(\boldsymbol{r}_\mathrm{B}, t_\mathrm{B})\right]\Big\}\,. \qquad (14.16)$$

Die beiden ersten Terme in der Klammer $\{\dots\}$ sind die Intensitäten

$$I_\mathrm{A} = a_\mathrm{A}^2\,I \quad \text{und} \quad I_\mathrm{B} = a_\mathrm{B}^2\,I\,, \qquad (14.17)$$

die man beobachten würde, wenn nur Strahl A bzw. B den Detektor träfe. Der *dritte Term ist ein typischer Interferenzterm*, den wir im Folgenden näher betrachten wollen.

Für das partiell kohärente Licht, das wir im vorangehenden Abschnitt spezifiziert haben, erwarten wir nur solange einen nicht verschwindenden Interferenzterm, wie die Zeitverschiebung der beiden Teilstrahlen A und B nicht wesentlich größer als die Kohärenzzeit τ_0 ist. Der Lichtdetektor integriert in der Regel über eine dagegen lange Zeit. Wir haben also den zeitlichen Mittelwert von (14.16) zu bilden – oder den Ensemblemittelwert. Um das einfach schreiben zu können, nehmen wir wieder (ohne Verlust an Allgemeinheit) an, dass sich der parallele Lichtstrahl in $+z$-Richtung ausbreite. Wir benutzen die Fourier-Entwicklung (14.5) mit (14.4) für die individuellen Lichtzüge. Den Ensemblemittelwert für den Interferenzterm schreiben wir dann

$$\langle \boldsymbol{E}\left(\boldsymbol{r}_\mathrm{A}, t_\mathrm{A}\right) \cdot \boldsymbol{E}^*\left(\boldsymbol{r}_\mathrm{B}, t_\mathrm{B}\right)\rangle = \tag{14.18}$$

$$\left\langle \int \mathrm{d}\omega \int \mathrm{d}\omega'\, \tilde{E}_i\left(\omega\right) e^{\mathrm{i}\left(kz_\mathrm{A}-\omega t_\mathrm{A}\right)} \tilde{E}_j^*\left(\omega'\right) e^{-\mathrm{i}\left(k' z_\mathrm{B}-\omega' t_\mathrm{B}\right)}\right\rangle .$$

Wir beachten nun, dass jeder Wellenzug i und j nach (14.4) eine rein statistische Phase φ_i bzw. φ_j trägt. Daher werden die komplexen Größen $\tilde{E}_i\left(\omega\right) \tilde{E}_j^*\left(\omega'\right)$ völlig zufällig auf Kreisen in der komplexen Ebene verteilt sein, und der Mittelwert über das ganze Ensemble wird

$$\text{für} \quad i \neq j \quad \langle E_i\left(\omega\right) E_j^*\left(\omega'\right)\rangle = 0 . \tag{14.19}$$

Nur Terme, die vom gleichen Wellenzug $i = j$ ausgehen, tragen zu (14.18) bei. Etwas locker sagt man: *Ein Photon interferiert immer nur mit sich selbst.*

Wir können (14.18) somit vereinfachen zu

$$\langle \boldsymbol{E}\left(\boldsymbol{r}_\mathrm{A}, t_\mathrm{A}\right) \cdot \boldsymbol{E}^*\left(\boldsymbol{r}_\mathrm{B}, t_\mathrm{B}\right)\rangle = \tag{14.20}$$

$$\int \mathrm{d}\omega \int \mathrm{d}\omega'\, e^{\mathrm{i}\left(\omega\theta_\mathrm{A}-\omega'\theta_\mathrm{B}\right)} \left\langle \tilde{E}_i\left(\omega\right) \tilde{E}_i^*\left(\omega'\right)\right\rangle ,$$

wobei wir die Abkürzungen $\theta_\mathrm{A} = z_\mathrm{A}/c - t_\mathrm{A}$ und $\theta_\mathrm{B} = z_\mathrm{B}/c - t_\mathrm{B}$ benutzt haben. Wir setzen nun $k = \omega/c$ und benutzen die in (14.4) gegebene Form für $\tilde{E}_i\left(\omega\right)$. Wir beachten, dass $\tilde{E}_i\left(\omega\right) E_i^*\left(\omega'\right)$ den Faktor $\exp\left[\mathrm{i} z_i\left(\omega'-\omega\right)/c\right]$ enthält, der wiederum im Ensemblemittel alle Terme mit $\omega' \neq \omega$ verschwinden lässt, da z_i statistisch verteilt ist. Somit wird

$$\left\langle \tilde{E}_i\left(\omega\right) \tilde{E}_i^*\left(\omega'\right)\right\rangle = \delta\left(\omega-\omega'\right)\left\langle \left|\tilde{E}_i\left(\omega\right)\right|^2\right\rangle = \frac{2}{\epsilon_0 c}\tilde{I}\left(\omega\right)\delta\left(\omega-\omega'\right) . \tag{14.21}$$

Setzen wir dies in (14.20) ein, so erhalten wir den Interferenzterm als Funktion der Verzögerungszeit $\delta = \theta_\mathrm{A} - \theta_\mathrm{B}$:

$$\langle \boldsymbol{E}\left(\boldsymbol{r}_\mathrm{A}, t_\mathrm{A}\right) \cdot \boldsymbol{E}^*\left(\boldsymbol{r}_\mathrm{B}, t_\mathrm{B}\right)\rangle = \frac{2}{\epsilon_0 c}\int e^{\mathrm{i}\omega\delta}\,\tilde{I}\left(\omega\right)\mathrm{d}\omega . \tag{14.22}$$

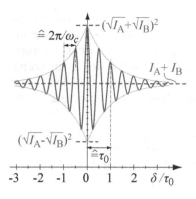

Abb. 14.4. Interferenzmuster für zwei Strahlen, der Intensität I_A und I_B als Funktion ihrer zeitlichen Verschiebung δ (gemessen in Einheiten der Kohärenzzeit τ_0). Die dünnen grauen Linien entsprechen (bezüglich des Mittelwertes $I_A + I_B$) dem Betrag der Korrelationsfunktion erster Ordnung für eine Lorentz'sche Frequenzverteilung mit einer Kohärenzzeit τ_0. Man beachte, dass für einen quasimonochromatischen Laser $\omega_c \tau_0 \gg \pi$ gilt, was hier nicht maßstäblich darstellbar ist

Im Falle einer Lorentz-Verteilung (14.9) für $\tilde{I}(\omega)$ kann man das Integral analytisch auswerten[5]:

$$\langle \boldsymbol{E}\left(\boldsymbol{r}_{\mathrm{A}}, t_{\mathrm{A}}\right) \cdot \boldsymbol{E}^*\left(\boldsymbol{r}_{\mathrm{B}}, t_{\mathrm{B}}\right)\rangle = \frac{I}{\epsilon_0 c} e^{\mathrm{i}\omega_c \delta - |\delta|/\tau_0} = \frac{I}{\epsilon_0 c} g^{(1)}(\delta) , \qquad (14.23)$$

Im letzten Schritt haben wir das Resultat mit dem Kohärenzgrad erster Ordnung (14.14) identifiziert. Im allgemeinen Fall wäre dieser entsprechend der Definition (13.132) zu ersetzen durch

$$g^{(1)}(\delta) = e^{\mathrm{i}\omega_c \delta} \frac{\left|\langle \boldsymbol{E}\left(\boldsymbol{r}_{\mathrm{A}}, t_{\mathrm{A}}\right) \cdot \boldsymbol{E}^*\left(\boldsymbol{r}_{\mathrm{B}}, t_{\mathrm{B}}\right)\rangle\right|}{\sqrt{\left\langle \left|\boldsymbol{E}\left(\boldsymbol{r}_{\mathrm{A}}, t_{\mathrm{A}}\right)\right|^2\right\rangle \left\langle \left|\boldsymbol{E}\left(\boldsymbol{r}_{\mathrm{B}}, t_{\mathrm{B}}\right)\right|^2\right\rangle}} . \qquad (14.24)$$

Um das Interferenzexperiment zu beschreiben, müssen wir also die momentane Intensitätsverteilung in (14.16) durch die Ensemblemittelwerte (14.22) und (14.23) ersetzen und erhalten schließlich für das Interferenzmuster:

$$I(\boldsymbol{r}) = I_{\mathrm{A}} + I_{\mathrm{B}} + 2\sqrt{I_{\mathrm{A}} I_{\mathrm{B}}} \left|g^{(1)}(\delta)\right| \cos \omega_c \delta \qquad (14.25)$$

Das typische Interferenzmuster als Funktion der Zeitverzögerung zwischen beiden Strahlen ist in Abb. 14.4 illustriert. Bei dem hier diskutierten experimentellen Aufbau (s. Abb. 14.3) ist $z_{\mathrm{A}} = z_{\mathrm{B}}$, das heißt die optische Wegdifferenz ergibt sich ausschließlich aus unterschiedlichen Laufzeiten t_{A} und t_{B} in den Verzögerungseinheiten, und es wird

$$\delta = \theta_{\mathrm{A}} - \theta_{\mathrm{B}} = t_{\mathrm{A}} - t_{\mathrm{B}} = \frac{s_{\mathrm{A}} - s_{\mathrm{B}}}{c} . \qquad (14.26)$$

Die charakteristischen Interferenzringe werden durch den cos-Term in (14.25) bewirkt und hängen von der Phasendifferenz $\omega_c \delta = k(s_{\mathrm{A}} - s_{\mathrm{B}})$ zwischen den Strahlen ab. Sie verschwinden, wenn der Kohärenzgrad $g^{(1)}(\delta)$ gegen Null geht, d.h. für $\delta \to \infty$. Maximalen Kontrast finden wir bei $g^{(1)}(0) = 1$.

---

[5] Durch Integration in der komplexen Ebene, was wir hier nicht im Detail ausführen.

Der Kohärenzgrad ist zugleich auch das gesuchte quantitative Maß für die Kohärenz und fällt für ein spektrales Lorentz-Profil bei einer Verzögerungszeit $|\delta| = \tau_0$ auf $1/e$ ab. Wir erinnern uns: die Kohärenzzeit τ_0 entspricht der mittleren Zeitdauer der Impulszüge, die das zeitliche Verhalten des Lichtstrahls definieren. Wir sprechen hier von *zeitlicher bzw. longitudinaler Kohärenz*. Der Zusammenhang mit der FWHM der spektralen Intensitätsverteilung (14.9) ist:

$$\tau_0 = \frac{\ell_0}{c} = \frac{2}{\Delta\omega_{1/2}} = \frac{1}{\pi\,\Delta\nu_{1/2}} = \frac{\lambda^2}{\pi c\,\Delta\lambda_{1/2}} \tag{14.27}$$

Für praktische Zwecke haben wir auch die Beziehungen zur FWHM $\Delta\nu_{1/2}$ und $\Delta\lambda_{1/2}$ in der Frequenz- und Wellenlängenverteilung notiert.

14.1.4 Kohärenzgrad 2ter Ordnung

Wir erweitern jetzt den in Kap. 13.4.4 eingeführten Begriff des Kohärenzgrades. Ganz allgemein definiert man einen *Kohärenzgrad $\mathcal{N}$-ter Ordnung* für die Feldamplitude $E(\mathbf{r}, t)$ als:

$$g^{(\mathcal{N})}(\mathbf{r}_1 t_1..\mathbf{r}_\mathcal{N} t_\mathcal{N}; \mathbf{r}_{\mathcal{N}+1} t_{\mathcal{N}+1}..\mathbf{r}_{2\mathcal{N}} t_{2\mathcal{N}}) = \tag{14.28}$$

$$\frac{\langle E^*(\mathbf{r}_1, t_1)..E^*(\mathbf{r}_\mathcal{N}, t_\mathcal{N}) E(\mathbf{r}_{\mathcal{N}+1} t_{\mathcal{N}+1})..E(\mathbf{r}_{2\mathcal{N}}, t_{2\mathcal{N}})\rangle}{\sqrt{\left\langle |E(\mathbf{r}_1, t_1)|^2\right\rangle.. \left\langle |E(\mathbf{r}_\mathcal{N}, t_\mathcal{N})|^2\right\rangle \left\langle |E(\mathbf{r}_{\mathcal{N}+1}, t_{\mathcal{N}+1})|^2\right\rangle.. \left\langle |E(\mathbf{r}_{2\mathcal{N}}, t_{2\mathcal{N}})|^2\right\rangle}} \cdot$$

Wir diskutieren hier nur den wichtigen Kohärenzgrad 2ter Ordnung, den wir der Einfachheit halber wieder auf die Zeitkoordinate beziehen (die Ortskoordinate hängt ja in trivialer Weise über $z = ct$ mit der Zeit zusammen):

$$g^{(2)}(\delta) = \frac{\langle E^*(t)\,E^*(t+\delta)\,E(t+\delta)\,E(t)\rangle}{\langle E^*(t)\,E(t)\rangle^2} = \frac{\langle I(t)\,I(t+\delta)\rangle}{\langle I(t)\rangle^2} \tag{14.29}$$

In Analogie zu (13.132) gilt auch hier die Symmetriebeziehung

$$g^{(2)}(-\delta) = g^{(2)}(\delta). \tag{14.30}$$

Während aber für den Kohärenzgrad erster Ordnung die Grenzen $0 \leq g^{(1)}(\delta) \leq 1$ galten, kann eine obere Schranke für $g^{(2)}(\delta)$ nicht festgelegt werden. Man kann aber zeigen, dass

$$g^{(2)}(\delta) \geq 0 \quad \text{und für} \quad \delta = 0: \quad g^{(2)}(0) \geq 1.$$

Letzteres folgt mit Hilfe der Cauchy-Schwarz'schen Ungleichung, die zu $I^2 = \langle I(t)\rangle^2 \leq \left\langle I(t)^2\right\rangle$ führt.[6] Ein wichtiger *Grenzfall ist die klassische, kontinuierliche und stabile Welle*, z.B. ein HF-Generator oder ein idealer cw-Laser.

---

[6] Die Cauchy-Schwarz'sche Ungleichung kann man sehr einsichtig als Relation zwischen $\mathcal{N}$-dimensionalen Vektoren fassen: $|\mathbf{a} \cdot \mathbf{b}|^2 \leq |\mathbf{a}|^2 \cdot |\mathbf{b}|^2$. Wählt man die Intensitäten $I(t_j)$ als Komponenten des Vektors $\mathbf{a}$ und 1 als Komponenten von $\mathbf{b}$ so folgt letztere Relation unmittelbar.

Hier ist $\langle I(t) \rangle = I$, es gibt keinerlei Intensitätsfluktuationen und somit wird $g^{(2)}(\delta) = 1$. Wir diskutieren noch zwei weitere Beispiele.

Beispiel: Impulszug (Frequenzkamm)

Betrachten wir die in Kap. 13.4.5 behandelten Frequenzkämme. Um die Sache nicht allzu kompliziert zu machen, betrachten wird dabei nur die Einhüllende, also einen Gauß'schen Impulszug mit Impulsabständen T_r. Die Feldstärke der einzelnen Impulse sei

$$E_j(t) = E_0 \exp\left[-\frac{1}{2}\left(\frac{t - jT_r}{\beta T_r}\right)^2\right],$$

und der Wellenzug wird durch $\sum_j E_j(t)$ beschrieben. Dabei nehmen wir die Breite des Einzelimpulses βT_r als klein gegen den Impulsabstand T_r an ($\beta \ll 1$). Dann wird für den einzelnen Impuls

$$\langle I(t)I(t+\delta) \rangle = \frac{I_0^2}{T_r} \int_{-\infty}^{\infty} \exp\left[-\left(\frac{t}{\beta T_r}\right)^2\right] \exp\left[-\left(\frac{t+\delta}{\beta T_r}\right)^2\right] dt$$

$$= I_0^2 \beta \sqrt{\frac{\pi}{2}} \exp\left[-\frac{1}{2}\left(\frac{\delta}{\beta T_r}\right)^2\right],$$

und die mittlere Intensität des Einzelimpulses ist

$$\langle I(t) \rangle^2 = \left[\frac{I_0}{T_r} \int_{-\infty}^{\infty} \exp\left[-(t/\beta T_r)^2\right] dt\right]^2 = I_0^2 \pi \beta^2.$$

Setzen wir dies in (14.29) ein, so wird

$$g^{(2)}(\delta) = \frac{1}{\sqrt{2\pi}} \frac{1}{\beta} \exp\left[-\frac{1}{2}(\delta/\beta T_r)^2\right] \quad \text{und} \quad g^{(2)}(0) = \frac{1}{\sqrt{2\pi}} \frac{1}{\beta}.$$

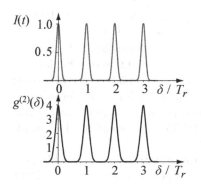

Abb. 14.5. Kohärenzgrad zweiter Ordnung für einen Impulszug. Oben ist der Impulszug gezeigt, unten der Kohärenzgrad als Funktion der Verzögerungszeit δ in Einheiten des Impulsabstands T_r. Als Beispiel wurde hier für die Impulsbreite $\beta T_r = 0.1 T_r$ gesetzt

Da die Einzelimpulse des Frequenzkamms sich nicht überlappen und alle den gleiche Kohärenzgrad 2ter Ordnung haben, ist das Gesamtergebnis für den Kamm einfach eine periodische Überlagerung dieser Terme wie in Abb. 14.5 skizziert. Offensichtlich wird der Maximalwert der Korrelationsfunktion zur Zeitdifferenz $\delta = 0$ um so größer, je kürzer die Impulse im Verhältnis zu ihrem Abstand sind. Dagegen nimmt $g^{(2)}(\delta)$ mit wachsendem δ rasch ab und verschwindet für $\delta \gg \beta T_r$.

Beispiel: Chaotisches Licht

Wie in Abschn. 14.1.2 beschrieben, lässt sich chaotisches Licht mit Hilfe seiner statistischen Eigenschaften beschreiben. Insbesondere ist die Kohärenz durch die Wahrscheinlichkeit (14.7) bestimmt, einen Wellenzug nach einer Zeit τ_i noch in Phase zu finden. Für lange Zeiten gibt es keinerlei Korrelation in den statistischen Intensitätsfluktuationen. Es gilt:

$$g^{(2)}(\delta) \to 1 \quad \text{für} \quad \delta \gg \tau_0 \,.$$

Ohne Beweis notieren wir, dass

$$g^{(2)}(\delta) = 1 + \left| g^{(1)}(\delta) \right|^2 \tag{14.31}$$

für alle Arten von chaotischem Licht gilt. Für Licht entsprechend einer Lorentz'schen oder einer Gauß'schen Form der Statistik ergeben sich als Kohärenzgrad zweiter Ordnung:

$$g^{(2)}(\delta) = 1 + \exp(-\left|\delta\right|/\tau_0) \tag{14.32}$$

$$\text{bzw.} \ g^{(2)}(\delta) = 1 + \exp(-\delta^2/\tau_0^2) \tag{14.33}$$

Dies ist in Abb. 14.6 schematisch dargestellt.

14.1.5 Hanbury-Brown-Twiss-Experiment

Man kann wohl sagen, dass das Experiment von Hanbury Brown und Twiss (kurz HBT) am Anfang der modernen Quantenoptik stand. Man misst dabei die Korrelationen der Intensität einer ausgedehnten Lichtquelle. Im Gegensatz zum Young'schen Interferenzexperiment, wo man die elektrischen Feldamplituden überlagert, wird hier aber *in räumlich getrennten Zählern die Intensität des Lichts* gemessen. Das Experiment wurde ursprünglich für die Vermessung von Sterndurchmessern entwickelt. Am klarsten erkennt man aber das Prinzip in einem nachträglich von Brown und Twiss (1956a) untersuchten Laboraufbau, der in Abb. 14.7 skizziert ist.

  Man teilt das Licht aus einer Spektrallampe mit Hilfe eines Strahlteilers zu je 50% in zwei Teile auf und erhält $I_1(z,t) = I_2(z,t) = \frac{1}{2} I(z,t)$. Das Licht

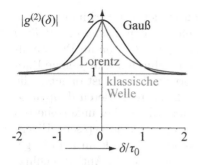

Abb. 14.6. Kohärenzgrad zweiter Ordnung für chaotisches Licht. Verglichen werden Lichtquellen mit Lorentz-Verteilung und Gauß-Verteilung gleicher Kohärenzzeit τ_0 mit einer klassischen, stabilen Lichtquelle (z.B. einem cw-Laser hoher Kohärenzlänge). Die Verzögerungszeit δ ist in Einheiten der Kohärenzzeit angegeben

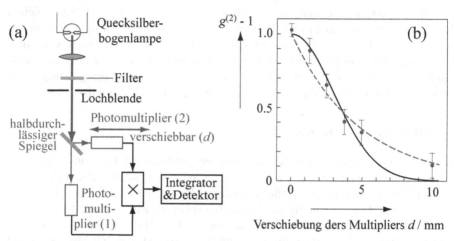

Abb. 14.7. Das Laborexperiment von Brown und Twiss (1956a). (**a**) Experimenteller Aufbau. Der von der Quecksilberbogenlampe ausgehende, gefilterte und kollimierte Lichtstrahl (*rot*) wird mit einen halbdurchlässigen Spiegel in zwei Teile aufgetrennt, die durch je einen der beiden Photomultiplier registriert werden. (**b**) Experimentelles Ergebnis für $g^{(2)} - 1$ als Funktion der Verschiebung d der beiden Multiplier. Die *schwarze Linie* gibt eine Anpassung mit (14.33) (nach der Originalarbeit), die *rot gestrichelte Linie* entspricht (14.32)

wird dann in einem Arm verzögert, und man registriert als Signal die Anzahl der echten Koinzidenzen zwischen beiden Detektoren, also

$$\frac{\langle [I_1(z,t_1) - I_1][I_2(z,t_2) - I_2]\rangle}{\overline{I_1 I_2}} = g^{(2)}(\delta) - 1, \qquad (14.34)$$

wobei $g^{(2)}$ nach (14.32) bzw. (14.33) gegeben sein sollte. Allerdings mittelt das Experiment noch über die Antwortzeiten der Detektoren, was das Ergebnis erheblich weniger spektakulär ausfallen lässt. Man kann das aber zurückrechnen. Das rekalibrierte Signal nach Brown und Twiss (1958) ist in Abb. 14.7b gezeigt: eine Gauß'sche Korrelationsfunktion (14.33), wie in der Originalarbeit angenommen, passt offenbar. Aber auch die mit einer Lorentz'sche Spektralverteilung verknüpfte Korrelationsfunktion (14.32) hat ihre Verdienste.

Der Effekt erscheint auf den ersten Blick außerordentlich verblüffend: man misst ja einfach die Wahrscheinlichkeit dafür, dass in den *beiden aufgeteilten Strahlen* aus der Spektrallampe *jeweils gleichzeitig ein Photon* an Photomultiplier (1) *und* (2) ankommt. Insgesamt werden ohnehin nur sehr wenige Photonen gezählt. Aber wenn eines bei (1) registriert wird, dann ist offenbar die Wahrscheinlichkeit, gleichzeitig ein zweites bei (2) zu registrieren doppelt so hoch ($g^{(2)}(\delta) = 2$) wie die statistische Wahrscheinlichkeit bei unkorrelierten Strahlen ($g^{(2)}(\delta) = 1$). Dieses „Photon-Bunching" ist eine typische Eigenschaft von Bosonen. Bei Elektronen, die ja Fermionen sind, kann man in geeigneten Anordnungen das Gegenstück dazu beobachten: ein Anti-Bunching!

Freilich zeigen nur chaotische Lichtstrahlen diesen Effekt. Beim gleichen Experiment mit einem idealen Laserstrahl beobachtet man etwas ganz anderes: in diesem Falle gibt es keinerlei spezielle Korrelation zwischen solchermaßen aufgeteilten Teilstrahlen bei $\delta = 0$. Man misst lediglich eine rein statistische Korrelation $g^{(2)}(\delta) = 1$ ganz unabhängig von der Verzögerungszeit δ zwischen beiden Teilstrahlen! Wir kommen darauf noch einmal zurück.

14.1.6 Räumliche Kohärenz

In den bislang behandelten Kohärenzexperimenten sind wir von strikt parallelen, quasimonochromatischen Lichtstrahlen ausgegangen. Auch diese, für reale Lichtstrahlen unrealistische Annahme, lassen wir nun fallen. Selbst Laserstrahlen haben eine endliche Winkeldivergenz θ, wie in Kap. 13.2 für das Winkelprofil eines Gauß'schen Strahls ausgeführt. Hier wollen wir nun eine ausgedehnten Lichtquelle (Durchmesser $2w_0$) von statistisch emittierenden Strahlern betrachten. Ein „Lichtstrahl" im weiteren Sinne entsteht daraus nach Kollimierung. Diese Lichtquelle sei im Brennpunkt einer Linse der Brennweite f platziert. Wie in Abb. 14.8 skizziert, ist die Winkeldivergenz durch $\theta \approx w_0/f$ gegeben, ganz analog zur Situation beim Gauß'schen Strahl nach Abb. 13.16 auf S. 166, wenn wir die Strahltaille dort mit der Ausdehnung der

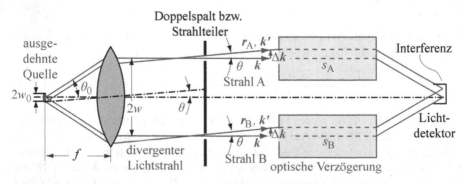

Abb. 14.8. Zur räumlichen Kohärenz: Interferenzexperiment mit divergentem Lichtstrahl von einer ausgedehnten Quelle – schematisch

Lichtquelle hier identifizieren. Wenn die dabei auftretenden Winkel nicht zu groß sind, gilt für den Aperturwinkel θ_0 der Linse

$$w_0\theta_0 \approx w\theta, \qquad (14.35)$$

sofern wir den Strahl bis zum Radius w nutzen. Mit dieser realistischeren Beschreibung des Lichtstrahls müssen wir die Behandlung des Interferenzexperiments nach Abschn. 14.1.3 modifizieren. Ein Vergleich von Abb. 14.3 und 14.8 zeigt, dass wir jetzt die Interferenz von ebenen Wellen mit Wellenvektoren k_i um k herum zentriert zu behandeln haben. In Analogie zur Mittelung über die Frequenzen, die wir im vorangehenden Kapitel behandelt haben, müssen wir jetzt zusätzlich über die Beiträge aller k_i summieren. Wie zuvor löschen sich – wegen der statistischen Phasenverteilung der Einzelwellen – alle Beiträge aus, die aus der Superposition unterschiedlicher k_i und k_j entstehen: wir hatten ja festgestellt, dass „jedes Photon nur mit sich selbst interferiert". Die zentrale Frage ist daher, ob und wie weit sich die Interferenzmuster für verschiedene k_i Werte gegenseitig stören. Wir folgen dabei den Überlegungen von Abschn. 14.1.3 und gehen von (14.5) aus. Wir schreiben Lichtzüge, die von r_A kommen und zur Zeit $t_A = t - s_A/c$ gemessen werden, als

$$E_i\left(r_A, t_A\right) = \int E_i\left(\omega\right)\, e^{i\left(kr_A - \omega_c t_A + \Delta k_i \cdot r_A\right)}\, d\omega. \qquad (14.36)$$

Den Ausbreitungsvektor k_i haben wir hier durch den zentralen Wellenvektor k ausgedrückt:

$$k_i = k + \Delta k_i. \qquad (14.37)$$

Nun liest sich (14.18) zusammen mit (14.21) als

$$\langle E\left(r_A, t_A\right) \cdot E^*\left(r_B, t_B\right)\rangle = \qquad (14.38)$$
$$\int d\omega \left\langle \left|E_i\left(\omega\right)\right|^2\, e^{i\left[k\left(r_A - r_B\right) - \omega\left(t_A - t_B\right) + \Delta k_i\left(r_A - r_B\right)\right]}\right\rangle.$$

Die Mittelung $\langle\ldots\rangle$ hat jetzt die Winkeldivergenz einzuschließen, die sich in $\Delta k_i\left(r_A - r_B\right)$ widerspiegelt. Wir schreiben $r_A - r_B = \Delta r$ und nutzen die Tatsache, dass der Abstandsvektor Δr per Definition senkrecht zu k steht, dass also $k \cdot \Delta r = 0$ gilt. Nennen wir die Verzögerungszeit wieder $\delta = t_A - t_B = \left(s_A - s_B\right)/c$, so wird (14.38) zu

$$\langle E\left(r_A, t_A\right) \cdot E^*\left(r_B, t_B\right)\rangle = \int d\omega e^{i\omega\delta} \left\langle \left|E_i\left(\omega\right)\right|^2 e^{i\Delta k_i \cdot \Delta r}\right\rangle. \qquad (14.39)$$

Wir können die Mittelung über den Winkelanteil zuerst ausführen. In Abb. 14.8 sehen wir, dass für kleine Divergenzwinkel θ die Projektion von Δk_i auf die Abbildungsebene im Wesentlichen parallel zu Δr ist und somit

$$\Delta k_i \cdot \Delta r = \left|\Delta k_i\right| 2w \cos\varphi \qquad (14.40)$$

wird. Dabei ist φ der Azimutwinkel von $\Delta \mathbf{k}$ in Bezug auf $\Delta \mathbf{r}$. Wir nehmen Zylindersymmetrie um die Strahlachse $\mathbf{k}$ an und eine konstante Intensität von $\theta_i = 0$ bis θ, bzw. äquivalent für $\Delta \mathbf{k} = 0$ bis $\mathbf{k}\,\theta$. Somit kann die Mittelung über den Winkelanteil ausgedrückt werden durch

$$g^{(2D)}\,(\theta w) = \left\langle e^{i\Delta \mathbf{k}_i \cdot \Delta \mathbf{r}} \right\rangle \propto \int\limits_0^{k\theta} \mathrm{d}\,(\Delta \mathbf{k}_i) \int\limits_0^{2\pi} \mathrm{d}\varphi\, e^{i\,2|\Delta \mathbf{k}_i|\,w\,\cos\varphi}\,. \tag{14.41}$$

Dieses Integral ist genau das gleiche, das wir in Kap. 13.2.2 schon bei der Berechnung des Beugungsbilds einer kreisförmigen Aperturblende kennengelernt haben. Nach (13.59) wird es durch die Bessel-Funktion erster Ordnung $J_1\,(x)$ beschrieben. Dieser räumliche Anteil des Kohärenzgrades (14.24) wird *räumliche Korrelationsfunktion* genannt. In richtiger Normierung gilt

$$g^{(2D)}\,(\theta w) = \frac{2\,J_1\,(\theta w k)}{\theta w k} \tag{14.42}$$

wie in Abb. 14.9 skizziert. Die räumliche Korrelationsfunktion erreicht ihr hal-

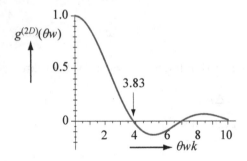

Abb. 14.9. Räumliche Korrelationsfunktion für einen Lichtstrahl mit Radius w und Winkeldivergenz (halber Winkel) θ

bes Maximum bei $\theta a k \approx 2$, geht durch Null für $\theta a k = 3.83$ und ändert sogar ihr Vorzeichen für größere Argumente. Damit können wir (14.39) weiter auswerten und die Tatsache ausnutzen, dass $g^{(2D)}\,(\theta w)$ sich nicht wesentlich über die Lorentz-Verteilung der Kreisfrequenzen ändert. Somit kann man (14.39) faktorisieren und im Übrigen wie in Abschn. 14.1.3 auswerten. So erhalten wir schließlich für die Interferenzintensität:

$$I\,(\mathbf{r}) = I_\mathrm{A} + I_\mathrm{B} + 2\sqrt{I_\mathrm{A} I_\mathrm{B}}\, g^{(1)}\,(\delta)\, g^{(2D)}\,(\theta a)\, \cos\omega_c \delta \tag{14.43}$$

Wir sehen, dass die Interferenzstruktur nicht nur bei langen Verzögerungszeiten verloren geht – dort für $|\delta| > \tau_0$ als Folge von optischen Weglängendifferenzen, die größer als die Kohärenzlänge sind ($|s_\mathrm{A} - s_\mathrm{B}| > \ell_0$) – sondern auch dann verschwindet, wenn man einen Lichtstrahl mit zu großem Radius bzw. zu große Divergenzwinkel benutzt: Interferenz ist nur beobachtbar, wenn

$$\theta w k < 3.83 \approx 4 \quad \text{oder} \quad 2w\theta < 1.22\,\lambda \tag{14.44}$$

gilt, wobei $2w$ der Durchmesser des Lichtstrahls ist. Dabei sind die Strahlparameter über (14.35) von den Quellenparametern w_0 und θ_0 abhängig (s. Abb. 14.8). Wir definieren daher (etwas willkürlich) eine *räumliche (laterale) Kohärenzlänge*

$$w_{coh} = \frac{2}{\theta k} = \frac{\lambda}{\theta \pi}. \tag{14.45}$$

Diese Beschreibung impliziert, dass alle Wellenzüge, die aus einem Querschnitt des Lichtstrahls $\lesssim \pi w_{coh}^2$ kommen, als kohärent angesehen werden können: in dem Sinne, dass ihre jeweiligen Interferenzmuster sich gegenseitig nicht wesentlich stören. Wir nennen daher die Fläche

$$A_{coh} = \pi w_{coh}^2 = \frac{\lambda^2}{\pi \theta^2} = \frac{\lambda^2}{\delta \Omega} \tag{14.46}$$

die *Kohärenzfläche des natürlichen Lichts*, wobei $\delta \Omega = \pi \theta^2$ der volle Raumwinkel des Strahls ist. Wir kombinieren schließlich die Konzepte der longitudinalen und lateralen Kohärenz nach (14.27) bzw. (14.46) und definieren ein *Kohäherenzvolumen*

$$V_{coh} = A_{coh}\, 2\ell_0 = \frac{4c\,\lambda^2}{\Delta\omega_{1/2}\,\delta\Omega}. \tag{14.47}$$

Photonen, die aus einem räumlichen Bereich $\pm\ell_0$ in k-Richtung um das Zentrum des Strahls (z.B. Taille) herum stammen, sehen wir also als kohärent an.[7] Entsprechend dem hier entwickelten Gedankengang bedeutet das für natürliches Licht nicht mehr, als dass sich Phasenfluktuationen eines so definierten Volumens des „Lichtstrahls" bei Interferenz und Beugung nicht störend bemerkbar machen. Für einen frei propagierenden cw-Laserstrahl bietet sich die Definition aber zwingender an. Sei das radiale Profil *Gauß-förmig*, das Frequenzprofil wieder *Lorentz-artig*. Die laterale Kohärenzlänge identifizieren wir mit der Strahltaille w_0 (wir erinnern uns: nach Tabelle 13.1 auf S. 156 fließen ca. 86% der Gesamtleistung durch den entsprechenden Querschnitt). Nach (13.54) ist w_0 identisch mit w_{coh} nach (14.45). Auch die (longitudinale) Kohärenzlänge $\ell_0 = c\tau_0 = 2c/\Delta\omega_{1/2}$ ist die gleiche wie eben besprochen. Zusammenfassend gelten auch für den quasimonochromatischen, Gauß'schen Laserstrahl die Ausdrücke (14.45-14.47).

14.1.7 Michelson'sches Stellar-Interferometer

Eine direkte Anwendung des eben skizzierten Konzepts zur räumlichen Kohärenz von Licht ist die Vermessung ausgedehnter Lichtquellen bzw. die Messung der Divergenz von Licht, welches aus entfernten Regionen stammt: dies hat sich zu einer wichtigen Methode für die Vermessung von Sterndurchmessern

---

[7] Diese Definition ist bezüglich der numerischen Faktoren natürlich etwas willkürlich.

bzw. der Winkeldivergenz ihres Lichts entwickelt. Bei diesem experimentellen Aufbau analysiert man mit einem Michelson-Interferometer die Interferenzfähigkeit von Sternenlicht und bestimmt daraus nach (14.44) die Winkeldivergenz des vom Stern emittierten Lichts. Sofern der Abstand des Sterns von der Erde bekannt ist, folgt daraus direkt der Sternradius.

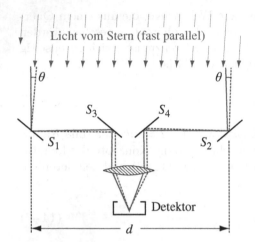

Licht vom Stern (fast parallel)

Abb. 14.10. Schema eines Michelson'schen Stellarinterferometers

Das Schema ist in Abb. 14.10 skizziert. Verändert man den Basisabstand d der beiden Empfängerspiegel, so verschwindet nach (14.44) bei $d\,\theta = 1.22\lambda$ die Interferenz. Daraus ergibt sich θ. Man bestimmt also den Winkel θ, welchen der Sterndurchmesser aus Sicht der Erde aufspannt. Die erreichbare Auflösung hängt vom maximal (stabil) einstellbaren Abstand der Teleskope ab und wird z.B. bei $d = 10\,\mathrm{m}$ und Beobachtung mit sichtbarem Licht ungefähr $\theta = 0.007''$.

14.1.8 HBT-Stellar-Interferometer (1954)

Im Prinzip kann man für solch eine Messung auch die Korrelationsfunktion 2. Ordnung benutzen, d.h. man kann die Intensitätsfluktuationen messen. Die Praktikabilität eines solchen Experiments haben Brown und Twiss (1954) erstmals gezeigt. Diese Art der Messung ist viel flexibler, da man hierzu keinen interferometrischen, hochpräzisen und hochstabilen Aufbau braucht und somit die Basis d sehr viel größer wählen kann. Man fängt also das Lichtsignal über zwei Teleskope mit je einem Photomultiplier an zwei (weit auseinander liegenden) Orten auf und vermisst die Wahrscheinlichkeit, dass gleichzeitig auf beiden Multipliern ein Signal registriert wird. Die Anordnung hierfür ist in Abb. 14.11a skizziert. Gemessen wird wieder eine Koinzidenzrate $\langle I_1\,(t)\,I_2\,(t)\rangle = \overline{I}^2 + \Delta I_1^2$. Die Basis (bis zu einigen 100 m) wird verschoben, bis keine Korrelationen mehr registriert werden. Es wird ein Signal entsprechend Abb. 14.6 auf S. 217 erwartet, das allerdings noch mit der experimentellen

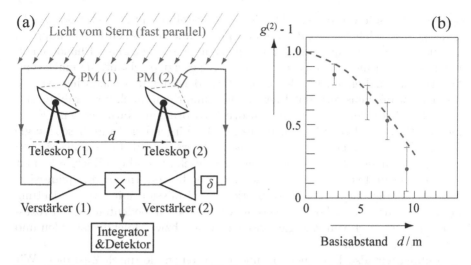

Abb. 14.11. Hanbury-Brown-Twiss-Stellarinterferometer. (a) Experimenteller Aufbau nach Brown und Twiss (1954). Die Basislänge d war im ursprünglichen Experiment von 1954 einige 100 m. Der Detektor wirkt zugleich als Integrator. (b) Vergleich von Theorie und Experiment am Beispiel des Sirius mit einer so bestimmten Winkeldivergenz von $0.063''$ nach Brown und Twiss (1956b)

Auflösung gefaltet werden muss. Als Beispiel ist in Abb. 14.11b die Vermessung der Winkeldivergenz des Lichts des Stern Sirius gezeigt. Aufgetragen ist das normierte Signal $g^{(2)}(d) - 1$.

14.2 Photonen und Photonzustände

14.2.1 Einführung und Begriffe

Bisher haben wir Lichtstrahlen als klassisches Strahlungsfeld behandelt. Das ist eine recht korrekte Beschreibung für einen Laserstrahl, obwohl wir wissen, dass Licht auch Teilcheneigenschaften hat, die wir den „Photonen" zuordnen. Die im letzten Abschnitt beschriebenen Experimente zum Kohärenzgrad zweiter Ordnung sind in gewisser Weise Manifestationen dieser Tatsache.

Ein Laserstrahl enthält eine große Anzahl von Photonen. Wir werden in Abschn. 14.2.3 quantifizieren, was diese Aussage genau bedeutet. Schon jetzt können wir vermuten, dass aufgrund des Korrespondenzprinzips die klassische Beschreibung eine sehr gute Näherung ist. Daher wird auch die Wechselwirkung eines Strahlungsfelds mit Atomen sehr gut auf semiklassische Weise beschrieben, wie in Kap. 4, Band 1 beschrieben: man behandelt die Atome quantenmechanisch, das Feld klassisch. Es gibt aber mindestens zwei Gründe, eine voll quantisierte Beschreibung für das Feld einzuführen: Zum einen wird die spontane Emission in der semiklassischen Darstellung nur als eine Art Nachgedanke behandelt, während sie in der quantenmechanischen Behandlung als Resultat erscheint. Spontane Emission ist aber ein zentrales Phänomen in der gesamten Physik, sodass es nunmehr angezeigt erscheint, sie einigermaßen korrekt zu behandeln. Der zweite Grund ist mehr ästhetischer Art: es erscheint wünschenswert, das Energieerhaltungprinzip auch bei strahlungsinduzierten Prozessen explizit zum Ausdruck zu bringen. Natürlich wird Energie benötigt, um etwa ein Atom anzuregen. Und irgendwie kann diese Energie auch nicht verloren gehen, wenn es wieder abgeregt wird. Im semiklassischen Bild gibt man sich darüber aber keine Rechenschaft, und die Energie kommt irgendwoher und verliert sich auch wieder irgendwohin. In der voll quantisierten Darstellung dagegen sind Absorption und Emission mit der Vernichtung oder Erzeugung von Photonen verbunden und somit bedeuten diese Prozesse einen Austausch von Energie zwischen Atom- bzw. Molekülzuständen und Photonenzuständen.

Führen wir also Photonen ein und beschreiben sie durch Zustände. Wir werden das hier heuristisch tun und verweisen den interessierten Leser auf tiefer gehende Darstellungen der Literatur über *Quantenelektrodynamik*. Wir erinnern zunächst noch einmal an die bekannten experimentellen Befunde. Vom Photoeffekt wissen wir, dass die Energie des elektromagnetischen Feldes nur gebündelt auftritt, und zwar in Paketen von

$$W_{ph} = \hbar\omega\,, \tag{14.48}$$

was wir mit einem Teilchen – Photon genannt – assoziieren. Das Photon bewegt sich mit Lichtgeschwindigkeit und hat keine Ruhemasse. Ebenfalls aus dem Experiment (Compton-Effekt) kennen wir aber seinen endlichen Impuls:

$$p_{ph} = \hbar k = \frac{h}{\lambda}\,. \tag{14.49}$$

Schließlich haben Photonen einen intrinsischen Drehimpuls, den Photonenspin S, mit der Spinquantenzahl $S = 1$. Auch dies ist zunächst ein experimenteller Befund (Beth, 1936), wie in Kap. 4.3.1 in Band 1 berichtet.

Wir führen nun – ganz formal – einen Photonenspinoperator $\widehat{S}$ und seine z-Komponente $\widehat{S}_z$ ein und ordnen ihm einen Zustandsvektor $|e\rangle$ des Photons im Strahlungsfeld zu, welcher das quantenmechanische Analogon zur klassischen Beschreibung des Strahlungsfelds durch einen Polarisationsvektor e nach Kap. 13.3 darstellt. Die Drehimpulsalgebra ist identisch zu der bislang für den Drehimpuls von Elektronen, Atomen und Molekülen benutzten. Für die Basisvektoren $|e_q\rangle$ der Photonen gilt also

$$\widehat{S}^2 |e_q\rangle = \hbar^2 S\,(S+1)\,|e_q\rangle = 2\hbar^2\,|e_q\rangle \quad \text{mit} \quad \langle e_q\,|e_{q'}\rangle = \delta_{qq'}\,. \tag{14.50}$$

Speziell für zirkular polarisiertes Licht wird

$$\widehat{S}_z\,|e_q\rangle = q\hbar\,|e_q\rangle \quad \text{mit} \quad q = \pm 1\,. \tag{14.51}$$

Die Basisvektoren für linear polarisiertes Licht können unter Benutzung von (13.78) als Linearkombination der $q = \pm 1$ Zustände geschrieben werden:

$$|e_x\rangle = -\frac{1}{\sqrt{2}}\left[|e_{+1}\rangle - |e_{-1}\rangle\right] \quad \text{bzw.} \quad |e_y\rangle = \frac{i}{\sqrt{2}}\left[|e_{+1}\rangle + |e_{-1}\rangle\right] \quad (14.52)$$

Mit (14.51) und (14.52) verifiziert man, dass diese linear polarisierten Zustände Eigenzustände von $\widehat{S}_z^2$ sind

$$\widehat{S}_z^2\,|e_x\rangle = \hbar^2\,|e_x\rangle \quad \text{und} \quad \widehat{S}_z^2\,|e_y\rangle = \hbar^2\,|e_y\rangle \quad (14.53)$$

aber nicht von $\widehat{S}_z$. Der Erwartungswert von $\widehat{S}_z$ wird vielmehr *null* sowohl für den $|e_x\rangle$ als auch für $|e_y\rangle$ Zustand. Auch das belegt das Experiment. In vollständiger Analogie zu (13.86) kann der allgemeinste Photonenzustand für elliptisch polarisiertes, sich in k-Richtung ausbreitendes Licht

$$\left|e^{(k)}\right\rangle = e^{-i\delta}\cos\beta\,\left|e_{+1}^{(k)}\right\rangle - e^{i\delta}\sin\beta\,\left|e_{-1}^{(k)}\right\rangle \quad (14.54)$$

geschrieben werden, wobei das Superskript (k) die Ausbreitungsrichtung andeutet, und das Subskript ± 1 sich auf eine Koordinatensystem bezieht, dessen z-Achse parallel zu k ist.

Ausdrücklich sei hier darauf hingewiesen, dass (14.51) nur Drehimpulszustände mit $q = \pm 1$ enthält, d.h. Zustände mit einer Drehimpulskomponente $\pm\hbar$ in z-Richtung. Obwohl also (14.50) und (14.51) formal drei Unterzustände des Teilchens „Photon" definieren könnten (mit $q = 0, \pm 1$), haben für jede Ausbreitungsrichtung nur zwei dieser Zustände physikalische Bedeutung, nämlich die mit $q = \pm 1$. Dieses etwas unorthodoxe Verhalten für Drehimpulszustände ist mit der transversalen Polarisation des Lichts verbunden und mit der Tatsache, dass Licht nur bei Lichtgeschwindigkeit existiert. Klassisch können die sphärischen Basisvektoren mit drei Oszillatoren assoziiert werden: zwei davon oszillieren in der xy-Ebene ($q = \pm 1$) und einer entlang der z-Achse. Die damit verbundenen Strahlungscharakteristiken entsprechen den in Kap. 4, Band 1 beschriebenen. In etwas lockerer Sprechweise können wir sagen, dass der $q = 0$ Photonenzustand wegen der transversalen Natur elektromagnetischer Strahlung nicht entlang der z-Achse propagiert.

14.2.2 Moden des Strahlungsfeldes

Die Photonenzustände $\left|e_{\pm 1}^{(k)}\right\rangle$ entsprechen monochromatischen, ebenen Wellen, die sich in k-Richtung ausbreiten. Wie bei der vorangehenden klassischen Beschreibung müssen wir nun unsere Diskussion so erweitern, dass wir in der Lage sind, einen quasimonochromatischen, stationären Lichtstrahl mit endlichem Divergenzwinkel zu beschreiben. Wir nehmen an, dass die Intensitätsverteilung des Strahles in einen schmalen Bereich von Kreisfrequenzen der Breite $\delta\omega$ um ω_c (bzw. einer Breite $\delta k = \delta\omega/c$ um den entsprechenden

Betrag des Wellenvektors k) fällt, und dass die Winkelverteilung durch $\delta\theta$ bzw. durch einen Raumwinkel $\delta\Omega = \pi\,\delta\theta^2$ charakterisiert ist. Wie bei der klassischen Beschreibung wird der Lichtstrahl durch die Wahrscheinlichkeit charakterisiert, Photonenzustände $\left|e_{\pm1}^{(k_i)}\right\rangle$ mit dem Wellenvektor k_i anzutreffen.

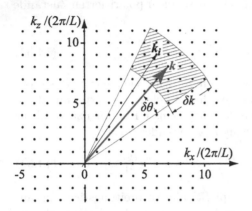

Abb. 14.12. Zweidimensionaler Schnitt durch den k-Raum, aufgeteilt in ein Gitter der Einheitslänge $2\pi/L$. Ein Lichtstrahl wird charakterisiert durch die Wahrscheinlichkeit, die Wellenvektoren k_i in dem rot schraffierten Bereich um den Wellenvektor k der Trägerwelle herum zu finden

Um Komplikationen zu vermeiden, die sich aus einer unendlichen Zahl von Photonenzuständen ergeben, teilt man den gesamten k-Raum in sehr kleine aber endlich große Elemente $\Delta^3 k$ auf und weist jeder solchen Zelle einen möglichen Wellenvektor k_i zu. So teilen wir das elektromagnetische Feld in eine diskrete Anzahl von Wellen auf – *Moden* genannt. Dies ist in Abb. 14.12 schematisch für einen Lichtstrahl mit einem mittlerem Wellenvektor k skizziert. Der Lichtstrahl wird jetzt also durch die Besetzungswahrscheinlichkeiten dieser Moden mit Wellenvektor k_i charakterisiert. Der schraffierte Bereich in Abb. 14.12 deutet schematisch die am Strahl beteiligten Moden an.

Um nun die Größe der Elemente des k-Raum Gitters zu spezifizieren, ist es bequem anzunehmen, dass das gesamte Strahlungsfeld in einem endlichen Volumen eingeschlossen ist – sagen wir in einem Würfel der Seitenlänge L mit perfekt leitenden Wänden, so dass wir periodische Randbedingungen auf jeder Fläche des Würfels annehmen können (wo die elektrische Feldstärke null ist). Diese Randbedingungen implizieren

$$k_x = m_x \frac{2\pi}{L}, \quad k_y = m_y \frac{2\pi}{L}, \quad k_z = m_z \frac{2\pi}{L} \tag{14.55}$$

$$\text{mit} \quad m_x,\, m_y,\, m_z = 0, 1, 2, 3, \dots .$$

Die Abmessung der Zellen im k-Raum sind also durch $\Delta k_x = \Delta k_y = \Delta k_z = 2\pi/L$ gegeben. Interessanterweise ist diese Strukturierung des k-Raums gleichbedeutend mit einer Aufteilung des Phasenraums in Elemente der Größe h^3, da nach (14.55)

$$\Delta^3 k = \Delta k_x\,\Delta k_y\,\Delta k_z = \left(\frac{2\pi}{L}\right)^3 \tag{14.56}$$

wird, und andererseits

$$\Delta^3 k = \frac{\Delta^3 p}{\hbar^3} \frac{L^3}{L^3} = \left(\frac{2\pi}{L}\right)^3 \frac{\Delta^3 p \, L^3}{h^3} \,. \qquad (14.57)$$

Dabei haben wir lediglich von der Definition des Wellenvektors durch den Impuls des Photons $k = p/\hbar$ Gebrauch gemacht. Nun kann (14.56) und (14.57) nur dann gleichzeitig richtig sein, wenn für die Phasenraumzelle gilt:

$$\Delta^3 p \, L^3 = h^3 \qquad (14.58)$$

Es sei hier darauf hingewiesen, dass im vorangehenden Absatz eine grundsätzliche Annahme gemacht wurde, die für die nachfolgenden Überlegungen von entscheidender Bedeutung ist: die periodischen Randbedingungen oder – alternativ und völlig äquivalent – die Definition einer Minimalgröße h^3 für Phasenraumelemente. Dies – zusammen mit der Annahme wohl definierter Energiepakete $\hbar\omega$ – ist der entscheidende Schritt zur Quantisierung des elektromagnetischen Wellenfeldes. Die Begriffsbildungen erfolgen hier ganz analog zu denen, die wir in Kap. 2.5, Band 1 für das freie Elektronengas vorgenommen haben. Der wesentliche Unterschied ist freilich, dass es sich bei den Elektronen um Fermionen handelt, und jeder Zustand kann nur mit maximal zwei Elektronen besetzt sein. Dagegen sind Photonen Bosonen, und die hier eingeführten Moden des elektromagnetischen Feldes können mit beliebig vielen Photonen besetzt werden.

Es ist wichtig festzustellen, dass die Box der Größe L^3, auf die wir uns beziehen, nicht unbedingt eine reale physikalische Situation beschreibt. Vielmehr ist sie in der Regel ein mathematisches Konstrukt, welches eingeführt wird, um unendlich viele Photonenzustände zu vermeiden. Dabei muss L nur groß genug sein, und das Gitter somit fein genug, um eine angemessene Beschreibung des Strahls zu ermöglichen. Andererseits gibt es natürlich Situationen, wo das Normierungsvolumen tatsächlich eine physikalische Geometrie beschreibt, etwa die eines Laserresonators, in welchem das Licht eingesperrt ist. Dort werden die hier definierten Moden zwangsläufig die sein, die in der Tat in einem solchen Laserresonator stabil bestehen können (s. Kapitel 13.1.3).

Wir werden später einen Ausdruck benötigen, der es uns gestattet, die Anzahl von Moden in einem spezifizierten Bereich des k-Vektors bestimmter Polarisation e anzugeben. Die Zahl der Moden dm_{ke} zwischen $k = (k_x, k_y, k_z)$ und $k + dk = (k_x + dk_x, k_y + dk_y, k_z + dk_z)$ erhält man, indem man das k-Raum-Element $dk_x \, dk_y \, dk_z$ durch die Größe der Einheitszelle (14.58) dividiert:

$$dm_{ke} = \frac{dk_x \, dk_y \, dk_z}{(2\pi/L)^3} = \frac{L^3}{(2\pi)^3} \, k^2 \, dk \, d\Omega = \rho\,(k, e) \, dk \, d\Omega \,. \qquad (14.59)$$

Mit $\omega = kc$ können wir dies auf das Kreisfrequenzintervall $d\omega$ beziehen:

$$dm_{\omega e} = \frac{L^3}{(2\pi c)^3} \, \omega^2 \, d\omega \, d\Omega = \rho\,(\omega, e) \, d\omega \, d\Omega \qquad (14.60)$$

Die Größen dm_{ke} bzw. $dm_{\omega e}$ geben an, wieviele Moden der Polarisation e sich in den Raumwinkel $d\Omega_k$ ausbreiten und Wellenvektoren zwischen k und $k + dk$ bzw. Kreisfrequenzen zwischen ω und $\omega + d\omega$ haben. Die Ausdrücke

$$\rho(k, e) = \frac{dm_{\omega e}}{dk\, d\Omega} = \frac{L^3}{(2\pi)^3} k^2 \tag{14.61}$$

$$\text{bzw. } \rho(\omega, e) = \frac{dm_{\omega e}}{d\omega\, d\Omega} = \frac{L^3}{(2\pi c)^3} \omega^2 \tag{14.62}$$

werden *Modendichte* genannt.

Im Folgenden sind oft Observable zu bestimmen, bei denen über die Feldmoden zu summieren ist. Bei hinreichend großem L werden die Moden so engmaschig, dass die Summation durch eine Integration über den Raumwinkel Ω und über k bzw. ω ersetzt werden kann. Mit Hilfe der gerade abgeleiteten Modendichte (14.61) bzw. (14.62) schreiben wir symbolisch

$$\sum_{k_i} \ldots \rightarrow \frac{L^3}{(2\pi)^3} \int_{k,\Omega} \ldots k^2\, dk\, d\Omega = \frac{L^3}{(2\pi c)^3} \int_{k,\Omega} \ldots \omega^2\, d\omega\, d\Omega. \tag{14.63}$$

In den einschlägigen Textbüchern nimmt man oft *räumliche Isotropie des Strahlungsfelds* an und integriert (14.63) über den Winkelanteil, sodass

$$\sum_i \ldots \rightarrow \frac{L^3}{2\pi^2} \int_k \ldots k^2\, dk = \frac{L^3}{2\pi^2 c^3} \int_\omega \ldots \omega^2\, d\omega \tag{14.64}$$

für jede spezifizierte Polarisation e wird. Da sich unsere Diskussion überwiegend auf Laserstrahlen beziehen wird, können wir in der Regel (14.64) nicht benutzen und müssen (14.63) direkt anwenden. Wir hatten darauf schon bei der semiklassischen Behandlung von Übergängen in Kap. 4 hingewiesen.

Alle Ausdrücke, die wir hier abgeleitet haben sind proportional zum Normierungsvolumen L^3, welches – wie schon gesagt – ganz willkürlich gewählt werden kann, soweit L nur groß genug ist, um ein hinreichend feines Gitter $\Delta k_{x,y,z} = 2\pi/L$ im k-Raum zu definieren. Die Physik, die wir auf diese Weise beschreiben muss natürlich unabhängig von der speziellen Wahl von L sein. Glücklicherweise wird sich zeigen, dass es sich bei allen messbaren Größen, die wir berechnen werden, um Dichten handelt, d.h. wir haben sie pro Volumen zu nehmen. Auf diese Weise fällt dann L^3 wieder aus den Endresultaten heraus.

14.2.3 Zahl der Photonen pro Mode

Bislang haben wir bei der Definition der Photonenzustände überhaupt noch nicht spezifiziert, welche Feldstärke, bzw. Intensität der elektromagnetischen Strahlung wir damit beschreiben wollen. Die Photonenzustände $|e_q\rangle$, die wir oben definiert haben, beziehen sich immer auf ein Photon in einer bestimmten

Mode i. In der Realität, z.B. bei einen Laserstrahl, befinden sich aber sehr viele Photonen in einer Mode und wir müssen spezifizieren, was wir eigentlich mit der Zahl der Photonen in einer Mode meinen. Die Gesamtzahl aller Photonen $\mathcal{N}_e$ der Polarisation e im Normierungsvolumen L^3 erhält man aus Energiedichte u bzw. Strahlintensität $I = cu$ und Photonenenergie $\hbar\omega$:

$$\mathcal{N}_e = u\,\frac{L^3}{\hbar\omega} = \frac{I}{c}\frac{L^3}{\hbar\omega} \qquad (14.65)$$

In einem spezifizierten Frequenzintervall zwischen ω und $\omega + \mathrm{d}\omega$ befinden sich

$$\mathcal{N}_e\,(\omega)\,\mathrm{d}\omega = \tilde{u}\,(\omega)\,\frac{L^3}{\hbar\omega}\,\mathrm{d}\omega = \frac{\tilde{I}\,(\omega)}{c}\,\frac{L^3}{\hbar\omega}\,\mathrm{d}\omega \qquad (14.66)$$

Photonen, wobei $\tilde{u}\,(\omega) = \tilde{I}\,(\omega)\,/c$ die spektrale Strahlungsdichte und $\tilde{I}\,(\omega)$ die Intensitätsverteilung pro Einheit der Kreisfrequenz darstellen. Für Strahlen mit endlichem Divergenzwinkel müssen wir noch etwas spezifischer sein und die Zahl der Photonen der Polarisation e im Frequenzinterval $\mathrm{d}\omega$ im Raumwinkelement $\mathrm{d}\Omega$ angeben:

$$\mathcal{N}\,(\omega, \Omega; e)\,\mathrm{d}\omega\,\mathrm{d}\Omega = \frac{\tilde{I}\,(\omega)}{\delta\Omega}\,\frac{L^3}{c\hbar\omega}\,\mathrm{d}\omega\,\mathrm{d}\Omega \qquad (14.67)$$

Mit der Zahl der Moden $\mathrm{d}m_{\omega e}$ in diesem Frequenz- und Raumwinkelbereich nach (14.60) erhalten wir die *Anzahl der Photonen pro Mode:*

$$\mathcal{N}_{ke} = \frac{\mathcal{N}\,(\omega, \Omega; e)\,\mathrm{d}\omega\,\mathrm{d}\Omega}{\mathrm{d}m_{\omega,e}} = \frac{\tilde{I}\,(\omega)}{\delta\Omega}\,\frac{(2\pi c)^3}{c\hbar\omega^3} = \frac{\tilde{I}\,(\omega)}{\delta\Omega}\,\frac{\lambda^3}{c\hbar} \qquad (14.68)$$

Kreisfrequenz ω und Wellenlänge λ beziehen sich hier auf die durch $\boldsymbol{k}$ bestimmte Mode. Wir haben somit eine Beziehung erarbeitet, welche die *quantenmechanisch relevante Photonenzahl pro Mode mit der direkt messbaren Intensität pro Kreisfrequenzintervall* verbindet. Wie erwartet ist $\mathcal{N}_{ke}$ unabhängig vom Normierungsvolumen, da sowohl die Zahl der Photonen wie auch die Zahl der Moden im Normierungsvolumen linear mit L^3 wächst.

Es ist instruktiv $\mathcal{N}_{ke}$ zu konkretisieren, z.B. für einen Gauß'schen Strahl mit Lorentz'schem Frequenzprofil (FWHM $\Delta\omega_{1/2} = 2/\tau_0$). Setzen wir den Maximalwert von $\tilde{I}\,(\omega_c)$ nach (14.11) in (14.68) ein, so wird

$$\mathcal{N}_{ke} = \frac{2I}{\Delta\omega_{1/2}\,\delta\Omega}\,\frac{\lambda^3}{\pi c\hbar} = \frac{I}{\hbar\omega}\,\frac{4\lambda^2}{\Delta\omega_{1/2}\,\delta\Omega}. \qquad (14.69)$$

Mit dem Kohärenzvolumen V_{coh} nach (14.47) kann dies als

$$\mathcal{N}_{ke} = \frac{I}{c\hbar\omega}\,V_{coh} \qquad (14.70)$$

geschrieben werden. Da $I/\,(c\hbar\omega)$ die Photonenzahl-Dichte ist, erlaubt (14.70) eine direkte physikalische Interpretation: *Die Anzahl $\mathcal{N}_{ke}$ von Photonen*

Tabelle 14.1. Parameter von Lichtquellen: Intensität I, Wellenlänge λ, Kreisfrequenz (FWHM) $\delta\omega$, Strahldivergenz $\delta\theta$, Kohärenzzeit τ_0, Kohärenzlänge ℓ_0, Anzahl von Photonen pro Sekunde und Quadratmeter $I/\hbar\omega$ und Anzahl der Photonen pro Mode $\mathcal{N}_{ke}$

Lichtquelle	$I/\mathrm{W\,m^{-2}}$	λ	$\Delta\omega_{1/2}/\mathrm{s^{-1}}$ $= 2\pi\Delta\nu_{1/2}/\mathrm{Hz}$	$\delta\theta/\mathrm{rad}$
ruhende Atome (kollimiert)	5×10^{-17}	590 nm	6×10^{7}	2.5×10^{-2}
Spektrallampe	10^{2}	590 nm	$> 10^{10}$	0.3
cw Farbstofflaser	10^{2}	590 nm	10^{7}	10^{-3}
Titan-Saphir Laserimpuls	10^{18}	800 nm	1.4×10^{13}	2.5×10^{-3}
Mikrowellengenerator	10^{4}	10 cm	100	10^{-2}

Fortsetzung:

Lichtquelle	$\tau_0/\mathrm{s^{-1}}$	ℓ_0/m	$I/\hbar\omega/\mathrm{m^{-2}\,s^{-1}}$	$\mathcal{N}_{ke}$
ruhende Atome (kollimiert)	3.3×10^{-8}	10	1.6×10^{2}	10^{-15}
Spektrallampe	2×10^{-10}	0.06	3.3×10^{20}	< 0.07
cw Farbstofflaser	2×10^{-7}	60	3.3×10^{22}	7×10^{8}
Titan-Saphir Laserimpuls	30×10^{-15}	18×10^{-6}	4×10^{36}	4×10^{15}
Mikrowellengenerator	2×10^{-2}	6×10^{6}	3.3×10^{27}	3×10^{23}

pro Mode ist äquivalent zur Anzahl von Photonen im Kohärenzvolumen des Strahls. Wir erinnern uns, dass für einen Laserstrahl das Kohärenzvolumen einfach gegeben war durch den geometrischen Strahlquerschnitt (bei $1/e^2$ der Maximalintensität) und die doppelte Kohärenzlänge $2\ell_0 = 2c\tau_0$. Schließlich sei darauf hingewiesen, dass unsere Überlegungen von einer zeitlich konstanten Strahlintensität ausgingen. Wenn diese Annahme nicht mehr gerechtfertigt ist, muss man die Betrachtung spezifisch modifizieren. So wird z.B. in einem Femtosekundenlaserimpuls, den wir als intrinsisch kohärent ansehen können, die Mode identisch mit dem ganzen Laserimpuls.

Tabelle 14.1 stellt die hier diskutierten Parameter für einige charakteristische Lichtquellen beispielhaft zusammen, um ein quantitatives Gefühl für Größenordnungen zu vermitteln. Die Tabelle gibt Intensität, Bandbreite und typische Winkeldivergenz für diese Quellen. Daraus berechnen sich Kohärenzzeit und -länge nach (14.27) sowie die Zahl der Photonen pro Mode $\mathcal{N}_{ke}$ (nicht zu verwechseln mit der Zahl von Photonen pro Zeit- und Flächeneinheit, $I/\hbar\omega$). Verglichen werden zwei im Wesentlichen statistische Lichtquellen im sichtbaren Spektralgebiet, nämlich eine herkömmliche Spektrallampe und ein kontinuierlicher, nicht besonders gut stabilisierter Farbstofflaser, sodann ein fs-Laserimpuls aus einem Titan-Saphir Laser (1 mJ, 30 fs sanft fokussiert auf $w = 100\mu$m) und schließlich der Prototyp einer klassischen Strahlungsquelle, ein HF- bzw. Mikrowellengenerator. Interessant ist auch der Vergleich mit einer etwas hypothetischen Quelle von Atomen in Ruhe, für welche wir typische Atomstrahlbedingungen annehmen, mit etwa 10^{10} angeregten Atomen und einer Lebensdauer von 1.6×10^{-8} s, wie dies für $Na(3\,^2P)$ zutrifft (relativ gut kollimiert durch entsprechende Aperturblenden). Man beachte, dass sich beim Laserstrahl eine sehr große Zahl von Photonen in einer Mode befindet (7×10^8) während man im Licht der Spektrallampe (und erst recht bei den strahlenden Atomen) im Mittel viel weniger als 1 Photon (!) pro Mode findet. Das heißt, die meisten Moden sind in diesen Fällen unbesetzt.

14.2.4 Die Photonenzahl-Zustände

Wir wollen jetzt die eben gewonnene Information über die Relation von Feldstärke zu Photonenzahl in das Konzept der Photonenzustände einbringen. Wir tun das einfach, indem wir die bisherigen Einphotonenzustände $|e_q^{(\boldsymbol{k}_i)}\rangle$ durch *Photonenzahl Zustände* $|\mathcal{N}\rangle$ ersetzen. Sie repräsentieren einen Zustand mit $\mathcal{N}_i$ Photonen der Polarization $\boldsymbol{e}_q$ in einer Mode, die durch den Wellenvektor $\boldsymbol{k}_i$ spezifiziert ist. Dabei ist die mittlere Zahl von Photonen pro Mode $\mathcal{N}_i$ gegeben durch (14.68).

Wir beschreiben diese Zustände hier in einer etwas heuristischen Weise, um die Physik zu erläutern, die hinter diesem Konzept steckt und verzichten auf eine streng formale Ableitung. Der Einfachheit halber nehmen wir zunächst an, dass nur eine einzige Mode überhaupt besetzt sei. In dieser Mode können sich dann $0, 1, 2, \ldots, \mathcal{N} \ldots$ Photonen befinden, wobei jede dieser Situationen durch einen Zustandsvektor $|0\rangle, |1\rangle, |2\rangle, \ldots, |\mathcal{N}\rangle \ldots$ beschrieben wird. Die in dieser Feldmode enthaltenen Energien, sind $0, \hbar\omega, 2\hbar\omega, \ldots, \mathcal{N}\hbar\omega \ldots$

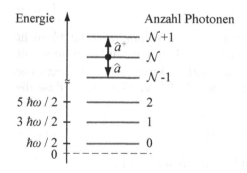

Abb. 14.13. Energieniveaudiagramm der Photonen in einer Mode des elektromagnetischen Strahlungsfeldes. Angedeutet ist die Wirkung der Photonerzeugungs- und Photonvernichtungsoperatoren ($\hat{a}^+$ bzw. $\hat{a}$)

Wir veranschaulichen das in Form des Energiediagramms Abb. 14.13. Es zeigt Energieniveaus mit gleichem Abstand und erinnert uns an einen harmonischen Oszillator der Frequenz ω. Man kann nun in der Tat in einigem Detail zeigen, dass die Mathematik des harmonischen Oszillators formal direkt auf die quantenmechanische Beschreibung des Strahlungsfeldes in einer bestimmten Mode angewandt werden kann. Die Anregung der $\mathcal{N}$-ten harmonischen Schwingung entspricht gerade $\mathcal{N}$-Photonen in der Mode. Wir erinnern uns, dass es beim harmonischen Oszillator keinen Zustand der Energie Null gibt, sondern dass selbst ohne Besetzung der tiefste Zustand immer noch die Energie der Nullpunktsschwingung enthält. Wir werden sehen, dass diese Null-punktsenergie für unser Überlegungen ohne direkte Bedeutung ist, allerdings zur Veranschaulichung der spontanen Emission herangezogen werden kann. Die quantenmechanische Beschreibung dieser Zustände des freien Feldes baut – wie nicht anders zu erwarten – auf einer stationären Schrödingergleichung auf, die man

$$\hat{H}_F \, |\mathcal{N}\rangle = W_\mathcal{N} \, |\mathcal{N}\rangle \tag{14.71}$$

schreiben kann. Sie hat die Eigenwerte

$$W_\mathcal{N} = (\mathcal{N} + 1/2)\, \hbar\omega \quad \text{mit} \quad \mathcal{N} = 0, 1, 2, \dots . \tag{14.72}$$

Wir erinnern uns daran, dass man nach den Regeln elementarer Quan-tenmechanik die Eigenzustände $|\mathcal{N}\rangle$ des harmonischen Oszillators aus dem Vakuumzustand $|0\rangle$ generieren kann, indem man darauf einen Operator $\hat{a}^+$ anwendet, den wir für unseren Zweck den *Photonerzeugungsoperator* nennen. Man konstruiert ihn auf solche Weise, dass

$$\hat{a}^+ \, |\mathcal{N}\rangle = \sqrt{\mathcal{N}+1}\, |\mathcal{N}+1\rangle \tag{14.73}$$

wird. Komplementär dazu gibt es einen *Photonvernichtungsoperator* $\hat{a}$

$$\hat{a}\, |\mathcal{N}\rangle = \sqrt{\mathcal{N}}\, |\mathcal{N}{-}1\rangle\,, \tag{14.74}$$

der jeweils ein Photon vernichtet. Er muss zugleich der Relation

$$\hat{a}\, |0\rangle \equiv 0 \tag{14.75}$$

genügen, da ein nicht existierendes Photon, d.h. der Vakuumzustand $|0\rangle$, nicht weiter zerstört werden kann. Ausgehend vom Vakuumzustand kann man mit $(\hat{a}^+)^\mathcal{N} \, |0\rangle = \sqrt{\mathcal{N}!}\, |\mathcal{N}\rangle$ die Photonenzahlzustände sukzessive konstruieren. Die Faktoren $\sqrt{\mathcal{N}+1}$ und $\sqrt{\mathcal{N}}$ in (14.73) bzw. (14.74) stellen sicher, dass die Zustände richtig orthonormiert sind:

$$\langle \mathcal{N} \, | \, \mathcal{N}' \rangle = \delta_{\mathcal{N}\mathcal{N}'} \,. \tag{14.76}$$

Wenn wir nun $\hat{a}^+$ auf $\hat{a}\,|\mathcal{N}\rangle$ anwenden finden wir nach (14.73) und (14.74)

$$\hat{a}^+ \hat{a}\, |\mathcal{N}\rangle = \widehat{N}\, |\mathcal{N}\rangle = \mathcal{N}\, |\mathcal{N}\rangle \tag{14.77}$$

und können ganz ähnlich ableiten, dass gilt

$$\hat{a}\hat{a}^+ = \hat{a}^+\hat{a} + 1 = \widehat{N} + 1\,. \tag{14.78}$$

Somit wird ein neuer Operator

$$\widehat{N} = \hat{a}^+\hat{a} \tag{14.79}$$

definiert, den wir *Photonenzahloperator* nennen. Er zählt offenbar einfach die Anzahl der Photonen $\mathcal{N}$ in der Mode. Unter Benutzung von (14.77) kann man nun den Hamiltonian des freien Feldes explizit schreiben als

$$\widehat{H}_F = \hbar\omega \left(\hat{a}^+\hat{a} + \frac{1}{2} \right) = \hbar\omega \left(\widehat{\mathcal{N}} + \frac{1}{2} \right) . \qquad (14.80)$$

Man verifiziert (14.71) und (14.72) leicht aus (14.80) und (14.77). *Diese Schreibweise eines Hamiltonians, die man auch auf andere Quantenobjekte anwenden kann, nennt man zweite Quantisierung.*

Die zeitliche Entwicklung der Einmoden-Photonenzahlzustände $|\psi_{\mathcal{N}}(t)\rangle$ erhält man aus der zeitabhängigen Schrödinger-Gleichung

$$\widehat{H}_F |\psi_{\mathcal{N}}(t)\rangle = \mathrm{i}\hbar\frac{\delta}{\delta t} |\psi_{\mathcal{N}}(t)\rangle , \qquad (14.81)$$

deren Lösungen wie üblich durch

$$|\psi_{\mathcal{N}}(t)\rangle = e^{-\mathrm{i}W_{\mathcal{N}}\,t/\hbar} |\mathcal{N}\rangle = e^{-\mathrm{i}\left(\mathcal{N}+\frac{1}{2}\right)\omega t} |\mathcal{N}\rangle \qquad (14.82)$$

gegeben sind. Die Lage des Energienullpunkts ist dabei natürlich willkürlich. Wir weisen darauf hin, dass im hier benutzten Schrödinger-Bild die gesamte Zeitabhängigkeit des elektromagnetischen Feldes durch die Zeitabhängigkeit der Photonenzahlzustände repräsentiert wird!

Im vorangehenden Abschnitt hatten wir gesehen, dass die mittlere Zahl von Photonen pro Mode in einem Laserstrahl sehr hoch ist. Somit erwarten wir, dass die Photonenzahlzustände sehr hohe $\mathcal{N}$ haben werden. Allerdings kann eine bestimmte Intensität des Lichtes und damit eine wohl definierte mittlere Zahl von Photonen pro Mode auf viele verschiedene Arten auf die Zustände $|0\rangle, |1\rangle, \ldots, |\mathcal{N}\rangle \ldots$ verteilt sein. Die Art dieser Verteilung bestimmt die Kohärenzeigenschaften des elektromagnetischen Strahlungsfeldes! Dies ist ein zentrales Thema der modernen Quantenoptik und führt weit über den Rahmen unserer gegenwärtigen Überlegungen hinaus.

14.2.5 Glauber-Zustände

Es ist wichtig zu wissen, dass die eben definierten Photonenzahlzustände (sogenannte „number states") kein kohärentes Licht beschreiben. Kohärentes Licht wird vielmehr durch eine lineare Superposition eben dieser Zustände realisiert, wie erstmals von Glauber (1963) gezeigt. Diese sogenannen *Glauber-Zustände (auch kohärente Photonenzustände genannt)* sind als

$$|\alpha\rangle = \exp \left(-\frac{1}{2} |\alpha|^2 \right) \sum_{\mathcal{N}} \frac{\alpha^{\mathcal{N}}}{(\mathcal{N}!)^{1/2}} |\mathcal{N}\rangle \qquad (14.83)$$

definiert. Die Zahlen α können dabei komplex sein und entsprechen im Grenzfall sehr hoher mittlerer Photonenzahlen Phase und Amplitude des zugrunde liegenden elektromagnetischen Feldes. Die Glauber-Zustände sind normiert, denn es wird

$$\langle \alpha \,|\alpha\rangle = \exp(-|\alpha|^2) \sum_{\mathcal{N}} \frac{\alpha^{*\mathcal{N}}\alpha^{\mathcal{N}}}{\mathcal{N}!} = 1\,, \tag{14.84}$$

da der Ausdruck unter der Summe gerade die Exponentialfunktion ist. Sie sind jedoch nicht orthogonal, vielmehr wird

$$\langle \alpha \,|\beta\rangle = \exp\left(-\frac{1}{2}\,|\alpha|^2 - \frac{1}{2}\,|\beta|^2\right) \sum_{\mathcal{N}} \frac{\alpha^{*\mathcal{N}}\beta^{\mathcal{N}}}{\mathcal{N}!} \exp\left(-\frac{1}{2}\,|\alpha|^2 - \frac{1}{2}\,|\beta|^2 - \alpha^*\beta\right),$$

und für das Betragsquadrat dieses Skalarprodukts gilt

$$|\langle \alpha \,|\beta\rangle|^2 = \exp(-|\alpha - \beta|^2)\,. \tag{14.85}$$

Der Satz kohärenter Zustände ist also übervollständig, und es gibt viel mehr kohärente Zustände als Photonenzahlzustände $|\mathcal{N}\rangle$. Wir sehen aber an (14.85), dass zwei Glauber-Zustände nahezu orthogonal werden, wenn $|\alpha - \beta| \gg 1$. Wenden wir den Photonvernichtungsoperator auf (14.83) an, so erhalten wir mit (14.74)

$$\hat{a}\,|\alpha\rangle = \exp\left(-\frac{1}{2}\,|\alpha|^2\right) \sum_{\mathcal{N}} \frac{\alpha^{\mathcal{N}}}{(\mathcal{N}!)^{1/2}}\mathcal{N}^{1/2}\,|\mathcal{N} - 1\rangle \tag{14.86}$$

$$= \alpha\exp\left(-\frac{1}{2}\,|\alpha|^2\right) \sum_{\mathcal{N}} \frac{\alpha^{\mathcal{N}-1}}{((\mathcal{N} - 1)!)^{1/2}}\,|\mathcal{N} - 1\rangle = \alpha\,|\alpha\rangle\,.$$

Die Glauber-Zustände sind also Eigenzustände des Photonvernichtungsoperators $\hat{a}$. Man kann einem Glauber-Zustand Photonen entziehen, ohne dass er sich verändert. *Umgekehrt ist* $|\alpha\rangle$ *kein Eigenzustand des Erzeugungsoperators!*

Schließlich notieren wir noch die Beziehung zur Intensität der Welle. Zunächst stellen wir fest, dass die Besetzung der Photonenzahlzustände durch eine Poisson-Verteilung gegeben ist, denn nach (14.83) ist die Besetzungswahrscheinlichkeit für den Zustand $|\mathcal{N}\rangle$

$$p_{\mathcal{N}} = \exp(-|\alpha|^2)\frac{|\alpha|^{2\mathcal{N}}}{\mathcal{N}!}\,. \tag{14.87}$$

Der Erwartungswert des Photonenzahloperators (14.79) im Zustand $|\alpha\rangle$ wird

$$\langle\alpha|\,\widehat{\mathcal{N}}\,|\alpha\rangle = \overline{\mathcal{N}} = \exp(-|\alpha|^2) \sum_{\mathcal{N}} \frac{\alpha^{*\mathcal{N}}\alpha^{\mathcal{N}}}{\mathcal{N}!}\mathcal{N} = |\alpha|^2\,. \tag{14.88}$$

$|\alpha|^2 = \overline{\mathcal{N}}$ gibt also die mittlere Anzahl der Photonen in einem kohärenten Zustand an. Die mittlere Breite der Photonenverteilung entspricht der bekannten Breite einer Poisson-Verteilung:

$$\Delta \mathcal{N} = \frac{\sqrt{\langle \alpha | \,\widehat{\mathcal{N}}^2 \, |\alpha\rangle - \langle \alpha | \,\widehat{\mathcal{N}}\, |\alpha\rangle^2}}{\langle \alpha | \,\widehat{\mathcal{N}}\, |\alpha\rangle} = |\alpha| = \sqrt{\overline{\mathcal{N}}} \qquad (14.89)$$

Im weiteren Verlauf des Buches werden wir uns nicht weiter mit den Glauber-Zuständen belasten, sondern in der Regel annehmen, dass wir es mit reinen $|\mathcal{N}\rangle$ Zuständen zu tun haben, wobei $\mathcal{N}$ der *mittleren* Zahl von Photonen pro Mode entspricht. Nach (14.88) und (14.89) ist das für eine hinreichend hohe mittlere Zahl $\overline{\mathcal{N}}$ von Photonen pro Mode angemessen, da für die relative Breite der Poisson-Verteilung ja $\sqrt{\overline{\mathcal{N}}}/\overline{\mathcal{N}} = 1/\sqrt{\overline{\mathcal{N}}}$ gilt. Bei der Benutzung von Lasern wie sie in Tabelle 14.1 charakterisiert sind, kann man diese Unsicherheit getrost vernachlässigen, und die Repräsentation eines Laserstrahls durch einen reinen Photonenzahlzustand ist in diesem Kontext völlig angemessen.

14.2.6 Multimode-Zustände

Abschließend müssen wir noch die Beschränkung auf einen einzigen Mode fallen lassen und Multimodenzustände zulassen. Diese sind wie Vielteilchenzustände allgemein als Produkt der Einteilchenzustände definiert:

$$\left| \{\mathcal{N}_{\boldsymbol{k}e_q}\} \right\rangle = |\mathcal{N}_1\rangle\, |\mathcal{N}_2\rangle \ldots |\mathcal{N}_i\rangle\, |\ldots\rangle = |\mathcal{N}_1 \mathcal{N}_2 \ldots \mathcal{N}_i \ldots\rangle \qquad (14.90)$$

Ein solcher Zustand beschreibt ein elektromagnetisches Feld der Polarisation e_q mit $\mathcal{N}_1, \mathcal{N}_2, \ldots, \mathcal{N}_i, \ldots$ Photonen in Moden, die durch $\boldsymbol{k}_1, \boldsymbol{k}_2, \ldots, \boldsymbol{k}_i \ldots$ charakterisiert sind. Ebenso definieren wir entsprechende Erzeugungs- und Vernichtungsoperatoren für Photonen in der Mode i mit Polarisationsvektor e_q:

$$\begin{aligned}
\hat{a}^{+}_{\boldsymbol{k}_i q}\, \left| \{\mathcal{N}_{\boldsymbol{k}e_q}\} \right\rangle &= \hat{a}^{+}_{\boldsymbol{k}_i q}\, |\mathcal{N}_1 \ldots \mathcal{N}_i \ldots\rangle = \sqrt{\mathcal{N}_i + 1}\, |\mathcal{N}_1 \ldots \mathcal{N}_i + 1 \ldots\rangle \\
\hat{a}_{\boldsymbol{k}_i q}\, \left| \{\mathcal{N}_{\boldsymbol{k}e_q}\} \right\rangle &= \hat{a}_{\boldsymbol{k}_i q}\, |\mathcal{N}_1 \ldots \mathcal{N}_i \ldots\rangle = \sqrt{\mathcal{N}_i}\, |\mathcal{N}_1 \ldots \mathcal{N}_i - 1 \ldots\rangle \\
\hat{a}_{\boldsymbol{k}_i q}\, |\mathcal{N}_1 \ldots 0 \ldots\rangle &\equiv 0\,.
\end{aligned} \qquad (14.91)$$

Auch diese Zustände sind orthonormiert

$$\langle \mathcal{N}_1 \mathcal{N}_2 \ldots \mathcal{N}_i \ldots | \mathcal{N}'_1 \mathcal{N}'_2 \ldots \mathcal{N}'_i \ldots\rangle = \delta_{\mathcal{N}_1 \mathcal{N}'_1}\, \delta_{\mathcal{N}_2 \mathcal{N}'_2} \ldots \delta_{\mathcal{N}_i \mathcal{N}'_i} \ldots, \qquad (14.92)$$

und der gesamte Hamilton-Operator für ein freies Feld mit allen Moden der individuellen Frequenzen ω_k ergibt sich als Summe über diese Moden:

$$\widehat{H}_F = \sum_{\boldsymbol{k}q} \left(\hat{a}^{+}_{\boldsymbol{k}q}\, \hat{a}_{\boldsymbol{k}q} + \frac{1}{2} \right) \hbar \omega_k\,. \qquad (14.93)$$

Wir haben jetzt somit ein Werkzeug, mit dem wir einen quasimonochromatischen Lichtstrahl kleiner, aber endlicher Divergenz und Bandbreite voll quantenmechanisch beschreiben können. Freilich müssen wir im Auge behalten – wie im Detail in Abschn. 14.1 bis 14.1.6 diskutiert – dass man ein beliebiges klassisches Strahlungsfeld in der Regel nicht einfach durch eine lineare Superposition ebener Wellen beschreiben kann. Ebenso können wir – außer im Spezialfall der kohärenten Zustände – dies auch quantenmechanisch nicht durch eine lineare Superposition von $\left|\left\{\mathcal{N}_{\boldsymbol{k}e_q}\right\}\right\rangle$ Zuständen tun. Wie wir es im klassischen Fall in Abschn. 14.1.3 diskutiert haben, wird das Feld durch Erwartungswerte der Amplituden definiert und durch die Frequenzverteilung $\langle E(\omega) E^*(\omega')\rangle$ charakterisiert. Wir haben gesehen, dass diese diagonal in ω war. Entsprechendes gilt für die quantenmechanische Beschreibung des Lichtstrahls.

Wir müssen also bei einer quantenmechanischen Beschreibung des Lichtfeldes die Wahrscheinlichkeit angeben, die Photonen in einem bestimmten Mode zu finden. In unserem etwas vereinfachten Bild der Photonenzahlzustände heißt das, wir müssen die Wahrscheinlichkeiten angeben, Photonen in den folgenden Zuständen zu finden:

$$|\mathcal{N}_1 00 \ldots 0\rangle, |0\mathcal{N}_2 0 \ldots 0\rangle, |00\mathcal{N}_3 \ldots 0\rangle, \ldots, |00 \ldots \mathcal{N}_i \ldots 0\rangle, \ldots \qquad (14.94)$$

Man kann das auf verschiedene Weise tun. Zunächst kann man die Frequenzskala in kleine Intervalle $\Delta\omega = 2\pi c/L$ teilen und jedem Frequenzintervall ω_i und jedem relevanten Raumwinkel Ω_i eine Photonenzahl $\mathcal{N}_{\boldsymbol{k}_i e_q}$ pro Mode nach (14.68) zuweisen. So berücksichtigt man die spektrale Verteilung und Divergenz des Strahls. Sofern es nötig sein sollte, kann man in einem weiteren Schritt diese Photonenzahl auch als Mittelwert $\overline{\mathcal{N}}_{\boldsymbol{k}_i e_q}$ der Mode i auffassen und innerhalb dieser Mode eine Verteilung von Besetzungszahlen $\mathcal{N}_i$ entsprechend der Poisson-Verteilung nach (14.83) für kohärente Zustände so wählen, dass damit dieser Mittelwert realisiert wird.

14.3 Quantenmechanik elektromagnetischer Übergänge

Wie schon diskutiert, ist eine voll quantenmechanische Behandlung des elektromagnetischen Strahlungsfeldes aus zwei Gründen geboten: Sie gewährleistet die Energieerhaltung explizit und beschreibt den Prozess der spontanen Emission ohne weitere Annahmen. Wir wollen uns nun zu Abschluss dieses Kapitels einen Überblick über den Formalismus verschaffen. Dabei lassen wir uns weitgehend vom Vorgehen bei der semiklassischen Beschreibung nach Kap. 4 in Band 1 leiten, berücksichtigen aber jetzt mit Hilfe der eben entwickelten Werkzeuge die Quanteneigenschaften des elektromagnetischen Feldes.

Wir benutzen im Folgenden wieder die Störungstheorie erster Ordnung, um optische Übergänge zu beschreiben und werden diese Einschränkung erst in Kap. 20 fallen lassen. Wie wir bereits festgestellt haben, kann schon ein moderat starker, kontinuierlicher Laser hohe elektrische Felder erzeugen. Insbesondere generieren Kurzpulslaser in aller Regel so hohe Feldstärken, dass der einfache, störungstheoretische Ansatz bald überfordert ist. Wir werden auch sehen, dass es die Störungsrechnung erster Ordnung nicht gestattet, die natürliche Linienbreite direkt zu berechnen, die ja durch spontane Emission bedingt ist. Man kann diese allenfalls über Ratengleichungen nachträglich einführen, welche Gebrauch von den Ergebnissen der Störungsrechnung erster Ordnung machen. Auf jeden Fall aber wird die jetzige Behandlung des Themas die Basis für die später zu besprechende, exaktere Betrachtungsweise liefern. Man kann nämlich die Übergangswahrscheinlichkeiten, welche wir hier diskutieren, leicht korrigieren, indem man die Ausdrücke für die spektrale Intensitätsverteilung angemessen modifiziert.

14.3.1 Der Wechselwirkungs-Hamiltonian für einen Dipolübergang

Zunächst benötigen wir ein quantenmechanisches Äquivalent für das elektromagnetische Feld (13.76). Es würde den Rahmen dieses Buches sprengen, den Feldoperator $\widehat{\boldsymbol{E}}$ streng formal aus den Grundlagen der Theorie herleiten. Wir kommunizieren statt dessen das Ergebnis der Theorie und machen es plausibel. Die Grundlage bilden die mit (14.73) und (14.74) eingeführten Erzeugungs- und Vernichtungsoperatoren $\hat{a}_{\boldsymbol{k}}^{+}$ und $\hat{a}_{\boldsymbol{k}}$ für Photonen in der Mode $\boldsymbol{k}$ mit der Polarisation $\boldsymbol{e}$. Sofern nur eine Mode besetzt ist, wird der Operator für das elektrische Feld:

$$\widehat{\boldsymbol{E}}_{\boldsymbol{k}}(\boldsymbol{r}) = \mathrm{i}\sqrt{\frac{\hbar\omega_k}{2\epsilon_0 L^3}}\left(\hat{a}_{\boldsymbol{k}}\,\boldsymbol{e}\,e^{\mathrm{i}\boldsymbol{k}\boldsymbol{r}} - \hat{a}_{\boldsymbol{k}}^{+}\,\boldsymbol{e}^*\,e^{-\mathrm{i}\boldsymbol{k}\boldsymbol{r}}\right) \tag{14.95}$$

Beim Vergleich mit dem klassischen Feld (13.76) erkennen wir bereits eine sehr enge Analogie: Offenbar muss man nur die zeitabhängige Amplitude $E_0\,e^{-\mathrm{i}\omega t}$ durch den Photonvernichtungsoperator $\hat{a}_{\boldsymbol{k}}$ ersetzen und mit einer sinnvollen Normierungskonstante multiplizieren. Das komplex-konjugierte dieser (trivial) zeitabhängigen Amplitude ersetzt man entsprechend durch den adjungierten Operator, den Photonerzeugungsoperator $\hat{a}_{\boldsymbol{k}}^{+}$. Der quantisierte Ausdruck für das elektromagnetische Feld (14.95) ist also intuitiv einleuchtend. Er ist aber auch konsistent mit den Konzepten, die wir in Kap. 13 entwickelt haben. Wir erinnern an den klassischen Ausdruck für die Energiedichte eines elektrischen Felds:

$$u = I/c = \epsilon_0\,\boldsymbol{E}_{\boldsymbol{k}}\cdot\boldsymbol{E}_{\boldsymbol{k}}^*$$

Der Energiedichteoperator für eine Mode wird entsprechend ganz formal:

$$\hat{u} = \epsilon_0\,\widehat{\boldsymbol{E}}_{\boldsymbol{k}}\cdot\widehat{\boldsymbol{E}}_{\boldsymbol{k}}^{+} = \frac{1}{2}\frac{\hbar\omega_k}{L^3}\left[\hat{a}_{\boldsymbol{k}}\,\hat{a}_{\boldsymbol{k}}^{+}\,\boldsymbol{e}\cdot\boldsymbol{e}^* + \hat{a}_{\boldsymbol{k}}^{+}\,\hat{a}_{\boldsymbol{k}}\,\boldsymbol{e}^*\cdot\boldsymbol{e}\right.$$
$$\left. - (\hat{a}_{\boldsymbol{k}})^2\,\boldsymbol{e}\cdot\boldsymbol{e}\,\exp\left(2\mathrm{i}\boldsymbol{k}\boldsymbol{r}\right)\boldsymbol{e} - (\hat{a}_{\boldsymbol{k}}^{+})^2\,\boldsymbol{e}^*\cdot\boldsymbol{e}^*\,\exp\left(-2\mathrm{i}\boldsymbol{k}\boldsymbol{r}\right)\right] \tag{14.96}$$

Daraus folgt $\widehat{H}_F$ für die Gesamtenergie durch Integration über das Normierungsvolumen L^3. Die Exponentialterme mit $e^{\pm 2\mathrm{i}\boldsymbol{k}\boldsymbol{r}}$ mitteln sich weg, und mit $\boldsymbol{e}\cdot\boldsymbol{e}^* = 1$ finden wir schließlich für den Hamiltonian des Feldes:

$$\widehat{H}_F = \int\limits_{L^3} \hat{u} \mathrm{d}^3 r = \frac{1}{2}\hbar\omega_k \left[\hat{a}_k\,\hat{a}_k^+ + \hat{a}_k^+\,\hat{a}_k\right] = \hbar\omega_k \left[\hat{a}_k^+\,\hat{a}_k + \frac{1}{2}\right] \qquad (14.97)$$

Dabei haben wir $\hat{a}_k \cdot \hat{a}_k^+$ nach (14.78) umgeformt. Wir sehen, dass *dieser Hamiltonian*, den wir aus der Definition des Feldoperators (14.95) abgeleitet haben, unabhängig von L^3 wird und *völlig identisch mit* dem nach (14.80) ist, welcher die *Energie des Photonenzustands* in einer spezifizierten Mode mit Ausbreitungsvektor $\boldsymbol{k}$ beschreibt.

Man verallgemeinert den Feldoperator für beliebige Besetzung vieler Moden, indem man (14.95) über die verschiedenen $\boldsymbol{k}$-Vektoren summiert:

$$\widehat{\boldsymbol{E}}(\boldsymbol{r}) = \frac{1}{2}\sum_k \left(\frac{\hbar\omega_k}{L^3\epsilon_0}\right)^{1/2} \left[\hat{a}_k\,\boldsymbol{e}\,e^{\mathrm{i}\boldsymbol{k}\boldsymbol{r}} - \hat{a}_k^+\,\boldsymbol{e}^*\,e^{-\mathrm{i}\boldsymbol{k}\boldsymbol{r}}\right] \qquad (14.98)$$

Aus diesem Ausdruck ergibt sich der Hamiltonian für das Multimodenfeld auf gleiche Weise wie für das Einmodenfeld. Dabei nutzt man wieder die Tatsache, dass sich die Summe über Terme, welche verschiedene Moden $\boldsymbol{k}$ und $\boldsymbol{k}'$ mischen, bei der Integration über den ganzen Raum wegmittelt, wie das auch beim klassischen Feld der Fall war (s. Abschn. 14.1).

Wir weisen hier nochmals darauf hin, dass der so definierte *Feldoperator* (14.98) *zeitunabhängig* ist, dass wir also das Schrödinger-Bild benutzen. Jegliche Zeitabhängigkeit des klassischen elektromagnetischen Feldes wird ausschließlich durch die zeitliche Entwicklung der Photonenzustände beschrieben, wie sie für den Einmodenfall in (14.81) angegeben ist. Alternativ – und vollständig equivalent, soweit es messbare Größen betrifft – kann man natürlich auch das Heisenberg-Bild benutzen, und dabei einen von der Zeit abhängigen $\widehat{\boldsymbol{E}}(\boldsymbol{r},t)$ Operator einführen, wobei dann die Photonenzustände zeitunabhängig werden. In der kommenden Diskussionen werden wir uns aber am Schrödinger-Bild orientieren.

Unter Benutzung des Feldoperators (14.98) ist es jetzt einfach, die Wechselwirkungsenergie für elektrische Dipolübergänge (E1-Übergänge) zu formulieren. Wie in der semiklassischen Behandlung wird diese für ein Elektron im elektromagnetischen Feld dominiert von der Dipolenergie dieses Elektrons im Feld. In guter Näherung vernachlässigt man für nicht zu kurze Wellenlängen wieder die Abhängigkeit des Feldes von $\boldsymbol{r}$, da bei optisch induzierten Übergängen die Wellenlänge groß im Vergleich zu den atomaren Dimensionen ist. Also wird $\boldsymbol{k} \cdot \boldsymbol{r} \ll 1$ und $\exp(\mathrm{i}\boldsymbol{k} \cdot \boldsymbol{r}) \simeq 1$. Wir werden uns in diesem Teil des Buches ausschließlich auf E1-Übergänge beschränken. Die Verallgemeinerung ist bei Bedarf entsprechend den in Kap. 5, Band 1 gemachten Überlegungen vorzunehmen. Mit $\widehat{\boldsymbol{E}}$ nach (14.95) wird der Wechselwirkungs-Hamiltonian zwischen Atom und Feld ganz analog zu (4.27)

$$\widehat{U}(\boldsymbol{r}) = e_0\boldsymbol{r} \cdot \widehat{\boldsymbol{E}} = -\boldsymbol{D} \cdot \widehat{\boldsymbol{E}} = \mathrm{i}\sum_k \sqrt{\frac{\hbar\omega_k}{2L^3\epsilon_0}}\,e_0\boldsymbol{r} \cdot \left[e\,\hat{a}_k - e^*\,\hat{a}_k^+\right]\,, \qquad (14.99)$$

wobei e_0 die Elementarladung, r die Position des atomaren Elektrons und $D = -e_0 r$ das Dipolmoment des Elektrons ist. Gibt es mehr als ein aktives Elektron, so muss man r ersetzen durch

$$r \to \sum_i r_i \,, \tag{14.100}$$

wobei r_i die Koordinaten des i-ten Elektrons beschreibt. Der Wechselwirkungs-Hamiltonian ist also zeitunabhängig und dokumentiert Energieerhaltung: in diesem voll quantisierten Bild wird Energie lediglich zwischen atomaren und photonischen Zuständen ausgetauscht.

Bevor wir die Matrixelemente des Wechselwirkungs-Hamiltonian $\widehat{U}$ berechnen, weisen wir darauf hin, dass jede relevante Mode k in der Summation (14.99) zwei Teile enthält: Der erste Teil zerstört ein Photon ($\hat{a}_k$) und korrespondiert mit der Absorption, während der zweite Term den Emissionsprozess beschreibt ($\hat{a}_k^+$ erzeugt ein Photon in der Mode, das durch den Wellenvektor k und den Polarisationsvektor e charakterisiert wird). Wir erinnern uns daran, dass der Ursprung dieser zwei Terme im negativen bzw. positiven Frequenzanteil des elektromagnetischen Feldes liegt, s. (13.76).

Ohne Wechselwirkung zwischen Feld und atomarem System kann man die Eigenzustände des Gesamtsystems als Produktzustände der atomaren Zustände $|\psi\rangle$ und der Photonenzustände $|\mathcal{N}\rangle$ nach (14.90) schreiben.

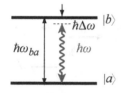

Abb. 14.14.
Zweiniveau-System

Wenn die spektrale Verteilung der eingestrahlten elektromagnetischen Wellen in der Nähe einer Resonanz liegt, ist ein reines *Zweiniveau-System (two level system)* wie in Abb. 14.14 skizziert meist eine sehr gute Näherung. Die Eigenfunktion $|\psi\rangle$ entspricht dann dem oberen oder unteren Atomniveau, $|b\rangle$ bzw. $|a\rangle$, während $\mathcal{N}_1, \mathcal{N}_2 \ldots \mathcal{N}_i \ldots$ die Zahl der Photonen in den Moden $k_1, k_2 \ldots k_i \ldots$ definiert.

Die Matrixelemente des Wechselwirkungs-Hamiltonians werden einfach:

$$\left\langle b; \{\mathcal{N}_i'\} \left| \widehat{U} \right| a; \{\mathcal{N}_i\} \right\rangle = \left\langle a; \mathcal{N}_1' \mathcal{N}_2' \ldots \mathcal{N}_i' \ldots \left| e_0 r \cdot \widehat{\boldsymbol{E}} \right| b; \mathcal{N}_1 \mathcal{N}_2 \ldots \mathcal{N}_i \ldots \right\rangle$$

$$= e_0 \left\langle b \right| r \left| a \right\rangle \cdot \left\langle \mathcal{N}_1' \mathcal{N}_2' \ldots \mathcal{N}_i' \ldots \left| \widehat{\boldsymbol{E}} \right| \mathcal{N}_1 \mathcal{N}_2 \ldots \mathcal{N}_i \ldots \right\rangle \tag{14.101}$$

Die letzte Umformung kann man machen, da r nur auf den atomaren, $\widehat{\boldsymbol{E}}$ nur auf den Photonenteil des Systems wirkt. Das *Dipol-Übergangs-Matrixelement*

$$\boldsymbol{D}_{ab} = \boldsymbol{D}_{ba}^* = \langle a | e_0 r | b \rangle \,. \tag{14.102}$$

ist natürlich das gleiche wie bei der semiklassischen Behandlung in Kap. 4, Band 1. Da r ungerade Parität hat, müssen $|b\rangle$ und $|a\rangle$ unterschiedliche Parität haben. Die Operatoren $\hat{a}_{k_i}^+$ und $\hat{a}_{k_i}$ erzeugen und vernichten nach (14.91) je ein Photon in nur einer Mode und die Photonenzustände sind nach (14.92) orthogonal. Daher wird das Matrixelement des Feldoperators nur dann ungleich null, wenn für eine der Photonenzahlen $\mathcal{N}_i' = \mathcal{N}_i \pm 1$ gilt, während alle anderen sich vor und nach dem Übergang nicht unterscheiden. Für eine einzelne, besetzte Mode, d.h. für $\mathcal{N}_{ke}$ Photonen mit Impuls $\hbar\boldsymbol{k}$ und Polarisation $\boldsymbol{e}$, lassen sich die nicht verschwindenden Matrixelemente (14.101) in kompakter Form schreiben:

$$\langle a\,\mathcal{N}_{ke} + 1|\,\widehat{U}\,|b\,\mathcal{N}_{ke}\rangle = \mathrm{i}\widehat{T}_{ba}^*\,C_k\,\sqrt{\mathcal{N}_{ke} + 1} \qquad (14.103)$$

$$\langle a\,\mathcal{N}_{ke} - 1|\,\widehat{U}\,|b\,\mathcal{N}_{ke}\rangle = \mathrm{i}\widehat{T}_{ba}\,C_k\,\sqrt{\mathcal{N}_{ke}} \qquad (14.104)$$

$$\langle b\,\mathcal{N}_{ke} + 1|\,\widehat{U}\,|a\,\mathcal{N}_{ke}\rangle = \mathrm{i}\widehat{T}_{ba}^*\,C_k\,\sqrt{\mathcal{N}_{ke} + 1} \qquad (14.105)$$

$$\langle b\,\mathcal{N}_{ke} - 1|\,\widehat{U}\,|a\,\mathcal{N}_{ke}\rangle = \mathrm{i}\widehat{T}_{ba}\,C_k\,\sqrt{\mathcal{N}_{ke}} \qquad (14.106)$$

Dabei sorgt die Normierungskonstante

$$C_k = e_0\sqrt{\frac{\hbar\omega_k}{2L^3\epsilon_0}} \qquad (14.107)$$

dafür, dass die Energie des Feldes mit (14.96) und (14.97) richtig beschrieben wird. Das Übergangsmatrixelement haben wir wie in Band 1 abgekürzt:

$$\widehat{T}_{ba} = \boldsymbol{D}_{ba} \cdot \boldsymbol{e} = \boldsymbol{r}_{ba} \cdot \boldsymbol{e} = \widehat{T}_{ab}^*$$

Modifikation von $\widehat{T}_{ba}$ erlaubt auch die Behandlung anderer als E1 Übergänge.

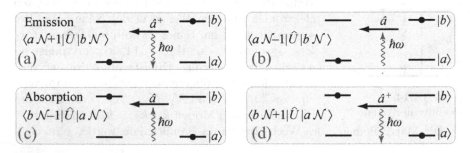

Abb. 14.15. Atom-Feld Wechselwirkungsmatrixelemente schematisch

Bei der Ableitung von (14.103) bis (14.106) aus (14.99) und (14.101) haben wir (14.73) und (14.74) benutzt. Dabei können wir der etwas abstrakten Zahl $\mathcal{N}_{ke}$ von Photonen in der Mode nach (14.68) mit der spektralen Intensitätsverteilung $\tilde{I}(\omega_k)$ eine reale, messbare physikalische Größe zuordnen. Die physikalische Bedeutung der Matrixelemente erläutert schematisch Abb. 14.15. Nur zwei dieser Matrixelemente entsprechen im Rahmen der Störungstheorie erster Ordnung auch realen physikalischen Prozessen:

- Abbildung 14.15a: Abregung eines Systems aus dem angeregten $|b\rangle$ in den unteren $|a\rangle$ Zustand unter Erzeugung (Emission) eines Photons nach (14.103),

• Abbildung 14.15c: Anregung eines Systems bei gleichzeitiger Vernichtung (Absorption) eines Photons nach (14.106).

Die beiden anderen, nicht verschwindenden Matrixelemente entsprechen virtuellen Abregungs- bzw. Anregungsprozessen durch Absorption bzw. Emission eines Photons. Das sind nicht energieerhaltende Prozesse, die im Rahmen der Störungstheorie erster Ordnung keine Rolle spielen, wie wir gleich sehen werden. Sie sind aber von großer Bedeutung bei der Beschreibung von Prozessen höherer Ordnung, also etwa bei der Multiphotonenanregung oder -Ionisation in starken Feldern, beim Raman-Effekt und bei ähnlichen Prozessen.

14.3.2 Störungstheorie für induzierte und spontane Übergänge

Die zeitabhängige Störungsrechnung für das quantisierte Feld wird in einschlägigen Lehrbüchern ausführlich behandelt. Wir beschränken uns hier auf die Hauptpunkte – jetzt unter korrekter Berücksichtigung der Quantennatur des Strahlungsfeldes! Sei der freie, atomare Hamiltonian $\widehat{H}_A$, der für das elektromagnetische Feld $\widehat{H}_F$. Die stationäre Schrödingergleichung für das ungestörte atomare System ist

$$\widehat{H}_A \, |b\rangle = \hbar\omega_b \, |b\rangle \quad \text{und} \quad \widehat{H}_A \, |a\rangle = \hbar\omega_a \, |a\rangle \ , \tag{14.108}$$

mit der Übergangsfrequenz $\omega_{ba} = \omega_b - \omega_a > 0$ während

$$\widehat{H}_F \, |\mathcal{N}_{ke}\rangle = \mathcal{N}_{ke}\hbar\omega_k \, |\mathcal{N}_{ke}\rangle \tag{14.109}$$

einen Zustand mit $\mathcal{N}_{ke}$ ungestörten Photonen in der Mode k mit der Polarisation e beschreibt. Wir beginnen unsere Ableitung wieder mit einer einzigen besetzten Feldmode und summieren später über alle Moden, was wegen der Orthogonalitätsrelation (14.92) problemlos möglich ist. Wir haben also die zeitabhängige Schrödingergleichung

$$i\hbar\frac{\partial\,|\psi(t)\rangle}{\partial t} = \left(\widehat{H}_0 + \widehat{U}\right)|\psi\,(t)\rangle = \left(\widehat{H}_A + \widehat{H}_F + \widehat{U}\right)|\psi\,(t)\rangle \tag{14.110}$$

mit dem Wechselwirkungsterm $\widehat{U}$ nach (14.99) zu lösen.

Wir beachten hier, dass auch der volle *Hamiltonian* $\widehat{H}_A + \widehat{H}_F + \widehat{U}$ für Atom, Feld und Wechselwirkung *zeitunabhängig ist*, und dass daher Energieerhaltung in diesem voll quantisierten Schrödinger-Bild gilt – im Gegensatz zur semiklassischen Strahlungstheorie (4.31), wo die Wechselwirkung ja zeitabhängig war. Man muss also im Prinzip stationäre Lösungen von (14.110) suchen. Wir werden dies tatsächlich in Kap. 20 tun. Im Augenblick sind wir erst einmal interessiert an den möglichen Übergängen, die *durch das Einschalten der Wechselwirkung induziert* werden. Ganz allgemein kann man daher $|\psi\,(t)\rangle$ nach ungestörten Eigenfunktionen des Systems wie folgt entwickeln:

$$|\psi(t)\rangle = \sum_{\mathcal{N}j} c_{j\mathcal{N}}(t) \, |j\mathcal{N}\rangle \, e^{-\mathrm{i}(\omega_j + \mathcal{N}\omega)t} \qquad (14.111)$$

Hier ist $c_{j\mathcal{N}}$ die Wahrscheinlichkeitsamplitude dafür, $\mathcal{N}$-Photonen im Feld zu finden, wobei sich das Atom im Zustand $|j\rangle$ befindet. Der einfachen Schreibweise wegen haben wir die Indizes k und e für die Photonenzustände $\mathcal{N}$ und für die Kreisfrequenz ω des elektromagnetischen Feldes fallen gelassen. Wir setzen (14.111) in (14.110) ein, multiplizieren im Fall des Zweiniveausystems von Links mit $\langle b\mathcal{N}'|$ bzw. $\langle a\mathcal{N}'|$ und erhalten zwei Sätze von Differenzialgleichungen für $c_{b\mathcal{N}}$ und $c_{a\mathcal{N}}$:

$$\frac{\mathrm{d}c_{b\mathcal{N}}(t)}{\mathrm{d}t} = -\frac{\mathrm{i}}{\hbar} \sum_{\mathcal{N}'} c_{a\mathcal{N}'} \, \langle b\mathcal{N}'| \, \widehat{U} \, |a\mathcal{N}\rangle \, e^{\mathrm{i}[(\mathcal{N}'-\mathcal{N})\omega + \omega_{ba}]t}$$

$$\frac{\mathrm{d}c_{a\mathcal{N}}(t)}{\mathrm{d}t} = -\frac{\mathrm{i}}{\hbar} \sum_{\mathcal{N}'} c_{b\mathcal{N}'} \, \langle a\mathcal{N}'| \, \widehat{U} \, |b\mathcal{N}\rangle \, e^{\mathrm{i}[(\mathcal{N}'-\mathcal{N})\omega - \omega_{ba}]t} \qquad (14.112)$$

Wir haben hier schon ausgenutzt, dass *nur Matrixelemente* zwischen *verschiedenen Atomzuständen* nicht verschwinden. Wir können jetzt explizit die Werte der Matrixelemente aus (14.103) bis (14.106) einsetzen. Da nur Terme mit $\mathcal{N}' = \mathcal{N} \pm 1$ nicht verschwinden, erhalten wir in (14.112) zwei Typen von Exponentialfaktoren, nämlich

- Energie-erhaltenden Terme mit $\exp[\pm\mathrm{i}(\omega - \omega_{ba})t]$ und
- nicht Energie-erhaltende Terme mit $\exp[\pm\mathrm{i}(\omega + \omega_{ba})t]$.

In einer Störungsentwicklung werden diese Terme gewichtet mit Resonanznennern vom Typ $1/(\omega - \omega_{ba})$ und $1/(\omega + \omega_{ba})$. Wir wollen uns jetzt auf nahezu resonante Verhältnisse beschränken, wobei wir durchaus auch kleine Verstimmungen $\Delta\omega$ der Laserfrequenz ω von der atomaren Übergangsfrequenz ω_{ba} zulassen, wie in Abb. 14.14 auf S. 239 angedeutet:

$$|\Delta\omega| = |\omega - \omega_{ba}| \ll \omega_{ba}. \qquad (14.113)$$

Bei typischen spektroskopischen Anwendungen werden wir Verstimmungen von einigen $10^8 \, s^{-1}$ zu behandeln haben, was zu vergleichen ist mit Übergangsfrequenzen in der Größenordnung von $10^{15} \, s^{-1}$. Wir können daher in sehr guter Näherung die nicht resonanten Terme mit $1/(\omega + \omega_{ba})$ vernachlässigen. Diese Näherung wird *Drehwellennäherung (rotating wave approximation)* genannt, da die Terme $\exp[\pm\mathrm{i}(\omega - \omega_{ba})t]$ gewissermaßen einer Rotation des Systems in Phase mit dem Feld entsprechen, während die anderen im Gegensinne rotieren und sich wegmitteln.[8]

Im Ergebnis vereinfacht dies (14.112) ganz erheblich und führt für das Zweiniveausystem zu lediglich zwei gekoppelten Differenzialgleichungen.

---

[8] Diese Terminologie stammt ursprünglich aus der Mikrowellen- bzw. RF-Spektroskopie (EPR und NMR), wo dies einer tatsächlichen, physikalischen Rotation der Spins durch das anregende Feld entspricht.

$$\dot{c}_{b\mathcal{N}} = K_{\mathcal{N}}\, c_{a\mathcal{N}+1}\, e^{\mathrm{i}(\omega_{ba}-\omega)t} \tag{14.114}$$

$$\dot{c}_{a\mathcal{N}+1} = -K_{\mathcal{N}}^{*}\, c_{b\mathcal{N}}\, e^{-\mathrm{i}(\omega_{ba}-\omega)t} \tag{14.115}$$

mit

$$K_{\mathcal{N}} = \mathrm{i}\,\frac{C_k}{\hbar}\,\sqrt{\mathcal{N}+1}\,\widehat{T}_{ba} = \mathrm{i}\, e_0 \sqrt{\frac{(\mathcal{N}+1)\,\omega}{2L^3\hbar\epsilon_0}}\,\widehat{T}_{ba}\,, \tag{14.116}$$

wobei wir die Normierungskonstante C_k nach (14.107) eingesetzt haben. Für die Ableitung der Anregungswahrscheinlichkeit nehmen wir nun wie im semiklassischen Fall an, dass sich zur Zeit $t = 0$ alle Atome im Zustand $|a\rangle$ befinden und alle Photonen in der Mode $\boldsymbol{k}$ mit Polarisation $\boldsymbol{e}$ durch den Photonenzahlzustand $|\mathcal{N}\rangle$ repräsentiert werden, d.h. wir haben die Anfangsbedingungen

$$c_{a\mathcal{N}}(0) = 1 \quad \text{und} \quad c_{j\mathcal{N}'}(0) \equiv 0 \quad \text{für alle} \quad j,\mathcal{N}' \neq a,\mathcal{N}. \tag{14.117}$$

In erster Ordnung Störungsrechnung nimmt man an, dass $c_{a\mathcal{N}} \simeq 1$ konstant bleibt. Daher kann man (14.114) direkt integrieren, um die Wahrscheinlichkeitsamplitude $c_{b\mathcal{N}-1}(t)$ für $|b\,\mathcal{N}-1\rangle$ zu finden, wobei das System durch Absorption eines Photons in den angeregten Zustand $|b\rangle$ übergeht. Absorbiert wird dabei eines der ursprünglich $\mathcal{N}$ Photonen der Mode $\boldsymbol{k}$, sodass in völliger Analogie zum semiklassischen Fall (4.42)

$$c_{b\mathcal{N}-1}(t) = K_{\mathcal{N}-1}\frac{e^{\mathrm{i}(\omega_{ba}-\omega)t} - 1}{\mathrm{i}\,(\omega_{ba} - \omega)} \tag{14.118}$$

wird. Die Übergangswahrscheinlichkeit pro Zeiteinheit erhält man auch hier wieder als $|c_{b\mathcal{N}-1}(t)|^2/t$. Dies führt zu einer Übergangsrate

$$\mathrm{d}R_{ba}^{\mathcal{N}_k} = 2\pi\,|K_{\mathcal{N}_k-1}|^2\, g(\omega_k) = \frac{\pi\,\omega_k\, e_0^2}{L^3\,\epsilon_0\hbar}\,\left|\widehat{T}_{ba}\right|^2 \mathcal{N}_{k\boldsymbol{e}}\, g(\omega_k) \tag{14.119}$$

induziert durch die $\mathcal{N}_{k\boldsymbol{e}}$ Photonen einer Mode. Der Klarheit halber haben wir hier die Indizes für Polarisation $\boldsymbol{e}$ und Wellenvektor $\boldsymbol{k}$ der Strahlung wieder eingeführt. Mit $g(\omega_k)$ bezeichnen wir wieder das in Kap. 4.2.5, Band 1 eingeführte Linienprofil, dessen Integral über alle Frequenzen auf 1 normiert ist.

Ganz analog ermittelt man für den Abregungsprozess $|b\rangle \to |a\rangle$ zu den Anfangsbedingungen

$$c_{b\mathcal{N}}(0) = 1 \quad \text{und sonst} \quad c'_{j\mathcal{N}}(0) \equiv 0 \tag{14.120}$$

durch Integration von (14.115) die Wahrscheinlichkeitsamplitude dafür, das System im Zustand $|a\,\mathcal{N}+1\rangle$ zu finden. Daraus folgt die Rate für den Übergang $a \leftarrow b$ unter Emission eines Photons in die Mode $\boldsymbol{k},\boldsymbol{e}$:

$$\mathrm{d}R_{ab}^{\mathcal{N}_k} = \frac{\pi\,\omega_k\, e_0^2}{L^3\,\epsilon_0\hbar}\,\left|\widehat{T}_{ab}\right|^2 (\mathcal{N}_{k\boldsymbol{e}} + 1)\, g(\omega_k) \tag{14.121}$$

Soweit verlief die Ableitung in völliger Analogie zur semiklassichen Betrachtungsweise. Wir müssen uns nun aber daran erinnern, dass es $dm_{\omega e}$ Moden im Frequenzintervall $d\omega_k$ und Raumwinkelelement $d\Omega$ gibt, wobei $dm_{\omega e}$ durch (14.60) gegeben ist. Somit finden wir die Absorptions- und Emissionswahrscheinlichkeit *in einen gegebenen Raumwinkel* $d\Omega$ durch Integration über alle verfügbaren Kreisfrequenzen des eingestrahlten Feldes, und es wird

$$
dR_{ba} = \int dR_{ba}^{\mathcal{N}_k} dm_{\omega_k e} = d\Omega \int\limits_{-\infty}^{+\infty} d\omega_k\, \omega_k^3\, g\left(\omega_k\right) \frac{\pi\, L^3\, e_0^2 \left|\widehat{T}_{ba}\right|^2}{\left(2\pi c\right)^3 L^3 \epsilon_0 \hbar}\, \mathcal{N}_{ke}
$$

$$
= d\Omega \frac{\pi\, \omega_{ba}^3\, e_0^2}{\left(2\pi c\right)^3} \frac{\left|\widehat{T}_{ba}\right|^2}{\epsilon_0 \hbar}\, \mathcal{N}_{ke} \, . \tag{14.122}
$$

Im letzten Schritt haben wir angenommen, dass das Linienprofil des Übergangs sehr schmal gegenüber der Breite des eingestrahlten Spektrums ist. Wir werden in Kap. 20 diskutieren, wie das für eine schmalbandigen Linie zu modifizieren ist. Für die Emission ergibt sich entsprechend:

$$
dR_{ab} = d\Omega \frac{\pi\, \omega_{ba}^3\, e_0^2}{\left(2\pi c\right)^3} \frac{\left|\widehat{T}_{ba}\right|^2}{\epsilon_0 \hbar}\, \left(\mathcal{N}_{ke} + 1\right) \tag{14.123}
$$

Hier ist, wie mehrfach erwähnt, $\mathcal{N}_{ke}$ die mittlere Anzahl von Photonen pro Mode k *vor* der Absorption bzw. Emission, die eine Kreisfrequenz haben, welche der Übergangsfrequenz ω_{ba} entspricht. Wir notieren, dass auch hier das Normierungsvolumen L^3 schließlich herausgefallen ist, da wir die Integration über die Modendichte vornehmen mussten.

Nach (14.122) ist evident, dass das Atom nur dann aus dem unteren Zustand $|a\rangle$ in den oberen Zustand $|b\rangle$ angeregt werden kann, wenn $\mathcal{N}_{ke} > 0$ – wenn also wenigstens ein Photon der Frequenz ω_{ba} in der Feldmode k verfügbar ist. Der Absorptionsprozess reduziert diese Zahl von Photonen um genau eins.

Wir nehmen nun an, dass die Zahl der Photonen pro Mode $\mathcal{N}_{ke}$ so hoch ist, dass wir die relative Ungenauigkeit $1/\sqrt{\mathcal{N}_{ke}}$ vernachlässigen können und den Mittelwert nach (14.68) benutzen können. Dieser ist in (14.122) und (14.123) einzusetzen, um die Absorptionswahrscheinlichkeit mit der experimentell messbaren Größe $\tilde{I}\left(\omega_{ba}\right)$ zu verbinden, d.h. mit der Intensität des anregenden Laserstrahls pro Kreisfrequenzintervall bei ω_{ba}. Wir erinnern daran, dass $\left|\widehat{T}_{ba}\right|^2 = \left|r_{ba} \cdot e\right|^2$ abhängig ist von der Ausbreitungsrichtung des Lichts. Für jeden vernünftigen, gut in einen Raumwinkel $\delta\Omega \ll 1$ kollimierten Laserstrahl können wir aber $\left|r_{ba} \cdot e\right|^2$ als konstant für alle Vektoren k ansehen, die im Strahl enthalten sind. Unter dieser Voraussetzung kann die Integration von (14.122) über den Winkel einfach ausgeführt werden. Man erhält so die *gesamte Absorptionswahrscheinlichkeit*

$$R_{ba} = \int\limits_{beam} d\Omega \, \frac{\pi \, \omega_{ba}^3 \, e_0^2}{(2\pi c)^3} \frac{\left| \widehat{T}_{ba} \right|^2}{\epsilon_0 \hbar} \frac{\tilde{I} \left(\omega_{ba} \right)}{cd\Omega} \frac{(2\pi c)^3}{\hbar \omega_{ba}^3}$$

$$= \frac{\pi \, e_0^2}{\epsilon_0 c \hbar^2} \left| \widehat{T}_{ba} \right|^2 I \left(\omega_{ba} \right) = 4\pi^2 \alpha \frac{I(\omega_{ba})}{\hbar} \left| \widehat{T}_{ba} \right|^2 = B_{ba} \frac{I \left(\omega_{ba} \right)}{c} \,, \quad (14.124)$$

wobei wir wieder die Feinstrukturkonstante α eingeführt haben. Wir notieren, dass dieser Ausdruck völlig identisch ist mit dem semiklassisch abgeleiteten (4.47). Die Rate R_{ba} ($[R_{ba}] = 1/\,\mathrm{s}$) ist, wie schon dort bemerkt, um einen *Faktor 3 größer als meist in Lehrbüchern angegeben*, da wir es hier mit einem gerichteten Lichtstrahl zu tun haben.

Spannend wird nun die *Emission eines Photons* beim Übergang $|b\rangle \to |a\rangle$. Der Faktor $(\mathcal{N}_{ke} + 1)$ in (14.123) legt es nahe, zwischen induzierter und spontaner Emission zu unterscheiden: Die *induzierte Emissionswahrscheinlichkeit* setzen wir als proportional zu $\mathcal{N}_{ke}$ an, also zur *Zahl der Photonen pro Mode vor dem Emissionsprozess*. Wie der Vergleich von (14.122) und (14.123) zeigt, ist sie völlig äquivalent zur Absorptionswahrscheinlichkeit. Für je *einen* wohl definierten oberen und unteren Zustand, $|b\rangle$ bzw. $|a\rangle$ gilt:

$$R_{ab} = R_{ba} \quad (14.125)$$

Es entspricht dem hier benutzten Konzept der Aufteilung des Strahlungsfelds in einzelne, beliebig scharf definierbare Moden, dass bei der Emission ein Photon genau in der Mode erzeugt wird, durch welche dieser Prozess stimuliert wird. Wir finden hier die quantitative Begründung für die bei der semiklassischen Rechnung einfach postulierte Tatsache, dass *die induzierte Emission in Frequenz und Richtung exakt mit dem sie induzierenden Feld übereinstimmt*.

Der Faktor $(\mathcal{N}_{ke} + 1)$ in (14.123) impliziert aber darüber hinaus noch, dass es auch dann Emission gibt, wenn anfänglich überhaupt keine Feld vorhanden war, wenn also anfangs $\mathcal{N}_{ke} = 0$ galt. Es gibt eine zusätzliche, endliche Übergangswahrscheinlichkeit für den Abregungsprozess $|b\rangle \to |a\rangle$, die gewissermaßen vom Vakuumfeld (Ausgangszustand $|b\,0\rangle$) stimuliert wird. Die so definierte *spontane Übergangswahrscheinlichkeit* für die Emission eines Photons der Polarisation e in den Raumwinkel $d\Omega$ ist nach (14.123) somit gegeben durch:

$$dR_{ab}^{(spont)} = \frac{\omega_{ba}^3 \, e_0^2}{8\pi^2 \, c^3 \, \epsilon_0 \hbar} \left| \widehat{T}_{ba} \right|^2 d\Omega \quad (14.126)$$

$$= \frac{\alpha \omega_{ba}^3}{2\pi \, c^2} \left| \widehat{T}_{ba} \right|^2 d\Omega = \frac{8\pi^2 \alpha}{\lambda_{ba}^3} \left| \widehat{T}_{ba} \right|^2 d\Omega$$

Hierbei können wir uns nun aber freilich nicht mehr auf eine Mode beschränken, denn auch alle anfänglich leeren Moden der Kreisfrequenz ω_{ba} tragen im Prinzip bei. Die Winkelverteilung dieser Strahlung und ihre Polarisation wird durch $\left| \widehat{T}_{ba} \right|^2 = |\boldsymbol{r}_{ba} \cdot \boldsymbol{e}|^2$ beschrieben. Für die Details verweisen wir auf Kap. 4 in Band 1. Die Summation über alle Polarisationen und Raumwinkel führte dort wie hier zu einem Faktor $8\pi/3\ |r_{ba}|^2$. Somit wird

$$R_{ab}^{(spont)} = \sum_e \int_{4\pi} \mathrm{d}R_{ab}^{(spont)} = \frac{4\alpha}{3\,c^2}\ |r_{ba}|^2\,\omega_{ba}^3 = A_{ab} = \frac{1}{\tau_{ab}}\ . \tag{14.127}$$

Wir haben somit nichts weniger als die berühmten *Einstein-Koeffizienten* abgeleitet. A_{ab} ist die spontane Zerfallswahrscheinlichkeit für einen Zustand $|b\rangle$ in den Zustand $|a\rangle$. Wir weisen auf die *wohl bekannte ω^3 Abhängigkeit der spontanen Emission* hin, wogegen die induzierten Wahrscheinlichkeiten nicht explizit von der Übergangsfrequenz abhängen. Die detaillierte Auswertung der A und B Koeffizienten für spezielle Fallbeispiele hatten wir bereits in Kap. 4.3, Band 1 behandelt.

Abschließend müssen wir uns die Grenzen der hier vorgestellten Behandlung von Emission und Absorption im elektromagnetischen Wechselfeld bewusst machen. Diese ergeben sich letztlich aus der Beschränkung auf die Störungstheorie erster Ordnung. Für die induzierten Prozesse werden wir das in Kap. 20 korrigieren. Wir werden dort sehen, dass der Satz gekoppelter Differenzialgleichungen (14.114) und (14.115) im Rahmen der Drehwellennäherung exakt gelöst werden kann, wenn man die spontane Emission ganz vernachlässigt. Für stärkere Laserfelder und Zeiten, die kurz im Vergleich zur natürlichen Lebensdauer sind, ist dies in der Tat eine exzellente Näherung.

Dennoch ist die spontane Emission natürlich für jede gründlichere Diskussion von großer Bedeutung. Ihre saubere Behandlung erfordert weitere Anstrengungen, die wir im Rahmen dieses Buches nicht ausführen können. Das Problem liegt darin, dass die *Anfangsbedingungen* (14.120) streng genommen nicht korrekt sind. *Für alle leeren Moden sind sie ja offenbar nicht gültig.* Diese nehmen aber durch spontane Emission am Prozess teil. Diese Störung durch sehr viele unbesetzte Moden führt zu der wohlbekannten Verbreiterung des oberen Niveaus – als natürliche Linienbreite bekannt – und man kann $g(\omega)$ in (14.119) und (14.121) nicht mehr einfach als δ-Funktion behandeln, sondern muss ein Lorentz-Profil ansetzen. Das wird besonders dann problematisch, wenn man schmalbandige Laser benutzt, für welche die Frequenzbandbreite leicht viel enger sein kann, als die natürliche Linienbreite. Dann sind auch die Ausdrücke (14.124) für die induzierten Prozesse in dieser Form nicht länger gültig. Wir werden in Kap. 20 jedoch zeigen, dass man dieses Problem (etwas heuristisch) mit einer kleinen Modifikation kurieren kann. Das Problem der Linienverbreiterung durch spontane Emission kann aber sauber erst im Rahmen einer vertieften Behandlung der Störungsrechnung in zweiter Ordnung gelöst werden.

15

Molekülspektroskopie

In Kap. 11 und 12 haben wir die Struktur und Eigenschaften von zwei- und mehratomigen Molekülen besprochen und die Grundlagen der Rotations- und Schwingungsspektroskopie kennengelernt. Hier wollen wir dies vertiefen und sodann an ausgewählten Beispielen auch in die Spektroskopie elektronischer Übergänge einführen. Diese ist heute in weiten Teilen geprägt durch die Verfügbarkeit schmalbandiger, meist auch abstimmbarer Laser einerseits, und Synchrotronstrahlungsquellen andererseits, die zusammen einen extrem breiten Spektralbereich vom fernen Infrarot bis ins Röntgengebiet erschließen.

Hinweise für den Leser: Nach einer einführenden Übersicht (Abschn. 15.1) wollen wir die Spektroskopie von Rotations- (Mikrowellen, Abschn. 15.2) und Vibrationsübergängen (Infrarot, Abschn. 15.3) ergänzen, und mit kurzen Exkursen zur Infrarot-Fourier-Transformations-Spektroskopie (FTIR, Abschn. 15.3.2) und IR-Aktionsspektroskopie vervollständigen. In Abschn. 15.4 wenden wir uns der Spektroskopie elektronischer Übergänge zu (sichtbar, UV und VUV) und stellen einige Methoden der modernen Molekülspektroskopie an Hand aktueller Beispiele vor. In Abschn. 15.7 werden Grundlagen der Raman-Spektroskopie entwickelt, die gewissermaßen zwischen elektronischer und Rotations-Vibrations-Spektroskopie steht. In Abschn. 15.6.4 illustrieren wir an größeren, z.T. auch biologisch bedeutsamen Molekülen die erstaunliche Leistungsfähigkeit heutiger Molekülspektroskopie mit ausgefeilten Verfahren. Abschließend sprechen wir in Abschn. 15.9 das wichtige Gebiet der Photoelektronenspektroskopie an.

15.1 Übersicht

Was wir in Kap. 11 und 12 über molekulare Strukturen erfahren haben, wurde im Laufe von mehr als einem Jahrhundert auf der Grundlage von experimentellen Daten erarbeitet. Wie auch in der Atomphysik ist dabei Spektroskopie die wichtigste Quelle der Informationen, auf denen unser heutiges Verständnis der Moleküle aufbaut. Wir fassen hier zunächst noch einmal kurz die wichtigsten Grundlagen aus Kap. 11.2 zusammen. Die Gesamtwellenfunktion $\Psi_{\gamma v N}(\boldsymbol{r}, \boldsymbol{R})$ lässt sich im Rahmen der Born-Oppenheimer-Näherung

I.V. Hertel, C.-P. Schulz, *Atome, Moleküle und optische Physik 2*,
Springer-Lehrbuch, DOI 10.1007/978-3-642-11973-6_5,
© Springer-Verlag Berlin Heidelberg 2010

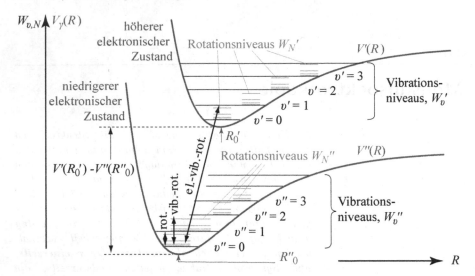

Abb. 15.1. Zusammensetzung der Gesamtenergie eines zweiatomigen Moleküls aus Rotation, Vibration und elektronischer Energie. Die schwarzen, kräftigen Doppelpfeile deuten die drei verschiedenen Arten von Molekülspektren an: elektronische Banden mit Rotations- und Schwingungsübergängen (*el.-vib.-rot.*), Rotationsschwingungsspektren (*vib.-rot.*) und reine Rotationsspektren (*rot.*)

als Produkt von elektronischer und nuklearer Wellenfunktion, $\phi_\gamma\,(\boldsymbol{r}_i; R)$ bzw. $\psi_{\gamma vN}\,(\boldsymbol{R})$, schreiben:

$$\Psi_{\gamma vN}\,(\boldsymbol{r}, \boldsymbol{R}) = \phi_\gamma\,(\boldsymbol{r}_i; R) \times \psi_{\gamma vN}\,(\boldsymbol{R})$$

Letztere kann man wiederum meist in sehr guter Näherung nochmals nach Vibration und Rotation faktorisieren:

$$\psi_{\gamma vN}\,(\boldsymbol{R}) = \frac{\mathcal{R}_{\gamma vN}\,(R)}{R} \times Y_{NM_N}\,(\Theta, \Phi)$$

Die Indizes γ, v und N kennzeichnen dabei den elektronischen Zustand, die Vibrations- und die Rotationsquantenzahlen. Die Gesamtenergie $W_{\gamma vN}$ stellt sich nach (11.40) und (11.41) als Summe von elektronischer Energie, Rotations-, und Vibrationsenergie (der verschiedenen Freiheitsgrade) dar:

$$W_{\gamma vN} = V_\gamma\,(R_0^\gamma) + W_v + W_N \tag{15.1}$$

Zur Abkürzung schreibt man für das Minimum der elektronischen Energien oft $T_e^\gamma = V_\gamma\,(R_0^\gamma)\,/(hc)$ (in Wellenzahlen cm^{-1}). Die jeweiligen Energien und relativen Termlagen der verschiedenen Energieformen sind in Abb. 15.1 schematisch zusammengefasst. Natürlich sind die jeweils drei Komponenten der Energieterme in (15.1) bzw. Abb. 15.1 bei genauerem Hinsehen nicht ganz voneinander unabhängig, wie in Kap. 11.3.5 und 11.3.6 bereits ausführlich besprochen. Dennoch bildet das Energieschema Abb. 15.1 eine anschauliche Basis für alles nachfolgend zu Besprechende. Auch für mehratomige Moleküle kann man die hier und im folgenden Abschnitt vorgestellten Überlegungen und Befunde im Prinzip problemlos (in der Praxis mit einigem Aufwand) erweitern. Die R-Koordinate in Abb. 15.1 ist dann lediglich als aktive Normalkoordinate oder repräsentative Kombination von Ortskoordinaten zu lesen.

Wie durch die schwarzen Doppelpfeile in Abb. 15.1 angedeutet, gibt es bei Übergängen zwischen gebundenen Molekülzuständen im Wesentlichen drei spektroskopisch zu unterscheidende Kategorien: *Rotationsspektren, Rotations-Schwingungsspektren und elektronische Bandenspektren*; in letzteren spiegeln sich sowohl die elektronischen, wie auch Rotations- und Schwingungs-Übergänge wieder.

Abbildung 15.2 zeigt das uns aus Band 1 gut bekannte Spektrum der elektromagnetischen Strahlung – hier einmal aus molekularer Sicht – und ordnet die genannten Typen von Molekülspektren ein. Die verschiedenen molekularen Übergänge liegen also in sehr unterschiedlichen Spektralbereichen, und sehr unterschiedliche experimentelle Techniken und Methoden kommen für molekülspektroskopische Untersuchungen zum Einsatz. Überwiegend handelt es sich um elektrische Dipolübergänge (E1-Übergänge) – bis auf die NMR- und EPR-Spektroskopie (nicht in Abb. 15.2 gezeigt):

- Im Gebiet der *Radiofrequenzen* (kHz bis einige 100 MHz) liegen die Kernspin-Resonanz-Übergänge. Die NMR-Spektroskopie nutzt diese mit großem Raffinement zur Strukturbestimmung von größeren Molekülen. Wir haben einige Grundlagen dazu bereits im Zusammenhang mit der Hyperfeinstruktur in Kap. 9, Band 1 vorgestellt. Eine weitere Vertiefung würde den Rahmen dieses Buches sprengen.
- Elektromagnetische Wellen mit Frequenzen von etwa 1–100 GHz ($\lambda \simeq$ 30 cm – 3 mm) bezeichnet man als *Mikrowellen*. Elektronenspin-Resonanzen liegen in diesem Frequenzbereich. Auf die EPR-Spektroskopie sind wir in Band 1 bereits eingegangen. Aber auch die Rotationsübergänge größerer Moleküle fallen in dieses Gebiet, wie wir in Kap. 11 gesehen haben.

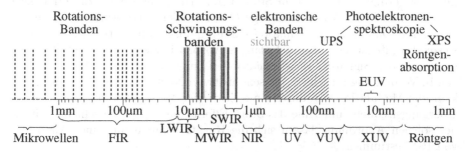

Abb. 15.2. Spektrum der elektromagnetischen Strahlung aus molekülspektroskopischer Sicht. FIR: fernes Infrarot (IR); LWIR: langwelliges IR; MWIR: mittelwelliges IR; SWIR: kurzwelliges IR; NIR: nahes IR; UV: Ultraviolett; VUV: Vakuum-Ultraviolett; XUV: extremes UV

- Der *infrarote* Spektralbereich erstreckt sich von den Mikrowellen bis zum Beginn des sichtbaren Spektralbereichs bei 800 nm. Im langwelligen Teil, dem *fernen Infraroten* ($\lambda = 0.1$–1 mm), liegen die Rotationsspektren vieler Moleküle. Die Rotations-Schwingungsspektren sind in der Mitte des IR-Bereich zu finden, erstrecken sich aber auch bis in das *nahe Infrarot* ($\lambda = 700$ nm – 1.4 μm).
- Die elektronischen Übergänge bzw. die damit verbundenen Bandenspektren liegen überwiegend im *sichtbaren* und *UV-* bzw. *VUV*-Spektralbereich.
- Jenseits des VUV-Bereichs schließt sich der *XUV-, Röntgen-* und *γ-Strahlungsbereich* an. Mit diesen hohen Photonenenergien werden Zustände der inneren Elektronen untersucht, meist mit Hilfe der Photoelektronenspektroskopie (UPS: mit ultraviolettem Licht; XPS: mit Röntgenstrahlung). Aber auch die Röntgenabsorptionsspektroskopie (XAS, XANES) kann wichtige Information liefern. Da hierbei ganz spezielle, lokalisierte Atome angesprochen werden, sind solche Methoden sehr selektiv bezüglich der Geometrie des untersuchten Moleküls.

In den folgenden Abschnitten wird ein Auswahl leistungsfähiger spektroskopischer Methoden für die verschiedenen Spektralbereiche und Kategorien von Spektren vorgestellt und an möglichst aktuellen Beispielen erläutert.

15.2 Mikrowellenspektroskopie

Wir können uns hier kurz fassen, da das Wesentliche schon in Kap. 11.4.1 erläutert wurde. Rotationsübergänge werden fast ausschließlich in Absorption beobachtet, da die Übergangswahrscheinlichkeiten für Emission wegen der geringen Übergangsfrequenzen sehr klein sind. Ein typisches Mikrowellenspektrometer besteht aus einer Mikrowellenquelle, einer Wellenleiteranordnung, in welche die zu untersuchende, gasförmige Substanz eingebracht wird, und einem Detektor. Als Quellen benutzt man Klystrons, oder die etwas weiter durchstimmbaren Magnetrons. Wegen der geringen Absorptionskoeffizienten und der geringen Dichten (um Stoßverbreiterung der Linien zu vermeiden) braucht man lange Absorptionswege (Meter) oder entsprechende Resonatoren, deren Dämpfung als Funktion der Frequenz man bestimmt. Bei hoher Resonatorgüte ist dies einem sehr langen Absorptionsweg äquivalent. Zur Verbesserung des Signal-Rausch-Verhältnisses benutzt man Modulationstechniken in Verbindung mit einem phasensensitiven Nachweis. Bei Rotationslinien kann die Modulation z.B. durch ein elektrisches Wechselfeld erfolgen, das die Übergangsfrequenz mit Hilfe des Stark-Effekts periodisch verschiebt. Mit einer solchen Anordnung lassen sich die Rotationslinien mit einer Auflösung von 10^6 bestimmen.

Alternativ misst man an einem gepulsten Überschallmolekularstrahl (MB), sodass man es mit nur wenigen, besetzten Vibrationsniveaus zu tun hat. Der Molekularstrahl wird in einen Mikrowellenresonator eingeführt und mit

Fourier-Transformationsspektrometrie (FT) vermessen. Dabei wird der Resonator durchgefahren, wobei man die Fourier-Transformierte des Absorptionsspektrums misst, die man dann in den Frequenzraum zurück transformiert. Wir kommen auf das in vielen Spektralbereichen benutzte Prinzip der FT-Spektroskopie in Abschn. 15.3.2 noch zurück. Der Aufbau eines solchen MB-MWFT-Spektrometers ist schematisch in Abb. 15.3 skizziert. Das Spektrome-

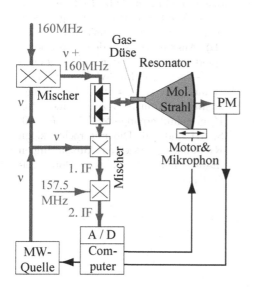

Abb. 15.3. MB-MWFT Spektrometer nach Andersen et al. (1990). Durch eine gepulste Düse wird der Überschallstrahl parallel zur Resonatorachse eingeführt. Der Resonator wird mit einem Motor und einem Mikrophon durchgestimmt. Die Mikrowellenträgerfrequenz ν aus der MW-Quelle wird mit verschiedenen Mischern moduliert und im Nachweis wieder demoduliert. Das Messsignal wird schließlich mit einem Analog-Digital-Wandler gemessen und im Computer nachgewiesen, der auch das Experiment steuert. Mit dem Leistungsmessgerät PM wird lediglich der Resonator optimiert

ter nach Andersen et al. (1990) arbeitet im X-Band in einem Frequenzbereich von 4 bis 18 GHz (7.5–1.7 cm) und erlaubt die Bestimmung von Absorptionslinien auf kHz genau, d.h. mit einer Auflösung von $\simeq 10^7$. Aus der gepulsten Düse tritt der Überschallstrahl parallel zur Resonatorachse ein. Der Resonator wird mit einem Motor und einem Mikrophon durchgefahren. Auf die Mikrowelle (Trägerfrequenz ν) wird zunächst ein Seitenband „aufgemischt", sie wird sodann mit einer Pin-Diode gepulst und mit üblichen Mikrowellentechniken in den Fabry-Perot-Resonator eingeführt, wo aufgrund der hohen Resonatorgüte Absorption durch Rückreflexion extrem empfindlich nachgewiesen wird. Das rückreflektierte Signal wird über zwei Stufen (1. IF und 2. IF) „herunter konvertiert" und schließlich bei 2.5 MHz über einen Analog-Digital-Wandler nachgewiesen und im Computer registriert. Das Leistungsmessgerät PM dient zur Optimierung des Resonators.

Mit dieser und ähnlichen Anordnungen sind zahlreiche einfache aber auch sehr komplizierte Moleküle außerordentlich genau vermessen worden. Zwar wird das Rotationsspektrum eines Moleküls überwiegend durch seine 3 Hauptträgheitsmomente bestimmt – bereits das erlaubt eine präzise Bestimmung der Kernabstände. Wegen der extrem hohen Präzision dieser Messungen können aber auch die verschieden Verzerrungen und Modifikationen der Gleichgewichtslagen durch Rotation, durch Vibrationsanregung, durch innere Rotationen von Molekülgruppen wie auch Hyperfeinwechselwirkung mit großer Genauigkeit bestimmt werden.

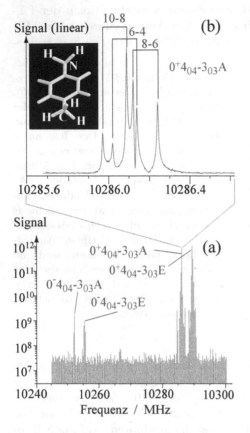

Abb. 15.4. Ausschnitte aus dem Mikrowellenabsorptionsspektrum des p-Toluidins nach Hellweg (2008), das mit dem in Abb. 15.3 gezeigten MB-MWFT-Spektrometer gemessenen wurde. (**a**) Übersichtsspektrum (**b**) Ausschnitt aus dem Rotationsspektrum mit den Übergängen $4_{04} - 3_{03}$ der Methyl-Torsionsmode A aus dem $v_{inv} = 0^+$ Schwingungszustand heraus. Gezeigt sind drei Hyperfeinübergänge $2F'' \rightarrow 2F'$, 10-8, 6-4 und 8-6. Die mit rechteckigen Klammern markierten Aufspaltungen dieser Linien rühren vom Dopplereffekt her

Wir illustrieren das in Abb. 15.4 am Beispiel p-Toluidin (4-Methylanilin) anhand zweier Ausschnitte aus einem kürzlich von Hellweg (2008) vermessenen und analysierten Spektrum. Es handelt sich um einen Benzolring mit einer Amino- und einer Methylgruppe (Summenformel C_7NH_9), also um einen asymmetrischen Rotator (s. Kap. 12.1.4), dessen Übergänge durch drei Rotationsquantenzahlen $N_{K_a K_c}$ beschrieben werden. Darüber hinaus hat dieses Molekül noch weitere Besonderheiten: die Methylgruppe kann rotieren, was zu den zwei Serien mit A- und E-Symmetrie führt, und die Aminogruppe, deren zwei H-Atome aus der Ebene herausragen (s. Abb. 15.4b), kann eine Inversionsschwingung ausführen. Ganz ähnlich wie bei NH_3 (s. Kap. 12.2.5) führt dies zu zwei aufgespaltenen Vibrationsgrundzuständen $v_{inv} = 0^+$ und 0^-, wobei letzterer wegen der Kühlung im Molekularstrahl nur schwach besetzt ist. Schließlich gibt es noch eine Hyperfeinstruktur, wobei sich Kernspin

I ($I = 1$ für ^{14}N) und Rotationsdrehimpuls N zu einem Gesamtdrehimpuls F zusammensetzen ($F = N$ oder $N \pm 1$).

Interessant ist auch, dass in Abb. 15.4b eine Doppler-Aufspaltung sichtbar wird. Zwar ist diese wegen $\Delta\nu = \nu v/c$ im Mikrowellen- und Hochfrequenzbereich sehr klein. Bei der extrem hohen Auflösung kann man aber die entsprechenden ca. 100 kHz deutlich sehen. Man beachte, dass es sich hier um eine Aufspaltung und nicht um eine Doppler-Verbreiterung handelt (die Mikrowelle kann den Molekülstrahl bei der Anordnung nach Abb. 15.3 auf dem Weg nach rechts wie auch nach Reflexion anregen, also auf dem Weg nach links). Da die innere Translationstemperatur im Überschallstrahl sehr klein ist, kann man die beiden Komponenten gut identifizieren und auswerten. Durch Theorie-gestützte Auswertung dieser Spektren konnte Hellweg (2008) 44 wohl definierte Molekülparameter dieses Systems bestimmen – was die Leistungsfähigkeit der Mikrowellenspektroskopie bei der Strukturbestimmung auch größerer molekularer Systeme unterstreicht.

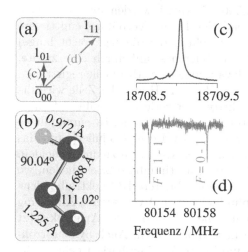

Abb. 15.5. Mikrowellenspektroskopie am HO_3-Radikal nach Suma et al. (2005). (a) Rotations-Termschema, (b) mit diesem Experiment bestimmte Geometrie des HOOO, (c) Mikrowellen-Absorption (FTMW-Spektroskopie) für den Rotationsübergang ($N_{K_aK_c} = 1_{01} - 0_{00}$, $J = 1.5 - 0.5$, $F = 2 - 1$), (d) Doppelresonanz ($N_{K_aK_c} = 1_{11} - 0_{00}$, $J = 0.5 - 0.5$) mit Hyperfeinaufspaltung durch das Proton ($F = 1 - 1$ und $F = 0 - 1$), beobachtet als Änderung des Maximums von Signal (c) beim Durchstimmen der mm-Welle durch Übergang (d) im Termschema (a)

Oft ist es hilfreich, solche Mikrowellenspektroskopie mit mehreren Wellenlängen gleichzeitig durchzuführen (sogenannte Doppelresonanzspektroskopie). Wir illustrieren diese wichtige und sehr selektive Methode am Beispiel des HO_3 Radikals in Abb. 15.5. Ein Ausschnitt aus dem Rotationstermschema des HOOO ist in Abb. 15.5a skizziert (ohne Hyperfeinaufspaltung). Das „einfache" Absorptionssignal der cm-Wellen, hier bei der Anregung einer Rotationslinie, ist in Abb. 15.5c für einen bestimmten Rotationsübergang gezeigt. (N ist dabei wieder die Rotationsquantenzahl, K_a und K_c sind die in Kap. 12.1.4 eingeführten Projektionsquantenzahlen bezüglich der Molekülachsen dieses asymmetrischen Rotators.) Abbildung 15.5d zeigt das Doppelresonanzsignal beim Durchstimmen der mm-Welle im Bereich $80\,154 - 80\,162$ MHz. Man beobachtet es als Reduktion des einfachen Absorptionssignals im Maximum der

Absorptionslinie nach (c), hier bei $\simeq$ 18 709.1 MHz. Trifft man eine (zweite) Resonanz, wie im Termschema der Abb. 15.5a mit (d) angedeutet, so nimmt das reine Absorptionssignal nach (c) ab, da der Grundzustand entvölkert wird. Mit Hilfe solcher Präzisionsspektroskopie kann man die Struktur dieses für die Atmosphärenchemie bedeutsamen Radikals sehr genau bestimmen. Die wichtigsten Befunde sind in Abb. 15.5b dokumentiert. Wir werden auf das HO_3 Molekül später noch zurückkommen.

15.3 Infrarotspektroskopie

15.3.1 Allgemeines

Auch bei der Infrarotspektroskopie werden die Vibrations-Rotationsbanden in Absorption vermessen. Konventionell werden nach wie vor sogenannte Glowbar's als Strahlungsquellen eingesetzt. Das sind Graphit- oder SiC-Stäbe, die durch einen Stromfluss auf $1\,000 - 1\,500\,^\circ$C erhitzt werden und dann eine kontinuierlich IR-Strahlung entsprechend der Planck-Verteilung emittieren. Die IR-Strahlung wird mit Hilfe von Spiegeln durch die (ggf. recht lange) Absorptionszelle geleitet. Meist wird ein Referenzstrahl durch eine zweite, leere Absorptionszelle geschickt, um Schwankungen der IR-Quelle registrieren und bei der Auswertung berücksichtigen zu können. Hinter der Zelle wird die Strahlung spektral durch ein Gitterspektrometer zerlegt und fällt auf einen Detektor. Es werden thermische Detektoren (Bolometer) oder IR-empfindliche Photodioden benutzt. Der IR-Strahl wird in der Regel moduliert, um das Signal von IR-Untergrund (Wärmestrahlung) der Apparatur zu unterscheiden.

   Zunehmend benutzt man heute aber auch abstimmbare Laserquellen, wo immer möglich auch Laserdioden, die in immer breitere IR-Spektralbereiche vordringen und natürlich höhere Empfindlichkeit und verbesserte Auflösung mit sich bringen. Gerade in den verschiedenen Bereichen der Analytik setzt sich mehr und mehr die abstimmbare Laserdiode durch. Auch Synchrotronstrahlung wird gerne genutzt, wenn es um breite Abstimmbarkeit geht. Weltweit stehen darüber hinaus auch eine Reihe, speziell im Bereich des IR operierende *Freie-Elektronen-Laser (FEL)* zur Verfügung, die sich als interessantes Werkzeug in der Molekül- und Clusterspektroskopie erwiesen haben.

   Ganz allgemein ist Infrarotspektroskopie eine äußerst wichtige Methode in vielen Bereichen der chemischen und physikalischen Analytik. Es gibt zahlreiche Lehrbücher, welche dieses Themenfeld (oft zusammen mit der Raman-Spektroskopie) umfassend behandeln, sodass wir es hier bei einem Hinweis auf die spezielle Selektivität der IR-Spektroskopie für bestimmt Bindungstypen belassen wollen, die man – im Zusammenhang mit umfangreichen Datensammlungen – in diesem Kontext ausnutzt. Verschiedene Molekülgruppen schwingen nämlich in größeren Molekülen typischerweise bei sehr charakteristischen Frequenzen: so findet man z.B. die Streckschwingung der CH-Gruppe bei $3\,000\,cm^{-1}$, NH bei $3\,400\,cm^{-1}$ und OH bei $3\,600\,cm^{-1}$. Dagegen liegen

Knick- und Biegeschwingungen meist bei Wellenzahlen unter $1\,000\,\mathrm{cm}^{-1}$. Der Experte kann aus einem charakteristischen Schwingungsspektrum meist bereits ohne genauere Auswertung wichtige Rückschlüsse auf die Struktur eines Systems ziehen. Für genauere Analysen gibt es sehr leistungsfähige Rechenprogramme, mit deren Hilfe man die gemessenen Spektren möglichst experimentgetreu modelliert. Da wir in Kap. 11 und 12 bereits eine Reihe von Vibrations-Rotationsspektren für zwei- und mehratomige Moleküle kennengelernt haben, beschränken wir die Diskussion hier auf zwei besonders wichtige und interessante spezielle Methoden der IR-Spektroskopie.

15.3.2 Fourier-Transformations-IR-Spektroskopie (FTIR)

Ein großer Nachteil von Gitterspektrographen ist das sequentielle Durchstimmen des Spektrums über die einzelnen Linien: so erreicht immer nur ein kleiner Bruchteil des gesamten Spektrums den Detektor. Das Signal ist daher meist sehr klein, was zu langen Messzeiten für ein ausreichendes Signal-Rausch-Verhältnis führt. Diesen Nachteil haben die *Fourier-Transformations-IR-Spektrometer (FTIR-Spektrometer)* nicht, da stets das ganze Spektrum gleichzeitig mit Hilfe eines Michelson-Interferometers analysiert wird. Die Fourier-Transformations-Spektroskopie gehört daher (auch in anderen Spektralbereichen) heute zu den leistungsfähigsten Methoden moderner optischer Spektroskopie. Wir haben bereits in vorangehenden Kapiteln auf Anwendungsbeispiele hingewiesen, so in Kap. 11.4.1 und 15.2. Zum Verständnis der FTIR-Spektroskopie können wir an das in Kap. 13 über Fourier-Transformation, Interferenz und Kohärenz Besprochene anknüpfen.

Experimenteller Aufbau

In Abb. 15.6 ist schematisch ein hierfür typischerweise verwendeter Aufbau unter Benutzung eines Michelson-Interferometers skizziert. Man verwendet eine breitbandige Lichtquelle (Weißlicht), die durch den Kollimator parallelisiert wird und von der Strahlteilerplatte in zwei gleich intensive Teilbündel

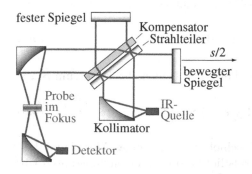

fester Spiegel
Kompensator
Strahlteiler
$s/2$
bewegter Spiegel
Probe im Fokus
IR-Quelle
Kollimator
Detektor

Abb. 15.6. Michelson-Interferometeraufbau als FTIR-Spektrometer

aufgespalten wird. Beide Teilbündel durchlaufen unterschiedliche optische Wege. Der über eine Strecke $s/2$ bewegbare Spiegel erlaubt es, einen variablen
optischen Weglängenunterschied s bzw. eine zeitliche Verschiebung

$$\delta = s/c \tag{15.2}$$

zwischen beiden Strahlenbündeln einzuführen (es werden hier achsenparallele
Strahlen angenommen). Nach Durchlaufen der Verzögerungsstrecken werden
die Wellenfronten beider Strahlenbündel durch den Strahlteiler wieder ver-
eint, und sodann auf die zu untersuchende Probe fokussiert. Dort wird das
Spektrum aufgeprägt, und schließlich wird das so modifizierte Weißlicht auf
den Detektor fokussiert und zur Interferenz gebracht. Durch kontinuierliche
Änderung der örtlichen bzw. zeitlichen Verschiebung erhält man ein Interfe-
rogramm, welches die gesamte spektrale Information über die Probe enthält.

Methode – Fourier-Transformation eines Spektrums

Um dies zu sehen, stellen wir zunächst fest, dass der FTIR-Aufbau weitgehend dem in Kap. 14.1.3 besprochenen Interferenzexperiment entspricht. Nach
(14.16) besteht die am Detektor gemessene Intensität aus einem konstanten
Untergrund und einem Interferenzterm, der nach (14.16) und (14.22) von der
optischen Laufzeitdifferenz δ und der Spektralverteilung $\tilde{I}(\omega)$ der Lichtquelle abhängt. Für das FTIR-Spektrometer, wo die Ausgangsintensität I_0 der
Lichtquelle in zwei gleiche Teilstrahlen zerlegt wird, lässt sich das am Detektor zusammengeführte *Interferenzsignal ohne die Probe* mit (14.16) als

$$I(\delta) = \operatorname{Re} \int \left(1 + e^{\mathrm{i}\omega\delta}\right) \tilde{I}(\omega)\, \mathrm{d}\omega \tag{15.3}$$

schreiben. *Beim Durchtritt durch die Probe* wird diese Intensitätsverteilung
nun mit dem Absorptionsprofil der Probe multipliziert, wodurch aus $\tilde{I}(\omega) \rightarrow$
$\tilde{S}(\omega)$ wird. Das ist wiederum nichts anderes als das Spektrum, wie man es mit
einem dispersiven Monochromator beim Durchstimmen über alle Frequenzen
beobachten würde (bei gleicher Probe und gleicher Lichtquelle). War die Gesamtintensität am Eingang des FTIR-Spektrometers

$$I_0 = \int \tilde{I}(\omega)\, \mathrm{d}\omega\,, \tag{15.4}$$

so integriert der Detektor nun entsprechend (15.3) über das Spektrum $\tilde{S}(\omega)$

$$I(\delta) = \operatorname{Re} \int \left(1 + e^{\mathrm{i}\omega\delta}\right) \tilde{S}(\omega)\mathrm{d}\omega\,, \tag{15.5}$$

sodass wir ein von der zeitlichen Verschiebung abhängiges Messsignal $I(\delta)$
erhalten. Der erste Term dieses Integrals liefert einfach einen konstanten Untergrund (er ist praktisch identisch mit I_0, da über das gesamte Spektrum

in aller Regel nur ein vernachlässigbarer Bruchteil des eingestrahlten Lichts absorbiert wird). Der zweite Term hingegen hängt explizit von δ ab:

$$\mathrm{Re} \int \tilde{S}(\omega)e^{\mathrm{i}\omega\delta}\mathrm{d}\omega = I(\delta) - I_0 \tag{15.6}$$

Das ist aber nichts anderes als die Fourier-Transformierte des Spektrums $\tilde{S}(\omega)$ der Probe, das man direkt durch die inverse Fourier-Transformation

$$\tilde{S}(\omega) \propto \mathrm{Re} \int I(\delta)e^{-\mathrm{i}\omega\delta}\mathrm{d}\delta \tag{15.7}$$

erhält. Diese Integration über das Messsignal $I(\delta)$ kann heute problemlos mit schnellen Rechenprogrammen und entsprechenden Prozessoren durchgeführt werden.

Der große Vorteil des FTIR-Verfahrens ist, dass keine Trennung der Frequenzkomponenten wie bei einem dispersiven Monochromator stattfinden muss. Man „multiplext" also stets alle Spektralkomponenten, registriert sie sozusagen gleichzeitig. Von entscheidender Bedeutung ist außerdem, dass man mit einem ausgedehnten Lichtstrahl arbeitet und die endliche Ausdehnung der Lichtquelle, also deren laterale Kohärenz, gegenüber konventionellen Spektrometern wesentlich unkritischer ist.

Auflösung des FTIR-Spektrometers

Natürlich wachsen auch hier die Bäume nicht unbegrenzt in den Himmel. Die Auflösung wird im Wesentlichen durch die endliche optische Weglängendifferenz s beschränkt, die durchfahren werden kann. Abbildung 15.7 illustriert dies für eine Lorentz-Linie, $\tilde{S}(\omega) = (w/2)^2/((w/2)^2 + (\omega - \omega_0)^2)$, die wir uns mit einem FTIR-Spektrometer aufgenommen denken. Ihre spektrale Halbwertsbreite w (FWHM), bezogen auf die Kreisfrequenz ω, entspricht auf der Frequenzskala $\Delta\nu_{1/2} = w/2\pi$. Ihre Fourier-Transformierte ist $I(\delta) \propto \exp(-w\delta/2)$. Die Rücktransformation

$$S(\omega; t_1) \propto \int_0^{t_1} \exp\left(-\frac{w\delta}{2}\right) e^{-\mathrm{i}\omega\delta}\mathrm{d}\delta \tag{15.8}$$

können wir nur bis zu einem maximalen $t_1 = s/c$ durchführen, das durch die maximale optische Weglängendifferenz s des Spektrometers gegeben ist. Abbildung 15.7 zeigt das beobachtete Profil für zwei verschiedene Werte $wt_1 = 2\pi t_1\Delta\nu_{1/2}$ im Vergleich mit dem Lorentz-Profil bei voller Rücktransformation $t_1 \to \infty$. Die sich ergebenden Linienformen sind in der Tat den experimentell beobachteten recht ähnlich, wie wir sie in Abb. 11.20 auf S. 33 kennengelernt haben. Für $wt_1 \geq \pi$, d.h. für $2t_1 \geq 1/\Delta\nu_{1/2}$ wird $S(\omega; t_1)$ dem ursprünglichen Linienprofil bereits sehr ähnlich.

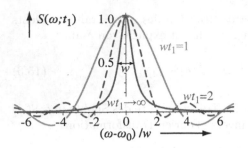

Abb. 15.7. Vergleich eines Lorentz-Linienprofils (*volle rote Linie*) mit der abgeschnittenen rücktransformierten Fourier-Transformierten nach (15.8). Die Rücktransformation wurde auf verschiedene Zeitintervalle entsprechend $wt_1 = 2\pi t_1 \Delta\nu_{1/2} = 1$ (*grau*) bzw. $= 2$ (*rot gestrichelt*) begrenzt

Mit $\Delta\nu_{1/2} \simeq 1/(2t_1)$ ist das Auflösungsvermögen dieses Spektrometers also – bis auf einen etwas willkürlichen, numerischen Vorfaktor, der die Trennbarkeit benachbarter Spektrallinien charakterisiert – näherungsweise gegeben durch:

$$\frac{\lambda}{\Delta\lambda} \simeq \frac{\nu}{\Delta\nu_{1/2}} \simeq 2t_1\nu = 2\frac{s}{c}\nu = 2s\bar\nu = 2\frac{s}{\lambda} = \mathcal{N} \times z \qquad (15.9)$$

Dies entspricht der schon in Band 1 diskutierten Grundformel (6.1) für das Auflösungsvermögen aller auf Interferenz basierender Spektrometer. Dabei haben wir die Zahl 2 mit der Anzahl $\mathcal{N}$ der interferierenden Strahlen identifiziert und s/λ mit der Ordnungszahl z.

Die Auswertbarkeit komplexer Spektren wird aber weiterhin durch die in Abb. 15.7 illustrierten Nebenmaxima der Fourier-Rücktransformierten beeinträchtigt. Um den Einfluss des endlichen Wegs zu minimieren werden die gemessenen Interferogramme *apodisiert*, d.h. mit einer Funktion $p(x)$ multipliziert, die keine (oder nur kleine) Nebenmaxima hat, z.B. eine Dreiecksfunktion. Auch die Schrittweite der Verschiebung s muss sorgfältig gewählt werden. Das sogenannte *Nyquist*-Sampling Theorem fordert, dass pro Periode mindestens zwei Punkte bekannt sein müssen, um eine Sinus-Funktion zu reproduzieren. Schließlich muss man auch den endlichen Divergenzwinkel der Strahlen berücksichtigen, denn (15.2) gilt streng nur für achsenparallele Strahlen. Moderne, kommerziell erhältliche FTIR-Spektrometer haben Auflösungsvermögen von $1\,000$ bis zu $1\,000\,000$. Sollen z.B. zwei Linien bei $\bar\nu \simeq 3\,300\,\mathrm{cm}$ mit einem Wellenzahlunterschied $\Delta\bar\nu = 0.1\,\mathrm{cm}^{-1}$ aufgelöst werden, muss der Spiegel nach (15.9) um mindestens $5\,\mathrm{cm}$ verfahren werden. Typische Wegstrecken in FTIR-Spektrometern liegen bei einigen $10\,\mathrm{cm}$ bis zu $2\,\mathrm{m}$.

Technisches und Zusammenfassung

Fourier-Transformations-Spektrometer werden besonders gern im IR-Spektralbereich eingesetzt. Wir hatten aber bereits auch ihre Anwendung im Mikrowellenbereich kennengelernt. Die Spiegel in diesen Spektrometern müssen über sehr lange Stecken bewegt werden und dürfen sich dabei nur um Bruchteile einer Wellenlänge dejustieren. Dies ist wegen der längeren Wellenlängen im IR und *a fortiori* im Mikrowellenbereich leichter zu realisieren als im Sichtbaren. Zunehmend wird die Technik aber auch im sichtbaren, ultravioletten und sogar im VUV-Spektralbereich verfügbar, wobei ausgefeilte Verfahren für die Stabilisierung der Strahlführung angewendet werden. Als breitbandige Lichtquelle kann man mit Vorteil auch Synchrotronstrahlung einsetzen. Auch für die Spektroskopie astronomischer Objekte, der Sonne oder auch der Atmosphäre bietet sich die Fourier-Spektrometrie geradezu an, denn man hat es ja mit breitbandigen Strahlungsquellen zu tun, deren Feinstruktur man untersuchen will.

Die Fourier-Transformation kann heute quasi „on-line" mit einem PC und „Fast-Fourier-Algorithmen" durchgeführt werden. Eine interessante Variante, die z.B. in der Biologie großes Interesse findet, ist die Kombinationen des FTIR-Verfahrens mit mikroskopischer Ortsauflösung, die sich angesichts des in Abb. 15.6 gezeigten Aufbaus geradezu anbietet.

Zusammenfassend haben FT-Spektrometer gegenüber Gitterspektrographen zwei entscheidende Vorteile:

- Zu jedem Zeitpunkt wird das Licht aller Wellenlängen simultan analysiert (*Fellgett-Vorteil*). Die Lichtintensität am Detektor ist wesentlich höher und die Messzeiten verringern sich entsprechend.
- FT-Spektrometer erlauben wesentlich größere Öffnungswinkel im Vergleich zum Gitterspektrographen (*Jacquinot-Vorteil*).

15.3.3 Infrarot-Aktionsspektroskopie

Hat man nur wenige Teilchen zur Verfügung, etwa bei der Untersuchung von dynamischen Prozessen in Molekularstrahlen oder bei der IR-Spektroskopie molekularer Cluster im Überschallstrahl, so stößt die IR-Absorptionsspektroskopie, wie wir sie bislang beschrieben haben, wegen der kleinen Absorptionskoeffizienten, der begrenzten Empfindlichkeit und des endlichen dynamischen Bereichs der Detektoren rasch an ihre Grenzen – zumal ja Absorptionsspektroskopie generell den Nachteil hat, Signale auf einem hohen Untergrund (dem eingestrahlten Licht) nachweisen zu müssen. Es gibt aber verschiedene Verfahren, dieses Problem zu überlisten, indem man einen direkten Nachweis der durch die Infrarotabsorption bewirkten Prozesse versucht. Solche Verfahren können sehr empfindlich sein und praktisch den Nachweis einzelner Teilchen ermöglichen. Einige davon werden wir noch in den folgenden Abschnitten erwähnen. Hier stellen wir die sogenannte *Infrarot-Aktionsspektroskopie (Infrared Action Spectroscopy, IAS)* vor, deren Wirkungsweise wir anhand aktueller Experimente für HO_3 erläutern wollen, dessen Nachweis als stabile Spezies erst in jüngster Zeit gelang. Wir haben dieses Radikal HOOO und seine Struktur schon in Abschn. 15.2 kennengelernt. Es spielt u.a. in der Atmosphärenchemie ein wichtige Rolle als Zwischenstufe einer Reihe von kritischen Reaktionen bei der Ozonchemie vom Typ

$$H + O_3 \rightarrow HOOO \rightarrow OH(v \leq 9) + O_2$$
$$OH(v) + O_2 \rightarrow HOOO \rightarrow OH(v-1) + O_2 \qquad (15.10)$$
$$O + HO_2 \rightarrow HOOO \rightarrow OH + O_2 \,.$$

Nach Murray et al. (2007) könnten auf diese Weise in einer Höhe von 10–15 km ca. 50% der atmosphärischen OH-Radikale in HOOO gespeichert sein.

Der spektroskopischen Identifizierung dieses Moleküls kommt daher eine wichtige Bedeutung zu. Derro et al. (2007) haben das HO_3-Radikal durch Photolyse in einem Überschall-Molekularstrahl erzeugt. In einem Gasgemisch aus O_2 und Ar als Trägergas, das mit Salpetersäure ($HONO_2$) versetzt („seeded") ist, wird direkt hinter einer gepulsten Düse durch Bestrahlung mit einem ArF Excimer-Laser (192 nm) OH erzeugt, welches nach (15.10) mit O_2 zu HOOO reagiert. In der Überschallexpansionszone wird es gekühlt, also stabilisiert. Das Energie- und Nachweisschema ist in Abb. 15.8 skizziert. Angewendet wird es ca. 15 mm stromabwärts im Strahl. Angeregt wird im IR.

Da die Anregungsenergie über der Bindungsenergie für die HO—OO Bindung liegt, ist das System danach nicht mehr dauerhaft stabil. Die Vibrationsenergie kann aus der OH-Schwingung mehr oder weniger schnell in andere Vibrationsfreiheitsgrade umverteilt werden. Man nennt derartige Prozesse *interne vibratorische Relaxation* der Energie, *ivr (intra molecular vibrational relaxation)*. Auf diese Weise dissoziiert das System schließlich in OH und O_2. Nachgewiesen wird das gebildete OH durch laserinduzierte Fluoreszenz (LIF), wie ebenfalls in Abb. 15.8 angedeutet (volle schwarze Pfeile nach oben = Anregungslaser, gestrichelte graue Pfeile nach unten = Fluoreszenz).

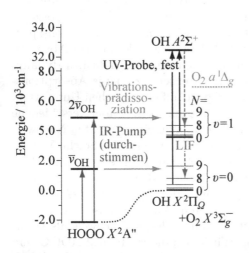

Abb. 15.8. IR-Pump, UV-Probe Schema für den Nachweis der OH-Schwingungen im HOOO Radikal nach Derro et al. (2007). Nach IR Anregung in den $v = 1$ (alternativ $v = 2$) Zustand der OH-Streckschwingung ν_{OH} zerfällt das Molekül unter Verlust eines $h\nu_{OH}$-Quants in die Endprodukte $OH(v-1)$ $X\,^2\Pi_\Omega + O_2$ $X\,^3\Sigma_g^-$. Detektiert wird die IR Absorption über Laser induzierte Fluoreszenz (LIF) im freigesetzten OH nach UV-Anregung. Die Energieskala bezieht sich auf den Dissoziationskanal OH+O_2 (man beachte den Skalenwechsel zwischen 8 000 und 32 000 cm^{-1})

Dieses Doppelresonanzexperiment illustriert sehr eindrucksvoll den hohen methodischen Stand moderner Molekülspektroskopie: Als IR-Quelle (2.8 bzw. 1.4 μm für ν_{OH} bzw. $2\nu_{OH}$) werden abstimmbare optisch parametrische Os-

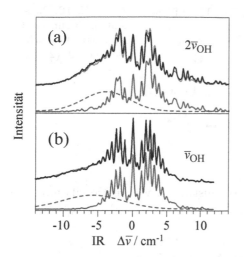

Abb. 15.9. IR-Aktionsspektren für das HOOO-Radikal in (**a**) der ν_{OH} und (**b**) der $2\nu_{OH}$ Region nach Derro et al. (2007). Der experimentelle Nachweis (schwarze Linien) erfolgte mit fester Probe-Laser-Wellenlänge, auf dem $P_1(4)$-Übergang in der OH $A\ ^2\Sigma^+$ ← $X\ ^2\Pi$ ($v = 1, 0$)- bzw. $(1, 1)$-Bande. Die Simulation (*grau*, kaum vom Experiment unterscheidbar) berücksichtigt trans-HOOO (*voll rot*) und cis-HOOO (*gestrichelt rot*). Die relativen Wellenzahlen beziehen sich auf die Bandenursprünge des trans-HOOO bei $\bar{\nu}_{OH} = 3\,569.30 \pm 0.05$ bzw. $2\bar{\nu}_{OH} = 6\,974.18 \pm 0.05\ \mathrm{cm}^{-1}$

zillatoren benutzt, gepumpt mit einem injektionsgepumpten Nd:YAG-Laser. Für die Anregung des Produkts OH kommt ein frequenzverdoppelter Farbstofflaser zum Einsatz, der ebenfalls mit einem Nd:YAG-Laser gepumpt wird. Der Nachweis erfolgt somit zustandsselektiv und auch die Rotationsverteilung des OH kann bestimmt werden. Hohe Ansprüche müssen an die Abschirmung von Streustrahlung und die Nachweisempfindlichkeit der Detektoren gestellt werden.

Abbildung 15.9 zeigt zwei typische Rotations-Vibrationsspektren, die auf diese Weise gewonnen wurden (mit *P*-, *R*- und *Q*-Zweig). Die Rotationsstruktur dieses asymmetrischen Rotators ist nur partiell aufgelöst und wegen des großen Trägheitsmomentes wesentlich enger als wie wir es z.B. in Kap. 11 für zweiatomige Moleküle gesehen haben. Das Auftreten des *Q*-Zweiges bei mehratomigen Molekülen hatten wir schon in Kap. 12.2.3 besprochen. Die in Abb. 15.9 gezeigte Simulation der Spektren von Derro et al. (2007) basiert auf einer anspruchsvollen quantenchemischen Berechnung (MRCI), benutzt aber die von Suma et al. (2005) bestimmten Rotationskonstanten. Es zeigt sich dabei, dass die Berücksichtigung zusätzlicher Parameter wie Zentrifugalaufweitung, Spin-Rotation und magnetische Dipol-Kopplung keine Verbesserung der insgesamt exzellenten Übereinstimmung von Experiment und Modell bringt.

Bemerkenswert ist der unstrukturierte, breite Untergrund in den Spektren der Abb. 15.9, der dem rot gestrichelten Beitrag entspricht. Er wird der cis-Konfiguration des HOOO zugeschrieben (H-Atom und endständiges O-Atom befinden sich auf der gleichen Seite), die offenbar nur sehr kurzlebig ist, sodass die Rotationsstruktur verwaschen wird.

Inzwischen wurden die IR-Spektren von HO_3 und DO_3 im Detail vermessen und zahlreiche Kombinations- und Oberschwingungen wurden bestimmt (s. z.B. Derro et al., 2008). Die in Abb. 15.10 gezeigten Normalschwingun-

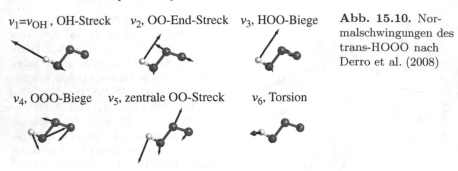

$\nu_1 = \nu_{OH}$, OH-Streck ν_2, OO-End-Streck ν_3, HOO-Biege

Abb. 15.10. Normalschwingungen des trans-HOOO nach Derro et al. (2008)

ν_4, OOO-Biege ν_5, zentrale OO-Streck ν_6, Torsion

gen dieses Radikals mögen beispielhaft illustrieren, welche Details moderne IR-Spektroskopie heute aufklären kann.

15.4 Elektronische Spektren: Allgemeines

15.4.1 Franck-Condon-Faktoren

Bei elektronischen Übergängen ändern sich nicht nur die elektronischen Quantenzahlen[1] ($\gamma' \leftarrow \gamma''$), sondern in der in der Regel auch die Vibrations- ($v' \leftarrow v''$) und Rotationsquantenzahlen ($N' \leftarrow N''$). Die Übergangswahrscheinlichkeit vom Grundzustand aus ($\gamma'' = 0$) ist dann proportional zum Dipolübergangsmatrixelement (11.55) mit dem Dipoloperator nach (11.53). Der Übersichtlichkeit halber unterdrücken wir zunächst die Rotationsänderung. In Born-Oppenheimer-Näherung findet die Kernbewegung (Schwingung) im Anfangs- (0) und Endzustand (γ') jetzt in unterschiedlichen Potenzialen statt. Die Indizierung der Schwingungswellenfunktion $\mathcal{R}^*_{\gamma'' v'' N''}(R)/R$ auch nach γ bekommt also entscheidende Bedeutung.

Bei der Auswertung des Dipolübergangsmatrixelements $D_{\gamma' v' \leftarrow 0 v''}$ nach (11.55) kann man zunächst über die elektronischen Koordinaten r_i integrieren und erhält ein elektronisches Dipolübergangsmatrixelement $D_{\gamma' \leftarrow 0}$. Dabei erbringt die Kernkomponente $e_0 \tilde{Z} R$ des Dipoloperators $D(R, r)$ keinen Beitrag, da wegen der Orthogonalität der elektronischen Wellenfunktionen $\int \phi^*_{\gamma'}(r_i; R)\, R\, \phi_0(r_i; R)\, d^3 r_i = 0$ wird, und zwar unabhängig von R sofern nur $\gamma' \neq 0$. Somit ist lediglich

$$D_{\gamma' \leftarrow 0}(R) = -e_0 \int \phi^*_{\gamma'}(r_i; R) \sum_i r_i\, \phi_0(r_i; R)\, d^3 r_i \qquad (15.11)$$

auszuwerten, was abhängig vom Kernabstand wird, ganz ähnlich wie wir es in Kap. 11.4.3 bei den reinen Schwingungsübergängen besprochen haben. Die

---

[1] Wir benutzen weiterhin die in Kap. 11 eingeführte spektroskopische Notation nach Herzberg: unterer Zustand doppelt gestrichen ″, oberer einfach ′.

Übergangswahrscheinlichkeit bzw. der Absorptionsquerschnitt wird somit insgesamt proportional zu

$$\left| D_{\gamma'v'\leftarrow 0v''} \right|^2 = \left| \int \mathcal{R}^*_{\gamma'v'}(R)\, D_{\gamma\leftarrow 0}(R)\mathcal{R}_{0v''}(R)\, dR \right|^2 . \tag{15.12}$$

$D_{\gamma'\leftarrow 0}(R)$ variiert nur langsam mit R, und die Wellenfunktionen sind auch nur in einer Umgebung von R_0 von Null verschieden. Wir können daher $D_{\gamma'\leftarrow 0}(R)$ in erster Näherung durch den Mittelwert $\langle D_{\gamma'\leftarrow 0}(R) \rangle$ ersetzen:

$$\left| D_{\gamma'v'\leftarrow 0v''} \right|^2 = \left| \langle D_{\gamma'\leftarrow 0}(R) \rangle \right|^2 \left| \int \mathcal{R}^*_{\gamma'v'}(R)\, \mathcal{R}_{0v''}(R)\, dR \right|^2 \tag{15.13}$$

Der zweite Term in dieser Beziehung ist der sogenannte *Franck-Condon-Faktor*

$$FC\,(\gamma'v' \leftarrow 0v'') = \left| \int \mathcal{R}^*_{\gamma'v'}(R)\, \mathcal{R}_{0v''}(R)\, dR \right|^2 \tag{15.14}$$

$$\text{kurz} \quad = \left| \langle \gamma'v' | 0v'' \rangle \right|^2 ,$$

der die relativen Intensitäten der Schwingungsübergänge innerhalb eines elektronischen Übergangs $\gamma' \leftarrow 0$ bestimmt. Er ist das Quadrat des Überlappintegrals zwischen den Schwingungswellenfunktionen im Potenzial $V_0(R)$ und $V_{\gamma'}(R)$. Die Franck-Condon-Faktoren können in harmonischer Näherung explizit ausgerechnet werden, da die Radialfunktionen $\mathcal{R}_{\gamma''v''}(R)$ dabei einfach die Hermiteschen Funktionen (11.23) sind, mit x nach (11.21). Man kann relativ leicht zeigen, dass für Absorption die *Summenregel*

$$\sum_{v'} FC\,(\gamma'v' \leftarrow 0v'') = 1 \tag{15.15}$$

unabhängig vom anfänglichen Vibrationszustand gilt.

Entsprechendes gilt natürlich auch für die Emission: *Die Lebensdauer elektronisch angeregter Molekülzustände hängt nur vom elektronischen, nicht aber vom Vibrationszustand ab.* Diese Näherung (*Condon approximation*) geht auf Edward U. Condon (1928) zurück, der das von James Franck (1926) mit semiklassischen Argumenten eingeführte Prinzip erstmals streng quantenmechanisch formulierte. Wie alle Näherungen hat auch diese ihre Grenzen (*Non-Condon transitions*), z.B. dann, wenn mehrere, überlappende Molekülpotenziale miteinander wechselwirken (s. auch Abschn. 15.4.3).

Bei Zimmertemperatur ist (wegen $\hbar\omega_0 \gg kT$) im elektronischen Grundzustand in der Regel nur das $v'' = 0$ Niveau besetzt. Für die Absorption soll es hier daher genügen $\left| D_{\gamma v'\leftarrow 00} \right|^2$ nach (15.13) auszuwerten. Dabei führt der elektronische Teil $\left| \langle D_{\gamma'\leftarrow 0}(R) \rangle \right|^2$ wie in der Atomphysik zu mehr oder weniger strengen Auswahlregeln aufgrund der Drehimpulserhaltung. Wir werden hierauf im nächsten Abschnitt kurz eingehen. Welche Schwingungsniveaus bei Absorption bzw. Emission bevölkert werden ist dagegen eine ganz molekülspezifische Angelegenheit und wird durch die Franck-Condon-Faktoren

(15.14) bestimmt. Wir werden sehen, dass es sich dabei nicht um strenge Auswahlregeln handelt, sondern eher um eine Art „Vorzugsregeln" (*propensity rules*). Diese ergeben sich vor allem durch die Lage und Form der Potenzialtöpfe der beiden am Übergang beteiligten elektronischer Zustände. Wir unterscheiden die zwei häufigsten Fälle:

Der Fall $R_0'' < R_0'$

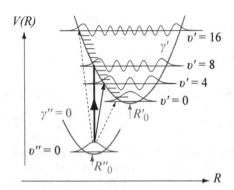

Abb. 15.11. Zur Veranschaulichung des Franck-Condon Prinzips: Übergänge (hier Absorption) finden bevorzugt dann statt, wenn der gemittelte Überlapp der Schwingungswellenfunktionen vor und nach der Anregung groß ist. Das ist insbes. bei *vertikalen Übergängen (fetter Pfeil)* der Fall

Abbildung 15.11 veranschaulicht die Lage der Vibrationsniveaus und die Form der Radialfunktionen. Im Vibrationsgrundzustand sind dies im Wesentlichen (im Fall des harmonischen Oszillators exakt) Gauß-Funktionen, und so wird der Überlapp von $\mathcal{R}_{00}(R)$ im elektronischen Grundzustand mit $\mathcal{R}_{\gamma'0}(R)$ im angeregten Zustand hier sehr klein – und damit auch der Franck-Condon-Faktor (15.14). Mit steigendem v' wird $\mathcal{R}_{\gamma'v'}(R)$ ungefähr am klassischen Umkehrpunkt der Schwingung maximal und ändert sich dort langsam, oszilliert aber für größere R rasch. Daher erreicht der Überlapp zwischen $\mathcal{R}_{00}(R)$ und $\mathcal{R}_{\gamma'v'}(R)$ etwa dort sein Maximum, wo der klassische Umkehrpunkt der Schwingung im angeregten Zustand über dem Minimum des Grundzustands liegt. Man spricht von einem *vertikalen Übergang* und denkt sich diesen vom Grundzustand bei $R = R_0$ ausgehend *senkrecht* nach oben bis zum Schnittpunkt mit der angeregten Potenzialkurve $V_{\gamma'}(R)$. Mit weiter steigendem v' nehmen die FC's aber schließlich wieder ab, denn bei der Integration über R mitteln sie sich wegen der dann raschen Oszillation von $\mathcal{R}_{\gamma'v'}(R)$ weg.

Dieses quantenmechanische Bild ist konsistent mit einer klassischen Betrachtung: Die *elektronische Anregung* findet so schnell statt ($\simeq$ fs), dass sich die Kerne in dieser Zeit nicht bewegen können (*breiter, schwarzer Pfeil in Abb. 15.12*). Der Kernabstand R wie auch der Kernimpuls $\mu\dot{R} \simeq 0$ bleiben unverändert im Falle eines solchen vertikalen Übergangs.

Betrachtet man die gesamte Dynamik einer solchen optischen Anregung und ihrer Folgen, wie dies in Abb. 15.12 skizziert ist, dann wird man nach der Absorption eine Reemission der Strahlung erwarten.

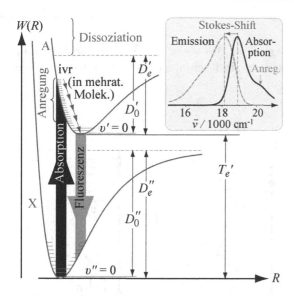

Abb. 15.12. Franck-Condon Prinzip bei der optischen Anregung eines Moleküls aus einem Zustand X in einen Zustand A. Bei mehratomigen Molekülen oder in einem relaxierenden Medium wird die anfängliche Vibrationsanregung im A-Zustand rasch umgewandelt und das Molekül emittiert aus dem Vibrationsgrundzustand von A. Das führt zu einer Rotverschiebung der Fluoreszenz gegenüber dem Absorptionsprofil (Stokes-Shift), wie im Einschub am Beispiel Rhodamin 6G in Äthanol gezeigt (Anregung bei 480 nm)

Die Lebensdauer des angeregten Moleküls ist im Vergleich zur reziproken elektronischen Übergangsfrequenz (aber auch zur Vibrationsperiode) sehr lang (typisch 10^{-9} s). In dieser Zeit kann die Anregung umverteilt werden, z.B. durch Stöße mit anderen Molekülen oder Atomen, oder bei mehratomigen Molekülen auch durch ivr, wie wir schon in Kap. 15.3.3 gesehen haben. Im thermischen Gleichgewicht wird dann der tiefste Vibrationszustand $v' = 0$ des elektronisch angeregten Systems γ' bevorzugt besetzt. Von diesem aus findet daher in der Regel die *Reemission (Fluoreszenz)* in den Grundzustand statt (*breiter, rosa Pfeil in Abb. 15.12*). Die emittierten Intensitäten sind somit (in der gleichen Näherung) durch

$$|\boldsymbol{D}_{\gamma'0 \to 00}|^2 \propto \left| \int \mathcal{R}^*_{\gamma'0}(R)\,\mathcal{R}_{0v''}(R)\,dR \right|^2$$

bestimmt. Diese Franck-Condon-Faktoren für die Emission schätzt man ebenso ab wie bei der Absorption. Die intensivsten Linien liegen in einem Bereich um den senkrechten Übergang herum ($\gamma'0 \to 0v''$) mit hohem v'', wie in Abb. 15.12 durch den breiten, rosa Pfeil angedeutet. Ein direkter Übergang nach $v = 0$ ist unwahrscheinlich. Die Emissionsübergänge sind deshalb zu längeren Wellenlängen verschoben, wie dies im Einschub zu Abb. 15.12 für den bekannten Laserfarbstoff Rhodamin 6G, gelöst in Äthanol, illustriert ist. Diese Rot-Verschiebung nennt man *Stokes-Shift*. Absorptions- und Emissionsspektren sind näherungsweise spiegelbildlich.

Der Fall $R_0'' \simeq R_0'$

In diesem Fall ist der Übergang $v'' = 0 \longleftrightarrow v' = 0$ in Absorption und Emission am stärksten. Die Spektren sind schmaler und asymmetrisch. Die Rot-Verschiebung ist klein.

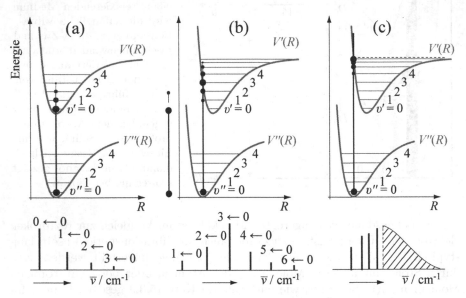

Abb. 15.13. Intensitätsverhältnisse bei unterschiedlichen Änderungen des Kernabstands: **(a)** Der Gleichgewichtskernabstand R_0 ändert sich bei Anregung nicht (Fall $R_0'' \simeq R_0'$). **(b)** Der Kernabstand R_0 nimmt zu (Fall $R_0'' < R_0'$). **(c)** Der Kernabstand R_0 im angeregten Zustand ist soweit verschoben, dass fast nur Anregung in das Dissoziationskontinuum möglich ist

In Abb. 15.13 ist das Prinzip der vertikalen Übergänge und der dabei erwarteten Spektren nochmals für unterschiedliche Gleichgewichtslagen von Grund- und angeregtem Zustand skizziert. Aus der unterschiedlichen Form eines Banden-Spektrums kann also auf die Änderung des Gleichgewichtsabstands R_0 bei elektronischer Anregung geschlossen werden.

15.4.2 Auswahlregeln für elektronische Übergänge

Während die Franck-Condon-Faktoren bevorzugte Übergänge identifizieren, gelten natürlich auch bei Molekülen die durch Erhaltung von Drehimpuls und Parität bestimmten Auswahlregeln, wie wir sie aus der Atomphysik kennen. Wir fassen hier nur die wesentlichen Regeln kurz zusammen, da diese im Einzelnen zwar recht kompliziert sein können (zumal man auch die Rotation in die Überlegungen einzubeziehen hat), aber gegenüber den Atomen

Tabelle 15.1. Erlaubte elektronische E1-Übergänge bei zweiatomigen Molekülen für die Hund'schen Kopplungsfälle (**a**) und (**b**). Zusammengestellt sind die Auswahlregeln für die verschiedenen elektronischen Drehimpulse

	Auswahlregel	**für Kopplungsfall**
Gesamtdrehimpuls	$\Delta J = 0, \pm 1$	alle
	$J' = 0 \not\leftrightarrow J'' = 0$	
Elektronenspin	$\Delta S = 0$	alle
	$\Delta \Sigma = 0$	nur a
Bahndrehimpuls	$\Delta \Lambda = 0, \pm 1$	a und b
	$\Sigma^+ \leftrightarrow \Sigma^+, \Sigma^- \leftrightarrow \Sigma^-, \Sigma^+ \not\leftrightarrow \Sigma^-$	
Elektronen-	$\Delta \Omega = 0, \pm 1$	nur a
gesamtdrehimpuls	$\Delta J = 0$ verboten falls $\Omega = 0 \rightarrow \Omega = 0$	
Gesamtdrehimpuls	$\Delta K = 0, \pm 1$	nur b
ohne Spin	$\Delta K = 0$ verboten für Σ–Σ	

keine grundsätzlich neuen Aspekte auftreten. Ganz allgemein muss für den Gesamtdrehimpuls J wie stets in elektrischer Dipolnäherung gelten:

$$\Delta J = 0, \pm 1 \text{ aber } J' = 0 \not\leftrightarrow J'' = 0 \tag{15.16}$$
$$\text{und } \Delta M_J = 0, \pm 1$$

Außerdem bleibt für leichte Moleküle (LS-Kopplung) der gesamte Elektronenspin beim elektrischen Dipolübergang erhalten, es soll also $\Delta S = 0$ sein. Man nennt das *Interkombinationsverbot*. Im konkreten Einzelfall hängen die Auswahlregeln natürlich von der Kopplung der verschiedenen Drehimpulse (Bahndrehimpuls der Elektronen, Elektronenspin, Kernrotation, Kernspin) und von den Symmetrieverhältnissen im Molekül ab. Am übersichtlichsten sind wieder die zweiatomigen Moleküle. Für die Hund'schen Kopplungsfälle a und b sind in Tabelle 15.1 die wichtigsten Regeln zusammengefasst. Wir werden diese Auswahlregeln für einzelne Beispiele weiter unten illustrieren.

Komplizierter sind die Verhältnisse bei mehratomigen, nichtlinearen Molekülen. Übergangswahrscheinlichkeiten werden hier ganz wesentlich durch die Molekülsymmetrie bestimmt. Das Dipolmatrixelement (15.11) wird also abhängig von der Richtung des elektrischen Vektors bezüglich der Molekülachsen und von der Symmetrie des Anfangs- und Endzustands. Mit Hilfe der in Kap. 12.3 angesprochenen Instrumente der Gruppentheorie kann man auf relativ einfache Weise Aussagen über erlaubte bzw. verbotene Übergänge machen, sofern die Symmetriegruppe des Anfangs- und Endzustands bei einem Übergang die gleiche ist.[2] Ein Dipolübergang ist erlaubt, wenn das direkte Produkt der irreduziblen Darstellung des Anfangszustands (Γ_{AZ}), des Endzustands (Γ_{EZ}) und des Dipoloperators (Γ_D) die totalsymmetrische irreduzible Darstellung (Γ_{Sym}) enthalten, wenn also gilt:

$$\Gamma_{AZ} \otimes \Gamma_D \otimes \Gamma_{EZ} \supset \Gamma_{Sym} \tag{15.17}$$

---

[2] Das ist freilich nicht selbstverständlich, denn eine Änderung der elektronischen Struktur kann natürlich auch zu Symmetrieänderungen führen.

Tabelle 15.2. Dipol-erlaubte Übergänge in der Punktgruppe C_{2v}

C_{2v}	A_1	A_2	B_1	B_2
A_1	+		+	+
A_2		+	+	+
B_1	+	+	+	
B_2	+	+		+

Diese Regel folgt direkt aus (15.11) unter Anwendung der Gruppentheorie. Sie ist unmittelbar einleuchtend, denn nur wenn das Produkt unter dem Integral (15.11) totalsymmetrische Anteile zumindest enthält, wird das Integral über den gesamten Raum nicht verschwinden. Je nach Symmetriegruppe wird die totalsymmetrische irreduzible Darstellung mit A, A_1, A_{1g}, A_g oder A' bezeichnet, wie dies in den Charaktertafeln der Symmetriegruppen aufgeführt ist. Die irreduzible Gruppe des Dipoloperators, also im Wesentlichen die des Vektors (x, y, z) ist ebenfalls in den Charaktertafeln zu finden. So ist z.B. für die Oktaedergruppe O_h nach Tabelle 12.3 auf S. 115 $\Gamma_D = T_{1u}$. Für die C_{2v} Gruppe gilt nach Tabelle 12.4 $\Gamma_D = A_1 + B_1 + B_2$, wobei das + Zeichen hier gruppentheoretisch zu verstehen ist: der gesamte Dipoloperator ist nur durch eine Kombination der drei irreduziblen Repräsentationen darstellbar. Unterschiedliche Polarisationen können in diesem Fall also unterschiedliche Übergänge induzieren. Für die in der Molekülphysik relevanten Symmetriegruppen findet man die entsprechenden Dreifachprodukte tabelliert bei den in Kap. 12.3 genannten Quellen. So sind z.B. innerhalb der C_{2v}-Gruppe, zu der auch das H_2O gehört, die Dipol erlaubten Übergänge in Tabelle 15.2 mit einem + gekennzeichnet.

15.4.3 Strahlungslose Übergänge

Auch das Interkombinationsverbot ($\Delta S = 0$) ist bei größeren Molekülen meist nicht mehr streng erfüllt. Das gilt insbesondere, wenn Atome mit hohem Z beteiligt sind, und der elektronische Hamilton-Operator $\hat{H}_e$ starke Spin-Bahn-Kopplungsterme enthält. Wie in der Atomphysik nehmen diese mit Z^4 zu.

Im Falle größerer Moleküle ermöglicht diese Beimischung auch bei relativ schwacher Spin-Bahn-Wechselwirkung ein sogenanntes *„Intersystem Crossing"* *(isc)*, das bei der Anregungs- und Emissionsdynamik organischer Moleküle eine große Rolle spielt. Dies ist schematisch in Abb. 15.14 illustriert. Man *bezeichnet die dabei beteiligten Singulett- und Triplettzustände häufig einfach mit* S_n *bzw.* T_n. Durch Absorption eines Photons geeigneter Wellenlänge findet typischerweise ein Übergang aus thermisch besetzten, niedrigen Vibrationszuständen des S_0-Grundzustands in den darüber liegenden Franck-Condon-Bereich der S_n-Zustände statt (in der Regel zu höher angeregten Vibrationszuständen). Wir betrachten hier neben dem Grundzustand S_0 nur den ersten, optisch anregbaren Singulettzustand S_1 und den etwas darunter liegen-

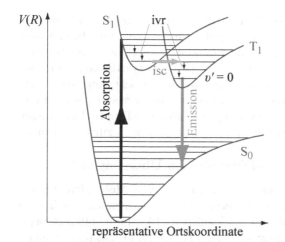

Abb. 15.14. Schematische Darstellung eines „*Intersystem Crossing*" (isc, horizontaler grauer Pfeil) nach optischer Anregung. Dazwischen und danach kann in großen Molekülen Schwingungsenergie weiter relaxieren (ivr). Am Schluss steht ein sehr langsamer Emissionsprozess in den Grundzustand, *Phosphoreszenz* genannt

den, tiefsten Triplettzustand T_1 (wie in der Atomphysik, etwa beim He-Atom, gibt es keinen T_0-Zustand).

Nach der optischen Anregung können in größeren Molekülen meist recht effizient die schon oben erwähnten, strahlungslosen *Energierelaxationsprozesse durch interne Umverteilung der Schwingungsenergie (ivr)* stattfinden. Bei längerer Lebensdauer des S_1-Zustands können sich daran (ebenfalls strahlungslos) isc-Prozesse vom Singulett- in den Triplettzustand ($S_1 \rightarrow T_1$) anschließen, die mit der spontanen Reemission ($S_1 \rightarrow S_0$) konkurrieren – typischerweise auf einer Zeitskala bis zu einigen ns, je nach Stärke der Spin-Bahn-Wechselwirkung und Größe der FC-Faktoren zwischen den Vibrationsniveaus von S_1- und T_1-Zustand. Im T_1-Zustand kann die anfänglich hohe Vibrationsenergie wiederum effizient durch weitere ivr-Prozesse relaxieren, sodass das System sich schließlich im tiefsten Vibrationszuständen des T_1-Zustands befindet (in Abb. 15.14 mit $v' = 0$ angedeutet). Von hier aus ist keine Rückreaktion in den S_1-Zustand mehr möglich.[3]

Auf diese Weise kann also die Anregungsenergie für lange Zeit im niedrigsten Triplettzustand T_1 gespeichert werden, denn dieser hat wegen des Interkombinationsverbots nur eine sehr geringe Übergangswahrscheinlichkeit in den darunter liegenden S_0-Grundzustand. Schlussendlich zerfällt die Anregung aber doch durch Abstrahlung, durch sogenannte *Phosphoreszenz*. Dies ist eine schwache, lang anhaltende Strahlung, da die Lebensdauer des T_1 Zustands zwischen Millisekunden und Minuten liegen kann.

---

[3] Man muss bei dieser Darstellungsweise daran erinnern, dass Energie beim ivr-Prozess natürlich nicht verloren geht, wie man aus den Energielagen in Abb. 15.14 vermuten könnte. Sie wird lediglich auch auf die zahlreichen weiteren Freiheitsgrade des Moleküls verteilt, und die Wahrscheinlichkeit eines Rückflusses in die hier betrachtete „repräsentative Ortskoordinate" wird aus statistischen Gründen um so kleiner, je größer das Molekül ist.

Der Vollständigkeit halber sei hier noch erwähnt, dass es viele weitere Typen von strahlungslosen Übergängen gibt. Ganz analog zum Intersystem Crossing können solche Übergänge ohne Emission eines Photons auch innerhalb eines Multiplettsystems (z.B. $S_{n'}(v') \rightarrow S_{n''}(v'')$) stattfinden, wenn sie in ihrer energetischen Lage passend überlappen. Man spricht dann von *interner Konversion (internal conversion, ic)*. Daneben gibt es weitere, sogenannte nichtadiabatische Übergänge, „surface hopping", konische Durchschneidungen und andere wichtige Prozesse, auf die wir in Kap. 17.5 noch zurückkommen.

15.4.4 Rotationsanregung bei elektronischen Übergängen

Bisher hatten wir bei der elektronischen Anregung von Molekülen nur die Änderung des Schwingungszustands berücksichtigt. Natürlich kann sich auch der Rotationszustand ändern, wie ein Blick auf Abb. 15.1 auf S. 248 nahe legt. Die gesamte Übergangsenergie setzt sich nach (11.47-11.50) zusammen aus

$$\Delta W/hc = \Delta T_e + \Delta G + \Delta F \,,$$

wobei ΔT_e, ΔG und ΔF für die Energiedifferenzen (in cm^{-1}) der elektronischen Terme, der Vibrations- bzw. Rotationsniveaus stehen. Unter Vernachlässigung der Zentrifugalaufweitung ergibt sich nach (11.49) für letztere:

$$\Delta F = B'_{v'} N' (N' + 1) - B''_{v''} N'' (N'' + 1)$$

Es ist hierbei zu beachten, dass die Rotationskonstanten $B'_{v'}$ und $B''_{v''}$ zu unterschiedlichen elektronischen Zuständen gehören und sich deshalb stark unterscheiden können. Als Auswahlregel gilt:

$$\Delta N = 0, \pm 1$$

Im Gegensatz zu den reinen Rotationsschwingungsspektren, die wir in Kap. 11.4.4 behandelt haben, ist $\Delta N = 0$ jetzt im Prinzip erlaubt, da der Drehimpuls des Photons auch vom elektronischen System aufgenommen werden kann. Daher gibt es bei den elektronischen Übergängen drei Zweige, zu denen die Rotationsübergänge jeweils unterschiedliche Beiträge $\Delta F = P(N)$, $Q(N)$ bzw. $R(N)$ liefern:

P-Zweig $N' = N'' - 1:$ $P(N'') = -2B''_{v''} N'' - (B''_{v''} - B'_{v'}) N'' (N'' - 1)$

Q-Zweig $N' = N''$ $:$ $Q(N'') = - (B''_{v''} - B'_{v'}) N'' (N'' + 1)$

R-Zweig $N' = N'' + 1:$ $R(N'') = 2B''_{v''} (N'' + 1)$ (15.18)
$$- (B''_{v''} - B'_{v'}) (N'' + 1) (N'' + 2)$$

Wie bei den Rotationsschwingungsspektren sind beim R-Zweig die höchsten, beim P-Zweig die niedrigsten Übergangswellenzahlen zu erwarten (jedenfalls für kleine Rotationsquantenzahlen N''). Da die Differenz $(B''_{v''} - B'_{v'})$

aber beträchtliche positive wie auch negative Werte annehmen kann, werden starke Abweichungen von der Äquidistanz ($2B''_{v''}$) der Linien auftreten, wie wir sie bei reinen Rotations- bzw. Rotationsschwingungsspektren als erste Näherung kennengelernt haben.

Das Absorptionsspektrum eines elektronischen Übergangs wird also in der Regel recht kompliziert aussehen und ist durch Vibrationsbanden mit ihrer jeweiligen Rotationsstruktur geprägt. Trägt man die Rotationsquantenzahl N'' der individuellen Übergänge als Funktion der Übergangsenergie $\bar{\nu}$ auf, so ergeben sich im allgemeinen Fall Parabeln, sogenannte *Fortrat-Diagramme*

$$\bar{\nu} = a + bN'' + cN''^2\,,$$

deren genaue Form die Ausdrücke $R(N'')$, $Q(N'')$ und $P(N'')$ beschreiben. Sie sind in Abb. 15.15 skizziert. Aus der Form dieser Parabeln kann man im

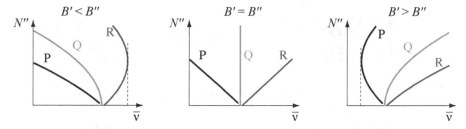

Abb. 15.15. Fortrat Diagramme für verschiedene Größen der Rotationskonstanten

Prinzip auf die Differenz ($B''_{v''} - B'_{v'}$) schließen und damit auf die Änderung des Gleichgewichtsabstands zwischen elektronischem Grund- und angeregtem Zustand. In der Regel simuliert man heute die gemessenen, idealerweise rotationsaufgelösten Spektren mit vielparametrigen Fitfunktionen. Dazu muss man die relativen Linienstärken der Rotationsübergänge kennen (bei linearen Molekülen sind das die sogenannten *Hönl-London-Faktoren*) und mit der thermischen Besetzungsverteilung der Rotationszustände im Anfangszustand wichten (s. Beispiele in Kap. 11.3.3).

15.5 Elektronische Spektren: Klassische Emissions- und Absorptionsspektroskopie

Nach den vorangehenden grundsätzlichen Überlegungen ist klar, dass Emissions- und Absorptionsspektren auch von einfachen Molekülen bei elektronischen Übergängen in aller Regel sehr komplex sein werden. Absorptionsspektren wird man typischerweise im UV oder VUV erwarten, Emissionsspektren auch im sichtbaren Spektralgebiet. Insbesondere in Emission erwartet man dabei die Superposition vieler Vibrations-Rotationsbanden mit unterschiedlichem v' und v'', die jeweils eine typische Struktur mit P-, Q- und R-Zweig aufweisen wie eben besprochen. Bereits ein Blick auf die Potenzialdiagramme der einfachsten zweiatomigen Moleküle, wie sie beispielhaft in Kap. 11 gezeigt wurden, macht deutlich, dass als weitere Komplikation oft mit der Überlagerung vieler verschiedener elektronischer Übergänge zu rechnen ist.

Aus heutiger Sicht ist es daher kaum mehr vorstellbar, dass das Gros der einfachen Moleküle spektroskopisch lange vor der Erfindung des Lasers vermessen wurde. Molekülspektroskopie wird seit weit über 100 Jahren systematisch betrieben und die wichtigsten, grundlegenden Ergebnisse wurden in der ersten Hälfte des vergangenen Jahrhunderts gesammelt und verstanden. Richtungsweisend bei der Erfassung und Interpretation des umfangreichen Datenmaterials war dabei das Lebenswerk von Gerhard Herzberg und der von ihm begründeten Schule, wofür er 1971 den Nobelpreis erhielt.

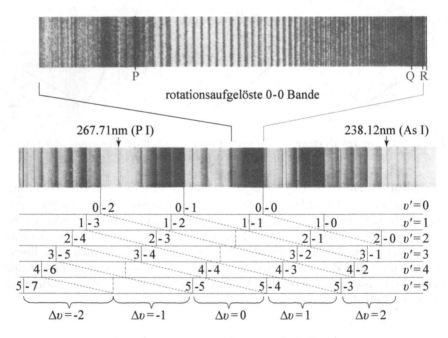

Abb. 15.16. Emissionsspektrum des $A\,^1\Pi \to X\,^1\Sigma^+$-Übergangs im PN-Molekül nach Curry et al. (1933) aufgenommen mit einem hochauflösenden 3m UV-Gittermonochromator (zur Kalibration wurden atomare Spektrallinien von P I und As I benutzt). *Mitte:* photographische Aufnahme des Spektrums (in erster Beugungsordnung) über mehrere Vibrationsbanden. *Oben:* (partiell) rotationsaufgelöste 0-0-Bande (zweite Beugungsordnung, stark vergrößerter Ausschnitt) mit Lage des P-, Q- und R-Bandenkopfs. *Unten:* Interpretation der Banden nach dem Nobelpreisvortrag von Herzberg (1971)

Die aufwendige Detektivarbeit ganzer Generationen von Spektroskopikern mag Abb. 15.16 etwas illustrieren. Dort ist das Emissionsspektrum des zweiatomigen PN-Moleküls zu sehen, das in einer Gasentladungslampe erzeugt wurde und auf klassische Weise mit einem hochauflösenden Gitterspektrographen und Photoplatte aufgezeichnet wurde. Die Originalarbeit erschien noch in der damals führenden deutschsprachigen Zeitschrift – ehe Herzberg Deutschland verlassen musste, um in Canada seine neue Heimat zu finden. Die in seinem Nobelpreisvortrag (Herzberg, 1971) erläuterte Interpretation im unteren Teil des Bildes ist weitgehend selbst erläuternd, lässt aber erahnen, wie viel experimentelles Geschick, spektroskopische Intuition und Kombinationsfähigkeit in jenen frühen Tagen vor dem Laser erforderlich waren, um das gewaltige Wissen anzusammeln, über das wir heute wie selbstverständlich verfügen.

Solche hochauflösenden Emissions- oder Absorptionsspektren haben sich aber auch nach der Erfindung des Lasers als höchst nützliche Werkzeuge der Molekülspektroskopie erwiesen. Natürlich haben sich die Registiertechniken Zug um Zug verbessert. Spektralphotometer (Mikrodensitometer) und Bildverstärker traten in der zweiten Hälfte des letzten Jahrhunderts an die Stelle der direkten Vermessung von Photoplatten. Handelte es sich im Fall des PN (Abb. 15.16) um ein noch erstaunlich übersichtliches, überlagerungsfreies Spektrum eines etwas exotischen Moleküls, so illustriert Abb. 15.17 wie komplex und trotz Mikrodensitometer schwierig auszuwerten solche Emissionsspektren schon bei einem der wichtigsten zweiatomigen Moleküle O_2 werden können, wenn sich verschiedene elektronische Übergänge überlagern. Die in Abb. 15.17 gezeigten Banden sind Ausschnitte (sichtbarer Spektralbereich) der in der Atmosphärenphysik bedeutsamen, für elektrische Dipolübergänge verbotenen sogenannten Herzberg-Banden. Wir erinnern uns (Abb. 11.46 auf S. 75), dass O_2 aus zwei Triplett ^3P Atomen aufgebaut ist und daher eine große Vielfalt von Molekülzuständen bildet. Die hier gezeigten Spektren werden im Nachleuchten einer strömenden O_2-He-Gasentladung (engl. *flowing afterglow*) beobachtet und führen aus den eng beieinander liegenden drei angeregten Zuständen $c\,^1\Sigma_u^-$, $A'\,^3\Delta_u$ und $A\,^3\Sigma_u^+$ (jeweils im Vibrationsgrundzustand) in höhere Vibrationszustände des $X\,^3\Sigma_u^-$-Grundzustands, bzw. in einem Fall des ersten angeregten $a\,^1\Delta_g$-Zustands, der nur 1 eV oberhalb des X-Zustands liegt. Die hier angegebenen Interpretationen sind ohne weitere Erläuterungen mit Blick auf Abb. 11.46 gut nachvollziehbar. Auch hier steht man aber wiederum voller Hochachtung vor der intellektuellen Leistung einer Generation von Spektroskopikern, die eine Fülle solcher verzwickter Puzzles (mit Hilfe der einschlägigen Theorie) schließlich in eine Schar von Molekülpotenzialen des in Kap. 11.6 und 11.7 gezeigten Typs transformiert haben.

Solche Klassische Spektrometer werden bis zum heutigen Tage benutzt und konkurrieren oft erstaunlich gut mit wesentlich aufwendigeren laserspektroskopischen Methoden – insbesondere auch für analytische Zwecke. Nachweis und Registrierung geschieht heute typischerweise über optische Vielkanalanalysatoren (*optical multi channel analyser, OMA*), die computergesteuert ausgelesen werden. Daneben wird zunehmend FTIR-Spektroskopie im sicht-

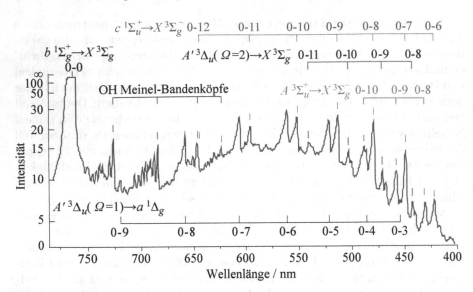

Abb. 15.17. Ausschnitt aus den Herzberg-Banden des O_2 im sichtbaren Spektralgebiet. Diese Emissionsspektren wurden von Slanger (1978) im Nachleuchten einer O_2-He Entladung mit einem hochauflösenden Echelle-Spektrometer mit Bildverstärker noch auf Film aufgenommen und mit einem Mikrodensitometer vermessen (Man beachte die im Wesentlichen logarithmische Empfindlichkeit des Films, welche die quantitative Auswertung der Intensitäten erschwert.)

baren Spektralgebiet wie auch im UV eingesetzt. Nach wie vor ist aber die Interpretation solcher, im Übrigen unselektierter, Emissions- oder auch Absorptionsspektren eine höchst aufwendige und komplizierte Angelegenheit.

15.6 Elektronische Spektren: Laserspektroskopie

Hier setzt nun die Laserspektroskopie ein. Aufgrund der enormen Schmalbandigkeit der Laserstrahlung gelingt es in einem ersten Schritt, einen Übergang zwischen einer Gruppe oder idealerweise zwischen genau je einem Vibrations-Rotationszustand des elektronischen Anfangs- und Endzustands zu induzieren und so die Fülle potentiell an einem Spektrum beteiligter Zustände dramatisch zu reduzieren. Man gewinnt also erheblich an Übersichtlichkeit, Klarheit und natürlich auch an Präzision, erkauft sich diese aber durch einen in aller Regel erheblich höheren technischen Aufwand.

Seit der Entdeckung des Lasers 1960 und vor allem seit flexible und breitbandig abstimmbare Lasertypen (beginnend mit den nach wie vor beliebten Farbstofflasern) zur Verfügung stehen, sind zahlreiche, mehr oder weniger aufwendige und effiziente Methoden der Laserspektroskopie entwickelt worden. Sie unterscheiden sich vor allem durch die Präparationsmethoden für die zu untersuchenden Spezies und Detektionsverfahren für die benutzten Photoabsorptionsprozesse und zeichnen sich oft durch eine erhebliche experimentelle Raffinesse aus. Das damit erworbene Datenmaterial ist gewaltig und kann hier auch nicht andeutungsweise zusammengefasst werden. Wir wollen lediglich eine kurze Übersicht über die wichtigsten Verfahren geben und einzelne, besonders interessante Beispiele vorstellen.

15.6.1 Laserinduzierte Fluoreszenz (LIF)

Bei der laserinduzierten Fluoreszenz, der wohl am weitesten verbreiteten Methode der Laserspektroskopie, wird mit einem (möglichst schmalbandigen) Laser angeregt und die daraufhin emittierte Fluoreszenz detektiert. Im einfachsten Falle stimmt man bei diesem Verfahren den anregenden Laser durch und detektiert die gesamte emittierte Fluoreszenz. Immer, wenn der anregende Laser eine Resonanz trifft, steigt die Fluoreszenz entsprechend an. Das Ergebnis einer solchen Messung entspricht grundsätzlich der klassischen Absorptionsspektroskopie. Zum einen kann dabei aber die Auflösung aufgrund der Schmalbandigkeit von Laserquellen erheblich gesteigert werden. Zum anderen ist die Nachweiswahrscheinlichkeit dieses Verfahrens weit größer als bei der Absorptionsspektroskopie, da man die Fluoreszenz ja auf einem verschwindenden Untergrund sehr empfindlich messen kann (es handelt sich, salopp gesprochen, um ein *flop in* Experiment). Dagegen misst man bei der normalen Absorptionsspektroskopie in Transmission lediglich die ggf. geringe Reduktion der intensiven, anregenden Strahlung (*flop out* Experiment). Daher kann man die LIF auch gut mit Doppler-freien Verfahren kombinieren, wie wir sie in Band 1 an verschiedenen Stellen kennen gelernt haben. Insbesondere werden solche Experimente heute in kalten, molekularen Überschallstrahlen durchgeführt, wodurch die Zahl thermisch besetzter Vibrations- und Rotationszustände im elektronischen Ausgangszustand niedrig gehalten werden kann. Man gelangt so zu sehr übersichtlichen, relativ leicht interpretierbaren Spektren.

Alternativ kann man auch eine feste Anregungswellenlänge einstellen und die emittierte Fluoreszenz spektral analysieren. Man erhält auf diese Weise Emissionsspektren wohl definierter, elektronisch angeregter Rotations-Schwingungszustände. Die Kombination beider Verfahren führt schließlich zu sehr umfassenden und eindeutigen (bei Bedarf auch redundanten) Datensätzen, die eine präzise, zweifelsfreie Bestimmung der elektronischen und nuklearen Struktur auch komplizierter Moleküle erlauben.

Als ein spezielles, besonders übersichtliches Beispiel wollen wir hier die laserinduzierte Fluoreszenz von isolierten Iod-Molekülen I_2 für einen bestimmten Anregungsprozess etwas ausführlicher diskutieren. Das hier gezeigte Beispielspektrum wurde sogar im Rahmen eines einfachen Vorlesungsversuchs aufgenommen.[4] I_2 ist ein Molekül, das spektroskopisch überaus genau unter-

---

[4] Die Daten wurden uns freundlicherweise von Hartmut Hotop (2008) zur Verfügung gestellt, dem dafür herzlich gedankt sei.

sucht wurde. Wegen seiner hohen Molmasse von 253.8 (sehr kleine Doppler-Verbreiterung) und seines praktisch isotopenfreien Vorkommens (spektroskopisch eindeutig) eignet es sich hervorragend als spektroskopischer Standard. Viele tausend Absorptions- und Emissionslinien des I_2 sind in Atlanten außerordentlich genau verzeichnet und werden heute vielfach als sekundäres Längennormal eingesetzt.

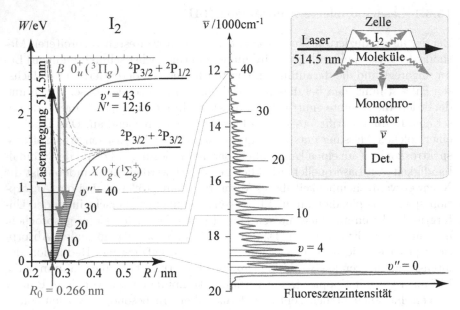

Abb. 15.18. Laserinduzierte Fluoreszenz am I_2 nach Anregung $B(v' = 43, N' = 12; 16) \leftarrow X(v'' = 0, N'' = 13; 15)$. *Links*: Potenzialdiagramm (im Wesentlichen nach de Jong et al., 1997). Angedeutet sind die vertikale Absorption (*schwarzer Pfeil*) von $\lambda = 514.5$ nm (monochromatischer Argon-Ionen-Laser) sowie die Emission (*rosa Doppelpfeil*). *Rechts* im Kasten ist der einfache Versuchsaufbau mit einer Iodzelle schematisch skizziert, mit welchem das in der *Mitte* gezeigte Fluoreszenzspektrum $B(v' = 43) \rightarrow X(v \geq 0)$ aufgenommen wurde (nach Hotop, 2008)

Wie in Abb. 15.18 skizziert, geht es hier um die Fluoreszenz, die man beobachtet, wenn der Zustand $B\,0_u^+$ (bzw. $^3\Pi_g$) vom Grundzustand $X\,0_g^+$ (bzw. $^1\Sigma_g^+$) aus angeregt wird. Wie man sieht, ist die Spin-Bahn-Aufspaltung hier sehr groß.[5] Der X-Zustand konvergiert für $R \rightarrow \infty$ zu zwei Grundzustandsatomen $I(^2P_{3/2})$, der angeregte B-Zustand zu je einem I-Atom im $^2P_{3/2}$ und

---

[5] Daher wird die Kopplung der Drehimpulse im Molekül sinnvollerweise als Hund'scher Fall (c) beschrieben (s. Kap. 11.6.4). Die gelegentlich benutzte Klassifizierung nach Singuletts und Tripletts verliert wegen der starken Spin-Bahn-Kopplung ihre Bedeutung, wie man am vorliegenden, sehr kräftigen Übergang sieht, der ja sonst unter das Interkombinationsverbot fallen würde.

einem im angeregten $^2P_{1/2}$ Zustand . Bei der im Experiment (grau hinterleg-
ter Kasten oben rechts in Abb. 15.18) benutzen Wellenlänge (Argon-Ionen-
Laser-Linie bei 514.5 nm, grün) erfolgt die Anregung zwischen wohl definierten Vibrations- und Rotationszuständen, wobei hier aufgrund einer zufälligen
Koinzidenz sowohl $X(v'' = 0, N'' = 13) \rightarrow B(v' = 43, N' = 12)$ als
auch $X(v'' = 0, N'' = 15) \rightarrow B(v' = 43, N' = 16)$ angeregt werden. Bei
der Reemission (rosa Doppelpfeil in Abb. 15.18 links) finden nun Übergänge
$B(v' = 43) \rightarrow X(v'' \geq 0)$ mit $\Delta N'' = 0, \pm 1$ statt, wobei die kleine Rotations-
verbreiterung hier nicht aufgelöst wird. Die übrigen elektronischen Zustände,
grau gestrichelt in Abb. 15.18, spielen bei diesem Experiment keine Rolle.
Das Fluoreszenzspektrum zeigt sehr klar Übergänge in alle Vibrationsniveaus des elektronischen Grundzustands mit $40 \gtrsim v'' \geq 0$ (im Spektrum durch
horizontale, schwarze, bis zu $v'' = 4$ äquidistante Linien im Abstand von
$214\,\mathrm{cm}^{-1}$angedeutet). Die Franck-Condon-Faktoren $|\langle B(v' = 43)| X(v'')\rangle|^2$
werden mit zunehmendem v rasch kleiner, wie man sich anhand der Lagen
der Potenziale leicht klar macht. Auch die alternierende Intensität der Lini-
en kann man gut verstehen, wenn man sich die wechselnde (näherungsweise)
gerade bzw. ungerade Symmetrie der Schwingungswellenfunktionen $\mathcal{R}_{0v''}(R)$
bezüglich R_0 vor Augen führt (s. Abb. 11.5 auf S. 10): im einen Fall liegen
die Maxima im B-Zustand$(v' = 43)$ über den Maxima des $X(v'')$ Zustands,
im anderen Fall koinzidieren die Maxima gerade mit den Nulldurchgängen,
sodass sich gewisse Bereiche der Wellenfunktionen wegmitteln.

Abschließend sei erwähnt, dass die LIF auch ein sehr effizientes Nachweisverfahren für Moleküle oder Radikale bietet, deren Spektren man bereits
kennt. Wir haben das im Falle des OH in Abschn. 15.3.3 bereits kennengelernt: man stimmt dabei den Anregungslaser auf einen bekannten Übergang
der untersuchten Spezies ab und registriert über die Fluoreszenz deren Vor-
handensein bzw. deren Bildung. Das Verfahren ist nicht nur sehr empfindlich
und erlaubt die Detektion geringer Konzentrationen, es ist zugleich auch noch
zustandsselektiv und wird z.B. bei der Analyse von reaktiven Stoßprozessen
oder von photoinduzierten Reaktionen mit großem Erfolg eingesetzt.

15.6.2 REMPI an einem „einfachen" dreiatomigen Molekül

Neben LIF gehört die resonant verstärkte Multiphotonionisation (*resonantly
enhanced multi photon ionisation, REMPI*), insbesondere die resonante Zwei-
photonenionisation (*resonant two photon ionisation RTPI, auch R2PI*), zu
den wohl häufigst benutzten und besonders empfindlichen Verfahren der modernen Molekülspektroskopie mit Lasern. Der Grundgedanke ist dabei ganz
ähnlich wie bei der LIF. Der Nachweis erfolgt jetzt jedoch über die Ionisation des Moleküls mit Hilfe eines oder mehrerer weiterer Laserquellen. Das
führt zu einer noch deutlich höheren Nachweiswahrscheinlichkeit, denn die
Ionen können durch Abzug mit elektrischen Feldern vollständig eingesam-
melt und mit nahezu 100%iger Effizienz detektiert werden. Durch Verwendung
von Flugzeit- oder Quadrupolmassenspektrometern ist darüber hinaus Mas-

senselektivität möglich, was z.B. bei natürlichen Isotopengemischen oder bei photoindizierten Fragmentationsprozessen von großer Bedeutung sein kann. Allerdings ist das Verfahren naturgemäß auf Moleküle in der Gasphase oder an Oberflächen im Vakuum beschränkt, da man die erzeugten Ionen oder Elektronen ja verlustfrei zum Detektor transportieren will.

Das Verfahren, dem wir bereits im Zusammenhang mit Doppler-freien Methoden in Band 1, Kap. 6.1.7 begegnet sind, ist in Abb. 15.19a schematisch skizziert. Mit dem abstimmbaren „Pump"-Photon $h\nu_{pu}$ können ver-

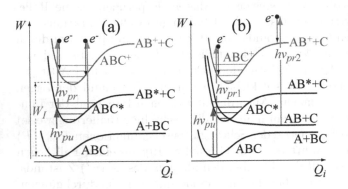

Abb. 15.19. Schemata zur (a) resonant verstärkten Zweiphotonenionisationsspektroskopie (RTPI) und (b) Entvölkerungsspektroskopie durch Ionisation oder selektivem Fragmentnachweis

schiedene Rotations-Vibrations-Niveaus im Franck-Condon-Bereich des elektronisch angeregten Zustands ABC* bevölkert werden. Aus diesen Niveaus heraus wird dann mit einem „Probe"-Photon $h\nu_{pr}$ fester Frequenz ionisiert. Detektiert werden z.B. die ABC$^+$ Ionen, ggf. auch die dabei freigesetzten Elektronen (s. auch Abschn. 15.9). Man erhält auf diese Weise ein elektronisches Molekülspektrum, das dem klassischen Absorptionsspektrum äquivalent ist (d.h. typische Rotationsbanden mit P-, Q- und R-Zweigen), nur eben mit viel höherer Nachweiswahrscheinlichkeit. Zudem kann man in Überschallmolekularstrahlen, die anfängliche Rotations- und Vibrationsbesetzung der untersuchten Moleküle dramatisch abkühlen, sodass die Spektren wesentlich übersichtlicher werden, als das etwa in einer Gaszelle oder Flüssigkeit erreichbar ist.

Problematisch wird der Nachweis freilich dann, wenn der angeregte Zustand nicht stabil ist, sondern rasch zerfällt, z.B. durch unimolekulare Dissoziation ABC* → AB + C, durch innere Konversion (ic) oder andere Prozesse – wie in Abb. 15.19b illustriert. In solchen Fällen kann man entweder versuchen, als Signal die Reaktionsprodukte direkt nachzuweisen, indem man sie mit dem Probe-Photon $h\nu_{pr2}$ ionisiert (ein Beispiel haben wir in Abschn. 15.3.3 kennengelernt). Alternativ kann man die Entvölkerung des Ausgangszustands im ABC-Moleküls durch Ionisation mit $h\nu_{pr1}$ detektieren und die Änderung dieses Signals als Funktion der Energie $h\nu_{pu}$ des Pump-Photons aufnehmen. Man spricht dann von *Entvölkerungs-Spektroskopie* (*depletion-spectroscopy*).

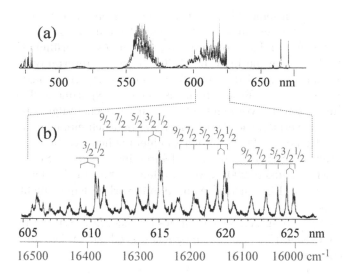

Abb. 15.20. TPRI-Spektren des Na_3-Moleküls, aufgenommen mit zwei gepulsten Farbstofflasern. (a) Übersichtsspektrum im sichtbaren Spektralgebiet. (b) Ausschnitt für *einen* elektronischen Übergang, mit Interpretation der Banden durch halbzahlige Quantenzahlen für die Pseudorotation (nach Delacrétaz et al., 1986)

Die Literatur ist voller schöner und vielfältiger Beispiele zu beiden Varianten der Ionisationsspektroskopie. Sie reichen vom zweiatomigen Molekül, mit NO gewissermaßen als Drosophila der RTPI Studien, bis hin zu kleineren Biomolekülen mit vielen Atomen, die wir in Abschn. 15.6.4 vorstellen werden. Hier wollen wir uns die bereits recht komplexen Spektren von Na_3 und Li_3 ansehen, anhand derer wir eine Reihe interessanter Aspekte der Molekülspektroskopie kennen lernen werden.

Diese dreiatomigen Moleküle (wegen ihrer schwachen Bindung spricht man auch von Metallclustern) werden im Überschallmolekularstrahl hergestellt. Ein Edelgas hohen Drucks (meist Argon, 2–20 bar) strömt durch eine temperaturbeständige Kartusche (Ofen) mit den erhitzten Metallatomen (Dampfdruck 10–100 mbar), expandiert mit diesen adiabatisch durch eine enge Düse ins Vakuum (sogenannter „seeded" beam) und kühlt sich dabei stark ab. Die so entstehenden Cluster haben interne Vibrations- und Rotationstemperaturen von nur wenigen Grad K. Durch einen meist konischen „Skimmer" wird daraus ein wohl begrenzter Clusterstrahl geformt und in einer zweiten, differenziell gepumpten Vakuumkammer mit den Laserstrahlen gekreuzt. Aus dem Wechselwirkungsvolumen zieht man dann Ionen oder auch Elektronen ab, die man (ggf. massenselektiv hinter einem Quadrupol- oder Flugzeitspektrometer) sehr empfindlich durch Sekundärelektronenvervielfachung nachweisen kann (s. Anhang J.1).

Pionierexperimente zum Na_3 wurden bereits 1986 mit gepulsten, abstimmbaren Farbstofflasern (Delacrétaz et al., 1986; Broyer et al., 1986, 1987) durchgeführt. Der in Abb. 15.19 gezeigte Ausschnitt aus den Daten illustriert, welch reichhaltige spektroskopische Information es hier zu interpretieren gilt. Delacrétaz et al. (1986) haben dies unter Verwendung von halbzahligen Quantenzahlen versucht, welche sie sogenannten Pseudorotationen des durch den

Jahn-Teller-Effekt verzerrten, in seiner Grundform gleichseitigen Dreiecks aus drei Na-Atomen zuordneten. Spätere quantenchemische Rechnungen zeigten, dass das Na_3-System doch um einiges komplizierter ist, als es ursprünglich angenommen wurde, und konnten die in Abb. 15.20b gegebene Interpretation nicht bestätigen (der JT-Effekt wird vom PJT-Effekt überlagert; s. dazu Kap. 12.3.4). Seither hat eine ganze Reihe theoretischer und experimenteller Arbeiten das Verständnis wesentlich vorangetrieben. Neuere, höchstaufgelöste Messungen und aufwendige, verlässliche Rechnungen am deutlich einfacheren Li_3 (Krämer et al., 1999; Keil et al., 2000) haben zu einem vollen Verständnis der ro-vibronischen Struktur solcher Systeme und ihrer interessanten Spektroskopie geführt (s. auch Bersuker, 2001). Wir wollen – ohne in die Tiefe gehen zu können – eine kurze Einführung in die damit verbundenen, nicht ganz trivialen Phänomene geben.

Die Ausgangsform ist, wie gesagt, ein gleichseitiges Dreieck, D_{3h}-Symmetrie also. Die Charaktertafel Tabelle 15.3 listet die möglichen irreduziblen Darstellungen dieser Symmetriegruppe.

Tabelle 15.3. Charaktertafel der Punktgruppe D_{3h}

D_{3h}	$\hat{E}$	$\hat{\sigma}_h$	$2\hat{C}_3$	$2\hat{S}_3$	$3\hat{C}_2$	$\hat{\sigma}_v$		
A_1'	1	1	1	1	1	1		x^2+y^2, z^2
A_2'	1	1	1	1	−1	−1	R_z	
E'	2	2	−1	−1	0	0	x,y	x^2-y^2, xy
A_1''	1	−1	1	−1	1	−1		
A_2''	1	−1	1	−1	−1	1	z	
E''	2	−2	−1	1	0	0	R_x, R_y	xz, yz

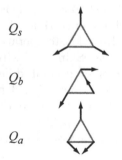

Q_s

Q_b

Q_a

Abb. 15.21. Die drei Normalschwingungen von Trimeren (z.B. Li_3) in D_{3h}-Geometrie

Der elektronische Grundzustand des Li_3 gehört (wie beim Na_3) zur zweifach entarteten E′ Repräsentation. Wie in Kap. 12.3.4 besprochen, führt diese Entartung zu einer Jahn-Teller (JT) Verzerrung, bei welcher das Energieminimum abgesenkt wird. Es bilden sich zwei Potenzialblätter, die sich konisch durchschneiden. In der Nähe dieser Durchschneidung lässt sich der Zustand nicht mehr einfach als (Born-Oppenheimer) Produkt von elektronischer und Kernwellenfunktion beschreiben. Eine exakte Beschreibung erfordert vielmehr die volle Berücksichtigung aller ro-vibronischen Kopplungen und die gemeinsame Behandlung aller Freiheitsgrade. Wie aus Abb. 15.21 ersichtlich, bleibt die D_{3h} Symmetrie bei der symmetrischen Streckschwingung Q_s erhalten. Dagegen brechen die Biegeschwingung Q_b und die asymmetrische Streckschwingung Q_a diese

Symmetrie. Die Kombination $Q_b \sin\phi \pm Q_a \cos\phi$ beschreibt eine sogenannte *Pseudorotation* in C_{2v}-Geometrie, wie in Abb. 15.22 illustriert. Dabei wechselt das Molekül seine Gestalt zwischen stumpf- und spitzwinkligem, gleichseitigem Dreieck durch eine koordinierten Bewegung der drei Atome, die eine Rotation des ganzen Dreiecks um sein Zentrum vortäuscht (eine Art „Hula-Hoop" Bewegung, die aber eben keine echte Rotation ist).

Um ein Gefühl für die Größenordnungen am Beispiel des Li_3 zu geben: im Potenzialminimum der D_{3h}-Symmetrie (gleichseitiges Dreieck) betragen die Atomabstände $5.428a_0$ im $X(1\,{}^2E')$-Grundzustand bzw. $5.551a_0$ im angeregten $A(1\,{}^2E'')$-Zustand. Die JT-Verzerrung führt zu stumpfwinkligen (71.6° bzw. 77.3°), gleichschenkligen Dreiecken für die Potenzialminima in C_{2v}-Symmetrie (Länge der gleichen Schenkel $5.225a_0$ bzw. $5.551a_0$). Die Potenzialabsenkung beträgt dort $W_{JT} = 501.8$ bzw. $787.2\,cm^{-1}$, und die Barrierenhöhe (Sattelpunkt) zwischen den drei Minima ist 72 bzw. $156\,cm^{-1}$ im X- bzw. A-Zustand.

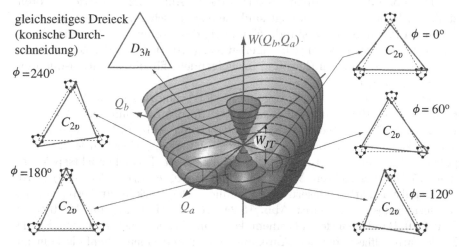

Abb. 15.22. Adiabatische Potenzialflächen mit konischer Durchschneidung für ein Trimer (schematisch). Bei Berücksichtigung von linearen und quadratischen vibronischen Jahn-Teller-Kopplungstermen ergibt sich für den unteren Potenzialteil der hier gezeigte, etwas deformierte „Mexikanische-Hut" mit drei durch entsprechende Potenzialwälle getrennten Minima. Der obere Potenzialteil bildet einfach einen zylindersymmetrischen Konus. W_{JT} bezeichnet die JT-Absenkung gegenüber dem Ort der konischen Durchschneidung. Die Minima korrespondieren mit stumpfwinkligen, die Sattelpunkte dazwischen mit spitzwinkligen gleichschenkligen Dreiecken

Die in Abb. 15.22 gezeigten Barrieren zwischen den Minima behindern natürlich die Pseudorotation im vibronischen Grundzustand. Die niedrige Höhe der Barriere führt aber zu einer Tunnelaufspaltung, ganz ähnlich wie wir das in Kap. 12.2.5 bei der Inversionsschwingung des NH_3 kennen gelernt haben. Für das konkrete Beispiel Li_3 zeigt Abb. 15.23 einen Schnitt entlang

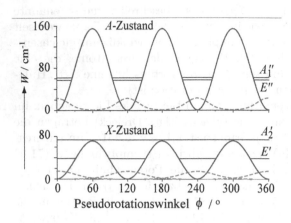

Abb. 15.23. Schnitt durch die Potenzialflächen beim Li_3 entlang dem Pseudorotationswinkel ϕ. Die Vibrationsgrundzustände $X(0,0,0)$ im elektronischen Grundzustand und $A(0,0,0)$ im angeregten Zustand zeigen eine Tunnelaufspaltung (Repräsentation in D_{3h}-Symmetrie). Gestrichelt sind die Quadrate der Wellenfunktionen der lokalisierten Pseudorotatorzustände gezeigt. Nach Keil et al. (2000)

der Pseudorotationskoordinate ϕ durch die in Abb. 15.22 illustrierte Potenzialhyperfläche. Ebenfalls gezeigt sind die energetischen Lagen der sich so ergebenden Pseudorotatorzustände E' und A'_2 des vibronischen Grundzustands $X(0,0,0)$ und des elektronisch angeregten $A(0,0,0)$ Zustands. Dabei stehen die Zahlen in Klammern (hier und im Folgenden) für die Vibrationsquantenzahlen (v_s, v_b, v_a).

Sehen wir uns nun einige Ergebnisse der beeindruckenden Arbeiten von Krämer et al. (1999) und Keil et al. (2000) für das Li_3 einmal an. Abbildung 15.24 zeigt die entsprechend dem RTPI-Schema Abb. 15.19a aufgenommenen Spektren für den $A(1\,^2E'') \leftarrow X(1\,^2E')$-Übergang. Hier wurde das Isotopolog $(^7Li)_3$ (kurz $^{21}Li_3$) massenselektiv detektiert. Das Übersichtsspektrum Abb. 15.24a über mehrere Vibrationsbanden $A(v_s, v_b, v_a) \leftarrow X(0,0,0)$ wurde mit gepulsten Farbstofflasern aufgenommen. Der stark vergrößerte, voll rotationsaufgelöste Ausschnitt Abb. 15.24b (oberer Teil) für die $A(0,0,0) \leftarrow X(0,0,0)$ Bande wurde mit einem kontinuierlichen, abstimmbaren Single-Mode-Farbstofflaser für den Anregungsschritt und einem ebenfalls kontinuierlichen Argon-Ionen-Laser für den Ionisationsschritt gemessen. Mit einem Quadrupolmassenfilter werden die verschiedenen Isotopologe getrennt. Die Modellierung der RTPI-Spektren wurde mit Hilfe verlässlicher quantenchemischer Rechnungen und einer detaillierten Analyse ro-vibronischer Zustände durchgeführt. Die hervorragende Übereinstimmung mit den experimentellen Daten dokumentiert überzeugend, dass man durch die Kombination von modernen Methoden der höchstauflösenden Laserspektroskopie und „state of the art" Quantenchemie ein solches System heute voll beherrscht.

Man muss dabei bedenken, dass das System ja auch noch rotieren kann, und dass diese „normale" Rotation mit der Pseudorotation zu ro-vibronischen Zuständen in der D_{3h}-Symmetrie zu kombinieren ist. Hilfreich ist dabei, dass sich das System in erster Näherung als symmetrischer Rotator mit den Quantenzahlen N und K_c beschreiben lässt. Trotzdem ist die eindeutige Identi-

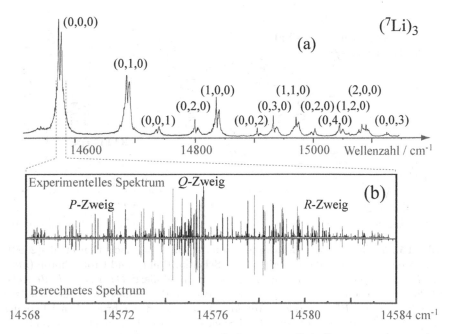

Abb. 15.24. RTPI-Spektrum des $A(1\,^2E'')\leftarrow X(1\,^2E')$-Übergangs im Li_3. (a) Übersichtsspektrum nach Krämer et al. (1999) für verschiedene Vibrationsbanden $A(v_s, v_b, v_a) \leftarrow X(0,0,0)$. (b) Stark vergrößerter Ausschnitt für den $A(0,0,0) \leftarrow X(0,0,0)$-Übergang mit voll aufgelöster Rotationsstruktur nach Keil et al. (2000). Man kann die P, Q und R-Zweige ahnen. Der Vergleich mit der Theorie (**b**, *unten*) bei einer „Rotationstemperatur" von $T = (8 + N/2)\,\mathrm{K}$ dokumentiert überzeugend ein volles, quantitatives Verständnis des Systems

fikation der Linien alles andere als trivial. Keil et al. (2000) haben daher einen zusätzlichen Trick, eine weitere Stufe der spektroskopischen Verfeinerung angewendet: die optisch-optische Doppelresonanz (OODR). Das Prinzip der OODR ist in Abb. 15.25, links, skizziert. Benutzt werden hier zwei abstimmbare, kontinuierliche Farbstofflaser mit unterschiedlichen Photonenenergien. Mit dem Pumpphoton $h\nu_{pu}$ markiert man einen der Ausgangsrotationszustände, indem man aus diesem einen wohl definierten Übergang in ein ansonsten unbeteiligtes ro-vibronisches Niveau des oberen Zustands anregt (hier im $A(1,0,0)$-Schwingungszustand). Beim Durchstimmen des Pumpphotons ergibt sich das im rosa hinterlegten Einschub gezeigte RTPI-Spektrum. Die ausgewählte, beim OODR-Experiment festgehaltene Linie ist mit einem Pfeil markiert. Das Pumpphoton (der ausgewählten Energie $h\nu_{pu}$) wird mit einer Frequenz f_1 mechanisch an- bzw. abgeschaltet, sodass die Besetzung des so markierten unteren Niveaus entsprechend moduliert ist. Auch das Probephoton $h\nu_{pr}$ wird moduliert, allerdings mit einer anderen Frequenz f_2. Detektiert wird in jedem Fall auch hier wieder durch Ionisation mit einem dritten Photon

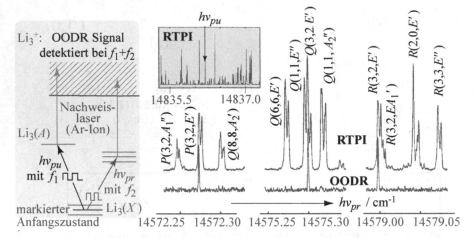

Abb. 15.25. Optisch-optische Doppelresonanz am ^{21}Li$_3$ nach Keil et al. (2000). *Links (grau hinterlegt):* das experimentelle Schema. Pump- und Probephoton ($h\nu_{pu}$ bzw. $h\nu_{pr}$) werden mit der Frequenz f_1 bzw. f_2 moduliert. *Oben (rosa hinterlegt):* Mit $h\nu_{pu}$ aufgenommenes $A(1,0,0) \leftarrow X(0,0,0)$ RTPI-Spektrum; die benutzte Pumplinie ist mit Pfeil markiert. Mit $h\nu_{pr}$ wurde für den vibronischen Übergang $A(0,0,0) \leftarrow X(0,0,0)$ sowohl das RTPI-Spektrum *(Mitte)* wie auch das eigentliche OODR-Spektrum *(unten)* aufgenommen (s. Text). Die Änderung der Rotations-quantenzahl wird wie üblich mit P, Q und R bezeichnet, die Werte in Klammern (N'', K_c'', Γ'') beziehen sich auf die anfänglichen Rotationsquantenzahlen und die ro-vibronische Anfangssymmetrie Γ''. Alle Linien im RTPI-Spektrum sind HFS auf-gespalten. Man beachte die dramatische Vereinfachung des Spektrums durch OODR

fester Energie aus einem Argon-Ionen-Laser. Beim Durchstimmen des Probe-photons kann man nun das einfache RTPI-Spektrum vom OODR-Spektrum unterscheiden: ersteres ist mit der Frequenz f_2 moduliert, letzteres mit $f_1 + f_2$, was sich mit Hilfe eines sogenannten *Lock-in-Verstärkers* elektronisch leicht trennen lässt.

Ein Ausschnitt der rotationsaufgelösten $A(0,0,0) \leftarrow X(0,0,0)$ Bande des ^{21}Li$_3$ – als Funktion von $h\nu_{pr}$ aufgenommen – zeigt Abb. 15.25 für beide Nach-weisarten: als RTPI- und als OODR-Spektrum. Während das RTPI-Spektrum die volle Komplexität der ro-vibronischen Übergänge illustriert (trotz gu-ter Kühlung des Li$_3$ Strahls ist ja noch eine Vielzahl von Ausgangsniveaus bevölkert), ist das OODR dramatisch vereinfacht: man sieht nur noch die P-, Q- und R-Linien (entsprechend $\Delta N = -1, 0$ bzw. 1), die von einem einzigen ro-vibronischen Anfangsniveau (hier $N'' = 3, K_c'' = 2, \Gamma'' = E'$) ausgehen. Die Repräsentation Γ'' bezieht sich hier auf die ro-vibronische Symmetrie des Anfangszustands. Anstelle der etwas problematischen, halbzahligen Pseudo-rotationsquantenzahlen benutzen Keil et al. (2000) zur Charakterisierung der Lösungen des vollen Hamiltonians für das JT-Problem diese Nomenklatur (zu unterscheiden von der elektronischen wie von der vibronischen Symmetrie, für welche die gleichen Buchstaben der Repräsentationen benutzt werden).

Wir können hier nicht auf die Details dieses doch recht komplexen Problems eingehen und verweisen auf die ausführliche Darstellung bei Krämer et al., 1999; Keil et al., 2000. Erwähnt sei jedoch die Potenzialbestimmung in einer anspruchsvollen MR-CI-Näherung und die Diagonalisierung des vollen JT-Hamiltonians in hypersphärischen Koordinaten. Dabei wurde u.a. auch die Wechselwirkung von Pseudorotation und Rotation berücksichtigt (Coriolis-Kopplung).

Schließlich sei noch auf die Hyperfeinwechselwirkung hingewiesen – die Aufspaltung aller Rotationslinien Linien im RTPI-Probe-Spektrum der Abb. 15.25 wird dem aufmerksamen Leser nicht verborgen geblieben sein. ^{7}Li hat einen Kernspin von $3/2$, was über die Fermi-Kontaktwechselwirkung (s. Kap. 9.2.4, Band 1) mit dem einen ungepaarten Elektronenspin der drei Valenzelektronen im ^{21}Li$_3$ zu einer deutlich messbaren Aufspaltung führt. Im OODR-Spektrum tritt diese natürlich nicht auf, da man mit dem Pumpphoton nur genau eines der Anfangshyperfeinniveaus markiert.

15.6.3 Cavity-Ring-Down-Spektroskopie

Eine weitere, ebenfalls sehr effiziente Methode zum Nachweis der Photoabsorption in Molekülen ist das *Resonator-Abklingverfahren (Cavity Ring Down, CRD)*. Es wird (alternativ zu REMPI-Verfahren) für Spezies eingesetzt, die in nur geringer Konzentration verfügbar sind (Radikale, Molekülionen) oder extrem schwach absorbieren (verbotene Übergänge). Die Idee ist dabei recht einfach: man lässt das Licht viele Male durch das absorbierende Medium laufen. Am effizientesten geschieht dies in einem Fabry-Perot-Resonator möglichst hoher Güte (d. h. mit hoher Finesse $\mathcal{F}$, s. Kap. 13.1.2). Nach (13.11) ist im leeren Resonator (Länge L) die Photonenlebensdauer $\tau_r = \mathcal{F}L/(\pi c)$. Ein absorbierendes Medium ändert diese Lebensdauer $\tau_r \rightarrow \tau_e$. Man füllt also einen Resonator, in welchem sich das Medium befindet, durch einen kurzen Laserimpuls mit Photonen und misst das exponentielle Abklingen dieser Füllung (und damit τ_e) als Funktion der eingestrahlten Photonenenergie $h\nu$. Nach (13.15) bestimmt man durch Vergleich mit dem leeren Resonator $1/\tau_a = 1/\tau_e - 1/\tau_r$ und so mit Hilfe von (13.12) den Absorptionskoeffizienten μ. Je größer τ_r, desto geringere Absorption kann man nachweisen.

Abbildung 15.26 illustriert am Beispiel des Aufbaus von John Maier und Mitarbeitern (Birza et al., 2002) anschaulich, dass die Realisierung eines solchen Experiments alles andere als trivial ist. Die zu untersuchenden Molekülionen oder Radikale werden erzeugt mit Hilfe eines gepulsten Überschallstrahls aus einer Schlitzdüse ($3\,\text{cm} \times 200\,\mu\text{m}$), in welchem eine Plasmaentladung gezündet wird. In der Überschallexpansion kühlen sie auf 20–40 K Rotationstemperatur ab. Das Herzstück des Aufbaus ist ein FP-Resonator bestehend aus hoch reflektierenden, sphärischen Spiegeln (SS) im Abstand von $32\,\text{cm}$ mit $R = 99.995\%$, welcher den Plasmajet im Vakuum umschließt. Die Photonenlebensdauer im Resonator beträgt 27 µs, was bedeutet, dass das Target ca. 25 000 Mal durchlaufen wird. Zusammen mit der Schlitzanordnung erreicht man so eine recht beachtliche Gesamtabsorptionslänge von ca. 760 m. Absorptionsspektren werden mit einem kontinuierlichen, abstimmbaren Farbstofflaser aufgenommen. Da man Photonen aber nur bei Resonanz in den FP-Resonator einfüllen kann, muss der Resonator des Farbstofflasers mit dem Messresonator gekoppelt werden (sogenanntes *passives Modelocking*). Dazu wird der Laserstrahl (bei festgehaltener Wellenlänge) über einen akustooptischen Modulator (AOM) in den FP-Messresonator eingekoppelt (Zustand „an"). Sodann wird die Länge des Mess-Resonators mit einem Piezokristall durchgestimmt, angetrieben durch eine Dreiecksrampe aus dem Piezo-Generator (s. Abb. 15.26 oben, Kurve *I*). Der Hub des Piezokristalls entspricht zwei freien Spektralbreiten des FP-Resonator, sodass dieser beim Vor- und Zurückfahren des Piezos viermal in Resonanz kommt (Kurve *II*). Nur eine dieser Resonanzen wird jeweils für die Messung genutzt (rot markiert in Kurve *II*). Die Resonanzen werden im Transmissionssignal auf der Photodiode (PD) detektiert. Bei einer bestimmten Signalhöhe (Schwellendetektor) wird der Laserstrahl über den AOM ausgekoppelt (Zustand „aus"), und man verfolgt das Abklingen des transmittierten Signals. Diese Prozedur wird mehrfach wiederholt. Nur bei jedem zweiten Abklingzyklus wird die Plasmaentladung zur Messung von τ_e gezündet und mit τ_r (ohne Plasma) verglichen (s. Abb. 15.26 oben, Kurve *III* und *IV*). Nach jeweils 15 Messungen mit und 15 Messungen ohne Plasma, wird die Laserwellenlänge geändert (Autoscan).

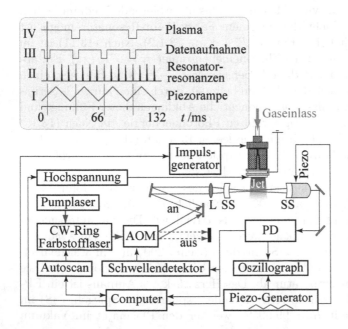

Abb. 15.26. Schema eines Resonator-Abkling-Experiments (CRD) nach Birza et al. (2002). Kernstück ist der Fabry-Perot-Resonator zwischen zwei hoch reflektierenden, sphärischen Spiegeln (SS). Er umschließt das Plasma (Jet) aus einer gepulsten Schlitzdüse mit den untersuchten Molekülionen (oder Radikalen). Einschub oben: Impulssequenzen zur Steuerung des Experimentablaufs (s. Text)

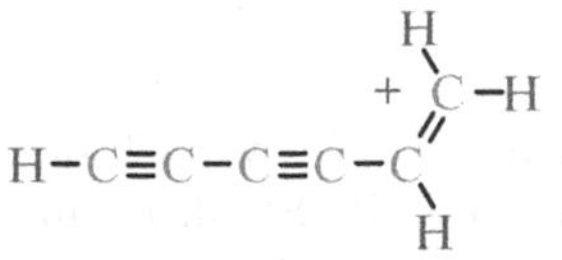

H
\
+ C−H
H−C≡C−C≡C−C
\
H

Abb. 15.27. Struktur des $C_6H_4^+$ ions

Maier und Mitarbeiter haben eine große Zahl von Molekülionen und Radikalen mit dieser Methode spektroskopiert. Von potenzieller astrophysikalischer Bedeutung sind vor allem ungesättigte Kohlenwasserstoffe, deren Spektren mit Hilfe solcher Messungen in der interstellaren Materie identifiziert wurden. Ganz einfach ist die Analyse freilich nicht und erfordert eine gute Kenntnis der Spektroskopie verwandter Spezies. Isotopensubstitution ist dabei oft hilfreich (s. z.B. Jochnowitz und Maier, 2008).

Als typisches Beispiel mag das $C_6H_4^+$ Kation dienen. Abbildung 15.28 zeigt Ausschnitte aus den mit CRD aufgenommen Spektren bei 604 nm und deren Simulation mit einem asymmetrischen Rotatormodell, wie in Abb. 15.28b durch Angabe von K_a und N angedeutet. Es handelt sich hier nahezu um einen gestreckten, symmetrischen Rotator; nur für $K_a = 1$ kann man eine leichte Asymmetrie erkennen. Auf Details können wir hier nicht eingehen.

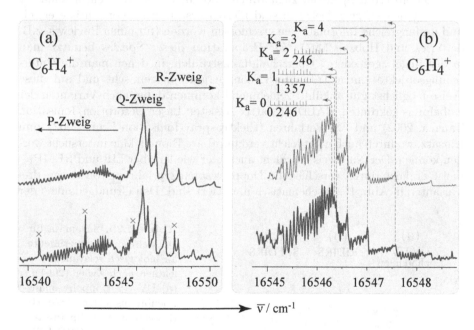

Abb. 15.28. Mit der Resonator-Abkling-Methode (CRD) bei 604 nm aufgenommene Absorptionsspektren der Ursprungsbande $^2A'' \leftarrow X\,^2A''$ des $C_6H_4^+$-Kations (*rot*) und Simulation der Spektren (*dunkelgrau*). (**a**) Nach Birza et al. (2002) mit einer experimentellen Auflösung von $0.15\,\mathrm{cm}^{-1}$; die Simulation ergab beste Übereinstimmung für eine Temperatur von 40 K; mit × markierte Peaks stammen nicht vom $C_6H_4^+$. (**b**) Ausschnitt aus dem Spektrum (*R*-Zweig) nach einem verbesserten Experiment von Khoroshev et al. (2004); die Auflösung beträgt hier $0.01\,\mathrm{cm}^{-1}$, die Rotationstemperatur 20 K

15.6.4 Spektroskopie kleiner, freier Biomoleküle

Es gibt wohl kaum ein Einsatzfeld moderner Laserspektroskopie, wo sich deren Leistungsfähigkeit so eindrucksvoll dokumentiert wie bei der Strukturaufklärung von isolierten Aminosäuren, Peptiden und ähnlichen, biologisch relevanten Molekülen und deren vielfältigen Verbindungen und Komplexen. Das Interesse an dieser Spektroskopie liegt in der Möglichkeit, die intrinsischen Eigenschaften dieser „Bausteine des Lebens" frei von einer komplexen biologischen Umgebung untersuchen zu können, und in einer sozusagen reduktionistischen Herangehensweise den elementaren Aufbau biologischer Grundbausteine kennen zu lernen. Dabei können ggf. auch gezielt weitere Komponenten biologischer Umgebungen, z.B. einzelne Wassermoleküle, hinzugefügt werden.

Die große Herausforderung dabei ist es zum einen, diese Moleküle unzerstört in die Gasphase zu bringen und zum anderen, die sich dabei bildenden vielfältigen Strukturen der Komplexe anhand von z.t. außerordentlich komplizierten Spektren zuzuordnen und im Detail zu identifizieren. In den vergangenen zwei Dekaden sind hierbei erstaunliche Fortschritte erzielt und umfangreiche Informationen erschlossen worden (für einen Review s. z.B. de Vries und Hobza, 2007). Zur Präparation dieser Spezies benutzt man in der Regel „geseedete" Überschalldüsenstrahlen, in denen man die Untersuchungsobjekte einem Trägergas (Neon, Argon) beigemischt und auf diese Weise möglichst gut abkühlt. Zunehmend kommen dabei auch Varianten der Nobelpreis gekrönten MALDI- (Matrix Assisted Laser Desorption/Ionisation Tanaka, 2002) und ESI-Verfahren (Elektrospray-Ionisation Fenn, 2002) zum Einsatz, wodurch auch nicht leicht verdampfbare Biomoleküle untersucht werden können. Der Nachweis geschieht auch hier wieder über LIF und REMPI – meist ergänzt durch verschiedene Doppelresonanzverfahren, von denen drei Varianten in Abb. 15.29 schematisch illustriert sind. Den Grundgedanken der

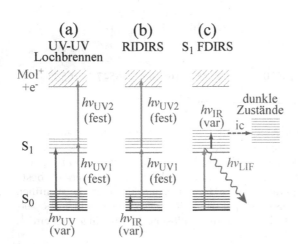

(a) UV-UV Lochbrennen
(b) RIDIRS
(c) S_1 FDIRS

Abb. 15.29. Schemata für Doppelresonanzexperimente an biologisch relevanten Molekülen nach Zwier (2001): (a) UV-UV Doppelresonanz-Lochbrennspektroskopie, (b) Resonante Ionendip Infrarotspektroskopie (RIDIRS), (c) S_1-Zustands Fluoreszenzdip Infrarotspektroskopie (S_1 FDIRS) – Einzelheiten s. Text

optisch-optischen Doppelresonanzspektroskopie haben wir ja schon in Abschn. 15.6.2 kennengelernt (s. Abb. 15.25): Dort ging es um die Markierung bestimmter Rotationsniveaus im Grundzustand. Hier markiert man bestimmte Spezies, Geometrien oder Isomere.

Wir haben es hier typischerweise mit Molekülen zu tun, die aus vielen (typisch mehr als einem Dutzend) Atomen bestehen, und die zudem äußerst flexibel sind. Sie treten also nicht nur in verschiedenen Isomerenformen auf (gleiche Massenformel aber unterschiedliche Struktur bzw. Reihenfolge der Atome), sondern meist gibt es auch zahlreiche Konformere (bei ansonsten gleicher Abfolge der Atome unterschiedliche räumliche Ausrichtung einzelner Baugruppen, z.B. durch Drehung um spezielle Bindungen). Die beobachteten Spektren sind in aller Regel äußerst komplex und bestehen meist aus Überlagerungen verschiedener Komponenten, die sich nicht einfach mithilfe der Massenspektroskopie spezifischen Molekülstrukturen zuordnen lassen. Es bedarf also einer aufwendigen und oft langwierigen Detektivarbeit, um Klarheit über die Struktur und Dynamik solcher Systeme zu erlangen. Neben umfangreichen, oft hochauflösenden und möglichst selektiven Messungen untersucht man verschiedene Isotopomere, ggf. auch spezifische Anlagerungen und Substituenten. Stets ist daneben auch die unmittelbare Unterstützung durch modernste quantenchemische Rechnungen unverzichtbar.

Der Übergang vom elektronischen Grundzustand in den ersten angeregten Zustand S_1 fällt bei den hier interessierenden Biomolekülen meist ins UV-Gebiet. So detektiert man bei der UV-UV-Doppelresonanz-Lochbrennspektroskopie nach Abb. 15.29a das Ionensignal nach einem resonant verstärkten Ionisationsprozess (RTPI) mit zwei UV-Photonen $h\nu_{UV1}$ und $h\nu_{UV2}$ (die in günstigen Fällen auch die gleiche Frequenz haben können). Wichtig ist, dass man $h\nu_{UV1}$ fest auf eine wohl definierte Absorptionsbande des $S_1 \leftarrow S_0$ Übergangs für ein bestimmtes Isomer bzw. Konformer einstellt. Zeitlich vor diesem Nachweisprozess lässt man nun den Probelaser mit dem Target wechselwirken und stimmt $h\nu_{UV}$ durch: das Ionensignal wird dabei immer dann reduziert (man „brennt ein Loch"), wenn $h\nu_{UV}$ auf einen $S_1 \leftarrow S_0$ Übergang der mit dem RTPI-Prozess ($h\nu_{UV1}$, $h\nu_{UV2}$) markierten Spezies trifft. Der durchstimmbare (var) Probelaser $h\nu_{UV}$ vermisst also das Absorptionsspektrum dieser Spezies.

Pionierarbeiten zur Spektroskopie von Basenpaaren, die Elementarbausteine der DNA, wurden u.a. von de Vries und Mitarbeitern geleistet. Als Beispiel sind in Abb. 15.30 UV-RTPI-Spektren für ein Basenpaar gezeigt, das aus zwei Guanin-Molekülen besteht. Diese ordnen sich – das schließt man aus den Spektren und begleitenden quantenchemischen Rechnungen – u.a. in zwei verschiedenen, näherungsweise planaren Geometrien an. Der Vergleich des einfachen RTPI-Spektrums in Abb. 15.30 (GG) mit den UV-UV Lochbrennspektren (GG1 und GG2), die jeweils bei unterschiedlichen Frequenzen des Markierungslasers $h\nu_{UV1}$ aufgenommen wurden, zeigt, dass beide Spezies sehr charakteristische, unterschiedliche UV-Absorptionsspektren haben. Auch wenn die beiden Doppelresonanzspektren naturgemäß etwas verrausch-

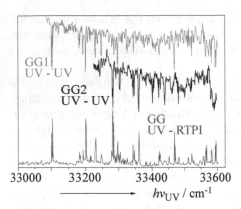

Abb. 15.30. UV-UV RTPI Lochbrennspektroskopie am Basenpaar Guanin-Guanin nach Abo-Riziq et al. (2005), das in einem Überschallstrahl erzeugt und mit TOF Massenspektroskopie nachgewiesen wird. In Rot ist das einfache, mit zwei UV-Photonen gewonnene RTPI-Spektrum gezeigt (GG), die beiden anderen Messungen GG1 und GG2 zeigen Lochbrennspektren für die zwei dominierenden Anordnungen der beiden Guanin-Moleküle

ter sind, kann man doch deutlich erkennen, dass sie zusammengenommen das RTPI-Spektrum weitgehend gut reproduzieren.

Komplementär zur UV-UV Doppelresonanzspektroskopie kann man auch die resonante Ionendip-Infrarotspektroskopie (RIDIRS) nach Abb. 15.29b auf das System anwenden. Der Nachweis ist der gleiche wie beim UV-UV-Lochbrennen. Jetzt nimmt man aber mit dem durchstimmbaren (var) Probephoton $h\nu_{IR}$ das Infrarotabsorptionsspektrum im S_0-Grundzustand auf – anstelle des elektronischen Absorptionsspektrums für den $S_1 \leftarrow S_0$-Übergang im vorangehenden Fall. Ergebnisse sind Abb. 15.31 zusammengestellt. Die so

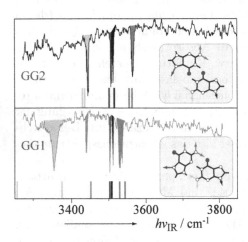

Abb. 15.31. Resonante Ionendip-Infrarotspektroskopie an zwei Modifikationen des Guanin-Guanin-Basenpaars nach Abo-Riziq et al. (2005). Mit Hilfe quantenchemischer Rechnungen konnten charakteristische Schwingungen identifiziert werden (Strichspektren), die sich den beiden IR-Absorptionsspektren zuordnen lassen. Die Einschübe zeigen die zugrunde liegenden Anordnungen der beiden Guanin-Moleküle. Volle rote Kreise entsprechen O-Atomen, offene schwarze Kreise deuten N-Atome an

aufgenommen IR-Spektren der beiden Spezies GG1 und GG2 (sie entsprechen denen in Abb. 15.30) zeigen sehr charakteristische Unterschiede. Wie anhand der Strukturbilder angedeutet, gelingt es mit Hilfe der Theorie diese Banden verschiedenen Schwingungsmoden (Pfeile) der beiden Basenpaare zuzuordnen und so die Struktur dieser hoch komplizierten, anharmonischen und flexiblen

Gebilde zu identifizieren. Wir können hier leider nicht weiter auf die Details eingehen.

Eine weitere interessante Modifikation der Doppelresonanzspektroskopie, die hier zumindest erwähnt sei, ist die in Abb. 15.29c skizzierte S_1-Zustands Fluoreszenzdip-Infrarotspektroskopie (S_1-FDIRS). Mit ihr kann man die Schwingungsmoden des *angeregten* S_1-Zustands spektroskopieren. Detektiert wird in diesem Falle mit LIF. Das Fluoreszenzsignal wird moduliert, wenn man den Infrarotlaser $h\nu_{IR}$ abstimmt und einen Vibrationsübergang trifft, der dann z.b. durch interne Konversion (ic) für die weitere Messung verloren geht.

Solche Strukturbestimmungen von Biomolekülen, ihren Clustern und Verbindungen aber auch die Erschließung der photoinduzierten Dynamik kann nur in enger Zusammenarbeit von raffinierten spektroskopischen Verfahren und quantenchemischen Rechnungen bewältigt werden und ist ein aktuelles modernes Forschungsgebiet. Eine Reihe hoch spezialisierter Arbeitsgruppen widmet sich dieser Aufgabe, oft mit vereinten Kräften. Ein besonders bemerkenswertes Beispiel dafür gibt eine neuere Arbeit am Tryptamin von Böhm et al. (2009). Das Tryptamin – 2-(1H-Indol-3-yl)-ethanamine – mit der Sum-

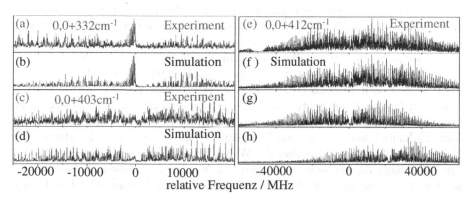

Abb. 15.32. Rotationsaufgelöste Absorptionsspektren von $S_1 \leftarrow S_0$ Banden des Tryptamins oberhalb des Ursprungs $(0,0)$ nach Böhm et al. (2009). Die experimentellen Spektren wurden mit optimierten Parametersätzen simuliert, (**g**) und (**h**) illustrieren die Zusammensetzung der Simulation (**f**) aus zwei Komponenten

menformel $C_{10}H_{12}N_2$ ist ein wichtiges Stoffwechselprodukt und eng verwandt mit Tryptophan, einer der drei aromatischen Aminosäuren, die für Fluoreszenzeigenschaften von Proteinen verantwortlich sind. Tryptamin besitzt allein 9 niedrig liegende Konformere im S_0-Grundzustand und die Spektroskopie des S_1-Zustands wird u.a. durch konische Durchschneidungen mit benachbarten Zuständen zusätzlich kompliziert. Böhm et al. (2009) gehen das Problem mit einer breiten Palette heute verfügbarer experimenteller und theoretischer Methoden an. Das reicht vom Einsatz der oben skizzierten Doppelresonanztechniken über aufgelöste, laserinduzierte Fluoreszenz (*dispersed fluorescence*,

DF) bis hin zur rotationsaufgelösten Absorptionsspektroskopie und deren Interpretation mit Hilfe genetischer Algorithmen – eine sehr interessante Methode, die Fülle an Daten bei solchen Spektren zu bewältigen (s. z.B. die Übersichtsarbeit von Meerts und Schmitt, 2006). Abbildung 15.32 gibt ein eindrucksvolles Beispiel für die Leistungsfähigkeit solcher modernen Methoden und belegt überzeugend die Stimmigkeit von Experiment und Modell bei einem so großen und komplexen Molekül (23 Atome!). Auch hier müssen wir den interessierten Leser auf die Originalquellen für weitere Einzelheiten verweisen.

15.6.5 Weitere wichtige Verfahren

Es gibt viele weitere laserspektroskopische Methoden unterschiedlichen Raffinements, die beim Studium elektronischer, photoinduzierter Übergänge in kleinen und großen Molekülen eingesetzt werden. Zumindest erwähnt seien hier noch die Photofragmentspektroskopie an (positiven oder negativen) Ionen in elektromagnetischen Fallen (Penning-Falle, Paul-Falle) und die Matrixisolationsspektroskopie. Beide Verfahren eignen sich besonders für seltene bzw. schwierig herzustellende Spezies. Bei der Matrixisolationsspektroskopie präpariert man die Moleküle, Radikale oder Cluster auf geeignete Weise und deponiert sie in einer Edelgasmatrix bei niedrigen Temperaturen (typisch in einer Ne-Matrix bei 6 K). Dabei kann man z.B. Massenspektrometer zur spezifischen Selektion bestimmter Molekülgrößen benutzen und durch Deposition über längere Zeit anreichern (die deponierten Ionen werden in der Matrix natürlich in der Regel neutralisiert). An einer so präparierten Matrix kann man schließlich normale Absorptionsspektren der verschiedensten Art aufnehmen. Es handelt also um eine Art Festkörperspektroskopie, mit vielerlei potenziellen Komplikationen. Da aber die Wechselwirkung der untersuchten Spezies mit der Edelgasmatrix meist sehr gering ist, kann man auf diese Weise eine gute erste Übersicht über die Absorptionsspektren unbekannter Molekülklassen gewinnen, die meist nur wenig gegenüber den Spektren freier Moleküle verschoben sind. Insbesondere als erstes „Screening" neuer Molekültypen, hat sich die Matrixisolationsspektroskopie hervorragend bewährt (s. z.B Jochnowitz und Maier, 2008). Darauf aufbauend kann man diese dann genauer mit Hilfe von LIF, TPRI oder CRD untersuchen.

15.7 Raman-Spektroskopie

15.7.1 Einführung

1928 fanden Raman und gleichzeitig Landsberg und Mandelstam, dass bei nicht-resonanter Streuung von Licht an Molekülen zusätzliche Linien im Spektrum erscheinen. Daraus entwickelte sich sehr schnell eine außerordentlich mächtige Art der Molekülspektroskopie, welche – komplementär zu der in Abschn. 15.3 behandelten IR-Spektroskopie – einen direkten Zugang zur Bestimmung der Schwingungsfrequenzen von Molekülen aber auch Festkörpermaterialien ermöglicht, und die auch heute noch zu den wichtigsten spektroskopischen Werkzeugen, insbesondere für analytische Zwecke zählt. Schon 1930 erhielt Raman dafür den Nobelpreis.

Man beobachtete drei Typen von Linien, deren Ursprung Abb. 15.33 erläutert. Eine gegenüber der eingestrahlten Energie $h\nu$ unverschobene Linie $h\nu' = h\nu$ (sogenannte *Rayleigh-Linie*), eine Schar von Linien bei kleineren Energien $h\nu' = \hbar(\nu - \nu_{ji}) < h\nu$ (*Stokes-Linien*) und eine weitere, schwächere Schar von Linien mit höheren Energien $h\nu' = h(\nu + \nu_{ji}) > h\nu$ (*Anti-Stokes-Linien*). Die Verschiebung der Linien ist unabhängig vom eingestrahlten Licht und wird ausschließlich durch die Übergangsenergie $h\nu_{ji} = h\nu_j - h\nu_i = -h\nu_{ij}$ zwischen Raman-aktiven (s.u.) Schwingungs- und Rotationsniveaus des untersuchten Moleküls bestimmt. Raman-Prozesse sind, wie

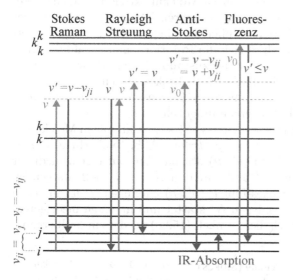

Abb. 15.33. Niveauschema zur Entstehung eines Raman-Spektrums (Jablonsky-Diagramm). *Graue Pfeile* entsprechen dem eingestrahlten Licht ν_0, *rote Pfeile* dem gestreuten ($\nu_0 - \nu_{ji}$ Stokes-, ν_0 Rayleigh- und $\nu_0 + \nu_{ji}$ Anti-Stokes-Linie). Die *rot-gestrichelten Linien* bezeichnet man gelegentlich als virtuelle Zwischenzustände. Real gibt es aber nur die *schwarzen*, mit i, j und k bezeichneten Energieniveaus. Zum Vergleich sind auch Infrarotabsorption und Fluoreszenz angedeutet

aus Abb. 15.33 ersichtlich, Zweiphotonenübergänge, die von jedem besetzten Vibrations-Rotationszustand des untersuchten Moleküls ausgehen können. Natürlich hängt die Streurate von der Besetzungsdichte des jeweiligen Anfangszustands $|i\rangle$ ab. Für die Stokes-Linien erwarten wir daher deutlich höhere Streuintensitäten als für die Anti-Stokes-Linien, da im ersteren Falle der Anfangszustand ja tiefer als im letzteren liegt, also infolge der thermischen Verteilung stärker besetzt ist als im Anti-Stokes-Fall.

Auch hier muss man wieder – wie bei der Infrarotspektroskopie – die Rotationsbesetzung und die Änderung der Rotationsquantenzahl N berücksichtigen. Am übersichtlichsten ist das für den starren, linearen Rotator. Da es sich beim

Raman-Prozess um einen Zweiphotonenübergang handelt, bei dem ein Drehimpuls $2\hbar$ übertragen wird, gilt hier die *Auswahlregel*

$$\Delta N = N'' - N' = 0, \pm 2\,, \qquad (15.19)$$

wobei N'' und N' wieder den tiefer bzw. höher liegenden Rotationszustand bezeichnen. Analog zu den P-, Q- und R-Zweigen bei der Vibrations-Rotationsspektroskopie bzw. bei elektronischen Übergängen (Abschn. 15.4.4) entstehen drei Übergangstypen:

$$
\begin{array}{llll}
O\text{-}, & Q\text{-} & \text{und} & S\text{-Zweig für} \qquad (15.20) \\
N' = N'' - 2, & N' = N'' & \text{bzw.} & N' = N'' + 2\ .
\end{array}
$$

Die Entstehung dieser drei Zweige ist in Abb. 15.34 für die Stokes-Linien veranschaulicht und wird mit der Infrarotabsorptionsspektroskopie verglichen.

Nach diesen Überlegungen ist in Abb. 15.35 (sehr schematisch) ein typisches Raman-Spektren für ein zweiatomiges Molekül skizziert. Die charakteristischen Rotations-Schwingungsbanden mit ihren Zweigen sind jeweils rot (Stokes) bzw. blau (Anti-Stokes) gegenüber der eingestrahlten Frequenz verschoben. Für den O-Zweig erniedrigt sich die Rotationsquantenzahl des Endzustands $|j\rangle$ um 2 gegenüber dem Anfangszustand $|i\rangle$. Somit wird, wie man sich anhand von Abb. 15.33 leicht überlegt, die Stokes-Verschiebung beim O-Zweig gegenüber der eingestrahlten Linie ν geringer als beim Q- und S-Zweig, im Anti-Stokes Fall wirkt sich das gerade umgekehrt aus.

Ausdrücklich sei darauf hingewiesen, dass es (bei zweiatomigen Molekülen) im Falle eines *reinen Rotations-Raman-Spektrums* (Abb. 15.35 Mitte) *nur S-Zweige* gibt: bei den Stokes-Linien ($\nu' < \nu$) startet man auf einem niedriger liegenden Rotationsniveau mit N'' und endet in $N' = N'' + 2$, was einem S-Übergang entspricht. Anti-Stokes-Linien ($\nu' > \nu$) entstehen, wenn man auf einem höher liegenden Rotationsniveau N' startet und in einem niedrigerem Niveau $N'' = N' - 2$ endet. Auch dies ist nach (15.20) wieder ein S-Übergang.

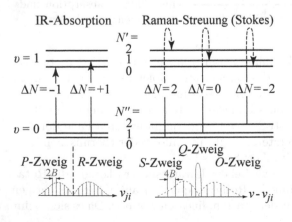

Abb. 15.34. *Rechts*: Entstehung des S-, Q- und O-Zweigs der Rotationsbanden im Stokes-Bereich eines Raman-Spektrums. *Links*: Im Vergleich dazu P- und R-Zweig bei der IR-Absorptionsspektroskopie polarer Moleküle

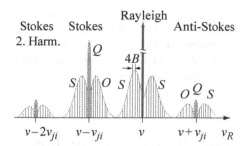

15.7.2 Klassische Erklärung

Bei der beliebten klassischen Erklärung betrachtet man das Molekül zeitabhängig. Im elektrischen Wechselfeld ($\omega = 2\pi\nu$) des eingestrahlten Lichts $E(t) = E_0 \cos(\omega t)$ wird das Molekül polarisiert, wodurch ein mit der Lichtfrequenz schwingender Dipol erzeugt wird:

$$\mathcal{D}_{el} = \alpha_E E = \alpha_E E_0 \cos(\omega t) \tag{15.21}$$

Die Polarisierbarkeit α_E ist im allgemeinen Fall ein Tensor, wird hier aber der Einfachheit halber zunächst als Skalar behandelt (isotrope Polarisierbarkeit). Man entwickelt α_E um den Gleichgewichtsabstand R_0 herum:

$$\alpha_E(R) = \alpha_E(R_0) + \left.\frac{d\alpha_E}{dR}\right|_{R_0} (R - R_0) + \cdots \tag{15.22}$$

Ohne das Feld oszilliert das Molekül harmonisch mit einer Eigenfrequenz $\omega_{ji} = 2\pi\nu_{ji}$ um seine Ruhelage R_0:

$$R(t) - R_0 = R_1 \cos(\omega_{ji} t) \tag{15.23}$$

Setzen wir dies und (15.22) in (15.21) ein, so ergibt sich:

$$\mathcal{D}_{el}(t) = \alpha_E E(t) = \left(\alpha_E(R_0) + \left.\frac{d\alpha_E}{dR}\right|_{R_0} R_1 \cos(\omega_{ji} t)\right) E_0 \cos(\omega t) =$$

$$\tag{15.24}$$

$$\alpha_E(R_0) E_0 \cos(\omega t) + \left.\frac{d\alpha_E}{dR}\right|_{R_0} R_1 E_0 \{\cos[(\omega + \omega_{ji}) t] + \cos[(\omega - \omega_{ji}) t]\}$$

Der feldinduzierte Dipol schwingt also auf drei Frequenzen, d.h. die eingestrahlte Frequenz ω wird mit zwei Seitenbändern moduliert. Dies entspricht gerade den drei Linientypen, die wir bereits kennengelernt haben:

- der unverschobenen Rayleigh-Linie: $\mathcal{D}_{el}(t) \propto \cos(\omega t)$
- der Stokes-Linie: $\mathcal{D}_{el}(t) \propto \cos[(\omega - \omega_{ji}) t])$ und
- der Anti-Stokes-Linie: $\mathcal{D}_{el}(t) \propto \cos[(\omega + \omega_{ji}) t]$

Nach (15.24) ist ein *Molekül dann und nur dann Raman-aktiv, wenn sich die Polarisierbarkeit mit dem Kernabstand ändert*, d.h. wenn $d\alpha_E/dR|_{R_0} \neq 0$ ist. Dies kann sehr wohl auch bei homonuklearen Molekülen der Fall sein. Raman-Spektren können daher auch für H_2, N_2 und O_2 aufgenommen werden – im Gegensatz zur reinen IR-Absorptionsspektroskopie.

15.7.3 Quantenmechanische Theorie

Die ersten Ansätze zu einer quantenmechanischen Behandlung des Raman-Effekts gehen bereits auf Göppert-Mayer (1931) zurück. Um Auswahlregeln und die Intensitätsverhältnisse in den Raman-Spektren quantitativ abzuleiten, muss man mindestens eine Störungsrechnung 2. Ordnung durchführen, da bei der Raman-Streuung ja zwei Photonen involviert sind (das eingestrahlte und das emittierte Photon). Die Rechnung folgt im Wesentlichen den Überlegungen, die wir bereits in Kap. 5, Band 1 im Zusammenhang mit der Mehrphotonenabsorption vorgestellt haben. Explizit hatten wir dort die Zweiphotonenanregung ausgeführt. Auch hier erwarten wir einen Ausdruck ähnlich zu (5.34). Allerdings ist bei dem hier behandelten (spontanen) Raman-Effekt, nur die Absorption des eingestrahlten Photons $h\nu$ ein induzierter Prozess, während das gestreute Photon $h\nu'$ spontan emittiert wird. Die Vorfaktoren sind daher jetzt etwas anders. Für den spontanen Raman-Übergang vom Anfangszustand $|i\rangle$ der Energie $h\nu_i$ in den Endzustand $|j\rangle$ mit der Energie $h\nu_j$ wird der differenzielle Streuquerschnitt

$$\frac{d\sigma_{ji}}{d\Omega} = (2\pi)^4 \, r_0^2 m_e^2 \nu \nu'^3 \left| \sum_k \frac{\langle j|\widehat{T}'|k\rangle\langle k|\widehat{T}|i\rangle}{h\nu_{ki} - h\nu} + \frac{\langle j|\widehat{T}|k\rangle\langle k|\widehat{T}'|i\rangle}{h\nu_{ki} + h\nu'} \right|^2$$
$$\times \, \delta(h\nu' - h\nu + h\nu_{ji}) \tag{15.25}$$

mit $r_0 = \alpha^2 a_0$, dem klassischen Elektronenradius, $\alpha = 1/137$, der Feinstrukturkonstanten und m_e, der Elektronenmasse. Den Dipolübergangsoperator haben wir wieder geschrieben als $\widehat{T} = \boldsymbol{r} \cdot \boldsymbol{e} = \boldsymbol{D} \cdot \boldsymbol{e}/e_0$ bzw. $\widehat{T}' = \boldsymbol{r} \cdot \boldsymbol{e}'$ für das anregende bzw. gestreute Photon. Man beachte die für spontane Prozesse typische Proportionalität zu ν'^3. Die Deltafunktion sorgt für Energieerhaltung: das gestreute Photon hat die Energie $h\nu' = h\nu - h\nu_{ji}$ mit $h\nu_{ji} = h\nu_j - h\nu_i$. Nach Abb. 15.33 auf S. 293 entspricht dies einem Stokes-Prozess. Natürlich bleibt (15.25) auch für die Anti-Stokes Banden gültig, man hat lediglich i und j zu vertauschen. Leicht verifiziert man, dass der Wirkungsquerschnitt tatsächlich die Einheit $[\sigma_{ji}] = m^2$ hat: *Es handelt sich um einen linearen Prozess, dessen Wahrscheinlichkeit proportional zur eingestrahlten Intensität wächst.*

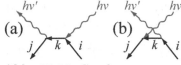

Abb. 15.36. Graphen zur
Raman-Streuung

Charakteristisch für die Störungsrechnung 2ter Ordnung ist die Summation über alle möglichen Zwischenzustände $|k\rangle$, im Prinzip einschließlich des Kontinuums. Man kann sich die beiden Terme in der Summe gut anhand der Feynman-artigen Graphen nach Abb. 15.36 veranschaulichen (jeweils von rechts nach links zu lesen). Graph (a) entspricht dem ersten Summenterm in (15.25): ein eingestrahltes Photon $h\nu$ wird absorbiert, wodurch Zustand $|i\rangle$ in $|k\rangle$ übergeht. Etwas später wird dann das Photon $h\nu'$ emittiert, wobei aus $|k\rangle$ nun $|j\rangle$ wird. Graph (b) entspricht dem zweiten Summenterm in (15.25): zuerst wird das Photon $h\nu'$ emittiert und $|i\rangle$ geht über in $|k\rangle$, im zweiten Schritt erst wird $h\nu$ absorbiert und $|k\rangle$ in $|j\rangle$ überführt.

Bei der quantitativen Auswertung der Dipolmatrixelemente in (15.25) geht man analog zu Abschn. 15.4.1 vor. Neben strengen Auswahlregeln vom Typ (15.19) bestimmen natürlich wieder Franck-Condon-Faktoren die Streuintensitäten – hier zwischen dem Anfangszustand $|i\rangle$ und den Zwischenzuständen $|k\rangle$ sowie zwischen diesen und dem Endzustand $|j\rangle$. Die gesamte Summe in (15.25) ist übrigens nahezu identisch mit dem Polarisationstensor, womit die Verbindung zur klassischen Interpretation hergestellt ist. In grundlegenden Arbeiten zur Raman-Streuung geht man daher auch meist von letzterem aus. Hier sei festgehalten, dass bei der Berechnung der entsprechenden Dipolübergangsmatrixelemente die in Abschn. 11.4.3 angestellten Überlegungen bezüglich der R-Abhängigkeit ganz analog anzuwenden sind. Dies führt zur quantenmechanischen Begründung der im letzten Abschnitt erschlossenen Regel (jetzt etwas allgemeiner formuliert):

- Ein Molekül ist dann und nur dann bezüglich einer bestimmten Normalschwingung q_i Raman-aktiv, wenn sich die elektronische Polarisierbarkeit mit dieser Koordinate ändert.

Für Details der Auswertung verweisen wir auf Albrecht (1961) sowie Chandrasekharan und Silvi (1981) und dort zitierte Referenzen. Allerdings verwenden diese Arbeiten nicht das SI-System. Die Rechnungen können im Detail recht aufwendig werden, und man versucht, Näherungen zu finden (angepasst an die jeweils gewählten experimentellen Bedingungen), um mit einer endlichen Anzahl von Zwischenzuständen zu vernünftigen Abschätzungen der Übergangswahrscheinlichkeiten zu gelangen.

Die Größe der Raman-Verschiebung $h\nu_{ji}$ hängt dagegen in trivialer Weise von den Termenergien der an den Übergängen beteiligten Rotations-Vibrationszustände ab. Besonders übersichtlich sind wieder die zweiatomigen Moleküle, für die man die Stokes-Verschiebungen in den drei Zweigen einfach als Differenzen aus den Rotations- und Schwingungstermen $F(N)$ und $G(v)$ nach (11.49) bzw. (11.50) berechnet (in Wellenzahlen):

$$O(N) = \bar{\nu}_{10} + (2B_1 - 4\mathcal{D}_1) - (3B_1 + B_0 - 12\mathcal{D}_1)\,N \tag{15.26}$$
$$+ (B_1 - B_0 - 13\mathcal{D}_1 + \mathcal{D}_0)\,N^2 + (6\mathcal{D}_1 + 2\mathcal{D}_0)\,N^3 - (\mathcal{D}_1 - \mathcal{D}_0)\,N^4$$

$$Q(N) = \bar{\nu}_{10} + (B_1 - B_0)\,N(N+1) - (\mathcal{D}_1 - \mathcal{D}_0)\,N^2\,(N+1)^2 \tag{15.27}$$

$$S(N) = \bar{\nu}_{10} + (6B_1 - 36\mathcal{D}_1) + (5B_1 - B_0 - 60\mathcal{D}_1)\,N \tag{15.28}$$
$$+ (B_1 - B_0 - 37\mathcal{D}_1 + \mathcal{D}_0)\,N^2 - (10\mathcal{D}_1 - 2\mathcal{D}_0)\,N^3 - (\mathcal{D}_1 - \mathcal{D}_0)\,N^4$$

Hier sind B_1 und B_0 die Rotationskonstanten im angeregten bzw. anfänglichen Vibrationszustand, $\mathcal{D}_1$ und $\mathcal{D}_0$ die entsprechenden Rotationsstreckkorrekturen und $\bar{\nu}_{10} = \Delta G\,(1 \leftarrow 0)$ ist die Schwingungsfrequenz des Übergangs nach (11.80). Mit diesen Ausdrücken kann man die Struktur der Spektren recht gut abschätzen. Insbesondere wird deutlich, dass der Q-Zweig nur zu einer sehr kleinen Rotations-Raman-Verschiebung führt, da in diesem Falle lediglich die (kleinen) Differenzen der Rotationskonstanten B und der Korrekturterme $\mathcal{D}$ für die zwei beteiligten Vibrationsniveaus wirksam werden. Für größere N erwartet man aber ein quadratisches Anwachsen der Linienabstände, während die O- und S-Zweige in erster Näherung konstante Abstände zwischen den Rotationslinien erwarten lassen.

Wirkungsquerschnitte für die Raman-Streuung sind notorisch sehr klein. Da in aller Regel $h\nu_{ki} \neq h\nu$ für alle Zwischenzustände $|k\rangle$ gilt, bei der sogenannten normalen Raman-Spektroskopie sogar $h\nu_{ki} \gg h\nu$ ist, gibt es in (15.25) typischerweise keine Resonanznenner – im Gegensatz zu den Wirkungsquerschnitten für die Einphotonen-Absorption und Emission, die wir in Kap. 4 und 5, Band 1 behandelt haben, und welche letztere so effizient machen. Zwar kann in speziellen Fällen durchaus auch einmal $h\nu_{ki} \simeq h\nu$ werden (man muss dann einen Dämpfungsterm $i\Gamma_e$ in dem entsprechenden Nenner in (15.25) einfügen). Man spricht gelegentlich von „Resonanz-Raman-Streuung". Aber eigentlich handelt es sich dabei um eine spezielle Variante der optisch induzierten Fluoreszenz, meist also der spektral aufgelösten, Laser-induzierten Fluoreszenz (DF). Die Übergänge sind zumindest sehr fließend.

15.7.4 Experimentelles

Die klassische Absorptions- und Emissionsspektroskopie an Molekülen konnte bereits im 19ten und in der ersten Hälfte des 20sten Jahrhunderts ihre Erfolge feiern. Der Siegeszug der Raman-Spektroskopie bei der Strukturaufklärung von Molekülen und als eines der wichtigsten Werkzeuge der Analytik ist erst mit der Entwicklung des Lasers möglich geworden. Es gab zwar seit der Entdeckung des Effekts 1928 eine Reihe viel beachteter Arbeiten und der Nobelpreis für Raman 1930 dokumentiert, dass die große Bedeutung der Raman-Streuung früh erkannt wurde. Aber die Wirkungsquerschnitte sind doch so klein, dass effiziente Verfahren erst unter Benutzung von intensiven, hoch gebündelten Laser-Lichtquellen zur Verfügung standen – wobei eine oder mehrere Festfrequenzen völlig ausreichen, wie sie seit den 60iger Jahren des vergangenen Jahrhunderts in Form von Gasentladungs-Lasern (insbesondere Ar-Ionen-Lasern) problemlos zur Verfügung stehen.

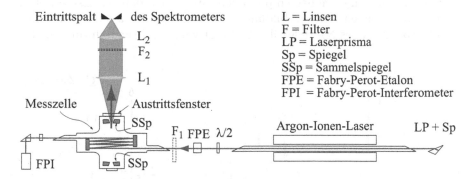

Abb. 15.37. Aufbau eines Raman-Spektrometers schematisch. Der Laserstrahl des Ar-Ionen-Lasers wird mehrfach innerhalb der Messzelle, gefüllt mit Gas, hin und her reflektiert, um einen großen Wechselwirkungsbereich zu ermöglichen. Sehr wichtig sind die Spiegel SSp, die Raman-Streulicht sammeln und zum Spektrometer lenken

Einen typischen Aufbau für ein Raman-Spektrometer zeigt – weitgehend selbst erklärend – Abb. 15.37. Zwar ist das Messprinzip sehr einfach. Die große experimentelle Herausforderung der Raman-Spektroskopie besteht aber (i) im effizienten Sammeln der gestreuten Stokes- (gelegentlich auch einmal der Anti-Stokes-) Photonen, (ii) ihrer sorgfältigen Abtrennung von der um Größenordnungen intensiveren Rayleigh-Streuung, ebenso vom direktem Steulicht, das an den verschiedenen Bauteilen des Spektrometers reflektiert oder gebeugt wird und (iii) schließlich in der Bereitstellung höchster spektraler Auflösung. Raman-Spektrometer sind heute kommerziell in den verschiedensten Varianten verfügbar, sowohl für die Gasphasenanalyse wie auch für die Untersuchung von Festkörpern und Oberflächen – in letzterem Falle auch ortsaufgelöst auf einer μm- und sub-μm-Skala, was im Zeitalter der Nano-, Bio- etc. Technologien von besonderer Bedeutung ist. Dabei kann die Raman-Streuung in speziellen Fällen durch die Oberfläche erheblich verstärkt werden, was man bei der „Surface Enhanced Raman Spectroscopy" (SERS) gezielt nutzt.

Moderne, höchstauflösende Raman-Spektrometer arbeiten (ganz ähnlich wie IR-Spektrometer) mit interferometrischen Analyseverfahren, also insbesondere mit der Fourier-Transformations-Spektroskopie (s. z.B. Chase und Rabolt, 1994) und mit hoch stabilisierten Einzelmoden-Argon-Ionen-Lasern, typischerweise bei 488 nm. Auflösungen im Bereich von $0.01\,\mathrm{cm}^{-1}$ werden dabei erreicht, wobei man freilich wegen der Doppler-Verbreiterung den Sammelwinkel erheblich einschränken muss. Für Details zu den verschiedenen Spektrometertypen, Verfahren und Anwendungen verweisen auf die einschlägige Originalliteratur und eine Fülle spezialisierter Monographien.

15.7.5 Beispiele für Raman-Spektren

Im Folgenden wollen wir einige charakteristische Beispielspektren diskutieren und beginnen mit den beiden prominentesten zweiatomigen Bestandteilen der uns umgebenden Luft. Abbildung 15.38 zeigt das Rotations-Vibrations-Raman-Spektrum des N_2-Moleküls. Angeregt wird die Grundschwingung, für

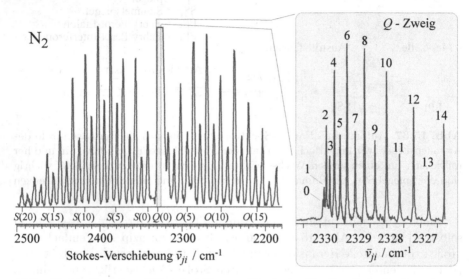

Abb. 15.38. Rotations-Vibrations-Raman-Bande für N_2. Das linke Spektrum, ursprünglich von Barrett und Adams (1968) mit der 488 nm-Linie eines Ar^+-Ionen-Lasers aufgenommen, wurde leicht gestreckt und verschoben, um es an die neuesten, hoch aufgelösten Daten von Bendtsen und Rasmussen (2000) anzupassen. Letzterer Arbeit wurde auch die rotationsaufgelöste Q-Bande rechts entnommen. Die unteren Skalen geben die Stokes-Verschiebung der Linien gegenüber der eingestrahlen Frequenz. Ebenfalls eingetragen sind die Ausgangsrotationsquantenzahlen N'' der Spektren für die O-, Q- und S-Zweige. In Folge der Kernspinstatistik ist die Intensität für ungerade N'' um einen Faktor 2 geringer (s. Text)

welche man mit den Werten aus Tabelle 11.6 auf S. 27 nach (11.80) berechnet:
$\bar{\nu}_{10} = \Delta G\,(1 \leftarrow 0) = 2\,329.92\,\text{cm}^{-1}$ (das entspricht innerhalb der Linienbreite genau dem Wert für die $Q(0)$-Linie in Abb. 15.38; die Werte werden mit Hilfe der Raman-Spektroskopie laufend weiter verbessert). Das Spektrum zeigt sehr schön die nach (15.26) und (15.28) erwarteten, nahezu konstanten Linienabstände für O- und S-Zweig und den schmalen Q-Zweig. Der vergrößerte Ausschnitt rechts mit hoher Auflösung zeigt die von (15.27) vorhergesagte quadratische Abhängigkeit der Raman-Verschiebung im $Q(N)$-Zweig. Interessant ist die alternierende Linienintensität, welche der Kernspinstatistik geschuldet ist, wie wir gleich besprechen werden.

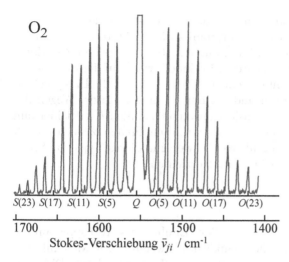

O_2

S(23) S(17) S(11) S(5) Q O(5) O(11) O(17) O(23)

1700   1600   1500   1400

Stokes-Verschiebung $\bar{\nu}_{ji}$ / cm^{-1}

Abb. 15.39. Rotations-Vibrations Raman-Bande für die Grundschwingung von O_2 nach Barrett und Adams (1968) aufgenommen mit der 488 nm-Linie eines Ar$^+$-Ionen-Lasers. Die untere Skala gibt die Stokes-Verschiebung der Linien gegenüber der eingestrahlen Frequenz, darüber sind wieder die Ausgangsrotationsquantenzahlen N'' der Spektren für die O-, Q- und S-Zweige eingetragen. In Folge der Kernspinstatistik gibt es beim O_2 nur Niveaus mit ungeradem N (s. Text)

Zunächst wollen wir aber kurz noch das in Abb. 15.39 gezeigte Rotations-Vibrations-Raman-Spektrum für das O_2-Molekül besprechen. Hier ergeben die Werte aus Tabelle 11.6 auf S. 27 $\bar{\nu}_{10} = 1\,556.23\,\text{cm}^{-1}$, was genau der als $Q(0)$ markierten Grenze des Q-Zweigs entspricht. Es gibt inzwischen neuere, präzisere Messungen, die aber meist nur tabelliert vorliegen, weshalb wir hier dieses erste, mit einem Ar$^+$-Ionen-Laser vermessene Raman-Spektrum des O_2 von Barrett und Adams (1968) zeigen. Hier stellen wir eine weitere, mit dem Kernspin zusammenhängende Besonderheit fest: es gibt im elektronischen Grundzustand des O_2 offenbar nur Rotationszustände mit ungeradem Rotationsdrehimpuls N, wie im nächsten Abschnitt erklärt wird.

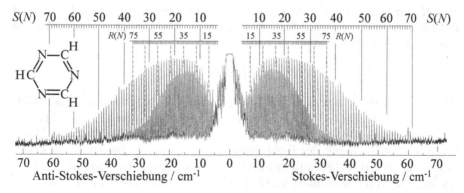

Abb. 15.40. Hoch aufgelöstes, reines Rotations-Raman-Spektrum des s-Triazin, aufgenommen mit der 488 nm Ar$^+$-Ionen-Laser Linie nach Weber (1979)

Schließlich sei in Abb. 15.40 noch ein hoch aufgelöstes, reines Rotations-Raman-Spektrum ($\Delta v = 0$) für ein mehratomiges Molekül, das s-Triazin gezeigt. Wie am Ende von Abschn. 15.7.1 erläutert, gibt es bei reinen Rotations-Raman-Spektren zweiatomiger (linearer) Moleküle sowohl auf der Stokes- wie auch auf der Anti-Stokes-Seite nur je einen S-Zweig ($\Delta N = 2$). Entsprechendes gilt auch beim symmetrischen und asymmetrischen Rotator. Wegen der möglichen Änderung der Rotationsprojektionsquantenzahlen K tritt hier nun aber zusätzlich auf beiden Seiten der eingestrahlten Frequenz auch ein R-Zweig auf ($\Delta N = 1$). Auf eine detaillierte Auswertung dieses Typs von Spektren großer Moleküle müssen wir hier aber verzichten.

15.7.6 Kernspinstatistik

Wir hatten uns schon in Kap. 11.3.3 mit dem Einfluss des Kernspins auf die Besetzung der Rotationsniveaus homonuklearer, zweiatomiger Moleküle befasst. Dort hatten wir ortho- und para-Wasserstoff kennengelernt. Die eben gezeigten Raman-Spektren von N_2 und O_2 nötigen uns, das Thema noch einmal aufzunehmen.

Der beim N_2 beobachtete Intensitätswechsel von $2 : 1$ zwischen geraden und ungeraden Rotationsquantenzahlen N ebenso wie das Ausbleiben der Linien für gerades N beim O_2 hat den gleichen Ursprung. Solche Intensitätswechsel können bei Molekülen mit zwei gleichen Kernen auftreten und sind eine Folge des Pauli-Prinzips, wonach die Gesamtwellenfunktion von Fermionen (Teilchen mit halbzahligem Spin) antisymmetrisch gegen Vertauschung sein muss, bei Bosonen (Teilchen mit ganzzahligem Spin) dagegen symmetrisch.

Die Gesamtwellenfunktion des Moleküls kann man als Produkt aus Orts- und Spinfunktionen bezüglich der Elektronen- und der Kernkoordinaten, r und R, darstellen. Bei den hier zu diskutierenden Symmetrien spielen nur die mit Drehimpulsen (einschließlich der Kernspins) zusammenhängenden Anteile eine Rolle. Wir schreiben etwas locker:

$$\Psi(r, R) = \phi_{el}(r)\psi_{rot}(R)\chi_{sp}(I) \tag{15.29}$$

Hier beschreibt $\phi_{el}(r)$ die winkelabhängigen Anteile der elektronischen Wellenfunktionen (s. Kap. 11.6) und $\psi_{rot}(R)$ steht für die Kugelflächenfunktionen bezüglich der Kernkoordinaten. Da wir hier nur die Vertauschung der Atomkerne betrachten, spielt der Elektronenspin nur insofern eine Rolle, als er die elektronische Ortswellenfunktion und damit die Symmetrie der lokalen Umgebung der Kerne bestimmt: $\chi_{sp}(I)$ bezieht sich daher ausschließlich auf den Kernspin.

Im Folgenden betrachten wir eine Abfolge von Symmetrieoperationen, die insgesamt zum Austausch der beiden Atomkerne in einem homonuklearen Molekül führt. In Abb. 15.41 kennzeichnen wir die beiden Kerne zur Veranschaulichung durch A und B (in der Realität sind sie natürlich ununterscheidbar).

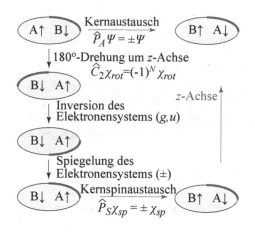

Abb. 15.41. Zur Veranschaulichung der im Text diskutierten Symmetrieoperationen: der komplette Austausch der Kerne A und B (*roter, horizontaler Pfeil* oben) ist äquivalent der skizzierte Abfolge von Symmetrieoperationen

Die elektronische Zustandsfunktion $\phi_{el}(\hat{r})$ wird durch die Ellipse charakterisiert, deren Symmetrieverhalten wir anhand der roten Markierung verfolgen können. Der komplette Austausch der Kerne (Austauschoperator $\widehat{P}_A$) muss insgesamt zu

$$\widehat{P}_A \Psi = \pm\Psi$$

führen, je nachdem ob wir es mit Bosonen oder Fermionen zu tun haben. Um diesen Austauschprozess konkret für die Wellenfunktion (15.29) zu realisieren, führen wir nacheinander folgende Operationen durch, deren Wirkungen für einen gegebenen Molekülzustand bekannt sind:

1. $\widehat{C}_2$: Rotation des ganzen Moleküls bezüglich der z-Achse (senkrecht zur Molekülachse) um 180°. Wir erhalten:

$$\widehat{C}_2 \psi_{rot} = (-1)^N \psi_{rot} \tag{15.30}$$

Die elektronische und Spin-Wellenfunktion haben keinen Phasenfaktor.

2. $\hat{\imath}$: Inversion der elektronischen Wellenfunktion:

$$\hat{\imath}\phi_{el} = \pm\phi_{el} \tag{15.31}$$

Es gilt das $+$ oder das $-$ Zeichen, je nachdem ob wir es mit einem g- oder einem u-Zustand zu tun haben (homonukleare Moleküle).

3. $\hat{\sigma}_h$: Spiegelung der elektronischen Wellenfunktion an einer Ebene durch die Kernverbindungsachse:

$$\hat{\sigma}_h\phi_{el} = \pm\phi_{el} \tag{15.32}$$

Speziell für $\Sigma^\pm$-Zustände gilt das $+$ bzw. das $-$ Zeichen.

4. $\widehat{P}_S$: Austausch der beiden Kernspins.

$$\widehat{P}_S\chi_{sp} = \pm\chi_{sp} \tag{15.33}$$

Die Symmetrie der Kernspinfunktion $\chi_{sp}(I) = |I\ I\ \mathcal{I}\mathcal{M}\rangle$ ergibt sich nach den üblichen Regeln der Drehimpulskopplung. Wir bezeichnen die beiden Kernspins mit I, den Gesamtkernspin mit $\mathcal{I}$ und seine Projektion mit $\mathcal{M}$. Wegen $0 \leq \mathcal{I} \leq 2I$ mit jeweils $(2\mathcal{I} + 1)$ Unterzuständen gibt es insgesamt $(2I + 1)(2I + 1)$ verschieden Kernzustände, die entweder symmetrisch oder antisymmetrisch sind – man kann sich dies im Einzelfall leicht überlegen.

Wie in Abb. 15.41 illustriert, ist die gesamte Abfolge der Symmetrieoperationen 1–4 tatsächlich äquivalent zum vollständigen Kernaustausch. Somit wird insgesamt:

$$\widehat{P}_A \Psi = \hat{\sigma}_h \hat{\imath} \phi_{el}\ (-1)^N\ \psi_{rot}\ \widehat{P}_S \chi_{sp} = \pm \Psi$$

Wir betrachten im Folgenden die drei Beispiele, die uns bisher begegnet sind.

^{1}H$_2$-Molekül

Der elektronische Grundzustand ist ein $^1\Sigma_g^+$ -Zustand, für welchen sowohl $\hat{\imath}$ wie auch $\hat{\sigma}_h$ den Eigenwerte $+1$ haben. Daher hat ϕ_{el} keinen Einfluss auf die Gesamtsymmetrie. Der Kernspin von ^{1}H ist $I = 1/2$, es handelt sich um Fermionen und die *Gesamtwellenfunktion muss antisymmetrisch sein*. Wie beim Zweielektronensystem gibt es ein antisymmetrisches Singulett mit $\mathcal{I} = 0$ und ein symmetrisches Triplett mit $\mathcal{I} = 1$. Mit (15.30) muss für gerade N also die Kernspinfunktion antisymmetrisch sein (ein Zustand), während für ungerade N die Kernspinfunktion symmetrisch sein muss (drei Zustände). Im Raman-Spektrum (hier nicht gezeigt) ist das Intensitätsverhältnis von Linien mit geradem N zu ungeradem N tatsächlich $1 : 3$.

^{14}N$_2$-Molekül

Auch hier ist der elektronische Grundzustand ein $^1\Sigma_g^+$ -Zustand, ϕ_{el} also ohne Einfluss auf die Statistik. Der Kernspin von ^{14}N ist $I = 1$ und wir haben es jetzt mit Bosonen zu tun, deren *Gesamtwellenfunktion symmetrisch sein muss*. Hier gibt es nun ein symmetrisches (!)[6] Kernspin-Singulett mit $\mathcal{I} = 0$, ein antisymmetrisches Triplett mit $\mathcal{I} = 1$ und ein symmetrisches Quintuplett mit $\mathcal{I} = 2$, insgesamt also 9 Kernspinzustände, von denen 6 symmetrisch, 3 antisymmetrisch sind. Um eine gerade Gesamtwellenfunktion zu erzeugen, müssen jetzt die symmetrischen Kernspinzustände mit den geraden N kombiniert werden, die antisymmetrischen gehören zu den ungeraden N. Dies erklärt also die im Raman-Spektrum Abb. 15.38 auf S. 300 beobachteten Intensitätsverhältnisse von Linien mit geradem N zu ungeradem N von $2 : 1$.

---

[6] Man kann dies leicht durch Berechnung oder Nachschlagen der entsprechenden Clebsch-Gordan-Koeffizienten verifizieren.

$^{16}O_2$-Molekül

Hier haben wir es mit einem elektronischen $^3\Sigma_g^-$ -Grundzustand zu tun, für welchen $\hat{\sigma}_h \hat{\imath} \phi_{el} = -\phi_{el}$ wird. Es handelt sich um Bosonen: der Kernspin von $^{16}O_2$ ist $I = 0$ und die *Gesamtwellenfunktion muss wieder symmetrisch sein.* Nun können wir aber aus zwei Kernspins $I = 0$ *nur einen symmetrischen* Singulett Gesamtkernspinzustand mit $\mathcal{I} = 0$ konstruieren. Die positive Gesamtsymmetrie lässt sich dann nur mit ungeraden Werten der Rotationsquantenzahl N herstellen, welche die negative Symmetrie von ϕ_{el} kompensieren. Deshalb gibt es im Raman-Spektrum Abb. 15.39 auf S. 301 nur Linien, die von ungeraden N ausgehen: im elektronischen Grundzustand von $^{16}O_2$ gibt es einfach nur solche Zustände. Diese Kernspinstatistik hat natürlich auch Konsequenzen für die sonstigen Eigenschaften von O_2, wie etwa beim Temperaturverlauf der spezifischen Wärmekapazität.

Ganz allgemein kann man zeigen (und für die drei hier besprochenen Fälle leicht verifizieren), dass sich die Anzahl g_s von symmetrischen zur Zahl g_a von antisymmetrischen Gesamtspinzuständen verhält wie

$$\frac{g_s}{g_a} = \frac{I+1}{I}.$$

15.8 Nichtlineare Spektroskopien

Bei allen bislang behandelten spektroskopischen Methoden hängt das beobachtete Signal linear von der Intensität der eingestrahlten elektromagnetischen Welle ab. Das gilt, wie bereits bemerkt, auch für die gerade besprochene spontane (auch inkohärent genannte) Raman-Streuung. Bei höheren Intensitäten des eingestrahlten Lichts, wie man sie heute bequem mit Lasern herstellen kann, muss man aber über die Bedeutung von nichtlinearen Prozessen nachdenken, die in der Tat sehr vorteilhaft für viele spektroskopische Anwendungen eingesetzt werden können. Nichtlineare-Optik und Nichtlineare-Spektroskopie definieren heute ein aktuelles, wichtiges Forschungsgebiet, in das wir auch nicht ansatzweise ernsthaft einführen können. Dies leisten viele Reviews (z.B. Wright et al., 1991; Knight et al., 1990; Druet und Taran, 1981) und umfangreiche Monographien (z.B. Boyd, 2008; Shen, 2003). Wir werden hier lediglich einige Grundlagen kommunizieren und anhand eines jüngeren Beispiels das Potenzial nichtlinearer Prozesse für die Spektroskopie freier Moleküle andeuten.

15.8.1 Einige Grundlagen

Nichtlineare Prozesse entstehen durch die Veränderung der Materie bei der Wechselwirkung mit elektromagnetischer Strahlung, die wiederum auf das elektromagnetische Feld zurückwirkt. In einem störungstheoretischen Ansatz, also für nicht allzu hohe Intensitäten, beschreibt man dies durch eine feldinduzierte Polarisation $\mathfrak{P}$, die man in allgemeiner Form häufig als

$$\mathfrak{P} = \mathfrak{P}^{(1)} + \mathfrak{P}^{NL} = \epsilon_0 \left(\chi^{(1)} \cdot \boldsymbol{E} + \chi^{(2)} \cdot \boldsymbol{E}\boldsymbol{E} + \chi^{(3)} \cdot \boldsymbol{E}\boldsymbol{E}\boldsymbol{E} + \dots \right) \quad (15.34)$$

ansetzt. Dieser Ausdruck ersetzt also (8.96), Band 1, wo wir lediglich einen linearen Term $\mathfrak{P} = \mathfrak{P}^{(1)}$ angesetzt hatten. In Analogie zur (linearen) Suszeptibilität $\chi^{(1)}$ bezeichnet man $\chi^{(2)}$ und $\chi^{(3)}$ als nichtlineare Suszeptibilitäten zweiter bzw. dritter Ordnung,[7] die entsprechenden Terme $\mathfrak{P}^{NL}$ als nichtlineare Polarisation. Die absolute Größe der Polarisation ist natürlich wie im linearen Fall (8.98) proportional zur Teilchendichte des Untersuchungsobjekts. Es bedarf also einer gewissen Mindestdichte, um nichtlineare Prozesse überhaupt beobachten und sinnvoll für die Spektroskopie nutzen zu können. Nach (8.100) sind Brechungsindex n und lineare Suszeptibilität (im Falle isotroper Medien) über $\chi^{(1)} = n^2 - 1$ miteinander verknüpft, in Festkörpermaterialien ist $\chi^{(1)}$ also typisch von der Größenordnung 1. Ganz allgemein zeigt es sich, dass die Terme zweiter und dritter Ordnung in der Regel sehr klein gegen den linearen Term sind. Sie werden (jenseits von Resonanzen) erst dann vergleichbar groß, wenn die elektrische Feldstärke in die Größenordnung der atomaren Feldstärke $E_H = e_0 / \left(4\pi\epsilon_0 a_0^2\right)$ nach (8.130) kommt, also bei Intensitäten $\geq 3 \times 10^{16}\,\mathrm{W}/\mathrm{cm}^2$. Unter Berücksichtigung der linearen und nichtlinearen Polarisation ist die allgemeine Wellengleichung (13.33) zu ersetzen durch:

$$\left(\Delta - \frac{n^2}{c^2} \frac{\partial^2}{\partial t^2} \right) \boldsymbol{E}(x, y, z, t) = \frac{1}{c^2 \epsilon_0} \frac{\partial \mathfrak{P}^{NL}}{\partial t^2} \quad (15.35)$$

Diese Wellengleichung beschreibt die Ausbreitung elektromagnetischer Strahlung in Materie und muss somit auch für die Beschreibung spektroskopischer Experimente angewandt werden. Wegen der Terme höherer Ordnung in (15.34) kann es dabei auch zur Bildung von Summen und Differenzen aller im Spektrum der eingestrahlten elektromagnetischen Welle(n) enthaltenen Frequenzkomponenten kommen. Gleichung (15.35) bildet zusammen mit (15.34) die Basis aller nichtlinearen Spektroskopie.

Im allgemeinen Fall ist die Auswertung dieser Gleichungen freilich nicht trivial. Die Suszeptibilitäten $\chi^{(1)}$, $\chi^{(2)}$ und $\chi^{(3)}$ sind nämlich streng genommen Tensoren zweiter, dritter bzw. vierter Stufe, und die Ausdrücke in (15.34) sind als Summen über die Polarisationskomponenten der Feldvektoren, multipliziert mit den entsprechenden Tensorelementen, zu verstehen. In der Praxis vereinfachen Symmetrieüberlegungen das Problem aber meist dramatisch. So ist $\chi^{(2)}$ nur dann von Null verschieden, wenn das bestrahlte System keine Zentrosymmetrie besitzt – optisch aktive Kristalle zeichnen sich in der

---

[7] Man beachte aber, dass diese Größen nicht dimensionslos sind wie $\chi^{(1)}$, sondern in m/V bzw. $\mathrm{m}^2/\mathrm{V}^2$ gemessen werden.

Tat durch ihre Anisotropie aus und werden z.B. zur Erzeugung der zweiten Harmonischen von Laserlicht benutzt. Besitzt das untersuchte Target aber Zentrosymmetrie (wie z.B. ein Überschall-Molekularstrahl oder eine isotrope Flüssigkeit), so entfällt nicht nur der $\chi^{(2)}$-Term vollständig, auch die $\chi^{(3)}$ Terme können relativ übersichtlich werden.

Die nichtlineare Polarisation $\mathfrak{P}^{NL} = \epsilon_0 \chi^{(3)} \cdot \boldsymbol{E}\,\boldsymbol{E}\,\boldsymbol{E}$ beschreibt in diesem Fall sogenannte (kohärente) Vierwellenmischprozesse (*coherent four wave mixing, CFWM*): drei elektromagnetische Wellen unterschiedlicher oder teilweise auch gleicher Frequenz (ν_1, ν_2, ν_3) und Polarisation (e_1, e_2, e_3) werden eingestrahlt und generieren eine zeitlich veränderliche Polarisation $\mathfrak{P}^{NL}$, welche ihrerseits ein viertes elektromagnetisches Feld der Frequenz ν_4 und Polarisation e_4, eben das gewünschte Signal, erzeugt, das kohärent emittiert wird. Im einfachsten Fall, wenn alle eingestrahlten Lichtwellen die gleiche Polarisation haben, wird $\chi^{(3)}(-\nu_4, \nu_1, \nu_3, -\nu_2)$ einfach eine skalare Funktion der eingestrahlten Frequenzen (positives Vorzeichen entspricht hier einem Anregungsprozess, negatives Vorzeichen einer stimulierten Emission), und die nichtlineare Polarisation wird $\mathfrak{P}^{NL} = \epsilon_0 \chi^{(3)} E^3$, wobei $E(t, z)$ die Summe der eingestrahlten Wellen repräsentiert.

Die Berechnung von $\chi^{(3)}$ erfolgt über Ausdrücke, die ähnlich wie (15.25) aufgebaut sind, hier freilich in Störungsrechnung dritter Ordnung: Es handelt sich also um Dreifachsummen über die Produkte von jeweils 4 Dipolübergangsmatrixelementen zwischen Anfangszustand bzw. Endzustand und verschiedenen Zwischenzuständen, die mit jeweils drei Green'schen Propagatoren (Resonanznennern) vom Typ $(h\nu - h\nu_{kj} + \mathrm{i}\Gamma_{kj})^{-1}$ multipliziert werden, wobei $\nu = \nu_3 \mp \nu_2 \pm \nu_1$ oder $\nu_3 \pm \nu_2 \pm \nu_1$ sein kann; $h\nu_{kj}$ sind die Energiedifferenzen zu den Zwischenzuständen und Γ_{kj} der Mittelwert der natürlichen Linienbreite der beteiligten Niveaus j und k. Die Auswertung dieser Ausdrücke, die aus bis zu 48 Summanden bestehen, ist eine außerordentlich anspruchsvolle Aufgabe, bei der man sich Feynman-artiger Diagramme nach Yee et al. (1977) bedient, auch Bordé (1983) Diagramme genannt (wir hatten diese schon bei der spontanen Raman-Streuung benutzt). Für Details im Kontext der hier interessierenden Prozesse verweisen wir z.B. auf Williams et al. (1994, 1995, 1997) und Di Teodoro und McCormack (1999). Es gibt eine Fülle solcher Vierwellenmischprozesse, die man im Prinzip für die Spektroskopie nutzen kann. In Abb. 15.42 ist eine kleine Auswahl anhand von Niveauschemata skizziert. Wir schließen uns dabei der üblichen Konvention an: ν_1 und ν_3 beschreiben Absorptions-, ν_2 und ν_4 Emissionsprozesse, wobei die Frequenzen ν_1, ν_2 und ν_3 eingestrahlt werden, ν_4 beschreibt das erzeugte, kohärente Signal.

CARS ist die kohärente Form der Raman-Streuung, die eine Fülle interessanter, vibrationsselektiver Anwendungen in der Spektroskopie erlaubt. So etwa in der ortsaufgelösten Oberflächenanalytik. DFWM, die entartete, resonante Vierwellenmischung, bei der drei gleiche Frequenzen zu einem Signal eben dieser Frequenz gemischt werden, kann ähnlich wie die Absorptions oder LIF Spektroskopie zur Untersuchung elektronischen Übergänge eingesetzt werden. TC-RFWM, resonante Zweifarben-Vierwellenmischprozesse,

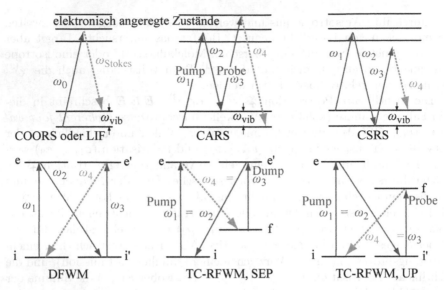

Abb. 15.42. Vergleich von COORS (Common Ordinary Old Raman Scattering) bzw. im resonanten Fall LIF mit verschiedenen Vierwellenmischprozessen. *Volle rote Pfeile* entsprechen eingestrahlten Frequenzen, *gestichelte rosa Pfeile* dem Signal. CARS (Coherent Anti-Stokes Raman Scattering): $\nu_1 = \nu_3$ (Pump bzw. Probe), ν_2 =Stokes, ν_4 =Anti-Stokes Signal; CSRS (Coherent Stokes Raman Scattering): $\nu_2 = \nu_3$ (Pump bzw. Probe), ν_3 =Anti-Stokes, ν_4 =Stokes Signal; DFWR (degenerate four wave mixing): vier gleiche Frequenzen, ausgehend von zwei gleichen (oder unterschiedlichen), entarteten Grundzuständen i und i' zu zwei gleichen (oder unterschiedlichen), entarteten angeregten Zuständen e und e'; TC-RFWM, SEP (two colour resonant four wave mixing, stimulated emission pumping): $\nu_1 = \nu_2$ (Pump), $\nu_3 = \nu_4$ (Dump) ; TC-RFWM, UP (mit Doppelresonanz ausgehend vom Grundzustand): $\nu_1 = \nu_2$ (Pump), $\nu_3 = \nu_4$ (Probe)

stellen in der UP-Version eine spezielle Variante von Doppelresonanzspektroskopie dar, die uns in linearer Ausprägung bereits mehrfach begegnet ist. Die übrigen Diagramme in Abb. 15.42 sind weitgehend selbst erläuternd, sodass wir hier auf eine vertiefte Diskussion verzichten. Ganz allgemein bewähren sich nichtlineare Verfahren häufig dort, wo lineare Methoden versagen. So z.B. wenn es gilt, einen diffusen Untergrund zu unterdrücken, wie beim Nachweis und der Spektroskopie von Radikalen oder Molekülionen, die in einer selbst leuchtenden Plasmaentladung erzeugt werden.

Es ist wichtig festzuhalten, dass bei allen in Abb. 15.42 skizzierten Prozessen *Energie- und Impulserhaltungssatz gelten müssen*:

$$h\nu_1 + h\nu_3 = h\nu_2 + h\nu_4 \tag{15.36}$$

$$\boldsymbol{k}_1 + \boldsymbol{k}_3 = \boldsymbol{k}_2 + \boldsymbol{k}_4 \tag{15.37}$$

mit den vier Wellenvektoren k_j. Die letzte Beziehung garantiert die sogenannte Phasenanpassung der vier Wellen *(phase matching)*. Phasenanpassung stellt also die kohärente Wechselwirkung der zu mischenden Wellen sicher und bildet das Herzstück bei der Realisierung eines jeden nichtlinearen Prozesses. Eine genaue Analyse (Williams et al., 1997) zeigt, dass die beobachteten Signalintensitäten durch Ausdrücke vom Typ

$$I_4 \propto [\mathfrak{N}_i]^2 \times L^2 \times I_1 I_2 I_3 \tag{15.38}$$
$$\times [S_{ie}]^2 [S_{ef}]^2 \times |\mathcal{L}(\nu_1, \nu_3)|^2 \times [G(e_4, e_1, e_2, e_3; N_i, N_e, N_f)]^2$$

beschrieben werden (dieser spezielle Ausdruck gilt für TC-RFWM Anordnungen). Hier steht $\mathfrak{N}_i$ für die Targetteilchendichte im Anfangszustand, L für die Länge der Wechselwirkungszone, I_1, I_2 und I_3 sind die drei eingestrahlten Intensitäten und $S_{jk} \propto |\langle j \| D \| k \rangle|^2$ die Linienstärken der Übergänge zwischen den Zuständen j und k. Wie in Anhang F.2, Band 1 ausgeführt, sind die Linienstärken proportional zum Quadrat des reduzierten Matrixelements des Dipoloperators (F.24) für den jeweiligen Übergang – und im vorliegenden Fall abhängig von den beteiligten Vibrations- und Rotationsquantenzahlen N_i, N_e, N_f. Das Linienprofil $\mathcal{L}(\nu_1, \nu_3)$ berücksichtigt insbesondere die Geschwindigkeitsverteilung der Targetmoleküle (also die Doppler-Verbreiterung) sowie die natürlichen Linienbreiten der Übergänge. Schließlich beschreibt $G(e_4, e_1, e_2, e_3; N_i, N_e, N_f)$ den Einfluss der Polarisationen der eingestrahlten bzw. der nachgewiesenen Wellen und hängt natürlich vom Drehimpuls der beteiligten Zustände, also von den Rotationsquantenzahlen ab.

Wir weisen besonders darauf hin, dass das Signal als kohärent verstärkter Prozess vom Quadrat der Targetdichte $\mathfrak{N}_i$ und der Wechselwirkungslänge L abhängt und somit die selbst verstärkende Natur dieser Prozesse reflektiert. Sie erfordert das kohärente Zusammenwirken vieler Teilchen. Am einzelnen Atom oder Molekül gibt es solche Prozesse nicht. Die Folge ist ein hoch kollimierter Signalstrahl, den man bequem vom spontanen Fluoreszenzuntergrund unterscheiden kann.

15.8.2 Ein Beispiel

Abbildung 15.43 zeigt einen typischen experimentellen Aufbau nach Mazzotti et al. (2008) mit einer sogenannten BOXCARS Anordnung (a), mit welcher die Phasenanpassung realisiert werden kann. Die Schlitzdüse mit Plasmaentladung ist uns schon in Abschn. 15.6.3 begegnet, wo wir Messungen mit der CRD-Methode kennengelernt haben. Hier wird nun DFWM und TC-RFWM für die elektronische Spektroskopie an Radikalen benutzt. Charakteristisch ist die Strahlführung mit Hilfe einer Matrix M, welche durch Blenden die Eintrittswinkel und Austrittswinkel und die Divergenzen (auch für das nachzuweisende Signal) definiert. Der Kreuzungswinkel der Strahlen ist 1.7°, der Strahldurchmesser vor der Sammellinse (L) ca. 2 mm, wodurch ein Überlapp

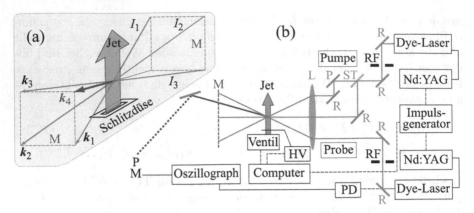

Abb. 15.43. Experimentelles Schema zur Vierwellenmischspektroskopie nach Mazzotti et al. (2008). (a) BOXCARS Anordnung zur Phasenanpassung am Plasma-Schlitz Überschallmolekularstrahl mit Masken (M) zur Strahldefinition. (b) Gesamtaufbau mit zwei gepulsten, abstimmbaren Farbstofflasersystemen (bei DFWM wird davon nur einer benutzt), Strahlteilern (ST), hochreflektierenden Spiegeln, Raumfiltern (RF), Jet-Anordnung (mit Hochspannung (HV) für die Plasmaerzeugung), Photodetektoren zum Triggern (PD) des Experiments und Signalnachweis (PM) sowie typischer Steuer und Nachweiselektronik

von $L \simeq 30$ mm im Target entsteht (L geht wie erwähnt quadratisch ins Signal ein). Der Photomultiplier für den Signalnachweis steht in 4 m Entfernung vom Jet. Mehrere Raumfilter auf dem Weg dorthin (nicht in Abb. 15.43 gezeigt) erlauben eine sehr gute Trennung des Signals vom Streulicht aus der Plasmaquelle.

Abbildung 15.44 zeigt am Beispiel des $d^3\Pi_g - a^3\Pi_u$-Übergangs im C_2 typische, so gewonnene DFWM-Spektren (alle vier Wellen haben hier also die gleiche Frequenz und werden durchgestimmt. Die Temperaturen wurden aus einer Simulation der Spektren (nicht gezeigt) abgeschätzt. Wir können hier nicht auf Details der Spektroskopie des C_2-Moleküls eingehen, weisen aber auf das exzellente Signal zu Rauschverhältnis hin. Die Rotationsprogressionen der R-, Q- und P-Zweige zeichnen sich durch eine hohe Linienvielfalt aus. Für hohe Rotationsquantenzahlen N ist im R-Zweig eine klare Triplettstruktur infolge des Spins der elektronischen Zustände zu erkennen.

15.9 Photoelektronenspektroskopie

Photoelektronenspektroskopie (PES) ist eine weitere wichtige Methode der Molekülspektroskopie, die an freien Molekülen, vor allem aber auch zur Charakterisierung von Festkörperoberflächen und dort deponierten Molekülen breite Anwendung findet. Ihre Anfänge gehen letztlich auf die Interpretation des Photoeffekts durch Einstein 1915 zurück. Grundlegende Pionierarbeiten

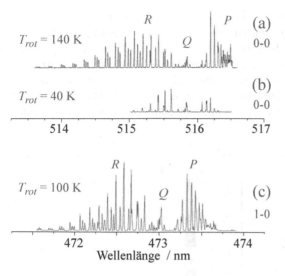

Abb. 15.44. DFWM-Spektren für C_2 nach Mazzotti et al. (2008).
(a) 0–0 $d^3\Pi_g - a^3\Pi_u$ Übergang bei $T_{rot} \simeq 140\,K$,
(b) dto. aber bei $T_{rot} \simeq 40\,K$
(c) 1–0 $d^3\Pi_g - a^3\Pi_u$ Übergang bei $T_{rot} \simeq 100\,K$.
Die Rotationstemperaturen T_{rot} wurden mit Hilfe von Simulationsrechnungen abgeschätzt (hier nicht gezeigt)

wurden zwischen 1950 und 1970 von Kai Siegbahn (1981) und Mitarbeitern durchgeführt und mit dem Nobelpreis ausgezeichnet. Ihre Blütezeit erlebte die Elektronenspektroskopie in den letzten drei Jahrzehnten des 20sten Jahrhunderts, wo sie sich durch grundlegende Untersuchungen, technische Entwicklungen und raffinierte Verfahren zu einer ausgereiften analytischen Methode entwickelte. In zahlreichen Monographien (z.B. Berkowitz, 1979; Powis et al., 1995) wird das Feld umfassend dargestellt. Grundlagen zum Verständnis der Photoionisation und Beispiele zur PES an Atomen hatten wir schon in Kap. 5.5, Band 1 behandelt. Hier wollen wir kurz in die PES an Molekülen einführen und einige interessante, jüngere Entwicklungen skizzieren.

15.9.1 Experimentelle Grundlagen und Prinzip der PES

Abbildung 15.45a illustriert, sehr schematisch, den experimentellen Aufbau eines Elektronenspektrometers. Die benutzten Photonenenergien reichen vom ultravioletten Spektralbereich (oft nur wenige eV oberhalb der adiabatischen Ionisationsgrenze W_I) bis hin zu harter Röntgenstrahlung. Im ersteren Falle spricht man von UPS (*ultraviolett photoelectron spectroscopy*), mit der man lediglich Valenzelektronen untersuchen kann, im letzteren von XPS (*X-ray photoelectron spectroscopy*), wobei vor allem Elektronen aus inneren Schalen emittiert werden. Als Strahlungsquellen werden für UPS sowohl Gasentladungslampen, wie auch frequenzvervielfachte Laser, für XPS Röntgenröhren und in beiden Fällen natürlich Synchrotronstrahlung als flexible Lichtquelle eingesetzt. Der Vollständigkeit halber sei erwähnt, dass auch die Elektronenstoßionisation als Primärprozess benutzt werden kann, wie in Kap. 18.5 näher ausgeführt. Sehr interessante Perspektiven bieten in jüngster Zeit auch HHG-Quellen, in welchen man durch hart fokussierte Femtosekundenlaserimpulse hohe Harmonische der Laserstrahlung generiert (s. Kap. 8.9.6, Band 1). Diese Quellen versprechen zugleich hohe Zeitauflösung für das Studium dynamischer Prozesse. Als Targets kommen Moleküle in der Gasphase zum Einsatz (heute vorzugsweise im Überschallstrahl sehr kalt präpariert), aber auch Flüssigkeiten, ebenfalls in Düsenstrahlen präpariert (s. Abschn. 15.9.2). Ihre breiteste Anwendung finden UPS und XPS heute aber in der Oberflächenphysik, wo man etwas locker einfach von *Photoemission* spricht.

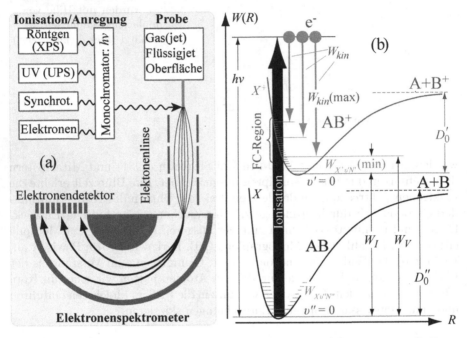

Abb. 15.45. Photoelektronenspektroskopie an Molekülen. (**a**) Experimentelle Realisierung, schematisch, mit unterschiedlichen Anregungsquellen, verschiedener Targetpräparation, Elektronenstrahlführung, Energieanalyse (Kugelkondensator) und Elektronennachweis. (**b**) Energieverhältnisse mit adiabatischem Ionisationspotenzial W_I, und vertikalem Ionisationspotenzial W_V. Aus der gemessenen kinetischen Energie der Elektronen W_{kin} und der Photonenenergie $h\nu$ ergeben sich die Energielagen der ionischen Zustände nach (15.39)

Die Photoelektronen werden – wie im Zusammenhang mit der Ionisation von Atomen in Kap. 5.5, Band 1 besprochen – mit einer charakteristischen Winkelverteilung in alle Raumwinkel emittiert. Im Experiment selektiert man daraus einen Ausschnitt und kann so bei Bedarf auch den Anisotropieparameter β bestimmen. In Anhang J sind einige Details zu den experimentellen Methoden zusammengestellt. Man verwendet heute meist elektrostatische Anordnungen. Der in Abb. 15.45a angedeutete und in Anhang J.3 näher erläuterte Kugelkondensator erfreut sich besonderer Beliebtheit. Wie in Anhang J.4 ausgeführt, werden alternativ auch Flugzeitspektrometer zur Energiebestimmung benutzt, was insbesondere bei gepulsten Lichtquellen vorteilhaft ist. Die Elektronen müssen schließlich nachgewiesen werden, was im allgemeinen durch Sekundärelektronenvervielfacher, SEV (*secondary electron multiplier, SEM*) geschieht, die in Anhang J.1 beschrieben werden. Heute kommen häufig „bildgebende" Verfahren zum Einsatz, mit denen man hinter dem elektrostatischen Monochromator einen breiten Ausschnitt aus der Energieverteilung der Elektronen registrieren und somit simultan ein ganzes Photoelektronenspektrum aufnehmen kann. Wir hatten auf solche Verfahren schon in Kap. 5.5.5, Band 1 hingewiesen.

Abbildung 15.45b illustriert für das einfachste Beispiel eines zweiatomigen Moleküls die energetischen Verhältnisse bei einem UPS-Prozess. Es gilt

$$h\nu + \mathrm{AB}(\gamma''v''N'') \to \mathrm{AB}^+(\gamma'v'N') + e^-(W_{kin})\,, \tag{15.39}$$

wobei sich die Quantenzahlen γ, v und N wie üblich auf elektronischen Zustand, Vibration und Rotation beziehen. Wir nehmen hier an, dass γ'' und γ' dem elektronischen Grundzustand X bzw. X^+ von neutralem Molekül bzw. seinem Kation entsprechen. Die (experimentell zu bestimmende) kinetische Energie der Elektronen W_{kin} ergibt sich aus der ionisierenden Photonenenergie $h\nu$, dem adiabatischen Ionisationspotenzial W_I des Moleküls im tiefsten Vibrations-, Rotationsniveau von γ'', der anfänglichen Kernanregungsenergie $W_{\gamma''v''N''}$ des Ausgangszustands[8] und der Anregungsenergie $W_{\gamma'v'N'}$, in welcher das Ion nach dem Prozess verbleibt:

$$W_{kin} = h\nu - W_I + W_{\gamma''v''N''} - W_{\gamma'v'N'} \tag{15.40}$$

In Abb. 15.45b ist $v'' = 0$ im elektronischen Grundzustand $\gamma'' = X$ angenommen, typischerweise mit mehreren besetzten Rotationsniveaus N''. Das Ion wird ebenfalls in seinem elektronischen Grundzustand $\gamma' = X^+$ erzeugt. Die Ionisation führt bei der angedeuteten Lage der Potenziale zu einer Verteilung verschiedener Vibrations-Rotations-Zustände. Deren Besetzung erfolgt ganz ähnlich wie bei der elektronischen Anregung durch elektrische Dipolübergänge (s. Kap. 11.4). Wir erwarten also auch hier wieder, dass die Franck-Condon (FC) Faktoren (zwischen Ausgangsgrundzustand und erreichtem ionischen Zustand) eine entscheidende Rolle für die entsprechenden Ionisationsquerschnitte spielen. Oft ist dabei die Wahrscheinlichkeit gering, ja sogar verschwindend, den energetisch tiefst liegenden Rotations-Vibrationszustand im elektronischen Grundzustand des Ions anzuregen. Dies ist in Abb. 15.45b durch den dicken schwarzen Aufwärtspfeil angedeutet. Aus der maximal beobachteten kinetischen Energie der Elektronen $W_{kin}(\mathrm{max})$ bestimmt man dann die

---

[8] Oft gibt man auch die *Bindungsenergie* des emittierten Elektrons $W_B(\gamma''v''N'') = -(W_I - W_{\gamma''v''N''})$ an, wobei die Literatur bezüglich des Vorzeichens nicht ganz durchgängig ist. Bezieht man die Bindungsenergie auf das vom Molekül getrennte Elektron, so gilt natürlich das Minuszeichen.

minimale Anregungsenergie $W_{\gamma'v'N'}(\text{min})$ im Ion. Man nennt das so vermessene, scheinbare Ionisationspotenzial

$$W_V = h\nu - W_{kin}(\text{max}) = W_I - W_{\gamma''v''N''} + W_{\gamma'v'N'}(\text{min}) = -W_{B_V} \quad (15.41)$$

häufig „vertikales Ionisationspotenzial" und $W_{B_V} = -W_V$ entsprechend „vertikale Bindungsenergie" des Elektrons. Diese Größen sind aber, wie man Abb. 15.45b entnimmt, nur relativ vage definiert, da die Grenze der FC-Region unscharf sein kann.

Insgesamt entsprechen Photoelektronenspektren bei der Ionisation im Wesentlichen den Absorptionsspektren bei der elektronischen Anregung. Im Gegensatz zur Absorptionsspektroskopie wird hier aber die Photonenenergie $h\nu$ in der Regel festgehalten, die kinetische Energie der emittierten Elektronen sorgt für Energieerhaltung und gibt die gesuchte spektroskopische Information. Natürlich können auch beim Ionisationsprozess bei hoher Photonenenergie verschiedene elektronische Endzustände im Ion erreicht werden, was – wie bei der Absorptionsspektroskopie – die beobachteten Spektren erheblich verkompliziert. Hinzu kommt bei der PES, dass unterschiedliche Elektronen ionisiert werden können. Bei UPS Untersuchungen sind das z.B. verschiedene Valenzelektronen mit unterschiedlicher Bindungsenergie, die auch zu jeweils eigenen Vibrations-Rotationsspektren führen können. Bei XPS werden überwiegend Elektronen aus den inneren Schalen emittiert, die aufgrund ihrer chemischen Umgebung charakteristische Energieverschiebungen aufweisen und daher für die chemische Analyse eben dieser Umgebung eingesetzt werden; man spricht nach Siegbahn von *ESCA (electron spectroscopy for chemical analysis)*.

15.9.2 Beispiele

Wir wollen hier nur einige wenige, charakteristische Beispiele besprechen, die das Potenzial, aber auch die Grenzen der Photoelektronenspektroskopie beleuchten. Wir beginnen mit dem uns schon vertrauten H_2O-Molekül. Das Photoelektronenspektrum von H_2O in der Gasphase wurde mit Synchrotronstrahlung erstmals von Truesdale et al. (1982), etwas später von Banna et al. (1986) über einen größeren Energiebereich, $30\,\text{eV} \leq h\nu \leq 100\,\text{eV}$, untersucht.

Wie in Kap. 12.4.1 besprochen, ist die Elektronenkonfiguration im Grundzustand des H_2O-Moleküls $(1a_1)^2(2a_1)^2(1b_2)^2(3a_1)^2(1b_1)^2$. Mit Photonenenergien von $100\,\text{eV}$ kann man nur die Elektronen aus den vier Valenzorbitalen ionisieren, wie man in Abb. 12.23 auf S. 122 abliest. Man spektroskopiert dabei nach dem in Abb. 15.45b skizzierten Schema Ionenzustände (Dubletts) – jeweils mit einem Loch in einer der Valenzschalen. Die entsprechenden Ionisationsprozesse lassen sich also wie folgt beschreiben:

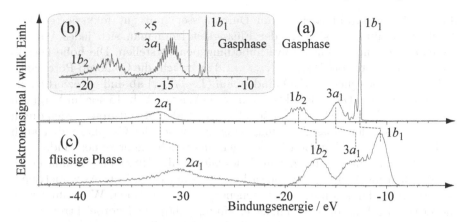

Abb. 15.46. Photoelektronspektrum der Valenzelektronen von Wasser. (**a**) H_2O in der Gasphase bei $h\nu = 100\,eV$ (**b**) mit verbesserter Auflösung, nach Godehusen (2004); (**c**) gemessen am Wasserstrahl, also an der Oberfläche der Flüssigkeit bei $60\,eV$ nach Winter et al. (2004). Deutlich ist die Verschiebung (s. *gestrichelte Linien*) der Absorptionsmaxima durch die Solvatationsenergie in der Flüssigkeit zu erkennen

$$H_2O + h\nu \to H_2O^+\left(1b_1^{-1}\,{}^2B_1, v'\right) + e^-(W_{kin}) \tag{15.42}$$

$$H_2O + h\nu \to H_2O^+\left(3a_1^{-1}\,{}^2A_1, v'\right) + e^-(W_{kin}) \tag{15.43}$$

$$H_2O + h\nu \to H_2O^+\left(1b_2^{-1}\,{}^2B_1, v'\right) + e^-(W_{kin}) \tag{15.44}$$

$$H_2O + h\nu \to H_2O^+\left(2a_1^{-1}\,{}^2B_2, v'\right) + e^-(W_{kin}) \tag{15.45}$$

Abbildung 15.46a (bzw. Abb. 15.46b hochaufgelöst) zeigt charakterisitische Photoelektronenspektren aus einer neueren Messung nach Godehusen (2004) bei $h\nu = 100\,eV$ mit guter Energieauflösung. Die vier Hauptstrukturen entsprechen ohne Zweifel den Prozessen (15.42), (15.43), (15.44) und (15.45) (der Übersichtlichkeit halber werden einfach die Ausgangsorbitale zur Charakterisierung benutzt). Man trägt das Signal üblicherweise gegen die „Bindungsenergie" $W_B = W_{kin} - h\nu$ auf, muss sich dabei aber darüber im Klaren sein, dass im Ion auch Vibrationszustände v' angeregt werden können, die tatsächliche Bindungsenergie also eigentlich nach (15.40) aus $-W_{\gamma'\nu'N'}$ zu bestimmen ist. Im vorliegenden Fall findet offensichtlich eine solche Vibrationsanregung statt: man erkennt, insbes. im hochaufgelösten Spektrum Abb. 15.46b, deutliche Vibrationssubstrukturen innerhalb der Hauptpeaks $1b_1, 1a_2$ und $1b_2$ (dabei gehen wir davon aus, dass sich das H_2O zu Anfang überwiegend im Vibrationsgrundzustand befand). Abbildung 15.46 illustriert zugleich auch die Grenzen der Photoelektronenspektroskopie. Die typische Bandbreite der Monochromatoren liegt im besten Falle bei einigen meV, was für die Analyse von Vibrationsstrukturen oft ausreicht, Rotationsauflösung aber in der Regel ausschließt.

Zum Vergleich sind neben den Spektren für das isolierte H_2O-Molekül auch Photoelektronenspektren für die Wasser-Flüssigkeitsoberfläche nach Winter et al. (2004) gezeigt. Man kann solche Spektren heute an einem sehr dünnen Wasserstrahl (wenige μm Durchmesser) mit gut fokussierter Synchrotronstrahlung messen. In der Flüssigkeit kann man sich jedes Wassermolekül von einer eigenen Solvathülle umgeben vorstellen. Die hohe Dielektrizitätskonstante[9] des Wassers ($\epsilon_{opt} \simeq 1.8$) schwächt die Coulomb-Potenziale, welche die Elektronen im H_2O binden, auf $(1 - 1/\epsilon_{opt})$ ab und reduziert so die Bindungsenergie. Diese Reduktion um ca. $2\,eV$ ist in Abb. 15.46c im Vergleich zu Abb. 15.46a deutlich zu erkennen. Die spektralen Strukturen werden durch Fluktuationen der Flüssigkeitsumgebung gegenüber der Gasphase aber auch verbreitert, sodass Vibrationsanregungen nicht mehr zu erkennen sind.

In der Gasphase wurden von Truesdale et al. (1982) und Banna et al. (1986) auch die Verläufe der Ionisationsquerschnitte und die Asymmetrieparameter β als Funktion der Photonenenergie aufgenommen. Wir erinnern an die in Band 1 besprochene Winkelverteilung (5.66) der Photoelektronen, die für streng linear polarisiertes Licht gilt. Für nicht voll polarisiertes Licht muss man entsprechend korrigieren, wofür lediglich der lineare Polarisationsgrad $\mathcal{P}_{12}$ des ionisierenden Lichts nach (13.104) bekannt sein muss.[10] Der Anisotropieparamters β enthält wertvolle Information über die Eigenschaften der ionisierten Orbitale. So wird, wie in Kap. 5.5.3 besprochen, $\beta = 2$, wenn sich das Elektron ursprünglich in einem reinen s-Orbital befand. Für Elektronen in p-Orbitalen hängt β stark von der Energie ab; man findet aber bei nicht zu hohen Energien typischerweise $\beta < 0$. Ähnliches gilt für σ- und π-Elektronen in Molekülen. Im allgemeinen Fall ist die Berechnung von β für Moleküle freilich komplizierter als für Atome, wo mit (5.76) eine klare Rechenvorschrift gegeben ist. Zum einen sind die elektronischen Zustände jetzt bezüglich der Molekülgeometrie definiert und nicht mehr einfach Kugelflächenfunktionen, zum anderen muss man die Kernbewegung in geeigneter Weise berücksichtigen und ggf. über verschiedene Molekülorientierungen mitteln. Immerhin zeigt sich beim H_2O, dass die dem $2a_1$-Orbital zugeordnete Struktur den größten Wert von β über ein breiteren Photonenenergiebereich aufweist (hier nicht gezeigt), also tatsächlich einem s-artigen Orbital entspricht.

Als weiteres Beispiel, welches die Komplexität der Probleme verdeutlicht, die man heute mit PES angehen kann, zeigen wir in Abb. 15.47 das Photoelektronenspektrum für die Valenzschalen der Nukleobase Cytosin nach Trofimov et al. (2006), also für einen der 4 „Buchstaben" des DNA Alphabets. Insgesamt konnten 16 Valenzelektronen eines bestimmten Tautomers durch Vergleich mit theoretisch modellierten Strichspektren zugeordnet werden, wie in Abb. 15.47 gezeigt. Die so bestimmten Valenzorbitale sind rechts aufgelistet. Wir können hier nicht weiter auf die recht aufwendigen quantenchemischen Rechnungen eingehen ($ADC(3)$ steht für „third order algebraic-diagrammatic

---

[9] Wir müssen hier die dynamische Dielektrizitätskonstante einsetzen, die viel kleiner ist als die statische ($\epsilon_{stat} \simeq 80$).

[10] $|\mathcal{P}_{12}| \leq 1$ wird meist anhand bekannter Winkelverteilung für Edelgase bestimmt. Man gewinnt β sodann aus der Winkelverteilung des Photoelektronensignals, das mit dieser Korrektur $\propto \{1 + \beta\,[1 + 3\mathcal{P}_{12}\cos(2\gamma)]\,/4\}$ wird. Man kann diese Formel im Prinzip mit Hilfe der in Kap. 19 skizzierten Theorie der Messung herleiten.

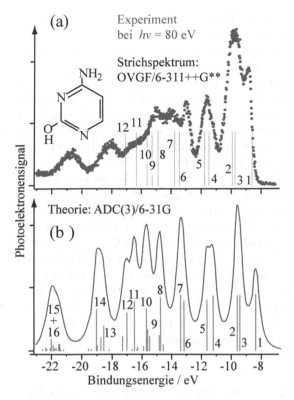

Abb. 15.47. Photoelektronenspektrum von Cytosin (2b) in der Gasphase nach Trofimov et al. (2006). (a) Experiment und OVGS-Strichspektrum (b) ADC(3) Strichspektrum und Mittelung darüber

$1 = 21a(\pi_5)$
$2 = 20a(\pi_4)$
$3 = 19a(\sigma N)$
$4 = 18a(\sigma N)$
$5 = 17a(\pi_3)$
$6 = 16a(\pi_2)$
$7 = 15a(\sigma O)$
$8 = 14a(\sigma)$
$9 = 13a(\pi_1)$
$10 = 12a(\sigma)$
$11 = 11a(\sigma)$
$12 = 10a(\sigma)$
$13 = 9a(\sigma)$
$14 = 8a(\sigma)$
$15 = 7a(\sigma)$
$16 = 6a(\sigma)$

construction" und *OVGF* für „outer valence Greens-functions", die weiteren Zusätze bezeichnen den jeweiligen Basissatz).

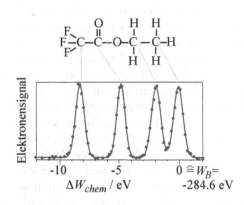

Abb. 15.48. ESCA an Ethylenfluoroacetat nach Gelius et al. (1974) (die Bindungsenergie für das C1s-Elektron am CH_3 wurde korrigiert; für reinen Kohlenstoff liegt die K-Kante bei 283.8 eV). Die gemessene Bindungsenergie W_B bzw. die „chemische Verschiebung" ΔW_{chem} ist charakteristisch für die chemische Umgebung, wie durch die rot gepunkteten Linien angedeutet

Abbildung 15.48 zeigt abschließend ein klassisches Beispiel für die Rumpfelektronenspektroskopie mit XPS nach Gelius et al. (1974). Untersucht wurden die C1s-Elektronen von Ethylenfluoroacetat, einem organischen Molekül, das in der Gasphase mit der Al K_α-Linie (ca. 1560 eV) ionisiert wurde. Man misst ausgeprägt unterschiedliche Bindungsenergien W_B der Photoelektronen, die von den vier Kohlenstoffatomen mit unterschiedlicher chemischer Umgebung stammen. Hier wird die so bestimmte „chemische Verschiebung" (*chemical shift*) auf die Bindungsenergie der CH_3-Umgebung bezogen, $\Delta W_{chem} = W_B - W_B(CH_3)$. Die Rumpfelektronen proben – anders als die Valenzelektronen – einen ganz bestimmten Ort im Molekül, und man kann mit ihnen sehr spezifisch die chemische Umgebung erkunden (daher der Name ESCA). Die Methode wird heute standardmäßig in der Oberflächenphysik und -chemie eingesetzt. XPS (alias ESCA) wurde über die letzten Dekaden hinweg zu einer effizienten und robusten Methode der chemischen Analyse von Oberflächen, Beschichtungen und dünnen Filmen für die verschiedensten Materialien entwickelt und kann auch ortspezifisch, z.B. in Verbindung mit der Röntgenmikroskopie durch Synchrotronstrahlung verwendet werden. Neben der für organische Materialen besonders interessanten C1s-Kante eignen sich auch die K-Kanten von O, N, S und anderen charakteristischen Atomen zur Analyse der chemischen Umgebung. Aber auch die K- und gelegentlich L-Kanten von Metallen werden intensiv zur quantitativen Analyse von Oberflächen und Tiefenprofilen dünner Schichten benutzt (letztere in Verbindung mit Oberflächen abtragenden Methoden). Ausgereifte Apparate für solche Analysen sind heute kommerziell in verschiedenen Ausführungen erhältlich (s. z.B. Kelly, 2004).

15.9.3 Weitere Methoden der PES: TPES, PFI, ZEKE, KETOF, MATI

Vergleicht man die bislang gezeigten Photoelektronenspektren mit optischen Spektren, wie wir sie in den vorangehenden Abschnitten dieses Kapitels kennengelernt haben, so fällt die um Größenordnung schlechtere Auflösung der PES auf – letztlich den grundsätzlich unterschiedlichen Eigenschaften von Photonen und Elektronen geschuldet. Dennoch kann man auf den energieselektiven Elektronennachweis nicht verzichten, wenn ionische Zustände spektroskopiert werden sollen. Daher wurden seit den frühen Tagen der Elektronenspektroskopie immer wieder Anstrengungen unternommen, die Elektronenenergieauflösung zu verbessern bzw. die Vorteile von optischer Spektroskopie und PES zu kombinieren. Als erfolgreich hat sich dabei ein Grundgedanke erwiesen: wenn man nur solche Elektronen nachweist, die an der energetischen Schwelle eines jeden Ionisationsprozesses mit wohldefinierten Anfangs- ($\gamma''v''N''$) und Endquantenzahlen ($\gamma'v'N'$) nach (15.39) entstehen – also Elektronen praktisch vernachlässigbarer kinetische Energie – dann kann man diese Übergänge mit optischer Präzision bestimmen, indem man die ionisierende Wellenlänge durchstimmt.

Man nutzt dabei die Tatsache, dass Photoelektronen mit endlicher Energie und Impuls in den gesamten Raumwinkel von 4π emittiert werden. Man muss somit besondere Anstrengungen unternehmen, um sie zu detektieren.

Dagegen kann man Elektronen ohne Anfangsenergie mit weit höherer Effizienz einsammeln. Bei kontinuierlichen (VUV-Lampen) oder quasikontinuierlichen Lichtquellen (Synchrotronstrahlung im Multi-Bunch Betrieb), benötigt man dafür eine spezielle Elektronenoptik und spricht dann meist von *Threshold Photoelectron Spectroscopy, TPES*. Frühe Experimente mit dieser Art mit räumlicher Diskriminierung (*steradiancy discrimination*) wurden bereits von Baer et al. (1969) durchgeführt. Einen ersten effizienten TPES Detektor stellten Cvejanov und Read (1974) vor, der in seiner weiterentwickelten Form nach King et al. (1987) heute nach wie vor mit Erfolg benutzt wird (Sztaray und Baer, 2003; Couto et al., 2006; Eland, 2009); das zentrale Bauelement ist eine raffinierte Elektronenoptik, die aus einem fast feldfreien Ionisationsvolumen mit hoher Effizienz nur Schwellenelektronen abzieht, oder die Elektronen energiedispergierend auf einen ortsempfindlichen Detektor abbildet (Sztaray und Baer, 2003).

Alternativ arbeitet man mit gepulsten Lichtquellen (Laserimpulse von ns bis zu fs, oder Synchrotronstrahlung im Single-Bunch Betrieb). Dann ist der Zeitpunkt der Ionisation wohl definiert, und man zieht die Elektronen so verzögert aus dem Ionisationsvolumen ab, dass sich dort idealerweise nur noch Elektronen ohne kinetische Energie befinden (*pulsed field ionization, PFI*). Dieses Verfahren wurde erstmals von Müller-Dethlefs et al. (1984) unter dem Namen ZEKE-(*zero kinetic energy*) Photoelektronen-Spektroskopie vorgestellt und ist schematisch in Abb. 15.49 skizziert und erläutert.

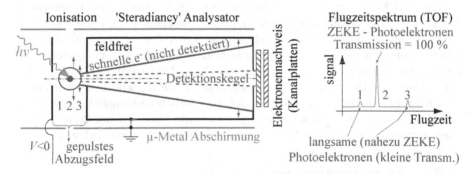

Abb. 15.49. Prinzip des Nachweises von ZEKE-Photoelektronen und Diskriminierung gegen nahezu-ZEKE-Elektronen nach Müller-Dethlefs und Schlag (1991). Im gezeigten Beispiel wird an das ursprünglich feldfreie Wechselwirkungsgebiet nach 1 μs ein Abzugsfeld angelegt. Elektronen, die eine Energie von nur 0.1 meV ($v = 6$ mm /μs) besitzen, befinden sich dann bereits auf einer Kugel von 6 mm Durchmesser (Mittelpunkt im Reaktionszentrum); sofern sie paraxial fliegen, werden sie im Flugzeitspektrum (TOF) an den Stellen 1 und 3 nachgewiesen und somit gegen die ZEKE-Elektronen 2 diskriminiert. Nicht paraxiale nahezu-ZEKE-Elektronen können den Detektor gar nicht erreichen, da ihre senkrechte Geschwindigkeitskomponente zu groß ist (*steradiancy discrimination*)

Wir notieren beiläufig, dass man auf ähnliche Weise auch Ionen unterschiedlicher kinetischer Energie trennen kann, wenn diese z.B. durch Fragmentation nach der Ionisation eines Moleküls entstehen. Solche dissoziativen Ionisationsprozesse sind – bei hinreichendem Energieüberschuss – wichtige und häufig zu beobachtende Phänomene (wir werden darauf in Abschn. 15.9.5 noch näher eingehen). Auch Ionen kann man zunächst feldfrei driften lassen und dann durch einen verzögerten Impuls abziehen, wobei man freilich die Driftbewegung der Ionen in Richtung des Molekülstrahls kompensieren muss, die (anders als bei den Elektronen) von ähnlicher Größenordnung ist wie die Bewegung der Ionen durch kinetische Anfangsenergien. Erstmals benutzten Haugstätter et al. (1988, 1989, 1990) einen solchen Nachweis langsamer Na^+-Fragmentionen zum Studium von dissoziativen Ionisationsprozessen am Natrium-Dimer. Dabei konnten Na^+-Ionen mit sehr kleiner, aber auch mit verschwindender kinetischer Energie analysiert (*kinetic energy analysis by time of flight, KETOF*) und für den Nachweis der Anregungs- und Ionisationsmechanismen als Funktion der Photonenenergie $h\nu$ mit hoher Auflösung detektiert werden.

Diese Art von Ionisationsspektroskopie wurde später auch unter dem Namen *mass analyzed threshold ionization (MATI)* als Alternative zur ZEKE-Photoelektronenspektroskopie eingesetzt (s. Zhu und Johnson, 1991; Lembach und Brutschy, 1996). Abbildung 15.50 zeigt am Beispiel der resonanten Zweiphotenionisation des Pyrazins einen Vergleich (a) des gesamten Ionensignals aus der direkten Photoionisation mit (b) dem entsprechenden MATI- und (c) ZEKE-Spektrum. Detaillierte experimentelle Studien und theoretische Überlegungen haben inzwischen gezeigt, dass die erstaunlich hohe Nachweisempfindlichkeit der ZEKE- und MATI-Methoden darauf beruhen, dass die Photoabsorption nicht direkt ins Ionisationskontinuum führt, sondern sehr nahe unter der Ionisationsgrenze liegende, langlebige Rydberg-Zustände besetzt. Diese werden dann erst durch das gepulste elektrische Feld ionisiert.

ZEKE-Spektroskopie hat sich als außerordentlich leistungsfähige Methode bewährt (Müller-Dethlefs und Schlag, 1998), die heute in unterschiedlichen Varianten einen breiten Einsatz findet und auch kommerziell vertrieben wird.

15.9.4 PES an negativen Ionen

In diesem Abschnitt haben wir uns bisher ausschließlich auf neutrale, isolierte Spezies konzentriert und gesehen, dass PES einen Zugang zu den Bindungsenergien der Elektronen im neutralen Molekül bzw. Cluster eröffnet, und dass wir zugleich Zugang zur elektronischen und nuklearen Struktur der entstehenden Ionen gewinnen. Natürlich kann man diese Methode zwanglos auch auf negative Ionen übertragen. Anionen, die man in aller Regel nur in sehr kleiner Konzentration präparieren kann, lassen sich praktisch überhaupt nur über die PES spektroskopieren. Das meist nur schwach gebundene äußere Elektron kann gut mit typischen Laserquellen abgelöst werden (*electron detachment*). (15.39) ist dann entsprechend umzuschreiben:

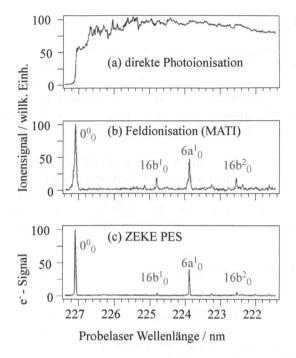

Abb. 15.50. 2-Farben Pump-Probe-Ionisationsspektren an der ersten Ionisationsschwelle von Pyrazin nach Zhu und Johnson (1991). Der Pumplaser regt den Ursprung des S_1-Zustands an, der Probelaser ionisiert direkt, bzw. regt zunächst hohe Rydbergzustände an: **(a)** gesamtes, direktes Ionensignal als Funktion der Wellenlänge des Probelasers; **(b)** MATI-Ionensignal an der ersten Ionisationsschwelle 0_0^0, sowie für drei niedrig liegende Vibrationszustände des Ions; **(c)** entsprechendes ZEKE-Photoelektronensignal. Bei **(b)** wie bei **(c)** entstehen Ionen bzw. Elektronen durch Feldionisation im schwachen, gepulsten elektrischen Feld

$$h\nu + AB^-(\gamma''v''N'') \rightarrow AB(\gamma'v'N') + e^-(W_{kin}) \qquad (15.46)$$

Im Zentrum solcher Untersuchungen steht die Bindungsenergie der Elektronen im negativ geladenen Molekül oder Cluster. Anionen-PES wird seit etwa 40-Jahren intensiv betrieben und die Literatur ist sehr umfangreich. Das Arbeitsgebiet wurde wesentlich geprägt von C.W. Lineberger, seinen zahlreichen Schülern und Kooperationspartnern (s. etwa Lineberger und Woodward, 1970; Hotop und Lineberger, 1985; Ervin und Lineberger, 1992; Neumark, 2001, 2002; Rienstra-Kiracofe et al., 2002; Elliott et al., 2008; Sheps et al., 2009) und wenigen weiteren Gruppen (s. z.B. Cha et al., 1992; Yang et al., 1987; Lee et al., 1991; Taylor et al., 1992; Markovich et al., 1994; Castleman und Bowen, 1996; Wrigge et al., 2003, und weitere Referenzen dort). Methodisch unterscheiden sich die Experimente nur wenig von denen für neutrale Atome, Moleküle und Cluster.[11] Auch bildgebende Verfahren erfreuen sich gerade bei der Spektroskopie von Anionen zunehmender Beliebtheit (z.B. Elliott et al., 2008) und werden gerne mit neuen Akronymen belegt (z.B. *slow electron velocity-map imaging, SEVI* Neumark, 2008).

---

[11] Mit einer wesentlichen Ausnahme: Anionen können vor der Wechselwirkung mit den Photonen problemlos nach ihrer Größe selektiert werden, was natürlich ein ganz wesentlicher Vorteil gegenüber neutralen Clusterstrahlen ist, in denen man eine breite Clusterverteilung antrifft. Beim massenselektiven (ggf. koinzidenten) Nachweis der im letzteren Fall erzeugten Ionen weiß man nie genau, ob man es nicht mit einem Fragment von größeren Clustern zu tun hat.

15.9.5 PEPICO, TPEPICO und Variationen

Bei allen bislang besprochenen Methoden der Photoelektronenspektroskopie geht man stillschweigend von zwei Annahmen aus: (1) Das untersuchte Molekül bleibt bis auf den Elektronenverlust nach dem Ionisationsprozess (15.39) intakt bzw. eventuelle Dissoziationskanäle sind eindeutig identifizierbar. (2) Man hat es mit *nur einem* wohlbekannten Targetmolekül zu tun bzw. kann verschiedene Spezies durch unterschiedliche Lagen der Absorptionsbanden zweifelsfrei trennen.

Ist eine dieser Voraussetzungen nicht erfüllt, kann man also die detektierten Photoelektronen nicht einer bestimmten Ionensorte zuordnen, dann ist die Aussagekraft des entsprechenden Photoelektronenspektrums sehr begrenzt. So können bei hinreichend hoher Photonenenergie $h\nu$ schon beim dreiatomigen Molekül neben der internen Anregung des intakten Ions auch verschiedene Dissoziationsprozesse vom Typ

$$h\nu + \text{ABC} \rightarrow \text{ABC}^+(\gamma'v'N') + e^-(W_{elkin}) \tag{15.47}$$
$$\rightarrow \text{AB} + \text{C}^+(W_{ionkin}) + e^-(W_{elkin})$$
$$\rightarrow \text{A} + \text{BC}^+(W_{ionkin}) + e^-(W_{elkin})$$

etc. auftreten. Selbst für den übersichtlichen Fall eines zweiatomigen Moleküls können angeregte, intakte Mutterionen wie auch Fragemente entstehen. Wir können dies anhand von Abb. 15.45b leicht verstehen, wenn wir uns das Minimum des ionischen Zustands zu etwas größeren internuklearen Abständen verschoben denken, sodass der Franck-Condon-Bereich die Dissoziationsgrenze D_0' im Ion AB$^+$ überstreicht. Abbildung 15.51 zeigt den relevanten Ausschnitt dieses Energiediagramms, hier als Schnitt entlang einer Kernkoordinate für ein dreiatomiges Molekül ABC interpretiert. Wir müssen jetzt zwischen der kinetischen Energie der Elektronen W_{elkin} und ggf. der emittierten Ionen W_{ionkin} unterscheiden, wobei letztere sich natürlich auf die gesamt Relativenergie im Schwerpunktsystem AB+C$^+$ des dissoziierenden Moleküls bezieht. Die Energiebilanz (15.40) muss für einen solchen Prozess natürlich leicht erweitert werden:

$$W_{elkin} + W_{ionkin} = h\nu - (W_I - W_{\gamma''v''N''}) - \sum W_{\gamma'v'N'} \tag{15.48}$$

Dabei ist $\sum W_{\gamma'v'N'}$ Falle von mehratomigen Molekülen oder Clustern die Summe aller internen Energien möglicherweise mehrerer molekularer Fragmente (neutrale und/oder ionische) – im Beispiel (15.47) die Rotations-Schwingungsenergie in ABC$^+$, bzw. in AB, BC$^+$ etc. – je nach beobachtetem Kanal. Will man einen solchen Prozess sauber spektroskopieren, so ist das nur möglich, wenn sich das Elektron e^- eindeutig einem Molekülion ABC$^+$ oder Fragmentation C$^+$ bzw. BC$^+$ etc. zuordnen lässt. Sind mehrere Kanäle offen, so kann dies nur mit Hilfe einer Koinzidenzmessung zwischen Ionen und Elektronen geschehen, wenn möglich bei gleichzeitig vollständiger Bestimmung

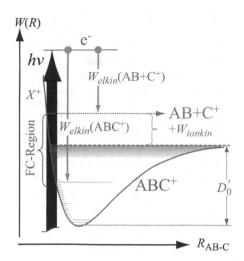

Abb. 15.51. Dissoziative Ionisation am Beispiel eines dreiatomigen Moleküls. Die Franck-Condon- (FC) Region (s. *dicker, schwarzer Photonen-Pfeil*) wird durch die Lage des Grundzustands (nicht gezeigt) bestimmt und erstreckt sich hier sowohl über gebundene Zustände des ABC^+-Ions bis zur Dissoziationsgrenze D_0' (Elektronenenergie $W_{elkin}(ABC^+)$). Sie, reicht aber auch ins Dissoziationskontinuum für den offenen Kanal $AB + C^+$, wobei die Ionen mit einer Relativenergie W_{ionkin} auseinander laufen, während das Elektron die kinetischen Energie $W_{elkin}(AB + C^+)$ erhält

ihrer Energien und Impulse (Richtung). Das ist natürlich ein hohes Ziel, das kaum je zur Gänze erreicht wird.

Seit über 40 Jahren werden inzwischen energieselektierte Ionen mit Hilfe der Photoelektronen-Photoionen-Koinzidenzspektroskopie (PEPICO) präpariert und analysiert (s. z.B. Brehm und von Puttkamer, 1967; Eland, 1973; Werner und Baer, 1975; Jarvis et al., 1999; Sztaray und Baer, 2003; Baer et al., 2005; Eland, 2009). Das Grundkonzept, das in Abb. 15.52a skizziert ist, hat sich dabei seit den 70iger Jahren nicht wesentlich geändert. Aber moderne, zeit- und ortsauflösende Detektionsmethoden mit schneller Elektronik, ausgefeilter Elektronen- und Ionenoptik und bildgebenden Verfahren, wie in Abb. 15.52b angedeutet, haben uns dem Ideal einer zustandsselektiven Analyse photoinduzierter Ionisations- und Fragmentationsdynamik für ausgewählte Modellsysteme recht nahe gebracht. Zum Verständnis muss man sich vor Augen führen, dass diese Methoden ursprünglich für sehr schwache Lichtquellen (Gasentladungslampen) entwickelt wurden und einzelne dissoziative Ionisationsprozesse nur mit sehr kleiner Rate nachgewiesen werden konnten. Jedes beobachtete Photoelektron kann daher im Prinzip einem wohl definierten Ion zugeordnet werden, das (wegen seiner geringeren Geschwindigkeit) verzögert gegenüber dem Elektron beobachtet wird. Letzteres triggert, wie in Abb. 15.52a skizziert, eine Koinzidenzelektronik, welche die Zeit bis zum Auftreffen eines Ions misst.

Im einfachsten Falle lässt man die Elektronen bei sehr kleinem Abzugsfeld aus dem Wechselwirkungsbereich mit den Photon $h\nu$ herausdriften und beschränkt dabei ihren Akzeptanzwinkel. Wie bereits in Abschn. 15.9.3 besprochen, detektiert man mit einem solchen „steradiancy" Analysator bevorzugt sehr langsame Elektronen (TPES), die dann emittiert werden, wenn die Photonenenergie gerade ausreicht, um einen bestimmten Zustand des Ions anzuregen. Das Elektronensignal triggert dann meist ein gepulstes elektri-

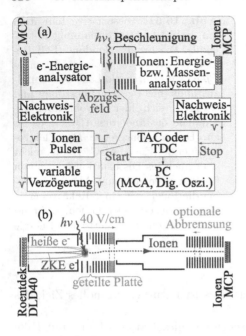

Abb. 15.52. (a) Prinzip von PEPICO- oder TPEPICO-Experimenten frei nach Eland (1972) und Baer (1979). Elektronen und Ionen werden heute meist mit Kanalplatten (MCP) nachgewiesen. Das Elektronensignal triggert Ionenabzug und Zeitmessung (Start). Laufzeitdifferenzen zwischen Elektron und Ion (Stop) wurden früher durch Zeit-zu-Pulshöhenkonversion (TAC) mit Vielkanalanalysatoren (MCA) bestimmt; heute digitalisiert man sie direkt (TDC) und registriert sie im PC.
(b) Moderne Ausführung der Elektronen- (*links*) und Ionenoptik (*rechts*) nach Bodi et al. (2009). Die Trajektorien für („heiße") (*rosa*) und Schwellen-Elektronen (ZKE, *rot*) werden durch ortsauflösenden Nachweis (Roentdek DLD40) getrennt

sches Abzugsfeld, um auch die bis dahin nahezu ruhenden Ionen angemessen zu beschleunigen. Die Verzögerung bis zur Detektion des zugehörigen Ions identifiziert dann die Masse des Ions, welches bei diesem Ionisationsereignis entstanden ist – in günstigen Fällen ggf. auch seine kinetische Anfangsenergie. Man registriert jedes solche Ereignis entsprechend seiner Verzögerungszeit bis eine hinreichend gute Statistik erreicht ist und fährt dabei die Photonenenergie durch (meist iterativ zum Ausgleich experimenteller Instabilitäten). Auf diese Weise entsteht dann ein TPEPICO-Spektrum (*Threshold Photoelectron-Photoion Coincidence*). Zahlreiche Arbeiten dokumentieren die Leistungsfähigkeit der TPEPICO-Methode (s. z.B. die Übersichtsarbeit von Baer et al., 2005, und weitere Zitate dort).

Erwähnt sei hier noch, dass sich TPEPICO auch dann bewährt, wenn man zwar nicht mit Fragmentation zu rechnen hat, dafür aber mit einem Target, das mehrere Spezies enthält, die gleichzeitig ionisiert werden können. Dies ist z.B. bei Clusterstrahlen der Fall, in denen man meist eine breite Größenverteilung von Clustern vorfindet. So wurden in den 80iger und 90iger Jahren zahlreiche Ionisationspotenziale von neutralen atomaren (Ar_n, Kr_n, Kamke et al., 1989) und molekularen Clustern (($NH_3)_n$, $(N_2O)_n$, Kamke et al., 1988; Greer et al., 1990) mit TPEPICO vermessen, um nur einige wenige Beispiele zu nennen.

Über die Jahre wurden die Methoden systematisch verfeinert. Wurde anfänglich zur Laufzeitmessung die Zeit-zu-Amplituden-Konversion (*time to amplitude converter, TAC*) mit nachfolgender Registrierung in Vielkanalanalysatoren eingesetzt,[12] so ist man inzwischen durchweg zur direkten digitalen Messung der Laufzeitdifferenz zwischen Elektron und Ion übergegangen (*time to digital converter, TDC, oder digitale Oszillographen*). Dabei werden auch Geräte eingesetzt, die mehrfache Koinzidenzen registrieren (*multi hit*) oder auch mehrfach startend können (*multi start*), was insgesamt die Flexibilität verbessert und Totzeiten reduziert (Bodi et al., 2007). Das ist insbesondere in Hinblick auf die heute überwiegend für solche Untersuchungen genutzte Synchrotronstrahlung und andere intensive Lichtquellen (Laser) von Bedeutung, wo mit hohen Zählraten gearbeitet werden kann.

Jüngste Entwicklungen kombinieren das TPEPICO-Verfahren mit bildgebenden Methoden nach Abb. 15.52b (sogenanntes *imaging, iPEPICO*). Bei dieser Anordnung ist die Elektronenabzugsopik so ausgelegt, dass die langsamen Schwellenelektronen (ZKE) in der Mitte eines ortsauflösenden Detektors auftreffen, schnellere Elektronen jedoch ausschließlich auf Ringen um die Achse detektiert und somit selektiert werden. Das hohe Auflösungsvermögen und die Fähigkeit zur Diskriminierung verschiedener Massen wird in Abb. 15.53 am Beispiel Ar_2 (TPES) dokumentiert. Die Auflösung liegt im Bereich von nur wenigen meV. Die graue Linie im oberen Teil der Abbildung (Signal ohne Koinzidenz, also von allen Ar_n^+-Clusterionen aus dem Molekülstrahl) unterscheidet sich in diesem Fall nur wenig von der schwarzen Line, dem reinen Ar_2^+-Signal. Offenbar werden z.B. Ar_3-Cluster in diesem Wellenbereich kaum ionisiert. Ganz allgemein ist aber die gute Unterscheidbarkeit unterschiedlicher Massen von sehr großem Wert.

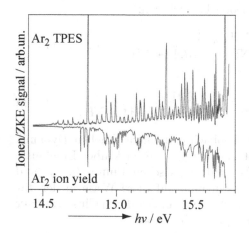

Abb. 15.53. TPES von Ar_2 nach Bodi et al. (2009). Die *dunkle Linie im oberen Teil des Bildes* zeigt das Elektronensignal bei verschwindender Energie (ZKE), aufgenommen in Koinzidenz mit den Ar_2^+ Ionen. Die schwache, *graue Linie* gibt das gesamte ZKE Signal (ohne Koinzidenz). Die Auflösung der Photonenenergie beträgt 2 meV. Die *untere Kurve* ist das gesamte Ionensignal (ohne Energiediskriminierung), in welchem die Spitzen auch von Autoionisationsprozessen stammen

Im Gegensatz zu der für die Bestimmung von Ionisationsschwellen empfindlichen TPEPICO-Methode, braucht man für allgemeine PEPICO Messungen jenseits der Schwellen einen richtigen Analysator für beliebige Elek-

---

[12] In diesen ursprünglich für die Kernphysik entwickelten Geräten werden Ereignisse entsprechend ihrer Impulshöhe aufaddiert.

tronenenergien. In früheren Jahren benutzte man dafür meist elektrostatische, dispergierende Felder. Die eben erwähnten bildgebenden Verfahren mit ausgeklügelter Elektronenoptik bieten eine interessante Alternative.

Andererseits hat man es heute häufig mit gepulsten Lichtquellen zu tun, die sich für eine Laufzeitanalyse der kinetischen Elektronenenergie anbieten. Allerdings muss man sicher stellen, dass dabei die Zahl der zufälligen Koinzidenzen nicht zu groß wird. Daher galt es lange Zeit als nahezu unmöglich, PIPECO-Experimente mit gepulsten Lasern durchzuführen, da in der Regel bei jedem Laserimpuls zahlreiche Ionen erzeugt werden, sodass eine Zuordnung von Elektronen und Ionen nicht möglich erschien. Erstmals gelang es Stert et al. (1997, 1999) dieses Problem zu überwinden, indem sie mit hoch repetierenden, stark abgeschwächten Femtosekundenlasern Moleküle und Cluster über einen resonanten Zwischenzustand ionisierten und so echte Koinzidenzen bei extrem niedrigen Ionisationsraten ($\ll 1$ pro Laserimpuls) beobachten konnten. Bei dieser Methode (*femtosecond time resolved electron ion coincidence, FEICO*) wird eine magnetische Flasche benutzt (s. Anhang. J.4), mit welcher man die Elektronen nahezu vollständig detektiert und über die Laufzeit ihre Energie misst (*electron-TOF*). Auch hier triggern die detektierten Elektronen einen schnellen Hochspannungsimpuls zum Ionenabzug. Die Methode eröffnete erstmals die Möglichkeit, dynamische Vorgänge auf der Femtosekunden Zeitskala in photoangeregten neutralen Molekülen und Clustern massenselektiv mit PES zu spektroskopieren. Als Beispiel erwähnen wir Ammoniak-Cluster (Farmanara et al., 1999), die ein interessantes Fragmentationsverhalten zeigen und im Massenspektrum überwiegend als protonierte Spezies beobachtet werden:

$$(NH_3)_n(\tilde{X}) \xrightarrow{h\nu_{pu}} (NH_3)_n(\tilde{A}) \rightarrow \begin{cases} (NH_3)_n(\tilde{A}) \\ (NH_3)_{n-1}H(\tilde{A}) + NH_2 \end{cases} \xrightarrow{h\nu_{pr}} \cdots \quad (15.49)$$

oder

$$(NH_3)_n(\tilde{A}) \xrightarrow{h\nu_{pr}} e^-(W_{elkin}) + (NH_3)_n^+ \rightarrow \begin{cases} (NH_3)_n^+ \\ (NH_3)_{n-1}H^+ + NH_2 \end{cases} \quad (15.50)$$

Wir können hier auf die Details der beobachteten ultraschnellen Dynamik nicht eingehen. Abbildung 15.54 gibt aber einen Überblick über Ergebnisse bei einer festen Verzögerungszeit ($\Delta t = 0$ fs) zwischen Pump- ($h\nu_{pu}$) und Probeimpuls ($h\nu_{pu}$). Wie man sieht, kann man auf diese Weise in der Tat massenselektive Photoelektronenspektroskopie an molekularen Clustern unter Benutzung von Femtosekunden-Laserimpulsen betreiben.

Auch an Synchrotronspeicherringen der dritten Generation stehen heute hochrepetitive Einzel- oder auch Doppelimpulse zur Verfügung – allerdings derzeit nur mit Impulsdauern von einigen ps. Die verfügbaren Impulsabstände von einigen 100 ns erlauben aber u.a. eine komfortable Laufzeitanalyse von Elektronenenergien. Damit können ähnliche Methoden wie die eben diskutierten mit gepulstem Abzugsfeld (Acronym *PFI-PEPICO*) auch für Photonen im VUV Bereich eingesetzt werden (Jarvis et al., 1999).

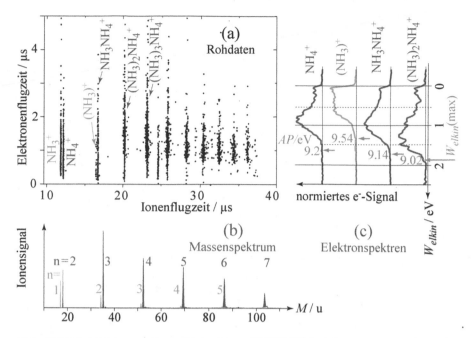

Abb. 15.54. Elektronen-Ionen Koinzidenz (PEPICO) bei der resonanten Zweiphotonen Ionisation von $(NH_3)_n$ Clustern im einem FEICO-Experiment. Dabei können nach (15.49) oder (15.50) protonierte (*rot*) und unprotonierte (*rosa*) Clusterionen entstehen. (**a**) Rohdaten: jede registrierte (verzögerte) Koinzidenz wird als Punkt gegen die Elektronen- und Ionenlaufzeit aufgetragen. In vertikaler Richtung variiert die Elektronenenergie, in horizontaler Richtung die beobachtete Ionenmasse M. (**b**) Massenspektren erhält man durch Projektion all dieser Daten auf die Laufzeitachse der Ionen. Die angegeben Werte von n beziehen sich auf die Größe der neutralen Ausgangscluster. (**c**) Elektronenspektren, die einem bestimmten Ion zuzuordnen sind, erhält man durch Projektion der Daten bei der Laufzeit dieses Ions auf die Achse der Elektronenlaufzeit. Natürlich muss man Laufzeiten und Signalhöhe jeweils noch umrechnen, im ersteren Fall auf die Massenskala M/u, im letzteren auf die Skala der Elektronenenergie W_{elkin}. Die grauen, horizontalen Pfeile deuten die jeweils höchste, beobachtete Elektronenenergie $W_{elkin}(\text{max})$. Dieser entspricht jeweils die mit grauen Zahlen bezifferte sogenannte *Auftrittsenergie (auch appearance potential)* $AP = h\nu - W_{elkin}(\text{max})$

In diesem Kontext darf man auf die Möglichkeiten gespannt sein, welche die derzeit an vielen Orten entstehenden Freie-Elektronen-Laser (FEL) mit sehr kurzen Photonenimpulsen bieten. In jüngster Zeit wird an verschiedenen Synchrotronstrahlungsquellen auch das sogenannte *Femtosecond Slicing* der Elektronen Bunches angeboten. Ob die damit verfügbaren, ebenfalls sehr kurzen Impulsdauern mit allerdings sehr geringen Photonenflüssen für die Molekülspektroskopie in naher Zukunft nutzbar werden, bleibt abzuwarten.

Grundlagen atomarer Streuphysik: Elastische Prozesse

In diesem und in den beiden folgenden Kapiteln wollen wir einen Einblick in die Welt der elektronischen, atomaren und molekularen Stoßprozesse geben. Die Streuphysik ist ein sehr weites und vielfältiges Forschungsgebiet, das trotz zahlreicher spannender Fragestellungen und enormer praktischer Bedeutung in der akademischen Ausbildung häufig leider etwas vernachlässigt wird. Dabei ist das Gebiet nach wie vor hoch aktuell und aktiv und umfasst die gesamte Physik des Kontinuums, also die freien Zustände, während sich die klassische Spektroskopie überwiegend mit den gebundenen Zuständen beschäftigt.

Hinweise für den Leser: Es geht um Stöße zwischen Elektronen, Atomen, Ionen und Molekülen. In diesem Kapitel konzentrieren wir uns zur Einführung auf elastische Prozesse und greifen dabei meist auf Beispiele aus der besonders produktiven Pionierzeit zwischen 1965 und 1990 zurück. Wo immer es sinnvoll erscheint, nehmen wir aber bereits hier auch auf aktuelle Forschungsergebnisse Bezug. Soweit es die Streutheorie betrifft, werden wir in gewohnter Weise auf strenge Ableitungen verzichten – zugunsten anschaulicher, modellhafter Beschreibungen. Die beiden nachfolgenden Kapitel werden dies dann vertiefen und vor allem auch inelastische Prozesse behandeln. Der Leser sollte also dieses Kapitel auf jeden Fall recht gründlich studieren.

16.1 Einführung

Stoßphysik befasst sich mit der Dynamik wechselwirkender Teilchen – im Gegensatz zu Spektroskopie, welche sich auf die Struktur der Materie konzentriert. Hier werden wir uns sowohl mit der *Elektronenstreuung* (e^- + Atom, Ion, Molekül) wie auch mit der sogenannten *Schwerteilchenstreuung* befassen, also mit Prozessen bei denen Atome, Ionen und Moleküle miteinander wechselwirken (eine hervorragende, tiefergehende Einführungen zu letzteren gibt Levine et al., 1991, insgesamt verweisen wir im weiteren Text auf umfangreiche Originalliteratur und Reviews). Abbildung 16.1 illustriert – etwas plakativ – die Zuordnung der typischen Energiedomänen für Streuphysik ($W > 0$) und Spektroskopie ($W < 0$) anhand des Wechselwirkungspotenzials

I.V. Hertel, C.-P. Schulz, *Atome, Moleküle und optische Physik 2*,
Springer-Lehrbuch, DOI 10.1007/978-3-642-11973-6_6,
© Springer-Verlag Berlin Heidelberg 2010

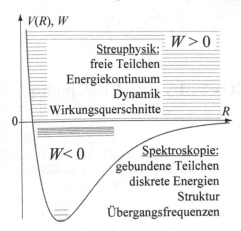

Abb. 16.1. Typisches Potenzial zwischen zwei wechselwirkenden Teilchen mit Charakterisierung der Energiedomänen von Streuphysik ($W > 0$) und Spektroskopie ($W < 0$)

zweier Teilchen. Natürlich sind die Grenzen dabei fließend und die spannendsten Phänomene und Erkenntnisse moderner Atom- und Molekülphysik findet man meist gerade dort, wo die Arbeitsgebiete überlappen, wie z.B. bei Autoionisation und Resonanzstreuung, bei ultrakalten Atomen und Molekülen oder im Gebiet der Ultrakurzzeitphysik und der Femtochemie – hoch aktuelle Forschungsthemen, die eine Brückenstellung zwischen den beiden Arbeitsfeldern einnehmen, soweit es die Atom-, Molekül- und Clusterphysik betrifft. In Band 3 werden wir dies ausführlich würdigen.

Gerade bei den methodischen Entwicklungen profitieren Spektroskopie und Stoßphysik heute sehr direkt voneinander. Es mag an dieser Stelle genügen, auf die Anwendung von „state of the art" Lasertechniken und Molekularstrahlmethoden hinzuweisen, oder auf die immer wichtiger werdenden vieldimensionalen Mess- und Nachweistechniken mit bildgebenden Verfahren, die seit einigen Jahren aus beiden Feldern nicht mehr wegzudenken sind.

Man sollte sich dennoch der unterschiedlichen Methoden, Konzepte und Ziele bewusst bleiben, wenn man den heutigen Stands der Forschung bewerten will. Der offensichtlichste Unterschied sind die Gegenstände der Untersuchung selbst: In der Spektroskopie ist man üblicherweise mit der Bestimmung von Energieniveaus beschäftigt, was heute mit einer Präzision und Detailtiefe geschieht, von welcher die Stoßphysik nicht einmal zu träumen wagt. Diese nimmt die Lage atomarer oder molekularer Energieniveaus in aller Regel als gegeben an und misst statt dessen Wirkungsquerschnitte für bestimmte dynamische Prozesse. Wegen der unterschiedlichen Natur solcher Messungen sind bei Stoßprozessen Messungen mit einer Genauigkeit von einigen Prozent in der Regel bereits als große Errungenschaft zu werten. Trotzdem hat diese Art von Experimenten in der Geschichte der Physik immer wieder zu entscheiden Einsichten und Durchbrüchen geführt. Wir erinnern an die historischen Experimente von Rutherford (Atombau) und Hofstädter (Struktur der Atomkerne), und auch die gesamte Hochenergiephysik lebt letztlich von Stoßprozessen. Mit Ugo Fano mag man heute als „letztendliches Ziel aller Niederenergiephysik die Erhellung (*elucidation*) von physiko-chemischen Elementarprozessen in wellenmechanischen Begriffen" sehen. Abgesehen von diesem etwas puristischen Aspekt sei auf die enorme Bedeutung einer genauen Kenntnis von Streu- und Reaktionsquerschnitten für praktisch alle Gebiete der Physik und physikalischen Chemie hingewiesen, insbesondere für die Plasmaphysik (und damit insbesondere auch für die Fusionsforschung), für die Astrophysik, die Atmosphärenforschung oder auch für die Strahlenchemie.

16.1.1 Totale Wirkungsquerschnitte

Beim Stoß der Teilchen A und B (ggf. in unterschiedlichen Anfangs- und Endzuständen, $|a\rangle$ bzw. $|b\rangle$) unterscheiden wir die Prozesstypen

elastische Streuung	$A + B \rightarrow A + B$	(16.1)
inelastische Streuung	$A + B(a) \rightarrow A + B(b)$	(16.2)
Ionisation	$A + B \rightarrow A + B^+ + e^-$	(16.3)
reaktive Streuung	$A + B \rightarrow C + D + \ldots$	(16.4)

und nennen zur Illustration aus der breiten Fülle möglicher Prozesse einige wenige Beispiele: Ionisation durch Elektronenstoß, z.B. $e + H \rightarrow 2e + H^+$ (sogenannte (e, 2e) - Prozesse), dissoziative Anlagerung $e + AB \rightarrow A^- + B$, Ladungstransfer $A + B^+ \rightarrow A^+ + B$ oder chemische Reaktionen $A + BC \rightarrow AB + C$. Die Vielfalt der Prozesse ist riesig, und eine große Zahl davon ist von erheblicher praktischer Bedeutung. Heute erschließen vielfältige methodische Entwicklungen früher ungeahnte Möglichkeiten, nicht zuletzt durch die kontinuierlichen Fortschritte in der Lasertechnik und bei den Nachweismethoden für Teilchen.

Die Schlüsselgröße, die es zu bestimmen gilt, ist dabei der Wirkungsquerschnitt, den wir als σ_{el}, σ_{inel}, σ_{ion} und σ_{react} für elastische, inelastische, ionisierende und reaktive Stöße spezifizieren. Hier unterscheiden wir noch nicht nach dem Winkel, unter welchem die Stoßpartner gestreut werden, sondern werden diesen Aspekt erst in Abschn. 16.2 einführen. Man spricht daher von *integralen Streuquerschnitten*, bei denen man über alle Streuwinkel integriert. Die Summe all dieser integralen Wirkungsquerschnitte für ein bestimmtes Paar von wechselwirkenden Teilchen bezeichnet man gewöhnlich als *totalen Wirkungsquerschnitt*:

$$\sigma_{tot} = \sigma_{el} + \sum \sigma_{inel} + \sum \sigma_{ion} + \sum \sigma_{react} \qquad (16.5)$$

Den totalen Wirkungsquerschnitt bestimmt man über ein Absorptionsexperiment, wie in Abb. 16.2 skizziert. Ein Strahl der Teilchen A mit dem Fluss j_0 ($[j_0]$ = Teilchen pro Flächeneinheit und Zeiteinheit) tritt durch ein statisches Target, das sich in einer Streukammer befindet. Dabei werden die Projektile A teilweise aus dem Strahl herausgestreut, was auf der Wegstrecke Δx zu einem Verlust an Teilchenfluss

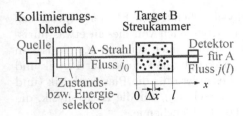

$$\Delta j = -j\,(x)\,\sigma_{tot} N_{\mathrm{B}} \Delta x \tag{16.6}$$

führt, mit der Teilchendichte N_{B} des Targetgases ($[N_{\mathrm{B}}]$ = Teilchen pro Volumen). Der so definierte totale Wirkungsquerschnitt σ_{tot} für die Reaktion A + B hat die Dimension einer Fläche, welche der Wechselwirkungsfläche zwischen A und B entspricht. In dieser einfachen Form ist (16.6) natürlich nur gültig, solange $\sigma_{tot} N_{\mathrm{B}} \Delta x \ll 1$ gilt. Für einen ausgedehnteren oder dichteren Wechselwirkungsbereich der Länge l führt die Integration von (16.6) zum Standardgesetz der Absorption (Lambert-Beer'sches Gesetz)

$$j\,(l) = j_0 e^{-l\sigma_{tot} N_{\mathrm{B}}} = j_0 e^{-l/\ell}, \tag{16.7}$$

das auch die *mittlere freie Weglänge* der Teilchen A im Gastarget B definiert:

$$\ell = \frac{1}{\sigma_{tot} N_{\mathrm{B}}} \tag{16.8}$$

Um den Anschluss an die Terminologie der chemischen Reaktionskinetik zu finden, schreibt man (16.6) in symmetrischer Form:

$$-\frac{\Delta j}{\Delta x} = j\sigma N_{\mathrm{B}} = \sigma\, v N_{\mathrm{A}}\, N_{\mathrm{B}} \tag{16.9}$$

Wir unterdrücken den Index für σ, da man diese Relation auch für die Teilquerschnitte, z.B. für elastische oder reaktive Prozesse benutzen kann. Der Teilchenfluss $j = v N_{\mathrm{A}}$ ergibt sich aus Geschwindigkeit v und Dichte N_{A} des Teilchenstrahls A. Seine Abschwächung pro Länge $-\mathrm{d}j/\mathrm{d}x$ entspricht der Anzahl von Streuereignissen $\dot N_{\mathrm{AB}}$ pro Volumen und Zeit. Daher ist (16.9) auch für ein Gasgemisch in einer Zelle gültig, wenn man die Geschwindigkeit v durch die Relativgeschwindigkeit v_{rel} der beteiligten Teilchen ersetzt. Wir können (16.9) daher umschreiben als *Ratengleichung*

$$\dot N_{\mathrm{AB}} = v_{rel}\,\sigma\,N_{\mathrm{A}}\,N_{\mathrm{B}} = k_{\mathrm{AB}}\,N_{\mathrm{A}}\,N_{\mathrm{B}}, \tag{16.10}$$

wo die *Ratenkonstante* $k_{\mathrm{AB}} = v_{rel}\,\sigma$ die Dimension Volumen pro Zeit hat.[1] Chemische Reaktionen werden üblicherweise in Gaszellen oder in der kondensierten Phase durchgeführt, jedenfalls in einer Umgebung mit vielen Teilchen,

---

[1] Man unterscheide die hier definierte *Ratenkonstante* k_{AB} (Einheit $\mathrm{m^3\,s^{-1}}$) von der im Zusammenhang mit lichtinduzierten Prozessen in Kap. 4, Band 1 eingeführte *Rate* R_{ba} (Einheit $\mathrm{s^{-1}}$), die pro Targetatom definiert ist.

deren Geschwindigkeiten nicht einheitlich sind. Meist kann man diese durch thermische (Maxwell-Boltzmann)-Verteilungen $f_A\,(v_A, M_A)$ bzw. $f_B\,(v_B, M_B)$ beschreiben, mit den Geschwindigkeiten $v_{A,B}$ und den jeweiligen Massen $M_{A,B}$. Analoges gilt z.B. auch für Stoßprozesse in Plasmen oder in der Atmosphärenphysik und -chemie. Die relevanten Wirkungsquerschnitte hängen von den Relativgeschwindigkeiten $\boldsymbol{v}_{rel} = \boldsymbol{v}_A - \boldsymbol{v}_B$ der Partner ab – ebenfalls durch eine Maxwell-Verteilung zu beschreiben. Um die effektive Ratenkonstante zu erhalten, muss man (16.10) schließlich über alle Relativgeschwindigkeiten mitteln:

$$k_{AB} = \langle v_{rel}\sigma \rangle = \int f_{rel}\,(v_{rel})\; v_{rel}\,\sigma\,(v_{rel})\;\mathrm{d}^3\boldsymbol{v}_{rel} \qquad (16.11)$$

Ist der Wirkungsquerschnitt nur schwach von der Relativgeschwindigkeit abhängig, so kann man $\sigma\,(v_{rel})$ vor das Integral ziehen:

$$k_{AB} \simeq \langle v_{rel} \rangle\,\sigma \quad \text{mit} \quad \langle v_{rel} \rangle = \sqrt{\langle v_A \rangle^2 + \langle v_B \rangle^2}, \qquad (16.12)$$

Die mittleren Geschwindigkeiten der Teilchen A bzw. B in einer Maxwell-Verteilung der Temperatur Θ sind durch $\langle v_{A,B} \rangle = \sqrt{8 k_B \Theta / \pi M_{A,B}}$ gegeben (k_B ist die Boltzmann-Konstante). Sind Target und Projektil gleich, dann wird nach (16.12) die mittlere Stoßgeschwindigkeit $\langle v_{rel} \rangle = \sqrt{2}\,\langle v \rangle$, wobei $\langle v \rangle$ die mittlere Geschwindigkeit dieser Teilchen ist.

In der Regel hängt der Streuquerschnitt aber von der Relativgeschwindigkeit ab, und aus (16.12) kann man nur einen Mittelwert des Streuquerschnitts σ bestimmen. Stark von der Energie abhängige Strukturen, kann man daher nur in Strahlexperimenten mit entsprechend vorselektiertem Projektil und ggf. mit gekühltem Target nachweisen. Wir werden dies an einem interessanten Beispiel in Abschn. 16.3.4 illustrieren.

16.1.2 Prinzip des detaillierten Gleichgewichts

Hier lässt sich eine sehr hilfreiche Beziehung zwischen Wirkungsquerschnitten für Stoßprozesse herstellen, die als jeweils Inverses voneinander anzusehen sind. Wir betrachten als Beispiel den inelastischen Prozess (16.2) und sein Inverses und nehmen an, diese Prozesse geschähen in einem Gas im thermodynamischen Gleichgewicht. Der Einfachheit halber sei Teilchen B im Vergleich zu A sehr schwer.[2] A könnte z.B. ein Elektron sein und praktisch die gesamte, verfügbare kinetische Energie tragen. Diese sei T vor dem (inelastischen) Anregungsprozess

$$\mathrm{A}\,(T) + \mathrm{B}\,(a)\ \xrightarrow{\sigma_{ba}(T)}\ \mathrm{A}\,(T - W_{ba}) + \mathrm{B}\,(b)\,, \qquad (16.13)$$

und $T - W_{ba}$ danach, wobei W_{ba} die Anregungsenergie für den Übergang $|b\rangle \leftarrow |a\rangle$ ist. Der „Abregungsprozess" (auch superelastisch genannt) ist genau

---

[2] Man kann diese Einschränkung fallen lassen, ohne das Endergebnis zu ändern – die Ableitung wird aber weniger transparent.

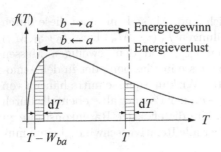

Abb. 16.3. Schematische Illustration von Energieverlust bzw. Energiegewinn in der Energieverteilung eines Maxwell verteilten Gases durch anregende bzw. abregende Stoßprozesse

die Umkehrung davon: man geht von der kinetischen Energie $T - W_{ba}$ und dem Zustand $|b\rangle$ als Anfangszustand aus:

$$A\,(T - W_{ba}) + B\,(b) \xrightarrow{\sigma_{ab}(T - W_{ba})} A\,(T) + B\,(a) \qquad (16.14)$$

Die Tatsache, dass diese zwei komplementären Prozesse stets existieren, nennt man *Mikroreversibilität*.

Betrachten wir nur ein Gasgemisch der Teilchen A und B mit den Dichten N_A bzw. N_B. Die Verteilung der kinetische Energien von A werde durch $f\,(T)$ gekennzeichnet, d.h. $dN_A = N_A f\,(T)\,dT$ Teilchen A pro Volumen haben eine Energie zwischen T und $T + dT$. Das Ensemble aller Teilchen A erfährt durch inelastische Prozesse (16.13) einen Energieverlust, durch superelastische Prozesse (16.14) einen Energiegewinn, wie schematisch in Abb. 16.3 illustriert. Im Energiebereich zwischen T und $T + dT$ ereignen sich nach (16.10)

$$d\dot{N}_{ba} = v_{kin}\,\sigma_{ba}\,(T)\,N_A\,f\,(T)\,N_{B(a)}\,dT \qquad (16.15)$$

Anregungsprozesse pro Zeiteinheit und Volumen. Sie füllen die Energieverteilung zwischen $(T - W_{ba})$ bis $(T - W_{ba}) + dT$ und entvölkern den Bereich von T bis $T + dT$. Die entsprechende Zahl von Abregungsprozessen ist

$$d\dot{N}_{ab} = v'_{kin}\sigma_{ab}\,(T - W_{ba})\,N_A\,f\,(T - W_{ba})\,N_{B(b)}\,dT\,. \qquad (16.16)$$

Sie füllen die Energieverteilung von T bis $T + dT$ und entvölkern sie zwischen $(T - W_{ba})$ und $(T - W_{ba}) + dT$. Die Geschwindigkeit der Teilchen A vor bzw. nach dem Anregungsprozess ist v_{kin} bzw. v'_{kin}, die Teilchendichten $N_{B(a)}$ bzw. $N_{B(b)}$ beziehen sich auf Teilchen B im Zustand $|a\rangle$ bzw. $|b\rangle$.

Im thermodynamischen Gleichgewicht muss das sogenannte *Prinzip des detaillierten Gleichgewichts* gelten: jeder individuelle Prozess wird durch sein Inverses im Gleichgewicht gehalten. Der Energieverlust durch (16.15) wird in der Summe aller Prozesse durch den Energiegewinn nach (16.16) kompensiert:

$$v_{kin}\,\sigma_{ba}\,(T)\,f\,(T)\,N_{B(a)} = v'_{kin}\,\sigma_{ab}\,(T - W_{ba})\,f\,(T - W_{ba})\,N_{B(b)} \qquad (16.17)$$

Im thermodynamischem Gleichgewicht (Temperatur Θ) wird die Energieverteilung durch eine Maxwell-Boltzmann-Verteilung beschrieben:

$$f\left(v\right)\,\mathrm{d}v \propto v^2\,e^{-\frac{mv^2}{2k_B\Theta}}\,\mathrm{d}v \propto \sqrt{T}\,e^{-\frac{T}{k_B\Theta}}\,\mathrm{d}T \propto f\left(T\right)\,\mathrm{d}T \qquad (16.18)$$

Zugleich gilt für die Dichten der Teilchen B die Boltzmann Statistik

$$\frac{N_{\mathrm{B}(b)}}{N_{\mathrm{B}(a)}} = \frac{g_b}{g_a}\,e^{-\frac{W_{ba}}{k_B\Theta}} \qquad (16.19)$$

mit der Entartung g_b und g_a des oberen bzw. unteren Niveaus. Setzen wir (16.18) und (16.19) in (16.17) ein und berücksichtigen, dass $v \propto \sqrt{T}$ ist, so erhalten wir die *wichtige Beziehung*

$$T\,g_a\,\sigma_{b \leftarrow a}\left(T\right) = \left(T - W_{ba}\right)\,g_b\,\sigma_{a \leftarrow b}\left(T - W_{ba}\right), \qquad (16.20)$$

welche die Wirkungsquerschnitte für die Stoßanregung und -abregung eines atomaren oder molekularen Übergangs miteinander verbindet. Wir können diese Beziehung als das „Stoß-Analog" zur Äquivalenz von induzierter Emission und Absorption ansehen, also zur Einstein'schen Beziehung für die B-Koeffizienten nach (4.23) in Band 1. Im Gegensatz zu optischen Prozessen ist aber keine Energieresonanz für Stoßanregung bzw. -abregung erforderlich: das Projektil A verliert oder gewinnt so viel Energie, wie für den Anregungs- oder Abregungsprozess erforderlich. Natürlich sind die entsprechenden Querschnitte eine Funktion der Teilchenenergie und verschwinden im Fall der Anregung für kinetische Energien unterhalb der Schwelle $T < W_{ba}$. Ein wesentlicher Unterschied zwischen (16.20) und dem optischen Äquivalent (4.23) sind auch die Energievorfaktoren im Fall der Stoßprozesse. Sie ergeben sich aus der Änderung der Teilchengeschwindigkeit infolge der inelastischen Stöße und stellen sicher, dass der Fluss von Teilchen A beim Stoß erhalten bleibt.

Ein Wort noch zur Größenordnung atomarer und molekularer Stoßquerschnitte. Sie können über viele Dekaden variieren. Werte von einigen $10^{-13}\,\mathrm{cm}^2$ und mehr bis hinunter zu $10^{-21}\,\mathrm{cm}^2$ und weniger werden beobachtet – je nach untersuchtem Prozesstyp und kinetischer Energie. In Kap. 17 werden wir einige allgemeine Trends für inelastische Prozesse kennen lernen.

16.1.3 Integrale elastische Streuquerschnitte

Bei hinreichend niedrigen kinetischen Energien und Stoßpartnern, die nicht miteinander reagieren, findet nur elastische Streuung statt, bei welcher die kinetische Energie T im Schwerpunktsystem der beiden Stoßpartner erhalten bleibt. In diesem Fall kann man die Größenordnung der beobachteten Streuquerschnitte durchaus intuitiv nachvollziehen: denkt man an zwei Billardkugeln vom Durchmesser d_1 und d_2, dann ist die klassische Vorhersage für den elastischen Wirkungsquerschnitt $\sigma_{el} = \pi\left(d_1/2 + d_2/2\right)^2$. Dieser sogenannte *gaskinetische Querschnitt* liegt für die Wechselwirkung zweier Atome typischerweise in der Größenordnung von $10^{-15}\,\mathrm{cm}^2$. Betrachten wir als Beispiel das gewissermaßen einfachste atomare Streusystem H + He, dann schätzt man mit den kovalenten Radien für H und He nach Abb. 3.4 auf S. 90 in Band 1 für den elastischen Querschnitt $\sigma_{el} \simeq 40\,\overset{\circ}{A}^2$ ab. Der Vergleich mit den experimentellen Daten nach Abb. 16.4 zeigt, dass die Größenordnung stimmt – das Detail aber zu weiterem Nachdenken auffordert!

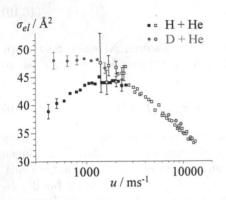

Abb. 16.4. Elastischer Querschnitt für die Streuung von H-Atomen (bzw. D) an He-Atomen bei thermischen und überthermischen Energien als Funktion der Relativgeschwindigkeit u. Ergebnisse eines Transmissionsexperiments (s. Abb. 16.2) mit sehr gut geschwindigkeitsselektierten H- bzw. D-Atomstrahlen und einem gekühlten He-Gastarget. Offene Messpunkte nach Gengenbach et al. (1973), volle nach Toennies et al. (1976)

Atome sind eben keine harten Kugeln, sondern haben gewissermaßen eine weiche Umhüllung. So wird verständlich, warum der Querschnitt mit steigender Geschwindigkeit bzw. Energie im überthermischen[3] Bereich abfällt: Ein höherenergetischer Stoß probt den repulsiven Teil des Wechselwirkungspotenzials (s. z. B. Abb. 16.1) bei kleineren Abständen R. Man kann dies anhand von Abb. 16.5 diskutieren, wo das Wechselwirkungspotenzial $V(r)$ für das H−He System mit einer hypothetischen harten Kugel verglichen wird. Der klassische Umkehrpunkt R_c, wo die Gesamtenergie gleich dem Potenzial wird, $T = V(R_c)$, hängt stark von der kinetischen Energie ab. Wie wir in Abschn. 16.3.3 zeigen werden, nimmt der elastische Querschnitt tatsächlich mit der Relativgeschwindigkeit ab und nicht mit der Energie, wie auch der Vergleich der

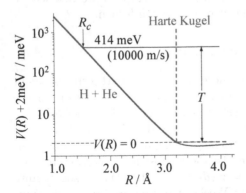

Abb. 16.5. H+He Wechselwirkungspotenzial (im Wesentlichen repulsiv, man beachte den etwas ungewöhnlichen Maßstab) als Funktion des internuklearen Abstands R nach Gengenbach et al. (1973). Der klassische Umkehrpunkt R_c hängt von der Gesamtenergie T ab (hier für $u = 10^4$ m / s). Zum Vergleich wird ein hartes Kugelpotenzial gezeigt (rot gestrichelt)

---

[3] Wir notieren, dass eine Relativgeschwindigkeit von etwa 2 700 m / s für H-Atome der mittleren kinetischen Energie der Teilchen in einem (fiktiven) Gas aus H-Atomen bei Raumtemperatur entsprechen würde.

Systeme H + He und D + He in Abb. 16.4 zeigt. Im Gegensatz dazu würde man für harte Kugeln (gestrichelte rote Linie in Abb. 16.5) konstantes R_c erwarten und somit einen von u und T unabhängigen Wirkungsquerschnitt.

Die Tatsache, dass bei sehr kleinen Geschwindigkeiten der Wirkungsquerschnitt wieder abnimmt, ist quantenmechanischen Ursprungs. Wir werden dies weiter unten ausführlich behandeln. Hier mag der Hinweis genügen, dass für das System H + He (reduzierte Masse $\mu = 4/5\,u$) beim Maximum des Querschnitts, also bei $u \sim 1\,300$ m / s die De-Broglie-Wellenlänge etwa $\lambda_{dB} = h/\mu u \sim 3.8\,\text{Å}$ ist und somit $\pi\lambda_{dB}^2 = 46\,\text{Å}^2 \sim \sigma_{el}$ wird. Beim System D-He ist λ_{dB} um einen Faktor 3/5 kleiner, und der Querschnitt steigt noch bis hinunter zu $u \sim 700$–800 m/s weiter an.

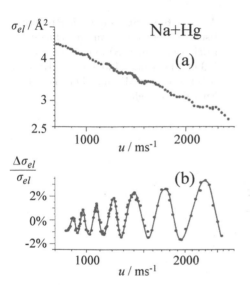

Abb. 16.6. Elastische Streuung Na + Hg als Funktion der Relativgeschwindigkeit u nach Buck et al. (1971). (a) log-log Übersicht; (b) stark vergrößerte relative Änderungen zur Verdeutlichung der Glorien-Oszillationen

Wir zeigen noch einige weitere Beispiele von elastischen Wirkungsquerschnitten, die illustrieren, dass solche Stoßprozesse zu einer Reihe interessanter Strukturen führen können. Zunächst das System Na + Hg in Abb. 16.6, wo wir eine Serie von Oszillationen erkennen, die sogenannte *Glorien-Oszillationen*, die wir später erläutern werden. Der generelle Trend – ein mit der Geschwindigkeit abfallender elastischer Streuquerschnitt – ist auf gleiche Weise wie eben durch eine gewisse Weichheit des repulsiven Potenzialteils zu erklären.

Ein teilweise deutlich anderes Verhalten beobachtet man bei der Streuung langsamer Elektronen etwa an Edelgasen. In Abb. 16.7 ist die Situation zunächst für das System e + He dargestellt. Das sieht noch sehr ähnlich wie bei der H + He Streuung aus, die wir eben kennengelernt haben. Man kann auch hier ahnen, dass der Querschnitt zunächst durch ein Maximum läuft, bevor er dem generellen Trend folgend mit wachsender Energie kleiner wird. Nach Abb. 16.8 beobachtet man aber für e + Ar, e + Kr und e + Xe deutlich

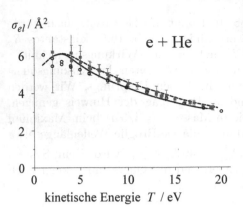

$\sigma_{el} / \text{Å}^2$

kinetische Energie T / eV

Abb. 16.7. Elastische Streuung lang-samer Elektronen an He Atomen: ältere Messungen und rote Messpunk-te mit Fehlerbalken (Partialwellenana-lyse) nach Andrick und Bitsch (1975); offene graue Kreise Absorptionsexpe-rimente verschiedener Autoren nach Baek und Grosswendt (2003)

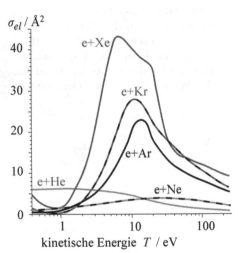

$\sigma_{el} / \text{Å}^2$

kinetische Energie T / eV

Abb. 16.8. Streuung niederenerge-tischer Elektronen an verschiedenen Edelgasen nach Szmytkowski et al. (1996). Deutlich sind bei Ar, Kr und Xe Ramsauer-Minima bei niedrigen Energien zu sehen

markantere Strukturen als Funktion der Energie. Der Querschnitt beginnt bei endlichen Werten für sehr kleine Energien, durchläuft dann ein Minimum, steigt auf ein sehr ausgeprägtes Maximum an und fällt dann allmählich wie-der ab. Das hier klar erkennbare sogenannte *Ramsauer-Minimum* ist heute gut verstanden und ein durchaus häufig anzutreffendes Phänomen bei der niederenergetischen Elektronenstreuung; in selteneren Fällen kann es auch bei der Schwerteilchenstreuung beobachtet werden. Allerdings sind diese Be-obachtungen nicht im Rahmen eines klassischen Modells zu verstehen. Für die Wechselwirkung von Atomen mit Elektronen ist der Potenzialbegriff mit größter Vorsicht zu benutzen, denn die Atome bestehen ja selbst aus Elektro-nen und werden, wie der anfänglich rasche Abfall des elastischen Querschnitts mit steigender Energie zeigt, zunächst transparent. Die theoretische Behand-lung der Elektronenstreuung unterscheidet sich daher grundsätzlich von der Theorie der Schwerteilchenstreuung, die in den meisten Fällen semiklassisch erfolgen kann.

16.1.4 Eine erste Zusammenfassung

Beim Studium von elastischen oder inelastischen Wirkungsquerschnitten beobachtet man als Funktion der Energie viele interessante Strukturen, wie sie beispielhaft in Abb. 16.4 bis 16.8 gezeigt wurden. Man kann daraus spezifische, mikroskopische Information über die Dynamik eines Stoßprozesses extrahieren. Es ist offensichtlich, dass Experimente in einer Gaszelle, wo man lediglich Ratenkonstanten misst, über solche feinen Details nach (16.11) einfach hinweg mitteln. Der Preis, den man für diese zusätzliche Information zu zahlen hat, ist ein hoher Mehraufwand an experimenteller Technik. So erfordert das in Abb. 16.2 skizzierte Absorptionsexperiment gute Selektion der Anfangsgeschwindigkeit ebenso wie ein möglichst kaltes, als ruhend anzunehmendes Targetgas. Bei langsamen Neutralteilchen wird dies auch heute noch mit mechanischen Selektoren erreicht, die auf dem schon von Fizeau zur Bestimmung der Lichtgeschwindigkeit benutzten Prinzip des „Zerhackens" eines Molekülstrahls durch schnell rotierende, auf ihrem Umfang geschlitzte Kreisscheiben basiert. Überschallmolekularstrahlen erleichtern die Selektion. Für geladene Teilchen benutzt man meist elektrostatische Selektoren oder auf einer Messung der Flugzeit basierende Verfahren (s. Anhang J), gelegentlich auch magnetische Energieselektion.

Schließlich muss man bedenken, dass elastische Querschnitte, die wir hier kennengelernt haben, nur dann mit solch einem „einfachen" Absorptionsexperiment eindeutig untersucht werden können, wenn die kinetische Energie unter etwaigen Schwellen für inelastische Prozesse liegt. Bei höheren Energien kann man inelastische Prozesse z.B. durch Energiemessung der gestreuten Teilchen entsprechend der Prozessgleichung (16.13), oder ggf. auch durch den Nachweis der Fluoreszenz aus angeregten Zuständen identifizieren.

16.2 Differenzielle Wirkungsquerschnitte und Kinematik

16.2.1 Experimentelle Überlegungen

Atomare und molekulare Stoßprozesse sind in den letzten Jahrzehnten mit immer größerem Detail untersucht worden, um auf diese Weise ein möglichst genaues, mikroskopisches Verständnis der Wechselwirkungsprozesse zu erlangen, und eine Basis für den quantitativen Vergleich mit anspruchsvollen quantenmechanischen Modellen zu gewinnen. Über die Messung der eben behandelten integralen und totalen Streuquerschnitte hinaus ist der nächste, logische Schritt die Bestimmung der Verteilung von Streuwinkeln für diese verschiedenen Prozesse. Ein Schema für ein solches *differenzielles Streuexperiment* ist in Abb. 16.9 dargestellt.

Die Anzahl $\Delta \dot{N}$ von Teilchen, die aus einem Streuvolumen $V_S = l\, A_P$ pro Zeiteinheit in den Raumwinkel $\Delta \Omega$ gestreut werden ist

$$\Delta \dot{N} = j\, N_{\mathrm{B}}\, l\, A_P\, I\,(\theta)\, \Delta \Omega\,. \tag{16.21}$$

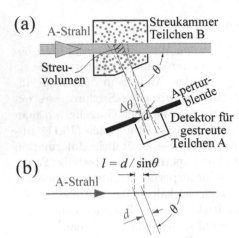

Abb. 16.9. Strahl-Gas Experiment zur Bestimmung von differenziellen Wirkungsquerschnitten. (a) Gesamt-schema, mit dem vom Detektor ein-gesehenem Streuvolumen. Die rot ge-strichelten Linien deuten die endliche Winkelauflösung an. (b) Vereinfach-te Darstellung zur Veranschaulichung der notwendigen $\sin\theta$ Korrektur des Streuvolumens

Wie in Abschn. 16.1.1 ist $j = v\,N_A$ der Fluss der Teilchen A im Projektil-strahl, und N_B ist die Teilchendichte im Targetgas B. Die Fläche des Pro-jektilstrahls sei A_P, und l die effektive Länge, aus der gestreute Teilchen im Detektor registriert werden. Die Winkelverteilung $I(\theta)$ charakterisiert die Physik des Stoßprozesses und hat die Dimension einer Fläche pro Raumwinkel, $[I(\theta)] = \mathrm{cm}^2\,\mathrm{sr}^{-1}$. Man nennt $I(\theta)$ den *differenziellen Wirkungsquerschnitt (häufig kurz DCS, für Differential Cross Section)* und schreibt

$$I(\theta) = \frac{\mathrm{d}\sigma}{\mathrm{d}\Omega} = \frac{\mathrm{d}\sigma}{\mathrm{d}\varphi\,\sin\theta\,\mathrm{d}\theta}. \tag{16.22}$$

Im allgemeinsten Fall kann der DCS sowohl vom (polaren) Streuwinkel θ wie auch vom Azimutwinkel φ abhängen. Für statistisch ausgerichtete Projektile und Targets ist $I(\theta)$ aber nur eine Funktion von θ. Integration über alle Streuwinkel ergibt dann den schon in Abschn. 16.1 behandelten *integralen Wirkungsquerschnitt (häufig kurz ICS, für Integral Cross Section)*:

$$\sigma = \int\limits_{4\pi} \frac{\mathrm{d}\sigma}{\mathrm{d}\Omega}\mathrm{d}\Omega = 2\pi \int\limits_{0}^{\pi} I(\theta)\sin\theta\,\mathrm{d}\theta \tag{16.23}$$

Der differenzielle Wirkungsquerschnitt kann sich ebenso wie σ auf elas-tische, inelastische, ionisierende oder reaktive Prozesse beziehen. *Man sollte daher den integralen Querschnitt σ nicht als totalen Querschnitt bezeichnen*, wie das gelegentlich getan wird, da dieser nach (16.5) als Summe über alle möglichen integralen Querschnitte definiert ist. Experimentell kann man die Größe des vom Detektor eingesehenen Raumwinkels $\Delta\Omega$ problemlos konstant halten, da dieser durch die winkelbegrenzenden Aperturblenden bestimmt wird. Wenn die Detektorfläche A_D ist, und sein Abstand vom Streuvolumen R, dann ist $\Delta\Omega = A_D/R^2$ der eingesehene Raumwinkel.[4]

Im Gegensatz zu $\Delta\Omega$ hängt die effektive Länge l des Streuvolumens in einem Strahl-Gas Experiment nach Abb. 16.9a noch vom Streuwinkel ab, wie in Abb. 16.9b schematisch erläutert. In solch einem Experiment muss man also die experimentell beobachtete Streuintensität noch durch $\sin\theta$ dividieren, um die wahre Winkelverteilung $I(\theta)$ zu erhalten. Man sieht, dass dies für sehr kleine Streuwinkel leicht zu gravierenden Unsicherheiten führen kann.

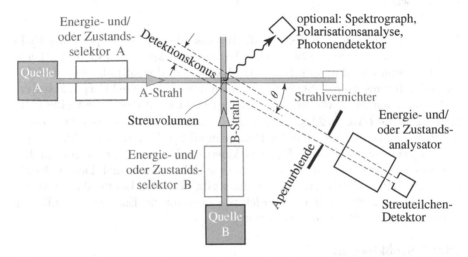

Abb. 16.10. Schema eines Streuexperiments mit gekreuzten Teilchenstrahlen. Man beachte, dass der Detektor unabhängig vom Streuwinkel stets das gesamte Streuvolumen einsieht, sodass die $\sin\theta$ Korrektur entfallen kann

Experimente mit gekreuzten Strahlen können dieses Problem überwinden – wenn man sie richtig anlegt. Abbildung 16.10 illustriert schematisch ein solches Experiment. Im Idealfall kreuzen sich dabei zwei wohl kollimierte, energie- und möglichst auch zustandselektierte Teilchenstrahlen, in der Regel unter rechtem Winkel. Der Detektor ist so zu konstruieren, dass er einen der Stoßpartner A oder B nachweist, ggf. nachdem eine angemessene Energie- und Zustandsanalyse durchgeführt wurde. Wichtig ist bei einem solchen Experiment, dass das ganze Streuvolumen bei jedem beliebigen Streuwinkel θ vom Detektor voll eingesehen wird. Dafür muss der Detektornachweiskonus groß genug sein, zugleich aber die erforderliche Winkelauflösung erbringen. In der Praxis sind nur selten all diese Forderungen realisiert.

---

[4] Man beachte: Dieser Nachweis-Raumwinkel darf nicht mit der endlichen Winkelauflösung der Anordnung verwechselt werden, die sich durch ein ausgedehntes Target ergibt, welche in Abb. 16.9 durch $\Delta\theta$ angedeutet ist.

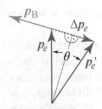

Abb. 16.11.
Impulsübertrag
bei elastischer
Streuung

Der Vollständigkeit halber erwähnen wir noch, dass bei der elastischen Elektronenstreuung für praktische Anwendungen häufig auch der sogenannte *Impulsübertragungsquerschnitt (momentum transfer cross section)* angegeben wird:

$$\sigma_{el}^{mom} = \int_{4\pi} (1 - \cos\theta)\frac{d\sigma}{d\Omega}d\Omega$$

$$= 2\pi \int_0^\pi (1 - \cos\theta)I(\theta)\sin\theta\,d\theta \tag{16.24}$$

Wie man in Abb. 16.11 abliest, ist die Impulsänderung ($\boldsymbol{p}_e \to \boldsymbol{p}_e'$) eines Elektrons e^- beim elastischen Stoß dem Betrag nach $\Delta p_e = 2p_e \sin(\theta/2)$. Diese Impulsdifferenz wird an das Target B (Atom, Ion, Molekül) abgeben, welches dann den Impuls $\boldsymbol{p}_B$ hat. Streng genommen muss man im Schwerpunktsystem rechnen (s. nächster Abschnitt). Man findet, dass auf das Target eine kinetische Energie $(\Delta p_e)^2/2M_B = 4p^2\sin^2(\theta/2)/2M_B = 2T(\mu/M_B)(1 - \cos\theta)$ übertragen wird. Dabei ist $\boldsymbol{p}$ der Relativimpuls, μ die reduzierte Masse, M_B die Targetmasse und T die anfängliche kinetische Energie des Elektrons im Laborsystem. Verwendet wurde außerdem eine Halbwinkelformel. Der in (16.24) definierte Impulsübertragungsquerschnitt gibt also ein Maß für die im Mittel pro elastischem Stoß mit einem Elektron übertragene Energie, die z.B. zur Aufheizung eines Plasmas führen kann.

16.2.2 Stoßkinematik

Die Annahme, Teilchen B habe beliebig große Masse und könne vor und nach dem Stoß im Wesentlichen als ruhend angenommen werden, ist natürlich nicht allgemein gültig. Die korrekte Behandlung von Stoßprozessen muss die Bewegung beider Teilchen berücksichtigen. Nach der klassischen Mechanik ist aber der *Impuls des Schwerpunkts beider Teilchen von ihrer Wechselwirkung unabhängig*. Alle Definitionen bleiben daher gültig, wenn man sie auf die *Relativbewegung der Stoßpartner* im Schwerpunktsystem bezieht und nur die Relativkoordinaten von A und B zur Beschreibung die Dynamik benutzt. Die notwendigen *kinematischen* Transformationen sind von zentraler Bedeutung für die richtige Interpretation aller Schwerteilchenstöße. Man kann sie nur für Stöße von Elektronen mit Atomen und Molekülen vernachlässigen.

Abbildung 16.12 zeigt Trajektorien der Teilchen A und B. In Laborkoordinaten (Ursprung O), kurz *Laborsystem (laboratory frame)*, werden sie durch die Koordinaten $\boldsymbol{R}_A(t)$ bzw. $\boldsymbol{R}_B(t)$ beschrieben. Das *Schwerpunktsystem (centre of mass, CM)* bewegt sich auf einer geraden Linie (strichpunktiert). Die Dynamik des System wird vollständig durch den Relativvektor $\boldsymbol{R}(t)$ beschrieben. Wir erinnern an die schon beim H_2-Molekül benutzte Umformung des Hamiltonians

$$H_{AB} = \frac{\boldsymbol{p}_A^2}{2M_A} + \frac{\boldsymbol{p}_B^2}{2M_B} + V(\boldsymbol{R}_A - \boldsymbol{R}_B) \tag{16.25}$$

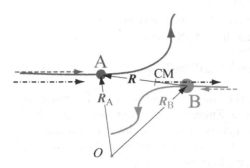

Abb. 16.12. Schematischer Verlauf der Trajektorien von miteinander stoßenden Teilchen A und B mit den Koordinaten R_A, R_B. Angedeutet ist auch die geradlinige Bewegung des Schwerpunktsystems (*schwarz strichpunktiert*) und die Bewegung von A und B vor dem Stoß (*rot bzw. grau gestrichelt*)

für das Gesamtsystem mit Impuls und Masse p_A und M_A bzw. p_B und M_B der Teilchen A bzw. B und dem Wechselwirkungspotenzial $V(R_A - R_B)$. Wir transformieren ins CM-System, indem wir entsprechend Abb. 16.12 die Relativkoordinate R und die relative Geschwindigkeit u einführen:

$$R = R_A - R_B \quad \text{und} \quad u = \dot{R}_A - \dot{R}_B = v_A - v_B \qquad (16.26)$$

Damit wird (16.25) nach kurzer Rechnung zu

$$H_{AB} = \frac{P^2}{2M} + \frac{p^2}{2\mu} + V(R) \qquad (16.27)$$

mit dem Impuls des Schwerpunkts

$$P = MV = M_A v_A + M_B v_B = const. \qquad (16.28)$$

und dem Relativimpuls

$$p = \mu u, \qquad (16.29)$$

mit der Gesamtmasse M und der reduzierte Masse μ:

$$M = M_A + M_B \quad \text{und} \quad \mu = \frac{M_A M_B}{M_A + M_B} \qquad (16.30)$$

Die konstante Schwerpunktsenergie $P^2/2M$ können wir von der Gesamtenergie H_{AB} abziehen (Separation von Gesamttranslation und Relativbewegung) und erhalten (klassisch wie auch quantenmechanisch) für die Energie der Relativbewegung im Schwerpunktsystem:

$$H_{CM} = \frac{p^2}{2\mu} + V(R). \qquad (16.31)$$

Soweit ist dies alles schon vom H-Atom her vertraut. Hier geht es nun darum, die beim Stoßprozess mögliche Änderung des Relativimpulses p in experimentell beobachtbare Größen im Laborsystem umzuformen. Im Kontext dieser kinematischen Überlegungen interessiert uns dabei nur das asymptotische Verhalten vor und nach dem Stoß ($R \to \infty$, $V(R) \to 0$). Wir markieren dies durch ungestrichene bzw. gestrichene Größen. Energieerhaltung bedeutet dann für die relative kinetische Energie im CM-System:

$$T'_{\mathrm{CM}} = \frac{1}{2}\,\mu'\,u'^2 = \frac{1}{2}\,\mu\,u^2 \mp \Delta W = T_{\mathrm{CM}} \mp \Delta W \qquad (16.32)$$

Dies schließt die Möglichkeit inelastischer oder superelastischer Prozesse ein, die infolge einer Änderung der inneren Energie $\pm\Delta W$ der beteiligten Teilchen A oder B zu einer entsprechenden Änderung der Relativgeschwindigkeit führen. Für reaktive Prozesse kann sich sogar die reduzierte Masse $\mu \to \mu'$ ändern. Im Laborsystem ist die gesamte kinetische Energie

$$T_{\mathrm{Lab}} = \frac{1}{2}\,M_A v_A^2 + \frac{1}{2}\,M_B v_B^2 = \frac{1}{2}\,MV^2 + T_{\mathrm{CM}}\,. \qquad (16.33)$$

Wenn man hier alle Größen durch gestrichene $(v \to v')$ ersetzt, erhält man die Laborenergie nach dem Stoßprozess. Mit (16.33) wird deutlich, dass *von der gesamten kinetischen Energie*, welche die Stoßpartner im Laborsystem besitzen, *nur ein Teil für den Stoßprozess verfügbar* ist, nämlich T_{CM}.

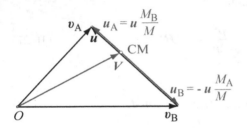

Abb. 16.13. Beispiel eines Newton-Diagramms vor einem Stoßprozess, hier für das Massenverhältnis $M_A : M_B = 3 : 2$. Der Schwerpunkt (CM) teilt die Relativgeschwindigkeit u im Verhältnis $M_B : M_A$

Sehr übersichtlich und nützlich zur Veranschaulichung der Kinematik ist das sogenannte *Newton-Diagram* des Prozesses, Abb. 16.13. Es stellt die Laborgeschwindigkeiten v_A und v_B zusammen mit der Relativgeschwindigkeit u und der Geschwindigkeit des Schwerpunkts V dar. Man kann nämlich die Definition des Schwerpunktimpulses nach (16.28) umschreiben in

$$V = \frac{M_A v_A + M_B v_A - M_B v_A + M_B v_B}{M}\,,$$

$$\text{sodass mit}\quad u_A = \frac{M_B}{M}\,u \quad \text{und}\quad u_B = -\frac{M_A}{M}\,u$$

$$V = v_A - \frac{M_B}{M}\,u = v_A - u_A = v_B + \frac{M_A}{M}\,u = v_B - u_B \quad \text{oder}$$

$$v_A = V + u_A \quad \text{und}\quad v_B = V + u_B \quad \text{wird.} \qquad (16.34)$$

Das Newton-Diagramm Abb. 16.13 repräsentiert dies graphisch. Der Massenschwerpunkt CM wird dabei durch einen Punkt repräsentiert, der die Relativgeschwindigkeit u proportional zur Masse des jeweils anderen Teilchens teilt.

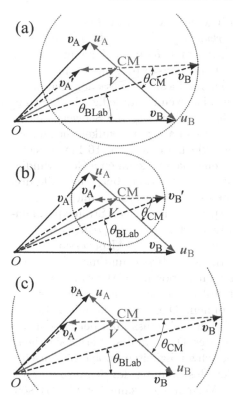

Abb. 16.14. Newton-Diagramm für nicht reaktive Prozesse vor und nach dem Stoß. (a) elastisch, (b) inelastisch, (c) superelastisch. Volle und gestrichelte Linien geben die Geschwindigkeiten vor bzw. nach dem Stoß. In allen drei Fällen ist der Streuwinkel im CM-System als $\theta_{CM} = 45°$ angenommen. Er führt zu jeweils unterschiedlichen Laborstreuwinkeln θ_{BLab} für B. Die gepunkteten Kreise deuten alle im Prinzip möglichen Geschwindigkeiten des Teilchens B nach dem Stoß an

Ein großer Vorteil dieses Diagramms ist es, dass man es ebenso nach dem Stoß zur Rücktransformation von Schwerpunktgeschwindigkeiten aus dem CM-System ins Laborsystem benutzen kann. Da die Schwerpunktgeschwindigkeit V konstant bleibt, während die Relativgeschwindigkeit u' nach dem Stoß sich von u unterscheiden kann, erhält man alle im Prinzip möglichen Laborgeschwindigkeiten nach dem Stoß aus den Beziehungen

$$v'_A = V + u'_A \quad \text{und} \quad v'_B = V + u'_B \ . \tag{16.35}$$

Für die graphische Konstruktion hat man also einfach Kreise mit dem Radius $u' M'_A/M$ bzw. $u' M'_B/M$ um den Schwerpunkt zu ziehen, auf welchen die Endpunkte aller möglichen Laborgeschwindigkeitsvektoren v'_A bzw. v'_B liegen, die im Ursprung O ihren Anfang haben. Der Betrag von u' ergibt sich aus der Energiebilanz (16.32) des untersuchten Prozesses. Im Falle reaktiver Prozesse können dabei M'_A und M'_B auch von M_A und M_B verschieden sein. Abbildung 16.14 illustriert dies für elastische, inelastische und superelastische Streuprozesse im nicht reaktiven Fall. Die gezeigten Beispiele nehmen in allen drei Fällen einen Schwerpunktstreuwinkel $\theta_{CM} = 45°$ an.

Die physikalische Größe, die man bestimmen möchte, ist der differenzielle Wirkungsquerschnitt im CM-System, also die Wahrscheinlichkeit, bei dem zu untersuchenden Stoß einen gewissen CM-Streuwinkel zu finden. Sie gibt Aufschluss über die atomare *Wechselwirkungsdynamik*. Im Gegensatz dazu beschreiben die Newton-Diagramme das, was man *Kinematik* nennt, d.h. die Transformation aus dem CM-System ins Laborsystem und umgekehrt.

Man beachte, dass die Konversion der im Labor gemessenen Daten ins CM-System nicht immer eindeutig möglich ist, wenn man lediglich die Streuwinkel bestimmt. Wenn Kreise mit Radius u'_A bzw. u'_B die Schwerpunktgeschwindigkeit V nicht voll einschließen, gibt es Laborstreuwinkel, die zu zwei verschiedenen CM-Streuwinkeln gehören, wie man in Abb. 16.14a, b sieht. Wenn man den untersuchten Prozesstyp genau kennt, kann eine Geschwindigkeitsanalyse helfen. Sehr kompliziert wird die Situation aber, wenn alle drei in Abb. 16.14a–c illustrierten Prozesstypen gleichzeitig vorkommen.

Eine weitere Komplikation bei der Auswertung solcher Streuexperimente ist die Ermittlung von differenziellen Querschnitten $d\sigma_{CM}/d\Omega_{CM}$ im CM-System aus den im Labor gemessenen Streuraten: bei dieser Konversion ändert sich auch der Detektorakzeptanzwinkel $d\Omega_{Lab} \to d\Omega_{CM}$, und man muss auch hierfür die entsprechende Umrechnung vom Labor ins CM-System vornehmen. Entsprechendes gilt für die Energieskala, immer dann, wenn Prozesse nicht vollständig aufgelöst werden können. Dies geschieht mit Hilfe der entsprechenden *Jacobi-Determinanten*. Schließlich muss man bei Stößen mit niedrigen, ggf. thermischen Energien bei der Datenanalyse berücksichtigen, dass sich aus unterschiedlichen Anfangsgeschwindigkeiten infolge thermischer Verteilungen auch Unsicherheiten bei der Bestimmung des Schwerpunktsystems ergeben. Die Entfaltung all dieser Verteilungen kann kompliziert sein (Pauly und Toennies, 1965). Wir präsentieren nachfolgend zur Illustration lediglich ein besonders elegantes Beispiel, das zeigt, wie man sich diese meist eher lästigen kinematischen Zusammenhänge auch zu Nutze machen kann.

16.2.3 Ein spezielles Beispiel: Massenselektion von Clustern

Die Untersuchung von atomaren und molekularen Clustern, also mehr oder weniger lose gebundenen Systemen vieler Atome und/oder Moleküle, ist ein wichtiges, modernes Forschungsfeld, welches sich aus der Atom- und Molekülphysik heraus entwickelt hat. In Band 3 werden wir uns damit noch ausführlich befassen. Zur Herstellung solcher Cluster benutzt man kalte Molekularstrahlen. Durch adiabatische Expansion von Gasen unter hohem Druck (typisch 1–100 bar) aus einer Düse ins Vakuum werden die Atome oder Moleküle auf einer kurzen Flugstrecke stark abgekühlt. Dabei kondensieren sie partiell und bilden Cluster von $\mathcal{N}$ Atomen. $\mathcal{N}$ kann von 2 bis zu vielen zehntausend reichen, und zwar in aller Regel in einer mehr oder weniger breiten Verteilung. Bei der Untersuchung solcher Cluster ist es natürlich vorteilhaft, ihre Größe $\mathcal{N}$ zu kennen. Handelt es sich um ionische Cluster, so kann diese mit massenspektroskopischen Verfahren ermittelt werden. Neutrale Cluster muss man zum Nachweis erst einmal ionisieren und dabei in Kauf nehmen, dass der Ionisationsprozess die Clusterverteilung ändert.

Buck und Meyer (1984) haben eine sehr elegante, wenn auch etwas aufwendige Methode entwickelt, mit der man auch neutrale Cluster selektieren kann: eben durch Nutzung der Stoßkinematik, die wir gerade besprochen haben. Die Idee dabei ist, die verschiedenen Clustergrößen $\mathcal{N}$ durch Streuung an einem Atomstrahl unterschiedlich abzulenken und auf diese Weise zu selektieren. Abbildung 16.15a erläutert das Prinzip anhand eines Newton-Diagramms für die Streuung von $Ar_{\mathcal{N}}$-Clustern an He-Atomen aus dem ersten Pionierexperiment. Da die Masse der $Ar_{\mathcal{N}}$-Cluster groß gegenüber dem leich-

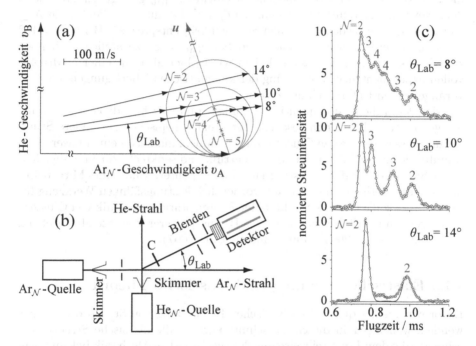

Abb. 16.15. Clusterselektion durch elastische Streuung nach Buck und Meyer (1984). (a) Newton-Diagramm für die Streuung von $Ar_{\mathcal{N}}$ an He-Atomen bei Geschwindigkeiten $v_A = 570\,m/s$ und $v_B = 1\,790\,m/s$. Die roten Kreise geben die Positionen möglicher Endgeschwindigkeitsvektoren für elastisch gestreute Cluster (man beachte die unterbrochenen Geschwindigkeitspfeile). (b) Experimenteller Aufbau schematisch, mit pseudostatistischem Unterbrecher C für die Flugzeitanalyse der gestreuten Cluster. (c) Gemessene Flugzeitspektren nach $Ar_{\mathcal{N}}$-He Stößen bei drei verschiedenen Laborwinkeln entsprechend dem Newton-Diagramm (a)

ten Stoßpartner He ist, findet man den relevanten Teil des Newton-Diagramm ganz in der Nähe der Anfangsgeschwindigkeit der $Ar_{\mathcal{N}}$-Cluster. Dieser Bereich ist in Abb. 16.15a vergrößert skizziert. Die Relativgeschwindigkeit u (roter, unterbrochener Pfeil) vor dem Stoß, definiert das CM-System. Die roten Kreise markieren die möglichen Geschwindigkeitsvektoren nach dem Stoß für Cluster mit $2 \leq \mathcal{N} \leq 5$. Wie man sieht, gibt es für jeden Laborstreuwinkel θ_{Lab} zwei Streuwinkel im Schwerpunktsystem, die zu unterschiedlichen Laborgeschwindigkeiten führen (schwarze Pfeile). Man kann diese durch Messung der Geschwindigkeit der gestreuten Cluster voneinander unterscheiden. Die experimentelle Realisierung ist in Abb. 16.15b schematisch dargestellt. Ar-Clusterstrahl und He-Strahl kreuzen sich unter rechtem Winkel. Die gestreuten Cluster werden durch einen Unterbrecher (C) zeitlich getaktet und kollimiert hinter einem Quadrupolmassenspektrometer nachgewiesen. Aus der Flugzeit kann man ihre Geschwindigkeit bestimmen. Das gemessene Signal ist in Abb. 16.15c für drei verschiedene Streuwinkel θ_{Lab} gezeigt. Entsprechend dem Newton-Diagramm findet man bei $\theta_{Lab} = 14°$ nur zwei Peaks, die Ar_2-Clustern bei den beiden möglichen Streuwinkeln entsprechen. Bei $\theta_{Lab} = 10°$ weist man bereits auch Ar_3 nach und bei $\theta_{Lab} = 8°$ zusätzlich auch noch zwei Peaks vom Ar_4. Insgesamt haben wir es hier also mit einer eindrucksvollen experimentellen Bestätigung der kinematischen Überlegungen aus dem vorangehenden Unterabschnitt zu tun.

Man kann die so dokumentierte Winkel- und Geschwindigkeitsverteilung der gestreuten Cluster nun geschickt für spektroskopische oder andere Studien mit massenselektierten Clustern nutzen, indem man etwa einen Laserstrahl räumlich lokalisiert hinter dem Streuzentrum und senkrecht zur hier angedeuteten Streuebene auf die gestreuten Cluster richtet. Buck und Mitarbeiter haben diese Methode zu einem außerordentlich leistungsfähigen Werkzeug für die Spektroskopie und das Studium der Fragmentationsdynamik von Clustern entwickelt und vielfältig genutzt (s. z.B. aus jüngerer Zeit Steinbach et al., 2006; Farnik et al., 2004; Bonhommeau et al., 2007).

16.3 Elastische Streuung und klassische Theorie

Bevor wir uns der quantenmechanischen Behandlung von Streuprozessen zuwenden, wollen wir in diesem Abschnitt kurz an die klassische Streutheorie erinnern, die dem Leser teilweise aus der theoretischen Mechanik bekannt sein mag, und uns zugleich deren Grenzen vergegenwärtigen. Dabei werden wir alle Probleme im Sinne des vorangehenden Abschnitts im Schwerpunktsystem (CM) behandeln: alle Geschwindigkeiten, Energien und Abstände beziehen sich darauf, soweit nicht anders vermerkt. Wir behandeln und illustrieren alle Streuprobleme also so, als ob Teilchen A eine Masse $\mu = M_A M_B/M$ habe und mit einem Teilchen B wechselwirke, dessen Masse unendlich sei.

Auch wenn die Wechselwirkung atomarer Teilchen letztlich stets quantenmechanisch behandelt werden muss, kann man doch recht oft von der klassischen Mechanik als erstem Ansatz zum Verständnis von Streudynamik ausgehen. Jedenfalls erweist sich das Konzept einer klassischen Trajektorie als erstaunlich weitreichend für eine Vielfalt von Streuproblemen – solange nämlich die typischen atomaren Dimensionen groß gegen die De-Broglie-Wellenlänge λ_{dB} der Teilchen sind. In atomaren Einheiten schreibt sich letztere

$$\lambda_{dB}/a_0 = 2\pi/\sqrt{2\mu/m_e \times T/W_0}\,, \tag{16.36}$$

wobei T die relative kinetische Energie der Teilchen, und μ deren reduzierte Masse ist. Bei der Elektronenstreuung ($\mu/m_e \simeq 1$) kann man eine klassische Behandlung demnach nur für sehr hohe Energien ins Auge fassen. Dagegen gilt bei Schwerteilchenstößen meist $\lambda_{dB}/a_0 \ll 1$ – selbst im thermischen Bereich. Da a_0 aber zugleich auch die typische Reichweite atomarer Wechselwirkungspotenziale charakterisiert, kommt man mit der klassischen Beschreibung von Schwerteilchenstößen recht weit.

16.3.1 Der differenzielle Wirkungsquerschnitt

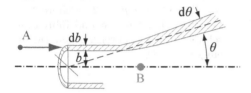

Abb. 16.16. Definition des Stoßparameters b, des Streuwinkels θ und des klassischen Streuquerschnitts $d\sigma = 2\pi b\,db$

Wir betrachten die elastische Streuung eines Teilchens A im isotropen Potenzial $V(R)$ des Teilchens B und interpretieren den differenziellen Streuquerschnitt (16.22) geometrisch, wie in Abb. 16.16 skizziert. A nähere sich B in einem Bereich von *Stoßparametern* b bis $b+db$. Nach der Wechselwirkung werde A in einen Winkel zwischen θ und $\theta + d\theta$ gestreut. Unter Berücksichtigung der axialen Symmetrie wird die elastische Streurate in den gesamten konischen Ring mit $d\Omega = 2\pi \sin\theta\,d\theta$ proportional zu $d\sigma = 2\pi b\,db$: innerhalb dieses Querschnitts muss sich das Teilchen A dem Teilchen B annähern, um in den Streuwinkel θ bis $\theta + d\theta$ zu gelangen. So wird der klassische, differenzielle Wirkungsquerschnitt:

$$I(\theta) = \frac{b\,db}{\sin\theta\,d\theta} = \frac{1}{2\sin\theta}\left|\frac{d\left(b^2\right)}{d\theta}\right| = \frac{b\left(\Theta\right)}{\sin\theta\,\left|d\Theta/db\right|} \qquad (16.37)$$

Das dynamische Problem besteht nun lediglich darin, die *klassische Ablenkfunktion* $\Theta = \Theta(b)$ zu bestimmen. Man beachte: wir unterscheiden hier zwischen *Streuwinkel* θ, der stets positiv gewertet wird, und Ablenkfunktion Θ, die sowohl positiv wie auch negativ sein kann, je nachdem ob die Wechselwirkung insgesamt anziehend oder abstoßend wirkt (die in Abb. 16.16 skizzierte Ablenkung ist negativ). Man beachte, dass dieser klassische Streuquerschnitt divergiert, wenn die Ablenkfunktion durch ein Maximum oder Minimum geht, wenn also $|d\Theta/db| = 0$ ist. Dies führt zum sogenannten *klassischen Regenbogen*. Das interessante Phänomen ist tatsächlich eng verwandt mit dem bekannten und beliebten optischen Regenbogen, der durch die Streuung von Sonnenlicht an kleinen Wassertröpfchen entsteht.

16.3.2 Der optische Regenbogen

Wir machen einen kleinen Ausflug in die Physik des optischen Regenbogens, an dem wir sehr anschaulich verstehen können, wie die eben angesprochenen Phänomene entstehen. Abbildung 16.17 zeigt, wie ein von der Sonne kommender Lichtstrahl an der Grenzfläche zwischen Luft und Wassertropfen gebrochen bzw. reflektiert wird.[5] Das Licht kann nur an der Oberfläche reflektiert

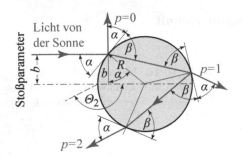

Abb. 16.17. Klassische Lichtstreuung an einem Wassertropfen mit Radius R für Wellenlängen $\lambda \ll R$, schematisch. Der klassische Regenbogen entsteht für Trajektorien $p = 2$. Weitere Reflexionen sind möglich und führen zu schwächeren Nebenregenbögen (nicht eingezeichnet)

werden ($p = 0$) oder nach Eintritt in den Tropfen und Brechung mehrfach im Inneren reflektiert werden und dann unter Rückbrechung wieder austreten ($p = 1, 2, 3, \dots$). Ein optischer Regenbogen bildet sich für $p \geq 2$. Wir diskutieren die klassische Ablenkfunktion $\Theta_p(b)$ als Funktion von Stoßparameter und Wellenlänge und betrachten einen Schnitt durch eine Äquatorialebene des Tropfens, in welcher sich der Strahl bei mehrfachen Brechungen und Reflexionen ausbreitet. Man kann die Strahltrajektorie quantitativ direkt aus Abb. 16.17 ablesen: Offensichtlich ist $\alpha < \beta$ und die Ablenkung des Strahls beim Eintritt in den Tropfen ist $\alpha - \beta$ (*Ablenkungen zur Strahlachse hin werden negativ* gerechnet). Jede Reflexion im Inneren des Tropfens führt zu einer weiteren Ablenkung -2β. Beim Austritt kommt nochmals eine Ablenkung $\alpha - \beta$ hinzu. Mit dem Brechungsgesetz in der Form

$$\frac{\sin(\pi/2 - \beta)}{\sin(\pi/2 - \alpha)} = \frac{\cos\beta}{\cos\alpha} = 1/n$$

und dem Verhältnis

$$x = b/R = \cos\alpha$$

von Stoßparameter b zu Tröpfchenradius R wird die Strahlablenkung:

---

[5] Solange der Tröpfchenradius $R \gg \lambda$ (die Wellenlänge des Lichts) ist – und das ist bei gewöhnlichen Regentropfen immer der Fall – können wir die praktisch parallele, von der Sonne kommende Lichtwelle als ein Bündel von Lichtstrahlen mit geometrischer Optik behandeln. Die Lichtstreuung an kleineren Objekten zeigt ausgeprägte Interferenzstrukturen und wird durch die Mie-Theorie beschrieben – eine Anwendung der klassischen Elektrodynamik. Sie wird in den Standardwerken der Optik ausführlich behandelt (s. z.B. Born und Wolf, 1999, S. 759ff).

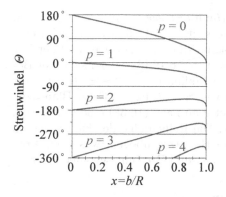
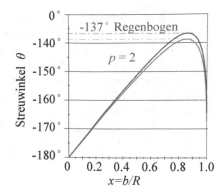

Abb. 16.18. Klassische Ablenkfunktionen $\Theta(b)$ für die Streuung von Licht an einem Wassertropfen (Radius R) als Funktion des Verhältnisses $x = b/R$ von Stoßparameter zu Radius. *Links:* verschiedene Ordnungen p bei einem mittleren Wert für den Brechungsindex. *Rechts:* vergrößerter Maßstab für $p = 2$ bei roten (*rote Linie*) und blauen Wellenlängen (*graue Linie*). Das deutlich ausgeprägte Maximum bei Ablenkwinkeln $-137°$ bzw. $-139°$ führt zum Phänomen des Regenbogens

$$\Theta_p = 2\arccos(x) - 2p\arccos(x/n) \tag{16.38}$$

Wie man sieht, hängt die Ablenkfunktion $\Theta_p(b)$ nur vom Verhältnis des Stoßparameters zum Tröpfchenradius $x = b/R$ sowie vom Brechungsindex n ab – nicht aber etwa von der absoluten Größe des Tröpfchens. Für Wasser ist der Brechungsindex n bei blauem Licht 1.3427 und bei rotem 1.3282, womit (16.38) zu den in Abb. 16.18 gezeigten Ablenkfunktionen führt.

Die Ablenkfunktion für $p = 2$ hat ein Maximum bei ca. $-137.2°$ bzw. $-139.3°$ für rotes bzw. blaues Licht. Das bedeutet, dass sehr viele Lichtstrahlen mit unterschiedlichem b zu nahezu gleichem Ablenkwinkel führen, also zu einem Intensitätsmaximum des Streulichts bei diesen Winkeln beitragen. In (16.37) kommt dies als Singularität zum Ausdruck. Für verschiedene Wellenlängen ist dieser Regenbogenwinkel leicht unterschiedlich, woraus sich das Buntsein des Regenbogens erklärt.

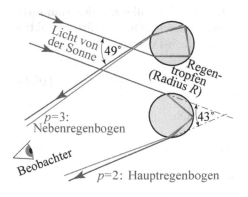

Abb. 16.19. Schematische Illustration der Entstehung und der Inklinationswinkel für die Beobachtung des Hauptregenbogens und des sekundären Regenbogens. Man beachte, dass sich die Reihenfolge der Farben umkehrt

Manchmal sieht man neben diesem *Hauptregenbogen* ($p = 2$) noch einen *Nebenregenbogen* ($p = 3$), der durch eine weitere Reflexion im Tropfen entsteht. Die Intensität dieses Streulichts ist natürlich viel geringer und der Nebenregenbogen wesentlich blasser. Wie in Abb. 16.19 illustriert, sieht der Beobachter den Hauptregenbogen unter einer Inklination $180° - |\Theta|$ (relativ zur Richtung des einfallenden Sonnenlichts) von ca. 41° bzw. 43° für Blau bzw. Rot. Für den Nebenregenbogen berechnet man nach (16.38) eine Inklination von 54.4° bzw. 49.6° für Blau bzw. Rot. Die Reihenfolge der Farben ist im Nebenregenbogen also umgekehrt wie im Hauptregenbogen, was nach Abb. 16.19 eine unmittelbare Folge der Reflexions- und Brechungsgeometrie ist.

16.3.3 Die klassische Ablenkfunktion

Kommen wir zur Teilchenstreuung zurück! Wir betrachten eine klassische Trajektorie im Schwerpunktsystem wie in Abb. 16.20a illustriert.

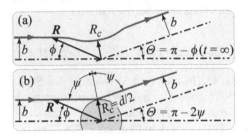

Abb. 16.20. Klassische Trajektorien in Zylinderkoordinaten R, ϕ mit dem klassischen Umkehrpunkt R_c (Abstand der dichtesten Annäherung). Der Ablenkwinkel Θ ist eine Funktion des Stoßparameters b. (a) Allgemeiner Fall, (b) elastischer Stoß eines punktförmigen Projektils mit einer harten Kugel vom Durchmesser d

Bei der elastischen Streuung bleibt sowohl der (lineare) Impuls $p = \mu u$ als auch Bahndrehimpuls $|\ell| = pb$ dem Betrag nach erhalten ($u = \sqrt{2T/\mu}$ ist der Betrag der Relativgeschwindigkeit). Damit ist auch der Stoßparameter eine Konstante der Bewegung. Mit dem Trägheitsmoment μR^2 der Relativbewegung lässt sich $|\ell|$ durch die Winkelgeschwindigkeit $\dot{\phi}$ ausdrücken:

$$|\ell| = \mu\, ub = \mu\, R^2 \dot{\phi} = const \qquad (16.39)$$

Wir haben davon ja bereits in Band 1 bei der Formulierung des Hamilton-Operators für gebundene Zustände Gebrauch gemacht. Die Hamilton-Funktion der Relativbewegung lässt sich mit dem effektiven Potenzial

$$V_{eff}(R) = V(R) + \frac{|\ell|^2}{2\mu R^2} = V(R) + T\,\frac{b^2}{R^2} \qquad (16.40)$$

und der Gesamtenergie T entsprechend schreiben:

$$H = \frac{\mu}{2}\dot{R}^2 + V_{eff}(R) = T \qquad (16.41)$$

Mit (16.39, 16.40 und 16.41) findet man

$$\frac{\mathrm{d}\phi}{\mathrm{d}R} = \frac{\dot{\phi}}{\dot{R}} = \frac{b}{R^2\sqrt{1 - \dfrac{V_{eff}(R)}{T}}}, \qquad (16.42)$$

was durch Integration zur klassischen Ablenkfunktion führt:

$$\Theta(T,b) = \pi - \phi\,(R = \infty) \qquad (16.43)$$

$$= \pi - 2b \int_{R_c}^{\infty} \frac{\mathrm{d}R}{R^2\sqrt{1 - \dfrac{V_{eff}(R)}{T}}} = \pi - 2b \int_{R_c}^{\infty} \frac{\mathrm{d}R}{R^2\sqrt{1 - \dfrac{V(R)}{T} - \dfrac{b^2}{R^2}}}$$

R_c ist der *klassische Umkehrpunkt* (dichteste Annäherung der Teilchen).

Der Grenzfall harte Kugel

Als einfachstes Beispiel betrachten wir den elastischen Stoß eines punktförmig gedachten Projektils mit einer *harten Kugel* vom Durchmesser d (Abb. 16.20b). Hier ist stets $R_c = d/2$, und mit $b/(d/2) = \sin\psi = \cos(\Theta/2)$ wird die Ablenkfunktion unabhängig von der Energie

$$\Theta(b) = \pi - 2\psi = 2\arccos\frac{2b}{d} \qquad (16.44)$$

solange $b \le d/2$ ist, und $\Theta(b) = 0$ für $b > d/2$. Unabhängig vom Stoßparameter wird damit der differenzielle Streuquerschnitt (16.37):

$$I(\theta) = d^2/16 \qquad (16.45)$$

Wir finden hier also eine völlig isotrope Streuverteilung!

Rutherford-Streuquerschnitt

Ein wichtiges Beispiel ist die Rutherford-Streuung, also die Streuung zweier Ladungen $q_A e_0$ und $q_B e_0$ im reinen Coulomb-Potenzial $V(R) = q_A q_B/R$ (in atomaren Einheiten). Das Integral (16.43) lässt sich durch Substitution $x^2 = 1/R^2$ und entsprechende Umschreibung der Integrationsgrenzen leicht lösen und ergibt

$$\frac{\theta}{2} = \arctan\frac{q_A q_B}{2Tb} \quad \text{bzw.} \quad b = \frac{q_A q_B}{2T}\cot\frac{\theta}{2}.$$

Eingesetzt in (16.37) führt das zum bekannten Rutherford-Streuquerschnitt:

$$I(\theta, T) = \frac{\mathrm{d}\sigma}{\mathrm{d}\Omega} = \left(\frac{q_A q_B}{T}\right)^2 \frac{1}{16\sin^4\dfrac{\theta}{2}} \qquad (16.46)$$

Dabei haben wir atomare Einheiten benutzt, d.h. T wird in W_0, der differenzielle Streuquerschnitt in $a_0^2\,\mathrm{sr}^{-1}$ gemessen.

Der Grenzfall kleiner Streuwinkel

Ein anderer wichtiger Grenzfall ist der Bereich sehr kleiner Streuwinkel, wo der Stoßprozess nur den langreichweitigen, attraktiven Teil des Potenzials abtastet, der sich stets als $V(R) = -C/R^s$ schreiben lässt (typischerweise mit $s = 1, 2, \ldots, 6$, wie z.B. in Kapitel 8.7, Band 1 ausgeführt). Man kann dann das Integral in (16.43) entwickeln und erhält (hier ohne Beweis)

$$\theta = \frac{(s-1)f(s)}{T}\frac{C}{b^s} \propto \frac{V(b)}{T} \quad \text{mit} \quad f(s) = \frac{\sqrt{\pi}}{2}\frac{\Gamma\left((s-1)/2\right)}{\Gamma\left(s/2\right)}. \tag{16.47}$$

Für die Streuung zweier neutraler Atome im isotropen Grundzustand (Lennard-Jones Potenzial) mit $s = 6$ wird der Vorfaktor $(s-1)f(s) = 15\pi/16$. Für den differenziellen Streuquerschnitt (16.37) ergibt sich allgemein

$$I(\theta) = \frac{1}{s}\left(\frac{(s-1)\,f(s)C}{T}\right)^{2/s}\theta^{-2(s+1)/s} \quad \text{und speziell} \tag{16.48}$$

$$= 0.2389\left(\frac{C}{T}\right)^{1/3}\theta^{-7/3} \quad \text{für} \quad s = 6. \tag{16.49}$$

Reduzierter Streuwinkel und Wirkungsquerschnitt

Anstelle des Streuwinkels benutzt man häufig den *reduzierten Streuwinkel*

$$\tau(T, b) = \theta T, \tag{16.50}$$

und anstelle des differenziellen Wirkungsquerschnitts (16.37) den *reduzierten Wirkungsquerschnitt*

$$\rho(T, b) = \theta \sin\theta\, I(\theta, T) = \frac{\tau}{2}\left|\frac{db^2}{d\tau}\right|. \tag{16.51}$$

Für große Stoßparameter gilt nach (16.47)

$$\tau(T, b) \propto V(b), \tag{16.52}$$

τ hängt also näherungsweise nur vom Stoßparameter b und nicht von der kinetischen Energie T ab. Noch allgemeiner kann man zeigen (s. z.B. Smith et al., 1966), dass τ sich in eine Reihe nach T^{-n} einwickeln lässt:

$$\tau(T, b) = \tau_0(b) + T^{-1}\tau_1(b) + \cdots = \tau_0(b) + \frac{\theta}{\tau}\tau_1(b) + \ldots \tag{16.53}$$

Entsprechend gilt für den reduzierten Wirkungsquerschnitt:

$$\rho(T, b) = \rho_0(b) + T^{-1}\rho_1(b) + \cdots = \rho_0(b) + \frac{\theta}{\tau}\rho_1(b) + \ldots \tag{16.54}$$

Die Näherung gilt für hohe Energien und beliebige Streuwinkel oder alternativ für beliebige Energien und kleine Streuwinkel (große Stoßparameter).

Integraler elastischer Wirkungsquerschnitt

An dieser Stelle müssen wir noch einmal auf den integralen Wirkungsquerschnitt zurückkommen, für den man nach (16.23) mit (16.37) auch

$$\sigma = 2\pi \int_0^\pi I(\theta) \sin\theta \, d\theta = 2\pi \left| \int_{b_{\max}}^0 b \, db \right| = \pi b_{\max}^2 \qquad (16.55)$$

schreiben kann. Beim Stoß harter Kugeln ist die Situation eindeutig: für $b > d$ findet keine Streuung mehr statt, also ist $b_{\max} = d/2$. Alternativ kann man ins linke Integral auch (16.45) einsetzen und erhält das gleiche Ergebnis, $\sigma = \pi d^2/4$, wie es der geometrischen Anschauung entspricht. Hat man es aber mit einem Potenzial unendlicher Reichweite zu tun, so scheint es auf den ersten Blick, als ob der integrale elastische Querschnitt divergiere: wie groß auch immer man $b_{\max}$ wählt, es gibt immer noch eine, wenn auch geringe Ablenkung. Daher stellt sich die Frage, *welches der maximale Stoßparameter $b_{\max}$ ist, der zu einer messbaren Streuung führt. Sie kann nur quantenmechanisch*, d.h. letztlich durch die Unschärferelation, *beantwortet werden*. Danach sind nur solche Streuwinkel sinnvoll zu beobachten, für die das Produkt aus lateralem Impuls $\Theta(T,b)\,\mu u$ und Stoßparameter b größer als h ist. Es gibt stets einen maximalen Stoßparameter $b_{\max}$ bei dem das gerade noch erfüllt ist:

$$\Theta(T, b_{\max})\,\mu u \times b_{\max} \simeq h$$

Für große b ist das Wechselwirkungspotenzial in guter Näherung $V(b) = C/R^s$ und für die klassische Ablenkfunktion gilt die Näherung (16.52). Dann wird

$$\Theta \simeq \frac{h}{\mu u b_{\max}} \propto \frac{C}{b_{\max}^s \mu u^2} \quad \Rightarrow \quad b_{\max} \propto \left(\frac{C}{hu} \right)^{1/(s-1)}.$$

Der integrale elastische Wirkungsquerschnitt wird schließlich näherungsweise:

$$\sigma = K \left(\frac{C}{hu} \right)^{2/(s-1)} \qquad (16.56)$$

Der Vorfaktor K bedarf freilich einer genauen quantenmechanischen Begründung (s. z.B. Fluendy et al., 1967). Wir notieren hier aber, dass in dieser Näherung (höhere Energien, kleine Streuwinkel) *der integrale Wirkungsquerschnitt σ nur von der Relativgeschwindigkeit u und der Form und Größe des Potenzials abhängt* – und nicht explizit etwa von der Energie oder dem Impuls der stoßenden Teilchen. Wir haben dies z.B. in Abb. 16.4 bereits gesehen: bei größeren Relativgeschwindigkeiten u wurden die Streuquerschnitte für H+He und D+He gleich. Und Abb. 16.6a gibt ein Beispiel für den im Mittel geraden Verlauf des Wirkungsquerschnitts in log-log-Darstellung, dem Potenzgesetz (16.56) entsprechend.

16.3.4 Regenbögen und andere erstaunliche Oszillationen

Wir wollen hier einen qualitativen Überblick über den Verlauf der klassischen
Trajektorien und die daraus resultierenden Phänomene geben, wie man sie
bei der niederenergetischen, elastischen Streuung von Atomen oder Ionen an
Atomen (und ähnlich an Molekülen) antrifft (eine exzellente, auch heute noch
aktuelle Vertiefung bietet Pauly und Toennies, 1965). Schematisch ist dies
in Abb. 16.21 zusammengefasst. Typischerweise haben atomare Wechselwirkungspotenziale ein Minimum, wie in Abb. 16.21a dargestellt. Auch wenn die
Stoßpartner chemisch nicht bindend sind, entsteht doch meist ein solches Minimum durch die Überlagerung eines langreichweitigen, anziehenden Van-der-
Waals-Potenzials (R^{-6}) und eines kurzreichweitigen, repulsiven Potenzials.

Je nach Stoßparameter b überstreichen die Trajektorien nach Abb. 16.21b
hauptsächlich den repulsiven Teil des Potenzials (kleines $b = b_1$ bzw. b_1'), den
attraktiven Teil (größeres $b = b_3$) oder beide Bereiche ($b = b_2$). Im Ergebnis
erfahren die Trajektorien eine effektiv abstoßende ($\Theta > 0$) oder anziehende
($\Theta < 0$) Wechselwirkung. Für $b = b_g$ kompensieren sich anziehende und abstoßende Teile des Potenzials gerade, und als Ergebnis gibt es keine Ablenkung,
sondern Vorwärtsstreuung ($b = b_g$). Die (schematische) Ablenkfunktion Abb.
16.21c fasst diese Befunde zusammen und stellt eine Art Abbild des Potenzials

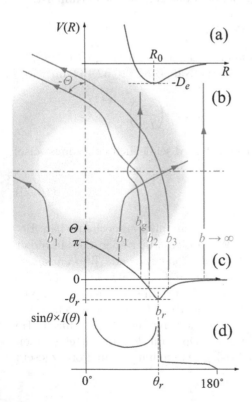

Abb. 16.21. Schematische Illustration der klassischen, elastischen Streuung: (**a**) Atom-Atom Wechselwirkungspotenzial, (**b**) einige typische
Trajektorien bei verschiedenen Stoßparametern b, (**c**) klassische Ablenkfunktion, (**d**) klassischer, differenzieller Wirkungsquerschnitt mit $\sin\theta$ gewichtet, man beachte die Regenbogen-
struktur bei θ_r

Abb. 16.21a dar. Wenn, wie hier illustriert, mehrere klassische Trajektorien mit verschiedenen Stoßparametern b_j zum gleichen Streuwinkel führen, muss man diese natürlich alle berücksichtigen und (16.37) *im klassischen Grenzfall* über alle j, für welche $\theta = |\Theta(b_j)|$ gilt, summieren:

$$I(\theta, T) = \frac{1}{\sin\theta} \sum_j b_j(\Theta) \left| \frac{db_j}{d\Theta} \right| \qquad (16.57)$$

Wie in Abb. 16.21d illustriert, geht $I(\theta, T) \to \infty$ für b_r, wo $d\Theta/db$ durch Null geht, ebenso wie für b_g, wo $\sin\theta$ verschwindet. Die klassische Streutheorie behauptet also eine bemerkenswerte Singularität im differenziellen Querschnitt beim Regenbogenwinkel θ_r. Wie beim optischen Regenbogen entsteht dieses Phänomen, weil ein ganzer Bereich von Stoßparametern um b_r herum zum gleichen Streuwinkel θ_r beiträgt – genau dort, wo $\Theta(b)$ ein Minimum aufweist. Natürlich wird die Natur solche Singularitäten glätten. Bei einer *quantenmechanischen oder semiklassischen Behandlung* wird anstatt der Summe über Beträge von Streuquerschnitten nach (16.57) das Quadrat der Summe entsprechender Streuamplituden $f(\theta)$ zu bilden sein

$$I(\theta, T) = \left| \sum_j f_j(\theta) \right|^2, \qquad (16.58)$$

was zu charakteristischen Interferenzphänomenen führt.

Ein schönes Beispiel für einen klassischen Regenbogen mit Interferenzstruktur bietet die elastische Cs-Hg Streuung, wie in Abb. 16.22 für thermische Energien dokumentiert. Der differenzielle Wirkungsquerschnitt zeigt ein ausgeprägtes Maximum knapp unterhalb des klassischen Regenbogenwinkels (Pfeil) und fällt für $\theta > \theta_r$ sehr rasch ab, da dort nur noch eine Trajektorie zum Querschnitt (16.58) beiträgt. Auch das nach (16.49) erwartete Vorwärtsmaximum ist deutlich zu sehen. Daneben erkennt man einige weniger ausgeprägte Maxima für $\theta < \theta_r$. Diese *Nebenregenbögen (supernumery*

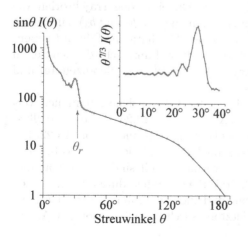

Abb. 16.22. Gemessener differenzieller Streuquerschnitt für das System Cs-Hg nach Buck et al. (1972). *Links:* $I(\theta)$ gewichtet mit $\sin\theta$, Einschub *rechts oben:* $I(\theta)$ gewichtet mit $\theta^{7/3}$ bis zum Regenbogenwinkel θ_r

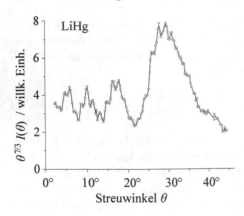

Abb. 16.23. Mit hoher Winkel- und Geschwindigkeitsauflösung gemessener differenzieller, elastischer Streuquerschnitt für Li-Hg $I(\theta)$ gewichtet mit $\theta^{7/3}$ nach Buck et al. (1974). Man erkennt neben mehreren Regenbögen auch deutlich sehr schnelle Oszillationen

rainbows) entsprechen denen, die wir schon beim optischen Regenbogen kennengelernt haben. Ganz offensichtlich gelangen wir aber mit der Interpretation der verschiedenen Oszillationen an die Grenzen der klassischen Streutheorie, denn es handelt sich hier um Interferenzphänomene, welche der Wellennatur der stoßenden Atome geschuldet sind. Man sieht das besonders deutlich an dem vergrößerten Ausschnitt im Bereich des Regenbogenwinkels in Abb. 16.22 rechts oben, wo der differenzielle Querschnitt entsprechend (16.49) mit $\theta^{7/3}$ skaliert wurde, um den raschen Abfall bei kleinen Winkeln zu kompensieren. Noch deutlicher wird das bei dem mit hoher Winkelauflösung gemessenen differenziellen Streuquerschnitt für Li-Hg in Abb. 16.23 (der Deutlichkeit halber wieder mit $\theta^{7/3}$ multipliziert).

Wie kommen diese verschiedenen oszillatorischen Strukturen im differenziellen Streuquerschnitt zustande? Die Analyse zeigt, dass man sie als Interferenzen zwischen Trajektorien mit unterschiedlichem Stoßparameter auffassen kann, die zum gleichen Streuwinkel führen, wie in Abb. 16.21 für b'_1, b_2, b_3 angedeutet. Ganz wie in der Optik überlagern sich diese Teilchenwellen und führen aufgrund der mit dem Streuwinkel variierenden Phasendifferenzen zu charakteristischen Interferenzoszillationen. Dabei werden Trajektorien, die auf der gleichen Seite des Streuzentrums verlaufen (z.B. b_2 und b_3), zu kleinen Phasendifferenzen und entsprechend langsamen Oszillationen führen (Nebenregenbögen). Dagegen sammeln Trajektorien, die auf unterschiedlichen Seiten am Target vorbeilaufen (b'_1 und b_2 bzw. b_3) große Phasendifferenzen auf und geben Anlass zu *schnellen Oszillation*.

Abbildung 16.24 stellt schematisch die für verschiedene Anomalien verantwortlichen Trajektorien zusammen. Abbildungen 16.24 (a) und (b) illustrieren den Ursprung der gerade dokumentierten, langsamen (Abb. 16.22, Regenbogen und Nebenregenbögen) bzw. schnellen Oszillationen (in Abb. 16.23 auf den Nebenregenbögen erkennbar). Verwandt damit sind die sogenannten *Glorien-Oszillationen* nach Abb. 16.24 (c). Sie entstehen durch Interferenzen zwischen Trajektorien bei sehr großen und kleinen Stoßparametern b_g, die beide zu Vorwärtsstreuung führen – letztere durch Kompensation der Ablen-

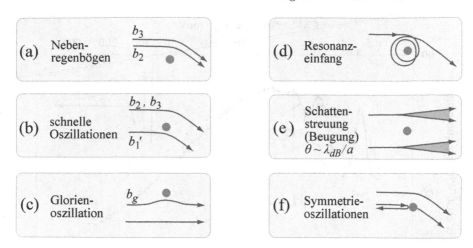

Abb. 16.24. Schematische Illustration von Trajektorien (s. Abb. 16.21) zum Ursprung der verschiedenen Oszillationstypen bei der elastischen Atom-Atom Streuung

kung im attraktiven und repulsiven Teil des Potenzials (s. auch Abb. 16.21c). Experimentell beobachtet man sie naturgemäß am deutlichsten im integralen Querschnitt, wie bereits in Abb. 16.6 auf S. 337 gezeigt.

Bei dem in Abb. 16.24 (d) angedeuteten Phänomen handelt es sich um *Resonanzeinfang* einer Trajektorie (sogenannte *orbiting resonance*) in das Potenzial des Targetteilchens. Es wird also kurzzeitig ein quasistabiler, gebundener Zustand (Stoßkomplex) der beiden Stoßpartner gebildet. Ein besonders schönes Beispiel nach Toennies (2007) ist der in Abb. 16.25 gezeigte integrale elastische Querschnitt für die H+Xe Streuung. Quantenmechanisch können solche kurzlebigen Resonanzen z.B. hinter einer Rotationsbarriere gebildet werden, die durch Superposition eines anziehenden Potenzials und des repulsiven Zentrifugalpotenzials zustande kommt, wie dies im Einschub in Abb. 16.25 schematisch illustriert ist. Das kann zu Resonanzen bei sehr niedrigen kinetischen Energien führen, die natürlich eine besondere experimentelle Herausforderung bedeuten. Im hier gezeigten Beispiel wurden die erforderlichen, sehr niedrigen kinetischen Energien dadurch erreicht, dass zwei kalte, gut geschwindigkeitsselektierte Atomstrahlen unter einem Winkel von 45°(anstatt der üblichen 90°) gekreuzt wurden. Ähnliche Resonanzen kennt man übrigens auch aus der Molekülspektroskopie, dort unter der Bezeichnung *Prädissoziation*. Sie werden bei der Anregung von Molekülen in *quasigebundene* Zustände kurz oberhalb der nominellen Dissoziationsenergie eines Zustands im effektiven Potenzial gebildet, ganz wie dies im Einschub von Abb. 16.25 skizziert ist (*Shape-Resonanzen*). Ein anderer Typ von Resonanzen sind die sogenannten *Feshbach-Resonanzen*, die kurz unterhalb gebundener Zustände auftreten, z.B. bei der Rotations- oder Schwingungsanregung von Molekülen im Schwerteilchenstoß oder bei der elektronischen Anregung

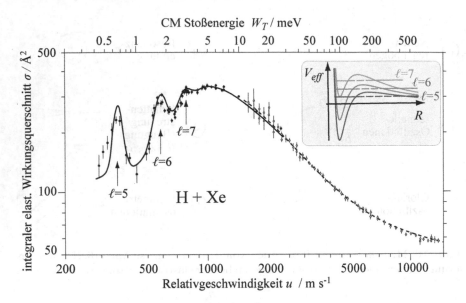

Abb. 16.25. Orbiting Resonanzen im integralen elastischen Wirkungsquerschnitt bei der Streuung von H an Xe aus zwei verschiedenen Experimenten (*Messpunkte mit Fehlerbalken*) im Vergleich mit quantenmechanischen Modellierungen (*Linien*) nach Toennies (2007). Der Einschub *rechts oben* illustriert schematisch das Zustandekommen dieser Resonanzen im effektiven Potenzial V_{eff} für Drehimpulse $\hbar\ell$

von Atomen durch Elektronenstoß. Wir kommen darauf noch in Abschn. 16.5 zurück.

Eng verwandt mit den eben diskutierten Interferenzphänomenen ist die sogenannte *Schattenstreuung*, welche in gewissem Sinne die Beugungsgrenze der Streuphysik markiert, wie in Abb. 16.24 (e) symbolisiert. Schattenstreuung ist das wellenmechanische Analog zur optischen Beugung an einem kleinen Objekt bei kleinen Streuwinkeln. Für thermische Schwerteilchenstöße ist sie nicht von den bereits behandelten Oszillationstypen zu trennen. Sie ist aber für kleine De-Broglie-Wellenlängen $\lambda_{dB} = 2\pi/k = h/\mu u$, also bei der Elektronen- oder Ionenstreuung mit kinetischen Energien im keV-Bereich von Interesse: man erwartet für die Teilchenwellen in völliger Analogie zu (13.59) ein typisches Fraunhofer'sches Beugungsbild für den differenziellen Querschnitt

$$I(\theta) \propto \left| \int_0^\infty b J_0(kb\theta) T(b) \mathrm{d}b \right|^2 . \tag{16.59}$$

Dabei ist $T(b)$ eine im allgemeinen komplexe Transmissionsfunktion für den untersuchten Streuprozess, welche auch die Ausdehnung des Wechselwirkungspotenzials berücksichtigt. Für eine harte Kugel vom Radius a an der ein punktförmiges Projektil gestreut wird, ergibt das Integral das gleiche Resultat (13.60) wie im optischen Fall, mit einem Öffnungswinkel des zentralen

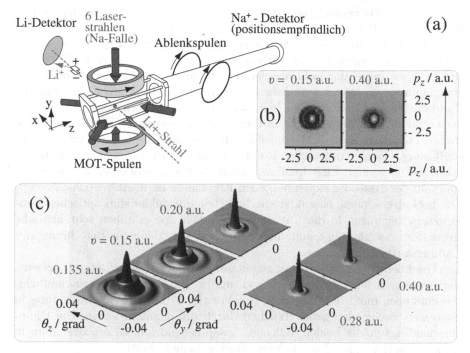

Abb. 16.26. Fraunhofer-Beugungs-Figuren in der Kleinstwinkelstreuung beim Ladungsaustauschprozess $^6\mathrm{Li}^+ + \ ^{23}\mathrm{Na}(3s) \to \mathrm{Li}(3s) + \mathrm{Na}^+$ nach van der Poel et al. (2002). **(a)** Experimenteller Aufbau mit MOT (die *dicken roten Pfeile* markieren die Laserstrahlen, welche die Na-Atome kühlen und in der Falle positionieren), **(b)** experimentelle Rohdaten, **(c)** daraus rekonstruierte differenzielle Streuquerschnitte für kleinste Beugungswinkel θ bei verschiedenen Geschwindigkeiten in atomaren Einheiten (Energien 2.4–40 keV)

Beugungsscheibchens von der Größenordnung $\theta_1 = 0.61\lambda/a$. Über eine experimentelle Beobachtung ist in der Vergangenheit gelegentlich berichtet, aber meist kontrovers diskutiert worden (s. z.B. Geiger und Moron-Leon, 1979; Bonham, 1985). Die Anforderungen an die experimentelle Winkelauflösung zur Beobachtung dieses Phänomens sind extrem.

Beim Ladungsaustausch $^6\mathrm{Li}^+ + \ ^{23}\mathrm{Na}(3s) \to \mathrm{Li}(3s) + \mathrm{Na}^+$ haben van der Poel et al. (2002) solche Fraunhofer'schen Beugungsringe bei Stoßenergien von 2.4–40 keV untersucht. Bei einem typischen Wechselwirkungsradius $a \simeq 5\text{–}10\,a_0$ ergeben sich Beugungswinkel θ_1 im Bereich von 0.01°–0.005°. Um solche Strukturen auflösen zu können, bedarf es modernster Messverfahren. Abbildung 16.26a zeigt ein Schema des verwendeten experimentellen Aufbaus. Mit Hilfe eines sogenannten *Reaktionsmikroskops* gelang eine vollständige Impulsanalyse durch räumlich und zeitlich aufgelösten, koinzidenten Nachweis beider Stoßpartner nach dem Stoß.[6] Um diese Analyse mit hinreichender Präzision zu ermöglichen, muss man nicht nur einen gut kollimierten Li^+-Projektilstrahl benutzen (die Winkelauflösung war $< 0.3°$), auch das Na-Targetgas muss extrem kalt sein, sodass der Anfangszustand des Systems insgesamt wohl definiert ist. In diesem Experiment wurde eine sogenannte *magneto-optische Falle* (*magneto optical trap, MOT*) benutzt, die Temperaturen $< 1\,mK$ erzielte (wir werden auf solche Teilchenfallen und Lasermethoden zur Atomkühlung in Band 3 zurückkommen). Die Kombination dieser Techniken ermöglicht schließlich die erforderliche Impuls- und Winkelauflösung. Die experimentellen Rohdaten sind für zwei Geschwindigkeiten in Abb. 16.26b gezeigt. Eine dreidimensionale Rekonstruktion der Winkelverteilung auf der Basis der experimentellen Ergebnisse ist in Abb. 16.26c gezeigt. Die beeindruckenden, charakteristischen Beugungsbilder sind optischen Beugungserscheinungen in der Tat äußerst ähnlich. Sie erlauben sehr kritische Tests der einschlägigen quantenmechanischen Methoden zur Berechnung des Ladungsaustauschprozesses.

Abschließend sollen noch die sogenannten *Symmetrieoszillationen* gewürdigt werden. Schematisch ist ihr Ursprung in Abb. 16.24 (f) veranschaulicht. Sie entstehen durch Überlagerung der Vorwärts- und Rückwärtsstreuung in Systemen zweier identischer Teilchen durch die quantenmechanische Ununterscheidbarkeit der beiden Teilchen. Entsprechend (16.58) erwartet man in dieser Situation einen differenziellen Wirkungsquerschnitt

$$I(\theta, T) = |f_j(\theta) \pm f(\pi - \theta)|^2 , \qquad (16.60)$$

wobei das positive Vorzeichen für Bosonen, das negative für Fermionen einzusetzen ist. Solche Symmetrieoszillationen werden sich natürlich auch auf den integralen Querschnitt auswirken. Ein geradezu historisch zu nennendes Pionierexperiment zu diesem faszinierenden Phänomen wurde von Feltgen et al. (1982) durchgeführt. Abbildung 16.27 illustriert den experimentellen Aufbau zur Untersuchung des integralen elastischen Wirkungsquerschnitts σ_{el} für die He+He Streuung.

Es handelt sich, wie man leicht erkennt, um ein recht aufwendiges Experiment, das unter anderem zwei Tieftemperaturkryostaten benötigte und größte Anforderungen an das Geschick und die Frustrationsbeständigkeit der Experimentatoren stellte. Gute Geschwindigkeitsauflösung des Projektilstrahls und ein möglichst kaltes Targetgas zur Begrenzung der kinematischen Unsicherheiten sind Voraussetzung für die in Abb. 16.28 zusammengestellten Ergebnisse. Sowohl ^4He als auch ^3He wurden in den verschiedenen möglichen Kombinationen untersucht. Die Symmetrieoszillationen als Funktion der relativen Geschwindigkeit der Stoßpartner sind klar erkennbar für das System $^4He + {}^4He$

---

[6] Für Details zu dieser außerordentlich leistungsfähigen Methode, ursprünglich unter dem Namen COLTRIMS (Cold Target Recoil Ion Momentum Spectroscopy) eingeführt, verweisen wir den interessierten Leser auf die grundlegende Übersichtsarbeit von Ullrich et al. (2003). Siehe auch Anhang J.4.

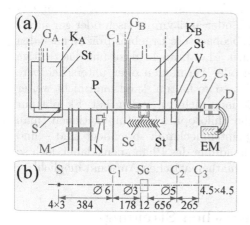

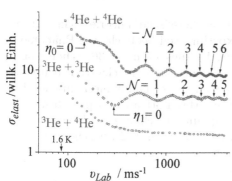

Abb. 16.27. Experiment zur elastischen He+He-Streuung nach Feltgen et al. (1982) als konkretes Beispiel für das Schema nach Abb. 16.24f. (a) apparative Details G_A, G_B: Gaseinlass für A bzw. B; S: Primärquelle für A; M: Geschwindigkeitsselektor; Sc: Streukammer; D: Detektor (Ionisation und Ablenker); EM: Elektronenmultiplier; K_A, K_B: Kryostate; St: Strahlungsschilde; N: Strahlunterbrecher; P: Strahlblockierung; C_1–C_3: Kollimationsblenden. (b) Bemaßung der Apparatur in mm

Abb. 16.28. Integraler, elastischer Wirkungsquerschnitt σ_{elast} für die He+He-Streuung als Funktion der Laborgeschwindigkeit v_{Lab} (des jeweils erstgenannten Stoßpartners) nach Feltgen et al. (1982). Die sogenannte g-u Oszillationen sind für die symmetrischen Prozesse ^{4}He + ^{4}He sowie ^{3}He + ^{3}He sehr deutlich, nicht aber für das Paar ^{3}He + ^{4}He, dessen Wechselwirkungspotenzial identisch mit dem der beiden anderen Paare ist

wie auch für ^{3}He + ^{3}He – wenn auch mit einem deutlich verschobenen Verhalten von Maxima und Minima. Dagegen gibt es keinerlei solche Oszillationen beim System ^{4}He + ^{3}He. Um diesen erstaunlichen Befund zu würdigen, muss man sich daran erinnern, dass das Wechselwirkungspotenzial, welches ja nur von der Atomhülle herrührt, in allen drei Fällen völlig identisch ist. Der Unterschied besteht lediglich in der Bosonen- bzw. Fermionen-Eigenschaft der Stoßpartner. Im ersten Falle haben wir es mit Bosonen zu tun, wo die Regeln der Quantenmechanik Symmetrie der Wellenfunktion gegen Vertauschung der Teilchen fordert. Im zweiten Fall, dem Stoß zweier Fermionen, müssen die Gesamtwellenfunktionen antisymmetrisch sein. Im dritten Fall handelt es sich um die Streuung eines Bosons an einem Fermion, die quantenmechanisch im Prinzip unterscheidbar sind, und deren Gesamtwellenfunktion daher keinen Symmetrieforderungen unterliegt.

Unzweifelhaft berühren diese experimentellen Befunde die subtilsten und grundlegensten Aspekte unseres Verständnisses der Quantenmechanik: keine der bekannten Wechselwirkungen ist dazu in der Lage, die beiden Streuteilchen ihren bosonischen oder fermionischen Charakter untereinander kommunizieren zu lassen: das Wechselwirkungspotenzial ist in allen drei Fällen identisch! Und dennoch „wissen" sie von Anfang an, wie sie ihre Wellenfunktionen zu arrangieren haben: symmetrisch oder antisymmetrisch oder gar nicht. Natürlich kann man das experimentell beobachtete Ergebnis präzise nach den Regeln der Quantenmechanik berechnen. Man braucht dazu nur das richtige *Rezept anzuwenden*: das für Bosonen oder Fermionen oder unterscheidbare Teilchen. Aber warum die Teilchen sich so verhalten, kann man nicht weiter erklären – das ist eine der Fragen, die man nicht zu stellen hat. Es gibt nur wenige Beispiele in der Physik, wo die philosophischen Implikationen (man mag sagen: Wunderlichkeiten) der Quantenmechanik so evident sind – und die korrekte, *quasi rezeptologische* Behandlung des Phänomens dabei doch so einfach, erfolgreich und ohne größeren mathematischen Aufwand möglich!

16.4 Quantentheorie der elastischen Streuung

Wie wir gerade gesehen haben, genügt die klassische Theorie nicht, um alle Streuprozesse und die vielfältigen, experimentell beobachteten Phänomene zu erklären. Bei der Elektronenstreuung ist dies nach (16.36) schon wegen der großen De-Broglie-Wellenlängen λ evident. Bei der Schwerteilchenstreuung sind es die Interferenzeffekte, die uns zu einer quantenmechanischen Behandlung zwingen. Wir werden in diesem Abschnitt am Beispiel elastischer Prozesse zunächst in die grundlegenden quantenmechanischen Konzepte mit Streuamplituden und Partialwellenanalyse einführen und typische Streuphasen für charakteristische Fälle diskutieren.

16.4.1 Allgemeiner Formalismus

Grundsätzlich ist die Quantenmechanik immer dann anzuwenden, wenn $\lambda_{dB} = 2\pi/k = h/\mu u$ vergleichbar mit kritischen Dimensionen der Wechselwirkung ist (z.B. mit der Differenz der Stoßparameter, die zu gleichen Ablenkwinkeln führen). Bei der rein elastischen Streuung bleiben die internen Eigenfunktionen der streuenden Teilchen im Stoß unverändert. Wir müssen also lediglich (16.27) auf die übliche Weise in die stationäre Schrödinger-Gleichung für die Relativbewegung übersetzen:

$$\left(-\frac{\hbar^2}{2\mu}\nabla^2 + V\left(\boldsymbol{R}\right) - \frac{\hbar^2 k^2}{2\mu} \right) \psi\left(\boldsymbol{R}\right) = 0 \qquad (16.61)$$

Dabei ist $\boldsymbol{k} = \boldsymbol{p}/\hbar$ der Wellenvektor der relativen Teilchenbewegung, für den wiederum $k^2 = 2\mu T/\hbar^2$ gilt. In diesem stationären Bild beschreibt man den Projektilstrahl (genauer: die Relativbewegung der Teilchen) als ebene Welle ψ_0 und das Streuzentrum wird der Ursprung einer auslaufenden Kugelwelle ψ_s. Wir suchen für (16.61) also asymptotische Lösungen vom Typ

$$\psi\left(R\right) \overset{R\to\infty}{\longrightarrow} \psi_0 + \psi_S = e^{\mathrm{i}\boldsymbol{k}_a\boldsymbol{R}} + \frac{e^{\mathrm{i}k_b R}}{R}\, f\left(\theta,\varphi\right). \qquad (16.62)$$

Die *Streuamplitude* $f(\theta, \varphi)$ beschreibt die Abhängigkeit der gestreuten Kugelwelle von Polar- und Azimutwinkel, und $\boldsymbol{k}_a$ bzw. $\boldsymbol{k}_b$ sind die Wellenvektoren
der relativen Teilchenbewegung vor und nach dem Stoß.
Aus der Flussdichte[7] der gestreuten Teilchen

$$\boldsymbol{j}_s = \frac{\hbar \boldsymbol{k}_b}{\mu} \, |\psi_s|^2 = \frac{\hbar \boldsymbol{k}_b}{\mu} \frac{|f(\theta, \varphi)|^2}{R_{\text{det}}^2} \tag{16.63}$$

ergibt sich die Anzahl gestreuter Teilchen $\Delta \dot{N}$, die den Detektor pro Zeiteinheit und pro streuendes Atom im Abstand R_{det} vom Streuzentrum trifft:

$$\Delta \dot{N} = \boldsymbol{j}_s \cdot A_{\text{det}} = |j_s| \, R_{\text{det}}^2 \, \Delta \Omega \,. \tag{16.64}$$

$A_{\text{det}} = R_{\text{det}}^2 \, \Delta \Omega$ ist die Detektorfläche bei einem Akzeptanzraumwinkel $\Delta \Omega$.
Normieren wir noch auf den anfänglichen Teilchenfluss

$$\boldsymbol{j}_0 = \frac{\hbar \boldsymbol{k}_a}{\mu} \,, \tag{16.65}$$

so ergibt sich nach den Definitionen (16.21) und (16.22) der DCS zu:

$$I(\theta, \varphi) = \frac{d\sigma}{d\Omega} = \frac{\Delta \dot{N}}{j_0 \, \Delta \Omega} = \frac{j_s \, R_{\text{det}}^2}{j_0} = \frac{k_b}{k_a} \, |f(\theta, \varphi)|^2 \,. \tag{16.66}$$

Im Fall der elastischen Streuung wird $|\boldsymbol{k}_b| = |\boldsymbol{k}_a| = k$, sodass sich für den
differenziellen bzw. integralen elastischen Streuquerschnitt ergibt:

$$\frac{d\sigma_{el}}{d\Omega} = |f(\theta, \varphi)|^2 \quad \text{bzw.} \quad \sigma_{el} = \int |f(\theta, \varphi)|^2 \, d\Omega \tag{16.67}$$

16.4.2 Drehimpuls, Stoßparameter und Streuebene

Für die quantenmechanische Lösung des Streuproblems muss man die Wellenfunktion nach Drehimpulsen entwickeln. Es ist hilfreich, dabei den Zusammenhang mit dem klassischen Teilchenbild nach Abb. 16.29 im Auge zu behalten.
Der Drehimpuls ist eine Erhaltungsgröße während des Stoßes und ergibt sich
aus (Relativ-)Impuls $\boldsymbol{p}$ und Ortsvektor $\boldsymbol{R}$ im CM-System als

$$\boldsymbol{\ell} = \boldsymbol{R} \times \boldsymbol{p} = \boldsymbol{R} \times \hbar \boldsymbol{k} \,. \tag{16.68}$$

Der Drehimpuls $\boldsymbol{\ell}$ definiert zugleich eine Streuebene.[8] Für räumlich isotrope
Potenziale wählt man üblicherweise die Richtung des einfallenden Teilchen-
strahls als Quantisierungsachse $z^{(\text{col})}$ und $\boldsymbol{\ell}$ zeigt senkrecht in die $x^{(\text{col})} z^{(\text{col})}$-
Streuebene hinein, parallel zu $y^{(\text{col})}$. Drehimpulserhaltung führt zu einer

---

[7] Formal erhält man diese durch Anwendung des quantenmechanischen Ausdrucks
$\boldsymbol{j} = \hbar/2mi \, [\psi \boldsymbol{\nabla} \psi^* - (\boldsymbol{\nabla} \psi^*) \, \psi]$ auf die asymptotische Wellenfunktion (16.62).

[8] Hier und im folgenden bezeichnen wir den Bahndrehimpuls der Kernbewegung
mit $\boldsymbol{\ell}$, seine Quantenzahl – wie üblich – mit ℓ. Die kleine Inkonsistenz mit der
Bezeichnung des molekularen Drehimpulses $\boldsymbol{N}$ und der Rotationsquantenzahl N
nach Kap. 11 müssen wir in Kauf nehmen.

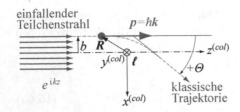

einfallender
Teilchenstrahl

$p = \hbar k$

e^{ikz}

$z^{(col)}$

$y^{(col)}$ ℓ

$+\Theta$

$x^{(col)}$

klassische
Trajektorie

Abb. 16.29. Streuebene $x^{(col)}$-$y^{(col)}$-$z^{(col)}$ definiert durch Ortskoordinate $\boldsymbol{R}$ und Impuls $\boldsymbol{p} = \hbar\boldsymbol{k}$ vor dem Stoß. Mit dem Stoßparameter b ist der Betrag des Drehimpulses $|\boldsymbol{\ell}| = \ell\hbar = bp$

wichtigen Aussage: elastische *Stöße finden in einer durch Impuls und Streuzentrum definierten Ebene statt, in der auch der auslaufende Impuls liegt.* Dies gilt auch noch für inelastische Stöße, wenn das Wechselwirkungspotenzial vor oder nach dem Stoß isotrop ist. Eine Änderung der Streuebene ist dann möglich, wenn Drehimpuls auf einen der Stoßpartner übertragen wird.

Dem Betrage nach ist

$$|\boldsymbol{\ell}| = \ell\hbar = bp = b\hbar k = b\sqrt{2\mu T} \tag{16.69}$$

$$\text{bzw.} \quad b = \ell/k \,. \tag{16.70}$$

Stöße mit Stoßparametern, für die $0 < b < 1/2k$ gilt, entsprechen also s-Wellen, für $1/2k < b < 3/2k$ sind es p-Wellen, usw.

16.4.3 Partialwellenentwicklung

Wie bei gebundenen Zuständen löst man die Schrödinger-Gleichung (16.61) durch einen Separationsansatz

$$\psi(\boldsymbol{R}) = \frac{u_\ell(R)}{R} Y_{\ell m_\ell}(\theta, \varphi) \tag{16.71}$$

mit den sphärischen Harmonischen $Y_{\ell m_\ell}$, wobei wie üblich ℓ und m_ℓ die Quantenzahlen für den Betrag und die Ausrichtung des Bahndrehimpulses im Raum sind. Die Radialgleichung wird wie im Fall gebundener Zustände

$$\left(\frac{d^2}{dR^2} + k^2 - \frac{2\mu}{\hbar^2} V(R) - \frac{\ell(\ell+1)}{R^2} \right) u_\ell(R) = 0 \,. \tag{16.72}$$

Wir haben hier der Übersichtlichkeit wegen ein sphärisch isotropes Potenzial $V(R)$ angenommen, weshalb $f(\theta, \varphi) = f(\theta)$ wird.

Die Verhalten der sogenannten *Partialwellen* $u_\ell(R)$ veranschaulicht man sich zum Eingewöhnen zunächst in einer eindimensionalen Vereinfachung. Abbildung 16.30 illustriert das asymptotische Verhalten der Wellenfunktion $u(R) = \sin(kR + \eta)$, welche das Streupotenzial $V(R)$ durchlaufen hat. Es unterscheidet sich von der sich frei ausbreitenden Welle $\sin(kR)$ lediglich durch eine Phasenverschiebung η der Wellenzüge, der sogenannten *Streuphase*. Das

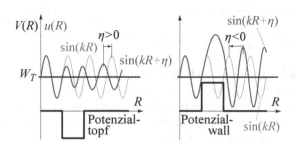

Abb. 16.30. Illustration der Streuphase η für ein (hypothetisches) eindimensionales Streuproblem: für ein anziehendes (*links*), bzw. abstoßendes Potenzial (*rechts*). Die vollen roten Linien repräsentieren die Streuwelle, die dünneren grauen Linien die ungestörte Welle

Vorzeichen dieser Streuphase η ist *positiv oder negativ,* je nachdem ob wir es mit einem *anziehenden oder abstoßenden Potenzial* zu tun haben.

Zurück zur vollen Radialgleichung im dreidimensionalen Fall. Bei der Lösung von (16.72) benutzten wir die in Abb. 16.29 skizzierte Wahl des Koordinatensystems. Dann gilt $m_\ell = 0$ vor dem Stoß, und wegen der Drehimpulserhaltung auch danach. Im Gegensatz zu den gebundenen Zuständen der Atomphysik hat man es beim Streuproblem aber immer mit einer Superposition vieler Bahndrehimpulse zu tun – ganz einfach deswegen, weil es unmöglich ist, das Streusystem vor dem Stoß mit wohl definiertem Stoßparameter bzw. Bahndrehimpuls zu präparieren. Das macht die Lösung des Streuproblems erheblich komplizierter als die Suche nach gebundenen Zuständen. Man schreibt also die gesamte Wellenfunktion (16.62) als sogenannte *Partialwellenentwicklung*

$$\psi(\boldsymbol{R}) = \frac{1}{kR} \sum_{\ell=0}^{\infty} A_\ell \, u_\ell(R) \, P_\ell(\cos\theta) \tag{16.73}$$

mit den Legendre-Polynomen $P_\ell(\cos\theta) = \sqrt{4\pi/(\ell+1)}\,Y_{\ell 0}(\theta, 0)$. Auch die als Anfangszustand definierte ebene Welle ψ_0 entwickeln wir nach (G.5)-(G.10), Band 1 in Partialwellen:

$$\psi_0(\boldsymbol{R}) = e^{ik_a z} = \sum_{\ell=0}^{\infty} (2\ell+1)\mathrm{i}^\ell j_\ell(kR) P_\ell(\cos\theta). \tag{16.74}$$

Dabei sind die Lösungen von (16.72) bei verschwindendem Potenzial $V(R) \to 0$ als sphärische Bessel-Funktionen $j_\ell(kR) = u_\ell^0(kR)/kR$ geschrieben. Für die Auswertung des Streuprozesses interessiert uns lediglich das asymptotische Verhalten $(R \to \infty)$. Im potenzialfreien Fall wird das mit (G.9) in Band 1

$$u_\ell^{(0)}(R) \underset{r\to\infty}{\propto} \sin\left(kR - \ell\frac{\pi}{2}\right). \tag{16.75}$$

Unter den allgemeinen Lösungen $u_\ell(R)$ von (16.72) müssen diejenigen ausgewählt werden, die das Verhalten der Streufunktion (16.62) durch die Partialwellenentwicklung (16.73) korrekt beschreiben. Für das asymptotische Verhalten erwartet man

$$u_\ell(R) \underset{r \to \infty}{\propto} \sin\left(kR - \ell\frac{\pi}{2} + \eta_\ell\right) \tag{16.76}$$

$$\underset{r \to \infty}{\propto} \sin\left(kR - \ell\frac{\pi}{2}\right) + \tan\eta_\ell \cos\left(kR - \ell\frac{\pi}{2}\right).$$

Es unterscheidet sich von dem der freien, ebenen Welle (16.75) lediglich um die oben schon diskutierten *Streuphasen (scattering phase shift)* η_ℓ, die nun natürlich ℓ-abhängig werden. Die Partialwellenentwicklung der gestreu-ten Welle ergibt sich mit der Definition (16.62) durch Subtraktion der ebenen Welle (16.74) von der vollen Wellenfunktion (16.73):

$$\psi_s(\boldsymbol{R}) = \psi(\boldsymbol{R}) - \psi_0(\boldsymbol{R}) \to \frac{e^{ikR}}{R} f(\theta) \tag{16.77}$$

Aus dem asymptotischen Verhalten (16.76), (16.75) und mit etwas Algebra erhält man die Streuamplitude

$$f(\theta) = \frac{1}{2ik} \sum_{\ell=0}^{\infty} (2\ell+1)(e^{2i\eta_\ell} - 1)P_\ell(\cos\theta). \tag{16.78}$$

Daraus folgt mit (16.67) schließlich der differenzielle und integrale Wirkungs-querschnitt. Somit ist eine direkte Verbindung zwischen messbaren Größen und Schrödinger-Gleichung (16.72) hergestellt.

Zusammenfassend besteht die Quantentheorie der elastischen Streuung in der Bestimmung der Phasenverschiebungen η_ℓ zwischen Partialwellen des Dre-himpulses ℓ mit und ohne Potenzial. Das Quadrat der Streuamplitude $f(\theta)$ nach (16.78) ergibt den differenziellen Wirkungsquerschnitt. Die Integration über alle Streuwinkel führt zum integralen elastischen Querschnitt:

$$\sigma_{el} = \frac{4\pi}{k^2} \sum_{\ell=0}^{\infty} (2\ell+1) \sin^2\eta_\ell \tag{16.79}$$

Wir notieren noch, dass nach (16.78) mit $P_\ell(1) = 1$ für $\theta = 0$

$$f(0) = \frac{1}{k} \sum_{\ell=0}^{\infty} (2\ell+1) \sin\eta_\ell\, e^{i\eta_\ell} \tag{16.80}$$

wird. Eingesetzt in (16.79) führt dies zum sogenannten *optischen Theorem:*

$$\sigma_{el} = \frac{4\pi}{k} \operatorname{Im} f(k, \theta = 0) \tag{16.81}$$

16.4.4 Semiklassische Näherung für die elastische Streuung

Wie gerade besprochen, haben wir zur Bestimmung der elastischen Streuquer-schnitte die Radialgleichung (16.72) zu lösen und die Streuphasen η_ℓ aus den asymptotischen Lösungen (16.76) zu entnehmen. Dies ist z.B. bei der Streuung niederenergetischer Elektronen mit einigen eV kinetischer Energie nicht allzu schwer (wenn man das Streupotenzial hinreichend genau kennt bzw. berechnen kann), da in diesem Fall nach (16.69) nur einige wenige Partialwellen beteiligt sind. Hat man es jedoch mit großen Drehimpulsen zu tun – und das ist bei der Schwerteilchenstreuung fast immer der Fall – dann wird die volle quantenmechanische Berechnung der Streuphasen eine umfangreiche Aufgabe. Es ist daher sehr hilfreich, wenn man auf angemessene Näherungsverfahren zurückgreifen kann. Semiklassische Methoden bieten sich hierfür an, wenn die De-Broglie-Wellenlänge $\lambda_{dB} = 2\pi/k_\ell$ klein ist gegenüber typischen Dimensionen, über welche sich das Potenzial ändert, und wenn zugleich auch

$$\frac{\mathrm{d}\lambda_{dB}}{\mathrm{d}R} \ll 1 \tag{16.82}$$

während des Stoßprozesses gilt. Dann ist die klassische Trajektorie, die man im Prinzip für jeden Stoßparameter (16.70) $b = \ell/k$ zu berechnen hat, eine gute nullte Näherung. Um quantenmechanische Interferenzeffekte zu berücksichtigen, berechnet man bei der sogenannten *Eikonal-Näherung* die Phasenentwicklung entlang dieser Trajektorien im effektiven Potenzial:

$$V_{eff} = V(R) + \frac{\hbar^2\,\ell\,(\ell+1)}{2\mu R^2} = V(R) + W\frac{b^2}{R^2} \tag{16.83}$$

Die Wellenzahlen der freien Kugelwelle $\widetilde{k}_\ell$ und der Partialwelle k_ℓ im Streupotenzial $V(R)$ sind dann

$$\widetilde{k}_\ell^2(R) = k^2 - \frac{(\ell+1/2)^2}{R^2} \quad \text{bzw.} \tag{16.84}$$

$$k_\ell^2(R) = k^2 - \frac{2\mu}{\hbar^2}V(R) - \frac{(\ell+1/2)^2}{R^2}. \tag{16.85}$$

Man beachte, dass wir $\ell(\ell+1)$ durch $(\ell+1/2)^2$ ersetzt haben, was für große ℓ ohne numerische Bedeutung ist. Damit ergibt sich zwanglos die Streuphasenverschiebung (nach Jeffreys-Wenzel-Kramers-Brillouin) als *JWKB-Streuphase*:

$$\eta_\ell = \int\limits_{R_\ell}^{\infty} k_\ell(R)\mathrm{d}R - \int\limits_{\tilde{R}_\ell}^{\infty} \widetilde{k}_\ell(R)\mathrm{d}R \tag{16.86}$$

Die klassischen Umkehrpunkte $\tilde{R}_\ell = (\ell+1/2)/k$ und R_ℓ sind dabei die Wurzeln von (16.84) bzw. (16.85). In der Praxis sind die JWKB-Phasen wegen der Singularitäten beim klassischen Umkehrpunkt nicht ganz trivial zu berechnen (s. z.B. Cohen, 1978, mit effizienten Berechnungsverfahren).

Man benutzt nun die asymptotische Entwicklung der Legendre-Polynome

$$P_\ell(\cos\theta) \stackrel{\ell\to\infty}{\longrightarrow} \sqrt{\frac{2}{\pi\ell\sin\theta}}\cos\left[\left(\ell+\frac{1}{2}\right)\theta - \frac{\pi}{4}\right],$$

und erhält damit für die Streuamplitude (16.78):

$$f(\theta) = \frac{1}{ik\sqrt{2\pi\sin\theta}} \int_0^\infty \sqrt{\ell}\, \left(e^{i\Phi_+(\ell)} + e^{i\Phi_-(\ell)} \right) d\ell \qquad (16.87)$$

$$\text{mit} \quad \Phi_\pm(\ell) = 2\eta_\ell \pm \ell\theta \mp \frac{\pi}{4} \qquad (16.88)$$

Entwickelt man $\Phi_\pm(\ell)$ um einen noch zu bestimmenden Wert von $\ell = \ell_0$

$$\Phi_\pm(\ell) = \Phi_\pm^{(0)} + \left[2\left.\frac{d\eta_\ell}{d\ell}\right|_{\ell_0} \pm \theta \right] (\ell - \ell_0) + \dots,$$

so sieht man, dass sich das Integral in (16.87) in aller Regel durch rasche Oszillationen als Funktion von ℓ zu Null weg mittelt. Nur für solche ℓ_0, für welche

$$\frac{d\Phi_\pm}{d\ell} = 2\left.\frac{d\eta_\ell}{d\ell}\right|_{\ell_0} \pm \theta \equiv 0 \qquad (16.89)$$

wird, ergibt das Integral in (16.87) einen endlichen Wert. Man nennt diese Werte von $\Phi_\pm(\ell_0)$ *stationäre Phasen*.

Dieses bemerkenswerte Resultat erlaubt es uns, in einem weiteren Schritt eine direkte Verbindung zwischen Partialwellenentwicklung (16.87) und klassischer Trajektorie herzustellen. Explizit wird nämlich die Änderung der Phase in JWKB-Näherung (16.86) (mit $\ell' = \ell + 1/2$):

$$\frac{d\eta_\ell}{d\ell} = \int_{\tilde{R}_\ell}^\infty \frac{\ell'dR}{R^2\sqrt{k^2 - \frac{\ell'^2}{R^2}}} - \int_{R_\ell}^\infty \frac{\ell'dR}{R^2\sqrt{k^2 - \frac{2\mu}{\hbar^2}V(R) - \frac{\ell'^2}{R^2}}} \qquad (16.90)$$

$$= \frac{\pi}{2} - b\int_{\tilde{R}_\ell}^\infty \frac{dR}{R^2\sqrt{1 - V_{eff}(R)/T}} = \frac{\Theta(b)}{2}, \qquad (16.91)$$

Der letzte Schritt folgt aus dem direkten Vergleich mit der klassischen Ablenkfunktion $\Theta(b)$ nach (16.43). Setzt man dies nun in (16.89) ein, so erkennt man: *stationäre Phasenbedingungen werden genau dann realisiert, wenn der Streuwinkel θ der klassischen Ablenkfunktion $\pm\Theta(b)$ entspricht.* Es tragen also nur solche Partialwellen bzw. Stoßparameter zur Streuamplitude $f(\theta)$ nach (16.87) bei, die in der Nähe der entsprechenden klassischen Trajektorie liegen.

Schematisch ist dies in Abb. 16.31 für einen willkürlich in der Nähe des Regenbogens liegenden Streuwinkel θ illustriert. Die Abbildung stellt gewissermaßen das semiklassische Äquivalent zu Abb. 16.21 dar. Mit dünnen roten Linien sind die Stoßparameter angezeigt, bei denen die Phasen Φ_+ bzw. Φ_- ein Maximum oder Minimum haben (also „stationär" sind) und somit zur Streuamplitude beitragen. Es sei hier darauf hingewiesen, dass diese semiklassischen Methoden außerordentlich leistungsfähig sind und es erlauben, die elastische Schwerteilchenstreuung, wie wir sie in Abschn. 16.2 vorgestellt haben, so genau zu beschreiben, wie dies experimentell überhaupt darstellbar ist.

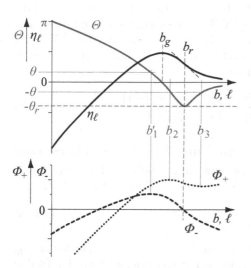

Abb. 16.31. Klassische Ablenkfunktion $\Theta(b)$ (*rot*) und Streuphase η_ℓ (*schwarz*) als Funktion des Stoßparameters b bzw. der Drehimpulsquantenzahl $\ell = bk$ sowie die Phasen $\Phi_+(\ell)$ (*gepunktet*) und $\Phi_-(\ell)$ (*gestrichelt*) nach (16.88). Markiert sind die Stoßparameter für die Glorienstreuung b_g und für den Regenbogen b_r beim Maximum bzw. beim Wendepunkt der Streuphase η_l. Außerdem sind die drei Punkte stationärer Phase bei b_1', b_2 und b_3 angedeutet, die zur Streuamplitude beim Streuwinkel θ beitragen. Sie sind direkt mit den klassischen (schematischen) Trajektorien nach Abb. 16.21 auf S. 356 zu vergleichen

16.4.5 Streuphasen bei niedrigen Energien

Die eben besprochene semiklassische Näherung ist hervorragend, solange die De-Broglie-Wellenlänge klein gegen charakteristische Dimensionen des Wechselwirkungspotenzials ist. Bei der Elektronenstreuung ist dies aber nur bei sehr hohen Energien (mindestens $\geq 100\,\mathrm{eV}$) der Fall. In der Regel muss man die Radialgleichungen (16.72) explizit lösen, um die Streuphasen zu bestimmen. Das gilt ebenso für die Schwerteilchenstreuung im Bereich sehr kleiner Energien, also z.B. für den bereits besprochenen Resonanzeinfang im subthermischen Energiebereich. Vor allem aber haben Stoßprozesse „ultrakalter Atome", die ja in den letzten Jahren erhebliches Aufsehen erregt haben, das Interesse an den einschlägigen Methoden aus der Mitte des letzten Jahrhunderts wieder erweckt. Im Prinzip kann man natürlich die Streuphasen durch Lösung von (16.72) heute recht unproblematisch mit numerischen Methoden gewinnen, wenn man das Streupotenzial $V(R)$ kennt. Man kann auch umgekehrt versuchen, dieses durch eine Partialwellenanalyse mit Hilfe von gemessenen integralen oder differenziellen Wirkungsquerschnitten zu ermitteln.

Potenzialtopf

Es ist aber auch hier sehr nützlich, allgemein gültige Trends zu kennen, und einfache Näherungen jenseits der schwarzen Box „Computer-Code" zu nutzen. Wir wollen uns daher einen Überblick über das typische Verhalten der Streuphasen in diesem niederenergetischen Bereich verschaffen und mit klassischen Beispielen hinterlegen. Dazu betrachten wir zunächst Streuphasen für einen (hypothetischen) Potenzialtopf oder Potenzialwall $V(R)$ der Tiefe/Höhe $V_0 = \mp\left(\hbar^2 k_0\right)^2/2$. Man schreibt (16.72) dann dimensionslos und misst Abstände R in Einheiten der Topfbreite a. In Lehrbüchern der Quantenmechanik oder theoretischen Streuphysik (s. z.B. Bransden und Joachain, 2003) findet man, dass (16.72) in diesem Fall durch eine Kombination von sphärischen Bessel- und Neumann-Funktionen ($j_\ell(kR)$ bzw. $n_\ell(kR)$) exakt gelöst wird, und die Streuphasen sich zu

$$\tan \eta_\ell(x) = \frac{\tilde{\kappa} j'_\ell(\tilde{\kappa})\, j_\ell(\kappa) - \kappa j'_\ell(\kappa)\, j_\ell(\tilde{\kappa})}{\tilde{\kappa} n'_\ell(\tilde{\kappa})\, j_\ell(\kappa) - \kappa j'_\ell(\kappa)\, n_\ell(\tilde{\kappa})} \qquad (16.92)$$

ergeben. Dabei sind $\kappa = \sqrt{(ka)^2 + (k_0 a)^2}$ und $\tilde{\kappa} = ka$ die dimensionslos geschriebenen Wellenvektoren innerhalb bzw. außerhalb des Potenzialtopfs.[9] Da Streuphasen im Prinzip nur modulo 2π definiert sind, legt man fest:

$$\eta_\ell \xrightarrow[k \to \infty]{} 0 \qquad (16.93)$$

Abbildung 16.32 illustriert einige allgemeine Trends der Streuphasen η_s, η_p und η_d ($\ell = 0, 1, 2$) bei niedrigen Energien für verschiedene attraktive (links) und repulsive (rechts) Potenzialtopftiefen bzw. Barrierehöhen. Wie wir bereits in Abschn. 16.4.3 diskutiert und in Abb. 16.30 auf S. 367 veranschaulicht haben, ist die Streuphase positiv bzw. negativ in einem anziehenden bzw. abstoßenden Potenzial (bei moderaten Energien und nicht zu hohem ℓ).

Die absoluten Werte der Streuphasen wachsen meist schnell mit k (bzw. mit der Energie), erreichen ein Maximum und fallen dann langsam gegen den Grenzwert (16.93) ab. Es gibt aber bemerkenswerte Ausnahmen im Falle

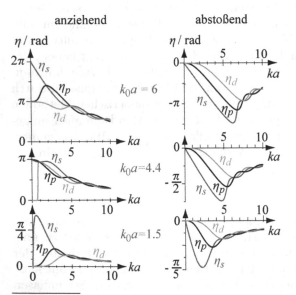

Abb. 16.32. Niederenergetisches Verhalten der s-, p- und d- Streuphasen η_ℓ für die elastische Streuung an einem Potenzialtopf der Tiefe/Höhe $V_0 = \mp \hbar^2 k_0^2 / 2\mu$ vom Radius a. Der charakteristische, dimensionslose Potenzialparameter ist $k_0 a$. Links ist $\eta_\ell(ka)$ für ein anziehendes Potenzial (Topf) zu sehen, rechts für ein repulsives (Wall). Die leichten Oszillationen bei größeren $k_0 a$ rühren von der scharfen Begrenzung des Potenzials her und verschwinden in der viel glatteren Realität

---

[9] Bei der Auswertung von (16.92) muss man die Mehrdeutigkeit bei der Inversion der Tangensfunktion beachten.

des anziehenden Potenzials, wenn es besonders tief wird: während für kleine Topftiefe ($k_0a = 1.5$) alle Phasen bei η_ℓ ($ka = 0$) $= 0$ beginnen, hat bei $k_0a = 4.4$ sowohl die s- als auch die p-Phase für verschwindendes k den Grenzwert π. Und für den tiefsten hier gezeigten Potenzialtopf ($k_0a = 6$) entspricht die s-Streuphase bei der Energie Null bereits einer ganzen Wellenlänge ($\eta_s = 2\pi$). Die p- und d-Wellen beginnen in diesem Fall bei $\eta_p(0) = \eta_d(0) = \pi$. Dagegen gibt es im repulsiven Fall (rechts in Abb. 16.32) keine solchen Besonderheiten.

Levinson-Theorem, Streulänge und Ramsauer Effekt

Eine genauere Untersuchung der zugrunde liegenden Mathematik zeigt, dass die *Anzahl $\mathcal{N}_\ell$ gebundener Zustände mit Drehimpuls ℓ, die in einem gegebenen Potenzial möglich sind*, das Verhalten der Streuphasen bei verschwindender kinetischer Energie bestimmt. Man kann zeigen, dass dort in einem beliebigen Potenzial das sogenannte *Levinson-Theorem* gilt:

$$\eta_\ell(k) \xrightarrow[k \to 0]{} \mathcal{N}_\ell\, \pi \tag{16.94}$$

Somit zeigt uns Abb. 16.32, dass je ein s- und ein p-Zustand im Potenzialtopf mit $k_0a = 4.4$ gebunden sein kann. Bei $k_0a = 6$ gibt es demnach sogar zwei gebundene s-Zustände und je ein p- und ein d-Zustand. Sehr interessant ist auch das Verhalten der d-Streuphase im mittleren Schaubild links in Abb. 16.32: bei $k_0a = 4.4$ gibt es offenbar gerade eben noch keinen gebundenen d-Zustand, denn im Grenzfall ist $\eta_2(0) = 0$. *Allerdings steigt die d-Streuphase bei $ka \simeq 0.7$ sehr schnell von 0 auf nahezu π an.* Man sagt, dass dort ein *quasigebundener* Zustand im Kontinuum liegt. Solche *Resonanzphänomene* haben wir z.B. in Abb. 16.25 auf S. 360 schon als Orbiting-Resonanzen bei der Schwerteilchenstreuung kennengelernt, und wir werden uns im nächsten Abschnitt mit Streuresonanzen noch näher befassen. Hier merken wir lediglich an, dass solch rasche Änderung einer Streuphase (um nahezu π) nach (16.78) und (16.79) zu deutlichen Strukturen im differenziellen und integralen Wirkungsquerschnitt führen muss.

Die in Abb. 16.32 am eindimensionalen Beispiel illustrierte Dominanz kleiner ℓ bei niedrigen Energien macht die *effektive Reichweitenentwicklung (effective range expansion)* plausibel,[10] die unter gewissen (s. z.B. OMalley et al., 1961, und weitere Zitate dort) Bedingungen für den allgemeinen Fall gilt:

$$k^{2\ell+1} \cot \eta_\ell = -\frac{1}{a_\ell} + k^2 r_\ell + O\left(k^4\right) \tag{16.95}$$

Dabei sind a_ℓ und r_ℓ Konstanten. Insgesamt halten wir fest: das Verhalten der Streuphasen wird bei niedrigen Energien durch (16.94) und (16.95) zusammengefasst, und im Grenzfall verschwindender Stoßenergie $T \to 0$ gilt:

---

[10] Angesichts der zunehmenden Präzision bei der Vermessung von Wirkungsquerschnitten und des inzwischen umfangreichen Datenmaterials werden heute auch erweiterte Konzepte der effektiven Reichweitenentwicklung angewandt (s. z.B. Gulley et al., 1994).

$$\eta_\ell \xrightarrow[k \to 0]{} -k^{2\ell+1}\, a_\ell + \mathcal{N}_\ell \pi \tag{16.96}$$

Für sehr niedrige Energien (so insbesondere für ultrakalte Atome bei Temperaturen unter μK, d.h. für $T < 10^{-11}$ eV!) ist praktisch nur die s-Streuung relevant. Man nennt a_s *Streulänge (scattering length)* und r_s *effektive Reichweite (effective range)*. Die *Streulänge ist positiv für repulsive und negativ für (nicht zu stark) attraktive Potenziale.*

Im Grenzfall geht $\eta_s \longrightarrow -ka_s$ und die Streuamplitude (16.78) wird

$$f(\theta, k) \xrightarrow[k \to 0]{} \frac{1}{2ik}\left(e^{-2i\eta_s} - 1\right) \simeq \frac{\eta_s}{k} \simeq -a_s \quad \text{und} \quad I(\theta) \longrightarrow a_s^2. \tag{16.97}$$

Schließlich ergibt sich der integrale elastische Wirkungsquerschnitt (16.79) zu

$$\sigma_{el} \xrightarrow[k \to 0]{} 4\pi\, a_s^2. \tag{16.98}$$

Er ist also für diese niedrigsten Streuenergien endlich! Interessanterweise ist für die Streuung eines punktförmigen Projektils an einer harten Kugel vom Durchmesser d die Streulänge gerade $a_s = d/2$ (die Phase einer vom Ursprung ausgehenden Kugelwelle auf der Kugeloberfläche ist $-\eta = kd/2$). Damit wird der effektive Streuquerschnitt der Kugel bei tiefsten Energien nach (16.98) $\sigma_{el} = \pi d^2$, also vier mal so groß wie der geometrische Querschnitt (16.55). Das gilt übrigens auch für ein Beugungsscheibchen bei der Streuung von Lichtwellen. Der Grund sind in beiden Fällen Interferenzeffekte.

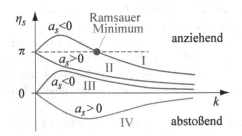

Abb. 16.33. Vier verschiedene Möglichkeiten für das Verhalten der s-Streuphase η_s für niedrige Energien entsprechend einer effektiven Reichweitenentwicklung. Nach (16.96) ergibt sich die Streulänge a_s aus der Steigung von $\eta_s(k)$ bei sehr kleinem k

Mit steigender Energie ändern sich die Phasen. Für die s-Streuphase zeigt Abb. 16.33 schematisch vier grundsätzlich mögliche Verhaltensweisen von $\eta_s(k)$ bei kleinen Energien, wobei Terme bis zur Ordnung k^3 berücksichtigt sind. Dabei sind unterschiedliche Größen und Vorzeichen von a_s und r_s und eine unterschiedliche Zahl gebundener Zustände angenommen (je einer für I, II und keiner für III, IV). In allen Fällen ist der integrale elastische Streuquerschnitt nach (16.98) für $k = 0$ endlich. Ein besonders interessanter Fall ist Kurve I: bei einem bestimmten endlichen Wert von k geht in diesem Fall η_s durch π, sodass $\sin \eta_s = 0$. Damit wird der integrale elastische Querschnitt dort ein Minimum annehmen, ja er kann sogar fast verschwinden, da die anderen Phasen in (16.79) wegen des $k^{2\ell+1}$ Verhaltens noch sehr klein sein können. Dieser

Effekt wurde erstmals von *Ramsauer* entdeckt, und wir haben eindrucksvolle Beispiele dafür bereits in der Einleitung zu diesem Kapitel kennengelernt (s. Abb. 16.8). Das ist ein recht bemerkenswertes Phänomen, welches wir nun als Durchgang der Streuphase durch $\mathcal{N} \times \pi$ verstehen können.

Beispiele zur Partialwellenanalyse: e-He, Ne Streuung

Die Streuphasen im Bereich sehr niedriger Stoßenergien kann man experimentell aus genauen Messungen des differenziellen Wirkungsquerschnitts (16.66) über eine *sogenannte Partialwellenanalyse* ermitteln – wenigstens solange nur wenige Partialwellen an (16.78) teilhaben. Dabei werden die Streuphasen η_ℓ als Fitparameter zur optimalen Anpassung an experimentelle Daten behandelt. Eine aktuelle Übersicht über den Stand bei der Elektronenstreuung an Edelgasen findet man z.B. bei Adibzadeh und Theodosiou (2005). Einige typische Ergebnisse für die *elastische Elektronenstreuung* an He und Ne sind in Abb. 16.34 zusammengestellt. Links sind Beispiele für die experimentell bestimmten Winkelverteilungen gezeigt, rechts die angepassten Werte der Streuphasen als Funktion der kinetischen Energie T der gestreuten Elektronen. An jede dieser Winkelverteilungen kann ein Satz Streuphasen angepasst werden. Für die e-He Streuung zeigt sich, dass im Energiebereich von 0 bis zu etwa 15 eV exzellente Übereinstimmung bereits mit s-, p- und d-Phase erzielt wird (Abb.

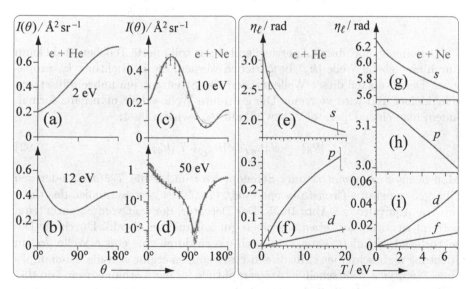

Abb. 16.34. Partialwellenanalyse für e + He nach Andrick und Bitsch (1975) und e + Ne nach Gulley et al. (1994) und Adibzadeh und Theodosiou (2005). (a)–(d): gemessene differenzielle Querschnitte $I(\theta)$ (beim He liegen die Messfehler in der Größenordnung der Linienstärken); (e)–(i) aus einer entsprechenden Partialwellenanalyse gewonnene Streuphasen η_ℓ für die s-, p-, d- (und für Ne auch f-) Wellen

16.34e,f), während für die e-Ne Streuung auch die f-Wellen berücksichtigt werden müssen. Angemerkt sei hier, dass die Werte π für die s-Phase von e-He (e) sowie von 2π bzw. π für die s-Phase (g) bzw. p-Phase von e-Ne (g) bei verschwindender kinetischer Energie nicht darauf schließen lassen, dass es ein He oder Ne Anion gäbe: zwar sagt das Levinson-Theorem (16.94), dass das Wechselwirkungspotenzial im Prinzip einen bzw. drei gebundene Zustände zulassen würde. Diese Zustände sind aber aufgrund der bereits voll besetzten s-Schalen nach dem Pauli-Prinzip nicht mehr besetzbar.

16.4.6 Streumatrizen für Fußgänger

Wir kommen nun zu etwas formalen, aber wichtigen Konzepten der Streutheorie. Im Geiste dieses Buches werden wir auch diese wieder eher heuristisch angehen und diskutieren dazu Abb. 16.35.

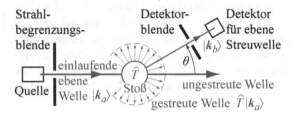

Abb. 16.35. Schema des Streumatrixformalismus. Die $\hat{T}$-Matrix wirkt auf die einfallende ebene Welle $|\mathbf{k}_a\rangle$. Aus der so gebildeten Streuwelle $\hat{T}|\mathbf{k}_a\rangle$ projiziert der Detektor eine gestreute ebene Welle heraus $|\mathbf{k}_b\rangle$

Der einlaufende, durch Aperturblenden gut kollimierte Teilchenstrahl kann durch eine ebene Welle $|\mathbf{k}_a\rangle$ beschrieben werden, die in Richtung $\mathbf{k}_a$ propagiert. Der Hauptteil dieser Welle passiert das Streuzentrum unbeeinflusst, ein sehr kleiner Teil wird gestreut. Die gestreute Welle erhält man ganz formal, indem man einen Operator $\hat{S}$ bzw. $\hat{T}$ auf $|\mathbf{k}_a\rangle$ wirken lässt:

$$|\mathbf{k}_a\rangle \rightarrow \hat{S}|\mathbf{k}_a\rangle = |\mathbf{k}_a\rangle + \hat{T}|\mathbf{k}_a\rangle \qquad (16.99)$$

Man nennt $\hat{S}$ *Streumatrix* oder Streuoperator und $\hat{T}$ die *T-Matrix* oder den Übergangsoperator *(transition operator)*. (16.99) ist gewissermaßen das theoretische Äquivalent zu Abb. 16.35. Der Detektor, der weit vom Streuzentrum entfernt ist, detektiert ebenfalls einen gut kollimierten Strahl. Durch die Detektorblende definiert, kann man auch diesen durch eine ebene Welle $|\mathbf{k}_b\rangle$ in Richtung $\mathbf{k}_b$ beschreiben. Mit diesen Festlegungen ergibt sich die Streuamplitude $f(\theta, \varphi)$ als Wahrscheinlichkeitsamplitude für das Vorhandensein von $|\mathbf{k}_b\rangle$ in der gestreuten Welle $\hat{T}|\mathbf{k}_a\rangle$, d.h. indem man erstere auf letztere projiziert:

$$f_{b \leftarrow a}(\theta, \varphi) = \frac{2\pi}{\sqrt{k_b k_a}} \left\langle \mathbf{k}_b \left| \hat{T} \right| \mathbf{k}_a \right\rangle \qquad (16.100)$$

Im elastischen Fall gilt $k_a = k_b = k$. Der Vorfaktor vor dem Matrixelement ist so gewählt, dass das Ergebnis mit (16.78) kompatibel wird.[11] Der differenzielle Streuquerschnitt ergibt sich damit schließlich nach (16.66). Eine Partialwellenentwicklung der T-Matrix findet man, indem man die ebene Welle vor und nach der Streuung jeweils in Partialwellen entwickelt und erhält unter Nutzung der Orthogonalitätsrelationen für $Y_{\ell m_\ell}$ die Streuamplitude:

$$f(\theta, \varphi) = i\frac{2\pi}{\sqrt{k_a k_b}} \sum_{\ell' m'_\ell \ell m_\ell} i^{\ell - \ell'} T_{\ell' m'_\ell \ell m_\ell} Y_{\ell' m'_\ell}(\theta, \varphi) Y^*_{\ell m_\ell}(\theta_a, \varphi_a) \qquad (16.101)$$

$T_{\ell' m'_\ell, \ell m_\ell}(k)$ sind die Matrixelemente von $\widehat{T}$, und θ, φ bzw. θ_a, φ_a charakterisieren die Richtung der vom Detektor nachgewiesenen bzw. der einlaufenden ebenen Welle, $|\mathbf{k}_b\rangle$ bzw. $|\mathbf{k}_a\rangle$. Letztere wählt man meist parallel zur z-Achse, sodass $\theta_a = \varphi_a = 0$ und $m_\ell = 0$ wird. Für die elastische Streuung an einem isotropen Potenzial können wir dies mit der Partialwellenentwicklung (16.78) vergleichen, die diagonal in ℓ ist. Also wird

$$\text{bei der elastischen Streuung} \quad T_{\ell' m'_\ell, \ell m_\ell} = \delta_{\ell' \ell} \delta_{m'_\ell m_\ell} T_\ell \,, \qquad (16.102)$$

und man findet durch den direkten Vergleich von (16.101) mit (16.78)

$$T_\ell = e^{2i\eta_\ell} - 1 \,. \qquad (16.103)$$

Dabei haben wir das Additionstheorem der Kugelflächenfunktionen (D.20), Band 1 benutzt.

Alternativ zur T-Matrix benutzt man auch die S-Matrix, für welche

$$S_\ell = e^{2i\eta_\ell} = 1 + T_\ell \qquad (16.104)$$

im isotropen, elastischen Fall gilt. Soweit bieten die $\widehat{S}$- und $\widehat{T}$-Matrizen lediglich eine triviale Möglichkeit zur Umschreibung der Partialwellenentwicklung (16.78) der Streuamplitude:

$$f(\theta) = \frac{1}{2ik} \sum_\ell (2\ell + 1) \, P_\ell(\cos\theta) \, (S_\ell(k) - 1) \qquad (16.105)$$

$$= \frac{1}{2ik} \sum_\ell (2\ell + 1) \, P_\ell(\cos\theta) \, T_\ell(k) \qquad (16.106)$$

Der integrale elastische Wirkungsquerschnitt nach (16.79) schreibt sich damit

$$\sigma_{el} = \frac{\pi}{k^2} \sum_{\ell=0}^\infty (2\ell + 1) \, |T_\ell|^2 \,. \qquad (16.107)$$

---

[11] Man findet in der Literatur leicht Varianten von (16.100). Oft wird z.B. noch ein Phasenfaktor $i = \exp(i\pi/2)$ vor die einlaufende ebene Welle $|\mathbf{k}_a\rangle$ gesetzt. Wir folgen hier Burke (2006).

Für den allgemeinen Fall nicht isotroper Potenziale und/oder bei der inelastischen Streuung, wo die Drehimpulse der Partialwellen an die Eigenzustände von Projektil und Target gekoppelt sind, sind $\widehat{T}$ und $\widehat{S}$ jedoch Matrizen mit nicht verschwindenden Nichtdiagonaltermen, die eine transparente Darstellung des Streuprozesses durch (16.101) erlauben. Dann definiert man

$$\widehat{S} = \widehat{E} - \widehat{T} \quad \text{mit} \quad \widehat{S}\widehat{S}^+ = \widehat{E}. \tag{16.108}$$

Die Streumatrix $\widehat{S}$ ist also ein unitärer Operator. Mit Blick auf (16.99) drückt diese Unitaritätsrelation nichts anderes aus als die Erhaltung des Teilchenflusses bei einem Streuprozess.

Die $\widehat{S}$- und $\widehat{T}$-Operatoren erlauben es, die Symmetrie eines Streuprozesses bezüglich der ein- und auslaufenden ebenen Welle auf klare Weise zu formulieren: wir können das Streuexperiment invertieren, indem wir alle Strahlrichtungen einfach umdrehen. In Abb. 16.35 wird also die Quelle zum Detektor und umgekehrt. Dann haben wir (16.99) durch die zeitinvertierte Gleichung zu ersetzen:

$$|\boldsymbol{k}_b\rangle \to |\boldsymbol{k}_b\rangle + \widehat{T}^+ |\boldsymbol{k}_b\rangle = \widehat{S}^+ |\boldsymbol{k}_b\rangle \tag{16.109}$$

Die zu (16.100) inverse Streuamplitude wird demnach:

$$f_{a\leftarrow b}(\theta, \varphi) = \frac{2\pi}{\sqrt{k_a k_b}} \left\langle \boldsymbol{k}_a \left| \widehat{T}^+ \right| \boldsymbol{k}_b \right\rangle \tag{16.110}$$

$$= \frac{2\pi}{\sqrt{k_a k_b}} \left\langle \boldsymbol{k}_b \left| \widehat{T} \right| \boldsymbol{k}_a \right\rangle^* = f_{b\leftarrow a}^*(\theta, \varphi)$$

Für den späteren Gebrauch notieren wir schließlich noch eine alternative Darstellung der asymptotischen Lösungen der Partialwellen (16.76) als Superposition von ein- und auslaufenden Wellen:

$$u_\ell(R) \longrightarrow \sin\left(kR - \ell\frac{\pi}{2} + \eta_\ell\right) = a_\ell^* e^{-ikR} + a_\ell e^{+ikR}$$

$$\propto e^{-ikR + i\ell\frac{\pi}{2}} - S_\ell e^{+ikR - i\ell\frac{\pi}{2}} \propto \sin\left(kR - \ell\frac{\pi}{2}\right) - \tfrac{1}{2}T_\ell e^{ikR - i\ell\frac{\pi}{2}} \tag{16.111}$$

$$\text{mit} \quad a_\ell = \frac{1}{2i} \exp\left(-i\ell\frac{\pi}{2} + i\eta_\ell\right) \quad \text{und} \quad S_\ell = -\frac{a_\ell}{a_\ell^*} e^{i\ell\pi} = e^{2i\eta_\ell}. \tag{16.112}$$

16.5 Resonanzen

16.5.1 Typen und Phänomene

Resonanzen gehören zu den faszinierendsten Phänomenen der Physik in praktisch jedem ihrer Teilgebiete. Sie zeigen sich als ausgeprägte Strukturen in bestimmten Observablen, wenn man diese als Funktion der Energie bzw. Frequenz untersucht. Sie entstehen als Interferenzphänomen durch die Existenz quasigebundener Zustände, die in ein Kontinuum eingebettet sind, in welches sie zerfallen können und mit dem sie interferieren. In Band 1 haben wir bereits mehrfach über solche Resonanzen gesprochen, besonders ausführlich im Zusammenhang mit der *Autoionisation* am He-Atom in Kap. 7.7. Dort ging es um quasistabile Konfigurationen, die oberhalb des Ionisationspotenzials liegen. Auch in der Molekülphysik kennt man (neben der Autoionisation weitere) solche Phänomene, z.B. unter dem Begriff *Prädissoziation:* oberhalb der Dissoziationsgrenze eines molekularen Systems können Rotations- oder Vibrationszustände existieren, die z.B. durch eine Zentrifugalbarriere *quasigebunden* sind. In der Nähe vermiedener Kreuzungen, wie wir sie in Kap. 11.6 und 11.7 kennengelernt haben, können solche Zustände ebenfalls beobachtet werden.

Auch bei elektronischen, atomaren und molekularen Stoßprozessen trifft man quasigebundene Zustände häufig an, u.a. wenn Potenzialbarrieren im Spiel sind. Der einzige Unterschied ist hier, dass im Experiment der fragliche Zustand bzw. seine Wellenfunktion ursprünglich bei großen Abständen der miteinander wechselwirkenden Teilchen im Kontinuum gebildet wird. Das Stoßpaar kann dann für kurze Zeit in den quasigebundenen Zustand eingefangen werden, wenn seine kinetische Energie mit der Resonanzenergie des Zustands übereinstimmt.

Dies ist in Abb. 16.36 schematisch für die zwei am häufigsten anzutreffende Resonanztypen illustriert. Abbildung 16.36a zeigt die Potenzialverhältnisse für die Bildung einer sogenannten Formresonanz – wir werden hier durchgängig die englische Bezeichnung *Shape-Resonanz* benutzen: für Drehimpulse $\ell > 0$ kann die Zentrifugalbarriere hoch genug sein, um einen oder mehrere quasigebundene Zustände im effektiven Potenzial $V_{eff}(R)$ zu ermöglichen. Einige davon können oberhalb des Energienullpunkts liegen. Natürlich sind diese Zustände nicht stabil und haben eine endliche Lebensdauer $\tau = \hbar/\Gamma$, entsprechend der Tunnelwahrscheinlichkeit Γ durch die Zentrifugalbarriere. Dennoch können diese die Streuwelle erheblich beeinflussen, wenn die kinetische Relativenergie des Systems mit dem quasigebundenen Zustand ungefähr resonant ist. Dann kann die Zentrifugalbarriere durchtunnelt werden (hinein und auch wieder heraus), sodass der quasigebundenen Zustand kurzzeitig besetzt wird. Beim energetischen Durchgang durch eine solche Resonanz springt die Streuphase um nahezu π. Wir haben den Einfluss solcher Zustände auf die Streuphase schon in Abschn. 16.4.5 für das Kastenpotenzial besprochen. Bereits in Abb. 16.32 auf S. 372 hatten wir (bei $k_0 a = 4.4$) für in die d-Partialwelle einen solchen Phasensprung identifiziert.

Eine etwas andere Situation ist in Abb. 16.36b skizziert. Diese sogenannte *Feshbach-Resonanz* manifestiert sich als quasigebundener Zustand im Potenzial eines angeregten Zustands, der *eingebettet ist in das Dissoziations- oder Ionisationskontinuum* des Ausgangszustands. Die Resonanz würde also einen stabilen, gebundenen, angeregten Zustand des Streusystems bilden, wenn es keine Kopplung zwischen diesem Zustand und dem Kontinuum gäbe. Auch diese Situation ist mit einem Sprung der Streuphase um π über einen kleinen

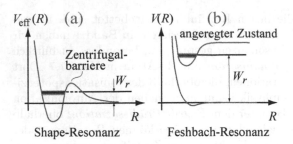

Abb. 16.36. Typische Potenzialsituation bei der Bildung von (**a**) Shape- und (**b**) Feshbach-Resonanzen bei einer Resonanzenergie W_r

Bereich kinetischer Energien verbunden und führt zu ausgeprägten Interferenzstrukturen im integralen wie auch im differenziellen Streuquerschnitt.

Abschließend sei freilich eine kleine Warnung bei der Diskussion solcher Konzepte bei der Elektronenstreuung ausgesprochen: Die beiden in Abb. 16.36 gezeigten „Potenzialbilder" sind mit etwas Vorsicht zu benutzen, denn das Potenzial, welches ein Elektron erfährt, das z.B. an einem Atom gestreut wird, ergibt sich ja unter Einbeziehung aller Atomelektronen. Und dafür gibt es – wegen der ähnlichen Geschwindigkeiten von Projektilelektron und Elektronen im Targetatom – keine Born-Oppenheimer Näherung. Man kann allenfalls auf das bei der Berechnung komplexer Atome bewährte Modell der unabhängigen Teilchen bauen (s. Kap. 10.1, Band 1), bei dem man sinngemäß über alle Atomelektronen zu mitteln hätte. Die Benutzung solcher *Pseudopotenziale* ist in vielen Fällen bei der Elektronenstreuung durchaus erfolgreich. Im allgemeinen Fall, insbesondere bei Anregungsprozessen, muss man das Problem aber mit umfassenderen Methoden angehen, die wir in Kap. 17.4 erläutern werden.

16.5.2 Formalismus

Beide eben diskutierten Resonanztypen sind dadurch charakterisiert, dass der Endzustand, also eine Streuwelle wohl definierter Energie, sowohl über einen direkten Prozess als auch über den temporären Einfang des Streuteilchens in einen quasigebundenen Zwischenzustand erreicht werden kann. Diese beiden Prozesse wollen wir durch die Streuamplituden f_{dir} und f_{res} beschreiben. Eine ganz ähnliche Situation hatten wir bereits in Kap. 7.7, Band 1 für die Autoionisation diskutiert. Dort überlagerten sich direkte Ionisation und Doppelanregung. Die nachfolgenden Überlegungen sind an das Streuproblem angepasst. Auch hier sind die beiden Kanäle

$$\begin{array}{ccc} & \mathrm{AB}_{res} & \\ \nearrow & & \searrow f_{res}, \tau \\ \mathrm{A + B} & \xrightarrow{\;\;f_{dir}\;\;} & \mathrm{A + B} \end{array}$$

prinzipiell nicht zu unterscheiden. Daher müssen die Amplituden kohärent addiert werden, um den elastischen DCS zu erhalten:

$$\frac{d\sigma}{d\Omega} = I(\theta) = |f_{dir} + f_{res}|^2 .$$ (16.113)

Dies führt zu typischen Interferenzstrukturen als Funktion der Phasendifferenz zwischen beiden Amplituden – ganz wie beim Young'schen Doppelspalt Experiment. Hier ist es die Resonanzstreuamplitude, die sich über einen kleinen Energiebereich hinweg schnell ändert, während die direkte Amplitude im Wesentlichen konstant bleibt. Da die Resonanz eine endliche Lebensdauer τ hat, kann man diesen quasigebundenen Zustand formal beschreiben, indem man ihm eine komplexe Energie $\widetilde{W}_r$ zuordnet, welche den Zerfall berücksichtigt. Diese Methodik haben wir bereits erprobt, so etwa in Kap. 5.1.1, Band 1 zur semiklassischen Behandlung des spontanen Zerfalls bei der optischen Anregung. Wir setzten also für die Resonanzenergie

$$\widetilde{W}_r = W_r - i\Gamma/2 ,$$

wobei W_r die Resonanzenergie des gebundenen Zustands ohne Zerfall wäre und $\Gamma = \hbar/\tau$ seine Breite infolge des Zerfalls. Mit in den in Abschn. 16.4.6 entwickelten Begriffen kann man Resonanzstreuung wie folgt charakterisieren: eine Resonanz tritt in einer bestimmten Partialwelle auf, sagen wir für $\ell = \zeta$. Sie hat rein auslaufenden Charakter, und die einlaufende Partialwelle muss für die komplexe Energie $\widetilde{W}_r$ verschwinden, d.h. für den entsprechenden Entwicklungskoeffizienten nach (16.111) muss $a_\zeta^* \left(\widetilde{W}_r \right) \to 0$ gelten. Für Streuenergien $T \simeq W_r$ können wir a_ζ^* also um die Resonanzenergie herum entwickeln:

$$a_\zeta^* = \left(T - W_r + \frac{i\Gamma}{2} \right) \frac{da_\zeta^*}{dT}\bigg|_{W_r}$$ (16.114)

Damit wird die Streumatrix (16.112) für die Partialwelle ζ

$$S_\zeta = -\frac{a_\zeta}{a_\zeta^*} e^{i\zeta\pi} = \frac{T - W_r - \frac{i\Gamma}{2}}{T - W_r + \frac{i\Gamma}{2}} e^{i\zeta\pi} \frac{da_\zeta/dT|_{W_r}}{da_\zeta^*/dT\big|_{W_r}}$$

Natürlich gilt $|S_\zeta| \equiv 1$ (Unitarität). Auch der letzte Bruch in diesem Ausdruck ist dem Betrage nach $\equiv 1$, sodass wir

$$e^{i\zeta\pi} \frac{da_\zeta/dT|_{W_r}}{\left(da_\zeta/dT|_{W_r} \right)^*} = e^{2i\eta_\zeta^0}$$

abkürzen können. Die Streumatrix lässt sich dann umschreiben zu:

$$S_\zeta = e^{2i\eta_\zeta^0} \left(1 - \frac{2i}{\varepsilon + i} \right) = e^{2i\eta_\zeta^0 + 2i\eta_\zeta^{res}}$$ (16.115)

Dabei ist ε die relative Stoßenergie bezogen auf die Resonanzbreite

$$\varepsilon = \frac{T - W_r}{\Gamma/2} \quad \text{und} \quad \eta_\zeta^{res} = \arctan \frac{-1}{\varepsilon} \tag{16.116}$$

die Resonanzphase,[12] wogegen im Rahmen dieser Entwicklung η_ζ^0 eine konstante Hintergrundphase darstellt. Man sieht also, dass *der resonante Teil der Streuphase sich rasch um π ändert, wenn die Energie durch die Resonanz läuft* und für $W_r - T$ ein ungeradzahliges Vielfaches von $\pi/2$ annimmt.

Für den speziellen Fall, dass alle Streuphasen bis auf die Resonanzphase verschwinden, wird der integrale Wirkungsquerschnitt (16.82)

$$\sigma = \frac{4\pi}{k^2}(2\zeta + 1)\sin^2\eta_\zeta^{res}\,,$$

was mit (16.116) zu einer Lorentz'schen Resonanzlinienform[13] führt

$$\sigma = \frac{4\pi}{k^2}(2\zeta + 1)\frac{(\Gamma/2)^2}{(W_r - W)^2 + (\Gamma/2)^2}\,, \tag{16.117}$$

wie wir sie von der optischen Anregung atomarer Linien kennen. Bei der Elektronen- und Atomstreuung tragen üblicherweise aber viele Partialwellen bei. Sie führen zu einem *nicht resonanten, nur langsam veränderlichen Untergrund*, während sich eine solche rasche, *resonanzbedingte Änderung meist nur in einer Partialwelle* zeigt. Wir hatten dies schon in Abb. 16.32 (links, Mitte) für die d-Wellen-Streuphase am Kastenpotenzial gesehen: als Konsequenz einer entsprechenden Shape-Resonanz.

Nun sind wir in der Lage, den heuristisch eingeführten Ausdruck (16.113) aus der Partialwellenentwicklung (16.78) abzuleiten, indem wir dort (16.115) einsetzen. Für eine Resonanz in der Partialwelle $\ell = \zeta$ erhalten wir so:

$$
\begin{aligned}
f(\theta) &= \frac{1}{2ik}\left\{\sum_{\substack{\ell=0 \\ \ell \neq \zeta}}^{\infty}(2\ell+1)\,e^{2i\eta_\ell^0}\,P_\ell(\cos\theta) + (2\zeta+1)\,e^{2i\eta_\zeta^0 + 2i\eta_\zeta^{res}}\,P_\zeta(\cos\theta)\right\} \\
&= \frac{1}{2ik}\left\{\sum_{\ell=0}^{\infty}(2\ell+1)\,e^{2i\eta_\ell^0}\,P_\ell(\cos\theta) \right. \tag{16.118} \\
&\qquad \left. + (2\zeta+1)\,e^{2i\eta_\zeta^0}\left(e^{2i\eta_\zeta^{res}} - 1\right)P_\zeta(\cos\theta)\right\}
\end{aligned}
$$

Es gelingt also in der Tat die Trennung in zwei interferierende Amplituden

$$f(\theta) = f_{dir}(\theta) + f_{res}(\theta, \varepsilon)\,, \tag{16.119}$$

in eine direkte Streuamplitude $f_{dir}(\theta)$, die in der üblichen Partialwellenentwicklung mit langsam über der Energie veränderlichen Phasen η_ℓ^0 beschrieben werden kann, und in eine resonante Amplitude in der Partialwelle $\ell = \zeta$

---

[12] Man verifiziert dies leicht anhand von (16.115) unter Verwendung der Beziehung $\tan 2\eta = 2\tan\eta / (1 - \tan^2\eta)$.

[13] Häufig auch Breit-Wigner-Verteilung genannt, da Breit und Wigner (1936) diese Formel als erste auf die Resonanzstreuung von Neutronen angewendet haben.

$$f_{res}\left(\theta, \varepsilon\right) = \left(2\zeta + 1\right) e^{2i\eta_\zeta^0} \left(e^{2i\eta_\zeta^{res}} - 1\right) P_\zeta\left(\cos\theta\right), \qquad (16.120)$$

die im Resonanzbereich mit $\eta_\zeta^{res}\left(\varepsilon\right)$ nach (16.116) stark von der Energie abhängig ist. Alternativ kann der entscheidende, energieabhängige Faktor

$$f_{res}\left(\varepsilon\right) \propto e^{2i\eta_\zeta^{res}} - 1 \quad \text{auch} \qquad (16.121)$$

$$= \frac{2i}{\sqrt{\varepsilon^2 + 1}} e^{i\eta_\zeta^{res}} = \frac{2\varepsilon i}{\varepsilon^2 + 1} - \frac{2}{\varepsilon^2 + 1} \qquad (16.122)$$

geschrieben werden. Dies ermöglicht den direkten Vergleich mit den für die Autoionisation entwickelten Formeln (7.69) in Band 1, die sich lediglich um einen willkürlichen Normierungs- und Phasenfaktor $1/2\mathrm{i}$ davon unterscheiden. Wir sehen hier nochmals, dass der rein resonante Streuquerschnitt $\propto |f_{res}|^2$ die typische Breit-Wigner Energieabhängigkeit nach (16.117) zeigt, während die direkte Streuamplitude nahezu konstant über die Resonanz bleibt. Sowohl $f_{dir}\left(\theta\right)$ als auch $f_{res}\left(\theta, \varepsilon\right)$ sind vom Streuwinkel abhängig. Allerdings ist die Winkelabhängigkeit des resonanten Anteils über $P_\zeta\left(\cos\theta\right)$ ausschließlich durch eine Partialwelle $\ell = \zeta$ bestimmt.

Je nach relativer Phasenlage und Betrag von direkter und resonanter Amplitude, f_{dir} bzw. f_{res}, kann die Interferenz konstruktiv oder destruktiv sein und verschiedene, auch dispersionsartige Formen annehmen: genau so, wie wir dies bereits im Fall der Autoionisation in Band 1 beschrieben und in Abb. 7.10 illustriert haben. Natürlich kann man auch hier eine Parametrisierung entsprechend dem *Fano'schen Linienprofil*

$$\sigma\left(T\right) = \sigma_{res} \frac{\left(\epsilon + q\right)^2}{1 + \epsilon^2} + \sigma_{dir} \qquad (16.123)$$

mit dem Asymmetrieparameter q vornehmen, wie wir dies bei der Autoionisation getan haben. Die Partialwellenentwicklung, die wir hier vorgestellt haben, ist aber bei der Analyse von differenziellen Streuquerschnitten wesentlich leistungsfähiger, da (16.118) im Prinzip eine konsistente Beschreibung für alle Streuwinkel mit ganz wenigen freien Parametern erlaubt.

16.5.3 Ein Beispiel: e-He Streuung

Man findet Streuresonanzen sowohl bei Schwerteilchenstößen (bei sehr niedrigen Energien, s. Abb. 16.25), als auch und vor allem bei der Elektronenstreuung. Sie treten dort in einem weiten Energiebereich auf und wurden während der letzten vier Jahrzehnte sehr gründlich und umfassend untersucht. Einen guten Überblick über den Stand von Theorie und Experiment bei der e-Atomstreuung gibt Buckman und Clark (1994), und die Übersichtsarbeit von Hotop et al. (2003) gibt einen entsprechenden Einblick in die vielfältigen Phänomene bei der Streuung niederenergetischer Elektronen an Molekülen und Clustern.

Ein „Benchmark" ist die He$^-(1s2s^2\,^2S_{1/2})$ Feshbach-Resonanz, eine Resonanz in der s-Welle also. Sie bot die erste experimentelle Evidenz für die hier diskutierte Art von Resonanzstrukturen in der Elektron-Atomstreuung und wurde von Schulz (1963) im totalen e-He Wirkungsquerschnitt entdeckt. Über die ersten winkelaufgelösten Messungen für diese und ähnliche Resonanzen konnten Andrick und Ehrhardt (1966) berichten. Die Energieauflösung[14] lag damals bei etwa 50 meV, womit zugleich die Grenzen von spektroskopischen Untersuchungen im Streukontinuum deutlich werden: der Preis, den man für die hohe Informationstiefe durch Energie und Winkelabhängigkeit bei der Untersuchung der Stoßdynamik zahlen muss, ist ein im Vergleich zur optischen Spektroskopie deutlich reduziertes Auflösungsvermögen. Seither wurde hart an einer Verbesserung dieser Situation gearbeitet. Mit dem derzeit sozusagen „ultimativen", von Hotop und Mitarbeitern entwickelten Experiment (s. z.B. Gopalan et al., 2003), wird heute eine Energieauflösung bis hinunter zu 4 meV (FWHM) erreicht (Bommels et al., 2005) und für detaillierte und informative Untersuchungen zu Resonanzen und Schwellenverhalten bei der elastischen und inelastischen Elektron-Atom und -Molekülstreuung eingesetzt. Abbildung 16.37 illustriert schematisch die wichtigsten Aspekte dieses ausgefeilten experimentellen Aufbaus, in dem 40 Jahre methodischer und apparativer Entwicklung der Streuphysik kulminieren.

Ein Kernstück der Apparatur ist die Photoionisations-Elektronenquelle (in Abb. 16.37a links mit PIEQ gekennzeichnet), in der ein Kaliumatomstrahl ($-z$-Richtung) durch zwei schmalbandige Laserstrahlen (y-Richtung) ionisiert wird. So kann man von Elektronen einer wohl definierten Anfangsenergie aus einem kleinen Startvolumen ausgehen. Entscheidend dabei ist, dass die zunächst durch die erzeugenden Laser bestimmte Anfangsenergie T_0 der Photoelektronen nicht wesentlich durch die Raumladung der sie abgebenden Kaliumionen verbreitert wird. Wie detaillierte Simulationen zeigen, muss man dazu eine Ionisationsenergie sehr knapp oberhalb des Ionisationspotenzials wählen und die extrahierte Stromstärke auf einige 10–100 pA begrenzen. Daher der aufwendige, resonante 2-Photonen Ionisationsprozess über den K($4\,^2P_{3/2}$) Zwischenzustand, der mit einem kontinuierlichen Titan:Saphir-Laser ($\lambda_1 = 766.7$ nm) angeregt wird (zum optischen Pumpen s. auch Anhang I). Die zwei Hyperfeinniveaus $F = 2$ und 3 werden simultan angeregt, wie in Abb. 16.37c skizziert, wofür der Laser entsprechend stabilisiert und elektro-optisch moduliert wird. Um angesichts der kleinen Ionisationsquerschnitte genügend hohe Intensität verfügbar zu haben, wird der Zwischenzustand sodann im Inneren des Resonators (*intra cavity*) eines schmalbandigen

---

[14] Klassisch erzeugt man die benötigten Elektronenstrahlen durch thermische Emission aus einer Kathode, aus deren breiter Energieverteilung mit elektrostatischen Monochromatoren ein mehr oder weniger breiter Ausschnitt herausgefiltert, winkelselektiert und auf Sollenergie beschleunigt wird. Nach dem Streuprozess muss man die Energie der gestreuten Elektronen in der Regel entsprechend analysieren.

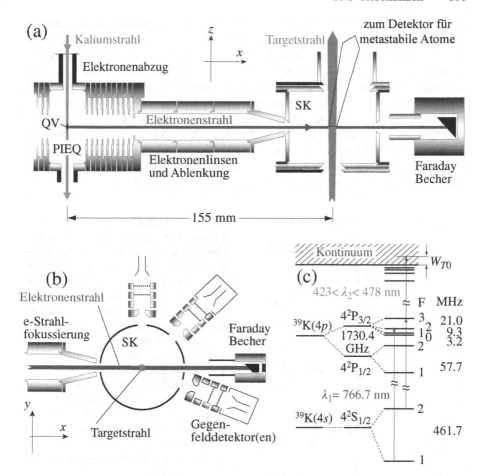

Abb. 16.37. „Ultimatives" Elektronenstreuexperiment mit höchster Energie-auflösung nach Gopalan et al. (2003). Experimentelle Aufbauten: Schnitt (**a**) in der zx-Ebene, (**b**) in der yx-Ebene; die wichtigsten Komponenten sind die Photoionisations-Elektronenquelle (PIEQ) mit dem Quellvolumen (QV) und die Streukammer (SK). (**c**) Resonantes Zweiphotonen-Ionisationsschema zur primären Erzeugung der Streuelektronen mit einer Anfangsenergie von $W_{T0} < 1\,\mathrm{meV}$

Farbstofflasers (Stilben 3) ionisiert. Die Wellenlänge ($\lambda_2 = 455\,\mathrm{nm}$) wird so gewählt, dass die Anfangsenergie der Photoelektronen $T_0 < 1\,\mathrm{meV}$ ist.

Sodann zieht man die Elektronen sehr sanft ab (Extraktionsfeld $E = 10\,\mathrm{V\,/\,m}$), beschleunigt sie mit dafür speziell ausgelegten Elektronenlinsen auf Sollenergie und lenkt sie mit einer Ablenkoptik in die Streukammer (in Abb. 16.37a rechts mit SK gekennzeichnet). Sie treffen senkrecht auf die Targeta-tome in einem gut kollimierten Überschallatomstrahl (z-Richtung) mit einer Winkeldivergenz unter 1°. Der Nachweis der Elektronen erfolgt, wie in Abb. 16.37b angedeutet, durch bis zu fünf, in der xy-Ebene angeordnete Elektronendetektoren mit Channeltrons (s. Anhang J.1), die jeweils ein elektrisches Gegenfeld besitzen, um elastische und inelastische Prozesse zu unterscheiden. Die ggf. durch Elektronenstoß angeregten, metastabilen He(2^3S_1) Atome werden an der energetischen Schwelle durch den Impulsübertrag um $11.5°$ abgelenkt und können in einem weiteren Channeltron ebenfalls nachgewiesen und z.B. für die Energiekalibrierung genutzt werden. Bei den hier gesetzten Standards für die Auflösung kann man das He-Atom nicht mehr als ruhend annehmen und muss die kinetische Energie des Elektrons auf das Schwerpunktsystem beziehen (s. Abschn. 16.2.2). Großer Aufmerksamkeit erfordert bei diesem Experiment auch die Kalibration der Spannungsversorgung und die Abschirmung von elektrischen und magnetischen Feldern.

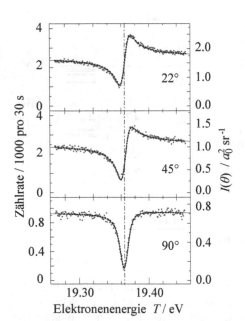

Abb.   16.38.   He$^-$($1s2s^2\,{}^2S_{1/2}$) Feshbach-Resonanz im elastischen, differenziellen e-He Wirkungsquerschnitt nach Gopalan et al. (2003). Die Messpunkte sind *rot* gekennzeichnet, die *roten Linien* zeigen einen für die drei gemessene Streuwinkel konsistenten Partialwellenfit mit einer Energieauflösung von 7.4(5) meV FWHM und einer Resonanzbreite $\Gamma = 11.2(5)$ meV. Die *schwarz gepunkteten Linien* (kaum von den *roten* zu unterscheiden) repräsentieren die Ergebnisse der RMPS-Theorie gefaltet mit einer Energieauflösung von 7.4 meV; die *vertikale, strichpunktierte Linie* entspricht der Resonanzenergie W_r=19.365 eV

Abbildung 16.38 zeigt die experimentellen und theoretischen Ergebnisse für die o.g. He$^-$-Resonanz nach Gopalan et al. (2003) bei drei verschiedenen Streuwinkeln. Die experimentellen Punkte und ihre Partialwellenanalyse (im Wesentlichen nach dem im vorangehenden Abschnitt skizzierten Verfahren) dokumentiert die außerordentliche hohe Qualität des Experiments. Der Vergleich mit der sogenannten RMPS-Theorie von Bartschat (1998b), einer anspruchsvollen, modifizierten R-Matrix-Theorie (s. unten Kap. 17.4) mit Pseudozuständen, lässt den heute erreichten theoretischen Standard bei der präzisen *ab initio* Beschreibung solcher Prozesse erkennen. Energetische Lage und Linienbreite der He$^-$($1s2s^2\,{}^2S_{1/2}$)-Resonanz konnten in diesem Experiment mit höchster Genauigkeit zu $W_r = 19.365(1)$ meV bzw. $\Gamma = 11.2(5)$ meV bestimmt werden.

Es sei ausdrücklich darauf hingewiesen, dass die hier gezeigte, auf den ersten Blick recht komplex erscheinende Energieabhängigkeit der Resonanz für alle Streuwinkel bei Kenntnis der elastischen, nicht resonanten Streuamplitude *mit nur zwei Parametern* – W_r und Γ – nach (16.118), (16.119), (16.120), (16.121) und (16.122) *exakt beschreibbar* ist! Die nicht resonante Streuamplitude wird für das System e + He bei der Resonanzenergie bereits mit nur drei Streuphasen (für die *s*-, *p*- und *d*-Welle) hervorragend beschrieben, wie in Abb. 16.34 auf S. 375 dokumentiert.

16.6 Die Born'sche Näherung

Der Vollständigkeit halber wollen wir diese Zusammenfassung zur Theorie der elastischen Streuung mit einer kurzen Erinnerung an die Born'sche Näherung beschließen. Sie wurde von Born (1926a,b) konzipiert als ein erster Versuch, quantenmechanische Methoden auf die Physik des Kontinuums anzuwenden. Sie benutzt einen Störungsansatz und liefert brauchbare Resultate für hohe kinetische Energien und nicht zu große Streuwinkel, im klassischen Bild also für große Stoßparameter, wo die Wechselwirkung zwischen den Streuteilchen im Mittel nur sehr schwach ist. Der Hauptvorteil der Näherung ist ihre einfache Handhabbarkeit gerade bei großen Energien, wo hohe Werte von ℓ die Anwendung einer Partialwellenanalyse rasch beschränken.

Wir schreiben die Schrödinger-Gleichung (16.61) für das Streuproblem um:

$$\nabla^2 \psi(\boldsymbol{R}) + k^2 \psi(\boldsymbol{R}) = \frac{2\mu}{\hbar^2} V(\boldsymbol{R}) \, \psi(\boldsymbol{R}) \qquad (16.124)$$

Für große $k^2 \gg \left(2\mu/\hbar^2\right) V(\boldsymbol{R})$ kann man die rechte Seite von (16.124) als Störung behandeln. Eine Lösung Nullter-Ordnung findet man also für

$$\nabla^2 \psi_0 + k^2 \psi_0 = 0 \qquad (16.125)$$

als ebene $\psi_0 = \exp(\mathrm{i}\boldsymbol{k} \cdot \boldsymbol{r})$ oder sphärische Welle $\psi_0 = \exp(\mathrm{i}kR)/R$.

Die erste *Born'sche Näherung (First Born Approximation, FBA)* leitet man dann aus

$$\nabla^2 \psi_1 + k^2 \psi_1 = \frac{2\mu}{\hbar^2} V(\boldsymbol{R}) \, \psi_0 \qquad (16.126)$$

ab, die zweite (*Second Born Approximation, SBA*) aus

$$\nabla^2 \psi_2 + k^2 \psi_2 = \frac{2\mu}{\hbar^2} V(\boldsymbol{R}) \, \psi_1 \qquad (16.127)$$

und so weiter. Die SBA und höhere Terme dieser *Born'schen Reihe* werden in der aktuellen Forschung zur Beschreibung verschiedener Probleme erfolgreich eingesetzt, so etwa bei der Elektronenstoßionisation.

Wir behandeln hier nur die erste Näherung und lösen (16.126) für $\psi_0 = \exp(\mathrm{i}\boldsymbol{k} \cdot \boldsymbol{R})$ mit Hilfe der Green'schen Funktion:

$$G\left(\boldsymbol{R}, \boldsymbol{R}'\right) = -\frac{e^{\mathrm{i}k|\boldsymbol{R}-\boldsymbol{R}'|}}{4\pi\,|\boldsymbol{R}-\boldsymbol{R}'|} \tag{16.128}$$

Wir erhalten damit eine spezielle Lösung

$$\psi_1\left(\boldsymbol{R}\right) = -\frac{1}{4\pi}\frac{2\mu}{\hbar^2}\int \frac{e^{\mathrm{i}k|\boldsymbol{R}-\boldsymbol{R}'|}}{|\boldsymbol{R}-\boldsymbol{R}'|}V(\boldsymbol{R}')\,e^{\mathrm{i}\boldsymbol{k}\cdot\boldsymbol{R}'}\,\mathrm{d}^3\boldsymbol{R}'\,. \tag{16.129}$$

Daraus folgt die allgemeine Lösung

$$\psi\left(\boldsymbol{R}\right) = \exp\left(\mathrm{i}\boldsymbol{k}\cdot\boldsymbol{r}\right) + \psi_1\left(\boldsymbol{R}\right)\,. \tag{16.130}$$

Da nur das asymptotische Verhalten (16.62) des Streuproblems interessiert, können wir für $R \to \infty$ und $R' \ll R$ eine Kugelwelle $\exp(\mathrm{i}k_b R)/R$ vor das Integral (16.129) ziehen (mit dem Wellenvektor $\boldsymbol{k}_b \parallel \boldsymbol{R}$ der gestreuten Welle). Mit einlaufender und auslaufender ebener Welle, $\exp(-\mathrm{i}\boldsymbol{k}_a\boldsymbol{R})$ bzw. $\exp(-\mathrm{i}\boldsymbol{k}_b\boldsymbol{R})$, und bei Vernachlässigung von Termen höherer Ordnung in $1/R$ wird

$$\psi\left(\boldsymbol{R}\right) = e^{\mathrm{i}\boldsymbol{k}_a\boldsymbol{R}} - \frac{e^{\mathrm{i}k_b R}}{R}\frac{\mu}{2\pi\hbar^2}\left\langle \boldsymbol{k}_b\left|V\left(\boldsymbol{R}\right)\right|\boldsymbol{k}_a\right\rangle = e^{\mathrm{i}\boldsymbol{k}_a\boldsymbol{R}} + \frac{e^{\mathrm{i}k_b R}}{R}f\left(\theta,\varphi\right)\,. \tag{16.131}$$

Das hier eingeführte *Übergangsmatrixelement*

$$\left\langle \boldsymbol{k}_b\left|V(\boldsymbol{R}')\right|\boldsymbol{k}_a\right\rangle = \int e^{-\mathrm{i}\boldsymbol{k}_b\boldsymbol{R}'}V(\boldsymbol{R}')\,e^{\mathrm{i}\boldsymbol{k}_a\boldsymbol{R}'}\,\mathrm{d}^3\boldsymbol{R}' \tag{16.132}$$

vereinfacht sich natürlich im elastischen Fall, da $|\boldsymbol{k}_a| = |\boldsymbol{k}_b| = k = \sqrt{2\mu T}/\hbar$. Mit dem Momentübertrag $\boldsymbol{K} = \boldsymbol{k}_a - \boldsymbol{k}_b$ erhält man schließlich nach (16.131) die *elastische Streuamplitude in erster Born'scher Näherung*:

$$f^{FBA}\left(\theta,\varphi\right) = -\frac{\mu}{2\pi\hbar^2}\int e^{\mathrm{i}\boldsymbol{K}\cdot\boldsymbol{R}'}V\left(\boldsymbol{R}'\right)\,\mathrm{d}^3\boldsymbol{R}'\,. \tag{16.133}$$

Offensichtlich ist die *Born'sche Streuamplitude proportional zur Fourier-Transformierten des Potenzials.* (16.133) ist ein recht handliches Integral, das wir in ähnlicher Form im Zusammenhang mit der Photoionisation im Kap. 5.5, Band 1 bereits kennengelernt haben, und das nach (5.59) leicht ausgewertet werden kann.

Für kugelsymmetrische Potenziale kann man (16.133) weiter vereinfachen und erhält mit

$$K = |\boldsymbol{K}| = 2k\sin\frac{\theta}{2} \tag{16.134}$$

$$f^{FBA}\left(\theta\right) = -\frac{\mu}{2\pi\hbar^2}\int_0^\pi \int_0^{2\pi} \int_0^\infty \sin\left(\theta'\right)\,\mathrm{d}\theta'\,\mathrm{d}\varphi'\,e^{\mathrm{i}\boldsymbol{K}\cdot\boldsymbol{R}'}V(R')R'^2\mathrm{d}R'$$

$$= -\frac{2\mu}{\hbar^2}\int_0^\infty R'^2\,V(R)'\,\frac{\sin KR'}{KR'}\,\mathrm{d}R'\,. \tag{16.135}$$

Im letzten Schritt haben wir für die Winkelintegration *eine z-Achse parallel zu K angenommen* und über $\sin(\theta')\,d\theta' = d\cos(\theta')$ integriert.

Einige allgemeine Eigenschaften der Born'schen Näherung verdienen es, besonders hervorgehoben zu werden:

- Nach (16.133) hat die FBA *nur eine Symmetrieachse*, parallel zum Momentübertrag $K = k_a - k_b$
- Die Streuamplitude (16.133) bzw. (16.135) ist eine *reele Funktion* des Momentübertrags K und hängt nur darüber von Streuwinkel θ und Stoßenergie $T = \hbar^2 k^2 / 2\mu$ ab
- Der Vergleich von (16.131) mit (16.100) zeigt, dass im Rahmen der FBA der $\widehat{T}$-Operator (bis auf einen Phasenfaktor) identisch mit dem Potenzial $V(R')$ ist.

Ein besonders gut bekannter Spezialfall ist die *Rutherford-Streuung am Coulomb-Potenzial* $V(R) = q_A q_B e_0^2 / (4\pi\epsilon_0 R)$ zweier Ladungen $q_A e_0$ und $q_B e_0$. Die Auswertung von (16.135) erfolgt am problemlosesten[15] für den etwas allgemeineren Fall eines Yukawa-Potenzials $V(R') = V_0 \exp(-\alpha R')/R'$. Der Übersichtlichkeit halber benutzen wir jetzt wieder atomare Einheiten (K, k in a_0, $T = \mu k^2/2$ in W_0, μ in m_e und σ in a_0^2) und setzen $V_0 = q_A q_B$. Damit ergibt sich aus dem rechten Integral in (16.135) einfach

$$f^{FBA}(\theta) = -\frac{2\mu V_0}{K} \int_0^\infty \exp(-\alpha R') \sin K R'\, dR' = \frac{2V_0}{K}\frac{K}{\alpha^2 + K^2}, \quad (16.136)$$

und der Wirkungsquerschnitt für ein Yukawa-Potenzial wird

$$\frac{d\sigma}{d\Omega} = |f^{FBA}|^2 = \frac{4\mu^2 V_0^2}{(\alpha^2 + K^2)^2}. \quad (16.137)$$

Speziell für den Coulomb-Fall mit $\alpha = 0$, also für die Rutherford-Streuung, wird mit (16.134)

$$\frac{d\sigma}{d\Omega} = \frac{4(\mu q_A q_B)^2}{K^4} = \frac{4(\mu q_A q_B)^2}{\left(2k\sin\frac{\theta}{2}\right)^4} = \left(\frac{q_A q_B}{T}\right)^2 \frac{1}{16\sin^4\frac{\theta}{2}}. \quad (16.138)$$

Interessanterweise liefert in diesem Falle die erste Born'sche Näherung das gleiche Ergebnis wie die klassische Trajektoriennäherung (16.46) und die exakte quantenmechanische Rechnung (hier nicht gezeigt) – ein mathematischer Glücksfall, der den Eigenschaften des Coulomb-Potenzials geschuldet ist.

Anstatt auf den Streuwinkel θ, findet man in der Literatur den differenziellen Wirkungsquerschnitt gelegentlich auf die Größe $W = \mu K^2 / 2$ bezogen,

---

[15] Der aufmerksame Leser wird selbst bemerken, dass man beim direkten Einsetzen eines Potenzials $\propto 1/R'$ auf Probleme stößt, die mit der Langreichweitigkeit des Coulomb-Potenzials zu tun haben.

etwas locker Energieübertrag genannt.[16] Mit dem Impulsübertrag K nach
(16.134) und $d\Omega = 2\pi \sin\theta d\theta = \pi d\left(K^2\right)/k^2$ und der kinetischen Energie
$T = \mu k^2/2$ wird $d\Omega = \pi dW/T$, und man erhält hier

$$\frac{d\sigma}{dW} = \frac{4\pi\left(\mu q_A q_B\right)^2}{TK^4} = \frac{\pi\left(q_A q_B\right)^2}{TW^2}. \tag{16.139}$$

Auch *für die Partialwellen* kann man aus der Radialgleichung (16.72) auf
ganz analoge Weise *approximative Lösungen* ableiten, wie dies soeben für die
Streuamplitude aus der vollen Schrödinger-Gleichung (16.61) gezeigt wurde.
Man gewinnt damit die sogenannte *Jeffrey-Born-Streuphase*

$$\eta_\ell^{JB} \simeq -k\frac{2\mu}{\hbar^2}\int_0^\infty V\left(R\right)\left[j_\ell\left(kR\right)\right]^2 R^2 dR, \tag{16.140}$$

die für $\eta_\ell^{JB} \ll 1$ gültig ist, also bei großen Energien bzw. großen Stoßparame-
tern. Wie im niederenergetischen, in Abschn. 16.4.5 behandelten Fall ist das
Vorzeichen der Streuphase (16.140) positiv bzw. negativ, je nachdem ob das
Potenzial effektiv anziehend oder abstoßend ist. Man kann zeigen, dass durch
Einsetzen von (16.140) in die Partialwellenentwicklung (16.78) die Streuamplitude (16.135) in FBA wiedergewonnen werden kann. Die Benutzung der
Jeffrey-Born-Streuphasen (16.140) – z.B. anstelle der schwieriger zu berech-
nenden JWKB-Phasen (16.86) – kann sich selbst dort als sehr hilfreich erweisen, wo die Born'sche Näherung insgesamt nicht angewandt werden darf:
sie sind nämlich immer dann eine sehr gute Näherung, wenn die Wechselwirkung im Mittel schwach bleibt, also z.B. für große Bahndrehimpulse. Für viele
Probleme erhält man daher sehr zufriedenstellende Resultate, wenn man für
einige wenige Partialwellen mit kleinem ℓ die Radialgleichung (16.72) exakt
löst und (16.140) für die höheren ℓ benutzt.

Für inverse Potenz-Potenziale $V(R) = \mp C R^{-\nu}$ – also letztlich für alle
Potenziale bei großen Stoßparametern (und hinreichend hohen Energien) –
kann man (16.140) geschlossen integrieren und findet:

$$\eta_\ell^{JB} \propto \pm k^{\nu-2}\ell^{1-\nu} \quad \text{für } \ell \gg 1. \tag{16.141}$$

Dieser Ausdruck ist so etwas wie das Gegenstück zu der bei niedrigen Energien
anwendbaren effektiven Reichweiteformel (16.96).

---

[16] Tatsächlich ist der Energieübertrag vom Projektil A auf ein ruhendes Target B
$\left(\Delta p\right)^2/2m_B = \left(\mu/m_B\right)W$ (s. letzter Absatz in Abschn. 16.2.1), was nur beim
Elektronenstoß $\simeq W$ wird.

Inelastische Stoßprozesse – ein erster Überblick

> Im vorangehenden Kapitel hatten wir uns mit der elastischen (Potenzial-) Streuung befasst. Obwohl die dort vorgestellten Konzepte die Schwerteilchenstreuung bei niedrigen Energien außerordentlich gut beschreiben und zum Teil auch auf die elastische Elektronenstreuung angewandt werden können, mussten wir bislang den wichtigen Bereich der Atom- oder Molekülanregung durch Stöße, ebenso wie reaktive Prozesse, ausklammern: Ganz allgemein sind Stoßprozesse Vielteilchenprobleme, und wo immer Änderungen des inneren Zustands eines der Stoßpartner möglich sind, muss man die entsprechenden Freiheitsgrade berücksichtigen.

Hinweise für den Leser: Die charakteristischen Fragestellungen und Lösungsansätze für inelastische und reaktive Stoßprozesse sollen hier anhand einiger wichtiger Beispiele vorgestellt werden. Wir beginnen in Abschn. 17.1 mit sehr einfachen aber lehrreichen Modellen. Die generellen Trends bei der Anregung im Teilchenstoß als Funktion der kinetischen Relativenergie der Stoßpartner werden in Abschn. 17.2 und 17.3 vorgestellt – in letzterem mit Akzent auf dem Schwellenverhalten. In Abschn. 17.4 führen wir in die Vielkanaltheorie ein und lernen zwei alternative Herangehensweisen dafür kennen: die adiabatische und die diabatische. In Abschn. 17.5 erweitern wir den semiklassischen Ansatz. Schließlich machen wir in Abschn. 17.6 bzw. 17.7 je einen kleinen Ausflug in die Welt der Stoßprozesse mit hochgeladenen Ionen bzw. der reaktiven Streuung.

17.1 Einfache Modelle

Wir wollen hier zunächst einige bemerkenswert simple, aber hilfreiche Modellvorstellungen entwickeln, die uns eine Einschätzung der Energieabhängigkeit von inelastischen und reaktiven Prozessen erlauben.

17.1.1 Reaktionen ohne Schwellenenergie

Ausgehend vom effektiven Potenzial $V_{eff}(R)$ nach (16.40) kann man Vorhersagen für die Größenordnung von Wirkungsquerschnitten machen. Betrach-

I.V. Hertel, C.-P. Schulz, *Atome, Moleküle und optische Physik 2*,
Springer-Lehrbuch, DOI 10.1007/978-3-642-11973-6_7,
© Springer-Verlag Berlin Heidelberg 2010

ten wir zunächst *exoenergetische Reaktionen ohne Schwellenenergie* und nehmen an, es wirke ein rein anziehendes Potenzial $V(R)$ wie dies die volle Linie in Abb. 17.1 darstellt. Typische Beispiele sind Ionen-Atom- oder Ionen-Molekülreaktionen nach dem Schema

$$A^{q+} + B \rightarrow AB^{q+} \rightarrow C + D^{q+} \,, \tag{17.1}$$

das im einfachsten Fall einen Ladungsaustausch repräsentieren mag. Da die Reaktion exotherm ist, findet sie immer dann statt, wenn die sich nähernden Teilchen bei gegebener kinetischer Anfangsenergie T die Zentrifugalbarriere überwinden können. Dies ist in Abb. 17.1 illustriert, wo Wechselwirkungspotenzial $V(R)$ und effektives Potenzial $V_{eff}(R)$ dargestellt sind. Die kleine schematische Illustration rechts unten im Bild zeigt charakteristische Trajektorien als Funktion des Stoßparameters b.

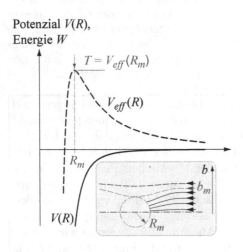

Abb. 17.1. Schematische Illustration der Zentrifugalbarriere bei der Wechselwirkung eines Ions mit einem Atom oder Molekül. Das bloße Wechselwirkungspotenzial V ist durch die volle, das effektive Potenzial V_{eff} durch die *gestrichelte Linie* gekennzeichnet. *Rechts unten* sind typische Trajektorien als Funktion des Stoßparameters b skizziert

Trajektorien führen bei gegebener kinetischer Energie T immer dann zur Reaktion, wenn ihr Stoßparameter b klein genug ist, um den kritischen Radius R_m erreichen zu können, wenn also am Maximum des Zentrifugalpotenzials

$$V_{eff}^{(\mathrm{max})} = V(R_m) + T \frac{b^2}{R_m^2} \leq T \tag{17.2}$$

gilt. Wenn wir annehmen, dass bei der Reaktion (17.1) ein Polarisationspotenzial $V(R) = -\alpha q^2/(2R^4)$ wirke (in atomaren Einheiten), dann finden wir das Maximum (17.2) bei $R_m^2 = \alpha q^2/Tb^2$. Das Gleichheitszeichen in (17.2) ergibt den maximalen, noch zur Reaktion führenden Stoßparameter $b_m = (2\alpha q^2/T)^{1/4}$. Nur für $b \leq b_m$ kann die Reaktion stattfinden. Daraus ergibt sich der sogenannte *Langevin-Querschnitt* für Ionen-Molekülreaktionen:

$$\sigma_L = \pi b_m^2 = \pi q\sqrt{2\alpha/T} \tag{17.3}$$

Für andere Wechselwirkungspotenziale muss man den Ausdruck entsprechend modifizieren. So wird z.B. bei der Wechselwirkung von Molekülen mit hohem permanentem Dipolmoment (H_2O, CO etc.) das Potenzial $\propto -1/R^2$. Dafür kann man ganz analog eine Energieabhängigkeit $\sigma \propto 1/T$ ableiten.

17.1.2 Das Modell der absorbierenden Kugel

Für *endoenergetische Reaktionen*, d.h. für Reaktionen die erst oberhalb einer energetischen Schwelle W_{th} stattfinden können, gilt eine entsprechend modifizierte Überlegung für die kritische Distanz R_{th} bzw. den maximalen Stoßparameter b_m. Abbildung 17.2 illustriert die Verhältnisse für solch einen inelastischen Reaktionsprozess

$$A^+ + B \longrightarrow A^+ + B^* \qquad (17.4)$$
$$T \rightarrow T - W_{th}$$

nach dem Modell der absorbierenden Kugel (absorbing sphere model). Die Reaktion kann nur stattfinden, wenn die Trajektorien die Kreuzung der Potenzialkurve von Grundzustand (schwarz) und angeregtem Zustand (rot) erreichen, wenn also am Kreuzungsradius R_{th} die Energie ausreicht, um die Schwellenenergie W_{th} zu überwinden. Wir haben in diesem Fall (17.2) zu ersetzen durch

$$V_{eff}(R_{th}) = W_{th} + T\frac{b^2}{R_{th}^2} \leq T, \qquad (17.5)$$

woraus wir mit $V_{eff}(R_{th}) = T$ wieder den maximalen noch wirksamen Stoßparameter erhalten. Er ist in hier also durch $b_m^2 = R_{th}^2(1 - W_{th}/T)$ gegeben, und der Reaktionsquerschnitt wird

$$\sigma_r = \pi b_m^2 = \pi R_{th}^2(1 - W_{th}/T). \qquad (17.6)$$

Die so abgeschätzte Energieabhängigkeit der Reaktionsquerschnitte mit und ohne Schwelle sind in Abb. 17.3 skizziert.

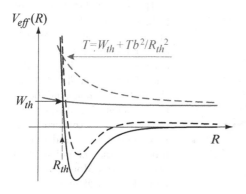

Abb. 17.2. Energieverhältnisse für eine endoenergetische Reaktion mit der Schwellenenergie W_{th}. Illustriert wird das Modell der absorbierenden Kugel vom Radius R_{th}. *Volle Linien* geben die bloßen Potenziale, die *gestrichelten* die effektiven Potenziale. *Schwarz* sind die Potenziale im Eingangskanal gekennzeichnet, *rot* die des zu erreichenden reaktiven Kanals

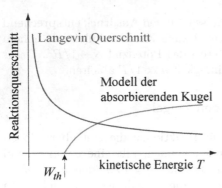

Reaktionsquerschnitt

Langevin Querschnitt

Modell der
absorbierenden Kugel

W_{th} kinetische Energie T

Abb. 17.3. „Typische" Energieabhängigkeit von Reaktionsquerschnitten für exotherme und endotherme Reaktionen nach dem einfachen Langevin-Modell bzw. dem Modell der absorbierenden Kugel

17.1.3 Ein Beispiel: Ladungsaustausch

Die Realität sieht freilich meist etwas komplizierter aus. Wir illustrieren dies am Beispiel des Ladungsaustauschs bei einer Ionen-Molekülreaktion

$$HD^+(v) + Ne \rightarrow NeH^+ + D + \Delta H_D \qquad (17.7)$$

$$\rightarrow NeD^+ + H + \Delta H_H , \qquad (17.8)$$

für das neuere Experimente mit vibrationsselektierten HD^+ Molekülionen von Dressler et al. (2006) vorliegen. Abbildung 17.4 zeigt die Wirkungsquerschnitte für zwei anfängliche Vibrationszustände des HD^+. Im Falle von $v = 1$ ist sind die Reaktionen (17.7) und (17.8) endotherm, mit Schwellenenergien $W_{th} = 0.29$ bzw. $0.25\,\text{eV}$, im Falle von $v = 4$ sind beide exotherm.

Man erkennt in Abb. 17.4 das typische Verhalten: die exothermen Reaktionen zeigen einen mit der Energie monoton abfallenden Reaktionsquerschnitt, die endothermen steigen von der Schwelle aus zunächst rasch an, erreichen ein Maximum und fallen dann mit weiter steigender Energie wieder ab (das

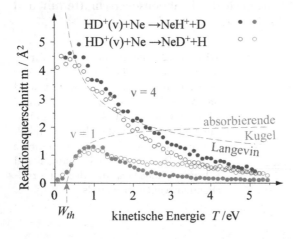

Reaktionsquerschnitt m / Å^2

$HD^+(v) + Ne \rightarrow NeH^+ + D$

$HD^+(v) + Ne \rightarrow NeD^+ + H$

$v = 4$

$v = 1$

absorbierende
Kugel

Langevin

W_{th} kinetische Energie T /eV

Abb. 17.4. Reaktionsquerschnitte für die Bildung von NeH^+- bzw. NeD^+-Ionen (volle bzw. offene Messpunkte) aus $HD^+ + Ne$ für als Funktion der kinetischen Anfangsenergie T (im CM-System) nach Dressler et al. (2006). Beide Reaktionen sind bei anfänglicher Vibrationsquantenzahl $v = 4$ exotherm, bei $v = 1$ endotherm, und werden mit den entsprechenden, stark vereinfachten Modellen nach Abb. 17.3 verglichen

nahezu konstante Signal für $v = 4$ bei ganz kleinen Energien ebenso wie das nicht verschwindende Signal unterhalb der Schwelle W_{th} für $v = 1$ sind der experimentell bedingten, endlichen Breite der Energieverteilungen geschuldet).

Die gestrichelten Linien in Abb. 17.4 deuten den Versuch an, die oben erläuterten Modelle – Langevin-Querschnitt für den exothermen Fall $v = 4$ bzw. absorbierende Kugel für den endothermen Fall $v = 1$ – an die experimentellen Daten anzupassen. Wie man sieht, gelingt dies nur bedingt. Zwar wird eine Abnahme des Querschnitts für $v = 4$ vorhergesagt, und auch das Schwellenverhalten im Fall $v = 1$ kann gedeutet werden. Den beobachteten starken Abfall mit steigender Energie geben diese simplen Modelle aber nicht wieder. Die nächstliegende Erklärung dafür ist die rein geometrische Natur der Modelle, die davon ausgehen, dass die Reaktionswahrscheinlichkeit 100% ist, sofern die klassischen Trajektorien überhaupt nur den kritischen Radius R_m bzw. R_{th} erreichen. In Wirklichkeit ist dies natürlich keineswegs der Fall: wir erwarten abnehmende Wahrscheinlichkeit mit kürzer werdender Wechselwirkungszeit, also mit steigender Energie – wie im Experiment beobachtet.

17.1.4 Das Massey-Kriterium für inelastische Stoßprozesse

Wir beenden diese einführenden Überlegungen in die Modellierung inelastischer Stoßprozesse mit einer zum Vorangehenden gewissermaßen komplementären, dynamischen Sichtweise. Betrachten wir den inelastischen Prozess

$$A + B(a) + T \rightarrow A + B(b) + (T - W_{ba}) \qquad (17.9)$$

mit relativen kinetischen Energie T bzw. $T - W_{ba}$ der Stoßpartner im Schwerpunktsystem vor bzw. nach dem Stoß. B wird dabei vom Zustand $|a\rangle$ der Energie W_a in den Zustand $|b\rangle$ der Energie W_b angeregt, die Anregungsenergie $W_{ba} = W_b - W_a$ wird der Relativbewegung entzogen. Die Wechselwirkungszeit für diesen Prozess können wir aus einer typischen Reichweite a des Potenzials und der Relativgeschwindigkeit $u = \sqrt{2T/\mu}$ grob abschätzen:

$$t_{col} = a/u \qquad (17.10)$$

Bezüglich der Dynamik des Übergangs stellen wir zunächst fest, dass die innere Energie der wechselwirkenden Partner während der kurzen Stoßzeit t_{col} nur im Rahmen der Unschärferelation

$$\Delta W \, t_{col} \geq \hbar \qquad (17.11)$$

definiert ist. Je kürzer die Wechselwirkungszeit, desto größer die Unsicherheit ΔW in der Energie. Wir vermuten, dass inelastische Prozesse mit einer Energieänderung $W_{ba} = \Delta W$ dann besonders wahrscheinlich sind, wenn gerade das Gleichheitszeichen in (17.11) gilt.

Dies lässt einen grundsätzlichen Unterschied deutlich werden zwischen der Elektron-Atom- bzw. Elektron-Molekülstreuung einerseits und der Schwerteilchenstreuung andererseits. Elektronen haben nämlich schon bei moderaten kinetischen Energien von einigen eV Geschwindigkeiten, die denen der Valenzelektronen im Atom entsprechen, während schwere Teilchen (Ionen, Atome, Moleküle) bei vergleichbaren Energien sehr langsam gegenüber der inneren Elektronenbewegung sind.

Alternativ können wir auch sagen, die Wechselwirkungszeit sei bei e-Atom-Stößen von der gleichen Größenordnung wie die elektronische Übergangszeit $t_e = h/W_{ba}$ für den inelastischen Prozess. Man erwartet daher – im Sinne der in Kap. 11.2 behandelten Born-Oppenheimer-Näherung – ein strikt nichtadiabatisches Verhalten der elektronischen Wellenfunktion bei der e-Atom Wechselwirkung. Im Gegensatz dazu wird bei Schwerteilchenstößen von einigen eV die Stoßzeit $t_{col} \gg t_e$: die atomare Wellenfunktion kann dem Verlauf der Stoßbewegung während des gesamten Wechselwirkungsprozesses adiabatisch folgen. Erst bei sehr hohen Energien werden im Atom-Atom-Stoß die Zeiten t_{col} und t_e vergleichbar und lassen inelastische Prozesse erwarten.

Man kann dies auch etwas quantitativer fassen, indem man das Wechselwirkungspotenzial $V(R)$ bei einem Stoßprozess einfach zeitabhängig betrachtet, wie in Abb. 17.5a angedeutet. Nehmen wir der Einfachheit halber für die Relativbewegung eine geradlinige Trajektorie parallel zur z-Achse an. Ihre Relativgeschwindigkeit sei u, der Stoßparameter b. Dann wird $R(t) = \sqrt{b^2 + z(t)^2} = \sqrt{b^2 + (ut)^2}$. Für hinreichend große b nehmen wir ein attraktives Potenzial $-C/R^{-s}$ an, das damit zeitabhängig als

$$V(t) = -C\left[1 + (ut/b)^2\right]^{-s/2}$$

geschrieben wird. Abbildung 17.5b zeigt typische zeitliche Verläufe eines solchen Potenzials für den reinen Coulomb-Fall, $\propto -1/R$, bzw. für ein Polarisationspotenzial $\propto -1/R^4$ (wobei wir zur Veranschaulichung $b = ut_{col}$ gewählt

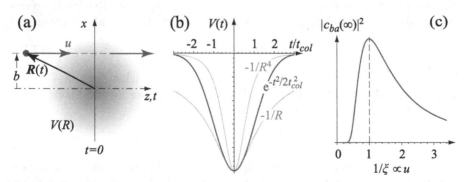

Abb. 17.5. Zur Erklärung des Massey-Parameters: (a) Die Trajektorie $R(t) = \sqrt{z^2 + b^2}$ definiert mit $z = ut$ (b) ein zeitabhängiges Potenzial $V(t)$, das (c) zur Übergangswahrscheinlichkeit $|c_{ab}(\infty)|^2$ führt, die abhängig von der relativen Geschwindigkeit u ist

haben). Da es hier nur um eine grundsätzliche Betrachtung geht, können wir diese Potenziale auch durch eine Gauß-Funktion

$$V(t) \simeq -U_0 \exp\left[-t^2 / \left(\sqrt{2}t_{\mathrm{col}}\right)^2\right]$$ (17.12)

repräsentieren, die etwas einfacher zu behandeln ist, und deren endliche Reichweite die nachfolgenden Überlegungen übersichtlicher macht. Dabei identifizieren wir die Stoßzeit nach (17.10) über eine charakteristische mittlere Reichweite a des Potenzials.

Wir erinnern uns nun an die zeitabhängige Störungsrechnung, die sich bei der Behandlung optisch induzierter Übergänge in Band 1 als sehr erfolgreich erwies, und die wir für hinreichend kleine Störpotenziale $U_0/W_{ba} \ll 1$ auch hier anwenden können. Mit (4.37) hatten wir dort festgestellt, dass die Wahrscheinlichkeitsamplitude $c_{ba}(\infty)$ für den Übergang vom Zustand $|a\rangle$ in den Zustand $|b\rangle$ nichts anderes als die Fourier-Transformierte des Störpotenzials bei der Frequenz ω_{ba} des atomaren Übergangs ist. Wir haben also im hier diskutierten Fall zu berechnen:

$$c_{ba}(\infty) = -\frac{\mathrm{i}}{\hbar} \int_{-\infty}^{\infty} dt V(t) e^{-\mathrm{i}\omega_{ba}t} \simeq \frac{\mathrm{i}}{\hbar} \int_{-\infty}^{\infty} dt U_0 e^{-t^2/\left(\sqrt{2}t_{\mathrm{col}}\right)^2 - \mathrm{i}\omega_{ba}t}$$

Das Integral ist geschlossen ausführbar und ergibt als Wahrscheinlichkeit, nach dem Stoß das Target B im angeregten Zustand $|b\rangle$ zu finden:

$$|c_{ba}(\infty)|^2 = -2\pi e^{-t_{\mathrm{col}}^2\omega_{ab}^2} \left(\frac{U_0}{\hbar}\right)^2 t_{\mathrm{col}}^2 = \left(\frac{U_0}{W_{ba}}\right)^2 2\pi\xi^2 e^{-\xi^2}$$ (17.13)

Dabei haben wir den sogenannten *Massey-Parameter*

$$\xi = \omega_{ba}t_{\mathrm{col}} = \frac{|W_{ba}|\,a}{\hbar u} = \frac{|W_{ba}|\,a}{\hbar}\sqrt{\frac{\mu}{2T}}\,,$$ (17.14)

definiert, auch „*Adiabatizitätsparameter*" genannt (mit der reduzierter Masse μ und der kinetischen Energie T). Abb. 17.5c illustriert die Abhängigkeit der Wahrscheinlichkeit von der Stoßgeschwindigkeit $u \propto 1/\xi$. Offenbar wird die *Anregungswahrscheinlichkeit maximal, wenn $\xi \simeq 1$ (sogenanntes Massey-Kriterium)*,[1] was in (17.11) einem Gleichheitszeichen entsprechen würde.

Der Massey-Parameter charakterisiert also einen *adiabatischen Bereich* ($\xi \gg 1$), wo inelastische Prozesse ohne Bedeutung sind und den *diabatischen Bereich* ($\xi \lesssim 1$), wo Übergänge in Atomen oder Molekülen infolge des Stoßes angeregt werden können. Das unterstreicht nochmals den Unterschied zwischen Elektronenstreuung und der Schwerteilchenstreuung: für erstere ist bei

---

[1] Je nach Definition der gemittelten Reichweite a des Potenzials findet man hierfür in der Literatur auch $\xi = \pi$ oder 2π (s. z.B. Andersen et al., 1988, Kapitel 4).

kinetischen Energien oberhalb der energetischen Anregungsschwelle $T > |W_{ba}|$ typischerweise $\xi \lesssim 1$.

Im Gegensatz dazu ist für die in Kap. 16 vorgestellten Beispiele der Schwerteilchenstreuung der Massey-Parameter von der Größenordnung $\xi \approx 10^2$–10^3. Inelastische Prozesse spielen daher in diesem Fall also erst für kinetische Anfangsenergien im Bereich 10 keV bis MeV eine Rolle, wo $\xi \lesssim 1$ wird. Es sei denn, die zu überbrückende Energiedifferenz W_{ba} ist sehr klein, so etwa bei der Vibrations- oder gar Rotationsanregung von Molekülen, die bereits durch atomare oder ionische Projektile thermischer Energie bewirkt werden kann. Natürlich gibt (17.13) nur eine qualitative Beschreibung der Geschwindigkeitsabhängigkeiten für inelastische Prozesse. Auch die Wahl der „charakteristischen mittleren Reichweite" a ist stets etwas willkürlich. Dennoch zeigt die Praxis, dass die Verhältnisse qualitativ gut beschrieben werden. Insbesondere gibt das Massey-Kriterium $\xi \simeq 1$ einen guten Anhaltspunkt für die Maxima von Anregungsfunktionen vieler Prozesse (so nennt man Anregungsquerschnitte als Funktion der Stoßenergie).

17.2 Anregungsfunktionen

17.2.1 Stoßanregung mit Elektronen und Protonen

Wir illustrieren dies zunächst für die Anregung von He-Atomen aus dem Grundzustand. Abbildung 17.6 zeigt die Anregungsfunktionen für die Prozesse

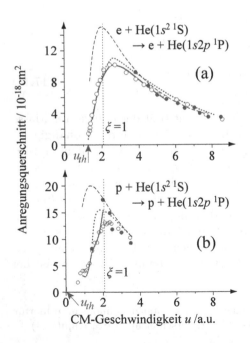

Abb. 17.6. Experimentelle Querschnitte für (a) Elektronen- und (b) Protonenstoßanregung von He aus dem Grundzustand in den 2^1P-Zustand nach Merabet et al. (2001). Die experimentellen Daten ● und ○ werden verglichen mit verschiedenen Theorien: (a) - - - - verbesserte FBA, ——— R-Matrix mit Pseudozuständen, ... konvergente CC; (b) - - - - FBA, ... bzw. ——— zwei unterschiedliche CC-Rechnungen

(a) $e + He\left(1s^2\,{}^1S_0\right) + T \to e + He\left(1s2p\,{}^1P_1^o\right) + T - 21.22\,eV$

(b) $p + He\left(1s^2\,{}^1S_0\right) + T \to p + He\left(1s2p\,{}^1P_1^o\right) + T - 21.22\,eV$

als Funktion der Relativgeschwindigkeit im Schwerpunktsystem. Sie werden miteinander und mit verschiedenen theoretischen Approximationen verglichen (CC steht hier für „close coupling", CCC für „convergent close coupling" – Begriffe, die wir in Kap. 18.1 noch näher kennen lernen werden). Die erste Born'sche Näherung (FBA) gibt offenbar nur eine sehr grobe Abschätzung für niedrige kinetische Energien, ist aber erstaunlich realistisch im höher energetischen Bereich.

Wenn wir als „effektive, mittlere Reichweite" a des Potenzials den Van-der-Waals-Radius für He (140 pm) ansetzen, können wir die CM-Geschwindigkeiten u in Abb. 17.6 durch den Massey-Parameter ξ nach (17.14) ausdrücken. Der Wert $\xi = 1$ (gepunktete, vertikale Linie) gibt einen recht guten Anhaltspunkt für das Maximum der Querschnitte nach dem Massey-Kriterium, sowohl für den Elektronenstoß wie auch für Protonenstoßanregung. Man beachte: die jeweilige Energie im Schwerpunktsystem unterscheidet sich dabei um einen Faktor von ca. 1 500. Während der volle Messbereich von $u \simeq 1.2$–9 in Abb. 17.6 Elektronenenergien zwischen 22 und 1 000 eV entspricht, resultieren die Messpunkte für die Protonenstoßanregung aus einem Energiebereich zwischen 10 keV und 1.4 MeV. Für den Elektronenstoß ist die Anregungsfunktion deutlich asymmetrisch – eine Folge der endlichen Schwellenenergie: inelastische Prozesse sind ab $u_{th} \geq \sqrt{2W_{ba}/\mu}$ möglich und werden auch tatsächlich beobachtet. Im Gegensatz dazu findet Anregung durch Protonenstoß erst weit oberhalb dieser energetischen Schwelle statt, wie in Abb. 17.6b dokumentiert.

Der hier experimentell beobachtete Trend und die theoretische Modellierung mit anspruchsvollen Verfahren bestätigen also weitgehend die Überlegungen des vorangehenden Abschnitts. Die einschlägige Literatur belegt für zahlreiche Beispiele, dass so die Maxima von Anregungsfunktionen für den Elektronen-, Atom- und Ionenstoß bei der sogenannten „direkten" Anregung qualitativ richtig beschrieben werden – *nicht aber viele wichtige und interessante Details*. Für die Schwerteilchenstreuung werden wir allerdings in Abschn. 17.4 und 17.5 auch häufig beobachtete Prozesse kennen lernen, die in der Nähe von Kreuzungspunkten der Potenzialkurven stattfinden, für welche das Massey-Kriterium dramatisch modifiziert werden muss.

17.2.2 Elektronenstoßanregung von He

Für einen Überblick über das typische Verhalten von Anregungsfunktionen beim Elektronenstoß mit Atomen und Molekülen und den Vergleich etwa mit der optischen Anregung sind Edelgasatome hervorragende Fallbeispiele. Experimentell wie auch theoretisch ist wohl der inelastische $e + He(1^1S_0)$ Stoß, der zu verschiedenen angeregten Zuständen $He(n^{2S+1}L_j)$ führen kann, das am besten untersuchte System. Aufwendige Rechenprogramme erlauben es heute, Wirkungsquerschnitte recht verlässlich auch dann zu bestimmen, wenn Experimente nicht verfügbar sind. Für die in Abb. 17.7 gezeigte Zusammenstellung von Anregungsfunktionen haben wir uns der umfangreichen Datenbank von NIFS und ORNL (2007) bedient. Solche Datenbanken basieren auf Streurechnungen mit modernen Codes (wir kommen in Kap. 18 darauf zurück) und kritischen Vergleichen mit Experimenten, soweit vorhanden. Sie repräsentieren gewissermaßen das gesammelte „Know-how" mehrerer Jahrzehnte. Man darf diese Daten zwar nicht in allen Details streng quantitativ interpretieren, Trends und Größenordnungen für viele Systeme und Prozesse werden aber richtig wiedergegeben.

Neben der gerade eben schon behandelten Elektronenstoßanregung aus dem $He(1s^2\,^1S_0)$ Grundzustand in den kurzlebigen $He(1s2p\,^1P_1)$ Zustand, ein Übergang der auch für elektromagnetische Dipolanregung erlaubt ist, sind in Abb. 17.7 die Wirkungsquerschnitte σ_{inel} für einige charakteristische, optisch verbotene Anregungen in die metastabilen Zustände $1s2s\,^1S_0$, $1s2p\,^3P$ und $1s2s\,^3S_1$ gezeigt. Was ins Auge springt, ist der sehr viel steilere Anstieg und wesentlich raschere Abfall der optisch verbotenen Übergänge im Vergleich zur $1s2p\,^1P_1$ Anregung – woraus insgesamt eine wesentlich kleinere energetische Breite der Anregungsfunktionen resultiert. Auch ist der Wirkungsquerschnitt für den optisch erlaubten Fall im Maximum ca. 5-mal größer.

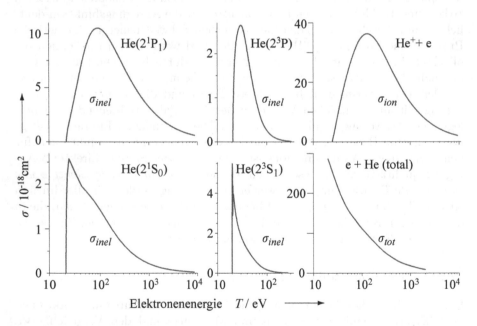

Abb. 17.7. Anregungsfunktion für verschiedene Endzustände bei e + $He(1s^2\,^1S_0)$-Stößen. Zusammengestellt sind Daten nach NIFS und ORNL (2007) unter Berücksichtigung von Gopalan et al. (2003) beim 2^3S_1-Zustand. Zum Vergleich ist auch der totale Wirkungsquerschnitt einschließlich elastischer Streuung nach Vinodkumar et al. (2007) gezeigt. Man beachte die verschiedenen Skalen für σ

Nach den Überlegungen in Abschn. 17.1.4 ist es nicht verwunderlich, dass auch optisch verbotene Übergänge stattfinden: das rasch am Atom vorbeifliegende Elektron stellt ein zeitabhängiges Wechselwirkungspotenzial mit einem breiten Frequenzspektrum dar, das die Anregung grundsätzlich ermöglicht. Da die ein- wie auch die auslaufende Elektronenwelle im Prinzip alle Bahndrehimpulse ℓ enthalten kann, gibt es keine Auswahlregeln, die bestimmte Prozesse verbieten würden, wie im Fall elektromagnetisch induzierter Übergänge.

Der besonders rasche Anstieg oberhalb der Schwelle bei den 2 S-Anregungen ist offenbar der Dominanz der s-Streuwelle geschuldet, wie wir das für die $e + He(1s^2\,{}^1S)$-Streuung schon in Abb. 16.34 auf S. 375 gesehen haben. An der Schwelle aller Prozesse, wo die Energie des gestreuten Elektrons verschwindet, dominiert ja auf jeden Fall eine s-Welle im auslaufenden Kanal – siehe auch (16.96). Daher muss bei der $1s^2\,S \to 1s2s\,S$-Anregung aus Drehimpulserhaltungsgründen für die Streuwelle $\Delta\ell = 0$ gelten, während der $1s^2\,S \to 1s2p\,P$-Übergang an der Schwelle nur aus der einlaufenden p-Welle angeregt werden kann ($\Delta\ell = -1$), deren Streuphase η_p wesentlich kleiner ist. Mit zunehmender kinetischer Energie T der Elektronen nehmen aber die verbotenen Prozesse offenbar sehr viel stärker ab, als die erlaubten: schnelle Elektronen verhalten sich bezüglich ihrer Fähigkeit Atome oder Moleküle anzuregen ähnlich wie weißes Licht. Wir werden dies in Kap. 18.2 auch theoretisch noch streng begründen.

Typisch ist auch, dass die Triplettanregung noch deutlich stärker auf einen energetisch engen Bereich oberhalb der Schwelle begrenzt ist – im Vergleich zur Anregung des ebenfalls optisch verbotenen Singulettzustands $2\,{}^1S_0$. Bei der Triplettanregung ändert sich ja der Gesamtspin des He-Targets von $S = 0$ zu $S = 1$. Wie wir in Band 1 gelernt haben, ist die Spin-Bahn-Kopplung beim He-Atom sehr klein – wie bei allen leichten Atomen. Daher kann der Spin der Atomelektronen auch während des Stoßes nicht umklappen! Die einzige Möglichkeit, einen Singulett-Triplett-Übergang durch Elektronenstoß zu induzieren, ist der *Austausch des Projektilelektrons* mit einem der atomaren Elektronen: bei einem solchen Austauschprozess mit Anregung haben wir im Prinzip eine 50%ige Chance, dass eines der Atomelektronen seinen Spin entsprechend dem Schema

$$e(\uparrow) + He\left(1s\uparrow 1s\downarrow\ {}^1S_0\right) \to He\left(1s\uparrow n\ell\uparrow\ {}^3L_J\right) + e(\downarrow)$$

ändert. Nun sind solche Austauschprozesse aber nur bei niedrigen Energien wahrscheinlich, was erklärt, warum die Querschnitte für $2\,{}^3P$- und die $2\,{}^3S_1$-Anregung für niedrige Energien ähnlich groß sind wie für $2\,{}^1S_0$ und $2\,{}^1P$, mit wachsender Energie aber im Vergleich dazu sehr rasch abnehmen.

Auch höher liegende Zustände im Helium-Atom können durch Elektronenstoß angeregt werden und zeigen ähnliche Trends. Allerdings werden die Wirkungsquerschnitte mit zunehmendem n deutlich kleiner, was wie bei der elektromagnetischen Anregung durch den kleineren Überlap der Wellenfunktionen mit dem Grundzustand zu erklären ist.

Zum Vergleich zeigen wir in Abb. 17.7 auch den integralen Querschnitt σ_{ion} für die Elektronenstoßionisation über einen breiten Energiebereich. Wir werden in Kap. 18.4 noch darauf zurückkommen. Er zeigt deutliche Ähnlichkeiten mit der 2^1P-Anregungsfunktion, ist aber etwa um einen Faktor 4 größer. Das ist also ganz anders als bei photoinduzierten Prozessen, wo die Photoanregungsquerschnitte in der Regel um viele Größenordnungen über den Photoionisationsquerschnitten liegen. Gezeigt ist in Abb. 17.7 schließlich noch der totale Elektronenstreuquerschnitt σ_{tot} für He, der sich im Wesentlichen aus σ_{ion} und dem elastischen Querschnitt σ_{el} zusammensetzt, dessen niederenergetisches Verhalten wir schon in Abb. 16.7 auf S. 338 kennengelernt hatten. Anregungsprozesse tragen nur wenig zu σ_{tot} bei.

17.2.3 Feinere Details der Elektronenstoßanregung von He

Wir wollen nun an einigen Beispielen auch feinere Details inelastischer Wirkungsquerschnitte kennen lernen. Eine noch relativ übersichtliche Fallstudie bietet die Anregung metastabiler Zustände im Helium-Atom. Die Prozesse

$$e + He\left(1s^2\,^1S_0\right) \rightarrow e + He\left(1s2s\,^3S_1\right) - 19.81\,eV$$

$$und \quad \rightarrow e + He\left(1s2s\,^1S_0\right) - 20.62\,eV$$

wurden in jüngerer Zeit kurz oberhalb der Anregungsschwelle experimentell und theoretisch sehr sorgfältig und mit höchster Elektronenenergieauflösung von Gopalan et al. (2003) untersucht. Die metastabilen, angeregten Atome werden mit einem speziellen Langmuir-Taylor-Detektor (s. Kap. 1.13 in Band 1) nachgewiesen. Abbildung 17.8a zeigt den totalen Wirkungsquerschnitt als Funktion der Elektronenenergie. Man beobachtet nicht einfach

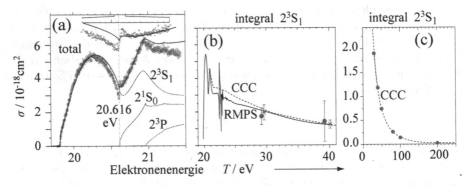

Abb. 17.8. Anregungsfunktion für $e + He(1s^2\,^1S_0)$-Stöße in die metastabilen 2S- und 2P-Zustände. (**a**) Schwellenbereich nach Gopalan et al. (2003), Apparatur s. Abb. 16.37 auf S. 385; oben hochaufgelöster Ausschnitt zwischen 20.55 und 20.70 eV ($2\,^1S_0$-Schwelle bei 20.616 eV). Rechnungen: totaler Querschnitt —, Einzelprozesse $\cdots$ („state of the art" R-Matrix Theorie mit Pseudozuständen, RMPS) ähnlich wie in (**b**) — nach Bartschat (1998a). (**c**) Höhere Energien: CCC-Theorie nach Fursa und Bray (1995) - - -. Ältere Messdaten •, *

ein rasches, glattes Ansteigen des integralen Querschnitts für die $2\,^3S_1$-Anregung, sondern sehr ausgeprägte Strukturen, deren Gesamtverlauf erstaunlich gut von der Theorie wiedergeben wird. Offensichtlich sind diese mit der Schwelle (20.616 eV) für die $2\,^1S_0$-Anregung korreliert. Eine genauere Messung im Schwellenbereich (Ausschnitt oben in Abb. 17.8a) wird nicht ganz von der Theorie reproduziert, die nur einen Zacken zeigt (ein sogenanntes *Cusp* aufgrund der Unitarität der Wellenfunktion an der Schwelle), während die Realität vermutlich durch eine sehr scharfe Resonanz bestimmt wird.

Für die reine $2\,^1S_0$-Anregung sagt die Theorie im mittleren Energiebereich weitere ausgeprägte Resonanzen zwischen 22 und 25 eV vorher, wie in Abb. 17.8b gezeigt. Lediglich im höherenergetischen Bereich kann mit einigen wenigen experimentellen Datenpunkten verglichen werden. Der erwartete, langsame Abfall erstreckt sich, wie in Abb. 17.8c dokumentiert, über einen größeren Energiebereich.

17.2.4 Elektronenstoß – Vergleich verschiedener Edelgase

Um zu illustrieren, dass solche Untersuchungen nicht nur auf die einfachsten Atome beschränkt sind, diskutieren wir weitere Edelgase, die experimentell gut zugänglich sind, sodass sich quantitative Berechnungen von Querschnitten auf umfangreiches Datenmaterial stützen können. Wir verschaffen uns zunächst wieder einen Gesamtüberblick über Trends und Größenordnungen. Die elastische Streuung hatten wir ja schon in Kap. 16.1.3 diskutiert. Wir knüpfen hieran an und zeigen in Abb. 17.9 die integralen elastischen Querschnitte σ_{el}, die Ionisationsquerschnitte σ_{ion} und die totalen Querschnitte σ_{tot} für die Edelgase He bis Xe über einen breiten Energiebereich.

Die hier gezeigten Daten basieren auf einer Bewertung vieler experimenteller Daten und sorgfältigem Vergleich mit neuesten *ab initio* Berechnungen (Vinodkumar et al., 2007). Wir zeigen hier nur die Verläufe der theoretischen Ergebnisse. Sie bilden einen wichtigen Standard für die Elektronenstreuung an Edelgasen über einen großen Energiebereich. Der Verlauf der Querschnitte selbst ist unspektakulär und zeigt den erwarteten, vom He schon bekannten, kontinuierlichen Abfall des elastischen Wirkungsquerschnitts mit der Energie, der den größten Beitrag zum totalen Wirkungsquerschnitt darstellt. Auch hier folgt der Ionisationsquerschnitt als nächst wichtiger Beitrag, während (wie beim He) Anregungsprozesse für σ_{tot} nur eine untergeordnete Rolle spielen. Die einzelnen Atome unterscheiden sich vor allem durch die Größenordnung der Querschnitte, die von He bis zu Xe um einen Faktor 10 bis 15 zunimmt. Dies korrespondiert sehr deutlich mit den entsprechenden Polarisierbarkeiten der Edelgasatome, welche das Wechselwirkungspotenzial mit dem Streuelektron für lange Reichweiten dominiert: es ist $\alpha \simeq 1.4$, 2.6, 11, 17 und 27 a.u. für He, Ne, Ar, Kr bzw. Xe.

Die Berechenbarkeit solcher Wirkungsquerschnitte, wie wir sie im Vorangehenden diskutiert haben, für möglichst viele verschiedene Targets ist von

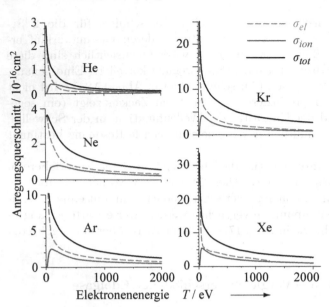

Abb. 17.9. Wirkungsquerschnitte für die elastische Elektronenstreuung, für die Elektronenstoßionisation und totale Querschnitte bei verschiedenen Edelgasen nach Vinodkumar et al. (2007)

grundsätzlicher aber auch von außerordentlich hoher praktischer Bedeutung. Moderne Rechenverfahren dafür – wir werden einige in Kap. 18.1.2 noch kennen lernen – sind außerordentlich leistungsfähig und werden kontinuierlich weiter verbessert. Dafür sind aussagekräftige und möglichst strukturierte experimentelle Daten unerlässlich. Spezielle, sehr selektive polarisations- oder spinabhängige Parameter, die wir später noch besprechen werden, oder auch feinere Strukturen (z.B. Resonanzen) im niederenergetischen Bereich bieten solche kritischen Vergleichsmöglichkeiten. Ein spezielles Beispiel, nach Buckman und Sullivan (2006) ein „Benchmark I", ist die Elektronenstoßanregung von Neon-Atomen. Abbildung 17.10 zeigt einen kleinen Energiebereich oberhalb der Schwelle. Wir sehen eine Reihe von scharfen Resonanzen, die kurzlebigen, negativen Ionen entsprechen. Ohne auf Details einzugehen, stellen

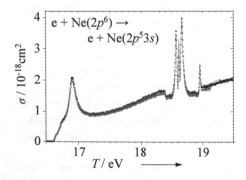

Abb. 17.10. Anregungsfunktion für e + Ne($2p^6$) → e + Ne($2p^5 3s$) Stöße nahe der Anregungsschwelle. Verglichen werden hochaufgelöste Experimente von Bommels et al. (2005) (+) und Buckman et al. (1983) (O) mit R-Matrix-Rechnungen von Zatsarinny und Bartschat (2004) (——). Die experimentellen Daten sind nicht absolut kalibriert sondern mit Hilfe der Theorie skaliert

wir eine exzellente Übereinstimmung zwischen Theorie und Experiment fest, welche die Leistungsfähigkeit moderner Streutheorie gut illustriert.

17.2.5 Elektronenstoß am Quecksilber – Franck-Hertz-Versuch

Als weiteres, schon recht komplexes Beispiel wollen wir uns der Elektronenstoßanregung von Quecksilber widmen. Sie ist nicht nur von praktischer Bedeutung (z.B. für das Verständnis des Plasmas in Quecksilberdampflampen), sondern hat auch eine bemerkenswerte historische Perspektive: der berühmte Versuch von Franck und Hertz (1914), ein wesentliches Beweisstück für die Quantisierung der Atomzustände in der frühen Quantenmechanik, basierte auf der Elektronenstoßanregung von Hg. Hätten nämlich die Anregungsfunktionen für die ersten Quecksilberzustände eine „typische" Breite von vielen Elektronenvolt und den glatten Verlauf, wie wir ihn am Beispiel $e + He\,(1s2p\,^1S) \rightarrow e + He\,(1s2p\,^1P)$ in Abb. 17.6a kennengelernt haben, dann würde dieser Versuch überhaupt keine signifikanten Strukturen hervorgebracht haben, und die Entwicklung der Quantenphysik wäre möglicherweise anders verlaufen.

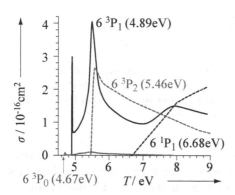

Abb. 17.11. Anregungsfunktion für $e + Hg(6\,^1S_0) \rightarrow e + Hg(6^{3,1}P)$-Stöße für die vier niedrigsten angeregten Zustände des Hg kurz oberhalb der energetischen Schwellen (schematisch); *rot* metastabile, *schwarz*: kurzlebige Zustände. Die Daten wurden nach Sigeneger et al. (2003) und Hanne (1988) unter Berücksichtigung von Koch et al. (1984) und Newman et al. (1985) skizziert. Man beachte die scharfen Resonanzen kurz oberhalb der Schwellen für 6^3P_0 und 6^1P_1

Tatsächlich sehen die Anregungsfunktionen aber etwa so aus, wie – schematisch – in Abb. 17.11 skizziert. Die Datenlage für diese Prozesse ist zwar auch heute noch nicht befriedigend; hervorstechend und gesichert sind aber die extrem scharfen Resonanzen mit hohem Wirkungsquerschnitt ganz kurz oberhalb der Schwellen für die 6^3P_0- und 6^1P_1-Anregung. Letzteren verdankt der Franck-Hertz-Versuch seine historische Dimension, denn sie führt genau dann sprunghaft zu signifikanten Anregungen des im klassischen Experiment gemessenen Stromes und damit zum Energieverlust der Elektronen um die Anregungsenergie, wenn deren Energie T gerade 4.9 eV erreicht. Eine detaillierte Modellierung des Franck-Hertz-Versuchs war und ist auch heute noch eine intellektuelle Herausforderung (Rapior et al., 2006; Sigeneger et al., 2003;

Hanne, 1988). Die heute über einen größeren Energiebereich recht gut bekannten Anregungsfunktionen der metastabilen Zustände dokumentieren die Vielfalt der Möglichkeiten eindrucksvoll. Abbildung 17.12 zeigt eine Übersicht für die Summe der Prozesse

$$e + Hg\left(5d^{10}\,6s^{2}\,{}^{1}S_{0}\right) \rightarrow e + Hg\left(5d^{10}\,6s6p\,{}^{3,1}P^{o}_{0,2}\right)$$
$$und \rightarrow e + Hg\left(5d^{10}\,6s7p\,{}^{3}P^{o}_{2}\right) \quad etc.$$

von der Schwelle für den ersten angeregten Zustand bis über die Ionisationsschwellen für $HgII({}^{2}S_{1/2})$, $HgII({}^{2}D_{3/2})$ und $HgII\left({}^{2}D^{o}_{5/2}\right)$ hinweg. Die ge-

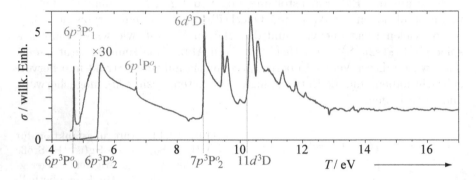

Abb. 17.12. Anregungsfunktion für $e + Hg(6\,{}^{1}S_{0})$ in metastabile Zustände. *Vertikale Linien* —— deuten die Schwellen an, - - - mögliche Elternzustände für Resonanzen. Zusammengestellt nach Daten von Newman et al. (1985) und Koch et al. (1984)

zeigten Daten sind aus mehreren Messreihen zusammengestellt, und die relative Kalibrierung ist dadurch etwas unsicher. Auch beachte man, dass hier die Summe aller metastabilen Atome gemessen wird. Es ist davon auszugehen, dass der energetische Bereich oberhalb von 5.46 eV durch die Anregung des $6\,{}^{3}P^{o}_{2}$-Zustandes dominiert ist, oberhalb von 8.83 eV durch die $7\,{}^{3}P^{o}_{2}$-Anregung. Die Anregungsfunktion ist durch zahlreiche Resonanzen, also temporär gebildete negative Ionen Hg^{-} charakterisiert, für die Newman et al. (1985) plausible Konfigurationen angeben. Eine systematische, quantitative Interpretation dieser interessanten Daten scheint derzeit noch die Grenzen des Machbaren zu überschreiten: die Spin-Bahn-Kopplung kann hier nicht als kleine Störung behandelt werden, und jüngere, semirelativistische R-Matrix-Rechnungen (Fursa et al., 2003) geben im Vergleich mit den hier gezeigten Details der Anregungsfunktion allenfalls grobe Anhaltspunkte. Sie erlauben aber einen ansprechenden Vergleich mit den experimentell bestimmten Winkelabhängigkeiten der differenziellen Wirkungsquerschnitte.

17.2.6 Molekülanregung im Elektronenstoß

Die Anregung von Molekülen durch Elektronenstoß (aber auch die elastische Streuung) ist ein weites Feld, das Gegenstand intensiver Forschung ist, und für das in den letzten Dekaden umfangreiches und spannendes Material gesammelt wurde. Wir können dies hier mit Mut zur Lücke nur ganz am Rande streifen. Denn alles, was Elektronenstöße mit Atomen interessant aber z.T. auch kompliziert macht, findet man bei Molekülen ebenfalls. Die elektronische Struktur ist aber, wie wir in Kap. 11 und 12 gesehen haben, um einiges komplexer. Zusätzlich kommt die Rotations- und Vibrationsstruktur der Moleküle hinzu – und damit verbunden die schon aus der Spektroskopie bekannten, weiteren Schwierigkeitsgrade, für welche das Stichwort Franck-Condon-Faktoren als Anhaltspunkt dienen möge. Dissoziative Prozesse einschließlich der dissoziativen Elektronenanlagerung (*Dissociative Attachment*), oder in größeren Molekülen auch die Umlagerungen der atomaren Bestandteile des Moleküls (*Rearrangement*) bilden ein weiteres, umfangreiches Feld für interessante Experimente und aufwendige theoretische Berechnungen. Diese Prozesse sind von großer grundsätzlicher aber auch praktischer Bedeutung, nicht zuletzt als Basis für ein grundlegendes Verständnis vieler chemischer Reaktionen wie auch der Strahlenchemie.

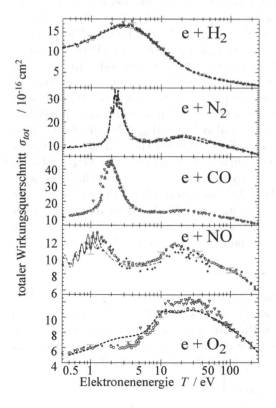

Abb. 17.13. Totale Anregungsfunktionen für den Elektronenstoß mit wichtigen zweiatomigen Molekülen e + AB nach Szmytkowski et al. (1996). Die hier gezeigten experimentellen Daten (Absorptionsexperimente) stammen aus einer Reihe verschiedener Quellen, *rot* Messdaten von Szmytkowski et al.

Wir zeigen in Abb. 17.13 lediglich Anregungsfunktionen für die wichtigsten zweiatomigen Moleküle nach Szmytkowski et al. (1996), die ein Gefühl dafür vermitteln mögen, wie kompliziert aber auch wie interessant die Untersuchung solcher Stoßprozesse sein kann. Die hier erkennbaren Strukturen lassen sich mit einiger Detailkenntnis den in Kap. 11.6 kommunizierten elektronischen, vibratorischen und rotatorischen Strukturen dieser Moleküle zuordnen und reflektieren meist die Franck-Condon-Faktoren für den Übergang aus dem Grundzustandspotenzial in verschiedene angeregte Zustände. Besonders hingewiesen sei auf das Energieintervall von 0.5–2 eV beim NO, wo deutlich eine Vibrationsstruktur erkennbar wird. Sie wird durch die temporäre Anregung des NO^--Anions hervorgerufen, dessen Vibrationszustände nach Abb. 11.55 in diesem Energiebereich liegen. Solche Resonanzen werden bei vielen Molekülen sowohl in der elastischen Elektronenstreuung als auch in den inelastischen Querschnitten beobachtet und intensiv untersucht. Ihre quantitative Interpretation ist eine interessante Herausforderung für die Theorie.

17.3 Schwellengesetze für Anregung und Ionisation

Die Frage nach der genauen Energieabhängigkeit der integralen Wirkungsquerschnitte direkt oberhalb der Schwellenenergie stand bei der vorangehenden Diskussion stets gewissermaßen unausgesprochen im Raum. Sie ist für die Stoßphysik schon seit ihren frühen Tagen ein wichtiges Thema. Die grundlegenden theoretischen Arbeiten dazu stammen von Wigner (1948). Aktuelle Übersichten findet man z.B. bei Sadeghpour et al. (2000) oder Hotop et al. (2003). Die Schwellengesetze ergeben sich aus Phasenraumargumenten und dem Verhalten der Wellenfunktion des auslaufenden Teilchens. Wir erinnern uns: *durch ein Photon kann* ein Atom oder Molekül nur dann *angeregt* werden, wenn der Übergang resonant ist, wenn also $\hbar\omega = W_{ba}$ gilt. Die Anregungsfunktion ist in diesem Falle also eine Deltafunktion (bis auf die im jetzigen Zusammenhang vernachlässigbare natürliche Linienbreite). Im Gegensatz dazu kann ein *Elektron* immer dann *anregen*, wenn seine kinetische Energie T größer als die Schwellenenergie W_{th} für den untersuchten Prozess ist (in der Regel sind Schwellenenergie und Anregungsenergie identisch: $W_{th} = W_{ba}$). Im Fall der Anregung eines *neutralen* Atoms- oder Moleküls *durch ein Elektron* ergibt sich nach Wigner für eine auslaufende Welle mit Wellenvektor k und Drehimpuls ℓ

$$\sigma \propto k^{2\ell+1},$$

was in aller Regel eine Energieabhängigkeit $\sigma \propto \sqrt{W}$ zur Folge hat (s-Welle). Dabei ist $W = T - W_{ba}$ die Energie des auslaufenden Elektrons. Auch im Falle der Ionisation verhalten sich Photon- und Elektron-induzierte Prozesse unterschiedlich. Nach Wigner gilt für die *Photoionisation*, bei welchem ein geladenes Teilchen *im attraktiven Coulomb-Potenzial* ausläuft:

$$\sigma \propto 1$$

Der Photoionisationsquerschnitt beginnt also an der Schwelle ($\hbar\omega = W_I$) mit einem endlichen Wert, wie wir bereits in Kap. 5.5, Band 1 gezeigt haben. Für die *Elektronenstoßionisation* wurden die grundlegenden theoretischen Konzepte von Wannier und Rau (1971) erarbeitet. Die Situation ist hier insofern wesentlich komplizierter, als zwei Elektronen auslaufen, auf die sich die Überschussenergie verteilt. Für das Schwellenverhalten des energie- und winkelintegrierten Wirkungsquerschnitts bei der Erzeugung eines Z-fach geladenen Ions durch Elektronenstoß gilt nach Wannier (1953); Rau (1971):

$$\sigma \propto W^{\sqrt{(100Z-9)/(4Z-1)}-1/4} \quad \text{und für } Z = 1: \quad \sigma \propto W^{1.127} \quad (17.15)$$

Speziell für die Ionisation eines neutralen Atoms oder Moleküls wird der Exponent also 1.127.

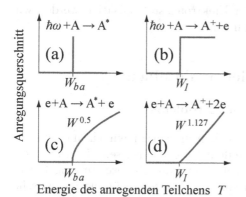

Abb. 17.14. Schwellengesetze für die Anregung (**a,c**) bzw. Ionisation (**b,d**) eines Neutralteilchens durch ein Photon (**a,b**) bzw. ein Elektron (**c,d**). Der Wirkungsquerschnitt ist abhängig von der Überschussenergie $W = T - W_{th}$, wobei die Schwellenenergie W_{th} der Anregungsenergie W_{ba} bzw. dem Ionisationspotenzial W_I entspricht. Der Gültigkeitsbereich für solche Schwellengesetze kann aber sehr begrenzt sein

Abbildung 17.14 fasst die obige Diskussion zusammen. *Natürlich gelten die Schwellengesetze immer nur in der Nähe der Schwelle.* Die Frage zum Gültigkeitsbereich kann nicht allgemein beantwortet werden und hat schon viele Experimentatoren und Theoretiker intensiv beschäftigt. Alle Querschnitte durchlaufen ja ein Maximum und fallen zu großen Energien mehr oder weniger schnell auf Null ab. In aller Regel ist der Gültigkeitsbereich für Schwellengesetze sehr eng, meist wenige zehntel oder gar hundertstel eV. Abbildung 17.15 illustriert dies an dem uns bereits gut bekannten Beispiel der Elektronenstoßanregung in den $\mathrm{He}(2^3S_1)$-Zustand. Die Schwelle wurde hier wieder mit der in Kap. 16.5.3 beschriebenen extrem hochauflösenden Apparatur von Gopalan et al. (2003) sorgfältig untersucht und theoretisch analysiert. Wie man sieht, beschreibt das Wigner'sche Quadratwurzelverhalten die Daten nur in einem winzig kleinen Schwellenbereich. Für etwas größere Energien kann man Experiment und Theorie gut durch ein $W^{0.391}$ Verhalten darstellen, was auf eine hohe Polarisierbarkeit der angeregten Zustände zurückgeführt wird. Bemerkenswert ist die exzellente Übereinstimmung von Experiment und „state of the art" R-Matrix-Theorie.

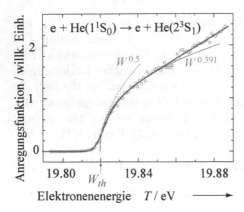

Abb. 17.15. Anregungsfunktion für den 2^3S_1-Zustand bei eHe(2^1S_0)-Stößen nach Gopalan et al. (2003). Die Messpunkte ○ werden verglichen mit R-Matrix-Theorie, die mit der experimentellen Energiebreite gefaltet wurde ——. Das Wigner'sche Schwellengesetz $\sigma \propto \sqrt{W} = \sqrt{T - W_{th}}$ - - - gilt nur knapp oberhalb der Anregungsschwelle $W_{th} = W_{ba} = 19.820\,\text{eV}$

Auf das Schwellenverhalten bei der Elektronenstoßionisation werden wir in Kap. 18.4.3 noch einmal zurückkommen.

17.4 Streutheorie für das Vielkanalproblem

17.4.1 Allgemeine Formulierung des Problems

Nach der obigen Diskussion sollte die Bedeutung einer flexiblen und effizienten quantenmechanischen Streutheorie deutlich geworden sein. Es gibt dafür heute zahlreiche, sehr leistungsfähige Verfahren und teilweise gut eingeführte Computercodes. Am anschaulichsten sind die Konzepte für die inelastische Schwerteilchenstreuung darstellbar. Die grundlegenden Begriffe sind aber auch auf die Elektronenstreutheorie anwendbar, der Kap. 18 gewidmet ist.

Bei der folgenden Diskussion haben wir jedoch der Einfachheit halber den *Stoß zwischen zwei Atomen* (Ion – Atom) A und B nach dem Schema (17.9) vor Augen, wie schematisch in Abb. 17.16 skizziert. Beide Partner können auch intern angeregt werden. Dabei kann sich auch der nukleare Drehimpuls senkrecht zur Streuebene ℓ_y ändern, der beim elastischen Stoß eine Erhaltungsgröße war. Der *Gesamtzustand des Systems* A-B vor dem Stoß sei durch $|a\rangle$, nach dem Stoß durch $|b\rangle$ charakterisiert.

Die Relativbewegung der stoßenden Teilchen A und B wird durch den internuklearen Abstand $\boldsymbol{R}$ beschrieben, die inneren Freiheitsgrade durch $\boldsymbol{r}_j$. Hier stehen letztere für die Koordinaten von $j = 1\ldots\mathcal{N}$ Elektronen (Masse m_e) der Stoßpartner. Die Schrödingergleichung (16.61) kann man dann

$$\left(\widehat{H} - W\right)\Psi\left(\boldsymbol{r}_1\boldsymbol{r}_2\ldots\boldsymbol{r}_\mathcal{N}, \boldsymbol{R}\right) = 0 \qquad (17.16)$$

schreiben, und der Hamilton-Operator

$$\widehat{H} = \widehat{T}^{(\boldsymbol{R})} + \widehat{T}^{(\boldsymbol{r})} + V^{(\text{AB})}\left(\boldsymbol{r}_1\boldsymbol{r}_2\ldots\boldsymbol{r}_\mathcal{N}, \boldsymbol{R}\right) \qquad (17.17)$$

setzt sich zusammen aus dem Gesamtpotenzial $V^{(AB)} (r_1 r_2 \ldots r_{\mathcal{N}}, R)$, das die verschiedenen Coulomb-Anziehungs- und -Abstoßungsterme innerhalb der Stoßpartner A und B und zwischen ihnen beschreibt, und den Operatoren für die kinetischen Energien der Relativbewegung A-B und aller Elektronen:

$$\widehat{T}^{(R)} = -\frac{\hbar^2}{2\mu}\nabla_R^2 = \frac{1}{2}\widehat{P}\cdot\hat{u} \quad \text{bzw.} \quad \widehat{T}^{(r)} = -\sum_n^{\mathcal{N}}\frac{\hbar^2}{2m_e}\nabla_{r_n} \qquad (17.18)$$

Hier ist μ die reduzierten Masse des Systems A-B, $\widehat{P} = \hbar\widehat{k}$ und $\hat{u} = \widehat{P}/\mu$ sind die Operatoren für Relativimpuls bzw. Relativgeschwindigkeit. Für die Gesamtenergie des Systems können wir schreiben

$$W = T + W_a = \frac{\hbar^2 k_a^2}{2\mu} + W_a = \frac{\hbar^2 k_b^2}{2\mu} + W_b = T' + W_b, \qquad (17.19)$$

mit – jeweils vor bzw. nach dem Stoß – den *relativen kinetischen Energien* der Stoßpartner T und T', den Wellenvektoren der Relativbewegung k_a und k_b, und den entsprechenden *inneren Energien* W_a bzw. W_b der Stoßpartner. Die verschiedenen möglichen Anregungszustände $|b\rangle$ des Systems nach dem Stoß nennt man *Kanäle*. Ein *Kanal wird offen genannt, wenn er anregbar ist*, wenn also $T \geq W_b - W_a$ ist.

Im Geiste der Born-Oppenheimer-Näherung (Kap. 11.2) wird ein sinnvoller, allgemeiner Ansatz zur Lösung von (17.16)

$$\Psi (r_1 r_2 \ldots r_{\mathcal{N}}, R) = \sum_j \phi_j (r_1 r_2 \ldots r_{\mathcal{N}}; R)\, \psi_j (R) \qquad (17.20)$$

sein, wobei $\phi_j (r_1 r_2 \ldots r_{\mathcal{N}}; R)$ den Anfangs- oder Endzustand ($j = a$ bzw. b) der stoßenden Teilchen A und B beschreibt. Im Folgenden werden wir meist $r_1 r_2 \ldots r_{\mathcal{N}} \equiv r$ abkürzen. Grundsätzlich sind die $\phi_j (r; R)$ Funktionen der

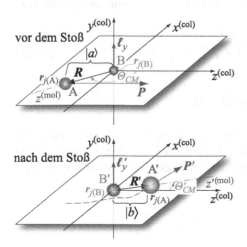

Abb. 17.16. Schema eines inelastischen Stoßprozesses A + B → A′ + B′ mit Anregung $|a\rangle \to |b\rangle$. Internuklearer Abstand R, Relativimpuls der Kerne P, innere Koordinaten $r_{j(A)}$ bzw. $r_{j(B)}$. Die üblichen Stoßkoordinaten $x^{(col)}, y^{(col)}, z^{(col)}$ sind raumfest, die Molekülachse $z^{(mol)}$ rotiert während des Stoßes. Den Schwerpunkt haben wir in diesem Bild der Übersichtlichkeit halber ins Zentrum von B gelegt

inneren Koordinaten r. Sie hängen aber, wie bei den Molekülen, implizit noch von R ab. Bei großen Distanzen von A und B, d.h. vor bzw. nach dem Stoß ($j = a$ bzw. b), sind sie aber auf jeden Fall unabhängig von R:

$$\phi_j\,(r;R) \xrightarrow[R\to\pm\infty]{} \phi_j\,(r)$$

Schließlich hat man Orthonormalität $\langle\phi_j|\,\phi_{j'}\rangle = \delta_{jj'}$ sicher zu stellen. Asymptotisch wird man ϕ_j also als Produktwellenfunktion der isolierten Teilchen A und B beschreiben können, wobei alle relevanten, inneren Quantenzahlen durch den Index j ausgedrückt werden. Die *Streudynamik für die Anregung eines Zustands $|j\rangle$ ist in den Streuwellen $\psi_j\,(R)$ vollständig enthalten.* Für den elastischen Kanal sucht man eine Lösung mit einlaufender ebener Welle und auslaufender Kugelwelle in der Form von (16.62), während in den inelastischen Kanälen $a \neq b$ nur auslaufende Kugelwellen anzutreffen sind. Asymptotisch wird die gesamte Wellenfunktion des Streuproblems

$$\psi\,(R,r) \simeq e^{\mathrm{i}k_a R}\,\phi_a\,(r) + \frac{1}{R}\sum_b f_{ba}\,(\theta,\varphi)\,e^{\mathrm{i}k_b R}\,\phi_b\,(r)\;. \tag{17.21}$$

Um genau zu sein: die Summationen in (17.20) und (17.21) sind im Prinzip über einen vollständigen Satz von Basiszuständen einschließlich der Kontinua durchzuführen. Die Kunst der Streutheorie besteht nun im Wesentlichen darin, solche Basissätze zu finden, die den interessierenden Streuprozess möglichst gut beschreiben und zu einer raschen Konvergenz dieser Entwicklungen führen. Dann erhält man einen ganzen Satz von Streuamplituden $f_{ba}(\theta,\varphi)$, die den Anfangszustand $|a\rangle$ in die Endzustände $|b\rangle$ überführen und im allgemeinsten Falle sowohl vom polaren wie auch vom azimutalen Streuwinkel und natürlich von der kinetischen Anfangsenergie T abhängen.

Zur voll quantenmechanischen Lösung des Problems wird man auch hier wieder eine Partialwellenentwicklung vornehmen. Die asymptotischen Lösungen der entsprechenden Radialgleichungen kann man – komplementär zum elastischen Fall (16.76) – schreiben:

$$u^{\Gamma}_{ba}(r) \underset{r\to\infty}{\propto} \delta_{ba}\sin\left(k_b r - \ell_b\frac{\pi}{2}\right) + K^{\Gamma}_{ba}\cos\left(k_b r - \ell_b\frac{\pi}{2}\right) \tag{17.22}$$

$$\text{für offene Kanäle und}$$

$$u^{\Gamma}_{ba}(r) \underset{r\to\infty}{=} 0 \quad \text{für geschlossene Kanäle}$$

Die hier eingeführte K-Matrix ist real und symmetrisch und Γ steht für einen Satz von Quantenzahlen, die ggf. während des Stoßes erhalten bleiben. Die in Kap. 16.4.6 eingeführten S- bzw. T-Matrizen sind mit der K-Matrix verknüpft über die Relationen:

$$\widehat{S}^{\Gamma} = \frac{\hat{E} + \mathrm{i}\hat{K}^{\Gamma}}{\hat{E} - \mathrm{i}\hat{K}^{\Gamma}} \quad \text{und} \quad \widehat{T}^{\Gamma} = \widehat{S}^{\Gamma} - \hat{E} = \frac{2\mathrm{i}\hat{K}^{\Gamma}}{\hat{E} - \mathrm{i}\hat{K}^{\Gamma}} \tag{17.23}$$

Per Definition (16.108) ist die S-Matrix unitär, es gilt also

$$\sum_j S_{ij} S_{jk}^\dagger = \sum_j S_{ij} S_{kj}^* = \delta_{ik} \quad \text{und speziell} \quad \sum_j |S_{ij}|^2 = 1 , \qquad (17.24)$$

sodass bei offenen, inelastischen Kanälen stets

$$|S_{ij}| < 1 \qquad (17.25)$$

wird. Im Gegensatz zur rein elastischen Streuung kann man die S-Matrixelemente also nicht mehr durch eine reale Streuphase nach (16.104) ausdrücken. Mit einer komplexen Streuphase $\eta_{ba} + \mathrm{i}\mu_{ba}$ kann man statt dessen die Inelastizität des Prozesses verdeutlichen:

$$S_{ba} = e^{2\mathrm{i}(\eta_{ba} + \mathrm{i}\mu_{ba})} \qquad (17.26)$$

Ganz formal kann der Streuprozess jetzt in Anlehnung an (16.99)

$$|\boldsymbol{k}_a a\rangle \to \widehat{S} \,|\boldsymbol{k}_a a\rangle = |\boldsymbol{k}_a a\rangle + \widehat{T}\,|\boldsymbol{k}_a a\rangle \qquad (17.27)$$

geschrieben werden. Auch hier ergibt sich die Streuamplitude wieder durch Projektion auf den Endzustand:

$$\begin{aligned} f_{ba}(\theta,\varphi) &= \frac{2\pi}{\sqrt{k_b k_a}} \left\langle \boldsymbol{k}_b b \left| \widehat{T} \right| \boldsymbol{k}_a a \right\rangle \\ &= \frac{2\pi}{\sqrt{k_a k_b}} \left\langle \boldsymbol{k}_a a \left| \widehat{T}^+ \right| \boldsymbol{k}_b b \right\rangle^* = f_{ab}^*(\theta,\varphi) \end{aligned} \qquad (17.28)$$

Die letzte Gleichung beschreibt den zeitumgekehrten Prozess: die Abregung des Atoms aus dem angeregten Zustand $|b\rangle$ in den Grundzustand $|a\rangle$. Sie ist anwendbar, da $\widehat{T}$ ein Hermitischer Operator ist.

Im Rahmen einer Partialwellenanalyse schreibt sich die Streuamplitude analog zu (16.105) jetzt

$$f_{ba}(\theta) = \frac{1}{2\mathrm{i}\sqrt{k_a k_b}} \sum_\ell (2\ell + 1)\, P_\ell(\cos\theta)\, T_{ba}^{(\ell\Gamma)}(k) . \qquad (17.29)$$

Wir werden in Kap. 18.1 sehen, dass man die Summation ggf. noch zu ergänzen hat, wenn es verschiedene Möglichkeiten zur Realisierung der Erhaltungsgrößen Γ gibt. Die differenziellen elastischen $(a = b)$ und inelastischen $(a \neq b)$ Querschnitte (DCS) für die Streuung in den Raumwinkel $\mathrm{d}\Omega$ bei θ,φ in einen bestimmten Kanal a ergeben sich nach (16.66) zu

$$I_{ba}(\theta,\varphi) = \frac{\mathrm{d}\sigma_{ba}}{\mathrm{d}\Omega} = \frac{k_b}{k_a}\,|f_{ba}(\theta,\varphi)|^2 . \qquad (17.30)$$

Den totalen differenziellen Wirkungsquerschnitt erhält man durch Summation und ggf. Integration über die differenziellen Wirkungsquerschnitte für alle offenen Kanäle. Die entsprechenden integralen Wirkungsquerschnitte ergeben sich durch Integration über alle Streuwinkel. Die Begriffe werden leider in der Literatur nicht immer scharf unterschieden.

Für die Beziehung zwischen anregendem und abregendem differenziellen Querschnitt können wir mit (17.30)

$$k_a \, I_{ba} \, (\theta, \varphi) = k_b \, I_{ab} \, (\theta, \varphi) \qquad (17.31)$$

schreiben. Für die entsprechenden integralen Querschnitte gilt

$$k_a \, \sigma_{ba} \left(k_a^2 \right) = k_b \, \sigma_{ab} \left(k_b^2 \right) \,. \qquad (17.32)$$

Dies ist die quantenmechanische Ableitung der Mikroreversibilität, die wir zu Beginn von Kap. 16 heuristisch eingeführt hatten. Die beiden Gleichungen (17.32) und (16.20) sind vollständig äquivalent: da wir hier zustandsspezifische Übergänge beschreiben, sind die Entartungsfaktoren $g_b = g_a = 1$. Bei der experimentellen Verifikation ist zu beachten, dass die T-Matrixelemente von den kinetischen Energien vor und nach dem Stoß abhängen. Zu vergleichen sind die äquivalenten, inversen Experimente für den Prozess $b \leftarrow a$ bei einer anfänglichen kinetischen Energie $T = \left(\hbar^2/2\mu \right) k_a^2$ und für den Prozess $a \leftarrow b$ bei einer anfänglichen kinetischen Energie $T' = \left(\hbar^2/2\mu \right) k_a^2 - W_{ba}$. Auch bei der Inversion der Streuwinkel θ, φ in einem differenziellen Experiment muss man darauf achten, dass man wirklich genau das inverse Experiment durchführt. Wir kommen darauf in Kap. 19.4.2 noch einmal zurück.

17.4.2 Potenzialmatrix und Kopplungselemente

Der Ansatz (17.20) ist noch recht allgemein,[2] und wir wollen ihn jetzt für *die Schwerteilchenstreuung präzisieren*. Der Born-Oppenheimer-Näherung entsprechend wird man den vollen Hamiltonian (17.17) aufteilen in

$$\widehat{H} = \widehat{T}^{(R)} + \widehat{H}^{(el)} \quad \text{mit} \qquad (17.33)$$

$$\widehat{H}^{(el)} = \widehat{T}^{(r)} + V^{(AB)} \left(r_1, r_2 \ldots r_N, R \right) \,. \qquad (17.34)$$

Die Wahl einer geeigneten Basis für die $\phi_j \, (r; R)$ wird uns in den folgenden Abschnitten beschäftigen.

Einen Satz gekoppelter Gleichungen für die Relativbewegung in R erhält man in jedem Falle durch Einsetzen von (17.20) in (17.16), Multiplikation von links mit $\langle \phi_j \, (r, R) |$ und *Integration über alle inneren Koordinaten* r:

$$\left(\widehat{T}^{(R)} + \widehat{T}_{jj}^{(R)} + U_{jj} - \frac{\hbar^2}{2\mu} k_j^2 \right) \psi_j \, (R) \qquad (17.35)$$

$$= - \sum_{j' \neq j} \left(P_{jj'} \cdot \hat{u} + \widehat{T}_{jj'}^{(R)} + U_{jj'} \right) \psi_{j'} \, (R)$$

---

[2] Die im Fall der Elektronenstreuung notwendige Antisymmetrisierung ist freilich noch nicht enthalten und wird in Kap. 18.1 nachzutragen sein.

Die hier benutzte *Potenzialmatrix* ist gegeben durch

$$U_{jj'}(\boldsymbol{R}) = \left\langle \phi_j(\boldsymbol{r}; \boldsymbol{R}) \left| \widehat{H}^{(el)} \right| \phi_{j'}(\boldsymbol{r}; \boldsymbol{R}) \right\rangle, \qquad (17.36)$$

und die sogenannten *nichtadiabatischen Kopplungselemente* bestimmt man nach den Definitionen (17.18) zu

$$\boldsymbol{P}_{jj'} \cdot \hat{\boldsymbol{u}} = -\frac{\hbar^2}{\mu} \left\langle \phi_j \left| \boldsymbol{\nabla}_{\boldsymbol{R}} \right| \phi_{j'} \right\rangle \boldsymbol{\nabla}_{\boldsymbol{R}} \quad \text{und} \qquad (17.37)$$

$$\widehat{T}_{jj'}^{(\boldsymbol{R})} = -\frac{\hbar^2}{2\mu} \left\langle \phi_j \left| \nabla_{\boldsymbol{R}}^2 \right| \phi_{j'} \right\rangle. \qquad (17.38)$$

Sowohl die Potenzialmatrix $U_{jj'}$ als auch die Matrixelemente des Impulsterms $\widehat{P}_{jj'} \cdot \hat{\boldsymbol{u}}$ und die der kinetischen Energie $\widehat{T}_{jj'}$ sind Funktionen von $\boldsymbol{R}$ und hängen natürlich von der Wahl der Basis ab. Diese gilt es, möglichst geschickt zu wählen. Wir werden im Folgenden zwei alternative Möglichkeiten und ihre Implikationen diskutieren, die erstmals von Smith (1969) systematisch in Hinblick auf inelastische Schwerteilchenstreuprozesse untersucht wurden.

17.4.3 Die adiabatische Repräsentation

Besonders naheliegend für die theoretische Behandlung inelastischer Schwerteilchenstöße ist eine an die Born-Oppenheimer-Näherung (Kap. 11.2) angelehnte Herangehensweise. Sie ist besonders für nicht allzu hohe Energien geeignet. Man benutzt dabei einen Basissatz $\phi_j(\boldsymbol{r}; \boldsymbol{R})$, bei welchem die Potenzialmatrix (17.36), d.h. $\widehat{H}^{(el)}$ diagonal wird ($U_{jj'} = 0$ für $j \neq j'$). Speziell im Falle der Atom-Atom- oder Ion-Atom-Streuung sind die so bestimmten ϕ_j genau die elektronischen Eigenfunktionen des Moleküls AB entsprechend

$$\widehat{H}^{(el)} \phi_j(\boldsymbol{r}; R) = U_{jj}(R) \phi_j(\boldsymbol{r}; R) \qquad (17.39)$$
$$\text{mit } \langle \phi_j | \phi_{j'} \rangle = \delta_{jj'} \text{ für alle } R,$$

orthonormiert bezüglich der Integration über alle inneren $\boldsymbol{r}$-Koordinaten. Im asymptotischen Grenzfall großer R wird $U_{jj}(\pm\infty) = W_j$. Der große Vorteil dieser adiabatischen Herangehensweise ist, dass die nichtadiabatischen Kopplungsmatrixelemente $\boldsymbol{P}_{jj'} \cdot \hat{\boldsymbol{u}}$ und $\widehat{T}_{jj'}^{(R)}$ nur für wenige R signifikant werden. Für die meisten internuklearen Abstände kann man sie vernachlässigen. Die Born-Oppenheimer-Näherung der Molekülphysik besteht ja gerade darin, diese Kopplungsterme ganz zu vernachlässigen. Dann reduziert sich (17.35) auf die Standard Schrödinger-Gleichung (16.61) für die elastische Streuung, die wir bereits in Kap. 16.4 behandelt haben.

Inelastische Prozesse, die uns hier interessieren, werden im Schwerteilchenstoß nun aber gerade durch die nichtadiabatischen Kopplungsmatrixelemente induziert. Um ein Gefühl für die Größenordnung der Terme (17.36), (17.37) und (17.37) zu entwickeln, schätzen wir sie zunächst einmal grob ab. Die potenzielle Energie des Systems (elektronische Energie) liegt in der Größenordnung von einer atomaren Energieeinheit, $U_{jj} \sim \hbar^2 / (2m_e\, a_0^2) = 0.5 W_0 = 13.6\,\text{eV}$. Die Gradienten der inneren Wellenfunktion ändern sich signifikant über eine atomare Längeneinheit und sind von der Größenordnung $\nabla_R \phi_j\, (\mathbf{r}; \mathbf{R}) \sim \phi_j\, (\mathbf{r}; \mathbf{R}) / a_0$. Die Streuwelle kann für diese Abschätzung als ebene Welle angesehen werden, sodass $\nabla_R \psi_j\, (\mathbf{R}) \sim \psi / \lambda \sim k\psi$ wird. In Ergänzung zu Kap. 11.2.2 schätzen wir damit die *Größenordnungen ab*:

$$\left\langle \frac{\hbar^2}{2\mu} \nabla_R^2 \right\rangle \simeq \frac{\hbar^2}{2\mu} k^2 = T$$

$$\langle U_{jj} \rangle \sim \frac{\hbar^2}{2 m_e a_0^2} = \frac{1}{2} W_0$$

$$\langle \mathbf{P}_{jj'} \cdot \hat{\mathbf{u}} \rangle \sim \frac{\hbar}{a_0} \frac{\hbar k}{\mu} = \sqrt{\frac{m_e}{\mu}} \sqrt{\frac{\hbar^2 T}{2 m_e a_0^2}} \sim \sqrt{\frac{m_e}{\mu}} \sqrt{\langle U_{jj} \rangle\, T}$$

$$\left\langle \widehat{T}_{jj'}^{(\mathbf{R})} \right\rangle \sim \frac{\hbar^2}{2\mu a_0^2} = \frac{m_e}{\mu} \frac{\hbar^2}{2 m_e} a_0^2 \sim \frac{m_e}{\mu} \langle U_{jj} \rangle$$

Die bra-kets $\langle \ \rangle$ deuten dabei Integration über alle $\mathbf{R}$ an, also über den ganzen Stoßprozess. Man hat jetzt zwei Fälle zu unterscheiden, wenn man die verschiedenen Terme der Schrödinger-Gleichung (17.35) vergleichen will:

1. Gebundene molekulare Zustände, wo die kinetische Energie einfach der Schwingungsenergie $T = W_v$ des Moleküls AB entspricht. Das diagonale Potenzialmatrixelement $\langle U_{jj} \rangle = W_e$ ist seine elektronische Energie. Hierfür hatten wir nach (11.5) abgeschätzt:

$$T \sim \sqrt{m_e/\mu}\, \langle U_{jj} \rangle$$

2. Das (elektronisch) inelastische Streuproblem, wo Anregung nur möglich ist, wenn die kinetische Energie hoch genug ist, wenn also $T > U_{jj}$ gilt.

Die Born-Oppenheimer-Näherung können wir (wenigstens als erste Näherung) anwenden, wenn $\langle \hbar^2 \nabla_R^2 / 2 \rangle + \langle U_{jj} \rangle \gg \langle \mathbf{P}_{jj'} \cdot \hat{\mathbf{u}} \rangle + \left\langle \widehat{T}_{jj'}^{(\mathbf{R})} \right\rangle$ gilt. Eine Übersicht gibt Tabelle 17.1.

Für das molekulare Bindungsproblem oder für sehr niedrige Stoßenergien (elastische Streuung bei thermischen Energien) haben wir die kinetische Energie des Systems $T \sim \langle U_{jj} \rangle \sqrt{m_e/\mu}$ mit $\langle \mathbf{P}_{jj'} \cdot \hat{\mathbf{u}} \rangle$ und $\left\langle \widehat{T}_{jj'}^{(\mathbf{R})} \right\rangle$ zu vergleichen. Bei der Schwerteilchenstreuung werden inelastischen Prozesse nicht auftreten, solange $\langle \mathbf{P}_{jj'} \cdot \hat{\mathbf{u}} \rangle \ll U_{jj} < T$ sind. ($\widehat{T}_{jj'}^{(\mathbf{R})}$ kann man bei Atom-Atom- bzw. Ionen-Atom-Stößen stets vernachlässigen, da das Verhältnis von Elektronenmasse m_e zur Masse der schweren Teilchen sehr klein ist.)

Die relative Größe der nichtadiabatischen Kopplung $\mathbf{P}_{jj'} \cdot \hat{\mathbf{u}}$ wird durch das Verhältnis von Schwerteilchen- zu Elektronengeschwindigkeit (u_R bzw.

Tabelle 17.1. Größenordnung von Energien und Kopplungsmatrixelementen, die für die molekulare Bindung bzw. inelastische Stoßprozesse in erster Ordnung Born-Oppenheimer-Näherung relevant sind

Anwendungsfall:	gebundene Moleküle	inelastische Streuung
	$T \ll \langle U_{jj} \rangle \sim W_0/2$	$T \geq \langle U_{jj} \rangle$
dominant in 1.BO	$T \sim \sqrt{\dfrac{m_e}{\mu}} \langle U_{jj} \rangle$	$\langle U_{jj} \rangle$
vernachlässigt in 1.BO	$\dfrac{\langle \boldsymbol{P}_{jj'} \cdot \hat{\boldsymbol{u}} \rangle}{T} \sim 4\sqrt{\dfrac{m_e}{\mu}}$	$\dfrac{\langle \boldsymbol{P}_{jj'} \cdot \hat{\boldsymbol{u}} \rangle}{\langle U_{jj} \rangle} \sim \sqrt{\dfrac{m_e}{\mu} \dfrac{T}{U_{jj}}} = \dfrac{u_R}{u_r}$
Größenordnungen	$\dfrac{\langle \hat{T}_{jj'}^{(R)} \rangle}{T} \sim \sqrt{\dfrac{m_e}{\mu}}$	$\dfrac{\langle \hat{T}_{jj'}^{(R)} \rangle}{\langle U_{jj} \rangle} \sim \dfrac{m_e}{\mu}$

u_r) bestimmt. Solange u_R/u_r nicht zu groß ist, gilt die (adiabatische) Born-Oppenheimer-Näherung, und inelastische Prozesse sind unwahrscheinlich. Das entspricht natürlich gerade dem in Abschn. 17.1.4 behandelten Massey-Kriterium. Inelastische Prozesse können entweder bei höheren Energien geschehen oder dann, wenn die zu überwindende Energiedifferenz $U_{bb} - U_{aa}$ klein ist, also z.B. in der Nähe von Kreuzungen der Potenzialkurven. Zusammenfassend führt die adiabatische Herangehensweise an das inelastische Streuproblem zu einem Satz gekoppelter Differenzialgleichungen

$$\left(-\frac{\hbar^2}{2\mu} \nabla^2 + U_{jj}(\boldsymbol{R}) - \frac{\hbar^2 k_j^2}{2\mu} \right) \psi_j(\boldsymbol{R}) = -\sum_{j'} \boldsymbol{P}_{jj'} \cdot \hat{\boldsymbol{u}}\, \psi_{j'}(\boldsymbol{R}) \qquad (17.40)$$

$$\text{ausgeschrieben:} \quad = \sum_{j'} \frac{\hbar^2}{\mu} \langle \phi_j | \boldsymbol{\nabla}_{\boldsymbol{R}} | \phi_{j'} \rangle\, \boldsymbol{\nabla}_{\boldsymbol{R}} \psi_{j'}(\boldsymbol{R}) \,,$$

die (16.61) ersetzen. Daraus sind die inelastischen Streuamplituden $f_{ba}(\theta, \varphi)$ entsprechend (17.21) zu bestimmen. Die Beträge der Wellenvektoren k_j für jeden Kanal ergeben sich dabei mit der anfänglichen kinetischen Energie T und den asymptotischen, inneren Energien $U_{jj}(\pm\infty) = W_j$ (insbes. W_a und W_b) der Stoßpartner aus der Energieerhaltung nach (17.19).

Wir weisen ausdrücklich darauf hin, dass die nichtadiabatischen Kopplungsterme auf der rechten Seite von (17.40) das Skalarprodukt zweier Vektoren sind. Man kann dies ganz analog zu den optisch induzierten Dipolübergängen (Kap. 4.2, Band 1) sehen, wo das Skalarprodukt aus Dipolübergangsmatrixelement und elektrischem Feld bzw. dessen Polarisationsvektor die Übergänge bewirkt und die Auswahlregeln festlegt. Im jetzigen Falle bestimmt $\boldsymbol{P}_{jj'} \cdot \hat{\boldsymbol{u}}$, welche Übergänge möglich sind und welche nicht. Da $\hat{\boldsymbol{u}} = -i\hbar \boldsymbol{\nabla}_{\boldsymbol{R}}/\mu$ sowohl auf R wie auch auf θ_{CM} und φ_{CM} wirkt, unterscheidet man *Radial- und Rotationskopplung*. Wie wir in Abschn. 17.5.2 ausführen werden, kann die Radialkopplung lediglich eine Änderung der Hauptquantenzahl ohne Drehimpulsänderung hervorrufen, während die Rotationskopplung als Linearkombination der Komponenten des Bahndrehimpulses darstellbar ist (s. z.B. Smith, 1969) und somit Änderungen des atomaren Drehimpulses durch den Stoßprozess ermöglicht.

17.4.4 Die diabatische Repräsentation

Das eben skizzierte adiabatische Vorgehen ist zwar ziemlich allgemein für die inelastische Schwerteilchenstreuung einsetzbar, konvergiert aber nicht notwendigerweise schnell genug, insbesondere nicht für hohe kinetische Energien. Aber selbst bei niedrigen Energien kann *alternativ zur adiabatischen Basis eine sogenannte diabatische Basis praktisch* sein. Diese versucht man so zu wählen, dass die Matrixelemente $\boldsymbol{P}_{jj'}(R)$ und $\hat{T}_{jj'}^{(\boldsymbol{R})}$ der nichtadiabatischen Kopplung verschwinden. Es soll also

$$\langle \phi_j(\boldsymbol{r};\boldsymbol{R}) \,|\, \boldsymbol{\nabla}_{\boldsymbol{R}} \,|\, \phi_{j'}(\boldsymbol{r};\boldsymbol{R}) \rangle \overset{!}{=} 0 \qquad (17.41)$$

gelten. Das ist nicht immer auf eindeutige Weise möglich, und der Preis, den man dafür zahlen muss, ist eine *nicht diagonale Potenzialmatrix* $U_{jj'}(\boldsymbol{R})$. Wir wollen hier nicht auf die verschiedenen Methoden eingehen, wie man solche Darstellung findet, und statt dessen später einzelne Beispiele diskutieren. So werden in Abschn. 17.5.5 illustrieren, dass die Charakterisierung einer Basis als adiabatisch oder diabatisch auch vom Typ der Kopplung abhängt.

Abbildung 17.17 vergleicht die unterschiedlichen Betrachtungsweisen für den wichtigen Fall einer lokalisierten (vermiedenen) Kreuzung zweier Potenziale beim internuklearen Abstand R_x. Wir haben solche Kreuzungen z.B. bei den Alkali-Halogeniden bereits in Kap. 11.7.4 kennengelernt. Man trifft sie

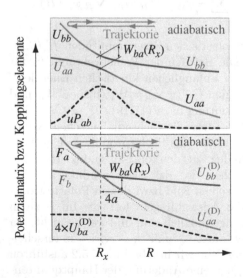

Abb. 17.17. Adiabatische U_{jj} und diabatische $U_{jj}^{(D)}$ Darstellung der Potenziale (*oberes bzw. unteres Bild*) zur Beschreibung inelastischer Prozesse in der Nähe einer (vermiedenen) Kreuzung nach Smith (1969). Im diabatischen Fall kann man im Kreuzungsbereich $U_{jj}^{(D)}(R) = U_{jj}^{(D)}(R_c) + F_j(R - R_c)$ linear entwickeln ($\cdots\cdots$). Übergänge werden im adiabatischen Bild durch das nicht adiabatische Kopplungselement $u\boldsymbol{P}_{ab}$ (- - -), im diabatischen Fall durch das nichtdiagonale Potenzialmatrixelement $U_{ab}^{(D)}$ induziert (- - -)

bei vielen zweiatomigen Systemen A-B – insbesondere bei ionisch gebundenen Molekülen.

Im adiabatische Fall, in Abb. 17.17 oben, bezeichnen wir die Potenziale mit U_{aa} und U_{bb} und das zugehörige adiabatische Kopplungselement mit P_{ab} (hier ist sehr schematisch nur die radiale Komponente dargestellt). Man beachte, dass sich der Charakter der adiabatischen Zustände, die zu diesen adiabatischen Potenzialen gehören, am Kreuzungspunkt in der Regel rasch ändert, wie dies in Abb. 17.17 farblich angedeutet ist. Am Kreuzungspunkt ist ihr energetischer Abstand $W_{ba}(R_x)$ natürlich viel kleiner als der asymptotische Wert $W_{ba}(\infty) = U_{bb}(\infty) - U_{aa}(\infty)$. Daher können Übergänge zwischen den beiden Zuständen $|a\rangle$ und $|b\rangle$ schon bei weit niedrigeren Stoßenergien T (bei einigen 'zig eV bis zu einigen keV) stattfinden, als man das nach dem Massey-Kriterium $\xi \leq 1$ für W_{ba} erwarten würde (s. Abschn. 17.1.4). Im Stoß von A mit B werden diese vermiedenen Kurvenkreuzungen typischerweise von Trajektorien aus einem begrenzten Bereich von Stoßparametern $b \simeq R_x$ erreicht und können über die entsprechenden reduzierten Streuwinkel $T\theta = \tau(b)$ identifiziert werden. Man kann sich also für die Behandlung solcher Übergänge auf ein Zweizustandssystem beschränken.

Komplementär dazu, aber völlig äquivalent, ist in Abb. 17.17 unten die entsprechende Potenzialmatrix $U_{jj'}^{(D)}$ für die diabatische Basis dargestellt. Die diabatischen Zustände, die mit diesen Potenzialen verknüpft sind, ändern im Gegensatz zu den adiabatischen Zuständen ihren Charakter am Kreuzungspunkt nicht. Auch dies ist farblich hervorgehoben. Für große R gehen die Potenziale ineinander über, $U_{aa}^{(D)} \to U_{aa}$ und $U_{bb}^{(D)} \to U_{bb}$, für kleine R ist die Zuordnung umgekehrt. Das Nebendiagonalelement $U_{ab}^{(D)}$ ist hier maßstäblich dargestellt. Die im oberen Teil gezeigte Aufspaltung der adiabatischen Potenziale ergibt sich aus der diabatischen Darstellung, wie bereits in Kap. 8.2, Band 1 ausgeführt. Nach (8.35) wird in der jetzigen Schreibweise:

$$ U_{aa} \text{ bzw. } U_{bb} = \frac{U_{aa}^{(D)} + U_{bb}^{(D)}}{2} \pm \frac{1}{2} \sqrt{\left(U_{aa}^{(D)} - U_{bb}^{(D)} \right)^2 + 4 \left| U_{ab}^{(D)} \right|^2} \quad (17.42) $$

An der (diabatischen) Kreuzung ist $U_{aa}^{(D)}(R_x) = U_{bb}^{(D)}(R_x)$, die Aufspaltung der adiabatischen Potenziale wird somit

$$ W_{ba}(R_x) = 2 \left| U_{ab}^{(D)}(R_x) \right|. \quad (17.43) $$

Umgekehrt lässt sich das diabatische Kopplungspotenzial nach am Kreuzungspunkt durch die Aufspaltung der adiabatischen Potenziale bestimmen:

$$ U_{ba}^{(D)}(R_x) = \frac{1}{2} \left[U_{aa}(R_x) - U_{bb}(R_x) \right] \quad (17.44) $$

Wir werden im Rahmen der semiklassichen Näherung in Abschn. 17.5 noch etwas genauer ausführen, wie man solche elektronischen Anregungsprozesse quantitativ in der einen oder anderen Repräsentation beschreiben kann.

Hier wollen wir zunächst noch auf eine weitere, sozusagen *triviale Möglichkeit* hinweisen, *diabatische Zustände zu definieren*, die sich immer dann empfiehlt, wenn die Born-Oppenheimer-Näherung selbst als nullte Näherung keine brauchbare Beschreibung der A-B Wechselwirkung darstellt. Das gilt insbesondere für die Ionen-Atom-Streuung bei sehr hohen Energien und a fortiori für die Elektron-Atom- oder Molekülstreuung. Wir sprechen also über die *sogenannten direkten Anregungsprozesse*, die durch sehr kleine Massey-Parameter (17.14) bezüglich der asymptotischen Energiedifferenz W_{ba} charakterisiert sind. Die Basis ϕ_j der Wahl für die Zustandsbeschreibung nach (17.20) ist hier ganz *einfach die Produktwellenfunktion der getrennten Teilchen A und B*, völlig *unabhängig vom Abstand R* beiden Stoßpartner:

$$\phi_j\left(r;R\right) = \phi_{j_A}^A\left(r_A\right)\phi_{j_B}^B\left(r_B\right) \tag{17.45}$$

Hier sind r_A und r_B die jeweiligen inneren Koordinaten von A und B, j_A und j_B die entsprechenden Quantenzahlen. Da $\phi_j\left(r,R\right)$ jetzt unabhängig von R ist, wird definitionsgemäß (17.41) erfüllt. Ebenso verschwinden alle $\widehat{T}_{jj'}^{(R)}$. Die Komponenten des Hamiltonians (17.17) kann man entsprechend

$$\widehat{H} = \widehat{T}^{(R)} + V(R,r) + \underbrace{\overbrace{\left[\widehat{T}^{(r_A)} + V^{(A)}(r_A)\right]}^{\widehat{H}^{(A)}} + \overbrace{\left[\widehat{T}^{(r_B)} + V^{(B)}(r_B)\right]}^{\widehat{H}^{(B)}}}_{\widehat{H}^{(el)}}$$

zuzuordnen. Der Potenzialmatrix $U_{jj'}(R)$ nach (17.36) besitzt jetzt nicht verschwindende Nichtdiagonalterme, die Übergänge induzieren können.

Die weitere Rechnung wird übersichtlicher, wenn die innere Struktur eines der Stoßpartner keine Rolle spielt. So kann A z.B. ein Ion mit abgeschlossener Edelgasschale sein, die nicht angeregt wird, oder auch ein Elektron hoher kinetischer Energie, für das Elektronenaustausch mit dem Target B vernachlässigbar ist. Dann vereinfacht sich (17.45) zu $\phi_j\left(r;R\right) = \phi_j^B\left(r\right)$, also zu Eigenfunktionen des untersuchten Targets. An Stelle von (17.33) und (17.34) schreiben wir den Hamiltonian jetzt

$$\widehat{H} = \widehat{T}^{(R)} + V\left(R,r\right) + \widehat{H}^{(B)}\,. \tag{17.46}$$

$V\left(R,r\right)$ ist die Wechselwirkung des Projektils A mit den $\mathcal{N}$ Elektronen und dem Kern (Ladung Z) des Targets B, und $\widehat{H}^{(B)}$ ist der $\mathcal{N}$-Elektronen-Hamiltonian für das Targetatom B, dessen Eigenwerte W_j und Wellenfunktionen $\phi_j\left(r\right) \equiv \phi_j\left(r_1, r_2 \ldots r_{\mathcal{N}}\right)$ berechnet werden, wie bereits in Kap. 10.1, Band 1 behandelt.[3] *Bei der Elektron-Atom-Streuung* wird

---

[3] Oft kann man das Verfahren dadurch wesentlich vereinfachen, dass man zwischen aktiven Leuchtelektronen und passiven Rumpfelektronen unterscheidet und anstelle $-Z/R$ ein entsprechendes Pseudopotenzial $V^{(core)}(R)$ benutzt. Die Erweiterung auf Moleküle als Targets ist vom Ansatz her problemlos, macht die Lösung aber wesentlich komplizierter.

$$V\left(\boldsymbol{R}, \boldsymbol{r}\right) = \sum_{n=1}^{\mathcal{N}} \frac{e_0^2}{4\pi\epsilon_0 \left|\boldsymbol{R} - \boldsymbol{r}_n\right|} - \frac{Ze_0^2}{4\pi\epsilon_0 R} , \tag{17.47}$$

und die Potenzialmatrixelemente (17.36) schreiben sich

$$U_{jj'} = V_{jj'} + W_j \delta_{jj'} \quad \text{mit} \quad V_{jj'}\left(\boldsymbol{R}\right) = \langle \phi_j\left(\boldsymbol{r}\right) | V\left(\boldsymbol{R}, \boldsymbol{r}\right) | \phi_{j'}\left(\boldsymbol{r}\right) \rangle . \tag{17.48}$$

Anstelle von (17.40) wird die Schrödinger-Gleichung schließlich

$$\left(-\frac{\hbar^2}{2\mu}\nabla^2 - W_j - \frac{\hbar^2 k_j^2}{2\mu} \right) \psi_j\left(\boldsymbol{R}\right) = \sum_j V_{jj'}\left(\boldsymbol{R}\right) \psi_{j'}\left(\boldsymbol{R}\right) . \tag{17.49}$$

Offensichtlich ist die Struktur dieser gekoppelten Differenzialgleichungen unabhängig von der spezifischen Natur des Wechselwirkungspotenzials $V\left(\boldsymbol{R}, \boldsymbol{r}\right)$ zwischen Projektil A und Target B. Sie sind exakt, solange man eine vollständige Basis ϕ_j verwendet und Elektronenaustausch keine wesentliche Rolle spielt. In der Praxis muss man natürlich mit einem endlichen Basissatz auskommen und kann Austausch nur bei hohen Energien ausschließen. Die Implikationen sind je nach Einzelfall zu bewerten (s. z.B. Kimura und Lane, 1989). Wir kommen darauf in Kap. 18 zurück.

17.5 Semiklassische Näherung

17.5.1 Zeitabhängige Schrödinger-Gleichung

Wie wir gesehen haben, finden inelastische Prozesse bei Schwerteilchenstößen meist bei relativ hohen Geschwindigkeiten statt. Partialwellenentwicklungen – bei der Elektronenstreuung die Methode der Wahl – werden bei den sich daraus ergebenden sehr hohen Drehimpulsen nur extrem langsam konvergieren. Andererseits ist die De-Broglie-Wellenlänge bei Schwerteilchenstößen selbst bei relativ niedrigen Energien in der Regel klein gegenüber typischen Distanzen, über welche sich das Wechselwirkungspotenzial wesentlich ändert. Semiklassische Methoden bieten sich also für die Behandlung dieser Streuprobleme an. In Kap. 16 haben wir die Leistungsfähigkeit dieser Methoden bereits für die elastische Schwerteilchenstreuung dokumentiert und in Kap. 16.4.4 ausführlich diskutiert. *Für inelastische Schwerteilchenstöße ist die semiklassischen Theorie ohne Zweifel die am häufigsten benutzte Näherung.* Mit entsprechenden Modifikationen wird sie immer dann angewandt, wo es um Übergänge von einer Potenzialfläche auf eine andere geht, die durch die Bewegung des Kerngerüsts molekularer Systeme induziert werden. So auch bei der *Dynamik in isolierten, mehratomigen Molekülen*, wo z.B. nach Photoanregung elektronische Übergänge, Umordnungsreaktionen oder Dissoziationsprozesse stattfinden können.

Man berechnet dabei eine klassische Trajektorie $\boldsymbol{R}\left(t\right)$ für die Relativbewegung der Stoßpartner (ggf. ihrer Einzelatome bzw. Ionen, soweit Moleküle beteiligt sind) und erhält daraus zeitabhängige Wechselwirkungspotenziale $U_{jj'}(\boldsymbol{R}(t))$ und Kopplungselemente $\boldsymbol{P}_{jj'}(\boldsymbol{R}(t))$. Bei komplexen Systemen und moderaten kinetischen Energien wird man nach heutigem Stand der Forschung versuchen, die klassischen Bewegungsgleichungen möglichst vollständig zu integrieren – mit sogenannten *molecular dynamics (MD)* Rechnungen, für die es inzwischen kommerzielle Programme gibt. Dabei ist es sogar möglich, mit Hilfe geeigneter quantenchemischer Programme vorausschauend, „on the fly" wie man sagt, die relevanten Potenziale bzw. Kräfte in der Umgebung der klassisch bestimmten Trajektorie gleich mit zu berechnen. So kann man die aufwändige Berechnung komplexer Potenzialhyperflächen bei vielatomigen Systemen auf die Bereiche begrenzen, die auch wirklich benötigt werden.

Bei einfachen Atom-Atom- bzw. Atom-Ion-Stößen genügt es meist, die Trajektorien auf einem zwischen Anfangs- und Endzustand geeignet gemittelten Potenzial zu berechnen, ja in vielen Fällen – vor allem bei hohen Stoßenergien – liefert bereits die Annahme geradliniger Trajektorien $\boldsymbol{R}(t) = \boldsymbol{u}t + \boldsymbol{b}$ befriedigende Ergebnisse. Die elektronischen Übergänge werden dann durch die zeitabhängigen, nichtdiagonalen Wechselwirkungspotenziale bzw. Kopplungsmatrixelemente bestimmt – je nachdem ob man eine diabatische oder adiabatische Basis bevorzugt.

Die zeitabhängige Schrödinger-Gleichung

$$\left(\widehat{H}^{(el)} - i\hbar \frac{\partial}{\partial t} \right) \Psi(t, \boldsymbol{r}) = 0 \tag{17.50}$$

für die elektronische Wellenfunktion, mit $\widehat{H}^{(el)}$ nach (17.34) ersetzt jetzt zusammen mit den Trajektorien $\boldsymbol{R}(t)$ die stationäre Schrödinger-Gleichung (17.16) für das Gesamtsystem. Anstelle des „Ansatzes" (17.20) tritt eine zeitabhängige Entwicklung

$$\Psi(t, \boldsymbol{r}) = \sum_j c_j(t)\, e^{-i\varphi_j(t)} \phi_j(\boldsymbol{r}; \boldsymbol{R}(t)) \tag{17.51}$$

mit den semiklassischen Phasenfaktoren

$$\varphi_j(t) = \frac{1}{\hbar} \int_{-\infty}^t U_{jj}(\boldsymbol{R}(t'))\, \mathrm{d}t' = \frac{1}{\hbar} \int_{\infty}^R \frac{U_{jj}(\boldsymbol{R}(t))}{u_R(\boldsymbol{R}(t))}\, \mathrm{d}R. \tag{17.52}$$

Das Potenzial U_{jj} wird durch (17.36) bzw. (17.48) gegeben und $u_R = \mathrm{d}R/\mathrm{d}t$ ist die relative Radialgeschwindigkeit. Mit (17.51) und (17.52) führt (17.50) nach den üblichen Manipulationen schließlich zu einem *Satz gekoppelter, zeitabhängiger, linearer Differenzialgleichungen erster Ordnung:*[4]

$$\dot{c}_j(t) = -\frac{1}{\hbar} \sum_{j' \neq j} G_{jj'}(t)\, e^{i(\varphi_j - \varphi_{j'})} c_{j'}(t) \tag{17.53}$$

---

[4] Man findet leicht unterschiedliche Notationen in der Literatur, die sich um i bzw. i/$\hbar$ in der Definition des Kopplungselements $G_{jj'}$ unterscheiden.

Hat man diese gekoppelten Gleichungen in einer angemessenen Näherung gelöst, so erhält man die S-Matrixelemente aus den Übergangsamplituden, daraus die Streuamplitude nach (17.29) und schließlich den differenziellen Wirkungsquerschnitt nach (17.30). Alternativ kann man bei hinreichend hohen Energien ähnlich wie bei der elastischen Streuung nach Kap. 16.4.4 auch auf die Eikonal-Methode zurückgreifen. Im Grenzfall kleiner Streuwinkel und hoher Energien erhält man (s. z.B. Dubois et al., 1993) die Streuamplitude

$$f_{ba}(\theta, \varphi) = \frac{\mu u}{\hbar} (-\mathrm{i})^{1+|M_b - M_a|} e^{-\mathrm{i}(M_b - M_a)\varphi} \times$$

$$\int_0^\infty b \, db \, J_{|M_b - M_a|}(Kb) \left(c_{ba}(b, \infty) - \delta_{ba} \right) \qquad (17.54)$$

(vgl. Gl. (16.59) für die Schattenstreuung). Diese Streuamplitude beschreibt einen Übergang zwischen den Zuständen $|aM_a\rangle$ und $|bM_b\rangle$ mit den Projektionsquantenzahlen M_a bzw. M_b des elektronischen Drehimpulses des Targets bezüglich der z-Achse (hier parallel zur Relativgeschwindigkeit vor dem Stoß). $J_{|M_b - M_a|}(x)$ ist eine Bessel-Funktion und $K = 2(\mu u/\hbar)\sin(\theta/2)$ die Änderung des Wellenvektors ($\propto$ Impulsübertrag) im Stoß.

17.5.2 Kopplungselemente

Wie in Abschn. 17.4.3 und 17.4.4 bereits besprochen, hängt es vom Einzelfall ab, ob man bei der praktischen Berechnung von stoßinduzierten Übergangswahrscheinlichkeiten nach (17.53) eine adiabatische oder diabatische Basis wählt. Es gibt dafür keine allgemeinen Regeln, und oft werden beide Ansätze alternativ erprobt.

Wählt man die *adiabatische Basis* nach (17.39), so folgen aus (17.50) für $j \neq j'$ die nichtadiabatischen Kopplungsterme:

$$G_{jj'}(t) = \left\langle \phi_j(\boldsymbol{r}; \boldsymbol{R}(t)) \left| \hbar \frac{\partial}{\partial t} \right| \phi_{j'}(\boldsymbol{r}; \boldsymbol{R}(t)) \right\rangle \qquad (17.55)$$

Wie in Abb. 17.16 auf S. 411 illustriert, wird die klassische Trajektorie durch den internuklearen Abstand $R(t)$ und den Winkel $\Theta_{\mathrm{CM}}(t)$ im Schwerpunktsystem beschrieben.[5] Das Stoßkoordinatensystem definiert man meist wieder so, dass die $z^{(\mathrm{col})}$-Achse parallel zur Relativimpuls $\boldsymbol{P}$ bzw. zur Relativgeschwindigkeit $\boldsymbol{u}$ der Teilchen vor dem Stoß angenommen wird. Die $x^{(\mathrm{col})}$-Achse liegt in der durch $\boldsymbol{P}$ und $\boldsymbol{P}'$ definierten Streuebene und zeigt in die Richtung, in welche das Teilchen gestreut wird. Die Winkelgeschwindigkeit $\dot{\Theta}_{\mathrm{CM}}$ hat in dieser Darstellung ein positives bzw. negatives Vorzeichen, je nachdem auf welcher Seite die Teilchen aneinander vorbei laufen: positives bzw. negatives Vorzeichen von $\Theta_{\mathrm{CM}}(\infty)$ entspricht also einem effektiv attraktiven bzw. repulsiven Potenzial (für die in Abb. 17.16 gezeigte Trajektorie ist $\dot{\Theta}_{\mathrm{CM}} > 0$ und

---

[5] Wie schon im elastischen Fall kann man dem klassischen Ablenkwinkel ein Vorzeichen zuordnen, weshalb wir hier Θ und nicht θ schreiben.

ebenso gilt $\Theta_{\mathrm{CM}}(\infty) > 0$). Der nukleare Bahndrehimpuls[6] in $y^{(\mathrm{col})}$ Richtung ist $\boldsymbol{\ell}_y = \boldsymbol{R} \times \boldsymbol{P}$ und sein Betrag $|\boldsymbol{\ell}_y| = \ell\hbar = \mu b u = \mu R^2 \dot{\Theta}_{\mathrm{CM}}$ ergibt sich aus Stoßparameter b und Relativgeschwindigkeit u. Mit der reduzierten Masse μ und dem momentanem Abstand $R(t)$ wird also die *Winkelgeschwindigkeit der Relativbewegung*:

$$\dot{\Theta}_{\mathrm{CM}} = \pm\frac{bu}{R^2} = \pm\frac{\ell\hbar}{\mu R^2} \tag{17.56}$$

Damit können wir die zeitliche Ableitung der Wellenfunktion, die in das Kopplungselement (17.55) eingeht, explizit als

$$\frac{\partial\phi_j\,(\boldsymbol{r};R(t))}{\partial t} = \frac{\mathrm{d}R}{\mathrm{d}t}\frac{\partial\phi_j}{\partial R} + \frac{\mathrm{d}\Theta_{\mathrm{CM}}}{\mathrm{d}t}\frac{\partial\phi_j}{\partial\Theta_{\mathrm{CM}}} = u_R\frac{\partial\phi_j}{\partial R} \pm \frac{\ell}{\mu R^2}\mathrm{i}\hat{L}_y\phi_j \tag{17.57}$$

schreiben. Dabei haben wir die relative Radialgeschwindigkeit $u_R = \mathrm{d}R/\mathrm{d}t$ sowie den elektronischen Drehimpulsoperator des Atoms $\hat{L}_y = -\mathrm{i}\hbar\partial/\partial\Theta_R$ eingesetzt. Mit (17.57) wird das Kopplungselement (17.55) schließlich

$$G_{jj'}\,(t) = \hbar u_R \left\langle \phi_j \left| \frac{\partial}{\partial R} \right| \phi_{j'} \right\rangle \qquad \pm\frac{\ell\hbar}{\mu R^2}\left\langle \phi_j \left| \mathrm{i}\hat{L}_y \right| \phi_{j'} \right\rangle. \tag{17.58}$$

$$\underbrace{\qquad}_{\text{Radialkopplung}} \qquad\qquad \underbrace{\qquad}_{\text{Rotationskopplung}}$$

Die beiden Komponenten von $G_{jj'}(t)$ repräsentieren die schon erwähnte Radial- bzw. Rotationskopplung. Das *Radialkopplungsmatrixelement* entsteht durch Änderung der Wellenfunktion des Stoßsystems A-B mit dem internuklearen Abstand R. Es kann nur Zustände gleicher Winkelsymmetrie koppeln, also z.B. Σ- mit Σ- und Π- mit Π-Zuständen.

Dagegen wird durch die *Rotationskopplung* gerade die Symmetrie der molekularen Zustands geändert. Der Operator $\hat{L}_y$ ändert den Bahndrehimpuls bezüglich der $y^{(\mathrm{col})}$ Achse um $\pm\hbar$, sodass er $\Sigma \to \Pi$ oder $\Pi \to \Sigma$, Δ-Übergänge etc. induzieren kann: die Symmetrie der Molekülzustände bezieht sich ja auf die internukleare Achse $z^{(\mathrm{mol})}$ zwischen A und B. Diese rotiert während des Stoßes um $y^{(\mathrm{col})}$. Die elektronische Ladungswolke würde also raumfest parallel zu $z^{(\mathrm{col})}$ ausgerichtet bleiben, wäre da nicht die molekulare Wechselwirkung, welche die Orbitale entlang $z^{(\mathrm{mol})}$ festzuhalten versucht. Typischerweise findet man, dass $\langle\phi_j\,|\hat{L}_y|\,\phi_{j'}\rangle$ nahezu unabhängig von R ist, sodass die Rotationskopplung $\propto 1/R^2$ wird und für kleine internukleare Abstände dominiert.

Alternativ kann man eine *diabatische Basis* nach (17.41) wählen. Für das Beispiel Elektronenstreuung kommen wir in Kap. 18.1 noch darauf zurück. Bei der Schwerteilchenstreuung wird man in der Regel versuchen, die Diagonalmatrixelemente $U_{jj}^{(D)}$ des Potenzials möglichst gleich den adiabatischen Energien des Systems zu machen – außer in unmittelbarer Nähe der Kreuzung. Das diabatische Kopplungselement (17.55) bestimmt man jedenfalls nach

---

[6] Wir erinnern daran, dass wir (etwas unsystematisch aber üblich) die Bezeichnungen $\boldsymbol{\ell}$ bzw. ℓ für den nuklearen Bahndrehimpuls und seine Quantenzahl zur Unterscheidung vom elektronischen Bahndrehimpuls $\boldsymbol{L}$ benutzen.

$$G_{jj'}(t) = U_{jj'}(R(t)) = \left\langle \phi_j(r; R(t)) \left| \widehat{H}^{(el)} \right| \phi_{j'}(r; R(t)) \right\rangle . \qquad (17.59)$$

17.5.3 Lösung der gekoppelten Differenzialgleichungen

Wenn man schließlich die Potenziale sowie die Kopplungen nach (17.58) oder (17.59) und die Trajektorien kennt, dann kann man die gekoppelten Gleichungen (17.53) im Prinzip mit Standardmethoden integrieren und z.B. die Anregungswahrscheinlichkeit $|c_{ba}(\infty)|^2$ für den Zustand $|b\rangle$ aus einem Zustand $|a\rangle$ heraus berechnen (mit $c_a(-\infty) = 1$ und $c_j(-\infty) = 0$ für $j \neq a$).

Einige charakteristische Merkmale der Lösungen kann man ganz allgemein diskutieren. So erkennt man die besondere Bedeutung des exponentiellen Phasenfaktors $\exp\left(\mathrm{i}\left(\varphi_j - \varphi_{j'}\right)\right)$ schon *in erster Ordnung Störungsrechnung*, wo

$$|c_{ba}(\infty)|^2 = \frac{1}{\hbar^2} \left| \int\limits_{-\infty}^{+\infty} G_{ba}(t)\, e^{\mathrm{i}(\varphi_b(t) - \varphi_a(t))}\, \mathrm{d}t \right|^2 . \qquad (17.60)$$

wird. Man sieht, dass ganz unabhängig von der Stärke der Kopplung G_{ba} Anregung nur in den Bereichen der Trajektorie erfolgen kann, wo die Phasendifferenz $\varphi_b(t) - \varphi_a(t)$ nicht zu rasch variiert – anderenfalls würde die schnelle Oszillation des Integranden positive und negative Beiträge zur Anregungsamplitude auslöschen. Man kann grundsätzlich zwei Fälle unterscheiden:

1. Bei der *direkten Anregung* sind die Potenziale der beiden Zustände über die gesamte Trajektorie hinweg deutlich getrennt und ihr Abstand ist näherungsweise durch die asymptotischen Bedingungen bestimmt. Mit (17.52) wird die Phasendifferenz dann näherungsweise

$$\Delta\varphi(t) = \varphi_b(t) - \varphi_a(t) \simeq \frac{(W_b - W_a)}{\hbar} \frac{R}{u_R} \sim \frac{(W_b - W_a)}{\hbar} t , \qquad (17.61)$$

und der Exponentialfaktor im Integranden von (17.60) oszilliert mit der Zeit. Je nachdem, ob diese Oszillation langsam (hohe Geschwindigkeit u) oder schnell (kleines u) über den typischen Wechselwirkungsbereich ist, wird die Übergangswahrscheinlichkeit signifikant sein oder verschwinden. Diese Überlegung bestätigt also in quantitativer, allgemeiner Weise das Massey'sche Adiabatizitätskriterium: die Phasendifferenz $\Delta\varphi(t_{\mathrm{col}})$ für die gesamte Stoßzeit t_{col} ist nach (17.61) in der Tat identisch mit dem Massey-Parameter (17.14).

2. Komplementär dazu können *nichtadiabatische Übergänge* aber auch *an einer Kreuzung* der Potenzialkurven für Zustand $|a\rangle$ und $|b\rangle$ stattfinden, wie in Abb. 17.17 auf S. 418 illustriert – und zwar auch für kleine Geschwindigkeiten und asymptotisch sehr unterschiedlichen Energien. Denn im Bereich der Kreuzung bei R_x bleibt die Phasendifferenz $\Delta\varphi(t)$ hinreichend

klein, jedenfalls solange $(R - R_x) \leq \hbar u_R/(U_{bb} - U_{aa}) \simeq \hbar u_R/W_{ab}(R_x)$ ist, sodass die Kopplung wirksam werden kann. Man kann sich in diesem Falle wieder auf zwei Zustände beschränken und hat ein System von zwei gekoppelten, linearen Differenzialgleichungen nach (17.53) zu lösen.

Neben der direkten numerischen Lösung des gekoppelten Differenzialgleichungssystems (sozusagen „brute force") gibt es eine Reihe, z.T. recht eleganter Näherungsansätze, die ebenfalls zum Ziel führen. Wir besprechend im Folgenden lediglich die bereits von Landau (1932) und Zener (1932) entwickelte, auch heute noch oft sehr hilfreiche und wichtige Näherung.

17.5.4 Landau-Zener Formel

Wir betrachten den Übergang vom Zustand $|a\rangle$ nach $|b\rangle$ an einer bei R_x lokalisierten Kreuzung im diabatischen Bild, entsprechend Abb. 17.17 auf S. 418 unten. Wir berechnen also die Übergangswahrscheinlichkeit zwischen $|a^{(D)}\rangle$ und $|b^{(D)}\rangle$. Nach (17.53) hat man mit den Anfangsbedingungen $c_{aa}(-\infty) = 1$ und $c_{ba}(-\infty) = 0$ folgende gekoppelten Differenzialgleichungen zu lösen (der zweite Index bezieht sich auf den Anfangszustand):

$$\dot{c}_{aa}(t) = -\frac{i}{\hbar} U_{ab}^{(D)}(t) \, e^{i\Delta\varphi_{ab}} c_{ba}(t) \tag{17.62}$$

$$\dot{c}_{ba}(t) = -\frac{i}{\hbar} U_{ba}^{(D)}(t) \, e^{-i\Delta\varphi_{ab}} c_{aa}(t) \quad \text{mit} \tag{17.63}$$

$$\Delta\varphi_{ab}(t) = \frac{1}{\hbar} \int^t \left(U_{aa}^{(D)}(t') - U_{bb}^{(D)}(t') \right) dt' \tag{17.64}$$

In der Nähe der Kreuzung bei R_x, die bestimmt ist durch

$$U_{aa}^{(D)}(R_x) = U_{bb}^{(D)}(R_x) \, ,$$

entwickelt man für kleine Abstände von der Kreuzung

$$\Delta R = R - R_x$$

die diabatischen Potenziale:[7]

$$\left(U_{bb}^{(D)} - U_{aa}^{(D)} \right) = \Delta R \frac{\partial}{\partial R} \left(U_{aa}^{(D)} - U_{bb}^{(D)} \right)_{R_x} \tag{17.65}$$

$$= (F_a - F_b)\Delta R = F_{ab}\Delta R \tag{17.66}$$

Die Entwicklungskonstante F_{ab} ist die Differenz der Steigungen beider Potenziale an der Kreuzung, also die Differenz der auf die Trajektorie jeweils wirkenden Kräfte, und es wird $\Delta R = u_R t$, wenn wir als Zeitnullpunkt den Durchgang

---

[7] Hier haben wir der Übersichtlichkeit halber nur Radialkopplung angenommen, für welche das Landau-Zener Modell auch meist benutzt wird. Allan und Korsch (1985) haben gezeigt, dass der Formalismus auch für Rotationskopplung gilt.

der Trajektorie durch die Kreuzung definieren. Das Kopplungselement $U_{ab}^{(D)}$ wird als konstant über den relevanten Kreuzungsbereich angenommen:

$$\left| U_{ab}^{(D)}(R) \right| = \left| U_{ba}^{(D)}(R) \right| = U_{ab}^{(D)} \tag{17.67}$$

Mit (17.65) ergibt sich die Phasendifferenz (17.64) zu

$$\Delta\varphi_{ab}(t) = \alpha\frac{\pi}{2}t^2 \quad \text{mit} \quad \alpha = \frac{F_{ab}u_R}{\pi\hbar}, \tag{17.68}$$

und die gekoppelten Gl. (17.62) und (17.63) werden einfach:

$$\dot{c}_{aa}(t) = -\frac{i}{\hbar}U_{ab}^{(D)}\,e^{i\alpha\frac{\pi}{2}t^2}\,c_{ba}(t)$$

$$\dot{c}_{ba}(t) = -\frac{i}{\hbar}U_{ba}^{(D)\prime}e^{-i\alpha\frac{\pi}{2}t^2}\,c_{aa}(t) \tag{17.69}$$

Wir betrachten der Anschaulichkeit halber *zunächst* die Lösungen dieses Gleichungssystems *in erster Ordnung Störungsrechnung*. Rechts in (17.69) setzen wir also $c_{aa}(-\infty) = 1$ und $c_{ba}(t) = c_{ba}(-\infty) = 0$. Wir substituieren $x = \sqrt{\alpha}t$ und integrieren in der zweiten Zeile von $-\infty$ bis ∞:

$$c_{ba}(\infty) = -\frac{i}{\hbar\sqrt{\alpha}}\,U_{ab}^{(D)}\int_{-\infty}^{\infty}e^{-i\frac{\pi}{2}x^2}dx = \frac{\text{signum}(\alpha) - i}{\hbar\sqrt{|\alpha|}}U_{ab}^{(D)}$$

Für $\int \exp(-i\pi x^2/2)dx = \int \cos(-\pi x^2/2)dx + i\int \sin(-\pi x^2/2)dx$ haben wir dabei die bekannten Grenzwerte der Fresnel-Integrale eingesetzt. Die Wahrscheinlichkeit für den Übergang $\left|a^{(D)}\right\rangle \to \left|b^{(D)}\right\rangle$ beim einmaligen Durchgang durch die Kreuzung ist somit in erster Ordnung Störungsrechnung:

$$w_{ba}^{(D)} \simeq \frac{2\left|U_{ab}^{(D)}\right|^2}{\hbar^2|\alpha|} = \frac{2\pi\left|U_{ab}^{(D)}\right|^2}{\hbar|F_{ab}|u_R} = 2\pi\xi \tag{17.70}$$

Natürlich gilt diese Näherung nur für $2\pi\xi \ll 1$. Wie aber schon Zener (1932) gezeigt hat, kann man das Gleichungssystem (17.69) auch exakt lösen. Eine ansprechende, moderne Ableitung dafür findet man z.B. bei Wittig (2005). Danach ist die *Wahrscheinlichkeit für einen Übergang zwischen den adiabatischen Zuständen* $|a\rangle \to |b\rangle$ – was *identisch mit der Wahrscheinlichkeit ist, auf einem der diabatischen Potenziale zu bleiben* –

$$w_{ba} = e^{-2\pi\xi}. \tag{17.71}$$

Umgekehrt ist die *Wahrscheinlichkeit, beim Kreuzungsdurchgang vom einen zum anderen diabatischen Zustand* $\left|a^{(D)}\right\rangle \to \left|b^{(D)}\right\rangle$ *zu gelangen*

$$w_{ba}^{(D)} = 1 - e^{-2\pi\xi}, \tag{17.72}$$

was im Grenzfall sehr kleiner ξ wieder zur Störungsnäherung (17.70) führt. Es lohnt sich, den entscheidenden Parameter

$$\xi = \frac{\left|U_{ab}^{(D)}\right|^2}{\hbar u_R \left|F_{ab}\right|} \quad \text{mit} \quad F_{ab} = \frac{\partial}{\partial R}\left(U_{bb}^{(D)} - U_{aa}^{(D)}\right) \tag{17.73}$$

etwas genauer zu betrachten. Im Fall reiner Radialkopplung ist nach (17.43) das Kopplungselement über $U_{ab}^{(D)} = W_{ab}/2$ mit der Aufspaltung der nichtadiabatischen Potenziale am Kreuzungspunkt W_{ab} verknüpft. Damit wird

$$\xi = \frac{\left|W_{ab}\right|^2}{4\hbar u_R \left|F_{ab}\right|} = \frac{1}{\hbar}\frac{\left|W_{ab}\right|^2}{u_R \left|F_{ab}\right|}\frac{a}{4} = \frac{\left|W_{ba}\right| a}{\hbar u_R} = \omega_{ba} t_{\mathrm{col}},$$

und wir erkennen in ξ den Massey'schen *Adiabatizitätsparameter* (17.14) wieder: dazu haben wir die effektive Wechselwirkungsdistanz a so zu interpretieren, dass bei einem Abstand $(R - R_x) = 4a$ vom Kreuzungspunkt die diabatische Aufspaltung gerade identisch der adiabatischen am Kreuzungspunkt ist, nämlich $4aF_{ab} = W_{ab}$. Dies ist im unteren Teil von Abb. 17.17 eingetragen. Wir haben es also hier mit so etwas wie einem modifizierten Massey-Kriterium zu tun: der Wechselwirkungsbereich ist jetzt auf die Kreuzung beschränkt, und die Größe der energetischen Aufspaltung an der Kreuzung hat entscheidenden Einfluss auf die Übergangswahrscheinlichkeit. Je größer die Aufspaltung, desto geringer ist die Wahrscheinlichkeit (17.71) für einen Sprung vom einen zum anderen adiabatischen Zustand. Umgekehrt nimmt diese Übergangswahrscheinlichkeit mit der Radialgeschwindigkeit u_R ebenso zu wie mit der Differenz der Steigungen. Für $u \to 0$ (und somit $u_R \to 0$) geht in diesem Falle $w_{ba} \to 0$.

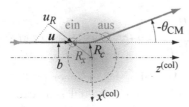

Abb. 17.18. Trajektorie mit zweimaliger Kurvenkreuzung („ein" bzw. „aus") bei R_x. R_c ist der klassische Umkehrpunkt

Mit Blick auf Abb. 17.18 müssen wir uns nun aber überlegen, zu welchem Gesamtergebnis der Stoß führt. Denn jede Trajektorie passiert zweimal die Kreuzung bei R_x, sofern die Stoßenergie hoch genug ist: (1) auf dem mit „ein" gekennzeichneten Weg hin zum klassischen Umkehrpunkt R_c und (2) auf dem mit „aus" gekennzeichneten Weg vom klassischen Umkehrpunkt weg. Bei jeder Passage des Kreuzungspunkts können Übergänge stattfinden oder auch nicht. Es gibt also insgesamt zwei verschiedene Trajektorien, die zu einem nichtadiabatischen Übergang $|b\rangle \leftarrow |a\rangle$ führen:

1. Für eine Trajektorie, die auf dem Hinweg den Sprung $|b\rangle \leftarrow |a\rangle$ mit der Wahrscheinlichkeit w_{ba} geschafft hat, wird die Wahrscheinlichkeit auf dem

Hinausweg in diesem Zustand $|b\rangle$ zu bleiben $(1 - w_{ba})$. Insgesamt also ist die adiabatische Übergangswahrscheinlichkeit $w_{ba}(1 - w_{ba})$.

2. Andererseits kann auch eine Trajektorie, die auf dem Weg hinein nicht gesprungen ist (Wahrscheinlichkeit $1 - w_{ba}$), es auf dem Weg hinaus mit der Wahrscheinlichkeit w_{ba} schaffen. Auch für diese Trajektorie ist die Sprungwahrscheinlichkeit insgesamt also $(1 - w_{ba}) w_{ba}$.

Beide Trajektorientypen tragen zu den Übergängen bei. Schließlich wird die Gesamtwahrscheinlichkeit[8] für den Übergang $|b\rangle \leftarrow |a\rangle$:

$$w_{ba}^{tot} = 2w_{ba}(1 - w_{ba}) \tag{17.74}$$

Dies *ist die Landau-Zener Übergangswahrscheinlichkeit für einen nicht-adia-batischen Übergang* an einer lokalisierten Kreuzung. Ihr Verlauf als Funktion des Adiabatizitätsparameters ξ ist ähnlich wie in Abb. 17.5 auf S. 396 skizziert, hat aber bei $\xi \simeq 0.11$ ein Maximum von $w_{ba}^{tot} = 1/2$ – es können also nie mehr als 50% aller Prozesse zu einem nichtadiabatischen Übergang führen. Das Landau-Zener Modell ist zwar recht qualitativ, hat sich aber für die Diskussion nichtadiabatischer Übergänge bei atomaren Stoßprozessen oder intramolekularer Dynamik sehr bewährt und wird auch heute noch vielfach angewandt – auch wenn eine quantitative Untersuchung natürlich die exakte Lösung der gekoppelter Differenzialgleichungen (17.53) erfordert.

17.5.5 Ein einfaches Beispiel: Na$^+$ + Na(3p)

Als noch recht übersichtliches Beispiel diskutieren wir einen Ionenstoßprozess mit einem angeregten Atom, bei welchem besonders ausgeprägt zwei inelastische Prozesse stattfinden können: ein „superelastischer" (exothermer) Abregungsprozess und ein Anregungsprozess nach dem Schema

$$\text{Na}^+ + \text{Na}(3p\,^2\text{P}_{3/2}) + T \begin{cases} \to & \text{Na}^+ + \text{Na}(3s\,^2\text{S}) + (T + 2.10\,\text{eV}) \\ \to & \text{Na}^+ + \text{Na}(3d\,^2\text{D}) + (T - 1.48\,\text{eV}) \end{cases} . \tag{17.75}$$

Abbildung 17.19 zeigt die relevanten Wechselwirkungspotenziale des Systems Na$_2^+$. Mit Kreisen markiert sind drei Kreuzungen, von denen wir hier nur (C) für den Übergang $|3p\rangle \to |3s\rangle$ und (B) für den Übergang $|3p\rangle \to |3s\rangle$ diskutieren.[9] Es handelt sich in beiden Fällen um Kreuzungen zwischen $|n\ell\Sigma_u\rangle$- und $|n'\ell'\Pi_u\rangle$-Zuständen, deren Potenziale sich als Lösungen der elektronischen Schrödinger-Gleichung (17.39) für das System Na$_2^+$ ergeben.

In der für statische Betrachtungen von Molekülen üblichen Darstellung als Funktion von R, wie wir sie in Kap. 11 stets benutzt haben, sind dies

---

[8] Umgekehrt ist die Wahrscheinlichkeit beim Gesamtprozess im Ausgangszustand zu bleiben $w_{ba}w_{ba} + (1 - w_{ba})(1 - w_{ba}) = 1 - w_{ba}^{tot}$.

[9] Die Kreuzung (D) ist für die Polarisationsabhängigkeit des Prozesses wichtig, die wir hier nicht besprechen können.

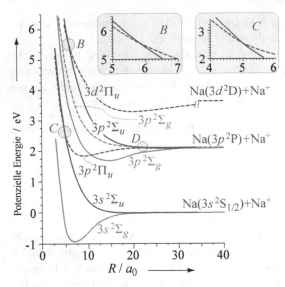

Abb. 17.19. Potenziale für Na$_2^+$ nach Daten von Magnier und Masnou-Seeuws (1996). Die hier relevanten Potenziale sind *rot* gezeichnet. Für die beobachteten inelastischen Ionenstoßprozesse sind die mit (B) und (C) markierten Kreuzungen verantwortlich. In den Einsätzen sind diese Kreuzungen vergrößert herausgezeichnet. Die übrigen Potenziale tragen nicht zu den hier beschriebenen Prozessen bei. Die Bezeichnung der Kreuzungen ist historisch bedingt

echte Kreuzungen. Denn die Radialteile der Zustände sind zwar von R abhängig, wegen der verschiedenen Symmetrie im Winkelanteil wird aber $\langle n\ell\Sigma_u | \partial/\partial R | n'\ell'\Pi_u\rangle \equiv 0$, und die *Zustände spalten entlang R nicht auf*. Andererseits gibt es aber nach (17.58) eine nicht verschwindende Rotationskopplung $(\ell\hbar/\mu R^2)\,\langle n\ell\Sigma_u | \mathrm{i}\hat{L}_y | n'\ell'\Pi_u\rangle$, die Übergänge an den Kreuzungen verursachen kann. Quantitativ findet man, dass die Kopplungsmatrixelemente hier $\langle 3p\Pi_u | \hat{L}_y | 3s\Sigma_u\rangle$ und $\langle 3p\Sigma_u | \hat{L}_y | 3d\Pi_u\rangle$ hier $\simeq \hbar$ sind (Allan und Korsch, 1985). Die Begriffsbildungen diabatisch und adiabatisch sind hier offenbar etwas verwirrend, und man sollte daher besser über kreuzende bzw. nicht kreuzende Potenziale sprechen.

Die Potenziale der als Funktion von R kreuzenden Zustände, welche wir bei der Diskussion des Landau-Zener Modells in Abschn. 17.5.4 mit $U_{aa}^{(D)}$ bzw. $U_{bb}^{(D)}$ bezeichnet haben, sind im Falle der Rotationskopplung also die adiabatischen Eigenwerte des elektronischen Hamiltonians, die als Funktion des Ablenkwinkels $\Theta_R(t)$ aufspalten.[10] Das in die Übergangswahrscheinlichkeit eingehende Kopplungspotenzial $U_{ab}^{(D)}$ ist die Rotationskopplung. Die Wahrscheinlichkeit, auf den jeweiligen anfänglichen (sich kreuzenden) Potenzialen zu bleiben, wird demnach im Landau-Zener Modell

---

[10] Wir notieren hier beiläufig, dass die Potenzialaufspaltung durch Rotationskopplung, die letztlich durch die unvermeidbare Drehung der internuklearen Achse beim Stoß auftritt, eine direkte Entsprechung in der Molekülspektroskopie besitzt: wir hatten diese in Kap. 11.6.6 als Lambda-Verdopplung kennengelernt – eine Aufspaltung der Energieniveaus in Λ^+- und Λ^--Zustände bei höheren Rotationsquantenzahlen, die durch Kopplung von elektronischem Bahndrehimpuls Λ und Kernrotation N entsteht.

$$w_{ab} = \exp(-2\pi\xi) \quad \text{mit} \quad \xi = \left(\frac{\ell\hbar}{\mu R^2}\right)^2 \frac{\left|\left\langle n\ell\Sigma_u \left| \hat{L}_y \right| n'\ell'\Pi_u \right\rangle\right|^2}{\hbar u_R \left|F_{ab}\right|} \tag{17.76}$$

und geht bei sehr kleiner Relativgeschwindigkeit $u \to 0$ ($\ell \to 0$ sowie $u_R \to 0$) über in $w_{ab} \to 1$. Das ist gleichbedeutend mit verschwindender Übergangswahrscheinlichkeit $(1 - w_{ab})$ für den Übergang $|n\ell\Sigma_u\rangle \to |n'\ell'\Pi_u\rangle$. Bei mittleren und höheren kinetischen Energien finden Übergänge an den Kreuzungen aber sehr wohl statt. Dabei hängt die Übergangswahrscheinlichkeit natürlich vom Stoßparameter ab, der über $\ell\hbar = \mu u b$ und $u_R = u(1-(b/R)^2)^{1/2}$ in die Rechnung eingeht – letzteres liest man an Abb. 17.18 auf S. 428 ab.

Für eine belastbare Berechnung der differenziellen Wirkungsquerschnitte im Rahmen der semiklassischen Näherung muss man einerseits die klassische Ablenkfunktion $\Theta(b)$ auf einem angepassten Potenzial bestimmen, welches ggf. die Sprünge zwischen den beiden Zuständen berücksichtigt. Sodann ist das gekoppelte Differenzialgleichungssystem (17.53) exakt oder nach einem angemessenen Modell zu lösen (für eine endlich Zahl von Zuständen). Schließlich sind die Streuphasen $\eta_{a,b}$ als Funktion von ℓ zu berechnen, z.B. als JWKB-Phasen nach (16.86). Ohne auf die Details einzugehen (s. z.B. Allan und Korsch, 1985; Bandrauk und Child, 1970), sei hier die sich ergebende S-Matrix notiert:

$$\begin{aligned}
S_{aa}^{(\ell)} &= \left[e^{-2\pi\xi} + (1 - e^{-2\pi\xi})e^{-2i\delta}\right]e^{2i\eta_a} \\
S_{bb}^{(\ell)} &= \left[e^{-2\pi\xi} + (1 - e^{-2\pi\xi})e^{2i\delta}\right]e^{2i\eta_b} \\
S_{ab}^{(\ell)} &= S_{ba}^{(\ell)} = 2ie^{-\pi\xi}\sqrt{1 - e^{-2\pi\xi}}\sin\delta\, e^{i(\eta_a+\eta_b)}
\end{aligned} \tag{17.77}$$

Dabei sind ξ, η_a, η_b und δ von ℓ bzw. b abhängig, und $\hat{S}$ ist natürlich unitär. Die zusätzliche Phase $\delta(\ell)$ berücksichtigt die im Kreuzungsbereich möglichen, in Abschn. 17.5.4 diskutierten alternativen Wege, auf denen unterschiedliche Phasen aufgesammelt werden können. In der S-Matrix führt das zu charakteristischen Interferenzen, sogenannten *Stückelberg-Oszillationen*.

Die Streuamplitude erhält man schließlich durch Einsetzen von (17.77) in (17.29), woraus wiederum der differenzielle Wirkungsquerschnitt $I(\theta)$ nach (17.30) folgt. Alternativ kann man für sehr kleine Wellenlängen (hohe kinetische Energien, große Massen) $I(\theta)$ wie bei der Schattenstreuung auch als Beugungsintegral (16.59) berechnen. Die komplexe Transmissionsfunktion $T(b)$ wird dann durch die semiklassische Übergangsamplitude $c_{ba}(\infty, b)$ gegeben, die man in einer möglichst exakten Rechnung aus den gekoppelten Differenzialgleichungen bestimmt und einschließlich der reellen Phasen berechnet. Abbildung 17.20 zeigt für den ersten der beiden in (17.75) genannten Prozesse die von Allan und Korsch (1985) semiklassisch berechnete Übergangswahrscheinlichkeit durch Rotationskopplung (Kreuzung (C) in Abb. 17.19). Zum Vergleich ist die unter gleichen Bedingungen berechnete Landau-Zener Übergangswahrscheinlichkeit nach (17.76) gezeigt. Der klassisch maximal wirksame Stoßparameter liegt für eine nahezu geradlinige Trajektorie bei $b = R_x \simeq 4.9\,a_0$. Wie man sieht, finden in quantenmechanischer Rechnung auch für größere b noch Übergänge statt.

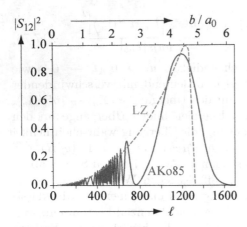

Abb. 17.20. Berechnete Wahrscheinlichkeit für den Übergang $|3p\rangle \rightarrow |3s\rangle$ beim Stoß von Na(3p) mit Na$^+$ bei 47.5 eV als Funktion von relativem Kernbahndrehimpuls ℓ bzw. Stoßparameter b. Gezeigt werden die semiklassisch exakt berechneten Werte $|S_{12}|^2$ nach Allan und Korsch (1985) (——) im Vergleich mit der Landau-Zener Übergangswahrscheinlichkeit $4\exp(-2\pi\xi)\,[1 - \exp(-2\pi\xi)]$ (– – – –)

Diese Prozesse wurden von Bähring et al. (1984) detailliert untersucht (s. auch den Übersichtsartikel von Campbell et al., 1988). Wir zeigen hier in Abb. 17.21 nur eine sehr schematische Übersicht der verwendeten Ionenstreuapparatur. Die Na$^+$-Ionen werden an einer heißen, mit Na imprägnierten Metalloberfläche erzeugt, durch einen elektrostatischen 180°-Halbkugelkondensator mit einer Bandbreite von ca. 150 meV selektiert und in einer Ionenoptik zum Strahl geformt. Dieser kreuzt bei Laborenergien im Bereich von 40–100 eV einen Natrium-Atomstrahl unter rechtem Winkel. Die unter einem Laborwinkel θ_{Lab} gestreuten Na$^+$-Ionen werden mit einem elektrostatischen Energie-

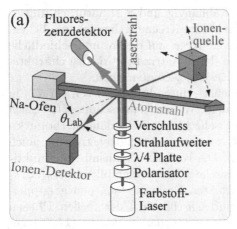

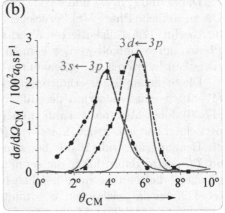

Abb. 17.21. Na$^+$ + Na(3p) → Na$^+$ + Na(3s, 3d) Streuexperiment:
(a) experimenteller Aufbau, schematisch. **(b)** Differenzieller Wirkungsquerschnitt als Funktion des Streuwinkels θ_{CM} im Schwerpunktsystem bei einer kinetischen Energie $T_{\text{CM}} = 47.5$ eV: Messpunkte •, ■ verbunden durch Linie zur Augenführung - - - nach Bähring et al. (1984); semiklassische Rechnungen —— nach Allan und Korsch (1985), im Winkel leicht reskaliert (s. Text)

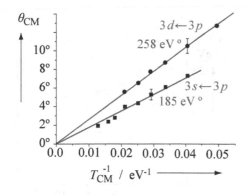

Abb. 17.22. Reduzierter Streuwinkel für maximale Übergangswahrscheinlichkeit bei inelastischen und superelastischen $Na^+ + Na(3p)$-Stößen (17.75) nach Bähring et al. (1984)

analysator (ebenfalls ein 180°-Halbkugelkondensator) analysiert und schließlich mit einem Teilchenmultiplier nachgewiesen. Auch der relative Azimutwinkel der Nachweisebenen des Detektors ist einstellbar. Die Na-Target Atome im Streuzentrum werden mit linear polarisiertem, senkrecht zur Streuebene eingestrahltem cw-Laserlicht in den $Na(3\,^2P_{3/2}, F = 3)$-Zustand angeregt (zum optischen Pumpen s. Anhang J). Für kleine Streuwinkel ist die Kinematik des Systems leicht vom Labor ins Schwerpunktsystem umzurechnen (s. Kap. 16.2.2): $T_{CM} \simeq T_{Lab}/2$ und $\theta_{CM} \simeq 2\theta_{Lab}$. Damit wird der reduzierte Streuwinkel τ, der wie im elastischen Fall eine Funktion des Stoßparameters b ist, durch $\tau = T_{CM}\theta_{CM} = T_{Lab}\theta_{Lab}$ gegeben.

Abbildung 17.21b vergleicht die experimentell bestimmten, differenziellen Wirkungsquerschnitte für die beiden Reaktionen nach (17.75) mit den semiklassischen Rechnungen nach Allan und Korsch (1985). Da die Lage der Kreuzungen R_x nach Magnier und Masnou-Seeuws (1996) bei etwas größeren Werten als den in der Rechnung benutzten liegt, haben wir den Streuwinkel mit $\theta_{CM} \propto 1/R_x$ jeweils leicht skaliert. Das ist sinnvoll, denn nach (16.47) gilt ungefähr $\theta_{CM} \propto 1/b$ (wir haben es im Bereich der relevanten Abstände näherungsweise mit einem Coulomb-Potenzial zu tun). Das führt zu einer verbesserten Übereinstimmung von Theorie und Experiment, die angesichts der Einfachheit des Modells erstaunlich gut ist, selbst im Vergleich der Querschnitte für die beiden betrachteten Prozesse (die absolute Skalierung wurde mit Hilfe der Theorie vorgenommen). In Abb. 17.22 sind schließlich die Messungen für verschiedene Stoßenergien zusammengefasst. Es zeigt sich, dass der reduzierte Streuwinkel $\tau = T\theta$, bei welchem der differenzielle Wirkungsquerschnitt maximal wird, in der Tat recht gut eine Konstante ist, wie man es in erster Näherung nach (16.53) auch erwartet.

17.5.6 Stückelberg-Oszillationen

Wir hatten im vorangehenden Abschnitt bereits erwähnt, dass bei der Stoßanregung durch Potenzialkreuzung unterschiedlichen Phasen auf den beiden möglichen, zum gleichen Streuwinkel führenden Wegen zwischen einlaufender

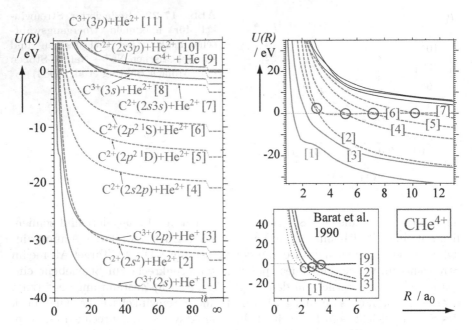

Abb. 17.23. Potenziale und Energetik für das System CHe^{4+} nach Pichl et al. (2006). Zustand [9] —— repräsentiert den Eingangskanal, *gestrichelte graue Linien* entsprechen dem 2e-Einfang, volle Linien dem 1e-Einfang. *Links*: Gesamtübersicht; *rechts oben*: kritischer Kreuzungsbereich; *rechts unten*: vereinfachtes Vierzustandsmodell nach Barat et al. (1990), *schwarz gepunktet* diabatische Basis. *Rote Kreise* deuten die relevanten Kreuzungen an

und auslaufender Kreuzung (s. Abb. 17.18) akkumuliert werden können. Das inelastische Streumatrixelement S_{ab} nach (17.77) lässt danach Interferenzen erwarten, die sich in Oszillationen als Funktion des Streuwinkels (oder auch der Energie) auswirken sollten. Das Phänomen wurde bereits von Stückelberg (1932) erstmals behandelt. Die in Abb. 17.20 gezeigte Rechnung zum vorangehenden Beispiel mag dies verdeutlichen. Leider sind die Oszillationen nach Umrechnung in den differenziellen Wirkungsquerschnitt nach Ausweis von Abb. 17.21b dann doch so klein, dass sie dort nicht beobachtet werden. Es gibt aber zahlreiche Beispiele, wo diese Interferenzen deutlich sichtbar werden.

Wir diskutieren hier den Ladungsaustausch zwischen einem vierfach geladenen C^{4+}-Ion und einem neutralen He-Atom. Das Beispiel ist in mehrfacher Hinsicht interessant und populär unter Streuphysikern: es ist relativ bequem darstellbar (das hochgeladene Ion wird an Standardquellen bereit gestellt), die beiden Stoßpartner haben am Anfang identische elektronische Strukturen ($1s^2\,{}^1S_0$), der Prozess verläuft exotherm in mehrere Endkanäle, die leicht durch Nachweis der gestreuten C^{3+}- oder C^{2+}-Ionen identifiziert werden können. Auch haben wir es hier mit einem Fall reiner Radialkopplung zu tun, gewissermaßen ein Gegenstück zum eben behandelten Fall. Eine ganze

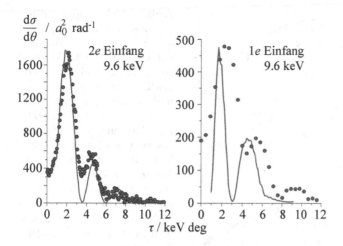

Abb. 17.24. Differenzieller Wirkungsquerschnitt für C^{4+} + He als Funktion des reduzierten Streuwinkels τ nach Barat et al. (1990) bei 9.6 keV. Die Messpunkte werden mit semiklassischen Rechnungen (——) in einem 4 Zustandsmodell verglichen

Reihe von Elektroneneinfangprozessen mit je nach Kanal unterschiedlichem Energiegewinn ΔW in die verschiedenen angeregten Zustände des zweifach und dreifach ionisierten C^{q+}-Ions ist möglich:

$$C^{4+}(1s^2\,{}^1S)+He(1s^2\,{}^1S) \to \begin{cases} C^{3+}(1s^2\,n\ell\,{}^2L) + He^+(1s) + \Delta W \\ C^{2+}(1s^2 2sn'\ell'\,{}^1L') + He^{2+} + \Delta W \\ C^{2+}(1s^2 2pn''\ell''\,{}^1L'') + He^{2+} + \Delta W \end{cases} \quad (17.78)$$

In Abb. 17.23 zeigen wir die Potenzialkurven für alle exothermen Prozesse nach Pichl et al. (2006). Bei den Konfigurationsangaben werden der Übersichtlichkeit halber 1s-Elektronen nicht erwähnt. Die Potenziale sind überwiegend durch die Coulomb-Abstoßung in den Ausgangskanälen bestimmt, der Anfangskanal entspricht einer nahezu horizontalen Linie, die durch vermiedene Kreuzungen unterbrochen wird. Die vergrößerte Darstellung rechts oben lässt die vermiedenen Kreuzungen (rote Kreise) deutlich erkennen, an denen der Ladungsaustausch nach (17.78) stattfindet. Auch hier gibt es natürlich (mehrere) verschiedene Wege zum klassischen Umkehrpunkt hin und beim Auseinanderlaufen – ganz so wie wir das in Abschn. 17.5.4 besprochen haben. Die Phasendifferenzen führen in diesem Fall zu deutlichen Interferenzstrukturen, die von Barat et al. (1990) bei hohen kinetischen Energien untersucht wurden. Abbildung 17.24 gibt Beispiele für den Ein- und Zweielektroneneinfang bei 9.6 keV, wo der differenzielle Wirkungsquerschnitt summiert über die verschiedenen Endzustände als Funktion des reduzierten Streuwinkels $\tau = T\theta$ gezeigt ist. Die experimentellen Daten werden mit einer semiklassischen Rechnung nach den oben diskutierten Modellen verglichen. Barat et al. (1990) benutzten dafür die diabatische Version eines vereinfachten Vierzustandsmodells mit den in Abb. 17.23 rechts unten skizzierten Potenzialen. Die Übereinstimmung von Theorie und Experiment ist angesichts des recht einfachen Modells erstaunlich gut. Man beachte, dass die beim Einfacheinfang wirksamen Kreuzungen bei recht kleinem internuklearen Abstand

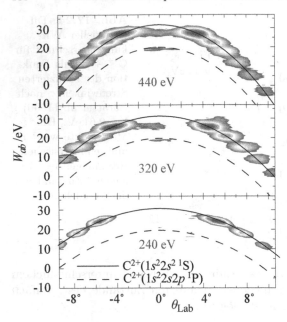

Abb. 17.25. Doppelt differenzieller Wirkungsquerschnitt für den 2e-Einfang beim Stoß C^{4+} + He bei niedrigen Energien als Funktion des Laborstreuwinkels θ_{Lab} und des Energiegewinns ΔW nach Hoshino et al. (2007). Die glatte und die *gestrichelte Kurve* geben (für $\Delta W = 33.4$ bzw. $\Delta W = 20.7$ eV) die Differenz der nach der Kinematik erwarteten, im Labor gemessen kinetischen Energien des C^{2+} bzw. C^{4+} nach und vor dem Stoß als Funktion des Laborstreuwinkels θ_{Lab}

liegen, der wegen der Coulomb-Abstoßung nur bei hohen Energien erreicht wird.

Bei deutlich niedrigeren Energien wurde der Zweielektroneneinfang kürzlich von Hoshino et al. (2007) als Funktion von Energieverlust und Streuwinkel bestimmt. Abbildung 17.25 zeigt eine 2D Darstellung des doppelt-differenziellen Wirkungsquerschnitts als Funktion des Energiegewinns $(T' - T)$ und des Laborstreuwinkels. Der dominante Prozess ist hier offensichtlich der 2e-Einfang in den Grundzustand des $C^{2+}(1s^2 2s^2)$. Auch hier sind die Stückelberg-Oszillationen deutlich als Funktion des Streuwinkels zu erkennen.

17.6 Stoßprozesse mit hochgeladenen Ionen (HCIs)

Wir hatten in Kap. 6.5, Band 1 bereits im Zusammenhang mit der Lamb-Shift darauf hingewiesen, dass man heute sehr grundlegende Experimente mit hochgeladenen Ionen (*highly charged ions, HCI*) durchführt. So erlauben wasserstoffartige Ionen von schweren Elementen (bis hin zum 91-fach ionisierten Uran mit der Kernladungszahl 92) empfindliche Tests der Quantenelektrodynamik, deren Einfluss bekanntlich nach Potenzen des Produkts von Feinstrukturkonstante ($\alpha \simeq 1/137$) und wirksamer Kernladungszahl q zu entwickeln ist. Störungstheorie wird also mit zunehmender Kernladungszahl problematischer.

Im Anschluss an die eben besprochenen Ladungsaustauschprozesse mit C^{4+} wollen wir hier auf sehr spezifische Phänomene bei HCI-Stößen hinweisen. Dieses interessante Spezialgebiet der Stoßphysik hat sich in den letzten zwei bis drei Dekaden sehr produktiv entwickelt (s. Morgenstern und Schmidt-Böcking, 2009). Die extrem hohen potenziellen Energien hochgeladener Ionen können zu sehr heftigen und vielseitigen Reaktionen führen. In Abb. 17.26 sind

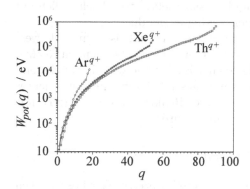

Abb. 17.26. Potenzielle Energie W_{pot} hochgeladener, atomarer Ionen als Funktion ihrer Ladung q nach Winter und Aumayr (1999). Im Prinzip kann $W_{pot}(q)$ beim Einfang von q Elektronen freigesetzt werden

diese Energien W_{pot} als Funktion der Ladungszahl q für drei Beispiele zusammengestellt.[11] Man sieht, dass z.B. bereits der nackte Argonkern (Ar^{18+}) eine potenzielle Energie von fast 16 000 eV trägt, und dass bei der vollständigen Rekombination von Th^{90+} mit all seinen Elektronen nahezu 1 MeV frei werden. Neben dem grundlegenden akademischen Interesse an solchen Prozessen haben hochgeladene Ionen aber auch vielerlei praktische Bedeutung. HCIs kommen relativ häufig im Kosmos vor und können daher für diagnostische Zwecke eingesetzt werden, so etwa – um eine etwas exotische Anwendung zu nennen – zur Temperaturbestimmung des Sonnenwinds durch Stöße in Kometenatmosphären. Auch in Fusionsplasmen spielen HCIs eine Rolle, wo durch Ionenbombardement schwere Elemente aus den Wänden geschlagen werden. Im Zusammenhang mit Anwendungen zur Nanostrukturierung von Oberflächen oder biomedizinischen Objekten wird die hohe Energiedichte und exzellente Fokussierbarkeit von HCI-Strahlen hervorgehoben.

Man kann hochgeladene Ionen heute auf verschiedene Weise herstellen. Beschleuniger-basierte Quellen, bei welchen Ionen bei hoher Energien durch dünne Folien geschossen werden, wo sie ihre Elektronen verlieren, werden zunehmend durch *ECR-* (*electron cyclotron resonance*) sowie *EBIS-* und *EBIT-*Quellen (*electon beam ion source* bzw. *... trap*) abgelöst. In den letzten Jahren wurden erhebliche Fortschritte gemacht, sodass solche Quellen heute weltweit in einer Reihe von spezialisierten Labors verfügbar sind. Sie basieren im Wesentlichen auf den gleichen physikalischen Prinzipien, sind aber in ihrer Konstruktion recht unterschiedlich. In allen drei Fällen werden die HCIs durch wiederholten Elektronenstoß in zahlreichen Einzelschritten erzeugt und in einem elektrischen Feld gespeichert, während starke Magnetfelder (z.T. mit Supraleitern erzeugt) die Elektronen zusammenhalten und fokussieren. In der

---

[11] W_{pot} ist die Summe aller Ionisationspotenziale $W_I(q')$ für $q' \leq q$.

EBIT-Quelle spielen die Elektronen eine wichtige Rolle bei der Speicherung der Ionen. Beimischung verschiedener leichter Gase erlaubt über Kleinwinkel-Ionenstöße eine effiziente Kühlung (sogenannte Verdampfungskühlung). Für die Untersuchung von Stoßprozessen werden die HCIs dann aus der Quelle extrahiert, beschleunigt, nach Energie und Masse selektiert und schließlich auf ein Target fokussiert oder in einen Speicherring eingeführt.

Die Vielfalt der möglichen Prozesse in Stößen mit HCIs ist sehr groß, weshalb hoch effiziente Nachweis- und Messverfahren für die entstehenden Reaktionsprodukte entscheidend beim Erfolg solcher Experimente sind. Zunehmend werden orts- und zeitaufgelöste Methoden eingesetzt, häufig mit koinzidenter Bestimmung der Impulskomponenten mehrerer Reaktionsprodukte (z.B. mit *COLTRIMS*, das in Anhang J.4 kurz erläutert wird).

17.6.1 Das „über die Barriere" Modell

Von besonderer Bedeutung sind Ladungsaustauschprozesse. Wir beschränken uns hier der Übersichtlichkeit halber auf den Einfang von nur einem Elektron (*single electron capture, SEC*) nach dem Schema

$$A^{q+} + B \rightarrow A^{(q-1)+}(n\ell) + B^+ \,. \tag{17.79}$$

Sei die Bindungsenergie (< 0) des transferierten Elektrons W_b' nach dem Stoß bzw. W_b vor dem Stoß, dann wird bei hoher Ladung q der sogenannte *Energiedefekt* des Prozesses

$$Q = W_b' - W_b \tag{17.80}$$

typischerweise negativ sein, da das eingefangene Elektron in $A^{(q-1)+}$ viel stärker gebunden ist als zuvor in B. Man hat es also mit exothermen Prozessen zu tun, die – wie schon in Abschn. 17.1.1 besprochen – hohe Wirkungsquerschnitte haben können. Das HCI (A^{q+}) wirkt im Stoß mit einem neutralen, ruhenden Target (B) wegen seiner hohen potenziellen Energie gewissermaßen wie ein Staubsauger, der die Elektronen aus dem neutralen Teilchen begierig aufnimmt, sofern es nur hinreichend nahe kommt. Dabei wird, wie in Abb. 17.27 skizziert, die Potenzialbarriere zwischen Projektil und Target dramatisch abgesenkt. Dieses sogenannte klassische „über die Barriere" (*over-the-barrier*) Modell wurde bereits in den späten 80er Jahren des letzten Jahrhunderts entwickelt (s. Niehaus, 1986, und weitere dort zitierte Arbeiten), erfreut sich aber nach wie vor großer Beliebtheit für qualitative Diskussionen und macht erstaunlich akkurate Vorhersagen.

Wir diskutieren hier die Grundideen. Wenn sich das Projektil dem Target nähert, so durchläuft das vom äußeren Targetelektron (Koordinate r) effektiv „gesehene" Potenzial $V(r; R)$ die in Abb. 17.27a–h skizzierten Szenarien bei verschiedenen internuklearen Abständen R. Bei einer kritischen Annäherung auf den Abstand $R = R_{th}$ sinkt die Barriere unter die lokale Bindungsenergie der Targetelektronen, wie in Abb. 17.27c angedeutet. Projektil und Target bilden dann für kurze Zeit ein Quasimolekül und das Elektron kann seinen

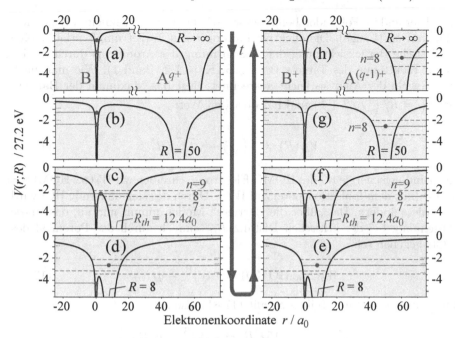

Abb. 17.27. Klassisches *over-the-barrier* Modell für einen Einelektronaustausch-prozess (SEC) am Beispiel He+Ar^{18+} (wir folgen hier einer Darstellung von R. Morgenstern, Morgenstern und Schmidt-Böcking, 2009). Die *dicken roten Pfeile* deuten den zeitlichen Ablauf an. *Rote, horizontale Linien* entsprechen den Energieniveaus in den isolierten Stoßpartnern bzw. für $R \leq R_{th}$ im Quasimolekül (*voll*: besetzt, *gestrichelt*: unbesetzt). Der energetischen Konsistenz wegen wurden die beiden He-Elektronen auch beim Hereinlaufen auf unterschiedlichem Niveau gezeichnet – auch wenn sie natürlich im ersten Ionisationsschritt ununterscheidbar sind

Platz wechseln. Dabei kommen sich HOMO des Targets und hoch angeregte, unbesetzte $n\ell$-Zustände des Ions energetisch sehr nahe. Das Elektron besetzt diese Zustände mit hoher Wahrscheinlichkeit und wird auch bei der Trennung auf dem Weg nach außen (Abb. 17.27f) nur mit kleiner Wahrscheinlichkeit vom Projektil A zum Target B zurückwechseln, denn der Phasenraum (Entartungsgrad) ist in den hoch liegenden Projektilzuständen viel größer als bei dem meist viel leichteren Target. Typischerweise werden hohe Stoßenergien untersucht, sodass – anders als in Abschn. 17.1 – näherungsweise geradlinige Trajektorien angenommen werden können. Der kritische Abstand R_{th} kann dann mit dem maximalen Stoßparameter b_m für einen Ladungsaustauschpro-zess identifiziert werden. Daraus resultieren Einfangquerschnitte $\sigma \simeq \pi R_{th}^2$, die sehr groß werden können.

Quantitativ geht man von einem Potenzial

$$V(r; R) = \left(-\frac{t}{r} - \frac{q}{R - r} \right)$$

aus. Hier und im Folgenden benutzen wir wieder atomare Einheiten W_0 (Energie) und a_0 (Länge). Die effektive Ladung t des Targetrumpfs erlaubt eine realistische Berücksichtigung der Abschirmung des Atomkerns durch die inneren Elektronen des Targets B (s. z.B. Kap. 7.2, Band 1). Wie man nach den Regeln der Analysis leicht ausrechnet, liegt das Maximum der Barriere bei $r_M = R/\left(\sqrt{q/t}+1\right)$ und hat dort den Wert

$$V_M(R) = -\left(\sqrt{q}+\sqrt{t}\right)^2/R. \tag{17.81}$$

Die Bindungsenergie W_b des HOMO Elektrons schreiben wir $W_b(\infty,\text{HOMO}) = -W_I^{\text{B}}$ (mit dem Ionisationspotenzial W_I^{B}). Durch das sich nähernde HCI wird sich diese ändern. Das „über die Barriere" Modell nimmt nun an, dass diese Absenkung bei der kritischen Distanz R_{th} einfach durch das Potenzial des HCIs gegeben sei:

$$W_b(R_{th},\text{HOMO}) = -W_I^{(\text{B})} - q/R_{th} \tag{17.82}$$

Die kritische Distanz ergibt sich mit (17.81) also aus

$$V_M(R) = -W_I^{(\text{B})} - q/R_{th}$$
$$\left(\sqrt{q}+\sqrt{t}\right)^2/R_{th} = W_I^{(\text{B})} + q/R_{th},$$

woraus folgt:

$$R_{th} = \frac{t + 2\sqrt{qt}}{W_I^{(B)}} \tag{17.83}$$

Ganz analog zu (17.82) werden auch die Energien der $n\ell$ Endzustände des Projektil-Ions bei R_{th} abgesenkt:

$$W_b'(R_{th},n\ell) = W_b'(\infty,n\ell) - t/R_{th} \tag{17.84}$$

Beim Einfang eines Elektrons werden im Projektilion bevorzugt jene Niveaus $n\ell$ bevölkert, deren Energie bei R_{th} dort möglichst gut mit der Energie des Targetelektrons nach (17.82) übereinstimmt:

$$-W_I^{\text{B}} - \frac{q}{R_{th}} \simeq W_b'(\infty,n\ell) - \frac{t}{R_{th}}.$$
$$W_b'(\infty,n\ell) \simeq -W_I^{\text{B}} - \frac{q-t}{R_{th}} = -W_I^{\text{B}}\frac{q+2\sqrt{qt}}{t+2\sqrt{qt}}, \tag{17.85}$$

letzteres unter Benutzung von (17.83). Damit wird der Energiedefekt (17.80):

$$Q = W_b'(\infty,n\ell) - W_b(\infty,\text{HOMO}) = -W_I^{(B)}\frac{(q-t)}{t+2\sqrt{qt}} \tag{17.86}$$

Schreiben wir schließlich die Bindungsenergie des ausgetauschten Elektrons im Projektilion $W_b'(\infty, n\ell) = -q^2/(2n^{*2})$, so wird mit (17.85) die Quantenzahl der vorzugsweise besetzten Zustände

$$n^* \simeq q \left(2W_I^{(B)}\right)^{-1/2} \left(\frac{t + 2\sqrt{qt}}{q + 2\sqrt{qt}}\right)^{1/2}. \tag{17.87}$$

17.6.2 Elektronenaustausch im Experiment

Wir wollen als konkretes Beispiel die Reaktion

$$\mathrm{Ar}^{q+} + \mathrm{He} \to \mathrm{Ar}^{(q-1)+}(n\ell) + \mathrm{He}^+ \tag{17.88}$$

betrachten, die von Knoop et al. (2008) für $q \geq 15$ bei Projektilenergien von $14\,\mathrm{keV}/q$ in einem COLTRIMS-Experiment untersucht und mit „state of the art" Close-Coupling-Rechnungen verglichen wurde.[12] Dabei wird also eines der He-Elektronen in einen Rydberg-Zustand $n\ell$ eingefangen. Die bei diesem Prozess freiwerdende Energie $Q(n\ell)$ wird im Experiment aus dem Impuls p des rückgestreuten He^+-Ions bestimmt. Man detektiert dieses in Koinzidenz mit dem jeweiligen Projektilion nach dem Stoß und stellt somit sicher, dass wirklich nur Signale aus dem SEC-Prozess (17.88) analysiert werden.

Sehen wir uns kurz die Kinematik an, die dieser Prozessanalyse zugrunde liegt. Man kann bei diesen hohen Energien von nahezu geradlinigen Trajektorien und entsprechend kleinem Streuwinkel θ ausgehen, sodass p nahezu parallel zum Impuls p_A des Projektils wird. Aus der Komponente $p_\perp = p \sin \theta$ bestimmt man den Streuwinkel, aus $p_\parallel \simeq p$ den Energiedefekt. Die Masse des Projektils A^{q+} ist vor bzw. nach dem Stoß M_A bzw. $(M_A + m_e)$ (Elektronenmasse m_e), seine Geschwindigkeit vor dem Stoß $v = p_A/M_A$. B wird vor dem Stoß als ruhend angenommen, und seine Masse sei vor dem Stoß M_B und nach dem Stoß entsprechend $(M_B - m_e)$. Der Einfachheit halber betrachten wir hier nur solche Target-Recoil-Ionen, die entlang der Projektilachse (vorwärts bzw. rückwärts) gestreut werden, für die also $p_\parallel = \pm p$ gilt. Der Impuls des Projektils nach dem Stoß (mit eingefangenem Elektron) wird dann

$$p_A' = p_A - p_\parallel. \tag{17.89}$$

Mit der kinetischen Energie $p_A^2/2M_A$ vor bzw. $p_A'^2/2(M_A + m_e)$ nach dem Stoß ergibt sich aus der Energiebilanz für den Energiedefekt (17.80):

$$Q = \frac{(p_A)^2}{2M_A} - \frac{(p_A - p_\parallel)^2}{2(M_A + m_e)} - \frac{p_\parallel^2}{2(M_B - m_e)}. \tag{17.90}$$

---

[12] Die in Abb. 17.27 skizzierten Szenarien entsprechen gerade den energetischen Verhältnissen dieser Reaktion für $q = 18$ (also für den nackten Ar-Kern). Nicht ganz korrekt aber anschaulich haben wir in dieser Darstellung die Absenkung der Zustände auch bei $R > R_{th}$ in Anlehnung an (17.82) und (17.84) gezeichnet.

Entwickelt man die Nenner nach m_e/M_A bzw. m_e/M_B bis zum linearen Glied und benutzt $p_A = M_A v$, so wird schließlich

$$Q = \frac{m_e v^2}{2} + p_\parallel v - \frac{p_\parallel^2}{2M_B}\left(1 + \frac{M_B}{M_A}\right), \qquad (17.91)$$

wenn man m_e/M_A und $m_e/M_B \ll 1$ (sub-Promille) vernachlässigt. In der einschlägigen Literatur findet man nur die in ersten beiden Terme (s. z.B. Ullrich et al., 2003; Depaola et al., 2008, wo allerdings unterschiedliche Vorzeichendefinitionen benutzt werden). Für hohe Energien (im hier besprochenen Experiment > 200 keV) ist der dritte Term aber ebenfalls vernachlässigbar, wie man leicht verifiziert und auch $m_e v^2/2$ ist in der Regel deutlich kleiner als $|p_\parallel v|$. Negatives Q (exotherme Reaktion) führt somit zu $p_\parallel < 0$: das Targetion wird also tatsächlich zurück gestreut.

In Abb. 17.28 sind Auszüge aus den Ergebnissen von Knoop et al. (2008) gezeigt. Sehr deutlich wird dabei, dass der Elektroneneinfang ins Projektilion in der Tat sehr selektiv auf wenige Zustände $n\ell$ beschränkt ist (Abb. 17.28a, b). Für $q = 18$ dominieren $n = 8$ und 7, bei $q = 15$ wird bevorzugt $n = 7$ und 6 besetzt. Ein Blick auf Abb. 17.27c zeigt, dass dies im Wesentlichen mit den Vorhersagen des *over-the-barrier* Modells übereinstimmt. Quantitativ ergeben

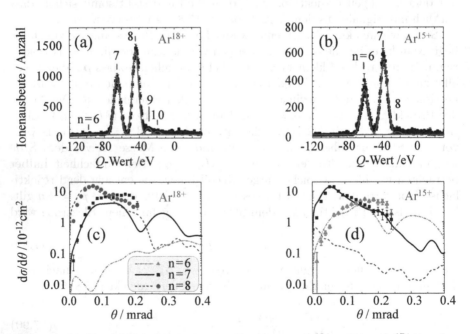

Abb. 17.28. Einelektroneinfang bei den Reaktionen $Ar^{18+} + He \rightarrow Ar^{17+}(1sn\ell) + He^+$ (**a, c**), sowie $Ar^{15+}(1s^2 2s) + He \rightarrow Ar^{14+}(1s^2 2sn\ell) + He^+$ (**b, d**), nach Knoop et al. (2008); (**a, b**) gemessene Q-Wert Spektren mit Fits (*rote Linien*) für die Besetzung der $n\ell$ Zustände, (**c, d**) experimentell bestimmte differenzielle Wirkungsquerschnitte und Vergleich mit der Theorie

sich nach (17.87) die Werte $n^* = 8.5$ bzw. 7.3, was zwar leicht oberhalb der experimentellen Beobachtung liegt, aber angesichts der Simplifikationen des Modells doch eine verblüffend gute Übereinstimmung bedeutet.

Die beobachteten differenziellen Querschnitte (Abb. 17.28c, d) sind wie erwartet stark vorwärts gerichtet, und die Übereinstimmung mit der Theorie ist beeindruckend. Die berechneten integralen Querschnitte, mit denen das Experiment kalibriert wird, sind – bedingt durch die großen Werte für die kritische Distanz R_{th} – sehr groß. Summiert über alle besetzten n^* Zustände liegt $\sigma(q)$ zwischen 24 und 26.9×10^{-16} cm^2 für $q = 15$ bis 18.

17.6.3 HCI Stöße und ultraschnelle Dynamik

Der aufmerksamen Leser wird bemerkt haben, dass das hier benutzte *over-the-barrier* Modell eine starke Ähnlichkeit mit den Konzepten besitzt, die wir in Kap. 8.9, Band 1 zur Beschreibung des Verhaltens von Atomen und Molekülen in intensiven Femtosekunden-Laserimpulsen benutzt haben. In der Tat sind die elektrischen Feldstärken, die bei der Wechselwirkung mit einem hoch geladenen Ion auftreten vergleichbar mit denen eines intensiven Laserfeldes, und so verwundert es nicht, dass z.B. das jeweils beobachtete Ionisations- und Fragmentationsverhalten häufig frappierende Übereinstimmungen zeigt. Auch die Wechselwirkungszeit bei solchen Stößen kann extrem kurz sein. In dem eben behandelten Fall findet man, dass das Projektil eine Strecke von der Größenordnung des kritischen Radius R_{th} in ca. 0.5 fs durchquert. Diese Zeit kann durch Erhöhung der Energie oder Betrachtung kleinerer Wechselwirkungsbereiche durchaus noch um eine Größenordnung reduziert werden. Wir haben es also hier mit *Attosekundenphysik* zu tun – die auch ein „hot topic" der aktuellen Laserphysik ist. Allerdings sind die von HCIs erzeugten Impulse in der Regel monodirektional – eine Eigenschaft, von der Laserphysiker bisweilen träumen. In aller Fairness muss man freilich sagen, dass die HCI-Stoßphysik im Gegensatz zu Experimenten mit Attosekunden-Laserimpulsen naturgemäß keine Anrege-Abtastexperimente kennt, die wiederum Grundvoraussetzung für die Echtzeitbeobachtung dynamischer Prozesse sind.

17.7 Surface hopping, konische Durchschneidungen und Reaktionen

Unsere Einführung in die inelastische Schwerteilchenstreuung war bislang auf zwei relative kleine Stoßpartner beschränkt (Elektronen, Atome, Ionen, kleine Moleküle), also auf einen ganz kleinen Ausschnitt aus der Realität bimolekularer Wechselwirkungen. Zunehmend kann man heute mit effizienten experimentellen und theoretischen Methoden auch Stöße und Reaktionen mehratomiger Systeme im Detail untersuchen. Statt der im Vorangehenden diskutierten Kurvenkreuzungen und Landau-Zener artigen Übergänge, hat man es dabei mit Übergängen zwischen multidimensionalen Potenzialhyperflächen zu tun und spricht von „surface hopping". Solche Prozesse geschehen aber nicht nur in (bimolekularen) Stoßprozessen sondern auch in angeregten, isolierten, größeren Molekülen oder Clustern. Diese intra- und intermolekulare Dynamik kann heute für viele interessante Beispiele detailliert zeitaufgelöst verfolgt werden. Solche „real time" Untersuchungen im Femto- oder gar Attosekunden Zeitbereich sind ein aktuelles, modernes Forschungsgebiet, das wir in Band 3 behandeln werden.

Bei der theoretischen Beschreibung solcher Prozesse ist im Verlauf der letzten Jahren deutlich geworden, dass sogenannte *konische Durchschneidungen* eine große Bedeutung haben: das sind Punkte (genauer: Hyperflächen reduzierter Dimensionalität), auf welchen verschiedene Zustände energetisch entartet sind. Wie wir gelernt haben, werden Kreuzungen bei zweiatomigen Molekülen für Zustände gleicher Symmetrie vermieden. Im vieldimensionalen Fall sind sie aber auf Flächen reduzierter Dimension durchaus möglich und sogar ein sehr typisches Phänomen. Für ein Verständnis photoinduzierter Reaktionsdynamik auf atomarem Niveau sind die so möglichen Sprünge zwischen verschiedenen Potenzialhyperflächen in der Tat entscheidend. Auch darauf werden wir in Band 3 noch zurückkommen.

Typische chemische Reaktionen können aber bereits auf einer einzigen (freilich multidimensionalen) Potenzialhyperfläche ablaufen. Der Wunsch, den Ablauf chemische Prozesse auf einem atomaren Niveau zu verstehen, war vom Anfang der Streuphysik an eine der wesentlichen Triebfedern für aussagekräftige Experimente mit gekreuzten Molekularstrahlen. Pionierarbeiten dazu wurden zwischen 1960 und 1990 weltweit in vielen Labors, vor allem aber in den Gruppen Dudley R. Herschbach, Yuan T. Lee und John C. Polanyi und ihren Schülern durchgeführt und (1986) mit dem Nobelpreis für Chemie gewürdigt. Heute gibt es eine große Vielfalt von experimentellen und theoretischen Methoden zur Untersuchung und Beschreibung solcher Prozesse. Herschbach konnte schon in seinem Nobel-Vortrag auf mehr als 500 Reviews und weit über 5 000 aktuelle Originalartikel hinweisen. Seither dürfte sich deren Zahl verzehnfacht haben.

Wir wollen unsere Ausführung über Schwerteilchenstreuung daher lediglich mit einem Blick auf den aktuellen Stand der experimentellen Technik beschließen. War man früher für das Studium reaktiver Prozesse auf große, mechanisch aufwendige Molekularstrahlapparaturen angewiesen, so kann man heute dank verbesserter Präparations- und Nachweistechniken viele Fragestellungen mit kleinen handlichen Apparaturen angehen. Abbildung 17.29 zeigt ein solches Experiment, das wieder eine COLTRIMS Anordnung benutzt, optimiert für die hier angesprochenen Messaufgaben. Wesentliche Bestandteile sind eine gepulste Quelle für niederenergetische Ionen und ein ebenfalls gepulster Molekularstrahl für das Target. Langsame (thermische) Ionen werden aus einem sehr kurz gepulsten Neutralatomstrahl durch Elektronenstoß erzeugt. Neutralstrahl und Ionenstrahl haben wohl definierte kinetische Energien und kreuzen sich im Reaktionszentrum. So wird nicht nur die Relativenergie T_{CM} vor dem Stoß gut definiert, auch der Zeitpunkt eines Stoßprozesses wird für

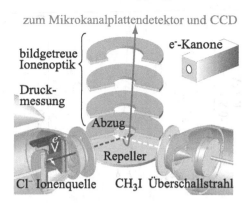

Abb. 17.29. Reaktionsmikroskop nach Mikosch et al. (2006). Die wichtigsten Komponenten sind ein gepulster Projektilionenstrahl (*rot gestrichelt*), ein ebenfalls gepulster Targetgasstrahl (*weiß gestrichelt*) und das bildgebende Ionenlinsensystem, welches die Reaktionsprodukte (*rosa Linie*) auf eine Vielkanalplatte abbildet. Ein spezielles Druckmessgerät und eine Elektronenkanone dienen der Charakterisierung des Gasstrahls und der Detektorkalibrierung

die nachfolgende Flugzeitanalyse festgelegt. Der Ionenabzug geschieht mit Hilfe gepulster Spannungsgeräte, und der Nachweis erfolgt in einem wohl definierten Zeitfenster. Die gestreuten Ionen oder Reaktionsprodukte werden mit einem (sorgfältig berechneten und kalibrierten) Linsensystem auf eine Mikrokanalplatte abgebildet. Der Ort, an dem die Ionen auftreffen, wird über einen Phosphoreszenzschirm mit einer Computer gesteuerten CCD-Kamera positionsempfindlich ausgelesen. Die Flugzeit bestimmt man durch gepulstes Einschalten des Detektorsystems. Aus der Position, an welcher die Ionen auf dem Detektor auftreffen und ihrer Flugzeit kann man die Geschwindigkeitskomponenten der gestreuten Ionen und Reaktionsprodukte eindeutig bestimmen.

Mit dieser Apparatur kann man z.B. Vibrations- und Rotationsanregung kleiner Moleküle bei niederenergetischen Stößen und Reaktionen vom Typ

$$X^- + RY \rightarrow XR + Y^- \tag{17.92}$$

untersuchen, bei denen ein Ion durch ein anderes ausgetauscht wird. Dabei erfolgt die Messung von winkel- und energieaufgelösten differenziellen Wirkungsquerschnitten in einem bildgebenden Verfahren.

Als Beispiel zeigt Abb. 17.30 (links) die experimentell bestimmten Reaktionswahrscheinlichkeiten für die sogenannte *nukleophile Substitutionsreaktion* $CH_3I + Cl^- \rightarrow CH_3Cl + I^-$ nach Mikosch et al. (2008). Die Farbschattierungen (rot: sehr hoch, weiß: mittel, schwarz: verschwindend) repräsentieren die Streuintensität als Funktion der x- und y-Komponente der Relativgeschwindigkeit des gestreuten I^--Ions nach der Reaktion im Schwerpunktsystem. Die Reaktion läuft (für die hier benutzte kinetische Anfangsenergie von 1.9 eV) offenbar dann am effizientesten ab, wenn das Produktion I^- in Richtung des einlaufenden Cl^--Ions emittiert wird, d.h. wenn das Reaktionsprodukt CH_3Cl rückwärts gestreut wird: man beobachtet also einen direkten Prozess für die Reaktion (17.92). Dies erklärt man recht suggestiv durch den in Abb. 17.30 (rechts) skizzierten Reaktionsablauf, bei welchem das Cl^--Ion das Targetmolekül CH_3I auf der dem I abgewandten Seite attackiert. Der Potenzialverlauf (rote Linie) entlang der sogenannten *Reaktionskoordinate*, die durch

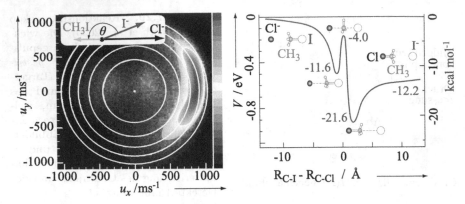

Abb. 17.30. Nukleophile Reaktion $CH_3I + Cl^- \rightarrow CH_3Cl + I^-$ nach Mikosch et al. (2008). *Links*: für $T_{CM} = 1.9\,\text{eV}$ gemessene „Geschwindigkeitslandkarte" als Funktion der Relativgeschwindigkeiten in x- und y-Richtung im CM-System. Die eingetragenen Newton-Kreise markieren Orte gleicher Energie im CM-System. Der größte Kreis entspricht der maximal möglichen kinetischen Energie nach dem Stoß. *Rechts*: *ab initio* berechneter Potenzialverlauf entlang der „Reaktionskoordinate" $R_{C-I} - R_{C-Cl}$; charakteristische Maxima und Minima sind in kcal / mol angegeben

$R_{C-I} - R_{C-Cl}$ charakterisiert ist, wurde *ab initio* berechnet. Gezeigt ist ein Schnitt durch die vieldimensionale Potenzialhyperfläche (das System hat 12 innere Freiheitsgrade). Die Reaktionskoordinate charakterisiert den Weg von den Edukten (Ausgangsmolekülen) zu den Produkten mit lokal jeweils minimaler Änderung der potentiellen Energie. Man kann sich das wie eine Rodelbahn auf der Potenzialhyperfläche vorstellen, wo es möglichst bergab geht, gelegentlich auch mal bergauf – dann aber mit kleinstem Energieaufwand.

Wie die rote Potenzialkurve in Abb. 17.30 (rechts) zeigt, durchläuft die Reaktion dabei eine Reihe von Maxima und Minima auf der Potenzialhyperfläche (sogenannte Übergangszustände). Natürlich begegnen sich die Reaktionspartner im Experiment nicht nur in der hier skizzierten Geometrie: viele unterschiedliche Stoßparameter können im Prinzip zur Reaktion führen, und die Orientierung CH_3I relativ zum Cl^--Ion ist weitgehend statistisch anzunehmen. Die von Mikosch et al. (2008) bei $1.9\,\text{eV}$ experimentell beobachtete Präferenz für I^--Emission in $+$CM-Achsenrichtung und die überwiegende Umwandlung fast der gesamten Reaktionsenergie in kinetische Relativenergie der Produkte besagt einfach, dass die angedeutete Orientierung der Moleküle für die Reaktion am effizientesten ist. Wir können hier nicht auf weitere Details eingehen, erwähnen aber, dass das hier skizzierte Verhalten stark energieabhängig ist.

Elektronenstoßanregung und -ionisation

Im vorangehenden Kapitel haben wir eine Übersicht über inelastische Streuprozesse insgesamt gegeben, in die Theorie der Anregung durch Schwerteilchenstöße eingeführt und dies mit Beispielen hinterlegt. Hier wollen wir nun einen Schritt auf etwas schwieriges Terrain wagen und ein vertieftes Verständnis für Elektronenstoßanregung und -ionisation entwickeln. Insbesondere letztere ist nicht nur intellektuell herausfordernd, sondern auch für die Praxis wichtig.

Hinweise für den Leser: In Abschn. 18.1.1 entwickeln wir zunächst – etwas abstrakt – die *Close-Coupling-Theorie*, greifen dann als einfachste Näherung für die Elektronenstoßanregung in Abschn. 18.2 noch einmal die Born'sche Näherung auf und stellen das zur optischen Anregung komplementäre Konzept der *generalisierten Oszillatorenstärke* für e-Atom-Stöße vor. In Abschn. 18.4 behandeln wir die Elektronenstoßionisation, beginnend mit den für praktische Zwecke wichtigen integralen Querschnitten. Über einfach und doppelt differenzielle Wirkungsquerschnitte gelangen wir schließlich zu den dreifach differenziellen. Sie beinhalten die maximale Information über den sogenannten (e,2e)-Prozess. Dies wird in Abschn. 18.5 vertieft mit einen kurzen Ausflug in die (e,2e)-*Spektroskopie*, die man als komplementär zur Photoelektronen-Spektroskopie (s. Kap. 15.9) im VUV- und XUV-Gebiet verstehen kann. Abschließend geben wir in Abschn. 18.6 ein Beispiel für den zur Photoionisation inversen Prozess der Rekombination.

18.1 Formale Streutheorie und Anwendungen

Der nicht an Details interessierte Leser mag diesen etwas anspruchsvollen Abschnitt ohne Sorge um das Verständnis des nachfolgenden Texts überspringen.

18.1.1 Close-Coupling-Gleichungen

Hier wollen wir in die Theorie der Elektronenstoßanregung

$$ e + B(a) + T \rightarrow e + B(b) + (T - W_{ba}) \tag{18.1} $$

von Atomen oder Molekülen (B) einführen (einen guten Überblick über den aktuellen Stand findet man z.B. bei Burke, 2006; Burke et al., 2007). Der Elektronenstoß unterscheidet sich von der Schwerteilchenstreuung grundsätzlich,

I.V. Hertel, C.-P. Schulz, *Atome, Moleküle und optische Physik 2*,
Springer-Lehrbuch, DOI 10.1007/978-3-642-11973-6_8,
© Springer-Verlag Berlin Heidelberg 2010

da das Streuelektron Geschwindigkeiten hat, die vergleichbar sind mit der Geschwindigkeit der Elektronen im Target. Der adiabatische Potenzialansatz, der ja darauf beruht, dass der Stoßprozess langsam im Vergleich zur inneren Elektronendynamik der Stoßpartner abläuft, ist daher allenfalls bei extrem niedrigen kinetischen Energien T sinnvoll. In aller Regel muss man von einer diabatischen Repräsentation nach (17.45) für das Vielkanalstreuproblem (17.16) ausgehen und hat ein Differenzialgleichungssystem vom Typ (17.49) zu lösen. Allerdings hat das Streuelektron (seine Ortskoordinate sei $\boldsymbol{R}$) zwar keine innere Struktur, wohl aber einen Spin. Ähnlich wie wir dies bei der Berechnung gebundener Atomzustände in Kap. 10.3, Band 1 kennengelernt haben, muss man die Gesamtwellenfunktion (17.20) antisymmetrisieren. Die asymptotische Wellenfunktion (17.21) schreibt sich dann unter Berücksichtigung der Spinfunktion $\chi_{1/2}^{m_s}$

$$\Psi\left(\boldsymbol{R}, \boldsymbol{r}\right) \simeq e^{\mathrm{i} \boldsymbol{k}_a \boldsymbol{R}} \chi_{1/2}^{m_{sa}} \phi_a\left(\boldsymbol{r}\right) + \sum_b f_{ba}\left(\theta, \varphi\right) \frac{e^{\mathrm{i} k_b R}}{R} \chi_{1/2}^{m_{sb}} \phi_b\left(\boldsymbol{r}\right). \qquad (18.2)$$

Im Rahmen der Russel-Saunders-Kopplung (also für leichte Atome) bleibt dabei ein Satz von Quantenzahlen

$$\Gamma \equiv L M_L S M_S \mathcal{P}_{ges}$$

des Gesamtsystems Streuelektron + Target während des Stoßes erhalten. L und S sind die Quantenzahlen für Gesamtbahndrehimpuls bzw. den Gesamtspin, M_L und M_S ihre jeweiligen Komponenten bezüglich einer vorgegebenen z-Achse und $\mathcal{P}_{ges}$ die Parität. Als Bezugsachse z wählt man meist auch hier die Richtung des einlaufenden Elektrons (obwohl auch viele gute Symmetriegründe für eine z-Achse senkrecht zur Streuebene sprechen, wie wir in Kap. 19.5.2 sehen werden). In diesem Koordinatensystem setzen sich die Zustände $|\Gamma\rangle$ des Stoßsystems nach den üblichen Regeln (unter Benutzung der entsprechenden Clebsch-Gordan-Koeffizienten) zusammen aus den Zuständen für Gesamtbahndrehimpuls und Gesamtspin des Targetatoms $|L_j M_{Lj} S_j M_{Sj}\rangle$ und des Streuelektrons $|\ell\, m_\ell = 0\, s = \frac{1}{2}\, m_s\rangle$.

Die Partialwellenentwicklung fällt jetzt etwas komplizierter als (16.74) aus. Statt der Radialgleichung (16.72) hat man wegen der erforderlichen Antisymmetrisierung ein System von gekoppelten Integro-Differenzialgleichungen für die radialen Wellenfunktionen $u_{ba}^\Gamma(r)$ des Streuelektrons zu lösen:

$$\left(\frac{\mathrm{d}^2}{\mathrm{d} R^2} - \frac{\ell_b\left(\ell_b + 1\right)}{R^2} + k_b^2\right) u_{ba}^\Gamma\left(R\right) = \qquad (18.3)$$

$$= \frac{2\mu}{\hbar^2} \sum_j \left\{ V_{bj}^\Gamma(R) u_{ja}^\Gamma\left(R\right) + \int_0^\infty K_{bj}^\Gamma(R, R') u_{ja}^\Gamma\left(R'\right) \mathrm{d} R' \right\}$$

Hier bezeichnet ℓ_j den Bahndrehimpuls und k_j den Wellenvektor des Streuelektrons im Kanal j. Rechts ist über alle Quantenzahlen und Zustände j des gewählten Basissatzes zu summieren. Das lokale, direkte Potenzial $V_{j\ell}^{\Gamma}(R)$ vom Typ (17.48) berücksichtigt die über alle Atomelektronen gemittelten Coulomb-Anziehungen und -Abstoßungen, während $K_{j\ell}^{\Gamma}(R, R')$ die nicht lokalen Austauschpotenziale repräsentiert, die durch recht komplizierte Ausdrücke beschrieben werden. Sie werden in der Praxis noch ergänzt durch einen geeigneten Satz von Funktionen, welche die Elektronenkorrelation beschreiben. Auf einen endlichen Basissatz beschränkt und ohne Korrelationsterme nennt man (16.72) „close coupling" Gleichungen.

Aufbauend auf (17.21–17.30) kann die inelastische Streuamplitude für die Elektronenstreuung an einem neutralen Atom durch T-Matrixelemente ausgedrückt werden, die sich aus den asymptotische Lösungen von (18.3) entsprechend (17.22) ergeben. Im LS-Kopplungsschema wird

$$
\begin{aligned}
f_{ba}\left(\theta,\varphi\right) = \mathrm{i}\frac{2\pi}{\sqrt{k_b k_a}} \sum_{\substack{LM_L SM_S \\ \ell_a m_{\ell a} \ell_b m_{\ell b}}} \mathrm{i}^{\ell_a - \ell_b} & \left\langle L_a M_{La} \ell_a m_{\ell a} | LM_L \right\rangle \left\langle S_a M_{Sa} \tfrac{1}{2} m_{sa} | SM_S \right\rangle \\
& \times \left\langle L_b M_{Lb} \ell_b m_{\ell b} | LM_L \right\rangle \left\langle S_b M_{Sb} \tfrac{1}{2} m_{sb} | SM_S \right\rangle \\
& \times T_{ba}^{\Gamma} Y_{\ell_b m_{\ell b}} \left(\theta,\varphi\right) Y_{\ell_a m_{\ell a}}^{*} \left(\theta_a,\varphi_a\right)
\end{aligned}
\tag{18.4}
$$

für einen Übergang vom Anfangszustand $|a\rangle = |\gamma_a L_a M_{La} S_a M_{Sa} m_{sa}\rangle$ in den Endzustand $|b\rangle = |\gamma_b L_b M_{Lb} S_b M_{Sb} m_{sb}\rangle$. Hier stehen γ_a und γ_b für alle sonstigen Quantenzahlen, die man zur vollständigen Beschreibung von Anfangs- und Endzustand benötigt. Die T-Matrixelemente $T_{ba}^{\Gamma} = S_{ba}^{\Gamma} - \delta_{ba}$ beschreiben die Partialwellenamplituden für den Übergang $|b\rangle \leftarrow |a\rangle$ zu jedem möglichen Wert von Γ. Bei der Partialwellenentwicklung für den elastischen Fall (ohne Elektronenaustausch) war $b = a$ und es gab zu jedem Bahndrehimpuls ℓ des Elektrons nur einen möglichen Wert für $\Gamma = \ell$. Somit wurde T_{ba}^{Γ} nach (16.102) diagonal.

Hier wird nun das Streuelektron durch $\ell_a m_{\ell a}$ bzw. $\ell_b m_{\ell a}$ charakterisiert. Daher sieht der Ausdruck (18.4) zwar etwas kompliziert aus, führt aber in (17.29) lediglich die Kopplung der Bahndrehimpulse ($L_{a,b}$ bzw. $\ell_{a,b}$) sowie der Spins ($S_{a,b}$ bzw. $1/2$) von Atom bzw. Streuelektron ein – jeweils vor und nach dem Stoß (a bzw. b). Sie bilden einen Gesamtbahndrehimpuls L und einen Gesamtspin S und bestimmen so wesentlich die Erhaltungsgröße Γ.

Der k_a-Vektor des einlaufenden Elektrons hat in dieser Formulierung die durch θ_a, φ_a gegebene Richtung in Bezug auf die z-Achse. Wenn man, wie üblich, k_a in Richtung der z-Achse legt ($\theta_a = \varphi_a = m_{\ell a} \equiv 0$), vereinfacht sich (18.4) mit $Y_{\ell_a m_{\ell a}}^{*}\left(\theta_a,\varphi_a\right) \to \sqrt{2\ell_a + 1}/\sqrt{4\pi}$ noch etwas. Die differenziellen Wirkungsquerschnitte ergeben sich aus den Amplituden wieder nach (17.30). Man beachte, dass auch der Azimutwinkel der Streurichtung φ in die Streuamplitude eingeht, und somit die Erhaltung der Streuebene, wie wir sie in der klassischen Beschreibung der elastischen Streuung kennengelernt haben, nicht mehr zwingend ist. Immer dann, wenn das Target nicht isotrop präpariert oder detektiert wird, spielt diese Azimutabhängigkeit eine Rolle. Sie zu messen, erfordert allerdings zusätzliche experimentelle Selektivität.

Die Spinquantenzahlen des Atom- und des Streuelektrons ($S_j M_{Sj}$ und $\frac{1}{2} m_{sj}$, mit $j = a, b$) können sich im allgemeinen Fall während des Stoßes durchaus ändern. Wenn die Spin-Bahn-Kopplung vernachlässigbar ist – und das ist für alle leichten Atome eine sehr gute Näherung, bleibt der Gesamtspin (S und M_S) nach Betrag und Richtung während des Stoßes aber erhalten. Allerdings können sich die Komponenten $M_{S_{a,b}}$ bzw. $m_{a,b}$ sehr wohl durch Austausch ändern. So etwa bei der Anregung eines Triplett-Zustands aus einem Singulett-Zustand, wie wir das in Kap. 17.2 kennengelernt haben, oder durch Austausch des Leuchtelektrons beim Elektronenstoß mit einem $^2S_{1/2}$ Atom. Diese Änderung der Spinrichtung des Streuelektrons kann man natürlich auch experimentell untersuchen, indem man den Polarisationszustand des Elektrons vor und/oder nach dem Stoß bestimmt.

Streuexperimente mit polarisierten Elektronen konstituieren ein interessantes, aktives Teilgebiet der Streuphysik, auf das wir hier nicht im Detail eingehen können (der interessierte Leser sei auf bei Kessler, 1985; Andersen et al., 1997; Andersen und Bartschat, 2003, verwiesen). Wir skizzieren lediglich den Zusammenhang zwischen dem experimentell zugänglichen Austauschquerschnitt $I_{ex}(\theta)$ und den Streuamplituden nach (18.4) für das noch recht einfache Beispiel der Elektronenstreuung an einem Quasieinelektronsystem mit einem aktiven Leuchtelektron, also mit $S_{a,b} \equiv 1/2$. In diesem Fall kann man die Clebsch-Gordan-Koeffizienten, welche die Spinkopplung beschreiben, vor die übrigen Summationen ziehen und (18.4) in Singulett ($S = 0$) und Triplettamplitude ($S = 1$), f^0 bzw. f^1, aufspalten:

$$f_{ba}^{m_{sb} m_{sa}} = \left\langle \tfrac{1}{2} M_{Sa} \tfrac{1}{2} m_{sb} | 00 \right\rangle \left\langle \tfrac{1}{2} M_{Sa} \tfrac{1}{2} m_{sa} | 00 \right\rangle f_{ba}^0 \qquad (18.5)$$

$$+ \sum_{M_S=-1}^{1} \left\langle \tfrac{1}{2} M_{Sb} \tfrac{1}{2} m_{sb} | 1 M_S \right\rangle \left\langle \tfrac{1}{2} M_{Sa} \tfrac{1}{2} m_{sa} | 1 M_S \right\rangle f_{ba}^1$$

Dieser Ausdruck erlaubt es, die Ergebnisse von Streurechnungen mit verschiedenen experimentellen Messgrößen zu vergleichen. So kann man z.B. beim Stoß mit einem unpolarisierten Target die Wahrscheinlichkeit für die Änderung der Orientierung des Spins des Streuelektrons (sogenannter *Spinflip*) bestimmen. Alternativ zu den Singulett- und Triplettstreuamplituden wird oft auch eine direkte Streuamplitude (f) und eine Austauschamplitude (g) definiert. Für ein Quasieinelektronsystem sind die verschiedenen möglichen Prozesse und zugehörigen Amplituden in Tabelle 18.1 zusammengestellt. Der Zusammenhang ergibt sich direkt durch Einsetzen der jeweiligen Clebsch-Gordan-Koeffizienten in (18.5).

Für den hier besprochenen Fall, dass Spineffekte nur infolge des Elektronenaustauschs auftreten, ist das also noch relativ übersichtlich. Man sieht an (18.4) aber sofort, dass die Verhältnisse für die Elektronenstreuung an schweren Atomen, also bei großer Spin-Bahn-Wechselwirkung, wesentlich komplexer werden. Wir haben dies in Kap. 17.2 schon am Beispiel des Quecksilbers gesehen. In den Radialgleichungen (18.3) muss man dann Spin-Bahn-Kopplungsterme berücksichtigen, hat es also mit einer von M_S und M_L

Tabelle 18.1. Amplituden für e-Streuprozesse an einem Quasieinelektronatom unter Berücksichtigung des Elektronenspins. Die Spinorientierung $\pm 1/2$ ist jeweils mit $\uparrow$ bzw. $\downarrow$ abgekürzt

Spins vor	bzw. nach	Amplitude
dem Stoß		
$m_{sa}\ M_{Sa}$	$m_{sb}\ M_{Sb}$	
$\uparrow\uparrow$	$\uparrow\uparrow$	$f^1 = f - g$
$\uparrow\downarrow$	$\downarrow\uparrow$	$-g = \left(f^1 - f^0\right)/2$
$\uparrow\downarrow$	$\uparrow\downarrow$	$f = \left(f^1 + f^0\right)/2$
$\downarrow\uparrow$	$\uparrow\downarrow$	$-g = \left(f^1 - f^0\right)/2$
$\downarrow\uparrow$	$\downarrow\uparrow$	$f = \left(f^1 + f^0\right)/2$
$\downarrow\downarrow$	$\downarrow\downarrow$	$f^1 = f - g$

explizit abhängigen Wechselwirkung zu tun. Auch L und S sind dann keine unabhängigen Erhaltungsgrößen mehr. Entsprechend wird die T-Matrix von weiteren Parametern abhängig und die Zahl unabhängiger Streuamplituden erhöht sich drastisch. Zusätzlich zum Elektronenaustausch kann sich der Spin des Streuelektrons jetzt auch durch Umklappen ändern, und die Streuamplituden können im Prinzip links-rechts asymmetrisch werden, also je nach Spinorientierung für $\varphi = 0$ und $\varphi = \pi$ unterschiedlich sein.

18.1.2 Rechenmethoden und experimentell belegte Beispiele

Elastische, inelastische und ionisierende Wechselwirkungsprozesse von Elektronen mit Atomen, Molekülen und ihren Ionen spielen – ebenso wie die damit methodisch verwandte Photoionisation – eine entscheidende Rolle in vielen Anwendungsfeldern. Daher besteht ein großer Bedarf an einem detaillierten Verständnis dieser Prozesse und an quantitativen und verlässlichen Daten für die entsprechenden Wirkungsquerschnitte. Deren Bedeutung reicht von der Astrophysik (gasförmige, interstellare Materie, Stern- und Planetenatmosphären) über die Physik und Chemie unserer Erdatmosphäre und ihrer Modellierung (nicht zuletzt im Zusammenhang mit der aktuellen Herausforderung durch die globale Erwärmung), über die Plasmaphysik (etwa im Kontext der kontrollierten Kernfusion oder beim intelligenten Design energiesparender Gasentladungslampen) bis hin zum Verständnis von biologisch relevanten Strahlungsschäden und der Wechselwirkung mit Molekülen an katalytischen Oberflächen. An eine vollständige experimentelle Erschließung des erforderlichen, umfangreichen Datenmaterials zu denken, ist angesichts der Vielzahl dabei relevanter Targets und des breiten, zu überdeckenden Energiebereichs (von subthermisch bis MeV) völlig unrealistisch. Daher wurden – im weltweiten Verbund einer Reihe starker Theoriegruppen – über die letzten Jahrzehnte hinweg leistungsfähige, quantitative Lösungsverfahren für das Streuproblem (18.1) entwickelt und in effiziente Computercodes umgesetzt.

Der dabei erforderliche mathematisch numerische Aufwand ist erheblich und wird sich wohl kaum je so stromlinienförmig bewältigen lassen, wie dies heute für gebundene Zustände möglich ist. Diese können inzwischen ja mit immer höherer Präzision für immer größere Molekülsysteme bereits auf der Basis kommerziell verfügbarer, quantenchemischer *ab initio* Programme routinemäßig berechnet werden. Im Unterschied dazu bilden Kontinuumszustände als Voraussetzung für die Behandlung des Streuproblems, der Stoßionisation und der Photoionisation schon seit den Anfangszeiten der Quantenmechanik eine große Herausforderung, die erst relativ spät, nämlich von Born (1926a,b) mit seinem berühmten Näherungsansatz angegangen wurde. Die speziellen Randbedingungen, die große Zahl erforderlicher Drehimpulse und die im Prinzip unendliche Ausdehnung der Basiswellenfunktionen erzwingen entsprechend aufwendigere Ansätze.

Wie schon für einige Beispiele in Kap. 17.2 illustriert, haben moderne Näherungsverfahren aber in den letzten Jahren beachtliche Genauigkeit und breite Anwendbarkeit erlangt. Bei dieser Entwicklung war es von entscheidender Bedeutung, dass die theoretischen Ansätze und Resultate sich an speziellen, ausgewählten Beispielen zu beweisen hatten, die experimentell gut zugänglich sind. Eine besondere Herausforderung für die Theorie war es dabei, neben der exakten Vorhersage differenzieller und integraler Wirkungsquerschnitte auch sehr detaillierte Messgrößen zu berechnen, die man heute für ausgewählte Beispiele mit aufwendigen Experimenten vergleichen kann. So kann man moderne Rechenverfahren erproben und kontinuierlich verbessern.

Auf die Einzelheiten können wir hier nicht eingehen, wollen aber einige wichtige, häufig gebrauchte Begriffe kurz erläutern, um dem Leser die Orientierung in der einschlägigen Literatur zu erleichtern. In jedem Fall hat man (16.72), die sogenannten *Close-Coupling-Gleichungen* (*CC-Gleichungen*), in geeigneten Näherung zu den Randbedingungen (18.2) zu lösen. Dazu schreibt man bei der Elektronenstreuung die Wellenfunktionen des Systems (17.20) typischerweise (s. z.B. Bartschat, 1998b) als

$$\Psi_k^\Gamma \left(1 \ldots \mathcal{N} + 1 \right) = \tag{18.6}$$
$$\hat{\mathcal{A}} \sum_{ij} a_{ijk}^\Gamma \psi_j^\Gamma \left(1 \ldots \mathcal{N} \right) R^{-1} u_{ij} \left(R \right) + \sum_j b_{jk}^\Gamma \chi_j^\Gamma \left(1 \ldots \mathcal{N} + 1 \right) ,$$

wobei $\hat{\mathcal{A}}$ der Antisymmetrisierungsoperator ist, die Zahlen $1 \ldots \mathcal{N} + 1$ für die Orts- und Spinkoordinaten von Target- und Streuelektronen stehen und R die Ortskoordinate des Streuelektrons bezeichnet. Die $\psi_j^\Gamma \left(1 \ldots \mathcal{N} \right)$ können z.B. aus Hartee-Fock Orbitalen der Targetfunktionen entwickelt werden. Die Funktionen $\chi_j^\Gamma \left(1 \ldots \mathcal{N} + 1 \right)$ berücksichtigen ggf. Korrelationen, die in der ersten Summe nicht enthalten sind. Die Radialfunktionen des Streuelektrons $u_{ij} \left(R \right)$ in den verschiedenen Kanälen werden als Lösungen der Close-Coupling-Gleichungen gesucht. Ihr asymptotisches Verhalten liefert nach (17.22) bzw. (17.23) die K- bzw. T- oder S-Matrix, aus welchen Streuquerschnitte und andere experimentell zugängliche Parameter zu berechnen sind.

Die dabei im Prinzip erforderliche Summation über einen vollständigen Basissatz von Targetwellenfunktionen muss man natürlich auf eine endliche Zahl von Kanälen beschränken. Die eigentliche Kunst der Theorie ist es, eine möglichst rasch konvergierende Auswahl von Basiszuständen zu finden. Im einfachsten Fall wird man nur eine kleine Zahl gebundener Zustände berücksichtigen (neben dem Anfangs- und Endzustand solche, die einen großen Überlapp mit jenen erwarten lassen) und hat damit die Close-Coupling-Gleichungen für alle interessierenden Energien zu lösen. Das Verfahren wird freilich nur für solche Energien zu vernünftigen Ergebnissen führen, die nicht wesentlich größer als die Anregungsenergien der eingeschlossenen offenen Kanäle sind. Anspruchsvolle Rechnungen berücksichtigen darüber hinaus die übrigen Zustände pauschal durch sogenannte *Pseudozustände*, deren Charakter möglichst viele gebundene und ungebundene Zustände repräsentieren soll, wie dies in Abb. 18.1 skizziert ist. Bei geschickter Wahl der Pseudozustände kann man damit neben inelastischen Prozessen (für nicht all zu hohe Energien) auch die Stoßionisation und die Photoionisation gut beschreiben. Je nach Methode der Auswahl von Pseudozuständen und Integrationsverfahren spricht man von der *Pseudozustandsmethode*, von *konvergenter Close-Coupling-Rechnung (CCC)* oder *R-Matrix-Theorie*. Letztere hat in der vergangenen Dekade zunehmende Bedeutung als sehr leistungsfähiges Werkzeug für die erfolgreiche Berechnung zahlreicher Prozesse gewonnen.

Dabei teilt man den gesamten Raum in zwei (genauer drei) Teilbereiche auf. Der innere Bereich $r_n, R \leq a$ wird so gewählt, dass nur hier Elektronenaustausch und Korrelation zu berücksichtigten ist. Auf dieser „Grenzfläche" sind die Targetwellenfunktionen typischerweise auf 0.1% ihres Maximalwerts

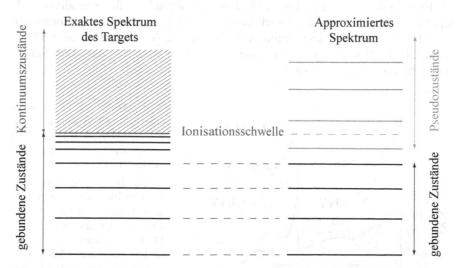

Abb. 18.1. Exaktes Spektrum eines Atoms oder Ions (*links*) und seine Repräsentation durch Pseudozustände (*rechts*) nach Burke (2006)

abgefallen, und die Radialgleichungen für die Projektilwellenfunktionen löst man so, dass sie eine möglichst vollständige, zu den Targetzuständen orthogonale Basis bilden, welche den R-Matrix Randbedingungen

$$u_{ij}(0) = 0 \quad \text{und} \quad \frac{a}{u_{ij}(a)} \left. \frac{\mathrm{d}u_{ij}}{\mathrm{d}R} \right|_{R=a} = b \qquad (18.7)$$

genügt. Man legt sich also auf eine im Prinzip willkürliche Konstante b (z.B. $= 0$) für die logarithmische Ableitung der Radialfunktion des Streuelektrons auf der Grenzfläche fest. Im Innenraum braucht man diese Rechnung nur einmal durchzuführen. Daraus ergibt sich die R-Matrix, welche die Projektilfunktionen im Innen- und Außenraum verknüpft. Im Außenraum muss man die Radialgleichungen zwar für jede interessierende Energie lösen, hat es hier aber nur noch mit langreichweitigen Potenzialen vom Typ $\propto \sum C_s R^{-s}$ zu tun, und es gibt keinen Elektronenaustausch mehr. Schließlich erhält man (dritter Bereich) aus dem asymptotischen Verhalten dieser Lösungen $u_{ij}(R)|_{R \to \infty}$ die K-, T- und S-Matrix.

Eine weitere Möglichkeit zur pauschalen Berücksichtigung des Kontinuums, die insbesondere für höhere Stoßenergien angewendet wird, ist die Einführung von lokalen oder nichtlokalen Polarisationspotenzialen, und schließlich die sogenannten *„Distorted-Wave (DW)"*-Methoden, bei welchen man die T-Matrix aus den Close-Coupling-Gleichungen unter Benutzung approximativer erster Näherungen für die Streuwelle ermittelt. Sie stellen gewissermaßen intelligente Weiterentwicklungen der Born'schen Näherung dar, deren Anwendung auf die inelastische Elektronenstreuung wir im nächsten Abschnitt behandeln werden.

Eine Reihe von Beispielen für die Leistungsfähigkeit dieser modernen Methoden der Streutheorie hatten wir bereits zu Eingang von Kap. 17 vorgestellt. Man findet eine Fülle von Daten in der Literatur (s. z.B. Buckman und Sullivan, 2006). Wir wollen diesen Exkurs mit zwei weiteren, als „Benchmark" dienlichen Systemen beenden.

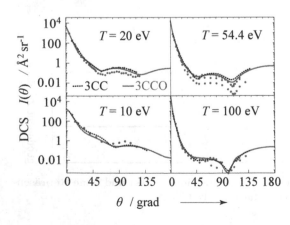

Abb. 18.2. DCS für die inelastische Elektronenstreuung $e + \mathrm{Na}(3\,^2\mathrm{S}) \to e + \mathrm{Na}(3\,^2\mathrm{P})$ nach Bray et al. (1991). Verglichen werden für mehrere kinetische Anfangsenergien T experimentelle Daten verschiedener Autoren ($\bullet$) mit Close-Coupling-Rechnungen (3CC $\cdots$), auch unter Einschluss eines nicht lokalen Polarisationspotenzials (3CCO —)

Ein noch relativ einfacher Fall, mit einem Quasieinelektrontarget, ist die in Abb. 18.2 gezeigte Elektronenstoßanregung von Na-Atomen aus dem $3s\,^2S_{1/2}$-Grundzustand in das Resonanzdoublett $3p\,^2P_{1/2,3/2}$. Für verschiedene kinetische Energien T des anregenden Elektrons und für einen fast vollen Streuwinkelbereich von 0–140° können hier experimentelle Daten für den differenziellen Wirkungsquerschnitt (DCS) aus verschiedenen Quellen direkt mit der Theorie verglichen werden. Bei der grau gepunkteten Linie handelt es sich um eine Close-Coupling-Rechnung, bei welcher lediglich die Atomzustände $3\,^2S$, $3\,^2P$ und $3\,^2D$ als Hartree-Fock-Targetorbitale eingehen. Die rote Linie berücksichtigt außerdem pauschal alle übrigen Zustände (einschließlich des Kontinuums) durch ein nicht lokales Polarisationspotenzial. Man sieht die Verbesserung der Theorie durch das Polarisationspotenzial. Allerdings bestehen nach wie vor deutliche Abweichungen von den experimentellen Daten. Beachtet man, dass der differenzielle Querschnitt hier im logarithmischen Maßstab dargestellt ist, dann wird deutlich, dass selbst bei diesem, doch so einfach scheinenden Fall der e + Na Streuung, noch erheblicher Verbesserungsbedarf besteht. In Hinblick auf die sehr unterschiedlichen experimentellen Resultate (die Fehlerbalken werden typischerweise sehr viel kleiner als die Differenzen zu anderen Autoren angegeben) würden wir hier dazu neigen, eher der Theorie zu vertrauen.

Dass diese Art von Rechnung auch für Moleküle verlässliche Ergebnisse liefert, dokumentiert Abb. 18.3 für das Beispiel der elastischen und inelastischen Elektronenstreuung am N_2-Molekül. Hier ist ein kleiner, besonders interessanter Ausschnitt aus der Anregungsfunktion nach Abb. 17.13 gezeigt. Wir hatten schon in Kap. 11.6.9 (s. Abb. 11.45 auf S. 74) darauf hingewiesen, dass es ein kurzlebiges N_2^--Anion gibt. Die Abbildung 18.3 (a) und (b) liefern dafür den Beleg durch eine sehr eindrucksvolle Resonanzstruktur: immer dann, wenn die Elektronenenergie gerade der Energie eines Vibrationszustands dieses instabilen Anions entspricht, beobachtet man ausgeprägte, allerdings relativ breite Maxima (die Halbwertsbreiten geben einen Anhaltspunkt für die Lebensdauer der Zustände, die einige fs beträgt). Der Streuprozess lässt sich daher schematisch so beschreiben:

$$e + N_2(X\,^1\Sigma_g^+\,v = 0) \longrightarrow N_2^-(X\,^2\Pi_g\,v') \longrightarrow e + N_2(X\,^1\Sigma_g^+\,v'') \tag{18.8}$$

Wie in Kap. 16.5 besprochen, kann auch hier wieder neben der Resonanzstreuung ein direkter Prozess stattfinden, der zu Interferenzen führt. Die leicht unterschiedlichen Lagen der Maxima für die elastische (a) und vibrationsinelastische (b) Streuung sind der Vibrationsdynamik im Resonanzzustand geschuldet. In Abb. 18.3c und d sind die Winkelabhängigkeiten der differenziellen Streuquerschnitte dargestellt.[1] Auch bereits ohne eine detaillierte Parti-

---

[1] Neuere experimentelle und theoretische Daten (s. z.B. Telega und Gianturco, 2006, und dort zitierte Quellen) zeigen eine leicht verbesserte Übereinstimmung. Der Übersichtlichkeit halber verzichten wir hier auf einen Vergleich.

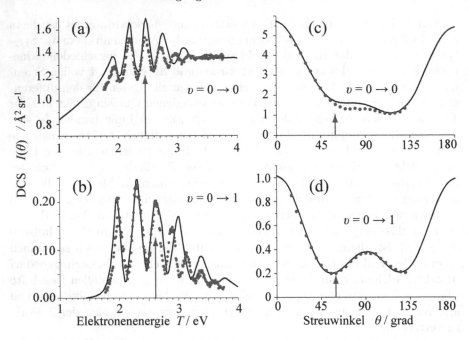

Abb. 18.3. Differenzielle Wirkungsquerschnitte $I(\theta)$ für die elastische und inelastische Elektronenstreuung am N_2 im Bereich der N_2^--Resonanzenergie nach Sun et al. (1995). **(a, b)** Energieabhängigkeit der Querschnitte bei $\theta = 60°$, **(c, d)** $I(\theta)$ in Abhängigkeit vom Streuwinkel bei den jeweils (*links*) durch einen Pfeil angedeuteten Energien. **(a, c)** elastische Streuung, **(b, d)** Vibrationsanregung. Experimentelle Daten • und CCC Rechnungen — mit 15 Vibrationskanälen

alwellenanalyse sticht die annähernd p_z-artige Winkelverteilung ins Auge: eine Folge der Dominanz von $\ell = 1$ in der Partialwellenentwicklung, welche den Π-Charakter des kurzzeitig gebildeten $X\,^2\Pi_g$-Grundzustands im N_2^--Anions reflektiert. $N_2^- (X\,^2\Pi_g)$ kann nur durch Anlagerung eines $p\pi$-artigen Elektrons an den Grundzustand $X\,^1\Sigma_g^+$ des neutralen N_2 gebildet werden (es handelt sich hier um eine Shape-Resonanz, s. Kapitel 16.5). Die Experimente werden hier wiederum mit CCC-Rechnungen für den elektronischen Grundzustand des N_2 verglichen, bei welchem die CC-Gleichungen mit 15 Vibrationszuständen gelöst wurden. Die Rotation nimmt man bei diesem Prozess als sehr langsam (adiabatisch) an. Natürlich kompliziert dieses nicht isotrope Streupotenzial des Moleküls die Rechnungen gegenüber isotropen Atomen. Offenbar genügt es aber in diesem Fall, über alle möglichen statistischen Ausrichtungen des Moleküls zu mitteln. Die Übereinstimmung zwischen Theorie und Experiment ist angesichts all dieser Schwierigkeiten beeindruckend!

18.2 Born'sche Näherung für inelastische Stöße

18.2.1 FBA Streuamplitude

Die Born'sche Näherung für die Stoßanregung kann man in vollständiger Analogie zum elastischen, in Kap. 16.6 vorgestellten Fall durchführen. Sie erlaubt einen raschen ersten Überblick über die Größenordnung von Streuquerschnitten und bietet *für hohe Stoßenergien* oft recht verlässliche Daten:[2] im klassischen Bild entsprechen hohe Energien einer kurzen Wechselwirkungszeit, während derer sich der Zustand des Targetatoms nur wenig verändern kann. Auch Austauschprozesse kann man dann vernachlässigen, sodass wir in (17.49) das Streuelektron in nullter Näherung wieder durch eine ebene, einlaufende Welle im Anfangskanal $|a\rangle$ beschreiben können:

$$\psi_a^{(0)}(\boldsymbol{R}) = e^{i\boldsymbol{k}_a\boldsymbol{R}} \quad \text{und} \quad \psi_b^{(0)}(\boldsymbol{R}) \equiv 0 \quad \text{für} \quad b \neq a \qquad (18.9)$$

Setzt man dies rechts in (17.49) ein, so erhält man die Lösung für die inelastische Streuwelle ψ_b in erster Ordnung wie im elastischen Fall mit Hilfe der Green'schen Funktion (16.128):

$$\psi_b^{(1)}(\boldsymbol{R}) = -\frac{1}{4\pi}\frac{2\mu}{\hbar^2}\int \frac{e^{i k_b|\boldsymbol{R}-\boldsymbol{R}'|}}{|\boldsymbol{R}-\boldsymbol{R}'|} V_{ba}(\boldsymbol{R}')\, e^{i\boldsymbol{k}_a\boldsymbol{R}'}\, \mathrm{d}^3\boldsymbol{R}' \qquad (18.10)$$

Wir suchen nach einer asymptotischen Lösung entsprechend (18.2), allerdings ohne Änderung des Elektronenspins. Für große $\boldsymbol{R}$ ($R \gg R'$) können wir *wie im elastischen Fall* $\exp(ik_bR)/R$ vor das Integral ziehen und erhalten die inelastische Streuamplitude für die Anregung des Zustands $|b\rangle$ aus dem Zustand $|a\rangle$:

$$f_{ba}(\theta,\varphi) = -\frac{\mu}{2\pi\hbar^2}\int e^{i(\boldsymbol{k}_a-\boldsymbol{k}_b)\boldsymbol{R}'} V_{ba}(\boldsymbol{R}')\, \mathrm{d}^3\boldsymbol{R}' \qquad (18.11)$$

Die inelastische Streuamplitude in Born'scher Näherung wird also ebenfalls durch den Impulsübertrag vom gestreuten Elektron auf das Target A

$$\boldsymbol{K} = \boldsymbol{k}_a - \boldsymbol{k}_b \quad \text{mit} \quad K = \sqrt{k_b^2 + k_a^2 - 2k_bk_a\cos\theta} \qquad (18.12)$$

bestimmt – nur leicht komplizierter als (16.134) im elastischen Fall. Dabei ist θ wieder der Streuwinkel des Elektrons, μ die reduzierte Masse. Die Born'sche Näherung hat also auch im inelastischen Fall *axiale Symmetrie* – im Gegensatz zur allgemeinen Lösung, für welche die Wellenvektoren des Projektilelektrons vor und nach dem Stoß, $\boldsymbol{k}_a$ bzw. $\boldsymbol{k}_b$, eine Symmetrie*ebene* definieren.

Wir können die inelastische Streuamplitude (18.11) weiter vereinfachen, indem wir explizit die Ausdrücke (17.47) bzw. (17.48) für das Wechselwirkungspotenzial einsetzen:

---

[2] Für eine detaillierte Darstellung verweisen wir auf den ausgezeichneten Review von Inokuti (1971), der auch nach fast 40 Jahren nichts an seiner Gültigkeit und Allgemeinheit eingebüßt hat.

$$f_{ba}(\theta, \varphi) = -\frac{\mu}{2\pi\hbar^2} \int e^{i(\boldsymbol{k}_a - \boldsymbol{k}_b)\boldsymbol{R}'} \times \tag{18.13}$$

$$\left\langle \phi_j(\boldsymbol{r}_1 \ldots \boldsymbol{r}_{\mathcal{N}}) \left| \sum_{n=1}^{\mathcal{N}} \frac{e_0^2}{4\pi\epsilon_0 |\boldsymbol{R}' - \boldsymbol{r}_n|} - \frac{Ze_0^2}{4\pi\epsilon_0 R'} \right| \phi_{j'}(\boldsymbol{r}_1 \ldots \boldsymbol{r}_{\mathcal{N}}) \right\rangle d^3\boldsymbol{R}'$$

Wegen der Orthogonalität der atomaren Wellenfunktionen ϕ_a und ϕ_b ergibt die Wechselwirkung $Ze_0^2/(4\pi\epsilon_0 R)$ mit dem Atomkern keinen Beitrag. Für das verbleibende Doppelintegral drehen wir nach Bethe die Reihenfolge der Integrationen über Streukoordinate $\boldsymbol{R}'$ und innere Koordinaten $\boldsymbol{r}_i$ um und verwenden das sogenannte *Bethe-Integral* (hier ohne Beweis)

$$\int \frac{e^{i\boldsymbol{K}\cdot\boldsymbol{r}}}{r} d^3\boldsymbol{r} = \frac{4\pi}{K^2}, \tag{18.14}$$

mit dem wir

$$\int \frac{e^{i(\boldsymbol{k}_a - \boldsymbol{k}_b)\boldsymbol{R}'}}{|\boldsymbol{R}' - \boldsymbol{r}_n|} d^3\boldsymbol{R}' = e^{i\boldsymbol{K}\cdot\boldsymbol{r}_n} \int \frac{e^{i\boldsymbol{K}\cdot(\boldsymbol{R}' - \boldsymbol{r}_n)}}{|\boldsymbol{R}' - \boldsymbol{r}_n|} d^3\boldsymbol{R}' = \frac{4\pi}{K^2} e^{i\boldsymbol{K}\cdot\boldsymbol{r}_n}$$

umschreiben können. Damit erhalten wir schließlich als *FBA-Streuamplitude* für den Übergang von $|a\rangle$ nach $|b\rangle$ beim Winkel θ, φ

$$f_{ba}(\theta, \varphi) = -2\frac{\mu}{m_e} \frac{a_0}{(Ka_0)^2} \mathcal{M}_{ba}(\boldsymbol{K}) \tag{18.15}$$

mit dem Bohr'schen Radius a_0 und dem (dimensionslosen) atomaren Matrixelement

$$\mathcal{M}_{ba}(\boldsymbol{K}) = \frac{1}{Ka_0} \langle b | \sum_n e^{i\boldsymbol{K}\cdot\boldsymbol{r}_n} | a \rangle \tag{18.16}$$

$$= \frac{1}{Ka_0} \int \phi_b^*(\boldsymbol{r}) \sum_n e^{i\boldsymbol{K}\cdot\boldsymbol{r}_n} \phi_a(\boldsymbol{r}) \, d^3\boldsymbol{r}_1 \ldots d^3\boldsymbol{r}_{\mathcal{N}}.$$

18.2.2 Wirkungsquerschnitte

Im Folgenden beschränken wir uns auf die Elektronenstoßanregung ($\mu/m_e \cong$ 1) und schreiben den DCS in kompakter Form:[3]

$$\frac{d\sigma_{ba}^{(FBA)}(\theta, \varphi)}{d\Omega_R} = \frac{4k_b}{k_a} \frac{a_0^2}{(Ka_0)^4} |\mathcal{M}_{ba}(\boldsymbol{K})|^2 \tag{18.17}$$

---

[3] Die Summation im Matrixelement $\langle b | \sum_n e^{i\boldsymbol{K}\cdot\boldsymbol{r}_n} | a \rangle$ braucht man bei größeren Atomen mit abgeschlossenen Schalen freilich nur über die aktiven Elektronen zu erstrecken. Die Wechselwirkung mit den Rumpfelektronen lässt sich in $V^{(core)}(R)$ zusammenfassen, das in der FBA aufgrund der Orthogonalität der ϕ_j herausfällt.

Bei einem isotropen Target hängt der differenzielle Streuquerschnitt nicht von φ ab, und der Streuwinkel θ wird ausschließlich durch den Betrag des Momentübertrags K nach (18.12) bestimmt.

Die integralen inelastischen Wirkungsquerschnitte σ_{ba} erhält man wie üblich durch Integration $\int \ldots \mathrm{d}(\cos\theta)$. Dafür wechselt man die Variablen mit Hilfe von (18.12) und schreibt mit $\mathrm{d}(K^2) = 2k_b k_a \sin\theta \mathrm{d}\theta = k_a k_b \mathrm{d}\Omega_R/\pi$:

$$\frac{\mathrm{d}\sigma_{ba}^{(FBA)}(\theta)}{\mathrm{d}(K^2)} = \frac{4\pi}{k_a^2} \frac{a_0^2}{(Ka_0)^4} |\mathcal{M}_{ba}(\boldsymbol{K})|^2 \quad \text{oder auch} \tag{18.18}$$

$$\frac{\mathrm{d}\sigma_{ba}^{(FBA)}(\theta)}{\mathrm{d}W} = \frac{\pi a_0^2}{T} \frac{W_0^2}{W^2} |\mathcal{M}_{ba}(\boldsymbol{K})|^2 \tag{18.19}$$

In (18.18) wurde der sogenannte Energieübertrag $W/W_0 = (Ka_0)^2/2$ eingesetzt.[4] Bei der Integration über K ändern sich die Integrationsgrenzen zu

$$K_{\max} = k_a + k_b \quad \text{bzw.} \quad K_{\min} = k_a - k_b = \frac{2W_{ba}}{(k_a + k_b)} . \tag{18.20}$$

Mit (18.12) erhält man schließlich

$$\sigma_{ba}^{(FBA)} = \frac{4\pi a_0^2}{(k_a a_0)^2} \int_{K_{\min}a_0}^{K_{\max}a_0} \frac{1}{Ka_0} |\mathcal{M}_{ba}(\boldsymbol{K})|^2 \, \mathrm{d}\left(Ka_0\right) . \tag{18.21}$$

Die vorangehenden Überlegungen gehen im Wesentlichen auf Bethe (1930) zurück, der für verschiedene Anregungszustände des H-Atoms das Integral auch ausgewertet hat. Eine *Hochenergienäherung* lässt sich allgemein in Form der sogenannten *Bethe-Formel* angeben:

$$\sigma_{ba}^{(Bethe)} = \frac{2\pi a_0^2}{T/W_0} \left[A \ln \frac{T}{W_0/2} + B \right] \tag{18.22}$$

18.2.3 Zusammenhang mit der Rutherford-Streuung

Eine wichtige Anmerkung sei hier noch zur *Struktur der Formeln* (18.17) *bzw.* (18.19) *für den differenziellen Wirkungsquerschnitt in Born'scher Näherung* gemacht. Er ist offenbar das Produkt aus einem reinen Coulomb-Anteil nach (16.138) bzw. (16.139), der einfach die Rutherford-Streuung des Projektilelektrons an einem freien Elektron beschreibt ($q_1 = q_2 = 1$), und dem Betragsquadrat einer Art Atomformfaktor $\mathcal{M}_{ba}(\boldsymbol{K})$, wie man durch Vergleich von (18.16) mit (1.19) in Band 1 feststellt. Dieser *inelastische Atomformfaktor* modifiziert also die reine Coulomb-Abstoßung zweier freier Elektronen entsprechend der elektronischen Dichteverteilung im Anfangs- und Endzustand des Targets. Wäre nicht diese Komplikation durch Anfangs- *und* Endzustand, so könnte man daran denken, auf diese Weise die Impulsverteilung der Elektronen im Target zu bestimmen. Wir kommen auf diesen Gedanken aber noch einmal im Zusammenhang mit der Stoßionisation zurück.

---

[4] s. Fußnote Seite 390.

18.2.4 Ein Beispiel

Die Bethe-Formel (18.22) benutzt man, ggf. in geeignet modifizierter Form, mit großem Erfolg z.B. in der Strahlenchemie zur Berechnung des Bremsvermögens verschiedener Materialien für schnelle Elektronen. Ganz allgemein kann man sagen, dass die Born'sche Näherung – auch wenn sie nur für hohe Energien $T \gg W_{ba} = (W_b - W_a)$ wirklich gültig ist – doch häufig einen guten Anhaltspunkt für die generellen Verläufe von Anregungsfunktionen gibt und einfache, erste Abschätzungen für Prozesse ohne Austausch erlaubt. Wenn man die atomaren oder molekularen elektronischen Zustände gut kennt (und dafür gibt es heute hinreichend verlässliche Programmpakete), so lässt sich auch (18.17) mit moderatem Aufwand auswerten. Für große Energien gehen die so gewonnenen Querschnitte in die Bethe-Formel über.

Wir verschaffen uns wieder einen Eindruck am Beispiel der inelastischen Elektron-Natrium-Streuung für die Abb. 18.4 den absolut gemessenen integralen Querschnitt für die 3P ← 3S- und den 3D ← 3S-Anregung zeigt. Die (etwas älteren, und nicht ganz übereinstimmenden) experimentellen Daten werden mit CCC- und R-Matrix-Rechnungen verglichen. Wie man sieht, gibt die Born'sche Näherung (FBA) die Trends richtig wieder und stimmt bei hohen Energien, wo solche anspruchsvollen Theorien nicht mehr anwendbar sind, gut mit dem Experiment überein – dabei wird die etwa um einen Faktor zehn schwächere 3D-Anregung selbst im Bereich des Anregungsmaximums näherungsweise fast richtig wiedergegeben (wohl aufgrund der in diesem Fall viel kleineren Störung). Wir notieren auch, dass die Bethe-Formel (18.29) in diesem Fall für den gesamten hochenergetischen Teil mit der vollständigen Born'schen Näherung nahezu exakt übereinstimmt. Generell gibt die Born'sche Näherung auch den Trend richtig wieder, dass optisch verbotene Übergänge insbesondere bei kleinen Stoßenergien angeregt werden, während sich für große Stoßenergien die Übergangswahrscheinlichkeiten tendenziell wie bei der optischen Anregung verhalten.

Nach Kim (2007) gibt es gute Gründe, die *Born'sche Näherung für optisch erlaubte Übergänge* so zu *reskalieren*, dass

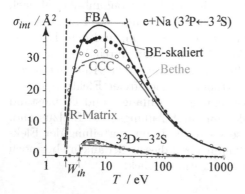

Abb. 18.4. Integraler Wirkungsquerschnitt für die inelastische Elektronenstreuung $e + Na(3\,^2S) \rightarrow e + Na(3\,^2P)$ bzw. $\rightarrow e + Na(3\,^2D)$ nach Lin und Boffard (2005). Verglichen werden als Funktion der Stoßenergie T verschiedene experimentelle Daten (○, ●) mit CCC (—), R-Matrix-Theorie (– – –), Born'scher (– – –) und BE-skalierter Born'scher Näherung (—). Rosa hinterlegt ist für hohe Energien die Bethe-Formel – fast identisch mit der FBA

$$\sigma_{ba}^{(BE)} = \frac{T}{T + W_{ba} + W_I}\sigma_{ba}^{(FBA)} \tag{18.23}$$

wird. Dabei ist W_I die Bindungsenergie (Ionisationspotenzial) des aktiven Elektrons. Diese sogenannte *BE skalierte Näherung* reduziert das überschießende Maximum der Born'schen Näherung, ohne das hochenergetische Verhalten zu ändern. Die BE-Näherung, in Abb. 18.4 als volle schwarze Linie eingezeichnet, trifft in der Tat die Datenlage hier erstaunlich gut. Dieser Befund ist inzwischen auch für einer Reihe anderer Beispiele bestätigt worden.

18.3 Generalisierte Oszillatorenstärke

Die Born'schen Näherung erlaubt es, Stoßprozesse und optische Anregung auf einleuchtende Weise zu vergleichen. Dazu führt man den Begriff der generalisierten Oszillatorenstärke ein.

18.3.1 Definition

Der wirksame Operator $\exp(\mathrm{i}\boldsymbol{K} \cdot \boldsymbol{r})$ in der Born'schen, inelastischen Streuamplitude hat große Ähnlichkeit mit dem Übergangsoperator eines elektromagnetischen Feldes, den wir bislang vielfach benutzt haben (s. z.B. Band 1 Gl. F.18). Der wesentliche Unterschied ist das Fehlen eines zeitlich oszillierenden Vorfaktors und der daraus resultierenden, ausschließlich resonanten Anregung bei Einstrahlung eines elektromagnetischen Wechselfeldes. Die *inelastische Elektronenstreuung* hat daher eine ähnliche Wirkung *wie breitbandige ("weiße") elektromagnetische Strahlung*. Diese Analogie lässt sich präzisieren, indem man die *dimensionslose,* sogenannte *generalisierte Oszillatorenstärke (kurz GOS)* einführt (erstmals von Bethe, 1930, definiert):

$$f_{ba}^{(GOS)} = \frac{2m_e W_{ba}}{\hbar^2 K^2}\left|\mathcal{M}_{ba}\right|^2 = \frac{2\left(W_{ba}/W_0\right)}{\left(Ka_0\right)^2}\left|\mathcal{M}_{ba}\right|^2 \tag{18.24}$$

Dabei ist $W_{ba} = W_b - W_a$ die Anregungsenergie und $\mathcal{M}_{ba}$ das Matrixelement nach (18.16). Der *differenzielle, inelastische Wirkungsquerschnitt* (18.17) wird dann

$$\frac{\mathrm{d}\sigma_{ba}^{(FBA)}}{\mathrm{d}\Omega}(\theta,\varphi) = 2a_0^2\frac{k_b}{k_a}\frac{f_{ba}^{(GOS)}(K)}{\left(Ka_0\right)^2 W_{ba}/W_0} . \tag{18.25}$$

Man sieht hier noch einmal sehr deutlich, dass die gesamte Dynamik in Born'scher Näherung nicht direkt von der kinetischen Energie T und vom Streuwinkel θ abhängt, sondern nur über den Impulstransfer K ins Endresultat eingeht (abgesehen von den Flussfaktoren k_b und k_a).

18.3.2 Entwicklung für kleinen Momentübertrag

Um die enge Beziehung zwischen der so definierten GOS und der üblichen optischen Dipol-Oszillatorenstärke nach (F.29) in Band 1 explizit zu sehen, entwickeln wir in (18.24) das Matrixelement $\mathcal{M}_{ba}$ entsprechend der Definition (18.16) nach Kr (für kleine Impulsüberträge $Ka_0 \ll 1$). Der Übersichtlichkeit wegen betrachten wir nur Einelektronsysteme (wie z.B. H, Na, K etc.) und schreiben alle Ausdrücke in atomaren Einheiten W_0 bzw. a_0:

$$f_{ba}^{(GOS)} = \frac{2W_{ba}}{K^2} \left| \left\langle \phi_b\left(\boldsymbol{r}\right) \left| 1 + i\boldsymbol{K} \cdot \boldsymbol{r} - \left(\boldsymbol{K} \cdot \boldsymbol{r}\right)^2/2 + ... \right| \phi_a\left(\boldsymbol{r}\right) \right\rangle \right|^2 \quad (18.26)$$

Die Quantisierungsachse z für die inelastische Elektronenstreuung in erster Born'scher Näherung wählt man sinnvollerweise parallel zu $\boldsymbol{K}$. Dann können wir $\boldsymbol{K} \cdot \boldsymbol{r} = Kz = Kr\cos\theta_B$ schreiben.[5] Die Integration über die Winkelkoordinaten führt – ähnlich wie bei den entsprechenden optischen Übergängen mit linear polarisiertem Licht – zu einer Auswahlregel $\Delta M = 0$. Nutzen wir die Orthogonalität der atomaren Wellenfunktionen ϕ_b und ϕ_a so kann man (18.26) sortiert nach Potenzen von K^2 umschreiben:

$$f_{ba}^{(GOS)} = 2W_{ba} \left\{ |\langle b\,|z|\,a\rangle|^2 + K^2 \left[\left|\langle b\,|z^2|\,a\rangle\right|^2 - 2\left|\langle b\,|z|\,a\rangle \langle b\,|z^3|\,a\rangle\right| \right] + ... \right\}$$

$$= f_{ba}^{(opt)} + f_2 K^2 + f_4 K^4 + O(K^6) \quad (18.27)$$

Wie man sieht, handelt es sich offenbar um eine Art Multipolentwicklung in Form einer Potenzreihe von K^2. *Der erste Term ist nach* (F.29) *in Band 1 vollständig identisch mit der optischen Dipol-Oszillatorenstärke* $f_{ba}^{(opt)}$ *für linear polarisiertes Licht mit einem Polarisationsvektor parallel zu* $\boldsymbol{K}$. Der zweite Term setzt sich aus Quadrupol- und Oktopol-Termen zusammen usw. Wir finden also eine fast vollständige Analogie zu den elektromagnetisch induzierten Atomanregungen. Der wesentliche Unterschied ist neben der schon erwähnten Breitbandigkeit der Anregung auch die Tatsache, dass der Impulsübertragsvektor $\boldsymbol{K}$, der hier den Wellenvektor des Photons ersetzt, nicht vernachlässigbar ist, sondern nach (18.12) durchaus groß werden kann. Durch Elektronenstoß kann man daher fast beliebige, für optische Anregung stark verbotene Übergänge, wie etwa Oktopolübergänge beobachten (s. z.B. Hertel und Ross, 1969).

Für hohe Stoßenergien T sind die differenziellen Querschnitte typischerweise stark vorwärts gerichtet, wie man an ihrer $1/K^2$ Abhängigkeit nach (18.25) abliest. In vielen praktischen Fällen genügen daher einige wenige Terme in der Potenzreihe (18.27), um die Kleinwinkelstreuung bei hohen Energien gut zu beschreiben. In der Praxis bestimmt man in der Regel effektive GOS aus den gemessenen differenziellen Anregungsquerschnitten durch Umkehrung von (18.25) und kann diese dann zu verschwindenden Impulsüberträgen K hin

---

[5] θ_B ist der Polarwinkel des Ortsvektors $\boldsymbol{r}$ des Targetelektrons bezüglich $\boldsymbol{K}$ – nicht zu verwechseln mit dem Streuwinkel θ, der nach (18.12) in K enthalten ist.

extrapolieren. Dabei ist zu beachten, dass der Grenzwert $K = 0$ im Experiment nach (18.20) bei inelastischen Stößen nie erreicht werden kann.

Das große Gebiet der *Elektronenspektroskopie* basiert letztlich auf (18.27). Die Grundlagen wurden u.a. von Lassettre et al. (1968) entwickelt. Optisch Dipol-verbotene Übergänge verschwinden für $K^2 \rightarrow 0$, werden aber für größere Impulsüberträge signifikant. Man kann also aus der Abhängigkeit der generalisierten Oszillatorenstärke von K^2 sofort erkennen, um welchen Typ von Übergang es sich handelt.

18.3.3 Ein Beispiel

Abbildung 18.5 zeigt als Beispiel die Elektronenstoßanregung des $3s\,^2S \rightarrow 3p\,^2P$-Übergangs im Na-Atom. Dabei werden auch die Grenzen der Born'schen Näherung im Vergleich mit exakten Streurechnungen deutlich. Wir haben hierzu die in Abb. 18.2 auf S. 454 kommunizierte 3CCO-Theorie von Bray et al. (1991) nach (18.25) in die GOS umgerechnet und vergleichen diese mit (18.24). Alternativ zeigen wir die ersten drei Entwicklungsterme von (18.27), die man typischerweise in der Elektronenspektroskopie benutzt. Die Auswertung von (18.16) mit realistischen Wellenfunktionen ist als illustratives Beispiele in Anhang H beschrieben.

Abbildung 18.5 zeigt noch einmal, dass die Born'sche Näherung die Oszillatorenstärke bzw. die Streuquerschnitte für kleine Energien insgesamt überschätzt, dennoch aber den Trend als Funktion des Streuwinkels grob richtig wiedergibt. (Wie verlässlich die 3CCO-Rechnungen bei ganz kleinem K^2 wirklich sind, kann nicht abgeschätzt werden. Es mag durchaus sein, dass im Grenzfall $K \rightarrow 0$ die Ungenauigkeiten der dort benutzten Na-Wellenfunktionen überbetont werden, denn in diesem Fall tragen sehr kleine Werte von r verstärkt zu den notwendigen Integrationen bei.)

18.3.4 Integrale inelastische Wirkungsquerschnitte

Auch die Berechnung der integralen, inelastischen Wirkungsquerschnitte lässt sich jetzt einen Schritt weitertreiben. Setzt man die generalisierte Oszillato-

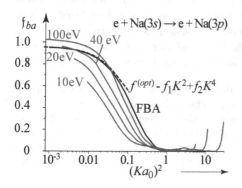

Abb. 18.5. Generalisierte Oszillatorenstärke für die e + Na($3s$) → e + Na($3p$)-Anregung als Funktion des Quadrats des Impulsübertrags K^2. Die umgerechneten differenziellen 3CCO-Wirkungsquerschnitte (Abb. 18.2) nach Bray et al. (1991) — werden verglichen mit der ersten Born'schen Näherung — und deren Entwicklung für sehr kleine K^2 - - -

renstärke nach (18.24) in (18.21) ein, so erhält man

$$\sigma_{ba}^{(FBA)} = \frac{\pi a_0^2}{(W_{ba}/W_0)\,(T/W_0)} \int_{K_{min}a_0}^{K_{max}a_0} \frac{1}{Ka_0}\, \mathrm{f}_{ba}^{(GOS)} \mathrm{d}\,(Ka_0)\,. \qquad (18.28)$$

Entwickelt man nun $\mathrm{f}_{ba}^{(GOS)}$ für kleinen Impulsübertrag entsprechend (18.27) und setzt die Integrationsgrenzen nach (18.20) ein, so erhält man eine Konkretisierung der Bethe-Formel (18.22):

$$\sigma_{ba}^{(Bethe)} = \frac{\pi a_0^2}{(W_{ba}/W_0)\,(T/W_0)} \left[f_{ba}^{(opt)} \ln \frac{T}{W_0/2} + B(T) \right] \qquad (18.29)$$

18.4 Elektronenstoßionisation

Das detaillierte Verständnis der Stoßionisation eines atomaren oder molekularen Targets C durch ein Elektron, kurz $C(e, 2e)C^+$-Prozess, nach dem Schema

$$e^-(T, \mathbf{k}_T) + C \to e^-(W_A, \mathbf{k}_A) + e^-(W_B, \mathbf{k}_B) + C^+(\gamma j, \mathbf{q}_I) \qquad (18.30)$$

$$\text{mit} \quad T \cong W_I + W_A + W_B \qquad (18.31)$$

$$\text{oder auch} \quad W_B + W_I \cong T - W_A \qquad (18.32)$$

$$\text{und} \quad \mathbf{k}_T = \mathbf{k}_A + \mathbf{k}_B + \mathbf{q}_I \qquad (18.33)$$

gehört zu den anspruchsvollsten Problemstellungen der Atom- und Molekülphysik.[6] Schon im einfachsten Fall, beim Wasserstoffatom, haben wir es mit einem echten Dreikörperproblem zu tun, das sich allgemein weder klassisch noch quantenmechanisch exakt lösen lässt.

Wir bezeichnen mit T und $\mathbf{k}_T$ Energie bzw. Wellenvektor des Projektilelektrons vor dem Stoß, $W_{A,B}$ und $\mathbf{k}_{A,B}$ sind die Energien bzw. Wellenvektoren[7] der beiden am Prozess beteiligten Elektronen nach der Ionisation. Das Ionisationspotenzial W_I ist im allgemeinen Falle noch davon abhängig, welches Elektron j aus dem Atom herausgeschlagen wird, und ebenso vom Zustand γ, in welchem das Ion C^+ nach dem Prozess verbleibt. Abbildung 18.6 illustriert die nicht ganz triviale Energetik und Kinematik. Nur eine entsprechend vollständige Analyse führt zu einem detaillierten, atomistischen Verständnis.

Man unterscheidet meist pragmatisch zwischen dem gestreuten *Primärelektron* (Energie $W_A \geq W_B$, Impuls $\mathbf{k}_A$) und dem emittierten *Sekundärelektron* (Energie W_B, Impuls $\mathbf{k}_B$) – wobei wir natürlich im Auge behalten,

---

[6] Der Übersichtlichkeit halber und weil das experimentelle wie auch theoretische Datenmaterial hier bei weitem am umfangreichsten ist, konzentrieren wir uns ausschließlich auf Elektronenstöße. Wir notieren aber, dass schnelle Ionenstöße ganz analog zu behandeln sind, wie wir dies schon bei inelastischen Prozessen gesehen haben. Die Kinematik ist bei der Ionenstoßionisation freilich etwas komplizierter.

[7] Wir werden im Folgenden $\mathbf{k}$ häufig synonym für den Impuls $\hbar\mathbf{k}$ benutzen, uns also auf atomare Einheiten beziehen.

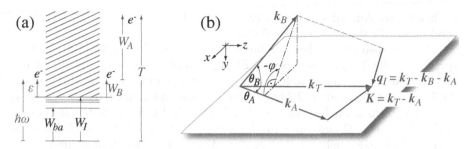

Abb. 18.6. (a) Energetik und (b) Kinematik des $(e, 2e)$-Prozesses: Energien und Wellenvektoren des Projektilelektrons vor (T und k_T) bzw. nach der Ionisation (W_A und k_A) sowie des Sekundärelektrons (W_B und k_B) entsprechend (18.31) und (18.33). In (a) ist zum Vergleich ganz links die Energetik für einen Ionisationsprozess durch ein Photon der Energie $\hbar\omega$ skizziert

dass beide Elektronen streng quantenmechanisch gesehen nicht unterscheidbar sind. Beide Elektronen sind nach dem Prozess frei und teilen sich den Energieüberschuss $T - W_I$ nach (18.31) im Prinzip in beliebiger Weise, bestimmt durch die Dynamik des Ionisationsprozesses. Das $\simeq$ Zeichen in (18.31) gilt, da das zurückbleibende Targetion C$^+$ wegen seiner großen Masse nur sehr wenig Energie aufnehmen kann, die wir hier vernachlässigen. Die Impulsbilanz (18.33) kann stets durch den auf C$^+$ übertragenen Rückstoßimpuls $q_I = k_T - k_A - k_B$ befriedigt werden.

Man kann auch sagen, der primäre Impulstransfer $K = k_T - k_A$ vom Projektil auf das Targetatom wird auf das Sekundärelektron und das zurückbleibende Ion aufgeteilt. Wie aus Abb. 18.6 ersichtlich, sind für jeden Streuwinkel θ_A (Raumwinkelbereich dΩ_A) des Elektrons A im Prinzip beliebige Polar- und Azimutwinkel θ_B, φ (Raumwinkelbereich dΩ_B) für Elektron B möglich.

Anspruchsvoll ist das Problem experimentell, weil es gilt, neben den für die Anwendungspraxis sehr wichtigen integralen Wirkungsquerschnitten auch die Winkel- und Energieverteilung der beiden, nach der Ionisation freien Elektronen zu bestimmen. Je nach Detaillierungsgrad unterscheidet man den *einfachen (SDCS), doppelt differenziellen (DDCS) und dreifach differenziellen Ionisationsquerschnitt (TDCS)*:

$$SDCS = \frac{\mathrm{d}\sigma}{\mathrm{d}W} \quad DDCS = \frac{\mathrm{d}^2\sigma}{\mathrm{d}W\mathrm{d}\Omega} \tag{18.34}$$

$$TDCS = \frac{\mathrm{d}^3\sigma}{\mathrm{d}W_A\,\mathrm{d}\Omega_A\mathrm{d}\Omega_B} \tag{18.35}$$

Während beim SDCS lediglich die Energie W eines Elektrons nach dem Ionisationsprozess bestimmt wird, beim DDCS zwar auch noch sein Streuwinkel, aber ohne die beiden Elektronen zu unterscheiden, wird beim TDCS das gestreute Elektron A in Koinzidenz mit dem herausgeschlagenen Elektronen B

nachgewiesen. Außerdem wird die Energie mindestens eines dieser Elektronen (und damit die des anderen) bestimmt.

Für die theoretische Beschreibung gilt es – um im klassischen Bild zu sprechen – die Trajektorien beider Elektronen über große Distanzen zu bestimmen, bzw. – quantenmechanisch – die asymptotischen Wellenfunktionen der beiden entweichenden Elektronen im langreichweitigen Coulomb-Potenzial des zurückbleibenden Ions zu berechnen. Das Problem wurde bereits in den Anfangszeiten der Quantenmechanik bearbeitet. Bethe (1930) hat hierzu maßgebliche Beiträge geleistet, aber erst in den letzten vier Jahrzehnten ist es gelungen, ein umfassendes Bild zu gewinnen, basierend auf detaillierten Experimenten und der Entwicklung verlässlicher theoretischer Methoden. Heute versteht man die Dynamik der Stoßionisation in ihren wesentlichen Aspekten recht gut und kann dieses Verständnis auch quantitativ für wichtige Anwendungsfelder nutzen. Wir können auch hier wieder nur einige Grundfragen einführend beleuchten und verweisen den tiefer interessierten Leser auf die einschlägige, umfangreiche Literatur (einen Einstieg bieten z.B. die Reviews von Coplan et al., 1994; McCarthy und Weigold, 1991; Byron und Joachain, 1989; Ehrhardt et al., 1986; Inokuti, 1971, und die dortigen Zitate).

18.4.1 Integrale Wirkungsquerschnitte und die Lotz-Formel

In einem ersten Schritt wollen wir uns einen Überblick anhand der *integralen Querschnitte für die Stoßionisation* verschaffen, die über alle Streuwinkel und Energien des gestreuten Elektrons und des Sekundärelektrons integriert sind. Sie werden *total* genannt, $\sigma_{tot}^{(ion)}$, wenn auch über alle Elektronen des Targets summiert wird (was ohne zusätzliche Selektion typischerweise der Fall ist). Bei der Modellierung von Plasmen unterschiedlicher Art sind gerade diese totalen Ionisationsquerschnitte in Abhängigkeit von der kinetischen Energie T des Stoßelektrons von Bedeutung. Es ist wichtig, sie für viele atomare und ionische Spezies zu kennen. Gut aufbereitete Datensammlungen findet man z.B. bei NIFS und ORNL (2007). Um sie effizient z.B. für die Modellierung von Plasmen nutzen zu können, wurden im Laufe der Jahre verschiedene, quasiempirische Relationen entwickelt.

Ausgangspunkt ist dabei in aller Regel die Bethe-Formel (18.29) für die $\mathcal{N}_j$ Elektronen aller atomaren oder ionischen Unterschalen j eines Targets mit den jeweiligen Ionisationspotenzialen (Bindungsenergien) W_{Ij}, welche die Anregungsenergie in (18.29) ersetzen:

$$\sigma_j^{(ion)} \begin{cases} = 0 & \text{für } T < W_{Ij} \\ \propto \frac{\ln(T/W_{Ij})}{W_{Ij} \times T} & \text{für } T \geq W_{Ij} \end{cases}$$

Nun ist die Bethe-Formel, die ja ihrerseits auf der Born'schen Näherung basiert, eine ausgesprochene Hochenergienäherung. Will man sie für kleine Energien ergänzen, so muss man sie durch zusätzliche, empirische Parameter an das experimentelle und theoretische Datenmaterial anpassen. Ein Standard ist dabei nach wie vor die von Lotz (1967, 1968, 1970) entwickelte Formel

$$\sigma_{tot}^{(ion)} = \sum_{j=1}^{N} a_j \mathcal{N}_j \frac{\ln(T/W_{Ij})}{T \times W_{Ij}} \left\{ 1 - b_i \exp\left[-c_i \left(T/W_{Ij} - 1 \right) \right] \right\}, \qquad (18.36)$$

wobei die einzelnen Terme jeweils nur für $T \geq W_{Ij}$ beitragen. Man verifiziert leicht, dass diese *Lotz-Formel* für den Schwellenbereich $T \gtrsim W_{Ij}$ ein lineares Verhalten $\propto (T - W_{Ij})$ reproduziert und für hohe Energien in die Bethe-Formel übergeht. Die Parameter a_j liegen typischerweise zwischen 2.6 und $4.5 \times 10^{-14}\,\mathrm{cm}^{-2}\,\mathrm{eV}^2$ und sind, ebenso wie b_j und c_j, für jedes Atom und jede Schale individuelle Konstanten. Die von Lotz für zahlreiche Atome und Ionen tabellierten Parameter basieren freilich auf älteren Experimenten und müssen bei Bedarf an die aktuelle Datenlage angepasst werden. Wir zeigen in Abb. 18.7 beispielhaft die totalen Ionisationsquerschnitte für das Wasserstoff- und das Argon-Atom nach neueren Messungen und Rechnungen, welche wir mit der Lotz-Formel gefittet haben.

Der typische Verlauf des *Ionisations*querschnitts ist dem für Elektronen-stoß*anregung* recht ähnlich – allerdings hier im Schwellenbereich näherungs-weise linear[8] ansteigend – und fällt nach Erreichen des Maximums (bei etwa 4 bis 5-facher Schwellenenergie) im Wesentlichen nach der Bethe-Formel

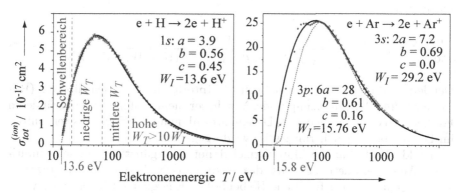

Abb. 18.7. Totaler Ionisationsquerschnitt als Funktion der kinetischen Elektro-nenenergie T. Links e + H: Experimente (•) nach Shah et al. (1987) und CCC-Rechnungen (......) nach Bartschat und Bray (1996). Rechts e + Ar: Experiment nach Krishnakumar und Srivastava (1988) (•) bzw. Sorokin et al. (2000) (○) sowie SCOP-Rechnungen (......) nach Vinodkumar et al. (2007). Die experimentellen Daten werden durch die Lotz-Formel (——) approximiert, die Fit-Parameter a, b, c für die beteiligten Schalen sind jeweils angeben

---

[8] Diese experimentellen Daten erlauben aber keine Prüfung des theoretischen vor-hergesagten Schwellengesetzes $\propto (T - W_I)^{1.127}$ nach (17.15), das ohnedies nur für einen sehr engen Energiebereich oberhalb der Schwelle gilt, s. Abschn. 18.4.3.

$\ln(T/W_{Ij})/T$ ab. Die Übereinstimmung von Theorie, Experiment und Lotz-Formel ist für das H-Atom sehr gut, für Argon gibt es offenbar noch Klärungsbedarf: Messungen und Rechnungen stimmen oberhalb von ca. 200 eV recht gut überein. Für kleine Energien liegt allerdings die an die experimentellen Daten angepasste Lotz-Formel zu hoch, während die jüngste Theorie von Vinodkumar et al. (2007) mit einem sphärischen, komplexen optischen Potenzial, SCOP, zu niedrig liegt. Offenbar wird die Ionisationswahrscheinlichkeit für die schwächer gebundenen $3p^6$-Elektronen $(W_I = 15.8\,\mathrm{eV})$ unterschätzt.

18.4.2 SDCS: Energieaufteilung auf die beiden Elektronen

Als Nächstes drängt sich die Frage auf, wie denn die Überschussenergie $T - W_I = W_A + W_B$ im Ionisationsprozess (18.30) auf Primär- und Sekundärelektron aufgeteilt wird. Nach Mott (s. z.B. Rudd, 1991; Kim, 1975a) geht man zum Verständnis dabei vom Rutherford-Querschnitt (16.139) aus (für Projektil und herausgeschlagenes Elektron mit $q_A = q_B = 1$). Dem dort W genannten Energieübertrag auf das gebundene Elektron entspricht hier $W + W_I$, wobei W die kinetische Energie des nach der Ionisation detektierten Elektrons ist, also *entweder W_A oder W_B*, sodass der SDCS $\propto$ $(W + W_I)^{-2}$ würde. Das muss freilich wegen der prinzipiellen Ununterscheidbarkeit von Projektil- und Sekundärelektron symmetrisiert werden, wofür man sich der Relation (18.32) bedient. So wird schließlich aus (16.139) der *Mott-Querschnitt*:

$$\frac{d\sigma^M}{dW} = \frac{\pi a_0^2 W_0^2}{T} \left[\frac{1}{(W + W_I)^2} + \frac{1}{(T - W)^2} - \frac{1}{(W + W_I)\,(T - W)} \right] \quad (18.37)$$

Der letzte Term berücksichtigt noch die Interferenz zwischen direkter (Rutherford) und Austauschamplitude. Mit dieser mehr erahnten als begründeten Formel wird das experimentelle Datenmaterial qualitativ durchaus vernünftig, im Detail aber nur näherungsweise wiedergegeben.

Rudd (1991) hat die Mott-Formel daher so ergänzt und in semiempirischer Weise parametrisiert, dass das asymptotische Verhalten des integralen Wirkungsquerschnitts für H und He bei hohen Energien gut beschrieben wird:

$$\frac{d\sigma^R}{dw} = \frac{S}{W_I/\mathrm{eV}}\, F(t)\, f_1(w,t) \quad (18.38)$$

$$\text{mit} \quad S = q_I \pi\, (a_0)^2 \left(\frac{W_0}{W_I} \right)^2, \quad F(t) = \frac{A_1 \ln t + A_2 + A_3/t}{t} \quad \text{und}$$

$$f_1(w,t) = \frac{1}{(w+1)^n} + \frac{1}{(t-w)^n} - \frac{1}{(w+1)^{n/2}\,(t-w)^{n/2}}$$

Hier werden *reduzierte Energien* $w = W/W_I$ bzw. $t = T/W_I$ benutzt. Für $e + \mathrm{He} \rightarrow 2e + \mathrm{He}^+$-Prozesse setzt man nach Rudd (1991) die Werte $n = 2.4$,

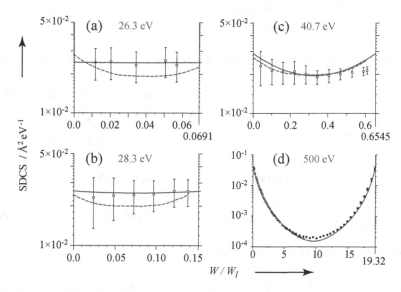

Abb. 18.8. $d\sigma/dw$ (SDCS) für den He$(e, 2e)$He$^+$-Prozess als Funktion der Elektronenenergie $w = W/W_I$ nach der Ionisation. Experimentelle Daten (○) und CCC-Rechnungen (- - -) von Schow et al. (2005) für kleine Primärenergien und für 500 eV nach Oda (1975). Im Vergleich mit der modifizierten Mott-Formel (18.38) nach Rudd (1991) (—)

$A_1 = 0.85$, $A_2 = 0.36$ und $A_3 = -0.1$ ein. Wie in Abb. 18.8 dokumentiert, reproduziert diese Formel ganz hervorragend nicht nur ältere Messungen der einfach differenziellen Wirkungsquerschnitte (SDCS) bei hohen Energien nach Oda (1975) (die in die Parametrisierung eingeflossen sind), sondern bemerkenswerterweise auch jüngste Experimente im Bereich der Schwelle nach Schow et al. (2005). Die entsprechenden CCC-Rechnungen zeigen etwas mehr Variation als die Rudd-Formel, die Experimente erlauben aber keine Entscheidung über deren Validität.

Charakteristisch für diese Energieverteilungen ist die Symmetrie bezüglich $W = (T - W_I)/2$. Für sehr *kleine Überschussenergien* $(T - W_I) \ll W_I$ ist die *Verteilung nahezu konstant*, für sehr *hohe Energien* wird sie dagegen *ausgesprochen bimodal*: für $T \gg W_I$ kann man also mit Recht von einem Primärelektron (mit fast maximaler Energie) und einem (sehr langsamen) Sekundärelektron sprechen. Auch für mittlere Energien bestätigen weitere Daten aus den letzten Jahren die hier skizzierten Trends (z.B. Bray et al., 2003).

18.4.3 Verhalten an der Ionisationsschwelle

Hypersphärische Koordinaten

Für das fundamentale Dreikörper-Coulomb-Problem, also z.B. H$^-$ oder H$(e, 2e)$H$^+$ aber auch H$_2^+$, kann man nach Macek (1967) den Hamiltonian (in a.u.)

$$\widehat{H} = -\frac{\Delta_1}{2} - \frac{\Delta_2}{2} - \frac{1}{r_1} - \frac{1}{r_2} + \frac{1}{r_{12}} \qquad (18.39)$$

vorteilhaft in *hypersphärischen Koordinaten* ausdrücken. Dabei setzt man:

$$R = \sqrt{r_1^2 + r_2^2} \qquad\qquad \text{mit} \quad 0 \leq R \leq +\infty \qquad (18.40)$$

$$\cos\alpha = r_1/R, \qquad\qquad \sin\alpha = r_2/R \qquad \text{mit} \quad 0 \leq \alpha \leq \pi/2$$

$$\cos\theta_{12} = \frac{\boldsymbol{r}_1 \cdot \boldsymbol{r}_2}{r_1 r_2} \qquad\qquad\qquad\qquad \text{mit} \quad 0 \leq \theta_{12} \leq \pi$$

In diesen Koordinaten schreibt sich die Schrödinger-Gleichung

$$\left(\frac{1}{2} \frac{d^2}{dR^2} - \frac{\Lambda^2 + 15/4}{2R^2} - \frac{\zeta(\alpha, \theta_{12})}{R} + W \right) \left(R^{5/2}\Psi \right) = 0 \qquad (18.41)$$

mit dem sogenannten *Casimir-Operator:*

$$\Lambda^2 = -\frac{1}{\sin^2\alpha\cos^2\alpha} \left(\sin^2\alpha\cos^2\alpha \frac{d}{d\alpha} \right) + \frac{\hat{\ell}_1^2}{\cos^2\alpha} + \frac{\hat{\ell}_2^2}{\sin^2\alpha} \qquad (18.42)$$

Dabei sind $\hat{\ell}_1$ und $\hat{\ell}_2$ die üblichen Drehimpulsoperatoren der beiden Elektronen und das Potenzial $\zeta(\alpha, \theta_{12})/R$ ist gegeben durch:

$$\zeta(\alpha, \theta_{12}) = -\frac{R}{r_1} - \frac{R}{r_2} + \frac{R}{r_{12}} = -\frac{1}{\cos\alpha} - \frac{1}{\sin\alpha} + \frac{1}{\sqrt{1 - \sin 2\alpha \cos\theta_{12}}} \qquad (18.43)$$

Die Potenzialfläche

Wir können hier nicht die mathematischen Details zur approximativen Lösung der Schrödinger-Gleichung nach (18.41) ausbreiten (s. z.B. Macek, 1967; Lin, 1974; Deb und Crothers, 2002, und weitere Zitate dort). Instruktiv ist aber bereits eine Betrachtung der Potenzialhyperfläche, die zu einem sozusagen visuellen Verständnis der korrelierten Dynamik der beiden Elektronen führt.

In Abb. 18.9 ist $\zeta(\alpha, \theta_{12})$ dargestellt, also die Abhängigkeit der potenziellen Energie von den Korrelationswinkeln α und θ_{12}, welche die Position der beiden Elektronen zueinander beschreiben. In einer weiteren Dimension muss man sich die Abnahme des Potenzials mit dem Hyperradius $\propto 1/R$ denken. Man kann sich intuitiv recht gut vorstellen, dass im Bereich des Grats dieser Potenzialfläche ($\alpha = 45°$, *sogenannte Wannier „Ridge“*, in Abb. 18.9 schwarz strichpunktiert) stabile Bewegungsformen bei niedrigen Energien T möglich sind. Das bedeutet $r_1 \simeq r_2$ auch für große R, und somit Ionisation. Tendenziell wird die Bewegung dabei zu $\cos\theta_{12} = -1$ führen, wo das Minimum des Grates liegt, und wo sich die beiden Elektronen mit $\theta_{12} = 180°$ in entgegengesetzte Richtung vom Ion entfernen. Je mehr α aber einmal vom Wert $\alpha = 45°$

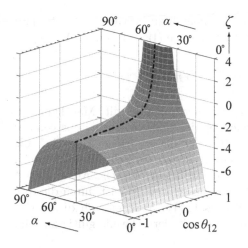

Abb. 18.9. Potenzialfunktion $\zeta\,(\alpha,\theta_{12})$ in hypersphärischen Koordinaten (s. z.B. Lin, 1974) für das System $e + e + \mathrm{H}^+$ zur Veranschaulichung des Dreikörperproblems. Äquipotenziallinien sind weiß gekennzeichnet, die strichpunktierte schwarze Linie deutet den Wannier-Grat an

abweicht, während die drei Teilchen noch stark miteinander wechselwirken, desto größer ist die Chance, dass die Trajektorie rasch links oder rechts ins Tal „rollt", also hin zu $\alpha \rightarrow 90°$ oder $\rightarrow 0°$ (man erwartet das vor allem für $\cos\theta_{12} > 0$). Nach (18.40) bedeutet dies, dass eines der beiden Elektronen das Atom nicht verlässt, dass also keine Ionisation stattfindet. Wir werden noch diskutieren, wieweit diese Vermutungen der Realität entsprechen.

Das Wannier'sche Schwellengesetz

Wannier (1953) und Rau (1971) haben das Dreikörperprobem in hypersphärischen Koordinaten auf klassische bzw. quantenmechanische Weise behandelt und dabei das *Schwellengesetz* $\sigma^{(ion)} \propto (T - W_I)^{1.127}$ *für den integralen Ionisationsquerschnitt* abgeleitet, das wir bereits in Kap. 17.3 erwähnt haben. Viele Versuche sind unternommen worden, dies experimentell nachzuweisen, was aber wegen der kleinen Abweichung von der Steigung 1 nicht ganz trivial ist. Recht überzeugend ist dies erstmals Cvejanov und Read (1974) gelungen, die sich dafür eines raffinierten Tricks bedienten: anstatt den integralen Querschnitt zu messen, haben sie den SDCS für Schwellenelektronen als Funktion der Stoßenergie T bestimmt. Dabei wurde eine nur für Elektronen verschwindender Energie W empfindliche Messanordnung benutzt – sozusagen ein früher Vorläufer der ZEKE-Spektroskopie (s. Kap. 15.9.3) für Elektronenstöße.

Wie wir in Abschn. 18.4.2 gesehen haben, ist der SDCS in Schwellennähe für eine gegebene Primärenergie T praktisch unabhängig von W. Der Zusammenhang mit dem integralen Ionisationsquerschnitt (hier integriert auch über alle Energien W der emittierten Elektronen) ist dann näherungsweise durch

$$\sigma^{(ion)} = \int_0^{T-W_I} \frac{\mathrm{d}\sigma(W)}{\mathrm{d}W}\mathrm{d}W \simeq \frac{\mathrm{d}\sigma}{\mathrm{d}W}\,(T - W_I)$$

gegeben. Man erwartet also für den experimentell zu bestimmenden Verlauf des SDCS für Elektronen verschwindender Energie ($W \simeq 0$) einen Anstieg

$$\frac{d\sigma}{dW} \simeq \frac{\sigma^{(ion)}}{T - W_I} \propto (T - W_I)^{0.127} \, ,$$

sofern das Schwellengesetz (17.15) von Wannier und Rau gilt. Man kann auf diese Weise sehr empfindlich die Abweichung des Schwellenverhaltens von der Steigung 1 bestimmten. Abbildung 18.10 zeigt für $e + \text{He} \rightarrow 2e + \text{He}^+$ die von Cvejanov und Read (1974) gemessene Ausbeute an Schwellenelektronen als Funktion der kinetischen Energie T des Stoßelektrons. Die Abhängigkeit $\propto (T - W_I)^{0.127}$ für T oberhalb der Ionisationsschwelle W_I ist durch die rote Fitlinie klar dokumentiert. Das Schwellengesetz (17.15) scheint für diesen Fall in einem Bereich von mindestens 1.5 eV oberhalb der Schwelle gültig zu sein.

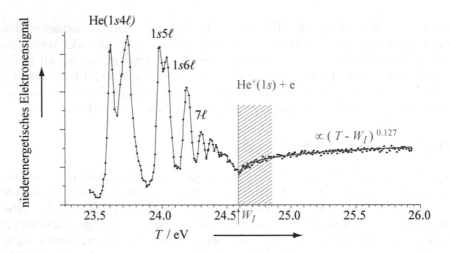

Abb. 18.10. Ausbeute langsamer Elektronen bei der Elektronenstoßionisation He(e,2e)He$^+$ im Bereich der Schwelle (Ionisationspotenzial W_I) als Funktion der kinetischen Anfangsenergie der Elektronen T nach Cvejanov und Read (1974). Die volle rote Linie —— ist ein Fit $\propto (T - W_I)^{0.127}$ an die experimentellen Daten

Interessant ist darüber hinaus, dass auch unterhalb der Schwelle im Mittel offenbar ein ähnliches Anregungsgesetz (gespiegelt) für hohe Rydberg-Zustände gilt. Die angeregten Rydberg-Zustände wurden bei diesem Experiment durch Feldionisation nachgewiesen – ganz so wie (viel später) beim ZEKE-Experiment (s. Kap. 15.9.5). Mit Blick auf die Potenzialhyperfläche Abb. 18.9 ist dieser Verlauf nicht verwunderlich: die eigentliche Elektronendynamik sollte kurz unterhalb und oberhalb der Schwelle nicht sehr verschieden sein. Rydberg-Anregung entspricht dann Trajektorien, die es nicht ganz zur Ionisation „schaffen", sondern vorher bei $\alpha = 0°$ oder $90°$ „ins Tal rollen".

Auch der *Winkel θ_{12} zwischen den beiden Elektronen für den Schwellenbereich* (*Wannier-Bereich*), also für Überschussenergien bis zu etwa 1.5 eV, war und ist Gegenstand experimenteller und theoretischer Untersuchungen. Die klassischen Überlegungen, ja schon die einfache Betrachtung von Abb. 18.9, suggerieren, dass bei niedrigen Energien die beiden Elektronen nur unter 180° auseinander laufen können, sofern überhaupt Ionisation stattfindet. Dies wird in der Tat experimentell von Cvejanov und Read (1974) und durch aktuelle, quantenmechanische Berechnungen von Bartlett und Stelbovics (2004b) bestätigt. Natürlich gibt es auch hier eine Winkel*verteilung*, deren Breite (FWHM) mit der Überschussenergie zunimmt – für das System $e + \mathrm{H} \rightarrow 2e + \mathrm{H}^+$ entsprechend $(\pi - \theta_{12}) \simeq 3(T - W_I)^{1/4}$. Neueste experimentelle Ergebnisse hierzu besprechen wir in Abschn. 18.4.5 (s. inbesondere Abb. 18.18 auf S. 483).

18.4.4 DDCS: Doppelt differenzielle Wirkungsquerschnitte und Born'sche Näherung

Einen noch tieferen Einblick in die Ionisationsdynamik erlaubt der doppelt differenzielle Wirkungsquerschnitts (DDCS), also die Streuverteilung bezogen auf *Energie- und Winkelintervall*. Für hinreichend hohe kinetische Energien $T \gg W_I$ und kleinen Impulsübertrag $\hbar K < \hbar a_0^{-1}$ ist die Born'sche Näherung wieder ein guter Ansatz (s. z.B. Kim, 1975a,b,c; Inokuti, 1971). Bezüglich der energetischen Verhältnisse sei an Abb. 18.6 auf S. 465 erinnert.

Man muss sich darüber im Klaren sein, dass die Born'sche Näherung die Unterscheidbarkeit der beiden Elektronen impliziert, was für hohe Energien auch gerechtfertigt ist: für die kinetische Energie des gestreuten Elektrons (in FBA als ebene Welle angenommen) muss $W_A \gg W_I$ und sie darf sich nur wenig von der kinetischen Anfangsenergie $T \gtrsim W_A$ unterscheiden. Dann werden die Verhältnisse vergleichbar mit der Photoionisation, die wir in Kap. 5.5, Band 1 behandelt haben. Der Photonenenergie $\hbar\omega$ im optischen Falle entspricht die auf das Targetsystem übertragene Energie

$$\hbar\omega \rightarrow W_B + W_I = T - W_A \tag{18.44}$$

(bei der inelastischen Stoßanregung entsprach dies der Anregungsenergie $W_{ba} = \hbar\omega_{ba}$). Die Oszillatorenstärke pro Energieintervall hatten wir nach (5.49) bei der Photoionisation $df_{\varepsilon a}/d\varepsilon$ genannt. Bei der Stoßionisation bezieht sich der entsprechende Ausdruck auf die Energie des Sekundärelektrons ($\varepsilon \rightarrow W_B$). Dagegen bezieht man den doppelt differenziellen Wirkungsquerschnitt stets auf das detektierte Elektron, dessen Energie wir allgemein mit W bezeichnen, und das beim DDCS sowohl das gestreute, wie auch das emittierte Elektron sein kann. In Born'scher Näherung wird der DDCS für die Stoßionisation entsprechend (18.25) also

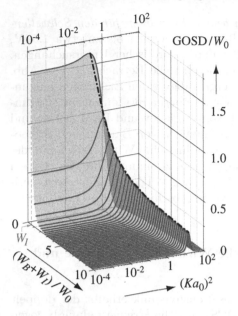

Abb. 18.11. Bethe-Fläche für die generalisierte Oszillatorenstärkendichte (GOSD) bei der Stoßionisation von atomarem Wasserstoff. Die GOSD pro atomare Energieeinheit (W_0) ist für Energieüberträge $W_B + W_I$ von der Schwelle bei 13.6 eV bis zu 270 eV und für Impulsüberträge $K a_0$ von 0.01 bis 10 (im $\log K^2$ Maßstab) gezeigt. Der Bethe-Grat ist schwarz, strichpunktiert eingezeichnet

$$\frac{\mathrm{d}^2\sigma(\theta)}{\mathrm{d}W\mathrm{d}\Omega} = 2a_0^2\sqrt{\frac{W_A}{T}}\frac{W_0}{(W_B+W_I)(Ka_0)^2}\frac{\mathrm{d}f_{Ba}^{(GOS)}(K,W_B)}{\mathrm{d}W_B} \tag{18.45}$$

$$\text{mit}\quad (Ka_0)^2 = 2\left(T + W_A - 2\sqrt{TW_A}\cos\theta_A\right). \tag{18.46}$$

Die hier eingeführte Größe $\mathrm{d}f_{Ba}^{(GOS)}(K)/\mathrm{d}W_B$ nennt man *generalisierte Oszillatorenstärken-Dichte (GOSD)*. Man kann sie im Prinzip nach (18.24) und (18.16) berechnen, wobei $W_{ba} \to W + W_I$ entsprechend (18.44) zu ersetzen ist. Für das Matrixelement $\mathcal{M}_{ba} \to \mathcal{M}_{Ba}$ sind möglichst gute Wellenfunktionen für das emittierte Elektron $\langle B|$ im Kontinuum bzw. im Anfangszustand $|a\rangle$ des Targets zu benutzen. Erstere sind pro Energieintervall zu normieren, wie wir dies in Band 1 beschrieben haben (Dimension [GOSD] = Energie^{-1}). Die GOSD hängt von K und W_B ab und geht im Grenzfall $K \to 0$ wie beim Anregungsprozess nach (18.27) in die *optische Oszillatorenstärken-Dichte (OOSD)* über:[9]

$$\frac{\mathrm{d}f_{Ba}^{(GOS)}(K,W_B)}{\mathrm{d}W_B} \xrightarrow[K\to 0]{} \frac{\mathrm{d}f_{\varepsilon a}^{(opt)}}{\mathrm{d}\varepsilon} \tag{18.47}$$

Man beachte, dass die OOSD in der Regel stark von der Energie ε des Kontinuumselektrons abhängt, das hier dem Sekundärelektron entspricht. Entsprechend hängt die GOSD für die Stoßionisation von der Energie $\varepsilon \to W_B = T - W_A - W_I$ des Sekundärelektrons bzw. vom Energieübertrag

---

[9] Dieser Grenzfall $K \to 0$ kann beim Stoßprozess nach (18.46) zwar beliebig gut angenähert, aber nie erreicht werden.

$W_B + W_I = T - W_A$ ab. Für das Wasserstoffatom als einziges System kann man die GOSD in geschlossener Form berechnen, was bereits Bethe getan hat. Die etwas komplizierte Formel lässt sich nach Inokuti (1971) übersichtlich als sogenannte *Bethe-Fläche* darstellen, wie in Abb. 18.11 illustriert. Man trägt die GOSD als Funktion des Energieübertrags $W_B + W_I$ und des Logarithmus' von K^2 auf, hier in atomaren Einheiten. Im optischen Grenzfall $K \rightarrow 0$ fällt die GOSD wie die OOSD rasch mit $W_B + W_I$ ab. Bemerkenswert ist das Auftreten eines Maximums der GOSD bei höherem K und die Verschiebung dieses Maximums mit größer werdendem Energieübertrag $W_B + W_I$ hin zu beträchtlichen Werten des Impulsübertrags K. Dies ist der Bereich des sogenannten *Bethe-Grats*, wo – das zeigt eine genauere Analyse (s. z.B. Coplan et al., 1994) – die Dynamik des Ionisationsprozesses im wesentlich als *binäre Wechselwirkung* zwischen Streuelektron und herausgeschlagenem Elektron verstanden werden kann. Das verbleibende Ion ist gewissermaßen nur als Zuschauer beteiligt.

Wir illustrieren die vorangehenden Überlegungen etwas ausführlicher anhand der He$(e, 2e)$He$^+$-Reaktion – eine Art Benchmark für die Elektronenstoßionisation. Hier gibt es natürlich keine analytische Formel für die GOSD. Es sind aber zahlreiche experimentelle und theoretische Untersuchungen an diesem System durchgeführt worden, besonders systematisch für höhere Energien von Müller-Fiedler et al. (1986). In Abb. 18.12 zeigen wir als Beispiel für $T = 100\,\text{eV}$ und $500\,\text{eV}$ den DDCS, also die Winkelverteilung des gestreuten Elektrons, jeweils bei mehreren Energien W_A. Die Ionisationsenergie für He ist $W_I = 24.6\,\text{eV}$, die Energie des Sekundärelektrons reicht hier also von praktisch 0 bis zu 20 bzw. 40 eV. Bemerkenswert ist die starke Vorwärtsstreuung des ionisierenden Elektrons bereits bei einer Primärenergie $T = 100\,\text{eV}$ und a fortiori so bei 500 eV. Mit steigendem Energieübertrag an das Atom fällt der Wirkungsquerschnitt, wie nach Abb. 18.8d zu erwarten, und wird in seiner Winkelabhängigkeit etwas flacher. Die verschiedenen theoretischen Modelle reproduzieren die experimentellen Befunde qualitativ und quantitativ recht gut. Wie der Vergleich der Daten von Müller-Fiedler et al. (1986) mit denen von Avaldi et al. (1987) bei 500 eV zeigt, gibt es auch gewisse Unsicherheiten beim Experiment.

Auch wenn man Primär- und Sekundärelektron vom Grundsatz her eigentlich nicht streng unterscheiden kann, gibt die starke Vorwärtsstreuung (zusammen mit der in Abschn. 18.4.2 diskutierten Energieverteilung) einen klaren Beleg dafür, dass die Austauschamplitude bei diesen hohen Energien sehr klein ist. Somit ist das anschauliche Konzept von einem gestreuten und einem herausgeschlagenen Elektron in diesem Energiebereich durchaus anwendbar. Dies wird um so deutlicher, wenn man die *Winkelverteilung des niederenergetischen* Elektrons betrachtet, die für einige Fälle in Abb. 18.13 gezeigt ist: das Sekundärelektron wird jedenfalls nicht dominant vorwärts emittiert und lässt erst bei höheren Sekundärenergien eine ausgeprägtere Abhängigkeit vom Emissionswinkel erkennen. Die hier pauschal erfasste Dynamik scheint auf den ersten Blick auch nur wenig von der kinetischen Anfangsenergie T ab-

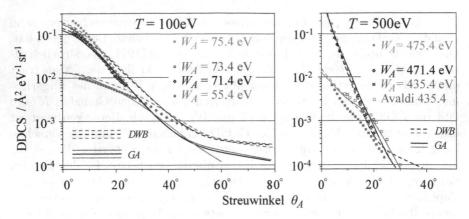

Abb. 18.12. Doppelt differenzieller Wirkungsquerschnitt für die Elektronenstoßionisation von He bei 100 und 500 eV Primärenergie für verschiedene Energien W_A des gestreuten Elektrons als Funktion des Streuwinkels. Experimentelle Daten von Müller-Fiedler et al. (1986) und Avaldi et al. (1987) (ein Datensatz), rekalibriert nach Saenz et al. (1996). Theorie: Glauber-Näherung (GA) nach Ray et al. (1991) und Distorted-Wave-Born (DWB) nach McCarthy und Zhang (1989)

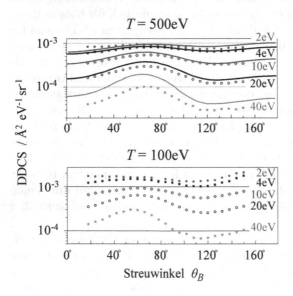

Abb. 18.13. Doppelt differenzieller Wirkungsquerschnitt (DDCS) für die Elektronenstoßionisation von He bei $T = 100$ und 500 eV bei verschiedenen Energien W_B des Sekundärelektrons als Funktion des Emissionswinkels θ_B. Ordinatenmaßstab wie in Abb. 18.12. Experimentelle Datenpunkte von Müller-Fiedler et al. (1986), CCC-Rechnungen (ausgezogene Linien) für $T = 500$ eV von Bray und Fursa (1996)

zuhängen. Der Vergleich von Experiment und theoretischen CCC-Rechnungen von Bray und Fursa (1996) zeigt qualitativ, teilweise auch quantitativ exzellente Übereinstimmung.

Das etwas unübersichtliche Verhalten für die Winkelverteilungen der gestreuten Primärelektronen nach Abb. 18.12 kann man übrigens mit Hilfe der Born'sche Näherung sehr überzeugend einordnen – also mit dem einfachsten aller möglichen Ansätze. Wir stellen in Abb. 18.14 die GOSD bei drei verschiedene Energieüberträgen $W_B + W_I$ für jeweils sechs unterschiedliche kinetische Energien T zusammen, die aus theoretischen Daten und aus Experimenten von Müller-Fiedler et al. (1986) gewonnenen wurden (nach Saenz et al., 1996, rekalibriert). Nach der Born'schen Näherung sollte die effektive GOSD für einen gegebenen Energieübertrag $W_B + W_I$ unabhängig von der Anfangsenergie T des Streuelektrons sein. Wie man sieht, bestätigt Abb. 18.14 dies in gewissen Grenzen, zeigt allerdings auch deutlich die erwartete Abweichung für größere Impulsüberträge. Bei $W_B + W_I = 44.6\,\text{eV} \simeq 1.6\,W_0$ erkennt man für $(Ka_0)^2 \simeq 1.5$ auch hier bereits ein Maximum – und kann sich die Ausbildung eines Bethe-Grats bei höherem Energieübertrag durchaus vorstellen, ähnlich dem für $\text{H}(e, 2e)\text{H}^+$ nach Abb. 18.11.

Neuere experimentelle und theoretische Arbeiten für niedrigere kinetische Energien T geben ein weiter differenziertes Bild, gerade auch im Schwellenbereich. Die Beobachtungen lassen sich oft anhand des hypersphärischen Potenzials Abb. 18.9 auf S. 471 intuitiv gut erklären. Für Details verweisen wir auf die Originalliteratur (s.z.B. Schow et al., 2005; Bray et al., 2003).

18.4.5 TDCS: Dreifach differenzielle Wirkungsquerschnitte

Maximale Information über die Dynamik der Stoßionisation erhält man durch Messung der dreifach differenziellen Wirkungsquerschnitte (TDCS). Dazu muss man die beiden nach der Ionisation freien Elektronen in Koinzidenz nachweisen und ihre Streuwinkel und kinetischen Energien bestimmen. Auf

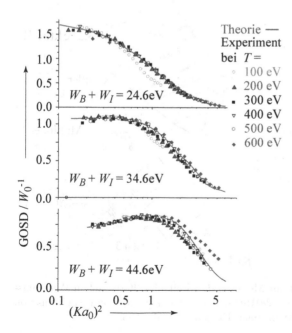

Theorie —
Experiment
bei $T =$
○ 100 eV
▲ 200 eV
■ 300 eV
▽ 400 eV
○ 500 eV
◆ 600 eV

Abb. 18.14. Generalisierte Oszillatorenstärkendichte GOSD pro atomare Energieeinheit W_0 für die Elektronenstoßionisation von He als Funktion des Impulsübertrags in a_0^{-1}. Für drei verschiedene Energieüberträge $W_B + W_I = T - W_A$ werden die Rechnungen von Saenz et al. (1996) und effektive, aus den Daten von Müller-Fiedler et al. (1986) bestimmte Werte bei sechs verschiedenen Primärenergien T verglichen. Man beachte den Ansatz eines Bethe-Grats bei $W_B + W_I = 44.6\,\text{eV}$ und $(Ka_0)^2 \simeq 1.5$

diese Weise wird die Kinematik nach Abb. 18.6 auf S. 465 vollständig bestimmt. Erste Pionierexperimente dieser Art wurden – mit unterschiedlichen
Zielrichtungen – von Ehrhardt et al. (1969) und Amaldi et al. (1969) durchgeführt. Damals war der experimentelle und zeitliche Aufwand für derartige
Experimente erheblich, wie man schon anhand des in Abb. 18.15 gezeigten
historischen Aufbaus der Ehrhardt-Gruppe ahnen kann. Die Abbildung ist
weitgehend selbst erklärend. Angedeutet ist die aufbaubedingte Begrenzung
der koinzident nachweisbaren Streuwinkel des Experiments. Die Geometrie ist
bezüglich der beiden detektierten Elektronen koplanar mit der Richtung des
Projektilelektrons k_A, eine Anordnung in der auch die meisten Nachfolgeex-
perimente durchgeführt wurden. Inzwischen gibt es eine Fülle von Daten verschiedener experimenteller Gruppen zu diesem Themenkomplex, überwiegend
für die Elektronenstoßionisation von He- und H-Atomen. Dabei sind die Da-
ten für $e + \text{He} \rightarrow 2e + \text{He}^+$ experimentell einfacher zu gewinnen und daher umfassender, detaillierter und wohl auch verlässlicher, als für das System
$e + \text{H} \rightarrow 2e + \text{H}^+$. Die experimentellen Schwierigkeiten bei der Benutzung
eines atomaren Wasserstoff Targets sind nicht zu unterschätzen, auch wenn
aus theoretischer Sicht das H-System natürlich fundamentaler und deutlich
einfacher zu behandeln ist. Insgesamt wurde aber, vor allem am Beispiel dieser beiden Systeme, über die letzten vier Jahrzehnte ein recht weitreichen-
des Verständnis für die Dynamik der Elektronenstoßionisation von Atomen
gewonnen, wobei die Kaiserslauterner Gruppe von Ehrhardt und Schülern,

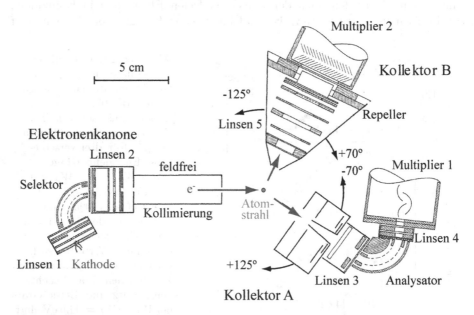

Abb. 18.15. Pionierexperiment zur Messung des dreifach differenziellen Wirkungsquerschnitts (TDCS) für den He$(e, 2e)$He$^+$-Prozess mit koinzidentem Nachweis von
gestreutem und ionisiertem Elektron nach Ehrhardt et al. (1969)

aber auch weitere Gruppen in Italien, Frankreich, Australien und den USA eng mit verschiedenen Theoriegruppen weltweit zusammengearbeitet haben. Dabei wurden die Experimente Zug um Zug vervollkommnet und die theoretischen Modelle erweitert und verfeinert. Die Übereinstimmung von Experiment und Theorie ist heute in vieler Hinsicht beeindruckend und die Ergebnisse sind sehr vielfältig. Noch recht übersichtlich und z.T. anschaulich einleuchtend ist die Situation bei mittleren und höheren Energien, während im Bereich der Ionisationsschwelle und bei niedrigen Energien unterhalb des Querschnittsmaximums eine zum Teil sehr komplexe Dynamik beobachtet wird.

Born'sche Näherung (FBA) für den TDCS

Als Ausgangspunkt für die quantitative Behandlung soll auch hier wieder die Born'sche Näherung dienen, die für sehr hohe Energien T und kleine Impulsüberträge K gelten sollte. Formal ist in (18.45) nun auch der Emissionswinkel θ_B zu berücksichtigen. Da die generalisierte Oszillatorenstärkendichte nach (18.47) im Grenzfall verschwindender Werte von K in die optische Oszillatorenstärke übergeht, überträgt man die bei der Photoionisation für das Photoelektron gefundene Winkelverteilung (5.66), Band 1 mit dem charakteristischen Anisotropieparameter β auf den hier diskutierten $(e, 2e)$-Prozess. Dabei identifiziert man das emittierte Photoelektron hier mit dem emittierten Sekundärelektron – was nach dem Energiediagramm Abb. 18.6a durchaus nahe liegt. Im Grenzfall sehr kleiner Impulsüberträge erwartet man also für den TDCS:

$$\frac{\mathrm{d}^3\sigma\,(\theta)}{\mathrm{d}\Omega_A \mathrm{d}\Omega_B \mathrm{d}W_B} \tag{18.48}$$

$$\xrightarrow[K\to 0]{} \frac{a_0^2}{2\pi}\sqrt{\frac{W_A}{T}}\frac{W_0}{(Ka_0)^2\,(W_I+W_B)}\frac{\mathrm{d}f_{W_B}^{(opt)}}{\mathrm{d}W_B}\left[1+\beta P_2\left(\cos\theta_B\right)\right]$$

Die Integration über alle Emissionswinkel θ_B führt unabhängig von β wieder zu (18.45). Bei der Photoionisation eines s-Zustands wird bekanntlich $\beta = 2$, was ein auslaufendes p-Elektron beschreibt. Zwar ist die Elektronenstoßionisation komplizierter, in jedem Fall übernimmt aber der *Impulsübertrag* K jetzt die Rolle des Photonen-Polarisationsvektors e als *Symmetrieachse der Elektronenverteilung* – soweit die FBA gültig ist.

TDCS für die Elektronenstoßionisation von He

Wir konzentrieren unsere Diskussion auf drei charakteristische Beispiele bei $T = 250\,\mathrm{eV}$ für das System $e + \mathrm{He} \to 2e + \mathrm{He}^+$, die in Abb. 18.16 zusammengestellt sind. Die experimentellen Daten Schlemmer et al. (1991) vergleichen wir mit einer sehr aufwendigen, vollständigen Close-Coupling-Rechnung mit 101 Zuständen, CCC(101), von Bray und Fursa (1996) und beschränken uns

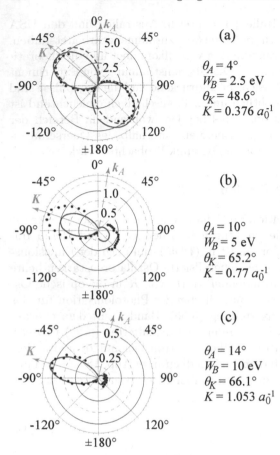

(a)

$\theta_A = 4°$
$W_B = 2.5$ eV
$\theta_K = 48.6°$
$K = 0.376\ a_0^{-1}$

(b)

$\theta_A = 10°$
$W_B = 5$ eV
$\theta_K = 65.2°$
$K = 0.77\ a_0^{-1}$

(c)

$\theta_A = 14°$
$W_B = 10$ eV
$\theta_K = 66.1°$
$K = 1.053\ a_0^{-1}$

Abb. 18.16. TDCS für
$e + \text{He} \rightarrow 2e + \text{He}^+$
($T = 250$ eV) im Polardiagramm als Funktion des Emissionswinkels θ_B des Sekundärelektrons der Energie W_B. Die Größe der TDCS ist proportional zum Abstand vom Ursprung (Zahlen an den Koordinatenkreisen in 10^{-18} cm^2 sr^{-2} eV^{-1}). Das Projektilelektron wird unter $0°$ eingeschossen, die Richtung des gestreuten Elektrons $\boldsymbol{k}_A$ ist angedeutet, ebenso wie die des Impulsübertrags $\boldsymbol{K}$. Experimentelle Daten von Schlemmer et al. (1991), Theorie (——) CCC(101) von Bray und Fursa (1996). Im oberen Diagramm (sehr kleines $\boldsymbol{K}$) ist zum Vergleich auch noch eine Winkelverteilung in der FBA nach (18.48) mit $\beta = 2$ eingetragen (- - -)

– relativ willkürlich als Beispiel – auf diese eine theoretische Rechnung, obwohl viele weitere Ansätze erprobt wurden, welche die Experimente mehr oder weniger zufriedenstellend reproduzieren. Zur Orientierung ist die Born'sche Näherung für den Grenzfall $K \rightarrow 0$ nach (18.48) mit $\beta = 2$ als gestrichelte rote Doppelglockenkurve in Abb. 18.16a eingetragen. Für diesen sehr kleinen Impulsübertrag $0.376/a_0$ stimmt die FBA also qualitativ gut mit der Realität überein.

In der einschlägigen Literatur unterscheidet man die beiden Maxima und spricht vom *Binary Peak*, der nahezu parallel zu $\boldsymbol{K}$ aus gerichtet ist, also parallel zum Impulsübertrag, den das Primärelektron an das Target abgibt, und vom *Recoil Peak* (also vom *Rückstoß-Signal*) in nahezu entgegengesetzter Richtung. Der Binär-Peak in seiner Reinstform ist gewissermaßen das Ergebnis einer reinen Coulomb-Streuung des Projektilelektrons mit einem als ruhend gedachten Targetelektron, das in Richtung von $\boldsymbol{K}$ herausgeschlagen wird. Der Rückstoß-Peak reflektiert den Komplementärprozess, bei welchem das herausgeschlagene Elektron in intensive Wechselwirkung mit dem Targetion tritt.[10]

Bei genauerem Hinsehen stellt man freilich fest, dass die Symmetrie der Born'schen Näherung selbst bei diesem kleinen Wert von K von den Daten nicht hunderprozentig bestätigt wird: es gibt eine kleine Abweichung hin zu größeren Beträgen der Winkel für das maximale Signal, sowohl für den Binär- wie auch für den Rückstoß-Peak. Die ebenfalls in Abb. 18.16a gezeigte CCC(101) Rechnung stimmt dagegen exzellent mit den experimentellen Daten überein. Erhöht man den Impulsübertrag, so beobachtet man, wie in Abb. 18.16b und c gezeigt, den erwarteten deutlichen Abfall der absoluten Größe des TDCS. Nach wie vor bleibt aber K näherungsweise Symmetrieachse. Allerdings dominiert mit steigendem K zunehmend der Binär-Peak auf Kosten des Rückstoßsignals. Praktisch alle Theorien sagen diese Tendenz voraus (selbst die Born'sche Näherung, wenn man über ihren Grenzfall (18.48) hinausgeht). Aber es bedarf einigen Aufwands, korrekte, quantitative Aussagen etwa über das Verhältnis Binär-Peak zu Rückstoß-Peak zu erhalten.

Zum späteren Gebrauch halten wir hier aber fest, dass mit höherem Momentübertrag (also etwa im Bereich des Bethe-Grats) der Rückstoßpeak verschwindet und der Ionisationsprozess zunehmend als binäre Wechselwirkung zwischen Streuelektron und Targetelektron aufgefasst werden kann.

Über die Jahre sind zahlreiche Theorien und Rechenverfahren an einem immer umfangreicheren experimentellen Material getestet worden. Die in Abb. 18.16 gezeigte CCC(101)-Rechnung schneidet dabei im ganzen hervorragend ab (die Diskrepanz beim absoluten Wert des TDCS könnte auch ein experimenteller Kalibrierungsfehler sein). Neben der anfänglich benutzten Born'schen Näherung, die nur begrenzten Vorhersagewert hat, wurden u.a. die Born'sche Reihe, modifizierte Born'sche Näherungen z.B. mit auslaufenden Coulomb-Wellen, diverse „distorted wave" Näherungen oder auch die Glauber-Näherung (eine Eikonal-Näherung auf den in Kapitel 16.4.4 besprochenen Grundgedanken aufbauend) mit recht gutem Erfolg eingesetzt – ohne dass ein dem Themenfeld ferner Stehender einen überraschenden Durchbruch erkennen könnte. Es zeigt sich, dass ein so schwieriges Problem eben mit entsprechend hohen Rechenaufwand behandelt werden muss, weshalb die „brute Force" Methode, für welche die hier gezeigte CCC(101) Beispiel sein möge, recht erfolgreich ist. Das gilt a fortiori für den hier nicht behandelten Energiebereich an und knapp oberhalb der Ionisationsschwelle. Hinzu kommt die zusätzliche Schwierigkeit, dass das e + He System eben kein Zwei- sondern ein Dreielektronensystem ist, bei welchem der Einfluss des weiteren Elektrons zusätzliche Komplikationen bringt.

---

[10] Der Vollständigkeit halber sei darauf hingewiesen, dass die hier beobachteten Emissionsverteilungen weit komplexer werden, wenn wir es nicht mit einem s-Target zu tun haben, sondern z.B. mit einem anfänglichen p-Zustand. Das gilt ja auch bereits für die Photoionisation, wo im Prinzip Werte von $-1 \leq \beta \leq 2$ möglich sind. Wir können hier aber auf diese Komplikationen nicht eingehen, zumal das Datenmaterial dazu recht begrenzt ist.

Neuere Ergebnisse für das System $e + H$

Unbeschadet des inzwischen erreichten, sehr weitgehenden Verständnisses ist die Stoßionisation als echtes Mehrkörperproblem nach wie vor für Experimentatoren und Theoretiker gleichermaßen eine Herausforderung, der man sich mit neuen Ideen und Konzepten immer wieder stellt.

Dabei wird zunehmend der $H(e, 2e)H^+$-Prozess als *echtes* Dreikörperproblem untersucht. Bei entsprechendem Aufwand führt dies zu beeindruckender Übereinstimmung von Experiment und Theorie. Zur Illustration des Fortschritts bzw. Trends aus jüngerer Zeit sei hier auf die Bemühungen um effizientere Messverfahren hingewiesen, auf die wir auch an anderen Stellen schon hingewiesen haben. Räumlich auflösende, parallele Nachweistechniken mit raffinierten Analysatoren und Detektoren ersetzen zunehmend langwierige, serielle Methoden, die früher oft viele Monate stabilen Messens erforderten.

In Abb. 18.17 zeigen wir einen solchen Aufbau von van Boeyen und Williams (2005) mit einem toroidalen Elektronenenergieanalysator, bei welchem (gestreutes) Primärelektron und Sekundärelektron mit einem einzigen Analysator nach Energie und Emissionswinkel sortiert in Koinzidenz gemessen werden können. Benutzt werden dabei sogenannte „wedge and stripes" Anoden (WSA), die den zeitlichen und örtlichen Nachweis von Teilchen ermöglichen (unten in Abb. 18.17 rötlich schattiert angedeutet). Im Gegensatz zur traditionelleren, planaren Geometrie der Kaiserslauterner Gruppe, wo das gestreute und das emittierte Elektron in einer Ebene mit dem Projektilelektron nachgewiesen werden, benutzt man hier eine senkrechte Geometrie, bei der gestreutes und emittiertes Elektron beide senkrecht zum Projektilelektronenstrahl nachgewiesen werden. In unserer Terminologie, nach Abb. 18.6, bedeutet das $\theta_A = \theta_B = \pi/2$, wobei im Prinzip die beiden Elektronen koinzident unter Azimutwinkeln $0 \leq \varphi \leq 360°$ nachgewiesen werden können – einfach durch Detektion bei entsprechenden, unterschiedlichen Positionen auf

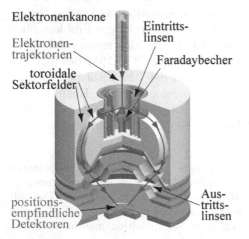

Abb. 18.17. Toroidale, multidimensionale Analysatoranordnung zur simultanen Winkel- und Energiebestimmung zweier Elektronen (senkrechte Geometrie) mit koinzidentem Nachweis nach van Boeyen und Williams (2005)

Elektronenkanone

Eintritts-linsen

Elektronen-trajektorien

Faradaybecher

toroidale Sektorfelder

positions-empfindliche Detektoren

Aus-tritts-linsen

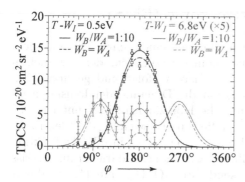

Abb. 18.18. TDCS für $e + \mathrm{H} \rightarrow 2e + \mathrm{H}^+$ in senkrechter Geometrie ($\theta_A = \theta_B = 90°$) als Funktion des Azimutwinkels φ für zwei verschiedene Stoßenergien T bei je zwei verschiedenen Aufteilungen der Energie. Experimentelle Datenpunkte (gemessen mit der in Abb. 18.17 gezeigten Anordnung) und exakte quantenmechanische Berechnungen (Linien, s. Text) nach Williams et al. (2006)

den WSA hinter dem Toroidanalysator. Ein Winkel $\varphi = 180°$ entspricht dabei gerade einem Auseinanderlaufen der beiden Elektronen in entgegengesetzte Richtung. Zwar ist der TDCS in dieser Geometrie um ein bis zwei Größenordnungen kleiner als in der koplanaren. Es hat sich aber gezeigt, dass die Ergebnisse besonders kritische Tests für die Theorie darstellen. Zugleich ist diese Anordnung für quantitative Messungen besonders geeignet, da alle Signale mit dem gleichen Analysator und den gleichen Detektoren gemessen werden. Die Nachweiswahrscheinlichkeiten werden somit direkt vergleichbar bzw. leicht kalibrierbar.

Abbildung 18.18 zeigt erste Ergebnisse von Williams et al. (2006) mit dieser effizienten Apparatur für $e + \mathrm{H}$ im Energiebereich knapp oberhalb der Ionisationsschwelle $T \gtrsim W_I$. Für Überschussenergien 0.5 bzw. 6.8 eV wurden jeweils zwei Energieaufteilungen auf die beiden Elektronen untersucht: eine sehr asymmetrische und die vollsymmetrische $W_A = W_B = (T - W_I)/2$. Interessanterweise ändert sich der TDCS nur wenig mit dieser Aufteilung. Markant ist allerdings die dramatische Änderung der φ-Abhängigkeit mit der Primärenergie. Während bei $T - W_I = 0.5$ eV das von Wannier vorhergesagte Auseinanderlaufen der Elektronen in entgegensetzte Richtung ($\varphi = 180°$) sehr deutlich beobachtet wird, ist dieses schon 6.8 eV oberhalb der Schwelle verschwunden und wird von einer strukturierten Winkelverteilung abgelöst.

Die durchgezogenen Linien in Abb. 18.18 entsprechen *exakten, quantenmechanischen Rechnungen* mit einer „propagating exterior complex scaling (PECS)" genannten Methode nach Bartlett und Stelbovics (2004a): auf einem Gitter der Größe $R_{\mathrm{max}} = 180a_0$ wird die Schrödinger-Gleichung numerisch für Partialwellen bis zu $L = 5$ gelöst! Die phantastische Übereinstimmung von Theorie und Experiment für dieses fundamentale Dreikörperproblem in Schwellennähe dokumentiert sehr eindrucksvoll den aktuellen Stand von Theorie und Experiment in diesem Forschungsfeld.

18.5 Elektronenimpuls-Spektroskopie (EMS)

Wir wollen dieses Kapitel nicht beenden, ohne auf einen sehr wichtigen, spektroskopischen Aspekt der $(e, 2e)$-Experimente einzugehen, der seit mehreren Jahrzehnten von einigen Gruppen intensiv verfolgt und genutzt wird. Während bei unserer bisherigen Diskussion die Dynamik der Ionisation im Zentrum des Interesses stand, kann man die Koinzidenztechnik unter gewissen Randbedingungen auch benutzen, um die Impulsverteilung der Elektronen in einem atomaren oder molekularen Target, also letztlich ihre Wellenfunktion zu bestimmen. Dies wird sofort plausibel, wenn man sich daran erinnert, dass z.B. die generalisierte Oszillatorenstärkendichte GOSD ja mit (18.16) direkt von der Impulsverteilung der Targetelektronen abhängt.

Die Grundidee dieser *Electron Momentum Spectroscopy* (*EMS*) geht davon aus, dass der Impuls k_B des herausgeschlagenen Elektrons (des Sekundärelektrons) durch die Summe von Impulstransfer K und seinem eigenen Impuls q zum Zeitpunkt des Stoßes bestimmt ist. Die Streuverteilung, so die Idee, erlaubt demnach direkte Rückschlüsse auf die Impulsdichteverteilung des herausgeschlagenen Elektrons vor dem Stoß, und diese ist ihrerseits wiederum die Fourier-Transformierte der Elektronendichteverteilung im Ortsraum. So kann man also im Prinzip ein direktes Abbild der Wellenfunktion gewinnen. Wir betrachten dazu noch einmal die Kinematik des $(e, 2e)$-Prozesses nach Abb. 18.6 auf S. 465. Das Targetatom oder -molekül sei vor dem Stoß in Ruhe (geringfügige thermische Bewegung können wir in aller Regel vernachlässigen). Es hat also vor dem Prozess keinen Nettoimpuls, man kann auch sagen, der resultierende Impuls der Elektronen im Target gemittelt über die gesamte Impulsdichteverteilung verschwindet. Nach dem Stoß hat das Targetion nun aber in der Regel einen nicht verschwindenden Impuls $q_I = k_T - k_B - k_A$, sodass die Impulsbilanz befriedigt wird. Nach Abzug des Impulstransfers $K = k_T - k_A$ vom Impuls k_B des Sekundärelektrons müssen die Momente von Elektron q und Rückstoßion sich aber wieder zu Null summieren. Der *Elektronenimpuls q vor dem Stoß* ist also dem *Betrag nach gleich dem des Ionenrückstoßimpulses* q_I und *entgegengesetzt* gerichtet. Aus dieser Sicht kann man die Impulsbilanz (18.30) also

$$k_T = k_A + k_B - q \qquad (18.49)$$

schreiben. Die mit dem Rückstoßimpuls verbundene Rückstoßenergie $q_I^2/2M_{ion}$ des Ions ist dagegen sehr klein und kann vernachlässigt werden.

Bei der Messung des TDCS bestimmt man nach (18.33) ja gerade q_I – und damit nach diesem Konzept auch $q = -q_I$. Um daraus aber wirklich Impulsdichteverteilungen des Targetatoms gewinnen zu können, muss man sicher stellen, dass der Prozess tatsächlich als binäre Wechselwirkung zwischen Streuelektron und Targetelektron beschrieben werden kann, und dass weder das Projektil, noch das gestreute Elektron, noch das herausgeschlagene Elektron darüber hinaus das Target beeinflussen oder von diesem beeinflusst werden.

Für hohe Energien, bei denen also sowohl T als auch W_A und W_B groß gegen die Bindungsenergie W_{Ij} des untersuchten Targetelektrons sind, kann man hoffen, dass diese Annahme unter bestimmten kinematischen Bedingungen gerechtfertigt ist. Man benutzt dann die sogenannte *plane-wave impulse approximation (PWIA)*, bei welcher sowohl das einlaufende Projektil vor dem Stoß, als auch das gestreute Elektron und das herausgeschlagene Sekundärelektron nach dem Stoß als ebene Wellen angenommen werden. Dann findet man – analog zur Ableitung des inelastischen Born-Querschnitts in Abschn. 18.2 – für den dreifach differenziellen Ionisationswirkungsquerschnitt:

$$
\frac{\mathrm{d}^3\sigma\,(\theta)}{\mathrm{d}\Omega_A\mathrm{d}\Omega_B\mathrm{d}W_B} \tag{18.50}
$$

$$
= \frac{m_e^2}{4\pi^2\hbar^4}\frac{k_Ak_B}{k_T}\left|\left\langle e^{\mathrm{i}\boldsymbol{k}_A\cdot\boldsymbol{R}}e^{\mathrm{i}\boldsymbol{k}_B\cdot\boldsymbol{r}_B}\phi_{\gamma j}^{(+)}(\boldsymbol{r})\left|V(\boldsymbol{R},\boldsymbol{r}_B)\right|\phi\,(\boldsymbol{r},\boldsymbol{r}_B)\,e^{\mathrm{i}\boldsymbol{k}_T\cdot\boldsymbol{R}}\right\rangle\right|^2
$$

Hier beschreibt $|\phi\,(\boldsymbol{r},\boldsymbol{r}_B)\rangle$ den Zustand des Targets mit $\mathcal{N}$ Elektronen vor dem Prozess und $\left|\phi_{\gamma j}^{(+)}(\boldsymbol{r})\right\rangle$ das Ion mit den Quantenzahlen γ, dem ein Elektron j fehlt. Dabei steht $\boldsymbol{r}_B$ für das zu ionisierende Elektron, $\boldsymbol{r}$ für die restlichen $\mathcal{N}-1$ Elektronen, $\boldsymbol{R}$ für das Streuelektron, und der Flussfaktor k_Ak_B/k_T sorgt für die Erhaltung der Teilchenzahlen. Das Potenzial $V(\boldsymbol{R},\boldsymbol{r}_B)$ besteht wieder aus reinen Coulomb-Termen, und die Kernanziehung liefert wegen der Orthogonalität der Wellenfunktion keinen Beitrag.

Man benutzt wieder das Bethe-Integral, um die Integration über das Streuelektron vorzuziehen und erhält schließlich in a.u.:

$$
\frac{\mathrm{d}^3\sigma\,(\theta)}{\mathrm{d}\Omega_A\mathrm{d}\Omega_B\mathrm{d}W_B} = \frac{4}{K^4}\frac{k_Ak_B}{k_T}\left|\left\langle\phi_{\gamma j}^{(+)}(\boldsymbol{r})\left|e^{\mathrm{i}\boldsymbol{q}\cdot\boldsymbol{r}_B}\right|\phi\,(\boldsymbol{r},\boldsymbol{r}_B)\right\rangle\right|^2 \tag{18.51}
$$

mit $\boldsymbol{q}=\boldsymbol{k}_A+\boldsymbol{k}_B-\boldsymbol{k}_T=\boldsymbol{k}_B-\boldsymbol{K}$, was nach (18.49) dem Impuls des Elektrons B unmittelbar vor der Wechselwirkung mit Elektron A entsprechen sollte. Der TDCS (18.51) in PWIA-Näherung ist also nichts anderes als das Produkt aus der (binären) Rutherford-Streuung $\propto K^{-4}$, über die wir bereits mehrfach gesprochen haben, einem Flussfaktor und der Fourier-Transformierten des Überlappintegrals von Anfangszustand und ionischem Endzustand zum Wert $\boldsymbol{q}$, der gleichzeitig mit dem TDCS experimentell bestimmt wird. Eine weitere Vereinfachung ist möglich, wenn sich der Zustand des Targets und des Ions als einfaches Produkt von Orbitalen $\phi_i(\boldsymbol{r}_i)$ schreiben lassen, wie wir dies bei Molekülzuständen in Kap. 11 und 12 als gute Näherung (bis auf die notwendige Symmetrisierung) mehrfach getan haben. Dann lässt sich das entscheidende Matrixelement in (18.51) faktorisieren. Es wird

$$
\left\langle\phi_{\gamma j}^{(+)}(\boldsymbol{r})\left|e^{\mathrm{i}\boldsymbol{q}\cdot\boldsymbol{r}_B}\right|\phi\,(\boldsymbol{r},\boldsymbol{r}_B)\right\rangle \tag{18.52}
$$

$$
= \left\langle\phi_{\gamma j}^{(+)}(\boldsymbol{r})\left|\phi_1(\boldsymbol{r}_1)\ldots\phi_{\mathcal{N}-1}(\boldsymbol{r}_{\mathcal{N}-1})\right\rangle\int e^{\mathrm{i}\boldsymbol{q}\cdot\boldsymbol{r}_B}\phi_B(\boldsymbol{r}_B)\mathrm{d}^3\boldsymbol{r}_B\,,
$$

wobei $\langle \ldots \rangle$ für das Überlappintegral über die restlichen Orbitale des Targets und des Ions steht, und das letzte Integral gerade die Fourier-Transformierte des Targetorbitals ist, also die gesuchte Impulsverteilung. Noch einen Schritt weiter kann man im Rahmen der sogenannten Näherung des *eingefrorenen Rumpfes (frozen-core approximation)* gehen, auch *plötzliche Näherung, (sudden approximation)*, genannt. Dabei nimmt man an, dass sich der ionische Rumpf nicht ändert, während das Sekundärelektron aus dem Potenzial des Rumpfes entweicht. In diesem Fall sind die Orbitale vor und (kurz) nach der Ionisation identisch, und das Überlappintegral $\langle \ldots \rangle$ in (18.52) wird $\equiv 1$, sodass der *TDCS direkt proportional zu der gesuchten Impulsdichte* wird.

Unter welchen experimentellen Bedingungen und wieweit all diese Annahmen Gültigkeit haben, war in den 1990er Jahren Gegenstand intensiver Untersuchungen von Experiment und Theorie. Auf die Einzelheiten können wir hier nicht eingehen und verweisen den interessierten Leser wieder auf die einschlägige Literatur (z.B. Weigold und McCarthy, 1999; Coplan et al., 1994; McCarthy und Weigold, 1991). Inzwischen ist die $(e, 2e)$-EMS aber eine gut etablierte und leistungsfähige Methode der Spektroskopie – oftmals auch „Synchrotron der Armen" genannt (da man ähnliche Information bei insgesamt weit größerem Aufwand auch aus der Photoionisation mit kurzwelliger XUV- und Röntgenstrahlung erlangen kann).

Hohe Energien ($T > 1\,\text{keV}$) sind Voraussetzung für eine klare Interpretierbarkeit der Daten. Man benutzt in der Regel *nicht die koplanare Anordnung*, die sich bei der Untersuchung der Dynamik bewährt hat. Häufig werden symmetrische Messanordnungen verwendet ($\theta_A = \theta_B$ und $W_A = W_B$), bei denen der Impulsübertrag $\boldsymbol{K}$ konstant bleibt, und statt dessen der Azimutwinkel φ variiert wird, von dem q unmittelbar abhängt. Die Messsignale sind dabei zwar niedrig. Zunehmend werden aber parallelisierte Verfahren zum koinzidenten Elektronennachweis durch ortsauflösende Detektoren eingesetzt und Energieanalysatoren des in Abb. 18.17 auf S. 482 gezeigten Typs. So gelingt es, in vertretbarer Messzeit eine gute Statistik zu erlangen. In den letzten Jahren konnte so beachtliches Datenmaterial an experimentell vermessenen Impulsdichteverteilungen für Atome und Moleküle gewonnen werden.

Wir illustrieren dies abschließend anhand eines kürzlich veröffentlichten Beispiels für das H_2O-Molekül von Ning et al. (2008). Dabei wird bei $T = 1200\,\text{eV}$ gemessen, mit guter Energie- und Winkelauflösung ($\Delta W = 0.68\,\text{eV}$, $\Delta\varphi = \pm 0.84°$, $\Delta\theta = \pm 0.53°$) bei voll symmetrischen Bedingungen mit $W_A = W_B = (T - W_{Ij})/2$ und $\theta_A = \theta_B = 45°$. Hier ist W_{Ij} wieder das Ionisationspotenzial ($= -$Bindungsenergie) der untersuchten Orbitale. Die Koinzidenzrate, das heißt der TDCS wird als Funktion des Azimutwinkels φ mit einem positionsempfindlichen Detektor (PSD) registriert, und zwar hinter einem Doppel-Toroidanalysator, den beide Elektronen durchlaufen. Anhand der Energiebilanz (18.30) kann das Messsignal eindeutig einer bestimmten Bindungsenergie W_{Ij} zugeordnet werden, womit man zugleich das Orbital identifizieren kann, aus welchem das nachgewiesene Elektron stammt. In dieser Geometrie ist der Rückstoßimpuls $\boldsymbol{q}_I = -\boldsymbol{q}$ eine eindeutige Funktion des

Azimutwinkels φ und erlaubt im Prinzip bei Gültigkeit der PWIA-Näherung mit eingefrorenem Ionenrumpf eine direkte Bestimmung der Impulsdichteverteilungen der untersuchten Orbitale vor dem Ionisationsprozess. Um einen bildlichen Eindruck von dieser Impulsverteilung (und damit von den Wellenfunktionen der verschiedenen Orbitale) zu erhalten, trägt man den TDCS in einer 2D Darstellung als Funktion der Bindungsenergie und des Azimutwinkels auf. Dies ist für die Valenzelektronen von H_2O in Abb. 18.19a dargestellt. Die Projektion dieser Dichteverteilungen auf die Achse der Bindungsenergie in Abb. 18.19b reproduziert die aus der Photoelektronenspektroskopie bekannten Spektren der Bindungsenergien für die Valenzelektronen.

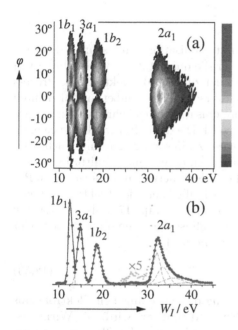

Abb. 18.19. Elektronenimpulsspektroskopie (EMS) an den Valenzorbitalen von H_2O nach Ning et al. (2008): (**a**) experimentell bestimmte Impulsdichteverteilungen aufgetragen als Funktion von Bindungsenergie und Azimutwinkel φ. Der Rückstoßimpuls $q_I = -q$ ist eine eindeutige Funktion von φ. Man beachte die Knotenflächen bei den $1b_1$-, $3a_1$- und $1b_2$-Orbitalen im Gegensatz zum $2a_1$-Orbital.
(**b**) Energiespektren der Valenzorbitale gewonnen aus der Integration der obigen Dichteplots über alle φ, projiziert auf die Achse der Bindungsenergien

Man erkennt in Abb. 18.19a sehr schön die unterschiedlichen Symmetrien der verschiedenen Orbitale, die sich direkt in der Impulsdichteverteilung widerspiegeln. Wir erinnern uns an unsere Diskussion der Valenzorbitale von H_2O in Kap. 12. Ein Blick auf Abb. 12.23 auf S. 122, wo sie schematisch skizziert sind, zeigt, dass $1b_1$, $3a_1$ und $1b_2$ jeweils einen Knoten haben, $2a_1$ dagegen nicht. Dies schlägt sich direkt in der Impulsdichteverteilung nieder, die ja die Fourier-Transformierte der Ortsverteilung ist. Knoten führen zu entsprechenden Minima wie in Abb. 18.19a gezeigt, während die $2a_1$-Verteilung kein solches Minimum aufweist.

Bei dieser Betrachtung muss man natürlich im Auge haben, dass die räumliche Orientierung des gasförmigen, freien Wassermoleküls, das hier untersucht wurde, statistisch verteilt ist. Daher können wir auch keine Aussage über diese Orientierung in den Impulsdichteverteilungen erwarten. Ein quantitativer Vergleich zwischen modernen quantenchemischen Verfahren zur Berechnung dieser Orbitale mit den gemessenen Verteilungen muss also die entsprechenden Mittelungen durchführen und theoretische Aussagen mit der experimentellen Auflösung falten. EMS-Experimente können so einen wichtigen, kritischen Test für die Qualität der Berechnung von Molekülorbitalen liefern, der über das hinausgeht, was normalerweise mit der optischen Spektroskopie geleistet werden kann: diese erlaubt es ja lediglich, Energien zu bestimmen, wenn auch mit hoher Präzision. Die EMS macht darüber hinaus Aussagen zur räumlichen Struktur der Wellenfunktionen.

18.6 Rekombination

Abschließend wollen wir noch kurz den zur Ionisation umgekehrten Prozess, die *Rekombination* behandeln, die u.a. für die quantitative Beschreibung von Plasmen sehr wichtig ist. Nun ist freilich der zu (18.30) direkt inverse Prozess als Dreierstoß in aller Regel beliebig unwahrscheinlich – außer in sehr dichten Plasmen. Wichtig sind aber die zur Photoionisation umgekehrten Prozesse, wo ein Elektron von einem Ion eingefangen wird. Die dabei frei werdende Energie wird direkt oder indirekt als Photon freigesetzt. Besonders gut untersucht sind solche Prozesse für hochgeladene Ionen (HCI), deren Querschnitte besonders groß sind (der interessierte Leser sei auf den detaillierten und informativen Review von Müller, 2008, hingewiesen, der sich allgemein der Elektronen-Ionen Streuung widmet). Wir haben HCIs ja bereits in Kap. 17.6 als interessante Stoßpartner kennengelernt. Der einfachste Fall ist die sogenannte *direkte* oder *Strahlungsrekombination* (*radiative recombination*)

$$A^{q+} + e^- \,(\text{langsam}) \rightarrow A^{(q-1)+} + h\nu \,, \tag{18.53}$$

wo das Photon unmittelbar beim Übergang des eingefangenen Elektrons aus dem Kontinuum in einen gebundenen Zustand emittiert wird. Die Wirkungsquerschnitte sind in der Regel sehr klein – letztlich weil der Phasenraum bzw. die Zustandsdichte im Kontinuum viel größer ist als in gebundenen Zuständen. Die Querschnitte wachsen aber mit abnehmender Energie und können für sehr langsame Elektronen beachtlich werden.

Anders ist es bei der sogenannten *dielektronischen Rekombination*, die gewissermaßen invers zu einem Auger-Prozess (s. Kap. 10.6.1, Band 1) ist. Schematisch kann man diesen Prozess in drei Phasen zerlegen, wie in Abb. 18.20 skizziert. Der kritische erste Schritt (a) ist nur dann möglich, wenn Energieerhaltung gesichert ist, wenn also die kinetische Energie des Elektrons $T(n)$ zusammen mit der (negativen) Bindungsenergie W_n des Zustands $|n\rangle$ gerade der Anregungsenergie $W_{ba} = W_b - W_a$ entspricht (man kann sagen, es wird ein virtuelles Photon ausgetauscht):

$$T(n) - W_n = W_{ba} \tag{18.54}$$

Der kurzlebige, angeregte Zustand $|b\rangle$ verliert seine Energie durch spontane Emission eines Photons $h\nu$. Wegen der langen Lebensdauer hoher Rydberg-Zustände, in welchen das Elektron eingefangen wird, bleibt der Zustand $|n\rangle$ besetzt, das innere Elektron findet man in seinem Ausgangszustand wieder.

Wir halten fest, dass es sich bei der dielektronischen Rekombination – im Gegensatz zur direkten Strahlungsrekombination – um einen resonanten Prozess handelt, der nur bei wohl definierten Energien

$$T(n) = W_{ba} - \frac{W_0}{2}\left(\frac{q_{eff}^2}{n^2}\right) \tag{18.55}$$

des einzufangenden Kontinuumselektrons stattfinden kann. Für (18.55) haben wir (18.54) umgeschrieben und angenommen, dass nur in hoch angeregte Zustände $|n\rangle$ des Ions $A^{(q-1)+}$ eingefangen wird, bei welchen die Rydberg-Formel für wasserstoffartige Atome gilt, ggf. unter Berücksichtigung einer unvollständigen Rumpfabschirmung durch q_{eff}.

Wir zeigen als charakteristisches Beispiel die e^--Rekombination mit dem 5-fach geladene Sauerstoffion O^{5+}, die von Böhm et al. (2002) untersucht wurde. Der Aufbau dieses sogenannten *Merged Beam Experiments* an einem Ionenspeichering ist in Abb. 18.21a skizziert. Der Elektronenstrahl kommt aus einer Glühkathode, wird auf einige $100\,\mathrm{eV}$ beschleunigt, fokussiert und durch trochoidale Magnetfelder mit dem O^{5+}-Ionenstrahl (3.3 bis $9.4\,\mathrm{MeV}$) im Speicherring zusammengeführt und nach einer Wechselwirkungsstrecke wieder getrennt. Die Rekombination wird mit Hilfe eines Dipolmagneten, welcher Mutterionen O^{5+} und Produkte O^{4+} trennt, und einem entsprechenden Detektor nachgewiesen. Gemessen wird das O^{4+}-Signal als Funktion der Elektronenenergie (und damit der verfügbaren Relativenergie T im Schwerpunktsystem).

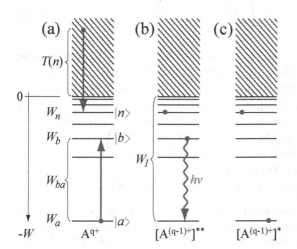

Abb. 18.20. Schematisierter Ablauf eines dielektronischen Rekombinationsprozesses – von links nach rechts: (a) ein Kontiuumselektron wird eingefangen, ein Elektron einer inneren Schale wird simultan angeregt; (b) das angeregte Elektron gibt seine Energie durch Photoemission wieder ab; (c) das eingefangene Elektron verbleibt im hoch angeregten Rydberg-Zustand, dessen Lebensdauer sehr lang ist

(a)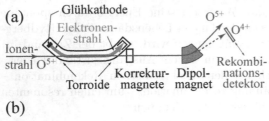

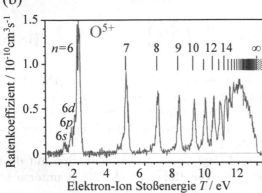

Abb. 18.21. Dielektronische Rekombination nach Böhm et al. (2002).
(a) Experimenteller Aufbau des Merged Beam Experiments (sehr schematisch).
(b) Rekombinationsrate $O^{5+} + e^- \rightarrow O^{4+}(n\ell)$ als Funktion der relativen kinetischen Energie des Elektrons im CM-System. Man beachte die gute Energieauflösung, welche es erlaubt, die resonante Besetzung auch hoher Rydberg-Zustände zu identifizieren

Das Experiment ist alles andere als trivial. Wir verweisen bezüglich vieler wichtiger Details auf die Originalarbeit. Von allgemeiner Bedeutung sind die Vorteile der parallelen Strahlführung von Targetion und Elektron bei dieser Merged Beam Anordnung. Man kann nicht nur die Wechselwirkungsstrecke ausreichend lang wählen, um vernünftige Signalstärken zu erhalten, auch für die Einstellung der Energie und die Energieauflösung ist dieser Aufbau sehr vorteilhaft. Da nämlich nur die Relativenergie

$$T = \frac{\mu}{2} v_{rel}^2 = \frac{\mu}{2} \left(\sqrt{\frac{2W_e}{m_e}} - \sqrt{\frac{2W_i}{m_i}} \right)^2 \tag{18.56}$$

der beiden Strahlen für den Stoßprozess relevant ist, braucht man keine sehr langsamen, schwer zu kontrollierenden Elektronenstrahlen zu verwenden und auch die relativ großen Energiebreiten der Elektronen (Glühkathode!) wie auch des Ionenstrahls werden dramatisch reduziert. Bei den verwendeten Ionenenergien von 3.3 bis 9 MeV erhält man die benötigten Relativenergien von $2 \leq T \leq 15$ eV bei Elektronenenergien zwischen 100 und 400 eV im Labor, wobei die Energiebreiten mindestens um einen Faktor 10 verringert werden. Man verifiziert dies leicht[11] anhand von (18.56).

Den hier untersuchten Prozess kann man sich so vorstellen:

---

[11] Bei den hier verwendeten Geschwindigkeiten von weniger als 5% der Lichtgeschwindigkeit braucht man noch nicht relativistisch zu rechnen, auch wenn dies ebenfalls problemlos möglich wäre (s. z.B. Formel (45) in Müller, 2008). Die Ergebnisse sind im Rahmen der experimentellen Auflösung identisch.

$$O^{5+}(1s^2 2s) + e^- \rightarrow O^{4+}(1s^2 2pn\ell) \tag{18.57}$$
$$\rightarrow O^{4+}(1s^2 2sn\ell) + h\nu$$

Mit der Übergangsenergie $W_{2p\leftarrow 2s} = 11.95$ bzw. $12.02\,\mathrm{eV}$ (für den $^2P_{1/2}$ bzw. $^2P_{3/2}$ Zustand) und $q_{eff} = 5$ wird nach (18.55) der niedrigst liegende Rydberg-Zustand, der bevölkert werden kann, bei der Hauptquantenzahl $n = 6$ liegen, was $T(n) \simeq 2.5\,\mathrm{eV}$ entspricht. Die in Abb. 18.21b gezeigten experimentellen Ergebnisse lassen dort sogar teilaufgelöste 6ℓ Zustände zu verschiedenen Bahndrehimpulsen erkennen. Die Ergebnisse sind als Ratenkonstanten $\langle \sigma v_{rel} \rangle$ publiziert, d.h. als Produkt aus Wirkungsquerschnitt und Relativgeschwindigkeit gemittelt über die Energieverteilung von Elektronen und Ionen. Die Besetzung hoher, nicht mehr voll aufgelöster Rydberg-Zustände bis hin zum Kontinuum ist deutlich erkennbar. Ein großer Teil der gesamten Rekombinationsstärke ist dort angehäuft. Dass das Signal an der Ionisationsgrenze stark abfällt, wird einem experimentellen Artefakt zugeschrieben, nämlich dem Quenchen hoch liegender Rydberg-Zustände in den eingesetzten äußeren elektrischen und magnetischen Feldern.

Wir wollen es dabei bewenden lassen und bemerken lediglich abschließend, dass auch in diesem Forschungsgebiet heute durch ausgeklügelte Experimentiertechniken und ebenso durch anspruchsvolle theoretische Methoden ein hoher Erkenntnisstand erreicht wurde. Über den intellektuellen Gewinn hinaus können sich zahlreiche Anwendungen, insbesondere in der Plasmaphysik, auf diese Daten stützen und verlassen.

Die Dichtematrix – eine erste Annäherung

So mancher Leser wird mit „Dichtematrix" ein eher abstraktes Konzept aus fortgeschrittenen Theorievorlesungen und -lehrbüchern assoziieren, das man tunlichst meiden sollte. Man braucht sie aber immer dort zur Interpretation von tatsächlich messbaren Observablen, wo sich ein reales Quantensystem nicht durch einen einzigen Satz wohl definierter Quantenzahlen vollständig beschreiben lässt – und das ist in der experimentellen Praxis leider die meist anzutreffende Situation. Wir versuchen daher, einen heuristisch, pragmatischen Weg zur Erschließung dieses wichtigen Werkzeugs zu gehen und mit konkreten Beispielen zu hinterlegen. So mag deutlich werden, dass es sich im Grunde um ein einfach zu handhabendes, sehr nützliches Instrument für den Forschungsalltag handelt..

Hinweise für den Leser: Wer auch das folgenden Kapitel sowie Band 3 gewinnbringend lesen möchte, sollte – soweit nicht bereits damit vertraut – das hier Zusammengestellte gründlich verinnerlichen. Nach kurzen Vorbemerkungen konkretisieren wir in Abschn. 19.1 zunächst die Begriffe reiner und gemischter Zustand, führen in Abschn. 19.2 den Dichteoperator formal ein und illustrieren in Abschn. 19.3 das Konzept in der Matrixdarstellung mit einfachen Beispielen. Ein Formalismus zur allgemeinen Beschreibung physikalischer Messungen wird in Abschn. 19.4 entwickelt. Schließlich konkretisiert Abschn. 19.5 das allgemein Formulierte an zwei Beispielen.

Bislang haben wir die Quantensysteme, mit denen wir es zu tun hatten, stets durch ihren Zustand bzw. ihre Wellenfunktion mit einem wohl definierten Satz von Quantenzahlen charakterisiert und sind davon ausgegangen, dass dieser Zustand zu einem Anfangszeitpunkt $t \to -\infty$ vollständig bekannt ist. Die Entwicklung unter dem Einfluss eines Hamilton-Operators, welcher das Gesamtsystem beschreibt, vollzieht sich entsprechend der zeitabhängigen Schrödinger-Gleichung. Zu einem späteren Zeitpunkt $t \to +\infty$ wird das System also weiterhin durch eine Wellenfunktion vollständig charakterisiert, die typischerweise eine kohärente Überlagerung von Zuständen beschreibt. Dies gilt in aller Strenge für vollständig isolierte Quantensysteme, die wir über alle interessierenden Zeiten als Gesamtheit betrachten.

In der realen Welt ist schon die Eingangsannahme nicht allgemein verbindlich, denn häufig kennen wir den Anfangszustand gar nicht ganz genau. Man

I.V. Hertel, C.-P. Schulz, *Atome, Moleküle und optische Physik 2*,
Springer-Lehrbuch, DOI 10.1007/978-3-642-11973-6_9,
© Springer-Verlag Berlin Heidelberg 2010

denke nur an die thermische Besetzung der Vibrations- und Rotationszustände eines Moleküls, wie auch deren Ausrichtung im Raum, die wir durch Wahrscheinlichkeitsverteilungen zu beschreiben haben. Auch haben wir es häufig mit recht komplexen Quantensystemen zu tun, die aus mehreren Subsystemen (Photonen, Elektronen, Atomen, Molekülen) bestehen, deren Einzelschicksale wir im Detail gar nicht alle verfolgen können oder wollen, sodass am Ende eines Experiments in aller Regel nur einige charakteristische Observable des Systems gemessen werden. In quantenmechanischer Sprechweise: wir projizieren den Zustand des Gesamtsystems auf eine bestimmte Untermenge von Zuständen, die uns experimentell zugänglich sind. Sehr häufig tritt das System zudem in Wechselwirkung mit einer dissipativen Umgebung, mit einem sogenannten „Bad", einem sehr großen Quantensystem, dessen Zustand sich einer detaillierten Beschreibung entzieht. Dort werden die schönen, kohärenten Zustände, von denen wir ausgingen, gewissermaßen weggespült.

Man muss daher bei realen Experimenten auf *Mittelungsverfahren* über die nicht beobachteten Quantenzahlen zurückgreifen, wenn man die Resultate mit theoretischen Vorhersagen vergleichen will. Die *Dichtematrix bietet einen bequemen Buchhaltungsformalismus* dafür.

Erwähnt sei hier, dass es durchaus Ansätze gibt, die das Konzept der Dichtematrix bzw. des Dichteoperators ganz zu vermeiden suchen. Man kann statt dessen auch die Erwartungswerte gewisser Tensoroperatoren (Multipolmomente) benutzen, die man aus Drehimpulsoperatoren konstruiert. Es zeigt sich, dass diese Größen den irreduziblen Komponenten der Dichtematrix äquivalent sind. – Aber selbst, wenn man die Dichtematrix „manchmal furchterregend" findet (Zare, 1988), bleibt es zweifelhaft, ob diese irreduziblen Tensoroperatoren dem normalen Leser einfacher zugänglich sind. Wir werden im Gegenteil zeigen, dass die Dichtematrix sich in vielen Fällen der normalen physikalischen Intuition viel direkter erschließt.

Erwähnt sei aber auch, was wir erst in Band 3 detailliert ausführen werden, dass diese Darstellung durch Multipolmomente eine sehr klare Entflechtung von *dynamischen Parametern* (die einen physikalischen Wechselwirkungsprozess charakterisieren) und bloßen *Geometriefaktoren* (die eine spezifische experimentellen Anordnung beschreiben) erlaubt. Auch ist es einfacher, die oft notwendigen Drehungen im Raum und Umkopplung von Drehimpulsen für irreduzible Momente aufzuschreiben als für die Dichtematrix selbst. Daher wurde dieser elegante Ansatz von Fano und Macek (1973) benutzt, um Strahlungscharakteristik und Polarisation von Licht zu beschreiben, das Atome nach Stoßanregung aussenden. Macek und Hertel (1974) erweiterten das Konzept auf Stoßprozesse mit laserangeregten Atomen, und Greene und Zare (1983) entwickelten es weiter zur Analyse der laserinduzierten Fluoreszenz ausgerichteter Moleküle.

Die Dichtematrix und ihre irreduziblen Momente werden in vielen Lehrbüchern und Monographien umfassend behandelt (Brink und Satchler, 1994; Zare, 1988; Blum, 1996; Kleiman et al., 1998; Mukamel, 1999; Andersen und Bartschat, 2003). Wir versuchen hier lediglich, eine Kurzfassung dessen zu geben, was man heute an theoretischem Rüstzeug für die Konzeption und Interpretation vieler, fortgeschrittener laserspektroskopischer und stoßphysikalischer Experimente braucht. Bei dieser Darstellung – gewissermaßen für „Fußgänger" – werden wir wie gewohnt auf längliche mathematische Ausführungen verzichten und auf die Bereitschaft des Lesers vertrauen, gewisse nützliche Resultate einfach zu akzeptieren.

19.1 Reine und gemischte Zustände

Der Dichtematrixformalismus erweist sich immer dann als hilfreiches Werkzeug bei der Beschreibung von atomaren oder molekularen Systemen in Wechselwirkung, wenn die Quantenzustände der beteiligten Subsysteme vor oder/und nach dem Prozess nicht vollständig bekannt sind – also eigentlich bei fast allen realen Experimenten. Um etwas Konkretes vor Augen zu haben, sind in Abb. 19.1 drei typische Versuchsanordnungen sehr schematisch skizziert.

Abbildung 19.1a repräsentiert ein gewissermaßen „ideales" Wechselwirkungsexperiment zweier Subsysteme (A,B) – denken wir an ein Streuexperiment oder an eine chemische Reaktion – bei welchem die *Quantenzustände* $|q_A\rangle$ und $|q_B\rangle$ beider Partner *vor dem eigentlichen Wechselwirkungsprozess* gut charakterisiert seien. Man erreicht das durch angemessene *Zustandsselektoren* (Sel. A,B), deren physikalischer Aufbau hier nicht weiter interessieren soll. Jedenfalls sei das Gesamtsystem vor der Wechselwirkung durch eine Wellenfunktion vom Typ

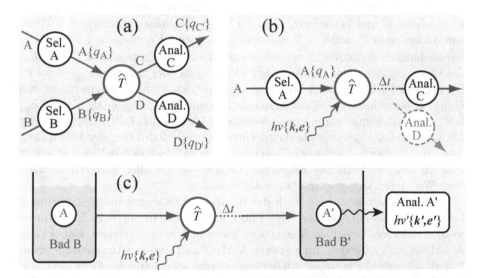

Abb. 19.1. Prototypische Wechselwirkungsexperimente schematisch: Eine möglichst vollständige Charakterisierung der Quantenzustände vor und nach der Interaktion ($\widehat{T}$) mit Hilfe von Zustandsselektoren (Sel.) und Analysatoren (Anal.) wird angestrebt. (**a**) Reaktions- bzw. Stoßexperiment zwischen A und B, (**b**) Photoanregungsprozess im isolierten System A, (**c**) Photoanregung von A im „Bad" B

$$\langle r_A r_B R \mid q_A q_B k_a \rangle = e^{i k_a R} \phi_A (r_A) \phi_B (r_B) \tag{19.1}$$

beschreibbar. Dabei seien r_A und r_B die jeweiligen Koordinaten aller inneren Freiheitsgrade von A bzw. B (einschließlich der Spinvariablen). Mit k_a sei der Relativimpuls[1] zwischen A und B, und mit R deren Relativkoordinate bezeichnet. Die Faktorisierbarkeit der Wellenfunktion ist Ausdruck der Unabhängigkeit der Subsysteme vor der Wechselwirkung.

Während des Wechselwirkungsprozesses verändert sich der Zustand des Systems. Für einen Streuprozess hatten wir dies in Kap. 16.4.6 bzw. 17.4.1 formal so beschrieben, dass $|q_A q_B k_a\rangle$ asymptotisch $(t \to \infty)$ zu $\widehat{T} |q_A q_B k_a\rangle$ wird, wobei der Übergangsoperator $\widehat{T}$ charakteristisch für den Streuprozess ist. Dabei können die Subsysteme (A,B) z.B. angeregt oder ionisiert werden, sich in ihren Bestandteilen intern rearrangieren oder ganz neue Produkte bilden.

Der Endzustand $\widehat{T} |q_A q_B k_a\rangle$ bzw. die zugehörige Wellenfunktion kann also eine sehr komplexe Situation beschreiben. Grundsätzlich darf man nicht mehr davon ausgehen, dass der Endzustand einfach als Produkt von Wellenfunktionen $\phi_C (r_C) \phi_D (r_D)$ der Subsysteme (C,D) nach dem Prozess darstellbar ist. Um ein etwas modisches Wort zu benutzen: man hat es in aller Regel mit *verschränkten* Zuständen der Subsysteme zu tun. Die Konstituenten wissen auch zur Zeit $t \to \infty$ voneinander.

Bei einem „idealen" Wechselwirkungsexperiment wird man versuchen, möglichst viel über den Quantenzustand der *Subsysteme nach der Wechselwirkung* zu erfahren, indem man geeignete *Zustandsanalysatoren* (Anal. C,D) zur Bestimmung der *Quantenzustände* $|q_C\rangle$ *und* $|q_D\rangle$ *der getrennten Reaktionsprodukte* C und D einsetzt. Man wird dies möglichst in korrelierter Weise tun, indem man C und D z.B. in (ggf. verzögerter) Koinzidenz misst. Quantenmechanisch ausgedrückt projiziert man dabei den Endzustand $\widehat{T} |q_A q_B k_a\rangle$ des Gesamtsystems auf Produktzustände $|q_C q_D k_b\rangle$ der Subsysteme, wobei k_b Betrag und Richtung des vom Experiment detektierten Relativimpulses von C und D bezeichnet. So erhält man eine Streuamplitude $\langle q_C q_D k_b | \widehat{T} |q_A q_B k_a\rangle$ bzw. einen Streuquerschnitt entsprechend (17.28) und (17.30). Diese Art der Messung bedeutet zwangsweise eine entscheidende Reduktion der vollen Realität, die ja durch $\widehat{T} |q_A q_B k_a\rangle$ beschrieben wird. Zudem wird es nur selten möglich sein, wirklich alle relevanten Quantenzahlen aller Subsysteme nach dem Wechselwirkungsprozess zu analysieren.

Ganz ähnlich kann man auch das in Abb. 19.1b angedeutete Experiment beschreiben, wo ein oder mehrere Photonen mit einem vor dem Experiment wohl definierten, isolierten Atom- oder Molekül A wechselwirken. Dabei kann A z.B. angeregt werden, im weiteren Verlauf auch interne Umstrukturierungen durchlaufen, Photonen wieder emittieren oder schlussendlich gar fragmentieren. Auch hierbei entstehen schließlich neue Endprodukte (C,D). Der $\widehat{T}$-Operator ist in diesem Fall der Wechselwirkungsoperator des elektromagnetischen Feldes, den wir schon in Kap. 4, Band 1 kennengelernt haben, soweit

---

[1] Wir benutzen hier wieder, etwas locker, k als synonym zum Impuls $\hbar k$.

nötig ergänzt um eine Beschreibung der weiteren Reaktionsschritte. Noch etwas komplizierter ist das Experiment Abb. 19.1c. Formal wird es aber ganz ähnlich zu beschreiben sein. Der $\widehat{T}$-Operator hat hierbei auch die Wechselwirkung mit dem Bad B zu berücksichtigen, was im Einzelfall recht kompliziert sein mag – selbst wenn davon ausgeht, dass A vor der Photoabsorption gut charakterisiert ist und noch nicht mit dem Bad wechselwirkt.

Wir wollen nun diese noch sehr allgemeine Diskussion anhand eines besonders einfachen Spezialfalls konkretisieren, um das Gesamtkonzept leichter überschaubar zu machen. Sei also A ein Atom, das sich anfänglich in einem Zustand $\gamma^2 S_{1/2}$ befinde, das also nur zwei mögliche Sätze von Quantenzahlen haben kann: $\{\gamma\,^2S_{1/2}, m = +1/2\}$ oder $\{\gamma\,^2S_{1/2}, m = -1/2\}$, was gleichbedeutend mit nach oben bzw. unten gerichtetem Elektronenspin ist. Dem Zustand $|q_A q_B k_a\rangle$ nach (19.1) im Anfangszustand entsprechen also diese beiden Zustände, die wir $|+\rangle$ und $|-\rangle$ nennen wollen.

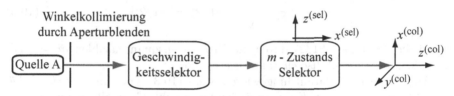

Abb. 19.2. Zustandsselektion an einem Teilchenstrahl

Abbildung 19.2 zeigt ein Schema der Zustandsselektion vor der Wechselwirkung, die wir etwas genauer ansehen wollen. Nach Winkelbegrenzung (durch Aperturblenden) und Geschwindigkeitsselektion (bei Ionen z.B. mit elektrostatischen Ablenkkondensatoren oder bei neutralen Atomen mechanisch durch einen Satz geschlitzter Rotoren nach dem Fizeau-Prinzip) passiert der Atomstrahl (näherungsweise nun bereits eine „ebene Welle") einen m-Zustandsselektor. Das mag ein Stern-Gerlach Magnet sein (s. Kap. 1.13 in Band 1) oder ein zirkular polarisierter Laserstrahl zum optischen Pumpen, wie in Anhang I beschrieben. Jedenfalls erlaube es die Anordnung, entweder den $|+\rangle$ oder den $|-\rangle$ Zustand zu präparieren. Dabei ist darauf zu achten, dass das + bzw. – Zeichen sich auf eine wohl definierte $z^{(\text{sel})}$ Achse des m-Selektors bezieht, d.h. auf die Richtung des Magnetfelds B beim Stern-Gerlach Magneten bzw. die Ausbreitungsrichtung des Lichts beim laseroptischen Pumpen. Das eigentliche Wechselwirkungsexperiment beschreibt man allerdings häufig in einem anderen Koordinatensystem, hier mit $x^{(\text{col})}$, $y^{(\text{col})}$, $z^{(\text{col})}$ bezeichnet.

Fall a: Reiner Zustand betrachtet im Selektorsystem

Nehmen wir als einfachsten Fall zunächst an, die beiden Koordinatensysteme stimmten überein, und der Selektor transmittiere einen Strahl, in welchem sich *nach Wahl des Experimentators* 100% der Atome A in genau einem der Zustände $|+\rangle$ bzw. $|-\rangle$ befinden. *Wir haben also einen Eigenzustand*

$$|q\rangle = |\phi_a\rangle = |\gamma\,{}^2S_{1/2} \pm 1/2\rangle = |\pm\rangle \qquad (19.2)$$

der Drehimpulsoperatoren $\hat{\boldsymbol{J}}^2$ und $\hat{J}_z$ präpariert. Ganz allgemein generiert ein idealer Zustandsselektor stets einen Eigenzustand $|q\rangle$ des Quantensystems, der durch einen Satz von Quantenzahlen q charakterisiert ist.

Fall b: Reiner Zustand betrachtet im Stoßsystem

Meist wird man die so präparierten, in (19.2) bezüglich des Selektorsystems (sel) beschriebenen Zustände $|+\rangle$ bzw. $|-\rangle$ aber in ein anderes Koordinatensystem transformieren, in welchem der Wechselwirkungsprozess bequem zu beschreiben ist. Das kann z.B. das in Kap. 16 eingeführte und in Abb. 19.2 skizzierte Stoßsystem (col) mit $y^{(\mathrm{col})} \parallel z^{(\mathrm{sel})}$ sein. Nach Anhang C, Band 1 hat man letzteres um die Euler-Winkel $(\alpha\beta\gamma) = (0,\,\pi/2,\,\pi)$ ins Selektorsystem (sel) zu drehen und erhält dann mit (C.3) und (C.4)

$$|\phi_a\rangle = |\pm\rangle = \frac{-1}{\sqrt{2}}\,[|+1/2\rangle \pm |-1/2\rangle]\,, \qquad (19.3)$$

wobei die Zustände $|\pm 1/2\rangle$ durch die Projektionsquantenzahlen $m = \pm 1/2$ bezüglich der $z^{(\mathrm{col})}$-Achse charakterisiert sind.

Ausdrücklich sei darauf hingewiesen, dass (19.3) eine *lineare (oder kohärente) Superposition von Eigenzuständen* beschreibt. Ganz allgemein kann ein sogenannter *reiner Zustand* stets als lineare Superposition

$$|\alpha\rangle = \sum_q a\,(q,\alpha)\,|q\rangle \qquad (19.4)$$

mit den *Wahrscheinlichkeitsamplituden* $a\,(q,\alpha)$ geschrieben werden. Zu summieren ist über alle Quantenzahlen, die das untersuchte System charakterisieren. Mit den Eigenfunktionen $\phi_q\,(\boldsymbol{r})$, welche zu diesen Quantenzahlen q gehören, können wir $|\alpha\rangle$ auch durch eine Wellenfunktion beschreiben:

$$\phi_a\,(\boldsymbol{r}) = \langle \boldsymbol{r} \mid \alpha\rangle = \sum_q a\,(q,\alpha)\,\phi_q\,(\boldsymbol{r}) \qquad (19.5)$$

Fall c: Nicht perfekter Selektor betrachtet im Selektorsystem

Nehmen wir nun an, dass wir gar keinen oder nur einen nicht perfekten m-Zustandsselektor besitzen. In ersten Extremfall können wir über den Zustand des Atomstrahls dann lediglich sagen, dass sich das System *entweder* im Zustand $|\gamma\,{}^2S_{1/2} + 1/2\rangle$ *oder* im Zustand $|\gamma\,{}^2S_{1/2} - 1/2\rangle$ bezüglich eines vorgegebenen Koordinatensystems befindet. Es gibt einfach nicht mehr Information über das System.

Aber auch jeder reale Zustandsselektor wird kaum je wirklich einen zu 100% reinen Zustand generieren. Statt dessen erwartet man, dass sich die Atome mit den Wahrscheinlichkeiten

$$p_+ \quad \text{im} \quad |+\rangle \quad \text{Zustand und}$$
$$p_- \quad \text{im} \quad |-\rangle \quad \text{Zustand} \tag{19.6}$$

befinden. Wir sehen uns also mit der Situation konfrontiert, dass wir den Anfangszustand nicht mehr als reinen Zustand oder durch eine Wellenfunktion beschreiben können – auch nicht durch eine wie immer geartete kohärente Superposition von reinen Zuständen. Man spricht dann von einem *gemischten Zustand* oder von einer *inkohärenten Superposition reiner Zustände*. Natürlich sind die Wahrscheinlichkeiten $p_\pm$ so normiert, dass weiterhin

$$p_+ + p_- = 1 \tag{19.7}$$

gilt. Die Qualität des Selektors (oder des selektierten Atomstrahls) beschreibt man durch seine *Polarisation*

$$\mathcal{P} = p_+ - p_- = \frac{I^+ - I^-}{I^+ + I^-}, \tag{19.8}$$

wobei I^+ und I^- die messbaren Strahlintensitäten von Atomen mit Spin nach oben bzw. Spin nach unten bedeuten.

Kohärent oder inkohärent?

An dieser Stelle müssen wir eine Warnung vor einem zu naiven Umgang mit den Begriffen kohärent bzw. inkohärent einflechten. So würden wir z.B. auf die Frage nach der Wahrscheinlichkeit, die Zustände $|+1/2\rangle$ oder $|-1/2\rangle$ bezüglich der Streukoordinaten (col) zu finden, im Fall (b) die Antwort $p_{+1/2} = p_{-1/2} = 1/2$ erhalten. Allerdings charakterisieren diese Wahrscheinlichkeiten den reinen Zustand (19.3) keineswegs ausreichend: es handelt sich ja um eine kohärente Superposition von zwei Zuständen. Derselbe Zustand schreibt sich nach (19.2) bezüglich der Selektorkoordinaten (sel) ja $|+\rangle$ (bzw. $|-\rangle$) und in diesem Koordinatensystem haben wir $p_+ = 1$, $p_- = 0$ (bzw. $p_+ = 0$, $p_- = 1$, je nachdem, wie der Selektor eingestellt ist).

Wir sehen also, dass *die Wahrscheinlichkeiten, einen speziellen Basiszustand zu finden, vom Koordinatensystem abhängt.* Nur wenn wir den Strahl der Teilchen A *vor* dem Selektor in Abb. 19.2 betrachten, werden wir eine völlig statistische Verteilung der Zustände $|+1/2\rangle$ und $|-1/2\rangle$ vorfinden, die sich auch bei einem Wechsel des Koordinatensystems nicht ändert.

Auch im allgemeinen Fall von $\mathcal{N}$ möglichen Basiszuständen beziehen sich die Wahrscheinlichkeiten

$$p_{q_1}, p_{q_2} \cdots p_{q_N}, \tag{19.9}$$

mit denen in einem Zustandsgemisch die Zustände $|q_1\rangle$, $|q_2\rangle \ldots |q_\mathcal{N}\rangle$ zu finden sind, auf ein bestimmtes Koordinatensystem. Auch hier normiert man stets:

$$\sum_{i=1}^{\mathcal{N}} p_{q_i} = 1 \tag{19.10}$$

Wenn wir also lediglich diese Wahrscheinlichkeitsverteilung von Zuständen kennen, können wir nicht entscheiden, ob es sich um einen reinen oder einen gemischten Zustand handelt. *Dann und nur dann, wenn es eine lineare Kombination von Basiszuständen vom Typ (19.4) gibt, die das System vollständig beschreibt, handelt es sich um einen reinen Zustand.* Umgekehrt nennen wir einen *Zustand vollständig inkohärent oder unpolarisiert, wenn die Besetzungswahrscheinlichkeiten aller Basiszustände unabhängig vom Koordinatensystem stets gleich* ist – und zwar wegen (19.10) gerade $= 1/\mathcal{N}$.

Um dies für unser Beispiel festzustellen, hätte man (in einem Gedankenexperiment) den (ggf. teilweise) zustandsselektierten Strahl, der den Selektor verlässt, mit einem zweiten (möglichst idealen 100%) Selektor zu analysieren, dessen Bezugsachse man frei im Raum drehen kann. Wenn der erste Selektor einen reinen Zustand präpariert hat, dann gibt es auch eine eindeutig definierte Raumrichtung für den zweiten Selektor, welche 100% des Strahls transmittiert. Hat der erste Selektor einen gemischten Zustand präpariert, dann lässt der zweite stets weniger als 100% des Strahls passieren.

Fall d: Nicht perfekter Selektor betrachtet im Stoßsystem

Wechseln wir jetzt die Blickrichtung und beschreiben den unvollständig selektierten Strahl im Stoßkoordinatensystem. Wir nehmen also an, die Zustände $|+\rangle$ und $|-\rangle$ würden mit den Wahrscheinlichkeiten p_+ bzw. p_- im Selektorsystem (sel) präpariert. In Bezug auf die Stoßkoordinaten (col) haben wir das System also als gemischten Zustand mit den Wahrscheinlichkeiten

$$p_+ \quad \text{für} \quad |+\rangle = \frac{-1}{\sqrt{2}} \left[|+1/2\rangle + |-1/2\rangle \right] \quad \text{und}$$

$$p_- \quad \text{für} \quad |-\rangle = \frac{-1}{\sqrt{2}} \left[|+1/2\rangle - |-1/2\rangle \right]$$

$$(19.11)$$

zu charakterisieren. Wieder gibt es keine Möglichkeit, dieses System durch eine lineare Transformation der Basiszustände in einen einzigen reinen Zustand zu überführen. Das verwundert nicht, denn wir haben es ja mit der gleichen inkohärenten Superposition von Zuständen wie in (19.6) zu tun, lediglich in einem anderen Koordinatensystem beschrieben. Wir sehen aber schon hier, dass die Koordinatentransformation einen gewissen Grad an Kohärenz sichtbar machen kann, nämlich in dem Sinne, dass wir jetzt zwei Zustände (in der Regel mit unterschiedlicher Wahrscheinlichkeit) haben, die ihrerseits kohärente Superpositionen der zwei Basiszustände $|+1/2\rangle$ und $|-1/2\rangle$ sind. Man muss also sehr vorsichtig bei der Benutzung der Begriffe Kohärenz und Inkohärenz sein.

Es ist daher sehr wünschenswert, eine quantitative Beschreibung der Begriffe „gemischter Zustand", „Kohärenzgrad" und „Polarisationsgrad" zu gewinnen. Das wird besonders evident im allgemeinsten Fall, wo man gemischte Zustände durch eine inkohärenten Überlagerung von reinen Zuständen $|\alpha\rangle$ zu beschreiben hat – also durch einen Satz von Wahrscheinlichkeiten bezüglich eines Referenzkoordinatensystems:

$$p_1 \text{ für Zustand } |1\rangle = \sum_q a\,(q,1)\,|q\rangle$$

$$p_2 \text{ für Zustand } |2\rangle = \sum_q a\,(q,2)\,|q\rangle \tag{19.12}$$

$$\vdots$$

$$p_\mathcal{N} \text{ für Zustand } |\mathcal{N}\rangle = \sum_q a\,(q,\mathcal{N})\,|q\rangle$$

$$\text{wieder mit} \quad \sum_{\alpha=1}^{\mathcal{N}} p_\alpha = 1 \tag{19.13}$$

Ganz offensichtlich ist diese Art der Beschreibung eines Anfangszustands für ein Experiment höchst unhandlich – insbesondere im Vergleich zu den reinen Eigenzuständen $|q\rangle$, die wir bislang stets stillschweigend als Ausgangsbasis all unserer Überlegungen angenommen haben (auch in Band 1). Die Situation wird noch komplizierter, wenn wir bedenken, dass ähnliche Überlegung auch für den Nachweisprozess angestellt werden müssen (s. Abb. 19.1), denn auch die Zustandsanalysatoren sind in aller Regel keinesfalls perfekt.

19.2 Dichteoperator und Dichtematrix

Wir brauchen also eine effiziente und überschaubare Methode der Buchführung. Man definiert hierzu eine *Dichtematrix*, deren Elemente im trivialen Fall eines reinen Zustands $|\alpha\rangle$ nach (19.4) gegeben sind durch:

$$\left\langle q \left| \hat{\rho}^{(\alpha)} \right| q' \right\rangle = \rho_{qq'}^{(\alpha)} = a\,(q,\alpha)\,a^*\,(q',\alpha) \tag{19.14}$$

Etwas kompakter schreibt man den *Dichteoperator* des reinen Zustands $|\alpha\rangle$:

$$\hat{\rho}^{(\alpha)} = |\alpha\rangle\,\langle\alpha| = \sum_{qq'} \rho_{qq'}^{(\alpha)}\,|q\rangle\,\langle q| \tag{19.15}$$

Im allgemeinen Fall eines gemischten Zustands nach (19.12) mit den Amplituden $a\,(q,\alpha)$ der Einzelzustände $\alpha = 1\dots\mathcal{N}$ wird die Dichtematrix folgerichtig als gewichtete Summe der Komponenten zu bilden sein:

$$\langle q\,|\hat{\rho}|\,q'\rangle = \rho_{qq'} = \sum_{\alpha=1}^{\mathcal{N}} p_\alpha \rho_{qq'}^{(\alpha)} = \sum_{\alpha=1}^{\mathcal{N}} p_\alpha\,a\,(q,\alpha)\,a^*\,(q',\alpha) = \left\langle a_q a_{q'}^* \right\rangle \tag{19.16}$$

$\left\langle a_q a_{q'}^* \right\rangle$ wird oft als Abkürzung für den Mittelungsprozess mit p_α benutzt. Wie man leicht verifiziert, ist die Dichtematrix hermitesch:

$$\rho_{qq'} = \rho_{q'q}^* \tag{19.17}$$

Schließlich wird der *Dichteoperator*[2] eines gemischten Zustands

$$\hat{\rho} = \sum_{\alpha=1}^{\mathcal{N}} p_\alpha \, \hat{\rho}^{(\alpha)} = \sum_{\alpha=1}^{\mathcal{N}} p_\alpha \, |\alpha\rangle \, \langle\alpha| \tag{19.18}$$

$$= \sum_\alpha p_\alpha \sum_q a\,(q,\alpha)\,|q\rangle \sum_{q'} a^*\,(q',\alpha)\,\langle q'| = \sum_{qq'} \rho_{qq'} \, |q\rangle \, \langle q'| \,. \tag{19.19}$$

Eine wichtige Rolle spielt im Folgenden die Spur des Dichteoperators, auch in Kombination mit weiteren Operatoren. Für normierte, reine Zustände gilt

$$\mathrm{Tr}\,\hat{\rho}^{(\alpha)} = \sum_q \rho_{qq}^{(\alpha)} = \sum_q |a\,(q,\alpha)|^2 = \langle\alpha\,|\,\alpha\rangle = 1 \tag{19.20}$$

ebenso wie für die Spur jedes Dichteoperators:

$$\mathrm{Tr}\,\hat{\rho} = \sum_q \rho_{qq} = \sum_{\alpha q} p_\alpha \, \rho_{qq}^{(\alpha)} = \sum_\alpha p_\alpha = 1 \tag{19.21}$$

Die Dichtematrix hilft somit vor allem bei der Abkürzung länglicher Ausdrücke zur Beschreibung von Messergebnissen. Bestimmen wir etwa den Erwartungswert einer beliebigen Observablen $\hat{O}$ für einen gemischten Zustand nach (19.12). Zunächst gilt ja für einen reinen Zustand:

$$\langle\hat{O}\rangle = \langle\alpha|\,\hat{O}\,|\alpha\rangle = \sum_{qq'} a^*\,(q,\alpha)\,\langle q|\,\hat{O}\,|q'\rangle\,a\,(q',\alpha) \tag{19.22}$$

Für einen gemischten Zustand hat man das entsprechend gewichtete Mittel über alle beteiligten reinen Zustände $|\alpha\rangle$ zu bilden:

$$\langle\hat{O}\rangle = \sum_\alpha p_\alpha \langle\alpha|\,\hat{O}\,|\alpha\rangle = \sum_{qq'} \langle q|\,\hat{O}\,|q'\rangle \sum_{\alpha=1}^{\mathcal{N}} p_\alpha \, a^*\,(q,\alpha)\,a\,(q',\alpha) \tag{19.23}$$

Mit der Definitionsgleichung der Dichtematrixelemente (19.16) kann dies als

$$\langle\hat{O}\rangle = \sum_{qq'} O_{qq'} \rho_{q'q} = \mathrm{Tr}\big(\hat{O}\hat{\rho}\big) \tag{19.24}$$

geschrieben werden, wobei $O_{qq'}$ die Matrixelemente der Observablen $\hat{O}$ in der Basis $\{|q\rangle\}$ sind. Wir werden derartigen Relationen noch mehrfach als hilfreichen Abkürzungen für verschiedene messbare Größen begegnen.

All diese Definitionen mögen zunächst etwas abstrakt, ja vielleicht sogar künstlich erscheinen. Sie erweisen sich aber als sehr nützlich, wenn man versucht, die Theorie der Messung etwas detaillierter auszuführen. Zunächst wollen wir uns aber noch etwas mehr mit der Dichtematrix vertraut machen.

---

[2] Man benutzt die Begriffe Dichteoperator und Dichtematrix weitgehend synonym, wobei man bei letzterem die konkrete Matrixdarstellung vor Augen hat.

19.3 Matrix Darstellung

19.3.1 Ausgewählte Beispiele

Oft ist es hilfreich, sich die Elemente der Dichtematrix wirklich als Matrix vor Augen zu führen. Wir schreiben hier für die vier, in Abschn. 19.1 besprochenen Fälle eines Atomstrahls mit $\gamma^2 S_{1/2}$ Atomen, die (teilweise) nach ihren Projektionsquantenzahlen m selektiert sind, explizit die Dichtematrizen aus.

Fall a: Reiner Zustand betrachtet im Selektorsystem

In Selektorkoordinaten sind die Dichtematrizen für reine $|+\rangle$ und $|-\rangle$ Zustände

$$\hat{\rho}^{(+)} = \begin{pmatrix} \rho_{++} & 0 \\ 0 & 0 \end{pmatrix} = \begin{pmatrix} 1 & 0 \\ 0 & 0 \end{pmatrix} \quad \text{bzw.} \tag{19.25}$$

$$\hat{\rho}^{(-)} = \begin{pmatrix} 0 & 0 \\ 0 & \rho_{--} \end{pmatrix} = \begin{pmatrix} 0 & 0 \\ 0 & 1 \end{pmatrix}. \tag{19.26}$$

Fall b: Reiner Zustand betrachtet im Stoßsystem

In Bezug auf die in Abb. 19.2 illustrierten Stoßkoordinaten erhalten wir mit den Definitionen (19.3) und (19.14) für die gleichen, reinen Anfangszustände:

$$\hat{\rho}^{(+)} = \begin{pmatrix} \rho_{\ 1/2\ 1/2} & \rho_{\ 1/2\ -1/2} \\ \rho_{-1/2\ 1/2} & \rho_{-1/2\ -1/2} \end{pmatrix} = \frac{1}{2} \begin{pmatrix} 1 & -1 \\ 1 & 1 \end{pmatrix} \quad \text{bzw.} \tag{19.27}$$

$$\hat{\rho}^{(-)} = \frac{1}{2} \begin{pmatrix} 1 & 1 \\ -1 & 1 \end{pmatrix}. \tag{19.28}$$

Wir sehen jetzt die charakteristischen Nebendiagonalelemente $\pm 1/2$, welche die Kohärenz zwischen den Unterzuständen $|+1/2\rangle$ und $|-1/2\rangle$ zum Ausdruck bringen. Sie stellen sicher, dass diese Dichtematrizen reine Zustände repräsentieren. Die Diagonalmatrixelemente $|a_{1/2}|^2 = |a_{-1/2}|^2 = 1/2$ geben lediglich die Wahrscheinlichkeit an, die Zustände $|+1/2\rangle$ bzw. $|-1/2\rangle$ in Bezug auf die Stoßkoordinaten (col) zu finden, was man z.B. mit einem zweiten Selektor nachweisen könnte, der entlang der $z^{(\mathrm{col})}$-Achse ausgerichtet ist.

Fall c: Nicht perfekter Selektor betrachtet im Selektorsystem

In einem realen Experiment seien im selektierten Atomstrahl die Basiszustände $|+\rangle$ und $|-\rangle$ mit den Wahrscheinlichkeiten p_+ bzw. p_- anzutreffen. In Selektorkoordinaten (sel) wird die Dichtematrix für diesen gemischten Zustand nach Definition (19.18) mit $\hat{\rho}^{(+)}$ und $\hat{\rho}^{(-)}$ nach (19.25) bzw. (19.26):

$$\hat{\rho} = p_+ \hat{\rho}^{(+)} + p_- \hat{\rho}^{(-)} = \begin{pmatrix} p_+ & 0 \\ 0 & p_- \end{pmatrix} = \frac{1}{2} \begin{pmatrix} 1+\mathcal{P} & 0 \\ 0 & 1-\mathcal{P} \end{pmatrix} \tag{19.29}$$

Bei der letzten Gleichheit haben wir die in (19.8) definierte Polarisation $\mathcal{P}$ benutzt. Ein völlig unpolarisierter, gemischter Zustand ($\mathcal{P} = 0$) wird durch

$$\hat{\rho} = \frac{1}{2} \begin{pmatrix} 1 & 0 \\ 0 & 1 \end{pmatrix} = \frac{1}{2}\hat{E} \qquad (19.30)$$

repräsentiert. So wird z.B. der ursprüngliche Atomstrahl vor Eintritt in den Selektor zu beschreiben sein. Man beachte, dass das Verschwinden der Nichtdiagolmatrixelemente in (19.29) und (19.30) ein völliges Fehlen jeder Kohärenz zwischen den Basiszuständen $|+\rangle$ und $|-\rangle$ anzeigt.

Fall d: Nicht perfekter Selektor betrachtet im Stoßsystem

Beschreiben wir die gleiche Situation wie im Fall (c) nun in Bezug auf die Stoßkoordinaten (col), so erhalten wir nach (19.18) mit (19.27) und (19.28)

$$\hat{\rho} = \frac{p_+}{2} \begin{pmatrix} 1 & -1 \\ 1 & 1 \end{pmatrix} + \frac{p_-}{2} \begin{pmatrix} 1 & 1 \\ -1 & 1 \end{pmatrix} \qquad (19.31)$$

$$= \frac{1}{2} \begin{pmatrix} 1 & -(p_+ - p_-) \\ (p_+ - p_-) & 1 \end{pmatrix} = \frac{1}{2} \begin{pmatrix} 1 & -\mathcal{P} \\ \mathcal{P} & 1 \end{pmatrix}.$$

Wir haben jetzt also eine Dichtematrix mit nichtverschwindender Nebendiagonale, welche eine (ggf. partielle) Kohärenz zwischen den Basiszuständen $|+1/2\rangle$ und $|-1/2\rangle$ dokumentiert. Wir sehen hier ganz deutlich, dass das Maß an *Kohärenz zwischen den Basiszuständen von der Wahl des Basissystems abhängt*, denn (19.29) und (19.31) beschreiben ja exakt den gleichen gemischten Zustand. Die bloße Rotation des Koordinatensystems kann also Kohärenzterme (hier $\mp\mathcal{P}$) „kreieren" oder „vernichten"! *Man sollte sich dessen bewusst sein, wenn man über die Beobachtung von Kohärenz in speziellen Experimenten schreibt oder liest.*

Nur für den völlig unpolarisierten Zustand wird die *Dichtematrix unabhängig vom Koordinatensystemen diagonal*, wie man durch Einsetzen von $\mathcal{P} = 0$ in (19.29) bzw. (19.31) verifiziert.

Der allgemeine Fall

Wir können die vorstehenden Überlegungen zusammenfassen und auf den allgemeinen Fall eines Systems übertragen, das aus $\mathcal{N}$-Basiszuständen besteht. Benutzen wir die Notation (19.19) bzw. (19.16) für den Dichteoperator bzw. die Dichtematrix eines gemischten Zustands, so können wir diese

$$\hat{\rho} = \begin{pmatrix} \rho_{11} & \rho_{12} & \cdots & \rho_{1\mathcal{N}} \\ & \rho_{22} & \cdots & \rho_{2\mathcal{N}} \\ \text{komplex} & & \ddots & \vdots \\ \text{konjugiert} & & & \rho_{\mathcal{N}\mathcal{N}} \end{pmatrix} = \begin{pmatrix} \langle a_1 a_1^* \rangle & \langle a_1 a_2^* \rangle & \cdots & \langle a_1 a_\mathcal{N}^* \rangle \\ & \langle a_2 a_2^* \rangle & \cdots & \langle a_2 a_\mathcal{N}^* \rangle \\ \text{komplex} & & \ddots & \vdots \\ \text{konjugiert} & & & \langle a_\mathcal{N} a_\mathcal{N}^* \rangle \end{pmatrix} \qquad (19.32)$$

schreiben, während wir für einen reinen Zustand einfach die Mittelung $\langle a_i a_k^* \rangle$ über Amplituden verschiedener Zustände unterdrücken.

Diese allgemeine Dichtematrix mag etwas kompliziert aussehen und in der Regel kann man nicht auf einen Blick entscheiden, welche Art von Zustand diese Matrix beschreibt, einen reinen oder gemischten Zustand, oder gar, welchem Grad der Kohärenz er aufweist. Wir können lediglich sofort sagen, dass die Wahrscheinlichkeit, die Zustände $|1\rangle, |2\rangle \ldots |\mathcal{N}\rangle$ zu finden durch $\rho_{11}, \rho_{22} \ldots \rho_{\mathcal{N}\mathcal{N}}$ gegeben ist, und dass eine gewisse Kohärenz zwischen den Zuständen $|i\rangle$ und $|k\rangle$ besteht, sofern $\rho_{ik} \neq 0$. Ein wesentlich klareres Bild erhalten wir durch Diagonalisierung von (19.32). Man kann das nach den üblichen Regeln der linearen Algebra stets durch eine geeignete unitäre Transformation $\widehat{U}\{|q\rangle\} = \{|q^{(d)}\rangle\}$ der Basiszustände $|q\rangle$ erreichen und erhält

$$
\hat{\rho}^{(d)} = \widehat{U}\hat{\rho}\widehat{U}^\dagger = \begin{pmatrix} \rho_{11}^{(d)} & 0 & 0 & \cdots & 0 \\ & \rho_{22}^{(d)} & 0 & \cdots & 0 \\ & & \ddots & & \vdots \\ & & & \ddots & \vdots \\ 0 & & & & \rho_{NN}^{(d)} \end{pmatrix}. \tag{19.33}
$$

Eine solche Transformation beseitigt also alle basisabhängigen Kohärenzterme und erlaubt es, die Dichtematrix allein durch die Wahrscheinlichkeiten $\rho_{ii}^{(d)}$ für die Basiszustände $|i^{(d)}\rangle$ in dieser speziellen Basis zu beschreiben. Erst die Größe dieser verschiedenen Wahrscheinlichkeiten gibt uns ein klares Maß dafür, wieweit wir es mit einem reinen bzw. gemischten Zustand zu tun haben. Es gibt zwei Extremfälle: beim *reinen Zustand* verschwinden alle Diagonalelemente bis auf eines:

$$
\hat{\rho}_{\text{rein}}^{(d)} = \begin{pmatrix} 0 & & & & 0 \\ & 0 & & & \\ & & 1 & & \\ & & & 0 & \\ 0 & & & & 0 \end{pmatrix} \tag{19.34}
$$

Dagegen findet man im völlig unpolarisierten, gemischten Zustand alle Basiszustände mit der gleichen Wahrscheinlichkeit $p = 1/\mathcal{N}$:

$$
\hat{\rho}_{\text{unpol}}^{(d)} = \begin{pmatrix} 1/\mathcal{N} & 0 & 0 & \cdots\cdots & 0 \\ & 1/\mathcal{N} & 0 & & \vdots \\ & & 1/\mathcal{N} & & \vdots \\ & & & \ddots & \vdots \\ & & & & 1/\mathcal{N} \end{pmatrix} \tag{19.35}
$$

Man beachte, dass diese Matrixdarstellung eines vollständig unpolarisierten Zustandes ganz unabhängig von der gewählten Basis ist. Denn jede unitäre Transformation der in (19.35) enthaltenen Einheitsmatrix reproduziert diese einfach. Wir hatten das bereits für die 2×2 Matrizen nach Fall (c) und (d) festgestellt, wenn man $\mathcal{P} = 0$ in (19.29) bzw. (19.31) einsetzt.

19.3.2 Kohärenz und Polarisationsgrad

Wir wollen das eben Gesagte noch etwas kompakter fassen. Die skizzierte Diagonalisierungsprozedur kann ja recht aufwendig sein. Wünschenswert wäre also ein einfach zu bestimmendes Maß, das es erlaubt, den Grad der Mischung bzw. der Polarisation zwischen den Extremen eines reinen und eines vollständig inkohärenten, gemischten Zustands quantitativ zu bewerten.

Wir erinnern zunächst daran, dass die Spur einer Dichtematrix per Definition (19.21) stets $= 1$ ist, sowohl für einen reinen wie für einen gemischten Zustand. Die *Spur des Quadrats der Dichtematrix* wird dagegen zwar im Fall eines reinen Zustands (19.34) ebenfalls $\operatorname{Tr} \hat{\rho}^2 = 1$, für den vollständig unpolarisierten Zustand aber gilt $\operatorname{Tr} \hat{\rho}^2 = \mathcal{N} \times 1/\mathcal{N}^2 = 1/\mathcal{N}$. Für jeden anderen gemischten Zustand findet man Werte zwischen diesen Extremen. Das ist evident für die Diagonaldarstellungen (19.35) von $\hat{\rho}$, und da sich die Spur einer Matrix grundsätzlich nicht ändert, wenn man sie unitär transformiert, gilt ganz allgemein:

$$1 \geq \operatorname{Tr} \hat{\rho}^2 \geq 1/\mathcal{N} \qquad (19.36)$$

Die Extrema 1 bzw. $1/\mathcal{N}$ gelten für den *reinen* bzw. für den vollständig *unpolarisierten (inkohärenten) Zustand*.

Wir machen uns damit wieder am Beispiel einer 2×2-Dichtematrix

$$\hat{\rho} = \begin{pmatrix} \rho_{11} & \rho_{12} \\ \rho_{21} & \rho_{22} \end{pmatrix} \qquad (19.37)$$

vertraut. Da die Diagonalelemente der Matrix reell sind (Wahrscheinlichkeiten) und $\operatorname{Tr} \hat{\rho} = \rho_{11} + \rho_{22} = 1$, die Nebendiagonalelemente aber komplex, $\rho_{21} = \rho_{12}^*$, genügen drei reelle Parameter, um die allgemeinste 2×2-Dichtematrix vollständig zu beschreiben, sagen wir ρ_{11}, $|\rho_{12}|$ und $\arg \rho_{12}$. Somit wird

$$\hat{\rho}^2 = \begin{pmatrix} \rho_{11}^2 + \rho_{12}\rho_{21} & \rho_{11}\rho_{12} + \rho_{12}\rho_{22} \\ \rho_{11}\rho_{21} + \rho_{21}\rho_{22} & \rho_{22}^2 + \rho_{12}\rho_{21} \end{pmatrix},$$

und mit $(\rho_{11} + \rho_{22})^2 = 1$ und $\rho_{12}\rho_{21} = |\rho_{12}|^2$ wird (19.36) zu

$$1 \geq \operatorname{Tr} \hat{\rho}^2 = 1 + 2 \left(|\rho_{12}|^2 - \rho_{11}\rho_{22} \right) \geq 1/2. \qquad (19.38)$$

Für *einen reinen Zustand* (linker Grenzfall) ist also die Bedingung

$$|\rho_{12}| \equiv \sqrt{\rho_{11}\rho_{22}} = \sqrt{\rho_{11}(1 - \rho_{11})}, \qquad (19.39)$$

während für einen *unpolarisierten (völlig inkohärenten) Zustand* gilt:

$$|\rho_{12}| \equiv 0 \text{ und } \rho_{11} \equiv \rho_{22} = 1/2 \qquad (19.40)$$

Andererseits ergeben sich aus der üblichen Diagonalisierungsprozedur

$$\det \left(\hat{\rho} - \rho^{(d)} \times \hat{E} \right) = 0 \qquad (19.41)$$

zwei Eigenwerte für die diagonalisierte Dichtematrix $\hat{\rho}^{(d)}$

$$\rho^{(d)} = \frac{1}{2}\left\{1 \pm \sqrt{1 + 4\left(|\rho_{12}|^2 - \rho_{11}\rho_{22}\right)}\right\}. \tag{19.42}$$

Mit (19.38) kann die Differenz dieser zwei Eigenwerte als

$$\rho_{11}^{(d)} - \rho_{22}^{(d)} = \sqrt{1 + 4\left(|\rho_{12}|^2 - \rho_{11}\rho_{22}\right)} = \sqrt{2\,\mathrm{Tr}\,\hat{\rho}^{\,2} - 1} \tag{19.43}$$

geschrieben werden. Für den reinen Zustand ($\mathrm{Tr}\,\rho^2 = 1$) ergibt dies ± 1, für den unpolarisierten Zustand ($\mathrm{Tr}\,\rho^2 = 1/2$) wird $\rho_{11}^{(d)} - \rho_{22}^{(d)} = 0$.

Diese Differenz $\rho_{11}^{(d)} - \rho_{22}^{(d)}$ entspricht gerade der in (19.8) definierten Polarisation $\mathcal{P}$ für das Zweizustandssystem, wie wir durch direkten Vergleich mit der diagonalisierten Darstellung (19.29) feststellen. Da $\mathrm{Tr}\,\hat{\rho}^{\,2}$ *unabhängig von der Wahl des Koordinatensystems* ist, bietet (19.43) einen guten Ausgangspunkt für die gesuchte Definition eines *Polarisationsgrades*. Für das 2-Zustandssystem definieren wir diesen – unter Verzicht auf das Vorzeichen, um wirklich unabhängig vom Koordinatensystem zu sein – als:

$$|\mathcal{P}| = \left|\rho_{11}^{(d)} - \rho_{22}^{(d)}\right| = +\sqrt{2\,\mathrm{Tr}\,\hat{\rho}^{\,2} - 1} \tag{19.44}$$

$$\mathrm{mit} \quad 1 \geq |\mathcal{P}| \geq 0 \tag{19.45}$$

Der linke bzw. rechte Grenzwert entspricht einem reinen bzw. einem unpolarisierten Zustand. Der so definierte Polarisationsgrad ist sehr viel anschaulicher als der etwas abstrakte Ausdruck $\mathrm{Tr}\,\rho^2$, und so bietet sich (19.44) für eine Generalisierung an.

Den *Polarisationsgrad eines beliebigen (reinen oder gemischten) Zustands*, der durch eine $\mathcal{N} \times \mathcal{N}$-Dichtematrix $\hat{\rho}$ beschrieben wird, definieren wir in Analogie zu (19.44):

$$\mathcal{P}^{(\mathcal{N})} = \frac{+1}{\sqrt{2\,(\mathcal{N}-1)}}\sqrt{\sum_{j,k}\left(\rho_{jj}^{(d)} - \rho_{kk}^{(d)}\right)^2} \quad \mathrm{oder} \tag{19.46}$$

$$\mathcal{P}^{(\mathcal{N})} = \frac{+1}{\sqrt{\mathcal{N}-1}}\sqrt{\mathcal{N}\,\mathrm{Tr}\,\hat{\rho}^{\,2} - 1} \tag{19.47}$$

Während (19.46) dem *geometrischen Mittelwert aller Polarisationsgrade* je zweier Zustände *der diagonalisierten Dichtematrix* $\hat{\rho}^{(d)}$ entspricht, ist die Definition (19.47) *koordinatenunabhängig*. Die Identität der beiden Ausdrücke lässt sich mit etwas Algebra unter Verwendung der Normierung nach (19.21) verifizieren. Die Normierungskonstanten $\propto 1/\sqrt{\mathcal{N}-1}$ sind so gewählt, dass

$$1 \geq \mathcal{P}^{(\mathcal{N})} \geq 0 \tag{19.48}$$

gilt, wobei linker und rechter Grenzwert den reinen (voll kohärenten) bzw. den unpolarisierten (inkohärenten) Zustand charakterisieren.

Oft interessiert man sich auch für die Kohärenz (oder Reinheit) einer Untermenge von $\mathcal{N}'$ Basiszuständen. Den Polarisationsgrad dieser Untermenge erhält man analog zu (19.47), wobei statt ρ die entsprechende $\mathcal{N}' \times \mathcal{N}'$ Untermatrix ρ' und statt $\mathcal{N} \to \mathcal{N}'$ einzusetzen ist.

19.4 Theorie der Messung

19.4.1 Zustandsselektor und -analysator

Wir wollen nun die hier beschriebenen Werkzeuge zu einem handlichen Formalismus entwickeln, mit welchem man ein Messsignal für ein realistisches Experiment beschreiben kann. Denken wir wieder an die in Abb. 19.1 skizzierten Wechselwirkungsexperimente, so müssen wir der Tatsache Rechnung tragen, dass weder die Zustandsselektoren noch die Analysatoren perfekt sind.

Wir haben bislang die Dichtematrix (bzw. den Dichteoperator) benutzt, um ein Quantensystem in einer Mischung von mehreren reinen Zuständen $|\alpha\rangle$ zu beschreiben. Wir wollen jetzt einen leicht modifizierten Standpunkt einnehmen und benutzen $\hat{\rho}(\alpha)$ zur Beschreibung des *Zustandsselektors, der aus einem anfänglich unpolarisierten Zustand den gemischten Zustand erzeugt,* den wir bislang durch $\hat{\rho}(\alpha)$ nach (19.32) beschrieben haben. Ganz analog benutzen wir die Dichtematrix $\hat{\rho}(\beta)$ zur Beschreibung eines *Analysators. Er filtert den durch $\hat{\rho}(\beta)$ charakterisierten Zustand aus einem vollständig unpolarisierten Ensemble heraus.*

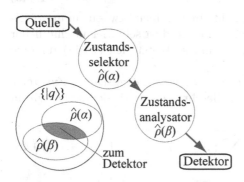

Abb. 19.3. Schematisches Vorexperiment: Nachweis von Quantenzuständen, die im Zustandsselektor präpariert wurden, nach Durchgang durch den Analysator.

Links unten noch einmal pauschal: Gesamtmenge aller Basiszustände $\{|q\rangle\}$, vom Selektor, $\hat{\rho}(\alpha)$, bzw. Analysator, $\hat{\rho}(\beta)$, transmittierte Untermenge – den Detektor erreicht die Durchschnittsmenge

Damit können wir das *Vorexperiment* beschreiben, welches in Abb. 19.3 skizziert ist: wie groß ist die Durchlasswahrscheinlichkeit $p(\beta, \alpha)$ des Zustandsanalysators (charakterisiert durch $\hat{\rho}(\beta)$) für ein atomares Ensemble, das vom Zustandsselektor (charakterisiert durch $\hat{\rho}(\alpha)$) präpariert wurde?

Nehmen wir *zunächst einmal an, der Zustandsselektor generiere einen reinen Zustand* $|\alpha\rangle$ (d.h. sein Dichteoperator $\hat{\rho}(\alpha) = |\alpha\rangle\langle\alpha|$ projiziere genau diesen Zustand aus dem ursprünglich unpolarisierten Ensemble). Ebenso transmittiere der Zustandsanalysator einen reinen Zustand $|\beta\rangle$ (d.h. sein Dichteoperator $\hat{\rho}(\beta) = |\beta\rangle\langle\beta|$ projiziere nur $|\beta\rangle$ aus dem, was auf ihn trifft, nämlich der Zustand $|\alpha\rangle$). Somit wird der Zustand, der den Analysator passiert, beschrieben durch

$$\hat{\rho}(\beta)|\alpha\rangle = |\beta\rangle\langle\beta|\alpha\rangle \,, \tag{19.49}$$

und das Betragsquadrat der Wahrscheinlichkeitsamplitude $\langle\beta|\alpha\rangle$ gibt gerade die Wahrscheinlichkeit dafür, ein Signal hinter dem Analysator zu messen (natürlich im Zustand $|\beta\rangle$, denn nur dieser erreicht ja den Detektor):

$$p\,(\beta,\alpha) = |\langle\beta|\alpha\rangle|^2 \qquad (19.50)$$

Mit $\langle\beta|\alpha\rangle^* = \langle\alpha|\beta\rangle$ und unter Verwendung von (19.4) können wir dies in Form von Amplituden bezüglich der Basiszustände $\{|q\rangle\}$ auch so schreiben:

$$p\,(\beta,\alpha) = \langle\beta|\alpha\rangle\,\langle\alpha|\beta\rangle = \sum_{qq'} a^*\,(q,\beta)\,a\,(q,\alpha)\,a^*\,(q',\alpha)\,a\,(q',\beta)\ . \qquad (19.51)$$

Setzen wir die Matrixelemente für die reinen Zustände $|\alpha\rangle$ und $|\beta\rangle$ nach (19.14) ein, so erhalten wir ein Signal proportional zu

$$p\,(\beta,\alpha) = \sum_{qq'} \rho^{(\beta)}_{q'q}\rho^{(\alpha)}_{qq'} = \mathrm{Tr}\,[\hat{\rho}\,(\beta)\,\hat{\rho}\,(\alpha)]\ . \qquad (19.52)$$

Die Verallgemeinerung liegt auf der Hand: wir denken uns einen Zustandsselektor, der eine Mischung von Zuständen $|\alpha\rangle$ mit den Wahrscheinlichkeiten p_α präpariert und einen Analysator, der Zustände $|\beta\rangle$ mit den Wahrscheinlichkeiten p_β durchlässt. Dann haben wir (19.51) über alle präparierten und über alle transmittierten Signale zu summieren, gewichtet mit den jeweiligen Wahrscheinlichkeiten p_α bzw. p_β:

$$p\,(\beta,\alpha) = \sum_{\alpha,\beta}\sum_{qq'} p_\alpha p_\beta a^*\,(q,\beta)\,a\,(q,\alpha)\,a^*\,(q',\alpha)\,a\,(q',\beta)\ . \qquad (19.53)$$

Durch Reorganisation dieser Summe gewinnen wir problemlos wieder die Dichtematrixelemente (19.16) für den Zustandsselektor bzw. den Analysator

$$p\,(\beta,\alpha) = \sum_{qq'} \rho\,(\beta)_{q'q}\,\rho\,(\alpha)_{qq'} = \mathrm{Tr}\,[\hat{\rho}\,(\alpha)\,\hat{\rho}\,(\beta)] = \mathrm{Tr}\,[\hat{\rho}\,(\beta)\,\hat{\rho}\,(\alpha)]\ , \qquad (19.54)$$

wobei wir wieder von normierten[3] Wahrscheinlichkeiten ausgehen:

$$\sum_\alpha p_\alpha = \sum_\beta p_\beta = 1$$

Gleichung (19.54) bildet die Basis für alle weiteren Überlegungen zu messbaren Signalen mit Zustandsselektion und/oder Analyse. Wir halten daher noch einmal die Bedeutung der Selektor- und Detektoroperatoren, $\hat{\rho}\,(\alpha)$ bzw. $\hat{\rho}\,(\beta)$ fest: Sie beschreiben den gemischten Zustand, welchen Selektor bzw. Analysator aus einer vollständig unpolarisierten Quelle herausfiltern würden.

---

[3] s. aber Fußnote Seite 510.

19.4.2 Zustandsselektives Wechselwirkungsexperiment

Wir sind jetzt in der Lage, die eingangs erwähnte Buchhaltungsfunktion der Dichtematrix für Experimente mit partiell selektierten und analysierten Systemen auszuformulieren. Wie groß ist also das Signal nach einem Wechselwirkungsprozess, das bei Experimenten mit Zustandsselektion vor und Analyse nach der Wechselwirkung entsprechend den in Abb. 19.1 skizzierten Schemata am Detektor erwartet? Wir kürzen hier der Kompaktheit wegen alle relevanten, anfänglichen Quantenzahlen vor dem Wechselwirkungsprozess (q_A, q_B und ggf. $\boldsymbol{k}_a$) mit $\tilde{q}$ ab (die Basiszustände entsprechend mit $|\tilde{q}\rangle$). Der Operator des Zustandsselektors wird dann

$$\hat{\rho}(\alpha) = \sum_{\tilde{q}\tilde{q}'} \rho(\alpha)_{\tilde{q}\tilde{q}'} |\tilde{q}\rangle \langle\tilde{q}'| \, , \tag{19.55}$$

und entsprechend charakterisieren wir den Analysator durch

$$\hat{\rho}(\beta) = \sum_{qq'} \rho(\beta)_{qq'} |q\rangle \langle q'| \, . \tag{19.56}$$

Die unterschiedlichen Indizes $\tilde{q}, \tilde{q}'$ in (19.55) und q, q' in (19.56) sollen andeuten, dass Anfangs- und Endzustand zu verschiedenen Untermengen $\{|\tilde{q}\rangle\}$ bzw. $\{|q\rangle\}$ von Basiszuständen gehören können.

Wie schon im Detail diskutiert, bewirkt der Wechselwirkungsprozess lediglich eine Transformation jedes Basiszustands von $|\tilde{q}\rangle$ nach $\widehat{T}|\tilde{q}\rangle$. Somit wird das durch $\hat{\rho}(\alpha)$ charakterisierte Quantensystem (19.55), das den Selektor verlässt, durch den Wechselwirkungsprozess in

$$\hat{\rho}(\alpha) \xrightarrow{\widehat{T}} \sum_{\tilde{q}\tilde{q}'} \rho(\alpha)_{\tilde{q}\tilde{q}'} \widehat{T}|\tilde{q}\rangle \langle\tilde{q}'|\widehat{T}^\dagger = \widehat{T}\hat{\rho}(\alpha)\widehat{T}^\dagger \tag{19.57}$$

verändert. Setzen wir nun die so modifizierte Dichtematrix anstatt $\hat{\rho}(\alpha)$ in (19.54) ein, so erhalten wir die Signalstärke[4] nach dem Prozess:

$$S(\alpha, \beta) = \mathrm{Tr}\left[\widehat{T}\hat{\rho}(\alpha)\widehat{T}^\dagger\hat{\rho}(\beta)\right] = \mathrm{Tr}\left[\hat{\rho}(\alpha)\widehat{T}^\dagger\hat{\rho}(\beta)\widehat{T}\right] \tag{19.58}$$

Man beachte, dass Zustandsselektor und Analysator praktisch äquivalent in (19.58) eingehen. Wir können daher mit dem gleichen theoretischen Apparat auch das zeitinverse Experiment beschreiben, in welchem wir Quelle mit Detektor in Abb. 19.3 auf S. 508 vertauschen. Man erhält dann das gleiche Signal, wenn der Selektor durch $\hat{\rho}(\beta)$ und der Analysator durch $\hat{\rho}(\alpha)$ beschrieben wird.

---

[4] Streng genommen muss man den nachfolgenden Ausdruck noch mit Normierungsfaktoren versehen, die berücksichtigen, dass die Selektor- und Analysator-Operatoren eigentlich nicht auf 1 normiert sind. Der Übersichtlichkeit halber, und da bei jedem Experiment ohnehin viele weitere Transmissions- und Nachweisfaktoren in die konkrete Signalbestimmung eingehen, unterdrücken wir dieses Detail.

Der wichtige Ausdruck (19.58) lässt sich problemlos auch in Form von $\widehat{T}$- und Dichtematrixelementen darstellen, indem man jeweils entsprechende Einheitsoperatoren zwischen die Operatoren in (19.57) schreibt. Wir wollen hier nicht allgemein in die Details der etwas länglichen Ausdrücke gehen und spezialisieren uns auf zwei konkrete, simplifizierte Spezialfälle zur Illustration.

Beispiel 1: Streuexperiment mit unpolarisierten Strahlen aber mit Zustandsanalyse nach dem Stoß

Wir beschreiben den in Abb. 19.1a skizzierten Fall, nehmen aber an, es gäbe keine Anfangsselektion der inneren Zustände des A-B Systems. Der Zustandsselektor werde also repräsentiert durch eine diagonale Dichtematrix nach (19.35) für einen gemischten Zustand aus den Anfangsbasiszuständen $\{|\tilde{q}\rangle\}$, die statistisch mit den Wahrscheinlichkeiten $p_{\tilde{q}}$, z.B. entsprechend einer Boltzmann-Verteilung, besetzt sind ($\sum p_{\tilde{q}} = 1$). Wir wollen jetzt explizit auch den Relativimpuls der Stoßpartner $\boldsymbol{k}_a$ vor bzw. $\boldsymbol{k}_b$ nach dem Streuprozess berücksichtigen. Der Einfachheit halber nehmen wir an, dass A und B sich in beliebig gut kollimierten und geschwindigkeitsselektierten Strahlen begegnen, und dass auch die Produkte entsprechend nachgewiesen werden. Dann wird

$$\rho\left(\alpha\right)_{\boldsymbol{k}_a\tilde{q},\boldsymbol{k}'_a\tilde{q}'} = p_{\tilde{q}}\,\delta_{\tilde{q}\tilde{q}'}\,\delta\left(\boldsymbol{k}_a - \boldsymbol{k}'_a\right) \tag{19.59}$$

und entsprechend

$$\rho\left(\beta\right)_{\boldsymbol{k}_b q,\boldsymbol{k}'_b q'} = \rho\left(\beta\right)_{qq'}\,\delta\left(\boldsymbol{k}_b - \boldsymbol{k}'_b\right)\,. \tag{19.60}$$

Entsprechend der linken Seite von (19.58) wird das Signal somit:

$$S\left(\alpha,\beta\right) = \sum_{qq'\tilde{q}} p_{\tilde{q}}\left\langle q\boldsymbol{k}_b\left|\widehat{T}\right|\tilde{q}\boldsymbol{k}_a\right\rangle\left\langle\tilde{q}\boldsymbol{k}_a\left|\widehat{T}^\dagger\right|q'\boldsymbol{k}_b\right\rangle\langle q'|\hat{\rho}\left(\beta\right)|q\rangle$$

$$= \sum_{qq'}\left[\sum_{\tilde{q}} p_{\tilde{q}}T_{q\tilde{q}}\left(\boldsymbol{k}_b,\boldsymbol{k}_a\right)T^*_{q'\tilde{q}}\left(\boldsymbol{k}_b,\boldsymbol{k}_a\right)\right]\rho\left(\beta\right)_{q'q} \tag{19.61}$$

Offensichtlich beschreibt der Term in rechteckigen Klammern [...] das Gesamtsystem direkt nach der Streuung und definiert gewissermaßen die Dichtematrix des Stoßprozesses:

$$\rho^{(\mathrm{WW})}_{qq'} = C_T^{-1}\sum_{\tilde{q}} p_{\tilde{q}}T_{q\tilde{q}}\left(\boldsymbol{k}_b,\boldsymbol{k}_a\right)T^*_{q'\tilde{q}}\left(\boldsymbol{k}_b,\boldsymbol{k}_a\right) \tag{19.62}$$

Die Summation über $\tilde{q}$ kann recht aufwendig sein und umfasst im Prinzip eine volle Partialwellenentwicklung vom Typ (18.4). Alternativ können wir unter Ausnutzung der Proportionalität zwischen Streuamplitude f und T-Matrix nach (17.28) auch

$$\rho^{(\mathrm{WW})}_{qq'} = C_f^{-1}\sum_{\tilde{q}} p_{\tilde{q}}f_{q\tilde{q}}\left(\theta,\varphi\right)f^*_{q'\tilde{q}}\left(\theta,\varphi\right) \tag{19.63}$$

schreiben. Der Normierungsfaktoren C_T und C_f sind dabei so zu wählen, dass

$$\text{Tr}\,\hat{\rho}^{(\text{WW})} = 1 \tag{19.64}$$

wird. In dieser Notation können wir (19.61) vollständig äquivalent zu der allgemeinen Formel (19.54) umschreiben. Den differenziellen Streuquerschnitt erhält man schließlich unter Berücksichtigung der Flussfaktoren nach (17.28) durch Einsetzen von (19.63) in (19.61):

$$I\,(\theta,\varphi) = \left[\frac{d\sigma}{d\Omega}\,(\boldsymbol{k}_b,\boldsymbol{k}_a)\right]^{(\text{anal})} = I_0\,(\theta)\,\text{Tr}\left(\hat{\rho}^{(\text{WW})}\,\hat{\rho}^{(\text{anal})}\right) \tag{19.65}$$

Der Vorfaktor I_0 gibt dabei den (nicht zustandsanalysierten) gemittelten differenziellen Wirkungsquerschnitt für den untersuchten inelastischen Prozess:

$$I_0\,(\theta) = \left[\frac{d\sigma}{d\Omega}\,(\boldsymbol{k}_b,\boldsymbol{k}_a)\right]^{(\text{mittel})} = \frac{k_f}{k_0}\,C_f = \frac{k_f}{k_0}\sum_{q\tilde{q}} p_{\tilde{q}}\,|f_{q\tilde{q}}\,(\theta,\varphi)|^2 \tag{19.66}$$

Gleichung (19.65) bildet mit den Definitionen (19.63) und (19.66) die Basis für die Auswertung aller Streuexperimente mit Zustandsanalyse nach dem Stoß. (Das schließt natürlich auch das Experiment ohne jede Zustandsanalyse ein, wo $\hat{\rho}^{(\text{anal})} = \hat{E}/\mathcal{N}_\beta$ wird und man mit $\text{Tr}\left(\hat{\rho}^{(\text{WW})}\right) = 1$ schließlich $I\,(\theta,\varphi) = I_0\,(\theta)$, also die Standardformel für den differenziellen Wirkungsquerschnitt erhält). Ganz analog kann man auch die in Abb. 19.1b, c skizzierten Experimente auswerten, wobei $\hat{T}$ dann der elektromagnetische Wechselwirkungsoperator ist.

An dieser Stelle ist es wichtig sich zu vergewissern, dass sich $\hat{\rho}^{(\text{WW})}$ und $\hat{\rho}^{(\text{anal})}$ in (19.65) auf das gleiche Koordinatensystem beziehen. Wie wir schon in Abschn. 19.1 gesehen haben, ist dies häufig in der Praxis nicht der Fall. Oft kennt man $\hat{\rho}^{(\text{WW})}$ in einem Koordinatensystem, z.B. im Stoßsystem (col), während $\hat{\rho}^{(\text{anal})}$ bequem nur in Bezug auf andere Referenzachsen (anal) beschrieben wird. Das erfordert im allgemeinen eine Koordinatentransformation, nämlich eine Drehung $\hat{\mathfrak{D}}\,(\alpha\beta\gamma)$ um die Euler-Winkel $(\alpha\beta\gamma)$, welche in (19.65) einzufügen ist, sodass

$$\text{Tr}\left(\hat{\rho}^{(\text{WW})}\,\hat{\rho}^{(\text{anal})}\right) \rightarrow \tag{19.67}$$

$$\text{Tr}\left(\hat{\mathfrak{D}}^\dagger\hat{\rho}^{(\text{WW})}\hat{\mathfrak{D}}\hat{\rho}^{(\text{anal})}\right) = \text{Tr}\left(\hat{\rho}^{(\text{WW})}\hat{\mathfrak{D}}\hat{\rho}^{(\text{anal})}\hat{\mathfrak{D}}^\dagger\right)$$

wird. Wesentlich eleganter lässt sich diese Drehung freilich in einer irreduziblen Darstellung des Dichteoperators darstellen. Aus Platzgründen müssen wir die etwas aufwendigere Darstellung dieses Formalismus und seine Anwendung auf verschiedene experimentelle Beispiele aus der Photophysik und Streuphysik auf Band 3 verschieben.

Beispiel 2: Streuexperiment mit Zustandsselektion vor dem Stoß aber ohne Zustandsanalyse danach

Wenn wir nun umgekehrt eine *Zustandsselektion vor dem Stoß* durchführen, z.B. durch laseroptisches Pumpen, durch Spinpolarisatoren, spezielle Pump-Probe-Methoden etc., und *nach der Wechselwirkung auf eine Zustandsanalyse verzichten,* dann gilt analog zu (19.59) und (19.60)

$$\rho\left(\alpha\right)_{k_a q, k'_a q'} = \rho\left(\alpha\right)_{qq'} \delta\left(k_a - k'_a\right) \quad \text{und} \tag{19.68}$$

$$\hat{\rho}\left(\beta\right)_{k_b \tilde{q}, k'_b \tilde{q}'} = p_{\tilde{q}} \delta_{\tilde{q}\tilde{q}'} \delta\left(k_b - k'_b\right) \tag{19.69}$$

(häufig ist $p_{\tilde{q}} \lesssim 1$ für eine bestimmte Gruppe von Zuständen, und $= 0$ für alle anderen,[5] die z.B. durch einen Energieanalysator unterdrückt werden). Wie im vorangehenden Beispiel bezeichnen wir die Gruppe nicht weiter analysierter Zustände mit $\tilde{q}$, die selektierte Gruppe mit q und q'. Hier sind das die Zustände vor dem Prozess. Man wertet jetzt die rechte Hälfte der Nachweisgleichung (19.58) in voller Analogie zum vorangehenden Beispiel (19.61) aus, indem man Einheitsoperatoren einfügt:

$$S\left(\alpha, \beta\right) = \sum_{q' p \tilde{q}} \left\langle \tilde{q}' k_a \left| \rho^{(\text{sel})} \right| q k_a \right\rangle \left\langle q k_a \left| \hat{T}^\dagger \right| \tilde{q} k_b \right\rangle p_{\tilde{q}} \left\langle \tilde{q} k_b \left| \hat{T} \right| q' k_a \right\rangle$$

$$= \sum_{qq'} \rho_{q'q}^{(\text{sel})} \left[\sum_{\tilde{q}} p_{\tilde{q}} T_{\tilde{q}q}\left(k_b, k_a\right) T_{\tilde{q}q'}\left(k_b, k_a\right) \right]^*. \tag{19.70}$$

Mit der Notation

$$\rho_{q'q}^{(\text{WW})} = C_T^{-1} \sum_{\tilde{q}} p_{\tilde{q}} T_{\tilde{q}q}\left(k_b, k_a\right) T_{\tilde{q}q'}^*\left(k_b, k_a\right) \tag{19.71}$$

$$= C_f^{-1} \sum_{\tilde{q}} p_{\tilde{q}} f_{\tilde{q}q}\left(\theta, \varphi\right) f_{\tilde{q}q'}\left(\theta, \varphi\right) \tag{19.72}$$

$$\text{und} \quad \text{Tr}\, \hat{\rho}^{(\text{WW})} = 1 \tag{19.73}$$

können wir, wie in Beispiel 1, in völliger Analogie zu (19.62) bis (19.66) die Streuintensität ausdrücken durch

$$I\left(\theta, \varphi\right) = I_0\left(\theta\right) \text{Tr}\left(\hat{\rho}^{(\text{sel})} \hat{\rho}^{(\text{WW})}\right) = I_0 \text{Tr}\left(\hat{\rho}^{(\text{WW})} \hat{\rho}^{(\text{sel})}\right) \tag{19.74}$$

$$\text{mit} \quad I_0 = \frac{k_f}{k_0} C_f = \frac{k_f}{k_0} \sum_{q\tilde{q}} p_{\tilde{q}} \left| f_{\tilde{q}q}\left(\theta, \varphi\right) \right|^2. \tag{19.75}$$

Da wir jetzt allerdings eine Zustandsselektion *vor* dem Stoßprozess durchführen, und die T-Matrix einen Streuprozess von Zustand $|q\rangle$ nach $|\tilde{q}\rangle$ beschreibt (während sich $\hat{T}$ zuvor auf Übergänge von $|\tilde{q}\rangle$ nach $|q\rangle$ bezog), gibt es

---

[5] Hier wird noch einmal deutlich, warum man bei genauer Betrachtung (hier unterdrückte) Normierungsfaktoren einbringen muss, um die stets angenommene Normierung der Dichtematrizen auf $\text{Tr}\, \hat{\rho} = 1$ sicher zu stellen.

einen subtilen Unterschied zwischen den beiden Beispielen: Die Dichtematrix des Stoßprozesses (19.71) wird so gebildet, dass man nicht nur q durch $\tilde{q}$ ersetzt und umgekehrt, man hat auch das konjugiert Komplexe der Definition in (19.62) zu benutzen. Außerdem haben wir nun über alle Nachweiswahrscheinlichkeiten $p_{\tilde{q}}$ für die Endzustände zu summieren während bei Beispiel 1 ja $p_{\tilde{q}}$ die Wahrscheinlichkeit bezeichnete, einen Zustand $|\tilde{q}\rangle$ vor dem Stoßprozess zu finden. Eine etwas symmetrischere Veranschaulichung des jetzigen Resultats erhalten wir, wenn wir annehmen, dass die beiden Beispiele gerade den exakt zeitinvertierten Prozess beschreiben, also $|\tilde{q}\rangle \rightarrow |q\rangle$ bzw. $|q\rangle \rightarrow |\tilde{q}\rangle$.

In diesem Schema müssen wir natürlich noch $\boldsymbol{k}_a$ durch $-\boldsymbol{k}_b$ und $\boldsymbol{k}_b$ durch $-\boldsymbol{k}_a$ ersetzen, sodass

$$T_{\tilde{q}q}\left(\boldsymbol{k}_b, \boldsymbol{k}_a\right) = T^*_{q\tilde{q}}\left(-\boldsymbol{k}_a, -\boldsymbol{k}_b\right).\tag{19.76}$$

Schließlich können wir (19.71) als

$$\rho^{(\text{WW})}_{qq'} = C_T^{-1}\sum_{\tilde{q}} p_{\tilde{q}} T_{q\tilde{q}}\left(-\boldsymbol{k}_a, -\boldsymbol{k}_b\right) T^*_{q'\tilde{q}}\left(-\boldsymbol{k}_a, -\boldsymbol{k}_b\right)\tag{19.77}$$

$$= C_f^{-1}\sum_{\tilde{q}} p_{\tilde{q}} f_{q\tilde{q}}\left(\tilde{\theta}, \tilde{\varphi}\right) f^*_{q'\tilde{q}}\left(\tilde{\theta}, \tilde{\varphi}\right)\tag{19.78}$$

schreiben, wobei C_f den Flussfaktor nach (19.66) bedeutet, und die Winkel $\tilde{\theta}, \tilde{\varphi}$ andeuten, dass wir die Streuamplituden jetzt in einen Koordinatensystem zu beschreiben haben, welches durch $-\boldsymbol{k}_a$ und $-\boldsymbol{k}_b$ festgelegt wird. Die Ausdrücke (19.77) und (19.78) sind den korrespondierenden Gleichungen (19.62) und (19.63) des vorigen Beispiels völlig äquivalent. Somit erhält man aus einem Streuexperiment mit zustandsselektierten Teilchen für einen Übergang $q \rightarrow \tilde{q}$ ohne Analyse der Endzustände identische Informationen wie aus einem Experiment ohne anfängliche Zustandspräparation aber mit Analyse der Endzustände, wenn man den inversen Prozess $\tilde{q} \rightarrow q$ untersucht. Alle messbaren Größen sind in der jeweiligen Dichtematrix des Stoßprozesses $\hat{\rho}^{(\text{WW})}$ enthalten.

Schematisch sind die beiden zeitinversen Experimente nach (a) und (b) in Abb. 19.4 illustriert. Ein Beispiel für solche Experimente hatten wir in Kap. 17.5.5 bereits behandelt. In Band 3 werden wir das weiter vertiefen. Es sei hier aber nochmals ausdrücklich darauf hingewiesen, dass der vorgestellte Formalismus keineswegs auf Stoßprozesse beschränkt ist. Es handelt sich vielmehr um einen allgemeinen Zugang zur Theorie der Messung mit Zustandsanalyse. In ganz ähnlicher Weise kann man z.B. optische Anregungsprozesse beschreiben, bei welchen nach der Anregung eine Zustandsanalyse vorgenommen wird – etwa durch eine Analyse der Polarisation der Fluoreszenz. Ganz analoge Überlegungen hat man anzustellen, wenn man etwa Anrege-Abtastexperimente zum Studium der zeitlichen Abläufe in Molekülen, Clustern oder Flüssigkeiten beschreiben will. Eine umfassende Darstellung dieses Themenfelds findet man in dem Standardwerk von Mukamel (1999).

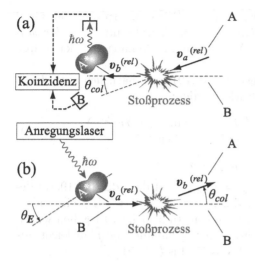

19.5 Spezielle Beispiele für die Dichtematrix

19.5.1 Polarisationsmatrix für quasimonochromatisches Licht

Partiell polarisiertes Licht und seine Charakterisierung durch die Stokes-Parameter $\mathcal{P}_1$, $\mathcal{P}_2$ und $\mathcal{P}_3$ haben wir in Kap. 13.3.4 bereits heuristisch im Vorgriff auf dieses Kapitel eingeführt. Die nachfolgende, etwas strengere Ableitung der wichtigsten Zusammenhänge nutzen wir als Beispiel, um uns weiter an die Dichtematrix zu gewöhnen.

Der kohärente, voll polarisierte Fall

Zur Beschreibung von polarisiertem Licht, oder allgemeiner von elektromagnetischen Wellen, haben wir mit (13.86) einen recht flexiblen Einheitsvektor e_{el} für elliptische Polarisation definiert. In Kap. 14 haben wir uns mit einer quantitativen Beschreibung von quasimonochromatischem Licht befasst, Zustandsvektoren $|\mathcal{N}\rangle$ für Photonen eingeführt und mit den Glauber-Zuständen (14.83) auch eine quantenmechanische Darstellung für voll kohärentes Licht kennengelernt. Wir benutzen diese Begriffe im Folgenden, unterdrücken aber der Bequemlichkeit halber die Photonenzahl $\mathcal{N}$ und nehmen eine intensive, quasimonochromatische Lichtquelle (etwa einen Laser) mit einem hohen Grad an zeitlicher und räumlicher Kohärenz an. Einen reinen Zustand elliptisch polarisierten Lichts schreiben wir dann als

$$|e_{el}\rangle = a_+ \, |+\rangle + a_- \, |-\rangle \quad \text{mit} \tag{19.79}$$
$$a_+ = e^{-\mathrm{i}\delta} \cos\beta \quad \text{und} \quad a_- = -e^{\mathrm{i}\delta} \sin\beta \,,$$

wobei wir wieder sphärische Standard-Basisvektoren e_{+1} und e_{-1} benutzen, die entsprechenden Zustandsvektoren für links- und rechts-zirkular polarisiertes Licht mit $|+\rangle$ bzw. $|-\rangle$ abkürzen und annehmen, dass sich das Licht in

$+z$-Richtung ausbreitet (Helizitätsdarstellung). Wir erinnern uns: den Grad der Elliptizität beschreibt der *Elliptizitätswinkel* β, während der *Polarisationswinkel* δ das Alignment (deutsch Ausrichtung, s. Anhang I.2) der Ellipse in Bezug auf e_x angibt.

Ein solcher reiner Polarisationszustand (19.79) kann natürlich auch durch eine Dichtematrix $\rho_{ik} = a_i a_k^*$ ausgedrückt werden:

$$\hat{\rho}_{\mathrm{pol}} = \begin{pmatrix} \rho_{++} & \rho_{+-} \\ \rho_{-+} & \rho_{--} \end{pmatrix} = \begin{pmatrix} \cos^2\beta & -\sin\beta\,\cos\beta\,e^{-2i\delta} \\ \mathrm{kompl.\ konj.} & \sin^2\beta \end{pmatrix} \tag{19.80}$$

$$\mathrm{mit} \quad \mathrm{Tr}\,\hat{\rho}_{\mathrm{pol}} = \rho_{++} + \rho_{--} = 1$$

Man verifiziert leicht, dass $\mathrm{Tr}\,\hat{\rho}_{\mathrm{pol}}^2 = 1$ gilt, und dass der in (19.47) definierte Polarisationsgrad für diese 2×2 Matrix $\mathcal{P} = 1$ wird – wir sind ja von einem reinen Zustand (19.79) ausgegangen. In Tabelle 19.1 geben wir eine Übersicht über die praktisch wichtigsten Spezialfälle, die man leicht aus (19.79) und (19.80) ableitet – vgl. auch (13.77) bis (13.80).

Tabelle 19.1. Reine Polarisationszustände von Licht und die entsprechenden Dichtematrizen in der Helizitätsbasis. Wir können diese Ausdrücke auch als $\hat{\rho}^{(\mathrm{anal})}$ zur Beschreibung entsprechender Polarisationsfilter ansehen

Polarisation	β	Basiszustand $|e_{el}\rangle$	Dichtematrix $\hat{\rho}_{el}$
links zirkular (LHC)	$\frac{\pi}{2}$	$|+\rangle$	$\begin{pmatrix} 1 & 0 \\ 0 & 0 \end{pmatrix}$
rechts zirkular (RHC)	0	$|-\rangle$	$\begin{pmatrix} 0 & 0 \\ 0 & 1 \end{pmatrix}$
linear unter δ	$\frac{\pi}{4}$	$\frac{-1}{\sqrt{2}}\left[e^{-i\delta}|+\rangle - e^{i\delta}|-\rangle\right]$	$\frac{1}{2}\begin{pmatrix} 1 & -e^{-2i\delta} \\ cc & 1 \end{pmatrix}$
$\delta = 0°$	$\frac{\pi}{4}$	$\frac{1}{\sqrt{2}}[|+\rangle - |-\rangle]$	$\frac{1}{2}\begin{pmatrix} 1 & -1 \\ -1 & 1 \end{pmatrix}$
$\delta = 90°$	$\frac{\pi}{4}$	$\frac{i}{\sqrt{2}}[|+\rangle + |-\rangle]$	$\frac{1}{2}\begin{pmatrix} 1 & 1 \\ 1 & 1 \end{pmatrix}$
$\delta = 45°$	$\frac{\pi}{4}$	$\frac{1}{2}[(i-1)|+\rangle + (i+1)|-\rangle]$	$\frac{1}{2}\begin{pmatrix} 1 & i \\ -i & 1 \end{pmatrix}$
$\delta = 135°$	$\frac{\pi}{4}$	$\frac{1}{2}[(i+1)|+\rangle + (i-1)|-\rangle]$	$\frac{1}{2}\begin{pmatrix} 1 & -i \\ i & 1 \end{pmatrix}$

Jedes der *Paare* $\{|+\rangle, |-\rangle\}$, $\{|e_{0°}\rangle, |e_{90°}\rangle\}$ und $\{|e_{45°}\rangle, |e_{135°}\rangle\}$ *von Polarisationsvektoren* bildet einen vollständigen, orthonormalen Basissatz für Photonen, und jedes dieser Paare könnte im Prinzip zur Konstruktion der Polarisationsmatrix benutzt werden. In der Tat wird in der optischen Standardliteratur meist die Basis $\{0°, 90°\}$ benutzt. In Übereinstimmung mit Blum

(1996) empfehlen wir aber die Helizitätsbasis als besonders bequem und werden sie praktisch ausschließlich benutzen. Ein wesentlicher Grund dafür ist, dass diese 2×2 Matrix, welche den Photonenzustand beschreibt, eine Untermatrix der 3×3 Matrix darstellt, die zur Beschreibung der Drehimpulszustände $|J = 1, M\rangle$ anzuwenden ist. Dabei repräsentiert J den Photonenspin, M seine Projektion auf das Detektorkoordinatensystem. Wie schon in Kap. 4, Band 1 besprochen, hat aber der $M = 0$ Photonenzustand in der Helizitätsbasis grundsätzlich eine verschwindende Amplitude.

Wir bemerken nun, dass die Differenzen dieser drei Zustandspaare sich nach Tabelle 19.1 in Matrixform

$$\hat{\rho}_{LHC} - \hat{\rho}_{RHC} = \begin{pmatrix} 1 & 0 \\ 0 & -1 \end{pmatrix} \quad \text{mit} \quad \text{Tr}\,(\hat{\rho}_{LHC} - \hat{\rho}_{RHC}) = 0 \qquad (19.81)$$

$$\hat{\rho}_{0°} - \hat{\rho}_{90°} = \begin{pmatrix} 0 & -1 \\ -1 & 0 \end{pmatrix} \quad \text{mit} \quad \text{Tr}\,(\hat{\rho}_{0°} - \hat{\rho}_{90°}) = 0 \qquad (19.82)$$

$$\hat{\rho}_{45°} - \hat{\rho}_{135°} = \begin{pmatrix} 0 & i \\ -i & 0 \end{pmatrix} \quad \text{mit} \quad \text{Tr}\,(\hat{\rho}_{45°} - \hat{\rho}_{135°}) = 0 \qquad (19.83)$$

schreiben lassen. Diese Differenzmatrizen sind offensichtlich identisch mit den Pauli'schen Spinmatrizen nach (2.91) in Band 1, paarweise orthogonal

$$\text{Tr}[(\hat{\rho}_{LHC} - \hat{\rho}_{RHC})\,(\hat{\rho}_{0°} - \hat{\rho}_{90°})] = 0 \qquad (19.84)$$

$$\text{Tr}[(\hat{\rho}_{0°} - \hat{\rho}_{90°})\,(\hat{\rho}_{45°} - \hat{\rho}_{135°})] = 0 \qquad (19.85)$$

$$\text{Tr}[(\hat{\rho}_{45°} - \hat{\rho}_{135°})\,(\hat{\rho}_{LHC} - \hat{\rho}_{RHC})] = 0\,, \qquad (19.86)$$

und es gilt

$$\hat{\rho}_{LHC} + \hat{\rho}_{RHC} = \hat{\rho}_{0°} + \hat{\rho}_{90°} = \hat{\rho}_{45°} + \hat{\rho}_{135°} = \hat{E} \quad \text{sowie} \qquad (19.87)$$

$$\text{Tr}\,(\hat{\rho}_{LHC} + \hat{\rho}_{RHC}) = \text{Tr}\,(\hat{\rho}_{0°} + \hat{\rho}_{90°}) = \text{Tr}(\hat{\rho}_{45°} + \hat{\rho}_{135°}) = 2 \qquad (19.88)$$

$$\text{Tr}\,(\hat{\rho}_{LHC} - \hat{\rho}_{RHC})^2 = \text{Tr}\,(\hat{\rho}_{0°} - \hat{\rho}_{90°})^2 = \text{Tr}(\hat{\rho}_{45°} - \hat{\rho}_{135°})^2 = 2\,. \qquad (19.89)$$

Wie wir gleich sehen werden, kann man mit Hilfe dieser Orthogonalitätsrelationen bequem die Transmission von polarisiertem Licht beim Durchgang durch einen Polarisationsfilter auswerten.

Unvollständig polarisiertes Licht und Stokes-Parameter

Bevor wir experimentell messbare Intensitäten bei der Polarisationsanalyse mit Hilfe des hier entwickelten Formalismus beschreiben, wollen wir die Diskussion noch auf Photonenzustände ausdehnen, die nicht vollständig polarisiert sind. In der physikalischen Realität haben wir es in aller Regel mit *quasimonochromatischen Lichtstrahlen* zu tun, die *eine inkohärente Mischung solcher reinen Zustände* sind. Den physikalischen Hintergrund dieser partiellen Kohärenz haben wir in Kap. 14.1.2 ausführlich besprochen: es geht um Lichtzüge, deren Phase im Mittel nur über eine bestimmte, endliche Kohärenzzeit τ_0 konstant ist. Auch die Phasendifferenzen zwischen zwei Lichtwellenzügen mit senkrecht zueinander stehenden Polarisationsvektoren können nur für Zeiten der Größenordnung τ_0 korreliert sein. Nun ersetzten wir die zeitliche Mittelung durch Ensemblemittelwerte (Ergodizität) wie in Kap. 13.4.4 diskutiert. Dann müssen wir den Polarisationszustand eines quasi-monochromatischen Photonenzustands nach (19.79) als gemischten Zustand für ein Ensemble $\{\alpha\}$ von reinen Photonenzuständen $|e_p(\alpha)\rangle$ mit den Amplituden $a_+^{(\alpha)}$ und $a_-^{(\alpha)}$ auffassen, die im Strahl jeweils mit der Wahrscheinlichkeit p_α vorkommen. Mit den Definitionen (19.16) und (19.80) erhalten wir:

$$\hat{\rho}_{\mathrm{pol}} = \begin{pmatrix} \sum_\alpha p_\alpha \sin^2\beta_\alpha & -\sum_\alpha p_\alpha \sin\beta_\alpha \cos\beta_\alpha e^{-2\mathrm{i}\delta_\alpha} \\ -\sum_\alpha p_\alpha \sin\beta_\alpha \cos\beta_\alpha e^{+2\mathrm{i}\delta_\alpha} & \sum_\alpha p_\alpha \cos^2\beta_\alpha \end{pmatrix} \quad (19.90)$$

Natürlich sind für jeden einzelnen der Wellenzüge $|e_p(\alpha)\rangle$, aus denen dieses gemischte Ensemble besteht, die Basisvektoren korreliert mit einer festen Phasendifferenz $2\delta_\alpha$ und dem Elliptizitätswinkel β_α: sie repräsentieren einen Zustand mit reiner elliptischer Polarisation auf einer Zeitskala τ_0. Über das ganze Ensemble gemittelt kann dies trotzdem zu einem unpolarisierten Zustand führen: nämlich dann, wenn die Phasen δ_α vollkommen statistisch verteilt und die Nebendiagonalelemente ρ_{+-} sich wegmitteln (d.h. der Kohärenzterm verschwindet).

Im allgemeinsten Fall ist das durch (19.90) beschriebene Licht weder voll polarisiert noch völlig unpolarisiert. Die Matrix, d.h. der Polarisationszustand des Lichts, kann durch drei reele Parameter beschrieben werden, da $\rho_{++} = 1 - \rho_{--}$ reelle und $\rho_{+-} = \rho_{-+}^*$ komplexe Größen sind. Die Orthogonalitätsrelationen (19.84) bis (19.86) legen es nahe, diese drei Parameter den drei paarweise orthogonalen Differenzen der Polarisationsmatrizen zuzuordnen und einen unpolarisierten Untergrund (Einheitsmatrix) hinzuzufügen

$$\hat{\rho}_{\mathrm{pol}} = \frac{1}{2}\left[\hat{E} + \mathcal{P}_1\left(\hat{\rho}_{0°} - \hat{\rho}_{90°}\right) + \mathcal{P}_2\left(\hat{\rho}_{45°} - \hat{\rho}_{135°}\right) + \mathcal{P}_3\left(\hat{\rho}_{RHC} - \hat{\rho}_{LHC}\right)\right]$$
$$(19.91)$$

und damit die allgemeine Polarisationsmatrix (19.90) zu parametrisieren:

$$\hat{\rho}_{\mathrm{pol}} = \begin{pmatrix} \rho_{++} & \rho_{+-} \\ \rho_{-+} & \rho_{--} \end{pmatrix} = \frac{1}{2}\begin{pmatrix} 1 - \mathcal{P}_3 & -\mathcal{P}_1 + \mathrm{i}\mathcal{P}_2 \\ -\mathcal{P}_1 - \mathrm{i}\mathcal{P}_2 & 1 + \mathcal{P}_3 \end{pmatrix}. \quad (19.92)$$

Die Größen $\mathcal{P}_1$, $\mathcal{P}_2$ und $\mathcal{P}_3$ sind hier zunächst noch freie Parameter, deren experimentelle Bedeutung wir nachfolgend ableiten und als die bereits in Kap. 13.3.4 eingeführten *Stokes-Parametern* identifizieren werden.

Experimentelle Bestimmung der Stokes-Parameter

Um dies zu verifizieren, benutzen wir nun die Theorie der Messung, wie wir sie in Kap. 19.4 entwickelt haben. Wir erinnern uns: die Dichtematrix kann auch zur Beschreibung eines Zustandsselektors benutzt werden. In dieser Sichtweise repräsentieren die in Tabelle 19.1 zusammengestellten Dichtematrizen also Polarisationsfilter, welche die entsprechenden reinen Zustände präparieren bzw. analysieren. Wir analysieren also einen Lichtstrahl, der durch die Polarisationsmatrix (19.92) charakterisiert wird, indem wir ihn durch verschiedene Polarisationsfilter schicken, die durch $\hat{\rho}^{(\text{anal})}$ nach Tabelle 19.1 beschrieben werden. Mit (19.54) wird das hinter dem Analysator gemessene Signal

$$I(\text{pol}) = I_0 \, \text{Tr}(\hat{\rho}_{\text{pol}} \, \hat{\rho}^{(\text{anal})}) \tag{19.93}$$

mit der Gesamtintensität I_0 im Strahl. Wir setzen also (19.92) und die Matrizen aus Tabelle 19.1 ein und benutzen die Orthogonalitätsrelation (19.84) bis (19.89). So erhalten wir mit (19.87)

$$I(0°) + I(90°) = I(45°) + I(135°) = I(RHC) + I(LHC) \tag{19.94}$$

$$\equiv I_0 \, \text{Tr}(\hat{\rho}_{\text{pol}} \, \hat{E}) = I_0 \, .$$

Und unter Verwendung von (19.91) erhalten wir

$$\frac{I(0°) - I(90°)}{I(0°) + I(90°)} = \text{Tr}(\hat{\rho}_{\text{pol}} \, \hat{\rho}_{0°}) - \text{Tr}(\hat{\rho}_{\text{pol}} \, \hat{\rho}_{90°}) = \text{Tr}[\hat{\rho}_{\text{pol}} (\hat{\rho}_{0°} - \hat{\rho}_{90°})]$$

$$= \frac{1}{2} \mathcal{P}_1 \, \text{Tr}(\hat{\rho}_{0°} - \hat{\rho}_{90°})^2 = \mathcal{P}_1 \, . \tag{19.95}$$

Analog dazu ergibt sich

$$\frac{I(45°) - I(135°)}{I(45°) + I(135°)} = \mathcal{P}_2 \quad \text{und} \quad \frac{I(RHC) - I(LHC)}{I(RHC) + I(LHC)} = \mathcal{P}_3 \, . \tag{19.96}$$

Somit haben wir die in (19.91) bzw. (19.92) benutzten Parameter auf im Experiment direkt messbare Größen zurückgeführt, die in der Tat identisch sind mit den in Kap. 13.3.4 definierten *Stokes-Parametern*. Man kann diese auch als *Stokes-Vektor* $\mathcal{P} = (\mathcal{P}_1, \mathcal{P}_2, \mathcal{P}_3)$ des Lichts zusammenfassen.

Polarisationsmessung im allgemeinen Fall, Polarisationsgrad

Schließlich können wir nun problemlos den Fall berücksichtigen, dass auch die Analysatoren, mit welchen die Polarisation des Lichtstrahls vermessen wird, nicht perfekt sind. Einen solchen Analysator wird man also ebenfalls durch einen Satz von Stokes-Parametern $\mathcal{P}_1^{(\text{anal})}$, $\mathcal{P}_2^{(\text{anal})}$, $\mathcal{P}_3^{(\text{anal})}$ bzw. einen Stokes-Vektor $\mathcal{P}^{(\text{anal})}$ beschreiben, die entsprechend (19.92) in einer Analysatormatrix $\hat{\rho}^{(\text{anal})}$ zusammengefasst werden. Setzen wir diese in (19.93) ein, so erhält man nach kurzer Rechnung für die Intensität hinter dem Analysator

$$I(\text{pol}) = \frac{I_0}{2} \left(1 + \mathcal{P}_1 \mathcal{P}_1^{(\text{anal})} + \mathcal{P}_2 \mathcal{P}_2^{(\text{anal})} + \mathcal{P}_3 \mathcal{P}_3^{(\text{anal})}\right) \tag{19.97}$$

$$= \frac{I_0}{2} \left(1 + \mathcal{P} \cdot \mathcal{P}^{(\text{anal})}\right) , \tag{19.98}$$

wie schon in (13.105) und (13.106) festgehalten. Die speziellen Relationen (19.95) und (19.96) kann man auch daraus erhalten, indem man je einen der Stokes-Parameter des Analysators $= \pm 1$, die anderen beiden $= 0$ setzt.

Zur Referenz kommunizieren wir hier noch den leicht abzuleitenden Ausdruck für die Polarisationsmatrix in der $\{|e_x\rangle, |e_y\rangle\}$ Basis

$$\hat{\rho}_{\text{pol}}(x, y) = \begin{pmatrix} \rho_{xx} & \rho_{xy} \\ \rho_{yx}^* & \rho_{yy} \end{pmatrix} = \frac{1}{2} \begin{pmatrix} 1 + \mathcal{P}_1 & \mathcal{P}_2 + i\mathcal{P}_3 \\ \mathcal{P}_2 - i\mathcal{P}_3 & 1 - \mathcal{P}_1 \end{pmatrix}, \qquad (19.99)$$

den man in der Literatur häufig findet. Die Kohärenzeigenschaften der Polarisationsmatrizen entsprechen den in Abschn. 19.3.2 für 2×2 Matrizen abgeleiteten Größen. Für volle Kohärenz ($\mathcal{P} = 1$) gilt

$$\rho_{++}\rho_{--} = |\rho_{+-}|^2 \quad \text{bzw.} \quad \rho_{xx}\rho_{yy} = |\rho_{xy}|^2, \qquad (19.100)$$

für vollständig inkohärentes, unpolarisiertes Licht ($\mathcal{P} = 0$) dagegen

$$\rho_{+-} = \rho_{xy} \equiv 0 \quad \text{und} \quad \rho_{++} = \rho_{--} = \rho_{xx} = \rho_{yy} \equiv \frac{1}{2}. \qquad (19.101)$$

Das legt offenbar die Definition eines sogenannten *Kohärenzgrades* nahe:

$$|\mu| = |\rho_{xy}|/\sqrt{\rho_{xx}\rho_{yy}} \qquad (19.102)$$

Diese in der Literatur *häufig zu findende Größe ist freilich recht unglücklich definiert*, da sie von der Wahl der Basis und vom Koordinatensystem abhängt: dies sieht man z.B. direkt an (19.99), wo $\mathcal{P}_2$ natürlich von der Wahl der x-Achse abhängt, während $\mathcal{P}_3$ davon unabhängig ist. Wesentlich robuster ist der *Polarisationsgrad* nach der Definition (19.44). Setzt man $\hat{\rho}_{\text{pol}}$ nach (19.92) oder alternativ nach (19.99) ein, so ergibt sich dieser aus den Stokes-Parametern völlig *unabhängig vom Koordinatensystem*

$$|\mathcal{P}| = +\sqrt{\mathcal{P}_1^2 + \mathcal{P}_2^2 + \mathcal{P}_3^2} \qquad (19.103)$$

mit $1 \geq |\mathcal{P}| \geq 0$, wobei die Grenzwerte wieder für vollständig polarisiert bzw. unpolarisiert stehen. Zusammenfassend stellen wir fest: die drei Stokes-Parameter sind experimentell leicht zu bestimmen und enthalten die vollständige Information über den Polarisationszustand eines Lichtstrahls.

Zur Vermessung der Polarisation eines Lichtstrahls (charakterisiert nach (19.92) in der Helizitätsbasis) mit Hilfe eines (möglichst) idealen linearen Polarisators geht man von (19.93) aus. Die Analysatormatrix $\hat{\rho}_\delta$ entnimmt man Tabelle 19.1, Reihe 3 und erhält damit das transmittierte Signal als Funktion des Alignmentwinkels δ des Analysators:

$$I(\delta) = I_0 \operatorname{Tr}(\hat{\rho}_{\text{pol}} \hat{\rho}_\delta)$$

Es sei dem Leser zur Übung überlassen, die bereits in (13.107) bis (13.109) kommunizierten Formeln daraus abzuleiten.

19.5.2 Dichtematrix für ein Atom in einem isolierten ^{1}P-Zustand

Allgemeine Diskussion

Um uns noch etwas besser mit dem Konzept und dem Gebrauch von Dichtematrizen vertraut zu machen, wollen wir jetzt ein Atom in einem p-Zustand mit seinen drei Unterzuständen $|m = \pm 1\rangle$, $|m = 0\rangle$ beschreiben – ein wichtiges atomares Modellsystem. Der Einfachheit halber ignorieren wir hier den Elektronenspin oder gar den Kernspin und beschreiben lediglich die elektronischen Orbitale, betrachten also einen ^{1}P np-Zustand. Wir nehmen weiterhin an, dass das betrachtete p-Niveau energetisch klar von anderen Zuständen des Systems isoliert ist. Die allgemeine 3×3 Dichtematrix eines solchen Atoms

$$\hat{\rho} = \begin{pmatrix} \rho_{11} & \rho_{10} & \rho_{1-1} \\ & \rho_{00} & \rho_{0-1} \\ \text{kompl. konj.} & & \rho_{-1-1} \end{pmatrix} \tag{19.104}$$

mit $\operatorname{Tr} \hat{\rho} = 1 = \rho_{11} + \rho_{00} + \rho_{-1-1}$ definiert im Prinzip 8 unabhängige, reele Parameter (zwei reelle Diagonalterme, drei komplexe Nebendiagonalterme).

Bevor wir besprechen, wie man ein solches Atom in einem optischen Anregungsprozess oder durch Stoßanregung erzeugen kann, sehen wir uns die allgemeinen Eigenschaften eines so beschriebenen p-Atoms an und suchen nach sinnvollen Symmetrierestriktionen, die in den meisten Anwendungsfällen auftreten und die Zahl der unabhängigen Parameter reduzieren. Betrachten wir zunächst ein p-Atom in einem reinen Zustand:

$$|p\rangle = a_1 |m = 1\rangle + a_0 |m = 0\rangle + a_{-1} |m = -1\rangle \tag{19.105}$$

Die Wellenfunktion dieses reinen Zustands hat einen Winkelanteil (Raumwinkel Ω)

$$\langle \Omega | p \rangle = a_1 Y_{11}(\theta, \varphi) + a_0 Y_{10}(\theta, \varphi) + a_{-1} Y_{1-1}(\theta, \varphi) . \tag{19.106}$$

Die Wahrscheinlichkeitsverteilung einer so charakterisierten Ladungswolke bezüglich Ω erkennt man am einfachsten, indem man die Kugelflächenfunktionen tatsächlich einsetzt:

$$|\langle \Omega | p \rangle|^2 = \frac{3}{4\pi} \{ a_0 a_0^* \cos^2 \theta + \frac{1}{2} \left(a_1 a_1^* + a_{-1} a_{-1}^* - 2 \operatorname{Re}[a_1 a_{-1}^* e^{2i\varphi}] \right) \sin^2 \theta \}$$
$$+ \text{Terme proportional zu } a_0 a_{\pm 1}^* \cos \theta \sin \theta . \tag{19.107}$$

Im allgemeinen Fall eines gemischten Zustands addieren sich mehrere, verschiedene Beiträge ähnlichen Typs zur Ladungswolke: die Amplitudenprodukte $a_m a_{m'}^*$ in (19.107) sind durch die Dichtematrixelemente $\rho_{mm'} = <a_m a_{m'}^*>$ zu ersetzten. Um die Sache noch etwas zu vereinfachen, beschränken wir uns auf eine (experimentell häufig anzutreffende) Situation, bei welcher es wenigstens eine Symmetrieebene gibt, bezüglich derer die Ladungsdichte (19.107) spiegelsymmetrisch ist. Für eine bequeme Schreibweise wählt man am besten die xy-Ebene als Spiegelebene. Wir bezeichnen das so gewählte Referenzsystem als *natürliches Koordinatensystem* $(x^{(\mathrm{nat})}, y^{(\mathrm{nat})}, z^{(\mathrm{nat})})$. Die letzten Terme in (19.107) enthalten Produkte vom Typ $\sin\theta\cos\theta$, die in der oberen und unterem Hemisphäre ($z > 0$ bzw. $z < 0$) verschiedene Vorzeichen haben, also nicht spiegelsymmetrisch in Bezug auf die xy-Ebene sind. Wir lassen sie daher in (19.107) ganz entfallen, sodass die entsprechenden Nebendiagonalelemente verschwinden: $\rho_{0\pm1} = \rho_{\pm10} \equiv 0$. Die allgemeinste Verteilung der Elektronenwolke (Wahrscheinlichkeit pro Raumwinkel) für einen p-Zustand mit xy-Reflexionssymmetrie wird in natürlichen Koordinaten also

$$I(\theta,\varphi) = |\langle\mathbf{\Omega}|p\rangle|^2 = \frac{3}{4\pi}\left\{\rho_{00}\cos^2\theta + \frac{1}{2}[\rho_{11} + \rho_{-1-1}]\right.$$
$$\left. +2|\rho_{1-1}|\cos 2(\varphi - \gamma)]\sin^2\theta\right\}, \tag{19.108}$$

wobei wir für das Nichtdiagonalelement der Dichtematrix die Definition

$$\rho_{1-1} = |\rho_{1-1}|e^{i\,\arg(\rho_{1-1})} = -|\rho_{1-1}|e^{-2i\gamma} \tag{19.109}$$

benutzt haben. Die entsprechende Dichtematrix in natürlichen Koordinaten schreibt sich dann sehr einfach:

$$\hat{\rho}^{(\mathrm{nat})} = \begin{pmatrix} \rho_{11} & 0 & -|\rho_{1-1}|\,e^{-2i\gamma} \\ & \rho_{00} & 0 \\ c.c. & & \rho_{-1-1} \end{pmatrix} \tag{19.110}$$

In der üblichen Normierung

$$\rho_{11} + \rho_{-1-1} = 1 - \rho_{00} \tag{19.111}$$

verbleiben also lediglich *vier reelle Parameter, die eine zur xy-Ebene reflexionssymmetrische p-Ladungswolke vollständig beschreiben.*

Die soeben durchgeführte Reduktion von acht auf vier Parameter wurde durch die Beschränkung auf eine Ladungswolke mit definierter Symmetrieebene ermöglicht, wie man sie bei vielen Experimenten antrifft. Die spezielle Wahl der xy-Ebene als Spiegelebene für die Symmetrie führt zu der Struktur (19.110) der Dichtematrix. Offensichtlich setzt sich $\hat{\rho}^{(\mathrm{nat})}$ aus zwei Submatrizen $\hat{\rho}^+$ und $\hat{\rho}^-$ zusammen, welche die $m = +1$ und -1 bzw. $m = 0$ Zustände beschreiben. Wie in Anhang E.2, Band 1 besprochen (s. insbes. die obere Hälfte von Abb. E.1 auf S. 469), haben die Wellenfunktionen der $m = \pm1$ ($m = 0$) Zustände positive (negative) Reflexionssymmetrie. Daher erlaubt es uns die Dichtematrix $\hat{\rho}^{(\mathrm{nat})}$ für einen gemischten p-Zustand, die Beiträge von Wellenfunktionen mit positiver bzw. negativer Reflexionssymmetrie bezüglich der xy-Ebene auf einfache Weise zu unterscheiden:

reflexionssymmetrisch positiv: $\hat{\rho}^+ = \begin{pmatrix} \rho_{11} & -|\rho_{1-1}|\exp(-2i\gamma) \\ k.k. & \rho_{-1-1} \end{pmatrix}$

reflexionssymmetrisch negativ: $\hat{\rho}^- = \rho_{00}\,\hat{E}$ $\tag{19.112}$

Diese Struktur der Dichtematrix zeigt, dass wir es *nur dann mit einem voll kohärenten Zustand zu tun haben*, wenn eine der beiden Teilmatrizen verschwindet: nur dann kann (19.112) in eine Diagonalform mit nur einem Diagonalmatrixelement entsprechend (19.34) gebracht werden. Falls $\rho_{00} = 0$ sein sollte, ermittelt man mit Hilfe von (19.39), ob es sich bei $\hat{\rho}^+$ um einen reinen oder einen gemischten Zustand handelt.

Im allgemeinen Fall erlaubt es die Struktur der Dichtematrix $\hat{\rho}^{(\text{nat})}$, den etwas abstrakten Dichtematrixelementen *eine physikalisch intuitive Interpretation* zu geben. Zunächst erinnern wir uns, dass die Diagonalmatrixelemente ρ_{11}, ρ_{00}, ρ_{-1-1} die Wahrscheinlichkeit angeben, die Unterzustände mit $m = 1, 0$ und -1 zu finden. Daraus ergibt sich sofort als wichtige Observable der Erwartungswert des Drehimpulses[6] in z-Richtung:

$$\left\langle \hat{L}_z \right\rangle = \text{Tr} \left(\hat{\rho} \hat{L}_z \right) = \rho_{11} - \rho_{-1-1} \qquad (19.113)$$

Aber auch dem Nebendiagonalelement (dem sogenannten *Kohärenzterm*) kommt in diesen Koordinaten eine anschauliche Bedeutung zu. Wir lesen diese direkt aus der Ladungsverteilung (19.108) ab. Zunächst stellen wir fest, dass diese für $|\rho_{1-1}| \equiv 0$ ein Rotationsellipsoid darstellt, wobei z die Symmetrieachse bildet. Für $\rho_{00} = 1/3$ degeneriert dies zu einer vollständig isotropen Dichteverteilung mit $\rho_{11} + \rho_{-1-1} = 2/3$. Man beachte jedoch, dass selbst

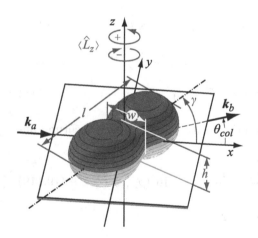

Abb. 19.5. Beispiel für eine p-Zustands Ladungswolke mit den Bestimmungsgrößen Länge $l \propto I_{\max}$, Weite $w \propto I_{\min}$, Höhe $h \propto I_z$ und Alignmentwinkel γ und $\left\langle \hat{L}_z \right\rangle$ Drehimpuls in z-Richtung

in diesem Falle wegen (19.113) der Drehimpuls noch endlich sein kann, d.h. auch die kugelförmige Ladungsverteilung kann noch eine inhärente Symmetrie besitzen. Im allgemeinen wird $|\rho_{1-1}|$ einen endlichen Wert annehmen, und die Ladungswolke besitzt dann drei Symmetrieachsen: die z-Achse sowie eine Achse maximaler bzw. minimaler Intensität in der xy-Ebene, die in Richtung

---

[6] Der einfachen Schreibweise halber benutzen wir hier wieder atomare Einheiten, messen also Drehimpulse in Einheiten von $\hbar$ und setzen $\hat{L}_z \left| m \right\rangle = m \left| m \right\rangle$.

von $\varphi = \gamma$ bzw. $\varphi = \gamma + \pi/2$ zeigen. Dieser Alignmentwinkel γ ergibt sich nach (19.108) und (19.109) direkt aus der Phase $\arg(\rho_{1-1})$ des Nebendiagonalelements zu

$$\gamma = -\frac{1}{2}\arg(\rho_{1-1}) \geq \pi/2 \qquad (19.114)$$

und ist aus Symmetriegründen nur modulo π definiert. Der Absolutwert von ρ_{1-1} charakterisiert dagegen eine Größe, die wir als *lineare Polarisation* der Ladungswolke bezeichnen wollen:

$$\mathcal{P}_{lin} = (I_{max} - I_{min})/(I_{max} + I_{min}) = 2\,|\rho_{1-1}| \qquad (19.115)$$

Dabei entsprechen $I_{max} = I(\pi/2, \gamma)$ und $I_{min} = I(\pi/2, \gamma + \pi/2)$ nach (19.108) den Maximal- bzw. Minimalwerten der Ladungsverteilung in der xy-Ebene. Die Ladungswolke wird also vollständig durch die vier Parameter $<\hat{L}_z>$, γ, $\mathcal{P}_{lin}$ und schließlich ihre Höhe h charakterisiert, also durch die Ladungsdichte in z-Richtung $I_z = I(0, \varphi)$, die mit ρ_{00} zusammenhängt:

$$\frac{I_z}{I_z + I_{min} + I_{max}} = \rho_{00} \propto h \qquad (19.116)$$

Abbildung 19.5 zeigt ein Beispiel einer solchen Ladungsverteilung und illustriert die hier eingeführten Parameter. Für die relative Länge l der Ladungswolke in der xz-Ebene finden wir

$$\frac{I_{max}}{I_z + I_{min} + I_{max}} = \frac{1 - \rho_{00}}{2} + |\rho_{1-1}| \propto l\,, \qquad (19.117)$$

und für ihre relative Weite w

$$\frac{I_{min}}{I_z + I_{min} + I_{max}} = \frac{1 - \rho_{00}}{2} - |\rho_{1-1}| \propto w\,. \qquad (19.118)$$

Bei gewissen Experimenten wird auch die relative Dicke λ in x-Richtung angegeben:

$$\lambda = \frac{I(\pi/2, \varphi = 0)}{I_z + I_{min} + I_{max}} = \frac{1 - \rho_{00}}{2} - \text{Re}(\rho_{1-1}) \qquad (19.119)$$
$$= \frac{1 - \rho_{00}}{2} + |\rho_{1-1}|\cos 2\delta\,.$$

Inkohärenz durch Stoßanregung

Wir wollen jetzt der Frage nachgehen, wie denn solch eine Ladungswolke präpariert werden kann. Besonders interessant ist es, zu klären, *wie es zur Inkohärenz kommen kann*. Dabei sei einmal angenommen, dass wir im Experiment mit wohl definierten, reinen (kohärenten) Zuständen beginnen. Recht klar kann man das am Beispiel eines Stoßprozesses zwischen einem Atom A und einem anderen Teilchen B herausarbeiten:

$$A(a) + B \rightarrow A(np) + B \qquad (19.120)$$

Nehmen wir an, die Anfangszustände von A und B seien vollständig bekannt und durch die Wellenfunktionen $\phi_a^{(A)}(r_A)$ bzw. $\phi_a^{(B)}(r_B)$ charakterisiert.

Beim *ersten Modellfall* gehen wir weiterhin davon aus, dass Teilchen B seinen Zustand während des Stoßprozesses nicht ändern kann, und dass das Atom A in einen Zustand $|n\ell\rangle$ mit den Unterzuständen $|n\ell m\rangle$ angeregt werde. Diese Endzustände des Atoms seien durch die Wellenfunktionen $\phi_{n\ell m}^{(A)}(r_A)$ beschrieben. Mit den Abkürzungen

$$\phi_a(r) = \phi_a^{(A)}(r_A)\,\phi_a^{(B)}(r_B) \text{ und } \phi_b(r) = \phi_{n\ell m}^{(A)}(r_A)\,\phi_a^{(B)}(r_B) \qquad (19.121)$$

lässt sich die asymptotische Gesamtwellenfunktion des Quantensystems als

$$\Psi(R, r) = \exp(\mathrm{i}k_a R)\,\phi_a(r) + \frac{1}{R}\sum_b f_{ba}(\theta, \varphi)\exp(\mathrm{i}k_b R)\,\phi_b(r) \qquad (19.122)$$

schreiben, wobei die Wellenvektoren k_a und k_b wieder die Relativbewegung vor bzw. nach dem Stoß und $f_{ba}(\theta, \varphi)$ die entsprechenden Streuamplituden bedeuten (s. Kap. 17.4.1). Die Wellenfunktion des Gesamtsystems vor der Wechselwirkung ($t \rightarrow -\infty, R \rightarrow \infty$) ist daher als Produktfunktion

$$\Psi(R, r) = \exp(\mathrm{i}k_a R)\,\phi_a^{(A)}(r_A)\,\phi_a^{(B)}(r_B) \qquad (19.123)$$

darstellbar.

In (19.122) ist die Summe noch über alle denkbaren Endzustände $\phi_b(r)$ des Gesamtsystems zu erstrecken. Nun sei das Streuexperiment aber so angelegt, dass nach dem Wechselwirkungsprozess ein bestimmter $n\ell$-Zustand des Atoms A, sagen wir ein np-Zustand mit seinen Unterzuständen $|npm\rangle$ durch einen geeigneten Zustandsselektor selektiert und nachgewiesen werde (das könnte z.B. durch eine Analyse der kinetischen Relativenergie nach dem Stoß oder durch spektrale Analyse der Fluoreszenz des gestreuten Atoms geschehen). Der so präparierte Zustand des Gesamtsystems lässt sich danach durch

$$\Psi_{anal}(R, r) = \frac{1}{R}\exp(\mathrm{i}k_{np}R)\,\phi_a^{(B)}(r_B)\sum_{m=-1}^{+1} f_{npm}\,\phi_{npm}^{(A)}(r_A) \qquad (19.124)$$

beschreiben – mit $f_{npm} = f_{ba}(\theta, \varphi)$. Die Summe beschreibt die Wellenfunktion des stoßangeregten Atoms und die gesamte Wellenfunktion $\Psi_{anal}(R, r)$ lässt sich offenbar immer noch als Produkt aus den Wellenfunktionen der Stoßpartner A und B und ihrem Relativimpuls beschreiben. In diesem Fall *bleibt also die Kohärenz des Quantensystems auch nach dem Stoß erhalten.* Das gilt auch, wenn wir nur danach fragen, in welchem Zustand sich Teilchen A ganz unabhängig von B nach dem Prozess befindet: A wird nach dem Stoß und der Analyse durch einen kohärenten Zustand beschrieben.

Im allgemeineren Fall werden sich aber auch die Quantenzahlen von Teilchen B ändern können. Sagen wir, B könne sich nach dem Stoß in den Zuständen $|j\rangle = |1\rangle$ oder $|2\rangle$ befinden, die durch die Wellenfunktionen $\phi_1^{(B)}(r_B)$ bzw. $\phi_2^{(B)}(r_B)$ beschrieben seien. Die gestreute und analysierte Wellenfunktion wird dann:

$$\Psi_{anal}(R, r) = \frac{1}{R}\exp(ik_{np}R)\times$$

$$\left[\phi_1^{(B)}(r_B)\sum_{m=-1}^{+1} f_{npm}^{(1)}\phi_{npm}^{(A)}(r_A) + \right. \tag{19.125}$$

$$\left.\phi_2^{(B)}(r_B)\sum_{m=-1}^{+1} f_{npm}^{(2)}\phi_{npm}^{(A)}(r_A)\right]$$

Ganz offensichtlich befindet sich auch in diesem Falle das Quantensystem, welches aus den Teilchen A und B besteht, nach dem Stoß und der Analyse insgesamt noch in einem kohärenten Zustand, der durch die Zweiteilchenwellenfunktion in rechteckigen Klammern beschrieben wird. Fragen wir nun aber lediglich danach, wie wir das Atom A als isoliertes Teilchen nach dem Wechselwirkungsprozess beschreiben können, dann ist es offenbar nicht mehr möglich, die Wellenfunktion von Teilchen B heraus zu multiplizieren, wie das im vorigen Falle nach (19.124) möglich war. *Wir können also zur Beschreibung von A nicht mehr eine wohl definierte Wellenfunktion angeben!*

Statt dessen ist der Zustand von A nach dem Stoß durch eine Dichtematrix zu beschreiben. Mit den Streuamplituden $f_m^{(j)}$ für die Anregung des Zustands $|j\rangle$ im Teilchen B und dem Zustand $|npm\rangle$ in Atom A erhalten wir

$$\hat{\rho} = p^{(1)}\begin{pmatrix} f_1^{(1)}f_1^{(1)*} & 0 & f_1^{(1)}f_{-1}^{(1)*} \\ & f_0^{(1)}f_0^{(1)*} & \\ cc & & f_{-1}^{(1)}f_{-1}^{(1)*} \end{pmatrix} \tag{19.126}$$

$$+ p^{(2)}\begin{pmatrix} f_1^{(2)}f_1^{(2)*} & 0 & f_1^{(2)}f_{-1}^{(2)*} \\ & f_0^{(2)}f_0^{(2)*} & \\ cc & & f_{-1}^{(2)}f_{-1}^{(2)*} \end{pmatrix},$$

wobei wir die Beschreibung im natürlichen Koordinatensystem mit wohl definierter Reflexionssymmetrie wählen, wie wir dies gerade eben besprochen haben. Die Wahrscheinlichkeiten $p^{(j)}$ ergeben sich dabei aus

$$p^{(j)} = \frac{\int \left|\phi_j^{(B)}\right|^2 d^3r_B}{\int \left(\left|\phi_1^{(B)}\right|^2 + \left|\phi_2^{(B)}\right|^2\right) d^3r_B} \times \frac{\sum_m \left|f_m^{(j)}\right|^2}{\sum_m \left(\left|f_m^{(1)}\right|^2 + \left|f_m^{(2)}\right|^2\right)}$$

Als typisches Beispiel sei die Anregung eines Wasserstoffatoms (A) durch ein Elektron (B = e^-) vom Grundzustand in den ersten angeregten Zustand behandelt:

$$e^- + \mathrm{H}(1s) \longrightarrow e^- + \mathrm{H}(2p)$$

Der Gesamtspin des Systems $\hat{\boldsymbol{S}} = \hat{\boldsymbol{S}}_H + \hat{\boldsymbol{S}}_e$ bleibt während des Stoßes erhalten, da die Spin-Bahn-Wechselwirkung hier vernachlässigbar ist. Zwei Werte der Spinquantenzahl sind möglich, $S = 0$ oder 1, d.h. das Gesamtsystem befindet sich entweder in einem Singulettzustand (S) mit dem Gewicht $p^S = 1/4$ oder in einem Triplettzustand (T) mit dem Gewicht $p^T = 3/4$. Beide Spinzustände können ganz unterschiedliche Streuamplituden haben. Damit werden die Dichtematrixelemente des angeregten Wasserstoffatoms nach dem Streuprozess im $2p$-Zustand durch

$$\rho_{mm'}^{(2p)} = \frac{1}{C} \left(\frac{3}{4} f_m^T f_{m'}^{T*} + \frac{1}{4} f_m^S f_{m'}^{S*} \right) \tag{19.127}$$

beschrieben, wobei die Normierungskonstante gegeben ist durch

$$C = \sum_{m=-1}^{1} \left(\frac{3}{4} \left| f_m^T \right|^2 + \frac{1}{4} \left| f_m^S \right|^2 \right). \tag{19.128}$$

Man verifiziert leicht, dass dies in aller Regel nicht zu einem kohärenten Zustand führt. Trivialerweise handelt es sich um einen gemischten Zustand, wenn sowohl reflexionssymmetrische Wellenfunktionen ($m = \pm 1$) als auch antisymmetrische ($m = 0$) beitragen. Aber auch wenn nur erstere im angeregten Zustand angeregt werden, muss man nach (19.39) entscheiden, ob es sich um einen reinen oder gemischten Zustand handelt. Da zwischen den Triplett- und Singulettamplituden keine lineare Beziehung besteht, die eine entsprechende Vereinfachung von (19.127) zulassen würde, wird der Zustand in der Regel inkohärent sein.

Optische Anregung

Alternativ diskutieren wir die optische Anregung eines Atoms in einen np-Zustand. Dabei wollen wir uns hier der Einfachheit halber auf eine Situation beschränken, bei der optisches Pumpen (s. Anhang I) keine Rolle spielt, wir betrachten also einen $^1\mathrm{P}_1$-Zustand ohne Hyperfeinstruktur, angeregt in einem Einphotonenprozess aus einem $^1\mathrm{S}_0$-Zustand. Wie in Kap. 4, Band 1 besprochen, brauchen wir den Dichtematrixformalismus überhaupt nicht, solange wir das Atom mit voll polarisiertem Licht anregen: in diesem Fall lässt es sich vollständig durch die in (19.106) angegebene Wellenfunktion beschreiben. Zum Aufwärmen schreiben wir aber die Dichtematrix für diesen Fall dennoch einmal auf und greifen dabei auf Kap. 4.6 in Band 1 zurück.

Soweit möglich beschreiben wir die Polarisationszustände in einem Koordinatensystem, dessen $+z$-Achse parallel zur Ausbreitungsrichtung des Lichts sei (Wellenvektor $\boldsymbol{k} \| z$). Für links zirkular polarisiertes σ^+ oder *LHC*-Licht bzw. rechts zirkular polarisiertes σ^- oder *RHC*-Licht gelten die bekannten Auswahlregeln $\Delta m = +1$ bzw. -1. Damit wird also der $\left| ^1\mathrm{P}\, m = 1 \right\rangle$ bzw. der

$|{}^1\mathrm{P}\,m = -1\rangle$ Zustand angeregt, und die Anregungsamplituden sind $a_1 = 1$ und $a_{-1} = 0$ (bzw. $a_1 = 0$ und $a_{-1} = 1$). Benutzt man dagegen linear polarisiertes Licht, das sich ebenfalls in die Richtung $\boldsymbol{k}\|z$ ausbreitet, dessen elektrischer Feldvektor $\boldsymbol{E}(\boldsymbol{r}, t)$ also in der xy-Ebene unter dem Winkel γ in Bezug auf die x-Achse ausgerichtet ist (sogenanntes σ-Licht), dann erzeugt dies eine Linearkombination aus beiden Zuständen, wie in (4.121) beschrieben, mit $a_1 = + \left(1/\sqrt{2}\right) e^{-\mathrm{i}\gamma}$ und $a_{-1} = - \left(1/\sqrt{2}\right) e^{+\mathrm{i}\gamma}$. Die entsprechenden Dichtematrizen sind also für

$$\sigma^+\text{-}\textit{Licht mit } \boldsymbol{k}\|z \quad : \quad \hat{\rho}_{LHC} = \begin{pmatrix} 1 & 0 & 0 \\ 0 & 0 & 0 \\ 0 & 0 & 0 \end{pmatrix}, \tag{19.129}$$

$$\sigma^+\text{-}\textit{Licht mit } \boldsymbol{k}\|z \quad : \quad \hat{\rho}_{RHC} = \begin{pmatrix} 0 & 0 & 0 \\ 0 & 0 & 0 \\ 0 & 0 & 1 \end{pmatrix} \quad \text{und für} \tag{19.130}$$

$$\sigma\text{-}\textit{Licht mit } \boldsymbol{E} \perp z \quad : \quad \hat{\rho}_{lin} = \frac{1}{2} \begin{pmatrix} 1 & 0 & -e^{-2\mathrm{i}\delta} \\ & 0 & 0 \\ c.c. & & 1 \end{pmatrix} \tag{19.131}$$

Wir halten hier zwei interessante Aspekte fest:

1. Von allen insgesamt nach (19.110) bzw. (19.112) möglichen Zuständen werden nur die mit positiver Reflexionssymmetrie $\hat{\rho}^+$ angeregt: solange sich das Licht in z-Richtung ausbreitet, und der $\boldsymbol{E}$-Vektor also in der x-y Ebene liegt, ist $\rho_{00} = 0$.
2. Die Untermatrizen von $\hat{\rho}^+$ nach (19.129, 19.130 und 19.131) sind nach Tabelle 19.1 völlig identisch mit den Dichtematrizen des Lichts, welches sie anregt.

Die Verallgemeinerung bei Anregung durch *unvollständig polarisiertes Licht*, welches sich in $+z$-Richtung ausbreitet, liegt auf der Hand: wir müssen einfach die Matrizen (19.129) bis (19.131) mit den Wahrscheinlichkeiten für die entsprechende Polarisation wichten. Am bequemsten geschieht das, indem wir wieder wie in Abschn. 19.5.1 die Stokes-Parameter benutzen. Regen wir also *mit Licht an, welches sich in $\boldsymbol{k}\|z$ Richtung ausbreitet und dessen Stokes-Parameter $\mathcal{P}_1, \mathcal{P}_2, \mathcal{P}_3$ sind*, so wird die Dichtematrix des angeregten ${}^1\mathrm{P}_1$-Zustand in voller Analogie zu (19.92):

$$\hat{\rho} = \frac{1}{2} \begin{pmatrix} 1 - \mathcal{P}_3 & 0 & -\mathcal{P}_1 + \mathrm{i}\mathcal{P}_2 \\ 0 & 0 & 0 \\ -\mathcal{P}_1 - \mathrm{i}\mathcal{P}_2 & 0 & 1 + \mathcal{P}_3 \end{pmatrix} \tag{19.132}$$

Wenn wir dagegen den Zustand $|m = 0\rangle$ mit negativer Reflexionssymmetrie anregen wollen, müssen wir Lichtwellen benutzen, die sich nicht in z-Richtung ausbreiten. Am übersichtlichsten wird das bei Ausbreitung in der xy-Ebene mit einem elektrischen Feldvektor $\boldsymbol{E}$ parallel zur z-Achse. Die Dichtematrix wird für dieses sogenannte

$$\pi\text{-}Licht \; mit \; \boldsymbol{E}\|z: \quad \hat{\rho}_\pi = \begin{pmatrix} 0 & 0 & 0 \\ 0 & 1 & 0 \\ 0 & 0 & 0 \end{pmatrix}. \tag{19.133}$$

In der Praxis wird ein Lichtstrahl immer mindestens *etwas Divergenz* haben (es breiten sich also nicht alle seine Komponenten genau in z-Richtung aus) und wir haben über die verschiedenen Einstrahlungsrichtungen zu mitteln. Wählen wird dabei die Strahlachse parallel zur z-Achse, dann mitteln sich auch in dieser Situation alle nicht reflexionssymmetrischen Komponenten der Ladungsverteilung weg, und die Dichtematrix eines optisch angeregten $^1\mathrm{P}_1$ Zustands wird im *Fall eines divergenten Lichtstrahls mit optischer Achse*$\|z$:

$$\hat{\rho} = \frac{1}{2 + \rho_{00}} \begin{pmatrix} 1 - \mathcal{P}_3 & 0 & -\mathcal{P}_1 + \mathrm{i}\mathcal{P}_2 \\ 0 & \rho_{00} & 0 \\ c.c. & 0 & 1 + \mathcal{P}_3 \end{pmatrix} \tag{19.134}$$

Wieder sind es vier reelle Parametern $\mathcal{P}_1$, $\mathcal{P}_2$, $\mathcal{P}_3$, ρ_{00}, welche den $^1\mathrm{P}_1$-Zustand beschreiben. Es ist nützlich, diese Parameter mit den schon zuvor benutzten anschaulichen Größen in Verbindung zu bringen. Der Drehimpuls in z-Richtung wird nach (19.113)

$$\langle L_z \rangle = \rho_{11} - \rho_{-1-1} = -\mathcal{P}_3 \,, \tag{19.135}$$

und der Alignmentwinkel der Ladungswolke ist mit (19.114) durch

$$\gamma = \frac{1}{2} \arg(\mathcal{P}_1 + \mathrm{i}\mathcal{P}_2) \tag{19.136}$$

gegeben, sodass

$$\tan 2\gamma = \mathcal{P}_2 / \mathcal{P}_1 \tag{19.137}$$

wird.[7]

Die lineare Polarisation der Ladungswolke (19.115) wird gleich der linearen Polarisation des anregenden Lichts

$$\mathcal{P}_{lin} = 2|\rho_{1-1}| = \left(\mathcal{P}_1^2 + \mathcal{P}_2^2 \right)^{1/2} \tag{19.138}$$

und schließlich können wir hier noch einen vierten Stokes-Parameter der Ladungswolke einführen, der die relative Differenz seiner Länge in x-Richtung zu seiner Höhe ($\propto \rho_{00}$) angibt. Mit (19.116) und (19.119) sowie $2\,\mathrm{Re}\,\rho_{1-1} = 2|\rho_{1-1}|\cos(2\gamma) = \mathcal{P}_{lin}\cos(2\gamma)$ wird

$$\mathcal{P}_4 = \frac{I\left(\frac{\pi}{2}, 0\right) - I_z}{I\left(\frac{\pi}{2}, 0\right) + I_z} = \frac{\lambda - \rho_{00}}{\lambda + \rho_{00}} = \frac{1 - 3\rho_{00} - 2\,\mathrm{Re}\,\rho_{1-1}}{1 + \rho_{00}} - 2\,\mathrm{Re}\,\rho_{1-1} \,. \tag{19.139}$$

---

[7] Man muss etwas vorsichtig sein, wenn man γ aus $\mathcal{P}_1$ und $\mathcal{P}_2$ automatisch evaluiert. Die Standard arctan Function ist bekanntlich nicht eindeutig, und man muss sich stets die physikalische Situation vor Augen führen.

Die optischen Bloch-Gleichungen

Wir haben optisch induzierte Prozesse bisher ausschließlich im Rahmen der Störungsrechnung behandelt. Wenn aber die Besetzungsdichten der angeregten Zustände vergleichbar mit denen der Ausgangszustände werden, genügt dies nicht mehr. Die Störungstheorie gibt auch keinerlei Auskunft etwa auf die Frage, welche Strahlung in diesem Falle wieder ausgesandt wird. Durch spontane Emission entstehen zwangsläufig gemischte Zustände. Um sie mit einzubeziehen, muss man die in Kap. 19 erarbeiteten Konzepte verwenden. Diese und weitere Fragen sind Gegenstand des Kapitels.

Hinweise für den Leser: Wir beginnen in Abschn. 20.1 mit einem Blick auf moderne Experimente aus der Quantenoptik, welche die Thematik illustrieren. In Abschn. 20.5.1 leiten wir die grundlegende *Liouville-von-Neumann-Gleichung* ab – Basis aller weiteren theoretischen Ausführungen in diesem Kapitel. Wir entwickeln sodann mit dem Bild der „angezogenen" Zustände (*dressed states*) für ein Quasizweiniveausystems im starken Strahlungsfeld eine anschauliche Vorstellung der erwarteten Phänomene. In Abschn. 20.3 und 20.4 werden einige faszinierende Pionierexperimente vorgestellt, die sich zwanglos mit dem so entwickelten Bild erklären lassen. Als Herzstück dieses Kapitels werden in Abschn. 20.5 die optischen Bloch-Gleichungen für ein Zweiniveausystem abgeleitet und in Abschn. 20.6 an einfachen Beispielen erläutert. Abschnitt 20.7 entwickelt darauf aufbauend einige Grundlagen für die Kurzzeitspektroskopie, und Abschn. 20.8 führt in eine weitere, etwas komplexere Anwendung ein, die als *STIRAP-Verfahren* heute z.B. im Zusammenhang mit dem Stichwort „Quanteninformation" zunehmend an Bedeutung gewinnt.

20.1 Offene Fragen

Die Störungstheorie versagt bei der quantitativen Beschreibung optisch induzierter Prozesse, wenn das elektrische Feld des anregenden Lichts (Lasers) so stark wird, dass die Besetzung der angeregten Zustände nicht mehr vernachlässigbar klein bleibt – und das ist bei den heute verfügbaren Laserintensitäten eine durchaus übliche Situation, insbesondere dann, wenn man einen Übergang mit nahezu resonanter Strahlung anregt. Auch für vertiefende Fra-

I.V. Hertel, C.-P. Schulz, *Atome, Moleküle und optische Physik 2*,
Springer-Lehrbuch, DOI 10.1007/978-3-642-11973-6_10,
© Springer-Verlag Berlin Heidelberg 2010

gen über die reemittierte Strahlung taugt die einfache Störungstheorie in diesem Falle nicht. Wenn man z.B. mit einem schmalbandigen Laser nicht exakt in Resonanz, sondern ein wenig daneben anregt: welche Frequenz hat dann die Resonanzfluoreszenz? Und wie sieht überhaupt das Spektrum der Resonanzfluoreszenz aus, wenn man ein Atom oder Molekül mit einem extrem schmalbandigen Laser anregt, dessen Bandbreite kleiner ist, als die natürliche Linienbreite des angeregten Zustands? Beobachtet man dann einfach die natürliche Linienbreite entsprechend der üblichen spontanen Emission, oder sieht die spektrale Verteilung der Emission eher wie das eingestrahlte Licht aus? Wie sichert die Natur dabei den Energieerhaltungssatz? Es gibt eine Fülle solcher Fragen, welche wesentlich dazu beigetragen haben, dass sich seit den 60'er und 70'er Jahren des vergangenen Jahrhunderts die Quantenoptik so stürmisch entwickelt hat. Zur eINSTIMMUNG SEI HIER BEISPIELHAFT auf neuere Arbeiten von Weber et al. (2006) (s. auch Volz et al., 2007) verwiesen. In

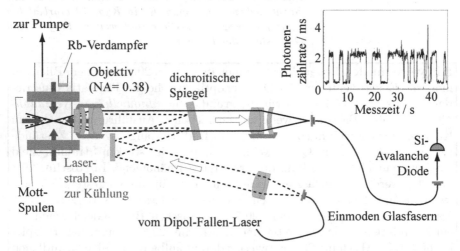

Abb. 20.1. Experimenteller Aufbau nach Weber et al. (2006) zur Messung der 2-Photonen Korrelationsfunktion für ein einzelnes Atom in einer MOT

diesen Experimenten wird im Zusammenhang mit der Suche nach geeigneten Systemen für die Quantenkommunikation und Quanteninformationsspeicherung die Fluoreszenz untersucht, die ein einzelnes, Laser-gekühltes Rubidium Atom, ^{87}Rb, emittiert. Es wird in einer sogenannten *far-off-resonance optical dipole trap* (*FORT*) gespeichert, einer optischen Dipolfalle, in welcher das Atom im Fokus (3.5 μm) eines um 62 nm gegenüber der Resonanz verstimmten Laserstrahls festgehalten wird (Laserkühlung und Teilchenfallen werden wir in Band 3 ausführlicher besprechen).

Der Aufbau ist in Abb. 20.1 schematisch dargestellt. Die Atome werden zunächst in einer MOT lasergekühlt und dann in die FORT eingefüllt. Es wird jeweils nur ein einzelnes Atom in der Falle gespeichert, wie man am Messsignal (oben rechts in Abb. 20.1) ablesen kann: das Atom emittiert jeweils für einige Sekunden, bevor es aus der Falle herausfällt und nach einiger Zeit durch ein neues Atom ersetzt wird. Die mittlere Speicherzeit beträgt ca. 4 s.

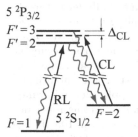

Abb. 20.2. Hyperfein-Pumpschema für ein einzelnes ^{87}Rb-Atom nach Weber et al. (2006)

Das Anregungsschema illustriert Abb. 20.2. Der Kühllaser, CL, ist mit leichter Verstimmung Δ_{CL} auf den $5\,^2P_{1/2}\ F' = 3 \leftarrow 5\,^2S_{1/2}\ F = 2$-Hyperfeinübergang im ^{87}Rb eingestellt. Zur Vermeidung des optischen Pumpens in den $5\,^2S_{1/2}\ F = 1$-Grundzustand dient ein weiterer, sogenannter „Rückpump-Laser", der auf den $5\,^2P_{1/2}\ F' = 2 \leftarrow 5\,^2S_{1/2}\ F = 1$-Übergang abgestimmt ist.

Man kann nun z.B. die Intensitätskorrelationsfunktion $g^{(2)}(\delta)$ nach (14.29) bestimmen. Wie in Abb. 20.3a skizziert, wird eine Anordnung vom Hanbury-Brown-Twiss Typ (s. Kap. 14.1.5) benutzt. Man spaltet also das Fluoreszenzsignal in zwei Teile auf (es kommt, wohl gemerkt, immer von dem selben, isolierten Atom) und fragt ab, wie wahrscheinlich es ist, auf ein erstes emittiertes Photon im zeitlichen Abstand δ ein zweites zu beobachten. Das Messsignal in Abb. 20.3b zeigt ein deutliches *Antibunching:* wenn ein Photon emittiert wurde, befindet sich das gespeicherte Atom im Grundzustand und es dauert eine Weile bis es mit hoher Wahrscheinlichkeit wieder angeregt ist. Offensichtlich oszilliert diese Anregungswahrscheinlichkeit aber zwischen einem Maximum und einem Minimum. Wir werden in diesem Kapitel auch ein quantitatives Verständnis für diese gedämpften Oszillationen entwickeln (sogenannte *Rabi-Oszillationen*).

In Abb. 20.4 (oben) ist der entsprechende Aufbau zur Spektralanalyse der Resonanzfluoreszenz (unten) gezeigt. Man benutzt hierzu ein piezoelektrisch durchstimmbares Fabry-Perot-Interferometer (FPI). Zum Vergleich untersucht man zugleich auch die Laserlinienbreite (rote Linie). Beide Spektralverteilungen liegen weit unter der natürlichen Linienbreite des Atoms (6 MHz).

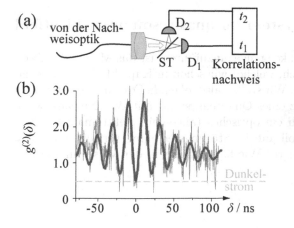

Abb. 20.3. (a) Optische Anordnung mit Strahlteiler (ST) und Photonendetektoren (D$_1$ und D$_2$) zur Aufnahme (b) der Intensitäts-Korrelations-Funktion $g^{(2)}(\tau)$ der Fluoreszenz eines einzelnen Rb-Atoms in einer MOT (nach Weber et al., 2006; Volz et al., 2007). Man sieht deutlich das *Antibunching* bei $\delta = 0$ und die gedämpften Rabi-Oszillationen

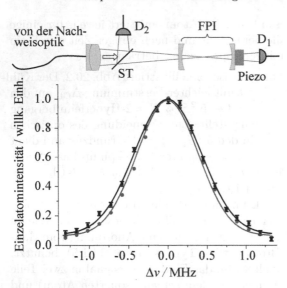

Abb. 20.4. Fluoreszenzspektrum bei sehr niedriger Anregungsintensität. Gemessen wird eine Bandbreite deutlich unterhalb der natürlichen Linienbreite (*schwarze Linie und Messpunkte*), die nur eine kleine Verbreiterung gegenüber der Laserlinie (*rot*) aufweist. Diese entspringt der Doppler-Verbreiterung des kalten Atoms mit einer Temperatur von 105 μK (nach Weber et al., 2006; Volz et al., 2007)

Man beobachtet also letztlich nichts anderes als die Rayleigh-Streuung des eingestrahlten Lichts. Auch wenn sich immer nur jeweils ein Atom in der Falle befindet, muss man natürlich eine große Zahl von Messvorgängen durchführen. Die so vermessenen Atome sind zwar sehr kalt, haben aber statistisch gesehen eine noch endliche Temperatur, die zu einer leichten Doppler-Verbreiterung der Fluoreszenzlinie führt. Man kann aus der gemessenen Linienbreite eine Atomtemperatur von 105 μK (!) bestimmen.

Abschließend sei schon hier darauf hingewiesen, dass das in Abb. 20.4 gezeigte Linienprofil nur für relativ kleine Laserintensitäten beobachtet wird. Sobald die Niveauverschiebung infolge des dynamischen Stark-Effekts in die Größenordnung der Laserbandbreite kommt, verändert sich das Bild dramatisch, wie wir im Folgenden sehen werden.

20.2 Das Zweiniveausystem im quasiresonanten Lichtfeld

Um in die wesentlichen Gedankengänge einzuführen, ist das Modell des Zweiniveausystems äußerst nützlich, welches wir schon in Kap. 14.3.1 benutzt haben (s. Abb. 14.14 auf S. 239). Wir stellen also folgende Fragen: wie entwickeln sich Besetzung und Kohärenz eines Quantensystems mit zwei Niveaus, wenn dieses nahezu resonant durch ein optisches (allgemein elektromagnetisches) Feld angeregt wird? Dabei soll auf die Störungsrechnung verzichtet werden. Welche Strahlung wird emittiert? Wie hängt dies von der Verstimmung und der Laserintensität ab?

20.2.1 Das elektrische Feld

Für hinreichend hohe Laserintensitäten (und damit hohe elektrische Felder) wollen wir zum Einstieg noch einmal die spontane Emission vernachlässigen und ein quasiklassisches Feld annehmen, das man sich als Glauber-Zustand nach (14.86) vorstellen kann. Wir beschränken uns also zunächst auf eine einzige Feldmode. Mit diesen Einschränkungen – Zweiniveausystem, Vernachlässigung der spontanen Emission, nur eine besetzte Feldmode – kann man eine (fast) exakte Lösung im Rahmen des Schrödinger-Bildes angeben.

Die mittlere Zahl von Photonen pro Glauber-Mode ist nach (14.88)

$$\overline{\mathcal{N}} = \langle \alpha | \widehat{\mathcal{N}} | \alpha \rangle = |\alpha|^2 \ ,$$

und für hinreichend hohes $\overline{\mathcal{N}} \gg 1$ ist die Poisson-Breite der Photonenverteilung in diesem Zustand entsprechend schmal (relativ $\propto 1/\sqrt{\overline{\mathcal{N}}}$). Wir können daher mit hinreichender Genauigkeit

$$\sqrt{\overline{\mathcal{N}}} = |\alpha| \simeq \sqrt{\mathcal{N}} \simeq \sqrt{\mathcal{N}+1} \tag{20.1}$$

für alle zum Glauber-Zustand signifikant beitragenden Photonenzustände $|\mathcal{N}\rangle$ setzen. Der Erwartungswert des Feldoperators (14.95) wird also

$$\langle \alpha | \widehat{\boldsymbol{E}} | \alpha \rangle = \mathrm{i} \sqrt{\frac{\hbar \omega_k}{2\epsilon_0 L^3}} \left(\alpha \boldsymbol{e} \cdot e^{\mathrm{i}\boldsymbol{k}\boldsymbol{r}} - \alpha^* \boldsymbol{e}^* \cdot e^{-\mathrm{i}\boldsymbol{k}\boldsymbol{r}} \right) \tag{20.2}$$

und lässt sich nach (13.76) als Ortsanteil des klassischen Feldes

$$\boldsymbol{E}(\boldsymbol{r}) = \frac{\mathrm{i}}{2} E_0 \left(\boldsymbol{e} \, e^{\mathrm{i}\boldsymbol{k}\boldsymbol{r}} - \boldsymbol{e}^* \, e^{-\mathrm{i}\boldsymbol{k}\boldsymbol{r}} \right) \tag{20.3}$$

scheiben, wenn wir die Feldamplitude mit

$$E_0 = 2 \sqrt{\frac{\hbar \omega}{2\epsilon_0 L^3}} |\alpha| \simeq \sqrt{\frac{2\hbar \omega}{\epsilon_0 L^3}} \sqrt{\mathcal{N}} \simeq \sqrt{\frac{2\hbar \omega}{\epsilon_0 L^3}} \sqrt{\mathcal{N}+1} \tag{20.4}$$

identifizieren. Der Einheitspolarisationsvektor $\boldsymbol{e}$ erlaubt es im Prinzip, beliebige Polarisationszustände des Feldes zu berücksichtigen. Dabei hängen wie üblich Feld- und Intensitätsmaximum I_0 über $E_0 = \sqrt{2I_0/\epsilon_0 c}$ zusammen.

20.2.2 Bekleidete Zustände (Dressed States)

Wir erinnern uns nun an die Grundlagen zur voll quantisierten Beschreibung elektromagnetisch induzierter Übergänge mit den Hamilton-Operatoren

$$\widehat{H} = \widehat{H}_0 + \widehat{U} \text{ mit } \widehat{H}_0 = \widehat{H}_A + \widehat{H}_F \text{ und}$$

$$\widehat{H}_A |q\rangle = \hbar \omega_q |q\rangle \text{ bzw. } \widehat{H}_F |\mathcal{N}\rangle = \mathcal{N}\hbar\omega |\mathcal{N}\rangle \text{ und } \widehat{H}_0 |q\mathcal{N}\rangle = W_{q\mathcal{N}} |q\mathcal{N}\rangle$$

wie wir sie in Kap. 14.3.2 für Atom, $\widehat{H}_A$, quantisiertes Feld, $\widehat{H}_F$ und deren Wechselwirkung $\widehat{U}$ eingeführt haben. Mit der Energie $\hbar\omega_q$ des ungestörten Atomzustands und der Energie $\mathcal{N}\hbar\omega$ eines Photonenzustands $|\mathcal{N}\rangle$ für $\mathcal{N}$ Photonen in der Mode schreiben wir die Gesamtenergie des Systems $W_{q\mathcal{N}} = \hbar\omega_q + \mathcal{N}\hbar\omega$.

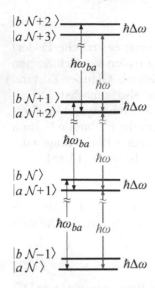

Abb. 20.5. Energieniveaus des ungekoppelten Zweizustandssystems, bekleidet (dressed) mit Photonen

Für ein nahezu resonant angeregtes Zweiniveausystems haben wir es also mit den Energien

$$\hbar\left[\omega_b + (\mathcal{N} - 1)\,\omega\right] \simeq \hbar\left[\omega_a + \mathcal{N}\omega\right]$$

zu tun. Explizit gilt dann im ungekoppelten Fall, also bei Vernachlässigung der Wechselwirkung zwischen Feld und Atom:

$$\widehat{H}_0\,|b\,\mathcal{N} - 1\rangle = \hbar\left[\omega_b + (\mathcal{N} - 1)\,\omega\right]\,|b\,\mathcal{N} - 1\rangle$$

$$\widehat{H}_0\,|a\mathcal{N}\rangle = \hbar\left[\omega_a + \mathcal{N}\omega\right]\,|a\mathcal{N}\rangle\,,$$

Die Zustandsenergien für verschiedene Photonenzahlen $\mathcal{N}$ sind in Abb. 20.5 skizziert. Der Übersichtlichkeit halber und ohne Verlust an Allgemeinheit, wählt man nun *als Nullpunkt die Energie des Zustands* $|a\mathcal{N}\rangle$. Wie man sieht, sind die Zustände in Paare gruppiert, die infolge der *Verstimmung*

$$\Delta\omega = \omega_{ba} - \omega \tag{20.5}$$

der Lichtenergie $\hbar\omega$ gegenüber der Anregungsenergie $\hbar\omega_{ba} = \hbar\omega_b - \hbar\omega_a$ leicht aufgespalten sind. Nahezu resonante Anregung bedeutet dabei $\hbar\Delta\omega \ll \hbar\omega$. Im Prinzip lässt sich diese Leiter natürlich beliebig nach oben und unten fortsetzen. Wir werden aber sehen, dass zur Beschreibung des Zweiniveausystems im nahezu resonanten Wechselfeld lediglich zwei dieser Niveaupaare betrachtet werden müssen. Man spricht bei der hier gezeigten Darstellung von *Dressed States*, also von Zuständen eines Quantensystems, die sozusagen mit „Photonen bekleidet" sind.

20.2.3 Rabi-Frequenz

Wir erinnern uns nun an den Wechselwirkungsoperator $\widehat{U} = e_0\boldsymbol{r} \cdot \widehat{\boldsymbol{E}} = \widehat{\boldsymbol{D}} \cdot \widehat{\boldsymbol{E}}$ nach (14.99) und die daraus abgeleiteten, nicht verschwindenden Matixelemente für einen optischen Dipolübergang nach (14.103) bis (14.106). Setzen wir dort (20.4) ein, so erhalten wir

$$\langle a\mathcal{N} + 1|\,\widehat{U}\,|b\mathcal{N}\rangle = \frac{\mathrm{i}}{2}e_0\widehat{T}_{ba}^{*}E_0 \tag{20.6}$$

$$\langle a\mathcal{N} - 1|\,\widehat{U}\,|b\mathcal{N}\rangle = \frac{\mathrm{i}}{2}e_0\widehat{T}_{ba}\,E_0 \tag{20.7}$$

$$\langle b\mathcal{N} + 1|\,\widehat{U}\,|a\mathcal{N}\rangle = \frac{\mathrm{i}}{2}e_0\widehat{T}_{ba}^{*}\,E_0 \tag{20.8}$$

$$\langle b\mathcal{N} - 1|\,\widehat{U}\,|a\mathcal{N}\rangle = \frac{\mathrm{i}}{2}e_0\widehat{T}_{ba}\,E_0 \tag{20.9}$$

wieder mit der Abkürzung $\hat{T}_{ba} = r_{ba} \cdot e$. Die Matrixelemente sind also nicht explizit abhängig von der Photonenzahl, sofern nur $\mathcal{N} \gg 1$, sondern nur von E_0, und wir setzen der Übersichtlichkeit halber $\boldsymbol{D}_{ba} \parallel \boldsymbol{e}$ an – was man aber leicht verallgemeinern kann. Wir führen jetzt die (resonante) *Rabi-Frequenz*

$$\Omega_R = \frac{D_{ba}E_0}{\hbar} = \frac{e_0 r_{ba} E_0}{\hbar} \tag{20.10}$$

ein, die proportional zur elektrischen Feldstärke und zum Dipolübergangsmatrixelement $|D_{ba}| = |e_0 r_{ba}|$ ist. Mit den Einstein-Koeffizienten A und B (s. (14.127) und (14.125) oder auch (4.107) in Band 1) bzw. mit der natürlichen Lebensdauer T_1 des angeregten Zustands

$$A = \frac{4h}{3\lambda^3} B = \frac{4\alpha}{3c^2} |r_{ba}|^2 \omega^3 = \frac{1}{T_1} \tag{20.11}$$

hängen Rabi-Frequenz und Intensität I des Laserfeldes zusammen über:

$$\Omega_R^2 = \frac{D_{ba}^2 E_0^2}{\hbar^2} = \frac{2D_{ba}^2}{\hbar^2 \epsilon_0 c} I = \frac{3\lambda^3 A}{2\pi hc} I = B \frac{2I}{\pi c} \tag{20.12}$$

20.2.4 Drehwellennäherung

Für das Zweiniveausystem wenden wir die bereits in Kap. 14.3.2 eingeführte *Drehwellennäherung (rotating wave approximation, RWA)*, was die Situation weiter vereinfacht: man berücksichtigt nur die nahezu energieresonanten Prozesse (20.6) und (20.9), d.h. induzierte Emission bzw. Absorption eines Photons. Wie wir im Rahmen der Störungsrechnung gesehen haben, bedeutet dies die Vernachlässigung rasch oszillierender Terme, welche sich bei der Integration der zeitabhängigen Schrödinger-Gleichung wegmitteln.[1] Man kann nun auf zwei äquivalente Weisen an das Problem herangehen:

1. Man sucht Lösungen der zeitabhängigen Schrödingergleichung

$$i\hbar \frac{\partial |\psi(t)\rangle}{\partial t} = \left(\hat{H}_A + \hat{H}_F + \hat{U} \right) |\psi(t)\rangle \quad \text{vom Typ} \tag{20.13}$$

$$|\psi(t)\rangle = c_b(t) |b(\mathcal{N}-1)\rangle\, e^{i(\omega_b + (\mathcal{N}-1)\omega)t} + c_a(t) |a\mathcal{N}\rangle\, e^{i(\omega_a + \mathcal{N}\omega)t}.$$

Entsprechend (14.114) und (14.115) erhält man damit (unabhängig von $\mathcal{N}$) das Differenzialgleichungssystem

$$\dot{c}_b = \frac{i}{2} \Omega_R\, c_a\, e^{i\Delta\omega t}$$

$$\dot{c}_a = -\frac{i}{2} \Omega_R\, c_b\, e^{-i\Delta\omega t}, \tag{20.14}$$

---

[1] Bei Prozessen höherer Ordnung ist die Drehwellennäherung nur bedingt anwendbar und versagt völlig bei extrem kurzen Laserimpulsen $\tau \gtrsim 1/\omega$.

für die zeitabhängigen Wahrscheinlichkeitsamplituden des oberen $|b\,\mathcal{N}-1\rangle$ bzw. unteren Zustands $|a\,\mathcal{N}\rangle$. Die Lösungen sind oszillierende Funktionen, welche die Frequenzen $\omega_b + (\mathcal{N}-1)\,\omega$ bzw. $\omega_a + \mathcal{N}\omega$ sowie verschiedene Seitenbänder enthalten.

2. Etwas kompakter kann man das Dressed-State-Bild nach Abb. 20.5 benutzen und den Hamiltonian $\widehat{H} = \widehat{H}_A + \widehat{H}_F + \widehat{U}$ mit Wechselwirkung in Matrixform schreiben. Der Zustand $|a\mathcal{N}\rangle$ definiert den Energienullpunkt:

$$\widehat{H} = \frac{\hbar}{2}\begin{pmatrix} 0 & \varOmega_R \\ \varOmega_R & 2\Delta\omega \end{pmatrix} \qquad (20.15)$$

Damit ist natürlich nur das unterste Paar von Zuständen erfasst, aber für alle anderen Paare wirkt ein entsprechender, jeweils um $\hbar\omega$ angehobener Energieoperator. Zwischen diesen besteht keine Kopplung, wenn wir nur Einphotonenprozesse betrachten.[2] Die zeitabhängige Schrödingergleichung schreibt sich in der Drehwellennäherung

$$\frac{d\boldsymbol{c}}{dt} = -\frac{\mathrm{i}}{\hbar}\widehat{H}\boldsymbol{c}\,, \qquad (20.16)$$

wobei $\boldsymbol{c}(t)$ ein aus den zeitabhängigen Wahrscheinlichkeitsamplituden $c_1(t), c_2(t) \ldots$ gebildeter Vektor ist. In dieser Darstellung sind die raschen Oszillationen zugunsten von physikalisch relevanten Frequenzdifferenzen herausgefallen. Es ergeben sich nun die Differenzialgleichungen

$$\dot{c}_b = -\frac{1}{2}\mathrm{i}\varOmega c_a - \mathrm{i}\Delta\omega c_b$$
$$\dot{c}_a = -\frac{1}{2}ic_b\varOmega\,, \qquad (20.17)$$

welche bis auf die schnellen Oszillationen zu (20.14) äquivalent sind.

20.2.5 Das gekoppelte System

Bevor wir in Abschn. 20.5 und 20.6 mit Hilfe der optischen Blochgleichungen auf die Details der zeitlichen Entwicklung eingehen, wollen wir uns der Energetik noch etwas genauer zuwenden. Wir können den nicht diagonalen Hamilton-Operator (20.15) – mit der durch die Rabi-Frequenz $\varOmega$ repräsentierten Wechselwirkung – leicht diagonalisieren und somit die Energieverschiebung durch die Wechselwirkung des Quantensystems mit dem elektromagnetischen Feld ermitteln. Wie üblich muss die Sekulardeterminante verschwinden:

$$\det\left(\widehat{H} - W\widehat{E}\right) = \begin{vmatrix} -W & \dfrac{\hbar\varOmega_R}{2} \\ \dfrac{\hbar\varOmega_R}{2} & \hbar\Delta\omega - W \end{vmatrix} = 0 \qquad (20.18)$$

---

[2] Das wird sich ändern, sobald wir es mit weiteren, absorbierten oder emittierten Photonen zu tun haben, wenn wir etwa das Emissionsspektrum verstehen wollen.

Damit erhält man die neuen Energieeigenwerte

$$W_{\mp} = \frac{\hbar}{2}\left(\Delta\omega \mp \Omega_{\Delta}\right) \tag{20.19}$$

mit der sogenannten *nichtresonanten Rabi-Frequenz*

$$\Omega_{\Delta} = \sqrt{\left(\Delta\omega\right)^2 + \Omega_R^2}. \tag{20.20}$$

Die so identifizierten Energieverschiebungen gelten für jedes der in Abb. 20.5 auf S. 536 skizzierten Niveaupaare. In Abb. 20.6 ist dies für die Zustandspaare $|b\,\mathcal{N}\rangle$, $|a\,\mathcal{N}+1\rangle$ und $|b\,\mathcal{N}-1\rangle$, $|a\,\mathcal{N}\rangle$ illustriert.

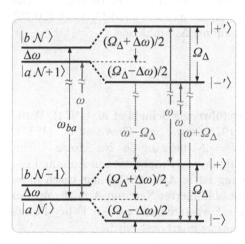

Abb. 20.6. „Dressed States" – zur Illustration der vier Energieniveaus, die aus den ungestörten Zuständen $|a\,\mathcal{N}\rangle$, $|b\,\mathcal{N}-1\rangle$, $|a\,\mathcal{N}+1\rangle$ und $|b\mathcal{N}\rangle$ durch Rabi-Aufspaltung bei einem Zweizustandssystem entstehen. Angeregt wird mit der Frequenz ω, die gegenüber der Resonanzfrequenz ω_{ba} verstimmt ist um $\Delta\omega = \omega_{ba} - \omega$. Die nichtresonante Rabi-Frequenz ergibt sich aus der resonanten Ω_R und der Verstimmung zu $\Omega_{\Delta} = \sqrt{\Delta\omega^2 + \Omega_R^2}$. Emittiert wird, wie angedeutet, das sogenannte *Mollow-Triplett* mit den Kreisfrequenzen $\omega - \Omega_{\Delta}$, ω und $\omega + \Omega_{\Delta}$

Beide Niveaupaare spalten also im Feld (über $\hbar\Delta\omega$ hinaus) mit einem Gesamtbetrag $\hbar\Omega_{\Delta}$ auf. Man spricht gelegentlich von der *Rabi-Aufspaltung* im Feld, die proportional zum Feld ist, wenn resonant eingestrahlt wird ($\Delta\omega = 0$). Die zusätzliche Aufspaltung ist eine Folge der kohärenten Superposition der beiden Ausgangszustände $|b\mathcal{N}\rangle$ und $|a\,\mathcal{N}-1\rangle$ bzw. $|b\,\mathcal{N}-1\rangle$ und $|a\mathcal{N}\rangle$. Die neuen Basiszustände im diagonalisierten System ergeben sich mit Hilfe von (20.18) und (20.19) zu

$$|-\rangle = \cos\Theta\,|a\mathcal{N}\rangle - \sin\Theta\,|b\,\mathcal{N}-1\rangle \tag{20.21}$$

$$|+\rangle = \sin\Theta\,|a\mathcal{N}\rangle + \cos\Theta\,|b\,\mathcal{N}-1\rangle \tag{20.22}$$

mit

$$\frac{\cos\Theta}{\sin\Theta} = \frac{\Omega_R}{\Omega_{\Delta} - \Delta\omega}. \tag{20.23}$$

Im Grenzfall verschwindenden Laserfelds geht $\cos\Theta \to 1$, und umgekehrt wird für sehr große Felder (Rabi-Frequenzen) oder verschwindende Aufspaltung

$\cos\Theta = \sin\Theta = 1/\sqrt{2}$, beide Zustände tragen dann also mit gleichem Anteil zu den neuen Basiszuständen bei. Dabei geht der „Grundzustand" $|a\mathcal{N}\rangle$ bzw. $|a\,\mathcal{N}-1\rangle$ in den Zustand $|-\rangle$ (bzw. in den analog zu bildenden Zustand $|-'\rangle$) über, während $|b\,\mathcal{N}-1\rangle$ bzw. $|b\mathcal{N}\rangle$ in die Linearkombination $|+\rangle$ bzw. $|+'\rangle$ überführt werden, wie dies in Abb. 20.6 angedeutet ist.

Anhand des Energieaufspaltungsbildes Abb. 20.6 kann man nun bereits die charakteristischen Spektralprofile verstehen, die ein solches „Dressed Atom" emittiert. In Abb. 20.6 ist dies durch die rot markierten Pfeile bzw. Doppelpfeile angedeutet. Nach diesem Bild erwartet man, dass die Fluoreszenz eines nahezu resonant durch einen intensiven Laser angeregten Atoms aus *drei Komponenten* besteht: einem resonanten Anteil (der Rayleigh Streuung) mit der Frequenz ω sowie zwei Seitenbändern, die um $\pm\Omega_\Delta$ dagegen verschoben sind. Dieses sogenannte *Mollow-Triplet* wird in der Tat beobachtet. Die Aufspaltung ist über die Rabi-Frequenz Ω_R nach (20.12) und Ω_Δ nach (20.20) von der Lichtintensität und der Verstimmung $\Delta\omega$ abhängig.

20.3 Experimente

Die ersten Experimente wurden durchgeführt von Schuda et al. (1974), Walther und Mitarbeitern (Hartig et al., 1976) sowie von Grove et al. (1977), und zwar am $3^2\mathrm{P}_{3/2}\ F' = 3 \leftrightarrow 3^2\mathrm{S}_{1/2}\ F = 2$-Übergang des Na-Atoms, einem prototypischen Quasizweizustandssystem, dessen Präparation in Anhang I beschrieben wird. Eine typische Anordnung ist in Abb. 20.7 schematisch illustriert. Wesentliche Elemente sind ein gut kollimierter Natrium-Atomstrahl, ein stabiler, schmalbandiger, abstimmbarer Farbstofflaser und ein Fabry-Perot-Interferometer, mit welchem die Fluoreszenz analysiert wird.

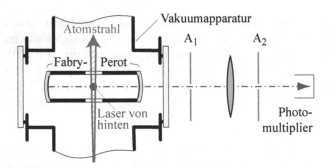

Abb. 20.7. Experiment zur Untersuchung des Mollow-Triplets nach Hartig et al. (1976)

Abbildung 20.8a zeigt das beobachtete Spektrum der Resonanzfluoreszenz bei genau resonanter Einstrahlung ($\Delta\omega = 0$) für unterschiedliche Laserleistungen. Mollow (1969) hat dieses nach ihm benannte Triplett genannt erstmals theoretisch beschrieben, zunächst semiklassisch, später auch voll quantenmechanisch mit im Wesentlichen gleichem Ergebnis (Mollow, 1975). Quantitativ

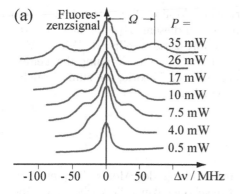

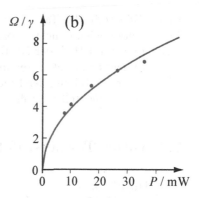

Abb. 20.8. Mollow-Triplett in resonanter Anregung bei verschiedenen Leistungen P des anregenden Lasers nach Hartig et al. (1976). (a) Experimentell beobachtete Emissionsspektren (Basislinien für jede Messung vertikal versetzt); (b) Aufspaltung Ω in Einheiten der natürlichen Linienbreite γ als Funktion von P

ist die Aufspaltung Ω als Funktion der Laserleistung P in Abb. 20.8b dargestellt. Nach unserer vorangehenden Diskussion erwartet man, dass Ω im Resonanzfall gerade der Rabi-Frequenz entspricht und nach (20.12) proportional zu $\sqrt{I} \propto \sqrt{P}$ wird. Genau das sieht man in Abb. 20.8b.

Auch das Verhalten bei nichtresonanter Anregung wurde schon von Hartig et al. (1976) untersucht. Während die Theorie *volle Symmetrie um die eingestrahlte Laserfrequenz* vorhersagte, gab es bei den ersten Experimenten auch asymmetrische Profile. Grove et al. (1977) konnten aber zeigen, dass saubere Präparation eines Zweiniveausystems und Berücksichtigung geome-

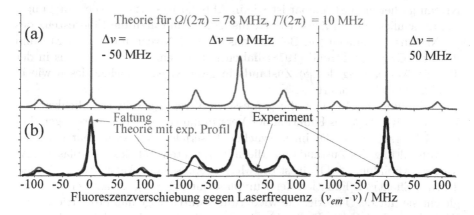

Abb. 20.9. Mollow-Triplett nach Grove et al. (1977) bei drei verschiedenen Verstimmungen $\Delta\nu$ – jeweils bei $I = 640\,\mathrm{mW\,cm^{-2}}$. (a) Theorie mit deutlicher, elastischer (Rayleigh) Lichtstreuung im verstimmten Fall. (b) Vergleich von Theorie, gefaltet mit dem experimentellen Profil (*rot*), mit dem Experiment (*schwarz*)

trischer Effekte in der Tat zu symmetrischen Mollow-Tripletts führt, sowohl im resonanten, wie im nicht resonanten Fall. In diesem Experiment wurde die Laserfrequenz mit Hilfe der Na-Resonanzfluoreszenz stabilisiert. Wie in Abb. 20.9 dokumentiert, beobachtet man exzellente Übereinstimmung der gemessenen Spektralverteilung der Fluoreszenz mit der Theorie, die zum Vergleich mit dem experimentellen Profil gefaltet wurden.

20.4 Autler-Townes-Effekt

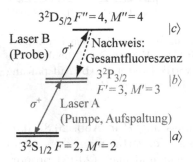

Abb. 20.10. Schema zur Messung des Autler – Townes Effekts

Die Beobachtung des Mollow-Tripletts bestätigt in schöner Weise die Vorhersagen über die Resonanzfluoreszenz eines Zweiniveausystems bei quasiresonanter Anregung, die wir aus Abb. 20.6 abgeleitet haben. Allerdings ist das noch kein direkter Nachweis der Aufspaltung der beiden ursprünglich nicht entarteten Niveaus in jeweils zwei Terme. Dieser gelingt aber mit Hilfe des sogenannten *Autler-Townes-Effektes*, bei dem man mit zwei Lasern und drei Niveaus arbeitet: Der (intensivere) Pumplaser „A" hat eine feste Frequenz, nahezu in Resonanz mit dem Übergang zwischen $|a\rangle$ und $|b\rangle$ Zustand und generiert die Niveauaufspaltung (im Beispiel an den schon bekannten beiden Hyperfeinunterniveaus des $3\,^2S_{1/2}$ bzw. $3\,^2P_{3/2}$ Niveaus im Na). Der schwächere Probelaser „B" wird so abgestimmt, dass er um den Übergang zwischen oberem Zustand $|b\rangle$ und einem dritten, höher liegenden Niveau $|c\rangle$ herum abstimmbar ist wie in Abb. 20.10 skizziert. Die Anregungswahrscheinlichkeit des Zwischenniveaus kann man durch die Fluoreszenz des $|c\rangle$ Niveaus bestimmen (im Beispiel das $F'' = 4$ Niveau im $3\,^2D_{5/2}$ Zustand des Na). Gray und Stroud (1978) haben mit diesem Schema erstmals in der Tat die Aufspaltung des $|b\rangle$ Zustands in zwei Niveaus nachgewiesen wie in Abb. 20.11 dokumentiert.

Abbildung 20.11a zeigt die gemessene Anregungswahrscheinlichkeit des Zwischenniveaus $|b\rangle$ als Funktion der Verstimmung des Probelasers gegenüber dem Übergang $|c\rangle \leftarrow |b\rangle$ im schwachen Laserfeld „A". Man sieht eine klare Aufspaltung des Zustands $|b\rangle$, die mit der Intensität des Pumplasers „A" wächst. Abbildung 20.11b fasst die Messergebnisse der Aufspaltung (Autler-Townes-Effekt) als Funktion der Pumplaserintensität I_A zusammen und vergleicht sie mit der Theorie, die wiederum erwartungsgemäß proportional zur Wurzel aus I_A ist. Die Beobachtung, dass die Aufspaltung bereits bei endlicher Intensität verschwindet, trägt der natürlichen Linienbreite Rechnung, wie wir im Folgenden noch quantitativ sehen werden.

Schließlich kann man sich noch die Abhängigkeit des Effekts von der Verstimmung ansehen. Diese ist in Abb. 20.12 auf der nächsten Seite illustriert:

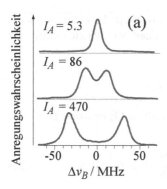

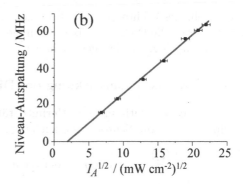

Abb. 20.11. Gemessener Autler-Townes-Effekt am Na (s. Schema Abb. 20.10) nach Gray und Stroud (1978). (a) Fluoreszenzspektren bei resonanter Einstrahlung und verschiedenen Intensitäten des Pumplasers I_A (in $mW\,cm^{-2}$) als Funktion der Verstimmung des Probelasers $\Delta\nu_B$ (Intensität $I_B = 15\,mW\,cm^{-2}$). (b) gemessener Linienabstand als Funktion der Wurzel aus der Pumplaserintensität I_A

mit der Verstimmung des Pumplasers $\Delta\nu_A$ wird das Anregungsprofil $|c\rangle \leftarrow |b\rangle$ asymmetrisch und führt im Grenzfall zu einer einfachen Linie, die einen resonanten Zweiphotonenübergang charakterisiert.

20.5 Quantensysteme im elektromagnetischen Feld

Für ein quantitatives Verständnis solcher Experimente muss man die spontane Emission richtig berücksichtigen. Da hierbei der Einfluss sehr vieler, anfänglich unbesetzter Moden des Feldes zum Tragen kommt, kann man die Lösung des Problems nicht mehr in Form von Wellenfunktionen angeben. Wir müssen uns

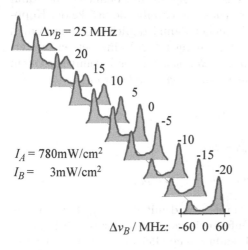

Abb. 20.12. Autler-Townes-Aufspaltung (gemessen als Funktion von $\Delta\nu_B$) bei verschiedenen Verstimmungen des Pumplasers $\Delta\nu_A$ nach Gray und Stroud (1978). Die Intensitäten von Pump- (I_A) und Probe-Laser (I_B) sind konstant

vielmehr des Dichteoperators bedienen, wie wir ihn in Kap. 19 kennen gelernt haben, und die Dichtematrix bestimmen, über deren zeitliche Entwicklung wir bislang noch gar nichts gesagt haben.

20.5.1 Zeitliche Entwicklung der Dichtematrix

Unter Berücksichtigung der Hermitizität des Hamilton-Operators $\widehat{H} = \widehat{H}^\dagger$ schreiben wir die Schrödingergleichung

$$i\hbar\frac{\partial\,|\psi(t)\rangle}{\partial t} = \widehat{H}\,|\psi(t)\rangle \quad \text{oder auch} \quad -i\hbar\frac{\partial\,\langle\psi(t)|}{\partial t} = \langle\psi(t)|\,\widehat{H} \qquad (20.24)$$

und benutzen die Definition des Dichteoperators $\hat{\rho} = \sum p_\alpha\,|\alpha(t)\rangle\,\langle\alpha(t)|$ nach (19.18), wobei wir hier den reinen Zustand $|\alpha(t)\rangle$ explizit als zeitabhängig annehmen. Damit ergibt sich

$$i\hbar\frac{\partial\hat{\rho}}{\partial t} = i\hbar\sum_\alpha p_\alpha \left\{ \frac{\partial\,|\alpha(t)\rangle}{\partial t}\,\langle\alpha(t)| + |\alpha(t)\rangle\,\frac{\partial\,\langle\alpha(t)|}{\partial t} \right\}$$

$$= \sum_\alpha p_\alpha \left\{ \widehat{H}\,|\alpha(t)\rangle\,\langle\alpha(t)| - |\alpha(t)\rangle\,\langle\alpha(t)|\,\widehat{H} \right\} = \widehat{H}\hat{\rho} - \hat{\rho}\widehat{H}. \qquad (20.25)$$

Dies ist die sogenannte *Liouville-von-Neumann-Gleichung*, die Grundlage der weiteren Überlegungen sein wird. In kompakterer Form schreibt man sie

$$i\hbar\frac{\partial\hat{\rho}}{\partial t} = \left[\widehat{H}, \hat{\rho}\right]. \qquad (20.26)$$

20.5.2 Optische Bloch-Gleichungen für ein Zweiniveausystem

Wir wenden nun wieder die Drehwellennäherung an und benutzen die Rabi-Frequenz Ω_R nach (20.10) für $\boldsymbol{D}_{ba} \parallel \boldsymbol{e}$. Diese beschreibt die Stärke der Kopplung des Atoms an das Lichtfeld. Wir brauchen dann lediglich den Hamiltonian (20.15) in die Liouville-von-Neumann-Gleichung (20.26) einzusetzen und erhalten problemlos die *optischen Bloch-Gleichungen* für das Zweiniveausystem (Verstimmung $\Delta\omega = \omega_{ba} - \omega$) – zunächst noch *ohne Relaxation*:

$$\dot{\rho}_{aa} = \frac{i}{2}\Omega_R(\rho_{ab} - \rho_{ba}) \qquad (20.27)$$

$$\dot{\rho}_{bb} = -\frac{i}{2}\Omega_R(\rho_{ab} - \rho_{ba}) \qquad (20.28)$$

$$\dot{\rho}_{ba} = -\frac{i}{2}\Omega_R(\rho_{bb} - \rho_{aa}) + i\Delta\omega\,\rho_{ba} \qquad (20.29)$$

Die letzte der drei Gleichungen ist komplex, und mit $\rho_{ab} = \rho_{ba}^*$ hat man ein System von 4 gekoppelten, linearen Differenzialgleichungen erster Ordnung zu lösen. Andererseits gilt $\rho_{bb} + \rho_{aa} = 1$, sodass eine Gleichung redundant wird.

Wir müssen noch zwei Verallgemeinerungen anbringen. Oft ist das elektrische Feld nicht konstant, z.B. bei der Anregung mit einem Laserimpuls, der etwa ein Gauß'scher Impuls nach (13.113) sein kann. Solange die Amplitude E_0 aber langsam mit der Zeit variiert (wir erinnern uns an die SVE Näherung), kann man die eben abgeleiteten Gleichungen dennoch benutzen und ersetzt $E_0 \longrightarrow E_0 h(t)$ und entsprechend $\Omega_R \to \Omega_R(t) = \Omega_R h(t)$. Man beachte, dass die Einhüllende $h(t)$ dimensionslos ist, meist mit $h(0) = 1$.

Schließlich müssen wir die Relaxation berücksichtigen. Wenn etwa die spontane Emission für Relaxation sorgt, müssen wir über alle Moden des Vakuumfeldes inkohärent summieren, da alle leeren Moden in statistischer Weise beitragen. Sowohl die Anregungsdichte ρ_{bb}, wie auch der Kohärenzterm ρ_{ba} sind davon betroffen. Das kann man mit einigem Aufwand in einer sauberen Theorie ableiten. Wir gehen der Einfachheit halber phänomenologisch plausibel vor und erinnern uns, dass der angeregte Zustand mit der natürlichen Lebensdauer, sagen wir $T_1 = 1/A = 1/\Gamma_{ab}$, zerfällt. Ohne externes elektrisches Feld ist die Wahrscheinlichkeit, den angeregten Zustand anzutreffen, also

$$\rho_{bb}(t) = \rho_{bb}^{(0)} \exp(-\Gamma_{ab} t) \tag{20.30}$$

mit der anfänglichen Besetzung des angeregten Zustands $\rho_{bb}^{(0)}$. Man berücksichtigt dies durch einen Term $\dot\rho_{bb} = -\Gamma_{ab}\rho_{bb}$, den man in (20.27) und (20.28) hinzufügt. Analog addiert man $-\Gamma_{bb}\rho_{ba}$ zum Nichtdiagonalterm (20.29). Schließlich schreiben wir die *optischen Bloch-Gleichungen mit Relaxation*:

$$\rho_{aa} = 1 - \rho_{bb} \tag{20.31}$$

$$\dot\rho_{bb} = -\frac{\mathrm{i}}{2} h(t)\Omega_R(\rho_{ab} - \rho_{ba}) - \Gamma_{ab}\rho_{bb} \tag{20.32}$$

$$\dot\rho_{ba} = -\frac{\mathrm{i}}{2} h(t)\Omega_R(\rho_{bb} - \rho_{aa}) - (\Gamma_{bb} - \mathrm{i}\Delta\omega)\rho_{ba}, \tag{20.33}$$

wobei der *Zerfall der Anregung* charakterisiert wird durch

$$\Gamma_{ab} = 1/T_1, \tag{20.34}$$

und *der Kohärenzzerfall* durch

$$\Gamma_{bb} = 1/T_2. \tag{20.35}$$

Mit $\rho_I = \mathrm{Im}\,\rho_{ba}$ und $\rho_R = \mathrm{Re}\,\rho_{ba}$ werden (20.32) und (20.33) in reeller Form:

$$\dot\rho_{bb} = -h(t)\Omega_R\rho_I - \Gamma_{ab}\rho_{bb} \tag{20.36}$$

$$\dot\rho_I = -h(t)\Omega_R(\rho_{bb} - 1/2) - \rho_I\Gamma_{bb} + \rho_R\Delta\omega \tag{20.37}$$

$$\dot\rho_R = -\rho_R\Gamma_{bb} - \rho_I\Delta\omega \tag{20.38}$$

Für praktische Rechnungen ist es oft sinnvoll, die Gleichungen dimensionslos zu schreiben, indem man beide Seiten mit einer charakteristischen Zeit τ, z.B.

der Laserimpulsdauer, multipliziert und $t/\tau \to \vartheta$ ersetzt (wir messen also alle Zeiten in Einheiten von τ):

$$\frac{d\rho_{bb}}{d\vartheta} = h(\vartheta)\Omega_R\tau\rho_I - \frac{\rho_{bb}}{T_1/\tau} \tag{20.39}$$

$$\frac{d\rho_I}{d\vartheta} = -h(\vartheta)\Omega_R\tau(\rho_{bb} - 1/2) + \rho_R\tau\Delta\omega - \frac{\rho_I}{T_2/\tau} \tag{20.40}$$

$$\frac{d\rho_R}{d\vartheta} = -\rho_I\tau\Delta\omega - \frac{\rho_R}{T_2/\tau}, \tag{20.41}$$

wobei sich die Impulseinhüllende vereinfacht zu:

$$h(\vartheta) = \exp(-\vartheta^2/2) \tag{20.42}$$

Den Zusammenhang zwischen $A = \Gamma_{ab}$ und Γ_{bb} bei rein optischem Zerfall können wir aus dem feldfreien Grenzfall bei sehr kleiner Besetzungsdichte im angeregten Zustand gewinnen. Wir erinnern uns an die Herkunft der Dichtematrixelemente aus Amplituden. Im kohärenten Fall war ja $\rho_{ik} = c_i c_k^*$, und bei schwacher Anregung gilt dann $c_a \simeq 1$, so dass mit $\rho_{ba} = c_b c_a^* \simeq c_b$

$$\dot\rho_{ba} = \frac{dc_b}{dt} = -\Gamma_{bb}\rho_{ba} = -\Gamma_{bb}c_b \Rightarrow c_b(t) = c_{b0}\exp(-\Gamma_{bb}t)$$

$$\Rightarrow \rho_{bb}(t) = |c_{b0}|^2 \exp(-2\Gamma_{bb}t)$$

wird. Vergleichen wir dies mit (20.30), so folgt:

$$\Gamma_{bb} = 1/T_2 = \Gamma_{ab}/2 = A/2 = 1/2T_1 \quad \text{oder} \quad T_2 = 2T_1 \tag{20.43}$$

Das gilt freilich nur dann, wenn andere Relaxationsprozesse vernachlässigbar sind. Im allgemeinen Fall, wo z.B. Stoßprozesse innerhalb des untersuchten Systems oder sonstige Wechselwirkungen mit seiner Umgebung (sogenanntes *Bad*) eine Rolle spielen, können T_2 und T_1 durchaus unabhängig voneinander sein. So führen Stoßprozesse in der Gasphase überwiegend zu einer Verkürzung von T_2 (Dephasierung) und nicht zwingend zum Zerfall der Anregung. Dagegen können Verlustkanäle (z.B. Zerfall in einen sonst unbeteiligten dritten Zustand) überwiegend zur Verkürzung von T_1 führen, ohne eine wesentliche Dephasierung der noch in a und b verbleibenden Besetzungen zu bewirken.

Zum Abschluss dieser allgemeinen Überlegungen notieren wir für den späteren Gebrauch, dass der Hamiltonian (20.15) des Zweizustandssystems im elektromagnetischen Feld in Drehwellennäherung mit Relaxation nun

$$\widehat{H}(t) = \hbar \begin{pmatrix} 0 & \Omega_R(t)/2 + i\Gamma_{ab} \\ \Omega_R(t)/2 + i\Gamma_{ab} & i\Gamma_{bb} + \Delta\omega \end{pmatrix} \tag{20.44}$$

lautet. Man verifiziert dies leicht durch Einsetzen in die Liouville-Gleichung (20.26) und Vergleich mit den optischen Bloch-Gleichungen (20.36), (20.37) und (20.38).

20.6 Anregung mit kontinuierlichem (cw) Licht

Wir betrachten jetzt eine Reihe von Spezialfällen. Für einige davon lassen sich die optischen Bloch-Gleichungen geschlossen lösen, während der allgemeine Fall numerisch zu behandeln ist. Zunächst setzen wir $h(t) \equiv 1$ für $t \geq 0$, betrachten also die Anregung mit kontinuierlichem Licht, das zu einem Zeitpunkt $t = 0$ eingeschaltet wird, wie wir dies schon bei der semiklassischen Störungstheorie getan haben.

20.6.1 Eingeschwungener, relaxierter Zustand

Bei endlicher Dämpfung brauchen wir nur hinreichend lange nach dem Einschalten des Feldes zu warten ($t \gg T_1, T_2$), und alle zeitlichen Ableitungen verschwinden. Dann wird aus (20.36), (20.37) und (20.38)

$$\Gamma_{ab}\rho_{bb} = \Omega_R \rho_I \tag{20.45}$$

$$\Gamma_{bb}\rho_I = -\Omega_R(\rho_{bb} - 1/2) + \rho_R \Delta\omega \tag{20.46}$$

$$\Gamma_{bb}\rho_R = -\rho_I \Delta\omega \,. \tag{20.47}$$

Die Wahrscheinlichkeit, das System im angeregten Zustand zu finden, ergibt sich damit zu:

$$\rho_{bb} = \frac{1}{2} \frac{\Omega_R^2}{\Gamma_{ab}\Gamma_{bb} + (\Gamma_{ab}/\Gamma_{bb})\,\Delta\omega^2 + \Omega_R^2} \tag{20.48}$$

Der Grenzfall sehr hoher Intensitäten (Rabi-Frequenz $\Omega_R \gg \Delta\omega, \Gamma_{ab}, \Gamma_{bb}$) führt dies erwartungsgemäß zur Gleichbesetzung von angeregtem Zustand und Grundzustand $\rho_{bb} = 1/2$. Man spricht von Sättigung, wie sie auch in der semiklassischen Theorie vorhergesagt wird. Dann, aber auch nur dann, verschwindet übrigens auch das Nebendiagonalelement $\rho_{ba} = \rho_R + i\rho_I \propto 1/\Omega_R$, wie man mit (20.46), (20.47) und (20.48) leicht zeigt. Ebenfalls erwartungsgemäß nimmt dagegen bei hoher Verstimmung $\Delta\omega \gg \Omega_R$ die Anregungswahrscheinlichkeit $\rho_{bb} \propto 1/\Delta\omega^2$ ab, ohne dass dabei die Kohärenz verloren geht.

20.6.2 Sättigungsverbreiterung

Für den rein radiativen Zerfall mit $\Gamma_{bb} = \Gamma_{ab}/2 = A/2$ wird (20.48) zu

$$\rho_{bb} = \frac{\Omega_R^2/4}{A^2/4 + \Omega_R^2/2 + \Delta\omega^2} = \frac{\Omega_R^2/4}{\Omega_s^2/4 + \Delta\omega^2} \,. \tag{20.49}$$

Wir haben also einen Ausdruck für die *Intensitäts- oder Sättigungsverbreiterung* (engl. *power broadening*) von Spektrallinien gefunden. Es handelt sich offenbar um ein *Lorentz-Profil der Halbwertsbreite*

$$\Omega_s = \sqrt{A^2 + 2\Omega_R^2} \,, \tag{20.50}$$

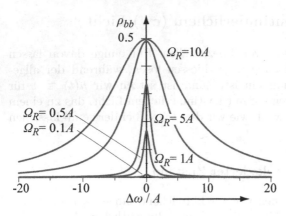

Abb. 20.13. Linienverbreiterung im intensiven Laserfeld (sogenannte Sättigungsverbreiterung). Aufgetragen ist die Anregungswahrscheinlichkeit als Funktion der Verstimmung $\Delta\omega$ (gemessen in Einheiten der natürlichen Linienbreite $\Gamma = A$) für verschiedene Rabi-Frequenzen Ω_R

das in Abb. 20.13 für verschiedene Ω_R (und damit Intensitäten) skizziert ist. Mit Blick auf (20.12) führen wir außerdem eine *Sättigungsintensität*

$$I_s = \frac{2\pi hcA}{\lambda^3} \tag{20.51}$$

ein (s. z.B. Ashkin, 1978), für welche die Rabi-Frequenz gerade $\sqrt{3}$ mal die natürlichen Linienbreite A ist. Mit $\Omega_R^2 = 2BI/\pi c = 3\,(I/I_s)\,A^2$ wird nach (20.49) die mittlere Besetzungsdichte des oberen Zustands:

$$\rho_{bb} = \frac{1}{2}\frac{BI/\pi c}{A^2/4 + BI/\pi c + \Delta\omega^2} = \frac{1}{2}\frac{6\,(I/I_s)}{1 + 6\,(I/I_s) + (2\Delta\omega/A)^2}\,. \tag{20.52}$$

Für exakt resonante Einstrahlung ($\Delta\omega = 0$) ist diese Anregungswahrscheinlichkeit als Funktion der Intensität in Abb. 20.14 veranschaulicht. Sie nähert sich dem Maximalwert von 50% mit zunehmender Intensität rasch an, bei $I = I_s$ liegt sie bereits bei 43%.

Diese Sättigung der Anregungswahrscheinlichkeit ist die eigentliche Ursache der in Abb. 20.13 illustrierten Intensitätsverbreiterung: man kann wegen der spontanen Emission im zeitlichen Mittel eben nicht mehr als 50% der Atome anregen – wie hoch auch immer die Intensität ist. Daher auch der Begriff

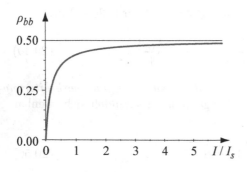

Abb. 20.14. Besetzungswahrscheinlichkeit ρ_{bb} des oberen Zustands bei resonanter Einstrahlung ($\Delta\omega = 0$) als Funktion der Laserintensität I, gemessen in Einheiten der *Sättigungsintensität* I_s, für welche $\Omega_R = \sqrt{3}\Gamma$ ist

Sättigungsverbreiterung. Als Zahlenbeispiel betrachten wir wieder die „Drosophila der Atomphysik": für den $3^2P_{3/2} \leftarrow 3^2S_{1/2}$-Übergang im Natrium haben wir bei $\lambda = 589\,$nm eine natürliche Lebensdauer $T_2 = 16\,$ns, d.h. eine (Kreisfrequenz-)Linienbreite $A = 2\pi \cdot 10\,$MHz. Damit wird $I_s \simeq 38\,$mW cm^{-2} und man kann bereits mit sehr kleiner Laserleistung Sättigung erreichen. Wir können auch abschätzen, wie stark der Laser fokussiert war, der zur Messung der Aufspaltung des Mollow-Tripletts nach Abb. 20.8 auf S. 541 benutzt wurde. Für $P = 30\,$mW liest man dort ab, dass die Aufspaltung $\Omega_R \simeq 7A$ wird. Es ergibt sich nach (20.12) $I \simeq 627\,$mW cm^{-2}, was nach (13.49) einem Gauß-Radius von $a \simeq 1.2\,$mm entspricht.

Es verdient festgehalten zu werden, dass die exakte, stationäre Lösung (20.49) bzw. (20.52) im Grenzfall sehr kleiner Intensität, $\Omega_R^2 \ll A^2$, in die bereits in Band 1 im Rahmen der semiklassischen Störungstheorie abgeleitete Lorentz-Verteilung für die natürliche Linienbreite übergeht. Mit (20.12) wird

$$\rho_{bb} = \frac{\Omega_R^2/4}{A^2/4 + \Delta\omega^2} = \frac{3\lambda^3}{4\pi h}\frac{I}{c}\frac{A/2}{(A/2)^2 + \Delta\omega^2}. \tag{20.53}$$

20.6.3 Breitbandige und schmalbandige Anregung

Bislang haben wir angenommen, dass mit streng monochromatischem Licht angeregt wird. Wir diskutieren nun – wieder für niedrige Intensitäten $\Omega_R^2 \ll A^2$ – den allgemeinen Fall einer Anregung mit quasimonochromatischem Laserlicht (mittlere Kreisfrequenz ω_c). Der Einfachheit halber nehmen wir als spektrale Verteilung des eingestrahlten Lichts die Lorentz-Verteilung (14.9) mit der Bandbreite $\Delta\omega_{1/2}$ (FWHM Kreisfrequenz) und der Gesamtintensität I an. (20.53) ist mit dieser Verteilung zu falten, um die mittlere Anregungsdichte zu erhalten. Wir notieren hier beiläufig und ohne Beweis die wichtige Regel, dass die Faltung von zwei ($i = 1, 2$) auf Einheitsfläche normierten Lorentz-Profilen $\Gamma_i/\left(\Delta\omega^2 + \Gamma_i^2\right)/\pi$ wiederum ein auf Fläche 1 normiertes Lorentz-Profil der Linienbreite $\Gamma = \Gamma_{ab} + \Gamma_{bb}$ wird. Damit ergibt sich

$$\rho_{bb} = \frac{3\lambda^3}{4h}\frac{1}{\pi}\frac{(A/2 + \Delta\omega_{1/2}/2)}{(A/2 + \Delta\omega_{1/2}/2)^2 + \Delta\omega^2}\frac{I}{c}. \tag{20.54}$$

Wir betrachten zunächst zwei Grenzfälle:

1. Regen wir zunächst mit einer sehr breitbandigen Lichtquelle $\Delta\omega_{1/2} \gg A$ an, deren Maximum auf Resonanz $\omega_c = \omega_{ba}$ abgestimmt sei, so erhält man aus (20.54) und (14.9) für die Besetzungsdichte:

$$\rho_{bb} = \frac{3\lambda^3}{2h}\frac{I}{\pi c \Delta\omega_{1/2}} = \frac{3\lambda^3}{4h}\frac{\tilde{I}(\omega_{ba})}{c} \tag{20.55}$$

Hier ist $\tilde{I}(\omega_{ba})/c = \tilde{u}(\omega_{ba}) = 2I/(\pi c\Delta\omega_{1/2})$ die spektrale Strahlungsdichte der Lichtquelle bei ω_{ba}, und der Vorfaktor $3\lambda^3/4h$ ist das Verhältnis der Einstein-Koeffizienten B/A nach (20.11). Die stationäre Anregungswahrscheinlichkeit ist also nur bezüglich der Wellenlänge systemspezifisch und hängt in diesem Fall nicht von den sonstigen atomaren Eigenschaften des Systems ab. Das mag zunächst erstaunen, erklärt sich aber einfach daraus, dass sich im stationären Zustand spontane Emission und Anregung gerade das Gleichgewicht halten. Zwar hängt natürlich die Zeit, um den stationären Zustand zu erreichen, von A (bzw. D_{ba}) ab – wie wir in Abschn. 20.6.6 sehen werden – nicht aber der Gleichgewichtszustand selbst.

2. Der Laser sei sehr schmalbandig $\Delta\omega_{1/2} \ll A$, und wir regen im Linienzentrum ($\Delta\omega = 0$) an. Dann wird

$$\rho_{bb} = \frac{3\lambda^3}{4h}\frac{2I}{\pi cA}, \qquad (20.56)$$

und die Anregungswahrscheinlichkeit im stationären Zustand ist offenbar umgekehrt proportional zur natürlichen Linienbreite, d.h. proportional zur Lebensdauer T_1 des Zustands – und natürlich proportional zur Intensität. Man kann sich das so veranschaulichen, dass Anregung nur im Zentrum der Linie erfolgt, spontane Emission, die der Anregung entgegenwirkt, aber über mit der ganzen natürliche Linienbreite A erfolgt. Man kann auch sagen, dass die sehr schmalbandig eingestrahlte Intensität in ihrer Wirkung einer Quelle vergleichbar ist, die eine Bandbreite A hat, also die spektrale Strahlungsdichte $u(\omega_{ba}) = I(\omega_{ba})/c = 2I/(\pi cA)$.

20.6.4 Ratengleichungen

Wir haben im Vorangehenden die zeitliche Entwicklung völlig außer Acht gelassen, d.h. wir haben angenommen, dass das betrachtete Quantensystem bereits seit langer Zeit ($t \to -\infty$) unter dem Einfluss des Feldes stand und Einschwingvorgänge keine Rolle mehr spielen. Einen wichtigen Schritt weiter kann man auf einfache Weise kommen, wenn man sich nicht für die Kohärenzen des Systems interessiert. Nehmen wir also an, dass sich Kohärenzen relativ rasch wegmitteln (z.B. bei der Anregung mit einer breitbandigen, schwachen Lichtquelle oder auch durch Stoßprozesse u.ä.), und setzen wir in (20.33) einfach $\dot\rho_{ba} = 0$. Nehmen nun an, die Lichtquelle werde zum Zeitpunkt $t = 0$ eingeschaltet, habe dann aber eine konstante Feldstärke ($h(t) \equiv 1$), so wird

$$-\rho_{ba} = \frac{1}{2}\frac{i\Omega_R}{(\Gamma_{bb} - i\Delta\omega)}(\rho_{bb} - \rho_{aa}) \quad \text{bzw.}$$

$$\rho_{ab} - \rho_{ba} = i\frac{\Gamma_{bb}\Omega_R}{\Gamma_{bb}^2 + \Delta\omega^2}(\rho_{bb} - \rho_{aa}).$$

Setzt man dies in (20.32) ein und drückt Ω_R^2 entsprechend (20.12) durch D_{ba}^2 bzw. A und Laserintensität I aus, so findet man schließlich:

$$\dot{\rho}_{bb} = B(\Delta\omega)\, I/c\, (\rho_{bb} - \rho_{aa}) - A\rho_{bb} \qquad (20.57)$$

$$\dot{\rho}_{aa} = -B(\Delta\omega)\, I/c\, (\rho_{bb} - \rho_{aa}) + A\rho_{bb} \qquad (20.58)$$

$$\text{mit } B(\Delta\omega) = \frac{D_{ba}^2}{\hbar^2\epsilon_0}\frac{\Gamma_{bb}}{\Gamma_{bb}^2 + \Delta\omega^2} = \frac{3\lambda^3}{2\pi h}\frac{A^2/4}{A^2/4 + \Delta\omega^2} \qquad (20.59)$$

Im letzten Schritt haben wir uns auf rein radiative Prozesse mit $\Gamma_{bb} = \Gamma_{ab}/2 = A/2$ beschränkt. Oft ist es auch zweckmäßig, Ratengleichungen für die halbe Besetzungsdifferenz $\rho_D = (\rho_{bb} - \rho_{aa})/2$ zu benutzen:

$$\dot{\rho}_D = B(\Delta\omega)\, I/c\, \rho_D + A\,(\rho_D + 1/2) \qquad (20.60)$$

Im Wesentlichen sind dies die bekannten *Ratengleichungen* (Kap. 4.1.5 in Band 1), die heuristisch erstmals von Einstein im Zusammenhang mit der Ableitung der Planck'schen Strahlungsformel aufgestellt wurden. Der Ausdruck (20.59) ist insofern detaillierter, als er auch die Abhängigkeit von der Verstimmung gegenüber exakter Resonanz bei endlicher Linienbreite enthält. Wir haben gewissermaßen eine Frequenzabhängigkeit der Einstein'schen B-Koeffizienten eingeführt. In Kap. 13.1.4 hatten wir ja bereits vorgreifend davon Gebrauch gemacht. Für den direkten Vergleich mit den klassischen Ratengleichungen muss man (20.59) bzw. $B(\Delta\omega)\,I/c$ über alle Frequenzen integrieren. Im Falle einer breitbandigen Quelle führt das zum Ersetzen von

$$B(\Delta\omega)\, I/c \to \frac{3\lambda^3 A}{4h}\frac{\tilde{I}(\omega_{ba})}{c} = B_{ba}\tilde{u}(\omega_{ba})\,,$$

womit die Ratengleichungen (20.57) und (20.58) in die klassischen Einstein'schen übergehen. Wie bereits mehrfach angemerkt, unterscheidet sich die hier benutzte Relation zwischen B und A von anderen, häufig benutzten Ausdrücken um einen Faktor $3/2\pi$, da wir (a) gerichtetes und nicht isotropes Licht benutzen (Faktor 3) und (b) die spektrale Energiedichte $u(\omega)$ auf die Kreisfrequenz und nicht auf die Frequenz beziehen (Faktor $1/2\pi$).

Solche Ratengleichungen werden oft angewandt und geben unter gewissen Umständen das Verhalten von Quantensystemen im elektromagnetischen Feld in der Nähe des stationären Zustands gut wieder, ja sie erlauben auch die Einführung zusätzlicher Terme, die über die Zweizustandsnäherung hinausgehen. Freilich taugen Ratengleichungen nicht zur Beschreibung von Kohärenzeffekten, wie sie mit schmalbandiger Anregung erzeugt werden und auch bei sehr schnellen Prozessen eine wesentliche Rolle spielen.

20.6.5 Kontinuierliche Anregung ohne Relaxation

Wir gehen nun zunächst einen Schritt in die umgekehrte Richtung und nehmen an, dass es gar keine Relaxationsprozesse gebe. Man verifiziert durch Einsetzen in die optischen Bloch-Gleichungen (20.31), (20.32) und (20.33), dass dann

$$\rho_{bb} = \frac{\Omega_R^2}{\Omega_\Delta^2} \sin^2\left(\frac{\Omega_\Delta t}{2}\right) \quad \text{mit} \quad \rho_{aa} = 1 - \rho_{bb} \quad \text{und} \qquad (20.61)$$

$$\rho_{ab} = \exp\left(-\mathrm{i}\Delta\omega \cdot t\right) \frac{\Omega_R^2}{\Omega_\Delta^2} \sin\left(\frac{\Omega_\Delta t}{2}\right) \left[-\Delta\omega \sin\left(\frac{\Omega_\Delta t}{2}\right) + \mathrm{i}\Omega_\Delta \cos\left(\frac{\Omega_\Delta t}{2}\right)\right]$$

Lösungen zu den Anfangsbedingungen[3] $\rho_{bb} = 0$ und $\rho_{ab} = 0$ sind, wobei wir die nichtresonante Rabi-Frequenz Ω_Δ nach (20.20) benutzen.

Die Besetzungsdichte $\rho_{bb}(t)$ des angeregten Zustands für verschiedene Werte von $\Delta\omega/\Omega_R$ als Funktion der Zeit (in Einheiten von $1/\Omega_R$) ist in Abb. 20.15 dargestellt. Man sieht, dass die Besetzung zwischen Grund- und angeregtem Zustand oszilliert (*Rabi-Oszillationen*). Bei exakt resonanter Ein-

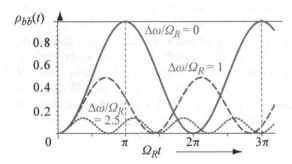

Abb. 20.15. Zeitliche Entwicklung der Besetzungsdichte des angeregten Zustands für verschiedene Verstimmungen $\Delta\omega$ und Rabi-Frequenzen Ω_R (d.h. bei unterschiedlichen Intensitäten) unter Vernachlässigung der Relaxation ($\Gamma = 0$)

strahlung $\Delta\omega/\Omega_R = 0$ befindet sich nach einer Zeit $t = \pi/\Omega_R$ die gesamte, anfänglich im Grundzustand vorhandene Population im angeregten Zustand und kehrt nach $t = 2\pi/\Omega_R$ wieder komplett in den Grundzustand zurück. Regt man also mit einem Rechteckimpuls an, bei welchem das Laserfeld zur Zeit $t = 0$ ein und zur Zeit π/Ω_R wieder ausgeschaltet wird, so verbleibt das System zu 100% im angeregten Zustand (sofern es, wie hier angenommen, keine Relaxation gibt). Einen solchen Laserimpuls mit $\Omega_R t = \pi$ nennt man *π-Impuls*. Entsprechend stellt ein *π/2-Impuls* Gleichbesetzung zwischen Grund- und angeregtem Zustand her und ein 2π-Impuls führt das System wieder vollständig in den Grundzustand zurück. Man kann das aber auch mit zwei zeitlich aufeinander folgenden π-Impulsen erreichen.

Um ein Gefühl für die Dauer t_π eines solchen π-Impulses zu erhalten, wählen wir wieder die Anregung eines Na-Atoms mit einer Intensität von $I \simeq 630\,\mathrm{mW\,cm^{-2}}$(s. Abschn. 20.6.2). Dafür war $\Omega_R \simeq 7 \times 2\pi \times 10\,\mathrm{MHz}$ und somit $t_\pi = 7\,\mathrm{ns}$. Da die natürliche Lebensdauer des angeregten Zustands aber nur 16 ns beträgt, können wir diese Situation nicht mehr problemlos ohne Relaxation beschreiben. Die Gl. (20.61) können aber eine realistische Beschreibung für sehr viel kürzere Zeiten bieten $t \ll T_1, T_2$. Bei sehr hohen

---

[3] Die Annahme von Anfangsbedingungen impliziert wieder stillschweigend, dass das Strahlungsfeld bei $t = 0$ eingeschaltet wird.

Intensitäten, wie man sie heute mit Kurzpulslasern erzeugt, geben diese relaxationsfreien Gleichungen durchaus eine angemessene Beschreibung der Rabi-Oszillationen. Mit zunehmender Verstimmung werden die Rabi-Oszillationen entsprechend (20.50) schneller, die Anregungswahrscheinlichkeit geringer.

20.6.6 Kontinuierliche Anregung mit Relaxation

Der allgemeine Fall mit Relaxation erfordert in der Regel eine numerische Lösung der optischen Bloch-Gleichungen. Nur für den Fall der resonanten Einstrahlung, d.h. für $\Delta\omega = 0$, lassen sich geschlossene Lösungen angeben. Mit den Anfangsbedingungen $\rho_{bb} = 0$ und $\rho_{ab} = 0$ ergibt sich für die Anregung:

$$\rho_{bb} = \frac{1}{2}\frac{\Omega_R^2}{\Gamma_{ab}^2/2 + \Omega_R^2}\left[1 - \left(\cos\Omega_x t + \frac{3A}{4\Omega_x}\sin\Omega_x t\right)\exp\left(-\frac{3tA}{4}\right)\right]$$

$$\text{mit}\quad \Omega_x = \sqrt{\Omega_R^2 + \frac{A^2}{8}}$$

In Abb. 20.16 ist diese Lösung für $\Omega_R/A = 2$ (starke Dämpfung) und $= 10$ (schwache Dämpfung) skizziert. Man kann solche Oszillationen z.B. durch Bestimmung der Korrelationsfunktion zweiter Ordnung nachweisen, wie dies gleich zu Eingang dieses Kapitels in Abb. 20.3 auf S. 533 in besonders eindrucksvoller Weise am Einzelatom in einer Falle illustriert wurde.

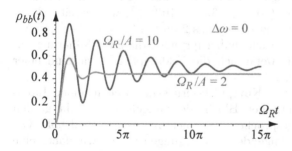

Abb. 20.16. Zeitliche Entwicklung der Besetzungsdichte des angeregten Zustands ρ_{bb} unter Berücksichtigung der Relaxation (spontane Linienbreite A) bei zwei verschiedenen Intensitäten bzw. Rabi-Frequenzen Ω_R

20.7 Bloch-Gleichungen und Kurzzeitspektroskopie

20.7.1 Anregung mit kurzen Laserimpulsen

Bei Anregung mit einem kurzen Laserimpuls kann man die optischen Bloch-Gleichungen im allgemeinen Fall nicht in geschlossener Form lösen und muss numerisch integrieren. Zunächst einige allgemeine Vorbemerkungen.

Die Rabi-Frequenz Ω_R ist nach (20.12) proportional zur Wurzel aus der Intensität, womit hier das zeitliche Maximum I_0 gemeint ist. Um konkret zu werden, nehmen wir einen in Ort und Zeit Gauß'schen Impuls nach (13.118) an, setzen also $h(t) = \exp[-(t/\tau)^2/2]$. Der Übersichtlichkeit halber betrachten wir nur das örtliche Maximum der Intensität $I_0 = I_0(z = 0)$, das sich nach (13.120) zu $I_0 = \mathcal{F}_0/(\sqrt{\pi}\tau)$ aus der Fluenz $\mathcal{F}_0$ (in J/cm^2) auf der Strahlachse ergibt. Diese wiederum ergibt sich als $\mathcal{F}_0 = W_{tot}/(\pi a^2)$ aus der gesamten Impulsenergie W_{tot} und dem Gauß'schen Strahlradius a (bei $1/e$ Intensität). Laser- und Anregungsparameter, welche die Bloch-Gleichungen (20.39), (20.40) und (20.41) bestimmen, stecken damit in dem dimensionslosen Phasenwinkel $\Omega_R\tau$. Mit (20.12) wird dieser

$$\Omega_R\tau = \sqrt{\frac{3\lambda^3 A\mathcal{F}_0}{2hc\pi^{3/2}\tau}}\,\tau \propto \sqrt{D_{ba}\mathcal{F}_0\tau}\,. \tag{20.62}$$

Diese Relation ist bemerkenswert, sagt sie doch, dass es *bei quasiresonanter Anregung mit kurzen Laserimpulsen* weniger auf die Intensität als *auf das Produkt aus Fluenz (also Energie pro Fläche) und Impulsdauer* ankommt.

Um auch hier ein Gefühl für Zahlen zu erhalten, berechnen wir $\Omega_R\tau$ für die Anregung der Na Resonanz bei $\lambda = 589\,\text{nm}$ mit einem 50 fs Impuls. Leicht kann man heute eine Impulsenergie von 0.3 mJ benutzen und diese auf einen $(1/e)$ Durchmesser von 100 μm fokussieren. Damit wird $\mathcal{F}_0 \simeq 4\,\text{J cm}^{-2}$ (bei einer Maximalintensität $I_0 = 4.5 \times 10^{13}\,\text{W cm}^{-2}$). Mit $A = 2\pi \times 10\,\text{MHz}$ folgt für den Phasenwinkel $\Omega_R\tau = 182$. Dies ist also ein Vielfaches von π, und wir müssen bei solcher Intensität offenbar schon die gesamte Näherung infrage stellen. Dies wird vollends deutlich, wenn wir die erwartete Rabi-Kreisfrequenz berechnen. Es wird $\Omega_R = 182/(50\,\text{fs}) = 3.64 \times 10^{15}\,\text{s}^{-1}$, was bereits größer als die Kreisfrequenz des optischen Übergangs $2\pi c/\lambda \simeq 3.2 \times 10^{15}\,\text{s}^{-1}$ist. Wir dürfen hier also weder die Drehwellennäherung noch die SVE-Näherung anwenden, die ja nur dann gilt, wenn sich die Feldamplitude während einer optischen Periode wenig ändert.

Man gerät also mit heutigen Kurzpulslasern sehr rasch in einen Intensitätsbereich, wo auch die optischen Bloch-Gleichungen nicht mehr greifen (freilich weist das gerade angesprochene Beispiel eine exzeptionell hohe Oszillatorenstärke auf). Für die folgenden Überlegungen wollen wir daher eine deutlich niedrigere Fluenz annehmen. Sofern nur radiative Relaxation eine Rolle spielt, kann man bei Impulsdauern von einigen zig-Femtosekunden die Relaxationsterme (Nanosekunden) zunächst vernachlässigen. Weiterhin betrachten wir nur den nahezu resonanten Fall $\tau\Delta\omega \ll 1$. Wir können uns also auf den jeweils ersten Term der rechten Seite von (20.39) und (20.40) beschränken und haben folgende gekoppelte Gleichungen zu lösen:

$$\frac{d\rho_{bb}}{d\vartheta} = h(\vartheta)\,\Omega_R\tau\,\rho_I \tag{20.63}$$

$$\frac{d\rho_I}{d\vartheta} = -h(\vartheta)\,\Omega_R\tau\,(\rho_{bb} - 1/2) \tag{20.64}$$

Für diesen ungedämpften Resonanzfall gibt es eine analytische Lösung

$$\rho_{bb}(\vartheta) = [1 - \cos(\phi_{ba}(\vartheta))]/2 \quad \text{mit} \quad \phi_{ba}(\vartheta) = \Omega_R \tau \int_{-\infty}^{\vartheta} h(\vartheta')d\vartheta' \quad (20.65)$$

mit dem über die Zeit integrierten Phasenwinkel $\phi_{ba}(\vartheta)$.

Will man die Anregung durch unterschiedliche Impulsformen miteinander oder auch mit dem in Abschn. 20.6.5 und 20.6.6 beschriebenen Fall eines zeitunabhängigen Feldes quantitativ vergleichen, so muss man den effektiven Phasenwinkel durch Integration über den vollen Impuls bilden:

$$\phi_{ba}^{\infty} = \phi_{ba}(\infty) = \Omega_R \tau \int_{-\infty}^{\infty} h(\vartheta)d\vartheta = \sqrt{2\pi}\,\Omega_R \tau$$

In dem hier *explizit ausgewerteten Fall* des *Gauß'schen Impulses* entspricht z.B. ein effektiver π-*Impuls* $\phi_{ba}^{\infty} = \pi$ einem Wert $\Omega_R \tau = \sqrt{\pi/2}$ – wobei sich die Rabi-Frequenz Ω_R auf das Maximum der Intensität bezieht. Die Ergebnisse sind für einige Zahlenwerte von ϕ_{ba}^{∞} in Abb. 20.17 dargestellt. Mit $\phi_{ba}^{\infty} = \pi$ kann man offenbar die gesamte Besetzung vom Grundzustand $|a\rangle$ in den angeregten Zustand $|b\rangle$ pumpen – genau wie im Fall eines Rechteckimpulses, nur dass dort ein π-Impuls $\Omega_R \tau = \pi$ bedeutet. Für $\phi_{ba}^{\infty} = 1.5\pi$ wird schon wieder Besetzung abgebaut, sodass sich bei großen Zeiten nur noch 50% des Systems im angeregten Zustand befindet. Bei $\phi_{ba}^{\infty} = 2\pi$ schließlich durchläuft das System während des Impulses gerade einen vollen Zyklus der Anregung und Abregung (2π-*Impuls*). Die Anregung mit solchen Impulsen bzw. Impulsfolgen spielt bei Untersuchungen mit sogenannte Photonenechos und in der NMR- und EPR-Spektroskopie eine wichtige Rolle.

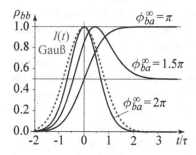

Abb. 20.17. Besetzung des angeregten Zustands im Zweiniveausystem bei naheresonanter Anregung mit einem kurzen Laserimpuls. Die numerische Lösung der optischen Bloch-Gleichungen wurde für verschiedenen Laserintensitäten durchgeführt, die durch den Phasenwinkel ϕ_{ba} charakterisiert werden. Die Zeitskala ist auf das Maximum des anregenden Gauß Impulses (*rot, gestrichelt*) festgelegt

Normalerweise wird man bei der kurzzeitspektroskopischen Untersuchungen nach dem *Anrege-Abtastschema* (auch *Pump-Probe*-Experiment) bei Pump-Impulsintensitäten arbeiten, die klein genug sind, um solche Effekte mit Sicherheit zu vermeiden (näheres folgt in Band 3): Man möchte einfach eine endliche Anregungsdichte der untersuchten Atome, Moleküle oder Festkörpermaterialien erzeugen, die deutlich unter 1 liegt und deren zeitliche Entwicklung man dann mit einem Probestrahl abfragen kann. In Abb. 20.18 ist die Besetzung bei großen Zeiten (also lange nachdem der Impuls abgeklungen ist) als Funktion der effektiven Phase ϕ_{ba}^∞ aufgetragen, also letztlich als Funktion von Feldstärke und Impulsdauer. *Man beachte, dass die Besetzung im angeregten Zustand für kleine effektive Phasenwinkel zunimmt, für $\phi_{ba}^\infty \geq \pi$ aber wieder abnimmt,* nachdem bereits ein halber Rabi-Zyklus durchlaufen wurde. Für noch wesentlich höhere Intensitäten können mehrere Maxima und Minima durchlaufen werden.

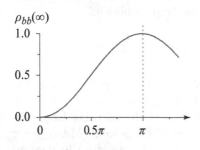

Abb. 20.18. Besetzung des angeregten Zustands im Zweiniveausystem bei naheresonanter Anregung ohne Relaxation mit einem kurzen Laserimpuls. Gezeigt ist die Besetzungsdichte für große Zeiten t als Funktion des effektiven Phasenwinkels

$$\phi_{ba}^\infty = \Omega_R \tau \int_{-\infty}^\infty h(\vartheta)d\vartheta \propto \sqrt{I}\tau$$

20.7.2 Kurzzeitspektroskopie

Für freie Atome oder Moleküle mit isolierten angeregten Zuständen und in Abwesenheit irgendeiner internen Dynamik, sei sie elektronisch oder dem Kerngerüst zugeordnet, beschreiben die Dissipationskonstanten $\Gamma_{ab} = A$ und $\Gamma_{bb} = A/2$ den (spontanen) Strahlungszerfall, der bei optisch erlaubten Übergängen typisch im ns-Bereich liegt. Im Gegensatz dazu können größere Moleküle und Cluster als isolierte Quantensysteme aber auch in Wechselwirkung mit einem Bad (Oberfläche, Flüssigkeit) auf vielfältige Weise relaxieren. Zentrales Anliegen der Kurzzeitspektroskopie ist es, diese Dynamik zu verfolgen und zu verstehen. Für *Anrege-Abtastexperimente* benutzt man insbesondere Femtosekunden Laserimpulse. Dabei werden durch optische Verzögerung (z.B. mit einem Interferometer vom Michelson-Typ) zwei zeitlich um eine variable Verzögerungszeit Δt versetzte Lichtimpulse benutzt, von denen der erste das System anregt, der zweite eine weitere Anregung, ggf. eine induzierte Emission oder auch einen Ionisationsprozess bewirkt, wodurch die zeitliche Entwicklung des angeregten Zwischenzustands abgetastet (geprobt) wird.

Die optischen Bloch-Gleichungen erweisen sich als außerordentlich nützlich für eine Analyse der experimentell beobachtbaren zeitlichen Dynamik von Quantensystemen im Feld kurzer Laserimpulse. Bei solchen Pump-Probe-Experimenten benutzt man die Parameter Γ_{ab} und Γ_{bb}, um ein gemessenes, transientes Signal des untersuchten Systems zum modellieren, und so Aufschluss über die charakteristischen Zeitverläufe z.B. von nichtadiabatischen oder adiabatischen Übergängen, von Dissoziationsprozessen, interner Schwingungsumverteilung etc. zu erhalten. Natürlich führt dies in der Regel nur zu einer groben, phänomenologischen Annäherung an die Realität. Im Folgenden wollen wir einige Spezialfälle unter dem Blickwinkel der Erweiterung der optischen Blochgleichungen in allgemeiner Form behandeln und abschließend ein experimentelles Beispiel präsentieren. Für eine etwas ausführlichere, einführende Diskussion in Methoden und typischen Ergebnisse der Kurzzeitspektroskopie in der Gasphase verweisen wir den interessierten Leser auf einen Übersichtsartikel von Hertel und Radloff (2006).

20.7.3 Ratengleichungen und optische Bloch-Gleichungen

Für die eigentliche Kurzzeitspektroskopie kann man den Strahlungszerfall üblicherweise vernachlässigen, da die interessierenden Prozesse meist im Femto- oder Pikosekundenbereich ablaufen, während optische Zerfälle in der Regel auf der Zeitskala von Nanosekunden erfolgen. Oft ist die Dephasierung (also der Verlust an Kohärenz zwischen den beteiligten Zuständen) weit schneller als die Bevölkerung und Entvölkerung des angeregten Zustands, d.h. $\Gamma_{bb} \gg \Gamma_{ab}$. Auch können die zu untersuchenden Prozesse recht komplex sein und eine ganze Reihe von Stufen durchlaufen, die man nicht individuell auflösen kann. Dennoch kann man sie in stark vereinfachenden Modellen schematisch mit berücksichtigen, indem man eine Reihe von Ratengleichungen (üblicherweise inkohärent) zu den optischen Bloch-Gleichungen hinzuaddiert. Diese zusätzlichen Ratengleichungen beschreiben die Bevölkerung und Entvölkerung verschiedener „Kanäle" (s. z.B. Lippert et al., 2003; Freudenberg et al., 1996). Zusätzlich zu Anregungsgleichungen im Sinne von (20.39), (20.40) und (20.41) fügt man also Gleichungen vom Typ

$$\dot{\rho}_{kk} = \rho_{ii}\Gamma_{ki} - \rho_{kk} \sum_j \Gamma_{jk}$$

hinzu, die gemeinsam mit jenen zu lösen sind. Dabei ist $\sum_j \Gamma_{jk} = 1/\tau_k$ die gesamte Zerfallsrate eines Kanals (k) mit der Lebensdauer τ_k und $\Gamma_{ik}/\sum_j \Gamma_{jk}$ charakterisiert das Verzweigungsverhältnis für einen Übergang von Kanal k nach i. Die beobachteten Ionen-, Elektronen- oder Fluoreszenzsignale werden als proportional zur zeitlichen Entwicklung der Besetzungsdichten $\rho_{bb}(t)$, $\rho_{ii}(t)$, $\rho_{kk}(t)$ angesehen. Schließlich muss das so modellierte Signal noch mit dem zeitlichen Profil des Probeimpulses gewichtet und mit je spezifischem Gewicht zum Gesamtsignal addiert werden. Diese Gewichte, Zerfalls- und Verzweigungsraten benutzt man als Fitparameter und versucht, optimale Übereinstimmung mit dem Experiment zu erhalten. Auch wenn solche Modelle nicht dazu dienen können, ein akkurates Bild aller im Molekül ablaufenden Vorgänge zu geben, erlauben sie doch einen guten Vergleich unterschiedlicher Spezies und Prozesse und gestatten es, relevante Zeitskalen für die systeminterne Dynamik anzugeben. Im Folgenden wollen wir hierzu noch einige allgemeine Anmerkungen machen und schließlich ein Beispiel besprechen.

Grenzfälle

Für eine genuines Pump-Probe-Experiment möchte man Sättigungsphänomene natürlich vermeiden und versucht mit möglichst geringer Laserintensität zu arbeiten, d.h. mit $\phi_{ba}^{\infty} \sim \Omega_R\tau \ll 1$, also ganz links in Abb. 20.18. In diesem Fall lassen sich die optischen Bloch-Gleichungen (20.45) bis (20.47) in einem Störungsansatz sogar geschlossen integrieren. Man erhält für die Entvölkerung des Grundzustands (wieder mit $\vartheta = t/\tau$):

$$
1 - \rho_{aa}(t) = \frac{\tau^2\Omega_R^2}{4} \int_{-\infty}^{t/\tau} d\vartheta' h(\vartheta')e^{-\tau\Gamma_{bb}\vartheta'+i\tau\Delta\omega\cdot\vartheta'} \int_{-\infty}^{\vartheta'} d\vartheta'' h(\vartheta'')e^{+\tau\Gamma_{bb}\vartheta''-i\tau\Delta\omega\cdot\vartheta''}
$$

$$
+ c.c. , \tag{20.66}
$$

was für einen langlebigen angeregten Zustand identisch zu $\rho_{bb}(\vartheta)$ ist. Beiträge zu diesem Integral ergeben sich nur während der Dauer τ des Laserimpulses. Bei exakt resonanter Anregung $\Delta\omega = 0$ kann man das Doppelintegral (20.66) durch partielle Integration weiter auswerten (Freudenberg et al., 1996) und kann zwei Grenzfälle unterscheiden:

1. $\tau\Gamma_{bb} \ll 1$: Die Dephasierungszeit ist viel größer als die Impulsdauer. Der Exponentialausdruck in (20.66) wird 1 und wir haben als *kohärenten Grenzfall*

$$
1 - \rho_{aa}(t) = \frac{\tau^2\Omega_R^2}{4} \left| \int_{-\infty}^{t/\tau} d\vartheta' h(\vartheta') \right|^2 \tag{20.67}
$$

$$
= \frac{1}{8}\pi\tau^2\Omega_R^2 \left[\mathrm{erf}\left(t/\left(\tau\sqrt{2}\right)\right) + 1 \right]^2 \xrightarrow{t\to\infty} \frac{\pi}{2}\tau^2\Omega_R^2 ,
$$

wo das Fehlerintegral $\mathrm{erf}\left(t/\left(\tau\sqrt{2}\right)\right)$ das zeitliche Verhalten bestimmt.

2. $\tau\Gamma_{bb} \gg 1$: Wenn umgekehrt die Dephasierungszeit viel kleiner als die Impulsdauer ist, führt (20.66) zum *inkohärenten Grenzfall*

$$
1 - \rho_{aa}(t) = \frac{\tau\Omega_R^2}{2\Gamma_{bb}} \int_{-\infty}^{t/\tau} d\vartheta' |h(\vartheta')|^2 \tag{20.68}
$$

$$
= \frac{1}{4}\sqrt{\pi}\frac{\tau^2\Omega_R^2}{\tau\Gamma_{bb}} \left[\mathrm{erf}\left(t/\tau\right) + 1 \right] \xrightarrow{t\to\infty} \frac{1}{\tau\Gamma_{bb}}\frac{\sqrt{\pi}}{2}\tau^2\Omega_R^2 ,
$$

der sich deutlich vom kohärenten Fall unterscheidet.

Für größere Verstimmungen $\tau\Delta\omega \geq 1$ ist die Situation komplizierter. Numerische Simulationen zeigen, dass Verstimmung in Kombination mit starkem Zerfall des angeregten Zustands ($\Gamma_{ab} \gg 1/\tau$) den Prozess inkohärent macht und im Grenzfall $\tau\Delta\omega \gg 1$ zu maximaler Anregung bei $t = 0$ führt.

Anregung eines Quasikontinuums

Bislang sind wir immer davon ausgegangen, dass der angeregte Zustand $|b\rangle$, welchen der Pump-Impuls anregt, völlig isoliert ist, wie in Abb. 20.19a angedeutet. In aller Regel wird man es aber bei einem großen Molekül oder Cluster mit vielen angeregten Vibrations- und Rotationszuständen zu tun haben, insbesondere bei höheren elektronischen Zuständen. In erster Näherung können wir dies durch eine unendliche Zahl verschieden verstimmter Zustände beschreiben, wie in Abb. 20.19b skizziert. Man kann den eben skizzierten For-

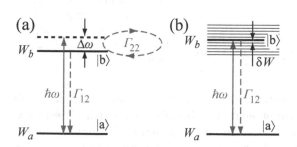

Abb. 20.19. Schematische Darstellung (a) eines Zweiniveausystems mit Zerfallsrate Γ_{12} und Dephasierungsrate Γ_{22} des angeregten Zustands und (b) eines Quasikontinuums zur Ableitung der Anregungswahrscheinlichkeit bei dichten, angeregten Zuständen

malismus mit etwas mathematischen Aufwand auf die in Abb. 20.19b skizzierte Situation anwenden (Ritze, 2005). Man erhält dabei einen Ausdruck (s. z.B. Hertel und Radloff, 2006) äquivalent zu (20.68) und kann daraus den wichtigen Schluß ziehen: *Die kohärente Anregung eines Quasikontinuums von Zuständen kann genau so behandelt werden, wie der inkohärente Grenzfall für ein reines Zweiniveausystem.* Das ist ein sehr praktisches Ergebnis für die Auswertung von Pump-Probe-Experimenten an sehr großen Molekülsystemen. Es rechtfertigt in diesem Kontext auch den Einsatz von Ratengleichungen, die häufig zur Auswertung solcher Experimente benutzt werden.

Experimentell können die Fälle gut unterschieden werden, wenn der Nullpunkt der Verzögerungszeit genau bekannt ist (das ist freilich nicht trivial). In Abb. 20.20 ist die Dichte des angeregten Zustands nach (20.67) und (20.68) aufgetragen für den Fall eines langlebigen angeregten Zustands $|b\rangle$ mit $\Gamma_{ab} \to 0$ und $\rho_{bb}(t) = 1 - \rho_{aa}(t)$ bei zeitlich Gauß'schem Pumpimpuls-Profil. Man beachte, dass im inkohärenten Fall das Signal die Hälfte des Maximalwertes für die Zeitverzögerung Null erreicht. Im Gegensatz dazu wird im kohärenten Fall dieser Punkt bei $0.545\tau = 0.327\Delta t_h$ erreicht, wo Δt_h wieder die FWHM des Pump-Pulse Intensitätsprofils ist. In echten Experimenten erweist sich diese Verschiebung als kritisch bei der Bestimmung von kurzen Relaxationszeiten T_1 unterhalb der Breite des Laserimpulses.

Ein Beispiel hierfür sind Experimente an Ammoniak-Molekülen und - Clustern nach Freudenberg et al. (1996). Abbildung 20.21 zeigt die transienten Ionensignale nach Anregung des rasch zerfallenden $\tilde{A}(v' = 4)$ Zustands in NH_3. Der Pumpimpuls wurde entweder auf Resonanz (~ 204 nm) oder auf

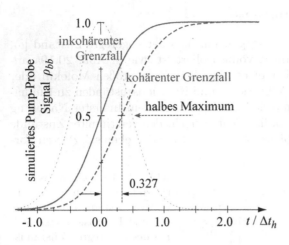

Abb. 20.20. Pump-Probe-Signal für einen langlebigen angeregten Zustand $|b\rangle$ mit einer Besetzungsdichte $\rho_{bb}(t)$ nach (20.67) und (20.68) angeregt mit einem Gauß'schen Impuls (*grau gestrichelt*) der Breite (FWHM) Δt_h. Zum Vergleich sind die Signale für $t \to \infty$ aufeinander normiert. Das inkohärente Signal erreicht das halbe Maximum bei Zeitverzögerung $t = 0$. Bei kohärenter Anregung ist dieser Punkt um $0.327 \, \Delta t_h$ verschoben

Nichtresonanz ($\sim$200 nm) eingestellt. Die nachfolgende Ionisation wurde mit einem Probeimpuls von 267 nm erzeugt. Die Impulsdauer war in diesem Experiment $\sim$150–170 fs für den Pump- wie auch für den Probeimpuls. Gezeigt werden die experimentellen NH_3^+-Signale. Die gezeigten Fitkurven wurden aus den optischen Bloch-Gleichungen (20.45) bis (20.47) numerisch gewonnen. Mit

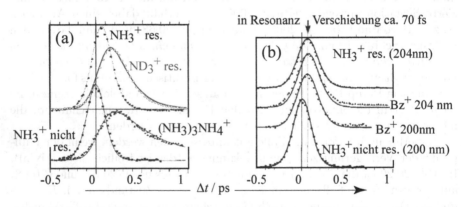

Abb. 20.21. (a) Kalibrierung der Verzögerung in einem Pump-Probe-Experiment mit Hilfe resonanter (204 nm) und nicht resonanter Anregung (200 nm) von NH_3 in den rasch zerfallenden $\tilde{A}(v' = 4)$ Zustand. Man beachte die Verschiebung zu positiven Verzögerungszeiten im resonanten Falle. Diese ist noch größer für das etwas längerlebige, angeregte ND_3 ebenso wie für Ammoniak-Cluster. Die Fitkurven wurden durch numerische Integration der optischen Bloch-Gleichung (20.45) bis (20.47) gewonnen. Dabei wurde die experimentell bestimmte Laserimpulsbreite von 160 fs FWHM benutzt. Optimale Anpassung erhält man für eine Lebensdauer von 40 fs für NH_3 (180 fs for ND_3). Zum Vergleich sind (resonant) bei zwei verschiedenen Wellenlängen (204 bzw. 200 nm) angeregte Cluster Lebensdauern gezeigt (Daten nach Freudenberg et al., 1996). (b) Vergleich mit Benzol (Bz)

einer Zerfallszeit von 40 fs, einer Laserimpulsdauer von 160 fs FWHM und einer Verstimmung von 1.5 nm im nicht resonanten Fall erhält man exzellente Übereinstimmung für das NH_3^+-Signal, und kann damit den Zeitnullpunkt kalibrieren, wenn man annimmt, dass das experimentelle Signal symmetrisch zum Zeitnullpunkt ist, wie theoretisch vorhergesagt. Im Fall resonanter Anregung verschiebt sich dieses Signal um 70 fs, was durch den Bloch-Fit exzellent wiedergegeben wird. Der simultane Fit von resonanten und nicht resonanten Transienten erlaubt es, die tatsächliche Lebensdauer des angeregten NH_3 $\tilde{A}(v' = 4)$ Zustands auf etwa ± 10 fs zu bestimmen, obwohl die Halbwertsbreite des Lasers viel größer ist. Das Ergebnis stimmt gut mit Abschätzungen der Lebensdauer aus Linienbreiten überein (Ziegler, 1985). Für ND_3, das mit der selben Wellenlänge angeregt wurde ergibt sich eine Lebensdauer von ~ 180 fs (offene Symbole mit entsprechendem Fit). Es sei darauf hingewiesen, dass solche kurzen Lebensdauern der angeregten Zustände natürlich nicht durch radiative Prozesse erklärt werden können, sondern schnellen internen Konversionsprozessen und der Dissoziation des Systems zuzuschreiben sind. Zum Vergleich werden in Abb. 20.21 auch die Transienten für Benzol und Ammoniak-Cluster gezeigt – die Fit-Kurve entspricht der Lösung der Bloch-Gleichung für ein resonant angeregtes Zweizustandssystem. Offenbar ist die Dichte der angeregten Zustände hier hoch genug, um die resonante Anregung zu erlauben, aber nicht hoch genug, um den inkohärenten Fall zu begründen, wie dies in (20.68) gezeigt wurde.

20.8 STIRAP

20.8.1 Dreiniveausystem in zwei Laserfeldern

Bei den vorangehenden Überlegungen zu Quantensystemen im intensiven Laserfeld haben wir uns ausschließlich auf das Zweiniveausystem beschränkt. Wir wollen nun abschließend skizzieren, wie man diese Beschränkung überwinden kann. Die Bloch-Gleichungen haben uns gezeigt, dass ein nahezu resonantes Laserfeld eine kohärente Superposition von Grundzustand $|a\rangle$ und angeregtem Zustand $|b\rangle$ erzeugt. Dabei findet eine periodische Umbesetzung zwischen den beiden Niveaus statt, wie in Abb. 20.15 auf S. 552 gezeigt. Bei resonanter Einstrahlung kann sich das System dabei kurzzeitig zu fast 100% im angeregten Zustand befinden. Erst durch Relaxationsprozesse (z.B. spontane Emission) wird die Kohärenz zerstört und die Besetzungsoszillation gedämpft, wie in Abb. 20.16 illustriert. Für längere Zeiten stellt sich schließlich die aus den Einstein'schen Ratengleichungen bekannte Gleichgewichtsbesetzung der beiden Zustände mit $\rho_{aa} \geq \rho_{bb}$ ein – im Grenzfall sehr hoher Intensität maximal Gleichbesetzung. Es ist nun interessant zu überlegen, ob man in einem Mehrniveausystem die anfänglich sehr hohe Besetzung des angeregten Zustands durch geschickte zeitliche Abfolge mehrerer Laserimpulse in ein drittes

Niveau überführen kann. Ein mögliches Schema, eine sogenannte Lambda-Konfiguration (Λ), ist in Abb. 20.22 skizziert (wenn der dritte Zustand über dem zweiten liegt, spricht man von einer Leiterkonfiguration).

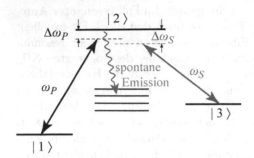

Abb. 20.22. Drei-Niveau-Schema (Lambda-Konfiguration) für den STIRAP-Prozess mit Pump- (ω_P) und Stokes-Kreisfrequenz (ω_S) und den entsprechenden Verstimmungen $\Delta\omega_P$ und $\Delta\omega_S$ bezüglich des Zustands $|2\rangle$. Erreichen möchte man einen möglichst vollständigen Populationstransfer von $|1\rangle$ nach $|3\rangle$

Ein typisches Beispiel könnte ein Molekül sein, bei welchem man aus einem elektronischen Grundzustand $|1\rangle$ mit geringer Vibrations- und Rotationsanregung über einen elektronisch angeregten Zustand $|2\rangle$ Besetzung in einen hohen Vibrations- und/oder Rotationszustand $|3\rangle$ des elektronischen Grundzustands transferieren möchte. Man kann sich dabei z.B. einen Potenzialverlauf vorstellen, wie wir ihn in Abb. 15.12 auf S. 265 kennengelernt haben. Nehmen wir einmal an, dass die Zustände $|1\rangle$ und $|2\rangle$ durch einen *Pumpimpuls (im Folgenden mit P gekennzeichnet)* gekoppelt werden, der eine die zeitlich veränderliche Besetzung des Zustands $|2\rangle$ ähnlich wie in Abb. 20.17 erzeuge. Intuitiv würde man nun versuchen, mit einem zweiten, etwas verzögerten Impuls, dem sogenannte *Stokes-Impuls (S)*, gerade das Maximum der Besetzung von $|2\rangle$ abzupassen und diese sodann durch stimulierte Emission in den Zustand $|3\rangle$ zu transferieren. Dieses Verfahren (*stimulated emission pumping*) wurde und wird durchaus erfolgreich für viele spektroskopische Anwendungen eingesetzt. Es zeigt sich freilich, dass auf diese Weise in aller Regel nur ein relativ bescheidener Anteil der Besetzung, typisch bis zu 25%, in den Zustand $|3\rangle$ gebracht werden kann.

Erstaunlicherweise gelingt aber ein praktisch 100%iger Besetzungstransfer von $|1\rangle$ nach $|3\rangle$, wenn man den Stokes-Laser *vor* dem Pump-Laser auf das Quantensystem wirken lässt. Dieses Verfahren der sogenannten „stimulierten adiabatischen Raman Passage" (*stimulated Raman adiabatic passage, STIRAP*) wurde erstmals von Bergmann und Mitarbeitern für Streuexperimente mit rotationsangeregten Natrium-Dimeren realisiert (für einen Review s. z.B. Bergmann et al., 1998) und wird heute vielfältig genutzt, z.B. beim Studium von atomaren und molekularen Wechselwirkungsprozessen, in der chemischen Dynamik, in der Quantenoptik oder bei der Präparation ultrakalter Atome und Moleküle.

Zum Verständnis muss man das 3-Niveausystem analytisch sauber beschreiben. Der entsprechende Hamiltonian ergibt sich (hier ohne Ableitung aber sehr plausibel) in der Drehwellennäherung (RWA) ganz analog zu (20.15):

$$\widehat{H}(t) = \frac{\hbar}{2} \begin{pmatrix} 0 & \Omega_P(t) & 0 \\ \Omega_P(t) & 2\Delta\omega_P & \Omega_S(t) \\ 0 & \Omega_S(t) & 2\Delta\omega_3 \end{pmatrix} \tag{20.69}$$

Dabei haben wir der Übersichtlichkeit halber Dämpfungsterme vernachlässigt. Die Rabi-Frequenzen für den Pump- und den Stokes-Laser sind

$$\Omega_P(t) = \frac{D_{21}E_0}{\hbar} h_P(t) \quad \text{bzw.} \quad \Omega_S(t) = \frac{D_{32}E_0}{\hbar} h_S(t) \tag{20.70}$$

mit den Einhüllenden $h_{P,S}(t)$ der jeweiligen Feldamplituden für die beiden Laserimpulse. Man beachte, dass beim STIRAP-Prozess die Zeitabhängigkeit der Rabi-Frequenzen eine entscheidende Rolle spielt. Für die Λ−Konfiguration definiert man die Verstimmungen

$$\begin{aligned} \Delta\omega_P &= \omega_P - (W_2 - W_1)/\hbar \\ \Delta\omega_S &= \omega_S - |W_3 - W_2|/\hbar \\ \Delta\omega_3 &= \Delta\omega_P - \Delta\omega_S \end{aligned} \tag{20.71}$$

mit den entprechenden Kreisfrequenzen ω_P und ω_S. In der Leiterkonfiguration, wenn also $W_3 > W_2$ ist, hat man $\Delta\omega_3 = \Delta\omega_P + \Delta\omega_S$ zu setzen. Je nach Abstimmung der beiden Laserfrequenzen unterscheidet man zwischen *Zweiphotonenresonanz* $\Delta\omega_3 = 0$ und Einphotonenresonanz, genauer *Pump-Resonanz* $\Delta\omega_P$ und *Stokes-Resonanz* $\Delta\omega_S$. Die drei Fälle können, müssen aber nicht zusammenfallen.

20.8.2 Energieaufspaltung und Zustandsentwicklung

Wenn Dämpfung eine wesentliche Rolle spielt, und das ist in der Praxis oft der Fall, muss man zum Hamiltonian (20.69) analog zu (20.44) entsprechende Dämpfungsterme hinzufügen. Man gewinnt dann über die Liouville-Gleichung (20.26) leicht die gekoppelten linearen Differenzialgleichungen für die zeitliche Entwicklung der Dichtematrix des Dreizustandssystems. Mit diesen kann man die Dynamik im allgemeinen Fall beschreiben und auch Verluste beim Populationstransfer berücksichtigen. Wir gehen hier aber nur auf den dämpfungsfreien Fall ein, den man etwas einfacher durch Lösung der gekoppelten Gleichungen für das Koeffizientensystem nach (20.16) analysieren kann. Für Details sei auf Fewell et al. (1997) verwiesen. Hier besprechen wir nur die wichtigsten Ergebnisse und ein Beispiel.

Ganz ähnlich wie beim Zweiniveausystem, wo wir es ja mit einer kohärenten Überlagerung der beiden beteiligten Zustände zu tun hatten, *überlagern sich jetzt die drei Zustände* $|1\rangle$, $|2\rangle$ *und* $|3\rangle$ *kohärent. Unter der Annahme exakter Zweiphotonenresonanz* (d.h. $\Delta\omega_P = \Delta\omega_S$) verifiziert man durch Diagonalisierung des Hamiltonians (20.69) leicht, dass die (zeitabhängigen) Eigenwerte der Kreisfrequenzen für die drei Zustände (*dressed states*) durch

$$\omega^+ = \Delta\omega_P + \sqrt{\Delta\omega_P^2 + \Omega_P^2 + \Omega_S^2}\,, \qquad \omega^0 = 0 \quad \text{und} \qquad (20.72)$$

$$\omega^- = \Delta\omega_P - \sqrt{\Delta\omega_P^2 + \Omega_P^2 + \Omega_S^2}$$

gegeben sind. Für die zugehörigen Eigenzustände findet man:

$$|a^+\rangle = \sin\Theta\sin\Phi\,|1\rangle + \cos\Phi\,|2\rangle + \cos\Theta\sin\Phi\,|3\rangle$$

$$|a^0\rangle = \cos\Theta\,|1\rangle - \sin\Theta\,|3\rangle \qquad\qquad (20.73)$$

$$|a^+\rangle = \sin\Theta\cos\Phi\,|1\rangle - \sin\Phi\,|2\rangle + \cos\Theta\cos\Phi\,|3\rangle$$

Der dabei auftretende, zeitlich veränderliche Mischwinkel Θ ergibt sich aus

$$\tan\Theta = \frac{\Omega_P(t)}{\Omega_S(t)}\,. \qquad\qquad (20.74)$$

Der Winkel Φ ist eine bekannte Funktion der Rabi-Frequenzen und der Verstimmungen, spielt aber für die nachfolgende Diskussion keine Rolle.

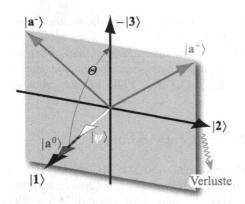

Abb. 20.23. Schematische Darstellung der Zustände für das 3-Niveausystem im Hilbertraum: $|1\rangle$, $|2\rangle$ und $|3\rangle$ entsprechen den Basisvektoren im ungestörten System, $|a^+\rangle$, $|a^0\rangle$ und $|a^-\rangle$ denen mit Laserfeldern; $|\psi\rangle$ sei der Zustandsvektor des Gesamtsystems. Durch Variation des Mischwinkels Θ kann im Prinzip $|1\rangle \rightarrow |a^0\rangle$ nach $|a^0\rangle \rightarrow |3\rangle$ transferiert werden, ohne den verlustbehafteten Zustand $|2\rangle$ zu beteiligen

Die drei neuen Basiszustände $|a^+\rangle$, $|a^0\rangle$ und $|a^+\rangle$ des Systems mit Laserfeldern sind – wie die ursprüngliche Basis – wieder orthogonal. *Besonders interessant* ist der Zustand $|a^0\rangle$, den man offenbar je nach Stärke der beiden Laserfelder vom Ausgangszustand $|1\rangle$ kontinuierlich in den Zustand $|3\rangle$ umwandeln kann, indem man den Mischwinkel zwischen $\Theta = 0$ bis $\Theta = \pi/2$ variiert. Dies ist in Abb. 20.23 schematisch illustriert. Die optimale zeitliche Abfolge der Laserimpulse für diesen Populationstransfer und der nach (20.74) daraus folgende Verlauf des Mischwinkels ist in Abb. 20.24a bzw. b skizziert. Die daraus folgende zeitliche Entwicklung der Energien der drei Basiszustände im Feld (bei Ein- *und* Zweiphotonenresonanz) zeigt Abb. 20.24c. Verblüffenderweise erfordert die Realisierung von Zustand $|a^0\rangle$, dass am Anfang des Prozesses (Bereich I) *zuerst der Stokes-Impuls*, welcher Zustand $|2\rangle$ und $|3\rangle$ koppelt, anwächst – und somit auch $\Omega_S(t)$. Umgekehrt muss zu einem späteren Zeitpunkt (Bereich III) der *Stokes-Impuls vor dem Pump-Impuls verschwinden*.

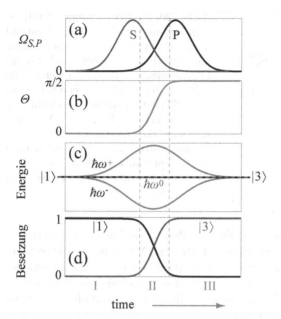

Abb. 20.24. (a) Optimaler zeitlicher Verlauf von Stokes-(S) und Probe-Laserimpuls (P) für den Populationstransfer von $|1\rangle$ nach $|3\rangle$; (b) der entsprechende Mischwinkel Θ; (c) zeitlicher Verlauf der Energieaufspaltung zwischen Zustand $|a^+\rangle$, $|a^0\rangle$ und $|a^-\rangle$; (d) entsprechender Anteil der Zustände $|1\rangle$ bzw. $|3\rangle$ im Zustand $|a^0\rangle$ als Funktion der Zeit

In der Zeit dazwischen (Bereich II), zu der die drei Zustände durch die Laserfelder deutlich aufgespalten sind, müssen beide Impulse überlappen. Kurz: *die Wechselwirkung des Systems mit dem Stokes-Lasers muss kurz vor dem Anstieg des Pump-Lasers beginnen, aber vor dem Pump-Laser enden.* Das ist völlig gegen die Intuition – aber wirkungsvoll. Unter diesen Umständen besteht Zustand $|a^0\rangle$ nämlich anfangs zu 100% aus $|1\rangle$ und am Ende zu 100% aus $|3\rangle$, wie es in Abb. 20.24d dargestellt ist. Ob nun freilich der tatsächliche physikalische Zustand des Systems (in Abb. 20.23 als $|\psi(t)\rangle$ angedeutet) über den gesamten Zeitverlauf auch mit $|a^0\rangle$ identisch ist (sprich: ob $|\psi(t)\rangle$ dem Basisvektor $|a^0\rangle$ adiabatisch folgt), können wir aus diesen Überlegungen noch nicht erschließen. Dies bleibt durch eine zeitabhängige Rechnung zu überprüfen – und schließlich experimentell zu beweisen.

20.8.3 Experimentelle Realisierung

Schauen wir uns also zunächst das Experiment an. Die zeitliche Variation der Wechselwirkung kann man auf zwei verschiedene Weisen realisieren: Bergmann und Mitarbeiter benutzen typischerweise eine Molekularstrahlanordnung wie in Abb. 20.25 skizziert. Dabei tritt der gut kollimierte Targetstrahl durch zwei leicht versetzte aber überlappende cw-Laserstrahlen mit einem räumlichen Gauß-Profil. Die Targetatome bzw. Moleküle „sehen" also effektiv eine zeitliche Abfolge zweier Gauß-Impulse. Bei einer Fokussierung der Laserstrahlen auf einige 100 μm bis zu 3 mm (typische Leistungen einige mW bis W) erzeugt man damit effektiv „Impulsdauern" im Bereich von 100 ns

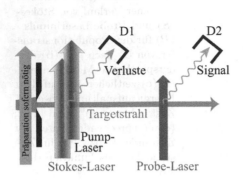

Abb. 20.25. Schema eines STIRAP Experiments mit Molekularstrahl und räumlich leicht versetzten, kontinuierlichen Stokes- und Pump-Laserstrahlen, durch welche die zeitliche Impulsabfolge erzeugt wird. Der STIRAP-Prozess geschieht im Überlappgebiet, Detektor D1 registriert die dort emittierte Fluoreszenz. Stromabwärts wird der Endzustand mit einem Probe-Laser angeregt und mit D2 (ebenfalls durch Fluoreszenz) nachgewiesen

bis μs. Die benutzten, abstimmbaren Farbstofflaser sind hoch stabilisiert und besitzen somit sehr kleine Frequenzbandbreite ($\simeq 1$ MHz) und entsprechend gute Kohärenz. Die Wechselwirkungsregion wird mit Hilfe der Fluoreszenz des kurzlebigen Zwischenzustands $|2\rangle$ beobachtet. Das Ergebnis des Besetzungstransfers in den (langlebigen) Endzustand $|3\rangle$ fragt man stromabwärts durch einen Probe-Laser ab, der fest auf einen optisch erlaubten Übergang zwischen $|3\rangle$ und einem weiteren, kurzlebigen Zustand $|4\rangle$ abgestimmt ist.

Alternativ werden auch (in diesem Fall voll überlappende) gepulste ns-Laser mit Impulsenergien im Joule-Bereich benutzt. Die Stabilitätsanforderungen sind hier besonders kritisch und die Impulsdauer muss Fourier-limitiert sein. Auch Experimente mit ps-Lasern sind im Prinzip möglich, während ultrakurze Impulse schon aus spektralen Erwägungen eher nicht infrage kommen. Es zeigt sich insgesamt, dass die für den adiabatischen Transfer erforderlichen Bedingungen am bequemsten mit cw-Lasern nach der hier beschriebenen Methode erreichbar sind.

Ein schönes Beispiel (Bergmann et al., 1998) ist STIRAP am angeregten, metastabilen Ne-Atom, dessen Termschema in Abb. 20.26 skizziert ist (s. auch Kap. 10.5.2 in Band 1, speziell Abb. 10.9). Wir erinnern uns: Der Grundzustand des Neon, die vollständig abgeschlossene Edelgasschale ist durch $1s^2 2s^2 2p^6\ {}^1S_0$ charakterisiert. Die ersten angeregten Zustände der Konfiguration $1s^2 2s^2 2p^5 3s$ bzw. $3p$ liegen 16.6 bis 19 eV darüber, entsprechen also Übergängen im VUV. Der Gesamtdrehimpuls des Rumpfes j koppelt an den Bahndrehimpuls l des Leuchtelektrons, woraus sich ein Drehimpuls K ergibt, der wiederum mit dem Elektronenspin zu $J = K \pm 1/2$ koppelt. Man schreibt dies als $({}^{2S+1}L_j)nl\ {}^{2S+1}[K]_J$. Für optische Dipolübergänge gilt die übliche Auswahlregel $\Delta J = 0, \pm 1$, wobei aber $0 \leftrightarrow 0$ verboten ist. Daher sind zwei der $2p^5 3s$-Zustände metastabil und werden als STIRAP Anfangs- und Endzustand benutzt,[4] nämlich $|1\rangle = \left| \left({}^2P^\circ_{1/2}\right) 3s\ {}^2[1/2]^\circ_0 \right\rangle$ und

---

[4] Wir benutzen hier, abweichend von Bergmann et al. (1998), die Standard-Termbezeichnungen nach NIST.

$|3\rangle = \left| \left(^2\mathrm{P}^\circ_{3/2}\right) 3s\ ^2[3/2]^\circ_2 \right\rangle$. Man generiert das metastabile Neon in einer Gasentladung und entvölkert dann Zustand $|3\rangle$ durch optisches Pumpen, d.h. durch Anregung von $|4\rangle = \left| \left(^2\mathrm{P}^\circ_{3/2}\right) 3p\ ^2[5/2]^\circ_2 \right\rangle$ mit 633 nm und Zerfall in die beiden tiefst liegenden $J = 1$ Zustände, die wiederum in den Grundzustand zerfallen. Der so im Zustand $|1\rangle$ präparierte Neon-Atomstrahl tritt nach Kollimation (zur Beschränkung der Doppler-Breite) in die STIRAP Anordnung. Als Zwischenzustand wird $|2\rangle = \left| \left(^2\mathrm{P}^\circ_{1/2}\right) 3p\ ^2[1/2]^\circ_1 \right\rangle$ gewählt, der wegen $J = 1$ spontan auch in die beiden tiefst liegenden $3s$ Zustände mit $J = 1$ zerfallen kann. Damit ist im Prinzip ein effizienter Verlustkanal geöffnet. Die Wechselwirkungsregion wird mit einem Channeltron beobachtet, welches ein einfacher und effizienter Detektor für die damit verbundene VUV Emission in den Grundzustand ist. Stromabwärts, also lange nach der Wechselwirkung, probt man schließlich durch laserinduzierte Fluoreszenz die Besetzung des Endzustands $|3\rangle$. Dabei benutzt man wiederum den 633 nm Übergang $|3\rangle \rightarrow |4\rangle$ und die darauf folgende VUV Emission des Übergangs aus den beiden tiefst liegenden $J = 1$ Zuständen in den $^1\mathrm{S}_0$-Grundzustand.

In Abb. 20.27 ist die experimentell beobachtete VUV Fluoreszenz aus beiden Nachweisregionen als Funktion der Verstimmung des Pump-Lasers gezeigt, wobei die Stokes-Laserfrequenz, leicht nicht-resonant eingestellt, konstant bleibt. Abbildung 20.27a zeigt die Fluoreszenz, welche der Besetzung des Zwischenniveaus $|2\rangle$ proportional ist: Solange die Zweiphotonenresonanz nicht exakt realisiert ist, gibt es offensichtlich erhebliche Fluoreszenzverluste. Die spektrale Breite der laserinduzierten Fluoreszenz ist größer als die Doppler-Breite und entspricht der Sättigungsverbreiterung des Übergangs $|1\rangle \rightarrow |2\rangle$. Wenn aber genau die Zweiphotonenresonanz erreicht ist ($\Delta\omega_P = \Delta\omega_S$), gibt es ein scharfes, ausgeprägtes Minimum, welches die fast ausschließliche Besetzung des „dunklen" Zustands $|a^0\rangle$ dokumentiert. Im Experiment werden z.T. weniger als 0.5% des Signals ohne Stokes-Laser beobachtet! Dieses Verschwinden der spontanen Emission ist um so bemerkenswerter, als die Zeit, während

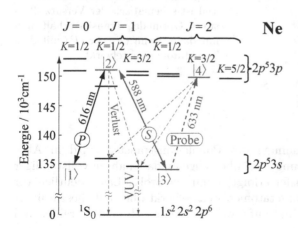

Abb. 20.26. Ausschnitt aus dem Termschema von Neon mit den ersten angeregten Zuständen (Leuchtelektron in der M-Schale). Die benutzen STIRAP-Zustände werden mit $|1\rangle$, $|2\rangle$ und $|3\rangle$ bezeichnet (P deutet den Pump- und S den Stokes-Laser an), der Zustand $|4\rangle$ dient dem Nachweis des Besetzungstransfers

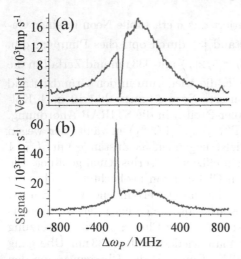

Abb. 20.27. Fluoreszenzsignale beim STIRAP-Prozess an metastabilen Neon-Atomen als Funktion der Verstimmung des Pump-Lasers bei fester Stokes-Laserfrequenz nach Bergmann et al. (1998). Detektiert wird die VUV Emission in den $^1S_0$-Grundzustand. (a) Nachweis der Dunkelresonanz durch Detektion der Fluoreszenz in Detektor D1 oberhalb der Wechselwirkungszone (b) Besetzung des Endzustands, nachgewiesen durch Anregung mit dem Probe-Laser im Detektor D2

der sich die Atome im Wechselwirkungsgebiet aufhalten 20-mal länger ist als die natürliche Lebensdauer des Zustands $|2\rangle$.

Zugleich wird durch kohärenten Besetzungstransfer der Endzustand $|3\rangle$ dauerhaft besetzt, wie es das Signal Abb. 20.27b eindrucksvoll dokumentiert. Der dabei beobachtete, breite Untergrund entspricht einem gewissen Bruchteil, der durch spontane Emission aus $|2\rangle$ nach $|3\rangle$ gelangt, solange der Zwischenzustand besetzt wird ($\Delta\omega_P \neq \Delta\omega_S$).

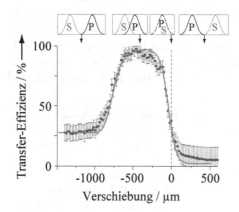

Abb. 20.28. Effizienz des Besetzungstransfers im STIRAP-Prozess an metastabilem Neon als Funktion des räumlichen Abstands zwischen Stokes- (S) und Pump-Laserstrahl (P) nach Bergmann et al. (1998). Im oberen Teil ist schematisch der Versatz illustriert. Optimalen Transfer erhält man nur dann, wenn (S) vor (P) mit dem Targetatom wechselwirkt

Eine quantitative Bestimmung des Populationstransfers wird in Abb. 20.28 reproduziert. Die Messung zeigt überzeugend, dass nahezu vollständiger (kohärenter) Besetzungstransfer erfolgt, wenn der Stokes-Laser deutlich vor dem Probe-Laser mit den Targetatomen wechselwirkt aber mit diesem überlappt. Die Transfereffizienz sinkt auf etwa 25%, wenn sich beide Strahlen voll überdecken.

Die Experimente beweisen somit die Wirksamkeit des stimulierten Raman-Prozesses und die Realisierung der adiabatischen Passage. Mit Blick auf Abb. 20.24c und 20.23 findet man also in der Tat, dass der Zustandsvektor $|\psi(t)\rangle$ des Systems (mit $|\psi(-\infty)\rangle = |1\rangle$), welcher zu Beginn parallel zu Zustand $|a^0\rangle$ war, diesem auch während des gesamten Verlaufs sauber folgt, so dass also am Ende der Wechselwirkung die Besetzung vollständig und kohärent von $|1\rangle \rightarrow |3\rangle$ überführt wurde. Natürlich könnte man sich sehr wohl vorstellen, dass während des Prozesses auch Übergänge zu $|a^+\rangle$ und $|a^-\rangle$ induziert werden, und somit nach (20.73) der verlustbehaftete Zustand $|2\rangle$ angeregt würde, wie das im Fall $\Delta\omega_P \neq \Delta\omega_S$ ja geschieht. Die notwendigen Bedingungen für adiabatische Passage wurden sowohl experimentell als auch theoretisch intensiv analysiert. Es zeigt sich, dass eine gute Überlappung der beiden Impulse ebenso wie eine hinreichend starke Kopplung zwingend erforderlich sind. Bergmann et al. (1998) nennen als allgemeines Kriterium

$$\Omega_{eff}\Delta\tau > 10\,, \qquad (20.75)$$

wobei $\Omega_{eff} = \sqrt{\Omega_P^2 + \Omega_S^2}$ eine effektive mittlere Rabi-Frequenz ist und $\Delta\tau$ die Zeit der Überlappung der beiden Impulse charakterisiert. Nur wenn diese Bedingung eingehalten wird, kann man davon ausgehen, dass während des ganzen Prozesses $|\psi(t)\rangle \propto |a^0\rangle$ bleibt, und dass Übergänge in die verlustreichen beiden anderen Zustände vernachlässigbar bleiben.

Das STIRAP-Verfahren wurde an einer Vielzahl von atomaren und molekularen Systemen erfolgreich erprobt, findet neuerdings auch Einzug in die Festkörperoptik und gilt als vielversprechendes Werkzeug für eine Reihe moderner Anwendungen in verschiedenen Gebieten der Physik, so etwa bei der Erzeugung ultrakalter Moleküle. Wir wollen es aber im Rahmen dieses Buches bei der hier gegebenen kurzen Einführung belassen.

Anhang

Hinweise für den Leser: Diese Anhänge sind als Ergänzung für diejenigen Leser gedacht, die sich an der einen oder anderen Stelle etwas tiefer informieren wollen. Sie stellen insofern, anders als bei Band 1, keine unverzichtbaren Werkzeuge für ein gründliches Verständnis des Buches dar.

Anhang H Gibt ein Beispiel für die explizite Auswertung der ersten Born'schen Näherung (FBA) für inelastische Elektronenstreuung. **Anhang I** illustriert den Begriff des optischen Pumpens. Schließlich wird in **Anhang J** eine kleine Einführung in die Elektronen- und Ionenoptik gegeben, einige der im Haupttext immer wieder erwähnten Teilchendetektoren werden erläutert, und beispielhaft werden einige Energieselektoren vorgestellt, die in vielen der im Haupttext erläuterten Experimente eingesetzt werden.

H

Born'sche Näherung für e+Na(3s)→ e+Na(3p)

H.1 Auswertung der generalisierten Oszillatorenstärke

Wir erläutern hier anhand eines einfachen Beispiels die Berechnung von Streu-amplituden in erster Born'scher Näherung (FBA) für die inelastische Elektro-nenstreuung. Wir berechnen nach (18.24) die *generalisierte Oszillatorenstärke* (W_{ab} sowie K in a.u.)

$$\mathrm{f}_{ba}^{(GOS)} = \frac{2W_{ba}}{K^2} \left| \left\langle b \left| \sum_n e^{i\boldsymbol{K}\cdot\boldsymbol{r}_n} \right| a \right\rangle \right|^2 \tag{H.1}$$

mit dem Matrixelement (18.16). Die Schlüsselgröße ist der Impulsübertragsvektor

$$\boldsymbol{K} = \boldsymbol{k}_a - \boldsymbol{k}_b \quad \text{mit} \quad K = \sqrt{k_b^2 + k_a^2 - 2k_b k_a \cos\theta} \,, \tag{H.2}$$

der sich aus Elektronenstreuwinkel θ, Übergangsenergie $W_{ba} = W_b - W_a$ und kinetischer Anfangsenergie T ergibt, mit $k_a^2 = 2T$ bzw. $k_b^2 = 2\,(T - W_{ba})$. Die Integration $\langle \; \rangle$ in (H.1) ist über alle aktiven Elektronen mit den Ko-ordinaten $\boldsymbol{r}_n$ zu erstrecken. Als besonders einfaches Beispiel betrachten wir das Quasieinelektronsystem Na und untersuchen die Anregung des ersten Resonanzübergangs $3p\,^2\mathrm{P} \leftarrow 3s\,^2\mathrm{S}$. Die Integration braucht hier also lediglich über das Valenzelektron durchgeführt zu werden. Wir vernachlässigen in sehr guter Näherung jegliche Spin-Bahn- und Austauschwechselwirkung, da die Feinstrukturaufspaltung bei der Elektronenstreuung hier nicht aufgelöst wird und Austausch im Bereich höherer Energien ($T \gg W_{ba}$), für welche die Born'sche Näherung anwendbar ist, keine Rolle spielt. Wir mitteln also im Prinzip über alle Anfangsquantenzahlen und summieren über alle End-zustände. Dann können wir das Problem vollständig in der ungekoppelten atomaren $|n\ell m\rangle$ Basis schreiben. Die Wellenfunktionen ist durch

$$\phi_{n\ell m}(\boldsymbol{r}) = R_{n\ell}(r)Y_{\ell m}(\theta_{\mathrm{B}},\varphi_{\mathrm{B}}) = \frac{u_{nl}(r)}{r}Y_{\ell m}(\theta_{\mathrm{B}},\varphi_{\mathrm{B}})$$

gegeben, mit den bekannten Kugelflächenfunktionen

I.V. Hertel, C.-P. Schulz, *Atome, Moleküle und optische Physik 2*,
Springer-Lehrbuch, DOI 10.1007/978-3-642-11973-6,
© Springer-Verlag Berlin Heidelberg 2010

$$Y_{\ell m}\left(\theta_{\mathrm{B}}, \varphi_{\mathrm{B}}\right)=\frac{(-1)^{\ell+m}}{2^{\ell}\ell!}\sqrt{\frac{(2\ell+1)(\ell-m)!}{4\pi(\ell+m)!}}\times \tag{H.3}$$

$$\left(\sin\theta_{\mathrm{B}}\right)^{m}\frac{\mathrm{d}^{\ell+m}(\sin\theta_{\mathrm{B}})^{2\ell}}{\mathrm{d}\left(\cos\theta_{\mathrm{B}}\right)^{\ell+m}}\exp\left(\mathrm{i}m\varphi_{\mathrm{B}}\right)$$

und den Radialwellenfunktion $R_{n\ell}(r)$ für das aktive Orbital. Für $u_{nl}(R)$ benutzen wir wieder die in Kap. 3.2.5, Band 1 vorgestellten Na-Orbitale (FDAlin et al., 2010).

Speziell für einen $p \leftarrow s$-Übergang haben wir das Matrixelement

$$\left\langle 3pm_{b}\left|e^{\mathrm{i}\boldsymbol{K}\cdot\boldsymbol{r}}\right|3sm_{a}\right\rangle=\int\mathrm{d}r\,r^{2}\left\{R_{3s}(r)\,R_{3p}(r)\times\right.$$

$$\left.\int\mathrm{d}\varphi_{\mathrm{B}}\int\sin\theta_{\mathrm{B}}\mathrm{d}\theta_{\mathrm{B}}Y_{00}\left(\theta_{\mathrm{B}},\varphi_{\mathrm{B}}\right)e^{\mathrm{i}Kz}Y_{10}\left(\theta_{\mathrm{B}},\varphi_{\mathrm{B}}\right)\right\}$$

zu bilden. Das sinnvollste Koordinatensystem hat seine z-Achse parallel zu $\boldsymbol{K}$, und es gilt $z = r\cos\theta_{\mathrm{B}}$. Hier ist θ_{B} der Polarwinkel des Ortsvektors $\boldsymbol{r}$ des Targetelektrons bezüglich $\boldsymbol{K}$ – nicht zu verwechseln mit dem Streuwinkel θ, der nach (H.2) in K steckt.

Nun gibt es wegen der Symmetrie bezüglich dieser z-Achse nur Übergänge mit $\Delta m = 0$. Dann ist also als einziges, nicht verschwindende Matrixelement auszuwerten:

$$\left\langle 3p0\left|e^{\mathrm{i}\boldsymbol{K}\cdot\boldsymbol{r}}\right|3s0\right\rangle=2\pi\int\mathrm{d}r\,\left\{u_{3s}(r)\,u_{3p}(r)\right.$$

$$\left.\int Y_{10}\left(\theta_{\mathrm{B}},\varphi_{\mathrm{B}}\right)e^{\mathrm{i}Kz}Y_{00}\left(\theta_{\mathrm{B}},\varphi_{\mathrm{B}}\right)\sin\theta_{\mathrm{B}}\mathrm{d}\theta_{\mathrm{B}}\right\}$$

Setzen wir $Y_{10}(\cos\theta_{\mathrm{B}})=\sqrt{3/4\pi}\cos\theta_{\mathrm{B}}$ und $Y_{00}(\cos\theta_{\mathrm{B}})=1/\sqrt{4\pi}$ ein, so lässt sich die Winkelintegration nach kurzer Rechnung als

$$\frac{\sqrt{3}}{2}\int\cos\theta_{\mathrm{B}}e^{\mathrm{i}Kr\cos\theta_{\mathrm{B}}}\sin\theta_{\mathrm{B}}\mathrm{d}\theta_{\mathrm{B}}=\left.\frac{\sqrt{3}}{2K^{2}r^{2}}e^{\mathrm{i}Kr\cos\theta_{\mathrm{B}}}\left(\mathrm{i}Kr\cos\theta_{\mathrm{B}}-1\right)\right|_{0}^{\pi}$$

geschlossen ausführen. Das gesamte Matrixelement wird somit

$$\left\langle 3p0\left|e^{\mathrm{i}\boldsymbol{K}\cdot\boldsymbol{r}}\right|3s0\right\rangle=-\mathrm{i}\sqrt{3}\int_{0}^{\infty}\mathrm{d}r\,u_{3s}(r)\,u_{3p}(r)\times\frac{Kr\cos\left(Kr\right)-\sin\left(Kr\right)}{K^{2}r^{2}}.$$

Der nächste Integrationsschritt lässt sich problemlos numerisch durchführen. Die Güte des Ergebnisses hängt von der Qualität der benutzten Wellenfunktionen $u_{3s}(r)$ und $u_{3p}(r)$ ab. Für die generalisierte Oszillatorenstärke (H.1) erhalten wir schließlich

$$\mathrm{f}_{3p\,3s}^{(GOS)}=\frac{6W_{ba}}{K^{2}}\left|\int_{0}^{\infty}\mathrm{d}r\,u_{3s}(r)\,u_{3p}(r)\frac{Kr\cos\left(Kr\right)-\sin\left(Kr\right)}{K^{2}r^{2}}\right|^{2} \tag{H.4}$$

Es ist lehrreich, den Bruch im Integranden für kleine K nach Kr zu entwickeln. Dabei treten Matrixelemente der Potenzen von r auf

$$\langle r^n \rangle = \int_0^\infty u_{3s}(r)\, r^n u_{3p}(r)\mathrm{d}r\,. \tag{H.5}$$

Man erhält eine Potenzreihenentwicklung der generalisierten Oszillatorenstärke. Explizit findet man im vorliegenden Fall bis zur 6. Potenz von K:

$$f_{ba}^{(GOS)} = \frac{2}{3} W_{ab} \left(\langle r \rangle^2 - \frac{1}{5} K^2 \langle r \rangle \langle r^3 \rangle + K^4 \left(\frac{\langle r \rangle \langle r^5 \rangle}{140} + \frac{\langle r^3 \rangle^2}{100} \right) \right.$$

$$\left. - K^6 \left(\frac{\langle r \rangle \langle r^7 \rangle}{7560} + \frac{\langle r^3 \rangle \langle r^5 \rangle}{1400} \right) + O\left(K^8 \right) \right) \tag{H.6}$$

Wir sehen also, dass der Schritt von der Reihenentwicklung (18.27) im Haupttext bis zu konkret berechenbaren Radialmatrixelementen nicht ganz trivial ist. Alternativ und für Einelektronsysteme allgemein gültig, kann man diese auch gewinnen, indem man die in (18.27) auftretenden Potenzen von z durch die Kugelflächenfunktionen $Y_{\ell 0}$ ausdrückt. Auf diese Weise erhält man eine genuine Multipolentwicklung

$$f_{ba}^{(GOS)} = \frac{2W_{ba}}{g_a} \sum_{J_a M_a J_b M_b} \left| \sum_{\ell=0}^{\cdots} K^{2\ell} s_\ell \left\langle \gamma_b J_b M_b \left| r^\ell Y_{\ell 0} \right| \gamma_a J_a M_a \right\rangle \right|^2 = \sum_{\ell=0}^{\cdots} f_\ell K^{2\ell}\,, \tag{H.7}$$

die man so weit treiben kann, wie die experimentelle Genauigkeit trägt. Die Matrixelemente lassen sich mit Hilfe des Wigner-Eckart Theorems in reduzierte Matrixelemente umschreiben, die M-Abhängigkeiten summieren sich heraus (sofern der Anfangszustand isotrop ist), und man erhält schließlich allgemeine Ausdrücke vom Typ (H.6) mit Koeffizienten f_ℓ, die man experimentell oder/und theoretisch bestimmen kann. Der Vorteil dabei ist, dass dieses Verfahren im Prinzip für beliebige Übergänge und Kopplungsschemata nutzbar ist, und die Koeffizienten mit entsprechenden Ausdrücken für optische Übergänge verglichen werden können (Dipol-, Quadrupol- usw. Übergangswahrscheinlichkeiten). Für den Vergleich mit der Theorie muss man natürlich auch in diesem Falle die notwendigen Matrixelemente der Potenzen von r durch Integration über die Wellenfunktionen berechnen und es empfiehlt sich, im Einzelfall zu prüfen, ob nicht die vollständige Integration des Ausdrucks (H.1) problemloser ist, so wie wir das hier beim $p \leftarrow s$-Übergang gesehen haben.

In unserem Fall ergibt die Auswertung des Matrixelements $\langle r \rangle = -4.2687$, womit der erste, konstante Term der Entwicklung (H.6) den Wert 0.939 annimmt. Dieser Grenzwert für $K \rightarrow 0$ sollte mit der optischen Oszillatorenstärke identisch sein. Der aktuelle Literaturwert dafür ist $f^{(opt)} = 0.960$, woran man die Qualität bzw. die Defizite der benutzen Wellenfunktionen erkennen kann, die häufig auch exakte Streurechnungen beeinträchtigt. Nach

Kim (2007) ist es daher zweckmäßig die so berechnete Oszillatorenstärke wie auch den differenziellen Wirkungsquerschnitt zu reskalieren und

$$\mathfrak{f}_f^{(GOS)}(K) = \frac{f^{(opt)}}{\mathfrak{f}^{(GOS)}(0)} \mathfrak{f}^{(GOS)}(K) \quad \text{bzw.} \quad \frac{\mathrm{d}\sigma_{fab}(\theta,\phi)}{\mathrm{d}\Omega} = \frac{f^{(opt)}}{\mathfrak{f}^{(GOS)}(0)} \frac{\mathrm{d}\sigma_{ab}^{Born}(\theta,\phi)}{\mathrm{d}\Omega}$$
(H.8)

zu setzen. Dies haben wir in Abb. 18.5 auf S. 463 getan, wodurch $\mathfrak{f}_f^{(GOS)}$ mit $K \to 0$ auch tatsächlich den optischen Grenzwert annimmt.

H.2 Integration des differenziellen Wirkungsquerschnitts

Um den integralen, inelastischen Wirkungsquerschnitt zu erhalten, integrieren wir nach (18.28) die so berechnete generalisierte Oszillatorenstärke (alle Größen in a.u.):

$$\sigma = \frac{\pi}{T\,W_{ba}} \times \int_{K_{\min}}^{K_{\max}} \frac{\mathfrak{f}_f^{(GOS)}(K)}{K}\,\mathrm{d}K$$
(H.9)

Zur einfachen Handhabbarkeit kann man $\mathfrak{f}_f^{(GOS)}(K)$ ggf. durch eine geschlossen integrable Funktion approximieren. Im vorliegenden Fall findet man, dass

$$\mathfrak{f}_f^{(GOS)}(K) = A\exp(-(K/w)^2)\left(1 + c_1 K + c_2 K^2 + c_3 K^3\right)$$
(H.10)

eine ausgezeichnete Anpassung erlaubt ($A = 0.95935$, $w = 0.42351$, $c_1 = 0.00322$, $c_2 = -1.64602$ und $c_3 = 1.70711$). Das Integral lässt sich dann mit Hilfe des Exponentialintegrals und der Fehlerfunktion geschlossen darstellen. Davon haben wir in Abb. 18.4 auf S. 460 Gebrauch gemacht.

I

Optisches Pumpen

Mit dem Begriff *optisches Pumpen* charakterisiert man die wiederholte, resonante oder nahezu resonante Absorption und Reemission von Photonen, infolge derer die Zustandsbesetzung eines Quantensystems modifiziert wird. Man kann so ggf. dramatische Änderungen der thermischen Gleichgewichtsbesetzung von Atomen, Molekülen oder Festkörpern erreichen. Die Anfänge des optischen Pumpens reichen bis in die dreißiger Jahre des vergangenen Jahrhunderts zurück – also weit vor die Erfindung des Lasers – und sind mit Namen wie Hanle, Bernheim, Brossel und Bloom verbunden. Einen vorläufigen Höhepunkt erreichte die damit verbundenen Atomspektroskopie mit dem Nobelpreis für Alfred Kastler (1966). Eine zweite Blüte, so kann man sagen, erlebten sie Anfang der siebziger Jahre mit der Entwicklung abstimmbarer Farbstofflaser, die das Potenzial dieser Methode erst voll zur Entfaltung brachten. So gelang es z.B. unserer Arbeitsgruppe 1973 durch laseroptisches Pumpen am angeregten Atomstrahl Elektronenstoßprozesse zu untersuchen (Hertel und Stoll, 1974a). Heute gehört optisches Pumpen zum Handwerkszeug des Umgangs mit Licht, z.B. in der Laserphysik, Spektroskopie, Stoßphysik oder bei der Erzeugung und Untersuchung ultrakalter Gase. Auch in diesem Buch werden an mehreren Stellen Experimente vorgestellt, die vom optischen Pumpen Gebrauch machen und damit Atome oder Moleküle in einer nicht thermischen Besetzung präparieren. Wir wollen diese wichtige Methode daher an einem besonders häufig benutzten und übersichtlichen Beispiel kurz vorstellen.

I.1 Das Standardbeispiel Na($3\,^2S_{1/2} \leftrightarrow 3\,^2P_{3/2}$)

Häufig möchte man, z.B. für Experimente in der Quantenoptik, ein quasi reines *Zweizustandssystem* präparieren. Da es das in der Natur nur in Ausnahmefällen gibt (z.B. als reines Spin 1/2 System), versucht man zwei Zustände zu besetzen, die *durch Absorption und Emission nur ineinander überführt werden* können. Eine solche, nahezu ideale Zweizustandssituation kann für einen

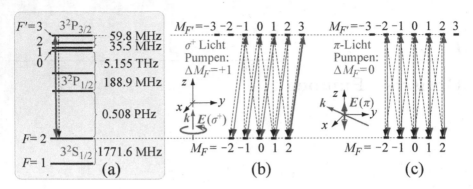

Abb. I.1. Hyperfeinpumpen mit quasimonochromatischem Laserlicht (rote Doppelpfeile) von Na zwischen $3^2S_{1/2}(F=2)$ und $3^2P_{3/2}(F=3)$ Niveau. (**a**) Energieniveaus (nicht maßstäblich) mit HFS: F, F' und FS: $3^2P_{3/2,1/2}$; (**b**) $\Delta M_F = +1$ Anregung mit σ^+-Licht zur Erzeugung eines reinen 2 Niveau Systems; (**c**) $\Delta M_F = 0$ Anregung mit π-Licht. In beiden Fällen sorgen spontane Übergänge mit $\Delta M_F = \pm1, 0$ für Umverteilung der Population

wohl definierten Hyperfeinübergang (HFS) der Na D_2 Linie durch *optisches Pumpen* realisiert werden. Abbildung I.1 illustriert zwei alternative optische Pumpprozesse an diesem System. Das HFS-Termschema Abb. I.1a und die erlaubten Übergänge wurden bereits in Abb. 9.6, Band 1 besprochen.

Stimmt man den Laser auf den $3^2S_{1/2} F=2 \leftrightarrow 3^2P_{3/2} F'=3$-Übergang ab, so finden spontane Zerfälle wegen der Auswahlregel $\Delta F = 0, \pm1$ (im Wesentlichen) nur von $3^2P_{3/2} F'=3 \rightarrow 3^2S_{1/2} F=2$ statt. Zwar besitzen diese beiden HFS-Niveaus 7 bzw. 5 magnetische Unterniveaus $M_{F'}$ bzw. M_F. Benutzt man aber nach Abb. I.1b zur Anregung links zirkular polarisiertes σ^+-Licht (alternativ σ^--Licht), so erzwingt man im Anregungsprozess die Auswahlregel $\Delta M_F = +1$ (bzw. $\Delta M_F = -1$) in Bezug auf eine z-Achse $\parallel k$, dem Wellenvektor des Lichts. Bei der spontanen Emission sind dagegen alle Übergänge mit $\Delta M_F = \pm1, 0$ erlaubt. Dies führt zu einem in der Bilanz positiven Drehimpulsübertrag auf das Atom. Wiederholt man den Vorgang, so wird wiederum im Mittel ein positiver Drehimpuls übertragen. Bei einer Lebensdauer von 16 ns im angeregten Zustand durchlaufen die Atome im Teilchenstrahl typisch hunderte von Pumpzyklen (Geschwindigkeit ca. $1\,000\,\mathrm{m\,s^{-1}}$), und schon nach einigen Anregungs- und Emissionszyklen findet man praktisch alle Atome in nur einem Grundzustand $\left|3^2S_{1/2}\ F=2\ M_F=2\right\rangle$ sowie (durch Licht gekoppelt) in dem dazu korrespondierenden angeregten Zustand $\left|3^2P_{3/2}\ F'=3\ M_F=3\right\rangle$. Übergänge in andere Hyperfeinniveaus und M_F Unterzustände sind idealerweise nicht möglich. Man hat es also in der Tat ein reines Zweizustandssystem präpariert.

Etwas anders ist die Situation im Fall von linear polarisiertem π-Licht, wie in Abb. I.1b illustriert. Bezüglich eines Koordinatensystems mit z-Achse $\parallel E$, dem elektrischen Feldvektor des Pumplichts, ist die Auswahlregel

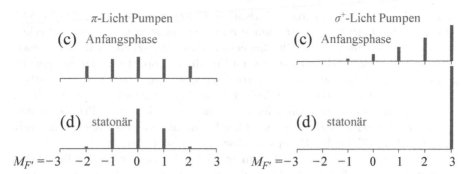

Abb. I.2. Besetzung der Unterniveaus $-3 \leq M'_F \leq 3$ beim Hyperfeinpumpen von Na zwischen $3\,^2S_{1/2}(F = 2)$ und $3\,^2P_{3/2}(F = 3)$ Niveau (s. z.B. Hertel und Stoll, 1974b). (a), (b) linear, (c), (d) zirkular polarisiertes Pumplicht; (a), (c) zu Anfang des Pumpzyklus, (b), (d) im stationären Zustand

jetzt $\Delta M_F = 0$, und das elektrische Feld koppelt Zustände $F = 2, M_F$ im elektronischen Grundzustand $3\,^2S_{1/2}$ nur mit $F' = 3, M_F$ im angeregten $3\,^2P_{3/2}$ Zustand. Spontane Emission sorgt aber wegen unterschiedlicher Übergangswahrscheinlichkeiten dennoch für eine Besetzungsänderung innerhalb der M_F Zustände. Dies ist in Abb. I.2 zusammengefasst.

Um dies quantitativ nachzuvollziehen zu können, stellen wir zunächst fest, dass mit der getroffenen Wahl der Koordinatensysteme die Dichtematrix (19.16), hier eine $(7 + 5) \times (7 + 5)$ Matrix, diagonal ist. Es sind also lediglich die Besetzungswahrscheinlichkeiten für Grund- und angeregten Zustand, $w(M_F,t)$ und $w(M'_F,t)$, zu berechnen. Will man den Ablauf des optischen Pumpprozesses mit der Zeit t im Detail verfolgen, so hat man dafür 12–1 Ratengleichungen aufzustellen und zu lösen, die man in Anlehnung an (20.57) und (20.58) aus den Termschemata Abb. I.1b bzw. c abliest. Die benötigten Dipolübergangswahrscheinlichkeiten sind nach (4.97) und (4.107) in Band 1:

$$A\left(FM_F; F'M'_F\right) \propto \omega^3_{F'F}(2F' + 1) \begin{pmatrix} F' & 1 & F \\ M'_F & q & M_F \end{pmatrix}^2 \langle F' \|\mathbf{C}_1\| F\rangle^2$$

$$B\left(FM_F; F'M'_F\right) = B\left(F'M'_F; FM_F\right) = \frac{3\lambda^3_{ba}}{4h} A\left(FM_F; F'M'_F\right)$$

Da $\mathbf{C}_1$ nur auf den Ortsanteil des Zustands wirkt, kann man das reduzierte Matrixelement mit (D.57) in Band 1 umkoppeln und erhält für Hyperfeinübergänge innerhalb eines Feinstrukturübergangs:

$$B\left(F'M'_F; FM_F\right) \propto (2F' + 1)(2F + 1) \begin{pmatrix} F' & 1 & F \\ -M'_F & q & M_F \end{pmatrix}^2 \tag{I.1}$$

In unserem Fall ($F' = 3, F = 2$) ergibt das für ein anfängliches $M_F = -2, -1,$ 0, 1, 2 bei Anregung mit zirkular polarisiertem Licht: $B(M_F, q = 1) = 1/3,$

1, 2, 10/3, 5 und bei linearer Polarisation $B(M_F, q = 0) = 5/3,\ 8/3,\ 3,\ 8/3,$ 5/3. Die Ratengleichungen können numerisch gelöst werden. Man überlegt sich aber leicht zwei Grenzfälle: im ersten Anregungszyklus wird die Besetzungswahrscheinlichkeit der angeregten Zustände proportional zu den jeweiligen Übergangswahrscheinlichkeiten sein, wir erwarten also $w\,(M_F', t = +0) \propto B(M_F + q, q)$. Genau das ist in Abb. I.2a und c dargestellt. Mit etwas mehr Aufwand kann man aus dem Gleichgewicht von induzierten Prozessen und spontaner Emission das stationäre Gleichgewicht ableiten, welches in Abb. I.2b und d für die beiden Pumpsituationen dargestellt ist.

Optisches Pumpen ist inzwischen in vielen Labors zu großer Perfektion entwickelt worden. Einen Überblick über die frühe Entwicklung dieser Methodik in der atomaren Streuphysik findet man z.B. in Hertel und Stoll (1978).

I.2 Multipolmomente und experimenteller Nachweis

Wir haben soeben beschrieben, wie durch optisches Pumpen eine Nichtgleichgewichtsbesetzung der beteiligten Zustände entstehen kann. Man spricht von *Orientierung (Orientation)* und *Alignment* (deutsch: *Ausrichtung*; wir benutzen aber der Eindeutigkeit wegen ausschließlich den englischen Begriff). Orientierung bedeutet, dass die gepumpten Atome einen Drehimpuls enthalten, dass also positive und negative Werte von M unterschiedliche Gesamtbesetzung haben. Alignment charakterisiert, eine anisotrope Besetzung der M-Zustände, die im Falle von ungleich besetzten ℓ-Orbitalen einem elektrischen Quadrupolmoment entspricht. Zur quantitativen Beschreibung benutzt man die schon in Anhang D, Band 1 angesprochenen Multipolmomente. Wir können nicht auf die Details eingehen und verweisen den interessierten Leser z.B. auf Andersen et al. (1988). Hier von Interesse sind lediglich

$$\text{Orientierung}\quad o_0(J) = \langle T_{10}(J)\rangle = \overline{\left\langle \hat{J}_z \right\rangle}\quad \text{und} \tag{I.2}$$

$$\text{Alignment}\quad a_0(J) = \langle T_{20}(J)\rangle = \overline{\left\langle 3\hat{J}_z^2 - \hat{\boldsymbol{J}}^2 \right\rangle}. \tag{I.3}$$

Mit $\overline{\langle\ \rangle}$ soll die Mittelung über die Erwartungswerte der jeweiligen Drehimpulsoperatoren (Drehimpulsquantenzahl J) ausdrücken. Explizit bestimmt man diese Größen z.B. im HFS-Kopplungschema für den angeregten Zustand F' mit Hilfe der Dichtematrix nach (19.23) zu

$$\langle T_{kq\pm}(F)\rangle = \sum_{M_F'\tilde{M}_F'} \rho_{M_F'\tilde{M}_F'} \left\langle \tilde{F}'\tilde{M}_F' \left| T_{kq\pm}(F)\right| F'M_F' \right\rangle. \tag{I.4}$$

In unserem Fall vereinfacht die Diagonalität der Dichtematrix dies zu

$$o_0(F) = \overline{\langle \hat{F}_z \rangle} = \sum_{M_F=-F'}^{+F'} M_F \, w(M_F) \bigg/ \sum_{M=-F'}^{+F'} w(M_F) \quad \text{und} \qquad (\text{I.5})$$

$$a_0(F) = \langle T_{20}(J) \rangle = \sum_{M_F=-F'}^{+F'} \left(3M_F^2 - F'(F'+1) \right) w(M_F) \bigg/ \sum_{M=-F'}^{+F'} w(M_F) .$$
$$(\text{I.6})$$

Der Orientierungsparameter ist einfach der Erwartungswert des Drehimpulses bezüglich der z-Achse, $-F' \le o_0(F) \le +F'$. Für den Alignmentparameter prüft man leicht nach, dass er bei Gleichbesetzung der M-Zustände, $w(M) = 1/(2F'+1)$, verschwindet und zwischen den Minimal- und Maximalwerten $-F'(F'+1) \le a_0(F) \le F'(2F'-1)$ liegen muss, beim hier diskutierten Beispiel ($F' = 3$) also zwischen -12 und $+15$. Das sind allerdings Grenzwerte, die nach Abb. I.2 im hier besprochenen optischen Pumpprozess nur beim zirkular polarisierten Pumpen im stationären Grenzfall erreicht werden.

Wir haben die Multipolmomente $\langle T_{kq\pm}(F) \rangle$ als Erwartungswerte bestimmter Kombinationen des Drehimpulsoperators $\hat{\boldsymbol{J}}$ eingeführt, hier des Gesamtdrehimpulses $\hat{\boldsymbol{F}}$ im HFS-Kopplungsschema $(JI)\,F$. Oft ist dieses Kopplungsschema aber für den untersuchten physikalischen Prozess ohne Bedeutung, da die Wechselwirkung mit dem Kernspin I vernachlässigbar klein ist – der Kernspin verhält sich gewissermaßen wie ein Zuschauer. Auch J setzt sich, in Russel-Saunders-Kopplung $(LS)\,J$, wiederum aus Bahndrehimpuls L und Elektronenspin S zusammen. Letzterer nimmt häufig ebenfalls nur eine Zuschauerrolle wahr. Die entscheidende Wechselwirkung ist – z.B. bei einem Stoßprozess – durch Ladungsverteilung und Bahndrehimpuls der Elektronen bestimmt, also durch $\hat{\boldsymbol{L}}$. Daher ist man häufig nur an Multipolmomenten interessiert, die aus Komponenten von $\hat{\boldsymbol{L}}$ gebildet werden. Nach Fano und Macek (1973) kann man diese leicht durch Reduktion aus den $\langle T_{kq}(F) \rangle$ mit Hilfe des Wigner-Eckart Theorems (s. (D.5) in Band 1) unter Verwendung der jeweiligen reduzierten Matrixelement erhalten:

$$\langle T_{kq\pm}(L) \rangle = \frac{\langle L \,\|\mathbf{T}_k\|\, L \rangle}{\langle F \,\|\mathbf{T}_k\|\, F \rangle} \langle T_{kq\pm}(F) \rangle \qquad (\text{I.7})$$

Wir können die hier interessierenden beiden Parameter auch schreiben:

$$o_0(L) = \overline{\left\langle F'\tilde{M}_F' \left| \hat{L}_z \right| F'M_F' \right\rangle} = \overline{\left\langle L'\tilde{M}_L' \left| \hat{L}_z \right| L'M_L' \right\rangle} \qquad (\text{I.8})$$

$$= \langle T_{10}(L) \rangle = \langle T_{10}(F) \rangle \,/3 \qquad (\text{I.9})$$

$$a_0(L) = \overline{\left\langle F'\tilde{M}_F' \left| 3\hat{L}_z^2 - 3\hat{\boldsymbol{L}} \right| F'M_F' \right\rangle} = \overline{\left\langle F'\tilde{M}_F' \left| 3\hat{L}_z^2 - 3\hat{\boldsymbol{L}} \right| F'M_F' \right\rangle} \quad (\text{I.10})$$

$$= \langle T_{20}(L) \rangle = \langle T_{20}(F) \rangle \,/15 \qquad (\text{I.11})$$

Das jeweils zweite Gleichheitszeichen in (I.8) und (I.10) gilt, da die Wahl der Basis für die Mittelung keinen Einfluss auf das Ergebnis haben darf. Die

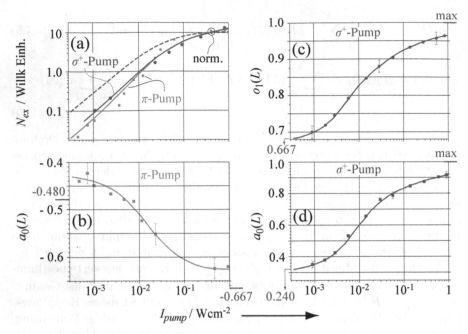

Abb. I.3. Experimentell bestimmte Messpunkte für für den $3\,^2P_{3/2}$ $F' = 3 \leftrightarrow$ $3\,^2S_{1/2}$ $F = 2$ Pumpprozess im Na-Atom. (a) Anregungswahrscheinlichkeit, (b, d) Alignment $a_0(L)$, und (c) Orientierungsparamter $o_1(L)$ als Funktion der Laserintensität. *grau*: linear polarisiertes π-Pumpen und *rot*: zirkular polarisiertes σ^+-Pumpen. Die Daten entstammen Fischer und Hertel (1982), die *rot gestrichelte* Rechnung entspricht der Sättigungskurve nach (20.52) für $I_s = 0.038\,\mathrm{W\,cm^{-2}}$

numerischen Faktoren in (I.9) und (I.11) ergeben sich explizit (Fischer und Hertel, 1982) durch Auswertung der reduzierten Matrixelemente (I.7).

Durch Messung der Polarisation des vom angeregten Na($3\,^2P_{3/2}$) emittierten Fluoreszenzlichtes – in verschiedenen Geometrien – kann man die $a_0(F)$ und $o_0(F)$ Parameter tatsächlich direkt messen. Abbildung I.3 zeigt Ergebnisse solch einer Messung an einem optisch gepumpten Na-Atomstrahl für den in Abb. I.1 und I.2 charakterisierten Pumpprozess ($F' = 3$). Die auf Bahndrehimpulsbasis ($L = 1$) umgerechneten $a_0(L)$ und $o_0(L)$ Parameter werden zusammen mit der Anregungsdichte N_{ex} als Funktion der Pumplaserintensität gezeigt.

Die Abbildung dokumentiert, dass man *mit optischem Hyperfein-Pumpen* durchaus beachtliche Werte für *elektronisches Alignment und Orientierung* erhalten kann. Vor allem ist zirkular polarisierte Anregung sehr effizient: Man erreicht bei hinreichender Intensität fast die maximal möglichen Grenzwerte von $o_0(L) = 1$ und $a_0(L) = 1$ (letzteres entspricht der schon mehrfach erwähnten Pfannenkuchen Ladungsverteilung). Auch bei kleineren Pumpintensitäten erreicht man weit über 0 liegende Werte (die roten Zahlen an den Skalen links geben die nach Abb. I.2d bereits im ersten Pumpzyklus erwarteten $o_0(L)$ und $a_0(L)$ an. Deutlich weniger effizient ist offenbar linear polarisiertes Pumpen, wie Abb. I.2b zeigt: der Minimalwert (bei $L = 1$) von $a_0(L) = -2$ kann mit HFS-Pumpen wegen der Verkopplung mit Kern- und Elektronenspin überhaupt nicht erreicht werden. Mit den M'_F-Verteilungen nach Abb. I.2b erwartet man minimal $a_0(L) = -0.667$, was bei hinreichend hoher Intensität auch gut angenähert wird. Auch eine Anregungsdichte von 50% ist mit linear polarisiertem Licht nicht zu erreichen – was in Abb. I.2a nicht klar zu erkennen ist, denn alle Modelle wie auch die experimentellen Daten wurden an einem Punkt (schwarzer Kreis) aufeinander angepasst. Offenkundig ist aber die Abweichung von dem beim reinen Zweiniveausystem vorhergesagten Sättigungsverhalten nach (20.52): Dopplerverbreitung und partieller Überlapp des $F' = 3$-Niveaus mit $F' \leq 2$ führt zum Umpumpen der Population in den $F = 1$-Grundzustand, der nicht mehr angeregt werden kann.

I.3 Optisches Pumpen mit zwei Frequenzen

Offenbar ist die eingangs dargelegte Modellvorstellung einer ausschließlichen Kopplung der beiden präferierten Hyperfeinniveaus $3^2P_{3/2}$ $F' = 3 \leftrightarrow$ $3^2S_{1/2}$ $F = 2$ *mit nur einer Laserfrequenz* von der Realität doch deutlich entfernt. Aufgrund der endlichen Linienbreite der HFS-Niveaus und vor allem wegen der dynamischen Stark-Verbreiterung bei hohen Intensitäten kann man die Besetzung anderer angeregter HFS-Niveaus mit $F' < 3$ nicht vermeiden, sodass optisches Pumpen über spontane Emission die Senke $3^2S_{1/2}$ $F = 1$ im Grundzustand bevölkert, aus der heraus keine Anregung mehr stattfindet. Es liegt daher nahe – und wurde im Haupttext dieses Bandes bereits als erfolgreich vorgestellt (z.B. Kap. 16.5.3) – *mit zwei Photonenenergien* $h\nu_1$ und $h\nu_2$ zu pumpen, um eben diese Senke $3^2S_{1/2}$ $F = 1$ wieder zu entleeren. Abbildung I.4 zeigt die dramatischen Unterschiede, die sich in den beiden Fällen ergeben. Dargestellt ist die räumlich (in 2D) aufgelöste Fluoreszenz des angeregten Na($3^2P_{3/2}$)-Zustands. Dieses Signal bildet die Anregungsdichte des Na-Atomstrahls bei Anregung (a) mit einem bzw. (b) mit zwei Pumplaserfrequenzen ab. Das Pumpschema ist jeweils im Einschub oben skizziert. In Abb. I.4a beobachtet man ein etwas unsymmetrisches, gewissermaßen lustloses Anregungsprofil. Seine Asymmetrie ist vor allem der Dopplerverbreiterung geschuldet, aufgrund derer die „falschen" HFS-Niveaus angeregt werden und sofort in den $3^2S_{1/2}$ $F = 1$ Zustand relaxieren. Die Einstrahlung der zweiten Laserfrequenz, hier in Gegenrichtung, führt zu einer massiv höheren Anregungsdichte, die zudem ausgesprochen symmetrisch ist. Offenbar gelingt es mit dem zweiten Laser, die Senke im Grundzustand effizient zu entleeren und hohe Anregungsdichte zu generieren.

Nun bedeuten zwei getrennt abstimmbare, gut stabilisierte Farbstofflaser ohne Zweifel einen beträchtlichen Aufwand, den man gern verringern möchte. Campbell et al. (1990) haben daher einen *Zweimoden-Farbstofflaser*

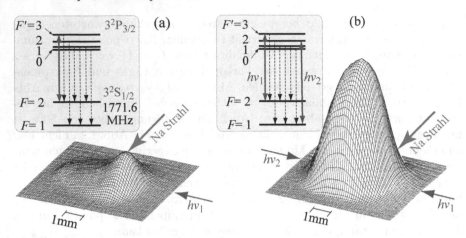

Abb. I.4. Besetzungsdichte im Na-Strahl beim optischen Pumpen mit (**a**) einer Frequenz und (**b**) zwei auf $F = 2 \rightarrow 3$ und $F = 1 \rightarrow 2$ abgestimmten Pumpfrequenzen. Das Fluoreszenzsignal aus der Anregungszone wurde mit einer CCD Kamera aufgenommen und ist proportional zur Anregungsdichte. Die Daten wurden Campbell et al. (1990) entnommen

speziell für diese Anregungsaufgabe konzipiert, bei welchem man geschickt vom räumlichen variierenden Verstärkungsprofil eines Farbstofflasers im Dye-Flüssigkeits-Strahl Gebrauch macht: das in Kap. 13.1.7 erläuterte Verstärkungsprofil eines Lasers im Betrieb zeigt natürlich auch eine (räumliche) Variation entlang der z-Achse, da es sich bei den Lasermoden ja um stehende Wellen handelt. In deren jeweiligen Knoten bildet sich bevorzugt eine zweite Mode aus. Durch geschickte Wahl der Resonatordimensionen und Positionierung des Verstärkermediums kann man daher zwei Moden zu stabilen Anschwingen bringen, die einen Frequenzabstand haben, welcher der Grundzustands-HFS-Aufspaltung im Na entspricht. Mit einer solchen Anordnung und einem weiteren Laser gelang es, Na in hinreichender Dichte in den 4D-Zustand anzuregen, und dort Ladungsaustauschprozesse mit K^+ Ionen zu studieren.

Alternativ kann man auch die Frequenz eines Singlemode-Lasers mit akustooptischen, abstimmbaren Modulatoren beeinflussen, die bei der Frequenz der HFS-Aufspaltung im Grundzustand oszillieren: die so induzierte Lichtmodulation führt zu entsprechenden Seitenbändern, die der zentralen optischen Trägerfrequenz aufgeprägt werden, und es so gestatten, ebenfalls effektiv zwei stabile, optische Frequenzen bereitzustellen, die absolut wie auch gegeneinander abstimmbar sind. Diese Methode wird heute wegen ihrer Robustheit bevorzugt eingesetzt, wie z.B. in Kap. 16.5.3 illustriert.

Führung, Nachweis und Energieanalyse von Elektronen und Ionen

Im Haupttext wird verschiedentlich auf Methoden zur Manipulation, zum Nachweis und zur Energieanalyse von Elektronen- und Ionenstrahlen Bezug genommen, die sich in der modernen, experimentellen Physik als Standardwerkzeuge auch weit über die Atom-, Molekül- und optische Physik hinaus bewährt haben. Elektronen- und Ionenoptiken und das detaillierte Layout von Energieselektoren werden heute üblicherweise mit kommerziellen Programmen (s. z.B. SIMION, 2009) berechnet. Dennoch ist die Kenntnis einiger Grundlagen nützlich. Die Basis all dieser Methoden bilden die auf geladene Teilchen wirkenden Kräfte im elektrostatischen bzw. magnetischen Feld, die zu charakteristischen Ablenkungen von Teilchenstrahlen führen, wie bereits in Kap. 1, Band 1 besprochen. Die nachfolgende kurze Einführung konzentriert sich auf die für niederenergetische Teilchenstrahlen heute überwiegend benutzte elektrostatische Führung und Fokussierung. Im letzten Abschnitt dieses Anhangs wird aber auch ein wichtiges Beispiel für den Einsatz von Magnetfeldern besprochen. Auf die Behandlung von Raumladungseffekten sei hier verzichtet, da diese beim Teilchennachweis (sehr kleine Ströme) in aller Regel keine Rolle spielen.

J.1 SEV, Channeltron, Vielkanalplatte

Zum direkten, effizienten Nachweis geladener Teilchen (Elektronen, Ionen) aber auch energiereicher Photonen benutzt man in der modernen Atom- und Molekülspektroskopie heute überwiegend *Sekundärelektronenvervielfacher (SEV)*, auch einfach *Elektronenmultiplier* genannt. Durch wiederholte Sekundärelektronenemission erlauben sie es, typische Verstärkungen von 10^8 zu erzielen. So werden typischerweise Ladungsimpulse von einigen ns Dauer erzeugt, was zu Strömen im mA Bereich führt. Diese können dann bequem mit konventioneller Elektronik verstärkt, diskriminiert und gezählt werden. Im Bedarfsfall kann man so einzelne Elektronen, Ionen oder Photonen nachweisen. Die klassische Standardanordnung eines SEV ist in Abb. J.1a skizziert. Das

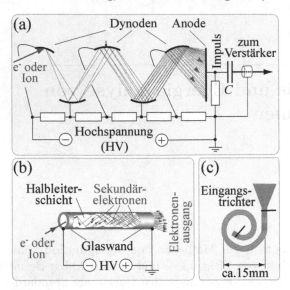

Abb. J.1. Sekundärelektronenvervielfacher: (**a**) Klassischer SEV-Aufbau mit einzelnen Dynoden, (**b**) Prinzip eine Channeltrons, (**c**) typische Ausführungsform eines Channeltrons

nachzuweisende Elektron oder Ion trifft auf die erste Dynode auf und löst dort ein, zwei oder auch mehrere Sekundärelektronen geringer kinetischer Energie aus. Diese werden auf die nächste Dynode hin beschleunigt, wo sich der Vorgang wiederholt. Man kann dies viele Male wiederholen und schließlich die so erzeugte Elektronenlawine auf einer Anode auffangen und der elektronischen Weiterverarbeitung zuführen. Für den Teilchennachweis benutzt man typisch 14 − 18 Dynoden, bei Photomultipliern weniger, und legt eine Gesamtspannung von 2–4 kV an. Diese wird über eine Spannungsteilerkette, wie in Abb. J.1a angedeutet, auf die Dynoden verteilt. Vor jeder Dynode haben die auftreffenden Elektronen kinetische Energien im Bereich von 100–200 eV, was eine optimale Auslösung von Sekundärelektronen ermöglicht. Für den Nachweis von Photonen wird dieser klassische Aufbau nach wie vor verwendet (*Photomultiplier, PM*). In diesem Fall ist dem SEV eine Photokathode vorgeschaltet, wo die Photonen zunächst mit Hilfe des Photoeffekts in Elektronen umgewandelt werden. Die gesamte Anordnung – Photokathode und SEV – befindet sich in einer kompakten, evakuierten Röhre. Die Dynodenspannungen werden über elektrische Zuführungen im Sockel des PM mit Spannung versorgt. Es handelt sich dabei heute um eine sehr ausgereifte Technik, und für die verschiedensten Anforderungen sind extrem leistungsfähige Geräte kommerziell verfügbar: niedrige Dunkelströme und hohe Empfindlichkeiten erlauben heute über einen breiten Spektralbereich die Zählung einzelner Photonen.

Zum Nachweis von Elektronen, Ionen oder auch schnellen Neutralteilchen benutzt man heute fast ausschließlich *Kanalelektronenvervielfacher* (englisch *Channel Electron Multiplier, CEM*, kurz *Channeltron*) verwendet, deren Prinzip in Abb. J.1b dargestellt ist. Anstelle diskreter Dynoden bei SEV (Abb. J.1a) benutzt man beim Channeltron die gesamte Innenwand eines dünnen

Glasrohrs (wenige mm Durchmesser) gewissermaßen als kontinuierlich ausgedehnte Dynode für die Sekundärelektronenemission. Sie besteht aus einer halbleitenden Schicht von einigen 100 nm Dicke mit hohem Widerstand (im 100 MΩ Bereich), auf die einige 10 μm SiO_2-Schichten zur Passivierung mit speziellen Eigenschaften für die Sekundärelektronenemission aufgebracht sind. Bei einer typischen Betriebsspannung von ca. 3 000 V (Ströme ca. 30 μA) hat man einen kontinuierlichen Potenzialanstieg über die Gesamtlänge des Rohrs (einige cm), sodass über die gesamte Strecke immer wieder Elektronen aus den Wänden herausgeschlagen und nachbeschleunigt werden können. Die konkreten Bauformen von Channeltrons können sehr verschieden sein. Abb. J.1b zeigt ein Beispiel mit Eingangstrichter (wichtig für das problemlose „Treffen" des Channeltrons) und spiralförmig geformtem Kanalrohr. Letzteres verbessert die Emissionsgeometrie und minimiert schädliche Echos durch rücklaufende Ionen, die aus den Wänden geschlagen werden können. Alternativ werden heute häufig auch kompakte, in Keramik eingelassene sinusförmig gewellte Channeltrons (*Ceratron*) und andere Bauformen genutzt. Man erzielt Verstärkungen von über 10^8, die freilich bei Teilchenzählraten von über 10^4 rasch abfallen (Sättigung).

Als konsequente Weiterentwicklung des Channeltrons kann man die in Abb. J.2 illustrierten *Mikrokanalplatte* bezeichnen (englisch *Micro Channel Plate, MCP*). Sie besteht aus vielen Mikrokanälen (Abb. J.2a) mit einem Durchmesser von 6–10 μm, die jeweils wie ein Channeltron funktionieren. Sie sind zu einer Platte von einigen zehntel bis zu 2 mm Dicke zusammengefügt (Abb. J.2b), wobei die Kanäle um einen kleinen Winkel (ca. 8°) gegen die Normale verkippt sind, um ein direktes „Durchschießen" der nachzuweisenden Teilchen zu vermeiden und den Ionenrücklauf zu reduzieren. Die Verstärkung liegt hier pro Kanalplatte allerdings nur bei 10^3–10^4, sodass man in der Regel mindestens zwei Platten in der sogenannten „Chevron" oder V-Anordnung hintereinander setzt (die zweite Kanalplatte wird um 180° gedreht), wie in Abb. J.2c angedeutet. Damit kommt man auf Verstärkungen von 10^6–10^7, was in aller Regel für die Teilchenzählung ausreicht; ggf. kann man auch drei Platten hintereinander schalten (Z-Anordnung). Der wesentliche Vorteil der Mikrokanalplatten ist ihre große Fläche: Durchmesser von 5 cm sind heute problemlos erhältlich (entsprechend ca. 10^7 Kanälen). Bei einfachen Anwendung wird so ein großflächiger Nachweis von räumlich verteilten Signalströmen ohne aufwendig Fokussierung möglich. Ihre eigentliche Leistungsfähigkeit entfalten die Mikrokanalplatten aber in Verbindung mit ortsauflösendem Nachweis, da man aus der Kombination von Orts- und Zeitauflösung die Energie-, Impuls- und Winkelverteilungen der detektierten Teilchen sozusagen in „einem Schuss" aufnehmen kann. Es haben sich inzwischen eine Reihe Methoden zum ortsaufgelösten Nachweis der mit MCPs verstärkten Teilchenströme bewährt. Im einfachsten Falle benutzt man Streifenanoden, die einen örtlichen 1D-Nachweis ermöglichen. 2D Nachweisverfahren arbeiten z.B. mit entsprechend in zwei Richtungen unterteilten Anoden, mit gekreuzten Drähten ($2N$ Drähte für N^2 Positionen), mit Widerstandsanoden oder heute häufig mit

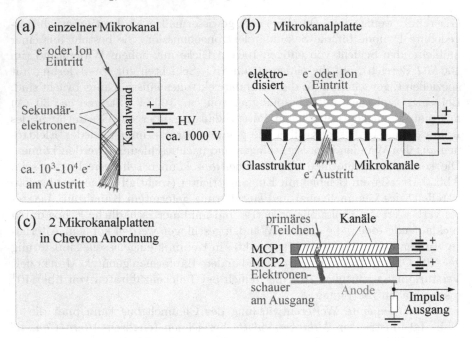

Abb. J.2. Mikrokanalplatte (MCP) schematisch: (**a**) Wirkungsweise eines einzelnen Kanals, (**b**) Schnitt durch ein MCP, (**c**) zwei MCPs in Chevron-Anordnung zur Erhöhung der Verstärkung mit typischer Beschaltung

Laufzeitmethoden, wo das verstärkte Signal auf zwei oder mehrere, gekreuzte hintereinander angeordnete, mäanderförmig Verzögerungsdrähte trifft. Aus der Laufzeit jedes dieser Signale kann man dabei auf die Auftreffkoordinate des Ladungsimpulses in jeweils einer Richtung schließen. Aus den Laufzeiten auf zwei Drähten kann man also im Prinzip x und y berechnen. Ein dritter Draht hilft bei einigen Anordnungen Doppeldeutigkeiten zu beseitigen. Schließlich erfreut sich auch der direkte optische Nachweis großer Beliebtheit: dabei lässt man die Elektronen auf einen Fluoreszenzschirm treffen und kann die örtliche Verteilung des Signals direkt mit einer CCD-Kamera beobachten und aufzeichnen.

Zum Schluss dieses Abschnitts noch ein paar Worte zur *Nachweiswahrscheinlichkeit* von Elektronen und Ionen durch Sekundärelektronenemission, die allen hier besprochenen Anordnungen zugrunde liegt. Am übersichtlichsten ist das für Elektronen. In Abb. J.3 ist der typische Verlauf der Sekundärelektronenemission und damit der Nachweiswahrscheinlichkeit P als Funktion der kinetischen Energie des Primärelektrons aufgetragen. Wie man sieht, ist diese nahezu 100% für Elektronenenergien im Bereich von etwa 200 eV. Das ist auch die optimale Spannung zwischen den Dynoden eines SEV nach Abb. J.1a; ebenso wird man ein Channeltron nach Abb. J.1b so konstruieren, dass typische Laufwege der Trajektorien zwischen dem Auftreffen auf die

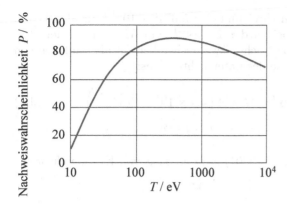

Abb. J.3. Nachweiswahrscheinlichkeit für Elektronen durch Sekundärelektronenemission als Funktion
ihrer kinetischen Energie T
beim Eintritt in ein Channeltron

Wände des Kanals einem solchen Spannungsabfall auf der Halbleiterbeschichtung entsprechen.

Anders ist die Situation beim Nachweis von Ionen, die mit viel geringer Wahrscheinlichkeit beim Auftreffen auf die Wand Sekundärelektronen auslösen. Bei der (semi)quantitativen Beschreibung ist zu berücksichtigen, dass es sich um einen statistischen Prozess handelt. Die Nachweiswahrscheinlichkeit ergibt sich aus einer Poison-Verteilung für die Wahrscheinlichkeit, N Sekundärelektronen auszulösen:

$$P_e(N) = \frac{\gamma_e^N}{N!} \exp(-\gamma_e) \tag{J.1}$$

Man bezeichnet γ_e als Sekundärelektronen-Emissionskoeffizient. Die Wahrscheinlichkeit, *kein* Elektron zu emittieren ist $P_e(0) = \exp(-\gamma_e)$ und somit wird die gesuchte Nachweiswahrscheinlichkeit (eines oder mehrere Elektronen zu emittieren):

$$P = 1 - \exp(-\gamma_e) \tag{J.2}$$

Im Prinzip ist γ_e und damit auch P sowohl von der Geschwindigkeit v wie auch von der Masse M der untersuchten Ionen abhängig. Generell erwartet man höhere Nachweiseffizienz für höhere Geschwindigkeiten, und bei gleicher Geschwindigkeit wohl auch bei größeren Massen. Es hat im Laufe der letzten Jahrzehnte eine Reihe von Versuchen gegeben, γ_e experimentell zu bestimmen, insbesondere auch für größere Massen. Leider, so muss man sagen, mit recht unterschiedlichen Resultaten. Wir kommunizieren hier zwei relativ *junge Ergebnisse für MCPs*, wobei eine absolute Kalibrierung durch alternative, als quantitativ vermutete Ionennachweisverfahren durchgeführt wurde. Untersucht wurden verschieden Massen mit Molgewichten von einigen 100 bis zu einigen 1 000 u. Dabei finden Westmacott et al. (2000) durch Vergleich mit supraleitenden Tunnelkontakten für den „reduzierten" Sekundäremissionskoeffizienten (pro Masseneinheit) die empirische Formel

$$\gamma_e/M = A v^B \, , \tag{J.3}$$

wobei $B = 4.3 \pm 0.4$ angegeben wird, und $A = 5.6748 \times 10^{-24}$ aus den Daten erschlossen werden kann. Dabei wird v in $\mathrm{m\,s^{-1}}$ und M in u. In der Praxis interessiert üblicherweise die Nachweiswahrscheinlichkeit als Funktion von kinetischer Energie T und Masse des untersuchten Ions:

$$P(M,T) = 1 - \exp\left(-M \times A \left(4.4 \times 10^5 \sqrt{T/M}\right)^B\right) \tag{J.4}$$

$$= 1 - \exp\left(-10.4\,M^{-1.15}\,T^{2.15}\right)$$

Dagegen haben Twerenbold et al. (2001) auf der Basis von Kryodetektoren

$$\gamma_e = \left(\frac{v}{53000}\right)^{3.5} \tag{J.5}$$

gefunden, also einen Sekundärelektronen-Emissionskoeffizient, der nur von der Teilchengeschwindigkeit abhängig ist. Damit wird

$$P(M,T) = 1 - \exp\left(-1639.2\,(T/M)^{1.75}\right). \tag{J.6}$$

Die beiden Ergebnisse werden in Abb. J.4 miteinander verglichen. Wie

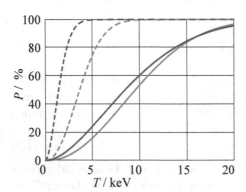

Abb. J.4. Nachweiswahrscheinlichkeit P für Ionen durch Sekundärelektronenemission als Funktion ihrer kinetischen Energie T beim Auftreffen auf ein MCP. *Grau* nach Westmacott et al. (2000), *rot* nach Twerenbold et al. (2001). *Volle Linien* beziehen sich auf Masse $M = 720\,\mathrm{u}$ (C_{60}), *gestrichelte* auf $M = 120\,\mathrm{u}$

man sieht, liegen bei typischen Abzugsspannungen von $3-4\,\mathrm{kV}$ die Nachweiswahrscheinlichkeiten für größere Massen im Bereich unter 10%. Es bedarf also besonderer Vorkehrungen, um für hohe Massen (etwa bei der Proteinanalyse) maximale Nachweiswahrscheinlichkeiten zu erzielen. Man muss dafür entweder die MCPs auf ein hohes negatives Potenzial legen, weit oberhalb der Betriebsspannung der MCPs. Alternativ könnte man natürlich auch die Ionen auf einem hohen positiven Potenzial erzeugen, was technisch etwas aufwendig ist, da man gerne nahe am Erdpotenzial arbeitet. Bedauerlicherweise stimmen auch die hier zitierten beiden Kalibrierungskurven nicht überein. Wir plädieren für die Daten von Twerenbold et al. (2001) (rot markiert), da die Kalibrierung über Kryodetektoren relativ übersichtlich erscheint.

J.2 Brechungsindex, Linsen und Richtstrahlwert

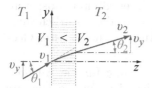

Abb. J.5. Zur Definition des Brechungsindex für Teilchenstrahlen im elektrostatischen Feld

Die Ablenkung und Fokussierung geladener Teilchenstrahlen kann auf ganz ähnliche Weise beschrieben werden, wie dies für Lichtstrahlen in der geometrischen Optik geschieht. Man spricht daher von Elektronen- und Ionenoptik. *Brechung* von Teilchenstrahlen erfolgt beim Durchlaufen unterschiedlicher Potenziale. Im Unterschied zur Lichtoptik gibt dabei naturgemäß keine scharfen Grenzflächen, sondern kontinuierliche Richtungsänderungen entsprechend der jeweiligen lokalen kinetischen Energie, wie in Abb. J.5 skizziert, hier für das Beispiel eines homogenen, elektrostatischen Feldes zwischen zwei transparenten, planparallelen Metallgittern im Abstand d auf den Potenzialen V_1 bzw. V_2.

Beim Durchtritt des Teilchenstrahls (Teilchenmasse m, Ladung qe_0) durch ein solches Feld ändert sich die kinetische Energie des Strahls von $T_1 = qe_0V_1$ auf $T_2 = qe_0V_2$ und damit der Betrag der Geschwindigkeit von $v_1 = \sqrt{2T_1/m}$ auf $v_2 = \sqrt{2T_2/m}$. Senkrecht zur optischen Achse (Flächennormale, strichpunktiert) bleibt dabei die Geschwindigkeitskomponente (v_y) unverändert. Für Ein- und Austrittswinkel (θ_1 bzw. θ_2) bezüglich der optischen Achse gilt daher $v_y = v_1 \sin\theta_1$ und $v_y = v_2 \sin\theta_2$, woraus sich das *Brechungsgesetz für Teilchenstrahlen* ganz analog zum Snellius'schen Gesetz in der Optik ergibt:

$$\frac{\sin\theta_1}{\sin\theta_2} = \frac{v_2}{v_1} = \sqrt{\frac{T_2}{T_1}} = \frac{n_2}{n_1} \qquad (J.7)$$

Der *Brechungsindex für Teilchenstrahlen* wird daher proportional zur Wurzel aus der lokalen kinetischen Energie $n \propto \sqrt{T}$. Man beachte, dass diese Beziehung unabhängig von der Größe der Winkel und bei der in Abb. J.5 skizzierten Geometrie nicht auf kleine Ein- bzw. Ausfallwinkel beschränkt ist.

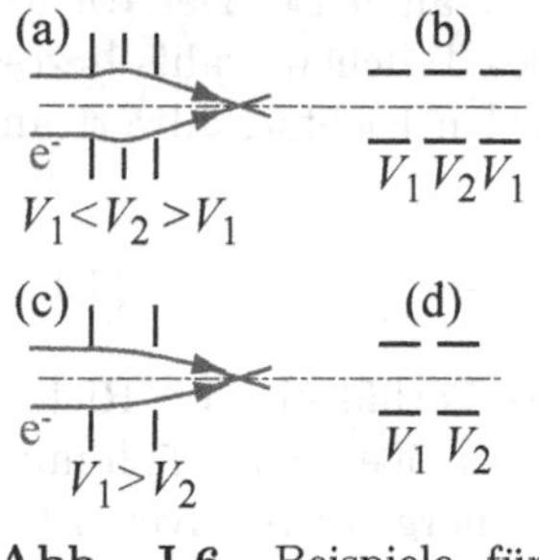

Abb. J.6. Beispiele für Elektronenlinsen

Man kann somit ganz analog zur Lichtoptik Elektronen- und Ionenlinsen konstruieren. Einige Beispiele sind in Abb. J.6 zusammengestellt. Die roten Linien in (a) und (c) deuten typische Elektronenbahnen in Sammellinsen an. Dabei unterscheidet man sogenannte *Einzellinsen* (a, b) und *Immersionslinsen* (c, d). Erstere bestehen aus drei Elementen (typischerweise Aperturen oder Zylinder), wovon die beiden äußeren auf gleichem Potenzial liegen. Im Gegensatz dazu bestehen Immersionslinsen aus zwei Elementen auf unterschiedlichem Potenzial und ändern daher zugleich auch die Energie der geladenen Teilchen. Die Brennweiten und sonstigen Abbildungseigenschaften solcher Linsen lassen sich nicht, wie in der Lichtoptik, durch einfache Formeln ausdrücken, sondern erfordern eine detaillierte Berechnung oder Vermessung (eine Übersicht über die klassische Literatur gibt Mulvey und Wallington, 1973). Heute benutzt man dafür in der Regel die schon erwähnten, ausgereiften Programme zur Simulation der Teilchentrajektorien, die natürlich auch die Berechnung weit komplexerer, an die jeweilige Aufgabe angepasster Geometrien ermöglichen.

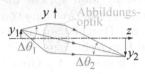

Abb. J.7. Zur Beziehung (J.8)

Eine weitere wichtige Beziehung für die Ausbreitung von Teilchenstrahlen ist die sogenannte *Helmholtz-Lagrange-Beziehung* (auch als Abbé'sche Sinusbedingung in der Lichtoptik bekannt), die nur für achsennahe Strahlen und kleine Öffnungswinkel gilt – im Gegensatz zum Brechungsgesetz (J.7), womit sie nicht verwechselt werden darf. Sie beschreibt für eine optische Anordnung, welche ein Objekt der Abmessung y_1 auf y_2 abbildet, wie in Abb. J.7 skizziert, den Zusammenhang zwischen Lateralvergrößerung $\beta = y_2/y_1$ und dem jeweiligen Divergenzwinkel $\Delta\theta_1$ bzw. $\Delta\theta_1$ des abbildenden Teilchenstrahls:

$$n_1 y_1 \sin \Delta\theta_1 = n_2 y_2 \sin \Delta\theta_2 \quad \text{oder}$$

$$\sqrt{T_1} \sin \Delta\theta_1 = \beta\sqrt{T_2} \sin \Delta\theta_2 \tag{J.8}$$

In zweidimensionaler Betrachtungsweise, also bezogen auf die differenziellen Flächen dA_1 und dA_2 eines Teilchenstrahls an zwei verschiedenen Stellen entlang des Strahlwegs, ergibt sich die üblicherweise für Teilchenstrahlen gebrauchte Form der *Helmholtz-Lagrange Beziehung*

$$T_1 dA_1 d\Omega_1 = T_2 dA_2 d\Omega_2 \,, \tag{J.9}$$

wobei $d\Omega_1$ bzw. $d\Omega_2$ die jeweiligen differenziellen Raumwinkel bedeuten. Man definiert nun den sogenannten *Richtstrahlwert* eines Teilchenstrahls

$$R = \frac{dI}{dA d\Omega} \,, \tag{J.10}$$

mit dem Strom dI durch die Fläche dA entlang der Strahlachse. Der Richtstrahlwert charakterisiert also die Intensität dI/dA des Teilchenstrahls bezogen auf seinen Divergenzwinkel $d\Omega$. Mit (J.9) gilt für den Richtstrahlwert an zwei verschiedenen Stellen:

$$\frac{R_1}{T_1} = \frac{dI_1}{T_1 dA_1 d\Omega_1} = \frac{dI_2}{T_2 dA_2 d\Omega_2} = \frac{R_2}{T_2} \tag{J.11}$$

Für jeden gut gebündelten Teilchenstrahl ist also das Verhältnis von Richtstrahlwert zu kinetischer Energie, R/T, eine Erhaltungsgröße – natürlich nur, sofern keine Teilchen verloren gehen und sich keine energiedispersiven Elemente im Strahlengang befinden. Diese Beziehung ist von grundsätzlicher Bedeutung für die Konstruktion von Elektronen- und Ionenoptiken. Will man, wie das häufig der Fall ist, möglichst viel Strom durch einen möglichst kleinen

Querschnitt bringen, so muss man dafür sorgen, dass bereits bei der Entstehung der zu manipulierenden Teilchen der Richtstrahlwert möglichst hoch ist (also z.B. an der Kathode einer Elektronenquelle oder beim Fokus einer Lichtquelle bei der Photoelektronenspektroskopie usw.). Hohe Energien sind dabei ebenfalls hilfreich, entsprechen aber nicht immer den sonstigen experimentellen Erfordernissen.

J.3 Der hemisphärische Energieselektor

In der Photoionisationsspektrometrie benutzt man heute überwiegend elektrostatische Verfahren zur Energieanalyse, wenn man es mit einem kontinuierlichen Messprozess zu tun hat, so etwa bei der Untersuchung von Atomen und Molekülen, aber auch von Festkörperoberflächen, mit Synchrotronstrahlung. Auch zur Erzeugung möglichst monoenergetischer Elektronenstrahlen werden solche Anordnungen genutzt. Grundidee aller elektrostatischen Energieselektoren ist die Kombination der räumlichen Trennung von Teilchen unterschiedlicher kinetischer Energie durch Ablenkung im elektrischen Feld und geometrischer Fokussierung bei unterschiedlichem Eintrittswinkel in den Selektor. So sammelt man möglichst große Ströme durch das dispersive Element auf. In verschiedenen Geometrien (zylindrisch, hemisphärisch, toroidal u.a.) gelingt dies auf unterschiedlich perfekte Weise.

Wir diskutieren hier beispielhaft den hemisphärischen Analysator, der sich in der Praxis besonders bewährt hat und auch kommerziell erfolgreich vertrieben wird. Er besteht aus zwei konzentrischen Halbkugeln, wie in Abb. J.8 skizziert. Diese Anordnung wurde erstmals von Purcell (1938) beschrieben und

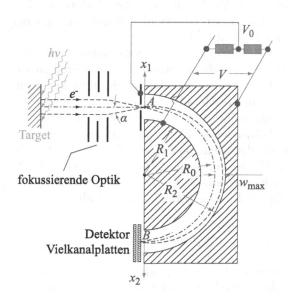

Abb. J.8. Hemisphärischer Energieanalysator (hier als Beispiel zum Nachweis von Photoelektronen aus einer Festkörperoberfläche) mit Abbildungsoptik und zweidimensionaler Aufnahme des Messsignals

von Kuyatt und Simpson (1967) in der niederenergetischen Elektronenspektroskopie umfassend erprobt. Auf diese Arbeiten stützen sich die nachfolgenden Ausführungen, berücksichtigen aber moderne Realisierungsformen. Wir gehen dabei von einem idealen Feldverlauf aus, der durch Randeffekte nicht gestört wird. Man kann dies nach Herzog (1935) durch geeignete Begrenzungsblenden erreichen, die wir uns für Abb. J.8 durch die Eintrittsapertur bzw. die erste Detektorplatte realisiert vorstellen.

Das elektrische Potenzial zwischen den Halbkugeln der in Abb. J.8 skizzierten Geometrie ist nach den Gesetzen der Elektrostatik $C_1/R + C_2$. Der Betrag des elektrischen Feldes wird damit $E(R) = VR_1R_2/[(R_2-R_1)R^2]$. Das Feld ist radial gerichtet und wir erwarten kreisförmige bzw. elliptische Bahnen wie beim Kepler Problem. Elektronen, welche am Punkt A beim Radius $R_0 = (R_2+R_1)/2$ (also genau in der Mitte zwischen den Kugeln) senkrecht zur Verbindungsachse der Punkte AB eintreten (strichpunktierte Bahn), durchlaufen genau dann eine Kreisbahn, wenn sich Zentrifugalkraft und elektrisches Feld dort kompensieren, wenn also $qe_0E(R_0) = -mv_0^2/R_0$ wird. Um ein Elektron der kinetischen Energie $T_0 = e_0V_0 = mv_0^2/2$ auf der Sollkreisbahn R_0 zu führen, muss also die Differenzspannung

$$V = V_0\,(R_2/R_1 - R_1/R_2) \tag{J.12}$$

zwischen äußerer und innerer Halbkugel angelegt werden, was den Potenzialen $V_1 = V_0\,[3 - 2\,(R_0/R_1)]$ bzw. $V_2 = V_0\,[3 - 2\,(R_0/R_2)]$ entspricht. Die Symmetrie der Kugel sorgt nun dafür, dass unter diesen Bedingungen *alle* Elektronen, die sich auf einem Großkreis mit Radius R_0 bewegen und bei A tangential zu den Äquipotenzialflächen ins Feld eintreten, ebenfalls am Punkt B wieder austreten: das sind also alle Elektronen, die auf irgendeiner Ebene durch die Verbindungsachse AB senkrecht zu dieser bei A eintreten. Die Geometrie der Anordnung sorgt also für perfekte Winkelfokussierung in einer Richtung *senkrecht zur Schnittebene* in Abb. J.8.

Wie sieht es nun mit der Fokussierung *in der Schnittebene* aus, also bezüglich der mit α bezeichneten Winkeldivergenzen? Und wie groß ist die Dispersion bzw. das Energieauflösungsvermögen des hemisphärischen Kondensators? Wir gehen hier nicht auf die Details der Rechnung ein, bei der man die Bewegungsgleichungen für kleine Abweichungen von den Sollwerten linearisiert (Purcell, 1938), und diskutieren lediglich die Ergebnisse. Sei x_2 der radiale Abstand des bei B auslaufenden Elektrons vom Sollkreis R_0 und x_1 die entsprechende Abweichung beim Eintritt am Punkt A. Ferner sei $\Delta T = T-T_0$ die Abweichung der kinetischen Elektronenenergie T von der Sollenergie T_0 und α der Eintrittswinkel bezüglich des Sollstrahls in der Schnittebene. Die Rechnung ergibt dann

$$x_2/R_0 = -x_1/R_0 + 2(\Delta T/T) - 2\alpha^2\,. \tag{J.13}$$

Die Tatsache, dass der Divergenzwinkel nur in quadratischer Form auftritt besagt, dass der sphärische Selektor eine Winkelfokussierung erster Ordnung in der Schnittebene besitzt. Die Energiedispersion ist für kleine Abweichungen von der Sollenergie offenbar linear. Die Auflösung eines solchen Systems erhält man unter Berücksichtigung der Größe von Ein- und Austrittsblenden. Im Falle von Schlitzen gleicher Weite w am Ein- und Ausgang erwartet man unter Vernachlässigung des α^2 Terms eine dreieckige Transmissionsfunktion der Halbwertsbreite

$$\Delta T_h = \frac{w}{2R_0} T_0 \,. \tag{J.14}$$

Für eine möglichst gute absolute Energieauflösung ΔT_h arbeitet man also zweckmäßigerweise bei kleinen Transmissionsenergien, die man durch geeignete Teilchenoptiken (Immersionslinsen) auch bei anfänglich hohen kinetischen Energien leicht erzeugen kann. Nach (J.11) kann dies freilich nur auf Kosten des Divergenzwinkels am Eintrittsspalt erreicht werden, was im Einzelfall kritisch zu bewerten ist.

Bei der in Abb. J.8 skizzierten Anordnung wird der Eintrittsspalt als vertikaler Schlitz angenommen, am Ausgang wird eine Vielkanalplatte mir 2D-Auflösung eingesetzt – der Austrittsspalt wird also durch die räumliche Auflösung des Detektors realisiert. Im hier gezeigten Beispiel wird ein ausgedehntes, mit Photonen bestrahltes Target auf den Eintrittsspalt abgebildet. In der gezeigten Schnittebene sammelt man somit alle senkrecht zum Target emittierten Elektronen aus einem (endlich großen) Nachweisbereich ein. Elektronen, die vom Target unter einem Winkel senkrecht zur Schnittebene emittiert werden, werden auf einen oberhalb bzw. unterhalb von A liegenden Punkt des Eintrittsspaltes abgebildet. Der Selektor bildet diese Elektronen oberhalb bzw. unterhalb der Schnittebene auf der Detektor-Kanalplatte ab – wiederum nach Energien in x_2 Richtung selektiert. Dies ermöglicht also insgesamt die zweidimensionale Aufzeichnung eines Photoelektronenspektrums nach Energie (horizontale Richtung) und Emissionswinkel (vertikale Richtung).

J.4 Magnetische Flasche und andere Laufzeitmethoden

Hat man es mit gepulsten Lichtquellen zur Erzeugung der nachzuweisenden Teilchen zu tun (so etwa bei allen zeitabhängigen Untersuchungen mit kurzen und ultrakurzen Laserimpulsen), so bieten sich Laufzeitmethoden für die Energieanalyse an. Eine häufig benutzte Anordnung ist die sogenannte *magnetische Flasche*, die sich durch eine hohe Sammelwahrscheinlichkeit insbesondere für niederenergetische Elektronen auszeichnet. Sie wurde erstmals von Kruit und Read (1983) untersucht und erfolgreich für die Elektronenspektroskopie eingesetzt und erfreut sich auch heute noch als robustes Gerät großer Beliebtheit. Wenn man die kinetische Energie von Elektronen aus einer sehr schwachen Quelle messen möchte, ist es zweckmäßig möglichst alle Elektronen nachzuweisen, die in einen Raumwinkel von 2π emittiert werden. Mit einfachen Laufzeitmethoden, welche die Elektronen ohne Führungsfeld driften lassen, verliert man dabei meist einen erheblichen Teil der seitwärts emittierten. Zieht man sie aber zunächst entlang der Driftstrecke ab, so führen unterschiedliche Emissionswinkel zu unterschiedlichen Laufzeiten: ohne besondere Vorkehrungen misst man lediglich die Geschwindigkeitskomponente der Elektronen in Richtung parallel zur Abzugs- bzw. Nachweisrichtung. Die magnetische Flasche schafft Abhilfe: man parallelisiert die emittierten Elektronen zunächst in einem stark inhomogenen Magnetfeld, ohne dabei ihre kinetische Gesamtenergie zu ändern.

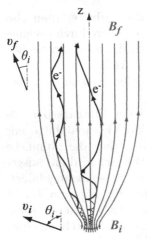

Abb. J.9. Essenz der magnetischen Flasche ($B_i \gg B_f$) illustriert anhand zweier Trajektorien

Die Essenz dieser Methode ist in Abb. J.9 illustriert. In Zylindersymmetrie sorgt man am Entstehungsort der Elektronen für ein starkes magnetisches Feld B_i (typischerweise einige T aus Permanentmagneten), das man stetig und sanft entlang der z-Richtung in ein sehr schwaches Magnetfeld B_f überführt, das sich über den größten Teil der Laufstrecke der Elektronen erstreckt (typischerweise einige mT, die von einem Solenoiden erzeugt werden, der wiederum durch μ-Metall vor Feldern der Umgebung geschützt wird). Das Elektron (Masse m_e, Ladung e_0) werde ursprünglich im unteren Teil der Anordnung mit einer Geschwindigkeit v_i erzeugt und unter dem Winkel θ_i gegen die z-Achse emittiert. Im starken Feld B_i durchläuft es Spiralbahnen mit der Zyklotronfrequenz

$$\omega_i = \frac{e_0 B_i}{m_e} . \tag{J.15}$$

Der anfängliche Bahnradius r_i wird durch die Radialkomponente $v_i \sin \theta_i$ der Geschwindigkeit bestimmt:

$$r_i = \frac{v_i \sin \theta_i}{\omega_i} = \frac{m_e v_i \sin \theta_i}{e_0 B_i} \tag{J.16}$$

Dies führt zu einem „Drehimpuls" dieser Kreisbewegung

$$\ell_i = \Theta \omega_i = m_e r_i^2 \omega_i = m_e \left(\frac{v_i \sin \theta_i}{\omega_i} \right)^2 \omega_i = m_e \frac{v_i^2 \sin^2 \theta_i}{\omega_i} = \frac{m_e^2 v_i^2 \sin^2 \theta_i}{e_0 B_i} \tag{J.17}$$

Die kinetische Energie $m_e^2 v_i^2 / 2$ bleibt unter der bloßen Wirkung von magnetischen Feldern bekanntlich erhalten, dem Betrage nach ist also $v_i = v_f = v$. Nun ändere sich das Magnetfeld in z-Richtung adiabatisch, d.h. die Änderung sei vernachlässigbar gering während eines Zyklotronumlaufs. Dann, so kann man zeigen, bleibt auch der Drehimpuls erhalten und es gilt

$$\frac{\sin \theta_i}{\sin \theta_f} = \left(\frac{B_i}{B_f} \right)^{1/2} . \tag{J.18}$$

Die transversale Komponente der Geschwindigkeit wird also stark reduziert und die longitudinale Komponente in z-Richtung, welche die Flugzeit bestimmt, wächst von ursprünglich $v \cos \theta_i$ auf $v \cos \theta_f$:

$$v_{zf} = v\sqrt{1 - \sin^2 \theta_f} = v\sqrt{1 - (B_f/B_i)\sin^2 \theta_i} \qquad (J.19)$$

Die Trajektorien werden also in der Tat parallelisiert. Bei einem Magnetfeldverhältnis von $B_f/B_i = 1 : 1000$ unterscheiden sich v_{zf} und v nur um 0.5‰. Mit (J.16) kann (J.18) auch

$$\frac{r_i}{r_f} = \left(\frac{B_f}{B_i}\right)^{1/2} \qquad (J.20)$$

geschrieben werden kann. Der magnetische Fluss $B\pi r^2$ durch eine Kreisbahn ist also eine Erhaltungsgröße der Bewegung.

Neben dieser auf maximale Sammelwahrscheinlichkeit ausgelegten Variante eines Laufzeitverfahrens zur Energiebestimmung sind in den letzten Jahren eine Reihe verschiedener, bildgebender Verfahren entwickelt worden, die neben der Energie auch eine vollständige Impulsbestimmung nach Richtung und Betrag ermöglichen (*velocity map* bzw. *energy imaging*). Wir hatten darauf schon in Kap. 5.5.4 in Band 1 hingewiesen. Mit Hilfe modernster Elektronik kann man solche Verfahren auch gleichzeitig auf mehrere Teilchen (Elektronen *und* Ionen) anwenden. Diese Methoden haben eine ganz neue Klasse extrem effizienter, hoch detaillierter Experimente in der modernen Atom- und Molekülphysik bei Stoßprozessen oder bei Laser-Materie Wechselwirkungen ermöglicht. Besonders erfolgreich ist dabei die ursprünglich von Schmidt-Böcking und Mitarbeitern unter dem Namen COLTRIMS (*cold target recoil ion momentum spectroscopy*) eingeführte, etwas allgemeiner auch als *Reaktionsmikroskop* bezeichnete Anordnung und deren jüngste Weiterentwicklung MOTRIMS (*magneto-optical trap recoil ion momentum spectroscopy*). Allen gemeinsam ist, das sie außerordentlich leistungsfähig, aber alles andere als trivial zu handhaben sind. Sie involvieren u.a. eine detaillierte Analyse der Teilchentrajektorien in den dabei eingesetzten magnetischen Führungsfeldern und raffinierte, orts- und zeitaufgelöste, koinzidente Nachweistechniken, in der MOTRIMS Variante darüber hinaus Expertise beim Kühlen und Speichern von Teilchen mit „State of the Art" Lasern. Einen guten Einstieg für den interessierten Leser bieten die Reviews von Ullrich et al. (2003) und Depaola et al. (2008).

Literaturverzeichnis

Abo-Riziq, A., B. Crews, L. Grace und M. S. de Vries: 2005, 'Microhydration of guanine base pairs'. *J. Am. Chem. Soc.* **127**, 2374–2375.

Adibzadeh, M. und C. E. Theodosiou: 2005, 'Elastic electron scattering from inert-gas atoms'. *Atomic Data and Nuclear Data Tables* **91**, 8–76.

Albrecht, A. C.: 1961, 'Theory of Raman Intensities'. *J. Chem. Phys.* **34**, 1476.

Alekseyev, A. B., H. P. Liebermann, R. J. Buenker, N. Balakrishnan, H. R. Sadegh-pour, S. T. Cornett und M. J. Cavagnero: 2000, 'Spin-orbit effects in photodissociation of sodium iodide'. *J. Chem. Phys.* **113**, 1514–1523.

Allan, R. J. und H. J. Korsch: 1985, '2-state curve crossing processes involving rotational coupling in the Na_2^+ molecular ion'. *Z. Phys. A* **320**, 191–205.

Amaldi, U., A. Egidi, Marconer.R und G. Pizzella: 1969, 'Use of a 2 channeltron coincidence in a new line of research in atomic physics'. *Rev. Sci. Instrum.* **40**, 1001–1004.

Andersen, N. und K. Bartschat: 2003, *Polarization, Alignment and Orientation in Atomic Collisions*. Berlin, Heidelberg: Springer.

Andersen, N., K. Bartschat, J. T. Broad und I. V. Hertel: 1997, 'Collisional alignment and orientation of atomic outer shells .3. Spin-resolved excitation'. *Phys. Rep.* **279**, 252–396.

Andersen, N., J. W. Gallagher und I. V. Hertel: 1988, 'Collisional alignment and orientation of atomic outer shells .1. Direct excitation by electron and atom impact'. *Phys. Rep.* **165**, 1–188.

Andersen, U., H. Dreizler, J. U. Grabow und W. Stahl: 1990, 'An automatic molecular-beam microwave Fourier-transform spectrometer'. *Rev. Sci. Instrum.* **61**, 3694–3699.

Andrick, D. und A. Bitsch: 1975, 'Experimental investigation and phase-shift analysis of low-energy electron-helium scattering'. *J. Phys. B: At. Mol. Phys.* **8**, 393–410.

Andrick, D. und H. Ehrhardt: 1966, 'Die Winkelabhängigkeit der Resonanzstreuung niederenergetischer Elektronen an He, Ne, Ar, und N_2'. *Z. Phys.* **192**, 99–106.

Ashkin, A.: 1978, 'Trapping of atoms by resonance radiation pressure'. *Phys. Rev. Lett.* **40**, 729–732.

600   Literaturverzeichnis

Atkins, P. W. und R. S. Friedman: 2004, *Molecular Quantum Mechanics*. Oxford: Oxford University Press.

Avaldi, L., R. Camilloni, E. Fainelli und G. Stefani: 1987, 'Absolute Double Differential Ionization Cross-Section for Electron-Impact - He'. *Il Nuovo Cimento D* **9**, 97–113.

Baek, W. Y. und B. Grosswendt: 2003, 'Total electron scattering cross sections of He, Ne and Ar, in the energy range 4 eV-2 keV'. *J. Phys. B: At. Mol. Phys.* **36**, 731–753.

Baer, T.: 1979, 'State selection by photoion-photoelectron coincidence'. In: M. Bowers (ed.): *Gas Phase Ion Chemistry*, Vol. 1. New York, NY: Academic Press, Chap. 5.

Baer, T., W. B. Peatman und E. W. Schlag: 1969, 'Photoionization resonance studies with a steradiancy analyzer. II. The photoionization of CH_3I'. *Chem. Phys. Lett.* **4**, 243–247.

Baer, T., B. Sztaray, J. P. Kercher, A. F. Lago, A. Bodi, C. Skull und D. Palathinkal: 2005, 'Threshold photoelectron photoion coincidence studies of parallel and sequential dissociation reactions'. *PhysChemChemPhys* **7**, 1507–1513.

Bähring, A., I. V. Hertel, E. Meyer, W. Meyer, N. Spies und H. Schmidt: 1984, 'Excitation of laser state-prepared Na*(3p) to Na*(3d) in low-energy collisions with Na^+: Experiment and calculations of the potential curves of Na_2^+'. *J. Phys. B: At. Mol. Phys.* **17**, 2859–2873.

Bandrauk, A. D. und M. S. Child: 1970, 'Analytic predissociation linewidths from scattering theory'. *Mol. Phys.* **19**, 95–111.

Banna, M. S., B. H. McQuaide, R. Malutzki und V. Schmidt: 1986, 'The photoelectron-spectrum of water in the 30–140 eV photon energy-range'. *J. Chem. Phys.* **84**, 4739–4744.

Barat, M., P. Roncin, L. Guillemot, M. N. Gaboriaud und H. Laurent: 1990, 'Single and double electron-capture by C^{4+} ions colliding with helium target'. *J. Phys. B: At. Mol. Phys.* **23**, 2811–2818.

Barrett, J. J. und N. I. Adams: 1968, 'Laser-excited rotation-vibration Raman scattering in ultra-small gas samples'. *J. Opt. Soc. Am.* **58**, 311–319.

Bartlett, P. L. und A. T. Stelbovics: 2004a, 'Differential ionization cross-section calculations for hydrogenic targets with $Z \leq 4$ using a propagating exterior complex scaling method'. *Phys. Rev. A* **69**.

Bartlett, P. L. und A. T. Stelbovics: 2004b, 'Threshold behavior of e-H ionizing collisions'. *Phys. Rev. Lett.* **93**, 233201.

Bartschat, K.: 1998a, 'Electron-impact excitation of helium from the $1\,^1S$ and $2\,^3S$ states'. *J. Phys. B: At. Mol. Phys.* **31**, L469–L476.

Bartschat, K.: 1998b, 'The R-matrix with pseudo-states method: Theory and applications to electron scattering and photoionization'. *Comput. Phys. Commun.* **114**, 168–182.

Bartschat, K. und I. Bray: 1996, 'Electron-impact ionization of atomic hydrogen from the 1S and 2S states'. *J. Phys. B: At. Mol. Phys.* **29**, L577–L583.

Bendtsen, J. und F. Rasmussen: 2000, 'High-resolution incoherent Fourier transform Raman spectrum of the fundamental band of N-14(2)'. *J. Raman Spectrosc.* **31**, 433–438.

Bergmann, K., H. Theuer und B. W. Shore: 1998, 'Coherent population transfer among quantum states of atoms and molecules'. *Rev. Mod. Phys.* **70**, 1003–1025.

Bergmann, L. und C. Schaefer: 1997, *Constituents of Matter - Atoms, Molecules, Nuclei and Particles*. Berlin, New York, NY: Walter der Gruyter.

Berkowitz, J.: 1979, *Photoabsorption, Photoionization and Photoelectron Spectroscopy*. New York, NY: Academic Press.

Bernath, P. F.: 2002a, 'Laser chemistry - Water vapor gets excited'. *Science* **297**, 943–944.

Bernath, P. F.: 2002b, 'The spectroscopy of water vapour: Experiment, theory and applications'. *PhysChemChemPhys* **4**, 1501–1509.

Bersuker, I. B.: 2001, 'Modern aspects of the Jahn-Teller effect theory and applications to molecular problems'. *Chem. Rev.* **101**, 1067–1114.

Beth, R. A.: 1936, 'Mechanical detection and measurement of the angular momentum of light'. *Phys. Rev.* **50**, 115–125.

Bethe, H.: 1930, 'Zur Theorie des Durchgangs schneller Korpuskularstrahlen durch Materie'. *Ann. Phys.* **397**, 325–400.

Bethge, K., G. Gruber und K. Stöhlker: 2004, *Physik der Atome und Moleküle*. Weinheim: Wiley–VCH Verlag GmbH und Co.KG.

Birza, P., T. Motylewski, D. Khoroshev, A. Chirokolava, H. Linnartz und J. P. Maier: 2002, 'Cw cavity ring down spectroscopy in a pulsed planar plasma expansion'. *Chem. Phys.* **283**, 119–124.

Bloembergen, N. und A. L. Schawlow: 1981, 'The Nobel Prize in Physics: for their contribution to the development of laser spectroscopy'. http://nobelprize.org/nobel_prizes/physics/laureates/1981/.

Blum, K.: 1996, *Density Matrix Theory and Applications*, Physics of Atoms and Molecules. Berlin: Springer, 2 edition.

Bodi, A., M. Johnson, T. Gerber, Z. Gengeliczki, B. Sztaray und T. Baer: 2009, 'Imaging photoelectron photoion coincidence spectroscopy with velocity focusing electron optics'. *Rev. Sci. Instrum.* **80**, 034101.

Bodi, A., B. Sztaray, T. Baer, M. Johnson und T. Gerber: 2007, 'Data acquisition schemes for continuous two-particle time-of-flight coincidence experiments'. *Rev. Sci. Instrum.* **78**, 084102.

Böhm, M., et al.: 2009, 'High-resolution and dispersed fluorescence examination of vibronic bands of tryptamine: Spectroscopic signatures for L_a/L_b mixing near a conical intersection'. *J. Phys. Chem. A* **113**, 2456–2466.

Böhm, S., et al.: 2002, 'Measurement of the field-induced dielectronic-recombination-rate enhancement of O^{5+} ions differential in the Rydberg quantum number n'. *Phys. Rev. A* **65**, 052728.

Bommels, J., et al.: 2005, 'Low-lying resonances in electron-neon scattering: Measurements at 4-meV resolution and comparison with theory'. *Phys. Rev. A* **71**, 012704.

Bonham, R. A.: 1985, 'Electron-atom elastic shadow scattering'. *Phys. Rev. A* **31**, 2706–2708.

Bonhommeau, D., N. Halberstadt und U. Buck: 2007, 'Fragmentation of rare-gas clusters ionized by electron impact: new theoretical developments and comparison with experiments'. *Int. Rev. Phys. Chem.* **26**, 353–390.

Bordé, C.: 1983. In: F. T. Arecchi et al. (eds.): *Advances in Laser Spectroscopy*. New York, NY: Plenum Press, p. 1.

Born, M.: 1926a, 'Quantenmechanik der Stoßvorgänge'. *Z. Phys.* **38**, 803–840.

Born, M.: 1926b, 'Zur Quantenmechanik der Stoßvorgänge'. *Z. Phys.* **37**, 863–867.

Born, M. und E. Wolf: 1999, *Principles of Optics*. Cambridge: Cambridge University Press, 7 edition.

Boyd, R. W.: 2008, *Nonlinear Optics*. Burlington, San Diego, London: Academic Press, 3 edition.

Bransden, B. und C. Joachain: 2003, *The Physics of Atoms and Molecules*. Englewood Cliffs, NJ: Prentice Hall Professional.

Bray, I. und D. V. Fursa: 1996, 'Calculation of ionization within the close-coupling formalism'. *Phys. Rev. A* **54**, 2991–3004.

Bray, I., D. V. Fursa und A. T. Stelbovics: 2003, 'Electron-impact ionization doubly differential cross sections of helium'. *J. Phys. B: At. Mol. Phys.* **36**, 2211–2227.

Bray, I., D. A. Konovalov und I. E. McCarthy: 1991, 'Electron-scattering by atomic sodium - 32s-32s and 32s-32p cross-sections at 10 to 100 eV'. *Phys. Rev. A* **44**, 7179–7184.

Brehm, B. und E. von Puttkamer: 1967, 'Koinzidenzmessungen von Photoionen und Photoelektronen bei Methan'. *Z. Naturforschg.* **A22**, 8.

Breit, G. und E. Wigner: 1936, 'Capture of slow neutrons'. *Phys. Rev.* **49**, 0519–0531.

Brink, D. und G. Satchler: 1994, *Angular Momentum*. Oxford: Oxford University Press, 3 edition.

Brown, R. H. und R. Q. Twiss: 1954, 'A new type of interferometer for use in radio astronomy'. *Philos. Mag.* **45**, 663–682.

Brown, R. H. und R. Q. Twiss: 1956a, 'Correlation between photons in 2 coherent beams of light'. *Nature* **177**, 27–29.

Brown, R. H. und R. Q. Twiss: 1956b, 'A test of a new type of stellar interferometer on Sirius'. *Nature* **178**, 1046–1048.

Brown, R. H. und R. Q. Twiss: 1958, 'Interferometry of the intensity fluctuations in light II. An experimental test of the theory for partially coherent light'. *Pro. R. Soc. A* **243**, 291–319.

Broyer, M., G. Delacrétaz, P. Labastie, R. Whetten, J. Wolf und L. Wöste: 1986, 'Spectroscopy of Na_3'. *Z. Phys. D* **3**, 131–136.

Broyer, M., G. Delacrétaz, P. Labastie, J. P. Wolf und L. Wöste: 1987, 'Spectroscopy of vibrational ground-state levels of Na_3'. *J. Phys. Chem.* **91**, 2626–2630.

Buck, U., H. O. Hoppe, F. Huisken und H. Pauly: 1974, 'Intermolecular potentials by inversion of molecular-beam scattering data .4. Differential cross-sections and potential for LiHg'. *J. Chem. Phys.* **60**, 4925–4929.

Buck, U., M. Kick und H. Pauly: 1972, 'Determination of intermolecular potentials by inversion of molecular-beam scattering data .3. High-resolution measurements and potentials for K-Hg and Cs-Hg'. *J. Chem. Phys.* **56**, 3391–3397.

Buck, U., K. A. Kohler und H. Pauly: 1971, 'Measurements of glory scattering of Na-Hg'. *Z. Phys.* **244**, 180.

Buck, U. und H. Meyer: 1984, 'Scattering analysis of cluster beams - Formation and fragmentation of small Ar_n clusters'. *Phys. Rev. Lett.* **52**, 109–112.

Buckman, S. J. und C. W. Clark: 1994, 'Atomic negative-ion resonances'. *Rev. Mod. Phys.* **66**, 539–655.

Buckman, S. J., P. Hammond, G. C. King und F. H. Read: 1983, 'High-resolution electron-impact excitation-functions of metastable states of neon, argon, krypton and xenon'. *J. Phys. B: At. Mol. Phys.* **16**, 4219–4236.

Buckman, S. J. und J. P. Sullivan: 2006, 'Benchmark measurements and theory for electron(positron)-molecule(atom) scattering'. *Nucl. Instrum. Meth. B* **247**, 5–12.

Bunker, P. R. und P. Jensen: 2006, *Molecular Symmetry and Spectroscopy*. Ottawa, ON: NRC Research Press, 2 edition.

Burke, P.: 2006, 'Electron-atom, electron-ion and electron-molecule collisions'. In: *Handbook of Atomic, Molecular and Optical Physics*. Heidelberg, New York: Springer, pp. 705–729.

Burke, P. G., C. J. Noble und V. M. Burke: 2007, 'R-matrix theory of atomic, molecular and optical processes'. In: *Advances in Atomic Molecular and Optical Physics*, Vol. 54. Amsterdam: Elsevier, pp. 237–318.

Byron, F. W. und C. J. Joachain: 1989, 'Theory of (e, 2e) reactions'. *Phys. Rep.* **179**, 211–272.

Campbell, E. E. B., H. Hülser, R. Witte und I. V. Hertel: 1990, 'Near resonant charge transfer in Na(4D) + K$^+$ → Na$^+$ + K*: Optical pumping of the Na(4D) state and energy dependence of rank 4 alignment'. *Z. Phys. D* **16**, 21–33.

Campbell, E. E. B., H. Schmidt und I. V. Hertel: 1988, 'Symmetry and angular momentum in collisions with laser excited polarized atoms'. *Adv. Chem. Phys.* **72**, 37.

Carleer, M., et al.: 1999, 'The near infrared, visible, and near ultraviolet overtone spectrum of water'. *J. Chem. Phys.* **111**, 2444–2450.

Castleman, A. W. und K. H. Bowen: 1996, 'Clusters: Structure, energetics, and dynamics of intermediate states of matter'. *J. Phys. Chem.* **100**, 12911–12944.

Cervenan, M. R. und N. R. Isenor: 1975, 'Multiphoton ionization yield curves for Gaussian laser-beams'. *Opt. Commun.* **13**, 175–178.

Cha, C. Y., G. Ganteför und W. Eberhardt: 1992, 'New experimental setup for photoelectron-spectroscopy on cluster anions'. *Rev. Sci. Instrum.* **63**, 5661–5666.

Chandrasekharan, V. und B. Silvi: 1981,. 'Transition polarizabilities and Raman intensities of hydrogenic systems'. *J. Phys. B: At. Mol. Phys.* **14**, 4327–4333.

Chaplin, M.: 2008, 'Water structure and science'
http://www.lsbu.ac.uk/water/.

Chase, D. B. und J. F. Rabolt: 1994, *Fourier Transform Raman Spectroscopy: From Concept to Experiment*. New York, NY: Academic Press.

Cohen, J. S.: 1978, 'Rapid accurate calculation of JWKB phase-shifts'. *J. Chem. Phys.* **68**, 1841–1843.

Condon, E. U.: 1928, 'Nuclear motions associated with electron transitions in diatomic molecules'. *Phys. Rev.* **32**, 0858–0872.

Cooper, D. L., S. Bienstock und A. Dalgarno: 1987, 'Mutual neutralization and chemiionization in collisions of alkali-metal and halogen atoms'. *J. Chem. Phys.* **86**, 3845–3851.

Coplan, M. A., J. H. Moore und J. P. Doering: 1994, '(e,2e) spectroscopy'. *Rev. Mod. Phys.* **66**, 985–1014.

Côte, R., M. J. Jamieson, Z. C. Yan, N. Geum, G. H. Jeung und A. Dalgarno: 2000, 'Enhanced cooling of hydrogen atoms by lithium atoms'. *Phys. Rev. Lett.* **84**, 2806–2809.

Couto, H., A. Mocellin, C. D. Moreira, M. P. Gomes, A. N. de Brito und M. C. A. Lopes: 2006, 'Threshold photoelectron spectroscopy of ozone'. *J. Chem. Phys.* **124**, 204311.

Curry, J., L. Herzberg und G. Herzberg: 1933, 'Spektroskopischer Nachweis und Struktur des PN-Moleküls'. *Z. Phys.* **86**, 348–366.

Cvejanov, S. und F. H. Read: 1974, 'Studies of threshold electron-impact ionization of helium'. *J. Phys. B: At. Mol. Phys.* **7**, 1841–1852.

Damburg, R. J. und R. K. Propin: 1972, 'Rotational structure of the inversion spectrum of ammonia'. *J. Phys. B: At. Mol. Phys.* **5**, 1861–1867.

de Jong, W. A., L. Visscher und W. C. Nieuwpoort: 1997, 'Relativistic and correlated calculations on the ground, excited, and ionized states of iodine'. *J. Chem. Phys.* **107**, 9045–9058.

de Vries, M. S. und P. Hobza: 2007, 'Gas-phase spectroscopy of biomolecular building blocks'. *Annu. Rev. Phys. Chem.* **58**, 585–612.

Deb, N. C. und D. S. F. Crothers: 2002, 'Electron-impact ionization of atomic hydrogen close to threshold'. *Phys. Rev. A* **65**, 052721.

Delacrétaz, G., E. R. Grant, R. L. Whetten, L. Wöste und J. W. Zwanziger: 1986, 'Fractional quantization of molecular pseudorotation in Na_3'. *Phys. Rev. Lett.* **56**, 2598–2601.

Demtröder, W.: 2000a, *Experimentalphysik*, Vol. 3, Atome, Moleküle und Festkörper. Heidelberg: Springer.

Demtröder, W.: 2000b, *Laserspektroskopie, Grundlagen und Techniken*. Berlin, New York: Springer.

Depaola, B. D., R. Morgenstern und N. Andersen: 2008, 'Motrims: magneto-optical trap recoil ion momentum spectroscopy'. In: *Advances in Atomic, Molecular, and Optical Physic*, Vol. 55. Amsterdam: Elsevier, pp. 139–189.

Derro, E. L., C. Murray, T. D. Sechler und M. I. Lester: 2007, 'Infrared action Spectroscopy and dissociation dynamics of the HOOO radical'. *J. Phys. Chem. A* **111**, 11592–11601.

Derro, E. L., T. D. Sechler, C. Murray und M. I. Lester: 2008, 'Infrared action spectroscopy of the OD stretch fundamental and overtone transitions of the DOOO radical'. *J. Phys. Chem. A* **112**, 9269–9276.

Di Teodoro, F. und E. F. McCormack: 1999, 'The effect of laser bandwidth on the signal detected in two-color, resonant four-wave mixing spectroscopy'. *J. Chem. Phys.* **110**, 8369–8383.

Dressler, R. A., et al.: 2006, 'The study of state-selected ion-molecule reactions using the vacuum ultraviolet pulsed field ionization-photoion technique'. *J. Chem. Phys.* **125**, 132306.

Druet, S. A. J. und J. P. E. Taran: 1981, 'Cars spectroscopy'. *Prog. Quantum Electron.* **7**, 1–72.

Dubois, A., S. E. Nielsen und J. P. Hansen: 1993, 'State selectivity in H^+–Na(3s/3p) collisions - differential cross-sections, alignment and orientation effects for electron-capture'. *J. Phys. B: At. Mol. Phys.* **26**, 705–721.

Dunham, J. L.: 1932, 'The energy levels of a rotating vibrator'. *Phys. Rev.* **41**, 721–731.

Edmonds, A. R.: 1964, *Drehimpulse in der Quantenmechanik. Übersetzung von „Angular Momentum in Quantum Mechanics"*, Princeton University Press, Vol. 53/53a. Mannheim: BI Hochschultaschenbuch.

Ehrhardt, H., K. Jung, G. Knoth und P. Schlemmer: 1986, 'Differential cross-sections of direct single electron-impact ionization'. *Z. Phys. D* **1**, 3–32.

Ehrhardt, H., M. Schulz, T. Tekaat und K. Willmann: 1969, 'Ionization of helium - Angular correlation of scattered and ejected electrons'. *Phys. Rev. Lett.* **22**, 89–92.

Eland, J. H. D.: 1972, 'Photoelectron-photoion coincidence spectroscopy - I. Basic principles and theory'. *Int. J. Mass Spectr. Ion Phys.* **8**, 143–151.

Eland, J. H. D.: 1973, 'Predissoication of N_2O^+ and COS^+ ions studied by photoelectron-photoion coincidence spectroscopy'. *Int. J. Mass Spectr. Ion Phys.* **12**, 389–395.

Eland, J. H. D.: 2009, 'Dynamics of double photoionization in molecules and atoms'. In: S. Rice (ed.): *Advances in Chemical Physics*, Vol. 141. Hoboken, NJ: Wiley, pp. 103–151.

Elliott, B. M., L. R. McCunn und M. A. Johnson: 2008, 'Photoelectron imaging study of vibrationally mediated electron autodetachment in the type I isomer of the water hexamer anion'. *Chem. Phys. Lett.* **467**, 32–36.

Engelke, F.: 1996, *Aufbau der Moleküle: Eine Einführung*. Stuttgart: Teubner Verlag.

Ervin, K. und W. Lineberger: 1992, 'Photoelectron spectroscopy of negative ions'. In: N. Adams und L. Babcock (eds.): *Advances in Gas Phase Ion Chemistry*. Greenwich: JAI Press, pp. 121–166.

Fano, U. und J. H. Macek: 1973, 'Impact excitation and polarization of emitted light'. *Rev. Mod. Phys.* **45**, 553–573.

Farmanara, P., W. Radloff, V. Stert, H.-H. Ritze und I. V. Hertel: 1999, 'Real-time observation of hydrogen transfer: Femtosecond time-resolved photoelectron spectroscopy in excited ammonia dimer'. *J. Chem. Phys.* **111**, 633–642.

Farnik, M., C. Steinbach, M. Weimann, U. Buck, N. Borho und M. A. Suhm: 2004, 'Size-selective vibrational spectroscopy of methyl glycolate clusters: comparison with ragout-jet FTIR spectroscopy'. *PhysChemChemPhys* **6**, 4614–4620.

FDAlin: 2010, 'Computation of Atomic Orbitals (Windows and Linux)', Chemsoft, E. Schumacher, Bern, Schweiz. http://www.chemsoft.ch/qc/fda.htm.

Feltgen, R., H. Kirst, K. A. Kohler, H. Pauly und F. Torello: 1982, 'Unique determination of the He_2 ground-state potential from experiment by use of a reliable potential model'. *J. Chem. Phys.* **76**, 2360–2378.

Fenn, J. B.: 2002, 'Nobel lecture: Electrospray wings for molecular elephants'. http://nobelprize.org/nobel_prizes/chemistry/laureates/2002/fenn-lecture.html.

Fewell, M. P., B. W. Shore und K. Bergmann: 1997, 'Coherent population transfer among three states: Full algebraic solutions and the relevance of non adiabatic processes to transfer by delayed pulses'. *Aust. J. Phys.* **50**, 281–308.

Fischer, A. und I. V. Hertel: 1982, 'Alignment and orientation of the hyperfine levels for laser excited Na-atom beam I. The $3\,^2S_{1/2}F = 2 \leftrightarrow 3\,^2P_{3/2}F = 3$ transition'. *Z. Phys. A* **304**, 103–117.

Fleming, H. und K. Rao: 1972, 'A simple numerical evaluation of Rydberg-Klein-Rees integrals - Application to $X^1\Sigma^+$ state of $^{12}C^{16}O$'. *J. Mol. Spectrosc.* **44**, 189–193.

Fluendy, M. A. D., R. M. Martin, E. Muschlitz Jr. und D. Herschbach: 1967, 'Hydrogen atom scattering - Velocity dependence of total cross section for scattering from rare gases hydrogen and hydrocarbons'. *J. Chem. Phys.* **46**, 2172–2181.

Franck, J.: 1926, 'Elementary processes of photochemical reactions'. *Trans. Faraday Soc.* **21**, 0536–0542.

Franck, J. und G. Hertz: 1914. Über Zusammenstöße zwischen Elektronen und Molekülen des Quecksilberdampfes und die Ionisierungsspannung desselben. *Verh. Deutsche Phys. Ges.* **16**, 457–467.

Freudenberg, T., W. Radloff, H. H. Ritze, V. Stert, K. Weyers, F. Noack und I. V. Hertel: 1996, 'Ultrafast fragmentation and ionisation dynamics of ammonia clusters'. *Z. Phys. D* **36**, 349–364.

Fursa, D. V. und I. Bray: 1995, 'Calculation of electron-helium scattering'. *Phys. Rev. A* **52**, 1279–1297.

Fursa, D. V., I. Bray und G. Lister: 2003, 'Cross sections for electron scattering from the ground state of mercury'. *J. Phys. B: At. Mol. Phys.* **36**, 4255–4271.

GAMESS: 2010, 'General Atomic and Molecular Electronic Structure System', Gordon research group at Iowa State University, USA. http://www.msg.chem.iastate.edu/gamess/

Gaussian: 2009, Gaussian, Inc., Wallingford, CT, USA. http://www.gaussian.com

Geiger, J. und D. Moron-Leon: 1979, 'Electron-atom shadow scattering'. *Phys. Rev. Lett.* **42**, 1336–1339.

Gelius, U., E. Basilier, S. Svensson, T. Bergmark und K. Siegbahn: 1974, 'A high resolution ESCA instrument with X-ray monochromator for gases and fluids'. *J. Electron Spectrosc.* **2**, 405–434.

Gengenbach, R., C. Hahn und J. P. Toennies: 1973, 'Determination of H-He potential from molecular-beam experiments'. *Phys. Rev. A* **7**, 98–103.

Gilmore, F.: 1965, 'Potential energy curves for N_2, NO, O_2 and corresponding ions'. *J. Quant. Spectrosc. Radiat. Transf.* **5**, 369–389.

Glauber, R. J.: 1963, 'Photon Correlations'. *Phys. Rev. Lett.* **10**, 84–86.

Glauber, R. J.: 2005, 'The Nobel Prize in Physics: for his contribution to the quantum theory of optical coherence'. http://nobelprize.org/nobel_prizes/physics/laureates/2005/.

Godehusen, K.: 2004, 'Private Mitteilung'. Helmholtz Zentrum für Materialien und Energie, Berlin.

Gopalan, A., J. Bommels, S. Gotte, A. Landwehr, K. Franz, M. W. Ruf, H. Hotop und K. Bartschat: 2003, 'A novel electron scattering apparatus combining a laser photoelectron source and a triply differentially pumped supersonic beam target: characterization and results for the $He^-(1s\,2s^2)$ resonance'. *Eur. Phys. J. D* **22**, 17–29.

Göppert-Mayer, M.: 1931, 'Über Elementarakte mit zwei Quantensprüngen'. *Ann. Phys. - Berlin* **9**, 273–94.

Gordon, J. P., H. J. Zeiger und C. H. Townes: 1955, 'Maser - New type of microwave amplifier, frequency standard, and spectrometer'. *Phys. Rev.* **99**, 1264–1274.

Goss, J. P.: 2009, 'Point group symmetry'. http://www.staff.ncl.ac.uk/j.p.goss/symmetry/index.html.

Gray, H. R. und C. R. Stroud: 1978, 'Autler-townes effect in double optical resonance'. *Opt. Commun.* **25**, 359–362.

Greene, C. H. und R. N. Zare: 1983, 'Determination of product population and alignment using laser-induced fluorescence'. *J. Chem. Phys.* **78**, 6741–6753.

Greer, J. C., W. Gotzeina, W. Kamke, H. Holland und I. V. Hertel: 1990, 'TPEPICO observation of the threshold region of N_2O clusters'. *Chem. Phys. Lett.* **168**, 330–336.

Grisenti, R. E., W. Schöllkopf, J. P. Toennies, G. C. Hegerfeldt, T. Köhler und M. Stoll: 2000, 'Determination of the bond length and binding energy of the helium dimer by diffraction from a transmission grating'. *Phys. Rev. Lett.* **85**, 2284–2287.

Grove, R. E., F. Y. Wu und S. Ezekiel: 1977, 'Measurement of spectrum of resonance fluorescence from a 2-level atom in an intense monochromatic-field'. *Phys. Rev. A* **15**, 227–233.

Gulley, R. J., D. T. Alle, M. J. Brennan, M. J. Brunger und S. J. Buckman: 1994, 'Differential and total electron-scattering from neon at low incident energies'. *J. Phys. B: At. Mol. Phys.* **27**, 2593–2611.

Hall, J. L. und T. W. Hänsch: 2005, 'The Nobel Prize in Physics: for their contributions to the development of laser-based precision spectroscopy, including the optical frequency comb technique'. http://nobelprize.org/nobel_prizes/ physics/laureates/2005/.

Hankin, S. M., D. M. Villeneuve, P. B. Corkum und D. M. Rayner: 2001, 'Intensefield laser ionization rates in atoms and molecules'. *Phys. Rev. A* **6401**, 013405.

Hanne, G. F.: 1988, 'What really happens in the Franck-Hertz experiment with mercury?'. *Am. J. Phys.* **56**, 696–700.

Hänsch, T. W.: 2005, 'Nobel lecture: Passion for precision'. http://nobelprize. org/nobel_prizes/physics/laureates/2005/hansch-lecture.html.

Hartig, W., W. Rasmussen, R. Schieder und H. Walther: 1976, 'Study of frequencydistribution of fluorescent light-Induced by monochromatic radiation'. *Z. Phys. A* **278**, 205–210.

Haugstätter, R., A. Goerke und I. V. Hertel: 1988, 'Case studies in multiphoton ionization and dissociation of Na_2 .I. The (2) $^1\Sigma_u$ pathway'. *Z. Phys. D* **9**, 153–166.

Haugstätter, R., A. Goerke und I. V. Hertel: 1989, 'Ionization and fragmentation of auto-ionizing rydberg states in Na_2'. *Phys. Rev. A* **39**, 5085–5091.

Haugstätter, R., A. Goerke und I. V. Hertel: 1990, 'Case-studies in multiphoton ionization and dissociation of Na_2 .III. Dissociative ionization'. *Z. Phys. D* **16**, 61–70.

Hellweg, A.: 2008, 'Inversion, internal rotation, and nitrogen nuclear quadrupole coupling of p-toluidine as obtained from microwave spectroscopy and *ab initio* calculations'. *Chem. Phys.* **344**, 281–290.

Herschbach, D. R., Y. T. Lee und J. C. Polanyi: 1986, 'The Nobel Prize in Chemistry: for their contributions concerning the dynamics of chemical elementary processes'. http://nobelprize.org/nobel_prizes/chemistry/laureates/1986/.

Hertel, I. V. und W. Radloff: 2006, 'Ultrafast dynamics in isolated molecules and molecular clusters'. *Rep. Prog. Phys.* **69**, 1897–2003.

Hertel, I. V. und K. J. Ross: 1969, 'Octupole allowed transitions in the electron energy loss spectra of potassium and rubidium'. *J. Chem. Phys.* **50**, 536–537.

Hertel, I. V. und C. P. Schulz: 2008, *Atome, Moleküle und optische Physik 1; Atomphysik und Grundlagen der Spektroskopie*, Springer-Lehrbuch. Berlin, Heidelberg: Springer, 1 edition.

Hertel, I. V., I. Shchatsinin, T. Laarmann, N. Zhavoronkov, H.-H. Ritze und C. P. Schulz: 2009, 'Fragmentation and ionization dynamics of C_{60} in elliptically polarized femtosecond laser fields'. *Phys. Rev. Lett.* **102**, 023003.

Hertel, I. V. und W. Stoll: 1974a, 'A crossed beam experiment for the inelastic scattering slow electrons by excited sodium atoms'. *J. Phys. B: At. Mol. Phys.* **7**, 583–592.

Hertel, I. V. und W. Stoll: 1974b, 'Principles and theoretical interpretation of electron-scattering by laser-excited atoms'. *J. Phys. B: At. Mol. Phys.* **7**, 570–582.

Hertel, I. V. und W. Stoll: 1978, 'Collision experiments with laser excited atoms in crossed beams'. In: *Advances in Atomic and Molecular Physics*, Vol. 13. New York, NY: Academic Press, pp. 113–228.

Herzberg, G.: 1971, 'Spectroscopic studies of molecular structure (nobel lecture)'. http://nobelprize.org/nobel_prizes/chemistry/laureates/1971/herzberg-lecture.html.

Herzberg, G.: 1989, *Molecular Spectra and Molecular Structure*, Vol. I. Diatomic Molecules. Malabar, FL: Krieger Publishing Company.

Herzberg, G.: 1991, *Molecular Spectra and Molecular Structure*, Vol. II. Infrared and Raman Spectra of Polyatomic Molecules. Malabar, FL: Krieger Publishing Company.

Herzog, R.: 1935, 'Berechnung des Streufeldes eines Kondensators, dessen Feld durch eine Blende begrenzt ist'. *Arch. Elektrotech.* **29**, 790–802.

Hodgson, N. und H. Weber: 2005, *Laser Resonators and Beam Propagation*, Vol. 108 of *Springer Series in Optical Sciences*. Berlin: Springer, 2 edition.

Hoshino, M., et al.: 2007, 'Experimental and theoretical study of double-electron capture in collisions of slow $C^{4+}(1s^2\,{}^1S)$ with $He(1s^2\,{}^1S)$'. *Phys. Rev. A* **75**.

Hotop, H.: 2008, 'Demonstrationsaufbau für die Experimentalphysikvorlesung'. Fachbereich Physik der Technischen Universität

Hotop, H. und W. C. Lineberger: 1985, 'Binding-energies in atomic negative-ions .2'. *J. Phys. Chem. Ref. Data* **14**, 731–750.

Hotop, H., M. W. Ruf, M. Allan und I. Fabrikant: 2003, 'Resonance and threshold phenomena in low-energy electron collisions with molecules and clusters'. In: *Advances in Atomic Molecular, and Optical Physics*, Vol. 49. Amsterdam: Elsevier, Academic Press, pp. 85–216.

Hougen, J.: 2007, 'The calculation of rotational energy levels and rotational line intensities in diatomic molecules (version 1.1)'. http://physics.nist.gov/DiatomicCalculations.

Huber, K.-P. und G. Herzberg: 1979, *Constants of Diatomic Molecules*. New York NY: Van Nostrand Reinhold.

Inokuti, M.: 1971, 'Inelastic collisions of fast charged particles with atoms and molecules - Bethe theory revisited'. *Rev. Mod. Phys.* **43**, 297–347.

Jarvis, G. K., K. M. Weitzel, M. Malow, T. Baer, Y. Song und C. Y. Ng: 1999, 'High-resolution pulsed field ionization photoelectron-photoion coincidence spectroscopy using synchrotron radiation'. *Rev. Sci. Instrum.* **70**, 3892–3906.

Javan, A., W. R. Bennett und D. R. Herriott: 1961, 'Population inversion and continuous optical maser oscillation in a gas discharge containing a He-Ne mixture'. *Phys. Rev. Lett.* **6**, 106–110.

Jenouvrier, A., et al.: 1999, 'Fourier transform spectroscopy of the O_2 Herzberg bands - I. Rotational analysis'. *J. Mol. Spectrosc.* **198**, 136–162.

Jochnowitz, E. B. und J. P. Maier: 2008, 'Electronic spectroscopy of carbon chains'. *Annu. Rev. Phys. Chem.* **59**, 519–544.

Juarros, E., K. Kirby und R. Côte: 2006, 'Laser-assisted ultracold lithium-hydride molecule formation: stimulated versus spontaneous emission'. *J. Phys. B: At. Mol. Phys.* **39**, S965–S979.

Kamke, W., J. de Vries, J. Krauss, E. Kaiser, B. Kamke und I. V. Hertel: 1989, 'Photoionisation studies of homogeneous argon and krypton clusters using TPE-PICO'. *Z. Phys. D* **14**, 339–351.

Kamke, W., R. Herrmann, Z. Wang und I. V. Hertel: 1988, 'On the photoionization and fragmentation of ammonia clusters using TPEPICO'. *Z. Phys. D* **10**, 491–497.

Kastler, A.: 1966, 'The Nobel Prize in Physics: for the discovery and development of optical methods for studying Hertzian resonances in atoms'. http://nobelprize.org/nobel_prizes/physics/laureates/1966/.

Keil, M., H. G. Krämer, A. Kudell, M. A. Baig, J. Zhu, W. Demtröder und W. Meyer: 2000, 'Rovibrational structures of the pseudorotating lithium trimer ^{21}Li$_3$: Rotationally resolved spectroscopy and *ab initio* calculations of the $A\,^2E'' \leftarrow X\,^2E'$ system'. *J. Chem. Phys.* **113**, 7414–7431.

Kelly, M. A.: 2004, 'The development of commercial ESCA instrumentation: A personal perspective'. *J. Chem. Educ.* **81**, 1726–1733.

Kessler, J.: 1985, *Polarized Elektrons*. Berlin, Heidelberg: Springer.

Khoroshev, D., M. Araki, P. Kolek, P. Birza, A. Chirokolava und J. P. Maier: 2004, 'Rotationally resolved electronic spectroscopy of a nonlinear carbon chain radical $C_6H_4^+$'. *J. Mol. Spectrosc.* **227**, 81–89.

Kim, Y. K.: 1975a, 'Energy-distribution of secondary electrons'. *Radiat. Res.* **64**, 96–105.

Kim, Y. K.: 1975b, 'Energy-distribution of secondary electrons .1. Consistency of experimental-data'. *Radiat. Res.* **61**, 21–35.

Kim, Y. K.: 1975c, 'Energy-distribution of secondary electrons .2. Normalization and extrapolation of experimental-data'. *Radiat. Res.* **64**, 205–216.

Kim, Y. K.: 2007, 'Scaled Born cross sections for excitations of H_2 by electron impact'. *J. Chem. Phys.* **126**.

Kimura, M. und N. F. Lane: 1989, 'The Low-energy, heavy-particle collisions - A close coupling treatment'. In: *Advances in Atomic Molecular and Optical Physics*, Vol. 26. New York, NY: Academic Press, pp. 79–160.

King, G. C., M. Zubek, P. M. Rutter und F. H. Read: 1987, 'A high resolution threshold electron spectrometer for use in photoionisation studies'. *J. Phys. E* **20**, 440–443.

Klaus, T., S. P. Belov und G. Winnewisser: 1998, 'Precise measurement of the pure rotational submillimeter-wave spectrum of HCl and DCl in their $v = 0, 1$ states'. *J. Mol. Spectrosc.* **187**, 109–117.

Kleiman, V., H. Park, R. J. Gordon und R. N. Zare: 1998, *Companion to Angular Momentum*. New York, NY: Wiley.

Kling, M. F., et al.: 2006, 'Sub-femtosecond control of electron localization in molecular dissociation'. *Science* **312**, 246–248.

Kneubühl, F. K. und M. W. Sigrist: 1999, *Laser*. Stuttgart: B. G. Teubner Verlag.

Knight, P. L., M. A. Lauder und B. J. Dalton: 1990, 'Laser-induced continuum structure'. *Phys. Rep.* **190**, 1–61.

Knoop, S., et al.: 2008, 'Single-electron capture in keV $Ar^{15+...18+}$ + He collisions'. *J. Phys. B: At. Mol. Phys.* **41**, 195203.

Koch, L., T. Heindorff und E. Reichert: 1984, 'Resonances in the electron-impact excitation of metastable states of mercury'. *Z. Phys. A* **316**, 127–130.

Kogelnik, H. und T. Li: 1966, 'Laser beams and resonators'. *Appl. Opt.* **5**, 1550–1567.

Krämer, H. G., M. Keil, C. B. Suarez, W. Demtröder und W. Meyer: 1999, 'Vibrational structures in the A ^{2}E″ ← X ^{2}E′ system of the lithium trimer: high-resolution spectroscopy and *ab initio* calculations'. *Chem. Phys. Lett.* **299**, 212–220.

Krishnakumar, E. und S. K. Srivastava: 1988, 'Ionization cross-sections of rare-gas atoms by electron-impact'. *J. Phys. B: At. Mol. Phys.* **21**, 1055–1082.

Kruit, P. und F. H. Read: 1983, 'Magnetic-field parallelizer for 2π electronspectrometer and electron-image magnifier'. *J. Phys. E* **16**, 313–324.

Kuyatt, C. E. und J. A. Simpson: 1967, 'Electron monochromator design'. *Rev. Sci. Instrum.* **38**, 103–111.

Landau, L.: 1932, 'Zur Theorie der Energieübertragung. II.'. *Phys. Z. Sowjetunion* **2**, 46–51.

Lassettre, E. N., A. Skerbele, M. A. Dillon und K. J. Ross: 1968, 'High-resolution study of electron-impact spectra at kinetic energies between 33 and 100 eV and scattering angles to 16°'. *J. Chem. Phys.* **48**, 5066–5096.

Lee, G. H., S. T. Arnold, J. G. Eaton, H. W. Sarkas, K. H. Bowen, C. Ludewigt und H. Haberland: 1991, 'Negative-ion photoelectron-spectroscopy of solvated electron cluster anions, $(H_2O)_n^-$ and $(NH_3)_n^-$'. *Z. Phys. D* **20**, 9–12.

Lembach, G. und B. Brutschy: 1996, 'Fragmentation energetics and dynamics of the neutral and ionized fluorobenzene·Ar cluster studied by mass analyzed threshold ionization spectroscopy'. *J. Phys. Chem.* **100**, 19758–19763.

LeRoy, R. J.: 1970, 'Molecular constants and internuclear potential of ground-state molecular iodine'. *J. Chem. Phys.* **52**, 2683–2689.

Levine, R. D., R. B. Bernstein und C. Schlier: 1991, *Molekulare Reaktionsdynamik*, Studienbücher. Stuttgart: Teubner.

Li, X. Z. und J. Paldus: 2006, 'Singlet-triplet separation in BN and C_2: Simple yet exceptional systems for advanced correlated methods'. *Chem. Phys. Lett.* **431**, 179–184.

Lin, C. C. und J. B. Boffard: 2005, 'Electron-impact excitation cross sections of sodium'. In: *Advances in Atomic Molecular, and Optical Physics*, Vol. 51. Amsterdam: Elsevier - Academic Press, pp. 385–411.

Lin, C. D.: 1974, 'Correlations of excited electrons - Study of channels in hyperspherical coordinates'. *Phys. Rev. A* **10**, 1986–2001.

Lindner, F., G. G. Paulus, H. Walther, A. Baltuska, E. Goulielmakis, M. Lezius und F. Krausz: 2004, 'Gouy phase shift for few-cycle laser pulses'. *Phys. Rev. Lett.* **92**, 113001.

Lineberger, W. C. und B. W. Woodward: 1970, 'High resolution photodetachment of S$^-$ near threshold'. *Phys. Rev. Lett.* **25**, 424–427.

Lippert, H., V. Stert, L. Hesse, C. P. Schulz, I. V. Hertel und W. Radloff: 2003, 'Analysis of hydrogen atom transfer in photoexcited indole($NH_3)_n$ clusters by femtosecond time-resolved photoelectron spectroscopy'. *J. Phys. Chem. A* **107**, 8239–8250.

Lockwood, G. J. und E. Everhart: 1962, 'Resonant electron capture in violent proton-hydrogen atom collisions'. *Phys. Rev.* **125**, 567–572.

Lotz, W.: 1967, 'An empirical formula for electron-impact ionization cross-section'. *Z. Phys.* **206**, 205–211.

Lotz, W.: 1968, 'Electron-impact ionization cross-sections and ionization rate coefficients for atoms and ions from hydrogen to calcium'. *Z. Phys.* **216**, 241–247.

Lotz, W.: 1970, 'Electron-impact ionization cross-sections for atoms up to Z=108'. *Z. Phys.* **232**, 101–107.

Loudon, R.: 1983, *Quantum Theory of Light*. Oxford, New York: Oxford University Press, 2 edition.

Lovas, F. J., E. Tiemann, J. S. Coursey, S. A. Kotochigova, J. Chang, K. Olsen und R. A. Dragoset: 2005, 'Diatomic spectral database (version 2.1)'. http://physics.nist.gov/PhysRefData/MolSpec/Diatomic/index.html.

Macek, J. und I. V. Hertel: 1974, 'Theory of electron-scattering from laser-excited atoms'. *J. Phys. B: At. Mol. Phys.* **7**, 2173–2188.

Macek, J. H.: 1967, 'Application of fock expansion to doubly excited states of helium atom'. *Phys. Rev.* **160**, 170–174.

Magnier, S. und F. Masnou-Seeuws: 1996, 'Model potential calculations for the excited and Rydberg states of the Na_2^+ molecular ion: Potential curves, dipole and quadrupole transition moments'. *Mol. Phys.* **89**, 711–735.

Maiman, T. H.: 1960, 'Optical and microwave-optical experiments in ruby'. *Phys. Rev. Lett.* **4**, 564–566.

Mantz, A. W., J. K. G. Watson, K. N. Rao, D. L. Albritton, A. L. Schmeltekopf und R. N. Zare: 1971, 'Rydberg-Klein-Rees potential for the X $^1\Sigma^+$ state of the CO molecule'. *J. Mol. Spectrosc.* **39**, 180–184.

Markovich, G., S. Pollack, R. Giniger und O. Cheshnovsky: 1994, 'Photoelectron-spectroscopy of Cl^-, Br^-, and I^- solvated in water clusters'. *J. Chem. Phys.* **101**, 9344–9353.

Mazzotti, F. J., E. Achkasova, R. Chauhan, M. Tulej, P. P. Radi und J. P. Maier: 2008, 'Electronic spectra of radicals in a supersonic slit-jet discharge by degenerate and two-color four-wave mixing'. *PhysChemChemPhys* **10**, 136–141.

McCarthy, I. E. und E. Weigold: 1991, 'Electron momentum spectroscopy of atoms and molecules'. *Rep. Prog. Phys.* **54**, 789–879.

McCarthy, I. E. und X. Zhang: 1989, 'Distorted-wave Born approximation for electron-helium double differential ionization cross-sections'. *J. Phys. B: At. Mol. Phys.* **22**, 2189–2193.

Meerts, W. L. und M. Schmitt: 2006, 'Application of genetic algorithms in automated assignments of high-resolution spectra'. *Int. Rev. Phys. Chem.* **25**, 353–406.

Merabet, H. und andere: 2001, 'Cross sections and collision dynamics of the excitation of $(1snp)$ $^1P^0$ levels of helium, $n = 2 - 5$, by intermediate- and high-velocity electron, proton, and molecular-ion (H_2^+ and H_3^+) impact'. *Phys. Rev. A* **64**, 012712.

Meschede, D.: 1999, *Optik, Licht und Laser*. Stuttgart: B. G. Teubner Verlag.

Mikosch, J., et al.: 2008, 'Imaging nucleophilic substitution dynamics'. *Science* **319**, 183–186.

Mikosch, J., U. Frühling, S. Trippel, D. Schwalm, M. Weidemüller und R. Wester: 2006, 'Velocity map imaging of ion-molecule reactive scattering: The $Ar^+ + N_2$ charge transfer reaction'. *PhysChemChemPhys* **8**, 2990–2999.

Mollow, B. R.: 1975, 'Pure-state analysis of resonant light-scattering - Radiative damping, saturation, and multiphoton effects'. *Phys. Rev. A* **12**, 1919–1943.

Mollow, R. B.: 1969, 'Power spectrum of light scattered by two-level systems'. *Phys. Rev.* **188**, 1969–1975.

Molpro: 2010, 'Molpro quantum chemistry package', H.-J.Werner, Universität Stuttgart, Germany, and P. J. Knowles, Cardiff University, UK. http://www.molpro.net/

Morgenstern, R. und H. Schmidt-Böcking: 2009. Hier sei für ausführliche Hinweise und Materialien zu Stoßprozessen mit hochgeladenen Ionen gedankt, Groningen bzw. Frankfurt/M.

Mukamel, S.: 1999, *Principles of Nonlinear Optical Spectroscopy*. Oxford: Oxford University Press.

Müller, A.: 2008, 'Electron-ion collisions: fundamental processes in the focus of applied research'. In: E. Arimondo et al. (eds.): *Advances in Atomic, Molecular, and Optical Physics*, Vol. 55. Amsterdam: Elsevier, Academic Press, pp. 293–417.

Müller-Dethlefs, K., M. Sander und E. W. Schlag: 1984, 'A novel method capable of resolving rotational ionic states by the detection of threshold photoelectrons with a resolution of 1.2 cm^{-1}'. *Z. Naturforschg.* **A 39**, 1089–1091.

Müller-Dethlefs, K. und E. W. Schlag: 1991, 'High-resolution zero kinetic-energy (ZEKE) photoelectron-spectroscopy of molecular-systems'. *Annu. Rev. Phys. Chem.* **42**, 109–136.

Müller-Dethlefs, K. und E. W. Schlag: 1998, 'Chemical applications of zero kinetic energy (ZEKE) photoelectron spectroscopy'. *Angew. Chem.-Int. Edit.* **37**, 1346–1374.

Müller-Fiedler, R., K. Jung und H. Ehrhardt: 1986, 'Double differential cross-sections for electron-impact ionization of helium'. *J. Phys. B: At. Mol. Phys.* **19**, 1211–1229.

Mulliken, R. S.: 1966, 'Nobel lecture: Spectroscopy, molecular orbitals, and chemical bonding'. http://nobelprize.org/nobel_prizes/chemistry/laureates/1966/mulliken-lecture.html.

Mulvey, T. und M. J. Wallington: 1973, 'Electron lenses'. *Rep. Prog. Phys.* **36**, 347–421.

Murray, C., E. L. Derro, T. D. Sechler und M. I. Lester: 2007, 'Stability of the hydrogen trioxy radical via infrared action spectroscopy'. *J. Phys. Chem. A* **111**, 4727–4730.

Nash, J. J.: 2004, 'Visualization and problem solving for general chemistry'. http://www.chem.purdue.edu/gchelp/.

Neumark, D. M.: 2001, 'Time-resolved photoelectron spectroscopy of molecules and clusters'. *Annu. Rev. Phys. Chem.* **52**, 255–277.

Neumark, D. M.: 2002, 'Spectroscopy of reactive potential energy surfaces'. *PhysChemComm* **5**, 76–81.

Neumark, D. M.: 2008, 'Slow Electron velocity-map imaging of negative ions: Applications to spectroscopy and dynamics'. *J. Phys. Chem. A* **112**, 13287–13301.

Newman, D. S., M. Zubek und G. C. King: 1985, 'A study of resonance structure in mercury using metastable excitation by electron-impact with high-resolution'. *J. Phys. B: At. Mol. Phys.* **18**, 985–998.

Niehaus, A.: 1986, 'A classical model for multiple-electron capture in slow collisions of highly charged ions with atoms'. *J. Phys. B: At. Mol. Phys.* **19**, 2925–2937.

NIFS und ORNL: 2007, 'Aladdin (Ionization cross sections and excitation rate coefficients by electron impact)'. https://dbshino.nifs.ac.jp/.

Ning, C. G., et al.: 2008, 'High resolution electron momentum spectroscopy of the valence orbitals of water'. *Chem. Phys.* **343**, 19–30.

Oda, N.: 1975, 'Energy and angular-distributions of electrons from atoms and molecules by electron-impact'. *Radiat. Res.* **64**, 80–95.

OMalley, T. F., L. Spruch und L. Rosenberg: 1961, 'Modificaton of effective range theory in presence of a long -range (R^{-4}) potential'. *J. Math. Phys.* **2**, 491–498.

Otter, G. und R. Honecker: 1996, *Atome - Moleküle - Kerne, Band II: Molekül- und Kernphysik*. Stuttgart: B. G. Teubner Verlag.

Partridge, H. und S. R. Langhoff: 1981, 'Theoretical treatment of the $X\,^1\Sigma^+$, $A\,^1\Sigma^+$, and $B\,^1\Pi$ states of LiH'. *J. Chem. Phys.* **74**, 2361–2371.

Pauling, L.: 1931, 'The nature of the chemical bond. Application of results obtained from the quantum mechanics and from a theory of paramagnetic susceptibility to the structure of molecules'. *J. Am. Chem. Soc.* **53**, 1367–1400.

Pauly, H. und J. Toennies: 1965, 'The study of intermolecular potentials with molecular beams at thermal energies'. In: *Advances in Atomic and Molecular Physics*, Vol. 1. New York, NY: Academic Press, pp. 195–344.

Pichl, L., R. Suzuki, M. Kimura, Y. Li, R. J. Buenker, M. Hoshino und Y. Yamazaki: 2006, 'Angular dependence of double electron capture in collisions of C^{4+} with He - Stueckelberg oscillations in the differential cross-section for capture into $C^{2+}(1s^2 2s^2\,^1S)$'. *Eur. Phys. J. D* **38**, 59–64.

Powis, I., T. Baer und C. Y. Ng (eds.): 1995, *High Resolution Laser Photoionization and Photoelectron Studies*, Ion Chemistry and Physics. Chichester: Wiley.

Purcell, E. M.: 1938, 'The focusing of charged particles by a spherical condenser'. *Phys. Rev.* **54**, 818–826.

Ram, R. S., M. Dulick, B. Guo, K. Q. Zhang und P. F. Bernath: 1997, 'Fourier transform infrared emission spectroscopy of NaCl and KCl'. *J. Mol. Spectrosc.* **183**, 360–373.

Rapior, G., K. Sengstock und V. Baev: 2006, 'New features of the Franck-Hertz experiment'. *Am. J. Phys.* **74**, 423–428.

Rau, A. R. P.: 1971, '2 electrons in a Coulomb Potential - Double-continuum wave Functions and Threshold Law for Electron-Atom Ionization'. *Phys. Rev. A* **4**, 207–220.

Ray, H., U. Werner und A. C. Roy: 1991, 'Doubly differential cross-sections for ionization of helium by electron-impact'. *Phys. Rev. A* **44**, 7834–7837.

Rienstra-Kiracofe, J. C., G. S. Tschumper, H. F. Schaefer, S. Nandi und G. B. Ellison: 2002, 'Atomic and molecular electron affinities: Photoelectron experiments and theoretical computations'. *Chem. Rev.* **102**, 231–282.

Ritze, H.-H.: 2005, 'Hier sei für die Überlassung von geschlossenen Ausdrücken und Näherungn zur Lösung der optischen Bloch Gleichungen gedankt'. Max-Born-Institut, Max-Born-Institut, Berlin-Adlershof

Rodriguez-Garcia, V., S. Hirata, K. Yagi, K. Hirao, T. Taketsugu, I. Schweigert und M. Tasumi: 2007, 'Fermi resonance in CO_2: A combined electronic coupled-cluster and vibrational configuration-interaction prediction'. *J. Chem. Phys.* **126**, 124303.

Rothman, L. S., et al.: 2009, 'The HITRAN 2008 molecular spectroscopic database'. *J. Quant. Spectrosc. Radiat. Transfer* **110**, 533–572.

Rudd, M. E.: 1991, 'Differential and total cross-sections for ionization of helium and hydrogen by electrons'. *Phys. Rev. A* **44**, 1644–1652.

Sadeghpour, H. R., J. L. Bohn, M. J. Cavagnero, B. D. Esry, I. I. Fabrikant, J. H. Macek und A. R. P. Rau: 2000, 'Collisions near threshold in atomic and molecular physics'. *J. Phys. B: At. Mol. Phys.* **33**, R93–R140.

Saenz, A., W. Weyrich und P. Froelich: 1996, 'The first Born approximation and absolute scattering cross sections'. *J. Phys. B: At. Mol. Phys.* **29**, 97–113.

Schawlow, A. L. und C. H. Townes: 1958, 'Infrared and optical masers'. *Phys. Rev.* **112**, 1940–1949.

Schlemmer, P., M. K. Srivastava, T. Rosel und H. Ehrhardt: 1991, 'Electron-impact ionization of helium at intermediate collision energies'. *J. Phys. B: At. Mol. Phys.* **24**, 2719–2736.

Schmidt, A., Petrov, V., Griebner, U., Peters, R., Petermann, K., Huber, G., Fiebig, C., Paschke, K. und Erbert, G.: 2010, 'Diode-pumped mode-locked Yb:LuScO$_3$ single crystal laser with 74 fs pulse duration'. *Opt. Lett.* **35**, 511–513.

Schow, E., et al.: 2005, 'Low-energy electron-impact ionization of helium'. *Phys. Rev. A* **72**, 062717.

Schuda, F., C. R. Stroud und M. Hercher: 1974, 'Observation of resonant stark effect at optical frequencies'. *J. Phys. B: At. Mol. Phys.* **7**, L198–L202.

Schulz, G. J.: 1963, 'Resonance in elastic scattering of electrons in helium'. *Phys. Rev. Lett.* **10**, 104–105.

Shah, M. B., D. S. Elliott und H. B. Gilbody: 1987, 'Pulsed crossed-beam study of the ionization of atomic-hydrogen by electron-impact'. *J. Phys. B: At. Mol. Phys.* **20**, 3501–3514.

Sharp, T.: 1971, 'Potential-energy curves for molecular hydrogen and its ions'. *At. Data* **2**, 119–169.

Shchatsinin, I., et al.: 2006, 'C$_{60}$ in intense short pulse laser fields down to 9 fs: excitation on time scales below e-e and e-phonon coupling'. *J. Chem. Phys.* **125**, 194320.

Shchatsinin, I., H.-H. Ritze, C. P. Schulz und I. V. Hertel: 2009, 'Multiphoton excitation and ionization by elliptically polarized, intense short laser pulses: Recognizing multielectron dynamics and doorway states in C$_{60}$ vs Xe'. *Phys. Rev. A* **79**, 053414.

Shen, Y.: 2003, *The Principles of Nonlinear Spectroscopy*. New York, NY: Wiley.

Sheps, L., E. M. Miller und W. C. Lineberger: 2009, 'Photoelectron spectroscopy of small IBr$^-$(CO$_2$)$_n$, $(n = 0 - 3)$ cluster anions'. *J. Chem. Phys.* **131**, 064304.

Siegbahn, K.: 1981, 'Nobel lecture: Electron spectroscopy for atoms, molecules and condensed matter'. http://nobelprize.org/nobel_prizes/physics/laureates/1981/siegbahn-lecture.html.

Siegman, A. E.: 1986, *Lasers*. Sausalito, CA: University Science Books.http://www.stanford.edu/~siegman/AESLASERSBook/lasers_book_errata.pdf

Sigeneger, F., R. Winkler und R. E. Robson: 2003, 'What really happens with the electron gas in the famous Franck-Hertz experiment?'. *Contrib. Plasma Phys.* **43**, 178–197.

SIMION: 2009, 'Industry standard charged particle optics simulation software'. Scientific Instrument Services, Inc., Ringoes, NJ, USA. http://simion.com/

Slanger, T. G.: 1978, 'Generation of O$_2$ $\left(c\,^1\Sigma_u^-, C\,^3\Delta_u, A\,^3\Sigma_u^+ \right)$ from oxygen atom recombination'. *J. Chem. Phys.* **69**, 4779–4791.

Smith, F. T.: 1969, 'Diabatic and adiabatic representations for atomic collision problems'. *Phys. Rev.* **179**, 111–123.

Smith, F. T., R. P. Marchi und K. G. Dedrick: 1966, 'Impact expansions in classical and semiclassical scattering'. *Phys. Rev.* **150**, 79–92.

Sorokin, A. A., L. A. Shmaenok, S. V. Bobashev, B. Mobus, H. Richter und G. Ulm: 2000, 'Measurements of electron-impact ionization cross sections of argon, krypton, and xenon by comparison with photoionization'. *Phys. Rev. A* **61**, 022723.

Speiser, S. und J. Jortner: 1976, '3/2 power law for high-order multiphoton processes'. *Chem. Phys. Lett.* **44**, 399–403.

Stanton, J. F.: 1999, 'A refined estimate of the bond length of methane'. *Mol. Phys.* **97**, 841–845.

Steinbach, C., M. Farnik, U. Buck, C. A. Brindle und K. C. Janda: 2006, 'Electron impact fragmentation of size-selected krypton clusters'. *J. Phys. Chem. A* **110**, 9108–9115.

Steinfeld, J. I.: 1985, *Molecules and Radiation - 2nd Edition, An Introduction to Modern Molecular Spectroscopy*. Cambridge, MA: MIT-Press.

Steinmeyer, G.: 2010, 'Interferometrische Bestimmung der Autokorrelationsfunktion eines sub 20fs Laser Impulses'. Berlin: Max-Born-Institut

Stert, V., W. Radloff, T. Freudenberg, F. Noack, I. V. Hertel, C. Jouvet, C. Dedonder-Lardeux und D. Solgadi: 1997, 'Femtosecond time-resolved photoelectron spectra of ammonia molecules and clusters'. *Europhys. Lett.* **40**, 515–520.

Stert, V., W. Radloff, C. P. Schulz und I. V. Hertel: 1999, 'Ultrafast photoelectron spectroscopy: Femtosecond pump-probe coincidence detection of ammonia cluster ions and electrons'. *Eur. Phys. J. D* **5**, 97–106.

Strickland, D. und G. Mourou: 1985, 'Compression of amplified chirped optical pulses'. *Opt. Commun.* **56**, 219–221.

Strohaber, J. und C. J. G. J. Uiterwaal: 2008, 'In situ measurement of three-dimensional ion densities in focused femtosecond pulses'. *Phys. Rev. Lett.* **100**, 023002.

Stückelberg, E.: 1932, 'Theorie der unelastischen Stösse zwischen Atomen'. *Helv. Phys. Acta* **5**, 369.

Suma, K., Y. Sumiyoshi und Y. Endo: 2005, 'The rotational spectrum and structure of the HOOO radical'. *Science* **308**, 1885–1886.

Sun, W. G., et al.: 1995, 'Detailed theoretical and experimental-analysis of low-energy electron-N_2 scattering'. *Phys. Rev. A* **52**, 1229–1256.

Szmytkowski, C., K. Maciag und G. Karwasz: 1996, 'Absolute electron-scattering total cross section measurements for noble gas atoms and diatomic molecules'. *Phys. Scr.* **54**, 271–280.

Sztaray, B. und T. Baer: 2003, 'Suppression of hot electrons in threshold photoelectron photoion coincidence spectroscopy using velocity focusing optics'. *Rev. Sci. Instrum.* **74**, 3763–3768.

Tachikawa, H.: 2002, '*Ab initio* MO calculations of structures and electronic states of SF_6 and SF_6^-'. *J. Phys. B: At. Mol. Phys.* **35**, 5560.

Tanaka, K.: 2002, 'Nobel lecture: The origin of macromolecule ionization by laser irradiation'. http://nobelprize.org/nobel_prizes/chemistry/laureates/2002/tanaka-lecture.html.

Tang, K. T., J. P. Toennies und C. L. Yiu: 1995, 'Accurate analytical He-He van-der-Waals potential based on perturbation-theory'. *Phys. Rev. Lett.* **74**, 1546–1549.

Tashkun, S. und V. Perevalov: 2008, 'Carbon dioxide spectroscopic databank'. ftp://ftp.iao.ru/pub/CDSD-2008/.

Taylor, K. J., C. L. Pettiette-Hall, O. Cheshnovsky und R. E. Smalley: 1992, 'Ultraviolet photoelectron-spectra of coinage metal-clusters'. *J. Chem. Phys.* **96**, 3319–3329.

Telega, S. und F. A. Gianturco: 2006, 'Modelling electron-N_2 scattering in the resonant region - Integral cross-sections from space-fixed coupled channel calculations'. *Eur. Phys. J. D* **38**, 495–500.

Tennyson, J., N. F. Zobov, R. Williamson, O. L. Polyansky und P. F. Bernath: 2001, 'Experimental energy levels of the water molecule'. *J. Phys. Chem. Ref. Data* **30**, 735–831.

Toennies, J. P.: 2007, 'Molecular low energy collisions: past, present and future'. *Phys. Scr.* **76**, C15–C20.

Toennies, J. P., W. Welz und G. Wolf: 1976, 'Determination of H-He potential well depth from low-energy elastic-scattering'. *Chem. Phys. Lett.* **44**, 5–7.

Townes, C. H., N. G. Basov und A. M. Prokhorov: 1964, 'The Nobel Prize in Physics: for fundamental work in the eld of quantum electronics, which has led to the construction of oscillators and amplifiers based on the maser-laser principle'. `http://nobelprize.org/nobel_prizes/physics/laureates/1964/`

Trofimov, A. B., J. Schirmer, V. B. Kobychev, A. W. Potts, D. M. P. Holland und L. Karlsson: 2006, 'Photoelectron spectra of the nucleobases cytosine, thymine and adenine'. *J. Phys. B: At. Mol. Phys.* **39**, 305–329.

Truesdale, C. M., S. Southworth, P. H. Kobrin, D. W. Lindle, G. Thornton und D. A. Shirley: 1982, 'Photo-electron angular-distributions of H_2O'. *J. Chem. Phys.* **76**, 860–865.

Turbomole: 2010, 'Quantum Chemistry (QC) program package'. COSMOlogic GmbH & Co. KG, Leverkusen, Germany. `http://www.cosmologic.de/QuantumChemistry/main_qChemistry.html`.

Twerenbold, D., et al.: 2001, 'Single molecule detector for mass spectrometry with mass independent detection efficiency'. *Proteomics* **1**, 66–69.

Udem, T., R. Holzwarth und T. W. Hänsch: 2002, 'Optical frequency metrology'. *Nature* **416**, 233–237.

Ullrich, J., R. Moshammer, A. Dorn, R. Dörner, L. P. H. Schmidt und H. Schmidt-Böcking: 2003, 'Recoil-ion and electron momentum spectroscopy: reaction-microscopes'. *Rep. Prog. Phys.* **66**, 1463–1545.

van Boeyen, R. W. und J. F. Williams: 2005, 'Multidetection (e,2e) electron spectrometer'. *Rev. Sci. Instrum.* **76**.

van der Poel, M., C. V. Nielsen, M. Rybaltover, S. E. Nielsen, M. Machholm und N. Andersen: 2002, 'Atomic scattering in the diffraction limit: electron transfer in keV Li^+-Na(3s, 3p) collisions'. *J. Phys. B: At. Mol. Phys.* **35**, 4491–4505.

van Harrevelt, R. und M. C. van Hemert: 2000, 'Photodissociation of water. I. Electronic structure calculations for the excited states'. *J. Chem. Phys.* **112**, 5777–5786.

van Vleck, J. H.: 1951, 'The coupling of angular momentum vectors in molecules'. *Rev. Mod. Phys.* **23**, 213–227.

Vanovschi, V.: 2008, 'Point group symmetry character tables'. `http://www.webqc.org/symmetry.php`.

Vinodkumar, M., C. Limbachiya, B. Antony und K. N. Joshipura: 2007, 'Calculations of elastic, ionization and total cross sections for inert gases upon electron impact: threshold to 2 keV'. *J. Phys. B: At. Mol. Phys.* **40**, 3259–3271.

Volz, J., M. Weber, D. Schlenk, W. Rosenfeld, C. Kurtsiefer und H. Weinfurter: 2007, 'An atom and a photon'. *Laser Phys.* **17**, 1007–1016.

Wannier, G. H.: 1953, 'The threshold law for single ionization of atoms or ions by electrons'. *Phys. Rev.* **90**, 817–825.

Weber, A. (ed.): 1979, *Raman Spectroscopy in Gases and Liquids*, Vol. 11 of *Topics in Current Physics*. Berlin, Heidelberg, New York: Springer.

Weber, M., J. Volz, K. Saucke, C. Kurtsiefer und H. Weinfurter: 2006, 'Analysis of a single-atom dipole trap'. *Phys. Rev. A* **73**, 043406.

Weigold, E. und I. E. McCarthy: 1999, *Electron Momentum Spectroscopy*. New York, NY: Kluwer/Plenum.

Weissbluth, M.: 1978, *Atoms and Molecules*. New York, NY: Academic Press.

Weisstein, E. W.: 2004, 'En-Function'. http://mathworld.wolfram.com/En-Function.html.

Werner, A. S. und T. Baer: 1975, 'Absolute unimolecular decay-rates of energy selected $C_4H_6^+$ metastable ions'. *J. Chem. Phys.* **62**, 2900–2910.

Western, C.: 2007, 'PGopher'. http://www.chm.bris.ac.uk/pt/western/pgopher/plotasym.htm.

Westmacott, G., M. Frank, S. E. Labov und W. H. Benner: 2000, 'Using a superconducting tunnel junction detector to measure the secondary electron emission efficiency for a microchannel plate detector bombarded by large molecular ions'. *Rapid Commun. Mass Spectrom.* **14**, 1854–1861.

Wigner, E. P.: 1948, 'On the behavior of cross sections near thresholds'. *Phys. Rev.* **73**, 1002–1009.

Wikipedia contributors: 2009, 'Molecular symmetry'. Wikipedia, The Free Encyclopedia. http://en.wikipedia.org/wiki/Molecular_symmetry.

Wikipedia contributors: 2010, 'List of character tables for chemically important 3D point groups'. Wikipedia, The Free Encyclopedia. http://en.wikipedia.org/w/index.php?title=List_of_character_tables_for_chemically_important_3D_point_groups.

Williams, J. F., P. L. Bartlett und A. T. Stelbovics: 2006, 'Threshold electron-impact ionization mechanism for hydrogen atoms'. *Phys. Rev. Lett.* **96**, 123201.

Williams, S., E. A. Rohlfing, L. A. Rahn und R. N. Zare: 1997, 'Two-color resonant four-wave mixing: Analytical expressions for signal intensity'. *J. Chem. Phys.* **106**, 3090–3102.

Williams, S., J. D. Tobiason, J. R. Dunlop und E. A. Rohlfing: 1995, 'Stimulated-emission pumping spectroscopy via 2-color resonant 4-wave-mixing'. *J. Chem. Phys.* **102**, 8342–8358.

Williams, S., R. N. Zare und L. A. Rahn: 1994, 'Reduction of degenerate 4-wave-mixing spectra to relative populations .1. Weak-field limit'. *J. Chem. Phys.* **101**, 1072–1092.

Winter, B., U. Hergenhahn, M. Faubel, O. Björneholm und I. V. Hertel: 2007, 'Hydrogen bonding in liquid water probed by resonant Auger-electron spectroscopy'. *J. Chem. Phys.* **127**, 094501.

Winter, B., R. Weber, W. Widdra, M. Dittmar, M. Faubel und I. V. Hertel: 2004, 'Full valence band photoemission from liquid water using EUV synchrotron radiation'. *J. Phys. Chem. A* **108**, 2625–2632.

Winter, H. und F. Aumayr: 1999, 'Hollow atoms'. *J. Phys. B: At. Mol. Phys.* **32**, R39–R65.

Wittig, C.: 2005, 'The Landau-Zener formula'. *J. Phys. Chem. B* **109**, 8428–8430.

Wrigge, G., M. A. Hoffmann, B. von Issendorff und H. Haberland: 2003, 'Ultraviolet photoelectron spectroscopy of Nb_4^- to Nb_{200}^-'. *Eur. Phys. J. D* **24**, 23–26.

Wright, J. C. et al.: 1991, 'Molecular, multiresonant coherent 4-wave-mixing spectroscopy'. *Int. Rev. Phys. Chem.* **10**, 349–390.

Yang, S. H., C. L. Pettiette, J. Conceicao, O. Cheshnovsky und R. E. Smalley: 1987, 'UPS of buckminsterfullerene and other large clusters of carbon'. *Chem. Phys. Lett.* **139**, 233–238.

Yee, S. Y., T. K. Gustafson, S. A. J. Druet und J. P. E. Taran: 1977, 'Diagrammatic evaluation of density operator for nonlinear optical calculations'. *Opt. Commun.* **23**, 1–7.

Yiannopoulou, A., G. H. Jeung, S. J. Park, H. S. Lee und Y. S. Lee: 1999, 'Undulations of the potential-energy curves for highly excited electronic states in diatomic molecules related to the atomic orbital undulations'. *Phys. Rev. A* **59**, 1178–1186.

Zare, R. N.: 1988, *Angular Momentum: Understanding Spatial Aspects in Chemistry and Physics.* New York, NY: Wiley.

Zatsarinny, O. und K. Bartschat: 2004, 'B-spline Breit-Pauli R-matrix calculations for electron collisions with neon atoms'. *J. Phys. B: At. Mol. Phys.* **37**, 2173–2189.

Zener, C.: 1932, 'Non-adiabatic crossing of energy levels'. *Proc. R. Soc. Lond. A* **137**, 696–702.

Zewail, A. H.: 1999, 'The Nobel Prize in Chemistry: for his studies of the transition states of chemical reactions using femtosecond spectroscopy'. `http://nobelprize.org/nobel_prizes/chemistry/laureates/1999/`.

Zhu, L. C. und P. Johnson: 1991, 'Mass analyzed threshold ionization spectroscopy'. *J. Chem. Phys.* **94**, 5769–5771.

Ziegler, L. D.: 1985, 'Rovibronic absorption analysis of the $\tilde{A} \leftarrow \tilde{X}$ transition of ammonia'. *J. Chem. Phys.* **82**, 664–669.

Zwier, T. S.: 2001, 'Laser spectroscopy of jet-cooled biomolecules and their water-containing clusters: Water bridges and molecular conformation'. *J. Phys. Chem. A* **105**, 8827–8839.

Sachverzeichnis

Printed in the United States
By Bookmasters